Gerd Hildebrandt

Fernerkundung und Luftbildmessung

für Forstwirtschaft, Vegetationskartierung
und Landschaftsökologie

 WICHMANN

Zum Titelbild

Rechts oben: Infrarot-Farbluftbild 1 : 5 000, aufgenommen mit Zeiss RMK A 30/23. Szene bei Marzell im Südschwarzwald. In Bildmitte Fichtenaltholz mit geschädigten Altbäumen, Schadklasse 1 – 3

links unten: Farbkomposite einer LANDSAT-TM-Aufzeichnung (TM 5, 4, 3 = RGB). Szene Provinz Chiriqui, Panama, von Nord nach Süd: tropischer Regenwald des Gebirges, Vulkan Baru (3 400 m) mit sehr altem Lavafeld, südlich von Baru Matural- und Weideflächen mit eingesprengten Orangenplantagen (dunkle Flächen), südöstlich Mangroven, nördlich davon die Stadt David (dunkelblau), umgeben von landwirtschaftlichen Nutzflächen (hellblau: abgeerntete Felder), zwischen David und dem Fluß Zuckerrohr-plantagen, südwestlich große Bananenplantagen, im Süden der pazifische Ozean

Die Deutsche Bibliothek – CIP-Einheitsaufnahme
Hildebrandt, Gerd:
Fernerkundung und Luftbildmessung : für Forstwirtschaft, Vegetationskartierung und Landschaftsökologie / Gerd Hildebrandt. – 1. Aufl. – Heidelberg : Wichmann, 1996
    ISBN 3–87907–238–8

1. Auflage 1996
© Herbert Wichmann Verlag, Hüthig GmbH, Heidelberg
Satz: Barbara Herrmann, Freiburg
Druck und Verarbeitung: Druckerei Lokay, Reinheim

Printed in Germany
ISBN 3-87907-238-8

Meiner Frau

Inhalt

Vorwort

Das vorliegende Buch befaßt sich mit allen flächenabbildenden Fernerkundungssystemen und deren Anwendungen in der Forst- und Agrarwirtschaft, für Regional- und Landentwicklungsplanung, Vegetationskartierung und Landschaftsökologie. Es behandelt die physikalischen, mathematischen und instrumentellen Grundlagen der Fernerkundung und Luftbildmessung, die Verfahrenslehre für Aufnahme, Verbesserungen und Auswertungen von Fernerkundungsbildern und -daten, deren Einbeziehung in Geo-Informationssysteme und Anwendungen in den genannten Gebieten. Auf organisatorische und wirtschaftliche Fragen sowie auf geschichtliche Entwicklungen wird an jeweils geeigneter Stelle und in angemessenem Umfang eingegangen.

Das Buch soll Studierenden der genannten Disziplinen, aber auch aller anderen Geowissenschaften und der einschlägigen Ingenieurwissenschaften dienen. Es soll ferner Praktikern nützlich sein, die sich mit Grundlagen und Verfahren der Fernerkundung und Luftbildmessung vertraut machen oder sich darin fortbilden wollen oder müssen. Schließlich mag es Wissenschaftlern der Photogrammetrie und mit Fernerkundung befaßten Physikern und Mathematikern helfen, die Informationsbedürfnisse und Fragestellungen in den genannten Anwendungsgebieten besser kennen und verstehen zu lernen.

Bei dieser Zielsetzung mußten Kompromisse zwischen theoretischer und praktischpragmatischer Behandlung des Stoffes eingegangen werden. *Einerseits* war es für ein Lehrbuch unverzichtbar, die Grundlagen der Fernerkundung und Luftbildmessung und einige theoretische Ansätze der Verfahrenslehre zu behandeln. Fernerkundung kann als Arbeitsmethode und Informationsmittel nur vernünftig, verantwortungsbewußt und effektiv eingesetzt werden, wenn durch ausreichende Kenntnisse des Systems und dessen Funktionsweise die Möglichkeiten *und* Grenzen der Anwendung be- und erkannt werden. *Andererseits* sollte der Charakter eines Lehrbuches der *angewandten* Fernerkundung nicht verloren gehen. Das Buch durfte deshalb nicht durch übermäßig viele mathematische Ableitungen oder Beweisführungen überlastet und für mathematisch nicht speziell vorgebildete Studierende und Praktiker schwer lesbar gemacht werden.

Die notwendigen Kompromisse haben sicher in dem einen oder anderen Fall auch zu trivialen Erklärungen geführt. Der Experte möge rücksichtsvoll darüber hinwegsehen. Auf der anderen Seite sollten sich Studierende und Praktiker der eingangs genannten Anwendungsgebiete nicht durch die Grundlagenvermittlung und die dazugehörende Physik und Mathematik abschrecken lassen. Die so nützlichen Fernerkundungssysteme und ihre Möglichkeiten verstehen zu lernen, zahlt sich allemal beim praktischen Handeln aus.

Bewußt wurde – anders als in vielen Lehrbüchern – in reichem Maße auf weiterführende Literatur verwiesen. Dies mag dem Lernenden, dem Praktiker, dem Experten je nach seinem Bedarf hilfreich sein.

Insgesamt schlagen sich über 40 Jahre Lehrtätigkeit, interdisziplinäre und internationale Forschungs- und Beratungstätigkeit in diesem Buch nieder. Es spiegeln sich deshalb auch sowohl eigene Erfahrungen (und Wertungen) als auch ein gutes Stück weit die Entwicklung der Fernerkundung und Luftbildmessung wider. An der faszinierenden Entwicklung in dieser Zeit teilgenommen zu haben, empfindet der Autor als großes Glück.

Es ist vielfach und herzlich Dank zu sagen:

- dem Wichmann-Verlag Heidelberg in der Hüthig GmbH für die Herstellung und Herausgabe des Buches, Herrn Dr. Müller-Wirth dafür, daß er mich zu dieser Arbeit drängte;

– Herrn Christof Lehr als Lektor des Verlages für die angenehme und geduldige Zusammenarbeit;
– Frau Barbara Herrmann und Frau Gudrun Hettich-Abo für die Schreib- und Satzarbeiten sowie Herrn Peter Zaripow für die Zeichnungen;
– vielen Kollegen, die auf meine Bitte hin Informationen aus neuesten Arbeiten oder Bildvorlagen zur Verfügung stellten. Stellvertretend für alle nenne ich die Professoren Dr. A. Akça, Dr. J. Albertz, Dr. A. Baules, Dr. H. Kenneweg, Dr. B. Koch, Dr. R. Winter, Doz. Dr. W. Schneider sowie Dr. W. Forstreuter, Dr. C.P. Gross, Dr. A. Kadro, Dr. G. Kattenborn, Dr. M. Keil Dr. V. Krösch, Dr. S. Kuntz, Dr. H. Schmidtke, Dr. G. Schmitt-Fürntratt und Dr. M. Schramm;
– den Firmen, die Bildvorlagen zur Verfügung stellten;
– der DLR in Oberpfaffenhofen und dem Institut für Planungsdaten (IfP) in Offenbach für finanzielle Unterstützung zum Druck von Farbtafeln.

Freiburg im Breisgau, Juni 1995   Gerd Hildebrandt

1. Fernerkundung als System

1.1 Definitionen

Der Begriff „Fernerkundung" entstand Anfang der 70er Jahre als sinngemäße Überset-
zung des von Geographen des U.S. Office of Naval Research etwa 10 Jahre zuvor ge-
prägten Terminus „remote sensing" (SIMONETT 1983).

Fernerkundung im umfassenden Sinne ist die Aufnahme oder Messung von Objekten,
ohne mit diesen in körperlichen Kontakt zu treten, und die Auswertung dabei gewonnener
Daten oder Bilder zur Gewinnung quantitativer oder qualitativer Informationen über
deren Vorkommen, Zustand oder Zustandsänderung und ggf. deren natürliche oder
soziale Beziehungen zueinander.

Sinngemäß gleiche Definitionen geben das Manual of Remote Sensing (SIMONETT,
1983), LILLESAND und KIEFER (1979/83), AVERY und BERLIN (1985), HUSS (1984) und
HOWARD (1991). Neben dieser allgemeinen Definition werden in einzelnen, vorwiegend
von Physikern betriebenen Anwendungsgebieten auch speziellere Definitionen verwendet. QUENZEL et al. (1983) kennzeichnete z. B. die Fernerkundung aus der Sicht des
Meteorologen, Klimatologen und Atmosphärenphysikers so: „Aus dem Zustand des
elektromagnetischen Feldes an einem Ort, wird geschlossen auf Größen, die an anderen
Orten auf dieses Feld eingewirkt haben".

Als *Objekte* der Fernerkundung im Sinne der o.a. allgemeinen Definition kommen
Flächen, Flächengefüge, Körper und Stoffe der Erde und ihrer Atmosphäre in Frage.
Im Kontext der hier speziell ins Auge gefaßten Anwendungsgebiete der Fernerkundung
ist dabei in erster Linie an Wälder, andere Pflanzengesellschaften, Landschaften und
deren einzelne Glieder zu denken.

Medien für die Aufnahme können die von den zu untersuchenden Objekten emittierten, reflektierten oder im Falle von Luftstoffen auch transmittierten elektromagnetischen
oder akustischen Wellen oder auch Kraftfelder, z. B. das Gravitationsfeld, sein. Die
Aufnahme der Daten oder Bilder erfolgt durch einen Sensor, d. h. durch einen entsprechend sensiblen Empfänger, z. B. durch eine Filmemulsion, ein Radiometer, eine Radarantenne, ein Sonar, ein Gravimeter usw. Gegenstand dieses Buches ist ausschließlich
Fernerkundung, die sich elektromagnetischer Wellen zur Übertragung von Signalen der
Objekte zum Sensor bedient.

Die *Form der Aufzeichnung* und *Speicherung* vom Sensor empfangener Objektsignale
geschieht sensorspezifisch. Als Sammelbegriff hierfür werden im folgenden die Begriffe
„Aufzeichnung" oder „Fernerkundungsaufzeichnung" verwendet. Der Ausdruck „Luftbild" bleibt für die aus Flugkörpern heraus aufgenommene Photographie reserviert.

Durch die Aufzeichnung werden Objektsignale in ihrer Originalform oder nach gezielten Veränderungen (Verstärkung, Kontraständerungen, Filterung usw.) zu Signaturen bzw.
im Falle elektromagnetischer Signale zu spektralen Signaturen der Objekte. Signaturen
sind also in einer Aufzeichnung erkenn- oder meßbare charakteristische Merkmale von
Objekten oder Objektgruppen, die allein oder zusammen mit anderen Merkmalen zu
deren Erkennung und Identifizierung beitragen.

Als *Information* im Sinne der o.a. Definition wird zweckgerichtetes Wissen verstanden,
das für die Erforschung, Erfassung, Beobachtung, Beurteilung usw. der zu untersuchenden
Objekte für wissenschaftliche oder praktische Fragestellungen benötigt wird oder nützlich
ist. Nach dieser begrifflichen Festlegung haben Objektsignale als solche nur bei Untersuchungen der Wechselbeziehungen zwischen Strahlungsvorgängen und materiellen Ob-

jekten, also z. B. bei Untersuchungen der spektralen Reflexionseigenschaften von Blättern, Bäumen, Beständen usw., den Charakter von Informationen. Die Gewinnung forstlicher, vegetationskundlicher oder ökologischer Informationen kommt erst durch die Auswertung der Objektsignaturen, z. B. durch das Erkennen und Ausmessen von Objekten, Interpretieren von Zusammenhängen, Beobachtung von Entwicklungen usw. zustande.

Die *Größe der Entfernung* zwischen den aufzunehmenden Objekten und dem Sensor ist *kein* bestimmendes Merkmal der Fernerkundung, auch wenn dies in der Literatur gelegentlich anders gesehen wird. Sie kann vielmehr nur wenige Meter betragen, wie bei thermographischen Aufnahmen von Gebäuden oder der terrestrisch photogrammetrischen Ausmessung von Bäumen, Tieren, Fassaden ..., oder (nahezu) unendlich sein, wie bei astronomischen Beobachtungen oder der physikalischen Erforschung ferner Himmelskörper.

Ebensowenig ist Fernerkundung auf die Verwendung von Daten zu beschränken, die mit einem bestimmten Aufnahmesystem oder von einem bestimmten Träger des Sensors aus gewonnen wurden.

Nicht überall wo Fernerkundung in dem eingangs definierten, umfassenden Sinne zur Anwendung kommt, hat sich der Begriff in der jeweiligen Fachsprache eingebürgert. So ist z. B. in der Funkmeßtechnik bei der Ortung von Flugzeugen oder Schiffen mittels Radar-Verfahren nicht die Rede von Fernerkundung. Auch Photogrammeter verstehen sich i. d. R. nicht als „Fernerkunder", gleichwohl die Vermessung und Kartierung der Landoberfläche und die Ausmessung von Körpern nach Photographien voll und ganz den Kriterien der o.a. Definition entspricht. Für das vorliegende Lehrbuch treten begriffliche Schwierigkeiten dieser Art nicht auf. Fernerkundung wird hier als Arbeitsverfahren der Geowissenschaften und all jener begriffen, deren Tätigkeit auf die Erforschung, Nutzung und Bewahrung der Resourcen der Erde gerichtet ist. Die Bildmessung oder Photogrammetrie gehört aus der Sicht dieser Anwendergruppen eindeutig zur Fernerkundung.

Bildmessung = Photogrammetrie ist ein Meßverfahren, mit dem aus photographischen Bildern oder auch digitalen Bilddaten die Größe und geometrische Gestalt von Flächen und Körpern ermittelt und deren Lage im Raum im Bezug auf ein geodätisches Koordinatensystem festgestellt und kartiert werden kann. Bildmessung setzt die vorherige Erkennung und Identifizierung der zu messenden Objekte in den Aufzeichnungen voraus.

Es wird zwischen *Luftbildmessung = Aerophotogrammetrie* und *Erdbildmessung = terrestrische Photogrammetrie* unterschieden. Ersteres ist die Ausmessung von Photographien, die mit für Meßzwecke eingerichteten und kalibrierten, in einem Flugkörper installierten Kameras aufgenommen wurden. Werden die Bilder von entsprechend konstruierten und kalibrierten, erdgebundenen Kameras aufgenommen, so spricht man von Erdbildmessung. Als Sonderfall der Erdbildmessung ist die *Nahbereichs-Photogrammetrie* anzusehen. Sie gewinnt in der Industrie-Meßtechnik zunehmend an Bedeutung. Im vorliegenden Lehrbuch wird die Erdbildmessung nicht behandelt.

Die nebeneinandergestellte Nennung von Fernerkundung und Bildmessung im Titel dieses Buches rechtfertigt sich aus der Anerkennung der letzteren als Sonderfall der Fernerkundung sowie auch aus der verbreiteten Praxis bei der Benennung einschlägiger wissenschaftlicher Gesellschaften wie z. B. der International Society of Photogrammetry and Remote Sensing (ISPRS), der Deutschen Gesellschaft für Photogrammetrie und Fernerkundung (DGPF) oder der American Society of Photogrammetry and Remote Sensing (ASPRS).

Die Begriffe Photogrammetrie und Bildmessung entstanden in den 80er Jahren des 19. Jahrhunderts, nachdem sich die Vermessung und Kartierung von Bergflanken, Gletschern und Gebäudefassaden nach Photographien, die von erdgebundenen Standpunkten aus aufgenommen wurden, theoretisch und experimentell als brauchbar erwiesen hatten.

1.2 Das System „Fernerkundung"

1.2.1 Aufbau des Systems

Das System Fernerkundung als das Gefüge eines geordneten Ganzen und als Lehrgegen-
stand besteht nach der zuvor gegebenen Definition aus drei Hauptkomponenten, nämlich
aus *Strahlungsvorgängen* oder dem Austausch von Energien, ohne die Fernerkundung
nicht möglich wäre, aus dem *Empfang*, der *Registrierung* und *Speicherung* dieser Strahlung oder Energie und aus der *Bearbeitung* und sachbezogenen *Auswertung* empfangener
Signale. Diese Komponenten können als eine Aufeinanderfolge von physikalischen, technischen und menschlichen Tätigkeiten und Leistungen beschrieben werden. In einfacher
Form geschieht dies in Abb. 1 für die hier vor allem interessierende Fernerkundung der
Erdoberfläche.

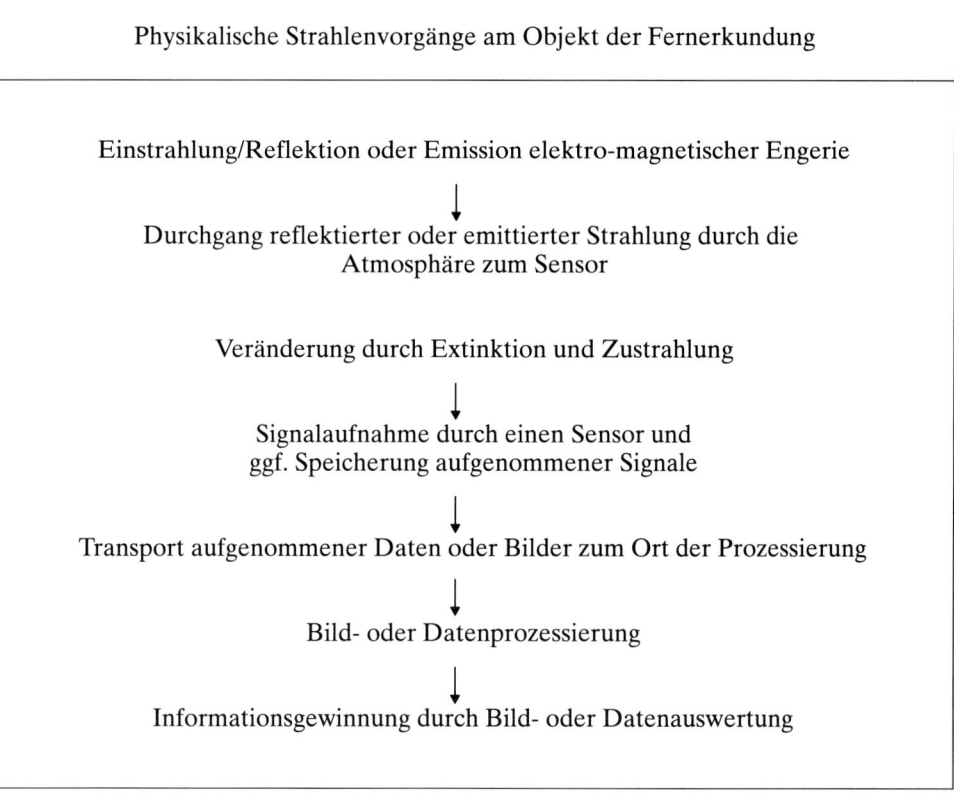

Abb. 1: *Das System „Fernerkundung" als Abfolge von physikalischen und technischen*
Vorgängen und menschlichen Tätigkeiten

Beispiel 1 Luftbildaufnahme vom Flugzeug aus	Beispiel 2 Radarbildaufnahme vom Satelliten aus

Einstrahlung von Sonnen- und Himmelslicht auf die Erdoberfläche	Einstrahlung von Mikrowellen auf das Auf- nahmegebiet durch Sender im Satellit

Reflexion von Teilflächen der Einstrahlung durch die Objekte objekt- und zustandsspezifisch

Durchgang der reflektierten Strahlung durch die Atmosphäre zum Sensor dabei: spektral spezifische Extinktion von Teilmengen und Zustrahlungen aus der Atmosphäre und von fremden Objekten

Aufnahmeplattform

Flugzeug	Erderkundungssatellit

Sensorsystem

Kamera, Filter, Film	Radarantenne u. Elektronik

Spektrale Sensibilität des Sensors = Spektralbereich der Aufnahme

EM-Wellen mit $\lambda = 0{,}4\text{-}0{,}9\ \mu$	spez. Mikrowellenband EM-Wellen z. B. mit $\lambda = 5{,}7$ cm (5.3 GHZ)

Speicherung der aufgenommenen Energie als latentes Bild auf unentwickeltem Film	Wandlung der aufgenommenen Energie in Videosignale (ggf. Zwischenspeicherung)

körperlicher Transport des belichteten Films zum Labor	Übertragung des Videosignals zur Bodenstation

Filmentwicklung, Kopierung, Bildverbesse- rung. Ergebnisse: Photographische Bilder - Negative, Diapositive, Positive	optische oder digitale Prozessierung, Bild- verbesserung. Ergebnisse: Radarbilder als Positive oder Diapositive u. computernutzbare Magnetbänder

Auswertungen

Luftbildinterpretation u. -messungen, topo- graphische u. thematische Kartierungen	Radarbildinterpretation, Datenanalyse, Klassifizierungen u. a.

Abb. 2: *Das System „Fernerkundung", erläutert an zwei Beispielen (vgl. hierzu Abb. 1)*

In Abb. 2 werden die in Abb. 1 gezeigten Vorgänge anhand von zwei konkreten Beispielen verdeutlicht. Diese Beispiele greifen den folgenden Kapiteln voraus. Sie werden sich dem Leser sowohl im Bezug auf die Terminologie als auch inhaltlich nach und nach voll erschließen.

1.2.2 Das elektromagnetische Spektrum

Fernerkundung für die in diesem Lehrbuch behandelten Anwendungen nutzt zur Erkennung und Identifizierung elektromagnetische Strahlungsvorgänge (Abb. 1 und 2) „zur Erkennung und Identifizierung von Gegenständen und Strukturen, Zuständen und Entwicklungen der Objekte der Erdoberfläche".

Elektromagnetische Strahlung ist eine Energieabgabe von Materiekörpern. Nach der Wellentheorie transportiert sie elektrische und die magnetische Energie in Wellenform (Abb. 3) mit einer Geschwindigkeit c = 299 792 km/sek., d. h. mit Lichtgeschwindigkeit. Nach Entstehung und Quelle der Strahlung treten Wellen unterschiedlicher, jedoch stets gleichbleibender Länge λ und Frequenz υ, letztere gemessen in Hertz = Schwingungen pro sek., auf. Wellenlänge und Frequenz bestimmen die physikalischen Eigenschaften der Strahlung. Zwischen c, λ und υ besteht die Beziehung

$$c = \upsilon \cdot \lambda \tag{1}$$

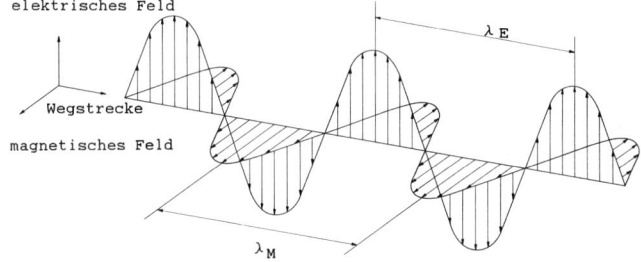

Abb. 3:
Elektromagnetische Welle im elektrischen und magnetischen Feld

Neben der Wellentheorie beschreibt bekanntlich auch die PLANCK'sche Quantentheorie die physikalische Natur der elektromagnetischen Strahlung. Sie geht davon aus, daß die Atome Strahlungsenergie nicht kontinuierlich, sondern stoßweise in kleinen Quanten (Photonen) abgeben und aufnehmen. Die Energie E eines Photons wird definiert durch die Frequenz υ der jeweiligen Strahlungsart und der Planck'schen Konstanten h

$$E = h \cdot \upsilon \quad h = 6{,}624 \cdot 10^{-27} \text{ erg/sek} \tag{2}$$

und wenn υ durch c/λ (Formel 1) ersetzt wird

$$E = \frac{h \cdot c}{\lambda} \tag{3}$$

Die Energie eines Photons ist also von der Wellenlänge bzw. der Frequenz der Strahlung abhängig. Sie ist größer bei kurzwelliger, hochfrequenter und kleiner bei langwelliger, niederfrequenter Strahlung.

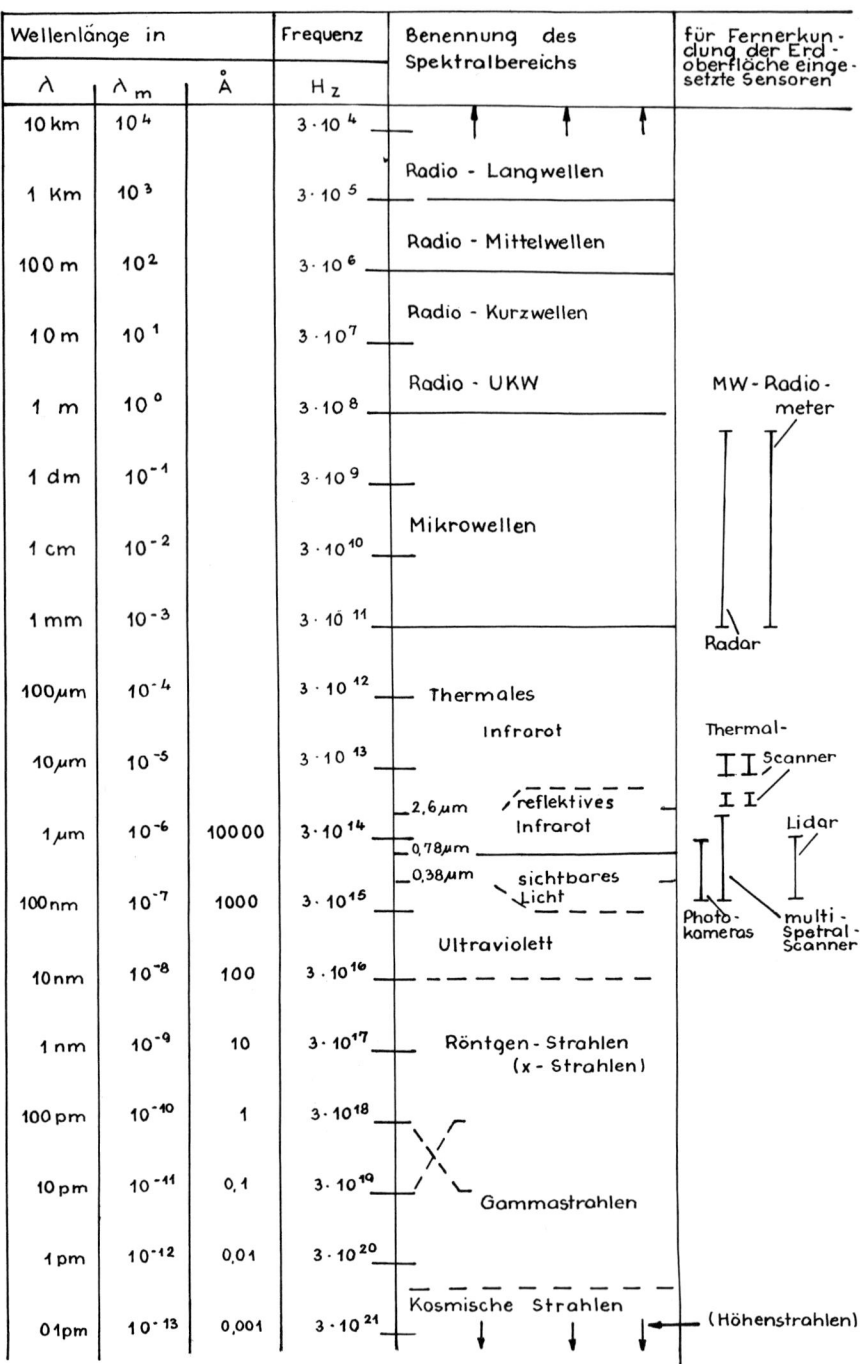

Abb. 4: *Das elektromagnetische Spektrum und die Spektralbereiche der für Fernerkundung der Erdoberfläche eingesetzten Sensoren*

In Abb. 4 ist das elektromagnetische Spektrum von den aus dem Weltraum in die Erdatmosphäre eindringenden hochfrequenten kosmischen Strahlen (Höhenstrahlen) bis zu den niederfrequenten Radiowellen dargestellt.

Nach den Quellen der in der Erdatmosphäre wirksamen Strahlung unterscheidet man zwischen *solarer* und *terrestrischer* Strahlung. Energiequelle für die solare Strahlung ist die Sonne. Der Wellenlängenbereich für die solare Strahlung ist aus der Sicht der Fernerkundung am kurzwelligen Ende mit $\lambda = 0,3\ \mu m$ zu begrenzen. Für das langwellige Ende werden aufgrund der dort nur noch marginalen Energiequanten in der Literatur Grenzwerte zwischen $\lambda = 3,5\ \mu m$ und $\lambda = 5\ \mu m$ angegeben.

Natürliche terrestrische Strahlung stammt aus Emissionen der Erdoberfläche und der Atmosphäre. Sie beginnt bei Wellenlängen von $\lambda = 3.0\ \mu m$ und schließt den thermalen Infrarot- sowie den gesamten Mikrowellenbereich ein. Solarer und terrestrischer Spektralbereich überlappen sich zwischen $\lambda = 3,0\ \mu m$ und $5,0\ \mu m$.

Eine andere Unterteilung des für die Fernerkundung benutzten breiten Spektralbereichs ist nach meß- bzw. aufnahmetechnischen Gesichtspunkten üblich. Dabei wird zwischen „*optischem*" und „*Mikrowellenbereich*" unterschieden. Die Grenze zwischen beiden kann bei $\lambda = 100\ \mu m$ (QUENZEL et al. 1983) oder $50\ \mu m$ (RASCHKE 1983) gesetzt werden. De facto werden für die Fernerkundung der Erdoberfläche gegenwärtig im optischen Bereich elektromagnetische Wellen mit $\lambda = 0,3–14\ \mu m$ und im Mikrowellenbereich von $\lambda = 0,8\ mm$ bis $0,3\ m$ genutzt. Dabei unterscheidet man
– das *sichtbare* (=visuelle) *Licht*, d. h. den dem menschlichen Sehvermögen zugänglichen Spektralbereich;
– das *reflektierte Infrarot*, welches das nahe und mittlere Infrarot umfaßt;
– das *thermale Infrarot*, d. h. jenen Bereich in dem Objekte Wärme abstrahlen;
– den Spektralbereich der Mikrowellen.
Innerhalb dieser Spektralbereiche ist die Fernerkundung der Erdoberfläche jedoch auf sog. „*Atmosphärische Fenster*" beschränkt. Dies sind Teilbereiche des Spektrums, in denen die Atmosphäre für elektromagnetische Strahlung weitgehend durchlässig ist. Abb. 5 zeigt für elektromagnetische Wellen von $\lambda = 0 – 15\ \mu m$ die Transmissions- und Absorptionsverhältnisse in der Atmosphäre. Für die hauptsächlichen Absorber sind die Zentren der jeweiligen Absorptionsbänder angegeben. Es ist erkennbar, daß Durchlässigkeit der Strahlung in einem für die Fernerkundung ausreichenden Maße im langwelligen UV ab $\lambda = 0,3\ \mu m$, im sichtbaren Licht und im reflektierten Infrarot gegeben ist. Gleiches gilt für den in Abb. 5 nicht dargestellten Mikrowellenbereich. Im thermalen Infrarot ist die Fernerkundung dagegen auf die atmosphärischen Fenster zwischen $\lambda = 3–5$ und $8–14\ \mu m$ beschränkt.

Die für die Fernerkundung der Erdoberfläche entwickelten und im Einsatz befindlichen Sensoren tragen dem Rechnung. In Abb. 4 sind die hierfür verfügbaren Sensorsysteme mit dazugehörigen spektralen Aufnahmebereichen auf der rechten Seite angegeben (vgl. hierzu auch Abb. 6). Die Korrespondenz zwischen den in Abb. 5 dargestellten atmosphärischen Fenstern und den spektralen Aufnahmebereichen ist leicht erkennbar.

Für Fernerkundung der Atmosphäre und für andere meteorologische Fragestellungen gelten z.T. andere Kriterien für die Wahl der Spektralbereiche. Für die Aufnahme der Erdoberfläche sind Absorptions-, Streu- und Emissionsprozesse in der Atmosphäre Störfaktoren. Ihr Einfluß muß – sofern er Fernerkundung nicht gänzlich ausschließt – durch Korrekturfaktoren gemindert werden. Bei der Fernerkundung der Atmosphäre selbst kommt es dagegen gerade auf die Wechselwirkungen zwischen dieser und der Strahlung an. In diesem Buch werden die Fernerkundung der Atmosphäre und meteorologische Fragestellungen nicht behandelt. Der interessierte Leser wird dazu auf CHAHINE et al. (1983), MATSON and WIESNET (1983), die PROMET-Doppelhefte 13/14 1990 und 1/2 1991 sowie weitere einschlägige Literatur verwiesen.

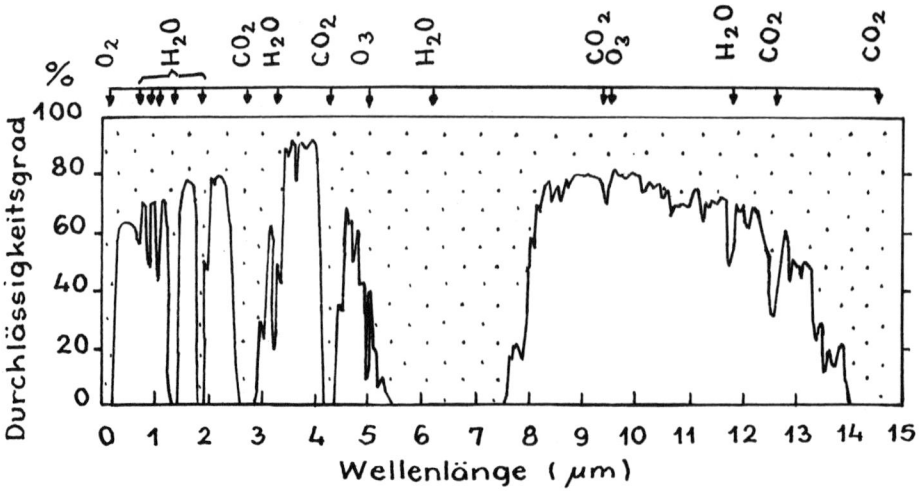

Abb. 5: *Transmission elektromagnetischer Strahlung durch die Atmosphäre.*
Weiß = „atmosphärische Fenster", Kopfleiste: Absorber

1.2.3 Systematik der Aufnahmeverfahren

Die Aufzeichnung von Daten bzw. Bildern kann je nach Zielsetzung der Erkundung mit jeweils dafür geeignetem Aufnahmegerät und Sensoren
– *punktuell* für einzelne, engbegrenzte Aufnahmeorte, z. B. mit Spektroradiometern oder Scatterometern,
– *kontinuierlich für Linien* in Flugrichtung, z. B. mit einem Mikrowellen-Altimeter,
– *flächenabbildend,* und zwar entweder durch kontinuierliche streifenweise Aufzeichnung quer zur Flugrichtung, z. B. mit einem Multispektral-Scanner, oder unmittelbar flächenhaft wie z. B. durch Luftbildaufnahme
erfolgen.

Punktuelle Messungen dienen vor allem der Erforschung der spektralen Reflexions- und Emissionseigenschaften von Objekten und Stoffen, Aufzeichnungen entlang von Linien, der Aufnahme von Profilen, z. B. von Höhenprofilen des Geländes oder von Vegetationsoberflächen. Die physikalischen und meßtechnischen Grundlagen für beides sind ausführlich bei ROBINSON und WITT (1983), MOORE (1983) und ELACHI (1983) beschrieben. Erkenntnisse, die aus punktuellen spektroradiometrischen Messungen über die Reflexion und Emission von Pflanzen, Böden u. a. gewonnen wurden, sind in Kapitel 2.3 zusammengefaßt.

Für die Anwendungen der Fernerkundung in der Forstwirtschaft, Landespflege, Regionalplanung und für Vegetationskartierungen kommt den flächenabbildenden Aufnahmesystemen die weitaus größte Bedeutung zu. Sie werden daher im folgenden vor allem betrachtet.

Gliederung nach dem Sensortyp

Für die Systematik flächenabbildender Aufnahmeverfahren unterscheidet man in erster Linie nach dem Sensortyp zwischen

– Photographie (hierzu Kap. 4)
– elektrooptischen Aufnahmeverfahren (hierzu Kap. 5)
– Radar, *radio detecting and ranging* (hierzu Kap. 6).
Mit einer Kurzcharakteristik ermöglicht Abb. 6 einen ersten Vergleich dieser Aufnahmeverfahren.

	Photographie	Elektro-optische Systeme					Radarsysteme	
		opto-mechanisch		opto-elektronisch			aktiv	passiv
					CCD			
Aufnahmegerät	Kamera	Zeilenabtaster (Scanner)		Video-Kamera	Zeilensensor	Kamera	Antenne	Antenne
Sensor	Film	Photo-Detektoren	Thermal-IR-Detektoren	Detektor-Schicht	Photo-Detektoren (Halbleiter)		Antenne	Antenne
Spektral-bereich* λ =	VIS, NIR 0,3-0,9 µm	VIS, NIR, MIR 0,3-2,5 µm	THIR 3-5,8-14 µm	VIS, NIR 0,4-0,9 µm	VIS, NIR, MIR 0,4-2,5 µm		MW 0,8-30 cm	MW 0,75-15 cm
Aufnahme-möglichkeit	Tageslicht und Wolkenfreiheit		Tag u. Nacht ohne Regenwolken	Tageslicht und Wolkenfreiheit			Tag u. Nacht und (nahezu) jedes Wetter	
Räuml. Auflösung**	1	3	4	2	2	2	3	4
Stereo-aufnahme realisiert	ja	–	–	–	ja	(ja)	ja	–
Primär-produkt	Photographie	Digitale Daten auf Band		Video-bild	Digitale Daten auf Band		Radar-bild	MW-Bild
A/D D/A Wandlung möglich	ja	ja	ja	ja	ja	ja	ja	ja

*Spektralbereiche VIS=sichtbares Licht, NIR=nahes Infrarot, MIR=mittl. Infrarot, THIR=thermales Infrarot, MW=Mikrowellenbereich
**Klassifizierung (relativ) 1=am besten, 4=am schlechtesten

Abb. 6: *Physikalische und technische Merkmale sowie prinzipielle Kapazitäten der wichtigsten flächenabbildenden Fernerkundungssensoren*

Gliederung in passive und aktive Systeme

Eine andere Einteilung der Fernerkundungssysteme gliedert in aktive und passive Verfahren: Wenn die vom Sensor empfangene Strahlung reflektiertes Sonnen- und Himmelslicht oder emittierte körpereigene Energie, z. B. in Form von Wärme, ist, spricht man von einem passiven Aufnahmeverfahren. Dem Strahlungsvorgang ging keine menschliche Tätigkeit voraus. Wenn dagegen die vom Sensor empfangene Energie die Rückstrahlung einer zuvor erfolgten künstlichen Beleuchtung des Objektfeldes ist, liegt ein aktives Verfahren vor.

In Abb. 7 sind die räumlichen Beziehungen zwischen Energiequelle, zu untersuchendem Objekt und Sensor für die vier für die Fernerkundung der Erdoberfläche häufigsten Fälle dargestellt. Die dabei in Abb. 7 b gezeigte Situation ist charakteristisch für ein aktives Verfahren, mit einem von einem Flugkörper getragenen Sender und Empfänger z. B. von Mikrowellen (Radar) oder Laserlicht (Lidar).

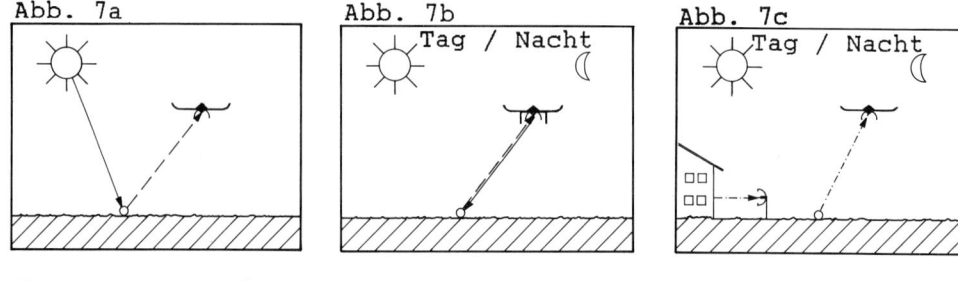

Einstrahlung   reflektierte Strahlung   emittierte Strahlung

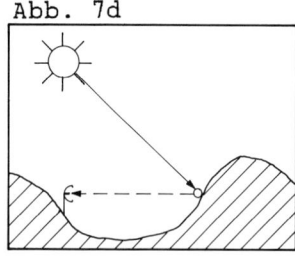

a) Aufnahme reflektierter solarer Strahlung von einem Flugkörper aus,
b) Radar- oder Lidar-Aufnahme von einem Flugkörper aus,
c) Aufnahmen emittierter Wärmestrahlen von einem Flugkörper und einem bodengebundenen Sensor aus, d) terrestrische Aufnahme reflektierter solarer Strahlung

Abb. 7: *Schematische Darstellung der räumlichen Beziehungen zwischen Energiequellen, Objekt und Sensor*

Gliederung nach der Einsatzmöglichkeit

Eine Einteilung der Fernerkundungsverfahren kann auch nach den Möglichkeiten für deren Durchführung bei Tag, bei Tag und Nacht und in Abhängigkeit von Wetterbedingungen vorgenommen werden.

Sensorsysteme, die reflektierte Sonnen- und Himmelsstrahlung im sichtbaren Licht, nahen und mittleren Infrarot aufnehmen, führen nur bei Tageslicht zu auswertbaren Daten und Bildern. Wolken zwischen dem Sensor und dem aufzunehmenden Objekt behindern bei schwacher und verhindern bei starker Wolkenbedeckung die Auswertung. Es handelt sich also um Tages- und (mit Einschränkungen) Schönwettersysteme.

Thermalsensoren, die unterschiedliche Oberflächentemperaturen der Objekte aufzeichnen, können Tag und Nacht eingesetzt werden. Trockene Rauchwolken z. B. eines Waldbrandes zwischen dem Sensor und den Objekten der Aufnahme beeinflussen zwar die am Sensor eintreffenden Signale, machen aber eine Auswertung der Thermalbilder nicht unmöglich. Regenwolken oder Nebel zwischen Sensor und Objekten lassen dagegen keine auswertbare Thermalbildaufnahme zu. Es liegt in diesem Falle also ein bewölkungsabhängiges Tag/Nacht-System vor.

Sensorsysteme, die emittierte oder reflektierte Mikrowellen der Länge $\lambda > 3$ cm aufnehmen, wie z. B. X-, C- oder L-Band Radar (siehe Kap. 6) können sowohl bei Tag und Nacht als auch dann eingesetzt werden, wenn zwischen Sensor und Objekten Wolken liegen. Man spricht von einer Allwetterkapazität der Mikrowellensensoren. Die relativ langen Mikrowellen werden in der Atmosphäre weder durch Gase noch von festen oder flüssigen Partikeln des Aerosols absorbiert (siehe Kap. 2).

Gliederung in mono- und multispektrale Aufnahmen

Monospektral ist eine Aufnahme, wenn der Sensor nur in einem mehr oder weniger breiten Spektralbereich zwischen λ_i und λ_{i+n} Signale aufzeichnet. Die Luftbildaufnahme mit einem Schwarzweiß-Film oder eine Radaraufnahme z. B. im X-Band sind solche monospektralen Aufnahmen.

Multispektral ist eine Aufnahme, wenn der Sensor so eingerichtet ist, daß durch spektral unterschiedlich sensible Detektoren oder Emulsionen das gleiche Objekt gleichzeitig und in gleicher Geometrie aufgenommen wird. Beispiele hierfür sind die simultane Luftbildaufnahme mit verschiedenen Film/Filter-Kombinationen, die Aufnahme mit einem Mehrkanal-Scanner (Multispektralscanner) und die simultane Videoaufnahme mit spektral unterschiedlich sensiblen Detektorschichten der Signalplatte.

Dem Prinzip nach multispektral sind auch Luftbildaufnahmen mit mehrschichtigen Farb- und Infrarotfarbfilmen. Empfang der Signale und Speicherung der daraus hervorgehenden Signaturen erfolgen durch verschieden spektral sensibilisierte Emulsionsschichten. Dem durch die Prozessierung des belichteten Films entstehenden Farbbild entspricht bei multispektralen Scanneraufnahmen die durch digitale Bildverarbeitung entstehende Farbkomposite (Colorcomposite).

Ähnlichkeiten mit Multispektralaufnahmen weisen Aufnahmen des gleichen Objektes mit zwei in unterschiedlichen Spektralbereichen aufzeichnenden, verschiedenartigen Sensoren auf. Unter bestimmten Voraussetzungen lassen sich solche „Multi-Sensor-Aufzeichnungen" unter geometrischer Anpassung aneinander zu einem gemeinsamen Bildprodukt verschmelzen. Für diesen Prozeß, der im englischen als „merging" bezeichnet wird, verwenden manche Autoren in deutschen Texten den (unschönen) Ausdruck „mergen".

1.2.4 Systematik der Auswerteverfahren

Zu unterscheiden sind zunächst
- *semantische* Auswertungen, bei denen es um die Bedeutung der aufgezeichneten Signaturen und Bildgestalten als solche geht;
- *thematische* Auswertungen, durch die erkannte Bildinhalte auf einen bestimmten Auswertungszweck hin sachverständig analysiert und interpretiert werden,
- *Bildmessungen*, durch die Größen und Formen von Flächen und Körpern mit Mitteln der Photogrammetrie zu ermitteln sind.

Semantische und thematische Auswertung

Semantische und thematische Auswertungen gehen bei Auswertungsprozessen oft ineinander über. Beide setzen beim Auswerter die Beherrschung der Verfahrenstechniken, sinnliches Wahrnehmungsvermögen und Sachverstand im Hinblick auf die zu lösende Aufgabe, die Objekte der Auswertung und deren Interdependenzen voraus.

Semantische und thematische Auswertungen von Fernerkundungsaufzeichnungen können
- *visuell* (gelegentlich sprachlich unscharf auch „analog" oder im englischen – noch weniger glücklich – auch „manuell" bezeichnet)
- *rechnergestützt* digital
- oder beides vereinigend, *hybrid* oder *interaktiv* erfolgen.

Zur *visuellen* Auswertung benötigt man Bildprodukte, also z. B. Luftbilder, Videoaufzeichnungen, Thermal- oder Radarbilder oder auch aus multispektralen Scanneraufzeichnungen synthetisch hergestellte Farbkompositen. Die Auswertung kann monoskopisch, d. h. anhand jeweils nur eines Bildes oder stereoskopisch vorgenommen werden. Letzteres erfordert, daß bei der Aufnahme die Voraussetzungen dafür geschaffen werden und eine stereoskopische, d. h. Raumbilder erzeugende Betrachtungsmöglichkeit vorhanden ist.

Rechnergestützte digitale Auswertung semantischer oder thematischer Art benötigt digital aufgezeichnete oder nach Digitalisierung von Bildprodukten vorliegende Daten des aufgenommenen Geländes bzw. Objektes. In beiden Fällen müssen die Datensätze in computer-compatibler Form vorliegen. Die digitale Auswertung flächenabbildender Fernerkundungsaufzeichnungen ist vor allem auf die Klassifizierung des aufgenommenen Geländes mit zumeist nachfolgender thematischer Kartierung und auf Mustererkennungen, d. h. die automatische Identifizierung von Objekten, gerichtet.

Bei *hybridem* Vorgehen setzt man beide o.a. Auswertungsarten ein. Eine Vielzahl von Kombinationsmöglichkeiten ist dabei denkbar. Einschränkend ist zu sagen, daß man noch nicht von hybriden Verfahren spricht, wenn z. B. digital hergestellte Farbkompositen visuell ausgewertet werden oder wenn Luftbilder u. a. primäre Bildprodukte durch digitale Bildverarbeitung verbessert werden. Die inhaltliche Auswertung als solche muß visuelle und digitale Komponenten aufweisen.

Als *interaktiv* bezeichnet man eine Arbeitsweise, bei der im Zuge digitaler Auswertung der Operateur immer wieder in den Auswerteprozeß steuernd eingreift. Dies geschieht i. d. R. nach am Bildschirm gewonnenen Erkenntnissen und über dort getroffene Entscheidungen. Der Übergang von interaktivem Eingreifen zu hybriden Verfahren ist fließend.

Photogrammetrische Auswertungen

Der Interpretation und Analyse der Bildinhalte steht, wie schon erwähnt, die Bildmessung gegenüber. Sie wurde in 1.1 als ein Meßverfahren definiert, bei dem aus photographischen Bildern oder digitalen Bilddaten Größe und Gestalt von Flächen und Körpern sowie deren Lage im Raum ermittelt bzw. kartiert werden. Die Systematik der Bildmeßverfahren kennt einerseits die Gliederung in
- Verfahren der analogen Photogrammetrie
- Verfahren der analytischen Photogrammetrie
- Verfahren der digitalen Photogrammetrie
und andererseits nach
- Einbildverfahren
- Zweibild- oder stereophotogrammetrischen Verfahren.

Bei *analogen* Verfahren arbeitet man für das Ausmessen von Objekten und deren Lage-bestimmung sowie zur Herstellung von Beziehungen zwischen Bild- und Geländekoor-dinaten mit optischen oder mechanischen Projektionen. Sie treten als Analogien an die Stelle der Strahlenbündel einer photographischen Aufnahme und ermöglichen alle für die Messungen und orthogonalen Darstellungen notwendigen Umbildungen.

Bei *analytischen* Verfahren werden diese Aufgaben durch rein rechnerische photogram-metrische Punktbestimmungen gelöst. Aus gemessenen Bildkoordinaten abgebildeter Objekte werden deren Geländekoordinaten rechnerisch abgeleitet und Objektlage und -maße berechnet.

Die *digitale* Photogrammetrie[1] unterscheidet sich von der analogen und analytischen zunächst dadurch, daß der Auswertung in digitaler Form z. B. mit der CCD-Kamera aufgenommene oder durch Digitalisierung photographischer Bilder gewonnene Bildda-ten zugrundegelegt werden. Dementsprechend muß auch die photogrammetrische Aus-wertung neue Wege, z. B. solche mit Mitteln der automatischen Bildkorrelation, gehen bzw. noch finden.

Die Unterscheidung zwischen Einbild- und Zweibildverfahren ist evident: Bei *Einbild-verfahren* erfolgt die photogrammetrische Auswertung jeweils eines einzelnen Bildes. Einfache Umzeichnungen, die Beseitigung projektiver Verzerrung durch Bildentzerrung und – als analytisches Verfahren – das sog. Monoplotting, sind Beispiele von Einzelbild-verfahren. Zur Ausmessung räumlicher Objekte bzw. Kartierung nicht ebener Landschaf-ten müssen zusätzlich Höheninformationen herangezogen werden.

Bei *Zweibild- oder stereophotogrammetrischen Verfahren* werden der Auswertung Bild-paare, deren Einzelbilder sich teilweise, z. B. zu 60 % überdecken, zugrundegelegt. Die sich überdeckenden Bildteile können als Raumbilder stereoskopisch gesehen und aus-gewertet werden. Im Gegensatz zu den Einbildverfahren kann eine vollständige, also auch Höhenmessungen, die Kartierung von Höhenschichtlinien, die Ausmessung räum-licher Objekte usw. einschließende photogrammetrische Auswertung erfolgen.

Photogrammetrische Verfahren sowie die Entzerrung und geometrische Korrekturen nicht photographischer digitaler Datensätze sind Voraussetzung für die Einbeziehung von Fernerkundungsaufzeichnungen in flächenbezogene Geographische Informationssysteme (GIS, syn. Landinformationssystem LIS) bzw. flächenbezogene Datenbanken. In welcher Form eine solche Einbeziehung auch erfolgt, sie setzt voraus, daß die aus Fernerkundungs-aufzeichnungen zu übernehmenden Informationen geokodiert werden können, d. h. daß man sie dem geometrischen Modell des flächenbezogenen GIS lagemäßig zuordnen kann.

---

[1] Digitale Photogrammetrie wird gelegentlich auch als „Softcopy-photogrammetry" bezeichnet (z. B. LEBERL 1991). In Verbindung mit CCD-Kamera-Aufnahmen wurde dafür auch schon „Videogrammetry" vorgeschlagen (z.B. GOLDSCHMIDT und RICHTER 1993). Liegen der Ausmes-sung Radardaten bzw. -bilder zugrunde, so spricht man von „Radargrammetrie".

2. Strahlungsvorgänge in der Atmosphäre

Abbildung 1 und 2 machten klar, daß sich Fernerkundung auf solare und terrestrische Strahlungsvorgänge stützt. Dies zwingt dazu, diese und die Wechselwirkungen zwischen Einstrahlungen und den Objekten der Erdoberfläche zumindest in den Grundzügen kennenzulernen.

2.1 Die Einstrahlung auf die Erdoberfläche

2.1.1 Solare Einstrahlung

Die solare Einstrahlung wird durch die Menge und spektrale Zusammensetzung der extraterrestrischen Sonnenstrahlung und die bei deren Durchgang durch die Atmosphäre sich vollziehenden Streuungsvorgänge und Absorptionen bestimmt.

Die extraterrestrische Sonnenstrahlung reicht vom langwelligen Ultraviolett über das sichtbare Licht bis zu Wellenlängen von etwa 5 µm in den infraroten Spektralbereich. Sie weist dabei eine charakteristische spektrale Zusammensetzung auf, die der Abstrahlung von Energie eines Schwarzkörpers mit der Temperatur von 5900 Kelvin[2] entspricht. Die spektrale Charakteristik der die Erdatmosphäre erreichenden solaren Strahlung ist in Abb. 8 durch die langgestrichene Kurvenlinie gekennzeichnet. Das Maximum der Bestrahlungsstärke liegt, wie bei einem vergleichbaren Schwarzkörper, bei $\lambda = 0{,}47$ µm. Knapp die Hälfte der extraterrestrischen Sonneneinstrahlung wird durch Strahlung im sichtbaren Licht erzeugt.

Die am oberen Rand der Atmosphäre eintreffende Sonnenstrahlung erreicht nur zum Teil die Erdoberfläche. Auf dem Weg durch die Erdatmosphäre vermindert sich die direkte Sonnenstrahlung durch Extinktion, worunter die Summe von Absorptionen und Streuungen in der Erdatmosphäre verstanden wird. Absorption und Streuung sind im Ausmaß ihrer schwächenden Wirkung abhängig vom Zustand der Atmosphäre und der Weglänge durch die Atmosphäre sowie unterschiedlich für Strahlung verschiedener Wellenlängen. Letzteres ist bedingt einerseits durch die speziellen Absorptionseigenschaften der in der Atmosphäre vorkommenden Gase, Aerosolteilchen und Wolkentropfen sowie andererseits durch die Abhängigkeit der Streuung von den Wechselwirkungen zwischen Wellenlänge und den Teilchengrößen des Aerosols.

Die Extinktion wird physikalisch als Minderung der spektralen Strahldichte L_λ, d. h. der Verringerung der Strahlungsleistung L (Energie x Zeit) einer bestimmten Wellenlänge λ, die innerhalb eines kleinen Raumwinkels eine Fläche durchsetzt, beschrieben.

$$dL_\lambda \, (\Omega) = -L_\lambda \, (\Omega) \cdot \sigma_{e\lambda} \cdot ds \tag{4}$$

L_λ bzw. dL_λ werden in $W \cdot m^{-2} \cdot sr^{-1} \cdot \mu m^{-1}$ gemessen.
$\sigma_{e\lambda}$ ist der Extinktionskoeffizient, der vom Zustand der Atmosphäre, d. h. von Menge und Art der extingierenden Stoffe abhängig ist
ds ist die Weglänge der Strahlung durch die Atmosphäre.

---

[2] Umrechnung von Kelvin in °Celsius: K = °C + 273,16

Die Wirkung der Extinktion auf die spektrale Bestrahlungsstärke E_λ ist für die der Abb. 8 zugrundeliegende Situation aus der Differenz der beiden Kurven für die Sonneneinstrahlung abzulesen. Dabei geht die generelle Absenkung der Bestrahlungsstärke bis zu einem Kurvenverlauf, der in ausgeglichener Form dem von E_λ am oberen Rand der Atmosphäre entspricht, auf die Wirkung der Streuungen zurück. Die verschiedenen in Abb. 8 erkennbaren Einbrüche der Bestrahlungsstärken an der Erdoberfläche zeigen die von den Wellenlängen abhängigen Strahlungsverluste durch Absorption. Die wesentlichsten Absorber sind angegeben.

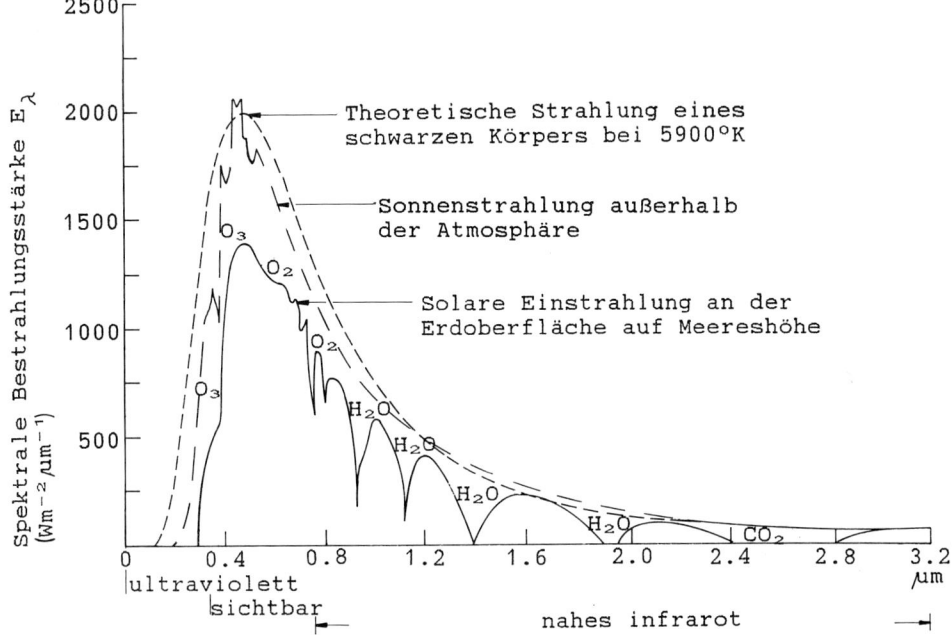

Abb. 8: *Spektrale Bestrahlungsstärke (Strahlflußdichte) E_λ der solaren Einstrahlung vor und nach Durchgang durch die Atmosphäre im Vergleich mit der theoretischen Strahlung eines Schwarzkörpers mit der Oberflächentemperatur der Sonne. E_λ ist für Wellenlängenintervalle von 0,1 μm in Wm^{-2} angegeben. Zugrundegelegt sind klares Wetter und Sonnenstand im Zenit*

Die in Abb. 8 gezeigten Werte für E_λ an der Erdoberfläche gehen von einem Sonnenstand im Zenit und einem Standort in Seehöhe aus. Da die Extinktion auch von der Länge des Weges ds der Sonnenstrahlung durch die Atmosphäre abhängig ist (Formel 4), gilt – bei gleichem Atmosphärenzustand – daher, daß die Extinktion umso größer ist, je tiefer die Sonne in Bezug zu einem gegebenen Ort steht.

In Abb. 9 sind hierzu Daten über die prozentuale Schwächung der extraterrestrischen Strahlung bei unterschiedlichem Sonnenstand und damit Weglängen durch die Atmosphäre gegeben. Die Kurven zeigen die Abschwächungen durch

a) die Streuung an den Sauerstoff- und Stickstoffmolekülen der Atmosphäre (RAYLEIGH-Streuung)

b) die Absorption an gasförmigem H_2O, O_3, O_2

c) die vom Aerosol in Großstadtluft (LINK'scher Trübungsfaktor T = 3,75) verursachte Absorption und Streuung (MIE-Streuung).

Die in Abb. 9 gezeigten Daten gelten für eine horizontale Empfangsfläche.

Als RAYLEIGH-Streuung (nach dem Physiker Lord RAYLEIGH) bezeichnet man in diesem Zusammenhang die Streuung an Molekülen, deren Radius kleiner als die Wellenlängen der solaren Strahlung ist. Dies trifft in der Atmosphäre für Luftmoleküle zu. Demgegenüber wird die Streuung an Aerosolteilchen, deren Radius in der Größenordnung der Wellenlängen der solaren Strahlung liegt, MIE-Streuung (nach dem Physiker Gustav MIE) genannt. Der oben ebenfalls genannte LINK'sche Trübungsfaktor T besagt, um wieviel länger der Strahlungsweg durch eine Rayleigh-Atmosphäre (=aerosolfreie Atmosphäre) sein müßte, um die gleiche Abschwächung der direkten Sonnenstrahlung zu erhalten wie bei einem konkret vorliegenden atmosphärischen Zustand.

Besonderen Einfluß auf die Extinktion übt selbstverständlich der Zustand der Atmosphäre aus. Dunst und Bewölkung, Menge und Zusammensetzung des Aerosols und Menge und Art absorbierender Spurengase (O_3, CO_2, H_2O usw.) mit ihren vor allem in stark industrialisierten Ländern räumlich und zeitlich oft rasch wechselnden Verteilungsmustern, führen zu z.T. drastischen Änderungen der Extinktion im Ganzen und in bestimmten Absorptionsbändern.

Bei einem Sonnenstand von 60 % (im mittleren Deutschland, Mittagszeit im Juli) wurden z. B. folgende Extinktionen ermittelt (SCHULZE 1970):
– über flachem, offenen Land   26 % der extraterrestrischen Einstrahlung (T = 2,75)
– über einer Großstadt   34 % der extraterrestrischen Einstrahlung (T = 3,75)
– über einem Industriegebiet   43 % der extraterrestrischen Einstrahlung (T = 5,00)
Die gesamte Extinktion und die durch das Aerosol verursachte Schwächung der direkten Sonneneinstrahlung sind in Abb. 10 für diese drei verschiedenen Atmosphärenzustände wiederum in Abhängigkeit vom Sonnenstand und damit der Weglänge durch die Atmosphäre dargestellt. Die Wirkung der beiden Extinktionskomponenten Atmosphärenzustand und Weglänge (vgl. Formel 4) ist damit sehr deutlich erkenn- und einschätzbar.

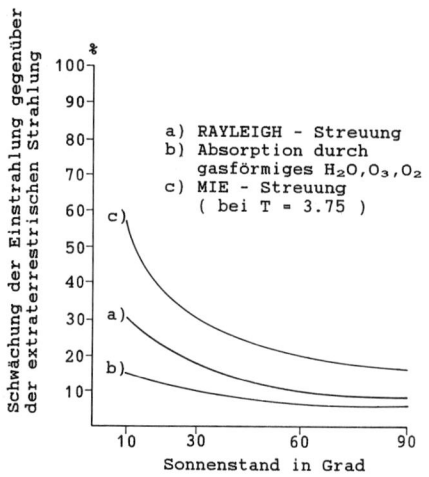
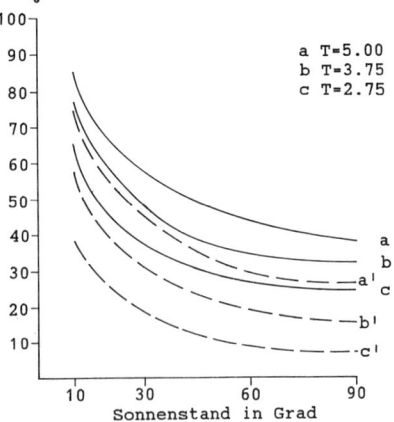

Abb. 9:
Schwächung der solaren Einstrahlung beim Durchgang durch die Atmosphäre durch Streuung und Absorption in Abhängigkeit vom Sonnenstand (nach Daten von SCHULZE 1970)

Abb. 10:
Gesamtextinktion (ausgezogene Kurven) und Extinktion durch das Aerosol (gestrichelte Kurven) in Abhängigkeit vom Atmosphärenzustand und Sonnenstand (nach Daten von SCHULZE 1970). T = Link'scher Trübungsfaktor (siehe Text)

Der absorbierte Teil der solaren Strahlung scheidet aus dem Strahlungsfeld zunächst aus. Er führt zur Erwärmung der Lufthülle oder, sofern die Absorption durch Körper der Erdoberfläche erfolgt, zu deren Erwärmung. Erst über terrestrische Strahlung treten Teile davon als Wärmeemission, Fluoreszenz oder Phosphoreszenz wieder in das Strahlungsfeld ein.

Der gestreute Teil der solaren Strahlung bleibt, wenn er nicht auf dem weiteren Weg durch die Atmosphäre auch noch absorbiert wird, im Strahlungsfeld. Er trägt z.T. als Himmelslicht zur Beleuchtung der Erdoberfläche bei und erreicht diese als solches nach der Streuung oder Mehrfachstreuungen doch noch. Das Himmelslicht fällt diffus ein, zeigt jedoch mit zunehmender Menge an Aerosol ein Einstrahlungsmaximum aus Richtung der Sonne. Die spektrale Zusammensetzung des Himmelslichts weicht charakteristisch von der die Erde direkt erreichenden Sonnenstrahlung ab. Es weist innerhalb des sichtbaren Spektralbereichs einen größeren Anteil kurzer (= blauer) Wellen und einen kleineren Anteil langer (= roter) Wellen als die direkte Sonneneinstrahlung auf. Im nahen Infrarot erreicht die Strahldichte des Himmelslichts dann nur noch minimale Beträge (Abb. 11).

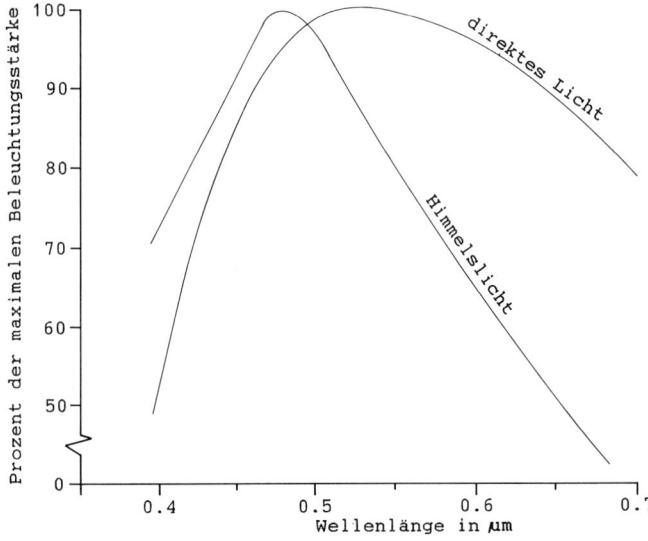

Abb. 11:
Relative spektrale Zusammensetzung von direktem Sonnenlicht und Himmelslicht an einem klaren Tag, bezogen auf das Maximum der spektralen Bestrahlungsstärke (nach LILLESAND und KIEFER 1979)

Die direkten, parallel und isotrop einfallenden Sonnenstrahlen und das diffuse Himmelslicht bilden zusammen die Globalstrahlung, die zu einem bestimmten Zeitpunkt einen bestimmten Ort der Erdoberfläche trifft. Sie speisen gemeinsam die für die Fernerkundung im solaren Bereich durch Reflexion an den Körpern der Erdoberfläche entstehenden spektralen Signale.

Die spektrale Zusammensetzung der Globalstrahlung ist trotz der o.a. spektralen Unterschiede seiner beiden Komponenten im besonnten Teil der Erdoberfläche, sofern sie auf eine annähernd horizontale Fläche fällt, relativ konstant. Schattenpartien, die nur vom Himmelslicht beleuchtet werden, und die Erdoberfläche bei vollständig bedecktem Himmel empfangen dagegen relativ mehr kurzwelliges, „blaues" Licht. Beschattete Partien können dementsprechend in Fernerkundungsaufzeichnungen dann aufgehellt werden – freilich auf Kosten von Kontrastminderungen! –, wenn man bei der Aufnahme z. B. von Luftbildern anstatt zumeist eingesetzter Gelbfilter einen UV-(Dunst-) Filter oder einen sehr hellen Gelbfilter verwendet oder z. B. bei der Herstellung von Farbkompositen (siehe 5.7) aus Multispektralaufnahmen die im blauen Spektralbereich empfangenen Daten am Bildaufbau beteiligt.

Trotz der o.a. relativen Konstanz der spektralen Zusammensetzung der Globalstrahlung hat das Verhältnis zwischen Sonnen- und Himmelsstrahlung für die Luftbildaufnahme und -interpretation Bedeutung. Dies vor allem, weil die Stärke der Globalstrahlung an einem bestimmten Ort (geographische Breite, Höhe über NN usw.) umso größer ist, je mehr Anteile an direkter Sonnenstrahlung beteiligt sind. Wichtig ist ferner, daß sich mit zunehmendem Anteil direkter Sonnenstrahlung die Kontraste der Objektbeleuchtung verschärfen, was für viele Interpretationsaufgaben als Vorteil anzusehen ist.

In diesem Sinne interessieren neben der spektralen Zusammensetzung der Einstrahlung vor allem die Anteile an direkter Sonnen- und diffuser Himmelsstrahlung an der Globalstrahlung bzw. Globalbeleuchtung. Sie sind wiederum abhängig vom Trübungszustand der Atmosphäre und von der Sonnenhöhe. Beide Faktoren bestimmen auch die jeweilige Bestrahlungsstärke E_G der solaren Globalstrahlung an einem Ort der Erdoberfläche und die „relative Bestrahlung", die das Verhältnis der dort eintreffenden Globalstrahlung zur extraterrestrischen Sonnenstrahlung als Prozentzahl angibt. Nach Angaben von SCHULZE (1970) ergeben sich dazu für eine horizontale Empfangsfläche und bei einem Wasserdampfgehalt von $1g \cdot cm^{-2}$ in der Atmosphäre die in Tab. 1 wiedergegebenen Werte.

Für die Aufnahme und Auswertung aller Fernerkundungsaufzeichnungen sowie für Bildverbesserungen, einschließlich vor allem für die Ausschaltung oder Verminderung atmosphärischer Einflüsse, ergeben sich aus alledem eine Reihe von Konsequenzen.

Trübung der Atmosphäre Link'scher Trübungsfaktor	Sonnenstand				
	5°	10°	30°	60°	90°
	Verhältnis direkte Sonneneinstrahlung zu Himmelslicht				
T = 1.90	1.7:1.0	3.0:1.0	8.2:1.0	16.0:1.0	19.3:1.0
T = 2.75	0.9:1.0	1.7:1.0	5.1:1.0	9.8:1.0	11.4:1.0
T = 3.75	0.5:1.0	1.0:1.0	3.2:1.0	6.2:1.0	7.5:1.0
T = 5.00	0.3:1.0	0.6:1.0	2.1:1.0	4.2:1.0	5.1:1.0
	Bestrahlungsstärke E_G in W m^{-2}				
T = 1.90	0,067	0,156	0,56	1,03	1,22
T = 2.75	0,055	0,134	0,51	0,98	1,15
T = 3.75	0,045	0,114	0,47	0,92	1,10
T = 5.00	0,036	0,095	0,41	0,85	1,03
	Globalstrahlung in % der extraterrestrischen Sonnenstrahlung = relative Bestrahlung				
T = 1.90	55	65	80	86	87
T = 2.75	45	55	73	82	83
T = 3.75	37	47	67	77	79
T = 5.00	30	39	60	71	64

Tab. 1: *Einstrahlungsparameter bei verschiedenem Atmosphärenstand nach Meßergebnissen von* SCHULZE *(1970)*

2.1.2 Einstrahlung im terrestrischen Spektralbereich

Für die Einstrahlung im terrestrischen Spektralbereich ist für die Fernerkundung der Erdoberfläche ausschließlich die sog. atmosphärische Gegenstrahlung zu beachten. Das ist die aus allen Richtungen des Halbraums aus der Atmosphäre auf die Erde emittierte Strahlung. Sie trägt zu ihrem Teil zur Ausstrahlung der Objekte im terrestrischen Spektralbereich bei.

Für die Erderkundung von Interesse sind dabei nur die Einstrahlungen im Bereich der atmosphärischen Fenster. Sie sind für Strahlungen bis $\lambda = 15\ \mu m$ in Abb. 5 dargestellt und liegen im Mikrowellenbereich meist in schmalen Absorptionslinien des Wasserdampfes bei 22 und 183 GHZ und des Sauerstoffs bei 60 und 118 GHZ.

Den natürlichen Einstrahlungen im terrestrischen Spektralbereich steht die für die Fernerkundung bedeutsamere künstliche Einstrahlung von Mikrowellen bei Radarverfahren gegenüber. Sie erfolgt von im Flugkörper installierten Sendern aus (hierzu Kap. 6).

2.2 Die Ausstrahlung der Erdoberfläche

Die Ausstrahlung der Erdoberfläche wird ebenfalls in einen kurzwelligen, solaren und einen langwelligen, terrestrischen Teil gegliedert. Die kurzwellige Ausstrahlung rührt überwiegend aus reflektierter solarer Globaleinstrahlung her. Ein kleiner Teil wird aus absorbierter solarer Einstrahlung mit veränderter Wellenlänge als Fluoreszenz abgestrahlt. Die langwellige Ausstrahlung hat dagegen unterschiedliche Quellen. Im thermalen Spektralbereich speist sie sich aus absorbierter Einstrahlung, aus in den Körpern selbst durch Verbrennungs-, Bewegungs- oder chemische Prozesse entstandener und aus der körperlichen Nachbarschaft übertragener Wärme. Im Bereich der Mikrowellen geht die Ausstrahlung z.T. auf natürliche Eigenstrahlung, z.T. auf reflektierte atmosphärische Gegenstrahlung zurück.

Man unterscheidet daher bei der kurzwelligen Ausstrahlung zwischen der *Reflexion = Rückstrahlung* (in der älteren Literatur auch als Remission bezeichnet) und der Fluoreszenz. Da die Reflexion zumeist anisotrop erfolgt, wird anstelle der Rückstrahlung auch Rückstreuung gebraucht. Die langwellige Ausstrahlung der überwiegend körpereigenen Energie wird – unter Vernachlässigung der geringfügigen Mengen reflektierter atmosphärischer Gegenstrahlung – als *Emission* bezeichnet. Emittiert und für die Fernerkundung nutzbar sind dabei sowohl Emissionen im thermalen Infrarotbereich als auch im Mikrowellenbereich.

2.2.1 Rückstrahlung im solaren Spektralbereich

2.2.1.1 Die Albedo

Das Verhältnis der in den Halbraum reflektierten solaren Strahlung zur solaren Einstrahlung aus dem Halbraum wird als *Albedo* bezeichnet. Sie nimmt damit Werte zwischen 0 und 1 an oder als Prozentsatz der Einstrahlung Werte zwischen 0 und 100 %.

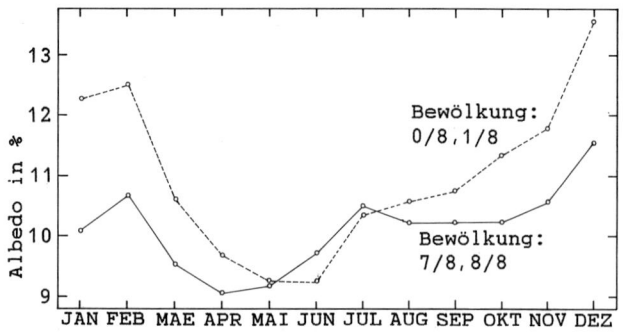

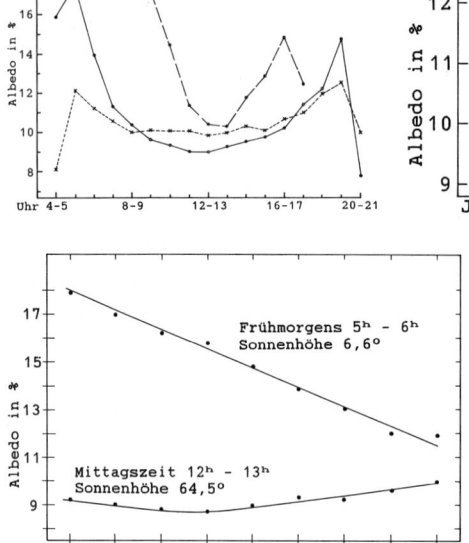

Abb. 12: *Mittlerer Tagesgang der Albedo eines Kiefernstangenholzes für 1974-1982 (nach* KESSLER *1985)*
Abb. 13: *Mittlerer Jahresgang der Albedo eines Kiefernstangenholzes für 1974-1982 bei unterschiedlicher Bewölkung (nach* KESSLER *1985)*
Abb. 14: *Abhängigkeit der Albedo eines Kiefernstangenholzes vom Wolkenbedeckungsgrad. Mittelwerte Juni/Juli 1974-1982 (aus* KESSLER *1985)*

Die Albedo ist vor allem eine wichtige Größe für Klimamodellrechnungen, Untersuchungen des Energiehaushalts der Erde und die Strahlungsbilanz in der Atmosphäre.

Lokal zeigt die Albedo einen typischen Tagesgang und die Abhängigkeit von Bewölkung und den Reflexionseigenschaften der verschiedenen Landbedeckungsarten. Dies wird in Abb. 12–14 am Beispiel eines über acht Jahre intensiv untersuchten, zu Beginn 11jährigen, nahezu geschlossenen, auf ebenem Kiesboden der Oberrheinebene stehenden Kiefernbestand gezeigt (aus KESSLER 1985).

Bedingt durch höhere Reflexionswerte der Laubbäume gegenüber jenen der Nadelbäume im nahen Infrarotbereich (vgl. 2.3) sind die Albeden von Laubwäldern unter sonst vergleichbaren Bedingungen größer als die von Nadelwäldern. In der gemäßigten Klimazone der Erde betragen die Albeden im Jahresmittel bei Nadelwäldern um 10–12 %, bei sommergrünen Laubwäldern um 15–20 % (GALOUX 1973, KESSLER 1985). In tropischen und subtropischen Klimagebieten ist die Albedo vergleichbarer Vegetationsformen aufgrund der höheren Globalstrahlung in diesen Gebieten in ihren Mittelwerten niedriger als in der gemäßigten Zone. Für geschlossene Hartlaubwälder im subtropischen Südosten Australiens nennt z. B. HOWARD (1974, 1991) eine Albedo von 8–9 %.

Andere Vegetationsformen und vegetationsfreie Böden weisen z.T. erheblich von Wäldern abweichende Albedowerte auf. Es kann bei vergleichbaren Einstrahlungsbedingungen von folgender Reihung ausgegangen werden:

ALBEDO hoch   Eis, Schneeflächen
                  helle, trockene Sandböden
                  Grasland, Steppe, Savannen
                  Laubwald
                  Nadelwald, dunkle humose Böden
ALBEDO niedrig   Wasserflächen

2.2.1.2 Gerichtete Reflexion

Mehr als die Albedo interessieren für die Fernerkundung der festen Erdoberfläche die zu beliebigen Orten im Luft- und Weltraum hin *gerichtete* solare Objektausstrahlung und die Veränderungen, die diese auf dem Weg durch die Atmosphäre erfährt. Wenn von „gerichteter" Strahlung gesprochen wird, ist dies nicht (streng) vektoriell zu verstehen. Radiometer erfassen immer eine mehr oder weniger große Fläche und messen damit die Strahldichte L des von dort ausgehenden Strahlen*kegels* mit dessen Öffnungswinkel Ω (Abb. 15). Die Richtung der gemessenen Ausstrahlung ist dabei durch den Zenitwinkel ϑ_r und den Azimutwinkel φ_r definiert.

Die in einen Raumwinkel Ω in Richtung ϑ_r φ_r reflektierte Strahldichte ist

$$\Omega\int L_r\,(\vartheta_r\,\varphi_r)\,\cos\,\vartheta_r\,d\,\Omega_r \tag{5}$$

und wird in $W \cdot m^{-2} \cdot sr^{-1}$ angegeben. Sie kann für die von einer Objektfläche A in die Richtung ϑ_r φ_r ausgestrahlte Reflexion als Mittelwert für den Strahlenkegel auch $\overline{L}_r$ (Ω, A) geschrieben werden. Die *spektrale* Strahldichte ist dann $L_{\vartheta r}$ (Ω, A) und wird in $W\,m^{-2} \cdot sr^{-1} \cdot \mu m^{-1}$ angegeben.

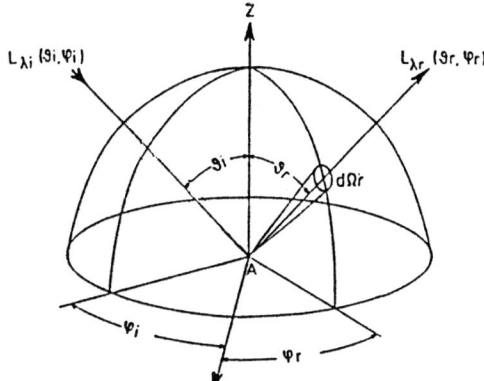

Abb. 15:
Geometrie der direkten Sonneneinstrahlung und deren Reflexion in eine gegebene Beobachtungsrichtung (aus BOEHNEL *et al. 1978)*

Die spektrale Strahldichte kann *in situ* aus kurzer Entfernung gemessen werden. Störender oder verändernder Einfluß der zwischen Meßobjekt und Radiometer liegenden Luft ist dabei an klaren Tagen vernachlässigbar. Auch die von Nachbarschaftsobjekten stammende, in den gemessenen Strahlenkegel hineingestreute reflektierte Strahlung wird bei einschlägigen Messungen i. d. R. ignoriert. Von ihr können Fehleinschätzungen des Meßergebnisses dann ausgehen, wenn die Umgebungsreflexion nach Menge, Richtung und spektraler Zusammensetzung sehr deutlich von der gerichteten Reflexion des Untersuchungsobjektes abweicht und dadurch verfälschte Überstrahlungseffekte mit sich bringt.

Bei radiometrischen in-situ-Messungen aus kurzer Entfernung und der Interpretation dabei gewonnener Meßergebnisse sind zwei weitere Dinge zu beachten. Zum einen, daß bei vertikal stark und variationsreich gegliederten Oberflächen wie z. B. bei Nadelwäldern, Buschwäldern u. ä. oder auch horizontal wechselnd gemischten Vegetationsformen, z. B. artenreicher Stauden- oder Wiesenfluren, Mischwäldern u. ä., nur kleine, möglicherweise untypische Meßflächen Gegenstand der Untersuchung sein können. Zum zweiten ist zu beachten, daß bei der oft geübten alleinigen Messung in Nadirrichtung, d. h. mit $\vartheta_r = 0°$, für die Beurteilung der in Fernerkundungsaufzeichnungen zu erwartenden Möglichkeiten zur Differenzierung verschiedenartiger Vegetationsbestände nur eingeschränkte Aussagen zu erwarten sind (siehe hierzu Kapitel 2.3.2.2). Messungen aus mehreren Beobachtungsrichtungen sind daher bei solchen Untersuchungsobjekten angesichts der bei Fernerkundungsaufzeichnungen vielfältig wechselnden Aufnahmerichtungen erforderlich. Abb. 17 zeigt an Beispielen bis zu welchen Nadirwinkel reflektierte Strahlung aufgenommen wird. Bei den verschiedenen Fernerkundungssystemen tragen daher Ausstrahlungen in den entsprechenden Zenitwinkel ϑ_r zum Bildaufbau bei. Dies bei Luftbildaufnahmen und Videoaufnahmen aus allen Azimutrichtungen und bei Scanneraufnahmen jeweils rechtwinklig zur Fluglinie.

Eine mögliche in-situ Meßanordnung zur richtungsabhängigen spektralen Reflexionsmessung ist in Abb. 16 dargestellt.

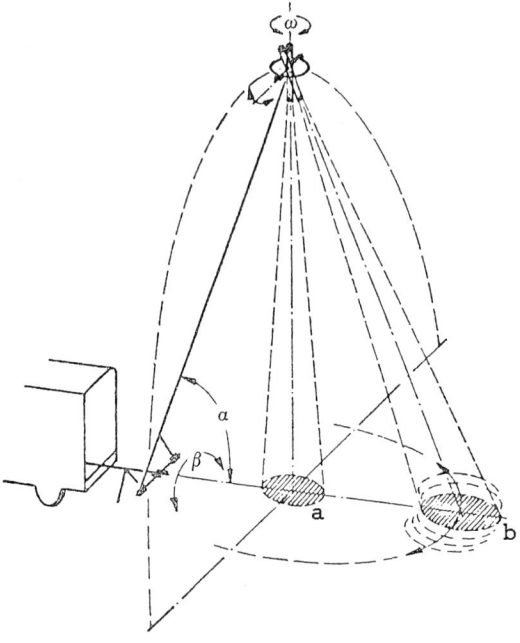

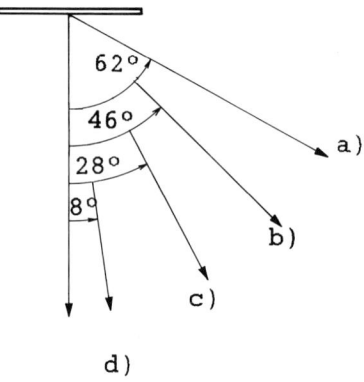

Abb. 17:
*Beispiele für maximale Öffnungs-
winkel verschiedener Aufnahmesysteme*
*a) Überweitwinkel-Luftbildauf-
nahme*
b) Weitwinkel-Luftbildaufnahme
*c) Normalwinkel-Luftbildauf-
nahme*
*d) Satelliten-Scanneraufnahme,
z. B. Landsat TM*

Abb. 16:
*Beispiel einer Meßanordnung für richtungsabhän-
gige, spektralradiometrische in-situ-Messungen der
Reflexion (aus BOEHNEL et al. 1978)*

2.2.1.3 Der spektrale Reflexionsfaktor R (λ)

Ausgehend von spektroradiometrischen Strahldichtemessungen läßt sich die spektrale Reflexionscharakteristik von Objekten in eine gegebene Richtung ϑ_r, φ_r am besten durch eine Kurve beschreiben, die den spektralen Reflexionsfaktor R (λ) als solchen oder als Prozentangabe über der Wellenlänge darstellt (Abb. 22).

Der Reflexionsfaktor R (reflectance factor) gibt das Verhältnis an zwischen der in eine bestimmte Richtung reflektierten Strahldichte und der von einem vollkommen und absolut diffus reflektierenden weißen Lambert-Reflektor bei gleicher Beleuchtung reflektierten Strahldichte $L_{r,w}$

$$R = \frac{\overline{L_r}\,(\Omega_r, A)}{L_{r,\,w}} \tag{6}$$

Die entsprechende Definition der International Commission on Illumination (CIE), welche 1980 auch von der ISPRS und dann auch als DIN-Norm 5036 sinngemäß übernommen wurde, lautet: „Reflectance factor (at a representative element of a surface, for the part of the reflected radiation contained in a given cone with apex at the representative element of the surface, and for incident radiation of given spectral composition and geometrical distribution): Ratio of the radiant (luminuos) flux reflected in the direction delimited by the cone to that reflected in the same direction by a perfect reflecting diffuser identically irratidated (illuminated)" CIE (1977).

Der *spektrale* Reflexionsfaktor $R(\lambda)$ (spectral reflectance factor) wird dementsprechend auf eine bestimmte Wellenlänge λ oder einen engen, durch die Sensibilität des radiometrischen Sensors definierten Wellenlängenbereich d λ bezogen:

$$R\,(\lambda) = \frac{\overline{L_{\lambda r}}\,(\Omega_r\,A)}{L_{\lambda,\,r,\,w}} \tag{7}$$

Zur Berechnung von R (λ) nach radiometrischen in-situ-Messungen (z. B. wie in Abb. 16) wird L $_{\lambda,\,r,\,w}$ durch simultane Messung der Reflexion ebener Referenzflächen oder des Belags einer sog. Integrationskugel, z. B. einer Ulbricht-Kugel gewonnen. In beiden Fällen erfüllen diese Reflektoren die Bedingungen eines Lambert-Reflektors nicht vollkommen. Sie müssen deshalb vor dem Einsatz kalibriert werden, um deren eigene, spektrale Reflexionsfaktoren R_{RS} (λ) zu ermitteln (RS = reference surface)

$$R_{RS}\,(\lambda) = \frac{L_{\lambda,\,r,\,RS}\,(\Omega, A)}{L_{\lambda, r,\,w}} \tag{8}$$

Für R(λ) bei Feldmessungen ergibt sich dann in Erweiterung der Formel (7)

$$R\,(\lambda) = \frac{\overline{L_{\lambda,\,r,}}\,(\Omega_r, A)}{L_{\lambda,\,r,\,RS}\,(\Omega)} \cdot R_{RS}\,(\lambda) \tag{9}$$

Es ist erkennbar, daß R (λ) stets einen Wert zwischen 0 und 1 annimmt. Häufig wird er jedoch als Prozentwert, also mit R(λ) · 100, angegeben.

Objekte der Erdoberfläche, deren spektrale Reflexionsfaktoren sich in einem oder mehreren Spektralbereichen signifikant unterscheiden, können in Fernerkundungsaufzeichnungen aufgrund unterschiedlicher Grautöne, Farben oder digitaler Grauwerte differenziert werden. Voraussetzung dafür ist freilich, daß der Sensor für die entsprechenden Spektralbereiche empfindlich ist und die benötigte radiometrische Auflösung besitzt.

Anmerkung zur Terminologie

Die anerkannten englischen Begriffe für R und R (λ) sind wie oben angeführt, „reflectance factor" und „spectral reflectance factor". Synonym dafür wird gelegentlich auch „directional reflectance factor" oder „reflectance factor for hemispherical incidence" gebraucht. Letzteres grenzt den Begriff klar ab gegenüber einem „bidirectional reflectance factor", der – z. B. bei Labormessungen – dann angegeben werden kann, wenn die Einstrahlung nicht durch Globalstrahlung aus dem Halbraum sondern nur aus einer bestimmten Richtung ($\vartheta_i\ \varphi_i$) erfolgt.

Den Reflektionsfaktoren R und R (λ) stehen die Reflexionsgrade ρ bzw. ρ (λ) gegenüber. Sie geben – vergleichbar der Albedo – für ein Meßobjekt das Verhältnis der Einstrahlung zur *halbräumlichen* Ausstrahlung an. Englisch wird dafür „reflectance" oder „hemispherical reflectance" benutzt.

2.2.1.4 Atmosphäreneinfluß auf die solare reflektierte Strahlung

Auf dem Wege vom Objekt zu einem Sensor im Luft- oder Weltraum wird die reflektierte Strahlung quantitativ und qualitativ verändert. Die von Objekten der Erdoberfläche zu einem Sensor hin reflektierte Strahlung ist nach Menge und spektraler Zusammensetzung nicht identisch mit der am Sensor ankommenden und als spektrale Signaturen dieser Objekte aufgefaßte Strahlung. Je nach dem Zustand der Atmosphäre und der Weglänge durch diese gehen spektral unterschiedliche Teilmengen der gerichteten Ausstrahlung durch Absorption und Strahlung verloren. Andererseits tritt Streulicht aus der Atmosphäre (= Luftlicht) und reflektierte Strahlung von benachbarten Objekten (= Falschlicht) hinzu.

Die Ausstrahlung unterliegt dabei in der Atmosphäre den gleichen Absorptions- und Streuprozessen wie die einfallende Sonnenstrahlung. Formel 10 beschreibt in differentieller Form die Strahlenübertragung:

$$ d\,L_\lambda = -L_\lambda \cdot \delta_{e\lambda} \cdot ds + I_\lambda \cdot \delta_{e\lambda} \cdot ds \qquad (10) $$

darin bedeuten bei Beschränkung auf die *solare* Strahlung:

L_λ die Strahldichte der reflektierten, zum Sensor gerichteten Ausstrahlung vom Objekt auf der Erdoberfläche,

dL_λ die aus der Richtung dieses Objekts am Sensor eintreffende solare Strahldichte

$\delta_{e\lambda}$ der Extinktionskoeffizient mit der Dimension 1/Länge, d. h. ein Maß; das vom Atmosphärenzustand abhängig ist

ds die Weglänge vom Objekt zum Sensor

I_λ die sog. Quellfunktion; sie beschreibt – jeweils für den Ort ihrer Entstehung – die Strahldichte der hinzutretenden Reflexionsanteile benachbarter Orte (= Falschlicht) und der ein- oder mehrfach in der Atmosphäre gestreuten, nie zur Erde gelangten Sonnenstrahlung (Luftlicht).

Das komplizierte Beziehungsgefüge wird für die solare und terrestrische oder die Mikrowellen-Strahlung in der Atmosphärenphysik und Meteorologie durch *Strahlungsübertragungsmodelle* beschrieben. Dabei werden notwendigerweise z.T. vereinfachende Annahmen z. B. in Bezug auf den Zustand der Atmosphäre und die dort sich abspielende Prozesse oder auf die Reflexionscharakteristiken der Erdoberfläche zugrunde gelegt. Die Modelle gestatten es, Parameter für angenommene Zustände der Atmosphäre, unterschiedliche Ein- und Ausstrahlungsrichtungen ($\vartheta_i\ \varphi_i,\ \vartheta_r\ \varphi_r$), Weglängen und z.T. auch unterschiedliche Materialeigenschaften der reflektierenden oder emittierenden Objekte zu berücksichtigen.

Zum Studium solcher Modellierungen und deren Grundlagen wird auf CHANDRASEKHAR (1960), GOODY (1964), DEIRMENDZIAN (1969), CHAHINE (1983) und einführend auf QUENZEL et al. (1983) verwiesen.

Alle Verfahren der Satellitenmeteorologie basieren auf der Strahlenübertragung in der Atmosphäre und nützen entsprechende Modelle und aus ihnen abgeleitete Strahlungsübertragungsgleichungen. Für die Fernerkundung der Erdoberfläche sind sie Grundlage oder Ausgangspunkt für radiometrische Korrekturen oder Kalibrierungen. Diese sind vor allem bei periodischen Beobachtungsaufgaben (monitoring), der Auswertung von Satellitendaten für Gebiete mit wechselnden Zustandsmustern der Atmosphäre und das Zusammensetzen (mosaicing) verschiedener Satellitenszenen von erheblicher Bedeutung (hierzu Kap. 5.4.4 und z. B. STÄNZ 1978, THEILLET 1986, KAUFMANN u. SENDRA 1988, KATTENBORN 1991, KUNTZ et al. 1993).

Aus den Modellen und aus empirischen Untersuchungen lassen sich eine Reihe von Feststellungen treffen und Vorstellungen vermitteln, die einerseits die Extinktion bzw. vice versa die Transmission der gerichteten solaren Ausstrahlung auf dem Weg zum

Sensor und andererseits die am Sensor aus einer Richtung insgesamt eintreffende Strahlung charakterisieren.

Die *Extinktion* ist erwartungsgemäß umso größer, je mehr Wasserdampf und Aerosolpartikel sich in der Atmosphäre befinden. Da verschiedene Aerosolstoffe unterschiedlich stark extingieren, ist sie aber auch von der Zusammensetzung des Aerosols abhängig.

Der *Extinktionsgrad* steigt – je nach Atmosphärenzustand – bis 3000–5000 m Höhe über der Erde steil an und nimmt darüber hinaus nur noch schwach zu. Man kann davon ausgehen, daß sich die anthropogenen Emissionen und dadurch verursachte Luftverunreinigungen überwiegend in der erdnahen Luftschicht bis etwa 10 km Höhe ausbreiten. Die Weglänge in der erdnahen Atmosphäre ist deshalb für die Schwächung der reflektierten Strahlung besonders bedeutsam. Andererseits wirkt sich der lange Weg bis zu einem Sensor in Erderkundungssatelliten oberhalb 10 km nur noch vergleichsweise gering aus. Ausnahmen können nach Katastrophen, wie z.B: nach Vulkanausbrüchen vorkommen. In solchen Fällen können sich Aerosole auch weit über 10 km Höhe ausbreiten (hierzu KÖPKE 1990).

Die Extinktion ist bei sonst gleichen Bedingungen in ihrem Ausmaß *wellenlängenabhängig*. Kurzwellige Strahlung des solaren Spektrums wird stärker extingiert als langwellige. Dies freilich wird kompensiert durch ebenfalls stärkeren Zugang kurzwelliger Strahlung aus dem Luftlicht.

Dem Verlust durch Extinktion steht, wie Formel 10 zeigt, der *Zugang an Luft- und Falschlicht* gegenüber. Die Zustrahlung überwiegt i. d. R. die Extinktion; sie unterscheidet sich in ihrer spektralen Zusammensetzung von der reflektierten Strahlung jedweden Objektes der Erdoberfläche.

Die Überlagerung als solche wirkt vor allem im sichtbaren Lichtbereich generell kontrastmindernd; die spektrale Unterschiedlichkeit der Fremdstrahlung verändert, d. h. verfälscht die bei der Aufzeichnung entstehenden Objektsignaturen. Beidem muß bei der Aufnahme oder später bei der Daten- und Bildprozessierung und -auswertung entgegengewirkt werden.

Empirische Untersuchungen in dieser Sache basieren auf vergleichenden Messungen in Bodennähe und von Flugkörpern aus. Bei den am Sensor im Flugzeug oder Satelliten eintreffenden Strahlen kann dabei nicht zwischen den vom reflektierenden Objekt direkt stammenden und jenen unterschieden werden, die ihren Ursprung im Luft- oder Falschlicht haben. Modellrechnungen lassen aber Schlüsse über die Zusammensetzung zu.

Übereinstimmende Aussage der Modellrechnungen und empirischen Untersuchungen ist es, daß unter sonst gleichen Bedingungen über Objekten mit geringer Albedo der Luftlichtanteil und damit auch die Maskierung der Objektreflexion größer ist als über Objekten mit großem Reflexionsvermögen, oder gar vollkommen reflektierenden Stoffen (Albedo = 1.0).

Auch für die Kontrastminderungen durch Luftlichtüberlagerungen lassen sich aus Atmosphärenmodellen Gesetzmäßigkeiten ableiten.

Bei gegebener Wellenlänge ist die Kontrastminderung umso größer, je trüber die Atmosphäre und je länger der Weg vom Objekt zum Sensor ist. Bei gegebener Wellenlänge und Sichtweite tritt die Kontrastminderung sehr viel stärker im kurzwelligen als im langwelligen Bereich des sichtbaren Lichts oder gar des nahen Infrarot auf. Die Abhängigkeit der Kontrastminderung vom Zustand der Atmosphäre ist dabei ebenfalls im kurzwelligen Bereich am stärksten. Bei gegebenen atmosphärischen Verhältnissen und gegebener Flughöhe ist die Kontrastminderung ferner abhängig von dem Reflexionsvermögen der Objekte und vom Sonnenstand. Bei Objekten mit geringer Albedo wirkt sich die Kontrastminderung stärker aus als bei Objekten mit großem Reflexionsvermögen. Dies bestätigt auch die Erfahrung der Luftbildinterpretation. Bei höheren Trübungsgraden der Atmosphäre und/oder bei Aufnahmen aus zunehmend größeren Flughöhen gehen zuerst Bildeinzelheiten in den beschatteten Geländeteilen und bei flächigen Objekten mit insgesamt geringerer Reflexion verloren.

Für die Extinktion reflektierter Strahlung und den Zugang an Luft- und Falschlicht gilt gleichermaßen, daß die Weglänge ds in Formel 10 bei einer Fernerkundungsaufzeichnung sowohl von der Flughöhe als auch vom Öffnungswinkel des Aufnahmesystems bestimmt wird. ds ist für die Abbildungsorte in einer Aufzeichnung ungleich. Je größer der Öffnungswinkel des Aufnahmesystems, desto größer sind die Strahldichteunterschiede der reflektierten Strahlung, die für den Bildaufbau in Bild- bzw. Streifenmitte und am Bild- bzw. Streifenrand ankommen. Abb. 18 zeigt für ein Aufnahmesystem mit einem Öffnungswinkel von 100° (ds zur Mitte der Aufzeichnung / ds zum Rand = 1:1.556) die Abhängigkeit der Grauwerte ein und desselben Objekts vom Beobachtungswinkel ϑ_r und damit auch von ds. Bei Auswerteverfahren, die sich allein auf Spektraldaten stützen, ist dies zu beachten. Zu vernachlässigen ist dagegen der Einfluß von ds i. d. R. bei Satellitenaufzeichnungen mit kleinem Öffnungswinkel.

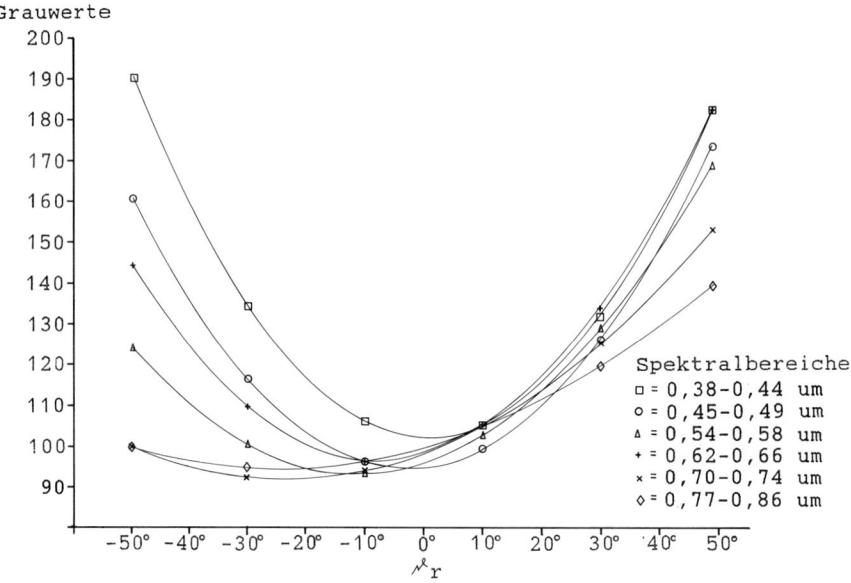

Abb. 18: *Abhängigkeit spektraler Signaturen eines Zuckerrübenfeldes in sechs Spektralbereichen vom Beobachtungswinkel ϑ_r und damit auch der Weglänge ds der reflektierten Strahlung – Aufnahme mit BENDIX M^2S-Scanner aus 2000 m Höhe(aus* REICHERT *1983)*

2.2.2 Ausstrahlung im terrestrischen Spektralbereich

Die Objekte der Erdoberfläche emittieren in einer charakteristischen spektralen Verteilung im thermalen Infrarot sowie im Mikrowellenbereich und reflektieren die atmosphärische Gegenstrahlung und bei Radarverfahren künstlich zugestrahlte Mikrowellen.

Die *Emission eines Objektes im thermalen Spektralbereich* wird von dessen Strahlungstemperatur T und seinem Emissionsvermögen bestimmt. Die Strahlungstemperatur liegt dabei i. d. R. unter der realen Oberflächentemperatur. Das Emissionsvermögen ist materialabhängig und wird durch den Emissionskoeffizienten ε beschrieben (Tab. 2).

$$\varepsilon = \frac{\text{Ausstrahlung eines Objektes bei gegebener Temperatur}}{\text{Ausstrahlung eines Schwarzkörpers bei gleicher Temperatur}} \quad (11)$$

Die gesamte von der Oberfläche eines Objektes in den Halbraum emittierte Strahlung ist eine Strahlflußdichte, die als spezifische Ausstrahlung M bezeichnet wird und sich für einen Schwarzkörper nach

$$M = \sigma \cdot T^4 \quad (12)$$

ergibt. M wird in Wm^{-2} gemessen. In Formel (12) ist σ die Stefan-Boltzmann'sche Konstante mit der Größe $5,6697 \cdot 10^{-8} Wm^{-2}K^{-4}$ und T die gegebene Temperatur des Schwarzkörpers.

Material	ε bei $\lambda = 8\text{–}14\mu m$	Objekt	ε bei $\lambda = 8\text{–}14\ \mu m$
1	2	3	4
Schwarzkörper	1,0	Laubwald	0,95
Wasser	0,96–0,99	Nadelwald	0,97
Schnee	0,85–0,99	Wiesen	0,99
Eis	0,96	trockenes Grasland	0,88
Beton	0,92–0,97	landw. Kulturen	0,94–0,99
Asphalt	0,96	Sandboden	0,90–0,95
Holz	0,90	Lehmboden	0,93–0,98
Aluminium	0,55	Granit	0,89–0,90

Tab. 2: *Emissionskoeffizienten ε für verschiedene Materialien und Objekte im Spektralbereich $\lambda = 8\text{-}14\ \mu m$ (zusammengestellt nach verschiedenen Autoren).*

Die entsprechende monochromatische Größe M_λ wird in $Wm^{-2}\mu m^{-1}$ angegeben und heißt spezifische spektrale Ausstrahlung.

Nach dem Planck'schen Strahlungsgesetz ergeben sich für Schwarzkörper verschiedener Temperaturen die in Abb. 19 gezeigten Beziehungen zwischen M_λ und der Wellenlänge.

Natürliche Oberflächen sind keine Schwarzkörper, auch wenn Wasser- oder trockene Schneeflächen mit $\varepsilon \approx 0,99$ dem sehr nahe kommen. Für die spezifische Ausstrahlung M ergibt sich daher

$$M = \sigma \cdot T^4 \cdot \varepsilon \quad (13)$$

und, da das Emissionsvermögen eines Materials wellenlängenabhängig ist

$$M_\lambda = \sigma\, T^4\, \varepsilon_\lambda \quad (14)$$

Dabei kann das ε_λ eines bestimmten Materials – so wie es z. B. bei reinem Wasser der Fall ist – über alle Wellenlängen gleich sein; man spricht dann von einem Graukörper. Die meisten natürlichen Oberflächen sind jedoch selektive Emittenten, d. h. daß ε für verschiedene Wellenlängen unterschiedliche Werte annimmt (Abb. 20).

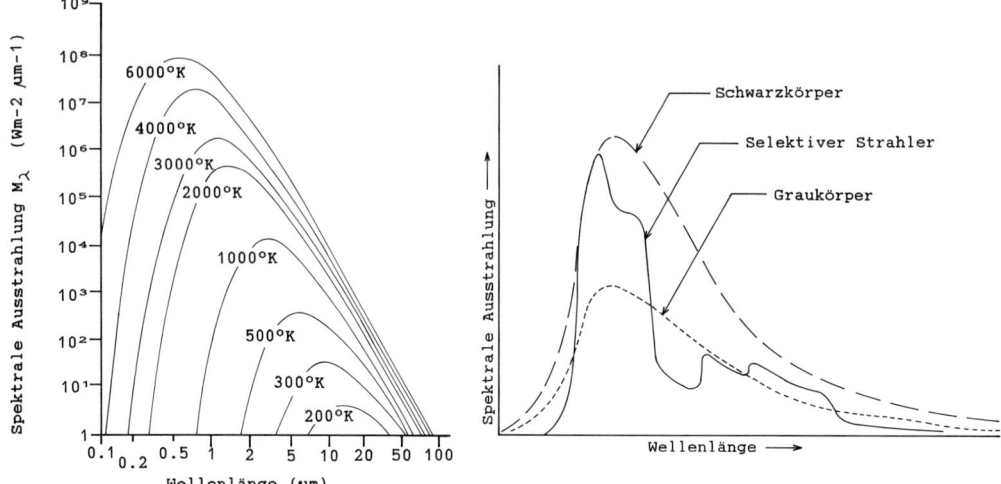

Abb. 19:
Spektrale Ausstrahlung M_λ von Schwarz-
körpern verschiedener Temperatur
(Umrechnung für Kelvin in Celsius
s. Fußnote 2)

Abb. 20:
Schematische Darstellung der spektralen
Ausstrahlung eines Schwarzkörpers, eines
Graukörpers und eines sog. selektiven
Strahlers (aus LILLESAND *und* KIEFER *1979)*

Im *Mikrowellenbereich* setzt sich die in Richtung zum Sensor gerichtete Ausstrahlung aus der Eigenstrahlung eines Objektes (= natürliche Emission), der reflektierten atmosphärischen Gegenstrahlung und in geringerem Umfange aus emittierter Umgebungseinstrahlung zusammen.

Bei Radarverfahren wird dagegen die von einem Radarsender aus einer bestimmten Richtung, einem bestimmten Wellenbereich und in horizontal *oder* vertikal polarisierter Form zugestrahlte Energie reflektiert. Die Menge und die dabei zur Radarantenne rückgestrahlte Energie wird dabei von der geometrischen Gestalt des reflektierenden Objektes, vor allem seiner Oberflächenstruktur und der Orientierung der Fläche gegenüber der Einstrahlung und von der relativen dielektrischen Konstanten[3] des Materials bestimmt. Letztere kennzeichnet die Reflexions- und Leitfähigkeit eines Materials. Je größer die dielektrische Konstante, desto stärker reflektiert das betreffende Material.

Die dielektrische Konstante ist im gleichen MW-Frequenzbereich abhängig von der Temperatur und dem Wassergehalt (der Feuchtigkeit) eines Materials. Mit zunehmender Temperatur und steigendem Wassergehalt nimmt seine dielektrische Konstante und damit seine Reflexionsfähigkeit zu.

Wasser hat eine sehr große dielektrische Konstante. Andererseits sind die Konstanten verschiedener natürlicher Materialien (Böden, Vegetation) gering und weisen untereinander nur relativ geringe Unterschiede auf. Es kann daher dazu kommen, daß Signaturunterschiede im Radarbild mehr auf Feuchtigkeitsunterschiede als auf das Vorkommen z. B. verschiedener Bodenarten oder Vegetationsformen zurückzuführen sind bzw. daß Feuch-

---

[3]   Die relative dielektrische Konstante ist eine Maßzahl die angibt, wievielmal kleiner *die elektrische*
     Feldstärke in einem stofferfüllten Raum ist als in einem Vakuum bei gleicher elektrischer Erregung.
     Sie ist damit das Verhältnis der absoluten dielektrischen Konstanten eines Stoffes zur absoluten
     Konstanten eines Vakuums. Letztere ist als physikalische Größe immer $8.8543 \cdot 10^{-12}$ Asek/Vm.

tigkeitsunterschiede stoffliche Unterschiede verdecken. Auf dem Weg zum Sensor wird auch die terrestrische Ausstrahlung durch Verluste und Zugänge verändert.

Für die *Wärmestrahlen* stehen für die Fernerkundung nur die in Abb. 5 gezeigten atmosphärischen Fenster zur Verfügung. Aber auch in diesen Fensterbereichen findet, wenn auch in relativ geringem Umfang, Absorption durch Wasserdampf, CO_2, Ozon und Spurengase statt. Auf der anderen Seite gibt die Atmosphäre in den Fensterbereichen auch Eigenemissionen ab. Sie überlagern sich dem vom Objekt kommenden Wärmefluß und wirken so auf die Signatur in der Fernerkundungsaufzeichnung ein.

Beide Vorgänge werden durch die Absorptions- bzw. Emissionseigenschaften der genannten Gase und deren mengenmäßige Vorkommen entlang des Strahlenweges zum Sensor bestimmt. Also auch in diesem Fall sind die Veränderungen, die die Ausstrahlung erfährt, vom Zustand der Atmosphäre und der Weglänge vom Objekt zum Sensor abhängig.

Die *Bilanz der thermalen Infrarotstrahlung* für den Durchgang durch die Atmosphäre vom Boden zum Sensor ist in ihrem Ergebnis vom Verhältnis der Temperaturen der Erdoberfläche und der Luft abhängig. Liegt die Temperatur der Luft über jener der Oberflächenobjekte, so wird die Strahldichte durch den Atmosphäreneinfluß erhöht, liegt sie darunter, so wird die Strahldichte vermindert.

GOSSMANN (1991) beschreibt die Konsequenzen davon:

– Der Meßwert wird beim Durchgang der Strahlung durch die Luft in jeder Schicht in Richtung auf die Temperatur dieser Schicht verschoben. An wolkenfreien Tagen mit hohen Oberflächentemperaturen werden diese also in der Regel reduziert. In wolkenfreien Nächten kann dieser Effekt insgesamt zu einer Erhöhung oder einer Absenkung des Meßwertes führen.

– Die Differenzen zwischen den Temperaturen verschiedener Oberflächen werden durch diesen Effekt verkleinert wiedergegeben. Die realen Temperaturdifferenzen benachbarter Flächen sind größer als die unkorrigierte Thermalaufnahme angibt.

Große Bedeutung haben diese Konsequenzen, wenn aus den Meßwerten von Thermalaufnahmen direkt auf die realen Oberflächentemperaturen rückgeschlossen werden soll. Aber auch bei der Interpretation von Thermalbildern, z. B. im Hinblick auf das thermische Verhalten verschiedener Oberflächen, ist dies zu berücksichtigen.

Nebel- und Regenwolken dämpfen die Strahldichte der emittierten Infrarotstrahlung erheblich. Trockene Regenwolken können dagegen bei höheren Lufttemperaturen nach den obigen Angaben eine Verstärkung bewirken. Sie sind dadurch für die Wärmestrahlung der Erdoberfläche weitgehend durchlässig. Echtzeit-Thermalaufnahmen können deshalb mit großem Nutzen bei der Bekämpfung von Waldbränden zur Gewinnung laufender Informationen über Verlauf und Bewegung der Feuerfronten eingesetzt werden (siehe HILDEBRANDT 1976 b).

Starker Wind, aber auch, bei Aufnahmen vom Flugzeug aus, die von diesem verursachten Turbulenzen beeinflussen ebenfalls die thermische Einstrahlung am Sensor. Im Thermalbild kann es durch Windeinflüsse zu „Verschmierungen" oder Streifigkeit kommen.

Für den *Durchgang von Mikrowellen* durch die Atmosphäre gelten prinzipiell gleiche physikalische Gesetzmäßigkeiten wie für die langwellige Infrarotstrahlung. Auf dem Weg zum Sensor wird dabei die Strahlung im Bereich einiger Absorptionslinien bei 22, 50–60, 120 und 183 GHZ durch Extinktion gedämpft. In den dazwischen liegenden, breiten „Fenstern" kann die Atmosphäre aber als weitgehend transparent gelten. Wolken, Nebel, Rauch und Dunst üben nur einen geringen Einfluß aus, so daß passive und aktive Mikrowellenverfahren der Fernerkundung nahezu bei jeder Wetterlage einsetzbar sind. Nur schwere Niederschläge und dicke Regenwolken verursachen in den K-Bändern erhebliche, im X-Band noch bis zu Wellenlängen von $\lambda = 3$ cm bemerkbare Verfälschungen durch Extinktion. Im Frequenzbereich unter 10 GHZ bzw. Wellenlängen > 3 cm sind dann selbst Regenwolken und Niederschläge durchlässig. Tab. 3 gibt hierzu für zwei Bewölkungstypen die Durchdringungstiefe für Mikrowellen hoher Frequenz bzw. kurzer Wellenlänge an.

Mikrowellen		Durchdringungstiefe bei	
Frequenz	λ	Schönwetterwolken Kumulus	Regenwolken + Regen Kumulonimbus
GHZ	cm	km	km
3,0	10,0	$> 10^{10}$	100,00
10,0	3,0	$> 10^{9}$	1,43
30,0	1,0	$> 10^{6}$	0,04
100,0	0,3	7.100	0,01
300,0	0,1	1.280	0,01

Tab. 3: *Durchdringungstiefe von Mikrowellen durch Wolken. Nach Modellrechnungen bei mittlerem Tropfenradius einer Kumulusbewölkung von 10 μm und Kumulonimbus-wolken von 400 μm (aus* CHAHINE *et al. 1983).*

Wie im Falle der Infrarotstrahlung tritt auf dem Weg zum Sensor wiederum auch Fremd-strahlung hinzu, und zwar von der Atmosphäre emittierte MW-Strahlung und ggf. durch technische Vorgänge entstandene Mikrowellen, z. B. aus dem Funkverkehr oder der Radarüberwachung des Luftverkehrs. Mit Rücksicht auf die Fernerkundung wurden des-halb international Frequenzen um 6,8, 10,65, 18,7, 23,8, 36,5 und 87 GHZ für Radar- und Funkanwendungen gesperrt.

2.3 Die Reflexionseigenschaften von Objekten der Erdoberfläche

Die auf die Erdoberfläche einfallende Globalstrahlung wird von den Objekten jeweils zum Teil aufgenommen (absorbiert), zurückgestrahlt (reflektiert) und durchgelassen (transmittiert).

Bei gegebenen Einstrahlungsbedingungen und in eine gegebene Richtung ϑ_r φ_r ist die Reflexion nach Menge und spektraler Zusammensetzung objektspezifisch und für das gleiche Objekt zustandsspezifisch. Unbeschadet davon reflektieren viele Objekte ähnlich oder in bestimmten Spektralbereichen gleich. Dies gilt nicht zuletzt für zahlreiche Pflan-zenarten bzw. -bestände.

Die Unterschiede im Reflexionsverhalten sind auf physikalische und chemische Eigen-schaften der Objekte und insbesondere deren Oberflächenbeschaffenheit sowie bei be-lebten Körpern auch auf anatomische Strukturen und physiologische Zustände zurück-zuführen. Dies letzte gilt in besonderem Maße für die Reflexionseigenschaften von Blättern und Pflanzen. Bei Pflanzenbeständen im belaubten Zustand wird die Reflexion in erster Linie von den Blattorganen bestimmt. Wesentlichen Einfluß haben dabei be-

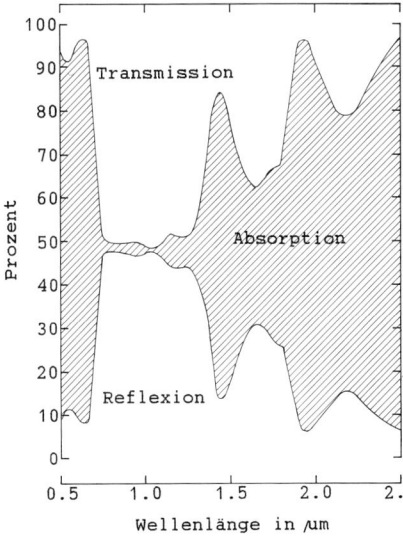

Abb. 21:
Typische spektrale Reflexion, Absorption und Transmission solarer Einstrahlung eines Blattes. Beispiel: Sonnenblumenblatt nach Labormessungen (aus GAUSMAN et al. 1978)

stimmte phänologische Zustände (Austrieb, Blüte, Früchte, Laubverfärbungen) aber auch die vertikale Gliederung der Bestandesoberfläche, die Bestandsdichte und natürlich die Artenzusammensetzung.

2.3.1 Das Reflexionsverhalten von Blattorganen

2.3.1.1 Zur Theorie des Reflexionsverhaltens

Die Erklärung des Reflexionsverhaltens von Blättern im physikalischen und biologischen Sinne ist kein triviales Problem und kann endgültig trotz zahlreicher und intelligenter Ansätze und Modelle noch nicht gegeben werden. Der Beschreibung des Faktischen werden deshalb hier auch nur einige wenige Erläuterungen dazu und einschlägige Literaturhinweise vorangestellt.

Das grundsätzliche physikalische Phänomen, von dem auszugehen ist, ist die Wechselwirkung zwischen solarer Strahlung und Materie – hier also der Blattorgane. Beim Auftreffen solarer Strahlung auf Materie werden Energiequanten (Photonen) an die Materie abgegeben. Sie versetzen dort Elektronen in einen höheren Energiezustand oder Moleküle in höhere Schwingung. Die gewonnene Energie wird in unterschiedlicher Weise weitergegeben. Sie wird zum Teil

– spontan wieder abgegeben, und zwar in gleichen Energiequanten, jedoch unter Richtungsänderung der Strahlung (Streuung),

– spontan wieder abgegeben, und zwar in kleineren Quanten, deren Energiesumme jedoch dem zugestrahlten Quantum gleich ist. Auch diese Abgabe geschieht in unterschiedlichen Bewegungsrichtungen (Raman-Streuung),

– zeitlich verzögert wieder abgegeben (Fluoreszenz, Phosphoreszenz), ggf. in veränderter Wellenlänge,

– in kinetische Energie der Moleküle umgewandelt (Absorption).

An dieser Stelle interessiert nur der erstgenannte, spontan wieder abgegebene Anteil der aufgetroffenen Einstrahlung. Die Streuung der Photonen an den Materieteilchen der Kutikula und Epidermis eines Blattes oder auch schon an Härchen kann zurück in die umgebende Atmosphäre erfolgen und damit zur Reflexion werden oder aber ins Blattinnere gerichtet sein.

Die ins Blattinnere gestreute Strahlung trifft in ihrer weiteren Bewegung fortlaufend auf neue Materieteilchen: Zellwände, Membranen, Pigmente und andere Zellinhaltsstoffe usw. Sie erfährt dabei durch Absorption weitere Schwächungen und Vielfachstreuungen mit ständigen Richtungsänderungen, bis der nicht absorbierte Teil der Strahlung entweder an der Blattoberseite – nun die Reflexion verstärkend – oder an der Blattunterseite – hier als transmittierte Strahlung – das Blatt verläßt. Als Geschwindigkeit für den einzelnen Prozeß vom Auftreffen auf Materie bis zur spontanen Wiederabgabe werden Werte um 10^{-9} Sekunden angegeben (z. B. QUENZEL 1983).

Der geschilderte Verlauf gilt als allgemein anerkannte Hypothese. Eine erste Beschreibung des Strahlenganges durch ein Blatt als Funktion von Brechungen und Streuungen an den Übergängen von Zellwänden und Interzellularen geben WILLSTÄTTER und STOLL (1918). GATES (1970) nannte ihn – unbeschadet der physikalischen Gesetzmäßigkeiten, denen er bei jeder Brechung oder Streuung folgt – einen „random walk". Seine Arbeiten (u. a. GATES et al. 1965) und die von BREECE und HOLMES (1971), WOOLEY (1971) und HOWARD (1971) lösten neue Überlegungen zur Modellierung dieses Strahlenganges aus, die das WILLSTÄDTER-STOLL'sche Modell weiterentwickelten bzw. mit neuen Ansätzen neue Akzente setzten (KNIPLING 1969 a/b, ALLEN et al. 1973, KUMAR und SILVA 1973, SINCLAIR et al. 1973, GAUSMAN et al. 1974). Für die praktische Fernerkundung von Interesse ist vor allem ein aus stochastischen Beziehungen entwickeltes Modell von TUCKER und GARATT (1977).

2.3.1.2 Das empirische Wissen vom Reflexionsverhalten der Blattorgane

Das empirische Wissen über die Reflexion von Blättern und Nadeln geht auf spektrophotometrische und spektroradiometrische Messungen im Labor, in Einzelfällen auch Nahbereichsmessungen in situ zurück. Solche Untersuchungen gingen zunächst vom botanischen Interesse am optischen Verhalten von Blattorganen aus (z. B. WILLSTÄTTER und STOLL 1918, SHULL 1929, MECKE und BALDWIN 1937, GATES und TANTRAPORN 1952). Mehr und mehr wurden sie dann aber zur Grundlagenforschung für die Fernerkundung (z. B. KRINOW 1947, BÄCKSTRÖM und WELANDER 1953, Arbeiten von GATES, GAUSMAN, HOWARD u. a.).

Das Ergebnis der Reflexionsmessungen an Blattorganen wird i. d. R. durch eine Kurve dargestellt, welche die spektralen Reflexionsgrade ρ (λ) oder Reflexionsfaktoren R (λ) (vgl. 2.2.1.3) über der Wellenlänge λ zeigt. Man kann eine solche Kurve auch als Reflexionsspektrum bezeichnen.

Grüne und gesunde Blattorgane haben ein in diesem Sinne sehr typisches Reflexionsspektrum (Abb. 22). Es ist für Blätter und Nadeln verschiedener Arten nur graduell unterschiedlich. Drei Teilstücke dieses Reflexionsspektrums sind zu unterscheiden
– der vor allem von Blattpigmenten beeinflußte Bereich des sichtbaren Lichts
– der vornehmlich vom Zellaufbau der Blätter bzw. Nadeln beeinflußte nahe Infrarotbereich
– der vom Wassergehalt beeinflußte Bereich mit Wellenlängen zwischen 1,3 und 2,5 µm.

Die Reflexion im Spektralbereich des sichtbaren Lichts

Menge und spektrale Verteilung der Blattreflexion werden in diesem Spektralbereich in erster Linie durch die Absorption der Einstrahlung durch die Blattpigmente bestimmt. Die Absorptionsbanden für die verschiedenen Pigmente sind im *Blaubereich* des Spek-

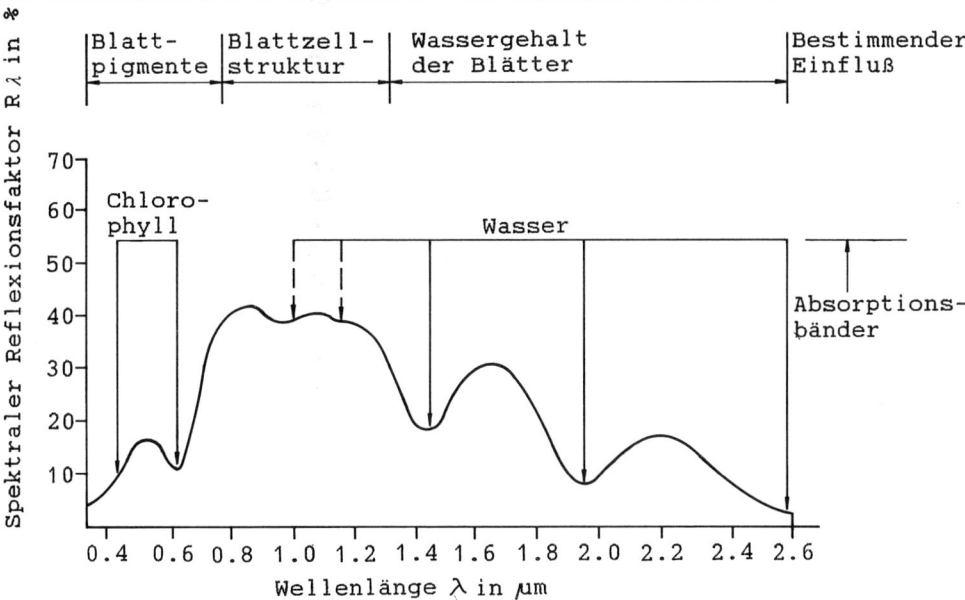

Abb. 22: *Typische spektrale Reflexionskurve R(λ) über λ grüner Blattorgane*

trums ähnlich. Die Absorptionsmaxima liegen bei den Chlorophyllen, dem α-Karotin und dem Xanthophyll zwischen 0,43 und 0,45 μm, beim Phytocyan um 50 μm. Dabei haben die Chlorophylle Bandbreiten von nur 0,06 bis 0,08 μm. Doppelt so breit sind die Absorptionsbanden der anderen oben genannten Pigmente. Im Rotbereich absorbieren nur die Chlorophylle mit Maxima um 0,65 μm und Bandbreiten zwischen 0,08 und 0,10 μm. Die Chlorophylle absorbieren geringfügig, nämlich um 10–20 %, auch in den Wellenlängenbereichen zwischen diesen Banden.

Die Absorption im sichtbaren Lichtbereich liegt in Abhängigkeit von der Art und der Menge der Pigmente für die Mehrzahl der Pflanzen in der Größenordnung zwischen 70 % und 95 % der Einstrahlung. Sie weist erwartungsgemäß ein Minimum bei λ = 0,55 (grün) auf. Letzteres entspricht dem relativen Maximum der Reflexion und Transmission bei dieser Wellenlänge und erklärt, warum Blätter „grün" gesehen werden.

Das Chlorophyll, das im grünen Blattorgan das weitaus häufigste Pigment ist, findet sich im Laubblatt zu etwa 80 % im Palisadenparenchym nahe der Blattoberseite und zu etwa 20 % im Schwammparenchym nahe der Blattunterseite (vgl. Abb. 23). Dies hat zur Folge, daß auf die Blattoberseite einfallendes Licht stärker absorbiert wird als auf die Unterseite einfallendes Licht und vice versa, daß die Blattoberseite i. d. R. geringere Reflexionswerte aufweist als die Unterseite (vgl. hierzu z. B. MYERS 1970).

Bei Nadeln verteilt sich demgegenüber das Chlorophyll gleichmäßig an Ober- und Unterseite (Abb. 24). Signifikante Reflexionsunterschiede zwischen beiden Nadelseiten sind – wohl auch deswegen – nicht beobachtet worden.

Die Abhängigkeit der Reflexion vom *Pigmentgehalt* ist im sichtbaren Lichtbereich evident. So verändern sich im Laufe der Vegetationszeit als Folge fortlaufender Pigmentveränderungen die Reflexionskurven mehrmals. Am Beispiel von Eichenblättern wird dies in Abb. 25 für die Zeit vom Austreiben bis zur Herbstverfärbung gezeigt. Im sichtbaren Lichtbereich führt die unmittelbar nach dem Austreiben noch nicht vollendete Bildung der auch zwischen λ 0,6 und 0,7 μm absorbierenden Chlorophylle zu einer Dominanz der Reflexion im Gelben und Roten. Mit der zunehmenden Ausstattung mit

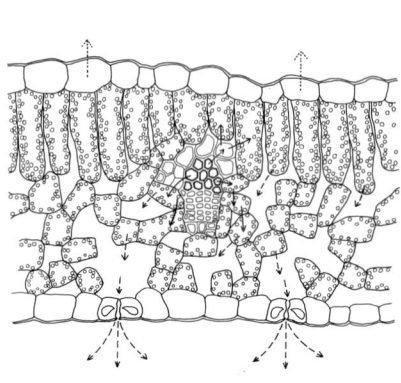

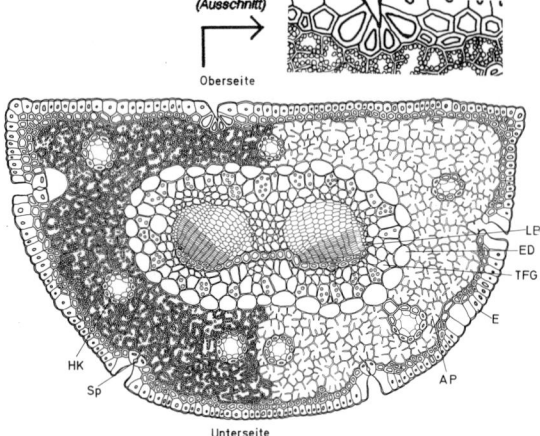

Abb. 23:
Querschnitt durch ein Laubblatt
(aus BRAUN *1980)*

Abb. 24:
Querschnitt durch eine Kiefernnadel
(aus BRAUN *1980)*

Chlorophyll wird diese Dominanz rasch abgebaut. Es bildet sich das typische, kleine aber eindeutige Maximum im Grünen bei $\lambda = 0,55$ µm aus. Es bleibt bis zum Einsetzen der herbstlichen Laubverfärbung erhalten. In der Seneszenzphase vollzieht sich dann ein rascher Abbau des Chlorophyll. Gleichzeitig verbleiben aber Karotine und Xanthophylle in den Blättern und Anthocyane entstehen. Für die Blattreflexion hat dies zur Folge, daß sich das Reflexionsmaximum vom Grünen zum Gelben und Roten hin verschiebt. Die zwischen 0,6–0,7 µm absorbierenden Chlorophylle werden ja zunehmend weniger.

   Bei *Chlorosen*, die auf Nährstoffmangel, toxische Kontaminationen oder Lichtmangel zurückzuführen sind, geht die geringe Chlorophyll-Konzentration Hand in Hand mit einer Erhöhung der Reflexion im sichtbaren Lichtbereich, zumeist besonders stark bei Wellen

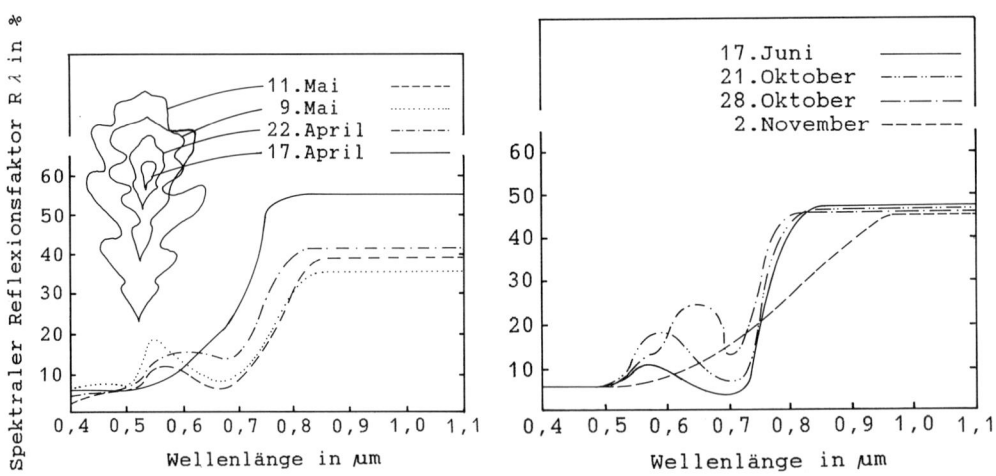

Abb. 25: *Spektrale Reflexionskurven von Eichenblättern (hier Quercus alba) im Verlauf der Vegetationszeit (aus* GATES *1970)*

> 0,55 µm. In extremen Fällen reflektieren stark chlorotische Blätter z. B. bei $\lambda = 0,65$ µm bis zu dreimal so viel als normal mit Chlorophyll ausgestattete Blätter der gleichen Art.

Der statistische Zusammenhang zwischen Chlorophyllgehalt und spektraler Reflexion wurde mehrfach nachgewiesen. Die Korrelation zwischen beiden Faktoren ist dabei im Falle leichterer Chlorosen z.T. nur schwach. GAUSMANN et al. (1975 b) begründen dies mit dem Zusammenhang zwischen Chlorophyllkonzentration und Zellstruktur, die sich in ihrer Wirkung auf die spektrale Reflexion gegebenenfalls kompensieren.

Mehrfach belegt ist die Abnahme der Reflexion im Bereich des sichtbaren Lichts bei Nadelbäumen in größeren Höhenlagen und auch gegen die polare Baumgrenze hin. N. G. KHARIN und J. A. PROKUDIN (1967) stellten z. B. für Lärchen in Sibirien fest, daß die Reflexion der Bäume in 1700 m über NN nur noch 25 % der Reflexion jener in 700 m über NN betrug. Die Abnahme der Reflexion hat ihre Ursache vor allem in der höheren Absorptionsrate der Nadeln, welche als Adaption der Pflanzen an die extremen Standortsbedingungen zur maximalen Ausnutzung des verfügbaren Lichts zu verstehen ist.

Belege für das Reflexionsverhalten chlorotischer Blätter und Nadeln finden sich schon bei BÄCKSTRÖM und WELANDER (1953), später bei WOLFF (1966), HOFFER u. JOHANNSEN (1969), THOMAS et al. (1966), GAUSMAN et al. (1975a, 1978) und in jüngster Zeit bei BUSCHMANN und NAGEL (1992).

Offensichtlich besteht auch ein Zusammenhang zwischen dem Chlorophyllgehalt von Blättern und dem Wendepunkt der Reflexionskurve in deren um $\lambda = 0,7$ µm steil ansteigendem Kurvenstück (BOOCHS et al. 1988, GUYOT et al. 1990, ROCK et al. 1988, AHERN 1988, BUSCHMANN und NAGEL 1992). Mit abnehmendem Chlorophyllgehalt verschiebt sich dieser Wendepunkt und damit das ansteigende Kurvenstück als Ganzes geringfügig zum kurzwelligen Bereich hin. Man bezeichnet diese Verschiebung als „blue shift".

Neben dem dominierenden Einfluß der Pigmentabsorption wird im sichtbaren Lichtbereich die Reflexion der Blattorgane auch von deren *Oberflächeneigenschaften* mitbestimmt. Zu nennen sind neben der Blattgröße vor allem die Rauhigkeit der Blattflächen und das Vorhandensein oder Fehlen von Behaarung, Wachsschichten, Nekrosen, Pilzbelägen und Blattverschmutzungen.

Je glatter und glänzender eine Blattoberfläche ist, desto stärker ist i. d. R. die Blattreflexion, und zwar bei gleichzeitiger Zunahme des vorwärtsgerichteten Reflexionsanteils. Einfluß auf die Reflexionsstärke und -richtungsverteilung hat besonders auch die Blattbehaarung. Mit zunehmender Behaarung steigt (bei verwandten Arten) i. d. R. der spektrale Reflexionsgrad im sichtbaren Lichtbereich; die diffuse Reflexion wird ausgeprägter (hierzu z. B. GAUSMAN und CARDENA 1973, GAUSMAN et al. 1978, BUSCHMANN und NAGEL 1992).

Nekrosen, Beläge oder Wasserfilme auf Blättern bestimmen durch ihre eigene Reflexionscharakteristik die der Blattorgane mit.

Der *Rückschluß von Labormessungen* auf das Reflexionsverhalten von Blattorganen in situ ist prinzipiell zulässig. Aus vielen Untersuchungen ist bekannt, daß die im Labor gemessene spektrale Signatur einzelner Blattorgane der spektralen Signatur von belaubten Pflanzenbeständen in Fernerkundungsaufzeichnungen sehr ähnlich ist, ja diese prägt. Zu bedenken ist aber beim Rückschluß von Labormessungen auf Signaturen im Luftbild oder Scanneraufzeichnungen,

– daß in situ die für die Aufzeichnung relevanten Strahldichtewerte $L_{\lambda r}(\Omega, A)$ wegen der vielfältigen geometrischen Beziehungen zwischen Einstrahlungsrichtungen und Blattstellungen örtlich und zeitlich dementsprechend unterschiedlich sind. Versuche, diese Beziehungen zu modellieren, führen zu nur sehr begrenzt brauchbaren Aussagen.

– daß die durch einen Sensor aufgenommenen Strahldichten stets ein Mischsignal von mehreren unterschiedlich beleuchteten (beschatteten) Blattorganen und mehr oder weniger vielen Anteilen reflektierter Strahlung von Astholz oder durchscheinenden Bodens ist;

– daß sich die am Sensor aus der Richtung eines Objekts eintreffende Strahlung aus den im
 Abschnitt 2.2.1 beschriebenen Gründen von der von dort reflektierten unterscheidet.

Die Reflexion im Spektralbereich des nahen Infrarot

Im nahen Infrarot mit Wellenlängen zwischen λ = 0.7 und 1,3 µm weist die Reflexion
vitaler Blätter und Nadeln ein breites Maximum auf (Abb. 22). Ebenso ist die Transmission in diesem Bereich besonders groß (Abb. 21). Absorption einfallender Strahlen
findet dagegen nur in geringem Maße statt.

Blattpigmente absorbieren in diesem Spektralbereich fast nichts. Sie sind für Strahlen
dieser Wellenlängen weitgehend durchlässig. Schon MECKE und BALDWIN (1957) hatten
dies nachgewiesen. Untersuchungen von HOWARD (1971) belegten es erneut.

Eine schwache *Wasserabsorptionsbande* liegt bei λ = 0,98 µm und verursacht bei turges-
zenten Blättern eine leichte Einsattelung der Reflexionskurve.

Die Menge reflektierter Strahlung und das Verhältnis von reflektierter zu transmittier-
ter Strahlung sind von den art- und zustandsspezifischen *Zell- und Gewebestrukturen* der
Blattorgane abhängig. Die spektralen Reflexionsgrade ρ (λ) liegen dabei zwischen 0,3 und
0,7. Die spektralen Reflexionsfaktoren R λ können in Abhängigkeit vom Verhältnis der
Einstrahlungs- zur Beobachtungsrichtung auch darunter oder darüber liegen.

Wegen der im nahen Infrarot vorkommenden größeren und vielfältigeren Unterschiede
der Blattreflexionen, insbesondere zwischen Nadeln und Laubblättern sowie zwischen
gesunden und geschädigten Blattorganen der gleichen Art, ist dieser Spektralbereich für
die Fernerkundung von besonderer Bedeutung (vgl. Abb. 26 und 27).

Blätter von Laubbäumen reflektieren im nahen Infrarot deutlich mehr der eingefallenen Strahlung als Nadeln oder z. B. Blätter von Halophyten. Unter den europäischen
Nadelbäumen weisen die Nadeln der Lärchen höhere Reflexionen als Fichten, Kiefern
und Tannen auf. Die in Tab. 4 genannten prozentualen Reflexionen der Blätter einiger
landwirtschaftlicher Kulturpflanzen geben ein Bild von der Verschiedenartigkeit der
Blattreflexion in diesem Spektralbereich.

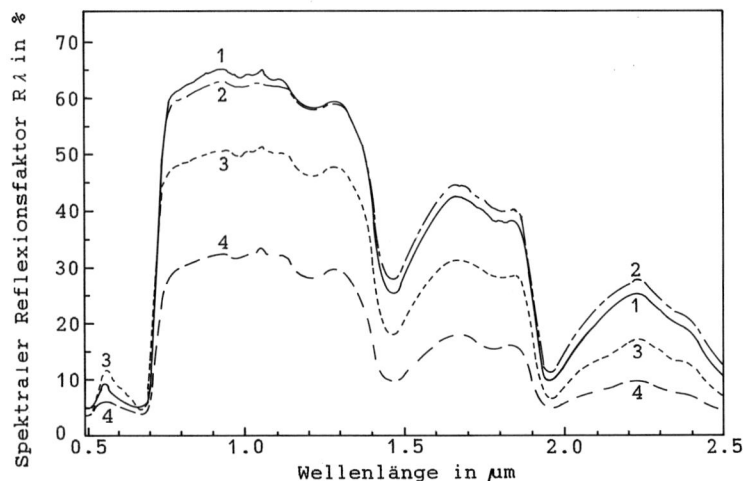

Abb. 26: *Spektrale Reflexionskurven eines Sonnenblattes (1) und eines Schattenblattes (2)
der Buche, eines vergilbten Buchenblattes (3) und fünf hintereinander angeordneter belaubter Buchenzweige (aus LANDAUER et al. 1989)*

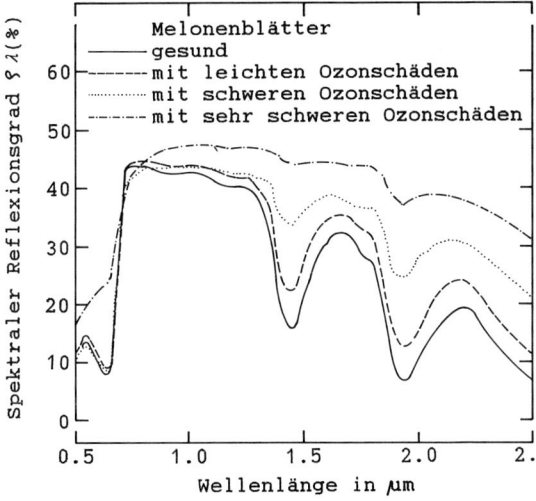

Abb. 27:
Spektrale Reflexionskurven von Melonenblättern mit verschieden starken Ozonschäden (aus GAUSMAN et al. 1976)

Pflanzenart (grüne Blätter)	Wellenlänge in μm				
	0,75	0,85	0,95	1,05	1,15
	Reflexion in %				
1	2	3	4	5	6
Bohnen	55,7	56,9	55,8	56,6	53,6
Mais	45,4	46,4	42,5	46,0	43,3
Salat	37,6	37,5	34,6	36,3	30,3
Soja	45,6	46,5	45,9	46,2	44,5
Sonnenblumen	45,4	47,3	46,5	47,2	44,1
Weizen	50,2	51,7	51,0	51,5	48,9

Tab. 4: *Prozentuale Reflexion im nahen Infrarot von Blättern (Mittel aus 10 Blättern) verschiedener landwirtschaftlicher Kulturpflanzen (nach SMITH 1983, Auszug)*

Abb. 25 macht deutlich, daß sich auch im nahen Infrarot die Blattreflexion während der Entfaltung und des Wachstums des Blattes verändert. Im gezeigten Beispiel bleibt sie nach der Ausreifung des Blattes gleich. Erst das tote, ausgetrocknete und verwelkte Blatt zeigt wieder markante Veränderungen. Vergleichbare Ergebnisse zeigte HOWARD (1971) für Eukalyptus- und Quercus rubor-Blätter.

Einfluß auf die Reflexion von Blattorganen im nahen Infrarot muß nach dem Gesagten vor allem von *Veränderungen der Turgeszenz* und damit der Wasserversorgung des Blattes erwartet werden. Die Hydratur, d. h. der Wasserzustand pflanzlicher Zellen ist bei höheren Pflanzen einerseits durch ständige Wasserabgabe an die Umgebung (Transpiration) und andererseits durch ständige Wasseraufnahme aus dem Boden gekennzeichnet. Die in ihrem jeweiligen Gewebeverband eingefügte Zelle ist ein osmothisches System. Sie nimmt in bestimmten Grenzen bei Wasseraufnahmen durch Dehnung der Zellwand an Volumen zu und verliert an Volumen bei abnehmender Turgeszenz. Es ist naheliegend zu folgern, daß mit sich veränderndem Turgor der Zellen des Blattgewebes Änderungen der Reflexionsverhältnisse im nahen Infrarot einhergehen können. Ausgereifte Blattorgane zeigen jedoch offenbar häufig keine oder nur geringe Reflexionsunterschiede bei schwankender Wasserversorgung. Erst bei anhaltendem Abfall des Turgors, d. h. bei Vertrocknung und Verwelkungen sinkt die spektrale Reflexion im nahen Infrarot aufgrund der veränderten Zellformen. Die oben erwähnte Einsattelung der Reflexionskurve bei $\lambda = 0,98$ µm verschwindet (vgl. z. B. Abb. 27 und 42).

Einen aufschlußreichen Beitrag lieferten OLSON und RHODE (1970) hierzu. Sie fanden bei Quercus rubor und Liriodendron tulipifera, daß bei Bäumen die Wasserversorgung während der Zeit der Blattbildung für die späteren Reflexionseigenschaften der Blätter im nahen *und* mittleren Infrarot entscheidend ist. Blätter, die unter den Bedingungen normaler Wasserversorgung entwickelt wurden, wiesen später höhere Reflexionswerte auf als solche, die sich in Trockenzeiten unter Wassermangel bildeten. OLSON und RHODE glauben daraus schließen zu können, daß die Reflexion der Gesamtheit des Blattwerkes *ringporiger* Bäume, die ihr Laubwerk eines Jahres innerhalb weniger Tage entwickeln, nach Ausreifung der Blätter weitgehend unabhängig von Schwankungen der Wasserversorgung im Laufe der Vegetationszeit ist. Dagegen werden wechselnde Reflexionswerte von Blättern *zerstreutporiger* Bäume, die während der Vegetationsperiode ständig neue Blätter bilden, dadurch erklärt, daß die Blattbildungen sich unter verschiedenen Bedingungen der Wasserversorgung vollziehen und damit unterschiedliche Zellstrukturen und auch Wasseraufnahmevermögen nach sich ziehen.

Auch *andere Streßfaktoren und Schädigungen* der Blätter und Nadeln, die die Zellorganisation oder Zellinhaltsstoffe oder Interzellaren verändern, führen zu Änderungen der Reflexion im nahen Infrarot. Schon 1966 zeigte z. B. WOLFF das Absinken der Reflexion bei CO_2-geschädigten Fichtennadeln, deren Gewebe weitgehend kollabiert war. Neue Meßergebnisse an Buchenblättern belegten, daß ein solches Absinken mit zunehmender Blattschädigung korreliert (AMANN et al. 1989).

Das Eindringen von *Pilzhyphen* in das Blattgewebe senkt ebenfalls die Reflexion im nahen Infrarot. Ebenso wurden Reflexionsänderungen bei gestörter *Nährstoffversorgung* mehrfach nachgewiesen, z. B. bei Zuführung toxischer Mengen von Spurenelementen, bei Stickstoffmangel u. a. Dabei wurden freilich sowohl tendenziell und im Ausmaß unterschiedliche Reflexionsänderungen beobachtet (hierzu z. B. THOMAS et al. 1966, YOST und WENDEROTH 1971, HOWARD 1971, KHARIN 1973, ESCOBAR und GAUSMAN 1976).

Reflexion im Spektralbereich des mittleren Infrarot

Im mittleren Infrarot mit Wellenlängen zwischen 1,3 und 2,6 µm fällt die Reflexion von Blattorganen diskontinuierlich ab bis zu Werten von unter 10 % (Abb. 22, 27). Die Werte von ρ (λ) % und R (λ) % werden dabei vor allem durch den *Wassergehalt* und die starken *Wasserabsorptionsbanden* bei Wellenlängen um 1,45, 1,95 und 2,7 µm bestimmt. Je höher der Wassergehalt der Blätter, desto tiefer liegen die Werte im gesamten Spektralbereich zwischen 1,3 und 2,6 µm und desto markanter sind in diesem Bereich die Unterschiede zwischen den relativen Reflexionsmaxima und -minima.

Beim Austrocknen von Blättern steigen die Reflexionswerte insgesamt an, besonders aber in Bereichen der Wasserabsorptionsbande. Die Unterschiede zwischen Maxima und Minima verringern sich dementsprechend. Die Reflexionskurven ebnen sich mehr und mehr ein. Abb. 27 zeigt dies für einen Austrocknungsvorgang im Gefolge eines Ozonschadens. Beobachtungen dieser Art wurden auch bei sich veränderndem Wassergehalt bei Maisblättern (HOFFER und JOHANNSEN 1969) und Zitrusblättern (GAUSMAN et al. 1978, YOUNG und PEYNADO 1967) gemacht.

Reflexion von Blattorganen im Mikrowellenbereich

Über die Blattreflexion im Mikrowellenbereich liegen nur wenige Ergebnisse aus Labormessungen vor. Gesichert ist jedoch, daß für Blätter oder Nadeln einer bestimmten Spezies die dielektrische Konstante (vgl. 2.2.2) mit Zunahme des Wassergehalts in den Blättern und Nadeln und damit auch deren Reflexionsvermögen deutlich zunimmt (CARLSON 1967).

2.3.2 Das Reflexionsverhalten von Pflanzenbeständen

2.3.2.1 Einführung

Zum Verständnis des Folgenden wird vorausgeschickt, daß – ganz im Sinne der Fernerkundung – unter der Reflexion von Pflanzenbeständen Meß- bzw. Abbildungsflächen von Beständen zu verstehen sind, die in ihrer Größe durch das räumliche Auflösungsvermögen des Sensors eines Meß- oder Abbildungsgerätes und den Abstand des Sensors vom Bestand definiert sind. Diese „Bestandes"-Flächen integrieren zwangsläufig die Reflexion verschiedenartiger und unterschiedlich beleuchteter Pflanzen- und ggf. Bodenteile. Jeder Reflexionswert, von dem die Rede sein wird, ist mithin ein Integrationswert über eine entsprechend große Fläche. Für die Fernerkundung ist neben den Reflexionseigenschaften der Blätter die solcher Oberflächen von Pflanzenbeständen von besonderem Interesse. Zur Erklärung von deren Reflexionsverhalten müssen zusätzlich morphologische, phänologische und pflanzensoziologische Faktoren mit herangezogen werden. Zu nennen sind:
- die Stellung und Größe der Blattorgane,
- der Aufbau des Sprosses, bei Bäumen der Krone,
- die Dichte der Belaubung und damit das Verhältnis zwischen Reflexionsanteilen beleuchteter wie beschatteter Blätter/Nadeln, anderer Pflanzenteile und durchscheinenden Bodens und Unterwuchses,
- die phänologische Situation mit ihrem Einfluß auf die Reflexion durch den jeweiligen Belaubungszustand, aber auch durch das Blühen und Fruchttragen,

und bei Pflanzenbeständen strukturelle Elemente der Gruppe wie
- die Zusammensetzung nach Arten und die Form der Vergesellschaftung,
- die Dichte der Bestockung und damit auch der eventuelle Anteil der Reflexion vom Boden, von Bodenvegetation oder unterständigen Pflanzen,
- bei Wäldern und anderen Dauerkulturen das Alter bzw. die Alterszusammensetzung des Bestandes,
- die vertikale Gliederung, d. h. die Rauhigkeit der Oberfläche z. B. von Waldbeständen, Buschvegetationen, Plantagen usw.

Sowohl die Art und Variabilität der spektralen Reflexion von Pflanzenbeständen als auch die Richtungsverteilung der Reflexion werden von den genannten Faktoren bestimmt. Darüber hinaus ist die spektrale Reflexion von den Einstrahlungsbedingungen abhängig. Einstrahlungsart (direkt oder diffus), Beleuchtungsverhältnisse (besonnt oder beschattet), bei direkter Einstrahlung der Zenitwinkel ϑ_i der Einstrahlung und schließlich der Atmosphärenzustand (klar, dunstig) wirken sich insbesondere auf die Stärke der reflektierten Ausstrahlung, z.T. auch auf deren spektrale Zusammensetzung aus.

Zahlreiche spektroradiometrische in-situ-Messungen haben seit den 60er Jahren zur Aufklärung des Reflexionsverhaltens von Vegetationsbeständen beigetragen. Angesichts der ungewöhnlichen Vielfalt von Pflanzengesellschaften, Vergesellschaftungsformen und möglichen Einstrahlungsbedingungen ist jedoch das Wissen hierüber immer noch unvollständig. Dies gilt besonders für tropische Vegetationsformen.

Neben in-situ-Messungen aus kurzer Entfernung traten ab Mitte der 70er Jahre radiometrische Messungen aus Flugzeugen mit 11-kanaligen Multispectral-Scannern (REICHERT 1976, 1978, 1983, HILDEBRANDT et al. 1987). Aus den Signaturanalysen der mit solchen Sensoren aufgenommenen Daten sind unter Einbeziehung von Referenzflächenmessungen mit den aus der Strahlungsübertragung ableitbaren Einschränkungen (vgl. 2.2.1.4) Rückschlüsse auf Reflexionseigenschaften und -unterschiede möglich. Sie haben den Vorteil, daß, anders als bei den meßtechnisch aufwendigen und begrenzt mobilen Geländemessungen, erheblich mehr und vielfältigere Objekte nahezu gleichzeitig untersucht werden können. Sie führen zudem zu Aussagen, die aus der Sicht der Fernerkundung in vielen Fällen relevanter als objektnahe Messungen sind. Rückschlüsse von den Meßergebnissen auf mögliche Objekterkennungen und -differenzierungen in Fernerkundungsaufzeichnungen sind besser und differenzierter möglich als aus der Messung zwangsläufig nur weniger und kleiner Oberflächenausschnitte aus kurzer Entfernung.

2.3.2.2 Richtungsverteilung der Reflexion von Pflanzenbeständen

Die Reflexion der globalen Einstrahlung erfolgt bei natürlichen i. d. R. rauhen Oberflächen *anisotrop*. Auch bei völlig glatten Flächen, z. B. unbewegtem Wasser, ebenen polierten Metallplatten o.ä. ist durch das stets mit einfallende Himmelslicht im strengeren Sinne keine vollständig spiegelnde Reflexion gegeben.

Weitgehend gleichmäßig auf verschiedene Zenitwinkelrichtungen verteilt ist die Reflexion rechtwinklig zur Haupteinstrahlung. Bei vollständiger und dichter Wolkenbedeckkung, d. h. wenn die Geländebeleuchtung fast 100 % durch Himmelslicht erfolgt, reflektieren auch vegetationsbedeckte Oberflächen nahezu gleichmäßig diffus.

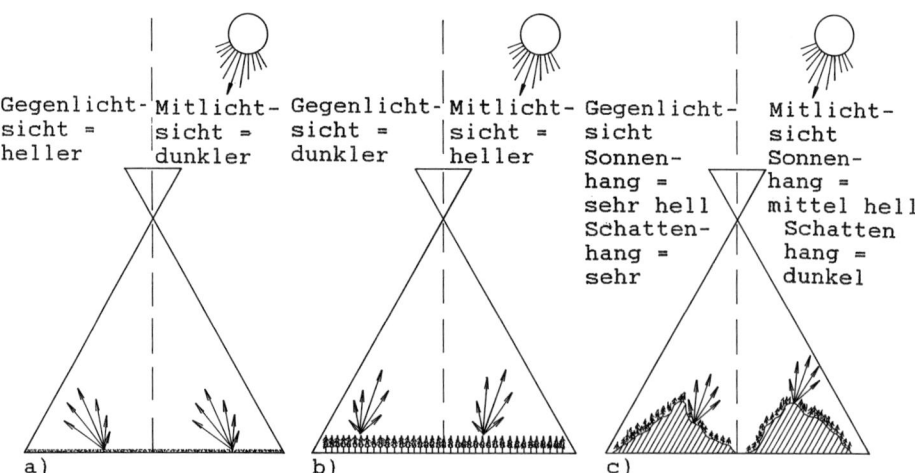

Abb. 28: *Richtungsverteilung der Reflexion in der Ebene der Haupteinstrahlung an Oberflächen mit vorwiegend vorwärtsgerichteter (a) und rückwärtsgerichteter (b) Reflexionscharakteristik und deren Wirkung auf die Abbildungshelligkeit im Mit- und Gegenlichtbereich eines Luftbildes.*

Die Anisotropie der Reflexion tritt an klaren Tagen in Abhängigkeit von der Rauhigkeit und der Gestalt der Oberflächen mehr oder weniger ausgeprägt vor- oder rückwärtsgerichtet auf. In Abb. 28 ist das in der Schnittebene der azimutalen Einstrahlung schematisch dargestellt.

Die Ausprägung dieser Typen wird bestimmt durch die Oberflächengestalt und -eigenart, das Verhältnis von direkter Sonneneinstrahlung zu diffuser Einstrahlung von Himmelslicht und dem Zenitwinkel ϑ_i der Haupteinstrahlungsrichtung, also dem Sonnenstand.

Der in Abb. 28a gezeigte *vorwärts* gerichtete Reflexionstyp tritt bei Objekten mit glatter Oberfläche auf, z. B. bei horizontal liegenden Metalldächern oder Eisflächen. Auch geschlossene, vertikal nicht gegliederte Vegetation mit horizontal gelagerten Blättern weist einen größeren Anteil vorwärtsgerichteter Reflexion auf (vgl. hierzu Abb. 29d). Eine solche Ausrichtung ist in der Regel umso stärker, je schräger die Sonnenstrahlen einfallen.

Die ganz überwiegende Mehrzahl der Pflanzenbestände und Böden zeigt eine gegenteilige, nach rückwärts gerichtete Reflexion (Abb. 28b). Dabei überwiegen i. d. R., wie es durch die Pfeillängen angedeutet ist, die Ausstrahlungen zurück zur Sonne ($\vartheta_r \approx \vartheta_i$).

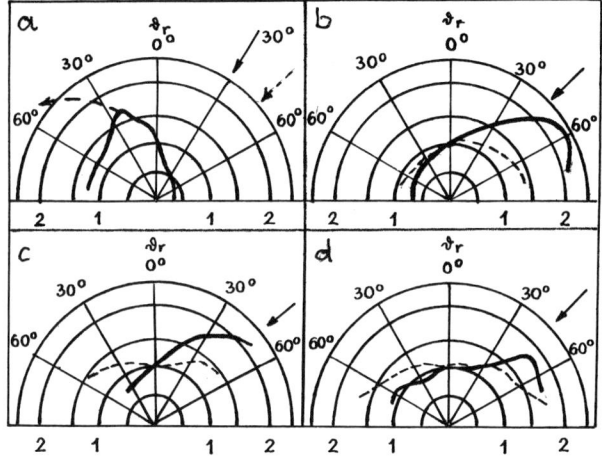

a) Eukalyptusblatt, horizontalliegend :
   — $\vartheta_i = 30°$, - - - $\vartheta_i = 45°$
b) — Ackerboden (BRD) $\vartheta_i = 45°$
   - - - Schwarzerde: (GUS) $\vartheta_i = 45°$
c) Kiefernbestand $\vartheta_i = 50°$
   — Beobachtungsebene = Einstrahlungsebene φ_i
   - - - Beobachtungsebene $\varphi_i = \pm 90°$
d) Wiese $\vartheta_i = 45°$
   — bei vollem Sonnenschein
   - - - bei bedecktem Himmel

Abb. 29: *Kurven der Reflexionsverteilung natürlicher Oberflächen in der Beobachtungsebene φ_i (aus* HILDEBRANDT *1976, nach mehreren Autoren)*

Abb. 29 bis 31 belegen dies durch Meßergebnisse. Der in Abb. 30 vorgenommene Vergleich einer Fichtendickung und eines Maisfeldes im August läßt dabei die Unterschiede zwischen Vegetationsbeständen mit verschiedenartigen Oberflächenstrukturen erkennen: In beiden Fällen liegen die Werte der rückwärtsgerichteten Reflexion über denen der vorwärtsgerichteten. Dies umso mehr, je größer der Zenitwinkel ϑ_r der Reflexion ist. Das Maximum der rückwärtsgerichteten Reflexion wird erreicht, wenn $\vartheta_r = \vartheta_i$ ist. Die Rückwärtscharakteristik ist bei der vertikal stark gegliederten Fichtendickung prägnanter. Die Differenz zwischen vor- und rückwärtsgerichteter Reflexion ist größer als beim Maisfeld, dessen obere Blätter im August z.T. schon waagerecht liegen und dadurch in stärkerem Maße auch vorwärtsgerichtet reflektieren.

Abb. 30 zeigt auch, daß die spektrale Verteilung der Reflexion weitgehend richtungsunabhängig ist. Lediglich der geringere Einfluß der Wasserabsorptionsbande bei $\lambda = 0,98$ μm bei $\vartheta_r = 0°$ und bei der vorwärts gerichteten Reflexion ist auffällig.

Mit Abb. 31 wird die Auswirkung der Richtungsabhängigkeit der Reflexion – in diesem

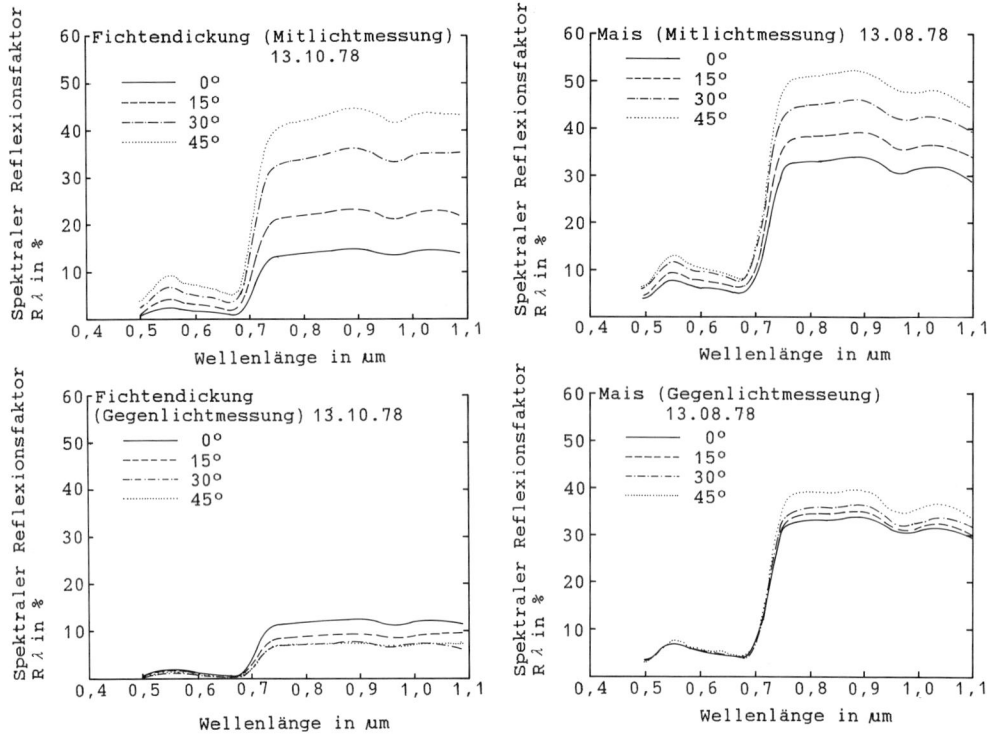

Abb. 30: *Spektrale Reflexionskurven zweier Vegetationsbestände (Fichte, Mais) mit unterschiedlicher Oberflächenrauhigkeit bei Mitlicht- und Gegenlichtmessung (aus*
KADRO *1981)*

Fall eines Zuckerrübenfeldes – auf die Signaturen in multispektralen Scannerdaten belegt.
Die Daten zeigen die allseitige Richtungsverteilung der Reflexion. Sie gingen aus einer
innerhalb weniger Minuten mehrfach aus unterschiedlicher Richtung erfolgten Überfliegung des gleichen Rübenfeldes hervor. Die Helligkeit im Nadir, d. h. in der Mitte des
jeweiligen Scanstreifens wurde mit 1.0 = 100 % festgesetzt. Abb. 31 zeigt die deutlich
größere Helligkeit im Mitlichtbereich gegenüber jener im Gegenlichtbereich und jener
quer zur Haupteinstrahlungsrichtung.

Liegt eine dominierende Reflexion zur Sonne hin vor und erfaßt ein Sensor genau diese
Ausstrahlung, ist also $\vartheta_i \varphi_i = \vartheta_r \varphi_r$, so wird der Abbildungsort überbeleuchtet. Im Luftbild
tritt dort ein Lichtfleck, der sog. „hot spot" auf. In diesem Lichtfleck ist im Falle einer
Luftbildaufnahme der Schatten des Flugzeugs zu sehen, da Sonne, Flugzeug und der durch
$\vartheta_i \varphi_i$ definierte Geländeort auf einer Linie liegen.

Aus der Richtungsabhängigkeit der Reflexion ergeben sich für die Fernerkundung
einige wichtige Konsequenzen. Sie führen bei Luftbild- und Videoaufnahmen zu ausgeprägten Helligkeitsunterschieden im Mitlicht- und Gegenlichtbereich der Bilder. Gleiches
gilt für die Zeilen bei Scanneraufnahmen dann, wenn die Flugrichtung rechtwinklig oder
nahezu rechtwinklig zum Azimut φ_i der Haupteinstrahlung verläuft.

Abb. 28b zeigt, daß bei Oberflächen mit vorwiegend rückwärtsgerichteter Reflexion die
Gegenlichtseite des Luftbildes oder Scanstreifens weniger reflektierte Strahlung als die
Mitlichtseite empfängt. Dies führt zu dunkleren Abbildungen gleicher Objekte und vice

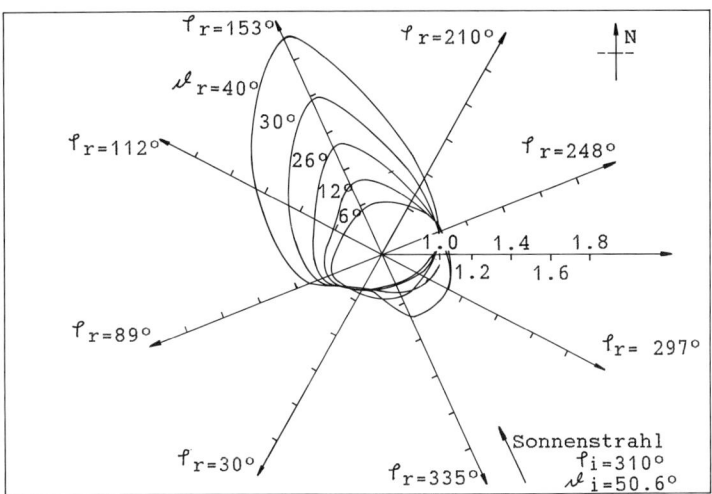

Abb. 31: *Abhängigkeit der Reflexion eines Zuckerrübenfeldes von der Beobachtungsrichtung δ_r, φ_r bei gegebener Einstrahlungsrichtung δ_i, φ_i Meßgrundlage: radiometrische Daten von Scanneraufzeichnungen aus 2000 m im Band $\lambda = 0{,}5$–$0{,}54\,\mu m$ vom gleichen Meßfeld. Alle Daten der φ_r-Streifen sind auf den $R(\lambda)$-Wert der jeweiligen Nadirmessung bezogen $R(\lambda)$ bei $\delta_r = \upsilon° = 1.0$ (aus* REICHERT *1983)*

versa zu helleren auf der Mitlichtseite. Bei Oberflächen mit vorwiegend vorwärtsgerichteter Reflexion gilt das Gegensätzliche (Abb. 28a).

Die Verhältnisse komplizieren sich in gebirgigen Aufnahmegebieten (Abb. 28c). Schatthänge erhalten nur Himmelslicht und reflektieren daher generell nur wenig und dies weitgehend diffus. Auf der Mitlichtseite werden besonnte Hänge besonders hell abgebildet und zwar deutlich heller als auf der Gegenlichtseite. Schatthänge sind dagegen auch auf der Mitlichtseite dunkel, und zwar dunkler als auf der Gegenlichtseite. Dementsprechend sind Helligkeitsunterschiede zwischen Sonn- und Schatthängen auf der Mitlichtseite sehr stark, auf der Gegenlichtseite weniger deutlich ausgeprägt.

Die Beleuchtungsunterschiede wirken sich dabei, wie Abb. 32 belegt, nicht gleichartig auf die Reflexionsstärken von Vegetationsbeständen aus. Dort wird exemplarisch anhand von TM-Daten gezeigt, wie unterschiedlich je nach Bestandestyp und Spektralbereich der Einfluß der Hangbeleuchtung auf die Reflexion und damit die Signatur in der Fernerkundungsaufzeichnung ist.

Die Empfindlichkeit verschiedenartiger Bestände gegenüber Veränderungen der Illumination drückt sich in Abb. 32 im Steigungsgrad der Regressionskurven aus. Buchenbestände reagieren empfindlicher als Fichtenbestände und junge Fichtenbestände empfindlicher als alte. Im nahen und mittleren Infrarot wirkt sich der Einfluß stärker aus als im sichtbaren Lichtbereich. Ebenso ist die Korrelation zwischen Illumination und Signaturwert im infraroten Spektralbereich deutlich straffer als im Grünen oder Roten.

Die reflexionsbedingten Helligkeitsunterschiede sind in Weitwinkel-Luftbildaufnahmen stärker als bei Normalwinkelaufnahmen und – bei entsprechender Fluglinienorientierung (s.o.) – bei Scanneraufnahmen mit großem Öffnungswinkel der Aufnahmeoptik (Flugzeugscanner) stärker als bei solchen mit kleinem Öffnungswinkel (Satellitenscanner).

Bei sachkundiger, visueller Interpretation von Luftbildern und aus multispektralen Aufnahmedaten entstandenen Farbkompositen können die durch die Richtungsabhängigkeit der Reflexion oder durch verschiedene Beleuchtung bedingten Helligkeitsunter-

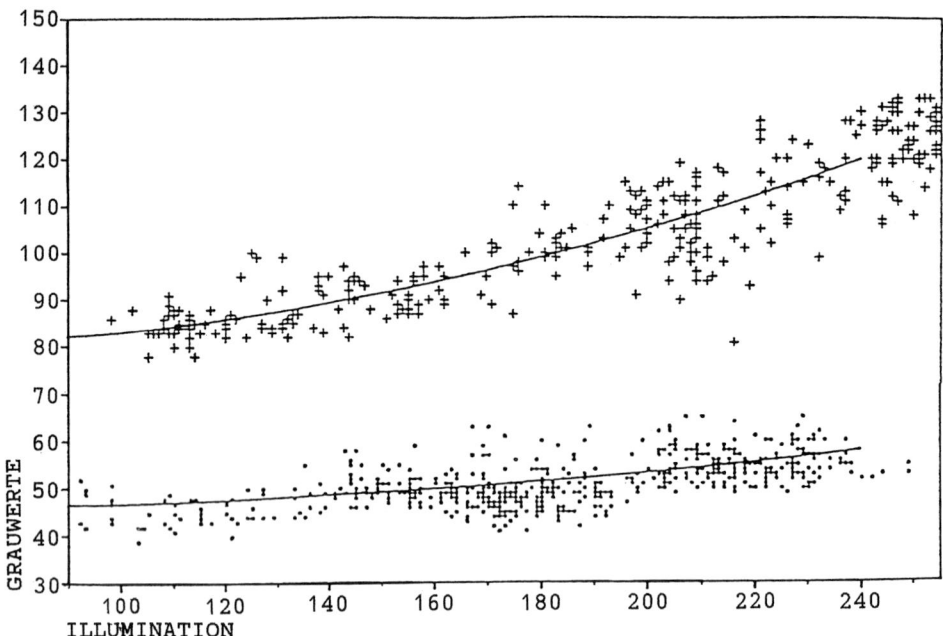

Abb. 32: *Abhängigkeit der Signatur geschlossener Buchen- und Fichtenbestände von der Illumination im TM-Kanal 4 Buche +, Fichte · (aus* SCHARDT *1990).*

schiede weitgehend berücksichtigt werden. Schwieriger ist es, diesen Variationen bei digitalen Auswertungen Rechnung zu tragen. Einflüsse und Wirkungen verschiedener Faktoren (Beleuchtung, Relief, Oberflächenrauhigkeit) auf die spektrale gerichtete Reflexion ändern sich oft kleinflächig – sich verstärkend oder sich gegenseitig aufhebend.

2.3.2.3 Die spektrale Zusammensetzung der Reflexion von Pflanzenbeständen

Pflanzenbestände bestimmter Art, Zusammensetzung und Zustände weisen analog zu einzelnen Blattorganen eine jeweils charakteristische spektrale Reflexion auf. In zahlreichen Fällen treten dadurch in einem Aufnahmegebiet zu einer gegebenen Zeit Reflexionsunterschiede zwischen den vorkommenden Pflanzengesellschaften auf, die deren Unterscheidung und ggf. auch Identifizierung in Fernerkundungsaufzeichnungen möglich machen (Abb. 33 bis 36).

Es kommen daneben aber nicht selten auch Fälle mehr oder weniger großer Ähnlichkeiten der Reflexion und damit der spektralen Signatur von Pflanzenbeständen vor. Eine sichere Unterscheidung betroffener Bestände allein aufgrund ihrer spektralen Signaturen ist dann nicht möglich. Andere, nicht spektrale Erkennungsparameter oder -hilfen müssen – und können zumeist – in solchen Fällen weiterhelfen.

Die spektrale Reflexion eines Bestandes oder Vegetationstyps ist weder konstant in der Zeit noch homogen auf der gesamten Fläche seines Vorkommens. Sie wechselt im Laufe der Jahreszeiten, variiert nach dem Vitalitäts- und Gesundheitszustande, nach Artenzusammensetzung und Bestockungsdichte sowie entsprechend dem in Abschnitt 2.3.2.2 Gesagten nach Richtung und Beleuchtung.

Solche Verhaltensmuster der Reflexion können für bestimmte Fragestellungen bei der

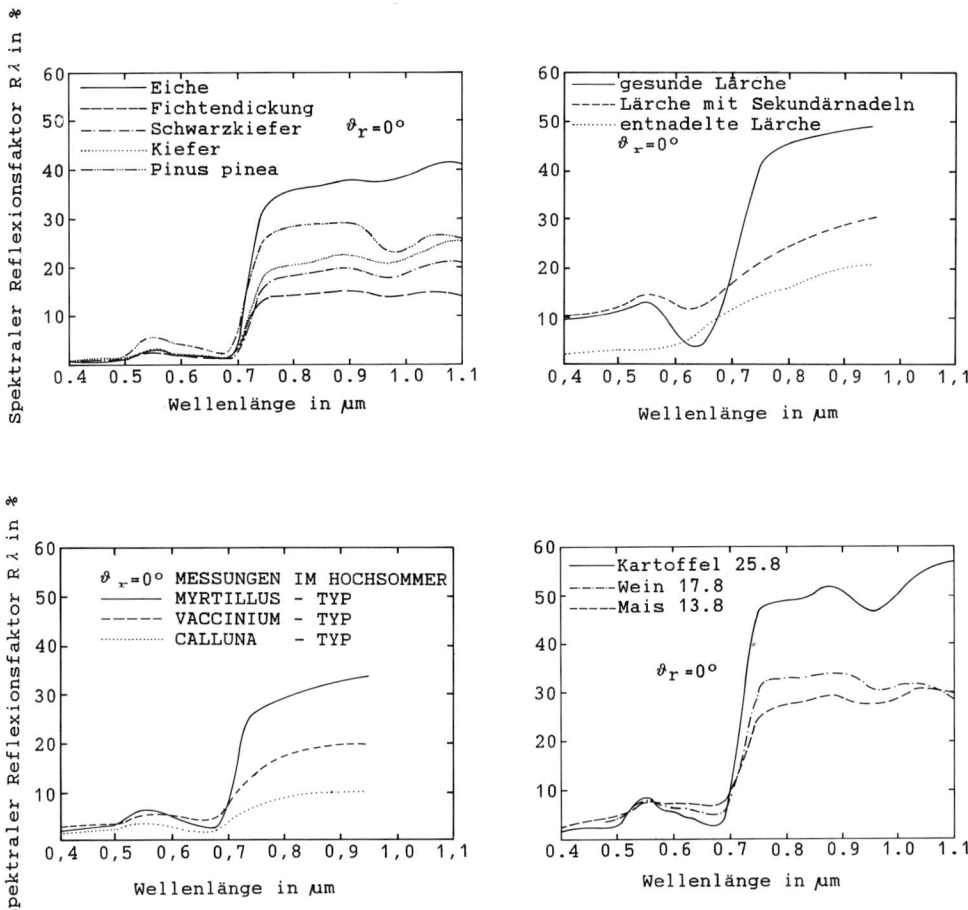

Abb. 33 bis Abb. 36 *Spektrale Reflexionskurven bei $\vartheta_r = 0°$ (33) verschiedener Baumarten (KADRO 1981) – (34) von Lärchen unterschiedlichen Kronenzustands (KHARIN 1973) – (35) der Bodenvegetation verschiedener finnischer Waldtypen (PAIVINEN u. RAUTIAINEN 1990) – (36) verschiedener Feldfrüchte Mitte/Ende August (KADRO 1981)*

Luftbildinterpretation oder der Analyse digitaler Fernerkundungsdaten genutzt werden oder müssen als Störfaktoren berücksichtigt werden.

Zum Einfluß der Phänologie

Alle Pflanzengesellschaften und -bestände verändern ihre spektrale Reflexion in Abhängigkeit von phänologischen Ereignissen. In drastischster Form geschieht dies bei Gesellschaften und Beständen, deren Arten winterkahl oder in Trockenzeiten laubabwerfend sind oder außerhalb ihrer Vegetationszeit nur verfärbtes, trockenes Laub tragen. In diesen Fällen ist der Unterschied zwischen der Reflexion im Sommer und Winter bzw. Trocken- und Regenzeit außerordentlich groß. Dies gilt für Wälder wie für Busch- oder Bodenvegetationen. In der Vegetationszeit bestimmt die Belaubung die spektrale Reflexion, außerhalb der Vegetationszeit dagegen das Stamm- und Astholz, der Boden oder die Bodenvegetation in ihrem jeweiligen Aspekt. Die phänologische Entwicklung der Blattorgane in der Vegetationszeit (vgl. Kap. 2.3.1.2, Abb. 2) verändert ebenso wie bei vielen Arten und Gesellschaften die Blüte und das Fruchttragen jeweils kurzzeitig auch die spektrale Reflexion ganzer Bestände.

Ebenso ausgeprägt verändert sich die spektrale Reflexion bei einjährigen landwirtschaftlichen Kulturen vom Auflaufen der Saat bis zur Erntereife. Bei Kenntnis des örtlichen phänologischen Kalenders bietet das für die Identifizierung von Fruchtarten durch Fernerkundung zahlreiche Möglichkeiten (Steiner 1961, Meienberg 1966, Dörfel 1978, Jakob und Lamb 1978 u. a.).

Bei bewirtschafteten Wiesen- und Staudenfluren verursacht neben den o.a. Blühaspekten und ggf. örtlich unterschiedlichen Sukzessionen, die Mahd eine abrupte Veränderung der Reflexion. Auf Weiden wechselt die spektrale Reflexion in Abhängigkeit vom Fortgang der Beweidung; Trittspuren führen dabei – besonders im Gebirge – zu spezifischen Mustern.

Dagegen reflektieren immergrüne Gesellschaften oder Bestände, z. B. die meisten Nadelwälder, Hartlaubgesellschaften, immergrüne Regenwälder, im Verlauf des Jahres spektral relativ gleichbleibend. Das Blühen, Fruchten und der frische Jahresaustrieb können freilich auch bei diesen Gesellschaften kurzfristige Reflexionsveränderungen auslösen. In erster Linie sind es hier aber sekundäre Einflüsse wie Schlußgradunterschiede, Schäden, Schneeauflagen u. a., die Änderungen der spektralen Reflexion hervorrufen und nicht die phänologische, jahreszeitliche Abfolge.

Die Bildtafel I und Abb. 80 illustrieren den Einfluß der Phänologie auf die Abbildung von Vegetationsbeständen in Fernerkundungsaufzeichnungen.

Zum Einfluß der Bodensicht und des Schlußgrades

Bei jeder Art von Vegetation variiert die spektrale Reflexion von Beständen mit deren Deckungsgrad (bei Waldbeständen: Schluß- oder Überschirmungsgrad). In Abhängigkeit vom Deckungsgrad nimmt ein entsprechender Anteil des Bodens oder der Bodenvegetation an der Reflexion eines Bestandes teil. Je nach der vertikalen Struktur und der Höhe des Bestandes beeinflussen dazu auch mehr oder weniger umfangreiche Beschattungen die Gesamtreflexion des Bestandes und damit auch die spektralen Signaturen in den Aufzeichnungen. Art und Zustand des Bodens und der Bodenvegetation sowie das Verhältnis der Anteile bewachsenen und kahlen Bodens können sehr unterschiedlich sein. Auch die Beschattungen wechseln in vertikal gegliederten Beständen oft kleinräumig und unregelmäßig. Der Einfluß des Bodenanteils auf die spektrale Reflexion der vielfältigen Vegetationsformen und Bestandstypen läßt sich deshalb nicht allgemein modellhaft beschreiben. Nur für homogene Monokulturen kann dies sinnvoll geschehen. Abb. 37 zeigt als Beispiel dafür den

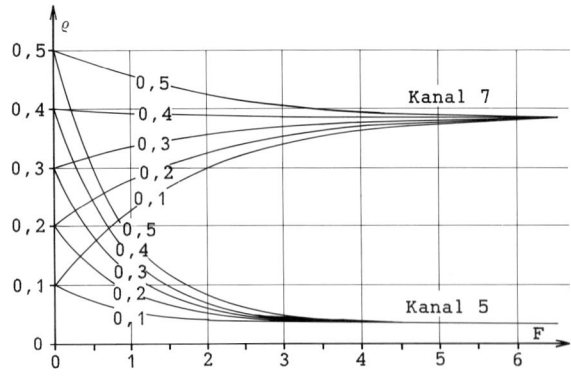

Abb. 37:
Spektraler Reflexionsgrad eines Getreidefeldes in den TM-Kanälen 5 und 7 in Abhängigkeit vom Blattflächenindex F und dem prozentualen Anteil an Bodensicht (aus Gurnade et al. 1978)

Reflexionsgrad eines Weizenfeldes in zwei spektralen Bandbereichen in Abhängigkeit von Bedeckungsgrad (Blattindex) und der Art der Reflexion des unbewachsenen Bodens.

Besonderen Einfluß gewinnt die Mitwirkung von Boden, Bodenvegetation und beschatteter Bestandesteile in Waldbeständen mit spitzkronigen Bäumen. In älteren weitgehend geschlossenen Fichtenbeständen fanden KENNEWEG et al. (1989, siehe auch RUNKEL 1987), daß bei einer Sensorauflösung von 1,25 x 1,25 m nur 9 % der Bildelemente (= Integrationsfläche im Sinne des in 2.3.2.1 Gesagten) ausschließlich durch die Reflexion beleuchteter Kronenteile bestimmt waren. 46 % der Bildelemente entfielen auf die Reflexion des Waldbodens und beschatteter Boden-, Bodenvegetations- und Kronenteile und weitere 45 % enthielten Mischinformationen von beleuchteten Kronenteilen und den Boden/ Schatten-Komponenten. Andererseits können die Reflexionsunterschiede zwischen geschlossenem Bestand und vergrasten, verkrauteten Lücken ausreichen um im (optimierten) Satellitenbild interpetierbare ggf. auch digital klassifizierbare Signaturunterschiede hervorzubringen (SCHARDT 1990, KUNTZ 1991). Abb. 38 liefert hierfür einen Beleg.

In Laubwäldern bestimmen bei Schlußunterbrechungen und Auflichtungen die Sekundärreflexionen von Boden und Unterwuchs ebenfalls die spektrale Reflexion der Bestände als Ganze mit. Auch dies wird in spektrale Signaturen umgesetzt und ist für die Fernerkundung ausnutzbar. In Abb. 39 sind als Beispiel hierfür die Signaturen benachbarter, gleichbeleuchteter geschlossener und degradierter, offener tropischer Regenwälder – letztere mit weitgehend geschlossener Bodenvegetation – wiedergegeben.

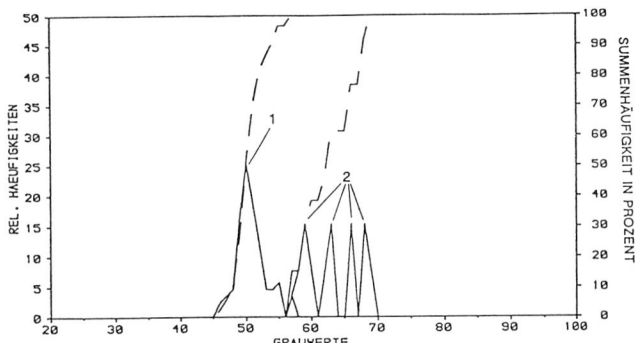

Abb. 38: *Grauwerthistogramme und Summenhäufigkeiten (1) geschlossener und (2) stark aufgelichteter Fichtenbestände im TM Kanal 4 (aus* SCHARDT *1990)*

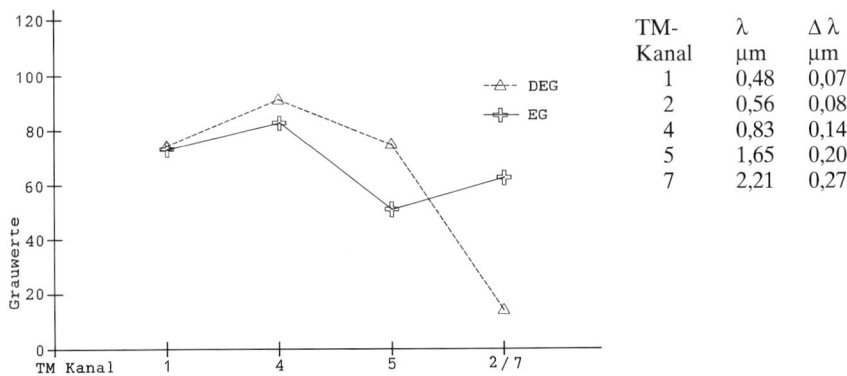

Abb. 39: *Grauwertsignaturen eines intakten (EG) und eines degradierten (DEG) tropischen, immergrünen Regenwaldes (nach* SCHMIDT-FÜRNTRATT *1990)*

Zum Einfluß des Alters von Waldbeständen

Nadel- und Laubbaum-Bestände zeigen auch hier wiederum unterschiedliches Reflexionsverhalten. Geht man von geschlossenen, gleichaltrigen und gesunden sowie gleichbeleuchteten Reinbeständen aus, so gilt:

Junge *Nadelbaumbestände* reflektieren in allen Spektralbereichen stärker als ältere Bestände und Althölzer. Ihre spektralen Signaturen zeigen dementsprechend unterschiedliche Meßwerte (Abb. 40). Dabei überschneiden sich i. d. R. die Signaturen der älteren Altersklassen stärker als die der jüngeren. Ab dem Baumholzalter (mittlere Durchmesser in 1,3 m Höhe > 20 cm) ist eine Unterscheidung der Signaturen z. B. in Landsat TM-Daten mit dem älter werden nicht mehr sicher möglich. Am stärksten reflektieren Aufforstungen und noch nicht geschlossene Kulturen, wenn diese verunkrautet sind und beim Sommeraspekt die vitale Bodenflora stark an der Reflexion beteiligt ist. Im mittleren Infrarot ist die höhere Reflexion junger Bestände nur noch geringfügig und z. B. gegenüber Stangenhölzern schon nicht mehr signifikant.

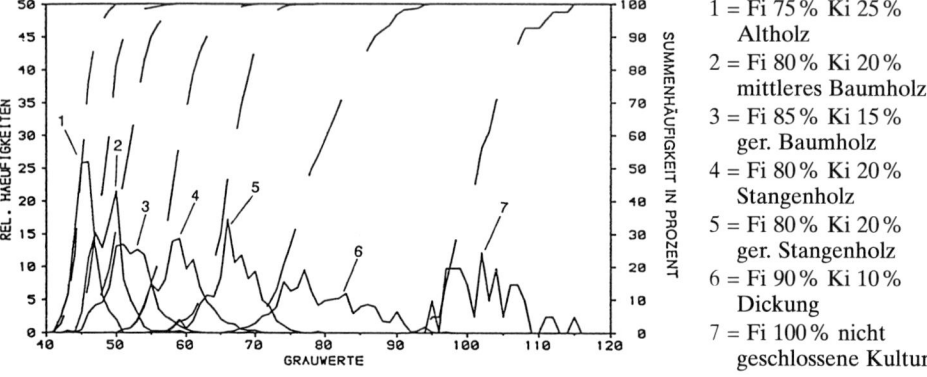

1 = Fi 75 % Ki 25 %
    Altholz
2 = Fi 80 % Ki 20 %
    mittleres Baumholz
3 = Fi 85 % Ki 15 %
    ger. Baumholz
4 = Fi 80 % Ki 20 %
    Stangenholz
5 = Fi 80 % Ki 20 %
    ger. Stangenholz
6 = Fi 90 % Ki 10 %
    Dickung
7 = Fi 100 % nicht
    geschlossene Kultur

Abb. 40: *Grauwerthistogramme und Summenhäufigkeiten von Fichtenbeständen mit 10-25% Kiefernbeimischung verschiedener natürlicher Altersklassen im TM-Kanal 4. (aus* SCHARDT *1990)*

Laubbaumbestände reflektieren im Spektralbereich des sichtbaren Lichts in allen Altersklassen gleichartig und auch im mittleren Infrarot sind i. d. R. nur tendenzielle Unterschiede zwischen jüngeren und älteren Beständen feststellbar. Nur im nahen Infrarot liegen im allgemeinen stärkere und auch sich in Bild-Signaturen noch niederschlagende Reflexionsdifferenzen vor. Auch hier reflektieren die jungen Bestände (Kulturen und Dickungen) stärker als mittelalte (Stangenhölzer, geringe Baumhölzer) und diese wiederum stärker als Althölzer. Kommt bei Beständen einer Baumart Ungleichaltrigkeit vor – z. B. in Mittelwäldern, bei Übergangsformen von Niederwald zu Hochwald[4] oder bei zweistufigen Beständen – so kehrt sich dies um. Die gut beleuchteten Kronenteile der älteren Bäume reflektieren dann stärker als die Bäume der dann tieferliegenden Schicht.

---

[4] Niederwald, Mittelwald, Hochwald sind forstliche Betriebsarten. Beim Niederwald erfolgt die Bestandsverjüngung aus Stockausschlägen, beim Hochwald durch Saat, natürliche Ansamung oder Pflanzung. Der Mittelwald hat eine niedrig bleibende, aus Stockanschlag entstehende Stufe und eine darüber hinauswachsende Baumschicht, die überwiegend aus natürlicher Ansamung hervorgeht.

In *Mischbeständen* wird der Alterseinfluß auf die spektrale Reflexion bzw. auf die sich ergebenden Signaturen i. d. R. vom Einfluß der Artenzusammensetzung überdeckt.

Zum Einfluß der Artenzusammensetzung

Es wurde schon gesagt, daß die spektrale Blattreflexion vieler Laubpflanzen bzw. die Nadelreflexion bestimmter Koniferen in einer gegebenen phänologischen Phase sehr ähnlich sein kann. Die spektrale Reflexion von Beständen variiert deshalb nicht in jedem Falle signifikant in Abhängigkeit von der Artenzusammensetzung. Beispiele hierfür gibt es sowohl bei Laubmischwäldern der gemäßigten wie der tropischen als auch bei Nadelmischwäldern und ebenso bei Busch- oder Bodenvegetationen.

Andererseits bestimmt aber das Vorkommen verschiedener Arten die spektrale Reflexion eines Pflanzenbestandes oft so stark, daß Farb- bzw. Grautonmuster in den Abbildungen entstehen; sie erlauben i. d. R. Rückschlüsse sowohl auf das Vorkommen bestimmter Arten und deren örtliche Verteilung im Bestand als auch eine Quantifizierung von Mischungsanteilen. Augenfällig und bei forstlichen Luftbildinterpretationen genutzt wird dies insbesondere bei Mischbeständen aus Laub- und Nadelbäumen (siehe hierzu Bildtafeln I-IV und Abb. 41) illustriert, daß sich bei 30 x 30 m großen Integrationsflächen (z. B. Landsat TM) die spektralen Signaturen im nahen Infrarot für gleichartig beleuchtete Althölzer reiner Buchen, unterschiedlich gemischter Buchen-Fichten und reiner Fichten sukzessive verändern.

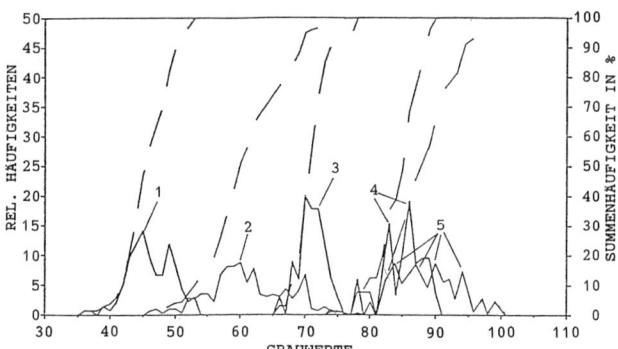

1 = Fi 100 % Bu 0 %
  Altholz
2 = Fi 75 % Bu 25 %
  Altholz
3 = Fi 35 % Bu 65 %
  Altholz
4 = Fi 15 % Bu 85 %
  Altholz
5 = Fi 0 % Bu 100 %
  Altholz

Abb. 41: *Grauwerthistogramme und Summenhäufigkeiten gleichaltriger Waldbestände unterschiedlicher Laub- und Nadelbaumanteile im TM-Kanal 4. (aus* SCHARDT *1990)*

Ebenso typisch sind kleinflächige, ggf. auch nur saisonal auftretende Reflexionsunterschiede in artenreichen Wiesengesellschaften, auf verwildertem Grünland oder Langzeitbrachen, auf verunkrauteten Blößen und Aufforstungsflächen, bei Verlandungsgesellschaften und vielen artenreichen tropischen Vegetationsformen. In Luftbildern und Farbkompositen multispektraler Aufnahmen entstehen dadurch Farb- bzw. Grautonmarmorierungen oder ausgesprochene „Pfeffer- und Salz"-Muster. Beispiele hierfür sind auf Bildtafel VI gegeben.

Zum Einfluß von Schäden und Pflanzenkrankheiten

Die spektrale Reflexion eines Bestandes oder auch von Teilflächen davon verändert sich abrupt, wenn der gesamte Bestand auf einer Fläche abstirbt, entlaubt wird oder durch physische Kräfte wie Feuer, Sturm, Überschwemmung vernichtet wird.

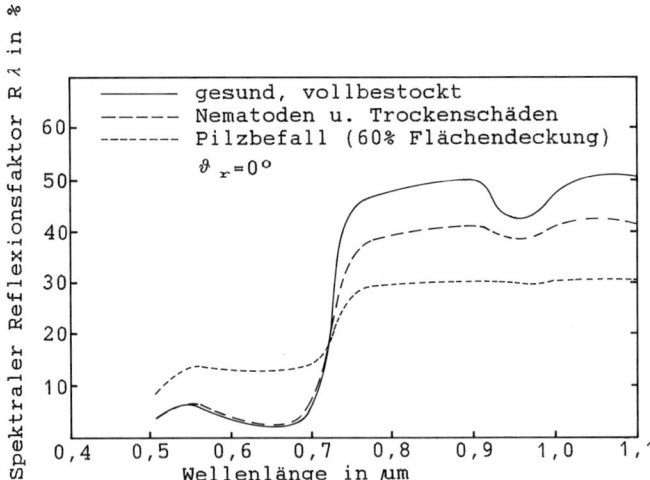

Abb. 42: *Spektrale Reflexionskurven gesunder und geschädigter Zuckerrübenfelder (aus* KADRO *1981)*

Bei solcher Art total geschädigter Vegetation wird für die betroffene Fläche der Boden oder falls vorhanden, Bodenvegetation oder Unterstand, reflexionsbestimmend. Je nach standortlichen und jahreszeitlichen Verhältnissen wird früher oder später in entsprechender Sukzession sich einstellende Bodenvegetation die Reflexion auf der Schadfläche bestimmen.

Im Gegensatz dazu sind Einflüsse nicht mortaler und nicht flächig gleichartig auftretender Pflanzenschäden und -krankheiten auf die spektrale Reflexion und noch mehr deren Auswirkungen auf die spektralen Signaturen differenzierter. Letzteres besonders auch im Hinblick auf die unterschiedliche Größe der Integrationsflächen.

Sofern Waldbestände noch geschlossen und die Bäume noch weitgehend belaubt sind, folgt die spektrale Reflexion geschädigter oder kranker Bestände in der Mehrzahl der Fälle im sichtbaren Lichtbereich dem Reflexionsverhalten der Blattorgane. Vergilbungen, Nekrosen und Beläge, bei Nadelbäumen auch Flechtenbewuchs auf Ästen der Lichtkrone, verändern, wenn sie stärker und verbreitet auftreten, auch die spektrale Reflexion des Bestandes. Im allgemeinen zeigt sich dabei ein Verhaltensmuster der spektralen Reflexion, das im grünen Bereich durch eine leichte, im gelb-roten durch eine etwas stärkere Erhöhung und im nahen Infrarot durch eine sehr deutliche Absenkung der Reflexion gekennzeichnet ist. Im mittleren Infrarot sind Veränderungen zu erwarten, wenn der Schaden mit Austrocknungseffekten verbunden ist. Die Reflexion liegt dann i. d. R. über jener von gesunden Beständen.

In nicht geschlossenen Waldbeständen tritt in dem o.a. Sinne der Einfluß der Bodenvegetation, der Nadel- bzw. Laubstreu und i. d. R. größerer Schattenanteile hinzu. Das beschriebene Verhaltensmuster kann dadurch verstärkt oder abgeschwächt oder auch ins Gegenteil verkehrt werden. Dies gilt auch, wenn sich der Schaden durch starke Blatt- oder Nadelverluste an der Mehrzahl der Bäume des Bestandskollektivs manifestiert.

Bei starken Laub- oder Nadelverlusten treten zusätzlich zu schadensbedingten Reflexionsänderungen der Blattorgane mehrere, in verschiedener Weise auf die spektrale Reflexion des Bestandes einwirkende Ereignisse hinzu:
– Im sichtbaren Licht vermindert sich die Menge des stark absorbierenden Chlorophyll.
– Im nahen Infrarot nimmt die relativ stark reflektierende Blatt- und Nadelmasse ab.

– Der Reflexionsanteil von i. d. R. chlorophyllärmeren, daher stärker reflektierenden
  Schattenblättern wird gegenüber dem Anteil der Sonnenblätter erhöht.
– Der Reflexionsanteil älterer Nadeljahrgänge, die i. d. R. weniger als jüngere reflektie-
  ren, wird vermindert.
– Der Reflexionsanteil von Ast- und Stammholz, das verglichen mit grünen Blattorganen
  im Grünen ähnlich, im Roten etwas mehr und im nahen Infrarot deutlich weniger
  reflektiert, nimmt zu.
– Der Reflexionsanteil beschatteter Kronenteil erhöht sich.
– Reflexion von Boden und Bodenvegetation tritt im Maße der Verlichtung des Kronen-
  raumes und in Abhängigkeit von der Art des Bodens und seiner Bedeckung hinzu.

Die spektralen Reflexionsunterschiede, die sich in der Summe dieser Veränderungen
jeweils ergeben, schlagen sich in den spektralen Signaturen der Fernerkundungsaufzeichnung nieder. Sie lassen für gleichbeleuchtete, etwa gleichalte und geschlossene Reinbestände eine Klassifizierung bzw. Interpretation nach Schadstufen zu. Dabei können verschiedene Entlaubungs- bzw. Entnadelungsstufen i. d. R. besser als Vergilbungsstufen
unterschieden werden.

Zum spektralen Reflexionsverhalten von Beständen, die von „neuartigen Waldschä-
den" betroffen sind und den sich daraus gegenüber gesunden Beständen ergebenden
Signaturunterschieden wird auf die jüngste, einschlägige Literatur verwiesen (z. B.
Koch 1987, Hildebrandt et al. 1987, Herrmann 1987, Kim 1988, Kirchhof et al. 1988,
Buschmann u. Nagel 1992 und Landauer u. Voss (Hrsg.) 1989).

So wie bei Waldbeständen verändern Schäden und Krankheiten selbstverständlich auch
die spektrale Reflexion von Beständen anderer Vegetationsformen. Als Beispiel wird in
Abb. 43 die spektrale Reflexionskurven dreier Zuckerrübenfelder unterschiedlicher Ver-
fassung gezeigt. Im pilzbefallenen, nur zu 60 % bedeckten Feld erhöht der Wegfall absorbierender Blattmasse und die Reflexion des in diesem Fall hellen, trockenen Bodens
die Gesamtreflexion deutlich. Im nahen Infrarot verstärkt die Bodensicht den an sich
schon schadbedingten Abfall der Reflexion noch.

2.3.2.4 Die Variabilität der spektralen Reflexion innerhalb von Beständen

Im Kapitel 2.3.2 war bisher die Rede von Reflexionsunterschieden *zwischen* Pflanzenbeständen verschiedener Art und unterschiedlichen Zustands. Da ein Pflanzenbestand
alles andere als ein physikalisch homogener Körper ist, ist auch die spektrale Reflexion
innerhalb eines jeden Bestandes uneinheitlich. Das hierzu Gesagte ließ das – unausge-
sprochen – schon erkennen.

In Abhängigkeit von der Größe der Integrationsfläche (siehe 2.3.2.1), dem Spektralkanal und den Bestandeseigenschaften weisen die Meßwerte der spektralen Strahldichte,
von R (λ) und in Fernerkundungsaufzeichnungen der spektralen Signaturen jedes Pflanzenbestandes eine mehr oder weniger große Streuung auf.

Die Variabilität der spektralen Reflexions- bzw. Signaturwerte eines bestimmten Objektes kann statistisch (Tab. 5, vgl. auch das zu Abb. 46/47 Gesagte) oder in unterschiedlicher Weise graphisch beschrieben werden, z. B. als Histogramm (Abb. 43), Mikrodensito-
meterprofil (Abb. 44), Grauwertmatrik (Abb. 45) oder als Scatterogramm von Meßwerten
in einem, durch zwei Spektralkanäle definierten, zweidimensionalen Merkmalsraum (Abb.
46). Scatterogramme eignen sich besonders für multispektrale Datensätze.

Unter der Annahme, daß in beiden Kanälen diese Daten normalverteilt sind, kann
deren Verteilung im Raum durch ihren Mittelwertvektor und die Kovarianzmatrix statistisch beschrieben und daraus eine elliptische Umhüllende graphisch dargestellt werden
(Abb. 47). Die Berechnung der Umhüllenden wird dabei so vorgenommen, daß von ihr

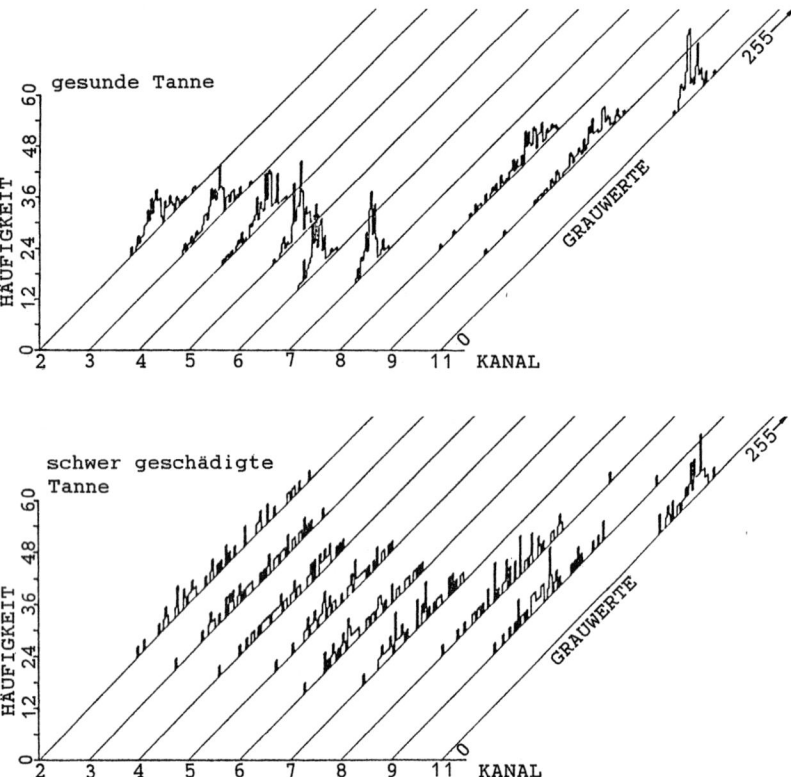

Abb. 43: *Grauwerthistogramme in neun Kanälen für Teilflächen a) gesunder und b) stark
geschädigter Tannenbestände aus 300 m Flughöhe (aus* HILDEBRANDT *et al. 1987)*

Kanal	λ μm	Gesunde Tanne		schwergeschädigte Tanne	
		Mittelwert	Standardabw.	Mittelwert	Standardabw.
2	0,45-0,49	71,46	7,14	108,20	26,97
3	0,50-0,54	78,16	7,15	100,73	20,38
4	0,54-0,58	74,48	7,33	92,62	17,49
5	0,58-0,62	65,69	4,73	90,64	16,30
6	0,62-0,66	48,30	4,18	75,40	17,42
7	0,66-0,70	48,72	3,65	73,44	15,18
8	0,70-0,74	109,56	13,14	103,82	19,06
9	0,74-0,86	116,19	13,94	94,40	18,02
11	0,97-1.06	149,01	4,19	149,60	7,97

Tab. 5: *zu Abb. 43: Spektralbereiche der Kanäle sowie Mittelwerte und Standardabweichungen der Grauwerte (aus* HILDEBRANDT *u.* KADRO *1984)*

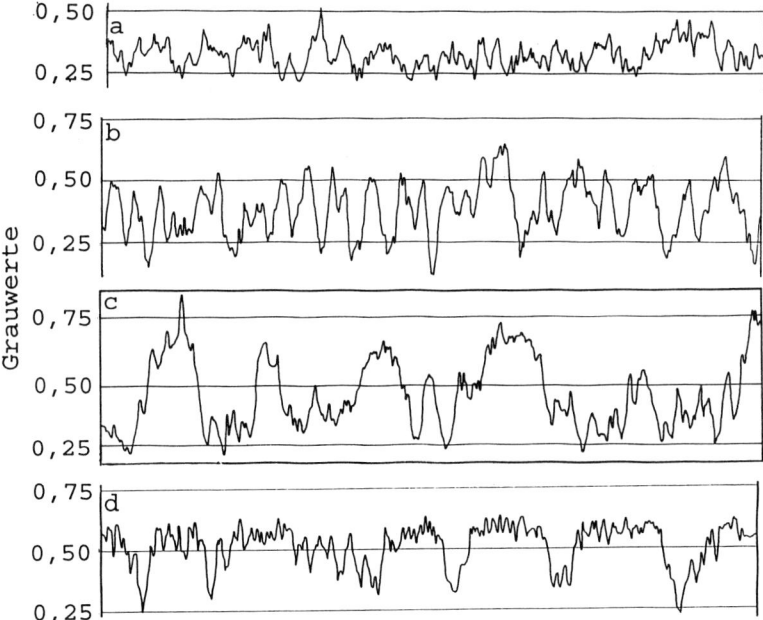

Abb. 44: *Mikrodensitometerprofile verschiedener Waldbestände aus panchromatischen Schwarz-weiß-Luftbildern 1:10000. Profillänge 5 mm = 50 m, Meßfeld 20 x 20 µm. Hohe Grauwerte = dunkel (aus* AKÇA *1970).*
a) Waldkultur, b) Buchenstangenholz, c) Buchenaltholz, d) Fichtenaltholz

mit statistischer Wahrscheinlichkeit ein bestimmter Prozentsatz der Meßwerte erfaßt wird. Der in Abb. 47 eingeführte Faktor C ist bei einer gewünschten Wahrscheinlichkeit von 90 % gleich 1,65 (bei 95 % = 1,95, bei 99 % = 2,85).

Als konkretes Beispiel zeigt Abb. 48 solche „Wahrscheinlichkeitsellipsen". Sie sind aus Signaturmessungen in Landsat-TM-Aufzeichnungen hervorgegangen und lassen sowohl Rückschlüsse auf die spektralen Reflexionsunterschiede der im Inventurgebiet vorkommenden Waldformen und die spektralen Differenzierungsmöglichkeiten zu als auch auf die Variabilität der Meßwerte in den verschiedenen Bestandesformen. Je größer die Länge der Projektion der Ellipsen auf der Abszisse und/oder Ordinate, desto größer ist die Streuung der Reflexionswerte in dem betreffenden Spektralbereich. Je schmaler die Ellipse, desto stärker korreliert sind die Werte in beiden verwendeten Spektralbereichen.

Die Variabilität der spektralen Reflexion innerhalb ein und desselben Bestandes bei gegebenen Beleuchtungsbedingungen ist in ihrem Ausmaß von mehreren Merkmalen der Bestandesstruktur und Oberflächengestalt abhängig. Folgende, allgemeine Feststellungen lassen sich aus zahlreich vorliegenden Analysen spektraler Signaturen ableiten (vgl. hierzu auch die Beispiele in den Abb. 43–48):

In geschlossenen, homogenen Vegetationsbeständen mit vertikal gering gegliederter Oberfläche, wie z. B. landwirtschaftlichen Monokulturen, Plantagen einer Fruchtart, nichtblühender oder gemähter Wiesen usw. ist die Streuung spektraler Meßwerte aus naheliegenden Gründen gering. Sie ist i. d. R. im nahen Infrarot größer als in den Spektralbereichen des sichtbaren Lichts sowie des mittleren und thermalen Infrarot.

Die Variabilität der spektralen Meßwerte nimmt in allen Spektralbereichen, wiederum besonders aber im nahen Infrarot, mit zunehmendem Artenreichtum, zunehmender ver-

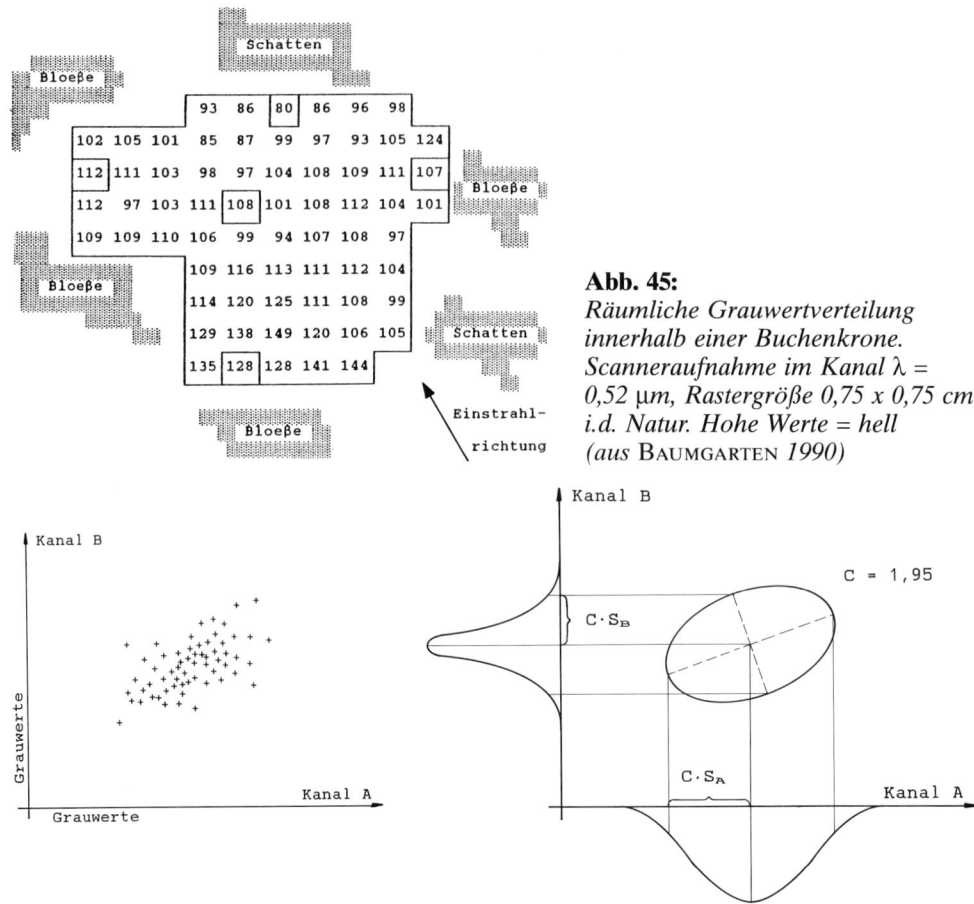

Abb. 45:
*Räumliche Grauwertverteilung
innerhalb einer Buchenkrone.
Scanneraufnahme im Kanal λ =
0,52 μm, Rastergröße 0,75 x 0,75 cm
i.d. Natur. Hohe Werte = hell
(aus* BAUMGARTEN *1990)*

Abb. 46:
*Scatter-Diagramm der spektralen Meß-
werte im zweidimensionalen Merkmalsraum (Kanal A versus Kanal B). Hierzu
auch Abb. 47*

Abb. 47:
*Ableitung der umhüllenden Ellipse des Meß-
wertkollektivs aus Abb. 46; hier bei einer statistischen Wahrscheinlichkeit, daß 95 % der
Meßwerte durch die Umhüllende erfaßt sind.*

tikaler Gliederung der Bestandsoberfläche, Auftreten von Schad- oder Krankheitserschei-
nungen sowie von Schlußunterbrechungen zu. Dabei kann es zu zwei- oder mehrgipfligen
Häufigkeitsverteilungen kommen. In stark geschädigten Waldbeständen oder bei sehr
heterogenen Pflanzengesellschaften treten auch Häufigkeitsverteilungen in den verschiedenen Spektralbereichen auf, die mathematisch nicht definierbar sind.

2.3.2.5 Spektrale Vegetationsindices

Die charakteristische spektrale Reflexion von lebender, grüner Vegetation und die sich
daraus ergebenden spektralen Signaturen in multispektralen Fernerkundungsaufzeichnungen können benutzt werden um Parameter zu entwickeln, die es erlauben, in den
Aufzeichnungen Oberflächen mit lebender Vegetation von unbewachsenen oder mit ab-

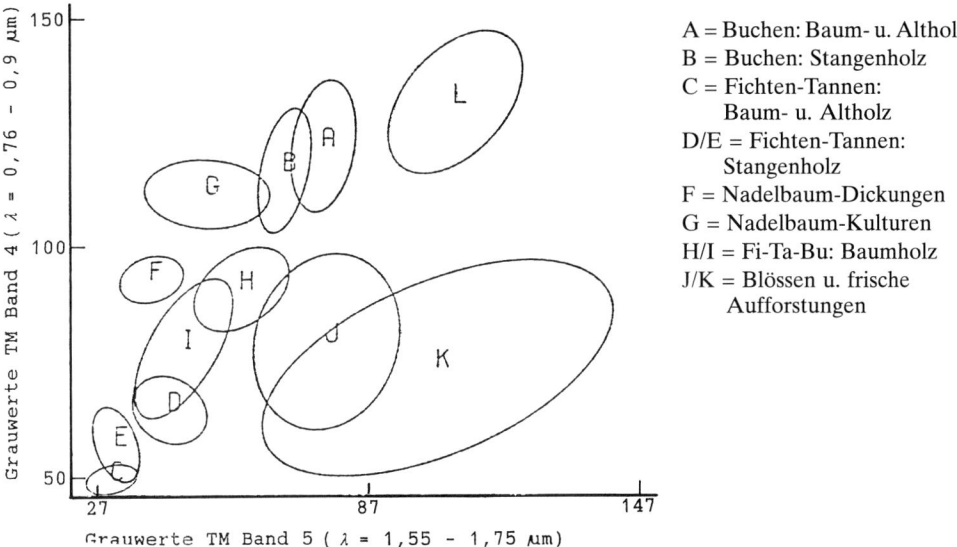

Abb. 48: *Spektrale Signaturen von Waldklassen in Landsat-TM-Daten, ausgedrückt als Wahrscheinlichkeitsellipsen im Merkmalsraum zwischen TM 4 (Infrarot) und TM 5 (mittl. Infrarot) mit der statistischen Wahrscheinlichkeit von 95 % (nach* STIBIG *1988)*

gestorbener Vegetation bedeckten zu unterscheiden. Einen Parameter dieser Art bezeichnet man als *Vegetationsindex.*

Mehrere solcher Vegetationsindices sind im Laufe der letzten Jahre vorgeschlagen, erprobt und diskutiert worden. Sie basieren durchweg auf rechnerischen Kombinationen von Meßwerten aus Spektralkanälen, in denen sich lebende Vegetation von unbelebten Oberflächen unterscheiden. Nach dem bisher Gesagten bieten sich für solche Kombinationen besonders Meßwerte aus dem nahen Infrarot-Bereich und dem Rot-Bereich an. Im nahen Infrarot reflektieren lebende Pflanzenbestände mehr und im Roten fast durchweg weniger als unbelebte Oberflächen.

Die einfachste Form eines Vegetationsindexes ist der *Ratio-Vegetationsindex RVI.* Bezeichnet man die spektrale, reflektierte Strahldichte $\overline{L}_{\lambda r}\,(\Omega,\,A)$ (vgl. hierzu 2.2.1.2) in einem Aufnahmekanal des nahen Infrarot *für diese Betrachtung* mit L_{NIR} und jene im roten Spektralbereich mit L_{ROT}, so ist

$$RVI = \frac{L_{NIR}}{L_{ROT}} \tag{15}$$

Durch Einführung von Differenz und Summe beider Strahldichten ergibt sich die normalisierte Differenz der spektralen Strahldichten der *normalized difference vegetation index.*

$$NDVI = \frac{(L_{NIR} - L_{ROT})}{(L_{NIR} + L_{ROT})} \tag{16}$$

Der NDVI ergibt bei kleineren Differenzen der Signale eine höhere Auflösung als der RVI. Er ist damit empfindlicher für die Erkennung auch relativ spärlicher oder aufkommender Vegetation.

Anstelle der Kombination aus naher infraroter und roter Strahlung kann sich im Falle zu starker atmosphärischer Störungen im sichtbaren Lichtbereich als NDVI auch ein aus mittlerer und naher infraroter Strahlung abgeleiteter Index als nützlich erweisen (STIBIG u. BALTAXE 1991).

$$NDVI = \frac{(L_{MIR} - L_{NIR})}{(L_{MIR} + L_{NIR})} \tag{17}$$

Bezüglich der Notwendigkeit und der Möglichkeit atmosphärischer Korrekturen bei Verwendung des NDVI siehe BOLLE (1990).

Ein von JACKSON et al. (1983) vorgeschlagener Index, der *Differenz-Differenz-Vegetationsindex DD*, bezieht auch den blauen und grünen Spektralbereich ein. Er wirkt der Luftlichtüberlagerung entgegen. Durch Subtraktion der Signale aus jeweils benachbarten Spektralbereichen wird ein großer Teil des additiven Effekts des Luftlichts eliminiert. Unterstellt wird dabei, daß in benachbarten Kanälen das Luftlicht die Objektsignale in etwa gleich überlagert.

$$DD = (2 \cdot L_{NIR} - L_{ROT}) - (L_{GRÜN} - L_{BLAU}) \tag{18}$$

Mit dem Ziel, den Einfluß wechselnder Bodenreflexion zu reduzieren, schlugen RICHARDSON und WIEGAND (1977) den sog. *perpendicular vegetation index PVI* vor. Dabei werden die reflektierten Strahldichten der Vegetation von denen des jeweiligen Bodens abgezogen. Nach Quadrierung der Differenzen wird deren Summe radiziert.

$$PVI = \sqrt{(L_{ROT}(SOIL) - L_{ROT}(VEG))^2 + (L_{NIR}(SOIL) - L_{NIR}(VEG))^2} \tag{19}$$

Als einen weiteren Vegetationsindex kann man die *Greenness-Komponente* der sog. *Tasseled-Cap-Transformation* (KAUTH und THOMAS 1976) angeben. Die Komponenten der TC-Transformation werden generell nach

$$T = A \cdot X + b \tag{20}$$

berechnet. Dabei ist A·X das Produkt aus einem für jeden Kanal ermittelten Koeffizienten A und dem Bildvektor X des jeweiligen Kanals und b ein additiver Term. In der von CHRIST et al. (1986) für Landsat TM-Daten (zu diesen Kap. 5.1.1) zur Anwendung für land- und forstwirtschaftliche Zwecke entwickelten Form sind für die Greenness Komponente folgende Koeffizienten für die TM-Kanäle 1–5 und 7 einzusetzen:

für TM 1 = – 0,2728,   TM 2 = – 0,2174,   TM 3 = – 0,5508,   TM 4 = 0,7221,
    TM 5 = 0,0733,   TM 7 = 0,1648

Der additive Term b ist –0,7310. Damit wird

$$T_{GRÜN} = -0,2728\ L_{TM1} - 0,2174\ L_{TM2} - 0,5508\ L_{TM3} + 0,7221\ L_{TM4} +$$
$$0,0733\ L_{TM5} - 0,1648\ L_{TM7} - 0,7310 \tag{21}$$

Der bei HOWARD (1991) angegebene, „green vegetation index" bezieht sich auf Landsat MSS-Daten.

Da die Vegetationsindices in der Fernerkundung nicht aus Albedowerten, sondern aus Strahldichten gerichteter Reflexion berechnet werden, ist zu deren Interpretation die ganze Palette der Reflexionsschwankungen von Vegetationsbeständen zu bedenken. Dies gilt für die durch Art und Zustand der Vegetation sowie den Grad der Bodenbedeckung bedingten spektralen Reflexionsunterschiede und für die Einflüsse der Einstrahlungs- und Beobachtungsgeometrie (z. B. Kulisseneffekte, die höhere Bodenbedeckung vortäuschen können) und des Atmosphärenzustands auf die Signaturen.

Vegetationsindices, die aus Satellitendaten, vornehmlich aus grob auflösenden Daten des vom NOAA-Satelliten getragenen AVHRR-Sensors abgeleitet werden, haben insbesondere für die Klimaforschung Bedeutung erlangt, z. B. für die Feststellung von Anomalien des Witterungsverlaufs gegenüber dem durchschnittlichen Verlauf oder – wie im Rahmen des Internationalen Geosphären-Biosphären-Programms – zur Untersuchung des Einflusses der Vegetation auf die Verdunstung bewachsener Oberflächen. Auch Karten des Vegetationsindexes und damit der aktuellen vegetationsbedeckten Flächen großer Gebiete oder Langzeitbeobachtungen von Trends quantitativer Veränderungen der großräumigen Vegetationsbedeckung, ggf. auch unter Differenzierung nach groben Vegetationsklassen sind in Bearbeitung (z. B. BOLLE 1990) oder werden vorbereitet (z. B. STIBIG und BALTAXE 1991). Saisonale Wechselfälle des Auflebens von Vegetation bzw. der Reflexion vorhandener Pflanzenbestände, atmosphärische Störfaktoren u. a. müssen dabei bedacht werden.

Problematisch sind Rückschlüsse von Vegetationsindices auf Blattflächenindices[5], photosynthetisch aktive Strahlung bzw. den Kohlendioxyd- und Wasserumsatz der Pflanzenbestände oder gar auf aufstockende Biomasse und die Biomassenproduktion. Allenfalls für Grasvegetationen, andere bodennahe Vegetationsformen und in bestimmten phänologischen Phasen auch artspezifisch für landwirtschaftliche Monokulturen können Beziehungen zwischen Vegetationsindices und der Biomasse hergeleitet werden. Für Produktionsabschätzungen, Erntevorhersagen u. ä. reicht es dabei i. d. R. nicht aus, sich auf einmalige radiometrische Messungen zu stützen. Es ist vielmehr eine saisonale Integration von solchen Meßergebnissen notwendig, um brauchbaren Schätzmodelle zu entwickeln (z. B. HALL 1984, TUCKER et al. 1981, BARET et al. 1989).

Fast alle Belege für statistische Zusammenhänge zwischen Vegetationsindices und den genannten Zielgrößen sind dementsprechend auch für „einfache" Vegetationsformen erbracht worden (zahlreiche Arbeiten von TUCKER et al. 1979, 1981, RIPPLE 1985).

Für Wälder, die sich durch tiefe Kronenräume, stark gegliederte, aber geschlossene Kronendächer, oft mehrstufigen Bestandesaufbau und unterschiedliche Bodenvegetation auszeichnen, lassen sich sinnvolle Beziehungen zwischen Vegetationsindices und Zielgrößen wie Blattflächenindex, aufstockende Holzmasse, verwertbaren Holzzuwachs oder photosynthetisch aktive Blatt- oder Nadelmasse kaum ableiten. Es wird dazu daran erinnert,

– daß nur die obersten Blätter/Nadeln vorherrschender, herrschender und z.T. der mitherrschenden Bäume[6] geschlossener Bestände an der Reflexion beteiligt sind, die Menge beschatteter bzw. verdeckter Blätter des Kroneninneren und unterer Kronenteile dagegen nicht zur Reflexion beiträgt;

– daß die Menge beschatteter bzw. verdeckter Kronenteile in Abhängigkeit von Baumart, Alter, Bestandesaufbau, Standort und zurückliegender Bestandesentwicklung sehr un-

---

[5]   Der Blattflächenindex, engl. leaf area index = LAI, gibt die Fläche aller Blätter/Nadeln pro horizontaler Flächeneinheit an. Er wird von 0 = ohne Laub/Nadeln, 1 = Blattfläche entspricht der horizontalen Bodenfläche, 2 = Blattfläche ist doppelt so groß wie die Bodenfläche usw. gezählt. Bei einem LAI › 1 sind nicht mehr alle Blätter/Nadeln „von oben" zu sehen.

[6]   Die Kraft'schen Stammklassen vorherrschend, herrschend, mitherrschend, beherrscht, unterdrückt, beschreiben in abnehmender Reihenfolge die soziologischen Stellungen der Bäume im Bestandeskollektiv.

terschiedlich groß sein kann;

- daß – ebenso in Abhängigkeit der zuvor genannten Faktoren – die Assimilationslei-stungen der gesamten Blatt-/Nadel-Menge der Licht- und Schattenkrone[7] und damit die Zuwachsleistung des Waldbestandes spezifisch ist und daß vermehrte Lichtabsorption durch dichtere Belaubung/Benadelung nicht gleichermaßen und nicht gleichartig den Zuwachs eines Baumes steigert;[8]
- daß dadurch die Beziehungen zwischen spektralen Reflexionsmengen bzw. Vegetati-onsindices einerseits und Bestandesparametern wie Blattflächenindex, Biomasse, Holz-masse und -zuwachs andererseits, eo ipso lose sind und sich einer generellen Modellie-rung weitgehend entziehen;
- daß hinzukommt, daß die Reflexion und mit ihr die Vegetationsindices mit steigendem Blattflächenindex sehr rasch – spätestens beim Erreichen des Kronenschlusses – einen Sättigungsgrad erreicht,
- daß von einer Auflockerung des Kronendachs je nach hinzutretender Reflexion von Boden, Bodenvegetation, Unterstand und Anteilen beschatteter Bestandesflächen sehr unterschiedliche und ebenfalls nicht sinnvoll generalisierbare Wechselwirkungen auf die spektrale Reflexion und sich ergebende Vegetationsindices ausgehen,
- daß schließlich zu beachten ist, daß richtungsabhängige Reflexionsunterschiede bei Waldbeständen wegen deren vergleichsweise sehr rauhen Oberflächen stärker als bei Grasvegetationen, Getreide- oder Hackfruchtfeldern ins Gewicht fallen.

Danach sind Rückschlüsse von Vegetationsindices auf forstlich interessierende Parameter wie Holzvorräte und Zuwachsleistung allenfalls möglich, wenn gleiche Bestandestypen annähernd gleichen Alters und von Standorten derselben Bonität verglichen werden. Rückschlüsse auf den Schlußgrad sind bedingt möglich, und zwar dann, wenn die Auflok-kerung des Bestandes stärker ist oder zu Bestandeslücken führt und keine oder gegenüber den Waldbäumen unterschiedlich reflektierende Bodenvegetation vorhanden ist.

Für offene Waldformen, wie z. B. Baumsavannen, Wälder an der polaren oder alpinen Waldgrenze oder durch Waldschäden stark verlichtete Bestände gelten für die Beziehun-gen zwischen Vegetationsindices und Zielgrößen wie Blattflächenindex, Biomasse oder Produktionsleistung, z.T. andere, aber ebenfalls vielfältige und wechselvolle Abhängig-keiten. Dem Einfluß von Bodenvegetation und Boden auf die Reflexion und die Vegeta-tionsindices kommt dabei im allgemeinen größere Bedeutung zu als bei geschlossenen Waldformen.

Versuche, die Vegetationsindices RVI und NDVI mit physiologischen Meßgrößen von Blattorganen zu korrelieren, führten zu keinem Erfolg. Ein Beispiel hierfür ist in Tab. 6 für Fichtennadeln von Bäumen mit unterschiedlichen Schadmerkmalen durch neuartige Waldschäden dokumentiert.

In der Literatur beschriebene Veränderungen physiologischer Meßgrößen, z. B. bei Streßsituationen, und der Chlorophyllfluoreszenz, die ihrerseits mit Veränderungen der Photosyntheseaktivität Hand in Hand geht (LICHTENTHALER 1990), verursachen i. d. R. so geringfügige Signaturveränderungen, daß sie für die praktische Fernerkundung derzeit nicht nutzbar sind (vgl. hierzu auch BUSCHMANN und NAGEL 1992).

---

[7]   Mit „Lichtkrone" wird der Teil der Baumkrone benannt, der dem Sonnenlicht direkt ausgesetzt ist. Gegensatz: Schattenkrone.

[8]   Diese Sachverhalte sind in der forstwissenschaftlichen Literatur eingehend beschrieben und durch Arbeiten seit Anfang des 20. Jahrhunderts weitgehend geklärt. Auf die zusammenfassende Dar-stellung bei MITSCHERLICH (1975/81) wird verwiesen.

Vegeta-tions-index	Wasser-gehalt in %	Chlorophyll pro Fläche	F 0,69 / F 0,735	Rfd	Photo-synthese pro Fläche
	Korrelationskoeffizient r²				
RVI (λ800/λ680)	0,022	0,003	0,339	0,150	0,169
NDVI	0,009	0,010	0,440	0,169	0,169

Tab. 6: *Korrelationskoeffizienten für lineare Regressionen von RVI und NVDI und physiologischen Meßgrößen von Fichtennadeln (Schwarzwald). F 0,69 / F 0,735 = Fluoreszenzhöhe bei λ = 0,69 µm dividiert durch Fluoreszenzhöhe bei λ 0,735 µm. Rfd = radio fluoreszenze decrease nach LICHTENTHALER, ein Maß für die potentielle Photosyntheseaktivität. Werte aus BUSCHMANN und Nagel (1992).*

2.3.2.6 Reflexionscharakteristik von Pflanzenbeständen im Mikrowellenbereich

Bei flächenabbildenden Radarverfahren (Kap. 6) wird die aufzunehmende Fläche künstlich mit Mikrowellen „beleuchtet". Die Rückstreuung der ausgestrahlten Mikrowellen von der Erdoberfläche erfolgt in Abhängigkeit von
- Eigenschaften der Objekte, nämlich von deren
  - dielektrischen Eigenschaften (siehe 2.2.2 Fußnote 3)
  - Oberflächenneigung gegenüber den eintreffenden Strahlen
  - Oberflächenrauhigkeit
  - oberflächennahen Körpereigenschaften
- Parametern des Sensorsystems und der Aufnahme, nämlich von
  - der Wellenlänge
  - der Polarisation der ausgesandten und der empfangenen Strahlung
  - dem jeweiligen Depressionswinkel β (Abb. 49) des Impulses.

Von den dielektrischen Eigenschaften eines Objektes – und damit von seinem Wassergehalt und seiner Temperatur (siehe Kap. 2.2.2) – hängt die Menge der absorbierten und insgesamt reflektierten Einstrahlung ab. Die Reflexionsrichtungen und damit auch der Anteil der zum Sensor zurückgestrahlten Energie wird von der Oberflächengestalt und der Ausrichtung der Oberfläche gegenüber der einfallenden Strahlung bestimmt. Durchdringt die Einstrahlung die Objektoberfläche (hierzu Kap. 2.2.2 und Tab. 3), so erfolgt die Rückstreuung nach Richtung und Menge in Abhängigkeit von den Strukturen und dielektrischen Eigenschaften der Materie unter der Objektoberfläche und ggf. auch von der Ausrichtung rückstreuender Sekundäroberflächen

Die Reflexion erfolgt spiegelnd, wenn die Einstrahlung auf eine „glatte" und diffus, wenn sie auf eine „rauhe", stark gegliederte und unterschiedlich orientierte Oberfläche fällt (Objekte a versus b in Abb. 49). Der zur Radarantenne hin reflektierte Anteil wird als Rückstreuung (back scatter) bezeichnet. Die Begriffe „glatt" und „rauh" sind jeweils in Abhängigkeit von der Wellenlänge der eingestrahlten Mikrowellen und dem Depressionswinkel β (Abb. 49) zu definieren. Eine Oberfläche gilt für Radareinstrahlung im allgemeinen als „glatt", wenn die mittlere Höhe h ihres Mikroreliefs

$$h < \frac{\lambda}{8 \sin \beta} \tag{22a}$$

ist. Ist dies der Fall, so wird die Einstrahlung überwiegend spiegelnd reflektiert. Im

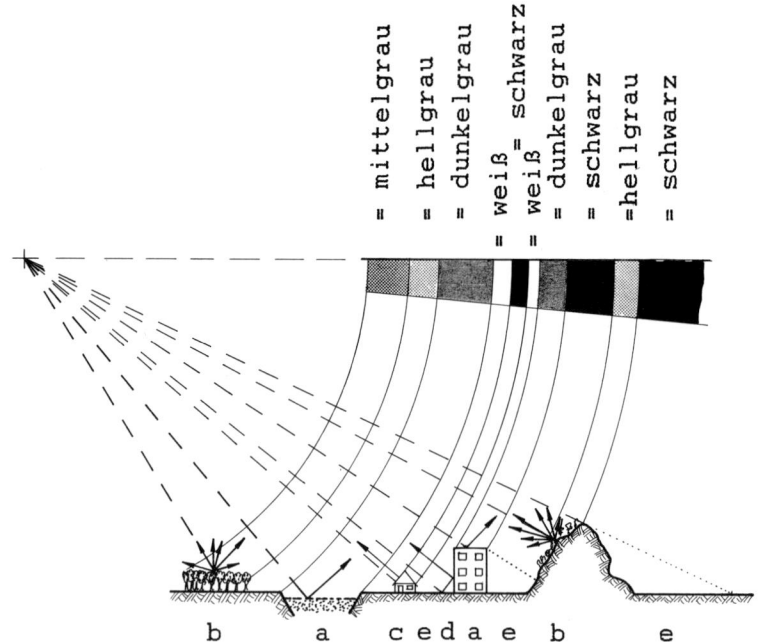

Abb. 49: *Beispiele der Reflexions- und Rückstreuform von Radarimpulsen an verschieden-artigen Objekten (Erläuterungen im Text)*

Radarbild werden solche Flächen (sofern sie nicht zufällig senkrecht zur Einstrahlrichtung stehen) dunkel abgebildet.

Aus (22a) ergibt sich, daß bei gegebenem Depressionswinkel β eine bestimmte Oberfläche umso „rauher" wird, je kürzer die Wellenlänge λ der Radarimpulse ist. Vice versa gilt, daß jede Oberfläche unabhängig von der Wellenlänge umso „glatter" wird, je kleiner β ist, d. h. auch, je weiter das Objekt horizontal vom Impulsgeber entfernt liegt.

Da die durch Formel (22a) gesetzte Grenze zwischen „rauh" und „glatt" für natürliche Oberflächen als zu absolut erscheint, haben PEAKE und OLIVER (1971) vorgeschlagen, die Grenzen differenzierter zu definieren:
für glatte Oberflächen

$$h < \frac{\lambda}{25 \sin \beta} \qquad (22b)$$

für rauhe Oberflächen

$$h > \frac{\lambda}{4,4 \sin \beta} \qquad (22c)$$

Oberflächen mit h-Werten zwischen diesen Grenzwerten nehmen danach eine Mittelstellung ein. Ihre Reflexion ist entsprechend der Rauhigkeit diffus mit mehr oder weniger großen Anteilen vor- und rückwärtsgerichteter Ausstrahlung. Dadurch und in Abhängigkeit von ihrer Ausrichtung gegenüber der Einstrahlung und dem jeweiligen, lagebedingten Depressionswinkel werden sie in unterschiedlichem Grau abgebildet.

In Abb. 49 sind verschiedene Formen der Reflexion eingestrahlter Radarimpulse schematisch dargestellt. Deren Wirkung auf die Stärke der die Antenne erreichenden Rückstreuung und damit auf die Signatur im Radarbild lassen sich aus den Helligkeitsabstufungen in der darübergezeichneten Abbildungszeile erkennen.

Sehr hohe Reflexion erfolgt an Flächen, die senkrecht zur Einstrahlung liegen (Objekt c in Abb. 49). Das können Hecken, Waldränder oder Hausdächer u. a., aber auch ganze Hangpartien im Gebirge sein. Die Reflexion derart ausgerichteter Flächen kann so stark sein, daß charakteristische Objektreflexionen überdeckt werden. Ein Rückschluß z. B. auf die Vegetationsbedeckung eines solchen Hanges aus dem Reflexionssignal ist dann durch diese, der Überbelichtung im optischen Bereich ähnlichen „fore-slope brightness" nur noch sehr eingeschränkt möglich. Die stärkste Rückstrahlung überhaupt geht von glatten Flächen aus, die durch doppelte, spiegelnde Reflexion als „Corner reflector" wirken. Beim Fall d in Abb. 49 fällt z. B. die von einem glatten, ebenen Boden spiegelnd reflektierte Einstrahlung auf eine zur Radarantenne hin gerichtete Hauswand und wird von dort, wiederum spiegelnd – nun zur Antenne zurück – reflektiert.

Flächen, die vom Radarimpuls nicht getroffen werden, also im Radarschatten liegen, bleiben im Radarbild schwarz und ohne Information (Fall e in Abb. 49).

Pflanzen und Vegetationsbestände reflektieren Mikrowellen, von wenigen Ausnahmen abgesehen (z. B. Kurzrasen, gemähte Wiesen, einige „glatte" landwirtschaftliche Kulturen), diffus. Das gilt besonders für Wälder. Sie sind als eine unendliche Vielzahl gegenüber der Einstrahlrichtung verschiedenartig ausgerichteter Blatt- und Astflächen anzusehen. FUNG und ULABY (zit. n. SIMONETT u. DAVIS 1983) charakterisierten Pflanzenbestände in diesem Sinne als „a random volume of scattering facets" und im Hinblick auf den hohen Wassergehalt des Laubes und der dadurch gegebenen hohen dielektrischen Konstanten als „a cloud of water droplets".

Die überwiegend diffuse Reflexion von Pflanzenbeständen hat eine Oberflächen- und eine Volumen-Komponente (surface- bzw. volume-scattering). Ein Teil der Einstrahlung wird von der äußeren Oberfläche der Vegetationsdecke reflektiert, ein anderer Teil dringt in den Bestand ein und wird nach Mehrfachstreuung an Blättern, Zweigen, Stämmen usw. von dort z.T. nach außen zurückgestreut.

In den Pflanzenbestand eingedrungene Strahlen längerer Wellen erreichen bei niedriger Vegetation oder auch winterkahlen Wäldern, Buschvegetationen u. ä. auch den Boden und werden von dort zurückgestreut. Bei hochstämmigen, belaubten Wäldern und geschlossenem Kronendach kann dies wegen der Menge und Größe der Blätter und deren i. d. R. hohem Wassergehalt ausgeschlossen, zumindest aber vernachlässigt werden.

Folgende Regeln gelten:

– Je länger die Wellenlänge der Einstrahlung, desto größer ist – in Abhängigkeit von der Struktur der Oberfläche – der Anteil in den Bestand eindringender Mikrowellen, desto weniger wird reflektiert und damit auch zur Radarantenne zurückgestreut.

– Je größer die Feuchtigkeit/der Wassergehalt der Blattmasse, desto stärker ist die Reflexion insgesamt und die zur Radarantenne zurückgestreute Strahlung, desto geringer ist auch die Menge der in den Bestand eindringenden Strahlen.

– Für identische Objekte nimmt der Anteil spiegelnder Reflexion und damit für die Rückstreuung zur Antenne nicht verfügbarer Strahlung mit Abnahme des Depressionswinkels β zu (es sei denn, die Ausrichtung der Fläche im Gebirge wirkt dem entgegen).

– Für identische rauhe Objekte in mehr oder weniger ebener Lage nimmt der Anteil beschatteter Teile mit zunehmender Distanz im jeweiligen Aufnahmestreifen (ground range distance) progressiv zu.

– Je rauher die Oberfläche und je mehr Einstrahlung in den Bestand eindringt, desto stärker wird die Einstrahlung durch Mehrfachstreuungen depolarisiert und das Rückstreusignal dementsprechend beeinflußt.

Auf detaillierte Untersuchungen zum Reflexions- und Rückstreuverhalten von Vegetationsflächen z. B. auf HOEKMANN 1984, 1987, SIEBER 1985, FORD und CASEY 1988, SCHARDT 1990, LA TOAN ET AL. 1991, AHERN et al. 1993 wird verwiesen.

Typisch für Radarbilder ist eine auffallende Sprenkelung (specle). Sie geht *nicht* auf Reflexionsunterschiede zurück, sondern ist verursacht durch das Nachlassen der von der Radarantenne aufgenommenen monochromatischen Signale. Bezüglich der Verminderung dieser störenden Bilderscheinungen wird auf MOORE (1983 S. 439ff) und LEE (1983) verwiesen.

2.3.3 Reflexionseigenschaften des Bodens und der Gesteine

Die Reflexion der Globalstrahlung durch Gesteine wird durch die Beschaffenheit der Oberfläche, ihre mineralische Zusammensetzung, die Partikelgröße der Minerale und anderer Gemengteile, ihre Rauhigkeit und ihren augenblicklichen Befeuchtungsgrad bestimmt. Für die Reflexionseigenschaften eines unbewachsenen Bodens ist die Beschaffenheit der obersten Bodenschicht ausschlaggebend. Es haben dabei Einfluß:
– die Bodenfeuchtigkeit,
– die Art und Größe der bodenbildenden Minerale,
– die Art und der Anteil humoser Stoffe,
– der oberflächlich anliegende Steingehalt,
– die Korngröße der Bodenteilchen und deren Krümelung,
– die Grobstruktur insbesondere im Zusammenhang mit der Bodenbearbeitung (Akkerfurchen, Grubberstreifen usw.).

Die *Reflexionskurven* von Böden, Gesteinen oder einzelnen Mineralen unterscheiden sich augenfällig von denen der Vegetation. Ähnlich der typischen Kurve für Blattreflexion (Abb. 22) läßt sich jedoch nur für im Labor untersuchte Bodenproben ein Grundtyp der spektralen Reflexion definieren (Abb. 50):

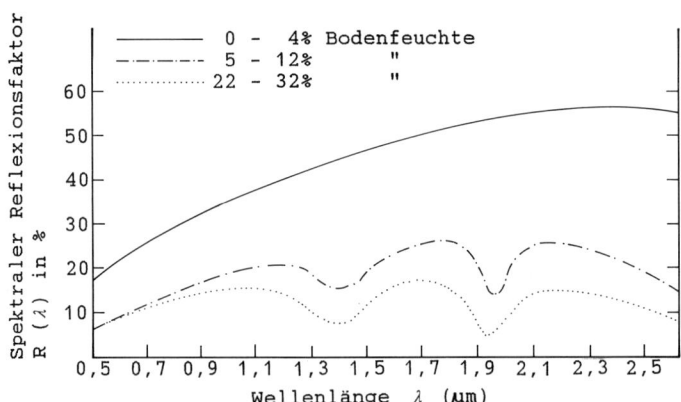

Abb. 50: *Spektrale Reflexionskurven von Sandböden mit unterschiedlichem Feuchtigkeitsgehalt (aus* HOFFER *1978)*

– Im Spektralbereich des sichtbaren Lichts (0,4–0,7 µm) ist die Reflexion durch ein stetiges Ansteigen zu den längerwelligen Strahlen hin gekennzeichnet.
– Im Spektralbereich des nahen Infrarot (0,7–1,3 µm) steigt die Reflexion zunächst weiter an, erreicht bei vielen Böden etwa bei 0,8 µm ein erstes, schwach ausgeprägtes Maximum und steigt ggf. nach einem leichten Absinken bei 0,9 µm erneut an.

– Im Spektralbereich zwischen 1,3 und 2,5 μm fällt die Reflexionskurve ab und zeigt, so
  wie es schon von der Blattreflexion her bekannt ist, deutliche Minima in den Bereichen
  der Wasserabsorptionsbanden bei 1,4, 1,9 und 2,2 μm.

Bei *reinem* oder nahezu reinem *mineralischem, trockenem Substrat*, z. B. bei Quarzsand,
Kreidefels, Salzausblühungen, ist die spektrale Reflexion qualitativ von den Reflexionseigenschaften der beteiligten Minerale abhängig. Die Minerale zeigen dabei ein artspezi-
fisches spektrales Reflexionsverhalten, das wiederum vor allem auf deren jeweilige Absorptionsbanden zurückzuführen ist. Für den sichtbaren Lichtbereich ist z. B. der Einfluß
des Eisens auf die (rote) Farbe des Bodens allgemein bekannt. Abb. 51 zeigt hierzu die
Abhängigkeit der Bodenreflexion bei λ 0,5–0,64 vom Eisenoxydgehalt des Substrats.

Die große Zahl vorkommender Minerale und Mineralgemenge, sowie zusätzlich der
komplizierende Umstand, daß diese zusammen mit an sie im Kristallgitter gebundenen
Spurenelementen, molekular gebundenem Wasser oder anderen Stoffen auftreten sowie
die Variationsbreite und Kombinationsmöglichkeiten von Partikelgrößen weisen auf die
Vielfalt möglicher spektraler Reflexionskurven hin. Die Reflexion von Steinen und der
Einfluß der Mineralreflexion auf die des Bodens sind dementsprechend vielfältig.

Differenzierte Kenntnisse über die spektrale Reflexion von Silikaten und Karbonaten
liegen aus Arbeiten von Hunt und Salisbury (1970, 1971), von Nitraten und Sulfaten aus
Untersuchungen u. a. von Hovis (1965) vor.

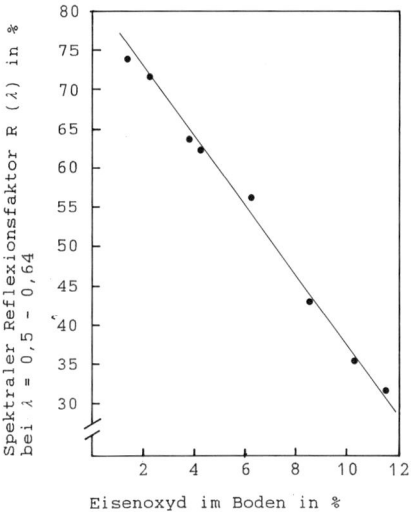 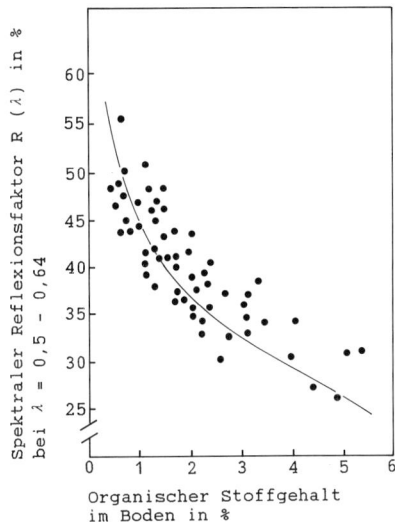

Abb. 51:
*Abhängigkeit der Bodenreflexion vom
Eisenoxydgehalt im Spektralbereich
λ = 0,5-0,64 μm (aus* Hoffer *1978)*

Abb. 52:
*Abhängigkeit der Bodenreflexion vom
Gehalt organischer Stoffe (nach* Page *1974)*

Bei jedem Boden sinkt die reflektierte Strahlung mit zunehmender *Bodenfeuchtigkeit* der
oberen Bodenschicht bis zum Erreichen eines Sättigungspunktes. Geht man von einem
nahezu trockenen Boden mit einem Wassergehalt von 1 % des Trockengewichts aus, so
fallen im Labor gemessene spektrale Reflexionswerte mit Zunahme des Wassergehalts bei
Böden jeder Art zunächst sehr stark und dann etwa ab 10–12 % Wassergehalt weniger
stark ab. Die Reflexionsminima im Bereich der Wasserabsorptionsbande prägen sich mehr
und mehr aus (Abb. 50). Das Ausmaß der Reflexionsänderung in Abhängigkeit von der

Feuchtigkeit der obersten Bodenschicht wird neben der Bodenart von deren Humusgehalt, Korngrößenstruktur und mineralischen Bestandteilen bestimmt.

Für die Luftbildinterpretation und die Auswertung anderer Fernerkundungsaufzeichnungen ergeben sich aus den Beziehungen zwischen Bodenfeuchtigkeit und Reflexion
interessante Möglichkeiten zur differenzierten und kleinflächigen Ansprache des Wasser-
haltevermögens und der Wasserführung in der oberen Bodenschicht. Zu beachten ist
dabei, daß schon die Austrocknung einer relativ dünnen Oberschicht, auch dann, wenn
der Boden wenige Zentimeter tiefer noch frisch ist, reflexionserhöhend wirkt. Schlußfolgerungen auf die für Pflanzen verfügbare Bodenfeuchtigkeit aus den im Luftbild erkennbaren Feuchtigkeitsunterschieden müssen daher mit Bedacht und bodenkundlichem
Sachverständnis gezogen werden.

In diesem Zusammenhang wird darauf verwiesen, daß auch die langwellige Emission
der Böden erheblich von der Bodenfeuchtigkeit – und zwar hier nicht nur der allerober-
sten Bodenschicht – beeinflußt wird. Multispektrale Aufzeichnungen von Reflexion *und*
Emission kann daher zu weitergehenden Informationen über diese Bodeneigenschaft
führen. Andererseits vollzieht sich aber gerade die Austrocknung der oberen Schicht
bei gegebener Wetterlage in Abhängigkeit von bestimmten Bodeneigenschaften z. B.
von Humusgehalt, von der Korngröße, der Krümelstruktur usw., auf die damit Rückschlüsse möglich werden.

Einen ebenso über den gesamten solaren Spektralbereich hinweg tendenziell gleichs-
innigen Einfluß auf die Absorption und Reflexion der Einstrahlung durch Böden üben
Art, Menge und Vermischungsform der der oberen Bodenschicht beigemengten oder ihr
aufliegenden Humusstoffe aus. Schon bei einem Humusanteil von 1 % schlägt sich dies in
einem Absinken der spektralen Reflexion nieder (Abb. 52). So wie beim Anstieg der
Bodenfeuchtigkeit wird im sichtbaren Licht der Boden zunehmend dunkler gesehen.

Das Ausmaß der Reflexionsabsenkung mit steigendem Humusanteil wirkt sich bei
Böden verschiedenartiger mineralischer Zusammensetzung unterschiedlich aus. Dies
mag ein Beispiel aus einer Untersuchungsreihe von MINNUS (1967) illustrieren: Ein
anmooriger lehmiger Sand (anmooriger Pseudogley), dessen Sandanteil von hellgrauer
bis gelblicher Farbe war und dessen Humusanteil 9,91 % betrug, reflektierte bei gleichem
Wassergehalt gleich wie ein grobkörniger dunkelgrau-brauner sandiger Lehm (Para-
braunerde) mit nur 1,22 % an organischen Bestandteilen.

Der neben Bodenfeuchtigkeit und Humusanteil dritte sich tendenziell auf die Reflexion
und Absorption von Böden auswirkende Faktor ist deren Korngröße. Bei sonst vergleichbaren Bodenverhältnissen sinkt die spektrale Reflexion eines Bodens mit Zunahme seiner
mittleren Korngröße. BOWDER und HANKS (1965) fanden z. B., daß eine Vergrößerung der
Bodenpartikel von 0,022 mm auf 2,65 mm eine um mindestens 14 % vermehrte Absorption der Einstrahlung bewirkt.

Für die Minerale im Boden und im Gestein gilt sinngemäß, daß unabhängig von der Art
des Minerals die Reflexion umso geringer ist, je größer die Materialpartikel sind.

Analog zu dem über die Reflexion von Blattorganen und Pflanzenbeständen Gesagten
läßt sich aus Labormessungen der Reflexion von Boden- oder Gesteinsproben *nur zum Teil*
das Reflexionsverhalten von Böden und Fels in der Natur ableiten und auf sich in Fernerkundungsaufzeichnungen ergebende Signaturen und Signaturunterschiede schließen.

Die natürlichen Oberflächenstrukturen werden bei Entnahme der Bodenproben und
Aufbereitung zur spektroradio- oder -photometrischen Messung mehr oder weniger zer-
stört. Gerade sie aber bestimmen die Reflexionseigenschaften unbewachsener Böden in
erheblichem Maße mit. Kleinere Bodenaggregate bilden stets eine ebenere und „ge-
schlossenere" Oberfläche als gröbere und verursachen dadurch eine Steigerung der Reflexion. Die Zerstörung der natürlichen Krümelung des Bodens bei der Entnahme von
Proben und damit die künstliche Zerkleinerung der Bodenteilchen wirkt damit reflexions-

erhöhend. Die Unterschiede zwischen Laboremissionen und Bodenreflexion in der Natur sind relativ gering bei strukturlosen Böden, z. B. bei reinem Sand, und deutlich bei Böden mit stark strukturierten Oberflächen. Auf diese Weise erklären sich die scheinbaren Widersprüche zwischen Laborbefunden und der Darstellung einiger Böden z. B. im Luftbild. Während Sandböden bei Labormessungen im allgemeinen eine geringere Reflexion zeigen als z. B. Lehmböden mit ihrer feineren Korngrößenstruktur, kann sich dies durch die gröbere Krümelung der letzteren umkehren.

Der Einfluß der Bodenbearbeitung bei landwirtschaftlich genutzten Böden mit Förderung der Krümelstrukturen, Lockerung des Oberbodens, ggf. Entstehung von Bodenschollen und Bearbeitungsstreifen wirkt sich dementsprechend ebenfalls i. d. R. reflexionsmindernd aus. Hinzu kommen dabei sowohl stärkere Einflüsse auf die Richtungsabhängigkeit der Reflexionen als auch ggf. ausgeprägte Helligkeitsmuster durch unterschiedlich beleuchtete Flanken in Pflugfurchen, -dämmen oder -balken.

Wie bei vegetationsbedeckten Flächen gilt auch für unbewachsene Böden: je rauher die Oberfläche, desto ausgeprägter ist die rückwärtsgerichtete Reflexion. Dabei sind jedoch das Mikrorelief und die ggf. vorliegende Ausrichtung von Bearbeitungsmustern als modifizierende Faktoren zu berücksichtigen.

Die Rückstreuung der Radareinstrahlung folgt den gleichen Gesetzen wie zuvor in Kap. 2.3.2.6 für die Erdoberfläche im allgemeinen beschrieben wurde. Bestimmenden Einfluß auf die Rückstreumenge und Richtungsverteilung haben die Bodenfeuchtigkeit, die Rauhigkeit der Oberfläche und ggf. vorliegende Bodenbearbeitungsmuster.

Die Eindringtiefe der Radarstrahlen in den *Boden* ist abhängig von deren Wellenlängen, der Feuchtigkeit und der Substratbeschaffenheit des Bodens. Je länger die Wellen, je trockener der Boden und je feiner das Substrat sind, desto größer ist die Eindringtiefe. Bei trockenem Sandboden können z. B. Radarwellen des L-Bandes mit $\lambda = 23$ cm bis zu 2 m tief eindringen. Nach theoretischen Erwägungen kann mit einem Eindringen dann gerechnet werden, wenn die Größe der Bodenpartikel $< 0,1 \lambda$ und der Feuchtigkeitsgehalt des Oberbodens $< 1 \%$ ist. Unterliegende Objekte können zudem im Radarbild nur „gesehen" werden, wenn sie für die betreffenden Wellen andere Rückstreueigenschaften als der umgebende Boden haben, d. h. wenn sie mit diesem eine „dielektrische Grenze" aufweisen und die entsprechende Ausrichtung haben.

2.3.4 Reflexionseigenschaften von Wasser, Schnee und Eis

Die Reflexionseigenschaften von *Wasserkörpern* unterscheiden sich von denen der Vegetation und der festen Bestandteile der Erdoberfläche in einigen wesentlichen Punkten. Nur ein kleiner Teil der einfallenden Strahlung wird an der Wasseroberfläche reflektiert, der wesentlich größere Teil dringt zunächst in den Wasserkörper ein. Im Gegensatz zur diffusen Reflexion an rauhen Oberflächen der bisher beschriebenen Art erfolgt an der glatten Wasseroberfläche diese Reflexion jedoch spiegelnd bzw. ausgeprägt vorwärtsgerichtet. Man kann dabei von der Modellvorstellung ausgehen, daß eine leicht bewegte Wasseroberfläche aus einer unendlich großen Zahl sehr kleiner, glatter aber nicht durchweg gleichgerichteter Ebenen besteht. Die spiegelnde Reflexion erfolgt daher gegenüber der Zenitrichtung in verschiedenen Winkeln und verursacht dadurch für einen Betrachter oder ein Aufnahmegerät anstelle einer „punktförmigen" Sonnenspiegelung eine mehr oder weniger große Flächenspiegelung. Wenn der Zenitwinkel der direkten Sonnenstrahlen gleich oder kleiner ist als der halbe Öffnungswinkel des Kameraobjektivs, so wird diese spiegelnde Reflexion auf der Gegenlichtseite des Luftbildes erfaßt, so daß dort Wasserflächen hell „glitzernd" abgebildet werden. Für die Luftbildauswertung ergeben sich

Abb. 53: *Abbildung einer Wasserfläche in zwei im Flugstreifen nacheinander aufgenommenen Luftbildern 1:10 000*

daraus Nachteile. Signaturen, die bestimmte Eigenschaften des Wassers (Verunreinigungen, Pflanzenvorkommen) kennzeichnen, werden in diesem Bereich durch die Spiegelung
überdeckt. Im Mitlichtbereich oder wenn die o.a. Winkelbeziehung nicht erfüllt ist, wird
die beschriebene Reflexion der Einstrahlung durch die Wasseroberfläche nicht bildwirksam. Ein eindrucksvolles Beispiel hierzu zeigt die Abb. 53.

Der größere Anteil der Einstrahlung dringt jedoch in den Wasserkörper ein. Die
Strahlen werden auf dem Weg in die Tiefe durch organische und anorganische Schweb-
stoffe im Wasser, durch submerse Wasserflora, größere anorganische Verunreinigungen
und durch Wassermoleküle z.T. absorbiert, z.T. gestreut. Bei klarem und relativ seichtem
Wasser (im günstigsten Fall bis zu 100 m Tiefe) erreicht ein Teil der Einstrahlung den
Boden des Wasserkörpers und wird dort absorbiert oder diffus reflektiert.

Im Wasser gestreutes und ggf. vom Boden diffus reflektiertes Licht erreicht – wiederum zu
einem Teil – die Wasseroberfläche. Hier an der Grenzfläche zum optisch dünneren Medium
Luft wird es je nach dem Einfallswinkel der Strahlen entweder total reflektiert oder tritt als
diffuse *Reflexion aus der Tiefe* des Wasserkörpers wieder in die Atmosphäre ein.

Die auf Absorption und Streuung in der Tiefe zurückgehende Extinktion der Einstrahlung durch *klares* Wasser ist insgesamt sehr groß. Sie nimmt (bei klarem wie bei trübem
Wasser) mit der Tiefe exponentiell zu (RAO et al. 1978). Die Reflexion aus der Tiefe ist
dementsprechend gering. Strukturen und Objekte des Gewässerbodens (Riffe, Wracks,
Ruinen), die sich durch spezifische spektrale Reflexion von ihrer Umgebung abheben,
können bei klarem Wasser unter günstigen Bedingungen bis zu 15 m Tiefe durch Fernerkundungssensoren aufgezeichnet werden (hierzu POIDEBARD, BRADFORD, BASS u. a. zit. nach
DEUEL 1981).

Reflexion und Extinktion sind wellenlängenabhängig. Die relativ geringste Extinktion
und damit ein relatives Maximum der Reflexion aus der Tiefe weist Strahlung mit Wel-

lenlängen um 0,47 µm auf. Klares Wasser wird daher an klaren Tagen „blau" gesehen. Die Extinktion wächst zum längerwelligen optischen Spektralbereich hin rasch an. Die Reflexion aus der Tiefe sinkt dementsprechend, und zwar so, daß ab Wellenlängen > 0,8 µm die R %-Werte für klares Wasser für die Reflexion von der Oberfläche und aus der Tiefe zusammen unter 1 % liegen.

Wasser in Flüssen, Seen oder in Küstennähe ist selten völlig „klar". Beim Vorliegen von Trübungen wird die Reflexion der solaren Einstrahlung durch den Wasserkörper nach Menge und spektraler Zusammensetzung von Fremdstoffen mitbestimmt. Nach dem zuvor Gesagten gilt dies vor allem für die Reflexion im sichtbaren Lichtbereich. Absorptions- und Reflexionseigenschaften der im Wasser und an seiner Oberfläche befindlichen Stoffe und Lebewesen gewinnen entsprechend ihrer Menge und stofflichen Eigenschaften mehr oder weniger Einfluß auf die Reflexion des Wasserkörpers.

Die Reflexion ist daher auch hier Träger von Informationen, die über bestimmte qualitative Eigenschaften des Wasserkörpers Aufschluß geben können. Sie prägt die Farbe des Wassers und bestimmt die im Luftbild auftretenden Grautöne und Farben bzw. die Signaturen von Wasser in multispektralen Aufzeichnungen.

Das Vorkommen von Phytoplankton oder submerser Wasserpflanzen vermindert, sofern diese chlorophyllhaltig sind, durch deren Absorption (vgl. Kap. 2.3.1.2) die Reflexion zwischen 0,4 und 0,5 µm sowie zwischen 0,6 und 0,7 µm. Untersuchungen zeigten, daß schon eine Zugabe von 2–3 mg chlorophyllreichen Phytoplanktons in einem Kubikmeter klarem Seewasser zu einer typischen Veränderung der spektralen Reflexion von blau auf grün führte (DUNTLEY 1972, zit. n. FITZGERALD 1972). Nachgewiesen ist auch, daß Veränderungen des Chlorophyllgehalts von Grünalgen, z. B. durch Phosphormangel, die spektrale Zusammensetzung der diffusen Reflexion aus der Tiefe des Wasserkörpers entsprechend verändert.

Analog dazu beeinflußt natürlich erst recht die Reflexion höherer submerser oder aufschwimmender grüner Pflanzen die Reflexion eines Wasserkörpers. Plankton wie Rot-, Braun- oder Kieselalgen und ggf. auch Zooplankton mit Reflexionsmaxima im Roten oder Gelben können die Wasserreflexion dementsprechend verändern.

In gleicher Weise wie Lebewesen, verändern im Wasser schwebende oder transportierte *mineralische oder humose Stoffe* die Reflexion und Absorption von Wasserkörpern. Mineralische Schwebteilchen verstärken die Reflexion in allen Bereichen des optischen Spektrums und führen im sichtbaren Spektralbereich i. d. R. zu einer Verschiebung des Reflexionsmaximums im Wellenlängenbereich zwischen 0,55 und 0,70 µm. Erste Verunreinigungsstufen üben dabei eine überproportionale Wirkung aus.

Humusstoffe im Wasser verstärken dagegen die ohnehin starke Wasserabsorption. Dies führt dann auch im sichtbaren Lichtbereich zu einer fast vollständigen Absorption der eingefallenen Strahlung. Für das menschliche Sehvermögen werden Moorwasser und andere stark humose Wasserkörper tief dunkelgrau bis schwarz.

Mineralöl auf der Wasserfläche weist je nach der Zusammensetzung des Öls und der Dicke der Schicht unterschiedliche Reflexionseigenschaften auf. Dünne Ölfilme reflektieren zwischen 0,32 und 0,50 µm mehr, zwischen 0,50 und 0,80 µm etwa im gleichen Umfang wie das umgebende nicht bedeckte Wasser. Dicke Ölschichten zeigen in Abhängigkeit von der Art des Öls bis 0,50 µm entweder stärkere oder geringere, ab 0,50 µm dagegen offensichtlich durchweg geringere Reflexion im Spektralbereich als das nicht mit Öl bedeckte Wasser. Während der Phase der Ausbreitung eines Ölflecks verursacht die wechselnde Dicke der Ölschicht spektrale Unterschiede der Reflexion, die zu den bekannten Farbmustern führen.

Die Reflexionseigenschaft von *Schnee* und *Eis* sind gekennzeichnet durch die hohe Reflexion im sichtbaren Bereich des Spektrums, den Abfall der Reflexion bzw. Zunahme der Absorption zum nahen Infrarot hin und im nahen Infrarot sowie schließlich durch die Unterschiede zwischen trockenem und nassem Schnee bzw. festem und tauendem Eis.

Trockener Schnee und *festgefrorenes* Eis weisen bei 0,4–0,5 μm Reflexionsfaktoren von 80–90 % auf, bei 0,07 μm noch immer solche von 70–80 % (KRINOV 1947). Im nahen Infrarot sinkt das Reflexionsvermögen dann rasch ab. Die zur Verfügung stehenden Meßdaten zeigen z.B. bei 1,2 μm nur noch Reflexionsfaktoren um 25 %.

Deutliche Verminderung der Reflexion ist in allen Spektralbereichen, besonders aber im infraroten, bei *nassem Schnee* und bei *tauendem Eis* zu beobachten. Im ersten Fall erhöht die zunehmende Menge von flüssigen Wassertropfen und im zweiten Fall der die tauende Eisfläche bedeckende Wasserfilm die Absorption der Einstrahlung.

Modelle, mit denen das Reflexionsverhalten von Schneeflächen erklärt werden sollen, beziehen sich – da sie im Zusammenhang mit Untersuchungen zum Strahlungshaushalt der Erde entwickelt wurden – auf die Albedo. Verwiesen wird auf WISCOME und WARREN (1980) sowie auf SMITH (1983).

2.3.5 Reflexionseigenschaften von Baustoffen

Unterschiedliche Baumaterialien – Hölzer, Steine, Metalle usw. – reflektieren entsprechend ihrer stofflichen Zusammensetzung, ihrer Oberflächenstruktur und ihres aktuellen Zustands. Bei Materialkonglomeraten wie Beton, Asphalt, Kunststeinen u. a. wird die Reflexion dementsprechend auch durch die quantitativ und qualitativ verschiedenartige Zusammensetzung der Gemengeteile bestimmt. So können bei gleicher Oberflächenstruktur die Reflexonseigenschaften z. B. zweier Betone wegen unterschiedlicher Zementsorten und Zuschlagstoffe oder durch verschiedene Mischungsverhältnisse dieser Komponenten in bestimmten Grenzen voneinander abweichen.

Analog zu Vegetations- und Bodenoberflächen gilt auch für Baumaterialien, daß die *Rauhigkeit der Oberfläche* die Reflexionseigenschaften vor allem quantitativ mitbestimmt. Je grobkörniger das Material, je rauher die Oberfläche bei sonst gleicher stofflicher Zusammensetzung, desto geringer ist die Reflexion. Eine glatte Straßenpflasterung reflektiert daher stärker als eine aus gleichem Stein bestehende Schotterdecke eines Bahngleiskörpers. Diese strukturbedingten Reflexionsunterschiede fallen umso stärker ins Gewicht, je geringer die Sonnenhöhe ist und desto größer damit der Einfluß von Schattenanteilen auf der reflektierenden Fläche wird.

Durch *Verwitterung* verändert sich sowohl die Struktur als auch zumeist die stoffliche Zusammensetzung der Materialoberflächen. Je nach dem Ausmaß und der Art der Verwitterung, z. B. der Oxydation von Metallen, der Zersetzung organischer Bestandteile, von Erosions- oder Korrosionserscheinungen, treten drastische (frisch gedecktes versus oxydiertes „grünes" Kupferdach) oder nur geringfügige (neugelegte und abgelaufene „erodierte" Steinplatten) Änderungen der Reflexionseigenschaften ein.

Je *feuchter* ein bestimmtes Material ist, desto geringer ist die Menge reflektierender Strahlen. Dies gilt für wasseraufnehmende Stoffe wie Holz, Faser- oder Asbestplatten sowie für den Fall, daß sich temporär Wasserfilme auf einer Materialoberfläche befinden. Die Reflexionsdämpfung durch die Wasserabsorption ist dabei wiederum im nahen und mittleren Infrarot stärker als im sichtbaren Lichtbereich, so daß sich auch die spektrale Zusammensetzung der reflektierten Strahlung verändert.

Durch *Auflagen* verschiedener Art kann die spektrale Reflexion eines verbauten Materials ganz oder weitgehend durch jene der Auflage überdeckt werden.

Farb- oder deckende Schutzanstriche verändern die spektrale Reflexion jedes Baumaterials im sichtbaren Lichtbereich oft grundsätzlich. Sie können auch die Reflexion naher Infrarotstrahlung verändern, und zwar auch dann, wenn die aufgetragene Farbschicht für diese Strahlung weitgehend transparent ist (FITZGERALD 1972).

Verschmutzungen jeder Art verändern die Reflexionseigenschaften von Baumaterialien ebenfalls. Je nach der Art der Verschmutzung kommt es zu einer verstärkten oder verminderten Reflexion. So erhöhen helle Stäube oder Aufwehungen von trockenem Sand im allgemeinen die Reflexion, während z. B. Ölflecke oder -spuren, Aufschwemmungen humoser Bodenteile, Gummiabrieb auf Straßen oder Pisten i. d. R. die Absorption einfallender Strahlen erhöhen und die reflektierte Strahlenmenge daher vermindern.

Schließlich ist als dritte Form der Auflage der Bewuchs an Kunstbauten, z. B. durch Moose, Flechten, Gras zu nennen. Die spektralen Reflexionseigenschaften werden dann je nach Bewuchsdichte an den bewachsenen Stellen von den Pflanzen mitgeprägt, ggf. auch gänzlich bestimmt.

3. Fernerkundung durch visuelle Beobachtung

Die älteste und ursprünglichste Form der Fernerkundung ist das in die Ferne schauen, ohne daß eine Bild- oder Datenaufzeichnung erfolgt. Zunächst noch ohne jedes optische Hilfsmittel, später mit Fernrohr, Fernglas, Teleskop sind der vom Mastkorb Ausguck haltende Matrose, der Wächter auf dem Turm, der von seinem Posten unbekanntes Land oder feindliche Bewegungen auskundschaftende Späher oder Beobachter und der den Sternenhimmel absuchende Astronom die Archetypen des Fernerkunders.

Das was ihre Aufgabe war, deckt sich vollkommen mit der Definition der Fernerkundung – sofern man das Sehen und geistige Registrieren ferner Objekte und Szenen als Aufnahme von Bildern versteht.

Solcherart rein visuelle Fernerkundung wird auch gegenwärtig noch in vielfältiger Weise und für verschiedenste Zwecke – vor allem auch für forstliche und vegetationskundliche – praktiziert. Man denke nur an die Bedeutung der Naturbeobachtung für den Botaniker, die Tierbeobachtung für den Wildökologen oder Verhaltensforscher, und daran, daß ein Geograph eine Landschaft vor allem *sehen* und mit seinen Augen *durchforschen* muß, um sie beschreiben und als funktionales Zusammenspiel aller natürlichen und anthropogenen Faktoren begreifen und in einer Raumdiagnose verdichten zu können.

Im Arbeitsbereich von Forstwirtschaft, Vegetationskartierung und Wildbewirtschaftung können visuelle Beobachtungen von *tieffliegenden Flugzeugen und Hubschraubern* aus vor allem folgenden Zwecken dienen:
- Sammlung von Informationen und Ersterkundung zur Vorbereitung von Inventurkonzepten, Preinvestment-Studien und Erschließungsplanungen.
- Herstellung von Karten*skizzen* in kartenlosem Gebiet oder für die rasche (grobe) Erfassung wichtiger, aktueller Situationen (cerial scetch mapping)
- Sammlung von Informationen zur Erarbeitung von Luftbildinterpretationsschlüsseln und von Hilfs- und Zusatzinformationen zur visuellen oder digitalen Bildauswertung
- Auswahl von „Trainingsgebieten" (vgl. Kap. 5.8.1.1) für überwachte computergestützte Klassifizierungen multispektraler Aufnahmedaten
- Kontrolle von Ergebnissen der Luftbildinterpretationen und von digitalen Klassifizierungsergebnissen sowie die Aufklärung von bei beiden verbliebenen Zweifelsfällen
- (in offenen Landschaften) Zählung und Beobachtung von Wildtier- und Herdenpopulationen.

Von *hochfliegenden Flugzeugen* oder *bemannten Weltraumstationen* aus kann durch visuelle Beobachtung die Überwachung von unerschlossenen, unbegehbaren oder weitgehend unbesiedelten Großräumen erfolgen, z. B. im Hinblick auf aktuelle Schadsituationen (Brände, Überflutungen, Dürre, biotische Kalamitäten, anthropogene Vegetationszerstörungen), Abschätzung eingetretener Schäden und Schadensfolgen und der Regeneration von Schadflächen sowie ökologischer Entwicklungen.

Geeignet als Flugzeuge sind vor allem Hochdecker. Sie ermöglichen eine weitgehend ungestörte Sicht nach unten. Hubschrauber mit offener Seitentür eignen sich vor allem dann, wenn räumlich begrenzte, dort aber detailliertere Beobachtungsaufgaben zu lösen sind. Die Möglichkeit, über solchen Beobachtungsflächen zu verweilen oder sie mehrfach zu überfliegungen, kann dabei hilfreich sein. Flugzeuge und Hubschrauber müssen über ausreichende Reichweite verfügen, außer dem Piloten 2–3 Personen aufnehmen können und gute Kommunikationsmöglichkeiten zwischen dem Beobachterteam und dem Piloten liefern. Für kurze Einsätze können auch Leichtflugzeuge in Frage kommen. Deren Mitführung auf Kleintransportern im Feld erlaubt ggf. örtlich wechselnde Einsätze dort, wo Flugzeuge oder für diese benötigte Landeplätze nicht verfügbar sind.

Die Flugroute jedes Einsatzes orientiert sich an der gestellten Beobachtungsaufgabe bzw. dem Beobachtungsziel. Ein systematisches Abfliegen des Beobachtungsgebietes kann in dem einen, das gezielte Anfliegen bestimmter Teilgebiete in einem anderen Fall der zweckmäßige Weg zur Erfüllung der Aufgabe sein.

Vorinformationen z. B. aus topographischen Karten, früheren Vegetations- oder Waldkarten (selbst wenn diese veraltet erscheinen) oder auch aus Befragungen Ortskundiger können Flugdispositionen erleichtern. Ggf. ist auch der Mitflug eines Orts- und Sachkundigen, z. B. eines örtlichen Forstmannes oder Pflanzensoziologen, zu erwägen. Planung und Vorbereitung der Befliegung und der durchzuführenden Beobachtungen sind von entscheidender Bedeutung für den Erfolg der Erkundungsarbeit (vgl. GROSS 1993).

Bei großräumigen forstlichen und vegetationskundlichen Erkundungs-, Inventur- oder Kartierungsprojekten sind wiederholte Befliegungen und visuelle Beobachtungen oft zweckmäßig oder notwendig. Dies z. B. zur Vervollständigung von Interpretationsschlüsseln, für Zwischenkontrollen von Luftbildinterpretationen oder digitalen Klassifizierungen, zur Erhebung weiterer Hilfsdaten (ancillary data) für die Auswertung von Fernerkundungsaufzeichnungen (HILDEBRANDT 1991) usw.

Teil eines Inventurkonzeptes kann es auch sein, visuelle Beobachtung zur Vervollständigung von aus Satelliten- oder Luftbildern nicht ausreichend detailliert gewonnener Informationen einzusetzen. So wurden z. B. im Zuge des „Brasilian Forest Cover Monitoring Projectes" in Satellitenbildern entdeckte neue, noch unbekannte Rodungsflächen mit Kleinflugzeugen gezielt angeflogen, luftvisuell erkundet und beschrieben (CARNEIRO 1981).

Bei überwiegend terrestrischen Holzvorratsinventuren in Großräumen sind ggf. durch visuelle Fernerkundung notwendige Informationen über Teilgebiete zu gewinnen, die wegen physischer Unbegehbarkeit oder Gefahren (feindselige Urbevölkerung, Rebellen – vgl. hierzu SCHADE und DALANGIN 1985) – nicht zugänglich sind und wenn dafür aktuelle Luftbilder nicht zur Verfügung stehen.

Die Technik und Methode der Beobachtung selbst ist simpel, erfordert aber i.d.R. ein hohes Maß an Konzentration. Die zu beobachtenden und zu erkundenden Flächen werden durchmustert.. Das Festgestellte wird notiert, ggf. in vorbereiteten Aufnahmeblättern eingetragen oder durch Besprechen eines Tonbandes festgehalten. Entsprechende Kennzeichnung oder Kodierung der jeweiligen Ortslage ist nach örtlich gegebenen oder sich anbietenden Möglichkeiten vorzunehmen. Die Aufschriebe können je nach Beobachtungsaufgabe durch Handskizzen zu örtlichen Situationen oder durch Kleinbildphotographien ggf. auch durch Videokameraaufzeichnungen ergänzt werden.

Aerial scetch mapping (s.u.) ist in den U.S.A. und Kanada für die rasche Kartierung flächig auftretender Waldschäden und -erkrankungen ein verbreitetes und regelmäßig eingesetztes Verfahren (CIESLA 1991). Auch in Mexiko wurde es für diesen Zweck verwendet. Der Beobachter im Flugzeug kartiert dabei beim Überflug die erkannten Schadflächen unmittelbar in eine topographische Karte 1:50000 bis 1:100000, bzw. in den U.S.A. gelegentlich auch in die National Forest Map.

Im Falle von Beobachtungen und Auszählungen von Tierpopulationen konkurriert die rein visuelle Fernerkundung mit Verfahren der Luftbildaufnahme und -auswertung. Wird der visuellen Beobachtung aus Flugzeugen der Vorzug gegeben, so gilt alles oben Gesagte entsprechend. Es sind jedoch zusätzliche Vorkehrungen für das Auszählen von Tieren notwendig. In Abb. 54a ist dazu eine leicht zu realisierende Anordnung zur Auszählung der Tiere dargestellt. Gut vom Beobachtungsplatz aus sichtbare Markierungen werden an einer der Tragflächenstreben eines Hochdeckers und am Beobachtungsfenster angebracht. Sie definieren die Winkel α_a und α_b (Abb. 54) und begrenzen den Beobachtungsstreifen. Der Beobachter visiert über diese Marken, zählt und registriert die im Streifen erkennbaren Tiere – soweit möglich differenziert nach Art, Geschlecht, Alter. Die Anzahl gezählter Tiere kann absolut oder pro Flächeneinheit angegeben werden. Die für letzteres

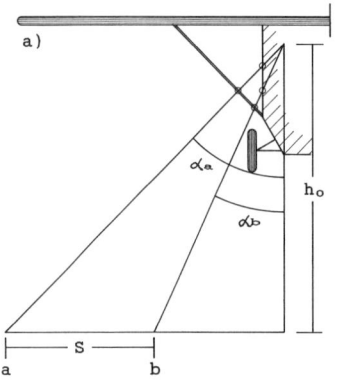

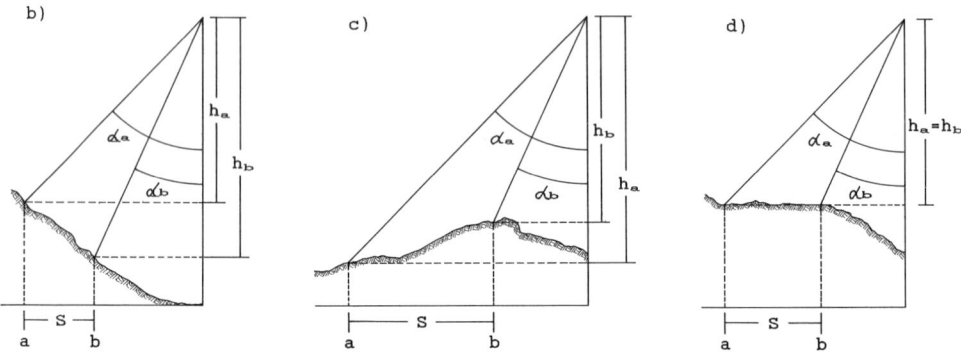

Abb. 54a/d:
*Beispiel einer möglichen Anordnung zur visuellen
Zählung von Tieren vom Flugzeug aus und zur
Berechnung der beobachteten Streifenbreite*

benötigte Zählfläche wird aus Fluglinienlänge x Streifenbreite näherungsweise berechnet.
Dafür ergibt sich die Streifenbreite S nach

$$S = h_o \, (tg\alpha_a - tg\alpha_b) \tag{23a}$$

wobei h_o in der Ebene die (gleichbleibende) Flughöhe über Grund ist. In unebenem
Gelände, d. h. auch bei geneigten Beobachtungsflächen wird S nach

$$S = h_a \cdot tg\alpha_a - h_b \cdot tg\alpha_b \tag{23b}$$

berechnet. h_a und h_b sind dabei die jeweiligen Höhendifferenzen zwischen Beobachtung
und Geländeort am äußeren und am inneren Rand des Streifens (Abb. 54b-d).
    Der im praktischen Aufnahmefall oft gegebenen Situation ständig wechselnder Gelän-
deverhältnisse kann durch Verwendung von Mittelwerten für die Höhen h_o, h_a, h_b oder
durch abschnittsweise Berechnung der aufgenommenen Fläche Rechnung getragen werden.
    Für visuelle Fernerkundung aus dem Weltraum oder aus sehr hochfliegenden Flug-
zeugen wird auf sowjetrussische Berichte und Erfahrungen Bezug genommen (z. B. SUK-
HIKH 1980, SUKHIKH et al. 1984). Kurzfristige Shuttle-Flüge sind für systematische visuelle
Beobachtungsaufgaben weder vorgesehen noch geeignet. Erst langfristige Aufenthalte
wie in den Orbitalstationen SALUT 3-7 und MIR erlaubten die Durchführung systematischer bzw. gezielter visueller Beobachtungsaufgaben zur Erforschung der Erdoberfläche
und ihrer Vegetationsdecke. Besonders von Bord von SALUT 6 waren im Jahre 1979

mehrere Missonen forstwirtschaftlichen Beobachtungsaufgaben gewidmet. Sie bereiteten zudem spätere Projekte forstlicher und vegetationskundlicher Art vor (SUKHIKH et al. 1984).

Aus diesen Arbeiten liegen auch Erkenntnisse darüber vor, was aus 200-300 km Höhe gesehen und differenziert werden kann. Bei Vorliegen entsprechender spektraler Reflexionsunterschiede können erkannt werden:
- bei geringen Kontrasten Objekte mit 1200 m Durchmesser = 20 Winkelminuten = 0,000581 rad
- bei mittleren Kontrasten Objekte mit 600 m Durchmesser = 10 Winkelminuten = 0,000291 rad
- bei starken Kontrasten Objekte mit 60 m Durchmesser = 1 Winkelminute = 0,000029 rad.

Analog zu den Erfahrungen bei Luftbildinterpretationen sind bandförmige Objekte, wie z. B. Flüsse in Trockengebieten, diese begleitende Vegetation, Trassen u. ä. auch bei Breiten unterhalb der o.a. Durchmesserwerte erkennbar. Waldbrände und von diesen ausgehende Rauchwolken oder auch Vegetationsmuster einschließlich etwa von Sukzessionen auf alten Schadflächen oder in Aufforstungsgebieten können gesehen, z.T. identifiziert und beobachtet werden.

4. Aufnahme und Auswertung von Luftbildern

4.1 Bildaufnahme und Prozessierung

4.1.1 Systematik der Bildaufnahme

Der Begriff Luftbildaufnahme wird in der deutschen Sprache sowohl im Sinne von „Aufnahme von Luftbildern" als auch synonym für „Luftbild", also für das bei einer Luftbildaufnahme entstehende Bildprodukt benutzt. Im folgenden wird mit „Luftbildaufnahme" stets die Tätigkeit und mit „Luftbild" stets das Produkt einer solchen Aufnahme bezeichnet. Entsprechend der in Kap. 1.1 gegebenen Definition ist ein Luftbild eine aus einem Flugkörper heraus aufgenommene Photographie.

Das Luftbildaufnahmesystem besteht aus der Kamera samt dazugehörenden Hilfsgeräten und Steuereinrichtungen (4.1.2), dem Film als Sensor (4.1.3) und Filtern (4.1.4). Das System wird in einem Flugkörper installiert (4.1.5, 4.1.6).

Die Luftbildaufnahme kann sowohl aufnahmetechnisch und -organisatorisch als auch im Hinblick auf Technik und Kapazitäten des Aufnahmesystems in unterschiedlicher Weise erfolgen. Danach ergibt sich die folgende Systematik nach sieben verschiedenartigen Eingliederungskriterien.

Einteilung nach der Richtung der Aufnahme

– Nadiraufnahme: Nadirdistanz $\upsilon = 0°$
– Senkrechtaufnahme: Nadirdistanz $\upsilon \leq 3°$
– Schrägaufnahme: Nadirdistanz $\upsilon > 3°$
– Horizontalaufnahme: Nadirdistanz $\upsilon \approx 90°$

Als *Nadirdistanz* (syn. Nadirabweichung) bezeichnet man den Winkel υ zwischen der vom Projektionszentrum ausgehenden Senkrechten und der Aufnahmeachse (Abb. 55).

Die Nadiraufnahme ist, wie die Definition ausdrückt, eine Sonderform der Senkrechtaufnahme. Luftbildaufnahmen für photogrammetrische Messungen und Kartierungen, für Waldinventuren, Forsteinrichtung u. a. großflächige Auswertungen werden als Nadiraufnahmen geplant. Bedingt durch die Bewegungen des Flugzeugs während des Bildflugs ergeben sich de facto aber Senkrechtaufnahmen im o. a. Sinne.

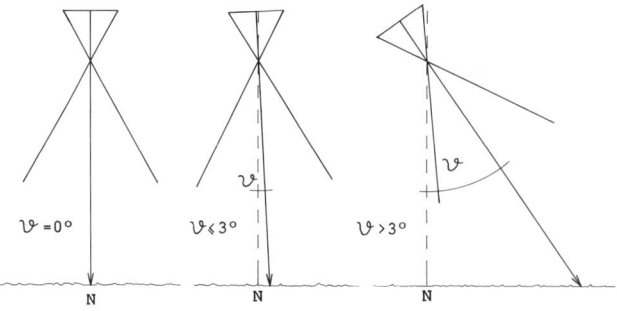

Abb. 55:
Nadir-, Senkrecht- und Schrägaufnahme;
$\upsilon = Nadirdistanz$

Senkrecht aufgenommene Luftbilder sind photogrammetrischen Auswertungen sehr gut zugänglich. Ihre Interpretation erfordert aber – ähnlich dem Kartenlesen – ein gewisses Maß an Imagination.

Mit größerer Nadirdistanz aufgenommene Schrägluftbilder sind anschaulicher aber geometrisch/photogrammetrisch schwerer beherrschbar. Ihre Bedeutung liegt vor allem in der bildhaften Dokumentation einzelner Objekte. In landes- und landschaftskundlichen Arbeiten, Bildbänden und geographischen Schulbüchern bis hin zu populärwissenschaftlichen Magazinen, Illustrierten und Prospekten sind Schrägaufnahmen zur Veranschaulichung typischer Szenen geeignet und beliebt.

Einteilung nach der Anzahl und Anordnung aufgenommener Luftbilder

- Aufnahme einzelner Luftbilder
- Aufnahme von Bildreihen
- Simultanaufnahmen
  - mit unterschiedlicher Aufnahmerichtung
  - mit unterschiedlichen Film-Filterkombinationen (Multispektral-Photographie)
  - mit unterschiedlichen Objektivbrennweiten

Einzelaufnahmen sind die Regel wenn Kleinbildkameras eingesetzt werden z. B. für Schrägaufnahmen (s. o.) oder Senkrechtaufnahmen kleinerer Versuchsflächen, von Stichprobeflächen u. ä.

Der weitaus häufigste Fall sind *Reihenaufnahmen* bei denen mit senkrechter Aufnahmerichtung mit einer vorgegebenen Überdeckung in einem Zuge nacheinander Bildreihen aufgenommen werden (hierzu 4.1.5). Eine solche Überdeckung in der Reihe ist die Voraussetzung für die i. d. R. vorgesehene Stereobetrachtung (= Raumbildbetrachtung) und stereophotogrammetrische Ausmessung der Luftbilder (4.5). Reihenaufnahmen sind auch die Voraussetzung für die Luftbildaufnahme großer Gebiete. Durch mehrere parallel, sich zusätzlich auch quer zur Flugrichtung überdeckende Bildreihen (4.1.5) wird in solchen Fällen die Flächendeckung mit stereoskopisch auswertbaren Luftbildern erreicht. Zur Reihenaufnahme sind Reihenmeßkammern[9] bzw. hilfsweise Kleinbildkameras mit automatischem Filmtransport und sequentieller Auslösung erforderlich (4.1.2).

Bei *Simultanaufnahmen* werden gleichzeitig mehrere Luftbilder aufgenommen. Dazu stehen Kameras mit mehreren Objektiven oder Sätze mehrerer Kameras zur Verfügung (siehe 4.1.2.2).

Mit unterschiedlich ausgerichteten, sonst aber gleichartigen Kameras können, z. B. mit einer Konvergentkammer, quer zur Flugrichtung Stereobildpaare oder mit einer Trimetrogonkammer Luftbildstreifen von Horizont zu Horizont aufgenommen werden.

Simultanaufnahmen mit mehrlinsigen oder mit mehreren gleichartigen, zu einem Verband vereinigten und gleichzeitig auslösenden Kameras führen zu Multiband- oder Multispektralphotographien wenn die Kameras mit unterschiedlichen Film/Filter-Kombinationen bestückt werden.

Eine simultane Aufnahme mit zwei Kameras unterschiedlicher Brennweite ihrer Objektive führt zu Luftbildern verschiedener Maßstäbe und damit unterschiedlicher Flächenerfassung je Bild und geometrischer Auflösung. Im Zuge mehrphasiger oder mehrstufiger Inventurmodelle kann dies z. B. dafür eingesetzt werden, einen breiten Aufnahmestreifen

---

[9] Im deutschsprachigen Raum ist seit 1919 der Begriff „Reihenmeßkammer" eingeführt und in einschlägigen DIN-Blättern festgeschrieben. Erst im jüngsten Entwurf (1992) zur Neufassung von DIN 18716 wird vorgesehen, Kammer durch Kamara zu ersetzen. Hier wird – begrenzt auf Meßkammern – am eingeführten, gewohnten Begriff, „Reihenmeßkammer" festgehalten. Vgl. hierzu MEIER, ZPF 61 (1993) S. 104–105

kleinmaßstäbig und in dessen Mitte schmale Streifen im großen Maßstab aufzunehmen, erstere für die flächendeckende Abgrenzung und Flächenermittlung von Wald- und Bestandestypen, letztere für stichprobenweise photogrammetrische Messungen und die detaillierte Interpretation von Bestandes- und Baummerkmalen.

Einteilung nach dem Bildmaßstab

Umgangssprachlich unterscheidet man zwischen großmaßstäblichen, mittelmaßstäblichen, klein- und ultrakleinmaßstäblichen Luftbildern bzw. Luftbildaufnahmen. Es gibt dazu keine verbindliche Festlegung dieser Größenordnungen. Sie mögen auch von Luftbildbenutzern in Abhängigkeit vom Anwendungsgebiet und von den in verschiedenen Weltregionen üblichen Denkmustern für Größenordnungen unterschiedlich beurteilt werden. Für forstliche und vegetationskundliche Auswertungen und europäische Verhältnisse kann gelten:
– großmaßstäblich   1:5000 und größer
– mittelmaßstäblich   < 1:5000 bis 1:20000
– kleinmaßstäblich   < 1:20000 bis 1:60000
– ultrakleinmaßstäblich   < 1:60000

Einteilung nach der Verwendbarkeit aufgrund von Kamerakriterien

Zu unterscheiden ist zwischen
– Luftbildaufnahmen mit einer Meßkammer
– Luftbildaufnahmen mit einer nicht kalibrierten Kamera.

Durch eine Reihe technischer Vorkehrungen und nach Kalibrierung = Eichung stehen für die Luftbildaufnahme (ebenso wie für terrestrische Aufnahmen) Spezialkameras zur Verfügung, die es ermöglichen, die Beziehungen zwischen dem Aufnahmestrahlenbündel und dem entstehenden Luftbild präzis zu definieren (4.2.2, 4.2.3). Die Werte der sog. „inneren Orientierung" (4.2.4) einer solchen Kamera sind durch deren Kalibrierung bekannt und erlauben dadurch sehr genaue photogrammetrische Messungen. Luftbildaufnahmen, die mit nicht kalibrierten Kameras – z. B. handelsüblichen Kleinbildkameras – ausgeführt werden, führen zu Luftbildern, die für genaue photogrammetrische Messungen ungeeignet sind. Der Wert solcher Luftbilder zur Gewinnung von Informationen, bei denen geometrische Genauigkeit keine besondere Bedeutung besitzt, bleibt davon (weitgehend) unberührt.

Einteilung nach dem Bildwinkel der Aufnahmeoptik

Für Luftbildaufnahmen verwendet man Kameras mit unterschiedlicher Brennweite des Objektives und, bei gegebenem Bildformat von diesem abhängig, unterschiedlichem Bildwinkel (vgl. Tab. 7, 8 u. 9 sowie für die genannten Begriffe Kap. 4.1.2). Bei Reihenmeßkammern unterscheidet man dabei zwischen Luftbildaufnahmen mit
– Schmalwinkelkammern: Bildwinkel um 30°
– Normalwinkelkammern: Bildwinkel 50°–75°
– Weitwinkelkammern: Bildwinkel 75°–100°
– Überweitwinkelkammern: Bildwinkel >100°

Kammern mit Bildwinkeln um 75° wurden gelegentlich auch als Zwischenwinkelkammern bezeichnet. Bei der Wahl eines dieser Luftbildaufnahmeverfahren sind die Art der durch die Luftbildauswertung zu lösenden Aufgaben, Eigenarten der aufzunehmenden und auszuwertenden Objekte, bei klein- und ultrakleinmaßstäbigen Aufnahmen (s. o.) auch die mögliche Flughöhe verfügbarer Flugzeuge und in jedem Fall auch Erwägungen der Wirtschaftlichkeit zu berücksichtigen (Kap. 4.1.5.3).

Einteilung nach photographischen Eigenschaften der Filmemulsion

Hierzu sind Einteilungen nach der spektralen Sensibilität der Filmemulsionen und nach deren räumlichen Auflösungsvermögen üblich. Die im folgenden verwendeten Begriffe sind in Kap. 4.1.3 erläutert.
Nach der *spektralen Sensibilität* wird eingeteilt in
– Luftbildaufnahmen mit panchromatischen Schwarz-Weiß-Filmen
– Luftbildaufnahmen mit Infrarot-Schwarz-Weiß-Filmen
– Luftbildaufnahmen mit panchromatischen (normalen) Farb-Filmen
– Luftbildaufnahmen mit Infrarot-Farbfilmen
  sowie als Sonderfall
– Ultraviolettaufnahmen (unter Verwendung von Quarzlinsen und einem UV-Transmissionsfilter).
Als modifizierte Infrarot-Aufnahmen wurden in den USA Luftbildaufnahmen bezeichnet, die unter Verwendung eines Infrarot-Schwarz-Weiß-Films in Verbindung mit einem dunkelgelb-Filter entstanden.

Nach dem *räumlichen Auflösungsvermögen* unterscheidet man
– Luftbildaufnahmen mit Filmen, die gute Auflösung mit guter Allgemeinempfindlichkeit verbinden (Standardluftbildfilme)
– Luftbildaufnahmen mit hochauflösenden Filmen relativ geringer Allgemeinempfindlichkeit (high definition film)
– Luftbildaufnahmen mit extrem empfindlichen Filmen und dafür relativ geringem Auflösungsvermögen (high speed film).
Hochauflösende Filme werden vor allem bei Aufnahmen aus sehr großer Höhe eingesetzt, hochempfindliche Filme bei Aufnahmen aus schnell- und tieffliegenden Flugzeugen.

Einteilung nach dem Bildformat

Es wird zwischen groß- und kleinformatigen Luftbildern und dementsprechend auch Luftbildaufnahmen unterschieden.
Als großformatig versteht man dabei Luftbilder mit Formaten von 300 x 300 mm, 230 x 230 mm, 180 x 180 mm oder auch – als Sonderfall bei der ITEK Large Format Camera – von 230 x 460 mm.
Als kleinformatig bezeichnet man dagegen Luftbilder mit Formaten von 56 x 56 mm und 24 x 36 mm oder auch – als Sonderfall bei der Zeiss, Jena Multibandkamera MKF6 – von 56 x 81 mm.
Eine Zwischenstellung nehmen Luftbildaufnahmen mit sog. Zwischenformaten ein, wie z. B. solche, die mit einer Linhoff-Aerotechnika 90 x 120 mm oder mit der im NASA Skylab 1973 installierten ITEK Earth Terrain Camera (ETC) 112,5 x 112,5 mm erfolgten.
Als Sonderfall sind Streifenaufnahmen ohne Aufteilung in Einzelbilder anzusehen.

4.1.2 Kameras

4.1.2.1 Reihenmeßkammern

Eine Reihenmeßkammer zur Aufnahme großformatiger Meßbilder besteht aus dem Kammerkörper, der Filmkassette, der Aufhängungsvorrichtung und Peripheriegeräten (Abb. 56 und 57).

Der *Kammerkörper* ist stabil und kompakt, um ihm für den Einsatz in Flugzeugen einerseits die notwendige Robustheit und andererseits möglichst kleine Abmessungen zu geben. Zu ihm gehören das Objektiv, der Verschluß, die Blende, ggf. auch die Blendensteuerung, der Anlegerahmen für den zu belichtenden Film, Instrumente für die Registrierung von Hilfsdaten, die Anschlußbuchsen für das Steuerungssystem und für

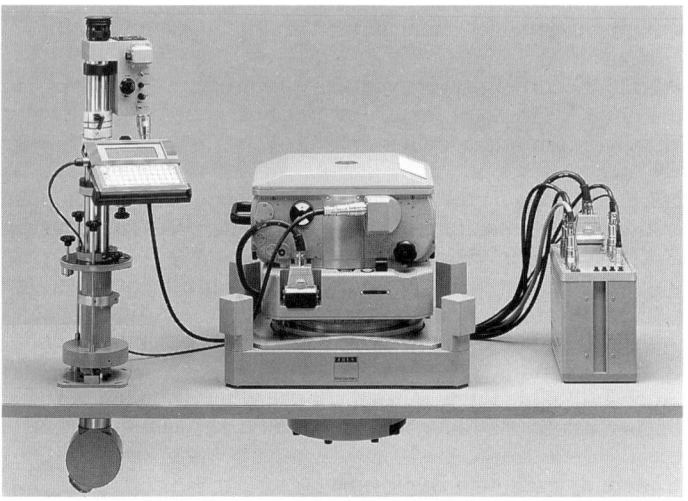

Abb. 56:
Reihenmeßkammer (Beispiel: Zeiss, Oberkochen RMK TOP) mit Navigationsteleskop und Rechner zur Bedienung der Kammer (links) sowie Steuereinheit mit Mikroprozessor (rechts)

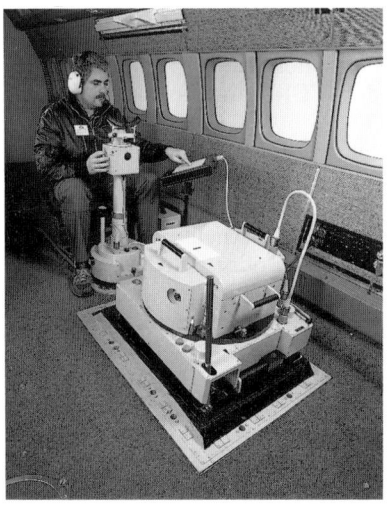

Abb. 57:
Reihenmeßkammer und Navigationsteleskop im Einsatz (Beispiel: Zeiss, Jena GmbH LMK 2000 und Navigationssteuergerät NLU 2000)

elektrische Leitungen, Verriegelungen und Halterungen für die Filmkassette und Aufhängung sowie für die oben und unten abschließenden Objektivdeckel und Kassettenschieber. Die Hersteller von Luftbildreihenmeßkammern bieten Kammerkörper mit Objektiven verschiedener Brennweiten an, die mit gleichen Filmkassetten und gleicher Aufhängung verbunden werden können. Die Brennweite f ist für den gewählten Objektivstutzen unveränderlich und damit eine Konstante der Kammer c_K = Kammerkonstante. c_K wird bei der Kalibrierung der Kammer auf 1/100 mm genau vermessen.

Für den Auftraggeber von Luftbildaufnahmen und Nutzer von Luftbildern ist im Hinblick auf die Eignung der Luftbildaufnahme für seinen speziellen Auswertungszweck und auch aus wirtschaftlichen Gründen in erster Linie die Wahl der Reihenmeßkammer mit der geeigneten Objektiv-Brennweite von Bedeutung. Sowohl der Bildwinkel und mit diesem verbundene Implikationen für die Abbildungsgeometrie (hierzu 4.2.2) als auch der Bildmaßstab stehen in funktionaler Beziehung zur Brennweite f (Formel 33). Der maximale Bildwinkel 2α ergibt sich über

$$\operatorname{tg} \alpha = \frac{d/2}{f} \tag{24}$$

wobei d die Bilddiagonale des entsprechenden Bildformats ist.

In Tab. 7 sind in Spalte 2–4 für einige Reihenmeßkammern, die gegenwärtig im Einsatz sind oder angeboten werden, Brennweite und Format und der sich daraus ergebende maximale Bildwinkel 2α angegeben. Weitere wichtige Leistungswerte finden sich in den Spalten 5–8.

In Ergänzung zu Tab. 7 sind in Tab. 8 entsprechende Daten zusammengestellt für die vom Weltraum aus eingesetzten Kammern, die ihrem Charakter nach Reihenmeßkammern sind oder solchen nahe kommen (vgl. hierzu dann auch in Tab. 9 die vom Weltraum aus benutzten Multispektral-Kammersysteme).

Die für Reihenmeßkammern entwickelten *Objektive* bestehen aus einem System von Linien Abb. 58.

Die Abbildungsqualität von Luftbildern wird von den optischen Eigenschaften der eingesetzten Objektive maßgeblich mitbestimmt. Dabei sind vor allem die gleichmäßige Ausleuchtung des (großen) Bildformats, das geometrische Auflösungsvermögen, die Fähigkeit zur guten Kontrastübertragung und als geometrische Komponente eine möglichst geringe Verzeichnung von Bedeutung.

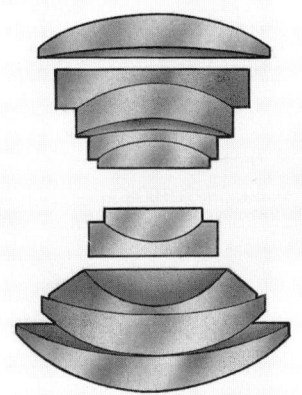

Abb. 58:
Hochleistungsobjektiv für eine Reihenmeßkammer (Beispiel: Lamegon Pl 5,6/300 B für RMK LMK 2000, Zeiss, Jena GmbH)

Gleichmäßige Ausleuchtung bis in die Bildecken hinein wird bei Hochleistungsobjektiven weitgehend, aber nicht vollständig erreicht. Geringe Helligkeitsfälle können deshalb be-

Bezeichnung der Reihenmeßkammer (Hersteller)	Brenn- weite (mm)	Format cm	max. Bild- winkel 2α	Öffnung min–max	max. Verzeich- nung μm	kürzeste Belich- tung sec	FMC Korrek- turbe- reich mm/sec
1	2	3	4	5	6	7	8
RMK A 8,5/23 (ZEISS, Oberkochen)	85	23x23	125°	1:4–1:8	± 7	1:1000	–
RC 20 8,8/4 (WILD, Heerbrugg)	88	23x23	120°	1:4–1:22		1:1000	1–64
LMK 2000 LC 2009 (ZEISS, Jena GmbH)	89	23X23	119°	1:5,6–1:11	± 5	1:1024	0,3–64
RMK A 15/23 (ZEISS, Oberkochen)	153	23x23	93°	1:5,6–1:11	± 5	1:1000	–
RMK TOP 15/23 (ZEISS, Oberkochen)	153	23x23	93°	1:4–1:22	± 3	1:500	0–64
RC 20, 15/4 (WILD, Heerbrugg)	153	23X23	90°	1:4–1:22	± 3	1:1000	1–64
LMK. 2000 LC 2015 (ZEISS, Jena GmbH)	152	23X23	90°	1:f–1:16	± 2	1:1024	0,3–64
RMK A 21/23 (ZEISS, Oberkochen)	210	23x23	75°	1:5,6–1:11	± 4	1:1000	–
RC 20, 21/4 (WILD, Heerbrugg)	213	23X23	70°	1:4–1:22		1:1000	1–64
LMK 2000, LC 2021 (ZEISS, Jena GmbH)	210	23x23	72°	1:5,6–1:16	± 2	1:1024	0,3–64
RMK A 30/23 (ZEISS, Oberkochen)	305	23x23	56°	1:5,6–1:11	± 3	1:1000	–
RMK TOP 30/23 (ZEISS, Oberkochen)	305	23X23	56°	1:5,6–1:22	± 3	1:1000	1–64
RC 20 30/4 (WILD, Heerbrugg)	305	23X23	53°	1:4–1:22		1:1000	1-64
RMK A 60/23 (ZEISS, Oberkochen)	610	23x23	30°	1:6,3–1:12,5	± 50	1:1000	–

Tab. 7 *Technische Daten ausgewählter Reihenmeßkammern*

sonders bei Verwendung hochauflösender Filme beobachtet werden. Ihnen läßt sich durch Antivignettierungsfilter (vgl. 4.14) entgegenwirken.

Das *geometrische Auflösungsvermögen* des Objektivs bestimmt zusammen mit dem der Filmemulsion und dem vermindernd wirkenden Einfluß von Bewegungsunschärfen das schließlich im Luftbild gegebene photographische Auflösungsvermögen. Es wird ausge-

	Bezeichnung der Kamera (Hersteller, Land)	Einsatz – Plattform	Brennweite mm	Format cm	max. Bild- winkel	FMC
	1	*2*	*3*	*4*	*5*	*6*
1	LUNAR MAPPER (FAIRCHILD, USA)	Apollo– Kapsel	80	11,4x11,4	71°	ja
2	EARTH TERRAIN CAMERA ETC (ACTRON, USA)	Skylab (435 km)	460	11,2x11,2	20°	ja
3	RMK A 30/23 (ZEISS, BRD)	Spaceshuttle Spacelab (250 km)	305	23x23	56°	nein
4	LFC (ITEK, USA)	Spaceshuttle (300 km)	305	23x46	81°	ja
5	KFA, 1000 (UdSSR/GUS)	Kosmos- satellit, seit 1990 MIR	1000	30x30	27°	ja
6	KATE 200 (UdSSR, GUS)	Kosmos- satellit (270 km)	200	18x18	65°	nein
7	KATE 140 (UdSSR, GUS)	Kosmos- satellit (270 km)	140	18x18	85°	nein
8	KWR 1000 (GUS)	Kosmos- satellit (220 km)	1000	18x18	15°	
9	TK 350 (UdSSR, GUS)	Kosmos- satellit (220 km)	350	30x45	75°	
10	USA nicht für zivile Zwecke freigegebene Luftbildaufnahmen von Satelliten der KH (= Keyhole)-Serie					

Tab. 8 *Kameras mit Meßkammercharakter, die aus dem Weltraum eingesetzt wurden (nach div. Quellen)*

drückt durch die Anzahl von Linien eines schwarz-weißen Linienmusters, die es pro Millimeter noch zu differenzieren gestattet (L/mm, vgl. hierzu die weitergehenden Ausführungen in Kap. 4.1.3).

Das Auflösungsvermögen der Objektive nimmt von innen nach außen ab. Man verwendet daher als Vergleichsmaß für die Objektivleistung bevorzugt das mit der Fläche gewogene Mittel des Auflösungsvermögens (AWAR = area weighted average resolution). Für moderne Hochleistungsobjektive in Luftbildkammern werden in Firmenschriften AWAR-Werte von 100 L/mm und besser angegeben.

Die Übertragung im Gelände vorhandener, auf spektrale Reflexionsunterschiede zurückgehende und den Sensor erreichende Objektkontraste durch das photographische Aufnahmesystem in die Abbildung wird durch die *Kontrastübertragsfunktion* (MTF = modular transfer function) beschrieben. Auch dabei ist es üblich von den über die ge-

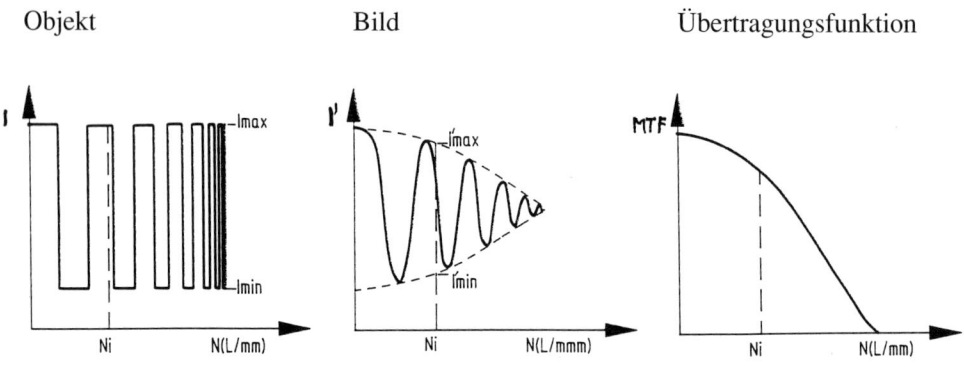

Abb. 59: *Modulare Kontrastübertragung vom Objekt ins Luftbild*

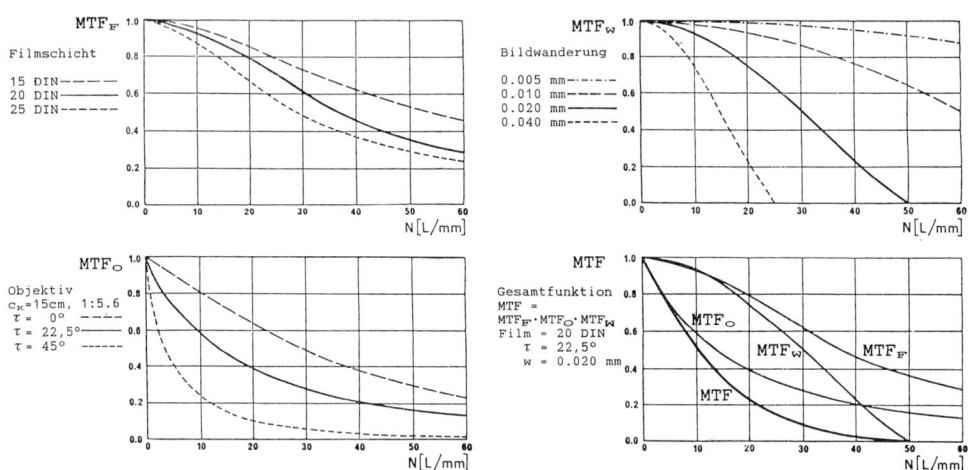

Abb. 60: *Kontrastübertragungsfunktion der Filmschicht MTF$_F$, des Objektivs MTF$_O$, der Bildwanderung MTF$_W$ und des Gesamtsystems MTF nach Formel 26a (nach* ALBERTZ u. KREILING, *1989)*

samte Bildfläche gemittelten Funktionswerten AWAM (= area weighted average modulation) auszugehen. Die Kontrastübertragungsfunktion gibt das Verhältnis zwischen dem der Messung zugrundeliegenden Objektkontrast K und dem nach der Übertragung durch die Aufnahme entstehenden Bildkontrast K' an. Der Quotient K'/K ist dabei abhängig von der Ortsfrequenz N des Testobjekts, d.h. von dessen in L/mm ausgedrückter Dichte der Linienstruktur (Abb. 59 und 60).

$$\text{MTF (N)} = \frac{\text{K'(N)}}{\text{K (N)}} \tag{25a}$$

dabei sind

$$K\,(N) = \frac{I_{max} - I_{min}}{I_{max} + I_{min}} \tag{25b}$$

und

$$K'\,(N) = \frac{I'_{max} - I'_{min}}{I'_{max} + I'_{min}} \tag{25c}$$

I und I' sind Strahlstärken des Testobjektes und deren Äquivalente in der Abbildung bei gegebener Ortsfrequenz N (hierzu Abb. 59).

Die Kontrastübertragung ist freilich nicht nur von den Eigenschaften des Objektivs sondern – analog zum Auflösungsvermögen – auch von denen der Filmemulsion und der Bildwanderung abhängig. Sie ergibt sich für das gesamte Aufnahmesystem bei Labormessungen nach

$$MTF(N)\ \text{des Aufnahmesystems} = MTF(N)_O \cdot MTF(N)_F \cdot MTF(N)_W \tag{26a}$$

hierzu Abb. 60.

Bei Luftbildaufnahmen tritt die durch die MTF_{Luft} charakterisierte, i.d.R. dämpfende Wirkung des zwischen Objekt und Sensor liegenden Luftpolsters hinzu:

$$MTF(N)\ \text{des Aufnahmesystems} = MTF(N)_O \cdot MTF(N)_F \cdot MTF(N)_N \cdot MTF(N)_L \tag{26b}$$

Der in jedem Fall auf die Kontrastübertragung negative Einfluß der Bildwanderung kann durch eine Bildbewegungskompensation minimiert werden. Die Spalte 8 in Tab. 7 und Spalte 6 in Tab. 8 weisen auf die diesbezügliche Kapazität der dort genannten Kammern hin. Auf die Technologie der Bildbewegungskompensation (FMC = Forward motion control) wird bei Beschreibung der Filmkassetten eingegangen.

Anstelle der Kürzel MTF werden in der Literatur auch CT (= contrast transfer) oder auch nur C verwendet.

Unter der *Verzeichnung* eines Objektivs versteht man die Abweichungen der Abbildungspunkte von deren ohne Verzeichnung richtigen Lage (Abb. 61). Wird diese Lageabweichung eines bestimmten Bildpunktes P' mit Δr' bezeichnet, so ist

$$\Delta r' = r' - c_K \cdot \tan\tau \tag{27}$$

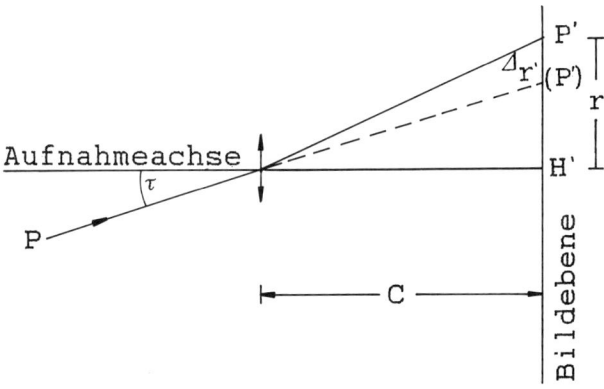

Abb. 61:
Objektiv-Verzeichnung (schematisch) P wird in P'statt in (P') abgebildet

dabei ist c_k die Kammerkonstante (= Brennweite)

τ der Bildwinkel für den Bildpunkt P'

r' der Radialabstand von P' zum Bildhauptpunkt H' (s. u.).

Objektive von Reihenmeßkammern können heute als nahezu verzeichnungsfrei gelten. Sie weisen maximale Verzeichnungen von ± 2–5 µm auf (Tab. 7, Spalte 6). Eine Ausnahme hiervon machen lediglich extreme Schmalwinkelobjektive, bei denen Verzeichnungen um 50 µm und damit leicht kissenförmige Abbildungen in Kauf genommen werden müssen.

Hochleistungsobjektive moderner Reihenmeßkammern sind auch gut farbkorrigiert. Chromatische Bildfehler sind weitgehend ausgeschlossen worden. Die Kammern sind dadurch für Luftbildaufnahmen mit panchromatischen als auch mit infrarot-sensiblen Filmen geeignet.

Verschluß, Blenden, Filterhalter

Für die *Belichtung* werden bei Reihenmeßkammern *Zentralverschlüsse* verwendet. Bei diesen wird das Bildfeld – im Gegensatz zu den bei Kleinbildkameras gebräuchlichen Schlitzverschlüssen – mittels rotierender Scheiben (Lamellen) vollkommen gleichzeitig belichtet.

Die im optischen System integrierte *Blende* reguliert die für die jeweilige Aufnahme zuzulassende Lichtstärke. Sie wird durch die *relative Öffnung*, d. h. das Verhältnis zwischen Blendenöffnung und Brennweite, angegeben (Tab. 7 Sp. 5). So bedeutet z. B. 1:8 oder f:8, daß die Blendenöffnung 1/8 der Objektivbrennweite beträgt. Die Öffnung läßt sich stufenweise oder kontinuierlich verändern.

Für optimale Luftbildaufnahmen benötigte Filter (Kap. 4.1.4) werden vor dem Objektiv, bei Kantenfiltern ggf. auch im Linsensystem des Objektivs als Innenfilter in entsprechenden Halterungen plaziert. Sie sind leicht zugänglich und auswechselbar.

Anlegerahmen, Rahmenmarke und Nebenabbildungen

Den Abschluß des Kammerkörpers gegenüber der aufsetzbaren Filmkassette bildet der *Anlegerahmen* für den Film. An ihm sind die für die photogrammetrischen Auswertungen wichtigen Rahmenmarken angebracht und Platz für Nebenabbildungen reserviert. Der Anlegerahmen befindet sich in der Brennebene des Objektivs, so daß die Scharfabbildung gewährleistet ist.

Die *Rahmenmarken* befinden sich präzise in der Mitte jeder Bildseite und/oder genau in den Schnittpunkten der Bildseiten, also in den Bildecken. Die Verbindungslinien sich jeweils gegenüberliegender Rahmenmarken schneiden sich im Mittelpunkt des Bildes M'.

Am *Bildrand* werden Informationen über die Kammern, die Aufnahmemission und -daten als *Nebenabbildungen* registriert. Bis zur Einführung von Digitaldaten wurden dabei i.d.R. abgebildet:
– die fortlaufende Bildnummer (drei- oder vierstellig)
– die Uhrzeit der jeweiligen Aufnahme
– die Abbildung einer Dosenlibelle zur Grobeinschätzung der Bildneigung
– die Statoskopangabe (s.u.)
– die Kammerkonstante c_k
– ein Freifeld, in dem Aufnahmetag, Missionsbezeichnung o.ä. eingetragen werden kann
– ggf. die Produktionsnummer des Kammerkörpers

Der Übergang zu rechnergestützter Steuerung der Kammerfunktionen und der Navigation führte zu Digitalanzeigen am Bildrand. Neben konventionellen Nebenabbildungen werden damit bei den Wild RC 20 Kammern automatisch Zifferncodes für den Kammerstatus registriert. Bei den Zeiss Kammern RMK-TOP und LMK 2000 stehen die Digitalanzeigen für frei formatierbare alphanumerische Informationen über Projektdaten und Funktionswerte zur Verfügung.

Die Filmkassette

Die *Filmkassette* wird auf den Kammerkörper aufgesetzt. Sie ist leicht auswechselbar. Ihr Gehäuse enthält je eine Spule für den unbelichteten und für den belichteten Film, die Andruckplatte für das jeweils zu belichtende Filmstück, eine Vakuumpumpe zur Planlegung des Films und im Falle von Kassetten, die eine Bildbewegungskompensation erlauben, die dafür erforderliche Einrichtung.

Kassetten für Reihenmeßkammern nehmen je nach Stärke des Emulsionsträgers (siehe 4.13) 120-210 m Film auf.

Die Andruckplatte ist wie der Anlegerahmen in der Brennebene des Objektivs plaziert. Das zu belichtende Filmstück wird im Moment der Belichtung durch die Vakuumpumpe an die Platte angesaugt und auf diese Weise absolut plangelegt.

Für Luftbildaufnahmen, bei denen relativ lange Belichtungszeiten notwendig werden, z. B. bei solchen mit hochauflösenden Filmen und daher geringer Allgemeinempfindlichkeit oder solchen aus geringer Höhe und dadurch relativ schneller Bewegung über dem Gelände, stehen Kassetten zur Verfügung, die eine *Kompensation der Bildbewegung* während der Belichtungszeit ermöglichen (Tab. 7, Sp. 7). Zu diesem Zweck wird die Andruckplatte mit dem Film bei jeder Belichtung, abgestimmt auf die Fluggeschwindigkeit v und die Flughöhe über Grund h_o, in Flugrichtung bewegt. Die v/h_o-Werte werden dafür mit Navigationshilfsgeräten (Abb. 56) gemessen und der Kammersteuerung eingegeben. Unschärfen durch Bildwanderung werden dadurch verhindert bzw. vermindert, die räumliche Auflösung und die Kontrastübertragung verbessert (hierzu u. a. DOYLE 1979, MEIER 1984).

Die Aufhängung der Reihenmeßkammer

Die Aufhängung der Kammern über dem Bodenloch des Flugzeugs ist in jedem Falle technisch so gelöst, daß Bewegungen des Flugzeuges gedämpft und Schwingungen (weitgehend) absorbiert werden. Technisch wird dies durch Dreipunktlagerung oder/und Kreiselstützung erreicht. Eine neue dynamische Lagestabilisierung um drei Achsen wurde für die LMK 2000 (vgl. Tab. 7) entwickelt.

Die Kammersteuerung

Die Entwicklung von Reihenmeßkammern hat vom weitgehenden Handbetrieb über Halb- und Teilautomatisierungen zu heute elektronisch gesteuerten Kammern geführt. Bei modernen Aufnahmesystemen, wie den RMK-TOP-, RC20- oder LMK2000-Kammern (Tab. 7) regelt eine intern oder extern angeordnete elektronische Steuereinheit alle wesentlichen Funktionsabläufe der Kammer. Dazu notwendige Eingaben erfolgen auf Grund der Bildflugplanung und durch fortlaufend von einer integrierten Belichtungsautomatik und einem peripheren Navigationsgerät zugeführten Daten.

So wird, abgestimmt auf das vom Navigationsgerät gemessene v/h_O-Verhältnis, die Bildfolgezeit entsprechend der gewünschten Bildüberdeckung sowie die Geschwindigkeit der Bildbewegungskompensation geregelt. Ebenso wird unter Berücksichtigung der jeweils gegebenen Beleuchtung und des v/h_O-Verhältnisses, der vorgegebenen Filmempfindlichkeit und des Filterfaktors eine optimale Kombination von Blende und Belichtungszeit gewählt und eingestellt. Schließlich wird – wie schon bei älteren Systemen – der Filmtransport und das Ansaugen des Films an die Andruckplatte im Moment der Belichtung gesteuert.

Als einer der letzten Entwicklungsschritte ist der Anschluß der Kammer bzw. deren Steuereinheit an ein, auf Entfernungsmessungen nach Satelliten gestütztes, *Global Positioning System (GPS)* vollzogen worden. Bei Anschluß an ein GPS ist – z. B. zum Vorteil für Aerotriangulationen – die genaue Bestimmung der Raumkoordinaten des Projektionszentrums der Kammer für jede Aufnahme möglich. Auch die Bildfolgeregelung und die Navigation kann über ein GPS erfolgen oder von diesem unterstützt werden.

Abb. 62 zeigt zusammenfassend die gesamte Konfiguration eines modernen Aufnahmesystems für Luftbildaufnahmen am Beispiel der Zeiss-RMK-TOP. Gleichartige Anordnungen weisen die Meßkammersysteme RC-20 und LMK 2000 auf. Beim Wild-RC-20-System ist dabei die Steuereinheit samt Mikroprozessor in das Kammergehäuse integriert.

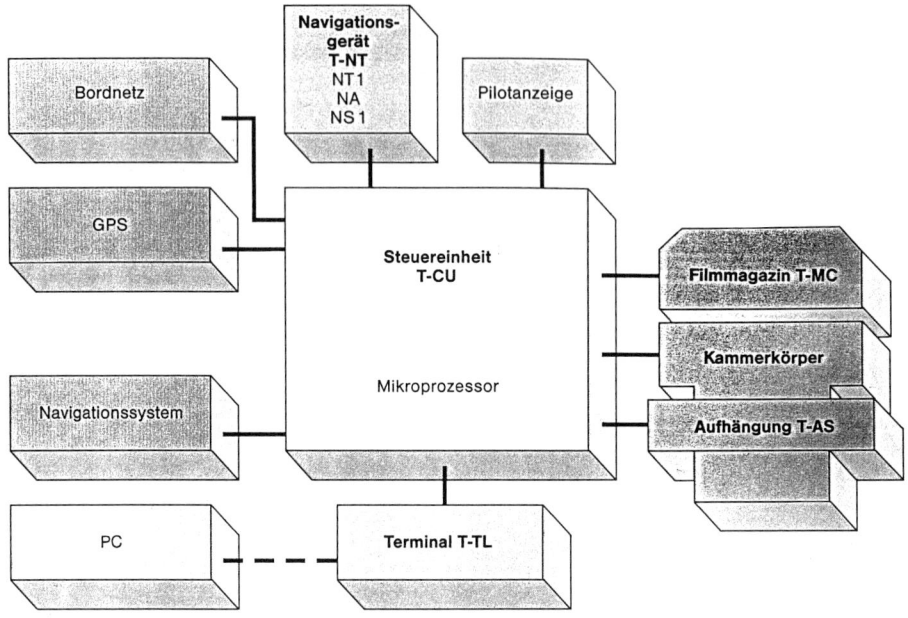

Abb. 62: *Gesamte Geräteausrüstung eines Luftbildaufnahmesystems mit Reihenmeßkammer (Beispiel: Zeiss RMK TOP, nach Firmenpublikation)*

In vielen Fällen steht gegenwärtig noch kein dermaßen ausgestattetes Aufnahmesystem zur Verfügung. Die weniger komplett automatisierten Vorgängersysteme der bekannten Hersteller liefern selbstverständlich bei sachkundiger Bildflugplanung und Bedienung ebenfalls Luftbilder ausgezeichneter Qualität.

Zu den Peripheriegeräten der Vorgängersysteme gehören

– der „klassische", halbautomatische *Überdeckungsregler*, mit dessen Hilfe der Photograph über eine Mattscheibe den Geländebildlauf mit dem Lauf einer Sprossenleiter o.ä., optisch synchronisiert und dadurch die für die gewünschte Längsüberdeckung erforderliche Bildfolgezeit und Auslösung steuert;

– das *Statoskop*, das als barometrischer Höhenmesser die jeweilige Flughöhe über dem Meeresspiegel angibt und dessen Skala als Nebenabbildung am Bildrand mit abgebildet wird.

Die Belichtungszeit und Blendeneinstellung wurden seit langem schon über einen in den Reihenmeßkammern integrierten Belichtungsautomaten gesteuert.

4.1.2.2 Nichtkalibrierte Kameras

Luftbildaufnahmen können auch mit photographischen Kameras erfolgen, die keine Meß-kammern sind. Bedeutung haben solche Aufnahmen für die Fernerkundung erlangt
– für Schrägaufnahmen zur Dokumentation einzelner Objekte oder Szenen
– für senkrechte, großmaßstäbliche Stereoaufnahmen, insbesondere von Stichprobeorten bei Waldinventuren und ähnlichen Objekten begrenzter Ausdehnung
– für die Multiband- bzw. Multispektralphotographie, insbesondere bei Fernerkundungs-missionen aus dem Weltraum
– für kontinuierliche Streifenaufnahmen.
Im Falle von *Schrägaufnahmen* wird i.d.R. aus der Hand photographiert. Grundsätzlich kann dazu jede bessere Kleinbildkamera (Format 24 x 36 mm) oder 70 mm-Kamera (Format 56 x 56 mm, Filmbreite 70 mm) Verwendung finden. Es sind für diesen Zweck aber auch spezielle Luftbildkameras entwickelt worden, die neben einer leistungsstarken Optik mit Spezialhandgriffen, mit Auslösetaste, Rahmensucher und ggf. auch automati-schem Filmtransport ausgerüstet sind. Einfache Luftbildkameras solcher Art wurden schon im 1. Weltkrieg eingesetzt. Ein Beispiel für jüngste Konstruktionen ist die Linhoff Aerotechnika (Bildformat 90 x 120 mm).

Amerikanische Astronauten verwendeten von Mercury-Kapseln aus 1961 zunächst eine 70 mm Mauer Kamera, 1962 auch eine 35 mm-Kleinbildkamera und später bei Mercury-, Gemini- und Apollomissionen vorwiegend 70 mm Hasselblad-Kameras, u. a. auch mit einem speziell entwickelten Objektiv mit 80 mm Brennweite.

Auch für den zweiten Fall, für *großmaßstäbliche Stereoaufnahmen* können Kleinbild- und 70 mm Kameras eingesetzt werden. Die Bildaufnahme erfolgt dabei aus geringer Höhe in Maßstäben etwa von 1:500 bis 1:3000. Sie erfordert deshalb zur Minimierung von Unschärfen aufgrund von Bildbewegungen die Verwendung von Kameras mit sehr kurzen Verschlußzeiten, z. B. von 1/1000 und kürzer (hierzu z. B. HELLER et al. 1959), und einem Objektiv mit großer Öffnung, z. B: von 1:2,8 oder 1:4. Die Kameras müssen zudem mit einer auf das v/h_o-Verhältnis abstimmbaren Automatik für Auslösung und Filmtrans-port sowie einem Magazin ausgestattet sein, das eine größere Menge Film als herkömm-lich aufzunehmen vermag. Schutzvorrichtungen müssen die Funktionsfähigkeit der außen angebrachten Kamera sichern und Bedienungskabel deren Steuerung ermöglichen.

Die Aufnahme von Stereobildern mit Kameras dieser Art kann auf zwei verschiedenen Wegen erfolgen. In dem einen Falle wird – analog zur Reihenmeßkammeraufnahme – ein fortlaufender Bildstreifen mit mindestens 60 % iger Überdeckung der aufeinanderfolgen-den Bilder aufgenommen. Im zweiten Falle werden zwei Kameras gleicher Art benutzt, die in einem festen Abstand am bzw. unterm Flugzeug mit gleicher lotrechter Aufnah-merichtung montiert und jeweils simultan ausgelöst werden (Abb. 63). Der Abstand beider Kameras (= die Aufnahmebasis) - i. d. R. zwischen 4 und 7 m – bestimmt dann durch deren Bildwinkel bei gegebener Flughöhe den Grad der gegenseitigen Überdek-kung des entstehenden Stereobildpaares. Die Anordnung der beiden Kameras kann rechtwinklig zur Flugzeuglängsachse, also z. B. unter den Tragflächen, oder parallel zu dieser, also hintereinander unterm Rumpf, erfolgen.

Beschreibungen zu technischen Einzelheiten und von forstlichen bzw. vegetationskund-lichen Anwendungen finden sich für den erstgenannten Verfahrensweg u. a. bei HELLER et al. 1959, ALDRICH et al. 1959, PARKER u. JOHNSON 1970, SCHÜRHOLZ 1971, DRISCOLL 1971 und für den zweiten Weg bei LYONS 1966, 1967, WAELTI 1973, RHODY 1976, 1977, 1982,

Abb. 63, 64: *Anordnung kleinformatiger Kameras von Stereoluftbilderrahmen (Bilder freundlicherweise von B.*RHODY *zur Verfügung gestellt).*

SKRAMO 1980: Eine Kombination beider Aufnahmeformen wurde von RHODY (1982) empfohlen.

Für *Multiband- oder Multispektralphotographie* sind in den sechziger und siebziger Jahren mehrere für Luftbildaufnahmen gedachte mehrlinsige Kameras entwickelt worden. Sie wurden nur versuchsweise oder gelegentlich eingesetzt. Beispiele sind u. a.
- eine neunlinsige ITEK-Kamera, die mit drei verschieden sensibilisierten Filmen bestückt werden kann und damit die gleichgerichtete Simultanaufnahme mit 6 Film-/Filterkombinationen gestattet
- vierlinsige Kameras von HULCHER Inc., CARTWRIGHT AERIAL SURVEYS Inc., I²S. Inc. u. a., die zu Simultanaufnahmen mit 4 Film-/Filterkombinationen führen.

Wesentlich mehr Bedeutung erlangten *Kamera-Sätze* aus mehreren gleichartigen und gleichausgerichteten Kameras (Abb. 65). Sie wurden speziell, aber nicht ausschließlich für die Multibandphotographie aus bemannten Weltraumflugkörpern zusammengestellt bzw. konstruiert. Jede Kamera wird dabei mit einer unterschiedlichen Film-/Filterkombination bestückt. In Tab. 9 sind die bei amerikanischen und sowjetrussischen Fernerkundungsmissionen aus dem Weltraum erfolgreich eingesetzten photographischen Systeme mit multispektraler Kapazität zusammengestellt. Ein weiteres System, die bei Zeiss, Jena entwickelte MSK 4 mit vier Kameras (f=125 m, Format 56x81 mm) wurde ausschließlich vom Flugzeug aus eingesetzt. Sie hat sich dabei für forstwirtschaftliche Aufgaben als geeignet erwiesen (z. B. ZIHLAVNIK 1993).

Abb. 65:
*MKF-G Kameraset
Zeiss, Jena*

Zu den nicht kalibrierten Luftbildkameras gehören als Sonderform auch *Streifenkameras*. Mit ihnen können entweder längs der Flugrichtung oder quer zu dieser fortlaufende, nicht in Einzelbilder geteilte Bildstreifen aufgenommen werden.

Bei Flugstreifenaufnahmen mit „continuous strip cameras" erfolgt die Belichtung über einen stets geöffneten, in seiner

Öffnungsbreite auf die Beleuchtungsverhältnisse abstimmbaren Schlitz. Der Film wird entsprechend der Fluggeschwindigkeit hinter dem Schlitz entlang geführt.

Streifenaufnahmen quer zur Flugrichtung sind das photographische Analogon zu Scanneraufnahmen (Kap. 5). Der geöffnete Schlitz liegt hier in Flugrichtung. Durch schwingende Bewegung des Objektivs quer zur Flugrichtung oder durch ein vor dem feststehenden Objektiv rotierendes Prisma wird das überflogene Gebiet streifenweise photographiert (panoramic camera). Der Film wird auch in diesem Falle mit entsprechender Geschwindigkeit hinter dem Schlitz bewegt.

Beide Formen der Streifenkammern haben keine Bedeutung für die zivile Fernerkundung erlangt. Sie werden deshalb auch im folgenden nicht weiter behandelt (vgl. aber LILLESAND und KIEFER 1979 S. 73-77, HELLER et al. 1959).

Kamera	Anzahl Kameras n	Brennweite mm	Bildformat mm	FMC	Plattform für Kameraset
1	*2*	*3*	*4*	*5*	*6*
Hasselblad 500 EL[1]	4	80	56x56	nein	Apollo 9 S 065 Exp.
ITEK S-190 A[2]	6	150	56x56	ja	Skylab S 190 A Exp.
Zeiss, Jena MKF 6[3]	6	125	56x81	ja	Soyuz/Salut mehrere Einsätze

Literatur: [1]KEENAN et al. 1970, DOYLE 1972, [2]KENNY u. DEMEL 1975, [3]HERDA 1978, ZICKLER 1978

Tab. 9: *Kamerasets für Multibandphotographie aus dem Weltraum*

4.1.3 Filme

4.1.3.1 Aufbau von Filmen und Abmessungen

Luftbilder werden heute ausschließlich mit Filmen aufgenommen. Photographische Platten sind nur noch für terrestrische photogrammetrische Aufnahmen von Bedeutung und als Diapositiv-Platten für photogrammetrische Auswertungen, die besonders hohe Maßhaltigkeit erfordern.

Für die Luftbildaufnahmen in Schwarz-Weiß stehen Negativfilme verschiedener Empfindlichkeit, spektraler Sensibilität und geometrischer Auflösung zur Verfügung. Farbfilme für Luftbildaufnahmen sind als Umkehr- und als Negativfilme auf dem Markt. Dies gilt sowohl für die in „natürlichen" Farben abbildenden, panchromatischen Farbfilme als auch für Infrarot-Farbfilme[10]. Als Sensor dient eine Emulsion aus lichtempfindlichen Silberhalogenkörnern und als Träger der Emulsion ein Blankfilm aus Polyester. Bei Farbfilmen sind zwei oder drei Emulsionsschichten mit unterschiedlicher Farbsensitivität übereinandergegossen.

---

[10] Synonym zu Infrarot-Farbfilm werden auch CIR-Film (color infrared film) und FIR-Film (Farb-Infra-Rot-Film) benutzt. Veraltete Begriffe sind „Falschfarbenfilm" und camouflage-detectionfilm (Enttarnungsfilm).

Eine dem Blankfilm unten anliegende Schicht dient der Stabilisierung. Sie verhindert Wellungen und kann auch die Funktion einer Lichthofschutzschicht haben. Bei Agfa-Gevaert Farb-Filmen wirkt eine zusätzliche, zwischen der untersten Emulsion und dem Blankfilm eingefügte Schicht Lichthofeffekten entgegen.

Die für photogrammetrische Auswertungen wichtige Maßhaltigkeit heute marktgängiger Luftbildfilme ist sehr groß. Nach Firmenangaben beträgt z. B. die lineare Ausdehnung von unentwickelten Kodak-Filmen in Abhängigkeit von der Luftfeuchte je nach Filmtyp zwischen 0,0018 % und 0,0035 % je 1 % Veränderung der relativen Luftfeuchte. Die beim Entwicklungsprozeß eintretenden Veränderungen liegen je nach Filmtyp und Prozessierung zwischen 0,04 % Schrumpfung und 0,03 % Ausdehnung (mehr Details u. a. in KODAK 1982). Man kann von gleichartigen Daten für Luftbildfilme anderer Hersteller ausgehen.

In Abb. 66 ist der Aufbau eines Schwarz-Weiß-Luftbildfilms und mehrerer Farbfilme dargestellt. Alle panchromatischen Farbfilme besitzen zwischen der obersten, blauempfindlichen und der darunter liegenden grünempfindlichen Emulsion eine Gelbfilterschicht. Bei Agfa-Gevaert Farbfilmen ist zusätzlich zwischen der grün- und der rotempfindlichen Emulsion noch eine Rotfilterschicht eingefügt. Im Hinblick auf die Filterung bei Luftbildaufnahmen ist ferner zu beachten, daß der Kodak SO-131 Infrarot-Farbfilm eine Gelbfilterschicht und die Farbfilme der Agfa-Gevaert-Serie AVIPHOT COLOR und CHROME eine UV-Filterschicht *vor* den drei Emulsionen tragen.

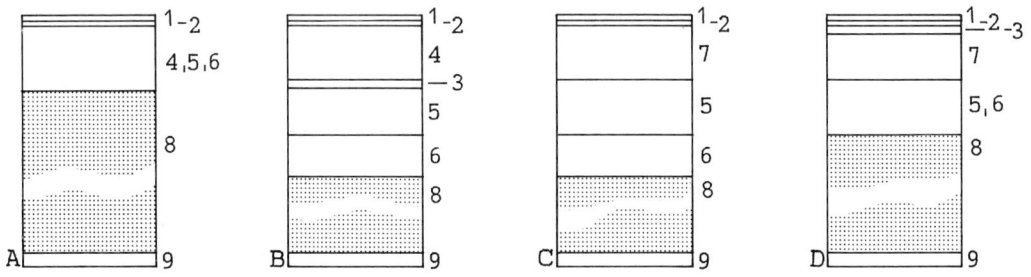

Abb. 66: *Aufbau verschiedener Filme (schematisch und beispielhaft) A = panchromatischer Schwarz-weiß-Film, B = panchromatischer Farbfilm, C u. D = drei- bzw. zweischichtiger Infrarot-Farbfilm; 1 = Schutzschicht, 2 = UV-Filterschicht, 3 = Gelbfilterschicht, 4 = blauempfindliche Schicht, 5 = grünempfindliche Schicht, 6 = rotempfindliche Schicht, 7 = infrarot (0,7–0,9 μm) empfindliche Schicht, 8 = Blankfilm, 9 = Schutzschicht*

Schwarz-Weiß-Luftbildfilme sind ingesamt um 0,11 mm und Farbfilme zwischen 0,12 und 0,13 mm stark. Der Anteil des *Blank*films beträgt davon bei Schwarz-Weißen Filmen 90 % und bei Farbfilmen um 80 %. Das für verschiedene physikalische Filmeigenschaften interessante Verhältnis der Stärke der Emulsions- und Schutzschichten zur Stärke des *Blank*films liegt dementsprechend um 0,10 bei Schwarz-Weißen und um 0,20 bei Farbfilmen.

Kodak liefert zusätzlich auch Filme mit extra dünnen Schichtträgern (Blankfilm = 0,064 mm). Solche Schwarz-Weiß-Filme sind insgesamt nur 0,075 mm stark, bei einem Anteil des Blankfilms von 85 % und einem r von 0,17. Extra dünne Farbfilme sind um 0,094 mm stark, mit 68 % Anteil des Blankfilms und einem r-Verhältnis um 0,47.

Angaben über Film- bzw. Schichtstärken werden in der englischsprachigen Literatur oft in „mils" angegeben. Die Umrechnung von mils in mm ist mit dem Multiplikator 0,0254 vorzunehmen.

Als übliche Filmlängen für Reihenmeßkammern gelten 120 m und 150 m für Filme normaler Stärke und 210 m für extra dünne. Den genannten Längen entsprechen 440, 550 und 770 Luftbildaufnahmen im effektiven Bildformat von 23 x 23 cm.

4.1.3.2 Übersicht über die strukturellen und sensitometrischen Filmeigenschaften

Jede Filmemulsion besitzt charakteristische strukturelle und sensitometrische Eigenschaften. Sie sind bei der Wahl des Films für eine bestimmte Fernerkundungs- oder Vermessungsaufgabe zu berücksichtigen (Kap. 4.1.5). Sie wirken sich im Zusammenspiel mit den optischen Eigenschaften der Kamera und den äußeren Aufnahmebedingungen auf die photographische Qualität des Bildproduktes und in mehrfacher Weise auf die Möglichkeiten der Auswertung und Informationsgewinnung aus.

Die photographischen Eigenschaften einer Emulsion beschreibt man durch Parameter, die in den unter kontrollierten Aufnahmebedingungen entstandenen Abbildungen gemessen oder anderweitig bestimmt werden.

Die wesentlichen Parameter sind dabei
- der RMS-Wert (root mean square of granularity) als gemessener Wert für die Körnigkeit oder Körnung der Emulsion (siehe 4.1.3.3)
- das räumliche Auflösungsvermögen (resolving power oder definition) (siehe 4.1.3.4)
- die Kontrastübertragungsfunktion (MTF = modular transfer function) (siehe 4.1.3.5)
- die Lichtempfindlichkeit der Emulsion (general sensitivity oder speed) (siehe 4.1.3.7)
- der GAMMA-Wert, der die Gradation (Steigung) des gestreckten Teils der Schwärzungskurve (Abb. 69) beschreibt und ein Indikator für die Kontrastwiedergabe ist (siehe 4.1.3.8)
- die spektrale Sensibilität (spectral sensitivity), die beschreibt, für welche Wellenlängen eine Emulsion in welchem Maße empfindlich ist (siehe 4.3.1.9)

Die ersten vier Parameter kann man als strukturelle, auf die Korngröße der Emulsion zurückgehende, bezeichnen. Die letzten drei Parameter sind sensitometrische; sie decken die Beziehungen zwischen der lichtempfindlichen Emulsion und der bei der Belichtung auf sie treffenden elektromagnetischen Strahlung auf.

4.1.3.3 Der RMS-Wert

Der *RMS-Wert* ist ein objektiver, mikrodensitometrisch gemessener Parameter. Er gibt das 1000-fache der Standard-Abweichung von Dichtemessungen auf einer homogenen Bildfläche im Negativ oder Originaldiapositiv an. Dabei liegen den Angaben kreisrunde Abbildungsflächen mit einem Durchmesser von 48-50 μm und einer Dichte D von i.d.R. 1.0 zugrunde (vgl. zu D das zur Schwärzungskurve unter 4.1.3.6 Gesagte).

Der RMS-Wert ist ein unmittelbarer Ausdruck der Korngrößenstruktur der Emulsion. Die häufig verwendeten, in Bezug auf Auflösung und Empfindlichkeit „ausgewogenen" Standard-Luftbildfilme weisen einen RMS-Wert von 20–30 auf, hochauflösende Filme (z. B. Kodak 3414 oder SO 130) Werte von 8-9 und grobauflösende, hochempfindliche, Werte um 40 (vgl. hierzu Tab. 10, Sp. 9).

Die Körnung einer Abbildung wird mit unbewaffnetem Auge in Luftbildern nicht gesehen. Unter der Lupe oder mit stark vergrößerndem Okular eines photogrammetrischen Auswertegeräts kann sie jedoch sichtbar werden. Der Auswerter erkennt dann die gröbere oder feinere Kornstruktur und kann sie dementsprechend subjektiv als solche auch klassifizieren und bezeichnen. Sie wird mit Ausdrücken wie feinkörnig, mittelkörnig und grobkörnig beschrieben. Im Gegensatz zur gemessenen „granularity" wird im eng-

Hersteller Bezeichnung des Films	Art[1]	Empfindlichkeit				AV		RMS	Gamma-wert
		DIN	AFS	EAFS[2]	Spektral	1000:1	1.6:1		
					bis λ μm	L/mm			
1	*2*	*3*	*4*	*5*	*6*	*7*	*8*	*9*	*10*
AGFA-GEVAERT PAN 50 PE AVIPHOT	N[3]	18		32-80	0,75	205	81	20	1,1-1,9
PAN 150 PE AVIPHOT	N	23		80-250	0,75	143	45	23	1,2-2,1
PAN 200 PE AVIPHOT	N	24		120-400	0,75	130	50	23	0,9-1,9
PAN 200 5 PE AVIPHOT	N	24		100-400	0,75	181	50	23	0,7-1,3
KODAK PLUS X AEROGRAPHIC 2402	N		200	125-400	0,7	160	50	20	0,9-2,9
DOUBLE PLUS AERO-GRAPHIC 2405	N		500	64-500	0,7	125	50	26	0,7-1,3
TRI-X AEROGRAPHIC 2403	N		640	400-1000	0,7	100	40	40	0,8-1,8
HIGH DEFINITION AERIAL 3414	N[4]		8	4-16	0,7	800	250	8	1,7-2,5
PANATOMIC X AEROCON 3412	N[3]		40	32-64	0,7	400	125	9	1,3-2,2
PLUS X AEROCON 3411	N[4]		200	100-320	0,7	160	50	28	1,1-2,1
INFRARED AEROGRAPHIC 2424	N			200-800	0,9	125	50	27	0,6-2,1
AGFA-GEVAERT AVIPHOT CHROME PE-200	U	24			0,7	101	32	12	(1,7)
AVIPHOT COLOR H-100	N	18/21			0,7	144	40	6	(0,7-0,8)
KODAK AEROCHROME MS 2448	U			32	0,7	80	40	12	
AERO COLOR NEGATIV 2445	N			100	0,7	80	40	13	
AERO COLOR SO 242	U[4]			6	0,7	200	100	9	
EKTOCHROME AEROGRAPHIC SO 397	U			64	0,7	80	40	13	
AEROCHROME INFRARED 2443	U			40	0,9	63	32	17	2,1-2,5
HIGH DEFINITION AEROCHROME INFRARED SO 131	U			6	0,9	160	50	9	
SCHOSTAK SN 6 M SPECTRO-ZONAL	N[5]	18		40	0,9		68	10	0,5-0,9

[1] N = Negativfilm U = Umkehrfilm; [2] für Prozessierung in Entwicklungsmaschinen, bei Umspulentwicklung gelten andere Werte; [3] auch mit dünnem Blankfilm; [4] nur mit dünnem Blankfilm; [5] zweischichtiger Infrarot-Farbfilm

Tab. 10: *Luftbildfilme (für Agfa-Gevaert und Kodak nach Firmenangaben, für Schostak nach Literaturangaben).*

lischen für die subjektive Charakterisierung der Körnung der Begriff „graininess" verwendet.

Die Körnigkeit hat direkte und zwar gegensätzliche Auswirkungen auf das Auflösungsvermögen und die Allgemeinempfindlichkeit der Emulsion und damit auf zwei der wichtigsten photographischen Eigenschaften des Films.

	Geometrisches Auflösungsvermögen	Allgemeine Empfindlichkeit
Grobkörnige Emulsion RMS z B. 40	gering	groß
Feinkörnige Emulsion RMS z B. 9	groß	gering

4.1.3.4 Das Auflösungsvermögen (AV)

Das räumliche oder geometrische Auflösungsvermögen eines Films wird wie das von Objektiven der Luftbildkameras (4.12) definiert. Es ist ein Maß für die Fähigkeit des Films, feine Einzelheiten bzw. Strukturen so wiederzugeben, daß sie als solche erkannt und voneinander unterschieden werden können. Wie beim AV der Objektive wird es als Parameter auch in diesem Falle durch die Anzahl von Linien eines schwarz-weißen Linienmusters ausgedrückt, die der Film unter standardisierten Aufnahmebedingungen pro Millimeter noch zu differenzieren gestattet.

Das festgestellte AV ist dabei vom Maß des Kontrastes der alternierenden hellen und dunklen Balken der Testtafel abhängig (= Testobjektkontrast = TOC). Zur Prüfung des AV werden daher auch Testtafeln mit unterschiedlichem Testobjektkontrast verwendet, und zwar einmal mit höchstmöglichem TOC, nämlich 1000:1, was einem Dichteunterschied im Negativ von 3,0 entspricht und einmal mit einem Muster mit geringem TOC, nämlich 1.6:1 = einem Dichteunterschied im Negativ von 0,2.

Da Helligkeits- oder Farbkontraste innerhalb von Baumkronen oder von Kronendächern der Waldbestände oder zwischen Wiesengesellschaften, Staudenfluren u. a. oft gering sind, empfiehlt es sich für die Beurteilung des bei einer Luftbildinterpretation zu erwartenden Auflösungsvermögens, von den AV-Werten auszugehen, die mit einem TOC 1.6:1 ermittelt wurden.

Unter optimalen und standardisierten Bedingungen können *höchstauflösende* Filme bei einem TOC von 1000:1 800 und bei einem TOC von 1.6:1 250 L/mm auflösen. *Hochempfindliche* Schwarz-Weiß-Filme und normal auflösende Farbfilme erreichen unter gleichen Bedingungen 80-100 bzw. um 40 L/mm (hierzu Tab. 10, Spalten 7 u. 8).

Diese Leistungen beziehen sich nur auf die Emulsion und gelten, wie o.a., für standardisierte, optimale Aufnahmebedingungen. Für das Aufnahmesystem insgesamt wirken das Auflösungsvermögen des Objektivs AV_O, jenes der Filmemulsion AV_F und eine auf die Bildwanderung zurückzuführende Komponente AV_B zusammen, und zwar nach

$$\frac{1}{AV^2_{Total}} = \frac{1}{AV_O{}^2} + \frac{1}{AV_F{}^2} + \frac{1}{AV_B{}^2} \qquad (28)$$

Für eine Luftbildaufnahme mit einem Hochleistungsobjektiv (AWAR = 120 L/mm) sowie mit und ohne Kompensation einer angenommenen Bildbewegung von 10 µm ergeben sich bei drei verschieden hochauflösenden Filmen für kontrastreiche Objekte die in Spalte 4 der Tab. 11 angegebenen Werte für AV_{Total}

AV_O (AWAR)	AV_F	AV_B (10 µm)	AV_{Total}
1	*2*	*3*	*4*
Linien / mm			
120	800	100	76
120	160	100	69
120	100	100	61
120	800	–	119
120	160	–	96
120	100	–	77

Tab. 11: *Beispiele für das photographische Auflösungsvermögen AV$_{Total}$ (Erläuterungen im Text)*

Für den praktischen Fall der Luftbildaufnahme ist ferner zu berücksichtigen, daß i.d.R. die atmosphärischen Bedingungen während des Bildflugs mehr oder weniger die Objektkontraste und damit auch die Auflösung in den entstehenden Luftbildern mindern.

Die Werte in Spalte 4 der Tab. 11 zeigen, daß das enorme Auflösungsvermögen höchstauflösender Filmemulsionen wegen des AV der Objektive nicht ausgeschöpft werden kann und daß deren Verwendung ohne gleichzeitigen Einsatz von Kammern mit Bildbewegungskompensation nicht in Erwägung gezogen werden sollte.

In diesem Kontext verdient auch ein Hinweis von HOWARD (1991, S. 65) Interesse: „The manufacturing stated resolving power of a fine-grained slower film will be greater than for a faster coarser-grained film; *but* in taking the aerial photography this may be reversed, since with the faster-grained film the exposure are made through the more aberration free centre of the lens (i.e. at a higher F-stop)."

4.1.3.5 Die Kontrastübertragungsfunktion (MTF)

Die Kontrastübertragungsfunktion als charakteristischer Parameter für eine Filmemulsion wird wie jene für Objektive durch die Formeln (25) (26) und Abb. 59 beschrieben. Abb. 67. u. 68 zeigt analog zu Abb. 60 MTF-Werte für Luftbildfilme verschiedener Art in Abhängigkeit von der Ortsfrequenz. Die Erklärung für die Abnahme der MTF mit zunehmender Ortsfrequenz ist aus Abb. 60 ableitbar.

4.1.3.6 Die Schwärzungskurve

Die beiden im Überblick (4.1.3.2) erstgenannten *sensitometrischen* Filmeigenschaften, die Lichtempfindlichkeit (oder Allgemeinempfindlichkeit) und der Gamma-Wert lassen sich durch die „Schwärzungskurve" (syn.: „charakteristische Kurve") einer Filmemulsion darstellen und erläutern. Die Schwärzungskurve zeigt, wie eine bestimmte Emulsion bei definierten Entwicklungsbedingungen auf die Belichtung mit Schwärzung reagiert.

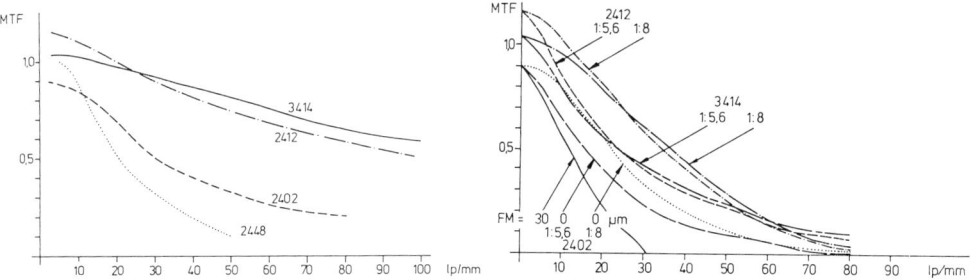

Abb. 67:
MTF-Kurven für Kodak Filme 3414, 2412, 2402, 2448 (vgl. Tab. 10) (Abb. 67 u. 68 nach MEIER *1984)*

Abb. 68:
MTF-Kurven für MTF$_O$ MTF$_F$ · MTF$_W$ bei Zeiss RMK 30/23 mit Bewegungskompensation und den angeschriebenen Filmen. Zum Vergleich ist die MTF-Kurve einer Aufnahme ohne Bewegungskompensation (Bildbewegung FM = 30 μm) mitgeteilt.

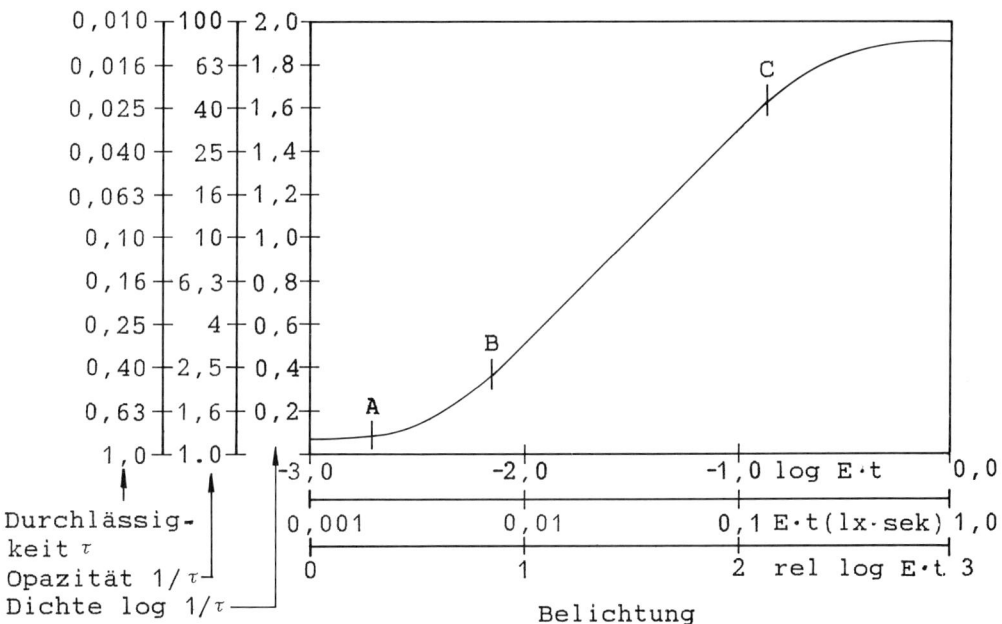

Abb. 69: *Schwärzungskurve. Belichtung = Beleuchtungsstärke E(lux) · Zeit t(sec)*

Auf der Abszisse der Schwärzungskurve (Abb. 69) wird in logarithmischer Form die Belichtung E·t in Luxsekunden oder als log E·t bzw. auf einer dem entsprechenden, mit 0 beginnende Skala relativer Belichtungswerte aufgetragen. Dem steht auf der Ordinate, als Ausdruck für die eintretende Schwärzung, die Dichte D im entstandenen Negativ oder Diapositiv entgegen.

D leitet man von der densitometrisch gemessenen Transparenz τ des Negativs oder Diapositivs ab und drückt es als Logarithmus des Kehrwertes von τ aus

$$D = \log \frac{1}{\tau} \tag{29}$$

In Abb. 69 sind an der Ordinate neben der Dichte D die dazu gehörenden Transparenz- und Opazitätswerte τ und O angegeben. Dabei ergibt sich die Undurchlässigkeit O aus

$$O = \frac{1}{\tau} \tag{30}$$

Die Schwärzungskurve nimmt die Form einer S-Kurve an, bei Negativfilmen in dem in Abb. 69 gezeigten Verlauf. Bei Umkehrfilmen nimmt im entstehenden Diapositiv die Dichte mit zunehmender Belichtung ab. Die Schwärzungskurve verläuft dann – wie in Abb. 71b/c – spiegelbildlich.

Entwickelt man einen unbelichteten Film, so zeigt sich dennoch eine leichte Schwärzung. Sie wird als „Schleier" (gross fog) bezeichnet und entsteht durch die nicht vollständige Transparenz des Blankfilms und der unbelichteten aber entwickelten Emulsion (net fog). In der Schwärzungskurve drückt sich der Schleier in dem, parallel zur Abszisse mit D-Werten von i.d.R. < 0.2 verlaufenden, kurzen Kurventeil aus. Im Negativfilm liegt dieser am linken, bei Umkehrfilmen am rechten Ende der Kurve.

Das sich an den Schleier anschließende, in Abb. 69 zwischen A und B um den unteren Wendepunkt der S-Kurve liegende Kurvenstück wird Fuß oder Durchhang (toe) genannt. Es ist der Bereich der Unterbelichtung und geringen Grau- bzw. Farbwertdifferenzierung.

Daran schließt sich ein bei logarithmischer Abszissenteilung fast gradliniges Kurvenstück zwischen B und C an. Der Abstand B-C zeigt den verfügbaren Spielraum für die richtige bzw. mögliche Belichtung. In diesem Abschnitt entspricht jeder Zunahme der Belichtung ein proportionaler Anstieg der Schwärzung. B-C ist um so kürzer je steiler die Steigung dieses Kurvenstückes verläuft und vice versa. Der Grad der Steigung (Gradation) ist bei den angebotenen Filmemulsionen unterschiedlich und kann bei einem gegebenen Film bei der Prozessierung beeinflußt werden (s.u.).

Der letzte Teil der Schwärzungskurve, die „Schulter", liegt um den oberen Wendepunkt der Schwärzungskurve. Es ist der Bereich der Überbelichtung, in dem eine Zunahme der Belichtung nur noch zu geringfügigen zusätzlichen Schwärzungen führt.

Die Lage der Schwärzungskurve über der Belichtungsskala und ihr Verlauf ist von den sensitometrischen Eigenschaften der Filmemulsion abhängig. Beides kann aber durch die Art der Prozessierung beeinflußt werden. Abb. 70 zeigt hierzu konkrete Beispiele für zwei Schwarz-Weiß-Filme unterschiedlicher Empfindlichkeiten und Auflösungsvermögen. Neben der Art des Entwicklers (hier Kodak D19 versus D76) und der Entwicklungszeit beeinflußt auch die Entwicklungstemperatur den Verlauf der Schwärzungskurve eines gegebenen, entwickelten Films.

Die Herleitung einer Schwärzungskurve kann durch Aufbelichtung eines Grauteils auf den zu untersuchenden Film erfolgen. Bei der Belichtung im Labor werden natürliche Einstrahlungsbedingungen simuliert und Belichtungszeiten sowie die Progressierung standardisiert. Die Messung der Transparenz τ der Grautonstufen erfolgt mit einem Densitometer und die Ableitung der Dichtewerte D nach Formel (29).

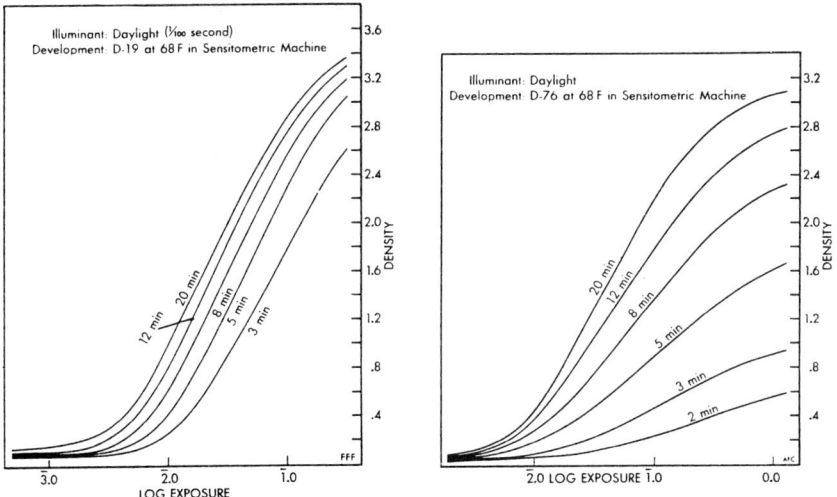

KODAK PLUS-X Aerial Film 3401 (ESTAR Thin Base)

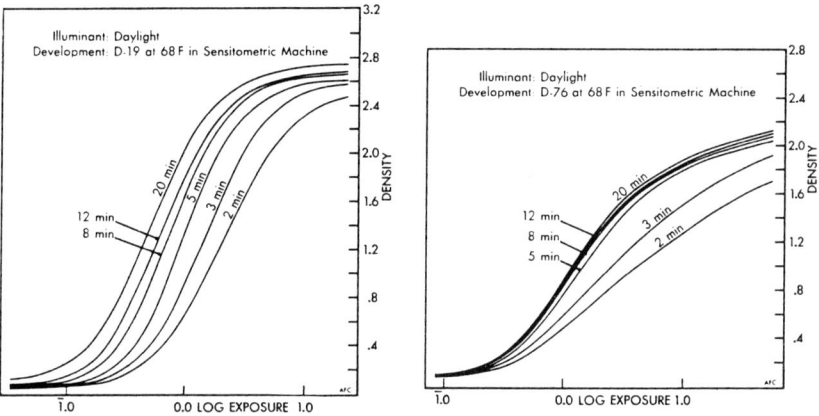

KODAK High Definition Aerial Film 3404 (ESTAR Thin Base)

Abb. 70: *Schwärzungskurven zweier verschieden empfindlicher Luftbildfilme bei Verwendung unterschiedlicher Entwickler und Entwicklungszeiten (aus Kodak Publ.)*

4.1.3.7 Die Empfindlichkeit des Films

Die Empfindlichkeit des Films (speed) wird an der Belichtungsstärke gemessen, die notwendig ist, um einen bestimmten, über dem Schleier liegenden Dichtewert im Negativ oder Diapositiv zu erreichen. Aus der Schwärzungskurve eines Films läßt sich das Erreichen dieses definierten Grenzwertes (in Abb. 69 der Punkt A) ablesen. Er wird bei hochempfindlichen Filmen „schnell", d.h. schon bei relativ geringer Belichtung, und bei

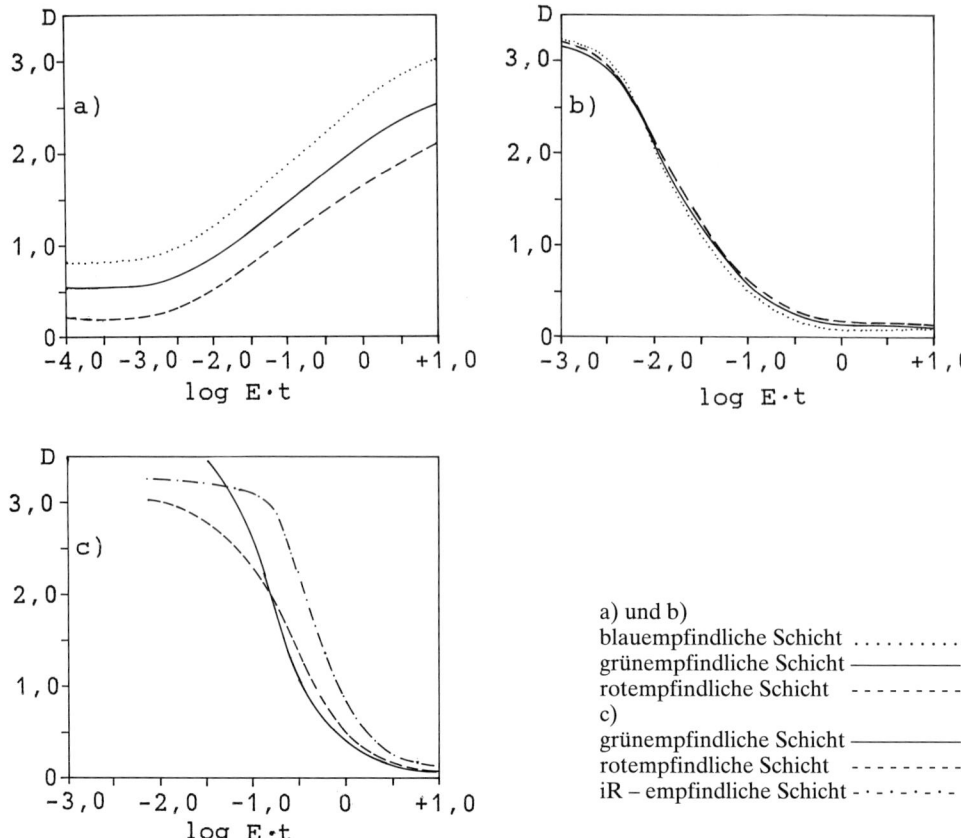

Abb. 71: *Schwärzungskurven der Schichten verschiedener Farbfilme; a) panchromatischer Negativ-Farbfilm (Agfa-Gevaert AVIPHOT COLOR N 200); b) panchromatischer Umkehr-Farbfilm (AVIPHOT CHROME PE 200); c) Infrarot-Umkehr-Farbfilm (Kodak AEROCHROME INFRARED 2443)*

weniger empfindlichen später erreicht. Dementsprechend liegt bei Filmen mit hoher Empfindlichkeit auch das Kurvenstück B-C, d.h. der Bereich richtiger Belichtung über geringeren log E·t Werten als bei weniger empfindlichen. Vgl. hierzu in Abb. 70 den empfindlichen Film 3401 mit dem weniger empfindlichen 3404.

Es sind verschiedene Maßsysteme für die Empfindlichkeit eingeführt. Bekannt sind vor allem die folgenden:

– das gemäß der Empfehlung R6 definierte System der International Standard Organization (ISO)
– der von der American Standard Association (ASA) in Verbindung mit dem American National Standard Institute (ANSI) entwickelte ASA-Standard PH 2.5-1i60
– die vom Deutschen Institut für Normung (DIN) eingeführte DIN-Norm 4512

Sie gehen alle von der Belichtung aus, die notwendig ist, um eine Dichte von *0,1 über dem Schleier* zu erreichen. Eine darüberliegende Belichtung von $\Delta \log E·t = 1.30$ muß bei festgelegten Entwicklungsbedingungen zu einem $\Delta D = 0.8$ D führen.

Wegen ihrer gleichen Ausgangsbedingungen können die drei genannten, lediglich rechnerisch unterschiedlich abgeleiteten Systeme aufeinander bezogen werden (Tab. 12). Bei allen drei Systemen drückt der höhere Kennwert die höhere Empfindlichkeit aus.

ISO			1	2	3		4		5	6	7	8		
ASA	1	3	8	12	25	40	50	80	100	200	400	800	1600	8000
DIN	1	6	10	12	15	17	18	20	21	24	27	30	33	40

Tab. 12: *Vergleich der ISO-, ASA- und DIN-Zahlen für die Filmempfindlichkeit*

Für Luftbildfilme werden daneben auch andere Empfindlichkeitsskalen als die o.a. benutzt. Der Grund dafür liegt in den gegenüber der gewöhnlichen Photographie durch die großen Abstände zum Objekt gegebenen anderen Voraussetzungen für die Belichtung bei Luftbildaufnahmen.

Für panchromatische Schwarz-Weiß Negativfilme verwendet das American National Standard Institute (ANSI) und mit ihm auch Kodak als Empfindlichkeitsmaß die sog. Aerial Film Speed AFS. Sie muß unter standardisierten Entwicklungsbedingungen, die im ANSI-Standard PH2-34-1969 festgelegt sind, ermittelt werden.

$$AFS = \frac{2}{3} E_o \qquad (31)$$

wobei E_o die Belichtung in Luxsekunden ist, die benötigt wird, um einen Dichtewert D im Negativ von 0,3 über dem Schleier zu erzeugen.

Neben dem AFS-System, und im Gegensatz zu diesem anwendbar für jede Art von Luftbildfilmen, wird auch die Effective Aerial Film Speed EAFS verwendet. Das in Formel (31) beschriebene Empfindlichkeitskriterium gilt auch hier. Es ist jedoch nicht an die für die AFS vorgeschriebenen Entwicklungsbedingungen gebunden. Um die Vergleichbarkeit zu ermöglichen, *muß* daher zu jedem EAFS-Wert die Art der Prozessierung angegeben werden.

Da sich auch bei Verwendung gleicher Entwicklungsart und -chemikalien bei unterschiedlichen Entwicklungszeiten und -temperaturen unterschiedliche Empfindlichkeitswerte ergeben, werden zumindest für Maschinenentwicklung und Schwarz-Weiß-Filme i.d.R. Rahmenwerte für die EAFS angegeben (vgl. Tab. 10 Sp. 5).

Bei mehrschichtigen panchromatischen und Infrarot-Farbfilmen besitzt jede Emulsionsschicht eine für sie charakteristische Kurve der Empfindlichkeit. Abb. 71 zeigt hierzu exemplarisch das Verhältnis solcher Kurven zueinander. In ihren absoluten Werten und im Verhältnis zueinander können Filme der gleichen Art, aber verschiedener Produktionschargen in bestimmtem Maße unterschiedlich sein.

Die Schwärzungskurven einer bestimmten Filmemulsion verändern sich auch mit der Zeit. In Abhängigkeit vom Alter des Films und den Bedingungen, unter denen er bis zur Belichtung gelagert wurde, verändert sich die Empfindlichkeit. Es ist deshalb auch bei seriösen Bildflugfirmen ein selbstverständliches Gebot, zum Einsatz kommende Filme kurz davor einer nochmaligen Empfindlichkeitskontrolle zu unterwerfen (hierzu z. B. FELTEN 1991, FLEMING 1980). Es wird in diesem Zusammenhang auf FLEMING (1976) und VORETZSCH et al. (1986) verwiesen, die bei sensitometrischen Vergleichsmessungen verschiedener Kodak Infrarot-Farbfilme übereinstimmend z.T. nicht unerhebliche Abweichungen der Empfindlichkeit und auch des Empfindlichkeitsverhaltens der drei Schichten zueinander fanden.

VORETZSCH et al. (1986) stellten im übrigen fest, daß die IR-sensible Schicht der von
ihnen untersuchten Filme deutlich empfindlicher war als die früherer Filme gleicher Art
und auch als vom Hersteller angegeben.

Die *Farbbalance* des entstehenden Bildes ergibt sich aus dem Verhältnis des Empfindlichkeitsverhaltens der drei Schichten zueinander. Sie ist im Hinblick auf die Aussagekraft
und Interpretierbarkeit der Luftbilder, wiederum besonders von Infrarot-Farbluftbildern
und für vegetationskundliche/forstliche Zwecke, besonders wichtig. Beim Infrarot-Farbfilm variiert wie o.a. besonders die infrarot-sensible Emulsion in ihrer Empfindlichkeit
gegenüber der grün- und der rotsensiblen Schicht. Da man solchen Veränderungen wenigstens z.T. durch Filterungen, angepaßte Belichtung und Entwicklungsschritte entgegenwirken oder sie ggf. sogar ausnutzen kann, ist ein Parameter zur Beschreibung der Farbbalance des zum Einsatz kommenden Films von Bedeutung.

Ein solcher Parameter ist die „IR-Balance" nach FLEMING (1980): Nach Herleitung der
charakteristischen Kurven unter Verwendung der log E·Werte als Abszisse für die drei
Schichten werden, wie in Abb. 72 gezeigt, auf der Zeile von D = 1.0 zwei Punkte definiert.
Der erste in der Mitte, zwischen der Kurve der rot- und der grün-sensiblen Schicht, der
zweite am Schnittpunkt der D = 1.0 Linie und der Kurve der infrarot-sensiblen Schicht.
Der Abstand dieser Punkte wird gemessen. Er wird in seinem log E·Wert multipliziert mit
100 zum Wert der IR-Balance. Im Beispiel der Abb. 72 hat er den Wert von 0,35 · 100 = 35.

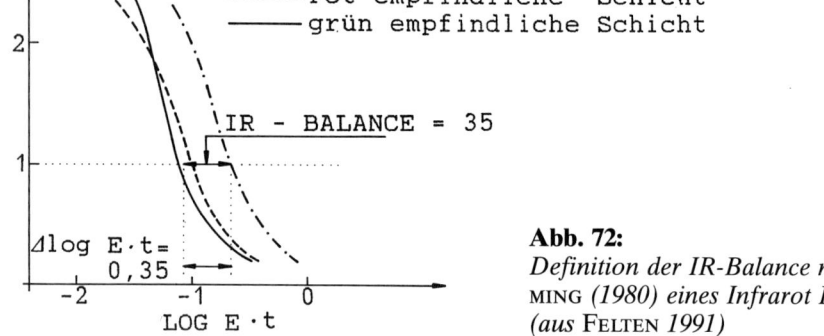

Abb. 72:
*Definition der IR-Balance nach FLE-
MING (1980) eines Infrarot Farbfilms
(aus FELTEN 1991)*

4.1.3.8 Gradation und γ-Wert

Im Zusammenhang mit der Schwärzungskurve war schon von deren Gradation, ihrer
Bedeutung für den Belichtungsspielraum und der Möglichkeit, diese Filmeigenschaft
bei der Entwicklung zu beeinflussen, gesprochen worden. Hier wird nachgetragen, daß
die Gradation eines Filmes durch den sog. γ-Wert beschrieben wird, wobei

$$\gamma = tg\ \alpha \tag{32}$$

und darin α der Steigungswinkel des geradlinigen Stückes der Schwärzungskurve ist (Abb.
69, vgl. auch Abb. 70–72).

Da die Gradation bei der Entwicklung in bestimmten Grenzen beeinflußt werden kann,
wird zumeist und zu Recht γ als Spanne angegeben (Abb. 73).

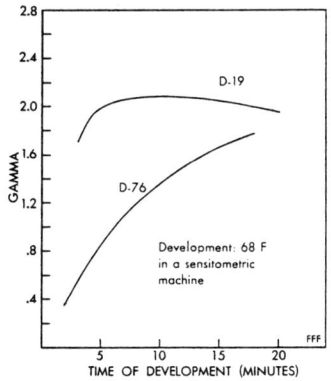

KODAK PLUS-X Aerial Film 3401

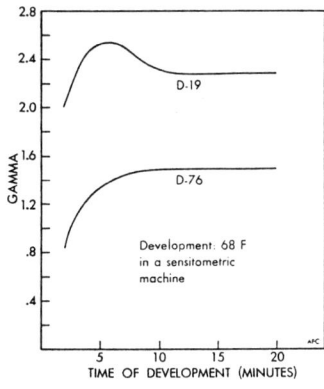

KODAK High Definition Aerial Film

Abb. 73: *Einfluß der Entwicklungszeit und des Entwicklers auf die Gradation zweier unterschiedlich empfindlicher Filme (aus Kodak Publ.)*

Mit steiler werdender Gradation eines Filmes wird dessen Belichtungsspielraum eingeengt. Es werden aber auch die vorhandenen (oft relativ geringen) Objektkontraste in stärkere Dichteunterschiede umgesetzt als bei Filmen mit flacherer Gradation bzw. kleinerem γ-Wert. Abb. 74 verdeutlicht dies. Die von einem Objekt A eintreffende Strahlungsenergie möge die mit A gekennzeichnete Belichtung und die von Objekt B eintreffende die bei B dargestellte Belichtung bewirken. Dieser objektbedingte Belichtungsunterschied führt im Falle der Kurve mit $\gamma = 2.0$ zu einem deutlich größeren Unterschied der D-Werte beider Objekte und damit größerem Kontrast zwischen ihnen im Bild als es beim Film mit dem $\gamma = 0,9$ der Fall ist.

Filme mit großem γ werden wegen der starken Kontraste, die sie hervorrufen, als hartzeichnende und jene mit kleinem γ als weichzeichnende bezeichnet.

Im Hinblick auf die bei Luftbildaufnahmen oft geringen natürlichen Objektkontraste, weisen Luftbildfilme durchweg relativ hohe γ-Werte auf. Wie Tab. 10, Sp. 10 zeigt, sind Luftbildfilme mit einem $\gamma < 1$ die Ausnahme.

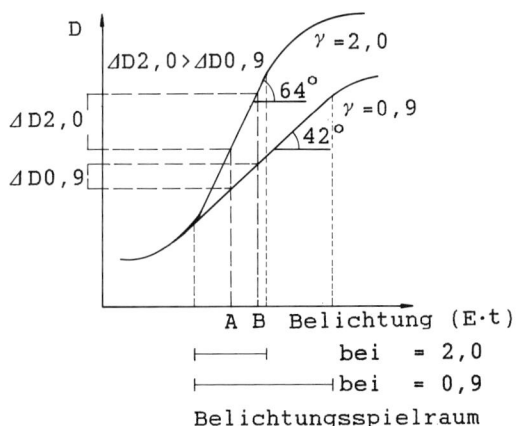

Abb. 74:
Auswirkung der Gradation auf den Kontrast zweier Objekte A und B

Es gibt jedoch auch Aufnahmebedingungen, bei denen man es entgegen der mehrfach schon betonten Kontrastarmut eines Aufnahmegebietes mit einem sehr großen, den Belichtungsspielraum von Filmen mit steiler Gradation überschreitenden Objektumfang zu tun hat. Dies kann z. B. vorkommen, wenn „dunkler", schon schneefreier Nadelwald von noch schneebedeckten offenen Flächen umgeben wird oder im Hochgebirge mit stark reflektierenden, hellen Felspartien und gering reflektierender, in sich schwach kontrastierender Boden- und Waldvegetation. Für solche Fälle empfiehlt es sich, den beauftragten Bildflugunternehmer darauf hinzuweisen, ggf. Überbelichtungen solcher hellen Flächen in Kauf zu nehmen, um keinesfalls die interessierenden dunklen, kontrastarmen Wald- und anderen Vegetationsflächen unterzubelichten.

4.1.3.9 Die spektrale Sensibilität von Filmen

Die spektrale Sensibilität der Luftbildfilme als letzte, aber für die vegetationskundliche und forstliche Fernerkundung besonders zu beachtende sensitometrische Eigenschaft von Emulsionen, beschreibt deren Reaktionsfähigkeit auf elektromagnetische Strahlung verschiedener Wellenlängen.

Filmemulsionen aus reinen Halogensilberkörnern, wie sie bis 1873 ausschließlich Verwendung fanden, sind nur für ultraviolettes, blaues und blaugrünes Licht bis zu Wellenlängen von 0,5 µm empfindlich. Nur diese Strahlen lösen in den Silberhalogenkörnern eine chemische Reaktion aus, die zur Umsetzung in metallisches Silber und damit zur Schwärzung der photographischen Schicht führt.

H. E. VOGEL gelang es dann 1873, Bromsilber durch chemische Zusätze, die auch längerwelliges Licht absorbieren, für grün und gelb, also für Wellen bis etwa 0,6 µm und 1884 auch für rotes Licht bis zu 0,7 µm zu sensibilisieren.

Der nächste Entwicklungsschritt war die Ausdehnung der Sensibilität der Silberhalogenide auch über den Bereich des sichtbaren Lichts hinaus ins nahe Infrarot. Er gelang KÖNIG in Dresden 1926 durch Zusatz von Polimetric-Farbstoffen. Sie sensibilisierten die photographische Schicht für elektromagnetische Wellen bis 0,9 µm.

Durch diese Sensibilisierungsfortschritte wurde die Produktion von spektral verschieden sensiblen Emulsionen und damit dementsprechender einschichtiger *Schwarz-Weiß-Filme* möglich, nämlich von
– *blausensiblen* Filmen, die für Lichtwellen bis max. 0,5 µm aber auch für nicht sichtbare ultraviolette sowie für Gamma- und X-Strahlen empfindlich sind,[11]
– *orthochromatischen* Filmen, deren spektrale Empfindlichkeit bis 0,6 µm Wellenlänge reicht,[11]
– *panchromatischen* Filmen, deren spektrale Sensibilität das gesamte Spektrum des sichtbaren Lichts abdeckt und die ggf. noch bis 0,75 µm sensibel sein können (vgl. Tab. 10 Sp. 6),
– *infraroten* Filmen, die neben der auch für sichtbares Licht vorhandenen Sensibilität für Infrarotstrahlung bis 0,9 µm empfindlich sind.

Trägt man über den Wellenlängen der Einstrahlung die jeweiligen Empfindlichkeiten der Emulsion auf, so erhält man die *Kurve der spektralen Empfindlichkeit* des Films (Abb. 75). Sie zeigt anschaulich, für welche Spektralbereiche die Emulsion besonders, für welche sie weniger oder gar nicht empfindlich ist.

Typisch für panchromatische Filme ist eine etwas geringere Empfindlichkeit für Grün (um 0,55 µm). Dies entspricht der Sensibilität des menschlichen Auges, für das grün

---

[11] Blauempfindliche und orthochromatische Filme werden vor allem für Kopiermaterialien, wie Duplikatfilme verwendet. Luftbildaufnahmefilme dieser Art gibt es nicht.

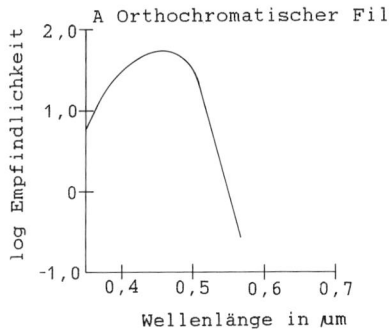

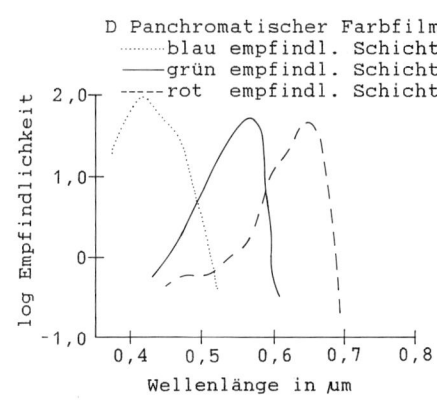

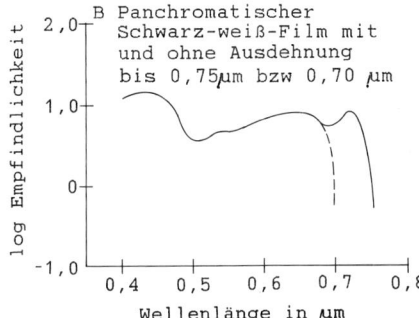

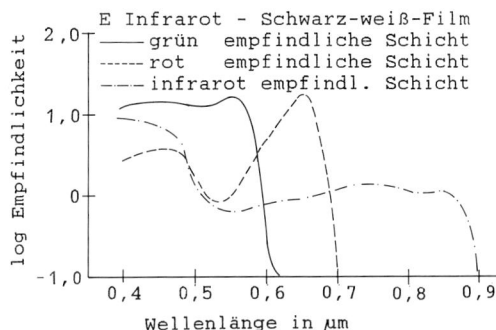

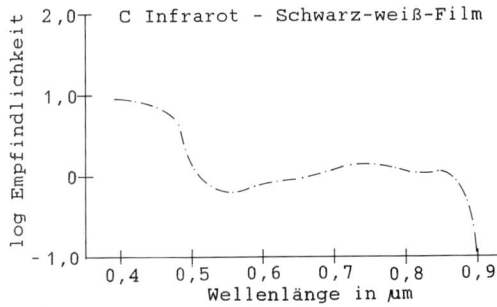

Abb. 75:
*Kurven spektraler Sensibilität
der verschiedenen Filmarten.
Kurven gelten bei A für D = 0,5
und bei B-E für D = 1,0 über
den Schleier*

bekanntlich – anders als die „Alarmfarben" rot und gelb – wegen dieser geringeren
Empfindlichkeit eine beruhigende, schonende Wirkung besitzt.

Die Möglichkeit, Filmemulsionen unterschiedlich zu sensibilisieren ist auch die Voraussetzung für die Herstellung mehrschichtiger Farbfilme in „natürlichen" oder „falschen"
Farben. Wie Abb. 66 zeigte, werden solche Farbfilme drei- bzw. bei den Spektrozonalfilmen der russischen Filmfabrik Schostak zweischichtig hergestellt. Jede der Schichten
erhält eine spezifische spektrale Sensibilisierung (Abb. 75 a–e). Sie sind dementsprechend
der Sensor für einen bestimmten Spektralbereich.

Für forstliche und vegetationskundliche Luftbildinterpretationen ist zu beachten, daß sich unter den Infrarot-Farbfilmen der Kodak 2443 und der Schostak SN 6M in ihren sensitometrischen und strukturellen Eigenschaften wesentlich unterscheiden. Der nur zweischichtige SN6M besitzt keine spektrale Sensibilität im Grünbereich. Dies kann ggf. für die Differenzierung bestimmter Objekte nachteilig sein. Bei etwa gleicher Empfindlichkeit zeichnet der Kodak 2443 dank seiner steilen Gradation kontrastreicher als der SN6M, hat aber aus gleichem Grund einen deutlich engeren Belichtungsspielraum. Der SN6M hat eine feinere Körnung. Seine Werte für die RMS, das Auflösungsvermögen und die Modulationsübertragungsfunktion sind dadurch besser als die des Kodak 2443. Bei sehr hohen Ortsfrequenzen, d.h. also sehr feinen Objektstrukturen nähern sich die letztgenannten Filmeigenschaften jedoch weitgehend an (HERTEL et al. 1992).

Durch die Belichtung wird in den drei bzw. zwei Schichten entsprechend ihrer spektralen Empfindlichkeit und der Menge und spektralen Zusammensetzung der einfallenden Strahlung die Umwandlung der Halogensilberkörner zu metallischem Silber eingeleitet. Es werden damit die Keime dafür gelegt, daß z. B. durch die reflektierte Strahlung einer grünen Wiese in der grünsensibilisierten Schicht eines panchromatischen Farbfilms viel, in der blau- und der rot-sensibilisierten wenig oder kein Silber entsteht.

Die Umwandlung der belichteten Halogensilberkörner zu metallischem Silber wird später bei der Entwicklung des Films zusammen mit einem chemischen Farbkupplungsprozess fortgesetzt (hierzu 4.1.7). Die sich in den Schichten dabei bildenden Farbstoffe lassen die latent zunächst noch durch den Umwandlungsprozeß des Halogensilber vorhandenen Bildmuster sichtbar werden. Die sich im Zuge des Entwicklungsprozesses bildenden Farbstoffe sind für panchromatische Farbnegativ- und Farbumkehrfilme sowie für infrarote Farbumkehrfilme verschiedenartig:
– beim panchromatischen Farbnegativfilm entstehen Farben, die gleich der Sensibilitätsfarbe der Schichten sind,
– beim panchromatischen Farbumkehrfilm entstehen Farben, die zur Sensibilitätsfarbe der Schichten komplementär sind,
– beim Infrarot-Farbfilm entstehen Farben, die für die Schichten prinzipiell frei wählbar sind. Da hierbei auch das Ergebnis der Belichtung mit den für den Menschen nicht sichtbaren, also farblosen Infrarotstrahlen sichtbar gemacht werden muß, ist der entsprechenden Schicht eine Farbe des sichtbaren Spektrums zuzuteilen. Diese Farbe (bei den Luftbildfilmen wählte man rot) steht dann natürlich für die anderen Schichten nicht mehr zur Verfügung. Im Endergebnis bedingt dies eine „Falschfarben"-Darstellung im Bild.

Im durchscheinenden Licht wirken die eingefärbten Schichten als Lichtfilter, wobei das Bild
– beim panchromatischen Farb-Negativfilm in den Komplementärfarben
– beim panchromatischen Farb-Umkehrfilm in den natürlichen Farben
– beim Infrarot-Farbumkehrfilm in „falschen" Farben
gesehen wird. Abb. 76 stellt für zwei bei Luftbildaufnahmen häufig benutzte Umkehrfilme diese Prozeß- und Wirkungskette schematisch dar.

4.1.3.10 Lagerung unbelichteter Filme

Die sensitometrischen Eigenschaften unbelichteter Filme sind unter dem Einfluß hoher Feuchtigkeit und Temperaturen, aber auch durch Alterung veränderlich. Als Folge davon kann die Empfindlichkeit sinken und die Fähigkeit der Kontrastwiedergabe nachlassen. Ebenso kann sich der Grauschleier verstärken und bei Farbfilmen die Farbbalance verändern. Bei Infrarotmaterialien treten Veränderungen dieser Art eher auf als bei panchromatischen Filmen.

Farbumkehrfilm

blau	grün	rot	infrarot	reflektierte Objektstrahlung

Belichtung des Films

aktiviert	–	–	blau-sensibel	
Gelbfilterschicht				Reaktion der Emulsionsschichten
–	aktiviert	–	grün-sensibel	
–	–	aktiviert	rot-sensibel	

Prozessierung des Films

keine	gelb	gelb	blau-sensibel	
purpur	keine	purpur	grün-sensibel	Farbbildung durch die Prozessierung
blaugrün	blaugrün	keine	rot-sensibel	

Diapositiv

blau	grün	rot	Farbe, die durch Farbsubstraktion gesehen wird (Farbtafel V)

Infrarot-Farbumkehrfilm

blau	grün	rot	infrarot	reflektierte Objektstrahlung

Gelbfilter der Kamera	

Belichtung des Films

IR-sensibel	–	–	aktiviert	
grün-sensibel	aktiviert	–	–	Reaktion der Emulsionsschichten
rot-sensibel	–	aktiviert	–	

Prozessierung des Films

IR-sensibel	blaugrün	blaugrün	keine	
grün-sensibel	keine	gelb	gelb	Farbbildung durch die Prozessierung
rot-sensibel	purpur	keine	purpur	

Diapositiv

	blau	grün	rot	Farbe, die durch Farbsubtraktion gesehen wird (Farbtafel V)

Abb. 76: *Farbentstehung bei Farbumkehrfilmen*

Fernerkunder oder Photogrammeter, die Luftbildaufnahmen in Auftrag geben, haben i.d.R. keinen Einfluß auf die Lagerung und Vorratshaltung von Filmen bei Luftbildaufnahmefirmen oder -dienststellen. Dennoch sollten sie wissen, worauf es dabei ankommt, um ggf. bei Auftragserteilung auf der Verwendung sachgerecht gelagerter Materialien zu bestehen oder bei eigenen Luftbildaufnahmen mit Handkameras selbst für richtige Lagerung der Filme sorgen zu können. Dies gilt insbesondere für Fernerkunder, die in tropischen Gebieten arbeiten und für alle, bei denen das Auswertungsziel oft nur bei guter Kontrastwiedergabe, einer bestimmten Farbbalance und bestmöglicher Bildschärfe erreicht werden kann. Die Erfahrung hat gezeigt, daß besonders bei Infrarot-Farbaufnahmen sorgfältige Vorkehrungen in dieser Hinsicht getroffen werden müssen.

Zur sachgerechten Lagerung gehört, daß die vom Hersteller gelieferten Filme bis zu ihrer Verwendung in ihren luftdicht verschlossenen Behältern gehalten werden, vor allem um sie nicht Schwankungen der Luftfeuchtigkeit auszusetzen. Zu den Lagerungsbedingungen gehört ferner eine möglichst konstante Luftfeuchtigkeit (bei 40-60 % Luftfeuchte) und geringe Temperatur des Raumes. Je geringer die Temperatur, desto geringer ist auch die Gefahr unwillkommener Veränderungen. Bei kurzzeitiger Lagerung empfehlen die Hersteller Lagertemperaturen um 10°C, bei langfristiger Lagerung sollte auf alle Fälle eine Gefrierlagerung bei –18°C bis –24°C erfolgen. Die unbelichteten Filme sind selbstverständlich auch vor Röntgenstrahlung, Radioaktivität, direkter Sonneneinstrahlung und physischen Beschädigungen zu schützen.

Filme, die tiefgekühlt gelagert wurden, müssen vor ihrer Verwendung auf Zimmertemperatur gebracht werden, am besten über eine mehrstündige Zwischenlagerung um 4°C (FELTEN 1991). Dies ist notwendig, um Kondensationen auf dem kalten Film zu vermeiden. Nach der Entnahme aus der schützenden Originalverpackung dürfen Filme auf keinen Fall hohen Temperaturen oder Luftfeuchtigkeiten ausgesetzt werden.

Belichtete Filme müssen so schnell wie möglich entwickelt werden. Auch sie dürfen bis zur Prozessierung nicht bei hohen Temperaturen oder Luftfeuchtigkeiten gelagert werden. Bei Farbfilmen kann es sonst zu Veränderungen des Latentbildes und als Folge davon zu Veränderungen der Farbbalance kommen.

4.1.4 Filter

Zur Optimierung der Luftbildaufnahme gehört die zweckmäßige, auf Objektiv- und Filmeigenschaften, atmosphärische Aufnahmebedingungen, Flughöhe und auch das Ziel der Luftbildauswertung abgestimmte Filterung.

Zweck der Filterung kann die Ausschaltung oder Reduzierung unerwünschter Strahlung, wie z. B. der vorwiegend kurzwelligen Streustrahlung (vgl. Kap. 2.2.1), die gezielte Begrenzung der zum Bildaufbau zuzulassenden Strahlung auf einen bestimmten breiteren oder mehr oder weniger schmalen Spektralbereich oder die Kompensation unterschiedlicher Helligkeiten im Bildformat (Vignettierung) bzw. von unerwünschten Farbabweichungen sein.

Man unterscheidet einerseits nach der Art der Filterung zwischen Absorptions-, Interferrenz- und Polarisationsfiltern und andererseits im Hinblick auf die Wirkung der Filterung zwischen Kanten- und Verlaufsfiltern.

Bei *Absorptionsfiltern* wirkt der Filter als Absorber der fernzuhaltenden oder zu schwächenden Strahlung. Die Mehrzahl der bei Luftbildaufnahmen verwendeten Filter sind dieser Art. Bei *Interferrenzfiltern* wird die Filterwirkung durch Interferrenz oder Reflexion erreicht. Sie werden ggf. benötigt um ein sehr schmales Spektralband auszusondern oder wenn nur kurzwelliges Licht passieren soll. *Polarisationsfilter* selektieren die

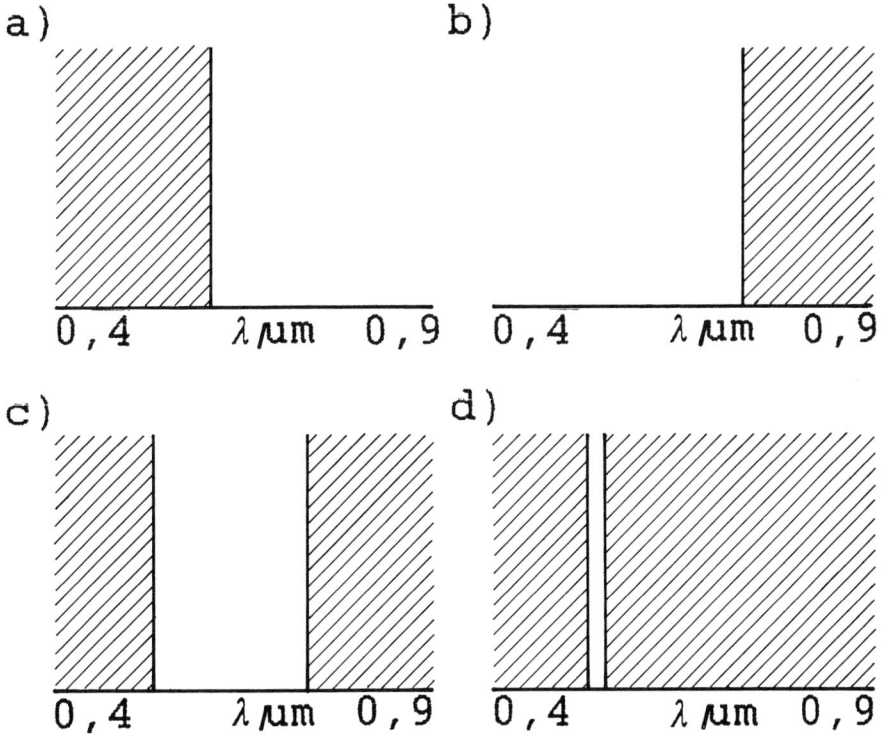

Abb. 77: *Prinzip der a) Hochpaß-, b) Tiefpaß- und c/d) Bandpaß-Filterung. Bei d) chromatische Ausfilterung einer Spektrallinie*

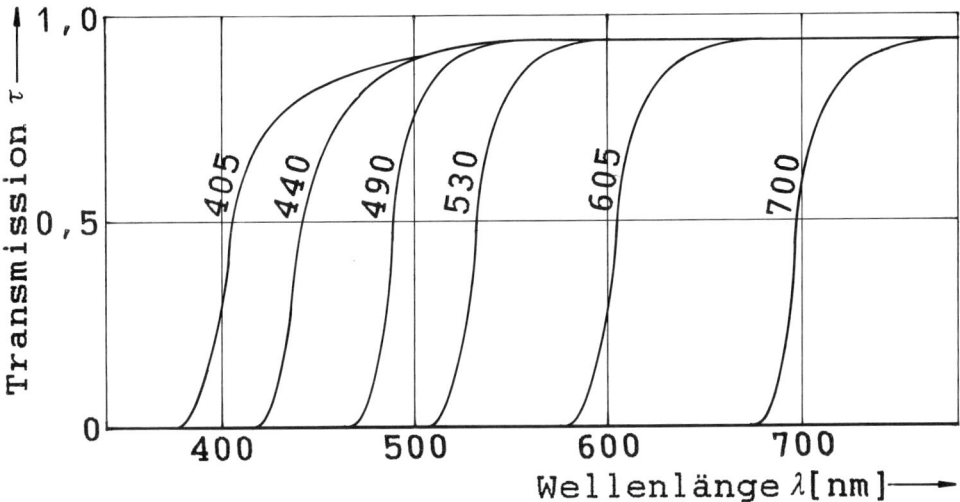

Abb. 78: *Spektrale Transmissionskurven (= Filterkanten) von Hochpaßfiltern. Beispiel: Filter für LMK 200 (nach Firmenangaben von Zeiss Jena) (aus ALBERTZ u. KREILING S. 101)*

horizontal schwingenden von vertikal schwingenden Wellen. Sie spielen bei Luftbildaufnahmen keine Rolle.

Kantenfilter lassen Strahlung bis zu bzw. ab einer bestimmten Wellenlänge zum Bildaufbau zu. Sie bewirken an der „Filterkante" den Übergang zwischen Durchlässigkeit und Undurchlässigkeit. Dabei unterscheidet man zwischen Hochpaß-, Tiefpaß- und Bandfilterung (Abb. 77).

Die mit Abstand größte Bedeutung kommt bei Luftbildaufnahmen der Hochpaßfilterung zu (Abb. 77a). Abb. 78 zeigt exemplarisch spektrometrische Absorptions- bzw. Transmissionskurven für dafür verfügbare Kantenfilter. Sie beschreibt die Filterkanten über den Wellenlängen. Da die Filter jeweils für kürzere Wellen weniger durchlässig sind als für längere wird die „Kantenlage" durch *die* Wellenlänge definiert, für die eine Transparenz τ von 50 % erreicht wird. Tiefpaß- und Bandpaßfilterung können ggf. bei der Multibandphotographie von Nutzen sein.

Verlaufsfilter sind Absorptionsfilter, weisen aber keine Filterkante auf und selektieren auch nicht spektral. Für Luftbildaufnahmen wichtig sind die sog. *Antivignettierungsfilter*. Sie weisen von der Mitte zum Rand hin eine kontinuierlich zunehmende Durchlässigkeit auf und gleichen damit den durch das Kameraobjektiv bewirkten Helligkeitsabfall zum Bildrand hin (weitgehend) aus (vgl. Kap. 4.1.2). Antivignettierungsfilter sind dementsprechend jeweils auf die optischen Eigenschaften bestimmter Kammerobjektive abgestimmt und werden deshalb auch als Zubehör zu Meßkammern mitgeliefert.

Eine Sonderstellung nehmen *Farbkompensationsfilter* ein. Sie sind nach ihrer Art Absorptionsfilter, die über den gesamten sichtbaren Lichtbereich mit unterschiedlicher Stärke auf die spektrale Strahlung *dämpfend* wirken. Mit ihrer Hilfe kann ggf. bei Farb- und Infrarot-Farbfilmen einer durch Alterung oder andere Einflüsse aus der gewünschten Farbbalance gekommenen spektralen Sensibilität der Schichten entgegengewirkt werden. Kodak bietet unter dem Kürzel CC (für color compensation) eine Serie von Filtern an, die in unterschiedlichen Spektralbereichen das einfallende Licht dämpfen: CC-M (M für Magenta) im grünen, CC-C (C für Cyan) im roten und CC-B (B für Blue) im grünen und roten Spektrum. Dabei stehen jeweils Filter mit verschieden starker Absorption zur Verfügung. Der zweckmäßige Einsatz solcher Filter setzt sensitometrische Messungen der akuten spektralen Empfindlichkeiten der Filmschichten und die Abstimmung auf die gewünschte Farbbalance voraus (zu den Filmen: KODAK 1981, zur Optimierung der Filterung: FRITZ 1977, FLEMING 1980, VORETZSCH et al. 1986, WIENHOLD 1991).

Die weiteren Ausführungen dieses Abschnitts beschränken sich auf die für die Luftbildaufnahme praktisch wichtigen und unverzichtbaren Absorptionsfilter mit Kantenwirkung zur Hochpaßfilterung und auf die der Vignettierung entgegenwirkende Filterung.

Die spektrale Filterung und die Verlaufsfilterung gegen Vignettierung erreicht man durch zwei hintereinander gesetzte Filter oder durch Aufbringung einer Antivignettierungsschicht auf die spektral selektierenden Kantenfilter. Die Filter bestehen dabei aus Glas oder zwischen Glasplatten eingeschobene Folie (Gelatine, Kunststoff). Bei panchromatischen Farbfilmen ist eine Gelbfilterschicht integriert (vgl. Abb. 66), der Kodak SO 131 ist als einziger der Infrarot-Farbfilme mit einem Gelbfilterüberzug versehen.

Alle in Kap. 4.1.2 genannten Reihenmeßkammern, Multiband- und Kleinformat-Kameras sind für die Aufnahme von Vorsatzfiltern eingerichtet. Als einzige Kammern besitzen die der neuen Zeiss RMK TOP Serie zusätzlich auch drei spektrale Kantenfilter als nahe der Blende im Linsensystem plazierte Innenfilter.

In Tab. 13 sind gebräuchliche spektrale Absorptionsfilter zusammengestellt. Dazu die folgenden erläuternden Anmerkungen:

UV-Filter der Typen HF4 und HF5 von Kodak Wratten werden stets nur in Kombination mit HF3 bei Farbfilmen und Aufnahmen aus großer Höhe und starkem Dunst eingesetzt.

Dunstfilter mit Kantenlagen zwischen 400 und 420 nm sind für die Ausfilterung atmosphärischen UV-Sonnenlichts bei Farbluftbildaufnahmen bestimmt. Blaues, reflektiertes Licht muß für den Aufbau von Farbbildern in natürlichen Farben zur Belichtung der obersten, blau-sensiblen Emulsionsschicht dieser Filme (vgl. Abb. 66) zugelassen werden. Es wird aber danach durch die in diesen Filmen integrierte Gelbfilterschicht von den grün- und rot-sensiblen Schichten abgehalten.

Helle Gelbfilter mit Kantenlagen >440 nm schneiden alle blaue Strahlung ab, lassen aber im Gegensatz zu dunkleren Gelbfiltern grünes Licht fast ganz passieren. Dieser Filtertyp wird seltener benützt, kann aber ggf. bei spezifischen Reflexionsunterschieden von Objekten für Multibandaufnahmen von Nutzen sein.

Weitaus wichtiger sind *dunklere Gelbfilter* und *Orangefilter*. Sie sind die Standardfilter sowohl für panchromatische Schwarz-Weiß-Luftbildaufnahmen als auch für Infrarot-Farbluftbildaufnahmen mit Kodak Film 2443 und den russischen Spektrozonalfilmen. Der Wild „Sandwich" Filter mit Kantenlage bei 520 µm wird speziell für solche Infrarotfarbluftbildaufnahmen angeboten.

Bei Verwendung in Kombination mit Infrarot-Schwarz-Weiß-Filmen führt die Gelbfilterung zur sog. „modifizierten Infrarotaufnahme", die zwar Kontraste im schwarzschweißen Infrarotbild mindert, aber Schattenpartien, z. B. im Gebirge oder hinter Waldrändern aufhellt und ggf. interpretierbar macht.

Der einzige in Tab. 13 aufgeführte Band- oder Bandpaß-Filter Kodak Wratten Nr. 58 separiert das Grünspektrum. Er kann in Verbindung mit einem panchromatischen Film bei Multibandaufnahmen ggf. von Nutzen sein. Besondere Erwartungen auf erhöhte Interpretationsmöglichkeiten bei vegetationskundlichen oder forstlichen Luftbildauswertungen sollte man jedoch im Hinblick auf die weitgehende Gleichartigkeit der Reflexion grüner Vegetation in diesem Spektralbereich (vgl. Kap. 2.2.2 u. 2.2.3) nicht hegen.

Rotfilter und *Infrarotfilter* sind für die Kombination mit schwarz-weißen Infrarotfilmen gedacht und wichtig. Je weiter die Filterkante im langwelligen Bereich liegt, desto tiefer dunkel werden beschattete Partien abgebildet. Rotfiltern (oder dunklen Gelbfiltern s. o.) wird daher oft der Vorzug vor Infrarotfiltern gegeben, um insbesondere im Gebirge auch von Schatthängen noch Informationen zu bekommen.

Jede Filterung bedeutet eine Reduktion der für die Belichtung zur Verfügung stehenden Strahlungsenergie. Sie muß in Abstimmung mit der Filmempfindlichkeit und den atmosphärischen Aufnahmebedingungen durch eine längere Belichtungszeit oder größere Blende kompensiert werden. Man drückt das jeweils notwendige Mehrfache an Belichtungszeit bzw. Blendenöffnung durch den *Filterfaktor* aus. Bei Schwarz-Weiß Filmen und Gelbfiltern liegen die Filterfaktoren i.d.R. zwischen 1.5 und 2.5 und mit Rotfiltern zwischen 3 und 4. Sie können aber auch deutlich darüber hinausgehen.

Publizierte Filterfaktoren, z. B. solche in Firmenschriften oder Handbüchern, gehen i.d.R. auf Labormessungen unter kontrollierten Beleuchtungsbedingungen zurück. Sie haben daher für die Praxis der Luftbildaufnahme nur Hinweischarakter. Bei der Luftbildaufnahme herrschende Beleuchtungsverhältnisse und ggf. auch akute sensitometrische Parameter des eingesetzten Films sind bei der schließlichen Wahl des Filterfaktors zu bedenken

Bei elektronischer Belichtungssteuerung, wie sie in modernen Reihenmeßkammern, z. B. der RMK-TOP-, der LMK- oder der RC-20 Serie (vgl. Tab. 7), verfügbar ist, wird der eingegebene oder sich bei der Belichtungsmessung selbst ergebende Filterfaktor automatisch mit berücksichtigt.

Allgemeine Filterbezeichnung	Beispiele für Absorptionsfilter					
	KODAK-WRATTEN	AGFA-GEVAERT	WILD Heerburg	ZEISS Jena	ZEISS Oberkochen[1]	
	externe Filter					Internfilter
	Firmenbezeichnung des Films und Kantenlänge in nm bei $\tau = 50\%$					
_1_	_2_	_3_	_4_	_5_	_6_	_7_
UV-Filter	HF4 300 HF5 325					
Dunstfilter (helle Gelbfilter)	HF3 405	CTO 395	Sandwich-Filter 400² HAZE-F. 420²	405²	A2² 420	A2 420
helle Gelbfilter	3 465	L435 435 L477 477		440²		
dunkle Gelbfilter	8 495		Sandwich-False Color 520²	490²	B² 485	B 490
Orange-Filter	12 520	L510 510	Dark Yellow 525²	530²	D² 520	C 525
Bandpaß-Filter f. d. Grünbereich	58 490-580 bei $\tau = 10\%$					
Rotfilter	25 605	L599 599	Light-Red 600²	605²	F² 600 H² 635 I² 670	
Infrarot-Filter	89B 715	L731 731	Infrared 705	700	K² 705	

[1] Internfilter für RMK-TOP   [2] Filter mit Antivignettierungsschicht

Tab. 13: _Absorptionsfilter für Luftbildaufnahmen (Beispiele)_

4.1.5 Luftbildaufnahme aus Flugzeugen

Luftbildaufnahmen können entsprechend der in Kap. 4.1.1 vorgestellten Systematik in sehr verschiedenartiger Weise erfolgen. Die weitaus häufigste und für forstwirtschaftliche oder vegetationskundliche oder auch umweltrelevante Inventur-, Beobachtungs- oder Kartierungszwecke wichtigste Form, ist die Senkrechtaufnahme größerer Flächen mit Reihenmaßkammern. Diese Aufnahmeform steht deshalb auch im Mittelpunkt dieses Kapitels.

Die Ausführungen dieses Kapitels zielen auf die Unterrichtung der Praktiker und Wissenschaftler, die für ihre Zwecke Luftbildaufnahme-Aufträge zu erteilen und Luftbilder auszuwerten haben. Es werden deshalb in den Kap. 4.1.5.1–4.1.5.9 Fragen zur Planung und Auftragserteilung von Luftbildaufnahmen für forstwirtschaftliche, vegetationskundliche und landschaftsökologische Auswertungszwecke beantwortet.

4.1.5.1 Wer darf Luftbilder aufnehmen und wer steht für Bildflugaufträge zur Verfügung

Die Entscheidung darüber, wer Luftbilder aufnehmen darf und ggf. unter welchen Bedingungen, unterliegt weltweit nationalem Recht. Einschlägige rechtliche Regelungen bzw. jeweils geltende Restriktionen für die Aufnahme von Luftbildern und die Verwendbarkeit, Veröffentlichungsmöglichkeit, Ausfuhr usw. von Luftbildern sind dementsprechend sehr unterschiedlich. Die jeweiligen nationalen Bestimmungen müssen zur Vermeidung von Nachteilen beachtet werden.

Die internationale Entwicklung *tendiert* – zugunsten der Fernerkundung – zu zunehmender Liberalisierung und zum Abbau bestehender Restriktionen. Dennoch gibt es in vielen Ländern noch z.T. erhebliche Einschränkungen und bürokratische Hemmnisse.

Für die deutschsprachigen Länder gelten z.Zt. folgende Regelungen:

In *Deutschland* kann seit 1990 jedermann ohne vorherige Genehmigung Luftbildaufnahmen durchführen und Luftbilder verbreiten. Zu beachten ist nur § 109g des Strafgesetzbuches, der – bei Vorsatz! – die konkrete Gefährdung der Sicherheit der Bundesrepublik oder der Schlagkraft der Truppe u. a. durch Luftbildaufnahmen unter Strafe stellt. Unbeschadet davon, daß die Gefahr, gegen diesen Paragraphen zu verstoßen, denkbar gering ist, hat der Bundesverteidigungsminister „Regionale Ansprechstellen" bei den Wehrbereichskommandos eingerichtet, die *freiwillige* Anfragen zum „sicherheitsgefährdenden Abbilden" beantworten können (BMVg-Fü SIII6 AZ 53-30-20-50 vom 10.5.91).

In der *Schweiz*[12] gelten sehr ähnliche Regeln. Luftbildaufnahmen sind grundsätzlich frei. Eine Genehmigungs- oder Kontrollstelle existiert nicht. Auch nach der „Verordnung über den Schutz militärischer Anlagen" des Schweizerischen Bundesrates vom 2.5.90 gilt, daß alles was oberirdisch und somit allgemein wahrnehmbar ist, photographiert und veröffentlicht werden kann. Auch hier gilt lediglich der Vorbehalt, daß nicht gegen Bestimmungen des Strafgesetzbuches über den militärischen Nachrichtendienst mit Vorsatz verstoßen werden darf.

In Österreich[12] regelt das Luftfahrtgesetz in § 130 die Aufnahme und Verbreitung von Luftbildern. Danach unterliegt die Verbreitung von Luftbildern „unbeschadet sonstiger gesetzlicher Vorschriften" der Bewilligung des Bundesministers der Landesverteidigung. Gleichzeitig aber *sind* Ausnahmebewilligungen davon *zu erteilen*, „wenn dem militärische Interessen nicht entgegenstehen." Bei „Messungsaufnahmen" muß jedoch das Einvernehmen mit dem Bundesminister für wirtschaftliche Angelegenheiten hergestellt werden.

Die Aufnahme von Luftbildern kann erfolgen
– in eigener Regie
– durch Beauftragung einer privaten Luftbild-Firma
– durch Beauftragung einer hierfür zuständigen oder ausgestatteten zivilen staatlichen Institution
– durch Beauftragung einer hierfür zuständigen Einheit der Luftstreitkräfte.

Luftbildaufnahme in eigener Regie des Nutzers ist in zwei Fällen üblich. Der eine Fall liegt vor, wenn eine Verwaltung, ein Unternehmen oder eine Forschungsanstalt im Hinblick auf ihre regelmäßig durchzuführenden oder immer wieder notwendigen Fernerkundungs- oder Vermessungsaufgaben über eigene Flugzeuge, Reihenmeßkammern und technisches Personal für Luftbildaufnahmen verfügt. Es finden sich dafür auch Beispiele in Forst- und Vermessungsverwaltungen in den USA, in Kanada, in Schweden und anderswo sowie bei Forschungsanstalten, wie z. B. der Deutschen Forschungsanstalt für Luft- und Raumfahrt (DLR) oder dem Institute Geographique National (IGN) in Frankreich.

---

[12] Für die Auskünfte danke ich Herrn EIDENBENZ vom Schweizerischen Bundesamt f. Landestopographie sowie der Luftbildstelle des Österreichischen Bundesamtes für Eich- und Vermessungswesen.

Der zweite und sehr häufige Fall ist die Luftbildaufnahme mit eigenen kleinformatigen Kameras aus gecharterten, i.d.R. leichten Flugzeugen heraus. Es wird auf das hierzu in Kap. 4.1.2.2 Gesagte verwiesen. Bekannteste Beispiele hierfür sind kommerzielle Aufnahmen von Berufsphotographen für publizistische Zwecke. Für forstliche und vegetationskundliche Anwendungen reichen die Beispiele von gelegentlichen Aufnahmen, z. B. eines Revierleiters von seinem Revier, über Aufnahmen für wissenschaftliche Untersuchungs- und Dokumentationszwecke bis zu z. B. von Forstverwaltungen für Waldinventuren organisierte, regelmäßige Luftbildaufnahmen dieser Art in eigener Regie.

Einige konkrete Beispiele für letzteres sind entsprechende Anwendungen für Zwecke großräumiger Waldinventur durch den British Columbian Forest Service (LYONS 1966, 1967, WAELTI 1973), durch RHODY (1977, 1980) bei mehreren Inventuren in den Tropen oder beim Australian Forest Service für die Erfassung und Kartierung vieler kleinerer Waldbrandflächen. BENSONS und BRIGGS (1978) berichten zu letzterem: „Most Australian Forest Services and several of the National Park Organizations have in recent years equipped with 70 mm or 35 mm, cameras suitable for vertical photography, and have adequate expertise to obtain high quality photographs."

Für *flächendeckende Luftbildaufnahmen mit Reihenmeßkammern* stehen in marktwirtschaftlich orientierten Ländern *in- und ausländische Firmen* zur Verfügung. Auftraggeber, wie z. B. staatliche oder private Forstverwaltungen, Vermessungsämter, Umwelt- oder Regionalplanungsbehörden usw. schreiben i.d.R. Bildflugaufträge aus oder holen gezielt mehrere Angebote ein. Die Planung eines Bildfluges wird nach den Vorgaben des Auftraggebers durch die Luftbildfirma ausgeführt. Die Vorgaben müssen dabei im Bildflugauftrag detailliert beschrieben sein (siehe 4.1.5.7). Sie müssen der Bildflugfirma rechtzeitig vor dem gewünschten Aufnahmetermin bekannt sein, um dort entsprechende Dispositionen, Einholung ggf. notwendiger Bildflugerlaubnisse und technische Vorbereitungen treffen zu können.

Die Koordinierung von Bildflügen verschiedener Auftraggeber ist aus ökonomischen Erwägungen vernünftig. Sie wird in manchen Ländern – auch Bundesländern – für staatliche Auftraggeber soweit wie möglich auch durchgeführt. Man sollte aber von gemeinschaftlichen Bildflügen absehen, wenn die Vorgaben der Auftragspartner z. B. bezüglich Film, Objektivbrennweite, Bild-Maßstab, Aufnahmezeitpunkt usw. nicht übereinstimmen und damit einer Optimierung der Luftbildaufnahme im Hinblick auf den Auswertungszweck entgegenstehen. Gerade für forstliche und vegetationskundliche Luftbildinterpretationen sind oft spezielle photographische Bedingungen zu erfüllen, um den Interpretationserfolg zu ermöglichen. Man denke z. B. an einen aus phänologischen Gründen notwendigerweise eng begrenzten Aufnahmezeitraum oder an eine anzustrebende Farbbalance im Luftbild um *bestimmte* schwache spektrale Reflexionsunterschiede bildwirksam werden zu lassen.

Die gleichen Gesichtspunkte gelten auch, wenn der Auftrag für eine Luftbildaufnahme nicht an eine private Firma, sondern an eine *entsprechend ausgestattete staatliche Institution* oder einen *militärischen Auftragnehmer* gegeben werden muß. Erfahrungsgemäß sind dabei die Möglichkeiten der Einflußnahme des Auftraggebers auf die Durchführung der Luftbildaufnahme und die der Zusammenarbeit mit dem Auftragnehmer geringer als bei der Beauftragung privater Firmen. Auch die Gewährleistung qualitativ bestmöglicher Bildergebnisse und die Einhaltung von Mängelvereinbarungen sind i.d.R. bei seriösen Privatfirmen in höherem Maße gegeben als bei staatlichen Monopolisten.

4.1.5.2 Flugzeuge für Bildflüge

Jeder Flugkörper entsprechender Größe, gleich ob es sich um Ballone, Zeppeline, Flugzeuge, Raketen, Satelliten oder Weltraumfahrzeuge handelt, kann Träger bzw. Plattform
für Luftbildaufnahmen sein. Flugzeuge, und zwar vorwiegend Starrflügler, sind jedoch
nach wie vor die wichtigste Plattform für Luftbildaufnahmen.

Welcher Flugzeugtyp eingesetzt wird, zweckmäßig oder notwendig ist, hängt vom Mis-
sionszweck einer Luftbildaufnahme und den dafür erforderlichen technischen Aufnahme-
kriterien ab. Dabei spielen die mögliche Flughöhe, der Einsatzradius, die Aufnahmefähig-
keit für die Ausrüstung und das Bildflugpersonal, die Fluggeschwindigkeit und die stabile
Fluglage eine Rolle. Spezielle Fernerkundungsflugzeuge gibt es nicht; vielmehr können die
verschiedensten Typen mit entsprechenden Einrichtungen versehen werden. Bei Luftbildaufnahmen mit Kleinbildkameras und Einmannbildflug mit leichteren Flugzeugtypen
eignen sich Hochdecker wegen der unverstellten Sicht nach unten besser als Tiefdecker.
Hubschrauber haben gewisse Vorteile bei Einzelobjekt-Aufnahmen, insbesondere wenn
diese vom Photographen erst während des Fluges gesucht oder ausgewählt werden müssen.
Für größere flächendeckende Luftbildaufnahmen eignen sich Hubschrauber nicht.

Die Aufnahmesysteme mit Reihenmeßkammern sind für Ein-, Zwei- und Dreipersonen-Bildflug ausgelegt. Die Funktionsverteilung ist dabei folgende:

	Pilot	Navigator	Kammer-operateur
Einpersonen-Bildflug	A	A	A
Zweipersonen-Bildflug	A	B	B
Dreipersonen-Bildflug	A	B	C

Der Einpersonen-Bildflug ist bei kürzeren Missionen möglich und setzt weitgehend au-
tomatisierte Navigations- und Kammerfunktionen voraus (vgl. 4.1.2.1). Bei hohen Anforderungen an Flugzeugführung, Navigation und Bedienung des Aufnahmesystems und
andererseits auch bei ausgedehnten, langen Bildflugmissionen sowie solchen in weithin
unbekanntem oder unübersichtlichem Gebiet ist dagegen je nach Lage und verwendetem
Navigations- und Kammersystem der Zwei- oder Dreipersonen-Bildflug erforderlich. Der
Flugzeugtyp muß dementsprechend Raum und Bewegungsfreiheit anbieten.

Für Missionen mit begrenztem und mittlerem Einsatzbereich kommen vor allem ein-
und zweimotorige Flugzeuge in Frage. Für Luftbildaufnahmen aus großen Höhen (>10000
m) werden i.d.R. Turbojets oder Turbofans eingesetzt. Eine umfangreiche Liste von
zivilen Bildflugzeugen und deren technischen Daten findet sich bei ALBERTZ und KRAILING
(1989, S. 112-117).

4.1.5.3 Welche Kamera ist zu verwenden?

Für flächen- oder streifenweise Luftbildaufnahmen kommen ausschließlich Reihenmeßkammern mit großem Bildformat in Frage. Sind dafür groß- oder mittelmaßstäbige Bilder aufzunehmen und soll sich deren Auswertung in erster Linie auf Waldbestände oder Baumkronen
richten, so sind *Normalwinkelobjektive* (f = 305 mm) vorzuziehen. Aufnahmen damit gestatten
weitgehendere Einsichten in die Tiefe der vertikal gegliederten Kronendächer und bieten im
Bildbandbereich im wahrsten Wortsinn weniger „einseitige" Abbildungen von Baumkronen
als Aufnahmen mit Weitwinkelobjektiven. In Normalwinkelluftbildern treten ferner gegen die

Bildränder hin zunehmende Verdeckungen niederstämmiger und bodennaher Vegetation durch hochstämmige in geringerem Maße auf als in Weitwinkelluftbildern.

Den Vorteilen der Normalwinkelaufnahme stehen freilich auch Nachteile gegenüber. Sie sind vor allem wirtschaftlicher Art. Zur Abdeckung eines gegebenen Gebietes mit Luftbildern eines gewünschten Maßstabs muß die Aufnahme mit einem Normalwinkel-objektiv aus doppelt so großer Höhe erfolgen als die mit einem Weitwinkelobjektiv. Dies folgt aus der Maßstabformel (33) für Nadir- bzw. Senkrechtaufnahmen. Die Normalwin-kelaufnahme erfaßt zudem aus einer gegebenen Flughöhe nur ein Viertel der Gelände-fläche und die Hälfte des Aufnahmestreifens einer Weitwinkelaufnahme – dies freilich in doppelt so großem Maßstab. Tab. 14 gibt dazu ein Zahlenbeispiel:

Flughöhe m	f m	m_b	$m_b \cdot s_b$ (s_b = 0,23 m) m	$(m_b \cdot s_b)^2$ km^2
1	2	3	4	5
1500	0,15	10 000	2300	5,2900
1500	0,30	5000	1150	1,3225
3000	0,30	10 000	2300	5,2900

Tab. 14: *Vergleich Weitwinkel-/Normalwinkelaufnahme*

Bei der Disposition einer Luftbildaufnahme sind Vor- und Nachteile beider Aufnahmefor-men abzuwägen. Für Zwecke der Forsteinrichtung, für forstliche und städtische Zustands-inventuren mit baumweiser Ansprache des Kronenzustands, für landschaftsökologische Analysen oder Biotopkartierungen überwiegen die Vorteile einer Normalwinkelauf-nahme. Sie sind im Hinblick auf die in diesen Fällen zumeist allenfalls mittelgroßen aufzu-nehmenden Flächen (Forstbezirk, Stadtgebiet, Stichprobestreifen eines größeren Raumes, begrenzter Landschaftsraum) auch ökonomisch zu vertreten.

Sollen Orthophotos und Orthophotokarten großen und mittleren Maßstabs hergestellt werden (siehe hierzu Kap. 4.5.8), so ist ebenfalls eine Kamera mit Normalwinkelobjektiv zweckmäßig.

Für vegetationskundliche Untersuchungen in Wuchsgebieten mit überwiegender Gras-, Kraut- und Buschvegetation oder für Wald- und Vegetationskartierungen in Groß-räumen sowie für topographische Vermessungszwecke treten die diskutierten Nachteile von *Weitwinkelaufnahmen* für die Bildinterpretation gegenüber den wirtschaftlichen Vor-teilen i.d.R. zurück. Weitwinkelaufnahmen sind in solchen Fällen zumeist geboten. Dies gilt auch, wenn im Hinblick auf den Auswertungszweck und/oder die Größe des Aufnah-megebiets, ein kleiner Bildmaßstab gewünscht wird oder erforderlich ist.

Schmalwinkelkameras (Öffnungswinkel 2α<31°) können einerseits für Aufnahmen in sehr großem Maßstab z. B. bis 1:1 000 notwendig sein, um zugelassene Mindestflughöhen einzu-halten, und andererseits für Aufnahmen aus sehr großen Höhen, um einen möglichst großen Maßstab zu erreichen. So sind einige der vom Weltraum eingesetzten Kameras mit Teleob-jektiven ausgerüstet (schmaler Öffnungswinkel, lange Brennweite, vgl. Tab. 8 Zeile 5 und 8).

Überweitwinkelaufnahmen (Öffnungswinkel >120°) haben für forstliche und vegetati-onskundliche Zwecke kaum Bedeutung.

Für Luftbildaufnahmen, die mit nichtkalibrierten Kameras senkrecht oder schräg, als Mono- oder Multiband-Aufnahme erfolgen sollen, wird im Bezug auf die hierfür geeigne-ten Typen auf das im Kap. 4.1.2.2 Gesagte verwiesen.

4.1.5.4 Die Filmwahl

Auch die Wahl der Filmart richtet sich nach dem hauptsächlichen Auswertungszweck. Wirtschaftliche und technische Entscheidungskriterien kommen hinzu.

Die erste Entscheidung ist zwischen Schwarz-Weiß- und Farbfilmen zu treffen, die zweite – innerhalb dieser beiden Gruppen zwischen einem Film mit oder ohne Sensibilität für infrarote Strahlung, die dritte – soweit eine Wahl möglich ist – zwischen Filmen verschiedener Empfindlichkeit und geometrischer Auflösung.

Schwarz-Weiß-Filme sind aus wirtschaftlichen Gründen dann vorzuziehen, wenn die damit aufgenommenen Luftbilder für den Auswertungszweck den *vollen* Informationsgehalt besitzen. Dies wird oft dann der Fall sein, wenn photogrammetrische Kartierarbeiten z. B. für topographische Zwecke oder Ingenieurmessungen im Vordergrund stehen. Diesem Zwecke kann dabei auch die ggf. bessere Auflösung der meisten Schwarz-Weiß-Filme zugute kommen (vgl. Tab. 10).

Ob für forstliche, vegetationskundliche oder landschaftsökologische Auswertungszwecke Schwarz-Weiß-Luftbilder alle benötigten Informationen zu gewinnen erlauben, ist von Fall zu Fall zu prüfen. Sicher ist, daß Farbluftbilder in Bezug auf Pflanzen und Pflanzenbestände für den sachkundigen Interpreten eine weitaus größere Menge an spektralen Informationen enthalten. Dies gilt für die Differenzierung von Arten, die Analyse von Artenzusammensetzungen, die Erkennung und Klassifizierung von Vitalitätszuständen und Schadsymptomen, die Unterscheidung und ggf. Identifizierung von Bodenarten und Zuständen bei unbewachsenen Böden, von Gesteinspartien und Wasserkörpern. Besondere Vorzüge bieten dabei Infrarot-Farbluftbilder durch die Einbeziehung von infraroter Strahlung mit 0,7-0,9 µm Wellenlänge. In Kap. 2.3.1.2 und 2.3.2 ist dies hinlänglich und vielfach deutlich geworden. Darüber hinaus ist bekannt, daß der Mensch über tausendmal mehr, aus Farbton, -sättigung und -helligkeit konstituierte Farbwerte unterscheiden kann als Grautonstufen.

Der deutlich höhere vegetationskundliche Informationsgehalt von Farb- und insbesondere Infrarot-Farbluftbildern ist in der Vergangenheit vielfach durch praktische Interpretationserfahrung bestätigt worden. Dennoch steht dem bei der Entscheidung über die Filmwahl im konkreten Fall angesichts der wirtschaftlichen Überlegungen die Frage gegenüber, ob für den überwiegenden Auswertungszweck nicht auch Schwarz-Weiß-Luftbilder genügen.

Gerade für bestimmte forstwirtschaftliche Zwecke, nämlich für die Forsteinrichtung, die Fortführung von forstlichen Betriebskarten und für großräumige Holzvorrataufnahmen haben sich bekanntlich Schwarz-Weiß-Luftbilder seit Jahrzehnten gut bewährt. Entscheidet man sich, für diese Arbeiten auch weiterhin Schwarz-Weiß-Luftbilder zu benutzen, so ist aber im Hinblick auf das von der Phänologie der Bäume abhängige spektrale Reflexionsverhalten von Laub- und Nadelhölzern (vgl. 2.3.1.2, 2.3.2)
– im Frühjahr (ab dem Laubaustrieb) mit *panchromatischem* Schwarz-Weiß-Film
– im Sommer (nach dem Ausreifen der Blattorgane) mit *Infrarot*-Schwarz-Weiß-Film
– im Herbst (ab beginnender Laubverfärbung) mit *panchromatischem* Schwarz-Weiß-Film
aufzunehmen. Dies, weil nach dem Ausreifen der Laubblätter (in Mitteleuropa Anfang Juni) deren spektrale Reflexion sich im sichtbaren Licht nicht signifikant von jener der Koniferennadeln unterscheidet. Laub- und Nadelbäume werden in panchromatischen Hochsommeraufnahmen in gleichen Grautönen abgebildet. Die Unterscheidung beider Baumartengruppen ist zwar unterm Stereoskop auch dann noch an der Kronenform erkennbar, doch erleichtert und verbessert – besonders bei einzelstammweiser Mischung – die Einbeziehung der spektralen Infrarotinformation die Unterscheidungsmöglichkeiten erheblich (vgl. hierzu Bildtafel VI, vgl. auch I und III).

Auf diese Sachverhalte wurde schon vor Jahrzehnten (z. B. COLWELL und JENSEN 1949,

HILDEBRANDT 1957, SPURR 1960) und seitdem immer wieder hingewiesen. Dennoch wurde und wird in der Praxis gegen diese einfache Regel immer wieder verstoßen.

Sollen in Zukunft bei Forsteinrichtungen und Vorratsinventuren auch Informationen über Baum- und Bestandeszustände, Waldkrankheiten und -schäden stärker einbezogen werden, so ist der Übergang zu Infrarot-Farbluftbildern als Informationsmittel erforderlich.

Erfordert der Zweck der Luftbildauswertung eine bestmögliche Differenzierung und Erkennung von Pflanzenarten und -gesellschaften, Vegetationstypen, Wald- und Kronenschäden usw., so wird dies durch Schwarz-Weiß-Filme *nicht* befriedigend erfüllt werden können. In solchen Fällen *muß* ein Farbfilm gewählt werden. Unbeschadet früherer Auseinandersetzungen über die Vorzüge des einen oder anderen Farbfilms (z. B. BENSON und SIMS 19000 vs. HILDEBRANDT und KENNEWEG 1970, HELLER 1971, KENNEWEG 1971, TEPASSÉ 1987) haben sich inzwischen Infrarot-Farbfilme als besonders geeignet für die genannten forstlichen und vegetationskundlichen Auswertungszwecke erwiesen. Sie sind panchromatischen Farbfilmen in vielen Fällen (wenn auch nicht immer) überlegen. Die „falschfarbige" Bilddarstellung ist in keinem Falle als nachteilig oder störend für die Interpretation empfunden worden.

Schließlich entscheiden als letztes die Empfindlichkeit, der Gradationsspielraum und das Auflösungsvermögen über die Wahl des zweckmäßigen Schwarz-Weiß- oder Farbfilms. Dabei gelten wiederum einige prinzipielle Regeln:
– Für Aufnahmen aus großer Höhe sind hochauflösende Filme zu wählen. Geringere Empfindlichkeit kann zumeist in Kauf genommen werden, da aus großer Höhe – gleiche Fluggeschwindigkeit vorausgesetzt – länger als aus geringer belichtet werden kann. Die proportionale Abnahme der Bildpunktbewegung mit zunehmender Flughöhe ermöglicht es zudem, diese durch Verwendung einer Kammer mit Bewegungskompensation nahezu vollständig aufzuheben.
– Für Aufnahmen aus geringer Höhe sind dagegen sehr empfindliche Filme zu wählen. Dies, um durch möglichst kurze Belichtung Bildbewegungen so weit zu minimieren, daß auch diese durch die Bewegungskompensation der Kammer aufgefangen werden können.

Neben diesen Grundregeln gilt auch:
– Je kontrastärmer das aufzunehmende Objektfeld ist und andererseits je mehr die gegebenen Kontraste durch die Atmosphäre gedämpft werden, desto mehr ist ein Film zu bevorzugen, der eine steilere Gradation zu erreichen gestattet.
– Zu harte Kontraste eines kontrastreichen Objektfeldes können durch Aufnahme mit einem Film gemildert (weichgezeichnet) werden, der eine flache Gradation zu erreichen zuläßt.

4.1.5.5 Wahl des Bildmaßstabs

Wenn in diesem Abschnitt vom Bildmaßstab gesprochen wird, so ist stets der *mittlere* Maßstab des Originalluftbildes bzw. der Bildserie einer Aufnahme zu verstehen.

Das Originalluftbild hat – wie in Kap. 4.2.2 zu erläutern sein wird – nur im (theoretischen) Falle der Nadiraufnahme einer streng ebenen und horizontalen Fläche einen durchgehend einheitlichen Maßstab. Bedingt durch die zentralperspektivische Abbildung des Geländes (Abb. 89) und einer ggf. vorliegenden Nadirdistanz (Abb. 55) ist das im Luftbild abgebildete Gelände i.d.R. nicht in einem einheitlichen Maßstab dargestellt. Ebenso gilt für Bildreihen, daß der mittlere Maßstab der Bilder in Abhängigkeit von den Geländehöhen entlang der Flugstreifen unterschiedlich sein kann. Beides geht aus Formel (33) hervor.

$$\frac{1}{m_b} = \frac{f}{h_g} \quad \text{bzw.} \quad \frac{c_K}{h_g} \tag{33}$$

Dabei ist h_g die Flughöhe über Grund. Sie ist auf jeden abgebildeten Geländeort zu beziehen und bei Angabe eines mittleren Bildmaßstabs auf eine mittlere Geländehöhe. Maßstabsunterschiede im Originalluftbild und in den Bildern einer Serie sind umso größer, je größer die Höhenunterschiede im aufgenommenen Gelände sind.

Bei Planung eines Bildflugs sind vor diesem Hintergrund und auf den Zweck der Luftbildauswertung ausgerichtete Überlegungen über den angestrebten mittleren Bildmaßstab anzustellen. Der zu tolerierende kleinste Maßstab für die Abbildung der tiefstgelegenen Tallagen ist dabei zu berücksichtigen.

Basierend auf vielfältigen praktischen Erfahrungen und vorliegenden Untersuchungen über Erkennbarkeit, Identifizierung, Interpretation und Messung von Pflanzen, Beständen, Landschaftselementen nach Art, Strukturen und Zuständen sind im folgenden als Anhalt Hinweise auf brauchbare Bildmaßstäbe zusammengestellt (vgl. hierzu Kap. 4.6.3.2). Die zweckmäßige Wahl des Films, der Aufnahmekammer und der phänologisch günstigen Aufnahmezeit wird dabei vorausgesetzt. Abweichungen von diesen Hinweisen können z. B. im Hinblick auf technische Randbedingungen oder auf weitere Auswertungszwecke erforderlich werden.

Mittlere Maßstäbe für vegetationskundliche Luftbildauswertungen (Beispiele)

>1:2000	Pflanzensoziologische Studien mit physiognomischer *und* floristischer Klassifizierung der Vegetation
1:3000 bis 1:6000	detaillierte Vegetationskartierung nach physiognomischen und floristischen Merkmalen; Biotopkartierung; Untersuchung zur Sukzession von Wiederbesiedlung vegetationsfreier oder -armer Areale.
1:10000 bis 1:15000[13]	Vegetationskartierung und Beobachtung von Veränderungen der Vegetationsformen vorwiegend nach physiognomischen Merkmalen und in Verbindung mit topographisch-floristischen Verteilungsmodellen; Biotopausscheidung und -abgrenzungen (Synopse).
1:20000 bis 1:60000	wie zuvor, jedoch für größere Räume und zu den kleineren Maßstäben hin mit abnehmender Differenzierung der Klassen; integrale biophysikalische Landklassifizierung
<1:60000	Erkundung und Kartierung der Vegetationsbedeckung und Beobachtung ihrer Veränderungen mit Einteilung in nur grobe Klassen.

Mittlere Maßstäbe für forstliche Luftbildanwendungen (Beispiele)

1:3000 bis 1:6000	Inventuraufgaben mit baumweiser Ansprache von Krankheits- oder Schadenssymptomen und Klassifizierung des Kronen- und Belaubungszustands; Messung von Kronenparametern; Baumartenidentifizierung (soweit nicht im kleineren Maßstab identifizierbar); Analyse von Bestandesentwicklungen;
1:10000 bis 1:15000	Forsteinrichtung, Herstellung und Fortführung forstlicher Wirtschaftskarten einschließlich forstlicher Orthophotokarten; Inventur flächenhafter und den Schlußgrad senkender Waldschäden; Zustandserfassung und -beobachtung in Gebieten mit agroforstlichen Bewirtschaftungsformen, mit shifting cultivation u. ä.; Messungen

---

[13] Der in Amerika besonders früher übliche Luftbildmaßstab 1:15840 leitet sich aus dem dort gebräuchlichen Kartenmaßstab 4 inch : 1 mile ab: $\dfrac{4 \text{ inch}}{1 \text{ mile}} = \dfrac{0,1016 \text{ m}}{1609,3 \text{ m}} \approx 1:15840$

für Holzvorratsbestimmungen von Beständen und auf Stichprobeflächen, Stratifizierung von Wäldern nach Vorratsklassen;

1:20000 bis 1:40000 Waldtypenkartierung für forstpolitische Übersichtszwecke, in extensiv bewirtschafteten Wäldern auch als Planungsgrundlage; Erfassung
großflächiger Waldzerstörungen oder -erkrankungen; Ersterkundung
großräumiger Waldressourcen (Preinvestmentinventuren);

<1:60000   Erkundung und Kartierung des Vorkommens der Hauptwaldtypen
und von Wald überhaupt, z. B. im Zuge von Landnutzungserhebungen oder globalen Waldinventur- und -beobachtungsvorhaben.

**Mittlere Maßstäbe für landschaftsökologische Auswertungen und Landschaftsplanung
(Beispiele)**

1:2000 bis 1:5000   Landschaftsökologische und geomorphologische Feinanalyse; Untersuchung einzelner kleinräumiger Landschaftselemente, Messungen
räumlicher Landschaftsbausteine (Büsche, Bäume, Böschungen, Rinnen usw.);

1:10000 bis 1:15000 Inventur, Analyse und Diagnose der Landschaft und ihrer Entwicklung in Bezug auf ökologische, wirtschaftliche und infrastrukturelle
Zustände; Landespflege-, Regional- und Flächennutzungsplanung;

1:20000 bis 1:40000 Zustandserfassung und Entwicklungsstudien zur Geographie von
Großlandschaften, insb. zur Geomorphologie, Hydrologie und Vege-
tationsbedeckung sowie zur Landnutzung, Agrarstruktur, Besiedlung,
Infrastruktur usw.; Regional- und Landesplanung, Raumordnung,
Verkehrsplanung.

Mittlere Luftbildmaßstäbe für topogr. Kartierungen, Kataster- und Ingenieurvermessungen

Für photogrammetrische Kartierungen kann der geeignete Bildmaßstab nach

$$m_b = c \sqrt{m_k} \qquad (34)$$

hergleitet werden, m_B und m_K sind dabei die Maßstabszahlen des gesuchten Bildmaßstabes und des gegebenen Kartenmaßstabs. Der Faktor c ist bei Kartenmaßstäben
$\geq$1:5000 zwischen 200 und 250 und bei solchen $\leq$1:10000 zwischen 250 und 300 anzusetzen. Steht ein Aufnahmesystem mit Bildbewegungskompensation zur Verfügung, so sind
c-Faktoren am oberen Rand der angegebenen Spannen vertretbar. Dies findet lediglich
bei sehr kleinen Kartenmaßstäben <1:50000 seine Grenze, da dann die Interpretierbarkeit
der zu kartierenden Linien und Objekte zum begrenzenden Kriterium wird.

SCHWIDEFSKY und ACKERMANN (1976, S. 133) halten für die Herstellung von Orthophotokarten 1:25000 einen Bildmaßstab von 1:68000 (c = 432) und für Orthophotokarten
1:50000 einen solchen von 1:75000 (c = 300) für zweckmäßig. Dabei wird übersehen, daß
sich der Wert und Sinn von Bildkarten bzw. Orthophotokarten aus deren Doppelfunktion
als Karte *und* Bild ergibt. Der Bildinhalt muß im Detail les- und interpretierbar sein. Dies
ist bei den angegebenen Bildmaßstäben für viele Zwecke der Bildkartenbenutzung nicht
mehr ausreichend möglich.

4.1.5.6 Zur Anordnung der Aufnahmen bei Bildreihen und zur Bildabdeckung größerer Gebiete

Die Reihenaufnahme erfolgt mit einer Längsüberdeckung p von 60 % oder 80 % aufeinanderfolgender Bilder. Dies gewährleistet die Möglichkeit durchgehender stereoskopischer Auswertung (Kap. 4.5, 4.6). Bei Aufnahmen größerer Flächen werden die nebeneinander liegenden Fluglinien so angeordnet, daß sich die Bildreihen zwischen 20 % und 30 % überlappen (Querüberdeckung q in %) (Abb. 79).

Als *Aufnahmeort* gilt jeweils die Position des Kammerobjektivs im Augenblick der Verschlußauslösung. Er kann durch die drei Raumkoordinaten X, Y, Z des geodätischen Bezugssystems definiert werden. Der Abstand zwischen aufeinanderfolgenden Aufnahmeorten wird als *Aufnahmebasis* b bezeichnet (Abb. 79) und nach

$$b = s \left(1 - \frac{p}{100}\right) \tag{35}$$

berechnet. Dabei ist $s = s' \cdot m_b$. Das Verhältnis von b zur Flughöhe über Grund h_g wird als *Basisverhältnis* ϑ bezeichnet.

$$\vartheta = \frac{b}{h_g} = \frac{s' \cdot m_b}{h_g} \left(1 - \frac{p}{100}\right) = \frac{s'}{c_K} \left(1 - \frac{p}{100}\right) \tag{36}$$

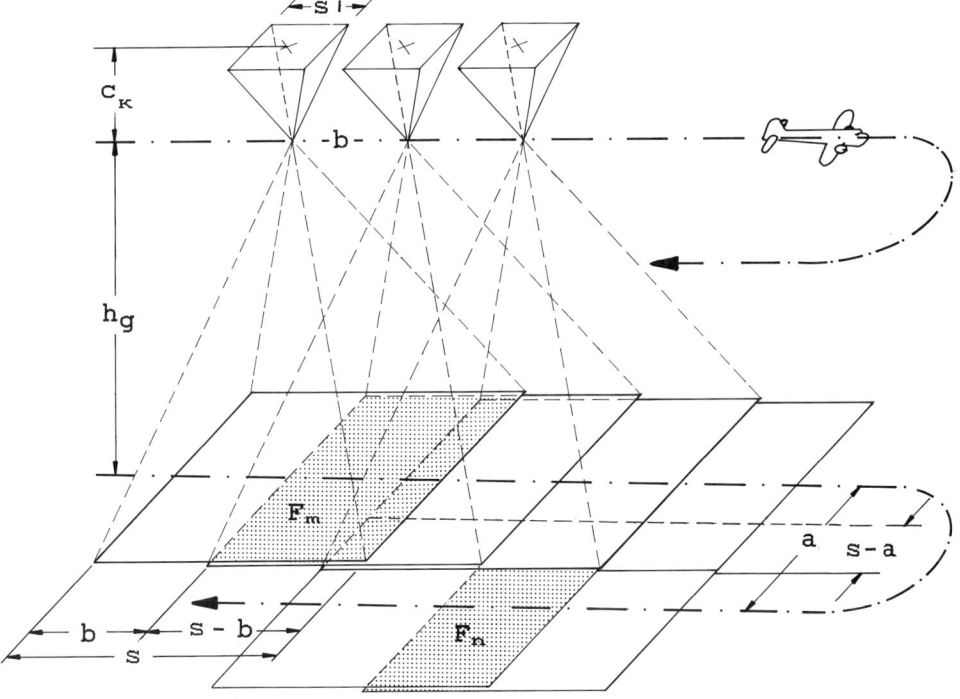

Abb. 79: *Bildfluganordnung bei Aufnahme mehrerer Streifen*

ϑ bestimmt die Tiefeneindrücke im Raumbild und beeinflußt dadurch auch die bei stereophotogrammetrischen Höhenmessungen und Höhenschichtlinienkartierungen zu erreichende Genauigkeit. Je größer ϑ, desto stärker sind die Tiefeneindrücke und desto günstiger sind die Bedingungen für das stereoskopische Sehen, Messen und Kartieren (vgl. hier 4.5). Für Stereoauswertungen sind deshalb Stereopaare mit 60 % Längsüberdeckung zu bevorzugen.

Eine 80 % ige Längsüberdeckung ist dann zweckmäßig, wenn zwei Nutzern je eine stereoskopisch auswertbare Bildreihe zur Verfügung gestellt werden soll. Sie empfiehlt sich auch bei Luftbildaufnahmen im Gebirge, wenn h_o von Bild zu Bild stark wechselt. Man kann dann die jeweils am besten geeigneten Stereomodelle mit 60 % iger Überdeckung für die Auswertung auswählen.

Bei Reihenmeßkammern mit s' = 23 cm und Aufnahmen mit einer Längsüberdeckung von 60 % (p = 60) ergibt sich danach für Normalwinkelaufnahmen (c_k = 30 cm) ein Basisverhältnis ϑ = 0,31 und für Weitwinkelaufnahmen (c_k = 15 cm) ϑ = 0,61.

Die Querüberdeckung von Bildreihen ist erforderlich, um auch bei größeren Geländehöhenunterschieden bzw. bei unvermeidbarer Abdrift des Flugzeugs Klaffungen zwischen den Bildreihen zu vermeiden und Bildverbände bei Aerotriangulationen aufbauen zu können (hierzu 4.5.3). Der o.a. Spielraum für p zwischen 20 % und 30 % kann genutzt werden, um bei der Bildflugplanung auf eine kleinstmögliche, ökonomisch günstigste Anzahl von benötigten Bildreihen zu kommen. Einen Sonderfall stellen Querüberdeckungen von 60 % dar, wie sie gelegentlich für Aerotriangulationen (Kap. 4.5.3) gewählt werden.

Für die Bildflugplanung ergeben sich aus Abb. 79 weitere Zusammenhänge:

Bei Aufnahme einer größeren Fläche beträgt der Streifenabstand (= Abstand der Fluglinie) in Abhängigkeit von der gewählten Querüberdeckung q

$$a = s \left(1 - \frac{q}{100}\right) \tag{37}$$

wobei s wiederum s' · m_b ist.

Die Anzahl der Luftbilder n_p pro Bildstreifenlänge l_p ergibt sich in Abhängigkeit von b bzw. der gewählten Längsüberdeckung aus

$$n_p = \frac{l_p}{b} + 1 \tag{38}$$

Dabei wird aus Sicherheitsgründen n_p ab 0,1 aufgerundet.

Die Anzahl erforderlicher Bildstreifen n_q für eine Aufnahmefläche mit der Breite l_q wird nach

$$n_q = \frac{l_q - s}{a} + 1 \tag{39}$$

berechnet. Aus wirtschaftlichen Gründen empfiehlt sich n_q für verschiedene q zwischen 20 % und 30 % zu berechnen um n_q ggf. minimieren zu können.

Die Summe aller aufzunehmenden Luftbilder ergibt sich dann aus

$$\sum n_{pq} = \sum_{q=1}^{q=x} n_{p_i} \tag{40}$$

Für die Größe der abgebildeten Geländeflächen folgt aus Abb. 79 für Luftbilder mit quadratischem Bildformat und bei den gegebenen Bedingungen ($\sim$ Nadiraufnahme, $\sim$ ebenes Gelände) eine insgesamt pro Bild erfaßte Geländefläche F_g

$$F_g = s^2 = (s' \cdot m_b)^2 \tag{41}$$

eine für Stereoauswertung nutzbare Modellfläche pro Bildpaar

$$F_m = (s - b) \cdot s \tag{42}$$

eine bei mehreren Bildstreifen jeweils pro Bildpaar hinzukommende „stereoskopische Neufläche"

$$F_n = a \cdot b = s^2 \left(1 - \frac{p}{100}\right) \left(1 - \frac{q}{100}\right) \tag{43}$$

Die Formeln (33), (37-43) gelten in strengem Sinne nur für Nadiraufnahmen absolut ebener und rechtwinklig zur Nadirrichtung liegender Flächen. Sie sind aber für Bildflugplanungen und die Abschätzung der zu erwartenden Anzahl von Bildern und Stereomodellen auch brauchbar für Senkrechtaufnahmen mit kleinen Nadirabweichungen und Aufnahmegebiete mit nur mäßigen Höhenunterschieden. Für Aufnahmegebiete mit großen Höhenunterschieden müssen dem Rechnung tragende Anpassungen vorgenommen oder die Dispositionen teilflächenweise durchgeführt werden. Für Schrägaufnahmen gelten die genannten Formeln nicht.
Für die Berechnung der *Bildfolgezeit* Δt gilt

$$\Delta t = \frac{b}{v_g} = \frac{s' \cdot m_b}{v_g} \left(1 - \frac{p}{100}\right) \tag{44}$$

wobei v_g die Fluggeschwindigkeit ist.
Tab. 15 vermittelt eine Vorstellung der Größenordnung von Bildflugdaten anhand einiger Beispiele.

Die *Flugstreifenrichtung* kann durch drei Kriterien bestimmt werden:
- durch die Form des aufzunehmenden Gebietes,
- im gebirgigen Aufnahmegebiet durch die Geomorphologie, insbesondere durch die Hauptstreichrichtung der Bergzüge und Täler,
- durch Gesichtspunkte der Interpretierbarkeit der Bilder bzw. Stereomodelle.
Das erstgenannte Kriterium ist ökonomischer Art. Es ist stets wirtschaftlicher, die Flugstreifen parallel zur Längsausdehnung des Auftragsgebietes zu legen.
Das zweitgenannte Kriterium ist vor allem flugtechnischer Art. Es ist im Gebirge nicht nur zweckmäßig, sondern häufig auch nur möglich, parallel zu Talzügen und Bergrücken zu fliegen – sofern nicht bei sehr großen Flughöhen diese Einschränkung wegen der Flughöhe deutlich über den höchsten Erhöhungen gegenstandslos ist. Auch eine Minimierung unvermeidbarer Maßstabsunterschiede in den und zwischen den Bildern einer Befliegungsmission, erfordert es, ggf. die Flugstreifen in Richtung der Tallinie oder der Bergrücken zu legen.
Ist keine besondere Rücksicht auf die Geländegestalt und bei sehr ausgedehntem Aufnahmegebiet auf dessen geometrische Form zu nehmen, so sollte die Richtung der Flugstreifen nach Gesichtspunkten der Luftbildinterpretation festgelegt werden. Dabei ist nach allgemeiner Erfahrung die N-S bzw. S-N Flugrichtung vorzuziehen. Geschieht dies, so erfolgt der i.d.R. um die Mittagszeit auszuführende Flug mit oder gegen die Sonne. Dies hat zur Folge, daß bei entsprechender Längsüberdeckung jeder Geländeteil einmal im Mitlicht- und einmal im Gegenlichtbereich des Luftbildes liegt. Es wird dadurch einerseits erreicht, daß alle Geländeteile in einem der Bilder gleichbelichtet abgebildet ist und andererseits, daß bei stereoskopischer Betrachtung für alle Modelle ein gleichartiger und in bezug auf die Helligkeit ausgeglichener Eindruck entsteht.

Maßstab 1:m_b	c_K		s	p 60 %	q 25 %	F_g	F_m	Aufnahmegebiet 900 km²	
	153 mm	305 mm						25x36 km	
	h_g			b	a			n_q	n_{pq}
	km		m	m	m	km²		n	n
1	2	3	4	5	6	7	8	9	10
1:5000	0,77	1,52	1150	460	862	1,32	0,79	29	2320
1:10 000	1,53	3,05	2300	920	1725	5,29	3,17	15	615
1:15 000	2,29	4,57	3450	1380	2587	11,90	7,14	10	280
1:30 000	4,59	9,15	6900	2760	5175	47,61	28,57	5	75
1:50 000	7,65	15,25	11 500	4600	8625	132,25	79,35	3	27
1:80 000	12,24	(24,40)	18 400	7360	13 800	338,56	203,14	2	12

Tab. 15: *Bildflugdaten für ein (ebenes) Aufnahmegebiet 900 km² (z. B. Forstbezirk) bei Aufnahme mit Reihenmeßkammer, Bildformat 23 x 23 cm; Variablen: Bildmaßstab, Kammerkonstante. Notationen wie in Abb. 79 und Formeln 33ff.*

4.1.5.7 Zur Jahreszeit der Luftbildaufnahme

Die Entscheidung über den Termin einer Luftbildaufnahme ist gerade für die vegetationskundliche, land- und forstwirtschaftliche Fernerkundung von erheblicher Bedeutung. Sie muß mehrere Wochen vor der Aufnahme fallen, um der Bildflugfirma oder -dienststelle Zeit für entsprechende technische und organisatorische Vorbereitungen und Dispositionen zu ermöglichen.

Die Terminierung kann dabei i.d.R. nur im Sinne der Festlegung eines gewünschten Aufnahme*zeitraumes* erfolgen. Die Spanne mag dabei zwischen zwei bis drei Wochen liegen. Sowohl die Unwägbarkeiten des Wetters zur gewünschten Zeit als auch die Dispositionen der Bildflugorganisation bedingen dies.

Ausnahmen von der langfristigen Terminierung sind dann gegeben, wenn Luftbildaufnahmen zur Beweissicherung akuter Vorfälle oder bei Katastrophen unter Zurückstellung aller anderen Überlegungen sofort notwendig werden, um akute Situationen zu dokumentieren.

Photogrammeter und ggf. auch Geologen bevorzugen für die Luftbildaufnahme oft Zeiten außerhalb der Vegetationsperiode. Kahle Laubwälder, abgeerntete Felder und noch weitgehend ruhende Bodenvegetation bieten – sofern kein Schnee liegt – durch bessere Bodensicht Vorteile für die Kartierung, insbesondere die von Höhenschichtlinien, und für die Erfassung der Geländemorphologie. Dies gilt zumindest für die gemäßigten Klimagebiete und in den Tropen für Gebiete mit regengrüner Vegetation. Im borealen Klimagürtel verhindert hingegen fehlende bzw. unzureichende Beleuchtung im Winterhalbjahr die Luftbildaufnahme.

Für alle Luftbildauswertungen, bei denen es um die Erkennung und Unterscheidung von Pflanzenarten, Vegetationsformen und deren Zustände und Entwicklungen geht, spricht in den gemäßigten und borealen Klimazonen alles dafür, die Luftbildaufnahme während der Vegetationsperiode durchzuführen. Nur wenige Ausnahmen hiervon sind denkbar (hierzu z B. SCHRAM 1974, ZIHLAVNIK 1989, MÜNCH 1993). Im Hinblick auf die Tropen wird auf das später hierzu Ausgeführte verwiesen.

Innerhalb der Vegetationsperiode ist die Terminierung der Luftbildaufnahme, auf das Auswertungsziel abgestimmt, nach phänologischen Aspekten vorzunehmen. Es ist z. B. von der Frage auszugehen, wann sich die vorkommenden Arten oder Gesellschaften bzw. Streß-folgen, Krankheitssymptome, Düngeeffekte usw. voraussichtlich am besten voneinander un-terscheiden. Dabei kommen unterschiedliche Belaubungszustände, spektrale Reflexionsun-terschiede der Blattorgane, Blüh- und Fruchtaspekte als Differentialmerkmale in Frage.

Für die Luftbildaufnahme von Wäldern der nördlichen Hemisphäre gelten das Frühjahr vom Austreiben bis zum Erreichen der Blatt-/Nadelreife (in Mitteleuropa mit örtlichen Zeitversetzungen Ende April/Mitte Mai bis Ende Mai/Anfang Juni) und die Zeit der herbstlichen Laubverfärbung als günstige Aufnahmezeiten. Dies für die Unterscheidung von Laub- und Nadelbäumen sowie für eine größere Anzahl von Arten. Der Sommer-aspekt hat für diese Differenzierungen gewisse Nachteile, die aber durch Aufnahmen mit Infrarot-Farbfilmen zum großen Teil ausgleichbar sind (vgl. 4.1.5.4).

In Sonderfällen, wenn das Vorkommen einer bestimmten Baum- oder Strauchart vorran-giges Ziel der Luftbildauswertung sein soll, kann ggf. die Luftbildaufnahme zur Blütezeit dieser Art helfen. Voraussetzung ist, daß die Blüte augenfällig und in ihrer Zeit unverwech-selbar ist. So war z. B. 1962 die Eidgenössische Anstalt für das forstliche Versuchswesen vor die Aufgabe gestellt, die in ihrer Existenz bedrohte Edelkastanie (Castania vesca) im Kanton Tessin zu inventarisieren. Man wählte die Blütezeit dieser Baumart als Aufnahme-zeit und konnte dadurch deren Bestand quantifizieren und die Arten ihrer Vergesellschaf-tung erfassen (KURT et al. 1962). Für den gleichen Zweck können ggf. auch andere phäno-logische Ereignisse genutzt werden (vgl. Bildtafel I z. B. für die Lärche).

Naturgemäß bestimmen Blühaspekte von Pflanzen für pflanzensoziologische Auswer-tungen und Vegetationskartierungen von Gras-, Kraut- und Strauchfluren die Terminie-rung dafür bestimmter Luftbildaufnahmen. Je nach Standort und Fragestellungen sind dabei Blühaspekte von Charakter- und Leitarten im Frühjahr, Hoch- oder Spätsommer zu bevorzugen. Ggf. ist auch an multitemporale, d.h. an mehreren Terminen im Jahr durchzuführende Luftbildaufnahmen zu denken.

Phänologische Zyklen haben besondere Bedeutung auch für die Interpretation landwirt-schaftlicher Kulturarten in Luftbildern, z. B. wenn Anbauflächenstatistiken für Erntevorher-sagen zu erarbeiten sind. Die spektralen Signaturen der Feldfrüchte verändern sich in deren jeweiliger Vegetationsperiode in rascher Folge und zeigen dabei einen arttypischen Verlauf. Abb. 80 zeigt dies an einem Beispiel. Es ist evident, daß agro-phänologische Kalender (crop calender) für die Entscheidung über die zweckmäßige Zeit der Luftaufnahme erhebliche Bedeutung haben (z. B. JAKOB und LAMP 1978, DÖRFEL 1978, CAMPANELLI et al. 1978).

Empfehlungen für bestimmte Aufnahmezeitpunkte zur Differenzierung von landwirt-schaftlichen Kulturen in Schwarz-Weiß-Luftbildern finden sich mehrfach in der älteren Luftbildliteratur (BRUNNSCHWEIER 1957, GOODMANN 1959, STEINER 1961, MEIENBERG 1966). Sie gelten jeweils für bestimmte Wuchsgebiete und dort vorherrschende Kultur-arten. Eine vollständige Klassifizierung aller Feldfrüchte in Anbaugebieten mit zahlrei-chen Arten ist i.d.R. nur durch multitemporale Luftbildaufnahmen möglich.

Luftbilder, die der Entdeckung oder der Inventur und Beobachtung von Schäden oder Krankheiten oder der Mortalität in Wäldern, Plantagen, landwirtschaftlichen Kulturen u. a. Pflanzenbeständen dienen sollen, sind in *der* Zeitspanne aufzunehmen, in welcher sich die dadurch an den Pflanzen oder Beständen hervorgerufenen Veränderungen am deutlichsten manifestieren. Für die seit Ende der 70er Jahre häufig auftretenden „neu-artigen" Waldschäden ist z. B. in Mitteleuropa der Juli, bzw. die Zeit zwischen Ende Juni bis Mitte August vorzusehen.

Für *tropische, subtropische und mediterrane Regionen* gelten grundsätzlich die gleichen

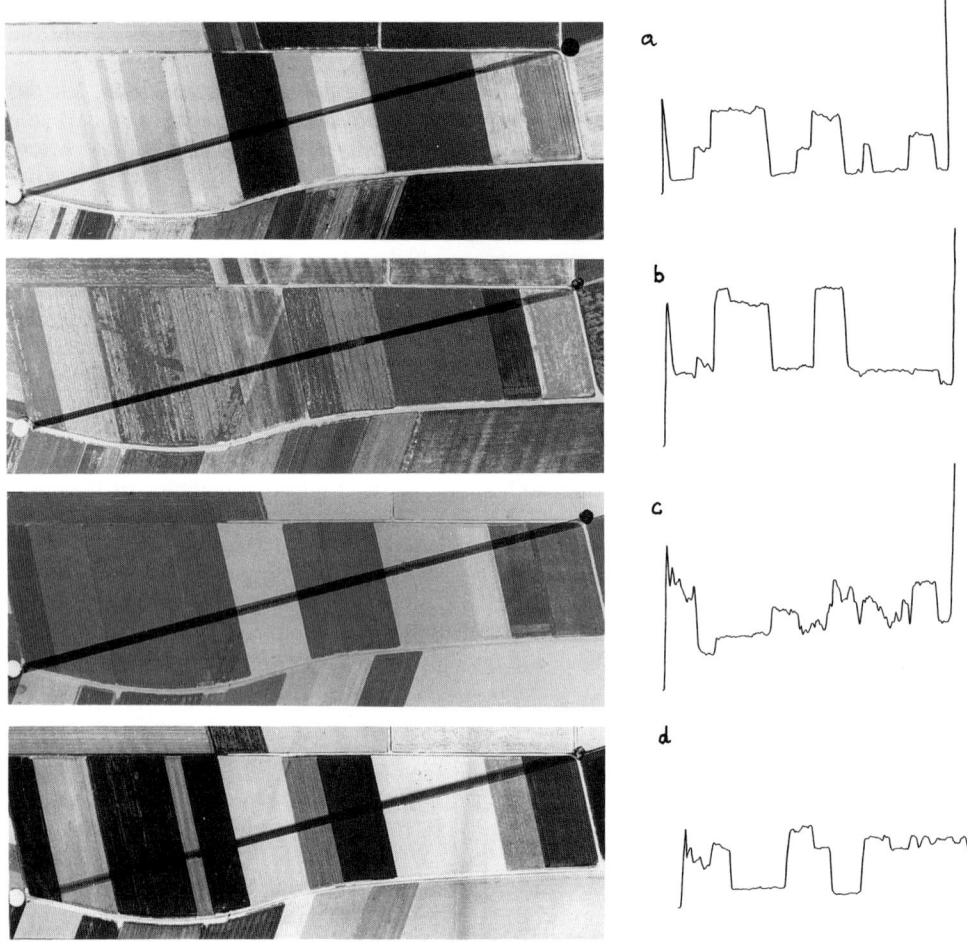

Abb. 80: *Abbildung von Feldern verschiedener Fruchtarten im Laufe der Vegetationsperiode a) 26. April, b) 26. Mai, c) 2. Juli, d) 25. April; Folge der Feldfrüchte von
links nach rechts: Winterweizen, Sommergerste, Winterweizen, Mais, Hafer,
Winterweizen, Futterrüben, Sommerweizen, Wintergerste (aus* DÖRFEL *1978)*

Entscheidungskriterien für die Wahl der Aufnahmezeit. Häufiger als in den gemäßigten
Klimazonen bestimmen dabei periodische Witterungszyklen die Aufnahmemöglichkeit.
   In Regionen mit ausgeprägter Regenzeit stehen die Tage der ausklingenden Regenzeit
und die Trockenzeit für Luftbildaufnahmen zur Verfügung. Die *Übergangswochen von der
Regen- zur Trockenzeit* gelten dabei aus phänologischen Gründen für die vegetationskundliche Fernerkundung als günstigste Zeitspanne. Die Erkennung einiger wichtiger Wirt-
schaftsbaumarten, wie z. B. Teak oder Eukalyptus, aber auch anderer zu dieser Zeit blühen-
der Bäume und Pflanzen ist dann am besten möglich. Auch bestimmte landwirtschaftliche
Nutzpflanzen können in diesen Wochen differenziert werden, z. B. Reis vs. Zuckerrohr.
   Für die Abgrenzung regengrüner, immergrüner und halbimmergrüner Gesellschaften
und Waldtypen sowie innerhalb der regengrünen zwischen Trocken- und Feuchtwäldern

ist dagegen die Luftbildaufnahme in der *zweiten Hälfte der Trockenzeit* günstiger. Auch im regengrünen Feuchtwald ggf. eingesprengte Teakbestände können zu dieser Zeit an der zumeist fehlenden immergrünen Unterschicht erkannt werden.

Ist es vorrangiges Ziel der Luftbildaufnahme, die außerhalb immergrüner Wälder häufigen, durch Bodenfeuer überbrannten Wald-, Busch- und Steppenflächen zu erfassen bzw. durch diese Praktiken gefährdete Gebiete zu überwachen, so ist ein Termin am Ende der Trockenzeit am zweckmäßigsten.

In *ariden* Gebieten erreicht die Vegetation in der Regenzeit bzw. kurz nach deren Ende ihre größten Bedeckungsgrade, ihre weiteste Ausdehnung und die Steppen- und Savannenvegetation ihre größte Vielfalt. Für vegetationskundliche und landschaftsökologische, aber auch für hydrogeologische Luftbildaufnahmen ist diese Zeit geboten.

4.1.5.8 Tageszeit und Wetterlage für Luftbildaufnahmen

Die photographische Qualität und der Informationsgehalt von Luftbildern werden in nicht geringem Maße auch von der Beleuchtung des aufzunehmenden Geländes, der Bewölkung und vom Zustand der Atmosphäre beeinflußt (vgl. Kap. 2.2).

Bei Luftbildaufnahmen für forstliche und vegetationskundliche Zwecke ist deshalb anzustreben, den Bildflug möglichst eng begrenzt um die Mittagszeit durchzuführen. Dies gilt prinzipiell auch für Vermessungsflüge und insbesondere für Aufnahmen bebauter Gebiete. Tiefere Sonnenstände mit entsprechenden Schattenwirkungen können allenfalls von Vorteil für den Sonderfall archäologischer Luftbildauswertungen oder für geomorphologische Feinanalysen in mehr oder weniger vegetationsarmen Gebieten sein.

Wenn irgend möglich sollten – von den o.a. Ausnahmefällen abgesehen – Luftbildaufnahmen bei Sonnenständen unter 35° vermieden und über 45° angestrebt werden. Für die verläßliche Erkennung und Interpretation wenig ausgeprägter Phänomene und Strukturen von Baumkronen und vertikal gegliederten Vegetationsdecken bedarf es der Luftbildaufnahme bei Sonnenständen über 50°.

Welchen Einfluß der Sonnenstand auf die Interpretierbarkeit von Luftbildern haben kann, belegte Dörfel (1987) am Beispiel einer Waldschadensklassifizierung. Vergleichende Untersuchungen mit Infrarot-Farbluftbilder zeigten, daß sich schon bei Veränderungen des Sonnenstandes von 56° auf 48° und dann auf 34° deutliche Informationsverluste ergeben.

Das zu einem erwünschten Mindestsonnenstand Gesagte begrenzt die vorzusehende Tageszeit für Luftbildaufnahmen umso mehr, je nördlicher oder südlicher des Äquators der Aufnahmeort liegt und je weiter der saisonale Aufnahmezeitpunkt von der Zeit des örtlichen Sonnenhöchststandes entfernt ist. In Tab. 16 sind hierzu für ausgewählte Breitengrade, Jahres- und Tageszeiten (Ortszeiten ohne Berücksichtigung der „Sommerzeit") die jeweils gegebenen Sonnenstände zusammengestellt. Sonnenstände unter 35° sind in dunklen, zwischen 35° und 45° in mittelgrauen und über 45° in weißen Feldern eingetragen. Die für vegetationskundliche oder forstliche Luftbildaufnahmen bedenklichen, vertretbaren und anzustrebenden Tageszeiten sind dadurch erkennbar gemacht. Eine weitergegliederte Tafel zur Bestimmung des Sonnenstandes findet sich bei ALBERTZ und KREILLING (1989 S. 130-133). Für einen gegebenen Ort läßt sich der durch den Winkel $\alpha = 90°-\vartheta_i$ (Für ϑ_i siehe Abb. 15) definierte Sonnenstand (syn. Sonnenhöhe) berechnen nach

$$\text{Sin } \alpha = \cos d \cdot \cos b \cdot \cos t + \sin d \cdot \sin b \tag{45}$$

dabei sind d   die Sonnendeklination
            b   die geographische Breite
            t   der Stundenwinkel der Sonne.

Datum	Ortszeit	Breitengrad											
		70 N	60 N	50 N	40 N	30 N	20 N	10 N	0	10 S	20 S	30 S	40 S
		Sonnenstand α in Grad											
1	*2*	*3*	*4*	*5*	*6*	*7*	*8*	*9*	*10*	*11*	*12*	*13*	*14*
21. Juni	8°°, 16°°	32	35	37	37	37	35	31	27	23	17	11	6
	9°°, 15°°	37	42	46	49	50	48	45	40	35	28	21	14
	10°°, 14°°	40	48	55	60	62	62	58	53	46	38	29	21
	11°°, 13°°	43	52	61	69	75	76	70	62	53	44	35	25
	12°°	43	53	63	73	83	87	77	67	57	47	37	27
7. Mai und 7. Aug.	8°°, 16°°	26	29	32	33	34	33	31	29	25	21	16	11
	9°°, 15°°	30	36	41	45	47	47	46	43	39	33	22	21
	10°°, 14°°	34	42	49	55	60	61	60	56	51	44	32	28
	11°°, 13°°	36	45	55	63	71	75	74	68	61	52	40	33
	12°°	37	47	57	67	77	87	83	73	65	55	45	35
23. März und 22. Sept.	8°°, 16°°	10	15	19	23	26	28	30	30	30	28	26	23
	9°°, 15°°	15	21	28	33	28	42	44	45	44	42	38	33
	10°°, 14°°	18	26	34	42	49	55	59	60	59	55	49	42
	11°°, 13°°	20	30	39	48	57	66	72	75	72	66	57	48
	12°°	21	31	41	51	61	71	81	89	81	71	61	51
7. Febr. und 5. Nov.	8°°, 16°°		1	6	11	16	21	25	29	31	33	34	33
	9°°, 15°°		6	14	21	27	33	39	43	46	47	47	45
	10°°, 14°°	2	11	19	28	36	44	51	57	60	61	60	55
	11°°, 13°°	4	14	23	33	42	52	61	69	74	75	71	63
	12°°	5	15	25	35	45	55	65	75	83	87	77	67
21. Dez.	8°°, 16°°				6	11	17	23	27	31	35	37	37
	9°°, 15°°			6	14	21	28	35	40	45	48	50	49
	10°°, 14°°		3	12	21	29	38	46	53	58	62	62	60
	11°°, 13°°		6	15	25	35	44	53	62	75	76	75	69
	12°°		7	17	27	37	47	57	67	77	87	83	73

Tab. 16: *Sonnenstand in Grad für ausgewählte Breitengrade und Jahreszeiten. Tageszeiten ohne Berücksichtigung von Sommerzeiten.* ▓ = < 35°, ▒ = 35° – 45°, ☐ = > 45°

Zur Bewölkung

Wolken *unterhalb* der Flughöhe verdecken Teile des Geländes und werfen Schatten ggf. auch dorthin, wo das Gelände im Bild zu sehen ist. In der Praxis wird deshalb oft nur 1/8 Bewölkung unterhalb der Flughöhe zugelassen.

Quellwolken *oberhalb* der Flughöhe stören durch ihren Schattenwurf. Sie beeinträchtigen zumindest bei anspruchsvollen Interpretationsaufgaben die Auswertung. Es ist von Fall zu Fall zu entscheiden, welcher Bewölkungsgrad eine Luftbildaufnahme ausschließt. In Gebieten mit häufiger Quellbewölkung (humide Tropen!) wird man dabei einen weniger strengen Maßstab anlegen müssen, um überhaupt zu Bildflügen zu kommen. Beim regelmäßigen Aufziehen solcher Bewölkung zu bestimmten Tageszeiten, kann dies auch die Tageszeit der Aufnahme mitbestimmen.

Bei *geschlossenen Wolkendecken* oberhalb der Flughöhe ist das Gelände insgesamt zwar schwächer beleuchtet, aber dafür diffus sehr gleichmäßig. Wenn die Beleuchtung ausreicht, kann sich dann das Fehlen von Wolken- und Schlagschatten sogar als vorteilhaft erweisen. Durch Verwendung eines hochempfindlichen Films und Einsatz einer Kammer mit Bewegungskompensation kann das Beleuchtungsdefizit ggf. ausgeglichen werden.

Zu atmosphärischen Beeinträchtigungen

Auch der vorliegende Atmosphärenzustand kann eine Luftbildaufnahme zeitweise in Frage stellen bzw. die entstehenden Bildprodukte in ihrem Informationsgehalt mindern. Entschließt man sich trotz stärkeren Dunstes zur Aufnahme, so können dessen nachteilige Auswirkungen durch entsprechende Filterung und insbesondere durch Verwendung von Infrarot- bzw. Infrarot-Farbfilm gemindert werden.

Örtlich, aber durchaus in ausgedehnten Arealen, können besonders in den Tropen Staubstürme oder Rauch zu Einschränkungen für Luftbildaufnahmen führen. Howard (1991) schreibt hierzu aus eigenen Erfahrungen: „In the tropical woodlands of East and Central Africa, grassland fires occurs annually and the haze is often so dense, that aerial photography is to be avoided in August and September. In South Australia in bad fire years, smoke haze can prevent photography throughout most of January and February" (Howard 1991 S. 79).

4.1.5.9 Zu den Kosten einer Luftbildaufnahme

Die Kosten einer Luftbildaufnahme setzen sich zusammen aus
- *Bereitstellungskosten*, worunter hier alle Kosten verstanden werden, die durch Abschreibungen auf Flugzeuge, Aufnahmegeräte, durch Wartung und Reparaturen der Anlagen sowie durch Überführungs- und Wartezeiten im Zusammenhang mit Bildflügen für die Bereitstellung der Leistung entstehen oder deren Voraussetzung bilden
- Flugkosten in Form von Personal- und Betriebskosten sowie ggf. für Flugplatzgebühren, Flugsicherung, Navigationshilfen u. a.
- Beschaffungskosten für die Luftbildfilme
- Laborkosten für Personal, Material, Energie und Abschreibungen
- Risikokosten im Hinblick auf unvorhersehbare Ausfälle von Flugzeugen und Gerät während der Einsatzzeit, wetterbedingte Abbrüche, Wiederholungen oder Ergänzungen fehlerhafter oder unvollendeter Aufnahmen
- anteilige Verwaltungskosten (Geschäftsführung, Mieten, Werbung, Rechtsvertretung, Versicherungen usw.)

Bereitstellungs- und Risikokosten werden bei privaten Bildflugunternehmen anteilig auf die produktiven Flugstunden umgelegt. Dies gilt bei reinen Bildflugunternehmen auch für die Verwaltungskosten. Hat das Unternehmen auch photogrammetrische und thematische Auswertungen u. a. im Leistungsangebot, so erfolgt die Umlegung der Verwaltungskosten und ggf. bestimmter Teile der Bereitstellungs- und Risikokosten auf alle Leistungen des Unternehmens.

Die absoluten und relativen, auf die Fläche bezogenen Kosten sind für jeden Einzelfall abhängig von
– der Größe, den Eigenarten und der Lage des Auftragsgebietes
– dem gewünschten Bildmaßstab und den einzuhaltenden Längs- und Querüberdeckungen
– der Filmart
– dem Lieferumfang
– örtlichen Gebühren, die im Zusammenhang mit dem Bildflug und ggf. für Bildfreigabe, GPS-Nutzung u. a. anfallen
– betriebswirtschaftlichen Gegebenheiten beim Auftragnehmer und der Konkurrenzsituation.

Mit zunehmender *Größe des Auftragsgebietes* nehmen die absoluten Kosten selbstverständlich zu, die relativen aber ab. Die Kostendegression je Flächeneinheit ist besonders groß bis zu Gebietsgrößen um 50 qkm und schwächt sich dann stark ab. Sie ist bei kleinmaßstäbigen Luftbildaufnahmen etwas stärker als bei großmaßstäbigen und bei Farb-Aufnahmen geringfügig schwächer als bei Schwarz-Weiß-Aufnahmen. Für sehr große Gebiete (etwa ab 5000 qkm) können ggf. die relativen Kosten wieder steigen. Dies dann, wenn mit wetterbedingten Wartezeiten und mehrmaligen An- und Abflügen zu rechnen ist.

Auch die *Form des Auftragsgebiets* wirkt sich auf die Kosten des Bildfluges aus. Je arrondierter das Gebiet ist und je weniger Flugstreifen bei gleicher Größe erforderlich sind, desto geringer sind die absoluten und relativen Bildflugkosten.

Von der *Entfernung* des Auftraggebietes *zum Heimathafen* hängt es ab, ob dieser auch Einsatzhafen sein kann und wenn ja, welche An- und Heimflugwege jeweils zurückzulegen sind. Kann der Heimathafen nicht Einsatzbasis sein, so kommen Überführungskosten hinzu. Sie können bei Bildflugmissionen in fremden Ländern, z. B. in den Tropen, erhebliche Kosten verursachen. Vom fremden Einsatzhafen aus gilt dann ebenfalls, daß die Flugkosten mit der Entfernung von dort zum Auftragsgebiet steigen.

Auch *geographische Gegebenheiten* können kostenbestimmend sein. Liegt das Gebiet z. B. in einer Klimaregion mit i.d.R. stabiler Hochdruckwetterlage während der gewünschten Aufnahmezeit, so kann mit erheblich geringeren Risikokosten kalkuliert werden als wenn es sich um eine Region mit sehr wechselhaftem Wetter und häufiger Bewölkung handelt.

Gegebenenfalls gewinnen bestimmte *Geländeeigenschaften* Einfluß auf die Kosten, im Hochgebirge z. B. aus flugtechnischen oder in ausgedehnten, einförmigen Gebieten (weite Steppen, unerschlossene Regenwälder) aus navigatorischen Gründen.

Da bei Bildflügen für forstliche Zwecke die relativen Kosten i.d.R. auf die Waldfläche und nicht auf das Gesamtbefliegungsgebiet bezogen werden, kommen dem *Bewaldungsprozent* und der *Waldverteilung* im Auftragsgebiet Bedeutung für deren Höhe zu. Bei gleichmäßiger Waldverteilung besteht zwischen den auf das Gesamtgebiet bezogenen Kosten rK_A und den auf die Waldfläche bezogenen rK_W in Abhängigkeit vom Bewaldungsprozent p die Beziehung

$$rK_W = rK_A \cdot \frac{100}{p} \qquad\qquad (46)$$

Der Einfluß des *Bildaufnahme-Maßstabs* und der *Größe des Aufnahmegebietes* korrespondieren miteinander. Dies ist in den Abb. 81 und 82 exemplarisch dargestellt. Die Größe des Aufnahmegebietes beeinflußt die relativen Kosten bei kleinerem Maßstab stärker als

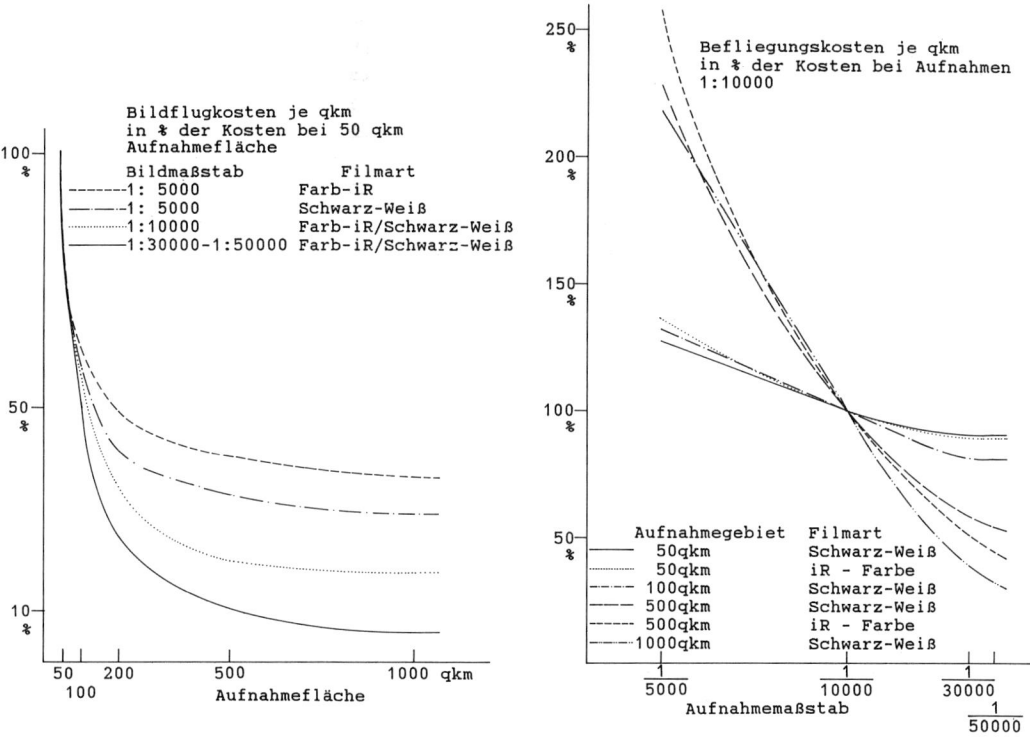

Abb. 81:
Abhängigkeit der Bildflugkosten je qkm von der Größe des Aufnahmegebietes bei verschiedenen Aufnahmenmaßstäben (abgeleitet aus den Daten der Honorarordnung für Ingenieure in Deutschland)

Abb. 82:
Abhängigkeit der Bildflugkosten je qkm vom Bildmaßstab bei unterschiedlich großen Aufnahmegebieten und verschiedenen Filmarten

bei großem. Die Maßstabsabhängigkeit wirkt sich bei Farbfilmaufnahmen, insbesondere bei solchen mit Infrarot-Farbfilm stärker aus als bei Schwarz-Weiß-Aufnahmen.

Die Wahl der *Längs- und Querüberdeckung* gewinnt über den größeren oder kleineren Filmverbrauch und die dementsprechenden Entwicklungskosten, die der Querüberdeckung darüberhinaus auch über die erforderlichen Flugkilometer Einfluß auf die Bildflugkosten. Die Wahl einer Querüberdeckung von 20 % anstelle von 30 % kann unter Umständen die Einsparung eines oder mehrerer Flugstreifen ermöglichen.

Farbfilme sind teurer als Schwarz-Weiß-Filme und auch die Entwicklung von Farbfilmen kostet mehr. Auf die Bildflugkosten wirkt sich die *Wahl des Filmes* in Abhängigkeit von der Größe des Aufnahmegebietes und vom Bildmaßstab aus. Abb. 81 und 82 zeigen, daß der Einfluß der Filmwahl bei gleichem Maßstab und zunehmender Gebietsgröße steigt und bei gleicher Größe des Gebietes mit kleiner werdendem Maßstab sinkt.

Schließlich hat der bei Vergabe von Bildflugaufträgen vereinbarte *Lieferumfang an Bildprodukten und anderer Leistungen* Einfluß auf die Gesamtkosten der Luftbildaufnahme und -bereitstellung.

Die Kosten für Luftbildaufnahmen variieren in Abhängigkeit der o. a. Einflußfaktoren und verändern sich mit der Zeit durch kostenerhöhende und kostensenkende Faktoren. Die Preisgestaltung privater Anbieter wird im konkreten Einzelfall darüber hinaus von kaufmännischen Gesichtspunkten mitbestimmt. Solche können z. B. sein: die Wertigkeit des Auftraggebers, die Sicherung von Anschlußaufträgen, die Verbindung des Bildflugauftrages mit photogrammetrischen u. a. Folgearbeiten im eigenen Haus, Kapazitätsauslastungen usw.

Eine Vorstellung über tatsächliche Bildflugkosten vermitteln für deutsche Verhältnisse die Rahmenwerte aus 11 Angeboten von Bildflugfirmen für die in Tab. 17 definierten verschiedenen Aufträge. Die Rahmenwerte sind in Tab. 18 den sich aus einem Entwurf für die (für Deutschland vorgesehene) Honorarordnung für Architekten und Ingenieure (HOAI) ergebenden Bildflugkosten gegenübergestellt.

Bedingungen	A	B	C
Auftragsgebiet	in Deutschland, ebene Lage, 100 km zum Einsatzhafen		
Größe des Gebietes	900 km²	900 km²	300 km²
Form des Gebietes	24 km x 36 km	25 km x 36 km	10 km x 30 km
Aufnahmemaßstab	1:30 000	1:10 000	1:5000
Längsüberdehnung	60 %	60 %	60 %
Querüberdeckung	nach günstigster Kalkulation zwischen 20 – 30 %		
Objektivbrennweite	150 mm	300 mm	300 mm
Film (Sensiblität)	Farbinfrarot	S-W panchromatisch	Farbinfrarot
Aufnahmezeit	Mai/Juni 93	Mai 93	Juli 93
Lieferumfang	Originalbilder geschnitten, in Klarsichthüllen eingetascht Bildmittenübersicht	Originalnegativfilm 1 Satz Kontaktkopien Bildmittenübersicht	Originalbilder geschnitten, in Klarsichthülle eingetascht Bildmittenübersicht
Zweck der Aufnahme	Regionalplanung Landnutzungs- kartierung	Forsteinrichtung	Waldschadensinventur

Tab. 17: *Bildflugaufträge für die in Tabelle 18 ausgewiesenen Angebote und Tabellenwerte der HOAI (Entwurf 1988)*

Bildflugauftrag (Tab. 17)	Angebotsrahmen DM	Bildflugkosten n. HOAI DM
1	*2*	*3*
A	13 500 – 20 700	21 850
B	25 100 – 37 500	47 690
C	35 000 – 58 200	62 983

Tab. 18: *Bildflugkosten für die in Tab. 17 genannten Bildflugaufträge gemäß Angeboten und HOAI (Enwurf 1988)*

4.1.5.10 Ausschreibung und Auftragserteilung für Luftbildaufnahmen

Liegen marktwirtschaftliche Verhältnisse vor und soll die Luftbildaufnahme durch ein Bildflugunternehmen ausgeführt werden, so weist Tab. 18 darauf hin, daß vor Vergabe des Auftrags mehrere Angebote eingeholt werden sollten. Öffentliche Auftraggeber, z. B. staatliche Forstverwaltungen sind i. d. R. nach ihren Haushaltsordnungen ohnehin gehalten, so zu verfahren.

Die Ausschreibung für eine Luftbildaufnahme muß die gewünschten Aufnahmebedingungen klar und unmißverständlich beschreiben. Sie sollte darüberhinaus ggf. für das Bildflugunternehmen für dessen Planung und Disposition nützliche Hinweise darauf enthalten, für welchen Zweck die Luftbilder verwendet werden sollen und worauf es deshalb im Hinblick auf die Bildqualität besonders ankommt. Solchen Hinweisen kommt bei Luftbildaufnahmen für forstliche, vegetationskundliche und geowissenschaftliche Zwecke besondere Bedeutung zu. Dies besonders dann, wenn Bildflugunternehmen vornehmlich auf Luftbildaufnahmen für Vermessungszwecke eingestellt sind.

Bei der Auftragserteilung sind die Aufnahmebedingungen nochmals zu wiederholen, da sie erst dadurch Bestandteil des Vertrags mit der Bildflugfirma werden.

Dort wo in eigener Regie Luftbilder aufgenommen werden oder wo ohne vorherige Ausschreibung eine Dienststelle den Bildflug ausführt, die dafür im betreffenden Land das Monopol besitzt, müssen die Aufnahmebedingungen selbstverständlich ebenso klar wie eindeutig vom Auftraggeber festgelegt sein.

In der Ausschreibung (und später im Auftrag) sind zu definieren:
- das *Auftragsgebiet*; es wird am zweckmäßigsten eindeutig in einer topographischen Karte eingezeichnet. Darüberhinaus kann das Auftragsgebiet durch Angaben der Koordinaten seiner Eckpunkte definiert werden. Ist beides mangels Karten nicht möglich, so muß man hilfsweise auf eindeutig erkennbare Geländeobjekte zur Gebietsabgrenzung zurückgreifen.
  Wird die Aufnahme für bestimmte Bildstreifen in Auftrag gegeben, so gilt gleiches für die Streifenfläche bzw. die Festlegung der gewünschten Flugachse.
- die *Bildflugzeit*; es sind die gewünschte Zeitspanne im Jahr (vgl. das hierzu Gesagte), die zulässigen Tagesstunden bzw. der höchstens noch zulässige Sonnenstand und die zulässigen Wetter- und insbesondere Bewölkungsverhältnisse anzugeben.
  Bei Großaufträgen, die viele Flugtage in Anspruch nehmen, ist es zweckmäßig auch eine Reihenfolge für die Durchführung der Aufnahmen festzulegen (unter Berücksichtigung von Alternativen im Hinblick auf örtliche Wetterlagen).
- die *technischen Daten* für die Luftbildaufnahmen; dazu gehören der mittlere Bildmaß-

stab, die gewünschten Längs- und Querüberdeckungen, ggf. die Flugstreifenrichtung, der Öffnungswinkel des Kammerobjektivs bzw. dessen Brennweite, die Filmart und ggf. spezielle Wünsche bezüglich der Filterung.
Bei Ausschreibungen und Aufträgen für Aufnahmen mit kleinformatigen Kameras sind Aufnahmerichtungen, Bildformat und ggf. Vorgaben für das Vorhandensein eines Meßgitters (= bildeigenes Koordinatengitter = Réseau) erforderlich.
- der *Lieferumfang an Bildprodukten:* Negative bzw. Diapositive – ungeschnitten oder geschnitten und eingetascht in Klarsichthüllen – Duplikate davon, Positiv-Papierkopien, Bildmittenübersicht und Flugprotokoll.
Die Herstellung von Vergrößerungen und Bildentzerrungen, von Orthophotos oder Stereobildreihen gehört nicht mehr zu den regelmäßigen Leistungen eines Bildflugauftrags. Sie kann aber vereinbart werden ebenso wie photogrammetrische oder thematische Luftbildauswertungen, sofern die Bildflugfirma dafür eingerichtet ist.
- *Verpflichtung des Bildflugunternehmers* zu sensitometrischen Messungen, insbesondere bei Infrarot-Farbfilmen, vor Verwendung des Films.
Zusätzlich sind bei Auftragserteilung und Vertragsschluß mit dem Bildflugunternehmer in verbindlicher Form festzulegen:
- *Rechtsfragen*, wie Sicherung des Eigentumsrechts an den Negativen bzw. Diapositiven, Abmachungen über Wiederholungspflicht bei Qualitätsmängeln – mit ggf. vereinbarter Definition dessen, was als Mangel zu werten ist, Abmachungen über Auslieferungs- und Bezahlungsmodalitäten einschließlich eventuell einzuholender Bildfreigabe, Feststellung des Gerichtsstands.
- *Absprachen über Zusammenarbeit* vor und während des Bildflugs, wie Beteiligung der Auftraggeber an der Bildflugplanung, Mitteilung über Flugtermine, Zusammenarbeit bei Signalisierung von Geländepunkten oder Auslagen von Referenztafeln.

4.1.5.11 Vorbereitungen einer Luftbildaufnahme im Gelände

Für bestimmte Luftbildauswertungen ist eine Signalisierung von Geländepunkten oder einzelner Objekte (z. B. Grenzsteine, ausgewählte Bäume) *vor* der Luftbildaufnahme erforderlich. Dies gilt in erster Linie für photogrammetrische Punktbestimmungen hoher Genauigkeit z. B. für Lagepaßpunkte, zu vermessende Grenzpunkte bei Eigentumsgrenzen, für Aerotriangulationen zur Netzverdichtung. Signalisierungen können aber auch zur Kenntlichmachung bestimmter Flächen oder Objekte im Luftbild notwendig werden oder wünschenswert sein, z. B. zur Kenntlichmachung von Versuchs- und Dauerbeobachtungsflächen inmitten geschlossener Waldbestände oder von Probebäumen, Stichprobemittelpunkten u. a., deren Lagekoordinaten noch nicht bekannt sind.
Auch das einfache Identifizieren von Stichprobeorten oder -bäumen, die im Zuge forstlicher mehrphasiger Vorrats- oder Zustandsinventuren terrestrisch aufgenommen wurden und deren Daten mit den Ergebnissen der Luftbildauswertung des gleichen Stichprobekollektivs zu korrelieren sind, erfordert eine entsprechende Signalisierung.
Unter „Signalisierung" versteht man bei alledem die Kennzeichnung eines Geländepunktes oder Objektes durch eine im Luftbild gut und eindeutig erkenn- und daher auch einmeßbare Markierung. Bildmaßstab, örtliche Kontrastverhältnisse, das photographische Auflösungsvermögen, die gewählte Filmart und die gegebenen Beleuchtungsverhältnisse sind bei der Anlage der Signale zu berücksichtigen.
Die notwendige Signalgröße muß so gewählt werden, daß seine Abbildung deutlich größer ist als die i. d. R. 20–25 µm große Meßmarke stereophotogrammetrischer Auswertegeräte. Dies wird erreicht, wenn man den Durchmesser d des Signals bei stark gegenüber dem Untergrund kontrastierenden Signalen nach der Farbformel

$$d \ (cm) = \frac{m_b}{600} \tag{47a}$$

und bei schwach kontrastierenden nach

$$d \ (cm) = \frac{m_b}{300} \tag{47b}$$

festlegt. m_b ist dabei die (mittlere) Bildmaßstabszahl. Je nach Kontrastverhältnissen tritt im Bild eine 1,5- bis 3-fache Überstrahlung auf, sodaß ein Signal der o.a. Größe mit einem Durchmesser um 50 µm abgebildet wird.

Das Signal kann ein Kreis, ein Quadrat oder ein gleichseitiges Dreieck sein. Hilfsignale in Form von in Kreuz- oder Dreiecksverband auf das Signal ausgerichteten Streifen erleichtern das Auffinden des Signals im Bild. Besonders dort wo im Gelände Objekte mit ähnlichen Reflexionseigenschaften wie die Signale vorkommen, können dadurch falsche Signalidentifizierungen vermieden werden.

Zu vermeiden ist die Auslage von Signalen auf Flächen, die z.Zt. des Bildfluges im Schatten liegen. Bei Aufnahmen mit Schwarzweiß-Filmen sollte auch die Auslage auf Asphalt- oder Betonflächen möglichst vermieden werden. Bei geeignetem Untergrund, z. B. Grasflächen oder unbewachsenem Boden sind keine signifikanten Unterschiede in der Erkennung weißer, gelber, oranger oder roter Signale im Luftbild zu erwarten. Tab. 19 gibt hierzu Ergebnisse aus dem Test „Steinwedel" der Europäischen Organisation für experimentelle photogrammetrische Untersuchungen (OEEPE).

Im übrigen wird in Bezug auf zu wählende Farben, Signalformen und Untergrundgestaltung auf einschlägige Untersuchungen z. B. von ACKERL 1964, JAAKKOLA et al. 1985 verwiesen.

Signalfarbe — Untergrund	Anzahl Signale	Schwarz-weiß Filme		Farbfilme	
		PAN 200 (Agfa)	PLUS X 2402 (Kodak)	AERO-CHROME 2448 (Kodak)	AEROCHROME IR 2443 (Kodak)
		Prozent der nicht erkannten Signale			
weiß	32	5	8	4/3	3
rot	32	4	4	5/3	2
gelb	17	4	3	6/5	3
schwarz	20	30	40	24/35	9
Gras	27	2	1	3/1	0
Boden	26	3	5	3/1	1
Asphalt/Beton	24	5	8	4/1	1
Ziegeldach	24	2	0	1/0	0

Tab. 19: *Erkennung nichtbeschatteter Signale verschiedener Farbe und auf verschiedenem Untergrund in Luftbildern 1:4 000. Signalgröße 12 x 12 cm, Kamera RMK 30/23, Aufnahme Mitte Mai (Auszug aus umfassenden Ergebnissen, JAAKKOLA et al. 1985)*

Für die Kenntlichmachung bestimmter Flächen oder Bäume (s.o.) in geschlossenen Waldbeständen kann es notwendig werden, Markierungen luftbildsichtbar auf Baumkronen in
Wipfelhöhe zu plazieren. Für kurzfristige Markierung haben sich dafür helle Plastikfolien
(z. B. 200 x 50 cm) bewährt, die mit einem Pfeil auf die Krone geschossen werden (TEPASSÉ
1986). In Wipfelhöhe aufgelassene, gasgefüllte Ballone sind dagegen wenig tauglich. Für
dauerhafte Markierungen kommen (besonders für Nadelbäume geeignete) stabil in der
Kronenspitze befestigte, quadratische, weiße Kunststoffplatten in Frage (DUHR 1989).

Die Auslegung oder Anbringung von Signalen muß rechtzeitig vor dem Bildflug erfolgen. Ausgebrachte Signale sind je nach Material und Anbringung nur begrenzt haltbar. Sie
können auch überweht oder verschmutzt werden und sind auch durch mutwillige Verlagerung oder Zerstörung gefährdet. Signale sind deshalb möglichst unmittelbar vor dem
Bildflug zu kontrollieren.

Besonders kurze Zeit vor dem Bildflug – am besten am Tage der Befliegung – sind Test-
und Referenztafeln auszulegen, wenn solche z. B. für Ermittlung der geometrischen Auflösung im Bildmaterial oder als Standards bei mikrodensitrometrischen Farb- oder Hellig-
keitsmessungen in Luftbildern benötigt werden.

Vor Forsteinrichtungen gehört das Aufhauen zugewachsener Grenzlinien zu den routinemäßig auszuführenden Vorbereitungsarbeiten des Forstamtes. Diese Arbeiten müssen
rechtzeitig *vor* der i. d. R. im Herbst des Vorjahres der Forsteinrichtung stattfindenden
Luftbildaufnahme erfolgen.

4.1.6 Luftbildaufnahmen aus dem Weltraum

Für Luftbildaufnahmen aus dem Weltraum gelten prinzipiell die gleichen technologischen und
aufnahmetechnischen Fakten wie für jene aus Flugzeugen. Dies gilt sowohl für Kameras (vgl.
Tab. 8 und 9) als auch für Filme und Filter. Gleichwohl müssen Kameras selbstverständlich für
den Einsatz unter Schwerelosigkeit und den im bzw. am Weltraumflugkörper herrschenden
Druck- und Temperaturverhältnissen sowie im Hinblick auf ihre Energieversorgung und ggf.
Bedienung durch Fernkommandos aus einem Kontrollzentrum auf der Erde eingerichtet sein.
Beim ersten Einsatz einer Reihenmeßkammer vom NASA-Spaceshuttle aus wurden z. B. an
der verwendeten konventionellen Zeiss-RMK A30/23 mehr als 30 technische Änderungen
vorgenommen. Andere der in Tab. 8 und 9 aufgeführten Kameras sind eigens für die Luftbildaufnahme aus dem Weltraum konzipiert worden oder sind Weiterentwicklungen zuvor für
militärische Fernaufklärung verwendeter Kameras.

Die großen Aufnahmeentfernungen zur Erde legen es nahe, möglichst hochauflösende
Filme zu benutzen. Das bessere Auflösungsvermögen solcher Filme kann aber nur dann
voll ausgenutzt werden, wenn die eingesetzte Kamera über eine Bildbewegungskompensation verfügt.

Trotz der großen Aufnahmeentfernungen weist die am Sensor eintreffende bildwirksam
werdende Strahlung keine wesentlich andere spektrale Zusammensetzung auf als jene, die
etwa in Höhe der *Tropopause* 8–12 km über der Erdoberfläche aufgenommen würde. Die
Gründe hierfür sind in Kap. 2.2.1 beschrieben worden. Es macht also für die radiometrisch
bedingte Qualität der Luftbilder keinen wesentlichen Unterschied, ob ihre Aufnahme
z. B. aus 200 oder 300 km oder aus noch größerer Distanz zur Erde erfolgte.

Erste photographische Aufnahmen aus dem Weltraum wurden kurz nach dem
2. Weltkrieg mit Kleinbildkameras aufgenommen, die auf V2 Raketen montiert waren.
Es folgten mehrfache weitere Versuche von anderen Raketen und ballistischen Flugkörpern aus. Einem Bericht von Lowman (1965) ist zu entnehmen, daß diese Versuche zu
wenig brauchbaren Bildern führten.

Dies änderte sich mit Beginn der bemannten Raumfahrt. Schon A.B. SHEPPARD brachte am 5. Mai 1961 vom ersten amerikanischen 15-Minuten-Flug in den Weltraum – wie LILLESAND und KIEFER (1979) berichten – „150 excellent photographs" zur Erde zurück. Auch bei den weiteren Flügen des Mercury- und Gemini-Programms der NASA photographierten Astronauten aus der Hand mit 35 mm und 70 mm Kameras die Erde. Über die dabei benutzten Kameras wurde in Kap. 4.1.2.2 berichtet. Besondere Publizität fand die während der Gemini-11-Mission aus rd. 630 km Höhe aufgenommene Bildserie. Sie ließ erstmals die Kugelgestalt des Planeten Erde erkennen und zeigte in eindrucksvollen Farb-Bildern geologische Strukturen von Großlandschaften und Verteilungsmuster der Vegetationsbedeckung.

Zu dieser frühen Phase der Photographie aus dem Weltraum gehören auch noch die im Zuge des NASA-Apollo-Programms und zur Vorbereitung der ersten Mondlandung durchgeführten Luftbildaufnahmen. Dabei wurden beim S 605 Experiment der Apollo 9 Mission mit dem in Tab. 9 beschriebenen, in der Kapsel fest installierten Kameraset auch erfolgreich Multiband-Photographien aufgenommen. Großartige und zu dieser Zeit sensationelle Aufnahmen entstanden dann von der Mondoberfläche und aus nahezu Mondentfernung von unserem „blauen Planeten".

Gleichwohl wenig über die frühen Photographien sowjet-russischer Kosmonauten bekannt wurde, ist davon auszugehen, daß auch diese entsprechende Aufnahmen ausführten.

Die dritte Phase der zivilen Luftbildaufnahme aus dem Weltraum begann auf amerikanischer Seite mit den Experimenten S190A und B der Skylab-Mission 1973 und in der Sowjetunion spätestens mit den ab 1976 beginnenden experimentellen, bald aber routinemäßigen Multiband-Aufnahmen mit der in Jena entwickelten und gebauten MFK6 bei SOJUS/SALUT-Missionen.

Die vorläufig letzte Entwicklungsphase ist durch den Einsatz von Meßkammern aus dem Weltraum gekennzeichnet. 1983 wurden gelegentlich der ersten europäischen SPACELAB-Mission vom NASA-Spaceshuttle aus schwarz-weiße und farbinfrarote Meßbilder auf Kodak 2405 bzw. 2443 mit einer Zeiss RMK A30/23 (s.o.) aufgenommen. Die Kammer wurde in Missionsberichten und Publikationen als Metric Camera (MC) bezeichnet. Die Luftbilder dieser Mission sind bei der DLR in Oberpfaffenhofen dokumentiert und verfügbar (DLR, 82234 Wessling).

1984 folgten ebenfalls vom NASA Spaceshuttle aus Luftbildaufnahmen mit der ITEK Large Format Camera (LFC).

Da die LFC (Tab. 8) im Gegensatz zur RMK-A 30/23 über eine Bildbewegungskompensation verfügte, erfolgten die Aufnahmen mit den weniger empfindlichen aber höher auflösenden Kodak-Filmen 3414, SO-242, SO-131. Die insgesamt 2289 Luftbilder der LFC-Mission sind bei der Firma Chikago Aerial Survey (CAS) dokumentiert und verfügbar (CAS, LFC Dept., 2140 Wolf Road, Des Plaines, Il. 60018, USA).

Die MC- und LFC-Missionen waren bis heute einmalige Aktionen und dienten vorwiegend experimentellen Zwecken, u. a. auch forstlichen und geowissenschaftlichen Untersuchungen verschiedener Art. Demgegenüber wurden in der Sowjetunion seit Anfang der achtziger Jahre großformatige Luftbilder routinemäßig für praktische Zwecke von Satelliten der Kosmos-Serie aus aufgenommen. Die Mehrzwecksatelliten dieser Serie sind relativ kurzlebig. Für zivile Fernerkundungsmissionen fliegen sie bei einer mittleren Flughöhe von 270 km zwischen 180 und 350 km hoch. Auch Luftbilder, die aus 220 km Höhe von für militärische Zwecke operierenden Kosmos-Satelliten aus mit einer KWR1000 Kamera (vgl. Tab. 8) aufgenommen wurden und werden, sind seit kurzem für zivile Zwecke z.T. freigegeben und erhältlich (vgl. RIESS et al. 1993). Belichtete Filme mit jeweils 1800 Bildern werden in einer Kapsel vom jeweiligen Kosmos-Satelliten abgesprengt und erreichen mit einem Landemodul die Erde.

Seit 1990 wird die mit der besonders langen Brennweite von 1 m ausgestattete KFA 1000 auch von der permanent besetzten, jetzt russischen Raumstation MIR aus eingesetzt

(Abb. 83). Dabei arbeiten zwei Kameras simultan. Ihre Aufnahmeachsen sind rechtwinklig zur Flugrichtung leicht – nämlich mit einer Nadirdistanz ν = 8° – konvergent, d. h.
gegeneinander geneigt. Quer zur Flugrichtung überdecken sich dadurch die Simultanaufnahmen mit 1° = 5,8 %, das sind bei einer Flughöhe von 350 km 6,1 km. Die Längsüberdek-
kung beträgt im Regelfall 60 %. Bestückt sind die Kameras mit dem Infrarot-Farbfilm SN
10 (vgl. Tab. 20). Das Aufnahmesystem als Ganzes trägt den Namen PRIRODA 5
(Priroda = Natur) und weist damit auf seine Erderkundungsaufgaben hin.

Simultanaufnahmen werden auch von Kosmos-Satelliten aus durchgeführt. Dies einerseits als Multiband-Aufnahmen mit drei KATE 200 Kameras und andererseits als Kombi-

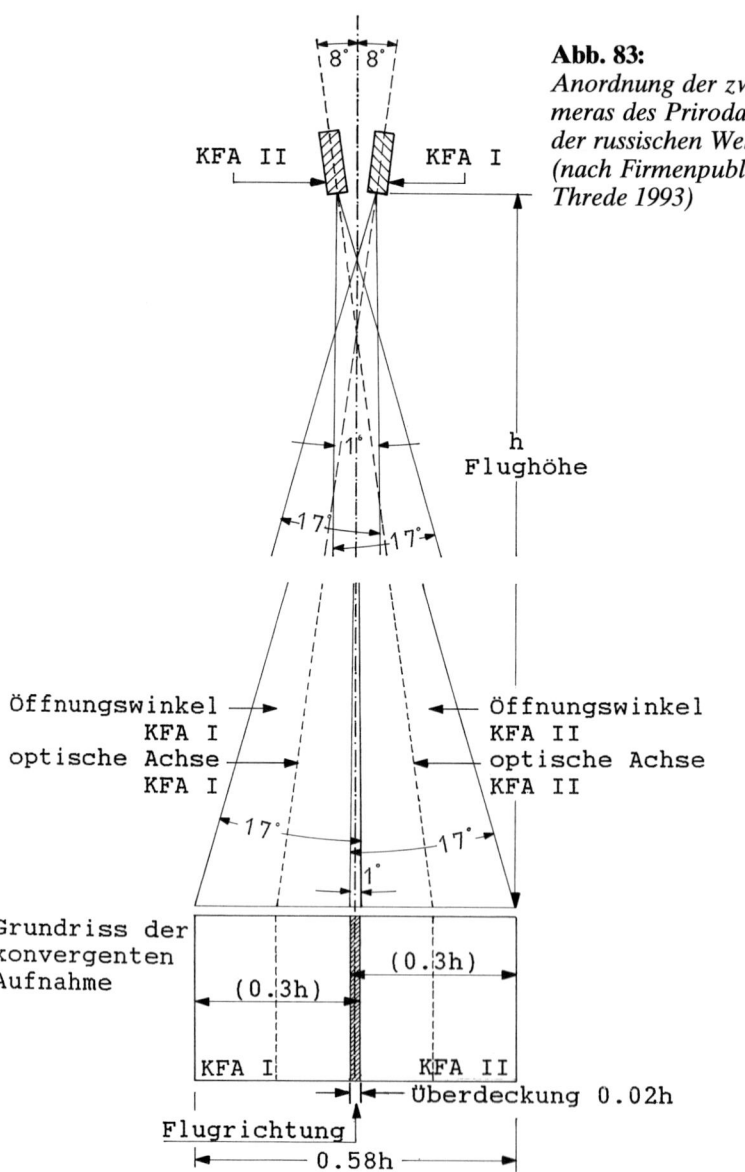

Abb. 83:
*Anordnung der zwei KFA 1000 Ka-
meras des Priroda-Aufnahmesystems
der russischen Weltraumstation MIR
(nach Firmenpublikation Kayser –
Threde 1993)*

Kameraname Trägersystem Einsatzjahr Einsatzzweck	Anzahl Kameras Aufnahmeart	Filmarten * = alternativ	Bildmaßstab Streifenbreite Fläche pro Bild (bei Flughöhe** in km)	Basisverhältnis bei 60% Längsüberdeckung	Bodenauflösung gemäß Filmart in Meter	Möglicher Kartenmaßstab für thematische Kartierungen, bis zu
1	2	3	4	5	6	7
ITEK S 190 A SKYLAB 4 x 1973/74 für Experimente	6 Simultane Multiband-Reihenaufnahmen	2xPan-SW-Film 2xIR-SW-Film 1xPan-Farbfilm 1xIR-Farbfilm	1:2.900 000 162 162 x 162 (435)	0,15	~ 50 ~ 115 ~ 40 ~ 100	
ETC S 190 B SKYLAB 4 x 1973/75 für Experimente	1 Monoband-Reihenaufnahmen	* Pan-SW-Film * Pan-Farbfilm * IR-Farbfilm	1:945 000 106 106 x 106 (435)	0,10	~ 10–15 ~ 20–25 ~ 30	1:25 000 1:50 000 1:50 000
MFK 6 SOJUS/SALUT seit 1976 kontin. Routineaufgaben	6 Simultane, Multiband-Reihenaufnahmen	4xPan-SW-Film div. Filterung 2xIR SW-Film div. Filterung	1:210 000 120 120 x 170 (265)	0,26	~ 10–15 ~ 10–15	1:25 000 1:25 000
RMK A 30/23 SPACESHUTTLE 1x1983 für Experimente	1 Monoband-Reihenaufnahmen	* Pan-SW-Film * IR-Farbfilm	1:820 000 188 188 x 188 (250)	0,30	~ 10–15 ~ 20–30	1:50 000 1:50 000
LFC SPACESHUTTLE 1x1984 für Experimente	1 Monoband-Reihenaufnahmen	* Pan-SW-Film * Pan-Farbfilm * IR-Farbfilm	1:980 000 225 225 x 450 (300)	0,60	~ 10–15 ~ 15–20 ~ 20–25	1:25 000 1:50 000 1:50 000
KATE 200 Kosmos-Satellit seit 1980, kontin. Routineaufgaben	3 Simultane Multi-Band-Reihenaufnahmen	2xPan-SW-Film div. Filterung 1xIR-SW-Film	1:1.350 000 243 243 x 243 (270)	0,36	~ 15 ~ 30	1:25 000 1.50 000
KFA 1000 Kosmos-Satellit seit 1980 kontin. Routineaufgaben	2 konvergente Monoband-Reihenaufnahmen	* 2xPan-SW-Film * 2xIR-Farbfilm	1:270 000 157 81 x 81 (270)	0,12	~ 5–8 ~ 10–12	1:25 000 1:25 000
KFA 1000 MIR seit 1990 kontin. Routineaufgaben	2 konvergente Monoband-Reihenaufnahmen	IR-Farbfilm	1:350 000 204 105 x 105 (350)	0,12	~ 5–10	1:25 000
TK 350 Kosmos-Satellit seit 1989 in MIR milit. Routine	1 Monoband-Reihenaufnahmen	Pan-SW-Film	1:600 000 270 180 x 270 (220)	0,33	~ 10	1:25 000
KWR 1000 Kosmos-Satellit ab 1992 z.T. frei milit. Routine	3 simultan mit 20% Querüberdeckung	* Pan-SW-Film * IR-Farbfilm	1:220 000 104 40 x 40 (220)	nur 20% Längsüberdeckung	~ 0,75 ~ 1,50 (im Handel ~ 2,0)	1:10 000

Tab. 20: *Informationen über Lutfildaufnahmen aus dem Weltraum. Die in Sp. 4 angegebenen Daten gelten für angenommene Flughöhe (....). Sie variieren de facto in Abhängigkeit von der jeweils tatsächlichen Flughöhe*

nation von Aufnahmen mit unterschiedlichem Öffnungswinkel und Maßstab, mit drei KWR 1000 und einer TK 350. Bei letzterer sind die drei KWR 1000 Kameras so nebeneinander angeordnet, daß Luftbilder mit 20 % Querüberdeckung entstehen. Sie nehmen jeweils Ausschnitte des von der TK 350 erfaßten Geländes im entsprechend größeren Maßstab auf (1:220 000 vs 1:600 000). Mit 0,75 m Bodenauflösung weisen die mit der KWR 1000 aufgenommenen Bilder die höchste für zivile Luftbilder aus dem Weltraum z.Zt. verfügbare Auflösung auf.

Aufnahme- und auswertungstechnische Daten für die bei den genannten Missionen der letzten zwei Jahrzehnte (1972–1992) entstandenen Luftbilder sind in Tab. 20 zusammengestellt. Die zu ihrem Verständnis z.T. notwendigen Kameradaten finden sich in den Tab. 8 und 9.

In Abb. 84 sind auf den Maßstab 1:12000 gebrachte Ausschnitte von KFA 1000 und KWR 1000 sowie einer panchromatischen SPOT-Aufnahme[14] zum Vergleich gegenübergestellt.

Der Vertrieb der sowjetrussischen/russischen Weltraumluftbilder liegt bei der Firma V/O Sojuzkarta (45 Volgogradskij pr. Moskau, 109125) und, soweit es sich um Aufnahmen von MIR aus handelt, bei NTO Energia, Moskau. Autorisierte ausländische Partnerfirmen sind z. B. in Deutschland die Gesellschaft für angewandte Fernerkundung (GAF) München, Kaiser-Threde in München und die Weltraum Institut Berlin (WIB) GmbH in Berlin oder in Finnland FM-Projekts Ltd. Oy in Helsinki.

4.1.7 Entwicklungs- und Kopierprozesse

Der Belichtung des Films bei der Luftbildaufnahme folgt im Labor die Prozessierung des Films. Sie vollzieht sich bei schwarz-weißen Negativfilmen in vier Schritten
- *Vorbereitung* des Films zur Entwicklung durch Befeuchtung
- *Entwicklung*, bei welcher die belichteten Halogensilberkörner der Emulsion zu metallischem Silber reduziert und damit das in der Emulsionsschicht latent schon existierende Bild sichtbar gemacht wird.
- *Fixierung* des sichtbar gemachten Bildes und *Auswaschung* nicht reduzierter, verbliebener Halogensilberkristalle.
- Trocknung des entwickelten und fixierten Films.
Bei *Farbnegativ- und Farbumkehrfilmen* sind die ersten beiden Schritte denen bei schwarz-weiß-Filmen gleich.

Im nächsten Schritt der Prozessierung werden dann die nicht belichteten Silberhalogenkörner zu Silber reduziert oder gleichzeitig im Wege eines photochemischen Farbkupplungsprozesses durch eine entsprechende Menge, für jede Schicht spezifischer, Farbstoffe ersetzt.

In der dritten Phase der Entwicklung wird alles entstandene Silber ausgewaschen. Die gebildeten Farbstoffe verbleiben dagegen in den Schichten. Als Ergebnis liegen dann in den Schichten Farbstoffmengen vor, deren Konzentrationen an jedem Bildort umgekehrt proportional zur dort eingetroffenen spektralen Strahlungsmenge sind. Die Farbzuordnung und -wirkung ist in Kap. 4.1.3.9 beschrieben und in Abb. 76 dargestellt worden.

Um eine Vorstellung vom technischen Ablauf einer Farbfilmentwicklung zu vermitteln, ist als Beispiele in Tab. 21 die gesamte Prozessierungsfolge für den Kodak Infrarot-Farbfilm 2443 wiedergegeben – so wie sie vom Hersteller bei Verwendung eines bestimmten Entwicklungsgeräts empfohlen wird.

---

[14] Nichtphotographische, monospektrale Aufnahme des HRV elektro-optischen Scanners im französischen Erderkundungssatelliten SPOT – hierzu Kap. 5.

Berlin-Stadtmitte,
Maßstab 1:12.000,
panchr. SPOT-Bild,
aufgenommen am
4.8.1986.

Berlin-Stadtmitte,
Maßstab 1:12.000,
KFA-1000-Bild,
aufgenommen am
25.5.1987.

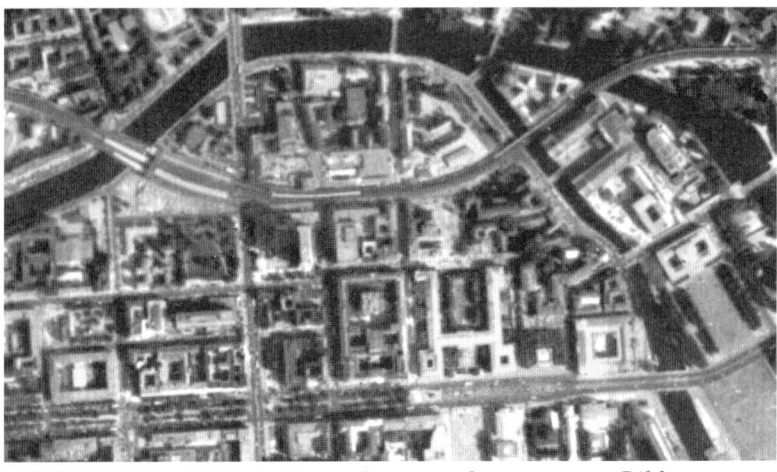

Berlin-Stadtmitte,
Maßstab 1:12.000,
KWR-1000-Bild,
aufgenommen am
25.5.1992.

Abb. 84: *Vergleich aus dem Weltraum aufgenommener Bilder*
(vergrößert) aus RIESS *et. al. 1993*

Prozessierungsschritt mit Kodak EA5 Chemie	Tank Nr.	Zeitdauer in sek.	Temperatur ° C	Auffüllungsraten der Chemikalien	
				mL / ft²	mL / min
_1_	_2_	_3_	_4_	_5_	_6_
Vorhärtung	1 + 2	53	46,1 ± 0,56	60	430
Neutralisierung	3	27	46,1 ± 1,11	60	430
1. Entwicklung	4 + 5 + 6	80	48,9 ± 0,28	175	1250
1. Unterbrechung	7	27	46,1 ± 2,78	200	1430
Wäsche	8	27	48,9 ± 2,78	2 Gallonen pro Minute	
Farbentwicklung	9+10+11+12	107	48,9 ± 0,56	225	1760
2. Unterbrechung	13	27	46,1 ± 2,78	200	1430
Wäsche	14	27	46,1 ± 2,78	2 Gallonen pro Minute	
Ausbleichung	15	27	51,7 ± 2,78	90	645
Fixierung	16	27	51,7 ± 2,78	90	645
Wäsche	17	27	46,1 ± 2,78	2 Gallonen pro Minute	
Stabilisierung	18	27	Equilibrium	120	860
Trocknung	–	53	62,8 ± 2,78	–	–
Σ Zeit		536			

Tab. 21: _Prozessierungsschritte für Kodak Aerochrome-Infrared Film 2443 bei Verwendung eines Kodak Ektrachrome-RT-Processors, Model 1811 und Kodak Chemikalie EA5 (aus Kodak 1982). Die Umrechnung von Fahrenheit in Celsius für Sp. 4 erfolgte nach_ $\frac{F° - 32}{1,8}$

Die Prozessierung aller Filmarten kann prinzipiell mit einfachen Umspulentwicklungsgeräten (rewind processing equipment) oder automatischen Filmprozessoren (syn. Durchlaufmaschinen, Entwicklungsmaschinen, rollertransport processor) erfolgen. De facto ist aber die Verwendung von Umspulentwicklungsgeräten auf die Entwicklung von Schwarzweiß-Filmen beschränkt, wenn Entwicklungsmaschinen nicht verfügbar sind.

Im Hinblick auf die bei jeder Luftbildaufnahme unterschiedlichen Aufnahmebedingungen – z. B. bezüglich des Atmosphärenzustandes oder aktueller sensitometrischer Eigenschaften der eingesetzten Emulsion – und wegen ggf. spezifischer Abbildungswünsche für bestimmte Auswertungen kommt der möglichen Optimierung des Entwicklungsprozesses erhebliche Bedeutung zu. Es ist deshalb nicht unüblich, bei der Luftbildaufnahme einige zusätzliche Bilder herzustellen. Sie sollen alternativen Probeentwicklungen und der Optimierung der Prozessierung dienen.

Die Entwicklung großformatiger Luftbildfilme wird durch die Bildflugfirma oder in deren Auftrag von einem hierauf spezialisierten Fachlabor durchgeführt. Sie ist i. d. R. im Lieferumfang des Bildflugauftrages enthalten. Kleinformatige Filme können zur Entwicklung auch dem qualifizierten Photofachgeschäft in Auftrag gegeben werden.

Kopierarbeiten können ohne Maßstabsänderungen (= Kontaktkopien) und in Form von Vergrößerungen oder Verkleinerungen ausgeführt werden. Sie schließen ggf. Bildverbesserungen im photographischen Sinne und geometrische Umbildungen ein. Die Kopierung erfolgt

- *auf Film* zur *Duplizierung* von Originalnegativen und -diapositiven oder zur Herstellung von Diapositiven aus Negativen. Spezielle Duplikatfilme stehen dafür zur Verfügung.

- auf *Papier* zur Herstellung von *Kontaktkopien* als Positive von Original- oder Duplikatnegativen und -diapositiven, bei Vergrößerungen, Verkleinerungen und projektiven Einzelbildentzerrungen sowie bei Herstellung von Orthophotos als Ergebnis differentieller Entzerrung.

Für Kopierarbeiten wird eine ganze Palette von Kopierpapieren und Duplikatfilmen angeboten (siehe z. B. Tab. 22).

Für Kopier- und Duplikatmaterialien gelten im übrigen andere Empfindlichkeitsparameter als die in Kap. 4.1.3.7 für Aufnahmefilme genannten. Kodak z. B. benutzt dafür den Relative Mercury Printing Index oder die Tungsten Printing Speed (Kodak 1982).

Name, Bezeichnung	Kopier-		Spektrale Sensibilität	Gradation γ	Oberfläche (Brillanz)
	Vorlage	Ergebnis			
1	*2*	*3*	*4*	*5*	*6*
Aviotone AP 1-1 1-2 1-3 1-4	SW-Negativ	SW-Positiv	ortho-chromatisch	~ 1,4 ~ 1,9 ~ 2,2 ~ 3,5	glänzend
Aviotone AP 2-1 2-2 2-3 2-4	SW-Negativ	SW-Positiv	ortho-chromatisch	~ 1,4 ~ 1,9 ~ 2,2 ~ 3,5	halbmatt
Aviotone AM 1 Aviotone AM 2	SW-Negativ	SW-Positiv	ortho-chromatisch	einstellbar*	glänzend halbmatt
Aviotone APC	Farbnegativ	Farb-Positiv	pan-chromatisch	~1,7	halbmatt
Aviotone APCR	Farbdiapositiv	Farb-Positiv	pan-chromatisch	~ 1,8	halbmatt

Tab. 22: *Beispiel für Kopierpapiere (hier Agfa-Gevaert). Ähnliche Produktionspaletten bieten andere Filmhersteller an.*
* Die AM-Papiere sind sog. Multikontrastpapiere, die durch Filterung in sechs Gradationsstufen für extraweiche bis extraharte Wiedergabe einstellbar sind.

Zur Kontaktkopierung großformatiger Luftbilder benutzt man Kopiergeräte, die eine völlige Planlage des Kopiermaterials sichern und damit Unschärfen ausschließen und die Bildverbesserungen durch Ausgleich flächig vorkommender, unerwünschter Schwärzungsunterschiede oder auch durch bildpunktweise Kontrastmodulation ermöglichen.

Weitergehende Kontrastmodulationen sind mit Geräten möglich, bei denen die Belichtung durch zeilenweises Abtasten (Scannen) mit einem Elektronenstrahl erfolgt (Abb. 85). Bei der Abtastung durch den auf der Bildröhre erzeugten Mikrobildpunkt wird dessen

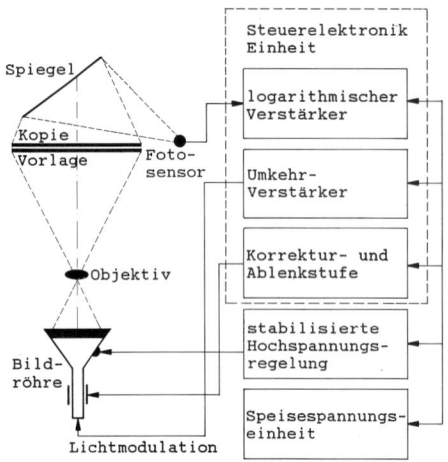

Abb. 85:
Kopiergerät zur Kontrastmodulation, hier
Schnitt durch ein Agfa-Scanotron
(nach Firmenpublikation)

Intensität elektronisch durch einen Photoverstärker geregelt. Dieser analysiert die Filmvorlage Bildpunkt für Bildpunkt nach ihrer Dichte und dosiert dementsprechend die Belichtung. Je stärker die Schwärzung, desto stärker wird belichtet. Der Gesamtumfang der Schwärzung verringert sich. Dafür treten aber feine Helligkeitsunterschiede sowohl in hellen als auch in dunklen Partien sehr viel besser hervor. Überbelichtung an Bildpunkten geringer Dichte der Vorlage und Unterbelichtungen an Stellen großer Dichte werden vermieden.

Für einfache, preiswerte Herstellung weitgehend farbtreuer Papierkopien von Farbpositiven oder -diapositiven stehen heute ebenfalls leistungsfähige Farbkopierer zur Verfügung. Damit hergestellte Farbkopien sind für Feldarbeiten brauchbar.

Neben dem Kopieren im Kontaktverfahren werden für bestimmte Zwecke Verkleinerungen oder Vergrößerungen von Luftbildern benötigt, *Verkleinerungen* z. B. zur Herstellung von Kleinbilddias für Vortrags- und Lehrzwecke; *Vergrößerungen* werden i. d. R. notwendig bei Luftbildaufnahmen, die mit Kleinbildkameras aufgenommen wurden, und auch für Einzelbildentzerrungen von großformatigen Luftbildern, für die Herstellung von Luftbildplänen, Orthophotokarten und von Satellitenkarten sowie für Ausstellungs- und Werbezwecke.

Verfahren und Technik des Bild- oder Bildkartendruckes mit oder ohne Maßstabsveränderungen gehören im weiteren Sinne ebenfalls zu den Kopierverfahren (Reproduktionsverfahren). Sie werden hier nicht weiter behandelt.

Bei allen genannten Kopierverfahren können zusätzliche Informationen im Zuge des Prozesses eingebracht werden. So kopiert man z. B. bei der Herstellung von Luftbildaufnahmen oder Orthophotokarten für deren Gebrauch als Forstbetriebskarten Ortsnamen, Grenzlinien, Bezeichnungen von Abteilungen, Unterabteilungen usw. und ggf. auch Höhenschichtlinien und besondere Bestockungs- oder Standortsignaturen, Gitterlinien u. a. ein. Die einzutragenden Beschriftungen, Signaturen und Linien werden dazu auf eine transparente Folie gezeichnet. Diese wird paßgerecht auf die zu ergänzende Vorlage montiert und mit dieser zusammen kopiert.

Zu dem Kopierverfahren im weiteren Sinne gehört auch die Herstellung von Äquidensitenbildern auf photographischem Wege und von Farbkompositen aus schwarz-weißen Multibandphotographieen.

Unter *Äquidensiten* sind Linien oder Flächen gleicher Dichte, d. h. also gleicher Schwärzung, des Negativs oder Dia-Positivs zu verstehen. Äquidensitendarstellungen sind vorwiegend für Schwarzweiß-Luftbilder von Interesse. Für solche Darstellungen wird der gesamte
Dichteumfang eines Bildes oder einer Bildserie in eine begrenzte, auf den Auswertungszweck abgestimmte Anzahl von Dichteklassen eingeteilt. Die Klassen können dabei einen
jeweils gleichen oder auch (i. d. R.) einen den spektralen Signalverhältnissen angepaßten
ungleichen Dichteumfang aufweisen. Es handelt sich also um ein Klassifizierungsverfahren,
wie es später bei Behandlung digitaler Bildverarbeitung multispektraler Aufnahmedaten
zu behandeln sein wird (hierzu Kap. 5.4.2, 5.4.3.2). Die Dichteklassen kann man in Luftbildern in verschiedenen Grautönen oder (besser) farbcodiert in unterschiedlichen Farben
darstellen.

Die Herstellung von Äquidensitenbildern ist u. a. auf photographischem Wege möglich
und als solche ein Kopierverfahren. Für diesen Zweck entwickelte Agfa Ende der sechziger Jahre den Agfa-Contour-Film und ein entsprechendes Prozessierungsverfahren
(RANZ u. SCHNEIDER 1970). Der Film und das Verfahren konnte sich für Luftbildauswertungen trotz zweifellos vorhandener Anwendungsmöglichkeiten nicht durchsetzen. Grund
hierfür war neben letztlich doch begrenzten Möglichkeiten und dem relativ hohen Pro-
zessierungsaufwand die gleichzeitig aufkommende Entwicklung digitaler Bildverarbeitung multispektraler Fernerkundungsdaten, die viel weitergehende und vielfältigere Möglichkeiten der Klassifizierung bot.

Luftbild-*Farbkompositen*[15] entstehen aus Simultanaufnahmen mit unterschiedlichen
Film/Filter-Kombinationen auf Schwarzweiß-Negativfilmen (= Multibandphotographie,
s. 4.1.2.2, Tab. 9). Von den entwickelten Negativen werden Diapositive hergestellt und
diese entweder mit unterschiedlich farbigem Licht oder durch Farbfilter übereinander
projiziert. Auf der Projektionsfläche entsteht – additiv – das Farbmischbild. Von dort
kann es auf Farbfilm aufgenommen und nach dessen Entwicklung kopiert werden. Der
additive Prozeß erfolgt in Bildmischgeräten (Color additive viewer) mit einem Bildschirm
als Projektionsfläche. Dabei erlauben es diese Geräte, die Farbsättigungen der Teilbilder
so zu verändern, daß für einen gegebenen Auswertungszweck optimale Farbeffekte erreicht werden. Ausführlichere Darstellungen finden sich bei ORR (1968). Über forstliche
Anwendungen berichtet u. a. ZIHLAVNIK (1993).

4.1.8 Digitalisierung von Luftbildern

Die Digitalisierung von Luftbildern ist für die digitale Photogrammetrie Voraussetzung Im
Hinblick auf die zügige Entwicklung dieses jüngsten Zweiges der Luftbildmessung gewinnt sie zunehmend an Bedeutung. Seit den sechziger Jahren war sie aber schon für
Verfahren der (mehr oder weniger) automatisierten Muster- und Objekterkennung, für
Texturanalysen und Farbmessungen zumindest für Bildausschnitte, Profillinien oder Musterklassen erforderlich. Sie ist die Grundlage für jede Art der *digitalen* Weiterverarbeitung von Bilddaten, z. B. auch für Bildverbesserungen oder für digitale Klassifizierungen.

Die ursprünglichste Form der Digitalisierung ist die Messung von Grau- bzw. Farbwerten mit Hilfe eines Densitometers bzw. *Mikrodensitometers*. Mit diesen Geräten
wird die optische Dichte der Bildpunkte im Negativ oder Diapositiv bzw. in Positiven
seriell gemessen. Für Messungen in transparenten Vorlagen stehen Transmissions-Densi-

---

[15] Farbkompositen (= Syn. Colorkompositen, Farbmischbilder, multispektrale Synthesen) werden
vor allem auch aus digitalen multispektralen Datensätzen hergestellt. Diese haben größere Bedeutung als Luftbild-Farbkompositen. Sie werden in Kap. 5.4.3.2 behandelt.

tometer und für solche in Papierabzügen Reflexions-Densitometer zur Verfügung. Mit beiden Typen kann man nicht nur die Neutraldichte (im weißen Licht) der Bildpunkte, sondern durch optische Filterung auch die Farbdichte der drei Grundfarben an jedem Bildpunkt und nach

$$r = \frac{R}{R+G+B} \qquad g = \frac{G}{R+G+B} \qquad b = \frac{B}{R+G+B} \tag{48}$$

die „densitometrischen" Anteile der drei Grundfarben Rot (r), Grün (g) und Blau (b) ermitteln. R, G, B sind dabei die densitometrisch gemessenen prozentualen Transmissions- bzw. Reflexionswerte. Die densitometrisch ermittelten Farbanteile sind nicht identisch mit den CIE-Normfarbanteilen x, y, z für die drei Grundfarben. Sie sind denen aber vergleichbar und sie sind brauchbar, wenn es bei Bildinterpretationen um die Prüfung auf Farbgleichheit von Bildgestalten oder um die Quantifizierung von Farbdifferenzen geht. Sie können in CIE-Normfarbanteile transformiert werden, wenn die genauen CIE-Farborte[16] der drei Farbkanäle der verwendeten Farbfilter bekannt sind (hierzu TZSCHUPKE 1974).

Im Hinblick auf die zumeist sehr geringe Größe von Bildgestalten und die Feinheit von Bildtexturen in Luftbildern kommen vor allem Mikrodensitometer mit Meßfeldgrößen <50 µm in Frage. Die Meßfeldgröße bestimmt weitgehend den Informationsgehalt mikrodensitometrischer Messungen. Sie muß jedoch größer sein als die Körnung des der Messung zugrundeliegenden Films.

Für die serielle Messung von Profilen im Luftbild und die Digitalisierung größerer Bildflächen bzw. ganzer, auch großformatiger Bilder benutzt man das Luftbild kontinuierlich abtastende Mikrodensitometer. Sie sind entweder als Flachbett- oder Trommelabtaster konstruiert (Abb. 86) und i. d. R. für die Messung transparenter Bildvorlagen (Negative, Diapositive) eingerichtet.

Das auf den Bildträger aufgelegte Bild wird von einer Lichtquelle mit weißem Licht oder durch Einschaltung von Farbfiltern in einer der drei Grundfarben durchleuchtet. Der Lichtstrahl wird auf den Empfänger des Geräts geleitet. Die Größe des Meßfeldes bzw. des am Empfänger abgebildeten Bildpunktes ist in bestimmten Grenzen veränderbar. Technologisch wird dies gerätespezifisch auf unterschiedliche Weise erreicht.

Als Empfänger dienen Photoelemente, bei neueren Geräten auch CCD-Zeilensensoren bzw. auch CCD-Kameras (MANSBERGER 1992)[17]. Sie setzen die eintreffende Lichtenergie Bildpunkt für Bildpunkt in elektrische Energie um.

Die analogen elektrischen Signale werden in einem Elektronikteil des Abtasters verstärkt und anschließend in digitale Werte, nämlich in Transmissions- oder Dichte- oder Grauwerte gewandelt. Man bezeichnet diese Transformation als A/D-Wandlung. Sie vollzieht sich in der Abb. 87 schematisch dargestellten Form: Den kontinuierlich eingehenden Analogsignalen werden in gleichen Zeitabständen Δt entsprechend ihrer Wertigkeit diskrete, ganze Zahlen zugeordnet. Es ist üblich, eine Grauwertskala von 0–255 (= 256 = 2^8-Werteinheiten) zu wählen, dies im Hinblick auf die für die weitere digitale Bildverarbeitung benutzte achtstellige, binäre Ziffernfolge. Jeder Grauwert kann dann mit einer der binären Ziffernfolgen von 0000 0000 bis 1111 1111 ausgedrückt werden.

Moderne Abtaster können über entsprechende Systemsoftware gesteuert werden. Durch entsprechende Ausrichtung des Sensors und des Bildträgers sowie Definition des

---

[16] Grundlagen der Farblehre und Farbmessung sowie das CIE-Farbsystem werden hier nicht behandelt. Es wird dazu auf WYSZECKI u. STILES 1967, SMITH u. ANSON 1968, RICHTER 1978 u.a. verwiesen.

[17] CCD = charge coupled devices, bestehend aus einer großen Zahl sehr kleiner, linear oder im quadratischen Raster angeordneter Photoelemente (Halbleiterdetektoren). Hierzu Kap. 5.1.2.

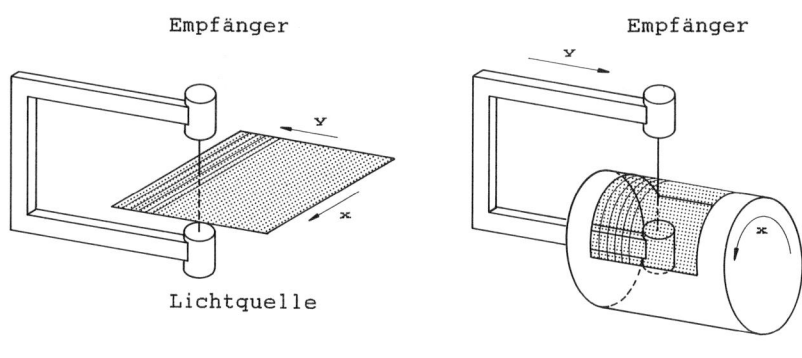

Abb. 86: *Prinzip eines Flachbett- und eines Trommelabtasters (scanning densitometer) zur Digitalisierung von Luftbildern*

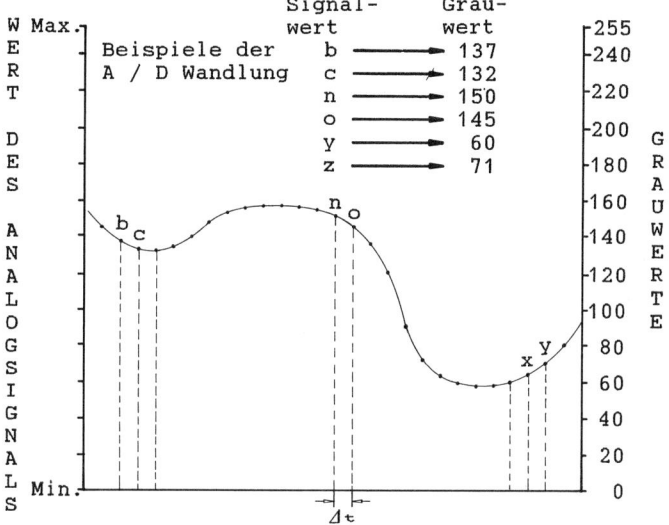

Abb. 87: *Prinzip der Analog-/Digital-Wandlung (A/D-Wandlung)*

Abtastbereichs und der gewünschten Pixelgröße kann man dadurch u. a. den zu messenden Bildausschnitt, die Abtastrichtung, die Größe des Meßfelds sowie Modalitäten der Datenspeicherung und -ausgabe festlegen.

Die *Datenausgabe* erfolgt – je nach Gerätetyp – in graphischer Form, numerisch ablesbar oder computerlesbar. In Abb. 46 waren schon als graphische Ausgabeform Grauwertprofile nach Mikrodensitometermessungen in panchromatischen Schwarz-Weiß-Luftbildern gezeigt worden. Eine numerische Ausgabe in Form von Rasterkacheln zeigt Abb. 47 für ein einzelnes, im Luftbild abgebildetes Objekt.

Um eine Vorstellung der Leistung moderner Scanner zur Digitalisierung von Luftbildern zu geben, sind in Tab. 23 entsprechende Daten für drei aktuelle Geräte als Beispiele gegenübergestellt.

		Photoscan PS1 (Zeiss)	DSW 100 (Leica/Helava)	VX 3000 (Vexcel)
1	Größtes abtastbares Bildformat	26 x 26 cm	25 x 25 cm	25,4 x 50,0 cm
2	Geometrische Auflösung	1 µm	1 µm	0,1 Pixelgröße
3	Meßfeldgrößen	7,5·15·30·60 µm 120 µm stufenweise	8-22 µm 24-75 µm	8,5-165 µm
4	Sensor	CCD Zeilensensor mit 2048 Elementen	2 CCD-Kameras mit unterschiedlicher Größe der Sensorelemente	CCD-Kamera Zoom-Optik
5	Abtaststreifenbreite	15,36 mm	12,5 mm	min. 4,2 mm max 80 mm
6	Datenmenge pro Luftbild 23 x 23 cm bei kleinster Meßfeldgröße	ca. 1 G-Byte		
7	Radiometrische Auflösung	256 Graustufen		
8	Filter	weiß, rot, grün, blau		
9	Abtast-Zeit für 1 Bild 23x23 cm monochromatisch bei kleinstem Meßfeld bei größtem Meßfeld	kürzer 20 Min. kürzer 3 Min.		

Tab. 23: *Leistungsdaten von Scannern zum Digitalisieren von Luftbildnegativen und -diapositiven (nach Firmenangaben).*

Luftbilder können auch durch Aufnahmen mit einer Videokamera und anschließender A/D-Wandlung der aufgezeichneten Videosignale digitalisiert werden. Dies geht deutlich schneller als die Digitalisierung mit einem abtastenden Mikrodensitometer. Die räumliche Auflösung und die radiometrische Konsistenz mikrodensitometrischer Messungen werden aber nicht erreicht. Gebräuchlich war die Digitalisierung von Luftbildern durch A/D-Wandlung von Videoaufzeichnung vor allem bei Arbeiten mit sog. „Image Analyzern" der siebziger Jahre und dabei für die Bildschirmabspielung von Äquidensitenbildern mit der Methode des digitalen „density slycing".

4.1.9 Lagerung und Archivierung von Luftbildern

Luftbilder sind sowohl für die aktuelle Auswertung als auch ohne zeitliche Begrenzung als Dokumente wertvolle Informations-, Arbeits- und Speichermittel. Sie sollten deshalb stets dauerhaft geschützt und so aufbewahrt werden, daß jederzeit ein gezielter Zugriff auf gewünschte Bilder möglich ist.

Für die Lagerung von Negativen, Diapositiven und Papierkopien gilt gleichermaßen, daß der Archivraum moderat temperiert sein soll, daß Temperaturen über 26°C und sowohl hohe als auch geringe Luftfeuchtigkeit zu vermeiden sind. Empfehlenswert sind Temperaturen zwischen 10° und 20°C und relative Luftfeuchtigkeiten zwischen 30 % und 50 %.

Die Bilder sollen am besten in verschlossenen Kästen oder festen Kartons in kleinen Portionen staubfrei und flachgelagert aufbewahrt werden. Diapositive sollten immer in Klarsichthüllen eingetascht sein. Negative bleiben i. d. R. auf der Rolle und im zylindrischen Metall- oder Kunststoffbehälter.

Die Archivierung erfolgt am zweckmäßigsten nach Bildflugmissionen und für diese nach Flugstreifen und Bildnummern geordnet. Jede Mission erhält eine Standnummer, unter der auch im korrespondierenden Archiv Bildflugübersichten, dazu gehörende Karten, Missonsbeschreibungen, Bildflugprotokolle und Unterlagen über Auswertungen, Verwendungen in Veröffentlichungen, ggf. Freigabebescheide u. a. abgelegt werden. Für die Ordnung der Missionen im Archiv kommen thematische, geographische, chronologische oder ggf. auch aufnahmetechnische Kriterien in Frage.

Als Suchapparat für bestimmte Bildserien haben sich nach Standnummern, Ortslagen und Kennworten angelegte klassische Karteien oder Register und Eintragungen in Übersichtskarten bewährt. Flexibler und im Hinblick auf Suchkriterien vielseitiger sind heute übliche EDV-Dateien. Sie werden vor allem bei umfangreichen Archiven zu bevorzugen sein.

4.2 Geometrische Grundlagen der Luftbildauswertung

Fernerkundung mit Hilfe von Luftbildern erfolgt entweder auf meßtechnischem Wege, also photogrammetrisch, oder durch Erkennen und Interpretieren von Objekten, Strukturen, Zusammenhängen und Entwicklungen im abgebildeten Gelände. Die Kenntnis der geometrischen Beziehungen zwischen dem Luftbild und dem auf ihm abgebildeten Gelände ist eine Voraussetzung für das Verständnis photogrammetrischer Auswertungen. Sie ist aber auch für viele nicht photogrammetrische Luftbildauswertungen zur Vermeidung von Fehleinschätzungen wichtig. Als Beispiel sei auf forstliche Stichprobeinventuren, auf die Beurteilung geländemorphologischer Gegebenheiten oder auf die Bewertung und Quantifizierung vorkommender Vegetationseinheiten, Schadflächen, Landschaftselemente u. a. hingewiesen.

Die geometrischen Grundlagen werden in dem für den Leserkreis erforderlichen Umfang erörtert. Für weitergehende Darstellungen, insbesondere auch mathematische Ableitungen wird auf die spezielle photogrammetrische Lehrbuchliteratur verwiesen, z. B. auf SCHWIDEFSY und ACKERMANN 1976, ASP 1980, KONECNY und LEHMANN 1984, RÜGER et al. 1987, KRAUS 1982, 1984, 1986/87, REGENSBURGER 1990.

Grundlagen für photogrammetrische Auswertungen sind das geometrische Modell der Zentralperspektive und die Beziehungen zwischen Gelände- und Bild- bzw. Modellkoordinaten abgebildeter Geländepunkte. Den Beschreibungen dieses Modells (in 4.2.2) und der genannten Beziehungen (in 4.2.3) werden Definitionen und Notationen dafür benötigter Begriffe vorangestellt (4.2.1).

4.2.1 Begriffsbestimmungen und Notationen

Alle im folgenden genannten Punkte, Geraden, Ebenen und Winkel sind in den Abb. 87 bis 88 oder den weiteren Abbildungen des Kap. 4 dargestellt.

Punkte:

P ein bestimmter Geländepunkt

P' ein Bildpunkt, der einen Geländepunkt im Luftbild abbildet. Im Stereobildpaar ist P' die Abbildung von P im linken und P" die Abbildung von P im rechten Bild.

H' der Bildhauptpunkt; in ihm trifft die Aufnahmeachse die Bildebene.

M' der Bildmittelpunkt – der Schnittpunkt der Verbindungslinien der gegenüberliegenden Rahmenmarken.

H' und M' sollen bei Luftbildern, die mit einer Meßkammer aufgenommen wurden, zusammenfallen. Die oft benutzte Formulierung, daß H' im Schnittpunkt der Verbindungslinien gegenüberliegender Rahmenmarken gefunden wird, ist eine pragmatische, oft ausreichende Vereinfachung.

N' Der Bildnadir; in ihm wird der Geländenadir N abgebildet; N' liegt lotrecht über N. In einem Nadirbild ist N' der Fluchtpunkt aller im Gelände senkrecht stehenden Linien (z. B. lotrechte Hauskanten).

W' der winkeltreue Punkt = Focalpunkt, der die Bildstrecke zwischen H' und N' und damit auch den Winkel zwischen der Lotrichtung N'N und der Aufnahmeachse halbiert. Im Nadirbild fällt W' mit H' und N' zusammen. Seinen Namen erhielt W', weil bei geneigter Aufnahmeachse (und Aufnahmen unebenen Geländes) nur in ihm der zwischen der Bildhauptsenkrechten (s.u.) und der zu einem Bildpunkt P' führenden Geraden liegende Winkel α' gleich groß ist wie der im Geländepunkt W gemessene Horizontwinkel α.

O das Projektionszentrum bzw. der Aufnahmeort; er liegt im Zentrum des Objektivs und ist optisch definiert. O hat die Raumkoordinaten X_o, Y_o, Z_o.

Koordinaten von Gelände-, Bild- und Modellpunkten

X, Y, Z die Raumkoordinaten eines Punktes im Raum im (übergeordneten) Geländekoordinatensystem

X_o, Y_o, Z_o die Raumkoordinaten des Projektionszentrums bei einer Luftbildaufnahme im Geländekoordinatensystem

x', y', z' die räumlichen Koordinaten eines Bildpunktes im Bildkoordinatensystem; dabei ist $z' = c_k$. Bei Stereobildpaaren werden die Bildkoordinaten für das linke Bild einmal und im rechten Bild zweimal gestrichen. x', y' bzw. x", y" werden auch als *ebene* Bildkoordinaten bezeichnet, sie werden in der photogrammetrischen Literatur wiederholt auch mit ξ und η notiert (z. B. bei KRAUS 1982, 1984).

x, y, z Koordinaten eines Punktes im Stereomodell = Modellkoordinaten.

Strecken

$\overline{H'O}$ definiert die Aufnahmerichtung und hat bei Meßkammeraufnahmen die Länge c_k. Die Verlängerung von $\overline{H'O}$ über O hinaus ist die Aufnahmeachse.

$\overline{POP'}$ ein Aufnahmestrahl, der vom Geländepunkt P zu dessen Abbildungspunkt P' führt. Bei einer Stereoaufnahme werden die Aufnahmestrahlen, die vom gleichen Geländepunkt P zu P' und P" führen, als *homologe* Strahlen bezeichnet.

v'v' die Hauptsenkrechte eines Luftbildes (Abb. 88); sie ist die durch H' verlaufende Fallinie der Bildebene B. $\overline{H'O}$ steht senkrecht auf der Hauptsenkrechten und H', N' sowie W' liegen auf ihr.

b die als Aufnahmebasis bezeichnete Strecke zwischen den beiden Aufnahmeorten O_1 und O_2 zweier nacheinander aufgenommenen Luftbilder

b', b"	die als *Bildbasis* bezeichneten Bildstrecken zwischen den Abbildungspunkten beider Bildnadire im jeweils linken und rechten Bild eines Stereomodells.
bx, by, bz	die Basiskomponenten, die definiert sind durch die Differenz der Raumkoordinaten X_o, Y_o, Z_o der Aufnahmeorte beider Bilder eines Stereomodells.
h_o oder Z_o	die Flughöhe über der Bezugsebene, gemessen von O lotrecht auf die Bezugsebene
h_{NN} oder Z_{NN}	die Flughöhe über Meereshöhe; wird NN als Bezugsebene verwendet, so ist $h_{NN} = h_o$
h_g oder Z_g	die „Flughöhe über Grund", d. h. über einem Geländepunkt P. Es ist immer die lotrechte Distanz zwischen O und P, unabhängig von der Lage des zugehörigen P' im Bild.
Δh oder ΔZ	der Höhenunterschied zwischen zwei Geländepunkten (Berggipfel/Talsohle, Baumspitze/Baumfuß)
c_K	die Kammerkonstante, d. h. der durch Kalibrierung einer Meßkammer ermittelte Abstand von O zu H'. Da die Bildebene in der Brennebene des Objektivs liegt (liegen soll), ist c_K gleich der Brennweite f
r'	die Entfernung zwischen einem Bildpunkt P' und N' und bei Nadirbildern auch H'. Das entsprechende Geländemaß wird mit r bezeichnet.

Ebenen:

GE die Geländeebene, liegt in N rechtwinklig zur Geraden N'N. Sie oder eine in beliebigem Abstand ΔZ zu ihr parallel liegende Ebene ist die Bezugsebene für eine orthogonale Projektion des Geländes.

BE die Bildebene, ist die senkrecht auf $\overline{H'O}$ liegende Ebene. Ihr Abstand zu O ist bei Meßbildern durch c_K definiert. Ihre Neigung gegenüber GE wird durch die Nadirdistanz ν bestimmt.

LE die Hauptlotebene; sie ist die zur Neigungsachse senkrecht stehende Ebene durch die Aufnahmerichtung. H', O, N' und N, W' und W sowie v'v' liegen in ihr.

Winkel:

ν die Nadirdistanz oder Bildneigung; der Winkel zwischen der Aufnahmeachse und der Lotrechten $\overline{ON}$.

τ der in O gemessene Winkel zwischen $\overline{H'O}$ und einem Aufnahmestrahl zu P' bzw. dessen geländeseitiger Gegenwinkel.

ω die Querneigung, ist der Drehwinkel um die x-Achse

φ die Längsneigung, ist der Drehwinkel um die y-Achse

κ die Kantung, ist der Drehwinkel des Bildes um die z-Achse; sie beschreibt die horizontale Lage des Bildkoordinatensystems gegenüber dem Geländekoordinatensystem.

ξ ist der Drehwinkel des Stereomodells um die x-Achse

η ist der Drehwinkel des Stereomodells um die y-Achse

ζ ist der Drehwinkel des Stereomodells um die z-Achse

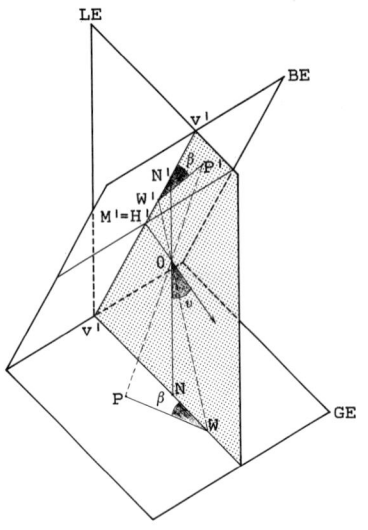

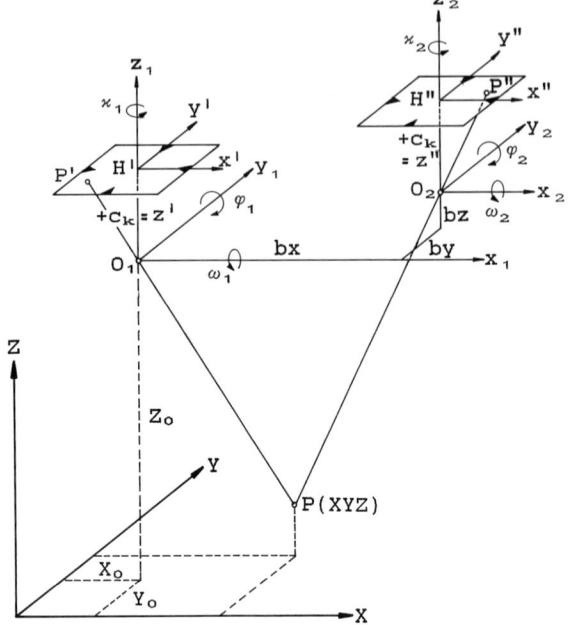

Abb. 88:
Zentralprojektion: geometrische
Beziehungen zwischen Bild- und
Geländeebene sowie Definition
von Bildpunkten, -linien, und   **Abb. 89:**
-winkeln.   *Gelände-, Bild- und Modellkoordinaten eines Stereo-*
                                       Luftbildpaares

4.2.2 Das geometrische Modell der Zentralperspektive

Das Luftbild bildet das Gelände nahezu in Zentralperspektive ab. Von den Geländepunkten ausgehende reflektierte Strahlen werden bei der Belichtung durch ein Projektionszentrum O auf die Bildebene BE projiziert. Dem im Projektionszentrum zusammentreffenden objektseitigen Strahlenbündel entspricht dabei ein verkleinertes bildseitiges, das die Bildebene schneidet und dort die entsprechenden Bildpunkte erzeugt.

Das Modell der Zentralperspektive beschreibt das geometrische Ergebnis dieses Vorgangs und die Beziehungen, die geometrisch zwischen der Lage der Geländepunkte und ihrer Lage im Bild bestehen.

Die in der o.a. Definition durch das Wörtchen „nahezu" gemachte Einschränkung ist im Hinblick auf Auswirkungen der Verzeichnung durch das Objektiv und der atmosphärischen Refraktion notwendig. Auf beides wird später eingegangen. Unbeschadet dieser Einschränkung kann man für viele Luftbildauswertungen, auch für die Mehrzahl photogrammetrischer, thematischer Kartierungen vom geometrischen Modell einer zentralperspektiven Abbildung ausgehen. Dies geschieht auch im folgenden, wenn, zunächst vom Sonderfall der Nadiraufnahme ausgehend, das Modell erläutert wird.

4.2.2.1 Die Zentralperspektive bei Nadiraufnahmen

Bei einer *Nadiraufnahme* (Kap. 4.1.1) ergibt sich für jede vertikale Schnittebene durch das Aufnahmestrahlenbündel die in Abb. 90 gezeigte Projektion der Geländepunkte auf die Bildebene (= Ist-Abbildung). Diese Ist-Abbildung entspricht der üblichen orthogonalen Kartenprojektion nur dann, wenn eine Nadiraufnahme von einer absolut ebenen, rechtwinklig zur Aufnahmeachse liegenden Geländefläche erfolgt. Da diese drei Bedingungen nur ausnahmsweise zusammen erfüllt werden, gilt als Regelfall, daß Luftbilder geometrisch nicht kartengleich, sondern bei Nadir- und Senkrechtaufnahmen allenfalls kartenähnlich sind.

Die einfache zweidimensionale Darstellung des zentralperspektiven Modells in Abb. 90 läßt zunächst vier elementare Sachverhalte erkennen, die zum Verständnis der Abbildungsgeometrie und deren Bedeutung für die räumlichen Beziehungen und Maßstabsverhältnisse im Luftbild wichtig sind.

– Die in der Orthogonalprojektion der Karte gleichlangen Strecken $P_{K1}P_{K2}$ und $P_{K3}P_{K4}$ werden im Luftbild ungleichlang abgebildet: $P'_1P'_2 \neq P'_3P'_4$
– Anders als in der Karte stellt damit ein Luftbild das Gelände (von o.a. Ausnahme abgesehen) nicht maßstabsgleich in Bezug auf Horizontalentfernungen dar. Für jeden Abbildungsort ergibt sich vielmehr „sein" Maßstab nach

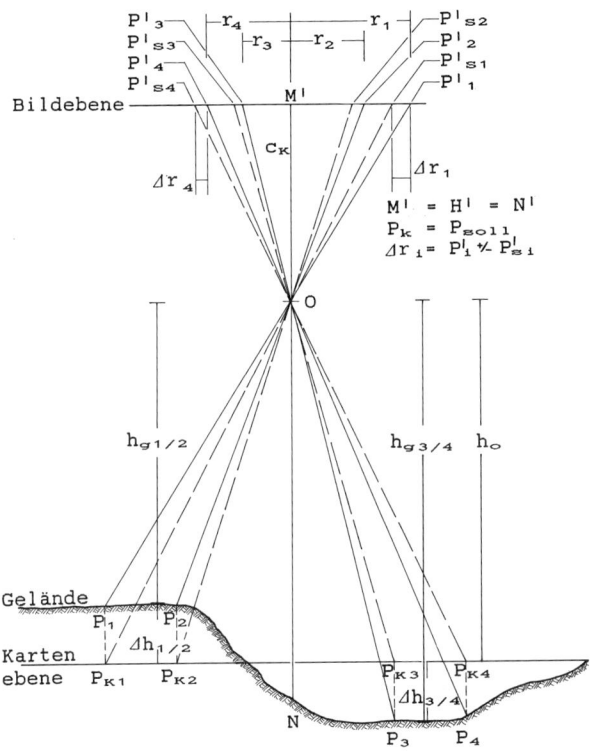

Abb. 90:
Zentralperspektive Abbildung bei einer Nadiraufnahme in der Hauptlotebene (vgl. Abb. 94)

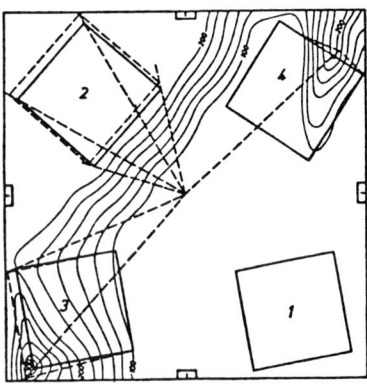

Abb. 91:
Radiale Punktversetzung und verzerrte Flächendarstellung im Luftbild aufgrund der zentralperspektiven Abbildung (aus v. LAER 1955)

$$\frac{1}{m_B} = \frac{c_K}{h_g} \tag{49}$$

Höherliegende Geländeorte werden in größerem Maßstab als tieferliegende abgebildet. Liegt eine Nadirdistanz v vor, so kommen zusätzliche Maßstabsunterschiede durch projektive Verzerrungen hinzu (s.u.).

– Die Länge der Abweichungen zwischen Ist- und Soll-Abbildung eines Geländepunktes $\Delta r'$ ergibt sich für Nadirbilder nach

$$\Delta r' = \Delta h \; \frac{r'}{h_o} = \Delta h \; \frac{r'}{c_K \cdot m_B} \tag{50}$$

wobei Flughöhe und Maßstabszahl auf die Bezugsebene zu beziehen sind.

Je größer Δh und je weiter P' von der Bildmitte entfernt liegt, desto größer ist $\Delta r'$. Je größer andererseits die Flughöhe und bei gegebenem Bildmaßstab die Kammerkonstante, desto kleiner wird $\Delta r'$.

– Die Strecken $\Delta r'$ liegen auf Radialstrahlen, die vom Bildnadir N' ausgehen. Sie werden daher auch als radiale Punktversetzungen bezeichnet. Die Versetzungen erfolgen von N' weg, wenn die Geländeorte über, und auf N' hin, wenn sie unter der Bezugsebene liegen (Abb. 90 P'$_1$ und P'$_2$ versus P'$_3$ und P'$_4$).

In Abb. 91 sind die Auswirkungen dieser geometrischen Verhältnisse sinnfällig verdeutlicht. Die Bezugsebene ist in diesem Beispielsfall in die Geländehöhe der Tiefebene gelegt. Bildmaßstab und die quadratische Form der Fläche 1 entsprechen deshalb nur dort der Kartenabbildung.

Bei Geländeobjekten, die sich vertikal über ihre Nachbarschaft erheben, z. B. bei Bäumen, Häusern u. a. finden die radialen Punktversetzungen im Luftbild ihren sichtbaren Ausdruck im „Umkippen" nach außen. Abb. 92 zeigt dies an einem Extrembeispiel. Als Folge davon entstehen hinter solchen Objekten sichttote Räume. Da diese Effekte, wie aus Formel (50) ableitbar, umso größer sind, je kürzer die Brennweite der Aufnahmekammer ist, sind bei Luftbildaufnahmen von Städten und Wäldern Normalwinkelkammern gegenüber Weitwinkel- oder gar Überweitwinkelkammern zu bevorzugen.

Eine gleichartige, wenn auch in ihrem Ausmaß wesentlich geringere Wirkung wie die reliefbedingten radialen Punktversetzungen löst die Erdkrümmung in der Abbildung aus. Die gewählte Bezugsebene für das Modell der Zentralperspektive liegt tangential an der gekrümmten Erdoberfläche oder parallel zu dieser Tangente. Für alle vom Nadir entfernt liegenden Geländeorte verändern sich daher die Δh-Werte der Formel (50) durch die Wegkrümmung der Erdoberfläche gegenüber der Tangente. Die Größe der Veränderung nimmt mit zunehmendem Abstand vom Nadir zu.

Die durch die Erdkrümmung bedingten radialen Punktversetzungen können näherungsweise durch

$$\Delta r'_{(E)} = \frac{r'^3 \cdot h_o}{2R \cdot c_K^2} \tag{51}$$

berechnet werden. Dabei steht R für den Erdradius, der zwischen 6357 km am Pol und 6378 km am Äquator anzunehmen ist (hierzu Abb. 93).

$\Delta r'_{(E)}$ ist für groß- und mittelmaßstäbige Nadirbilder unauffällig. Bei Normalwinkelaufnahmen 1:10 000 treten am Bildrand Punktversetzungen gegenüber der orthogonalen Lage von 2 – 3 μm auf. Bei klein- und ultrakleinmaßstäbigen Luftbildern wirkt sich die Erdkrümmung naturgemäß stärker aus. $\Delta r'_{(E)}$ nimmt z. B. am Bildrand von KFA 1000-Aufnahmen (c_K = 1000 mm, h_o 350 km) Größen um 25 μm an.

Die auf die Erdkrümmung zurückzuführenden radialen Punktversetzungen verschie-

Abb. 92: *Bildbeispiel für radiale Punktversetzungen. Aufnahme von New York – Manhattan*

ben die Istabbildung zum Bildnadir N' hin. Wenn erforderlich, ist also eine Korrektur von
N' weg nach außen vorzunehmen. Rechenprogramme anspruchsvollerer analytischer Auswertegeräte berücksichtigen ggf. notwendige Korrekturen.

Weder die reliefbedingten noch die auf die Erdkrümmung zurückgehenden radialen
Punktversetzungen sind „Bildfehler" im photogrammetrischen Sinne. Sie widersprechen
nicht dem geometrischen Modell der Zentralperspektive. Hingegen stehen Einflüsse der
Verzeichnung des Objektivs und der atmosphärischen Refraktion auf die reflektierte
Strahlung diesem Modell prinzipiell entgegen. Beide Auswirkungen auf die Abbildungs-
geometrie halten sich jedoch in Grenzen.

Wie aus Tab. 7 bekannt ist, sind die *Verzeichnungen* moderner Normal-, Weitwinkel-
und Überweitwinkelobjektive der Meßkammern sehr gering. Legt man als strengen Maßstab für die Brauchbarkeit des Modells der Zentralperspektive zulässige Punktabweichun-
gen von 5 – 7 µm an, so stellen die Verzeichnungen moderner Hochleistungsobjektive
dieses Modell nicht in Frage.

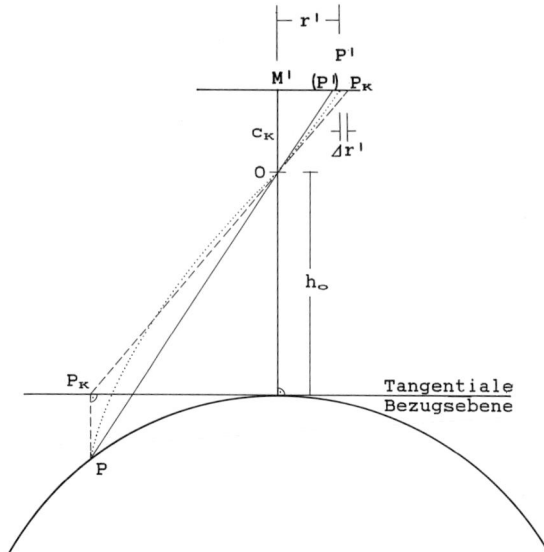

Abb. 93:
Radiale Punktversetzung im Luftbild durch die Erdkrümmung und die gegenläufige Wirkung der Refraktion auf diese. P würde ohne Refraktion in (P') abgebildet. Δr' ist die radiale Punktversetzung als Ergebnis von Erdkrümmung und Refraktion

Diese Einschätzung ist freilich zu trennen von der Frage nach der Notwendigkeit, Verzeichnungen bei Luftbildauswertungen zu berücksichtigen. Sie ist abhängig von der Aufgabenstellung für die Auswertung. Hochgenaue Messungen klar definierter Punkte erfordern bei größeren Verzeichnungen entsprechende Korrekturen. Dagegen können solche Verzeichnungen vernachlässigt werden, wenn z. B. Linien zu kartieren sind, deren Verlauf auch im Gelände nur gutachtlich festzulegen ist und bei denen man sich einfacher photogrammetrischer Kartierverfahren bedient (hierzu Kap. 4.4, 4.5.6.1).

Die verzeichnende Wirkung der *atmosphärischen Refraktion* ist in ihrer Größe vom Atmosphärenzustand, der Flughöhe, der Objektivbrennweite und der Lage des Ist-Abbildungspunktes im Luftbild abhängig. Reflektierte Strahlen, die die Atmosphäre schräg durchlaufen, werden zur Erdoberfläche hin gebrochen (Abb. 93). Die Refraktion bewirkt eine Versetzung der Ist-Abbildung von der Bildmitte nach außen. Die Größe dieser Bildpunktversetzung $\Delta r'_{(R)}$ beträgt

$$\Delta r'_{(R)} = \frac{c_K}{\cos^2 \tau} \cdot \Delta\tau \tag{52a}$$

da

$$\Delta\tau = \tan \tau \cdot \Delta\tau_o \qquad \cos^2\tau = \frac{c_K^2}{c_K^2 + r'^2} \qquad \tan \tau = \frac{r'}{c_K}$$

ergibt sich

$$\Delta r'_{(R)} = \frac{r'}{c_K^2} \cdot (c_K^2 + r'^2) \cdot \Delta\tau_o \tag{52b}$$

Bei Annahme einer Normalatmosphäre ist bei Nadir- und Senkrechtaufnahmen nach ALBERTZ und KREILING (1989)

$$\Delta\tau_o = \frac{T}{63\ 6620} - \frac{Q_o - Q_p}{Z_o - Z_p} \tag{52c}$$

mit den Eingangsgrößen:

$$T = 178,46 - 17,14\,Z_o + 0,6296\,Z_o^2 - 0,01071\,Z_o^3 + 0,000077\,Z_o^4$$
$$Q_o = (2803,11\,Z_o - 134,639\,Z_o^2 + 3,2966\,Z_o^3 - 0,04205\,Z_o^4 + 0,000242\,Z_o^5) \cdot 10^{-7}$$
$$Q_p = (2803,11\,Z_p - 134,639\,Z_p^2 + 3,2966\,Z_p^3 - 0,04205\,Z_p^4 + 0,000242\,Z_p^5) \cdot 10^{-7}$$

Tab. 24 vermittelt anhand von Beispielen eine Vorstellung von den Größenordnungen $\Delta r'_{(R)}$ bei Annahme einer Normalatmosphäre, einer Geländehöhe von 500 m über NN und Aufnahme mit einem Weitwinkelobjektiv mit $c_K = 153$ mm

Flughöhe über NN in m	r' des Abbildungsortes in mm						
	20	40	60	80	100	120	140
	$\Delta r'_{(R)}$ in mm						
_1_	_2_	_3_	_4_	_5_	_6_	_7_	_8_
1000	0,1	0,3	0,4	0,6	0,9	1,2	1,6
2000	0,4	0,8	1,2	1,8	2,6	3,5	4,6
4000	0,8	1,6	2,6	3,9	5,4	7,4	9,8
6000	1,1	2,3	3,7	5,5	7,7	10,4	13,9
8000	1,3	2,8	4,6	6,7	9,4	12,8	17,0

Tab. 24: _Verzeichnung durch atmosphärische Refraktion für Beispiele, deren Randbedingungen im Text beschrieben sind (nach_ ALBERTZ _und_ KREILING _1975)._

Die Refraktion wird bei exakten analytisch-photogrammetrischen Auswertungen von Nadir- oder Senkrechtluftbildern durch Rechenprogramme radialsymetrisch vom Bildhauptpunkt aus korrigiert. Die Korrektur erfolgt dabei zumeist zusammen mit der sich aus der Erdkrümmung ergebende $\Delta r'_{(E)}$. Da beide – wie o.a. – gegenläufig sind, heben sich $\Delta r'_{(E)}$ und $\Delta r'_{(R)}$ z.T. gegenseitig auf.

4.2.2.2 Die Zentralperspektive bei Senkrecht- und Schrägaufnahmen

Das Modell der Zentralperspektive ist auch für Senkrechtaufnahmen mit geringen Nadirabweichungen, also für den Regelfall der Luftbildaufnahme anwendbar. Es gilt prinzipiell auch für Schrägaufnahmen. Sobald eine Nadirdistanz auftritt, verliert jedoch das Aufnahmestrahlenbündel die bei Nadiraufnahmen gegebene rotationssymmetrische Form. Es wird verzerrt, so wie es Abb. 94 für die Hauptlotebene als Pendant zur Abb. 90 zeigt. Anders als bei Nadiraufnahmen ist in diesem Falle das Luftbild auch dann nicht maßstabs- und kartengleich, wenn das Gelände völlig eben ist.

In Senkrechtluftbildern mit geringer Nadirdistanz sind die auftretenden Verzerrungen noch so klein, daß sie insbesondere bei Aufnahmen mit einem Normalwinkelobjektiv bei Luftbildinterpretationen i. d. R. vernachlässigbar sind. Das gilt auch noch für thematische Kartierungen, bei denen die Genauigkeitsansprüche bezüglich der Lage von Geländeorten gering sind. Für weitergehende photogrammetrische Auswertungen ist ihnen aber in jedem Fall Rechnung zu tragen: Das Luftbild muß „entzerrt" werden.

Die geometrische Unähnlichkeit mit der orthogonalen Kartendarstellung und damit

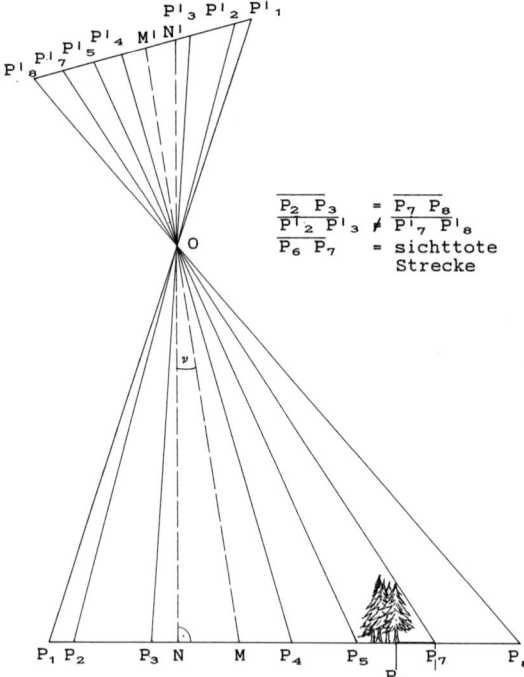

$$\overline{P_2\ P_3} = \overline{P_7\ P_8}$$
$$\overline{P'_2\ P'_3} \neq \overline{P'_7\ P'_8}$$
$$\overline{P_6\ P_7} = \text{sichttote Strecke}$$

Abb. 94:
Auswirkung der Nadirdistanz v bei Senkrecht- und Schrägaufaufnahmen auf die Bildgeometrie bei ebener Lage (vgl. Abb. 90)

auftretende Maßstabsunterschiede nehmen mit zunehmenden v und wie bei Nadiraufnahmen auch mit größer werdenden Höhenunterschieden im Gelände zu. Bei Schrägaufnahmen mit größerer v verliert die Abbildung die Kartenähnlichkeit schließlich ganz.

Der Bildmaßstab nimmt – wie in Abb. 94 erkennbar – auf der Bildhauptsenkrechten (bei ebenem, horizontalem Gelände) von P'_8 nach P'_1 kontinuierlich ab. Hinter Erhebungen treten sichttote Flächen auf ($P_6\ P_7$ in Abb. 94).

$$\text{Für H' gilt}\quad \frac{1}{m_B} = \frac{c_K \cdot \cos v}{h_g} \tag{53a}$$

$$\text{und für N'}\quad \frac{1}{m_B} = \frac{c_K}{h_g \cdot \cos v} \tag{53b}$$

Im Falle eines nicht ebenen Geländes variiert der Bildmaßstab zusätzlich auch in Abhängigkeit von der Höhenlage des jeweiligen Geländepunktes P. Der Einfluß von Nadirdistanz, Bildort, Kammerkonstanten und Höhenunterschieden im Gelände läßt sich aus den in Tab. 25 für verschiedene Aufnahmesituationen zusammengestellten Abbildungsmaßstäben ablesen.

Aufnahmetyp Flughöhe	Geländeform	Nadiraufnahme $v = 0°$		Senkrechtaufnahme $v = 2°$		Schrägaufnahme $v = 30°$	
		Bildmaßstab am Bildpunkt					
		P'_1	P'_2	P'_1	P'_2	P'_1	P'_2
1	2	3	4	5	6	7	8
Nominalwinkelaufnahme $c_K = 305$ mm $h_g = 3050$ m	horizontale Ebene	1:10 000	1:10 000	1:10 132	1:9 881	1:14 620	1:9 542
	schiefe Ebene	1:9 672	1:10 328	1:9 930	1:10 204	1:14 144	1:9 822
Weitwinkelaufnahme $c_K = 153$ mm $h_g = 1530$ m	horizontale Ebene	1:10 000	1:10 000	1:10 267	1:9 756	1:19 881	1:8 137
	schiefe Ebene	1:9 346	1:10 654	1:9 597	1:10 395	1:18 587	1:8 666

Tab. 25: *Bildmaßstäbe bei verschiedenen Aufnahmesituationen an zwei Bildorten P'_1 und P'_2 an den Enden der Bildhauptsenkrechten (r' jeweils 11,1 cm). Für die entsprechenden Geländeorte P_1 und P_2 wurde im Falle der schiefen Ebene ein Höhenunterschied von 200 m angenommen.*

Für die radialen Punktversetzungen $\Delta r'$ aufgrund von Höhenunterschieden im Gelände ist beim Auftreten einer Nadirdistanz v die Formel 50 wie folgt zu erweitern:
Auf der durch die Bildneigung im kleineren Maßstab abgebildeten Seite

$$\Delta r' = \Delta h \, \frac{r' + c_K \cdot \tan v}{h_o} \tag{54a}$$

und auf der im größeren Maßstab abgebildeten Seite

$$\Delta r' = \Delta h \, \frac{r' - c_K \cdot \tan v}{h_o} \tag{54b}$$

Dabei ist wiederum die Flughöhe über der gewählten Bezugshöhe zu verwenden. Δh bezeichnet den Höhenunterschied zwischen dem Geländeort und der Bezugshöhe.

4.2.3 Das Bild- und das Geländekoordinatensystem und deren Beziehungen zueinander

In Kap. 4.2.2 wurde das geometrische Modell der Zentralperspektive vorwiegend anhand der in der Hauptlotebene verlaufenden Abbildungsstrahlen und den daher auf der Bildhauptsenkrechten liegenden Bildpunkten beschrieben. Für Luftbildauswertungen, bei denen es auf die Koordinatenbestimmung von Geländepunkten ankommt und für die Mehrzahl photogrammetrischer Messungen und Kartierungen ist es notwendig, darüber hinaus die geometrischen Beziehungen zwischen beliebigen Geländepunkten und ihren Abbildungen herzustellen. Dies geschieht über die Lage- und Höhenkoordinaten der sich entsprechenden Punkte in einem Gelände- und einem Bildkoordinatensystem.

Nach internationalen Festlegungen sind diese Koordinatensysteme rechtsdrehend. Beim Geländekoordinatensystem ist dabei der Koordinatenursprung frei wählbar. Verwendet wird i.d.R. das jeweilige Landeskoordinatensystem mit X und Y für die Lage und Z für die Höhe. Das Geländekoordinatensystem muß ein orthogonales, rechtwinkliges (= kartesisches) sein. Obwohl die Landeskoordinatensysteme wegen deren Bezug auf das Ellipsoid und wegen der Erdkrümmung diese Bedingungen nicht streng erfüllen, wird „in der Praxis der Photogrammetrie in der Regel davon Abstand genommen, die Transformation von in Gauß-Krüger-Koordinaten gegebenen Geländepunkten in kartesische Geländekoordinaten anzuwenden oder von photogrammetrisch bestimmten Geländepunkten ... in das Gauß-Krüger-System umzurechnen". (KONECNY u. LEHMANN 1984 S. 106).

Für das Bildkoordinatensystem wird das Projektionszentrum O als Koordinatenursprung gesetzt. Bei H'=M' (siehe 4.2.1) hat H' daher die Bildkoordinaten x'=O, y'=O und z'=c_K (und zwar $-c_K$ in der Diapositiv- und $+c_K$ in der Negativ-Ebene).

Für die Messung von Bildkoordinaten wurden hochpräzise Geräte entwickelt. Man bezeichnet sie als *Komparatoren* (Mono- oder Stereokomparatoren, hierzu 4.5.5.5). Bei analytischen Auswertegeräten ist die Bildkoordinaten-Messung integraler Bestandteil des Systems.

Für die Herleitung der geometrischen Beziehungen zwischen den Geländekoordinaten X, Y, Z eines Punktes P_i und den Bildkoordinaten x', y', z' von dessen Abbildungspunkt P'_i wird vorausgesetzt, daß die *innere Orientierung* (vgl. 4.2.4) der Kammer bekannt ist, daß das Luftbild also mit einer Meßkammer aufgenommen wurde und daß ggf. wegen Filmdeformationen für die innere Orientierung des Meßbildes zu berücksichtigende Abweichungen bekannt sind (hierzu s. KRAUS 1982, KONECNY und LEHMANN 1984).

Die allgemeinen Abbildungsgleichungen für Bild- und Geländekoordinaten eines beliebigen Punktes P_i und seines Abbildungspunktes P_i', ergibt sich nach einer dreistufigen Transformation der Bildkoordinaten mittels einer Rotationsmatrix R (syn. Drehmatrix D) in das Geländekoordinatensystem. Dabei wird in der ersten Stufe das Bildkoordinatensystem rechtssinnig um seine x-Achse gedreht. In der zweiten und dritten Stufe erfolgen Drehungen um die y-Achse und dann um die z-Achse. Die mathematischen Grundlagen und entsprechende Ableitungen finden sich in der speziellen photogrammetrischen Lehr- und Handbuchliteratur (z. B. SCHWIDEFSKY und ACKERMANN 1976, KRAUS 1982, KONECNY und LEHMANN 1984, ALBERTZ und KREILING 1989).

Es bestehen danach folgende Beziehungen

$$x'_i = z' \; \frac{a_{11}(X_i - X_o) + a_{21}(Y_i - Y_o) + a_{31}(Z_i - Z_o)}{a_{13}(X_i - X_o) + a_{23}(Y_i - Y_o) + a_{33}(Z_i - Z_o)} \tag{55a}$$

$$y'_i = z' \; \frac{a_{12}(X_i - X_o) + a_{22}(Y_i - Y_o) + a_{32}(Z_i - Z_o)}{a_{13}(X_i - X_o) + a_{23}(Y_i - Y_o) + a_{33}(Z_i - Z_o)} \tag{55b}$$

wobei z' im Meßbild = c_K ist. $X_o Y_o Z_o$ sind die Geländekoordinaten des Projektionszentrums O, also des Nullpunktes des Bildkoordinatensystems.

Ebenso gilt die Umkehrung von (55 a und b), nämlich

$$X_i = X_o + (Z_i - Z_o) \; \frac{a_{11} x'_i + a_{12} y'_i + a_{13} z'}{a_{31} x'_i + a_{32} y'_i + a_{33} z'} \tag{55c}$$

$$Y_i = Y_o + (Z_i - Z_o) \; \frac{a_{21} x'_i + a_{22} y'_i + a_{23} z'}{a_{31} x'_i + a_{32} y'_i + a_{33} z'} \tag{55d}$$

Liegt – wie oben angegeben – der Bildkoordinatenursprung im Projektionszentrum, dann ist $X_o = Y_o = O$ und $Z - Z_o$ gleich der Flughöhe über Grund h_g. In Formel (55c und d) kann dann der Ausdruck $Y_o + Z_i - Z_o$ durch $- h_g$ ersetzt werden.

In allen Formeln (55) bedeuten für den Regelfall (d. h. bei mitgedrehten Achsen und Rechtsdrehungen)

$$
\begin{aligned}
a_{11} &= \cos \varphi \cdot \cos \chi \\
a_{12} &= - \cos \varphi \cdot \sin \chi \\
a_{13} &= \sin \varphi \\
a_{21} &= \cos \omega \cdot \sin \chi + \sin \omega \cdot \sin \varphi \cdot \cos \chi \\
a_{22} &= \cos \omega \cdot \cos \chi - \sin \omega \cdot \sin \varphi \cdot \sin \chi \\
a_{23} &= - \sin \omega \cdot \cos \varphi \\
a_{31} &= \sin \omega \cdot \sin \chi - \cos \omega \cdot \sin \varphi \cdot \cos \chi \\
a_{32} &= \sin \omega \cdot \cos \chi + \cos \omega \cdot \sin \varphi \cdot \sin \chi \\
a_{33} &= \cos \omega \cdot \cos \varphi
\end{aligned}
\tag{56}
$$

SCHWIDEFSKY und ACKERMANN (1976, S. 39) charakterisieren die Abbildungsgleichungen (55) als „keine sehr bequemen Arbeitsformeln". Man kann an deren Stelle die Beziehungen zwischen Geländepunkten P_i und deren Abbildungspunkt im Luftbild P_i' auch in der Form der Vektor- und Matrizenalgebra beschreiben. Dafür wird in Erinnerung gebracht, daß die Lage eines Punktes P zum jeweiligen Koordinatenursprung als Vektor $\overrightarrow{OP}$ und ein Maßstabsfaktor, um den dieser Vektor verlängert wird, mit λ_p bezeichnet werden. Als Schreibweise wählt man gemeinhin für Vektoren die vom Koordinatenursprung eines dreidimensionalen Systems ausgehen

$$
\overrightarrow{OP} = \begin{bmatrix} X_P \\ Y_P \\ Z_P \end{bmatrix}
\tag{57}
$$

bzw. für Vektoren zwischen beliebigen Punkten Q und P eines solchen Systems

$$
\overrightarrow{PQ} = \begin{bmatrix} X_Q - X_P \\ Y_Q - Y_P \\ Z_Q - Z_P \end{bmatrix}
\tag{58}
$$

Geht man von einem Strahl im Strahlenbündel einer Luftbildaufnahme aus, der von P im Gelände über das Projektionszentrum O (mit den Geländekoordinaten X_o, Y_o, Z_o und den Koordinaten x'_o, y'_o, z'_o des Bildkoordinatensystems) zum Bildpunkt P' führt, so kann P nicht nur durch seine Geländekoordinaten $X_p Y_p Z_p$, sondern auch durch seinen Vektor im Bildkoordinatensystem definiert werden. In diesem Falle ist nämlich (für den jeweiligen Bildstrahl)

$$
\lambda_P = \frac{\overrightarrow{OP}}{\overrightarrow{OP'}},
\tag{59}
$$

woraus für den Vektor $\overrightarrow{OP}$ im Bildkoordinatensystem folgt

$$
\overrightarrow{OP} = \lambda_P \begin{matrix} x'_{p'} - x'_o \\ y'_{p'} - y'_o \\ z'_{p'} - z'_o \end{matrix} = \begin{matrix} x'_p - x'_o \\ y'_p - y'_o \\ z'_p - z'_o \end{matrix}
\tag{60}
$$

In (60) beschreiben x', y', z' weiterhin wie bisher Koordinaten *im Bildkoordinatensystem*, und zwar des Bildpunktes P', des entsprechenden Geländepunktes P und des Koordinatenursprungs (= Projektionszentrums) O.

Ausgehend von (60), lassen sich zwischen den Geländekoordinaten X, Y, Z beliebiger Geländepunkte und den Bildkoordinaten x', y', z' der jeweiligen Abbildungspunkte durch eine Ähnlichkeitstransformation Beziehungen herstellen. Dafür wird wieder eine orthogonale Drehmatrix eingesetzt, z. B. die aus den Elementen $a_{11} - a_{33}$ bestehende und aus (56) schon bekannte

$$R \begin{bmatrix} a_{11} & a_{12} & a_{13} \\ a_{21} & a_{22} & a_{23} \\ a_{31} & a_{32} & a_{33} \end{bmatrix} \tag{61}$$

und deren *Transponierter* R^T

$$R^T \begin{bmatrix} a_{11} & a_{21} & a_{31} \\ a_{12} & a_{22} & a_{32} \\ a_{13} & a_{23} & a_{33} \end{bmatrix} \tag{62}$$

Die Beziehungen zwischen den Bildkoordinaten x', y', z' des Bildpunktes P' und des entsprechenden Geländepunktes P sowie dessen Geländekoordinaten X, Y, Z sind dann folgende
- ausgehend von den *Gelände*koordinaten von P

$$\begin{bmatrix} X_P - X_o \\ Y_P - Y_o \\ Z_P - Z_o \end{bmatrix} = \lambda_p \, R \begin{bmatrix} x'_{p'} - x'_o \\ y'_{p'} - y'_o \\ z'_{p'} - z'_o \end{bmatrix} \tag{63a}$$

- ausgehend von den *Bild*koordinaten von P

$$\begin{bmatrix} x'_p - x'_o \\ y'_p - y'_o \\ z'_p - z'_o \end{bmatrix} = \lambda_p \begin{bmatrix} x'_{p'} - x'_o \\ y'_{p'} - y'_o \\ z'_{p'} - z'_o \end{bmatrix} = R^T \begin{bmatrix} X_P - X_o \\ Y_P - Y_o \\ Z_P - Z_o \end{bmatrix} \tag{63b}$$

- ausgehend von den Bildkoordinaten von P'

$$\begin{bmatrix} x'_{p'} - x'_o \\ y'_{p'} - y'_o \\ z'_{p'} - z'_o \end{bmatrix} = \frac{1}{\lambda_p} \, R^T \begin{bmatrix} X_P - X_o \\ Y_P - Y_o \\ Z_P - Z_o \end{bmatrix} \tag{63c}$$

Bei universellen, modernen analytisch-photogrammetrischen Auswertesystemen werden die beschriebenen Beziehungen zwischen Bild- und Geländekoordinaten durch interne Mikroprozessoren hergestellt.

Der Weg führt dabei über die äußere Orientierung des Luftbildes bzw. die absolute Orientierung des Stereomodells (4.2.4, 4.5.2.3).

4.2.4 Innere und äußere Orientierung

Es war schon gesagt worden, daß zur Herstellung der in 4.2.3 beschriebenen Beziehungen die *innere* Orientierung der Meßkammer bekannt sein muß. Nach der schon in 4.1.2 gegebenen Definition ist dafür die Kenntnis
- der Kammerkonstanten c_K
- der Lage des Bildhauptpunktes H'
- von Parametern, die ggf. zu berücksichtigende Deformationen des bildseitigen Strahlenbündels durch Verzeichnung und/oder chromatische Aberration beschreiben

erforderlich. Die Lage des Bildhauptpunktes erhält die Bildkoordinaten x'_o, y'_o und c_K definiert z'_o.

Die *äußere Orientierung* eines Luftbildes beschreibt die Lage des Projektionszentrums O bei der Aufnahme im Raum und die Richtung der Aufnahmeachse und damit des ding- und bildseitigen Aufnahmestrahlenbündels. Dazu sind sechs Größen erforderlich, nämlich die drei Raumkoordinaten X_o, Y_o, Z_o des Projektionszentrums O und die drei Drehwinkel der Längsneigung ω, der Querneigung φ und der Kantung κ oder anstelle von ω und φ die Nadirdistanz ν und das Azimut α der Aufnahmerichtung.

Mit c_K, x'_o, y'_o und den sechs Bestimmungsgrößen der äußeren Orientierung ist die Zentralperspektive eines Bildes festgelegt und die in 4.2.3 beschriebenen Beziehungen zwischen Gelände- und Bildkoordinatensystem lassen sich berechnen.

Die drei kammerspezifischen Elemente der inneren Orientierung werden als bekannt vorausgesetzt bzw. für x'_o und y'_o über Bildkoordinatenmessungen der Luftbild-Rahmenmarken ermittelt. Die sechs Elemente der äußeren Orientierung lassen sich über drei Paßpunkte mit bekannten X, Y, Z des Geländekoordinatensystems und mittels der Formeln 55 a/b und 56 berechnen. Jeder der drei Paßpunkte liefert zwei Gleichungen mit unbekannten X_o, Y_o, Z_o, ω, φ, κ. Die zu deren Berechnung – bei bekannter innerer Orientierung – erforderlichen sechs Gleichungen sind damit gegeben.

Die direkte Messung von X_o, Y_o, Z_o mit Hilfe von Global Positioning Systemen (GPS) und der Winkel ω, φ, κ mit fortlaufend registrierenden Inertialsystemen ist *prinzipiell* möglich. Beides setzt entsprechende Ausrüstung voraus. Bei Positionsmessungen des Aufnahmeortes durch ein mit der Kammer verbundenes GPS liegen die Genauigkeiten im Meter- bzw. 10 m-Bereich. Für Winkelmessungen mit einem geeigneten Inertialsystem wird eine Meßgenauigkeit von $\pm$ 1' angegeben (z. B. KONECNY und LEHMANN 1986).

4.3 Synopse photogrammetrischer Meß- und Kartierverfahren

Die photogrammetrische Auswertung kann die Messung, Berechnung, Kartierung oder bildhafte Darstellung von Punkten, Linien, Flächen und Körpern zum Ziel haben. Dafür steht eine breite Palette von Technologien und Verfahren zur Verfügung. Sie reicht von einfachen Näherungsverfahren ohne oder nur mit geringem Geräteaufwand bis zu Präzisionsauswertungen. Mit letzteren können Genauigkeiten in der Praxis erreicht werden, die Produkten terrestrischer Messungen nicht nachstehen. Zu den Vorteilen photogrammetrischer Meß- und Kartierverfahren gehört, daß sie gegenüber terrestrischen
- in der Verfahrenswahl zur Anpassung an die gestellte Aufgabe und damit verbundener Genauigkeitsansprüche flexibler und vielfältiger sind,

- auch unbegehbare oder terrestrisch unerreichbare Gelände und Objekte zum Gegenstand der Messung und Auswertung zulassen,
- eine Datenquelle – die Luftbilder – nutzen, die gleichzeitig auch Informationen vielerlei Art für spezielle thematische Auswertungen oder umfassende geographische Informationssysteme (GIS) zur Verfügung stellen,
- das ausgewertete Gelände oder Objekt bleibend bildhaft dokumentieren
- in erheblichem Maße weniger Zeit (und oft auch Kosten) in Anspruch nehmen.

Es kann in diesem Kontext darauf verwiesen werden, daß „die Erfassung von Geo-Informationen in mittleren Maßstäben ... weltweit erst durch die Photogrammetrie seit den Fünfzigerjahren" möglich wurde (KONECNY 1991, S. 22). Dies gilt für die topographische wie thematische Kartierung, wie auch für die später zu behandelnde Erkundung, Inventarisierung und Beobachtung ökologischer Zustände, natürlicher Resourcen, räumlicher Infrastrukturen usw. So wäre auch die heutige Abdeckung der Landfläche der Erde durch topographische Karten (Tab. 26) – so lückenhaft und bezüglich ihrer Nachführung unbefriedigend sie auch noch immer sein mag – ohne Photogrammetrie nicht erreichbar gewesen.

Kontinent	Status	Kartenabdeckung in % der Landfläche für die Kartenmaßstäbe			
		1:25 000	1:50 000	1:100 000	1 200 000
Afrika	1993	2,9	41,1	21,7	89,1
Antarktis	1987	0,0	0,0	0,0	13,2
Asien	1993	15,2	84,0	66,4	100,0
Europa	1993	86,9	96,2	87,5	90,9
Nord- u. Mittel-amerika	1993	45,1	77,7	37,3	99,2
Ozeanien u. Australien	1993	18,3	24,3	54,4	100,0
Südamerika	1993	7,0	33,0	57,9	84,4
ehemalige UdSSR	1993	100,0	100,0	100,0	100,0
Erde	1980	13,0	42,0	42,0	80,0
	1993	33,5	65,6	55,7	95,1
Jährl. Fortschritt 1980 – 1993		1,58	1,82	1,05	1,16
Nachführung 1980 – 1987		4,9	2,3	0,7	3,4

Tab. 26: *Prozentuale Abdeckung der Landfläche der Erde mit topographischen Karten. Nach Angaben bei* KONECKY *1991 und 1995.*

Die folgende synoptische Darstellung schließt an die in Kap. 1.1 und 1.2.4 gegebenen Definitionen und das in Kap. 4.2 zu den geometrischen Grundlagen Vorgetragene an. Sie greift den Beschreibungen der einzelnen Meß- und Kartierverfahren in den Kap. 4.4 – 4.7 voraus, bereitet aber auf diese vor. Die dabei benutzte Systematik der Verfahren spiegelt sich in der Behandlung einzelner Methoden in den o.a. Kapiteln wider. Dies mag dazu beitragen, dort die Orientierung zu halten und die Einordnung der zahlreichen und z.T. sehr unterschiedlichen Möglichkeiten photogrammetrischer Auswertung auch gerade im Hinblick auf ihre (geowissenschaftlichen) Anwendungen zu erleichtern. Die benutzten und noch nicht erläuterten Fachbegriffe werden sich in den Kap. 4.4 – 4.7 nach und nach erschließen.

Wie in Kap. 1.1 definiert wurde, unterscheidet man nach dem Ort *des Aufnahmesystems* bei der Bildaufnahme zwei Bereiche:

– terrestrischen Photogrammetrie = Erdbildmessung, einschließlich der Nahbereichsphotogrammetrie
– Aerophotogrammetrie = Luftbildmessung

Behandelt wird im folgenden ausschließlich die Luftbildmessung. Gleichwohl gilt das hier Folgende und vieles des später Vorgetragenen auch für die terrestrische Photogrammetrie.

Nach methodischen und technologischen Gesichtspunkten gliedert man die Photogrammetrie (vgl. Kap. 1.2.4) in

– Einbildverfahren
– Zweibildverfahren (Stereophotogrammetrie)

andererseits in

– analoge Photogrammetrie
– analytische Photogrammetrie
– digitale Photogrammetrie

Ein- und Zweibildverfahren gab es schon in der frühen Phase der Photogrammetrie, als ausschließlich analoge Auswertegeräte zur Verfügung standen. Die Entwicklung von der analogen zur analytischen Photogrammetrie und in jüngster Zeit auch zur digitalen Photogrammetrie vollzog sich erst, von Vorläuferarbeiten abgesehen, seit den sechziger Jahren, und dies vor allem im Sog der Entwicklung der elektronischen Datenverarbeitung.

Das Verfahrensspektrum deckt alle Kombinationsmöglichkeiten ab, die sich aus beiden Verfahrensgruppen ergeben:

	Zweibildverfahren	Einbildverfahren
analoge Photogrammetrie	x	x
analytische Photogrammetrie	x	x
digitale Photogrammetrie	x	x

Tab. 27: *Kombinationsmöglichkeiten der photogrammetrischen Verfahren*

Dabei sind analoge Verfahren heute vor allem bei einfachen Meß- und Kartierverfahren, wie sie gerade auch für forstwirtschaftliche und vegetationskundliche Zwecke in Frage kommen können, und für optische Entzerrungen von Luftbildern weiterhin von Bedeutung. Für geometrisch anspruchsvolle Arbeiten ist die analoge Photogrammetrie weitgehend durch die analytische und digitale abgelöst worden. Der analytischen Photogrammetrie kommt gegenwärtig die größte praktische Bedeutung zu, zumal Verfahren und Technologie ausgereift und auch für nicht speziell photogrammetrisch ausgebildete, aber computergewohnte Luftbildauswerter leicht zugänglich und „benutzerfreundlich" sind. Die vorandrängende digitale Photogrammetrie hat „die Praxis" noch nicht in vollem Umfang erreicht, wird aber zunehmend von Photogrammetern als der Verfahrensweg der Zukunft apostrophiert. Sie befindet sich – unbeschadet ihrer schon vollen Einsatzfähigkeit zur Lösung bestimmter Aufgaben – noch in schneller Entwicklung.

Für die analytische und mehr noch die digitale Photogrammetrie gilt, daß beide in zunehmendem Maße auch integrale Bestandteile umfassender, sich elektronischer Daten- und Bildverarbeitung bedienender Geo-Informations-Systeme werden.

Neben dieser hochtechnologischen Entwicklung bleibt jedoch festzuhalten, daß auch einfache Verfahren für entsprechende Meß- und Kartierarbeiten ihren Stellenwert behalten. Sie werden deshalb in den Kap. 4.4 – 4.7 gleichrangig mitbehandelt und dabei auch gröbere Näherungsverfahren einbezogen. Zur Vorbereitung dieser Kapitel wird der folgende Überblick vorangestellt.

Einbildverfahren (Kap. 4.4)
– näherungsweise Höhenermittlung aus Schattenlängen
– einfache graphische Punktübertragung vom Bild in die Karte und Kartierung einzelner Grundrißlinien
– visuelle, projektive Umzeichenverfahren zur Nachtragskartierung bei annähernd ebenem Gelände und schiefen Ebenen
– Verfahren der optischen Entzerrung und Herstellung von Luftbildplänen
– rechnerische Verfahren der Entzerrung bzw. Punktübertragung und des Monoplotting.
Die vier erstgenannten Verfahren sind der analogen, das letztgenannte der analytischen Photogrammetrie zuzurechnen.

Zweibildverfahren (Kap. 4.5)
– Messung von Objekthöhen und Höhendifferenzen
– Messung digitaler Oberflächen- und Geländemodelle
– Kartierung von Grundrissen und Höhenformlinien in zentralperspektiver Lage für Situationsskizzen
– Kartierung von Grundrissen und Höhenschichtlinien in deren orthogonaler Lage und mit hoher Genauigkeit.
Mit Ausnahme der an dritter Stelle genannten ausschließlich analogen Behelfsverfahren stehen für die genannten Anwendungen analoge, analytische und digitale photogrammetrische Auswertegeräte mit unterschiedlichen Kapazitäten in bezug auf die Voraussetzungen für ihre Anwendung und die erreichbaren Genauigkeiten zur Verfügung.
Eine Zwischenstellung zwischen Ein- und Zweibildverfahren nehmen die Verfahren zur *Orthophotoherstellung* (Kap. 4.5.9) ein. Je nach der Art der Gewinnung und Einführung der dafür benötigten Höheninformationen und der Beschaffung von Paßpunktkoordinaten für die Bestimmung der äußeren Orientierung gehören sie systematisch zu den Ein- *oder* Zweibildverfahren. Die Orthophotoherstellung kann im übrigen mit Mitteln der analogen, der analytischen oder digitalen Photogrammetrie erfolgen.

Ergebnisse photogrammetrischer Auswertungen können je nach angewendeten Verfahren und gegebener Kapazität der eingesetzten Geräte und – bei analytischen und digitalen Verfahren – auch der verfügbaren Software wie folgt dargestellt werden:
– *numerisch* – z. B. für gemessene Objekthöhen, Flächengrößen oder als Lage- und Raumkoordinaten usw.
– *graphisch* als gezeichnete, am Bildschirm abgespielte oder als ausgedruckte Strichkarten
– *bildhaft* photographisch oder bei digitalen Verfahren nach elektronischer Bildverarbeitung auch als digitales Computerbild.
Bei *Bild*produkten unterscheidet man
– das Original-Luftbild als Negativ oder Diapositiv und dessen unveränderte Derivate: Kontaktkopien als Papierabzüge oder auf Duplikatfilm
– das optisch entzerrte und damit in eine Nadiraufnahme und i. d. R. auf einen gewünschten (mittleren) Maßstab gebrachte Luftbild
– das Luftbildmosaik (uncontrolled mosaic) als Zusammenfügung mehrerer unentzerrter Luftbilder bzw. Luftbildteile
– den Luftbildplan als puzzleartige Zusammenfügung von Mittelteilen mehrerer entzerrter Luftbilder

– das Orthophoto als differentiell entzerrtes und dadurch von der Zentralperspektive in eine orthogonale Projektion gebrachtes Luftbild
– die Orthophotokarte als mit Beschriftung, Signatur ggf. auch Gitter und Höhenschicht-linien versehenes und in einen Kartenschnitt gebrachtes photographisches Bild aus einem oder mehreren Orthophotos
– das Computerbild auf dem Bildschirm oder als Ausdruck, z. B. die orthogonale Luft-bilddarstellung (gemeinhin dann *auch* als Ortho*photo* bezeichnet), die als Produkt digital photogrammetrischer Auswertung entsteht.

Die im praktischen Anwendungsfall zu treffende Entscheidung über das einzusetzende Verfahren ist abhängig
– vom Auswertungszweck der Messung oder Kartierung und den dafür zu erarbeitenden Produkten – im Hinblick auf deren Genauigkeit, Differenzierung, Einbindung in über-geordnete Informationssysteme und Darstellungsform
– von den Eigenarten des auszuwertenden Geländes oder zu messender Objekte
– praktisch sehr oft auch von den für die Ausführung verfügbaren Kapazitäten an Ge-räten, Software, Personal oder auch von Zeit und Geldmitteln.

Das optimale Verfahren ist jenes, bei dem die gestellte Aufgabe einschließlich der Er-füllung der Genauigkeitsforderungen und von Zeitvorgaben mit den geringstmöglichen Mitteln vollständig gelöst wird. Dieses Prinzip der Verhältnismäßigkeit des zu wählenden Verfahrens kann nicht immer verwirklicht werden. Verschiedenartige Randbedingungen, organisatorische und materielle Restriktionen und Zwangslagen erfordern oft Kompro-mißlösungen. Auch Überlegungen über künftige Entwicklungen und Informationsbedürf-nisse und damit verbundenes Offenhalten von Optionen kann dabei die Wahl der photo-grammetrischen Mittel mitbestimmen. Schließlich ist auch zu erwägen, welche Vorteile und neue, über traditionelle Lösungen hinausgehende Möglichkeiten sich für das Anwen-dungsgebiet, z. B. für Forsteinrichtungen, Waldinventuren, Vegetationskartierungen, Re-gionalplanungen usw. durch den Einsatz besserer Informations- und Analysemittel erge-ben könnten.

4.4 Einbildverfahren

4.4.1 Bestimmung des Bildmaßstabs

Für viele Luftbildauswertungen interessiert der Bildmaßstab des Luftbildes entweder als etwa mittlerer Maßstab des gesamten Bildes oder als Maßstab an einem bestimmten Abbildungsort.

Bei Meßkammeraufnahmen, die als Nadiraufnahmen geplant waren, kann man davon ausgehen, daß $\nu = 0$ oder $< 2°$ ist. Für die Bestimmung des mittleren Bildmaßstabs geht man in diesem Fall von Formel (49) aus. Das für die Berechnung notwendige c_K ist aus den Nebenabbildungen am Bildrand (vgl. 4.1.2.1) zu entnehmen. Die ferner benötigte Flug-höhe über Grund ist i. d. R. aus der Statoskopangabe der barometrischen Höhenmessung abzuleiten. Ist diese, auf die Meereshöhe bezogene Flughöhe durch die Statoskopanzeige bekannt, so ergibt sich die gesuchte Flughöhe über Grund durch Abzug der mittleren Geländehöhe des vom Bild erfaßten Geländes bzw. für einen bestimmten Bildort durch Abzug der Geländehöhe des dort abgebildeten Geländestücks. Die benötigten Gelände-höhen können i. d. R. Karten mit Höhenschichtlinien entnommen werden.

Ist die Statoskopangabe als Abweichung von der Sollflughöhe angegeben, so ist daraus zuerst die absolute Flughöhe über NN festzustellen und dann sinngemäß wie beschrieben zu verfahren.

Liegen für ein Luftbild *GPS-Daten* vom Aufnahmeort des Luftbildes vor, so ersetzen diese ggf. die Statoskopangabe. Die Berechnung der Flughöhe über Grund erfolgt sinngemäß.

Wurden – was immer wieder einmal vorkommt – Nebenabbildungen am Luftbildrand abgeschnitten oder nicht mitkopiert und stehen auch keine Bildflugprotokolle zur Verfügung, so läßt sich der Bildmaßstab durch Streckenvergleiche in Luftbild und Karte nach

$$\frac{1}{m_B} = \frac{s'}{s_K \cdot m_K} \tag{64}$$

berechnen. s' ist eine im Bild gemessene gerade Strecke und s_K die dazu identische Strecke in einer Karte. s' und s_K sollten wenigstens für zwei, nahezu senkrecht zueinander stehende Strecken gemessen werden. Bei Ermittlung des mittleren Bildmaßstabs müssen Anfangs- und Endpunkte der Strecken so gut wie möglich in der angenommenen mittleren Geländehöhe liegen und etwa über die Bildmitte führen. Bei Ermittlung des Bildmaßstabs für einen speziellen Bildort sind Strecken zu suchen, deren Anfangs- und Endpunkte in der Geländehöhe des entsprechenden Bildortes liegen und die sich an oder neben diesem kreuzen.

Da der relative Fehler der sich nach (64) ergebenden Bildmaßstabszahl vom relativen Fehler der Streckenmessung abhängig ist, sollten s_K und s' möglichst lang sein und natürlich von Bild- und Kartenpunkten ausgehen, die eindeutig identisch sind. Für die Abmessung der Strecken sollte man Anlege-, Dreikant- oder Glasmaßstäbe benutzen, mit denen sich Ablesungen auf ± 0,1 bis 0,2 mm erreichen lassen.

4.4.2 Näherungsweise Höhenmessung nach Schattenlängen und radialer Punktversetzung

Höhenmessungen nach Schattenlängen, z. B. von Bäumen, werden *nicht* empfohlen, können aber ggf. einmal notwendig werden, wenn keinerlei Hilfsgeräte zur Verfügung stehen. Es handelt sich um ein grobes Näherungsverfahren.

Die Höhe Δh_A eines im Luftbild Schatten werfenden Objektes A ergibt sich – ebenes Gelände im Bereich des Schattenwurfs und $v \cong 0$ vorausgesetzt – aus

$$\Delta h_A = l'_A \cdot m_B \cdot \tan \alpha \tag{65}$$

oder, wenn α nicht feststellbar und dafür für ein Objekt B dessen Höhe Δh_B bekannt ist, aus

$$\Delta h_A = \frac{l'_A}{l'_B} \cdot \Delta h_B \tag{66}$$

In (65) und (66) sind l' die Schattenlängen des Objektes A bzw. B und α die Sonnenhöhe, d.i. der Winkel zwischen Geländeebene und Einstrahlrichtung. Die l'-Werte müssen wiederum auf ± 0,1 bis 0,2 mm genau ermittelt werden. Die Sonnenhöhe, die für ein bestimmtes Luftbild anzusetzen ist, kann festgestellt werden, wenn Tag und genaue Uhrzeit der Aufnahme sowie die geographische Lage des Meßobjektes bekannt sind. (Hierzu Formel (45), Tab. 16 und ALBERTZ u. KREILING 1989 S. 130 – 133 als Hinweis).

Die zu bevorzugende stereophotogrammetrische Höhenmessung wird in Kap. 4.5.4 behandelt.

4.4.3 Graphische Punktübertragung

Eine relativ häufig vorkommende Aufgabe bei forstlichen oder geowissenschaftlichen Luftbildauswertungen ist die Übertragung einzelner im Luftbild gefundener Punkte oder die Kartierung kurzer Linienzüge in eine vorhandene thematische Karte. Stehen dafür dem Auswerter keinerlei Geräte zur Verfügung, so kann eines der im folgenden beschriebenen graphischen Verfahren benutzt werden. Da diese die projektiven Beziehungen zwischen Bild, Karte und Gelände berücksichtigen, führen sie bei sorgfältiger Arbeit und ebenem oder nur mäßig bewegtem Gelände zu brauchbaren Ergebnissen. Reliefbedingte radiale Punktversetzungen (Kap. 4.2.2.1 und 4.2.2.2) können nicht berücksichtigt werden. Kartierungen, die hohen Genauigkeitsanforderungen entsprechen müssen, z. B. jene von Eigentumsgrenzen, dürfen selbstverständlich nicht mit diesen einfachen graphischen Entzerrungsverfahren ausgeführt werden. In mehr oder weniger ebenem Gelände und bei Kartierung auch vor Ort nicht eindeutig definierter Vegetations- oder Standortgrenzen können diese Verfahren aber selbst bei Schrägaufnahmen noch benutzt werden.

Das Papierstreifenverfahren (Abb. 95)

Zur Übertragung eines im Luftbild identifizierten Punktes P' in die vorhandene Karte benötigt man vier diesen Punkt umgebende Punkte, die im Bild (A', B', C', D') und in der Karte (A_K, B_K, C_K, D_K) eindeutig identifizierbar sind. Im Bild (bzw. auf einem aufgelegten Transparentpapier) verbindet man A' und B' untereinander und beide mit C', D' und P'. Auf zwei, jeweils quer über die von A' und B' ausgehenden Strahlenbündel gelegten Papier-(Papp-)Streifen, werden die vier Schnittpunkte der Strahlen nach B', C', D', P' bzw. nach A', C', D', P' mit dem Papierstreifen auf diesen markiert (A_S, C_S ...). Nachdem die Punkte A_K, B_K, C_K und D_K in gleicher Weise in der Karte verbunden wurden, legt man die beiden Papierstreifen auf die entsprechenden von A_K und B_K ausgehenden Strahlenbündel, und zwar so, daß die Schnittpunkte auf dem jeweils zugehörenden Strahl liegen. Nach Fixierung beider Papierstreifen in dieser Lage findet man P_K im Schnittpunkt der Strahlen von A_K über P_S und B_K über P_S.

So wie P_K können weitere Punkte gefunden werden und damit auch (kurze) Polygonzüge kartiert werden.

Das Verfahren beruht auf einem Satz der projektiven Geometrie. Danach sind die projektiven Beziehungen zwischen zwei Geraden durch drei Strahlen eines diese schneidenden Strahlenbündels bestimmt. Jedem Punkt auf einer der Geraden kann daher durch den durch ihn führenden Strahl der projektiv entsprechende Punkt der zweiten Geraden zugeordnet werden.

Im ebenen Gelände kann das Papierstreifenverfahren auch zur Kartierung beliebig vieler Neupunkte auf einer Geländegeraden benutzt werden. Voraussetzung dazu ist, daß entlang dieser Geraden drei Punkte und außerhalb der Geraden in geeigneter Lage ein weiterer Punkt in Bild und Karte eindeutig identifizierbar sind. Man kommt in diesem Falle mit nur einem Papierstreifen aus (Abb. 96). Das zeichnerische Vorgehen und das Übertragen der Neupunkte entspricht dem zuvor Beschriebenen.

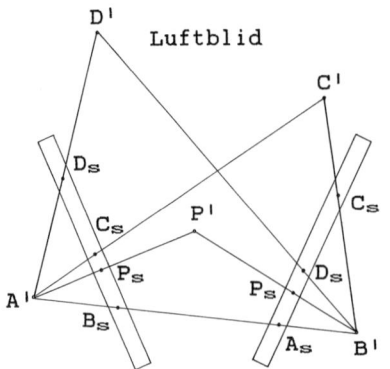
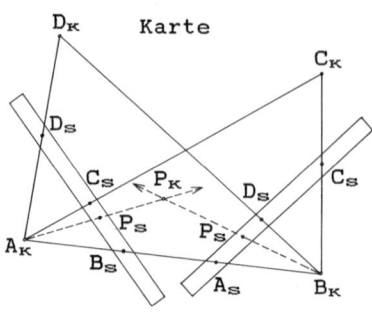

Abb. 95: *Papierstreifenverfahren zur Übertragung einzelner Punkte vom Luftbild in die Karte bei ebenem Gelände*

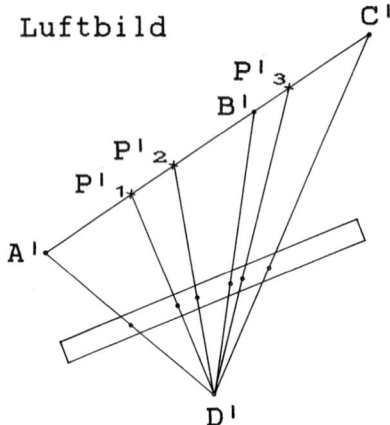
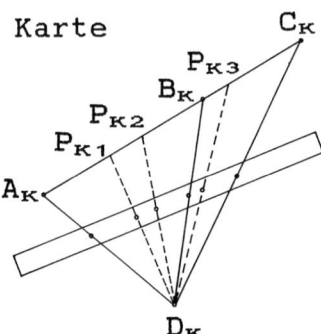

Abb. 96: *Papierstreifenverfahren zur Übertragung mehrerer Neupunkte auf einer Bildgeraden in die Karte bei ebenem Gelände*

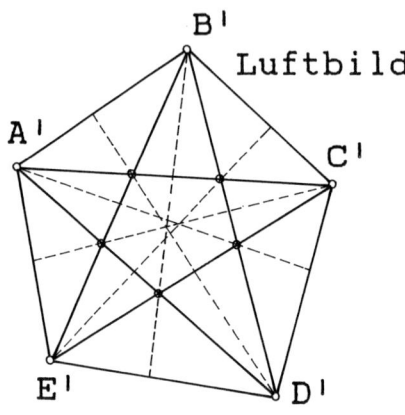
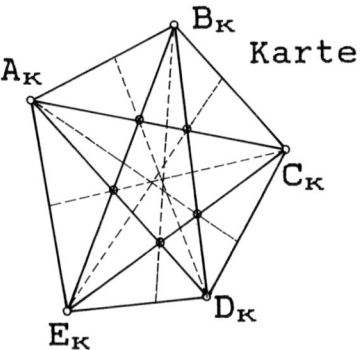

Abb. 97: *Verfahren projektiver Netze (Möbiusnetze) zur Punktübertragung*

Projektive Bezugsnetze (MÖBIUS-Netze)

Den gleichen geometrischen Beziehungen folgend können auch projektive Bezugsnetze aufgebaut werden. Sie können nützlich sein, wenn nicht nur wenige, sondern mehrere einzelne Punkte, z. B. die eines Wegezuges, einer Bestandes- oder Standortabgrenzung, vom Luftbild in eine Karte nachzutragen sind.

Die für Luftbild und Karte zu entwickelnden projektiven Netze werden in diesem Falle auf aufgelegte transparente Folien gezeichnet. Vier oder fünf (Abb. 97) in Luftbild und Karte eindeutig identifizierte Punkte werden untereinander verbunden und dann wird durch fortgesetztes, von den entstandenen Schnittstellen ausgehendes, weiteres Verbinden ein dichtes Netz aufgebaut.

Die Schnittpunkte und Maschen der Netze für das Luftbild und die Karte entsprechen sich projektiv. Die Übertragung von Bildpunkten und damit auch Polygonzügen in die Karte erfolgt dann nach Augenmaß.

4.4.4 Visuelle, projektive Umzeichnung

Sind nicht nur wenige Punkte oder Linien zu übertragen, sondern umfangreiche, ggf. routinemäßige Nachtragskartierungen oder thematische Kartierungen vorzunehmen, so sind – sofern dafür nicht Stereokartierverfahren eingesetzt werden sollen – praktikablere Umzeichenverfahren als die in 4.4.3 beschriebenen erforderlich. Von den rein graphischen Übertragungen führt in diesem Sinne der Weg zu optisch-zeichnerischen Umzeichenverfahren, bei denen durch einfaches optisches Gerät das auszuwertende Luftbild auf eine nachzuführende Karte bzw. auf eine in Kartenprojektion dargestellte Paßpunktunterlage projiziert, dort eingepaßt und dann von Hand nachgezeichnet wird.

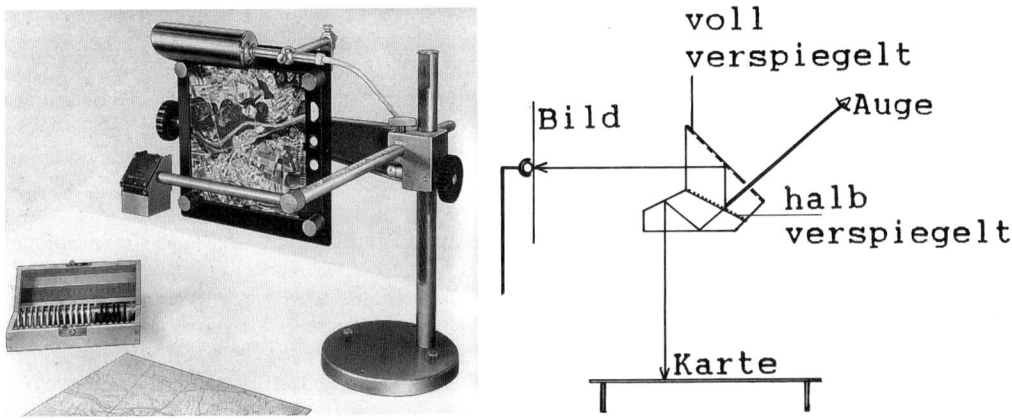

Abb. 98: *Luftbildumzeichner (scetch master) – hier LUZ (Zeiss) – und Strahlengang durch das Doppelprisma*

Geräte, die eine solche einfache optisch-zeichnerische Umzeichnung ermöglichen, werden als *Luftbildumzeichner* (scetch-master) bezeichnet. Abb. 98–99 zeigen in ihrer Funktionsweise unterschiedliche Gerätetypen dieser Art. Im Falle des Zeiss LUZ (Abb. 98), der hier als Prototyp stellvertretend für zahlreiche ähnliche Konstruktionen vorgestellt wird, ist der Bildträger von einem Kugelgelenk gehalten. Für die Entzerrung kann dadurch der Bildträger gekantet und in alle Richtungen geneigt werden. Es wird dadurch erreicht, daß die projektive Beziehung zwischen der Bildebene und der Kartenebene (= Geländebezugsebene), so wie sie im Moment der Aufnahme bestand, hergestellt werden kann. Das Bild wird vom Auswerter dann in der Projektion einer Nadiraufnahme gesehen. Die weitere für die Einpassung des Bildes in die Karte bzw. das Paßpunktfeld notwendige Maßstabsangleichung wird durch Veränderung der Abstände vom Betrachtungssystem zum Bild und zur Karte bzw. Zeichenebene erreicht.

Als Betrachtungssystem dient ein Doppelprisma (Abb. 98), durch welches Bild und Karte/Paßpunktfeld übereinandergespiegelt und so einäugig gesehen wird. Wahlweise vor die Prismen gesetzte Linsen gewährleisten, daß Bild und Karte/Paßpunktfeld gleichzeitig scharf gesehen werden. Ebenfalls wahlweise vorsetzbare Rauchgläser verschiedener Lichtdurchlässigkeit dienen der Helligkeitsabstimmung. Beides, Bild und Karte/Paßpunktfeld, muß deutlich und so gut es das Betrachtungssystem zuläßt, gesehen werden.

Die Arbeitsweise mit einem solchen Luftbildumzeichner ist durch die folgenden fünf Schritte zu beschreiben:
– zentrisches Anbringen des Luftbildes auf dem i. d. R. metallischen Bildträger mit Haftmagneten
– Grobeinstellung des Betrachtungssystems entsprechend dem Maßstabsverhältnis zwischen Luftbild und Karte/Paßpunktfeld nach Höhe und Abstand zum Bildträger sowie dementsprechende Wahl der Vorsatzlinsen
– optimale Abstimmung der Helligkeiten für die Bild- und Karten-/Paßpunkt-Betrachtung mit Vorsatzgläsern
– Einpassen von Bild und Karte/Paßpunktfeld durch Kippen und Drehen des Bildträgers bei gleichzeitiger Feineinstellung der Maßstäbe aufeinander
– nach Erreichen vollkommener Deckung von Bild und Karte/Paßpunktfeld: Übertragung zu kartierender Linien durch Nachzeichnen entlang der im Bild gesehenen (ggf. auch schon zuvor ins Luftbild eingezeichneter) Linien per Hand.

Alternativ zu einem Luftbildumzeichner der in Abb. 98 gezeigten Art werden auch solche verwendet, bei denen der Bildträger feststeht und der Zeichentisch dreh- und kippbar ist, und solche, bei denen Entzerrung und Maßstabsangleichung durch optische Bilddrehung und -dehnungen sowie Zoomen erreicht wird.

Im ersten Falle wird das Bild – wie z. B. beim Liesegang ANTISCOP – auf einfache Weise auf den Kartiertisch gespiegelt. Beim Einpaßvorgang werden notwendige Dreh- und Kippbewegungen des Tisches vorgenommen und der Maßstab von Bild und Karte durch entsprechende Entfernungsregulierungen zwischen Spiegel und Bild sowie Spiegel und Tisch angeglichen.

Im zweiten Falle liegt – wie beim ZOOM TRANSFERSCOPE von Bausch und Lomb/ Image Interpretation Systems (Abb. 99) – die transparente Bildvorlage auf einer feststehenden horizontalen Bühne und wird im Durchleuchtungsweg der ebenfalls auf festem Tisch aufgelegten Karte überlagert. Die optische Drehung und die für projektive Umbildungen notwendigen Dehnungen und Stauchungen des Bildinhalts (bis 2:1 in allen Richtungen) werden durch Drehprismen erreicht. Die Maßstabsveränderungen besorgen Zoomoptiken.

Der Kapazität dieser einfachen Geräte entsprechend wird die Umzeichnung teilflächenweise – „facettenweise" – vorgenommen. Man teilt dafür das Kartierungsgebiet,

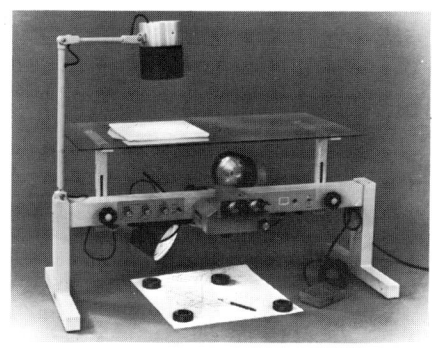

Abb. 99:
*Luftbildumzeichner TRANSFERSCOPE
(Bausch und Lomb/Image Interpretation
Systems)*

sofern es nicht als Ganzes eben oder fast eben ist, in Teilflächen, die in sich möglichst eben sind, also in Verebnungsflächen oder gleichförmige und gleichexponierte Hangpartien. Bei Nachtragskartierungen wird i. d. R. die fortzuführende Karte als Entzerrungsgrundlage genommen. In ihr werden für jede Entzerrungseinheit in deren Umfeld die benötigten Paßpunkte oder Paßlinien gesucht. Ein Kriterium ist dabei neben deren Lage ihre eindeutige Erkennbarkeit im Luftbild. Bei Nachtragskartierungen im Wirtschaftswald im Zuge von Forsteinrichtungen haben sich die Abteilungen[18] zumeist als brauchbare Entzerrungseinheiten und die Abteilungsgrenzen (Schneisen, Wege) als Paßlinien bewährt.

Für thematische Kartierungen in wenig oder noch nicht erschlossenen Naturlandschaften, z. B. für Erstkartierungen der Vegetation oder der Wälder, kann es wegen unzureichender oder gar nicht vorhandener Karten zu Problemen der Paßpunktbeschaffung kommen. Ist dies der Fall, so können Paßpunkte ggf. durch eine Radialtriangulation (hierzu 4.5.3.4) gewonnen werden. Eine anspruchsvolle Aerotriangulation wäre allein für die vorgesehene einfache Umzeichnung keine adäquate Methode.

Die mit einfachen Umzeichengeräten gemachten Erfahrungen zeigten, unbeschadet vielfacher Bewährung, immer wieder zwei Dinge, nämlich
- daß die monoskopische Bildbetrachtung wegen der oft mit der Umzeichnung verbundenen Interpretationsarbeit und der Suche nach geeigneten Entzerrungseinheiten (s.o.) ein Handicap ist,
- daß es darauf ankommt, in die Karte einzupassende kleinere Entzerrungseinheiten projektiv verändern zu können und weniger darauf, das Bild als Ganzes zu entzerren.
In diesem Sinne führte die Entwicklung auch zu Stereo-Umzeichengeräten. Sie nehmen eine Zwischenstellung zwischen Ein- und Zweibildverfahren ein.

Stereoumzeichner waren zunächst in Fortentwicklung von Einbildumzeichnern als einfache Kartiergeräte für Kartenfortführungen und thematische Kartierungen mit mittleren Genauigkeitsansprüchen konstruiert worden. Erst in jüngster Zeit sind sie mit Meßeinrichtungen und Rechneranschlüssen ausgerüstet und auch analytisch-photogrammetrischen Auswertungen zugänglich gemacht worden.

Das Prinzip der Stereoumzeichnung, von dem an dieser Stelle zunächst *allein* gesprochen wird, besteht in der Überlagerung der nachzuführenden Karte bzw. eines mit Paßpunkten versehenen Zeichenblattes im Wechsel mit einem Stereobild und einem der Bilder des Stereopaares. Die Stereobetrachtung dient dabei der besseren Erfassung der

---

[18] „Abteilungen" (compartments) sind in der europäischen Forstwirtschaft *ständige* Einheiten der Waldeinteilung. Sie sind in Forstkarten ausgewiesen. Ihre Größe liegt zwischen 15 und 40, in großräumigen Waldgebieten auch mehr Hektaren.

Situation, vor allem der Geländemorphologie, und verhilft dadurch sowohl zur zweckmäßigen Abgrenzung von Entzerrungseinheiten (Facetten) als auch zur besseren Definition
zu kartierender Linien und Flächen. Die Kartierung selbst erfolgt (i. d. R.) durch Umzeichnung aus *einem* der Bilder des Stereopaares, dies jedoch bei binokularer Betrachtung
von Bild und diesem überlagerter Karte.

Insofern ist die Stereoumzeichnung primär den Einbildverfahren zuzuordnen. Die Erweiterung solcher Geräte mit Einrichtungen zur Höhenmessung, Ableitung von Geländekoordinaten, Integration in GIS-Systeme u. a. macht sie zu Stereoauswertegeräten. Als
solche wird auf sie in Kap. 4.5.5 zurückgekommen.

Ältere Geräte zur Stereoumzeichnung, wie das von Spurr und Brown 1945 vorgeschlagene MULTISCOPE, der von Döhler konstruierte stereoskopische Luftbildumzeichne,
der STEREOSCETCH von Hilger und Watts und auch das stereoskopische Zeichengerät von Konschin sind nur noch von historischem Interesse. Dagegen verdienen in
neuerer Zeit auf dem Markt befindliche Geräte wie das STEREO ZOOM TRANSFER-
SCOPE (Bausch und Lomb/Image Interpretation Systems), der STEREO FACET PLOT-
TER (O.M.I.) und der KARTOFLEX (Zeiss, Jena) Interesse, gerade auch für thematische Kartierungen für forstliche, vegetationskundliche u. a. geographische Zwecke.

Das STEREO ZOOM TRANSFERSCOPE (Abb. 100)

Die Bildträgerbühne des Geräts ist in X- (± 11,4 cm) und Y- (± 13,5 cm) Richtung
bewegbar und mit Auf- und Durchlichtbeleuchtung ausgestattet. Das stereoskopische
Betrachtungssystem gestattet es, bei der Arbeit wahl- und wechselweise das Stereomodell
allein, dieses der Karte überlagert sowie binokular eines der Bilder mit Kartenüberlage-
rung oder allein die Karte zu betrachten. Die Einpassung der Entzerrungseinheit in die
Karte erfolgt durch *optische* Maßstabsanpassung, Bilddrehung und in bestimmten Grenzen mögliche Dehnung und Stauchung des Bildinhalts. Die Übertragung der zu kartierenden Linien in die Karte geschieht von Hand. Sie kann dabei oft besser und „weniger
augenbelastend" (Forstreuter 1987) als Einbildverfahren ausgeführt werden.

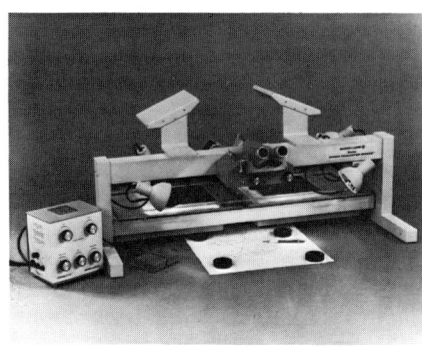

Abb. 100:
STEREO ZOOM TRANSFERSCOPE
(Bausch u. Lomb/Image Interpretation
Systems
Abb. 101:
KARTOFLEX (Zeiss, Jena)

Das STEREO ZOOM TRANSFERSCOPE steht in verschiedenen Ausbaustufen zur Verfügung, z. B. auch mit einem Modul MV/GIS zur Höhenmessung und mit Ausgängen zu GIS-Systemen (hierzu 4.5.5).

Der STEREO FACET PLOTTER

Prinzipiell ähnlich und in seinen Funktionen vergleichbar mit dem STEREO ZOOM TRANSFERSCOPE ist der von OMI vertriebene STEREO FACET PLOTTER. Untersuchungen zur Kartiergenauigkeit beider Geräte finden sich bei SPIESS (1980) und WEIR (1981).

Der KARTOFLEX M (Abb. 101)

Auch der KARTOFLEX M läßt wahl- und wechselweise verschiedene Arten der gemeinsamen Betrachtung der Luftbilder, der Stereopaare und der Karte zu. Folgende Einstellungen sind möglich: Überlagerung der Karte mit dem linken *oder* rechten Bild bei stereoskopischer Bildbetrachtung; Überlagerung der Karte mit dem linken *oder* rechten Bild bei binokularer Betrachtung nur des überlagernden Bildes; binokulare Betrachtung von drei simultan aufgenommenen, multispektralen Schwarzweiß-Bildern, wobei das dritte Bild anstelle der Karte auf dem Zeichentisch liegt. Der letztgenannte Modus eröffnet mit der Vorschaltung von Farbfiltern die Möglichkeit, Farbkompositen verschiedener Art zu sehen und der Interpretation des Bildinhalts zugänglich zu machen.

Die zur Einpassung von Entzerrungseinheiten notwendige Maßstabsangleichung, Bilddrehung und -verschiebung geschieht wiederum mit optischen Mitteln. Man kann sie von Hand oder – als Option – rechnergestützt mit Hilfe eines Orientierungsprogramms ausführen.

Die Kartierung selbst erfolgt in der einfachen Version des Geräts von Hand. Steht die erweiterte Version mit einem festprogrammierten Microcomputer sowie Einrichtungen zur Koordinatenmessung in der Kartenebene und zur optischen Korrektur zur Verfügung, so kann die Kartierung auch über den zur Meßeinrichtung gehörenden Zeichenstift erfolgen. In beiden Fällen wird der Bildinhalt *eines* der Bilder des Stereopaares in die Karte umgezeichnet. Über die Koordinatenmeßeinrichtung können die Lagekoordinaten kartierter Punkte zur Berechnung von Flächengrößen und Streckenlängen dem Microcomputer oder einer Koordinatendatenbank zugeführt werden.

Durch die beschriebene projektive Luftbildumzeichnung beseitigt man, wie bei allen in Kap. 4.4.4 genannten Geräten, die durch Nadirabweichung bei der Aufnahme im Bild entstandenen projektiven Verzerrungen. Die durch die zentralperspektive Abbildungsform dem Luftbild bei kupiertem Gelände inhärenten radialen Punktversetzungen (Kap. 4.2.2) werden nicht eliminiert. Die Anwendung einfacher Luftbildumzeichner ist daher nur dort gerechtfertigt, wo solche Punktversetzungen nicht oder in vernachlässigbarem Umfang auftreten, wo diesen durch geeignete teilflächenweise Entzerrung und Beschränkung der Umzeichnung auf Bildmittelteile (wg. des Einflusses von r' in Formel 50 und 54) entgegengewirkt werden kann, oder schließlich, wo kleinere Lagefehler im Hinblick auf die Art der zu kartierenden Situation tolerierbar sind. Letzteres ist i. d. R. dann der Fall, wenn es sich um Linien handelt, die im Gelände ohnehin nur gutachtlich und mit einem gewissen Ermessensspielraum festgelegt werden können. Linien bzw. Flächen dieser Art kommen gerade bei Vegetations-, Boden- oder Standortskartierungen häufig vor.

4.4.5 Optisch-photographische Entzerrung

Sollen projektiv entzerrte Luftbilder photographisch vergrößert reproduziert und ggf. danach Luftbildpläne (siehe 4.4.6) hergestellt werden, so bedarf es anspruchsvollerer Geräte. Sie müssen so konstruiert sein, daß neben der Entzerrung als solcher die gleichmäßige Ausleuchtung und Scharfabbildung des entzerrten Bildes gewährleistet sind. Es hat sich eingebürgert, hierfür geeignete Geräte – im Gegensatz zu den in 4.4.4 besprochenen einfachen projektiven Umzeichnern – als *Entzerrungsgeräte* zu bezeichnen.

Entzerrungsgeräte ähneln in ihrem Grundaufbau photographischen Vergrößerungsgeräten. Für die gleichmäßige Durchleuchtung des zu entzerrenden Negativs sorgen Kondensoren oder FRESNELsche Linsen zwischen der Lichtquelle und der Bildebene. Als Lichtquelle sind Quecksilberdampf-Hochdrucklampen bzw. für farbige Negative Quecksilberdampf-Glühlampen üblich. Wesentlichstes Konstruktionselement ist jedoch, daß Bild- und Projektionsebene in ihrer Lage zueinander veränderbar sind. Dies ist notwendig, um einerseits die Lage von Bild- und Projektionsebene zueinander entsprechend der vorliegenden Aufnahmesituation einstellen und andererseits dann die erforderlichen optischen Bedingungen für die Scharfabbildung des entzerrten Luftbildes an allen seinen Bildorten erfüllen zu können.

Für die Scharfabbildung im axialen Bereich muß die Abstandsbedingung der NEWTON'schen Linsengleichung

$$a \cdot a' = f_e^2 \tag{67}$$

gewährleistet sein (Abb. 102). Die Scharfabbildung außerhalb der optischen Achse wird erreicht, wenn die sog. SCHEIMPFLUG-Bedingung[19] eingehalten wird. Diese Bedingung verlangt, daß sich Bildebene B, Objektivebene M und Projektionsebene P im Raum in einer Geraden schneiden (Abb. 103).

Moderne Entzerrungsgeräte erfüllen beide genannten Bedingungen bei Veränderungen der Projektionsebene während des Entzerrungsvorganges automatisch. Für diesen Vorgang benötigt man bei Geräten ohne automatische Fluchtpunktsteuerung (s.u.) vier Lagepaßpunkte mit denen die entsprechenden Bildpunkte gleichzeitig zur Deckung gebracht werden müssen.

Bei Entzerrungsgeräten, die im Zusammenhang mit der SCHEIMPFLUG-Bedingung auch den sog. *Drehsatz- oder Fluchtpunktsatz* automatisch erfüllen, kommt man mit drei anstelle der o.a. vier Paßpunkte aus. Der Fluchtpunktsatz verlangt (in den Notationen der Abb. 104), daß das Projektionszentrum O_e mit dem Bildhorizont B als Achse um den Winkel α gedreht wird. Dabei ist α der Winkel zwischen der Geländeebene G und der Projektionsebene P. Um α bestimmen zu können, muß der Fluchtpunkt F in der Brennebene des Objektivs liegen. Durch die Fluchtpunktbedingung wird die notwendige Bildverschiebung Δx (bzw. Δy) bestimmt. Δx (Δy) ist die Strecke, um die der Bildhauptpunkt H' gegenüber dem Auftreffpunkt der optischen Achse auf die Bildebene O' zu verschieben ist. Bezüglich der mathematischen Ableitung des Fluchtpunktsatzes wird auf SCHWIDEFSKY und ACKERMANN (1976 S. 150f.) verwiesen.

Um die Entzerrung eines Luftbildes unter Einhaltung der drei genannten optischen Bedingungen durchführen zu können, sind Entzerrungsgeräte so eingerichtet, daß

---

[19] Nach dem österreichischen Ingenieur Theodor SCHEIMPFLUG, der 1896/97 die theoretischen Grundlagen für die optisch-photographische Entzerrung von Luftbildern (Ballonaufnahmen) schuf und diese im von ihm entwickelten Photospektrographen erstmals verwirklichte.

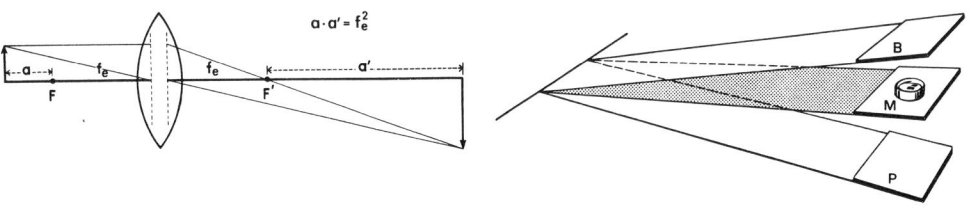

Abb. 102:
Abstandsbedingung der NEWTON*schen*
Linsengleichung

Abb. 103:
SCHEIMPFLUG-*Bedingung*

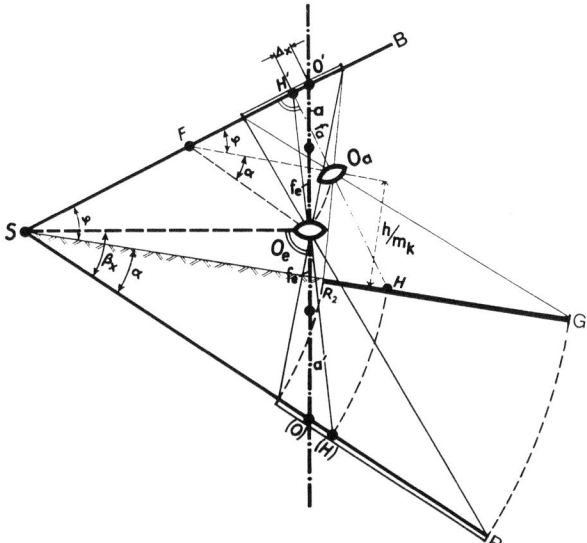

Abb. 104:
Fluchtpunkt-Bedingung

– die Neigung zwischen Bild- und Projektionsebene veränderbar ist,
– die Bildebene gegenüber der Projektionsebene gekantet werden kann,
– das projizierte Bild auf der Projektionsebene in x- und y-Richtung verschiebbar ist,
– der Abstand zwischen Objektiv und Bildebene zu verändern ist, um die Bildprojektion
   dem Maßstab des Paßpunktfeldes anpassen zu können.

Die durch diese möglichen Bewegungen bewirkten projektiven Veränderungen sind in Abb. 105 schematisch, und zwar ausgehend jeweils von dem dort durch die ausgezogenen Linien gekennzeichneten Trapez, dargestellt.

Die Veränderungsmöglichkeiten reichen in ihrem Ausmaß aus, um auch Luftbilder mit größerer Nadirdistanz entzerren und größere Maßstabsunterschiede zwischen Originalbild und gewünschter Bildvergrößerung zuzulassen.

Eine Vorstellung entsprechender Kapazitäten von Entzerrungsgeräten vermitteln beispielhaft die Leistungsdaten des Zeiss SEG 6 (SEG = *S*elbstfokusierendes *E*ntzerrungs-*G*erät, Abb. 106): Tischneigung in x und y jeweils ± 12,6 °, Verschiebung in den Bildebenen Δx und Δy jeweils max. ± 45 mm, Vergrößerungsbereich 0,5 – 6,5fach.

Die Entzerrung erfolgt durch Einpassen der Paßpunktabbildung im Luftbild auf die auf

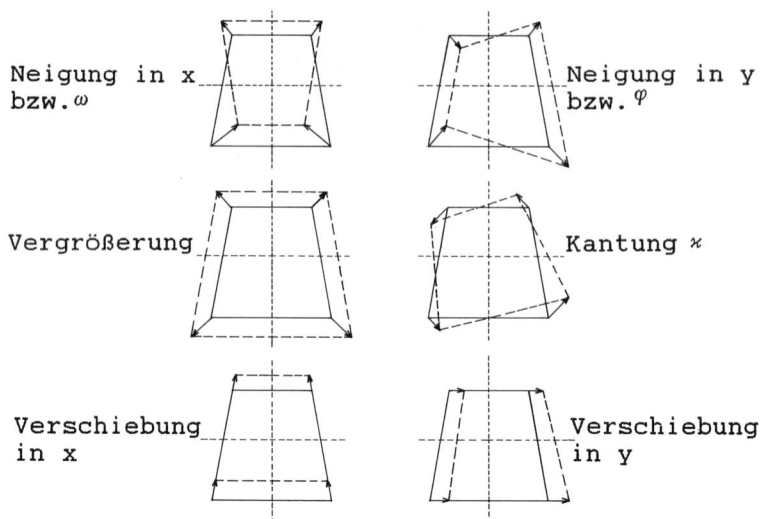

Abb. 105: *Auswirkungen der Orientierungselemente bei Entzerrungsgeräten*

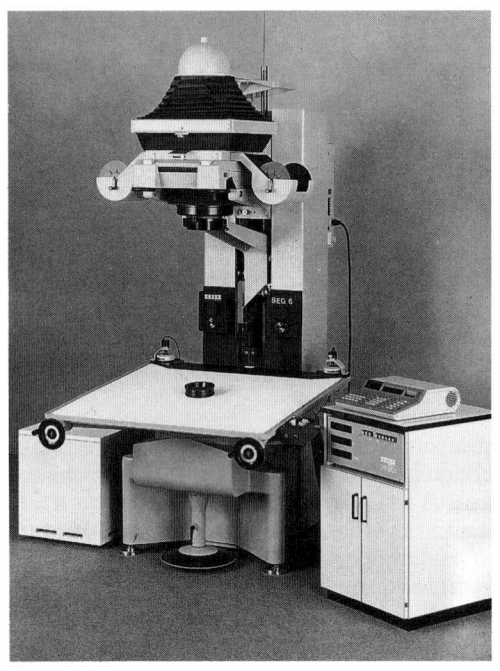

Abb. 106:
Entzerrungsgerät SEG 6 (Zeiss)

der Projektionsfläche aufgetragene Paßpunktunterlage. Man kann dazu empirisch vorgehen oder bei dafür eingerichteten Entzerrungsgeräten nach Einstelldaten.

Nach den Vorbereitungsarbeiten, der Paßpunktkartierung im gewünschten Maßstab und dem Einlegen des Negativs des zu entzerrenden Luftbildes, schließen sich beim empirischen Vorgehen die einzelnen Entzerrungsschritte z. B. wie folgt an:

bei Geräten *ohne* automatische Flucht-punktgenerierung (4 PP)	bei Geräten *mit* automatischer Flucht-punktgenerierung (3 PP)
– das Einpassen des ersten PP durch Verschieben der PP-Unterlage	– Einpassen der längsten Seite des PP-Dreiecks durch Vergrößerung und Ver-schieben der PP-Unterlage
– das Einpassen des zweiten PP durch Bildvergrößerung bei gleichzeitiger Drehung der Unterlage um PP1	– Einpassen des dritten PP durch Nei-gungsänderung in x und y unter Beibe-haltung der eingepaßten Linie PP1 – PP2 durch Verschieben der Unterlage.
– das schrittweise Einpassen von PP3 und PP4 durch Neigungsänderung in x, Kartung und Bildverschiebung in x und y unter Beibehaltung der Deckung der ersten beiden PP.	

Ist die Deckung aller vier bzw. drei Paßpunkte erreicht, wird die Paßpunktunterlage durch das zu belichtende Photopapier ersetzt. Zur Planlegung des Photopapiers während der Belichtung verfügt z. B. das Zeiss SEG 6 über ein Ansauggebläse im Projektionstisch.

Die *Entzerrung nach Einstelldaten*, wie sie beim Zeiss SEG 5 und 6 möglich ist, setzt die Kenntnis der äußeren Orientierung des Luftbildes, also der Raumkoordinaten X_o, Y_o, Z_o des Kameraobjektivs bei der Luftbildaufnahme und die Winkel der Längs- und Quer-neigung φ und ω sowie der Kantung κ voraus. Aus diesen Daten können die benötigten Einstelldaten abgeleitet werden (hierzu z. B. KRAUS 1982 Abschn. 6.2.2.3), nämlich: der Projektionsabstand vom Projektionsobjektiv zum Auftreffpunkt der optischen Achse auf die Projektionsfläche und die Tischneigungen in x und y. Die für die Entzerrung richtigen Stellungen der Bild- und Projektionsebenen werden dann unter Einhaltung der Abstands-, SCHEIMPFLUG- und Fluchtpunktbedingungen vom Gerät besorgt.

Eine weitere, die Sicherheit der empirischen Einpassung mit den Möglichkeiten der Entzerrung nach Einstelldaten verbindende Entzerrungsmethode steht für das Zeiss SEG 6 mit der Orientierungs-Einrichtung OCS 1 (HOBBIE 1976) zur Verfügung.

Durch die Entzerrung hat das Luftbild die geometrischen Eigenschaften einer Nadirauf-nahme erhalten. Ist das im Luftbild dargestellte Gelände *völlig eben*, so ist es durch die Entzerrung kartengleich geworden und hat den Charakter eines Orthophotos bekom-men. Das entzerrte Luftbild bleibt aber weiterhin eine zentralperspektive Abbildung. Durch Höhenunterschiede im Gelände bedingte radiale Punktversetzungen bleiben also erhalten.

4.4.6 Herstellung von Luftbildplänen und -mosaiken

Luftbildpläne waren in Kap. 4.3 als puzzleartig zusammengesetze Bildmittelteile *entzerrter* Luftbilder definiert worden. Zu ihrer Herstellung im sog. Naßverfahren sind folgende jeweils sorgfältig auszuführenden Arbeitsschritte notwendig:
- Entzerrung der Luftbilder in der in Kap. 4.4.5 beschriebenen optisch-photographischen Weise
- Auswahl der geeigneten Ausschnitte aus den Bildmittenbereichen, so daß aus diesen ein lückenloser Bildplan zusammengesetzt werden kann. Schnittkanten wählt man auf

„unempfindlichen" Bildflächen entlang unverwechselbarer Geländelinien, wie z. B.
Straßen, Waldränder.

- Wässerung des entzerrten Papierbildes und anschließendes Ausschneiden der ausgewählten Bildteile. Die Schnitte führt man zweckmäßigerweise nur in der Schicht und
  zieht dann den Papierfilz darunter ab. Ebenfalls zweckmäßig ist es, den Schnitt mit
  einem geringfügigen Überhang vorzunehmen um keinesfalls Klaffungen zwischen
  Puzzle-Teilen entstehen zu lassen. Überlappungen kann man leicht nachträglich pas-
  send schneiden.
- Zusammensetzen der Bildteile und Aufkleben auf einer Unterlage. Geländelinien,
  welche die Schnittkanten schneiden, dürfen an diesen keine Sprünge aufweisen.
- Photographieren des zusammengefügten Bildplans mit einer großformatigen Reproka-
  mera.
- Bei Bedarf Retuschieren von verbliebenen Liniensprüngen an vormaligen Schnittkanten.
- Herstellung einer Folie mit Beschriftungen für den Bildplan, den Bildplanrahmen und
  ggf. mit Höhenschichtlinien.
- Herstellung von Positivkopien aus Repronegativ und Deckfolie ggf. unter Kontrast-
  und Helligkeitsausgleich zwischen verschiedenen Teilstücken des Bildplans.

Ein Luftbildplan kommt für Gelände ohne oder mit nur geringen Höhenunterschieden
einer Orthophotokarte und damit in der Darstellung der Situation geometrisch auch einer
Karte sehr nahe. Im theoretischen Falle eines vollständig ebenen Geländes ist er karten-
und orthophotogleich. Bei der Entzerrung werden aber, wie in Kap. 4.4.5 gesagt, die auf
die Zentralperspektive der Luftbilder zurückgehenden radialen Punktversetzungen und
Maßstabsunterschiede (vgl. Kap. 4.2.2) *nicht* korrigiert. Je stärker und wechselvoller das
Gelände kupiert ist, desto mehr und größere Abweichungen der Situation im Bildplan
gegenüber der Kartendarstellung treten deshalb auf. Bei gegebenem Gelände sind dabei
diese Differenzen gegenüber der Karte um so geringer, je kleiner der Bildmaßstab der
entzerrten Luftbilder war.

Luftbildpläne können für ebene oder nur mäßig kupierte Gebiete wegen ihres Reich-
tums an bildhaften Informationen und ihrer in diesen Fällen kartenähnlichen Grundrißdarstellung gute Dienste leisten. Für gebirgige Gebiete sind sie weniger geeignet und dort
für planimetrische Informationen i. d. R. nicht brauchbar.

Luftbildpläne mit einkopiertem Waldeinteilungsnetz und Beschriftung mit Abteilungs-
und Unterabteilungsnummern u. a. wurden schon von REBEL (1924) und von HILF (1923)
als forstliche Betriebskarten empfohlen und vereinzelt – vor allem in Bayern – benutzt. Sie
fanden bald auch in Schweden und Finnland (z. B. DANIELSON 1930, LÖFSTRÖM 1932), in
Nordamerika, später auch in anderen europäischen Ländern gelegentlich als Forstkarten
Verwendung. Seit den siebziger Jahren sind Luftbildpläne 1:10 000 in ebenen Revieren der
deutschen Bundesländer Rheinland-Pfalz und Nordrhein-Westfalen als Forstbetriebskarten hergestellt worden.

Zu den bekannten Beispielen ganzer Luftbildplan-Kartenwerke gehören die 1934/36
für weite Teile Deutschlands angefertigten Luftbildpläne 1:25000 im Kartenschnitt der
Topkarte 1:25000[20], und die bekannte „Ökonomische Karte von Schweden" 1:10000
bzw. 1:20000.

Nach Einführung der Orthophototechnik ab Mitte der sechziger Jahre ging die Bedeutung
von Luftbildplänen zurück. Sie wurden nach und nach durch Orthophotokarten ersetzt.

---

[20] Eine große Zahl dieser Luftbildpläne sind erhalten und in der Bundesanstalt für Landeskunde und
Raumordnung in Bonn-Bad Godesberg archiviert. Von dort können Kopien dieser Luftbilddoku-
mente bezogen werden.

Die Herstellung von Luftbildplänen bedarf, wie oben angeführt, leistungsfähiger Entzerrungsgeräte und eines nicht unerheblichen Arbeitsaufwandes. Gleiches gilt für die
Produktion von Orthophotos und Orthophotokarten. Steht weder Gerät noch entsprechende Zeit zur Verfügung und ist man, z. B. bei Geländearbeiten in ausgedehnten,
(weitgehend) kartenlosen Gebieten dennoch auf einen kartenähnlichen, bildhaften Überblick über das zu bearbeitende Gebiet angewiesen, ohne daß es dabei auf besondere
geometrische Genauigkeit der Grundrißdarstellung ankommt, so können einfache *Luft-
bildmosaike* sehr hilfreich sein. Nach der in Kap. 4.3 gegebenen Definition sind Luft-
bildmosaike aus Teilen *nicht*entzerrter Luftbilder zusammengefügte, bildhafte Darstellungen eines größeren Gebietes.
    Ähnlich der Herstellung von Luftbildplänen wählt man auch in diesem Falle Mittelteile
der Luftbilder – hier aber der *nichtentzerrten* und nicht im Maßstab veränderten – so aus,
daß diese zusammengefügt ein vollständiges und klaffenfreies Gesamtbild des interessierenden Gebietes geben.
    Die zusammengefügten Teilbilder von Kontaktkopien der Originalluftbilder können
sowohl Verzerrungen wegen Nadirabweichungen als auch unterschiedliche mittlere Bildmaßstäbe wegen unterschiedlicher Flughöhe über Grund aufweisen. Sie haben im kupierten Gelände zudem selbstverständlich auch die bekannten, zentralperspektivisch bedingten Punktversetzungen und damit interne Maßstabsunterschiede. Es ist daher in
Luftbildmosaiken an den Schnittkanten der Bildteile mit größeren Sprüngen diese Kanten schneidender Geländelinien, ggf. auch mit Schwierigkeiten beim sinnvollen Zusammenfügen der Bildteile zu rechnen.
    Informationen über Streckenlängen, Flächengrößen und Grundrißlagen sind nur unter
günstigen Umständen und auch dann nur sehr bedingt zu gewinnen. Unbeschadet davon
kann aber der bildhafte Überblick eines zu bearbeitenden Gebietes und die Wiedergabe
des vollen, detaillierten Bildinhalts zur Orientierung im Gelände, zur Erfassung von
Landschafts- und Vegetationsstrukturen, zur Erkennung von Zusammenhängen zwischen
einzelnen Elementen der Landschaft und der „räumlichen Ordnung (bzw. Unordnung)"
usw. nützlich sein.
    Dies gilt letzten Endes auch für kleinmaßstäbige Luftbilder, die ohne jede weitere
Bearbeitung oder nur nach Vergrößerung als Kartenersatz Verwendung finden. Durch
den kleinen Bildmaßstab sind diese Originalbilder nur mit relativ geringen Punktversetzungen und Maßstabsunterschieden belastet. Wenn die Verwendung als Kartenersatz
vorwiegend Erkundungs- und Orientierungszwecken dient oder die Erfassung räumliche
Zusammenhänge zum Ziele hat, läßt sich dies rechtfertigen. Für entsprechende forstliche
Zwecke wurde besonders in Ländern mit extensiver Forstwirtschaft (hierzu z. B. Howard
1991) immer wieder so verfahren. Auch das Hochzeichnen aus kleinmaßstäbigen Originalbildern zur Herstellung von Kartenskizzen kann u.U. gerechtfertigt werden. „Diese
Vorgehensweise ist gelegentlich unvermeidbar, wenn Karten überhaupt nicht vorhanden
sind und es an geeigneten photogrammetrischen Geräten, entsprechend ausgebildetem
Personal oder Geld für die Auswertungsarbeiten fehlt. Im Regelfall sind die auf diese
Weise entstandenen Kartenskizzen selbst im Gebirge immer noch besser, als wenn man
ganz ohne sie auskommen muß. Allerdings sollte Sorge getragen werden daß solche
Karten(-skizzen) Vermerke über ihre Entstehungsart enthalten ..." (Huss 1984 S. 145).

4.4.7 Analytisch-photogrammetrisches Monoplotting

Ein analytisch photogrammetrisches Einbildverfahren zur Kartierung, Karten- und GIS-Fortführung und zur Herstellung von Karte-Bild- sowie Bild-Karte-Überlagerungen ist das *Monoplotting*. Seine Anfänge gehen in die siebziger Jahre zurück (MAKAROVIC 1973) und seine Praxisreife entwickelte sich im letztvergangenen Jahrzehnt (z. B. MAKAROVIC 1982, MOLENAAR u. STUIVER 1987, W. SCHNEIDER 1986, HELL 1990, STOLITZKA 1991, W. SCHNEIDER et al. 1992, 1994).

Monoplotting ist ein rechnerisches *Entzerrungsverfahren*, bzw. für die Überlagerung von Karteninhalten und -gittern auf das zentralperspektive Luftbild ein rechnerisches *Verzerrungsverfahren*. Es beruht auf den durch die Formeln (55) und (60) beschriebenen und in Abb. 107 dargestellten geometrischen Beziehungen zwischen Bild- und Geländekoordinaten. Für die beim Monoplotting durchzuführenden Koordinatentransformationen benötigt man daher die Daten der inneren und der äußeren Orientierung des Luftbildes (4.2.4) und damit auch drei Paßpunkte (4.5.3.2) mit bekannten Geländekoordinaten, sowie für die Gewinnung der Höheninformationen ΔZ_i ein digitales Geländemodell (= DGM, 4.5.7). Der Gitterpunktabstand des letzteren muß klein genug sein, um bei gegebener Geländegestalt Z_i bzw. ΔZ_i ausreichend gut ableiten zu können. In weitgehend ebenem Gelände kann ggf. h_g durchgängig = h_o gesetzt und auf ein DGM verzeichnet werden.

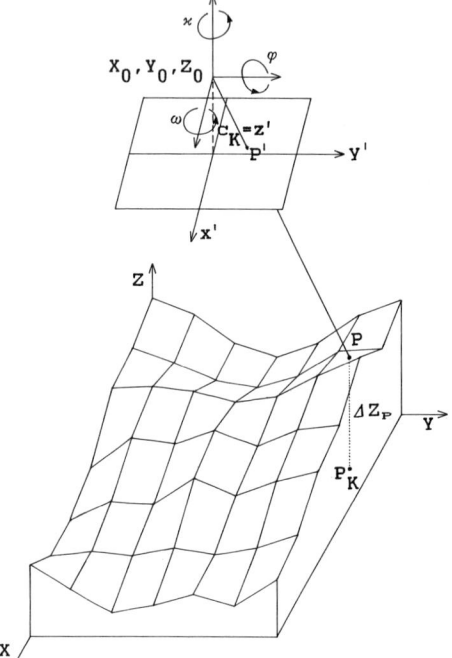

Abb. 107:
Beziehung zwischen Bild- und Geländekoordinaten für das Monoplotting (Notationen siehe Kap. 4.2.1)

Ein Monoplotting-*Arbeitsplatz* ist wenig aufwendig und kann aus marktgängigen Geräten aufgebaut werden. Er besteht in einfacher aber vollständiger Form aus einem Digitalisierungs-Tablett (Digitizer), das für die Arbeit mit Papierbildern bzw. Karten *und* Luftbild-

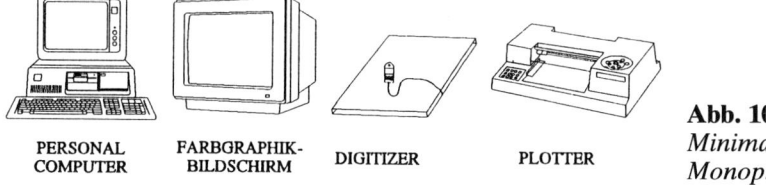

PERSONAL COMPUTER   **FARBGRAPHIK-BILDSCHIRM**   **DIGITIZER**   **PLOTTER**

Abb. 108:
Minimalausstattung eines Monoplotting-Arbeitsplatzes (aus STOLITZKA *1991)*

diapositiven tauglich sein sollte, einem PC mit hochauflösendem Bildschirm, einem Monitor für alpha-numerische Daten und als Ausgabegeräte einem automatischen Zeichengerät (Plotter) und/oder einem Drucker. Wenn die Auswahl und Einstellung zu digitalisierender Punkte und Linien nur nach detaillierter und sachkundiger stereoskopischer Luftbild-Interpretation der räumlichen Situation vorgenommen werden kann, ist zusätzlich ein Spiegel- oder Zoomstereoskop erforderlich. Es wird über das auf dem Digitalisierungstablett liegende Luftbild und seinen Stereopartner (hierzu Kap. 4.5.1) gebracht. Mit der Hinzunahme eines Stereoskops wird ein Element der Zweibildverfahren eingeführt.

Software für das Monoplotting wurde mehrfach entwickelt (siehe o.a. Literatur). Photogrammetrisches Kernstück der Software ist das Modul zur Transformation der digitalisierten Bild- in Geländekoordinaten und vice versa. Um es bedienen zu können sind jedoch mehrere vorbereitende Operationen notwendig. Dafür stehen Module zur Eingabe und Verwaltung von Kamera-, Bild-, Paßpunkt- und DGM-Daten, zur Transformation der internen Tablett-Koordinaten in Bild- bzw. Kartenkoordinaten, zur Berechnung der äußeren Orientierung und zur Übernahme und Verwaltung der digitalisierten Daten und ggf. geokodierter interpretierter oder aus Drittquellen gewonnener thematischer Informationen zur Verfügung.

Neuere Monoplotting-Software bedient sich für die Editierung und graphische Bearbeitung verfügbarer CAD-Programme (CAD = computer aided design), so z. B. des AutoCAD. Als Beispiel dafür, wird auf das im Institut für Vermessungswesen und Fernerkundung der Universität für Bodenkultur in Wien entwickelte System MONOMAP verwiesen (W. SCHNEIDER u. BARTL 1994), das schon in seiner Entwicklungsphase erfolgreich bei Kartierungen für Schutzwaldprojekte in den Alpen eingesetzt wurde (STOLITZKA 1991).

Das Monoplotting wird dementsprechend in mehreren *Arbeitsschritten* durchgeführt. Nach Beschaffung und Eingabe der Kammer-, Paßpunkt- und DGM-Daten wird das auszuwertende Luftbild auf das Digitalisierungs-Tablett gelegt und die interne Kalibrierung durch Digitalisierung der Luftbild-Rahmenmarken vorgenommen. In dem danach zur Auswertung bereiten Luftbild werden die zu kartierenden oder in die Datenbank aufzunehmenden Punkte und Linien mit dem Cursor abgegriffen bzw. abgefahren und ggf. dazugehörende thematische Informationen (Attribute) eingegeben. Die durch das Rechenprogramm in Geländekoordinaten transformierten Daten werden gespeichert oder in der gewählten graphischen oder digitalen Form ausgegeben bzw. abgelegt.

Im Gegensatz zu den in Kap. 4.4.3 – 4.4.6 besprochenen Einbildverfahren, führt das Monoplotting auch in nicht ebenem Gelände zu geometrisch karten*gleichen* Ergebnissen. Sowohl die im Originalluftbild durch Bildneigung gegebenen projektiven Verzerrungen als auch die durch die Zentralperspektive vorliegenden Abbildungsdifferenzen gegenüber der orthogonalen Grundrißdarstellung werden beseitigt. Die *Genauigkeit* der Kartierung ist dabei von der Güte der Paßpunktkoordinaten und des verwendeten digitalen Geländemodells sowie der Genauigkeit der Bildkoordinatenmessung und Digitalisierung abhängig. Sie ist damit auch eine Funktion des Bildmaßstabs und der photographischen Bildqualität sowie der Auflösung und Güte des Digitizers.

Für viele forstliche standort- und vegetationskundliche Kartierarbeiten, insbesondere auch für die Fortführung thematischer Karten sowie für die Einbringung und Laufendhaltung einschlägiger thematischer Informationen in ein GIS führt das Monoplotting zu ausreichenden Genauigkeiten. Besondere Vorzüge liegen dabei in der Einfachheit und Wirtschaftlichkeit des Verfahrens.

4.4.8 Monoskopische Verfahren der digitalen Photogrammetrie

Werden beim analytisch-photogrammetrischen Monoplotting (4.4.7) nur die Bildkoordinaten der in den Auswertungsprozeß einbezogenen Bildpunkte digitalisiert, so geht den monoskopischen Verfahren der digitalen Photogrammetrie die Digitalisierung des gesamten Luftbildes (oder einer auszuwertenden Teil*fläche*) voraus (vgl. Kap. 4.2.8). Die gesamte dadurch entstehende Bild-Matrix ist Gegenstand der Auswertung, sowohl in geometrisch-photogrammetrischem Sinne, als auch im Hinblick auf mögliche rechnergesteuerte Bildverbesserungen und Bildverarbeitungen.

Durch die hohe Bildpunktauflösung mit möglichen Pixelgrößen bis herab zu 7 µm (vgl. Tab. 24) besteht eine direkte Beziehung zwischen Bildmatrix und Bildkoordinatensystem. Die ebenen Bildkoordinaten jedes Punktes = Pixels sind daher durch die Zeile und Spalte seiner Lage in der Matrix definiert.

Die Beziehungen zwischen Bild- und Geländekoordinatensystem können für das einzelne Luftbild auf der gleichen mathematischen Grundlage wie beim zuvor beschriebenen analytischen Monoplotting hergestellt werden. Voraussetzung dafür ist wiederum, daß die Daten der inneren Orientierung bekannt sind, daß die Elemente der äußeren Orientierung über Paßpunkte hergeleitet werden und daß ein ausreichend engmaschiges DGM *vorhanden* ist oder auf photogrammetrischem Wege (Kap. 4.5.7) entwickelt wird.

Liegen diese Voraussetzungen vor, so kann, über das in Kap. 4.4.7 Besprochene hinausgehend, das digitalisierte Luftbild differentiell, d. h. pixelweise, entzerrt und damit auf monoskopischem Wege ein *digitales Orthobild* hergestellt werden (hierzu Kap. 4.5.9, spez. 4.5.9.3 und Abb. 160). Das zentralperspektive photographische Luftbild ist damit in ein Rasterbild umgewandelt, welches das Gelände *kartengleich* in Orthoprojektion zeigt. Es steht als solches für monoskopische digitale Ausmessungen, Kartierungen, Flächenermittlungen, geocodierte Informationsgewinnung und Herstellung von Überlagerungen mit Vektoren, Beschriftungen usw. zur Verfügung.

Die für das Monoplotting vom Auswerter durchzuführenden Prozesse werden in diesem Falle nicht an einem externen Digitalisierungstablett, sondern am Bildschirm des PC des digitalen Arbeitsplatzes durchgeführt. Auf dem Bildschirm wird das gesamte Orthobild abgespielt. Die zu messenden bzw. zu kartierenden Punkte oder Linien werden mit dem Cursor abgegriffen bzw. abgefahren und die dabei gewonnenen Bildkoordinaten dem Rechner zur weiteren, gewünschten Verarbeitung zugeführt.

Baut das Verfahren nicht auf vorheriger Herstellung eines Orthobildes auf, so wird an dessen Stelle das geometrisch unveränderte, digitalisierte Luftbild auf den Bildschirm gebracht. Die digitale Bearbeitung der abgegriffenen Bildpunkte schließt dann die Transformation der Bildkoordinaten in Geländekoordinaten ein.

Die für diese Arbeiten auf dem Markt angebotenen, monoskopisch arbeitenden „digitalen Work Stations" – z. B. LEICA DPW 670 „by HELAVA" oder Zeiss PHOCUS PM-STATION – verfügen über Software mit einer breiten Palette an Funktionen, die sowohl ein flexibles interaktives Arbeiten ermöglichen, als auch vielfältige Anwendungsmöglichkeiten eröffnen. So werden z. B. die Geländekoordinaten X, Y, Z der Cursorposition fortlaufend angezeigt und erfaßt. Punkte und Linien lassen sich Zug um Zug dem

Rasterbild überlagern. Eine fortlaufende Kontrolle über den Fortgang und die Vollständigkeit der Kartierung bzw. Datenerfassung ist dadurch gegeben. Thematische Kartierungen und Datenerfassungen für GIS profitieren damit in besonderer Weise. Auch *vorhandene* Vektordaten, z. B. einer fortzuführenden Karte, können dem Bild am Monitor überlagert werden. Der dadurch mögliche unmittelbare Vergleich der alten Kartensituation, des aktuellen Luft- bzw. Orthobildes und der jeweils ausgeführten Nachtragsmessung kommt vor allem der Fortführung von Karten und Datenbanken zugute.

Die monoskopische Arbeit am Bildschirm führt dort zu Schwierigkeiten oder stößt ggf. auch an ihre Grenzen, wo das Sehen der räumlichen, d. h. dreidimensionalen Gestalt des Geländes, von Vegetationsoberflächen usw. erforderlich ist, um richtige und zweckmäßige Entscheidungen bei der Erfassung von Punktobjekten und Linien treffen oder gar bestimmte Objekte und Situationen überhaupt erkennen und identifizieren zu können.

Beim einfachem analytischem Monoplotting (4.4.7) kann dieser Mangel – wie o.a. – durch Hinzuziehung eines Spiegel- oder Zoomstereoskops behelfsmäßig behoben werden. Im Fall digitaler Workstations kann dem nur begegnet werden, durch Übergang zu solchen, die stereoskopische Arbeitsweise erlauben, d. h. bei denen das Abspielen von Bildpaaren auf dem Monitor möglich ist und die über entsprechende stereoskopische Betrachtungseinrichtungen verfügen (hierzu 4.5.1.8 und 4.5.5.7).

4.5 Zweibildverfahren – das stereophotogrammetrische Sehen, Messen und Kartieren

In der Synopse der photogrammetrischen Meß- und Kartierverfahren (Kap. 4.3) waren bereits die stereophotogrammetrischen als Pendant zu den in Kap. 4.4 besprochenen Einbildverfahren eingeführt worden. Auch für sie sind die sich aus der Zentralperspektive ergebenden geometrischen Beziehungen zwischen Gelände- und Bildkoordinaten die mathematische Grundlage. Wie schon aus Abb. 89 hervorgeht, treten bei Zweibildverfahren nun noch Beziehungen hinzu, die zwischen zwei aufeinanderfolgenden, sich teilweise überdeckenden (hierzu Abb. 79) Luftbildern, dem daraus zu bildenden Raummodell (syn. Stereomodell) und der Geländesituation bestehen.

Sowohl für die Photogrammetrie als auch für die Luftbildinterpretation (Kap. 4.6) führt erst die stereoskopische Auswertung zur vollen Ausschöpfung des Informationsgehalts der Luftbilder. Die Grundlage zum Verständnis des künstlichen stereoskopischen Sehens, Messens und Kartierens bildet dabei das natürliche stereoskopische Sehvermögen.

4.5.1 Das stereoskopische Sehen

4.5.1.1 Das natürliche stereoskopische Sehen

Voraussetzung für das natürliche räumliche, d. h. dreidimensionale Sehen ist die Betrachtung des Raumes und der in ihm befindlichen Dinge *mit beiden Augen*. Das einäugige Sehen ist dagegen stets nur zweidimensional. Letzteres schließt nicht aus, daß auch der Einäugige gewisse Unterscheidungen bezüglich „vorn" und „hinten" im Raum treffen kann. Sie sind jedoch begrenzt und basieren durchweg auf Erfahrungen: gleichgroße Gegenstände werden mit zunehmender Entfernung kleiner gesehen, im

Zusammenhang damit lernt man zweidimensional gesehene Fluchtlinien (Straße, Wald-ränder, Zäune) in ihrer richtigen Räumlichkeit zu *empfinden*; gleich schnelle Bewegun-gen erscheinen bei entfernten Objekten langsamer und lassen auf diese Weise assoziativ Raumeindrücke entstehen, gegenseitige Verdeckungen und Schattenverhältnisse erlau-ben sichere Schlußfolgerungen und schließlich gestatten auch Sicht-, Helligkeits- und Farbdifferenzierung durch zunehmende Luftlichtüberlagerung („in blauer Ferne") oder andere athmosphärische Erscheinungen (Nebel usw.) Tiefenunterscheidungen auch ein-äugig zu treffen.

Wirkliches räumliches Sehen bedarf jedoch des gleichzeitigen Sehens mit beiden Au-gen. Auf den Netzhäuten beider Augen wird durch die aus dem Dingraum eintreffenden Lichtstrahlen je ein „Bild" entworfen[21]. Da die Augen etwa 6,5 cm voneinander entfernt stehen (Augenbasis = b = Beobachtungsbasis), sind die beiden Bilder nicht identisch. Am Beispiel der Abb. 109 wird dies verdeutlicht. Es soll der Punkt P betrachtet werden. Beide Augen richten sich in *der Blickebene* auf P. Die Sehachsen schneiden sich in diesem Punkt und bilden hier den Konvergenzwinkel γ. Als Folge dieser Konvergenzeinstellung reagie-ren die an die Linse heranführenden Zilliarmuskeln durch Kontraktion oder durch Ent-spannung. Sie verändern dadurch die Brennweite der Linse so, daß die Scharfeinstellung des Punktes P auf den Netzhäuten gewährleistet ist. Die von P durch die Linsen auf die Netzhäute fallenden Lichtstrahlen treffen diese bei P' bzw. P" in der Zone des schärfsten Sehvermögens, der macula lutea oder dem „Gelben Fleck".

Zusammen mit P werden andere in der Blickebene liegende Punkte des Dingraumes in unterschiedlicher Schärfe mit gesehen. Punkte, die unter gleichem Konvergenzwinkel betrachtet werden (P und Q in Abb. 109) werden auf den Netzhäuten im gleichen Ab-stand „abgebildet": P'Q' = P"Q", sie werden räumlich als gleich weit vom Beobachter entfernt gesehen.

Unterschiedliche Konvergenzwinkel (in Abb. 109 bei P und R oder R und Q) führen auf der Netzhaut der beiden Augen zu unterschiedlichen Abständen: P'R' ≠ P"R" bzw. R'Q' ≠ R"Q" und rufen dadurch Tiefenwahrnehmungen hervor. Die in der Blickebene auftre-tenden Abbildungsdifferenzen P"R"-P'R' bzw. R"Q"-R'Q' werden als *Horizontalparal-laxen* = Δp bezeichnet. Sie geben das Maß für die Tiefenwahrnehmung. Schon sehr kleine Horizontalparallaxen bzw. korrespondierend dazu sehr kleine Differenzen der Konver-genzwinkel Δγ führen zu Wahrnehmungen von Tiefenunterschieden.

Das natürliche räumliche Sehvermögen hat mehrere Grenzen, so wie es andererseits aber auch künstlich verstärkt werden kann.

Das stereoskopische Sehvermögen ist auf *die Blickebene* beschränkt. Die Blickebene ist die Ebene durch die „Projektionszentren" der beiden Augen und einen fixierten Punkt P des Dingraumes. Die Sehachsen der beiden Augen liegen mithin in der Blickebene. Punkte des Dingraumes, die nicht in der jeweiligen Blickebene liegen, werden selbstver-ständlich auch gesehen, tragen aber nicht zum stereoskopischen Sehen bei, sie stören dieses vielmehr. Denkt man sich auf der Netzhaut von der Abbildung eines solchen Punktes aus das Lot auf die Blickebene gefällt, so ist die Länge dieses Lotes seine *Vertikalparallaxe*.

Die zweite Begrenzung des natürlichen stereoskopischen Sehvermögens ist *in* der Blickebene, dessen Beschränkung auf das sog. *stereoskopische Feld*. Es ist beim Fixieren des Punktes P nicht möglich, auch sehr viel näher oder weiter liegende Punkte gleichzeitig stereoskopisch mit wahrzunehmen. Geht die Horizontalparallaxe über einen bestimmten

---

[21] Für vertieftes Studium der physiologischen Vorgänge beim Sehprozeß sowie augenoptischer Zu-sammenhänge wird u.a. auf SCHOBER 1970 verwiesen. Auf psychologische Momente, die beim räumlichen Sehen eine Rolle spielen und die damit differenzierte, subjektive Seherlebnisse nach sich ziehen können, kann ebenfalls nur hingewiesen werden.

Wert hinaus, so werden Doppelbilder gesehen. Folgender Versuch veranschaulicht dies: Man fixiere einen weit entfernten Punkt und halte sodann einen Bleistift in Armeslänge in die Blickebene. Bei fortgesetzter Fixierung des fernen Punktes sieht man den Bleistift doppelt.

Beim gewöhnlichen, natürlichen Sehen werden beide Begrenzungen nur relativ selten erlebt. In der Regel wird nicht ein einzelner Punkt über längere Zeit starr fixiert, ebensowenig wie der Blick auf einer Blickebene verweilt. Die Augen wandern vielmehr im Dingraum, die Blickebenen wechseln, die Konvergenzeinstellung und z.T. mit Verzögerung auch die Akkommodation verändern sich laufend. Als Folge davon wird letztlich nahezu der gesamte Dingraum in seiner Räumlichkeit gesehen.

Die Fähigkeit, Tiefenunterschiede durch natürliches stereoskopisches Sehen wahrzunehmen, nimmt mit der Entfernung der Dingpunkte vom Beobachter ab. Dies kann als eine weitere Begrenzung des stereoskopischen Sehvermögens aufgefaßt werden. Horizontalparallaxen und Konvergenzwinkeldifferenzen von Objekten, die im Dingraum im Bezug zum Beobachter eine bestimmte Tiefendifferenz aufweisen, werden kleiner, wenn beide Objekte weiter vom Beobachter entfernt sind. Zwei 10 m hintereinander liegende Objekte kann ein Betrachter noch als hintereinanderliegend wahrnehmen, wenn sie 100/110 m, nicht mehr jedoch wenn sie 200/210 m von ihm entfernt sind.

Das Vermögen für die Wahrnehmung von Tiefendifferenzen versiegt mit zunehmender Entfernung schließlich ganz. Je nach Sehvermögen tritt dies bei normalsichtigen Menschen bei Objektentfernungen zwischen 800 und 1000 m ein. Diese Grenze kann überschritten werden – wie überhaupt die Tiefenwahrnehmungen verstärkt werden können – wenn die natürliche, vom Augenabstand bestimmte Betrachtungsbasis von ca. 6,5 cm und der Sehwinkel der Augen durch optische Mittel vergrößert werden. Oft wird von beiden Möglichkeiten gleichzeitig Gebrauch gemacht, z. B. bei Benutzung eines Feldstechers oder eines Scherenfernrohrs. Das Tiefenunterscheidungsvermögen wächst proportional der Basisvergrößerung und proportional der Vergrößerung der Sehwinkel.

4.5.1.2 Das künstliche stereoskopische Sehen

Den Augen werden beim künstlichen stereoskopischen Sehen Bilder des Dingraumes – im Falle der Luftbildaufnahme: Luftbilder – zugeführt. Nicht der Dingraum selbst wird gesehen, sondern Abbildungen desselben. Abb. 110 zeigt, wiederum mit den für die Erklärung des Grundprinzips zweckmäßigen Vereinfachungen, in welcher Weise die vom Dingraum ausgehenden Informationen über das photographische Bild und ein geeignetes Betrachtungssystem – hier ein Spiegelstereoskop (4.5.1.4) – beim Betrachter der Luftbilder die Wahrnehmung der räumlichen Tiefe hervorruft.

Der stereoskopische Eindruck entsteht dabei immer dann, wenn die Blickebene (nahezu) parallel zu einer der Kernebenen[22] der Luftbildaufnahme liegt, und zwar entlang der in den Bildern zu dieser Ebene gehörenden „Kernstrahlen“.[23] Die Aufnahmebasis b (Abb. 79 und Formel (35)) einer Stereoaufnahme und homologe Aufnahmestrahlen, d.s. solche die von einem Geländepunkt zu den beiden Projektionszentren verlaufen, liegen qua definitionem in einer Kernebene.

---

[22] Eine Kernebene ist eine zwischen den beiden Projektionszentren O_1 und O_2 und einem Geländepunkt P ausgespannte Ebene (siehe z. B. Abb. 89).

[23] Achtung: der in der Photogrammetrie eingeführte Begriff des „Kernstrahles“ ist irreführend. Ein Kernstrahl ist die Schnittgerade einer Kernebene mit der Bildebene, also eine im Luftbild gerade Linie.

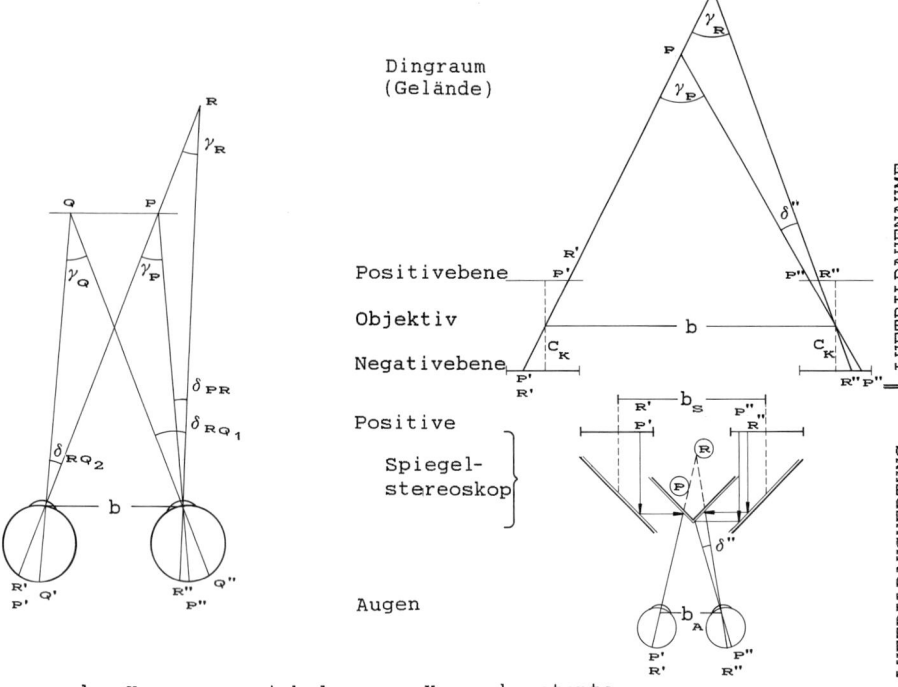

Differenz der Konvergenzwinkel
$\gamma_Q - \gamma_R = \delta_{PR}$
$\gamma_Q - \gamma_R = \delta_{RQ1} - \delta_{RQ2}$

c_K = Kammerkonstante
b = Aufnahmebasis
b_S = Basis des Stereoskops
b_A = Augenbasis

Abb. 109:
Prinzip des natürlichen stereoskopischen Sehens

Abb. 110:
Prinzip des künstlichen stereoskopischen Sehens, erläutert am Strahlengang bei Spiegelstereoskopen

In Abb. 110 sieht man, daß die für das stereoskopische Sehen notwendigen Konvergenzwinkel bei P bzw. R zwischen homologen Aufnahmestrahlen liegen. Die Horizontalparallaxe tritt zunächst im Luftbildpaar in Erscheinung. Sie ist dort als Information gespeichert, kann – wie noch gezeigt wird – dort gemessen werden und wird beim Betrachten des Luftbildpaares mittels eines geeigneten Betrachtungssystems als Horizontalparallaxe auf die Netzhaut übertragen. Dort löst sie – nunmehr als natürlicher Sehvorgang – die Raumwahrnehmung aus.

Die Voraussetzungen des künstlichen stereoskopischen Sehens lassen sich aus Abb. 110 ablesen:

1) Es müssen vom zu betrachtenden Dingraum (Gelände) zentralperspektive Bilder von verschiedenen Aufnahmeorten aus hergestellt werden (= Stereoaufnahme).

2) Die Bilder müssen in richtiger Zuordnung und gegenseitiger Orientierung gleichzeitig, aber getrennt voneinander den Augen zugeführt werden. Jedes Auge darf nur eines der Bilder sehen. Über richtige und falsche Zuordnungen des linken und rechten Bildes gibt Abb. 111 Auskunft. Das Vorgehen bei der notwendigen gegenseitigen Orientierung der Bilder wird in Kap. 4.5.2 besprochen.

3) Aufnahmebasis, Basis des Betrachtungssystems und Augenbasis müssen parallel zueinander liegen. Damit wird erreicht, daß die Blickebenen des Beobachters mit den Kernebenen der Luftbildaufnahme zusammenfallen und das Auftreten störender Vertikalparallaxen vermieden wird. Die Augen vermögen zwar kleine, oft unvermeidliche
Vertikalparallaxen auszugleichen, doch sollten diese Störfaktoren durch entsprechende Angleichung von Aufnahme- und Betrachtungsebenen minimiert werden.

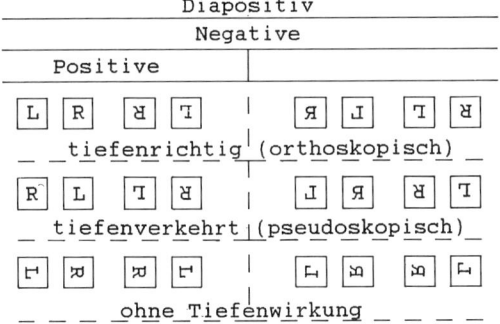

Abb. 111:
*Zuordnungsmöglichkeiten der Bilder
eines Stereopaares und dadurch hervorgerufene Seheffekte*

Die *erstgenannte Voraussetzung* kann bei Luftbildaufnahmen in verschiedener Weise
realisiert werden. Vgl. das dazu in den Kap. 4.1.5.6, 4.1.2.2 und 4.5.9.4 Gesagte. Auf
den Sonderfall simultaner Luftbildaufnahmen mit konvergierenden Aufnahmeachsen
wird ergänzend dazu hingewiesen. Die stereoskopische Raumerfassung und damit auch
die Qualität möglicher Messungen von Höhenschichtlinien, Höhenprofilen, Oberflächen-
modellen und Objekthöhen läßt sich durch die Art der Luftbildaufnahme beeinflussen.
Es gilt nämlich, daß die das Tiefensehen hervorrufenden Horizontalparallaxen zwischen
Objektpunkten verschiedener Höhenlage bei sonst gleichen Bedingungen um so größer
werden
– je kleiner die Kammerkonstante c_K (bzw. f)
– je größer die Aufnahmebasis b
– je geringer die Flughöhe bzw. je größer der Bildmaßstab
– je größer das Basisverhältnis ϑ (Formel 36)
ist. Unter den Gesichtspunkten von Höhenmessungen und gesteigerter Wahrnehmung
von Raumeindrücken besitzen deshalb Weitwinkelaufnahmen Vorzüge gegenüber Normalwinkelaufnahmen, ebenso wie kleinere (z. B. 60 %ige) Längsüberdeckungen gegenüber höherprozentigen und großmaßstäbige Luftbilder gegenüber kleinmaßstäbigen.

Bei Stereoaufnahmen mit kleinformatigen Kameras mit fester Basis (Kap. 4.1.2.2) ist
die Basis b durch die Maße des Flugzeugs stets auf wenige Meter begrenzt. Die kurze Basis
erfordert niedrige Flughöhen und, um ausreichend große Horizontalparallaxen zu erhalten, die Verwendung von Objektiven mit kurzer Brennweite (z. B. 80 mm). Man erreicht
dann Horizontalparallaxen, die für gegebene Höhenunterschiede in der Größenordnung
von Reihenmeßkammer-Aufnahmen 1:10 000 liegen und geeignet sind, z. B. Baumhöhen
zu messen.

Die *zweite und dritte Voraussetzung* für das künstliche stereoskopische Sehen kann
technisch auf verschiedene Weise geschaffen werden, nämlich durch Betrachten des Bildpaares mit Hilfe
– von Anaglyphen
– unterschiedlich polarisiertem Licht
– von Wechselblenden (syn. Schwingblenden).
– eines Stereoskops (hier im weitesten Sinne verstanden).

Das Anaglyphenverfahren

Beim *Anaglyphenverfahren* werden die beiden Bilder des gleichen Gegenstandes in Komplementärfarben übereinander gedruckt oder projiziert. Betrachtet man die komplementärfarbigen Doppelbilder durch eine Brille mit Lichtfiltern in den gleichen Komplementärfarben, so sieht jedes Auge nur das ihm zugeordnete Bild. Durch den Farbfilter hindurch wird das zur Filterfarbe komplementäre Bild gesehen, das gleichfarbige hingegen ausgelöscht. Im gemeinsamen Sehvorgang beider Augen entsteht das Raummodell.

Anaglyphen*drucke* eignen sich wegen ihrer leichten stereoskopischen Erfaßbarkeit und dem Wegfall der Mühe gegenseitiger Orientierung der Bilder durch den Betrachter besonders als räumliche Anschauungsbilder in Schulbüchern und populärwissenschaftlichen Schriften. Die projektive Erzeugung von Anaglyphen und damit von Raummodellen nutzten mehrere stereophotogrammetrische Kartiergeräte. Sie sind in Kap. 4.5.5.2 genannt und dort sowie in Kap. 4.5.4 in ihrer Arbeitsweise beschrieben.

Das Polarisationsverfahren

Beim *Polarisationsverfahren* verwendet man bei der Projektion der Doppelbilder statt komplementärfarbiger Filter solche, die die Projektionsstrahlen der beiden Teilbilder senkrecht zueinander polarisieren. Werden die projizierten Bilder so betrachtet, daß vor jedem Auge ein Filter mit entsprechend paralleler Schwingungsebene als Analysator liegt, so sieht jedes der beiden Augen wiederum nur eines der Teilbilder. Die Filter lassen die Lichtstrahlen mit paralleler Schwingungsebene durch und löschen jene, die senkrecht dazu polarisiert sind.

Als Vorteil des Polarisationsverfahrens muß gelten, daß auch Farbbilder stereoskopisch projiziert werden können.

Das Verfahren der Wechselblenden

Bei diesem Verfahren werden die unveränderten Bilder abwechselnd projiziert und der Sehgang von den Augen zur Projektionsfläche synchron dazu abwechselnd blockiert. Der Betrachter trägt dazu eine Brille mit entsprechenden Wechselblenden. Bei einer Wechselfrequenz von 120 Hz entsteht dabei für den Betrachter ein flickerfreies Raumbild.

Für die analoge und analytische Photogrammetrie und die herkömmliche stereoskopische Luftbildinterpretation waren Stereobetrachtungen durch Polarisation und Wechselblenden ohne Bedeutung. Dagegen machen sich digital-photogrammetrische Auswertungssysteme diese Möglichkeiten der Stereobetrachtung durch Verwendung von Stereobildschirmen zunutze (hierzu Kap. 4.5.1.8).

Die Bildbetrachtung durch Stereoskope

Die weitaus größte Bedeutung für Photogrammetrie und Luftbildinterpretation hat die Betrachtung des zueinandergehörenden Bildpaares durch *Stereoskope*.

Stereoskope sind binokulare, optische Instrumente, die es ermöglichen, nebeneinanderliegende Bilder so zu betrachten, daß das linke Auge nur das links und das rechte Auge nur das rechts liegende Bild sieht.

Man begegnet dem System des Stereoskops in technisch vielfältiger Form bei allen stereoskopischen Interpretationsgeräten und der Mehrzahl sowohl einfacher wie universeller und hochpräzise arbeitender analoger und analytischer Stereomeß- und Kartiergeräte. Der Strahlengang von den Bildern des Stereopaares zu den Augen des Betrachters wird dabei – mit Ausnahme von einfachsten Linsenstereoskopen – zwei- oder mehrfach gebrochen (Abb. 110 u. 116).

Das optische System des Stereoskops läßt eine Reihe weiterer, interessanter Optionen zu. Sie sind bei einigen, vor allem neueren und universellen Geräten auch verwirklicht. Zu diesen Möglichkeiten gehören die optische Bilddrehung, die optische Überlagerung des Stereomodells oder eines der Bilder mit einer Karte oder einer anderen Graphik, die Simultanbetrachtung des Stereomodells mittels eines zweiten Binokulars und der Anschluß einer Kamera zur Photo- oder Video-Aufnahme eines der Bilder des Stereomodells.

Für die folgende Charakterisierung der stereoskopischen Betrachtungssysteme wird unterschieden zwischen
- Taschenstereoskopen
- Standardspiegelstereoskopen
- Sonderformen des Spiegelstereoskops
- Interpretationsgeräten mit Zoom-Stereoskopen
- stereoskopischen Betrachtungssystemen der Präzisionsmeß- und -kartiergeräte.

4.5.1.3 Taschenstereoskope

Ein Taschenstereoskop (syn. Linsenstereoskop) ist die einfachste Stereoskopform (Abb. 112a). Es besteht aus zwei Lupen, die entweder in festem, einem mittleren Augenabstand[24] entsprechenden Abstand oder in geringem Maße gegeneinander verschiebbar auf einer schmalen Brücke angeordnet sind. Die Brücke wird von vier einklappbaren Füßen getragen. Die von den Bildern ausgehenden Strahlenbündel treten aus den Lupen parallel aus. Sie erlauben dadurch die Betrachtung mit parallel gestellten Augachsen (Fernpunkteinstellung).

Bei senkrecht gestellten Beinen des Taschenstereoskops liegen die betrachteten Bilder in der Brennebene der Linsen des Stereoskops. die deutlichste Sehweite a (Abstand zwischen Linsen und Bildern) wird erreicht, wenn

$$a = \frac{f \cdot b}{b + f} \tag{68}$$

wird. Dabei bedeuten f die Brennweite der Linsen und b die individuell deutlichste Sehweite des Beobachters mit unbewaffnetem Auge. Der für den jeweiligen Beobachter günstigste Abstand a läßt sich empirisch durch entsprechendes Spreizen der Stereoskopbeine leicht einstellen.

Taschenstereoskope sind einerseits für das Betrachten speziell hergerichteter Stereogramme und – da sie leicht in der Rocktasche mitzuführen sind – andererseits für den Feldgebrauch gedacht.

Stereobetrachtung großformatiger Luftbilder im Felde

Die stereoskopische Betrachtung großformatiger Bilderpaare mit dem Taschenstereoskop ist ohne zusätzliche Manipulation nur für einen begrenzten Streifen des Stereomodells möglich. Bei 60 %iger Längsüberdeckung kann bei Bildern des Formats 23x23 cm ein 1,5 cm schmaler, rechtwinklig zur Aufnahmebasis liegender Streifen in der Mitte des Modells nicht stereoskopisch erfaßt werden. Bei 80 % Überdeckung gilt dies für einen 6 cm breiten Streifen.

Man kann dem begegnen durch „Aufbiegen" oder „Versenken" der der Stereobetrachtung im Wege stehenden Bildteile. Letzteres kann mehr oder weniger zwanglos bewirkt werden, wenn die das Bildpaar tragende Unterlage in ihrer Mitte einen Schlitz besitzt.

---

[24] Der mittlere Augenabstand ist bei verschiedenen menschlichen Populationen unterschiedlich. Bei erwachsenen Deutschen beträgt er bei Männern im Mittel 6,5 cm (5,8 – 7,2), bei Frauen 6,2 cm (5,6–7,0).

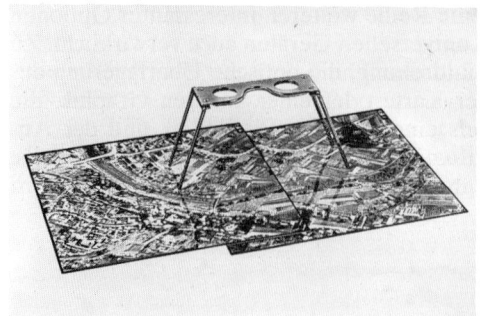

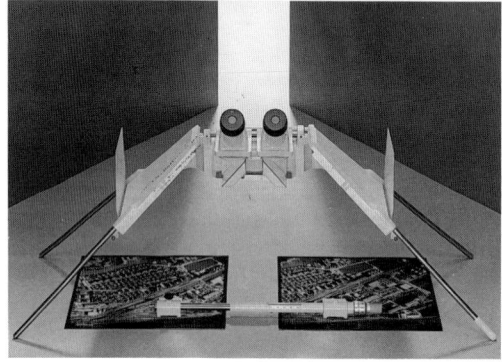

Abb. 112:
*Taschen- und Standard-Spiegelstereo-
skope a) Taschenstereoskop (Zeiss TS 4),
b) Klappspiegelstereoskop (Wild),
c) Standardspiegelstereoskop (Wild ST 4),
d) Standardspiegelstereoskop mit Schrägpult und Stereomikrometer (Zeiss N2,
SMM), e) Condor T-22/T-22Y (Twin
Stereoskop (Ushikata, Tokio, Rost, Wien)*

Eleganter und im Hinblick auf den Feldgebrauch nützlicher ist freilich die Herstellung
von Stereobildreihen, wie sie in den fünfziger Jahren in der baden-württembergischen
Forsteinrichtung hergestellt und benutzt wurden (BAUMANN 1957, SPIECKER 1957). Die
Prozedur für die Herstellung dieses probaten, aber weitgehend in Vergessenheit geratenen
Hilfsmittels, wird im Kontext der Orientierung von Bildpaaren in Kap. 4.5.2.1 beschrieben.

Die einfachste Form einer Betrachtungsunterlage für den Gebrauch des Taschenste-
reoskops im Gelände ist ein selbstgefertigtes, leichtes Betrachtungsbrett mit niederen
Leisten an den Schmalseiten, zwei Gummibändern zum Halten des Bildpaares oder von
Stereobildreihen und Ösen für einen um den Hals zu legenden Riemen. Vollkommenere
„Feldbestecke" werden von verschiedenen Herstellern angeboten (z. B. Abb. 112b).
Zweckmäßig ist es aus den o.a. Gründen in jedem Falle, wenn die Betrachtungsunterlage
in ihrer Mitte einen Schlitz besitzt.

Stereobetrachtung kleinformatiger Luftbilder mit Taschenstereoskopen

Bei Einhaltung einer 60 %-Längsüberdeckung können Diapositiv-Luftbilder des Formats 55x55 mm, sofern zwischen benachbarten Bildern keine Abdrift vorliegt, vom geübten Photointerpreten auf unzerschnittenem Film am Leuchttisch mit dem Taschenstereoskop stereoskopisch betrachtet werden. Dies mag im ersten Augenblick verwundern, da identische Bildpunkte in diesem Fall nur etwa 3,8 cm voneinander entfernt liegen. Es wird jedoch an die Fusionstoleranzen für die Konvergenz erinnert. Die Augen ermüden bei der hier notwendigen konvergenten Betrachtung des Raummodells freilich schnell.

Bei der Luftbildaufnahme mit Kleinbildkameras mit einem Bildformat von 24x36 mm wird mehr noch als bei Filmen mit Bildformat 55x55 mm die Auswertung des unzerschnittenen Filmes als Negativ oder Diapositiv notwendig. Es ist zweckmäßig, die Aufnahmen so zu nehmen, daß die Längsseite des Bildformates parallel zur Flugrichtung läuft und daß eine 80 %-Längsüberdeckung erreicht wird. Bei einer solchen Anordnung haben die jeweils übernächsten Aufnahmen eine 60 %-Längsüberdeckung und identische Bildpunkte auf dem unzerschnittenen Film einen Abstand von etwa 6,2 cm. Sie können unter Abdeckung des dazwischenliegenden Bildes mit dem Taschenstereoskop auf Leuchttischen stereoskopisch betrachtet werden, sofern keine wesentliche Abdrift zwischen den beiden Bildern vorliegt.

Speziell hergerichtete Stereogramme erleichtern besonders dem noch ungeübten Betrachter das stereoskopische Sehen erheblich. Sie sind deshalb für Lehr- und Demonstrationszwecke besonders geeignet. Die Herstellung von Stereogrammen wird in Kap. 4.5.2.1 beschrieben.

Taschen-Meß-Stereoskope

Durch Zusatzeinrichtungen können Taschenstereoskope zum Messen von Horizontalparallaxen verwendet und so zu Taschenmeßstereoskopen werden. v. LAER hatte ein solches 1943 entwickelt. Es wurde später unter der Bezeichnung TMS von Zeiss, Oberkochen gebaut und vertrieben (v. LAER 1943, 1964). Ein gleichartiges Stereoskop beschrieb ACKERL 1966, es wird heute von R. u. A. Rost, Wien, unter dem Namen MITAST angeboten. Auch das von TOMASEGOVIC entwickelte Taschenmeßstereoskop „IDRO", das ein Spiralstereometer für die Parallaxenbestimmung verwendet, ist in dieser Reihe zu nennen. Alle diese kleinen Geräte waren vorwiegend für Baumhöhenmessungen und andere forstliche Anwendungen gedacht.

4.5.1.4 Standard-Spiegelstereoskope

Unter einem Standard-Spiegelstereoskop wird hier ein Gerät verstanden, das den in Abb. 112 c und d gezeigten entspricht. Es wird damit von einer Reihe von Sonderformen, Zoomstereoskopen und universellen Stereoauswertegeräten unterschieden, deren stereoskopische Betrachtungssysteme ebenfalls dem Prinzip des Spiegelstereoskops folgen.

Eine Vielzahl von Standard-Spiegelstereoskopen wird auf dem Markt angeboten. Allen ist gleich, daß die Betrachtungsbasis auf das Mehrfache des Augenabstands verbreitert werden kann und durch auswechselbare Binokulare (Feldstecherlupen) unterschiedliche Vergrößerungen gewählt werden können (Tab. 28, Sp. 2–4). Es besteht dabei ein direktes Verhältnis zwischen dem Maß der Vergrößerung und dem jeweils erfaßten Bildfeld: Je stärker die Vergrößerung, desto kleiner ist der Durchmesser des Bildfeldes (Tab. 28 Sp. 5).

Die Stereoskopbrücke mit der Betrachtungsoptik und den Spiegeln steht entweder auf Einsteckfüßen oder wird von einem Tragarm gehalten. Letzteres schafft größere Bewegungsfreiheit unter dem Spiegelstereoskop, z. B. für die Orientierung des Bildpaares

Hersteller Gerätebezeichnung	Augenbasis	Betrachtungsbasis	Vergrößerungen	Bildfeld	Träger
–	mm	mm	–	mm	–
1	*2*	*3*	*4*	*5*	*6*
Zeiss, Oberkochen N2	55–70	210	1x 3x 6x	190 x 230 ∅ 60 ∅ 33	Einsteckfüße oder Tragarm
Zeiss, Jena Spiegelstereoskop	55–75	260	1x 3,5x 8x	180 x 180 ∅ 60 ∅ 35	Einsteckfüße oder Tragarm als Stereopantometer
Wild ST4	56–74	250	1x 3x 8x	180 x 230 ∅ 70 ∅ 26	Einsteckfüße oder Tragarm
Topcon Mirror Stereoskop	56–74	250	1x 1,8x 3x 6x	180 x 230 ∅ 170 ∅ 70 ∅ 30	Einsteckfüße oder Trägerbrücke
Galileo Siscam SFG 2		240	0,7x 5,5x	180 x 230 ∅ 40	Klappfüße

Tab. 28 *Technische Daten einiger Standard-Spiegelstereoskope*

(4.5.2), die Arbeit mit einem Stereomikrometer (Kap. 4.5.5.1), zur Auflage von Auswertungsfolien usw.

Als Bildträger dient beim Standard-Spiegelstereoskop der gewöhnliche Arbeitstisch oder ein Leuchttisch, ggf. auch ein zum Gerät gehörendes Schrägpult oder ein (parallel zu führender) Bildträgerwagen.

Durch die Verbreiterung der Betrachtungsbasis können im Gegensatz zu Taschenstereoskopen großformatige Luftbilder unabhängig vom Überdeckungsprozent zwanglos nebeneinandergelegt und im gesamten Überdeckungsbereich stereoskopisch ausgewertet werden. Bei Luftbildern des seltenen Großformats 30 x 30 cm ist das nur dann nicht möglich, wenn die Auswertung unter einem Stereoskop erfolgen soll, zu dem ein Bildträgerwagen gehört, der nur für Bildformate von 23 x 23 cm eingerichtet ist. In diesem Falle muß das 30 x 30 cm Bildpaar abschnittsweise ausgewertet werden.

Die Vergrößerungsmöglichkeiten und die damit in Zusammenhang stehenden Bildfeldveränderungen reichen für viele Interpretationsaufgaben aus, z. B. für solche, die in Zusammenhang mit der Forsteinrichtung oder synoptischen Landschaftsanalysen stehen. Dort wo es auf feinste Differenzierungen oder räumliche Details ankommt, ist damit jedoch eine optimale Auswertung nicht möglich. Anspruchsvolle Luftbildinterpretationen zur Erkennung und Klassifizierung von Baumkronenstrukturen und Belaubungsverhältnissen im Zuge von Waldschadensinventuren mit großmaßstäblichen Infrarot-Farbluftbildern zeigten z. B., daß dafür 10fache, ggf. sogar 20fache Vergrößerungen erforderlich sind (GROSS 1989, SCHNEIDER 1989). Noch stärkere Vergrößerungen wurden für militärische Aufklärungsarbeit bei Verwendung kleinstmaßstäblicher, mit hochauflösenden Filmen aufgenommener Luftbilder gefordert. In solchen Fällen muß auf Zoom-Stereoskope (siehe 4.5.1.6) übergegangen werden.

Hinweise zur praktischen Arbeit mit Spiegelstereoskopen

Die Erfahrung zeigt, daß auch bei beidäugig gutem Sehvermögen das stereoskopische Sehen mit Hilfe eines Stereoskops „gelernt" werden muß. Mit zunehmender Übung wird es rasch verbessert. Während der Geübte das Raumbild nach entsprechender gegenseitiger Orientierung des Bildpaars (siehe 4.5.2.1) sofort sieht, stellt sich der Raumeindruck bei manchem Anfänger erst nach längerer Betrachtungszeit oder nach mehreren Ansätzen ein. Für den Anfänger kann es sich empfehlen, mit einem Taschenstereoskop und vorbereiteten Stereogrammen zu beginnen. Der erste künstliche stereoskopische Seheindruck wird dabei im allgemeinen als „Erlebnis" empfunden.

Arbeitsleistung und *Interpretationserfolg* hängen bei Verwendung von Standard-Spiegelstereoskopen (und anderen stereoskopischen Auswertegeräten) wesentlich von den Arbeitsplatzbedingungen ab. Längere Auswertungen strengen die Augen erheblich an, dies insbesondere beim systematischen Interpretieren kleinster Details, wie z. B. bei Zählungen von Pflanzenindividuen, Klassifizierungen von Baumkronenzuständen, bei pflanzensoziologischen oder detaillierten landschaftsökologischen Untersuchungen.

Die Vorsorge für günstige, augenschonende, die Sehleistung aber möglichst erhaltende Arbeitsbedingungen ist daher notwendig. Dies sowohl im Hinblick auf die Gesundheit des Beobachters als auch zur Sicherung des Interpretations- oder Meßerfolges und bester Arbeitsleistung. Neben der sorgfältigen Orientierung der Bilder (4.5.2.1) und einer ergonomisch günstigen, entspannten Arbeitshaltung kommt dabei der Beleuchtung des Arbeitsplatzes bzw. des auszuwertenden Bildpaares größte Bedeutung zu.

Am Arbeitsplatz ist eine hohe, gleichmäßige Beleuchtungsstärke unter Vermeidung von Blendungen anzustreben. Neben der Vermeidung von Kontrastblendung und störender Reflexion, z. B. auf polierten Tischplatten, soll vor allem jede direkte Blendung durch eine künstliche Lichtquelle und durch Sonnen- oder intensives Himmelslicht ausgeschaltet werden. Beleuchtungsstärken am Arbeitsplatz zwischen 250 und 500 lx, wie sie für normale Büroarbeit notwendig sind, reichen bei Dauerarbeit nur für monokulare oder stereoskopische Luftbildauswertungen aus, welche die Erkennung oder Klassifizierung grober Strukturen und Bildinhalte zum Gegenstand haben. Differenzierte Interpretationsaufgaben, insbesondere kleiner und kleinster Details, erfordern Beleuchtungsstärken, die deutlich über 500 lx liegen.

Bei Beobachtern mit ungleich gut sehenden Augen trägt – sofern keine Korrektur durch eine Brille erfolgt – eine etwas stärkere Beleuchtung des dem schwächeren Auge zugeführten Bildes zur Verbesserung des stereoskopischen Sehvermögens bei.

Für die Arbeit mit Diapositiven und Durchlichtbeleuchtung sind störende Überstrahlungen zu vermeiden, die dann auftreten, wenn die Leuchtfläche größer ist als die auszuwertenden Bilder. Am einfachsten kann man eine solche Störung durch das Abdecken der nicht von den Luftbildern bedeckten Teile der Leuchtfläche mit lichtundurchlässigem Karton ausschalten.

Bei häufigem Wechsel von hellen und dunklen Bildteilen, ist es nützlich, die Helligkeit der Durchlichtbeleuchtung zu verändern und ggf. auch eine Farbfilterung einzuschalten (hierzu z. B. SCHNEIDER 1989, S. 59f). Letzteres ist bei einigen der noch zu besprechenden universellen Interpretationsgeräte möglich.

Schließlich kann die stereoskopsche Interpretationsleistung, insbesondere die Erkennung feiner Farbunterschiede in relativ dunklen Bildern oder Bildteilen verbessert werden, wenn man bei Durchlichtbeleuchtung das jeweils zu untersuchende Bildfeld über die normale Beleuchtung hinaus hochintensiv beleuchtet. FORSTREUTER (1986, S. 168) erreichte dies, indem er bei der Arbeit mit dem Bausch u. Lomb STEREO-ZOOM-TRANSFER-SCOPE über eine Glasfaserleitung Halogenlicht auf das jeweilige Bildfeld bündelte. Für Standard-Spiegelstereoskope stehen entsprechende Spezialbeleuchtungen (noch) nicht zur

Verfügung, jedoch vereinzelt für höherwertige Auswertegeräte. So bietet z. B. Image Interpretation Systems Inc. ein High Intensity Light Source für das o.g. STEREO-ZOOM-TRANSFERSCOPE an.

In der Regel werden für Auswertungen unter dem Stereoskop Kontaktkopien der Originalnegative oder Originaldiapositive verwendet. Da es sich dabei kaum jemals um Nadiraufnahmen handelt, zudem auch kleinere Differenzen der Aufnahmehöhe und ggf. Kantungsfehler vorliegen können, verbleiben in den unter dem Stereoskop nach Kernstrahlen orientierten Bildern Restfehler der Orientierung, die sog. Modellverbiegungen hervorrufen. Sie werden vom Interpreten i. d. R. jedoch nicht bemerkt und stören die Luftbildinterpretation nicht.

Zusatzgeräte zum Standard-Spiegelstereoskop sind Stereomikrometer zur Messung von Horizontalparallaxen und damit zur Höhenmessung von Objekten wie z. B. Baumhöhen und Zeichenstereometer für einfache Kartierarbeiten (hierzu Kap. 4.5.4.2 und 4.5.6.1).

4.5.1.5 Sonderformen des Spiegelstereoskops

Taschenspiegelstereoskope

Taschenspiegelstereoskope zeichnen sich durch ihre kleine, handliche Gestalt und einen, gegenüber den Standard-Spiegelstereoskopen kürzeren Zentralabstand der Spiegel aus (Abb. 112b). Zusammengeklappt kann ein solches Gerät in der Rocktasche mitgeführt werden. Es ist für den Feldgebrauch tauglich. Als Okulare dienen einfache Lupen. Durch zweifache Spiegelung an Planspiegeln wird die Betrachtungsbasis je nach Fabrikat auf 170 mm bis 196 mm vergrößert. Luftbilder des Formats 23 x 23 cm und einer Überdeckung bis zu 70 % lassen sich dadurch stereoskopisch im gesamten Überdeckungsbereich betrachten, ohne daß die Bilder weggebogen oder gefaltet werden müssen. Bei 60 %iger Längsüberdeckung können aufeinanderfolgende Bilder – sofern sie nicht verkantet sind – auch auf unzerschnittenem Film stereoskopisch betrachtet werden.

Auf dem Markt befindliche Klappspiegelstereoskope sind z. B. das GEOSCOPE der Fa. Rost, Wien das SPD-300 von Sojuskarta und das Wild TSP 1. Als Zusatzeinrichtungen stehen für das GEOSCOPE eine Parallaxenschablone zur Bestimmung von Höhenunterschieden, für das SPD-300 ein Vergrößerungsbinokular (4x) und für das TSP 1 Verlängerungsbeine und eine dazugehörende Zusatzoptik zur Verfügung. Letztere führen unter Herabsetzung der Vergrößerung von 2,3fach auf 1,5fach zu einer Erweiterung des Bildfeldes.

Spiegelstereoskope mit erweiterten Anwendungsbereichen

Der Wunsch, den Anwendungsbereich der Spiegelstereoskope zu erweitern und die Arbeit mit ihnen zu verbessern oder zu erleichtern, führte zu einer Reihe von Sonderformen.

Das ältere, aber noch verbreitete OUDE DELFT (oder Old Delft) SCANNING STEREOSCOPE ist ein klassisches Spiegelstereoskop, das aber durch einige spezielle Konstruktionsmerkmale besondere Vorzüge besitzt. Das Luftbildpaar muß nur grob unterm Stereoskop orientiert werden. Die Feinorientierung erfolgt daraufhin durch optische Bilddrehungen. Das Gesichtsfeld läßt sich ohne Veränderung des Geräts und des Modells in x- und y-Richtung verschieben, so daß der gesamte Überdeckungsbereich nacheinander durchmustert werden kann. Ferner ist ohne Okularwechsel die Umschaltung zwischen zwei Vergrößerungsstufen möglich. Schließlich können zwei OUDE DELFT Stereoskope gegeneinander über das Bildpaar gestellt werden, so daß zwei Interpreten oder auch Lehrer und Schüler das Modell gemeinsam betrachten können.

Für zwei Auswerter sind auch das bei Ushikata gebaute Twin Stereoskop CONDOR
T22Y (Abb. 112 e) sowie das seit 1970 zur Verfügung stehende INTERPRETOSKOP
(VEB Zeiss, Jena) eingerichtet. Beim INTERPRETOSKOP besteht dabei die Möglichkeit der optischen Drehung jedes der beiden Bilder des Stereomodells. Das Gerät läßt
dadurch die Stereobetrachtung auch unzerschnittener, großformatiger Bilder zu. In Verbindung mit einer für beide Bilder getrennt durchführbaren Vergrößerung (zwischen 2-
und 15-fach) ist zudem auch eine Stereobetrachtung von Bildern unterschiedlichen Maßstabs aus zwei verschiedenen Bildflügen möglich.

Sehr früh schon ergaben sich Wünsche, die Verwendung des zum Stereoskop gehörenden Stereomikrometers oder eines Zeichenstereometers durch eine Parallelführung zu
erleichtern und zu verbessern. Entsprechende Konstruktionen stehen seit langem zur
Verfügung. Dabei werden entweder die Meß- und Zeicheneinrichtung oder ein Bildträgerwagen parallel geführt.

Geräte der ersten Generation dieser Art waren das (noch heute angebotene) Stereopantometer von Zeiss, Jena, das Topographische Stereoskop von Barr und Stoud, die
Stereographometer von Nistri, das Stereoprat von Zeiss, Oberkochen u. a.

Bei Weiter- und Neuentwicklungen genügen die zu Standard-Spiegelstereoskopen gehörenden Meß- und Zeichensysteme heute mittleren Genauigkeitsforderungen. Einige
dieser Geräte lassen zudem die Digitalisierung von Bildkoordinaten zu und haben An-
schlüsse an GIS-, Auto-CAD- und digitale Kartiergeräte. Zu nennen sind hier z. B.:
– das universelle Interpretationsgerät Wild AVIOPRET 1 und 2, für welches anstelle des
  zum Grundgerät gehörenden Zoom-Stereoskops (siehe Tab. 29) ein Wild ST 4 Standard-Spiegelstereoskop verwendet werden kann;
– die universellen Interpretationsgeräte Zeiss VISOPRET 20 und 20 DIG, die im Gegensatz zu den Zoom-Versionen 10 und 10 DIG ein Standard-Spiegelstereoskop als Betrachtungssystem haben;
– das Zeiss-STEREOCORD, ein einfaches analytisches Auswertegerät für quantitative
  Bildinterpretation, Objektmessungen und Kartierung auf PC-Basis.
Schließlich hat das Prinzip des Spiegelstereoskops auch Eingang in die Stereobetrachtung
digitaler, auf einem Bildschirm abgespielter Bildpaare gefunden. Beim Digitizer DVP
(Digital Video Plotter) von Leica werden die sich überdeckenden Teile digitaler Bilder
auf die linke und rechte Bildschirmhälfte eingespielt. Für deren Stereobetrachtung steht
eine dem herkömmlichen Spiegelstereoskop ähnliche Betrachtungseinrichtung zur Verfügung (split screen viewing).

4.5.1.6 Interpretationsgeräte mit Zoom-Stereoskopen als Betrachtungssystem

Die Ansprüche an die Luftbildinterpretation sind im Laufe der letzten zwei Jahrzehnte
stetig gestiegen. In gleichem Maße verbesserte sich die photographische Qualität von
Luftbildern und die Verschiedenartigkeit auszuwertender Stereobilder in bezug auf Maß-
stäbe, Filmarten und Formate. Neben Standard-Spiegelstereoskope traten deshalb Ste-
reoskope mit Zoom- oder pankratischen Optiken. Deren optische Leistungen liegen im
Hinblick auf Auflösung und Vergrößerungsmöglichkeiten deutlich über denen von Stan-
dard-Spiegelstereoskopen. Beim ZOOM 500 und auch 240 von Image Interpretation
Systems werden dabei Werte erreicht, die an der Grenze der Körnung hochauflösender
Filme liegen. Abb. 113 bis 115 zeigen einige der mit Zoom-Objektiven ausgestatteten
Geräte und in Tab. 29 sind Leistungsdaten solcher Zoom-Stereoskope angegeben.

Einige der Zoom-Stereoskope lassen getrenntes Zoomen für die beiden Objektive und
damit ein „scale matching" zu. Luftbilder mit in den Grenzen des Zoombereichs unterschiedlichen Maßstäben lassen sich dadurch zu einem Raumbild vereinigen.

Hersteller Gerätebezeichnung	ausewrtbare Bildformate	Auflösungs-vermögen	Vergrößerun-gen min./max.[1]	Bildfeld max./min.	Optische Funktionen[2]
	cm	L/mm	x-fach	mm	
1	*2*	*3*	*4*	*5*	*6*
Image Interpretation Instruments Inc.: ZOOM SIS 95	12x12 – 24x24	60	2,5 / 40	63,0 / 4,1	SM, BD
ZOOM 240	5x5 – 30x30	400	3,0 / 120,0	65,3 / 2,0	SM, BD
ZOOM 500	5x5 – 30x30	800	3,3 / 297,0	60,6 / 0,9	SM, BD, EÜ
STEREO ZOOM TRANSFERSCOPE	24x24		0,6 / 16,1	300,0 / 11,2	BD, EÜ, MS+GIS
Wild / Leica: AVIOPRET APT 2	24x24	100	3,1 / 31,0	71,0 / 7,1	EÜ, ZE
Zeiss GmbH, Jena: VISOPRET 10, 10 DIG	24x24	100	3,5 / 31,0	62,9 / 7,1	ZE, MS+GIS
Galileo Siscam: STEREOBIT 20 Z	24x24		3,0 / 20,0	73,0 / 11,0	ZE, MS+GIS

[1] Gesamtvergrößerung, d. h. Vergrößerung Okular x Zoom-Objektiv x evtl. vorhander Zusatzlinse
[2] SM = Scale matching ist möglich, BD = Möglichkeit optischer Bilddrehung, EÜ = Möglichkeit zur Einblendung oder Überlagerung des Stereobildes mit einer Karte oder anderen Grafik, ZE = Zweit-einblick ist möglich, MS = analytisches Meßsystem und Anschluß an GIS

Tab. 29: *Optische Leistungsdaten verschiedener Zoom-Stereoskope*

Optische Bilddrehung ist bei den Zoom-Stereoskopen von Image Interpretation Systems durchführbar. Damit ist die Stereoauswertung auch unzerschnittener Filme oder von Bildpaaren möglich, die gegenseitig stark verkantet sind oder auch von verschiedenen Bildflügen stammen. Die Betrachtungsbasis läßt sich bei diesen Stereoskopen durch schwenkbare, das Zoom-Objektiv tragende Arme so weit verändern, daß sich bei 60 % Längsüberdeckung auch unzerschnittene Filme der Formate 12 x 12 cm (SIS 95) bzw. sogar 5,5 x 5.5 cm (Zoom 500 und 240) stereoskopisch betrachten lassen.

Bei einer Reihe von Zoom-Stereoskopen können graphische Vorlagen, z. B. Karten, in den Strahlengang eingespiegelt werden (Tab. 29 Spalte 6). Dadurch kann man einerseits das Stereomodell mit zusätzlichen, für die Interpretation hilfreichen Informationen visuell überlagern und andererseits auch durch einfache Umzeichnung (Kap. 4.4.4) eine Karte fortführen oder Kartenskizzen anfertigen.

Für das AVIOPRET, das STEREOBIT Z und das VISOPRET wird als Option ein Zweit-einblick angeboten, die diese als Schulungsgeräte und interdisziplinäre Interpretations-aufgaben besonders geeignet machen. Sie schlagen zudem durch ihre Meßsysteme (vgl. Kap. 4.5.5.1) die Brücke zu Präzisionsstereoauswertegeräten.

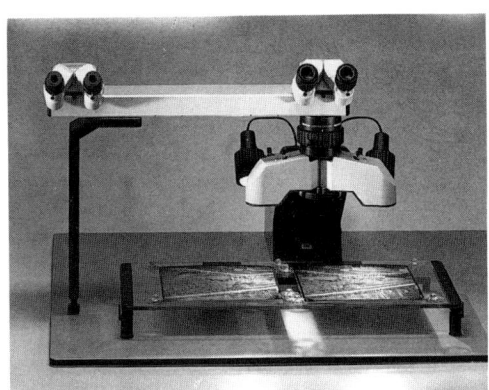

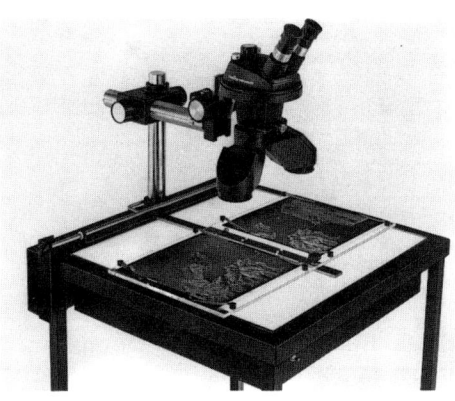

Abb. 113:
AVIOPRET APT 2 (Wild/Leica)

Abb. 114:
Zoom-Stereoskop SIS 95 (Bausch und Lomb/Image Interpretation Systems)

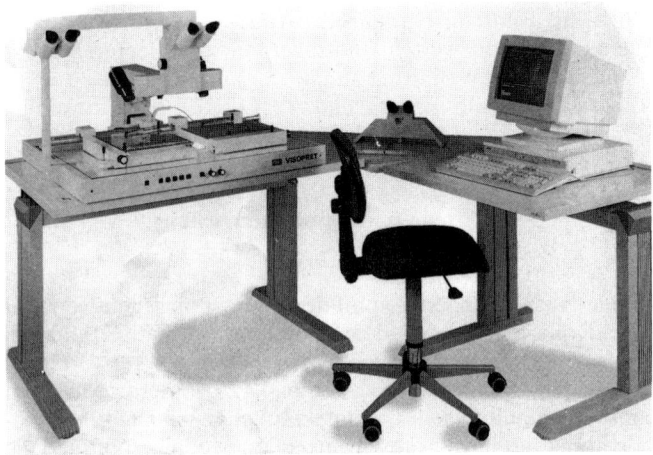

Abb. 115: *VISOPRET 10 DIG (Zeiss, Jena)*

4.5.1.7 Das stereoskopische Betrachtungssystem bei Präzisionsstereoauswertegeräten

Bei Präzisionskartier- und -meßgeräten werden auf Bildträger aufgelegte Luftbildnegative oder -diapositive durchleuchtet und in getrennten, mehrfach durch Prismen und Spiegel gebrochenen Strahlengängen den beiden Okularen zugeführt. Abb. 116 zeigt dies exemplarisch für das universellen analytische Auswertegerät Zeiss PLANICOMP P 1.

Die Vergrößerung des jeweils stereoskopisch gesehenen Bildfeldes wird über die Okularoptik und ein in die beiden Strahlengänge eingeführtes Zoom erreicht. Die Vergrößerungs- und Zoom-Bereiche liegen bei allen konkurrierenden Auswertesystemen dieser Art in der Größenordnung die aus Tab. 29 von den Zoom-Stereoskopen (mit Ausnahme der ZOOM 500 und 240) her bekannt sind.

In die beiden Strahlengänge werden – wie in Abb. 116 zu erkennen ist – Meßmarken eingespiegelt. Sie können in ihrer Größe und Helligkeit verändert werden und verschmelzen bei der Stereobetrachtung zu einer Raummarke.

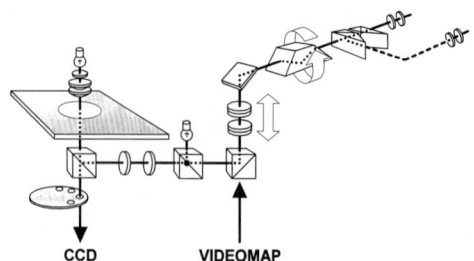

Abb. 116:
Strahlengang von einem der Okulare des Stereobetrachtungssystems eines universellen analytischen Auswertegeräts; Beispiel: Planicomp P1 (Zeiss)

CCD　　　　　　VIDEOMAP

Die Bilder können über Doveprismen optisch gedreht und über andere Prismen in ihrem Strahlengang zu den Okularen vertauscht werden. Letzteres ermöglicht neben dem Normalfall orthoskopischer Stereobetrachtung auch eine pseudoskopische Betrachtung (vgl. Abb. 111).

In den Strahlengang hinein oder aus ihm heraus können optische Ein- und Ausgänge geschaffen werden. Abb. 116 zeigt dies für einen Ausgang zu einer CCD-Kamera für die Digitalisierung von Bildausschnitten und für einen Eingang zur optischen Überlagerung des Raumbildes – in diesem Fall – mit Bildschirmgraphiken. Andere Geräte lassen z. B. auch einen Sichtwechsel zu einem auf einem zweiten Bildträgerpaar eingelegten Stereomodell des gleichen Ortes aus einem früheren Bildflug zu.

Wie schon bei den zuvor beschriebenen VISOPRET und AVIOPRET wird für einige der Präzisionsauswertegeräte ebenfalls ein Zweiteinblick angeboten.

4.5.1.8 Das Stereobetrachtungssystem bei digitalen photogrammetrischen Auswertesystemen

Bei digitalen photogrammetrischen Auswertungen kommt der stereoskopischen Betrachtung nicht die gleiche, wichtige Rolle zu wie bei der Luftbildinterpretation und bei analogen oder analytischen photogrammetrischen Auswertungen. Einige Auswerteprozesse bedürfen keiner stereoskopischen Betrachtung (vgl. Kap. 4.4.8), andere profitieren von der Unterstützung durch eine solche und wieder andere sind ohne sie nicht befriedigend zu lösen. Eine Stereobetrachtung des jeweils auszuwertenden Modells sollte jedoch in jedem Fall möglich sein.

Digitale photogrammetrische Arbeitsplätze mit einfacher Gerätekonfiguration (vgl. Abb. 108) verfügen über kein integriertes Stereobetrachtungssystem. In einem solchen Fall kann ein zum Arbeitsplatz zugestelltes Spiegelstereoskop, unter dem das orientierte Originalbildpaar liegt, die zunächst fehlende Möglichkeit der Stereobetrachtung des gerade auszuwertenden Modells bieten.

Bei besseren Systemen ist die Stereobetrachtung über den Bildschirm möglich. Technisch kann dies auf den in Kap. 4.5.1.2 genannten Wegen gelöst werden:
– durch Abspielen der digitalen Bilder auf die linke und rechte Hälfte *eines* Bildschirms und Betrachtung des Stereopaares mit einer einem Linsen- oder einem Spiegelstereoskop ähnlichen Einrichtung. Von dieser Möglichkeit macht z. B. der LEICA DVP (Digital Video Plotter) Gebrauch. Ein kleines, mit einfachen Linsen ausgestattetes Spiegelstereoskop wird dazu von einem in der Höhe verstellbaren Tragarm vor den Bildschirm plaziert.
– durch abwechselnde Abspielung der beiden unterschiedlich polarisierten Bilder auf den Monitor. Der Auswerter trägt eine Brille mit entsprechend polarisierten Gläsern. Von dieser Möglichkeit machen z. B. der Matra TRASTER T 10 und über einen TEX-

TRONIC 3 D Farbmonitor die Leica DSW 710 und 750 Gebrauch. Bei beiden Systemen wechselt die Abspielung im 120 Hz Rhythmus und erzeugt dadurch ein für den Auswerter flickerfreies Raumbild.
- durch abwechselnde, unveränderte Abspielung beider Bilder des Stereopaares auf den Bildschirm und dazu synchron abwechselnde Ausblendung des Sehganges vom linken und vom rechten Auge zum Monitor. Die wechselseitige Ausblendung wird durch eine vom Auswerter getragene Flüssigkristall-Brille erreicht. Von dieser Möglichkeit macht z. B. Intergraphs IMAGE STATION Gebrauch. Auch hierbei findet der Wechsel im Rhythmus von 120 Hz statt.

Entsprechende Stereobildschirme, dazugehörende Betrachtungseinrichtungen und benötigte Software stehen auf dem Markt zur Verfügung. Bei einer Reihe digitaler photogrammetrischer Systeme gehören sie zur Standardausrüstung.

4.5.2 Die Orientierung des Stereomodells

Schon mehrfach war von der „Orientierung" des Bildpaars unterm Stereoskop bzw. in einem Stereoauswertegerät gesprochen worden. Man versteht darunter zunächst die *gegenseitige* Ausrichtung der Bilder so, daß sich alle homologen Strahlenpaare schneiden. Die Strahlenbündel beider Aufnahmen sind damit in ihrer richtigen Zuordnung zueinander „wiederhergestellt".

Unterm Stereoskop auf Arbeitstischen erfolgt die Orientierung „nach Kernstrahlen" und damit nur näherungsweise. Auch Stereogramme und Stereobildreihen sind in dieser Form gegenseitig orientiert. Für anspruchsvollere Meß- und Kartierungsaufgaben wird dagegen das Bildpaar im Auswertegerät auch unter Berücksichtigung der Quer- und Längsneigungen der Luftbildaufnahmen in vollkommener Weise gegenseitig, bzw. wie es in diesem Falle heißt „*relativ*" orientiert.

Das relativ orientierte Modell ist als solches noch nicht in seiner Lage im Raum bestimmt. Modellkoordinaten können daher noch nicht in Bezug zu Geländekoordinaten gesetzt werden. Das Modell muß dafür in einem weiteren Orientierungsschritt noch „*absolut*" orientiert werden. Durch die absolute Orientierung bestimmt man die Lage des relativ orientierten Modells im Raum durch Bezug auf ein Geländekoordinatensystem.

4.5.2.1 Gegenseitige Orientierung nach Kernstrahlen

Die gegenseitige Orientierung nach Kernstrahlen erfolgt schulmäßig nach richtiger Zuordnung der Bilder (Abb. 111) in folgender Weise: Auf jedem der beiden Bilder wird der Bildmittelpunkt durch Verbinden der Rahmenmarken festgestellt und bezeichnet. Die den Bildmittelpunkten entsprechenden Abbildungspunkte im jeweils anderen Bild werden gesucht und ebenfalls bezeichnet. Dann ordnet man die vier bezeichneten Bildpunkte auf einer Linie an (Abb. 117). Sie bezeichnet die Fluglinie und muß unterm Stereoskop parallel zur Betrachtungsbasis ausgerichtet werden. Der Abstand beider Bilder richtet sich nach dem verwendeten Stereoskop. Identische Bildpunkte müssen bei Standard-Spiegelstereoskopen je nach Typ zwischen 22 und 26 cm und bei Taschenstereoskopen 6–7 cm entfernt liegen. Fällt ein Bildmittelpunkt auf eine Fläche ohne besondere Bildgestalten, z. B. auf einen See, so überträgt man seine Lage nach besten Möglichkeiten ins Nachbarbild. Unterm Stereoskop verschiebt und dreht man die Bilder dann geringfügig bis der stereoskopische Eindruck entsteht.

Dem beschriebenen, schulmäßigen Vorgehen steht bei geübten Luftbildinterpreten eine einfache Groborientierung mit anschließendem leichten Verschieben und Drehen

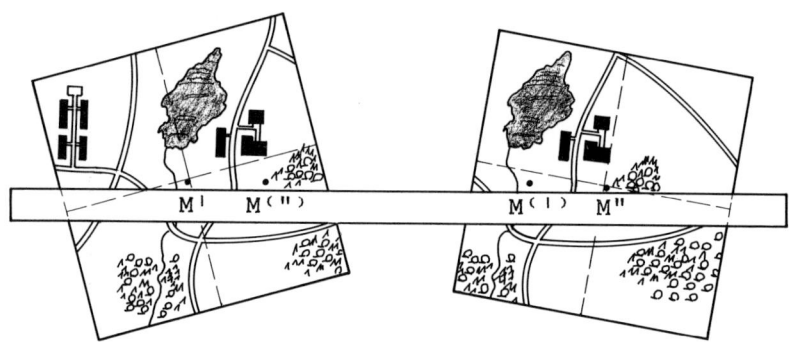

Abb. 117: *Orientierung nach Kernstrahlen. Die Abstände M'M$^{(")}$ und M$^{(')}$ M" sind die Bildbasen b' und b". Sie sind i.d.R. nicht genau gleich lang.*

der Bilder unterm Stereoskop gegenüber. Der Raumeindruck wird dabei in Sekundenschnelle erreicht.

Bei notwendigen stereoskopischen Interpretationsarbeiten mit großformatigen Kontaktkopien und einem Taschenstereoskop im Gelände können durch Verwendung von Stereobildreihen die in Kap. 4.5.1.3 genannten Schwierigkeiten überwunden werden. Die gegenseitige Orientierung nach Kernstrahlen wird dabei im Zuge der Herstellung der Bildreihen durchgeführt. Gleiches gilt auch für die Herstellung von Stereogrammen. Im Anhalt an Baumann (1957) und Spiecker (1957) wird dies im folgenden beschrieben.

Doppel-Stereobildreihe nach Spiecker (Abb. 118)

Voraussetzung: wenigstens 55 %, möglichst gleichmäßige Längsüberdeckung; wünschenswert: halbmatte Kopien auf festem Photopapier.

a) Die Bilder eines Flugstreifens werden nach geraden und ungeraden Bildnummern in zwei Serien (A und B) zusammengestellt. Bei langen Flugstreifen unterteilt man die Serien in Reihen von je 6–8 Luftbildern.

b) Die Bilder der Serie A legt man überdeckend so aus, daß gleiche Bildpunkte (möglichst mittlerer Geländehöhe) übereinanderliegen. In dieser Anordnung fixiert man die Reihe mit Nadeln, Tesakrepp o. ä.

c) Die mittlere Bildbreite k' (= doppelte durchschnittliche Aufnahmebasis b') der zu fertigenden Stereobildreihe wird durch Messung bestimmt und die Bildbreite k" ($\approx$k') gutachtlich aufgrund der Lage der Bilder in der Reihe und der Querüberdeckung der Flugstreifen festgelegt.

d) Auf einer transparenten Folie von der Breite k" zeichnet man im Abstand k' die künftigen Bildgrenzen ein. Diese Schablone wird über die Reihe gelegt und so lange verschoben, bis die markierten Abschnitte innerhalb jedes der Einzelbilder liegen.

e) Die Endpunkte der Schablonenabschnitte werden durchgenadelt und die Luftbilder danach ausgeschnitten. Mittels einer transparenten Klebefolie fügt man die ausgeschnittenen Bildteile zusammen. Damit die Bildreihe mühelos zusammengefaltet werden kann, müssen die Faltfugen etwa 3 mm klaffen.

f) Die gleiche Prozedur wird für Serie B durchgeführt. Gegebenenfalls ist vor dem Ausschneiden der Bildabschnitte eine geringfügige Abstimmung der beiden Serien aufeinander notwendig.

Zur Stereobetrachtung im Gelände klappt man die entsprechenden Bilder der Reihen A und B auf und legt sie auf einem Betrachtungsbrettchen nebeneinander. Bei fortschrei-

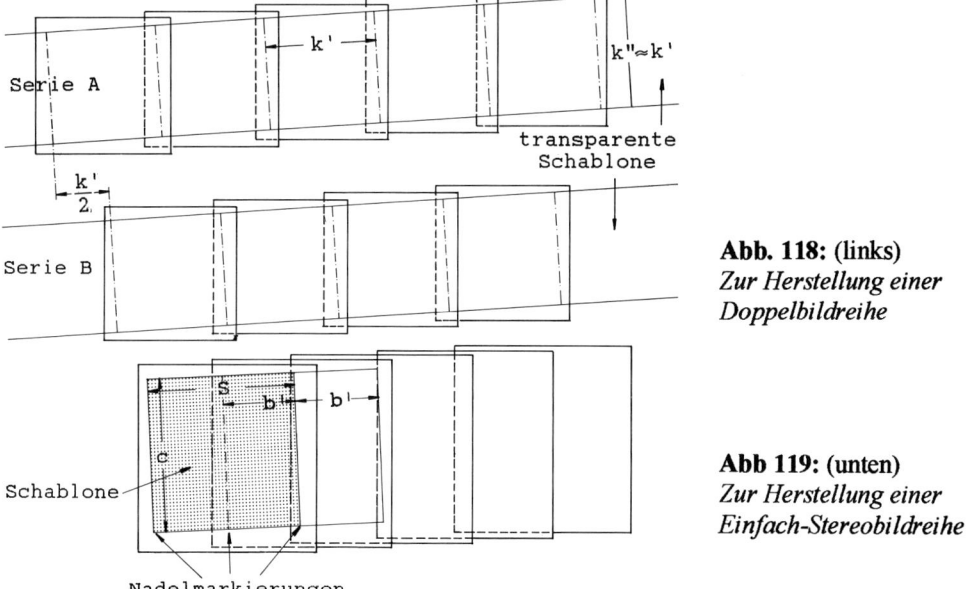

Abb. 118: (links)
Zur Herstellung einer Doppelbildreihe

Abb 119: (unten)
Zur Herstellung einer Einfach-Stereobildreihe

tender Arbeit wird jeweils eine der Bildreihen weitergeklappt und die gegenseitige Zuordnung (links/rechts) der beiden Reihen verändert. Die voll aufgeklappte Bildreihe vermittelt einen Überblick über einen ganzen Geländestreifen.

Die Einfach-Stereobildreihe nach BAUMANN (Abb. 119)

Voraussetzung: Die Aufnahmebasis b der Luftbildaufnahme muß so gewählt werden, daß b' etwa der Basislänge des Taschenstereoskops (≈ Augenabstand) entspricht. Beim Bildformat 23 x 23 cm und einer Basislänge des Stereoskops von 6 cm würde dies z. B. eine Längsüberdeckung um 74 % erfordern.
a) Alle Bilder eines Flugstreifens werden nach ihren Bildnummern geordnet und mit entsprechender Überdeckung ausgelegt und fixiert.
b) Bestimmung der durchschnittlichen Aufnahmebasis b' im Bild und Prüfung, ob die o.a. Voraussetzung erfüllt ist.
c) Anfertigen einer transparenten rechtwinkligen Schablone des Formates k' x k", wobei k' = 2b' ist und k" wiederum gutachtlich aufgrund der vorliegenden Querüberdeckung der Flugstreifen festgelegt wird.
d) Die Schablone wird in der Mitte des ersten Bildes in Flugrichtung orientiert aufgelegt (Abb. 119). Man nadelt die vier Eckpunkte sowie die Halbierungspunkte der Seiten k' durch. Entfernen des ersten Bildes.
e) Die Schablone wird um b' = k'/2 nach rechts verschoben und ihre linke Hälfte mit den dort bereits vorhandenen Nadelstichen zur Deckung gebracht. Durchnadeln der beiden Neupunkte. Entfernen des zweiten Bildes.
In dieser Weise wird fortgefahren bis zum Ende der Flugreihe.
f) Ausschneiden der Bilder in den Grenzen der jeweils durchgenadelten vier Eckpunkte der Schablone.
g) Aneinanderfügen der Bildausschnitte und Zusammenkleben mit transparenter Klebefolie in der o.a. Weise (Faltfugen!). Es entsteht eine zusammenhängende Bildreihe, in welcher sich alle Geländedetails jeweils wiederholen. Stellt man das Taschenstereoskop

über die Faltfugen, so erhält man das Raummodell der aneinanderstoßenden Bildhälften. Die Arbeit im Gelände ist noch leichter und schneller als mit der Doppel-Bildreihe. Dieser Vorteil wird jedoch erkauft durch den Nachteil, daß ein zusammenhängender Überblick über den erfaßten Geländestreifen nicht mehr gegeben ist.

Stereogramme und ihre Herstellung

Für Lehr- und Übungszwecke sowie als Bestandteil von Interpretationsschlüsseln werden oft mit Vorteil Stereogramme benutzt. Auch sie sind i. d. R. an die Benutzung von Taschenstereoskopen gebunden. Ein Stereogramm ist ein Stereobildpaar, welches in der richtigen Zuordnung und gegenseitigen Orientierung der Bilder für bestimmte Betrachtungsbasen hergerichtet wurde.

Herstellung von Stereogrammen aus großformatigen Meßbildern (Abb. 120)

a) Mittels einer transparenten Folie wird eine Teilbild-Schablone gefertigt. Man zeichnet auf die Folie einen Streifen von der gewünschten Breite k' der künftigen Teilbilder des Stereogramms, k' = 5–6 cm. Rechtwinklig dazu werden Trennlinien im Abstand der gewünschten Bildlänge k" des Stereogramms gezeichnet, k" ≥ k'.
b) Auf beiden Bildern des Stereopaares werden die Bildmittelpunkte und die ihnen im Nachbarbild entsprechenden Bildpunkte markiert. Die Verbindung der bezeichneten Punkte bezeichnet in beiden Bildern die Aufnahmebasis b' (= Fluglinie).
c) Die Bilder werden in der für die stereoskopische Betrachtung richtigen Zuordnung nebeneinandergelegt. Schatten sollen dabei möglichst auf den Betrachter zufallen.
d) Der für das Stereogramm gewünschte Bildausschnitt wird im Bereich der überdeckten Bildteile ausgesucht. Die Schablone legt man dann so auf das linke Luftbild, daß die Trennstriche des Schablonenstreifens exakt parallel zur Basis b' liegen. In dieser Ausrichtung wird der Schablonenstreifen so verschoben, daß sich der gewünschte Bildausschnitt innerhalb eines der Bildformate der Schablone befindet. Die vier Eckpunkte des entsprechenden Bildformats werden durchgenadelt.

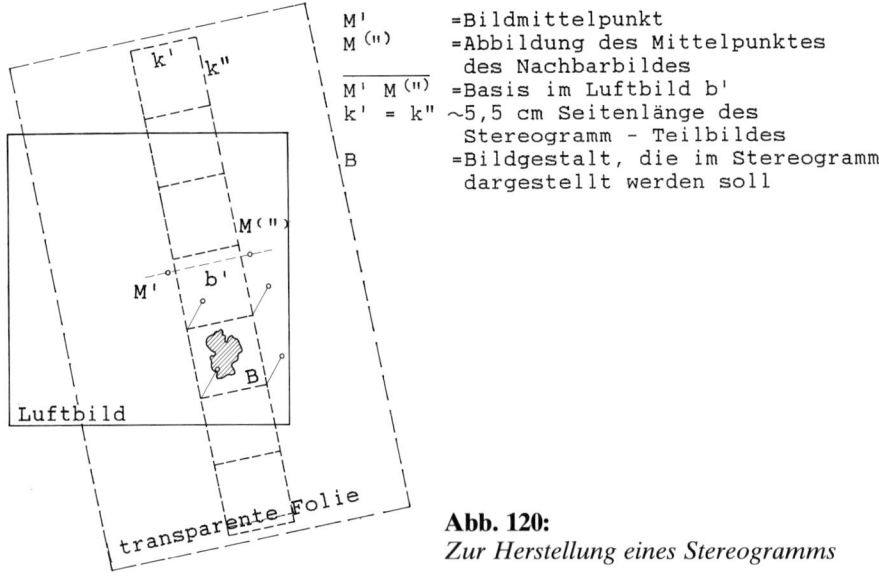

```
M'            =Bildmittelpunkt
M (")         =Abbildung des Mittelpunktes
                des Nachbarbildes
‾‾‾‾‾‾‾
M' M (")      =Basis im Luftbild b'
k' = k"       ~5,5 cm Seitenlänge des
                Stereogramm - Teilbildes
B             =Bildgestalt, die im Stereogramm
                dargestellt werden soll
```

Abb. 120:
Zur Herstellung eines Stereogramms

e) Die vier genadelten Punkte werden möglichst unter dem Stereoskop auf das rechte Bild übertragen, jedoch dort nur leicht mit Bleistift bezeichnet. Reliefbedingte radiale Punktversetzungen (Kap. 4.2.2.1) bringen es mit sich, daß der im linken Bild ausgewählte, rechtwinklige Bildausschnitt im rechten Bild gegebenenfalls ein ungleichseitiges Viereck bildet. Mittels der Schablone, die nunmehr über das rechte Bild gelegt wird (Trennlinien des Streifens wieder parallel zur Basis im Bild), wird ein zweckmäßig an die übertragenen Punkte angenäherter, rechtwinkliger Bildausschnitt gefunden.

f) Beide Teilbilder werden ausgeschnitten und mit parallelen Bildrändern aufgeklebt. Der Abstand beider Teilbilder ist so zu wählen, daß identische Bildpunkte mittlerer Geländehöhe etwa 6 cm auseinanderliegen.

4.5.2.2 Relative Orientierung in Stereoauswertegeräten

Entsprechend den anspruchsvolleren Meß- und Kartierungsaufgaben, die mit Stereoauswertegeräten höherer Ordnung auszuführen sind, bedarf es einer perfekteren gegenseitigen Orientierung als jener nach Kernstrahlen. Sie wird wie o.a. als *relative Orientierung* bezeichnet und muß der nachfolgenden absoluten Orientierung genügen. Vorausgesetzt wird, daß die Elemente der inneren Orientierung der Bilder (vgl. Kap. 4.2.4) bekannt sind oder in einem ersten Arbeitsschritt ermittelt werden. Vorausgesetzt wird ferner, daß die x-Achse der Bilder parallel oder näherungsweise parallel zur Aufnahmebasis verläuft. Letzteres kann man bei sachgemäßer Reihenaufnahme annehmen.

Sind die Bilder in die Bildträger des Auswertegeräts eingelegt, müssen durch die relative Orientierung die zwischen beiden Bildern vorliegenden y-Parallaxen beseitigt werden. Ist das erreicht, so schneiden sich alle homologen Strahlenpaare und das Stereomodell wird störungsfrei gesehen.

Die praktische Vorgehensweise bei der relativen Orientierung (und die einer sich anschließenden absoluten Orientierung) ist unterschiedlich, je nachdem ob die Daten der äußeren Orientierung (Kap. 4.2.4) für beide Bilder bekannt sind oder nicht.

Sind die Daten der äußeren Orientierung für beide Bilder bekannt, so reicht dies prinzipiell aus, um die relative Orientierung des Stereomodells (hierzu z. B. KRAUS 1982 Abschn. A 4.2.1) auszuführen.

Ist dies nicht gegeben, muß die notwendige Beseitigung vorliegender y-Parallaxen durch einen iterativen, vom Auswerter zu steuernden Prozeß erfolgen. Bei Benutzung von Analoggeräten kann dies auf optisch-mechanischem Wege oder rechnerisch mit nachfolgender manueller Einstellung der Orientierungselemente geschehen. Bei analytischen Auswertegeräten oder digitalen photogrammetrischen Systemen geschieht dies eo ipso rechnerisch.

Es kann gezeigt werden (vgl. z. B. SCHWIDEFSKY u. ACKERMANN 1976 Kap 3.3 oder KRAUS 1982 Kap. 4.2.3), daß es für die relative Orientierung ausreicht, die y-Parallaxen

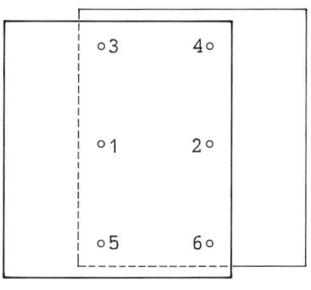

Abb. 121:
Ideale Lage der Orientierungspunkte für die relative Orientierung (GRUBER-Punkte)

an fünf beliebigen Punkten im Stereomodell zu beseitigen. Man wählt dabei, *wenn möglich*, Punkte, die wie in Abb. 121 gezeigt, gleichmäßig im Modellraum verteilt sind (GRUBER-Punkte). Bildpunkte *dieser* Lage sind zweckmäßig, weil dort die Wirkung bestimmter Orientierungselemente auf die y-Parallaxen besonders ausgeprägt sind.

Die auf O. v. GRUBER (1924) zurückgehenden „klassischen" Vorgehensweisen der relativen Orientierung sind die der *Bilddrehung* (syn. Verfahren unabhängiger Bildpaare) und des *Folgebildanschlusses*.

Optisch-mechanische Variante der Bilddrehung

Bei den optisch-mechanischen Varianten beider Verfahren mit Analoggeräten werden nach dem Einlegen der Bilder keine Messungen oder Rechnungen ausgeführt. Die y-Parallaxen werden an fünf der sechs GRUBER-Punkte bei stereoskopischer Betrachtung des (noch unvollkommenen) Modells nacheinander „weggestellt". Iterativ bringt der Auswerter systematisch Punkt für Punkt die y-Parallaxe zum Verschwinden.
Dies geschieht beim Verfahren der Bilddrehung
an Punkt 1 durch Bilddrehung um κ"
an Punkt 2 durch Bilddrehung um κ'
an Punkt 3 durch Bilddrehung um φ"
an Punkt 4 durch Bilddrehung um φ'
an Punkt 5 oder 6 durch Bilddrehung um ω.

In den ersten vier Schritten lassen die jeweils folgenden keine neuen y-Parallaxen in den zuvor schon bearbeiteten Punkten entstehen. Die Punkte 1–4 sind nach den ersten vier Schritten zunächst parallaxenfrei. Im Punkt 5 (bzw. 6) verbleibt nach dem vierten Schritt eine y-Parallaxe, die von der ursprünglichen, durch die Querneigung ω verursachten, abweicht. Es ist eine sog. „Überkorrektur" notwendig. Am Punkt 5 muß um das k-fache der vorhandenen Parallaxe korrigiert werden. Dabei ist

$$k = \frac{1}{2} \left(1 + \frac{c_K^2}{y'^2}\right) \tag{69}$$

Wie aus (69) zu sehen ist, wächst k mit Zunahme der Kammerkonstanten und abnehmender Bildkoordinate y'.

Nach dem fünften Schritt treten an den Punkten 1–4 erneut y-Parallaxen auf, die in einem zweiten Korrekturdurchgang mit gleichen Schritten wie im ersten beseitigt werden müssen. Sind auch danach noch nicht alle Punkte parallaxenfrei, so sind weitere Durchgänge erforderlich, bis y-Parallaxen nicht mehr auftreten oder vernachlässigbar klein geworden sind.

Optisch-mechanische Variante des Folgebildanschlusses

Beim zweiten optisch-mechanischen Verfahren der relativen Orientierung, dem des *Folgebildanschlusses*, wählt man das Koordinatensystem des linken Bildes als Modellkoordinatensystem (vgl. Abb. 89). Dementsprechend verändert man nur das rechte Bild gegenüber dem linken. Die Orientierungsschritte zum Wegstellen der y-Parallaxen sind dabei folgende:
an Punkt 2 wird die Basiskomponente by" verschoben
an Punkt 1 wird um κ" gedreht
an Punkt 4 wird die Basiskomponente bz" verschoben
an Punkt 3 wird um φ" gedreht
an Punkt 5 oder 6 wird um ω" gedreht

Die Korrektur an Punkt 5 (oder 6) erfolgt wiederum unter Berücksichtigung der Überkorrektur (Formel 69). Da auch hier nach dem fünften Schritt an den Punkten 1–4 neue y-Parallaxen entstehen, sind ein zweiter und ggf. weitere Durchläufe erforderlich.

Sondersituationen

Die beschriebenen Verfahren waren für mehr oder weniger ebenes Gelände entwickelt worden und setzten voraus, daß die fünf Punkte, so wie in Abb. 121 gezeigt, im Modell gefunden werden können. Sie stoßen deshalb im Gebirge auf Schwierigkeiten, und sie erfordern für den Fall, daß die Plazierung der 5 Punkte nicht wie gewünscht möglich ist, Auswegslösungen. Letzteres wird z. B. notwendig, wenn im Bereich der gewünschten GRUBER-Punkte größere Wasser- oder andere strukturlose Flächen abgebildet sind.

Für Gebirgssituationen hat JERIE (1954) ein modifiziertes Verfahren zur relativen Orientierung vorgeschlagen. Die dafür notwendigen Arbeitsschritte sind auch bei KRAUS (1982) beschrieben.

Die relative Orientierung nach den beschriebenen Verfahren versagt, wenn die Projektionszentren und die Punkte 1–5 (6) gemeinsam auf einer Zylinder- oder Kegelfläche liegen. Dieser theoretische Fall tritt sicher kaum jemals streng auf. Näherungsweise kann eine solche Situation aber vorkommen, dann nämlich, wenn die Luftbildaufnahme entlang der Tallinie eines Trogtales erfolgt. Sie löst dann Probleme bei der Orientierung aus.

Sind im Modellbereich der gewünschten GRUBER-Punkte wegen strukturlosen Abbildungsflächen dort keine geeigneten Bildpunkte zu finden, so sind für die fehlenden solche in anderer Lage im Modell zu nehmen. Die genannten Verfahren führen auch dann zu brauchbaren Lösungen. Das gewählte optisch-mechanische Verfahren ist dabei so oft zu wiederholen, bis ausreichende Konvergenz an allen fünf Punkten erreicht ist.

Rechnerische Varianten bei Analogauswertegeräten

Den dargestellten optisch-mechanischen Varianten der relativen Orientierung für Analoggeräte stehen für diesen Gerätetyp rechnerische Verfahren gegenüber. Sie bauen auf *Messungen* der y-Parallaxen und den gleichen mathematischen Beziehungen und Voraussetzungen auf, die auch den optisch-mechanischen zugrunde liegen.

Aus den, in diesem Fall, an allen sechs GRUBER-Punkten gemessenen y-Parallaxen werden die notwendigen Orientierungsänderungen berechnet, und zwar beim Verfahren der Bilddrehung dω", dφ', dφ", dκ', dκ" und beim Verfahren des Folgebildanschlusses dω", dφ', dφ", dκ" und dbz. Diese Änderungen werden am Gerät eingestellt. Der Vorgang wird auch in diesem Falle so lange wiederholt, bis die y-Parallaxen in den sechs Punkten (weitestgehend) verschwunden sind. Für gebirgiges Gelände hat wiederum JERIE (1953/54) eine Verfahrensvariante für die Bilddrehung entwickelt. Eine Verbesserung des gleichen Verfahrens für ebenes Gelände geht auf HALLER (1944) zurück.

Die relative Orientierung an analytischen Stereoauswertegeräten

Die *rechnerischen Verfahren* zur relativen Orientierung in *analytischen Stereoauswertegeräten* bauen auf Messungen von Bildkoordinaten auf. Deren Beziehungen zu den Modellkoordinaten bilden die mathematische Grundlage des Orientierungsverfahrens. Sie sind ähnlich denen, die für die Beziehungen zwischen Bild- und Geländekoordinaten in Kap. 4.2.3 beschrieben wurden. Analog zu den bisher besprochenen stehen auch in diesem Falle Verfahren der Bilddrehung (= Verfahren des unabhängigen Bildpaares) und des Folgebildanschlusses zur Verfügung. Aus dem gleichen Grunde wie bei den zuvor beschriebenen Verfahren kann die relative Orientierung auch hier über fünf bzw. sechs Modellpunkte erreicht werden; wiederum wählt man bevorzugt Punkte in der durch Abb. 121 gezeigten Lage. Die schnelle elektronische Berechnungsform legt es nahe, darüber hinaus zur Verbesserung der Genauigkeit der Orientierung weitere Punktpaare einzubeziehen. Für den Auswerter entsteht dadurch nur eine unwesentliche Mehrarbeit.

Beim Orientierungsverfahren durch Bilddrehung werden ω', φ', κ', φ'' und κ'' als Orientierungselemente benutzt. Der Ursprung des Modellkoordinatensystems wird in das Projektionszentrum O_1 des linken Bildes gelegt, die x-Achse ist durch O_1O_2 und die z-Achse durch die von O_1 ausgehende Zenitrichtung definiert. Die y-Achse verläuft parallel zur Bildebene des linken Bildes.

Beim Verfahren des Folgebildanschlusses sind by, bz, ω'', φ'', κ'' die Orientierungselemente. Das Bildkoordinatensystem des linken Bildes verwendet man als Modellkoordinatensystem, so wie dies schon von dem entsprechenden optisch-mechanischen Verfahren bekannt ist.

Die analytischen-photogrammetrischen Auswertegeräte sind jeweils für eines der beiden Verfahren in ihrer Software eingerichtet. Die Arbeit des Auswerters beschränkt sich auf die gleichen Prozeßschritte, wie sie für die optisch-mechanischen Verfahren beschrieben wurden. Die fünf bzw. sechs Sollpunkte und ggf. zusätzlich weitere Punkte werden mit der Meßmarke angefahren und dort die y-Parallaxen weggestellt. Die Messung der Bildkoordinaten x', y' und x'', y'', deren Speicherung und Auflistung, sowie daraufhin alle notwendigen Rechenschritte für die relative Orientierung und die Herstellung der Beziehungen zwischen Bild- und Modellkoordinaten aller Modellpunkte (hierzu z. B. ALBERTZ 1989 S. 213–220) erfolgen automatisch nach dem Aufruf der entsprechenden Programmkomponenten der Software des Auswertegerätes.

Die Berechnungen führen über die Verbesserungen der Orientierungswerte zur Herstellung eines nahezu parallaxenfreien Stereomodells, ohne daß Wiederholungsmessungen notwendig werden. Die aus den Meßpunkten verbliebenen (geringfügigen) Restparallaxen in y werden vom Computer gelistet und ausgegeben. Nur wenn das Ergebnis der Berechnungen vom Rechner des Auswertesystems abgelehnt wird, sind Wiederholungsmessungen nach Programmanweisung auszuführen.

Modelldeformationen

Bei allen rechnerischen und optisch-mechanischen Verfahren der relativen Orientierung können Restparallaxen in y verbleiben. Sie stören die stereoskopische Betrachtung i. d. R. nicht und sie sind – besonders nach der Orientierung in analytischen Präzisionsauswertegeräten – geringfügig. Auswirkungen auf die Lagegenauigkeiten von Modellpunkten können – zumindest für thematische Kartierungen oder auch für Punktbestimmungen im Bereich forstwirtschaftlicher und anderer geowissenschaftlicher Auswertungen – vernachlässigt werden. Die Auswirkungen auf Höhenmessungen sind etwas größer, aber auch sie halten sich, von wenigen Ausnahmen abgesehen, in engen Grenzen. Bei einer nachfolgenden absoluten Orientierung des Modells (s.u.) werden sie durch die dabei erfolgende Höheneinpassung noch reduziert.

Die Restparallaxen sind auf entsprechende, meist geringe Fehler der Orientierungselemente zurückzuführen. Sie *deformieren* das Modell, so wie es in Abb. 122 in übertriebener Darstellung gezeigt wird. Folgt eine absolute Orientierung, verbleiben nur noch die durch dω und einen Teil von dφ verursachten Verbiegungen. Höhenmessungen werden danach durch Modellverbiegungen nur noch in der Größenordnung von wenigen Zentimetern verfälscht. Bei Messungen von Höhendifferenzen zwischen benachbarten Modellpunkten (z. B. bei Baumhöhenmessungen) können Fehler durch Modelldeformationen nach relativer und absoluter Orientierung des Modells vernachlässigt werden.

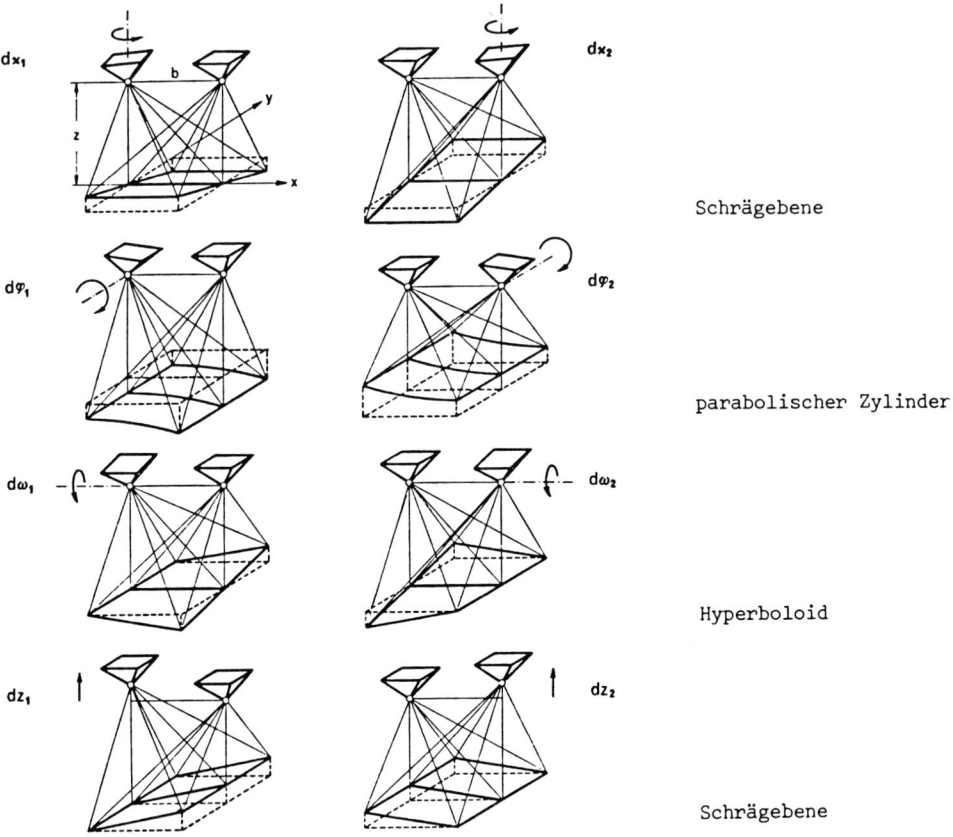

Schrägebene

parabolischer Zylinder

Hyperboloid

Schrägebene

Abb. 122: *Modelldeformationen in der z-Koordinate (aus* KRAUS *1982)*

Modellverbiegungen können auch durch Objektivverzeichnungen, Filmverzug oder Fehler des Auswertegeräts auftreten (hierzu z. B. SCHWIDEFSKY u. ACKERMANN 1976, S. 236ff). Sie übersteigen ggf. in ihrer Auswirkung die durch Restfehler der Orientierung verursachten Deformationen. Radial-symetrische Verzeichnungsfehler erfordern unter Umständen eine Verzeichnungskompensation.

Relative Orientierung bei digitalen photogrammetrischen Systemen

Es wird daran erinnert, daß bei digitalen photogrammetrischen Auswertungen nicht mit den Luftbildern selbst gearbeitet wird, sondern, daß diese digitalisiert bildelementweise als Bildmatrizen vorliegen (Kap. 4.1.8). Dies eröffnet die Möglichkeit, die relative Orientierung durch Verfahren der *Bildkorrelation* (image matching) halb- oder vollautomatisch auszuführen.

Unter Bildkorrelation versteht man dabei das Auffinden *homologer Bildpunkte* bzw. hier Bildelemente des Bildpaares. Homologe Bildpunkte sind die von homologen Aufnahmestrahlen in den Bildern eines Stereopaares hervorgebrachten, also den gleichen Geländepunkt darstellenden Abbildungspunkte.

Die Suche des Partners eines im ersten Bild definierten Bildpunktes im zweiten Bild erfolgt dabei anhand von Grauwertmustern in beiden Bildern. Eine von mehreren Möglichkeiten ist es dabei, von begrenzten Bildmatrizen, die zentrisch um den definierten ersten Punkt liegen, auszugehen und den Partnerpunkt in einer entsprechenden Matrix im zweiten Bild zu suchen. Die Lage dieser Suchmatrix kann z. B. aufgrund der Bildkoordinaten des zu findenden homologen Punktes im ersten Bild, dem Überdeckungsprozent und ggf. weiteren Parametern vom Rechner des Systems bestimmt werden. Innerhalb der Suchmatrix wird der Punkt durch Korrelation z. B. nach der Methode kleinster Quadrate vom Rechner gefunden (hierzu z. B. PERTL u. ACKERMANN 1982, GRUEN 1985, HELAVA 1987, 1988, ALBERTZ u. KREILING 1989).

Ein weitergehend automatisches Vorgehen für die relative Orientierung digitaler Bildpaare baut auf der Zuordnung von *homologen Grauwertkanten* auf. Das automatische Auffinden genügend vieler, in der Modellfläche gut verteilter und für die Orientierung brauchbarer homologer Kanten und auf diesen liegenden homologer Punkte ist kein triviales Problem. Eine *vollautomatische Lösung* hierfür entwickelten SCHENK et al. (1990).

Eine erste Verwirklichung der relativen Orientierung mit Mitteln der digitalen Photogrammetrie für kommerzielle Geräte gab es für das analytische Auswertegerät DSR von KERN mit einem zusätzlichen Korrelatorsystem und dem zugehörigen Rechenprogramm DSR1. Gegenwärtig bieten viele Firmen digitale photogrammetrische Systeme an, zu deren Software Programme zur halbautomatischen relativen Orientierung gehören. Unbeschadet davon muß die Entwicklung halb- oder vollautomatischer Orientierungssoftware als noch nicht abgeschlossen gelten: „Image matching has made good progress ... More work is needed to robustify the algorithms and for large scale applications" (EBNER et al. 1992).

4.5.2.3 Absolute Orientierung des relativ orientierten Stereomodells

Die relative oder gegenseitige Orientierung des Bildpaares ließ ein (fast) parallaxenfreies Raummodell entstehen. Dessen Lage im Raum blieb dabei unbestimmt. Sie wird in Bezug zu einem geodätischen Koordinatensystem X,Y,Z erst durch die absolute Orientierung des Modells definiert. Das Raummodell wird durch Drehung, Verschiebung und Streckung oder Stauchung in das Geländekoordinatensystem eingepaßt. Dabei wird auch der gewünschte Modellmaßstab durch Veränderung der Gerätebasis b' eingestellt.

Mathematisch ist die absolute Orientierung eine räumliche Ähnlichkeitstransformation, durch welche die Modellkoordinaten x, y, z in Koordinaten des geodätischen Bezugssystems X, Y, Z, d. h. in der Regel in Koordinaten des Landessystems überführt werden. Analog zu der schon aus Formel (63) bekannten Schreibweise der Vektor- und Matrizenalgebra ist

$$\begin{bmatrix} X \\ Y \\ Z \end{bmatrix} = m_m \cdot R \begin{bmatrix} x \\ y \\ z \end{bmatrix} + \begin{bmatrix} X_0 \\ Y_0 \\ Z_0 \end{bmatrix} \tag{70}$$

Dabei sind X_0, Y_0, Z_0 die Geländekoordinaten des Koordinatenursprungs des Modellsystems, m_m die gewünschte Maßstabzahl des Modells und R die Matrix der räumlichen Drehung des Modells in das Geländekoordinatensystem um seine drei Achsen mit den Drehwinkeln ξ, η, ζ.

R hat die Form

$$\begin{bmatrix} a_{11} & a_{12} & a_{13} \\ a_{21} & a_{22} & a_{23} \\ a_{31} & a_{32} & a_{33} \end{bmatrix} \tag{71}$$

mit a_{11} ... a_{33} in der in Formel (60) angeführten mathematischen Bedeutung, jedoch mit ξ, η, ζ anstelle von ω, φ und κ.

Für die absolute Orientierung sind sieben unabhängige Parameter als Elemente erforderlich. Die praktische Lösung der absoluten Orientierung wird bei Arbeit mit einem Analog-Auswertegerät in mehreren Schritten und beim rechnerischen Vorgehen am analytischen Auswertegerät in einem Zuge mittels der o.a. Ähnlichkeitstransformation (Formel 70) durchgeführt. In beiden Fällen benötigt man Paßpunkte, deren Geländekoordinaten X, Y, Z bekannt und die eindeutig im Stereomodell definiert sind und mit der Meßmarke des Geräts angefahren werden können. Benötigt werden mindestens
– entweder zwei Lage- und drei Höhenpaßpunkte
– oder zwei Vollpaßpunkte und ein zusätzlicher Höhenpunkt.
Hierzu und zur Beschaffung von Paßpunktkoordinaten siehe Kap. 4.5.2.4. Die Abstände der Lagepaßpunkte bzw. Vollpaßpunkte sollen möglichst groß und die Höhenpaßpunkte in einem weiten Dreiecksverband angelegt sein.

Absolute Orientierung an Analoggeräten

Durch den Übergang von der analogen zur analytischen Photogrammetrie sind analoge stereophotogrammetrische Meß- und Kartierverfahren weitgehend abgelöst worden. Dennoch wird hier das Procedere der absoluten Orientierung bei Analog-Geräten beschrieben, weil dies anschaulicher als bei analytischen Geräten erkennen läßt, welche Verfahrensschritte die absolute Orientierung eines Bildpaares erfordert.

Zur Vorbereitung werden die Paßpunkte im Sollmaßstab der späteren Kartierung oder Ausmessungen auf eine Paßpunktunterlage gebracht. Die absolute Orientierung des Modells erfolgt dann durch
1. azimutale Drehung zur Beseitigung der Kantung des Modells gegenüber dem Geländekoordinatensystem
2. Veränderung der Basiskomponenten zur Maßstabsanpassung
3. Z_o-Bestimmung und Einstellung
4. Drehung des Modells um seine Längs- und Querachse zu seiner Horizontierung.
Die ersten beiden Schritte dienen der Lage-, die beiden letzten der Höhenorientierung.

Zum *1. Schritt*: Das relativ orientierte Modell ist azimutal so zu drehen, daß die x- und y-Achsen seines Koordinatensystems mit den X- und Y-Achsen des Geländekoordinatensystems übereinstimmen. Dies wird auf triviale Weise erreicht, ohne daß Berechnungen notwendig sind. Man setzt zunächst die Meßmarke im Stereomodell auf einen der Paßpunkte auf und verschiebt die Paßpunktunterlage auf dem Zeichentisch so, daß der Zeichenstift (oder eine Meßlupe) genau über dem entsprechenden, kartierten Paßpunkt steht. Danach führt man die Meßmarke zum zweiten Lagepaßpunkt im Modell und dreht die Paßpunktunterlage um den ersten Paßpunkt bis der Zeichenstift (die Lupe) die Verbindungslinie der Kartenpaßpunkte 1 und 2 erreicht. Die Kantung des Modells gegenüber dem Geländekoordinatensystem ist damit ausgeschaltet.

Zum *2. Schritt*: Um das Modell auf den gewünschten Maßstab $1 : m_{m\,Soll}$ zu bringen, müssen die Basiskomponenten des Modells bx, by, bz (vgl. Abb. 89) durch einen Faktor μ verändert werden. Er ergibt sich aus dem Verhältnis

$$\mu = \frac{m_{mSOLL}}{m_{mIST}} = \frac{s_{SOLL}}{s_{IST}} \tag{72}$$

Folgt man (72), so sind s_{SOLL} und s_{IST} *Raum*strecken (d. h. keine Horizontalstrecken), weil das Modell zu dieser Zeit noch nicht horizontiert ist. Zweckmäßigerweise wählt man

Raumstrecken zwischen Paßpunkten, da deren X,Y,Z Koordinaten bekannt sind. Zwischen den Paßpunkten 1 und 2 ist dann

$$s_{SOLL} = \frac{\sqrt{(X_2 - X_1)^2 + (Y_2 - Y_1)^2 + (Z_2 - Z_1)^2}}{m_{m\,SOLL}} \tag{73}$$

$$s_{IST} = \sqrt{(x_2 - x_1)^2 + (y_2 - y_1)^2 + (z_2 - z_1)^2} \tag{74}$$

Damit wird (72)

$$\mu = \frac{\sqrt{(X_2 - X_1)^2 + (Y_2 - Y_1)^2 + (Z_2 - Z_1)^2}}{m_{m\,SOLL}\,\sqrt{(x_2 - x_1)^2 + (y_2 - y_1)^2 + (z_2 - z_1)^2}} \tag{75}$$

x,y,z erhält man aus den im Analoggerät zu dieser Zeit registrierten Modellkoordinaten, X,Y,Z der Paßpunkte sind bekannt.

Muß oder will man zum Streckenvergleich auf Punkte A, B ausweichen, deren Geländekoordinaten nicht bekannt sind, so kann man s $_{SOLL}$ nach Streckenmessung $\overline{AB}$ = s_K in einer Karte ermitteln. Es ist dann

$$s_{SOLL} = \frac{\sqrt{(s_K \cdot m_K)^2 + (Z_B - Z_A)^2}}{m_{m\,SOLL}} \tag{76}$$

wobei m_K die Maßstabszahl der Karte und Z_B, Z_A die aus der Karte gewonnenen Geländehöhen von B und A sind.

Mit dem Faktor μ (Formel 75) werden die Basiskomponenten korrigiert:

$$bx_{neu} = bx_{alt} \cdot \mu \qquad by_{neu} = by_{alt} \cdot \mu \qquad bz_{neu} = bz_{alt} \cdot \mu \tag{77}$$

Ist am Stereoauswertegerät keine Einstellung von by und bz möglich, so muß man sich auf die Korrektur von bx beschränken.

Zum *3. Schritt*: Zur Z_o-Bestimmung oder Einstellung der Modellhöhe auf Paßpunkthöhe Z_1 führt man die Meßmarke im Stereomodell zum Höhenpaßpunkt 1 und setzt sie dort auf. In dieser z-Stellung wird das Höhenzählwerk des Gerätes auf die Z-Koordinate dieses Höhenpaßpunktes eingestellt. Damit wird für diesen Punkt $\Delta z = 0$.

Zum *4. Schritt*: Durch Drehung des Modells um seine beiden Neigungsachsen wird das Stereomodell horizontiert, d. h. seine Grundrißebene wird parallel zur Ebene des Gelän-

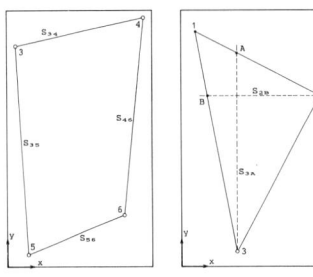

Abb. 123:
Zur Horizontierung des Stereomodells im Zuge der absoluten Orientierung (aus SCHWIDEFSKY *und* AKKERMANN *1976)*

dekoordinatensystems gelegt. Die benötigten Drehwinkel ξ um die x-Achse und η um die y-Achse werden mit Hilfe von drei oder vier Höhenpaßpunkten (bzw. Vollpaßpunkten) und deren zu dieser Zeit im Modell gemessenen z-Koordinaten gefunden. Daß diese Höhenpaßpunkte möglichst weit auseinander liegen sollen, wurde bereits gesagt.

Die Paßpunkte können wie in Abb. 123 gezeigt, bezeichnet werden. Ihre z-Werte werden gemessen und mit der Maßstabszahl m_m des Modells multipliziert. Bei Arbeit mit drei Paßpunkten zeichnet man durch zwei der Paßpunkte, z. B. wie in Abb. 123, Parallelen zur x- und zur y-Achse des Modellkoordinatensystems. Man findet dadurch die Hilfspunkte A und B. Die in Abb. 123 mit s_{ij} bezeichneten Strecken werden gemessen und ihre Länge im Modellmaßstab bestimmt.

Nach diesen Prozeduren stehen die für die Berechnung der erforderlichen Drehungen $\Delta\xi$ und $\Delta\eta$ benötigten Strecken s_{ij} und Δz-Werte zur Verfügung. Für A und B kann ΔZ durch Interpolation berechnen.

Bei Arbeit mit drei Paßpunkten erhält man

$$\Delta\xi = \frac{\Delta z_A - \Delta z_3}{s_{3A}} \cdot \rho \tag{78a}$$

$$\Delta\eta = \frac{\Delta z_B - \Delta z_2}{s_{2B}} \cdot \rho \tag{78b}$$

bei Arbeit mit vier Paßpunkten

$$\Delta\xi = \frac{1}{2} \left[\frac{\Delta z_3 - \Delta z_5}{s_{35}} + \frac{\Delta z_4 - \Delta z_6}{s_{46}} \right] \rho \tag{79a}$$

$$\Delta\eta = \frac{1}{2} \left[\frac{\Delta z_3 - \Delta z_4}{s_{34}} + \frac{\Delta z_4 - \Delta z_6}{s_{46}} \right] \rho \tag{79b}$$

Der Umrechnungsfaktor ρ ist erforderlich, da das Ergebnis zunächst ein Bogenmaß ergibt und auf Neu- bzw. Altgrad umzurechnen ist. ρ ist $57,293°$ bzw. $63,662^g$.

Die Drehungen des Modells mit ξ und η können je nach Funktionsmöglichkeiten des Analog-Auswertegeräts entweder durch gemeinsame Drehung der Basis mit beiden Projektoren oder durch Einzeldrehungen der beiden Projektoren erfolgen. Bei letzterem werden zusätzliche Korrekturen der Basiskomponenten erforderlich. Für kleine Drehungen, die i. d. R. vorliegen, sind folgende Korrekturen notwendig

$$\Delta bz = \frac{1}{\rho} \quad (bx \cdot \Delta\eta + by \cdot \Delta\xi) \tag{80a}$$

$$\Delta by = \frac{1}{\rho} \quad \cdot bz \cdot \Delta\xi \tag{80b}$$

$$\Delta bx = \frac{1}{\rho} \quad \cdot bz \cdot \Delta\eta \tag{80c}$$

Nach diesen vier Schritten ist der erste Durchgang der absoluten Orientierung abgeschlossen. Die Lageorientierung verändert jedoch die Höhen und die Neigungskorrektur die Lagekoordinaten der Modellpunkte. Beides um so mehr, je größere Höhenunterschiede im Gelände vorkommen. Die vier beschriebenen Schritte sind deshalb zu wiederholen, ggf. mehrmals, bis ausreichende Konvergenz bei allen Paßpunkten erreicht ist.

Nach Abschluß der absoluten Orientierung können Stereokartierung und -messungen beginnen.

Die absolute Orientierung an analytischen Auswertegeräten

Die absolute Orientierung an analytischen Auswertegeräten erfolgt für Lage- und Höhenorientierung gemeinsam. Bezüglich der benötigten Paßpunkte gilt das gleiche wie bei der Orientierung an Analog-Geräten. Es wird jedoch häufig über die erforderliche Mindestzahl an Paßpunkten hinausgegangen.

Die zum analytischen Gerätesystem gehörende Software und Rechnereinheit übernimmt alle notwendige Rechenarbeit zur Herstellung der Beziehungen zwischen den Modell- und den Geländekoordinaten entsprechend der eingangs des Kapitels beschriebenen räumlichen Ähnlichkeitstransformation. In Geräten höherer Ordnung findet bei der absoluten Orientierung auch die Erdkrümmung Berücksichtigung. Ihr Einfluß wird durch entsprechende Korrekturen (weitgehend und routinemäßig) eliminiert.

Die zur absoluten Orientierung notwendigen Paßpunktinformationen (Punktnummern, Geländekoordinaten, ggf. auch Standardabweichungen von X,Y,Z) werden i. d. R. in einem vorbereitenden Arbeitsgang in einem Paßpunkt-File gespeichert und sind von dort abrufbar.

Nach Aufruf des Programms zur absoluten Orientierung hat der Auswerter die einzubeziehenden Paßpunkte nacheinander mit der Meßmarke des Auswertegeräts einzustellen. Die Modellkoordinaten werden aus den Meßmarkenpositionen berechnet, dann gespeichert und für die folgenden Rechenschritte der Orientierung abrufbereit gehalten.

Nach diesen Eingaben und ggf. durchzuführenden Kontrollschritten, z. B. zur Überprüfung der vom Paßpunkt-File übernommenen Geländekoordinaten, löst ein nächstes Programmkommando die Berechnung der absoluten Orientierung aus. Sie wird beendet mit der Ausgabe der Restabweichungen $X - x \cdot m_m$ für jeden der einbezogenen Paßpunkte und für das Mittel aus allen verbliebenen Lage- und Höhenabweichungen.

Wird das Ergebnis als nicht ausreichend angesehen, so können durch erneute Messung einzelner Punkte, Hinzufügen weiterer oder Weglassen bisheriger, Verbesserungen angestrebt werden.

Das Modell ist mit der Akzeptierung der Restabweichungen orientiert und das Gerät für die analytisch-photogrammetrischen Punktbestimmungen, Objektmessungen und Kartierungen bereit.

Die absolute Orientierung bei digitalen photogrammetrischen Systemen

Auch bei digitalen photogrammetrischen Systemen wird zur absoluten Orientierung eines relativ orientierten Bildpaars der Bezug zum Geländekoordinatensystem mit Hilfe terrestrischer Paßpunkte hergestellt. Entsprechende Rechenprogramme gehören zur angebotenen Software von digitalen Systemen. Der Auswerter hat für die Auswahl geeigneter Paßpunkte, die Bestimmung von deren Geländekoordinaten, deren Identifizierung in den Bildern und Messung der Bildkoordinaten zu sorgen. Wie bei analytischen Systemen werden bei der Herstellung der absoluten Orientierung i. d. R. Korrekturen im Hinblick auf Erdkrümmung, Refraktion und Verzeichnungen des Aufnahmeobjektivs berücksichtigt.

Neben der absoluten Orientierung der in diesem Kapitel besprochenen Stereobildpaare ist es bei digitalen photogrammetrischen Systemen auch möglich, über ein sog. *Sensor-Modell* für das Einzelbild die Beziehung zwischen Gelände- und in diesem Falle *Bild-*koordinaten herzustellen. Als Sensor-Modell versteht man dabei die *sensorspezifische* Funktion über die der Objektraum in den Bildraum transformiert werden kann. Als Eingabewerte sind wiederum in ausreichendem Maße Paßpunkte mit bekannten Geländekoordinaten notwendig. Die Einzelbildorientierung ist u. a. Grundlage für ein Monoplotting (Kap. 4.4.7) oder zusammen mit Daten aus einem digitalen Geländemodell für die Herstellung digitaler Orthophotos (4.5.9.3).

4.5.2.4 Paßpunktbestimmung

Paßpunkte zur Bestimmung der Orientierungselemente (oder auch für die optisch-photographische Entzerrung, siehe 4.4.5) sind Geländepunkte, deren Koordinaten im Geländekoordinatensystem bekannt sind und die in Luftbildern eindeutig zu definieren sind. Man unterscheidet

Vollpaßpunkte deren Raumkoordinaten X,Y,Z bekannt sind
Lagepaßpunkte deren Lagekoordinaten X,Y bekannt sind
Höhenpaßpunkte deren Höhenkoordinate Z bekannt ist.

Als Paßpunkte kommen signalisierte und natürliche Geländepunkte in Frage. Erstere sind vor dem Bildflug in der in Kap. 4.1.5.11 beschriebenen Weise durch Signale gut luftbildsichtbar gemachte Punkte. Natürliche Punkte sind Geländeobjekte, die als solche im Luftbild eindeutig und als Punktmarke erkenn- und definierbar sind, z. B. Haus- oder Feldecken.

Je anspruchsvoller das photogrammetrische Verfahren und je höher die geforderte Meß- oder Kartiergenauigkeit ist, desto genauer sind die Paßpunktkoordinaten zu ermitteln. Sie können gewonnen werden
– aus Karten
– aus GPS-Messungen
– photogrammetrisch durch Radial- und Aerotriangulation
– durch geodätische Einmessung.

Außerdem werden bei vielen Vermessungsbehörden Paßpunktarchive, Verzeichnisse von Dauerpaßpunkten, Geländehöhen-Datenbanken o.a. geführt. Sie gehen i. d. R. auf geodätische Einmessungen und/oder Aerotriangulationen zurück. Die Genauigkeit der Koordinatenangaben und der Stand der Aktualisierung ist dabei unterschiedlich, zumeist aber für thematische Kartierungsaufgaben ausreichend.

Paßpunktbestimmung aus Karten

Die *Gewinnung* von Lagepaßpunkten (oder auch Paßlinien) *aus Karten* ist üblich, wenn einfache, visuell-projektive Umzeichenverfahren eingesetzt werden (Kap. 4.4.4). Voraussetzung ist dabei selbstverständlich, daß die Karte ausreichend viele, als Paßpunkte oder -linien taugliche Details zeigt und daß diese in ihrer richtigen Lage dargestellt sind. Entspricht der Maßstab der Karte dem des Kartierungsmaßstabs, so ist die Kenntnis der Koordinatenwerte der gewählten Paßpunkte nicht erforderlich. Bei Nachtragskartierungen z. B. forstlicher Betriebskarten ist das regelmäßig der Fall. Gleiches gilt für das Einkartieren von Vegetations-, Biotop-, Standortsgrenzen u. ä. in bestehende Karten.

Auch für die optisch-photographische Entzerrung (Kap. 4.4.5) können i. d. R. Paßpunkte – beim empirischen Vorgehen auch Paßlinien – aus vorhandenen Karten entnommen werden. Voraussetzung ist selbstverständlich auch hier, daß die Genauigkeit der Grundrißstellung als ausreichend angesehen werden kann.

Schließlich können *bei nicht zu strengen Genauigkeitsforderungen* auch für die absolute Orientierung einzelner Stereomodelle und Aerotriangulationen benötigte Paßpunktkoordinaten aus entsprechend zuverlässigen Karten gewonnen werden. Die Ermittlung der Lagekoordinaten erfolgt dafür mit einem Digitizer, die von Höhenkoordinaten wenn möglich an Höhenkoten oder – was häufiger notwendig wird – durch Interpolation zwischen Höhenschichtlinien. In der Praxis hat sich dies im Zuge von Wald- und Vegetationskartierungen wiederholt als brauchbar erwiesen (z. B. KÖLBL u. TRACHSLER 1978, SCHERRER et al. 1990, AKÇA et al. 1991, GROSS 1993). Digitalisierte Paßpunktkoordinaten können freilich im Einzelfall nicht unerhebliche Fehler aufweisen. Es ist zu empfehlen

– möglichst großmaßstäbliche Karten mit gutem Fortführungsstand zu benutzen. Grundkarten 1:5000 eignen sich oft gut, sind aber in geschlossenen Waldgebieten häufig zu arm an geeigneten, in Bild und Karte eindeutig zu identifizierenden Geländepunkten. Für Waldkartierungen 1:25000 und kleiner können auch Paßpunkte noch aus topographischen Karten 1:25000 genommen werden (s.u.).

– stets mehrere Messungen je Punkt durchzuführen und zur Minimierung des Digitalisierungsfehlers das Mittel daraus zu verwenden.

– stets mehr potentielle Paßpunkte als theoretisch benötigt zu bestimmen. Punkte, deren ermittelte Koordinaten offensichtlich nicht mehr tolerierbare Fehler aufweisen, können dann ausgeschlossen werden. Andererseits ermöglichen zusätzliche, über die notwendige Mindestzahl hinausgehende Paßpunkte bei der Orientierung eine Überbestimmung und bei Aerotriangulationen eine Verdichtung des Paßpunktrandes. Letzteres kann zu einer Blockstabilisierung führen, die es erlaubt, einzelne bei der Blockausgleichung noch geringfügig unstimmige Paßpunktkoordinaten durch Verbesserungen in ihre Sollposition zu bringen.

Bei sorgfältiger Arbeit und brauchbaren Karten sowie Aussonderung grob fehlerhaft bestimmter Paßpunkte können Genauigkeiten erreicht werden, wie sie in der Tab. 30 und in Tab. 31 angegeben sind.

Auswertegerät	Maßstab			Mittlerer Lagefehler mm	Quelle
Typ	Karte	Bilder	Kartierung		
1	*2*	*3*	*4*	*5*	*6*
analytisch	1:10.000	1:9.000	1:10.000	± 1–2	SCHERRER et al. 1990
analytisch	1:10.000	1:9.000	1:5.000	± 0,5–1	
analog	1:10.000	1:9.000	1:10.000	± 2–3	
analog	1:10.000	1:9.000	1:5.000	± 1–2	
analog		1:22.500	1:10.000	1,7 ± 1,2	AKÇA 1984
analog		1:22.500	1:5.000	1,8 ± 1,2	

Tab. 30: *Größenordnungen mittlerer Lagefehler stereophotogrammetrischer Kartierungen von Bestands- und Waldgrenzen bei absoluter Orientierung mit aus Karten (Sp. 2) abgegriffenen Paßpunktkoordinaten.*

Die in Tab. 30 gezeigten Lagefehler sind i. d. R. bei thematischen Kartierungen von Objekten, deren Abgrenzung im Gelände letztendlich gutachtlich erfolgt, zu tolerieren. Die in Tab. 34 ausgewiesenen mittleren Restfehler liegen zwar deutlich über den bei Triangulierungen für strenge photogrammetrische Meß- und Kartieraufgaben zu fordernden, können aber für viele forstliche und vegetationskundliche Kartierungen akzeptiert werden.

Die Bestimmung der Paßpunktkoordinaten aus Karten stößt bei forstwirtschaftlichen und vegetationskundlichen photogrammetrischen Meßaufgaben dort an ihre Grenze, wo Punktbestimmungen mit hoher Genauigkeit für permanente Stichprobeninventuren zum punktgenauen Wiederauffinden von Mittel- oder Eckpunkten von Stichprobeflächen oder baumweisen Dauerbeobachtungen durchzuführen sind, z. B. auf Versuchs- oder Weiserflächen, in Bann- oder Schutzwäldern u. ä. In diesen Fällen sind geodätische Paßpunktbestimmungen vorzuziehen und in den meisten Fällen auch geboten (hierzu z. B. MAXIN 1991, MÜNCH 1993).

mittlerer Restfehler		Modellkoordinaten in μm		Geländekoordinaten in m	
		xy	z	XY	Z
1		*2*	*3*	*4*	*5*
Paßpunkte	M			1,40	1,90
Verknüpfungspunkte	m	13,8	17,7	0,29	0,37
Blockausgleich	σ_o	17,7	22,6	0,37	0,48
Absolute Orientierung	D	13,8	17,7	0,29	0,37

Tab. 31: *Mittlere Restfehler einer Aerotriangulation in einem weitgehend geschlossenen Waldgebiet der Abruzzen mit 138 Modellen, 41 Lage- und 44 Höhenpaßpunkten sowie 2570 Verknüpfungspunkten. Weitwinkelluftbilder 1:20000, Paßpunkte aus Karten 1:25000, Messungen mit Planicomp P 3, Blockausgleich mit PAT MB (aus* GROSS *1993).*

Paßpunktbestimmung aus GPS-Daten

Die Gewinnung von Paßpunktkoordinaten aus GPS-Messungen am Boden ist erst seit kurzem möglich. Sie wird künftig sehr an Bedeutung gewinnen und nach Aufhebung noch bestehender Restriktionen des GPS-NAVSTAR (*Na*vigation *Sa*tellite *Ti*ming and *Ra*nging) durch die Betreiber ein geeignetes Mittel für die Geländekoordinatenbestimmung von Paßpunkten im offenen Gelände sein[25].

Gegenwärtig reichen bei Einsatz nur eines GPS-Empfängers die Genauigkeiten der Positionsbestimmung X,Y,Z für Paßpunkte noch nicht aus. Sie liegen bei marktgängigen lowcost Geräten theoretisch zwischen 15 und 25 m, durch künstliche, vom Betreiber des Systems aus militärischen Erwägungen eingeführte Verfälschungen (S/A-Code; S/A = selective availibility) aber praktisch zwischen 50 und 100 m.

Werden im sog. Differenzverfahren zwei Empfänger eingesetzt und kann dafür einer davon auf einem Geländepunkt mit bekannten X,Y,Z-Koordinaten stationiert werden, so lassen sich die Verfälschungen durch den S/A-Code eliminieren und die Bestimmungsgenauigkeit der Koordinaten insgesamt verbessern. Bei einfachen Geräten werden dann Genauigkeiten von 2–5 m und bei höherwertigen „geodätischen GPS-Empfängern" im Zentimeterbereich erreicht.

---

[25] Ab 1995 soll auch alternativ zum US-amerikanischen NAVSTAR das russische GLONASS (*GLOBAL NAVIGATION SATELLITE SYSTEM*) für Messungen, und zwar ohne Restriktionen, zur Verfügung stehen.

Jede Bestimmung der Lagekoordinaten eines Standpunktes erfordert Messungen der Entfernung zu drei und die der Höhenkoordinate zu vier NAVSTAR- bzw. GLONASS-Satelliten. Die Sicht vom Empfängerstandort zu diesen Satelliten muß frei sein. Dies schließt den Einsatz von GPS in geschlossenen Waldgebieten – etwa von schmalen Schneisen, Waldwegen oder kleinen Bestockungslücken und oft auch an Waldrändern – weitgehend aus. KLEINN (1993) z. B. fand, daß schon „lichte, unbelaubte Baumkronen so stark stören, daß ein Signalempfang unmöglich ist".

Paßpunktbestimmung durch Aerotriangulation

Paßpunktkoordinaten zur absoluten Orientierung von Stereomodellen eines größeren Bildverbandes können auch aus den Luftbildern selbst durch Aerotriangulation gewonnen werden. Voraussetzung dafür ist es jedoch, daß wenigstens am Rande des Bildverbandes, ggf. zur Abstützung auch in dessen Mitte, bereits Paßpunkte vorhanden sind. Diese mögen geodätisch eingemessen oder aus Karten entnommen sein (s.o.).

Wenn nicht nur einzelne Bildpaare, sondern abgestimmt aufeinander, viele Paare eines Bildverbandes absolut zu orientieren und auszuwerten sind, ist die Aerotriangulation das Regelverfahren zur Paßpunktbestimmung. Sie ist zudem notwendig, wenn
– eine durchgehende geodätische Einmessung der Paßpunkte ökonomisch nicht tragbar ist oder
– geodätische Einmessungen technisch wegen zu weiter Entfernungen zu Festpunkten mit bekannten Koordinaten oder wegen Unbegeh- bzw. Unbetretbarkeit des Aufnahmegebietes nicht möglich sind
– die Gewinnung von Paßpunktkoordinaten aus ggf. vorhandenen brauchbaren Karten (oder auch GPS-Daten) nicht den Genauigkeitsforderungen der sich anschließenden photogrammetrischen Auswertungen entspricht.

Die Aerotriangulation ist die Grundlage der photogrammetrischen Punktbestimmung in Stereomodellen ganzer Bildverbände. Sie wird ihrer Bedeutung wegen in den Grundzügen im nachfolgenden Kapitel behandelt.

Geodätische Einmessung von Paßpunkten

Die geodätische Einmessung von Paßpunkten führt zu den genauesten Koordinatenwerten. Sie ist das zeitaufwendigste und teuerste der genannten Möglichkeiten zu deren Bestimmung. Für Vermessungs-, Meß- und Kartierungsaufgaben, die zu hohen Genauigkeiten der Ergebnisse führen müssen, ist die geodätische Einmessung *entweder* der Paßpunkte des einzelnen Modells *oder* bei Aerotriangulationen der randständigen, den Bildverband stützenden und an das Geländekoordinatensysten anbindenden Paßpunktfolge erforderlich.

Die geodätische Einmessung von Paßpunkten geht von Punkten des trigonometrischen Festpunktfeldes bzw. Höhennetzes aus. Von dort werden durch Theodoliten- oder Tachymetermessungen, bei Höhenpaßpunkten auch durch Nivellement, Polygonzüge zu den vorgesehenen, vor dem Bildflug signalisierten oder natürlichen Paßpunkten gelegt.

4.5.3 Aerotriangulation – photogrammetrische Punktbestimmung

4.5.3.1 Entwicklung und Übersicht

Die Aerotriangulation war als Verfahren zur Bestimmung von Paßpunktkoordinaten zur Orientierung von Stereomodellen eines größeren Bildverbandes in Gebieten mit wenig geodätischen Festpunkten entwickelt worden. Sie hat diese Funktion auch heute noch als ihre Hauptaufgabe. Gleichwohl gilt sie seit etwa der Mitte der siebziger Jahre als „der allgemeine Fall der photogrammetrischen Punktbestimmung mit n>2 Bildern" (SCHWIDEFSKY u. ACKERMANN 1976).

Für die Gewinnung von Paßpunktkoordinaten war die Aerotriangulation schon frühzeitig in ihren ersten Formen als *zweidimensionale Radialtriangulation* (Ziel: Lagekoordinaten X,Y) und als *räumliche Aerotriangulation von Bildstreifen* (Ziel: Raumkoordinaten X,Y,Z) erdacht worden[26].

Die weitere Entwicklung der räumlichen Aerotriangulation führte dann von der Streifenbildung zu Triangulationsmethoden für Bildverbände = Bildblöcke, die aus mehreren Bildstreifen bestehen können. Der Bildstreifen als Bildverband wird dabei als Sonderform eines Blockes behandelt. Hatte man zuvor Bildstreifen nur graphisch oder mit einfachen rechnerischen Mitteln aneinandergebunden, so sind die seit Mitte der fünfziger Jahre gesuchten Ansätze und gefundenen Methoden auf eine ganzheitliche Blockbildung mit bestmöglicher rechnerischer Ausgleichung ausgerichtet[27]. Sie wurden durch das aufkommen elektronischer Rechner praktikabel und befördert zunächst durch gerätetechnische Vervollkommnung analoger Stereoauswertegeräte und Präzisionskomparatoren sowie durch den sich anbahnenden, generellen Übergang zu analytischen Auswerteverfahren.

Über Zwischenstufen bildeten sich – klassifiziert nach der Art der Blockausgleichung – schließlich drei Hauptverfahren der räumlichen Aerotriangulation heraus:
– Die Streifentriangulation mit Blockausgleich durch Polynome oder Spline-Funktionen (syn. Polynomverfahren)
– das Verfahren des Blockausgleichs mit unabhängigen Modellen
– das Verfahren der Bündelblockausgleichung (syn. Bündelverfahren, Bündelausgleich, Methode der analytischen Aerotriangulation[28]).

Voraussetzung für alle Verfahren ist die Luftbildaufnahme des Blocks mit mindestens 60 % Längsüberdeckung und 20 % Querüberdeckung. Für jedes der genannten Verfahren sind neben den allgemeinen Vorbereitungsarbeiten folgende Schritte notwendig:

---

[26] Frühe Literatur hierzu, so SCHEIMPFLUG 1909, RUDEL 1921, ASCHENBRENNER 1926, v. GRUBER 1928, HOTINE 1929, COLLIER 1931, S. FINSTERWALDER 1932 für die Radialtriangulation und S. FINSTERWALDER 1916, NISTRI 1929, v. GRUBER 1924, GASSER 1923 für die Streifentriangulation ist bei BURKHARDT (1988) nachgewiesen. Vgl. hierzu auch SCHERMERHORN 1960.

[27] Die räumliche Aerotriangulation war vor allem zwischen 1955 und 1975 eines der Hauptthemen der Photogrammetrie. Vorbereitet und in der ersten Phase bestimmt wurde dies u. a. durch Arbeiten von BLACHUT (1948), SCHMID (1953, 1958), RINNER (1956), SCHUT (1956, 1957), JERIE (1957/58), BROWN (1958). Die grundlegenden Arbeiten, die zum heutigen Stand führten, gingen vor allem von ACKERMANN (1961, 1965, 1967, 1968 u.v.a.), EBNER (1970, 1972 u. a.), ACKERMANN et al. (1970 a/b) aus. Aus der Vielzahl weiterer Arbeiten seien ALBERTZ (1966), SCHUT (1967), BAUER (1972), KUBIK (1972) erwähnt.

[28] Das letztgenannte Synonym ist etwas mißverständlich, da sich heute auch die Blockausgleichung mit unabhängigen Modellen und die Polynomverfahren analytisch-photogrammetrischer Mittel bedienen.

- Auswahl der den Block an das Geländekoordinatensystem anbindenden Paßpunkte, Beschaffung von deren Koordinaten X,Y,Z und ggf. Signalisierung dieser Punkte.
- Auswahl von Verknüpfungspunkten zwischen allen Bildpaaren des Blocks und deren Identifizierung und ggf. Markierung in jeweils allen Bildern, in denen sie enthalten sind.
- Messung von Bild- bzw. Modellkoordinaten (s.u.) von Paß- und Verknüpfungspunkten sowie deren Überprüfung und Speicherung.
- Rechnerische Blockausgleichung mit Anzeige der verbliebenen Restfehler und anschließender Rückführung der Ergebnisse der Ausgleichung in das Auswertegerät.

Für alle drei genannten Verfahren gibt es mehrere Varianten und für den dritten und vierten Arbeitsschritt entsprechende, ausgereifte und nutzerfreundliche Rechenprogramme bzw. Programmpakete. Sie stehen für die jeweils benötigten Messungen von Bild- bzw. Modellkoordinaten, Überprüfung der Messungen und Speicherung der Ergebnisse als Basissoftware analytischer Auswertegeräte und digitaler photogrammetrischer Systeme sowie als optionale Programme für die Blockausgleichung zur Verfügung. Die Blockausgleichung kann dabei auch als Dienstleistung an einschlägige photogrammetrische Ingenieurbüros oder spezielle Anbieter photogrammetrischer Informationsverarbeitung außer Haus vergeben werden.

Die Verfahren der räumlichen Aerotriangulation werden im folgenden in ihren wesentlichen Zügen beschrieben. Auf die Darstellung der für die Blockausgleichungen benötigten Algorithmen und deren mathematische Begründungen wird dabei verzichtet und auf die photogrammetrische Lehrbuchliteratur und die zahlreichen hierzu vorliegenden Spezialarbeiten verwiesen (vgl. Fußnoten 26, 27). Dagegen werden den Beschreibungen der drei Hauptformen der räumlichen Aerotriangulation Ausführungen über die Anforderungen an Paß- und Verknüpfungspunkte und eine Darstellung der zweidimensionalen Radialtriangulation vorangestellt. Ersteres im Hinblick auf die Bedeutung dieser Punkte für den Erfolg einer Aerotriangulation, das zweite, weil die Radialtriangulation Forstleuten oder Vegetationskartierern, die in Entwicklungs- und Planungsprojekten der Dritten Welt vor selbst zu lösenden Kartieraufgaben in paßpunktarmen Gebieten stehen, ggf. hilfreich sein kann.

4.5.3.2 Paßpunkte für die Aerotriangulation

Auch für die zweidimensionale und die räumliche Aerotriangulation benötigt man zur Anbindung eines Streifens und eines Blocks an das Geländekoordinatensystem, d. h. zu deren absoluter Orientierung, eine begrenzte Anzahl von Lage- und Höhenpaßpunkten.

Lagepaßpunkte für Aerotriangulationen *von Streifen* müssen am Streifenanfang und -ende gefunden werden. Bei langen Streifen sind weitere Paßpunkte – etwa im Abstand von 6–8 Modellen (STARK 1973) – zur Abstützung notwendig bzw. sehr wünschenswert. Für *Blockausgleichungen* müssen Lagepaßpunkte entlang der Blockränder angeordnet sein. Sie sollen möglichst in den vom Block aus nach außen liegenden Seiten der Randmodelle gefunden werden. Im Hinblick auf den Überhang der Luftbilder gegenüber dem Kartiergebiet und unvermeidlichen Abweichungen des Bildflugs von der Flugplanung ist dies zu beachten. Beides legt es nahe, die Auswahl der Paßpunkte erst anhand der vorliegenden Luftbilder vorzunehmen.

Die *Dichte der Lagepaßpunkte* am Blockrand hat Auswirkungen auf die Lagegenauigkeit der Blockausgleichung. Der Rand sollte nach gegebenen Möglichkeiten dicht besetzt werden. Der Abstand der Lagepaßpunkte sollte zwischen 2 bis 5 Basislängen b liegen.

Höhenpaßpunkte sollen nach Möglichkeit quer zur Flugrichtung (= Längsausdehnung des Blocks) in Ketten von Rand zu Rand gelegt werden. Als Abstand zwischen den Ketten

empfiehlt KRAUS (1982) 3–4 Basislängen. SCHWIDEFSKY u. ACKERMANN (1976, S. 199)
lassen je nach den Anforderungen 4–10 Basislängen zu. In den Ketten sind die Höhenpaßpunkte nach Möglichkeit so zu legen, daß bei Bildflügen mit 20–30 % Querüberdek-
kung in jedem Querüberdeckungsstreifen ein Höhenpaßpunkt liegt (Abb. 126b). Bei
Bildflügen für eine Aerotriangulation wird gelegentlich auch mit 60 % Querüberdeckung
aufgenommen. In diesem Fall empfiehlt sich für die Höhenpaßpunkte ein Rasterverband
von genähert 4b x 4b.

Die *reale Verteilung* von Lagepaßpunkten am Rand und der Höhenpaßpunkte inmitten
des Blocks wird stets mehr oder weniger von einer idealen regelmäßigen Verteilung mit
gleichen Abständen der Punkte und Ketten abweichen. Dies gilt besonders bei Arbeiten in
wenig erschlossenen und schwer zugänglichen Gebieten und dies selbst dann, wenn die
Paßpunktkoordinaten aus Karten gewonnen werden sollen. Für die der Tab. 31 zugrunde
liegende Aerotriangulation in einem waldreichen Gebiet der Abruzzen konnten z. B.
neben den randständigen Lage- und Höhenpaßpunkten nur zwei sehr unvollständige
Höhenpaßpunktketten im Inneren des Blocks gefunden werden. Die Auswirkungen der
Paßpunktanordnung und -dichte auf die Genauigkeit der Streifen- oder Blockausgleichung gebietet aber, eine nach Lage der Dinge bestmögliche Annäherung an die o.a.
Paßpunktabstände und an Idealverteilungen wie die in Abb. 126 dargestellten zu suchen.
  Paßpunktkoordinaten für die Aerotriangulation werden nach Lage der Dinge in der in
Kap. 4.5.2.4 beschriebenen Weise gewonnen. Die Paßpunktbeschaffung kann auf Schwie-
rigkeiten stoßen, wenn großmaßstäbige Luftbilder ausgedehnter, geschlossener Waldgebiete auszuwerten sind. Die Gewinnung von Paßpunkten aus Karten scheitert in solchen
Fällen häufig am Mangel genügend vieler und entsprechend gelegener Geländepunkte,
die in den Luftbildern *und* in der Karte eindeutig zu identifizieren sind. Andererseits ist
eine geodätische Einmessung oft wirtschaftlich nicht tragbar, z. B. dann nicht, wenn die
Aerotriangulation für Zwecke einer Waldinventur durchzuführen ist. Ein Ausweg kann in
solchen Fällen die Aerotriangulation mit zusätzlich, in kleinerem Maßstab aufgenommenen Luftbildern sein. Die für die absolute Orientierung der auszuwertenden großmaßstäblichen Stereomodelle benötigten Paßpunktkoordinaten können dann durch analytische
Punktbestimmung aus den kleinmaßstäbigen *Referenzmodellen* gewonnen werden.
  Einem früheren Vorschlag folgend (HILDEBRANDT 1984b) hat MAXIN (1990) ein solches
Vorgehen für baumweise Messungen und Zustandserfassungen auf permanenten, lagedefinierten Stichprobeflächen inmitten ausgedehnter Wälder getestet und erfolgreich eingesetzt. Die Arbeitsschritte sind in diesem Falle
– Luftbildaufnahmen im großen Maßstab für die späteren Auswertungen und im kleineren Maßstab, ggf. im nötigen Umfang über das bewaldete Inventurgebiet hinausgehende, für die Aerotriangulation
– geodätische Einmessung von Paßpunkten für die Triangulation
– Auswahl von natürlichen Punkten, die für die spätere absolute Orientierung der großmaßstäbigen Modelle geeignet sind und sowohl in diesen als auch in den kleinmaßstäbigen Modellen eindeutig zu identifizieren sind
– Aerotriangulation mit den kleinmaßstäbigen Luftbildern und analytische Punktbestimmung aller ausgewählten, für die Orientierung der großmaßstäbigen Bildpaare benötigten Paßpunkte
– Orientierung und Auswertung der großmaßstäbigen Modelle.
Der Mehraufwand für den zusätzlichen Bildflug ist wirtschaftlich vor allem dann gerechtfertigt, wenn für permanente Inventuren zum Zwecke der Beobachtung einer Entwicklung (monitoring) wiederholt exakt gleiche Stichprobeflächen, Bäume oder Baumkollektive zu erfassen sind. Empirische Untersuchungen mit Luftbildern 1:15000 für die
Aerotriangulation und drei Jahrgängen von Luftbildern 1:5000 für die thematische Aus-

wertung zeigten, daß die großmaßstäbigen Luftbilder mit mittleren Restfehlern an identischen Paßpunkten unter 0,20 m orientiert werden können und jeder Baum (zumindest ab mittlerem Alter) trotz der natürlichen Lageunsicherheit seiner Spitze in den verschiedenen Bildjahrgängen zuverlässig wiederauffindbar ist (MAXIN 1990).

4.5.3.3 Verknüpfungspunkte bei Blockausgleichungen

Außer Paßpunkten benötigt man bei Blockausgleichungen eine größere Anzahl von *Verknüpfungspunkten*. Durch sie werden die Luftbilder bzw. Stereomodelle im und zwischen den Bildstreifen miteinander verbunden. Ihre Geländekoordinaten sind zunächst nicht bekannt.

Verknüpfungspunkte müssen, um ihrer Funktion gerecht werden zu können, in den sich längs- und/oder querüberdeckenden Bildbereichen bzw. Modellen jeweils eindeutig erkenn- und von einem Bild ins benachbarte übertragbar sein.

Der Auswahl und später der Koordinatenmessung der Verknüpfungspunkte kommt für die Genauigkeit der Ausgleichung und Stabilität der Blöcke erhebliche Bedeutung zu. Dementsprechende Sorgfalt ist bei beiden Arbeitsgängen notwendig. Die in der photogrammetrischen Literatur wiederholt empfohlene Auswahl und Signalisierung der Verknüpfungspunkte *vor* dem Bildflug kann bei vegetationsbestandenem oder bebautem Gelände zu Problemen durch Verdeckungen oder Beschattungen signalisierter Punkte führen, besonders bei Weitwinkelaufnahmen und für vorgesehene Punkte in den querüberdeckten Bildbereichen der Bildstreifen. Es empfiehlt sich daher, die Verknüpfungspunkte in den Luftbildern selbst auszuwählen. Man kann dann Sorge dafür tragen, daß sie in allen Bildern, in denen sie liegen, ganz eindeutig erkannt werden können.

Als Verknüpfungspunkte kommen schließlich auch „*künstliche*" *Punkte* in Frage. Das sind Bildpunkte, die nicht markant sind, aber dennoch stereoskopisch gut mit der Meßmarke einstellbar und so als identische Punkte zu definieren sind. Sie können mit eigens dafür entwickelten Punktübertragungsgeräten in der Emulsion der Negative oder Diapositive markiert und von dort in die der jeweiligen Nachbarbilder übertragen werden. Die Punktübertragung dieser Art hatte besonders bei Aerotriangulationen mit analogen Auswertegeräten und hat noch bei Messungen der Bildkoordinaten von Verknüpfungspunkten mit Komparatoren Bedeutung. Als Punktmarkierungs- und -übertragsgeräte standen bzw. stehen zur Verfügung das TRANSMARK (Zeiss, Jena), das PUG 4 (Wild), das VARISCALE (Bausch und Lomb), das PM 1 (Zeiss, Oberkochen) sowie das PMG 2 und CPM 1 (Kern)[29].

Die benötigte Anzahl von Verknüpfungspunkten ist für die in Kap. 4.5.3.1 genannten Hauptverfahren der Blockausgleichung unterschiedlich. Bei Ausgleichung mit Streifenpolynomen nach vorangegangener Aeropolygonierung der Streifen sind nur im Abstand von 1–3 Basislängen Verknüpfungspunkte in den Bereichen der Querüberdeckung erforderlich. Bei Blockausgleichungen mit unabhängigen Modellen und nach der Bündelblockmethode gehen demgegenüber keine Ausgleichungen in den Bildstreifen voran. Es werden zur gemeinsamen Ausgleichung im und zwischen den Streifen daher *mindestens* neun Verknüpfungspunkte je Modell eingesetzt. Die Konfiguration einer solchen Mindestbesetzung ist jener vergleichbar, die bei der Radialtriangulation beschrieben wird (4.5.3.4). De facto geht

---

[29] Mehrere dieser Geräte werden nicht mehr angeboten, stehen aber in Vermessungsverwaltungen oder -büros noch zur Verfügung. Eine neue, für permanente Waldinventuren und Monitoringaufgaben interessante Verwendung von Punktübertragungsgeräten hat HEIDINGSFELD (1993) für die kostengünstige, den praktischen Bedürfnissen genügende Markierung von Stichprobepunkten in Luftbildern und deren lagegenaue Übertragung in nachfolgende Bildjahrgänge beschrieben.

man aber – besonders bei analytisch-photogrammetrischer Aerotriangulation – zur Stabi-
lisierung des Blocks deutlich über diese Mindestzahl hinaus. Bei der der Tab. 31 zugrunde
liegenden Aerotriangulation für ein wenig erschlossenes Waldgebiet, wurden z. B. 2570
Verknüpfungspunkte für 138 Modelle, d. h. im Mittel 18,6 je Modell verwendet. SCHWI-
DEFSKY u. ACKERMANN (1976, S. 258) nennen als Extremfall die Verwendung von bis zu 100
Verknüpfungspunkten je Modell in der Katasterphotogrammetrie.

Nach Auswahl der Verknüpfungspunkte werden deren Koordinaten gemessen, und
zwar für Blockausgleichungen mit unabhängigen Modellen und mit Streifenpolynomen
beim Einsatz analoger Stereoauswertegeräte *Modellkoordinaten* und bei Arbeit mit analytisch-photogrammetrischen Mitteln *Bildkoordinaten*, die in Modellkoordinaten transformiert werden. Für Bündelblockausgleichungen erfolgt die Messung und die weitere
rechnerische Auswertung in Bildkoordinaten.

4.5.3.4 Die Radialtriangulation

Dieses zweidimensionale, „ebene“ Verfahren nutzt den Umstand, daß *in ebenem Gelände*
bei Nadiraufnahmen M' = N' ist und daher die in M' gemessenen Richtungen zu anderen
Bildpunkten gleich entsprechenden Richtungen im Gelände sind. M' ist in diesem Falle
auch der sog. Winkeltreue Punkt W'. In Senkrechtaufnahmen liegt W' zwischen M' und N'
(Abb. 88) und bei geringer Nadirdistanz v nahe M'. Man kann deshalb bei guten Senkrechtaufnahmen davon ausgehen, daß die von M' ausgehenden Radialstrahlen näherungsweise richtungsgleich mit entsprechenden Geländegeraden sind.

Bei der Radialtriangulation legt man mit Hilfe solcher vom M' ausgehenden Radiallinien ein das Kartierungsgebiet abdeckendes *Dreiecksnetz* an (Abb. 124). Die ausgewähl-

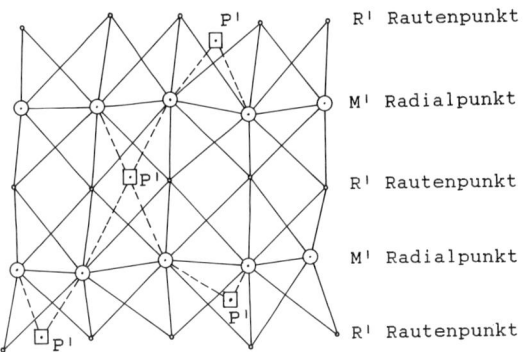

R' Rautenpunkt

M' Radialpunkt

R' Rautenpunkt

M' Radialpunkt

R' Rautenpunkt

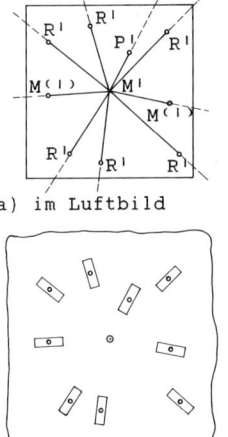

a) im Luftbild

b) auf Pappschablone

Abb. 124:
Radialliniennetz für eine Radialtriangulation

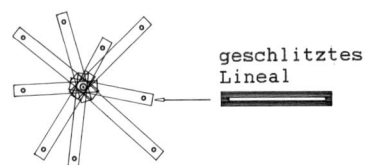

geschlitztes
Lineal

Abb. 125:
Richtungssatz für die Radialtriangulation

c) mit geschlitzten Linealen

ten Radiallinien eines Bildes werden als *Richtungssatz* bezeichnet (Abb. 125a). Über sog. Rautenpunkte und die Bildmittelpunkte werden alle Bilder des Bildverbandes miteinander verbunden und, so gut es geht, ausgeglichen. Über Paßpunkte erfolgt die Anbindung des Dreiecksverbandes an das Geländekoordinatensystem.

Der Arbeitsgang ist dabei folgender:

- In den Luftbildern werden die Bildmittelpunkte M' bezeichnet und wechselseitig in die im Flugstreifen benachbarten Bilder übertragen.
- In den Bereichen der Querüberdeckungen sucht man etwa in Höhe der Bildmittelpunkte in den seitlichen Nachbarbildern gut identifizierbare Rautenpunkte R'. Sie werden bezeichnet und in alle Bilder, in denen sie abgebildet sind, übertragen.
- Paßpunkte P' mit bekannten oder aus Karten abgreifbaren Lagekordinaten X, Y werden in den Bildern, in denen sie abgebildet sind, markiert.
- Die nun vorliegenden Richtungssätze aller Bilder bildet man mechanisch nach. Dazu verwendet man entweder Schlitzschablonen aus Pappe oder geschlitzte Lineale aus Metall (Abb. 125b/c). Pappschablonen können mit Radialschlitzstanzen (z. B. Zeiss RADIALSECATOR) hergestellt werden.
- Die Schablonen bzw. Lineale werden mit Knöpfen verbunden, die in den Schlitzen für den späteren mechanischen Ausgleich beweglich (verschiebbar) bleiben.
- Auf eine Unterlage wird im mittleren Maßstab der Luftbilder das Gitter des Geländekoordinatensystems gezeichnet. Die Paßpunkte trägt man dort lagerichtig ein.
- Das Radialliniennetz wird an den Paßpunkten mit der Unterlage fest verbunden. Es wird dabei i. d. R. Spannungen und Aufwölbungen zeigen. Durch leichtes Klopfen und vorsichtiges Schieben wird das Netz so ausgeglichen, daß es eben und weitgehend spannungsfrei aufliegt.
- An den Verknüpfungspunkten M', R' nadelt man durch, so daß deren Lage im Gitter des Geländekoordinatensystems bekannt wird und man sie dort abgreifen kann.

In ebenen bzw. wenig bewegten Gebieten kann eine Radialtriangulation dieser Art eine Lagegenauigkeit der Neupunkte von ± 2–5 mm im Triangulationsmaßstab erreichen.

4.5.3.5 Streifentriangulation und Blockausgleichung mit Streifenpolynomen

Die Streifentriangulation in ihrer einfachen Form, der Aeropolygonierung, ist ein fortgesetzter Folgebildanschluß. An das erste, relativ und absolut orientierte Modell wird das folgende Bild durch relative Orientierung zum bereits absolut orientierten Nachbarbild und durch entsprechende Maßstabsangleichung angebunden:

- relative und absolute Orientierung des Bildpaares 1/2
- relative Orientierung des Bildpaares 2/3
- absolute Orientierung des Bildpaares 2/3 durch Maßstabsangleichung einer Bildstrecke, die in den beiden Modellen 1/2 und 2/3 liegt oder mit Hilfe eines im Modell 1/2 gemessenen Höhenpaßpunktes. Die Basis im Modell 2/3 ist dazu so zu verändern, daß sich für den Höhenpaßpunkt im Modell 2/3 die vorgegebene Höhe ergibt.
- Fortsetzung des Vorganges durch Anschluß von Modell 3/4 an 2/3 usw.

Aus naheliegenden Gründen verschlechtert sich die Genauigkeit der absoluten Orientierung mit fortschreitendem Folgebildanschluß. Die Triangulation muß deshalb auf weitere Paßpunkte gestützt werden, die i.d.R. am Ende des Streifens liegen sollen. Bei längeren Streifen können zusätzliche Paßpunkte im Verlauf des Streifens zweckmäßig oder auch notwendig sein. Dabei auftretende Widersprüche müssen behoben werden. Ein Zahlenbeispiel für eine entsprechende Korrektur findet sich bei KRAUS (1982, S. A 5.1.1–2).

Das Prinzip der Streifentriangulation mit fortgesetztem Folgebildanschluß war in sinnfälliger Weise in analogen stereophotogrammetrischen Auswertegeräten wie dem 1934 eingeführten AEROPROJEKTOR MULTIPLEX (Zeiss AEROTOPOGRAPH) und MULTI-PLO (O.M.I., Nistri) sowie dem späteren MULTIPLEX (VEB Zeiss, Jena) verwirklicht.

Die analytisch-photogrammetrische Lösung der Triangulation mit einem Streifen folgt dem gleichen Prinzip. Es wird in diesem Falle von den Modellkoordinaten des ersten Stereo-modells des Streifens ausgegangen. Beim rechnerischen Bildanschluß und der Maßstabs-übertragung von Modell zu Modell werden alle Modellpunkte stets auf das Koordinaten-system des ersten Modells bezogen. Zur rechnerischen Streifenausgleichung können Spline-Funktionen oder sog. verknüpfte Polygone verwendet werden (ACKERMANN 1961, WALD-HÄUSL 1973). Sie ersetzten frühere graphische Interpolationen und einfache Polynome.

Zur Blockausgleichung mehrerer bereits in sich angeglichener und orientierter Streifen benötigt man zusätzlich zu den Paßpunkten in den Streifen Verknüpfungspunkte in den Überdeckungsbereichen der Streifen. Sie werden wie beschrieben ausgewählt, ihre Modell-koordinaten in jedem Streifen werden gemessen. Die in den Modellkoordinatensystemen der jeweiligen Streifen vorliegenden Koordinaten der Paß- und Streifenverknüpfungs-punkte gelten zunächst als „vorläufige". Zwischen den vorläufigen Modellkoordinaten identischer, aber aus verschiedenen Streifen stammender Punkte, treten – i. d. R. kleine – Widersprüche auf. Sie sind durch die Blockausgleichung zu beseitigen. Man verwendet dafür Korrekturpolynome 2. oder 3. Grades. Als Eingangsgrößen stehen dafür die vorläu-figen Modellkoordinaten der Paß- und Verknüpfungspunkte sowie die Geländekoordina-ten der Paßpunkte zur Verfügung. Zusammenstellungen hierfür gebräuchlicher Polynome finden sich bei ALBERTZ u. KREILING (1989, S. 226).

Die Aerotriangulation mit dem Verfahren der Blockausgleichung mit Streifenpolyno-men führt zu guten Genauigkeiten für die photogrammetrischen Punktbestimmungen im Block. Sie erreicht aber nicht die Genauigkeiten der Blockausgleichung mit unabhängigen Modellen und der Bündelblockausgleichung.

4.5.3.6 Blockausgleichung mit unabhängigen Modellen

Die Blockausgleichung mit unabhängigen Modellen ist das heute meist angewandte Ver-fahren der Aerotriangulation. Sie ist eine strengere Lösung für die Aerotriangulation als die zuvor beschriebene Streifentriangulation.

Grundbaustein (Recheneinheit) ist das einzelne, relativ orientierte Modell. Die Mo-delle sind unabhängig voneinander und besitzen jeweils ihr eigenes Modellkoordinaten-system. In diesem Koordinatensystem werden die Modellkoordinaten der in das Modell fallenden Lage- und Höhenpaßpunkte und Verknüpfungspunkte bestimmt. Bei Arbeit mit einem Analoggerät erfolgt dies durch direkte Messung. Bei analytischen oder digitalen photogrammetrischen Auswertesystemen mißt man dagegen die *Bild*koordinaten der genannten Punkte (in allen Bildern, in denen sie vorkommen). Deren Umrechnung in die jeweiligen Modellkoordinaten erfolgt durch die Rechenprogramme der Systeme. Der Blockverband wird über die Modellverknüpfungspunkte hergestellt und über die periphe-ren Lagepaßpunkte des Blockes sowie die diesen durchziehenden Höhenpaßpunktketten (s. 4.5.3.2 und Abb. 126) absolut orientiert. Je nachdem, ob die Blockausgleichung als ebenes oder räumliches Problem behandelt wird, ergeben sich unterschiedliche Verfah-renswege (die in verschiedenartigen Rechenprogrammen realisiert sind):

Im *ersten Falle* wird von relativ orientierten *und* horizontierten Modellen und den Lage-koordinaten x,y der Verknüpfungs- und Paßpunkte ausgegangen. Dieses Vorgehen wird auch als Anblock-Methode bezeichnet. Der gemeinsamen Lageausgleichung und damit Zusammenbindung der Modelle (Abb. 127) liegt mathematisch eine verkettete *ebene* Ähnlichkeitstransformation zugrunde.

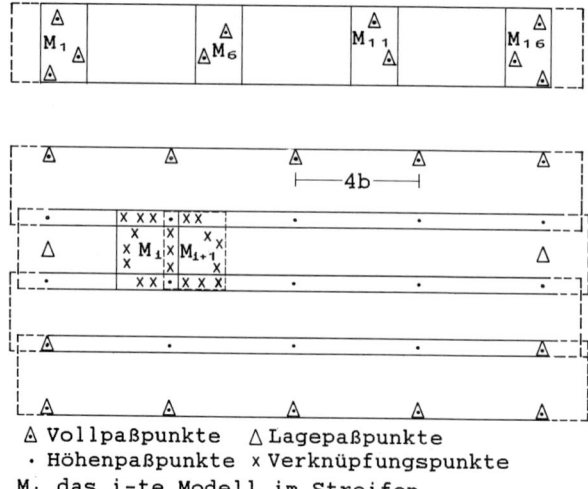

△ Vollpaßpunkte   △ Lagepaßpunkte
· Höhenpaßpunkte   x Verknüpfungspunkte
M_i das i-te Modell im Streifen

Abb. 126: *Schematische (ideale) Paßpunktanordnung für Aerotriangulationen a) bei Strei-*
fentriangulation (60% Längsüberdeckung) b) bei Blockausgleich mit unabhän-
gigen Modellen (60% Längs- und 20% Querüberdeckung)

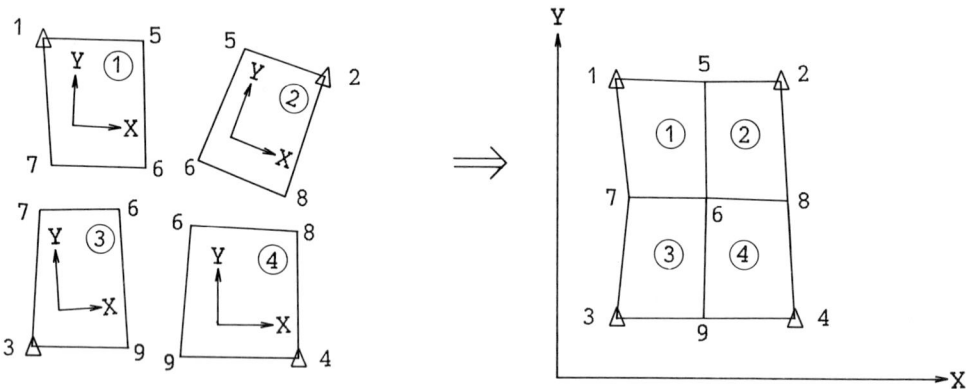

Abb. 127: *Verknüpfung unabhängiger Modelle zum Blockverband*

Im *zweiten Falle*, der räumlichen Blockausgleichung, sind dagegen die Modellkoordinaten
x,y,z der Verknüpfungs- und Paßpunkte im *nur* relativ orientierten Modell die Eingabedaten. Zunächst wird dabei ebenfalls eine Lageausgleichung in Form des Anblockens
(Abb. 127) mit einer ebenen Ähnlichkeitstransformation vorgenommen. Anschließend
erfolgt die Höhenausgleichung für alle Paß- und Verknüpfungspunkte einschließlich der
Projektionszentren. Die Rechenprogramme wiederholen iterativ beide Schritte, bis bestmögliche Blockausgleichung erreicht ist. Notwendige Korrekturen zur Ausschaltung der
Einflüsse der Erdkrümmung und Refraktion sind dabei eingeschlossen. Bekannte und
weitverbreitete Programme dieser Art sind das PAT-M (ACKERMANN et al. 1970 sowie
die Folgeprogramme PAT-MR, PAT-M-PC).

In Tab. 32 sind die wesentlichen Merkmale der zwei- und der dreidimensionalen Ausgleichung mit unabhängigen Modellen noch einmal vergleichend gegenübergestellt. Ziel

und Ergebnis der Ausgleichung ist in jedem Falle, daß die Einzelmodelle widerspruchsfrei miteinander verknüpft sind und der Block über die Paßpunkte absolut orientiert ist. Die erreichte Güte der Blockausgleichung wird durch die verbliebenen mittleren Restfehler an Paß- und Verknüpfungspunkten (bei der räumlichen Variante einschließlich jener der Projektionszentren) und durch die mittlere quadratische Abweichung der Paß- und Verknüpfungspunkte σ_o als Angabe für die Gesamtgenauigkeit charakterisiert (vgl. Tab. 31).

Merkmal	Lageausgleichung	räumliche Ausgleichung
1	*2*	*3*
Modellvorbereitung	relative Orientierung und Horizontierung	relative Orientierung
Meßgröße	Modellkoordinaten x, y von Paß- und Verknüpfungspunkten	Modellkoordinaten x, y, z von Paß- und Verknüpfungspunkten und Projektionszentren
Paßpunktkoordinaten	Z zur Horizontierung, X, Y zur Lageausgleichung und Blockorientierung	X, Y, Z zur räumlichen Blockausgleichung und -orientierung
Modellausgleichung und absolute Orientierung	durch verkettete ebene Ähnlichkeitstransformation	durch verkettete räumliche Ähnlichkeitstransformation
Transformationsschritte	Punktverschiebung in x, y Modelldrehung um z-Achse Maßstabsänderung des Modells	Punktverschiebung in x, y, z Modelldrehung um x-, y-, und z-Achse Maßstabsänderung des Modells

Tab. 32: *Vergleich zwischen ebener und räumlicher Aerotriangulation bei Blockausgleich mit unabhängigen Modellen.*

Liegt gutes Luftbildmaterial vor und werden die Messungen der Bild- bzw. Modellkoordinaten präzise ausgeführt, so ist die *Lagegenauigkeit* von der Anzahl und Verteilung der Lagepaßpunkte am Rand des Blockes und der Genauigkeit von deren Lagekoordinaten abhängig. Je dichter der Blockrand besetzt ist, desto bessere Ergebnisse werden erzielt. Bei dichtbesetztem Rand spielen Blockgröße und -form keine Rolle mehr. Lagepaßpunkte im Innern des Blocks tragen nicht wesentlich zur Genauigkeitssteigerung bei. Wird die Anzahl der Verknüpfungspunkte über die erforderliche Mindestzahl hinaus gesteigert, so stabilisiert das den Block, und auch die Genauigkeit der Lagekoordinaten verbessert sich zunächst. Dies freilich nur, bis ein gewisser Sättigungsstand erreicht wird. Wichtig ist vor allem, daß die Verknüpfungspunkte gut identifiziert und von Bild zu Bild exakt übertragen werden. Mit größer werdendem Bildmaßstab verbessert sich – bis zu Maßstäben von 1:3000 bis 1:5000 – die Lagegenauigkeit der Aerotriangulation mit unabhängigen Blöcken.

Die *Höhengenauigkeit* ist von der Güte der Höhenpaßpunkte und der Bestimmung der Projektionszentren, vor allem aber auch von der Anzahl bzw. dem Abstand der Höhenpaßpunktketten abhängig. Bei gleichem Bildmaßstab der verwendeten Luftbilder führen

Weitwinkelaufnahmen zu besseren Ergebnissen als Normalwinkelaufnahmen da die erreichbare Genauigkeit von der Flughöhe abhängig ist.

Detaillierte Fehlerdiskussionen finden sich bei SCHWIDEFSKY und ACKERMANN (1978), KRAUS (1982) und in zahlreichen Spezialarbeiten (siehe hierzu z. B. Fußnote 27). Auf die empirischen Untersuchungen zur Aerotriangulation der OEEPE (Organisation Européenne d'Etudes Photogrammétriques Experimentales) wird besonders hingewiesen (z. B. OEEPE 1973).

4.5.3.7 Bündelmethode

Die Bündelmethode (Synonyme siehe 4.5.3.1) schließt methodisch an die analytische Orientierung eines Bildpaares und anschließende Punktbestimmung an (Kap. 4.5.2.2). Sie ist *das strengste der Aerotriangulationsverfahren*. Über die Strahlenbündel der Bilder des Blockverbandes werden diese miteinander verbunden. Abb. 128 zeigt dieses Prinzip. Es entspricht dem gleichzeitigen räumlichen Rückwärtsschritt aller Bilder des Blocks. Im Gegensatz zu den Aerotriangulationen mit Streifen oder unabhängigen Modellen wird also nicht der Weg (Umweg) über Stereomodelle gegangen. Dementsprechend sind auch nicht Modell- sondern *Bildkoordinaten* die Eingangsgrößen für die Berechnungen. Das Einzelbild und nicht das Stereomodell ist die Recheneinheit.

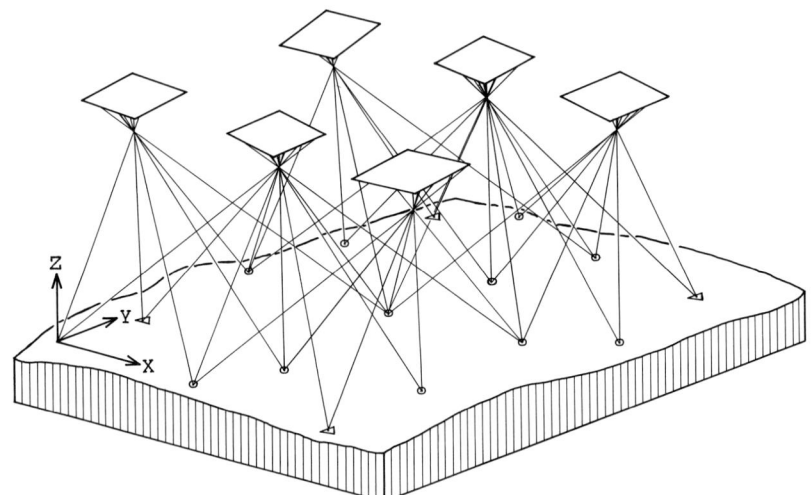

Abb. 128: *Prinzip der Bündelausgleichung*

Die *Beziehungen* zwischen dem Bild- und dem Geländekoordinatensystem sind unter Zugrundelegung der Zentralperspektive als mathematisches Modell aus Kap. 4.2.3 und die rechnerische Transformation von Bild- in Geländekoordinaten sowie vice versa aus den Formeln (59) und (63) bekannt. Für die *Blockausgleichung* sind in diesem Fall zwischen den Bildkoordinaten x',y' homologer Bildpunkte Verbindungen herzustellen und diese widerspruchsfrei auszugleichen. Als homologe Bildpunkte fungieren dabei die ausgewählten Verknüpfungspunkte zwischen den Bildern.

Bei der relativen Orientierung *eines* Bildpaares (Kap. 4.5.2.2) waren für fünf (bzw. sechs) homologe Bildpunkt*paare* diese Beziehungen herzustellen und auszugleichen. Im

Block sind dagegen einem Geländepunkt nicht nur ein Paar sondern bei 60 % Längs- und 20 % Querüberdeckung bis zu sechs und bei 60 % Querüberdeckung bis zu neun Bildpunkte zugeordnet – und dies für eine i. d. R. sehr große Zahl von Verknüpfungspunkten. Der Rechenaufwand für die Ausgleichung ist dementsprechend groß.

Der *Zusammenhang* zwischen den *Bildkoordinaten* und *Geländekoordinaten* des Blocks und damit also dessen abolute Orientierung im Raum wird auch hier über Paßpunkte hergestellt.

Für die Ausgleichung und Orientierung müssen die Daten der inneren Orientierung jedes Luftbildes und die Geländekoordinaten der Paßpunkte vorab bekannt sein oder ermittelt werden. Die Bildkoordinaten aller Paß- und Verknüpfungspunkte werden im Komparator oder analytischen Auswertegerät gemessen. danach stehen für die Blockausgleichung zur Verfügung:

- die Daten der inneren Orientierung (Kap. 4.2.4)
- die Geländekoordinaten X,Y der Lage- und Y der Höhenpaßpunkte bzw. X,Y,Z von Vollpaßpunkten
- die gemessenen Bildkoordinaten der Paß- und Verknüpfungspunkte aus allen Bildern in denen sie vorkommen.

Gesucht und berechnet werden die Parameter der äußeren Orientierung der Bilder und die Geländekoordinaten X,Y,Z der Verknüpfungspunkte und anderer (beliebiger) Neupunkte.

Für die *rechnerische Ausgleichung* werden in Annäherungsschritten die Strahlenbündel jeder Luftbildaufnahme durch Verschieben ihrer Projektionszentren in X-, Y-, Z-Richtung und durch Drehungen mit ω, φ, κ um die drei Achsen des Bildkoordinatensystems so verändert, daß sich homologe Strahlen aller Verknüpfungspunkte schließlich mit bester Näherung schneiden. Gleichzeitig werden homologe Strahlen der Paßpunkte bestmöglich deren Geländekoordinaten angepaßt.

Durch Berücksichtigung der *Erdkrümmung* und *Refraktion* sowie durch Einführung zusätzlicher Parameter zur Ausschaltung von systematischen Bildfehlern durch Verzeichnung des Aufnahmeobjektivs und Filmdeformationen kann die Ausgleichung optimiert werden (KUBIK 1971, BAUER und MÜLLER 1972, BAUER 1972, JACOBSEN 1980, 1982). Die Bündelblockausgleichungen mit solchen zusätzlichen Parametern wird auch als *Ausgleich mit Selbstkalibrierung* bezeichnet. Neuere Rechenprogramme für die Bündelblockausgleichung schließen entsprechende Korrekturen und eine solche Selbstkalibrierung ein.

Die Bündelblockausgleichung ist ein rein rechnerisches Verfahren. Für sie stehen heute sowohl für analytische als auch digitale photogrammetrische Auswertesysteme mehrere bewährte und ausgereifte Programmpakete als Optionen zur Verfügung. Beispiele sind PATB-RS, PATB-PC, BLUH, BINGO. Als analytisch-photogrammetrische Methode ist dabei wie schon erwähnt der Rechenaufwand im Vergleich zur Bockausgleichung mit unabhängigen Modellen deutlich größer. Die Bündelblockausgleichung ist gegen systematische Bildfehler empfindlicher als die Ausgleichung mit unabhängigen Modellen (EBNER 1972). Andererseits läßt sich ihre Genauigkeit durch Einführung zusätzlicher Parameter (z. B. BAUER u. MÜLLER 1973) deutlich steigern. Bei idealen Bedingungen sind σ_o-Werte im Bildmaßstab um 4 µm und Lagegenauigkeiten μ_{xy} von 4–6 µm erreichbar. Je nach Bildmaterial, Art, Dichte und Verteilung der Paßpunkte und der Genauigkeit von deren Geländekoordinaten sowie den verwendeten zusätzlichen Parametern ergeben sich im praktischen Anwendungsfall entsprechend geringere Genauigkeiten. Sie sind aber in aller Regel für Wald- und Vegetationskartierungen ausreichend.

Mit der Bündelmethode sind auch Triangulationen mit opto-elektronischen Stereoaufnahmen, wie sie mit SPOT oder MOMS 2 (s. Abschn. 5.1.2) gewonnen werden, möglich. Es können dazu sowohl analytische als auch digitale photogrammetrische Verfahren benutzt werden. Bei einer ausreichenden Anzahl sicherer, gut identifizierbarer Paßpunkte können dabei Neupunkte mit einer Lagegenauigkeit <10 m bestimmt werden. Die Höhe der Neupunkte läßt sich zumeist besser als die Lage bestimmen. Anstelle von Paßpunktdaten kann die absolute Lage des Triangulationsblocks auch aus Bahndaten des Satelliten abgeleitet werden. Zur Bündelblockausgleichung von optoelektronischen Aufzeichnungen aus dem Weltraum wird auf DOWMAN (1991), EBNER und KORNUS (1991), HEIPKE und KORNUS (1991), JABOCSEN (1992) u. a. hingewiesen.

4.5.4 Das stereophotogrammetrische Meßprinzip

In orientierten Raummodellen abgebildete Objekte können ausgemessen und kartiert werden. Mit der absoluten Orientierung von Stereomodellen und Blockverbänden (4.5.3) sind die Verfahren der strengen photogrammetrischen *Punktbestimmung* dem Grunde nach bereits bekannt. Es blieb jedoch noch unerklärt, wie die Kartier- und Meßvorgänge selbst vor sich gehen und welche stereophotogrammetrischen Meß- und Kartiermöglichkeiten auch ohne absolute Orientierung und damit Lagebestimmung im Raum möglich sind.

Der Meßvorgang hat sich für die analoge und die spätere analytische Stereophotogrammetrie nach der Ablösung der frühen Meßtischphotogrammetrie[30] durch das Prinzip der im Raummodell „wandernden Marke" (syn. Raummarke, floating mark, Meßmarke) nicht mehr grundsätzlich verändert. Dieses Prinzip geht auf STOLZE zurück. Er führte 1892 ein „wanderndes Gitternetz" zur photogrammetrischen Messung von Punkten im Stereomodell (terrestrischer Bilder) ein und fand damit die prinzipielle Lösung für die stereoskopische Ausmessung *virtueller* Raumbilder. Aus zwei in die Strahlengänge eines Stereoskops eingeführten Gittern mit unterschiedlichen x-Parallaxen der Gitterpunkte entstand ein Raumgitter. Die in unterschiedlicher Höhe gesehenen Gitterpunkte wurden zu Meßmarken. PULFRICH griff auf STOLZES Idee zurück als er 1901 den ersten Stereokomparator baute und dabei die „wandernde Meßmarke" einführte.

Das Prinzip der wandernden Meßmarke ist folgendes: In die beiden von den Bildern zu den Okularen führenden Strahlengänge wird je eine gleichartige Marke (Punkt, Kreis, Strichkreuz) gebracht. Je nach Gerätetyp gibt es dafür verschiedenartige, technische Lösungen (z. B. Abb. 129, 130, 132, 133). Bei richtiger gegenseitiger bzw. relativer Orientierung verschmelzen beim Betrachten des Raummodells beide Marken zu einer, im Modellraum gesehenen Raummarke[31].

---

[30] Die Meßtischphotogrammetrie (syn. Einschneideverfahren) wurde unabhängig voneinander in den fünfziger Jahren des 19. Jahrhunderts von LAUSSEDAT (Métrophotographie) und MEYDENBAUER entwickelt. Sie basierte auf dem in der Geodäsie bekannten räumlichen Vorwärtseinschnitt und fand für Architektur- und Geländevermessungen im Hochgebirge Anwendung. So u. a. auch für Vermessungsarbeiten für Lawinen- und Wildbachverbauungen durch österreichische Forstleute (z. B. WANG 1892).

[31] Anfänger haben dabei evtl. einige Schwierigkeiten zu überwinden, bis sie die Raummarke richtig erfassen und im Raummodell schweben sehen. Langjährige Erfahrungen mit Forststudenten, also nicht speziell photogrammetrisch ausgebildeten Beobachtern, zeigen, daß ca. 70 % von ihnen innerhalb *einer* Intensiv-Übungsstunde die Raummarke erfassen und im Modell führen können. Nach etwa 2–3wöchigem Training können dann bei dazu befähigten Beobachtern zuverlässige stereoskopische Messungen erwartet werden. Man kann davon ausgehen, daß weniger als 10 % der Menschen nicht für Meßzwecke ausreichend stereoskopisch zu sehen vermögen.

Richtet man es so ein, daß man beide Marken synchron in x- und y-Richtung bewegen kann, so sieht man die Raummarke in einer bestimmten, der x-Parallaxe ihrer Teilmarken entsprechenden Höhenebene durch den Modellraum „wandern". Richtet man es dazu noch so ein, daß *entweder* die x-Parallaxe der Teilmarken oder bei feststehenden Teilmarken die Teilbilder des Raummodells in x-Richtung in ihrem Abstand zueinander verändert werden können, so sieht man die Raummarke sich im Modell heben bzw. senken. Die Raummarke wird dabei stets in *der* Höhe gesehen, die Modellpunkten gleicher x-Parallaxe entspricht.

Der Auswerter kann also die Raummarke zu jedem Modellpunkt führen und dort durch z-Bewegung „aufsetzen". Ist das geschehen, so beschreibt die Meßmarke im Raummodell die Stelle, an welcher sich ein bestimmtes Paar homologer Projektionsstrahlen schneidet. Daraus ergeben sich ihre Funktionen für stereophotogrammetrische Messungen und Kartierungen:

– Die Meßmarke definiert durch ihre x, y-Stellung die Lage und durch ihre z-Einstellung (= x-Parallaxe der beiden homologen Bildpunkte) die Höhe eines mit ihr angefahrenen Punktes im Modell.
– Werden mit der Meßmarke zwei oder mehrere Modellpunkte nacheinander angefahren, so lassen sich aus der Differenz der jeweiligen z-Einstellungen deren Höhenunterschiede berechnen sowie räumliche Oberflächenstrukturen charakterisieren.
– Die Meßmarke kann bei gleichbleibender z-Einstellung so im Modellraum geführt werden, daß sie stets (scheinbar) auf der Modelloberfläche aufsitzend bleibt. Sie beschreibt dann eine Linie, die im Modell Orte gleicher Höhenlage verbindet. Ist das Modell nicht nur relativ, sondern auch absolut orientiert, so ist eine solche Linie geographisch eine Isohypse und geodätisch eine Höhenschichtlinie.
– Die Meßmarke kann einer jeden gewünschten, im Modell erkennbaren Situationslinie (Weg, Waldrand, Uferlinie usw.) entlang geführt und dabei – sofern diese bergauf, bergab verläuft – durch fortlaufende Anpassung der x-Parallaxe (z-Einstellung) an der Oberfläche aufsitzend, gehalten werden. Sie beschreibt dann die orthogonale Lage dieser Situationslinie im Modell.
– Nach absoluter Orientierung des Stereomodells kann die jeweilige Lage der Meßmarke und ihre Bewegung in das Geländekoordinatensystem transformiert werden. Dies geschieht bei der Arbeit mit analogen Auswertegeräten durch optische, optisch-mechanische oder mechanische Übertragung, und zwar traditionell direkt auf den Zeichenstift eines internen oder angeschlossenen externen Zeichentisches. Bei analytischen Auswertegeräten erfolgt die Transformation rechnerisch punktweise auf der Grundlage der in Kap. 4.2.3 beschriebenen Ähnlichkeitstransformationen. Mit der Meßmarke abgefahrene gekrümmte Linien werden dabei in eine dichte Punktfolge aufgelöst. Die bei der letzten Generation analoger Auswertegeräte gefundene Lösung, anstelle der direkten graphischen Kartierung die Modellkoordinaten, der mit der Meßmarke angefahrenen Punkte, in einem Peripheriegerät zu digitalisieren, zu speichern und dann zur elektronischen Steuerung eines Zeichengerätes zu verwenden, stellt einen Übergang zu den rein rechnerischen Verfahren dar.

Mit der Meßmarke eingestellte Punkte und abgefahrenen Linien werden – sofern es sich um Kartierungen handelt – bei allen der genannten Möglichkeiten in orthogonaler Lage und im gewünschten Maßstab dargestellt. Bei analytischen Auswertegeräten und dafür eingerichteten Analoggeräten der letzten Generation können im gewünschten Umfang auch die Geländekoordinaten X,Y,Z eingestellter Punkte numerisch ausgegeben werden.

Neben dem beschriebenen stereophotogrammetrischen Meß- und Kartierprinzip mit der wandernden Meßmarke steht bei analogen Auswertegeräten mit *reeller* Doppelprojektion ein alternatives, wenn auch ähnliches stereophotogrammetrisches Kartierprinzip. Es geht in der Grundidee auf SCHEIMPFLUG (1898) und DEVILLE (1902) zurück und fand seine erste brauchbare Realisierung im Doppelprojektor von GASSER (1915).

In *Doppelprojektorgeräten* (Abb. 131) werden die Bilder eines Stereopaares in zwei Projektoren eingelegt und deren Stellung zueinander sowie gegenüber der Projektionsfläche im Zuge der relativen und absoluten Orientierung so eingerichtet, daß sie der Stellung der Aufnahmekammer im Augenblick der jeweiligen Aufnahme entsprechen. Bei einer solchen Projektoreneinstellung schneiden sich alle homologen Projektionsstrahlen im Raum unter den Projektoren. Die Bildtrennung erfolgt in diesem Falle – wie schon in 4.2.4.2 beschrieben – nach dem Anaglyphenverfahren.

Im vom Auswerter gesehenen Raumbild schneiden sich alle Punkte in gleicher Höhenlage wiederum in einer Ebene. Richtet man es in diesem Falle so ein, daß der Abstand zwischen den Projektoren und einem Zeichentisch (als Auffangfläche für die Projektionsstrahlen) verändert werden kann, so sind dadurch im Anaglyphenraumbild beliebige Niveauflächen einstellbar und alle in diesem Niveau liegenden Modellpunkte definiert. Die Ablotung der Schnittstellen des zueinandergehörenden Projektionsstrahlenpaares auf eine parallel zu den Niveauflächen liegende Kartierungsebene ergibt die Grundrißlage des betreffenden Geländepunktes.

In *digitalen photogrammetrischen Systemen* finden die beiden beschriebenen stereophotogrammetrischen Meßprinzipien keine Verwendung mehr. Die photogrammetrischen Prozesse – nämlich bisher vor allem nach Orientierung des Bildpaars die Aerotriangulation, automatische Höhenmessung und Herstellung digitaler Geländemodelle sowie die Produktion von Orthophotos – werden über weitgehend automatisierbare digitale Bildkorrelationen ausgeführt.

Die Beschreibungen stereophotogrammetrischer Meß- und Kartierverfahren in Kap. 4.5.6 bis 4.5.9 folgen der in Kap. 4.3 gegebenen Übersicht. Dabei werden sowohl einfache Lösungen und Näherungsverfahren als auch photogrammetrisch präzise Verfahren ins Auge gefaßt.

4.5.5 Auswertegeräte für stereophotogrammetrische Messungen und Kartierungen

Die für stereophotogrammetrische Kartierungen und Messungen verfügbaren Geräte kann man gliedern in
– Stereometergeräte (4.5.5.1)
– analoge optische Stereoauswertegeräte (4.5.5.2)
– analoge optisch-mechanische Stereoauswertegeräte (4.5.5.3)
– analoge mechanische Stereoauswertegeräte (4.5.5.4)
– Stereokomparatoren (4.5.5.5)
– analytische Stereoauswertegeräte mit digitalen Prozeßrechnern (4.5.5.6)
– digitale photogrammetrische Auswertesysteme (4.5.5.7)

Im Hinblick auf erreichbare Meß- bzw. Kartiergenauigkeiten unterscheidet man gemeinhin
– Geräte die zu behelfsmäßigen Messungen und Kartierungen taugen
– Geräte III. Ordnung, die mit brauchbaren Näherungslösungen zu mittleren Genauigkeiten führen
– Geräte II. Ordnung, mit denen gute Genauigkeiten um ± 10 mm erzielt werden
– Geräte I. Ordnung (Präzisionsauswertegeräte) mit denen Genauigkeiten um ± 5 mm erreichbar sind.

Welches Gerät und damit auch welches Verfahren zur Lösung photogrammetrischer Meß- oder Kartierungsaufgaben zweckmäßigerweise einzusetzen ist, hängt von der Art der Aufgabe und den daher gegebenen Genauigkeitsforderungen sowie auch von den Eigenarten des Meß- bzw. Kartierungsobjektes ab. In der Praxis spielt bei forstwirtschaftlichen, landespflegerischen, vegetationskundlichen und anderen geographischen Auswertungen oft auch die Verfügbarkeit über entsprechendes Gerät und Auswertungspersonal eine Rolle.

Die folgenden Ausführungen beschränken sich auf das zum Verständnis der verschiedenen Gerätegruppen Wesentlichste. Sie verzichten auf die Beschreibung der konstruktiven und funktionalen Sonderheiten der vorhandenen zahlreichen Fabrikate. Solche Beschreibungen finden sich in der photogrammetrischen Lehrbuchliteratur sowie einschlägigen, neuesten Gerätevorstellungen in Fachzeitschriften, Tagungsbänden und Firmenpublikationen.

4.5.5.1 Stereometergeräte

Die in Kap. 4.5.1.3 bis 4.5.1.6 vorgestellten Stereoskope und Interpretationsgeräte können in Verbindung mit einem Stereometer zur *Höhenmessung* benutzt werden. *Kartierungen* mit Standard-Spiegelstereoskopen und einem mit Zeichenstifthalter versehenen Stereometer (Zeichenstereometer) sind nur behelfsmäßig – nämlich in der zentralperspektiven Geometrie des *einen* Bildes des Stereopaares – möglich. Mit anspruchsvolleren Stereometergeräten wie dem STEREOTOP (Zeiss, Oberkochen) oder dem STEREOMETER von DROBYSCHEW und mit analytisch-photogrammetrisch arbeiten Geräten (s.u.) lassen sich dagegen lagerichtige Kartierungen mittlerer bis guter Genauigkeit durchführen.

In seiner klassischen Form (Abb. 129 u. 112) besteht ein Stereometer (Stereomikrometer, parallaxe bar) aus zwei, auf Glasplättchen oder glasartigem Kunststoff aufgebrachten, identischen Meßmarken und einem diese tragenden Verbindungsstab. Der Abstand beider Meßmarken entspricht in mittlerer Position dem normalen Betrachtungsabstand des zugehörenden Stereoskops (Tab. 28). Er kann längs des Verbindungsstabes verändert werden. Dazu ist i. d. R. das linke Plättchen feststehend und das rechte diesem gegenüber mittels einer Mikrometerschraube verschiebbar. Der jeweilige Abstand beider Meßmarken läßt sich an einer Skala auf 0,01 mm genau ablesen.

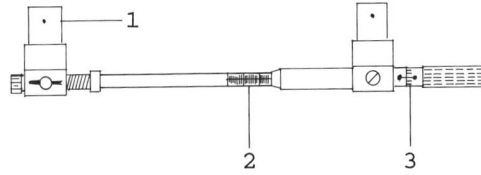

Abb. 129:
Stereomikrometer. 1 = Meßmarken, 2 = Millimeterskala, 3 = Mikrometerschraube mit Ablesenonius (i.d.R. 0,01 mm); siehe auch Abb. 112 c u. d

Liegt der Stereometerstab parallel zur Betrachtungsbasis des Stereoskops und zur Aufnahmebasis des orientierten Bildpaares, so verschmelzen – wie in 4.5.4 beschrieben – beide Teilmarken zu der im Stereomodell zu sehenden Raummarke.

Die Freihandführung eines Stereometers bringt es leicht mit sich, daß durch Verlassen der o.a. Parallelstellung von Stereometerstab und Betrachtungs- sowie Aufnahmebasis störende Vertikalparallaxen (= Parallaxen in y-Richtung) entstehen. Dies stört nicht nur, sondern macht ggf. das Messen unmöglich: Die Meßmarke fällt in ihre beiden Teilmarken auseinander. Für verschiedene Stereoskope werden deshalb mit diesen festverbundene Halter für das Stereometer angeboten. Sie sichern die Parallelität von Stereometer und Betrachtungsbasis des Stereoskops. Das orientierte und auf einer Trägerplatte festgehaltene Bildpaar wird in diesem Falle nach Bedarf unter diesem Geräteverbund in x- und y-Richtung verschoben. Weitere Ausbaustufen gewährleisten die Parallelführung des Stereometers zur Aufnahmebasis des orientierten Bildpaares, entweder durch Parallelführung des Stereometers und Stereoskops über einem feststehenden Bildträger oder des Bildträgers unter dem Geräteverbund von Stereoskop und Stereometer. Repräsentant für die erstgenannte Lösung war z. B. das frühere STEREOPANTOMETER (Zeiss), Vertreter der zweiten Lösung waren bzw. sind z. B. das STEREOPRET (Zeiss) oder das AVIOPRET (Wild/Leica).

Stereometer wurden auch für Taschenstereoskope entwickelt (v. LAER 1964). Ein solches Gerät wurde als Taschenmeß-Stereoskop TM z. B. von Zeiss, Oberkochen nach Vorschlägen von v. LAER auf den Markt gebracht. Auf einfache graphische Hilfsmittel, die dem Prinzip der Stereometermessung folgen (Parallaxenmeßkeil, -meßscheibe) wird in Kap. 4.5.6.2 eingegangen.

Das beschriebene Bewegungsprinzip eines Stereometers kann aber auch umgekehrt werden: Der Abstand zwischen der linken und rechten Meßmarke wird durch starr verbundene Meßmarkenträger oder Integration der Marken in den Strahlengang des Binokulars konstant gehalten und der Abstand der Bilder des orientierten Stereopaares wird um entsprechend kleine Beträge in x-Richtung verändert.

Diesem Prinzip folgte erstmals das STEREOPRET und das früher verbreitete STEREOTOP (Zeiss, Oberkochen). Die Verschiebung – in diesem Falle – des rechten gegenüber dem feststehenden linken Bild wird dabei mit einer Parallaxenschraube bewirkt und als Horizontalparallaxe px gemessen. Zur Situationskartierung wird die Raummarke durch Bewegung des Bildträgerwagens an der zu kartierenden Linie entlang geführt und dabei ihre z-Stellung mittels der px-Schraube ständig der Modelloberfläche angepaßt. Beim STEREOTOP sorgen dabei, als einzigem analogen Stereometergerät, im Bildwagen untergebrachte Analogrechner, für die zur lagerichtigen Kartierung notwendigen Korrekturen im Hinblick auf Modellverbiegungen, radiale Punktversetzungen und Bildneigungen (DEKER 1956). Die dergestalt berichtigte Raummarkenbewegung im Modell wird über einen Pantographen im gewünschten Kartiermaßstab auf den Zeichentisch übertragen.

Unter den mit PC ausgestatteten *analytischen Stereometergeräten* weisen z. B. das STEREOCORD und VISOPRET DIG 10 und 20 von Zeiss, das STEREOBIT 20 und 20 Z von Galileo/Siscam und das AP 190 von Carto Instruments das gleiche Bewegungsprinzip auf: Unter feststehendem Spiegel- oder ZOOM-Stereoskop und im Abstand unveränderlicher Meßmarken wird ein das relativ und absolut orientierte Stereobildpaar tragender Bildträgerwagen in x und y parallel geführt. Zur Messung bzw. Beseitigung von x-Parallaxen läßt sich wiederum eines der Bilder gegenüber dem anderen verschieben. Gemessen werden entweder x-Parallaxen oder die Bildkoordinaten x', y' und x", y". Aus den Bildkoordinaten transformiert der Rechner über die bekannten Beziehungen zwischen Bild- und Geländekoordinatensystem (Kap. 4.2.3) Modell- bzw. Geländekoordinaten. Die für die Transformation benötigten Parameter werden durch die Orientierung des Modells bestimmt.

Mit dem STEREOCORD erfolgt die *Kartierung* on-line rechnergestützt mit eigenen Kartierprogrammen und Ausgabe über einen HP-Plotter. Dabei werden mittlere Kartiergenauigkeiten erreicht. Mit gleicher Genauigkeitsstufe können Aerotriangulationen (Kap. 4.5.3) durchgeführt und digitale Geländemodelle (Kap. 4.5.7) gemessen und abgeleitet werden. Das VISOPRET DIG – vornehmlich als Interpretationsgerät konzipiert – verwendet für die digitale Kartierung neben dem eigenen Programm VISOMAP das Programmpaket AutoCAD. Graphische Ausgaben können auf dem Bildschirm, über einen Plotter und über einen Präzisionszeichentisch (PLANITOP, Zeiss) erfolgen.

Die genannten analytischen Stereometergeräte verfügen ferner über Programme zur quantitativen Weiterverarbeitung der gemessenen und transformierten Koordinatendaten, so das STEREOCORD für die Bestimmung vertikaler, horizontaler und räumlicher Streckenlängen, Neigungswinkeln und Azimuten, Flächen- und Volumengrößen. Strecken- und Flächenberechnungen gehören auch beim VISOPRET DIG, STEREOBIT und AP 190 zur Software. Prinzipiell ist die Erweiterung durch weitere Anwenderprogramme möglich, die auf den photogrammetrisch gewonnenen Geländekoordinaten aufbauen. Zum Gesamtpaket der Software dieser Geräte gehört zudem die Unterstützung für geographische Informatinossysteme (GIS) bzw. die Datenweitergabe dorthin.

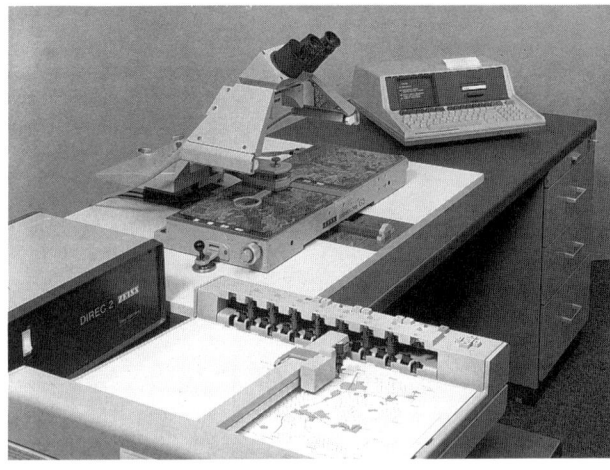

Abb. 130:
*STEREOCORD (Zeiss); vgl.
auch Abb. 115 VISOPRET*

Durch Nachrüstung des in Kap. 4.4.4 beschriebenen Stereoumzeichners STEREO ZOOM TRANSFERSCOPE mit VM Modul (VM = Vertical Measurement) bzw. GIS/VM IN-STRUMENT (beide von Bausch u. Lomb/Image Interpretation Systems) sind ebenfalls analytische Stereometergeräte entstanden. Sie haben, neben der erhalten gebliebenen Umzeichnerfunktion, vergleichbare Kapazitäten für Höhenmessungen, Messung von Bildkoordinaten und deren Transformation in Geländekoordinaten. Kartierungen durch Anschluß an AutoCAD und – beim GIS/VM INSTRUMENT – die Einbringung raumbezogener Daten in verschiedene GIS-Programme sind auch hier möglich. Das VM Modul nutzt dabei das sog. ACU-RITE Digital Measuring System. Eine Besonderheit für diese Gruppe der analytischen Stereometergeräte ist die Führung der Raummarke über einen Lichtgriffel (joy-stick).

4.5.5.2 Analoge optische Geräte

In Abb. 131a/b sind die zwei prinzipiellen technischen Lösungen für Geräte dieser Art dargestellt. In beiden Fällen werden für beide Bilder des Stereopaares die Strahlenbündel in ihrer räumlichen Lage zueinander mit optischen Mitteln wiederhergestellt und daraufhin in Bezug zu einem Geländekoordinatensystem absolut orientiert (Kap. 4.5.2.2/3).

Die sinnfälligste und in Kap. 4.5.4 schon beschriebene Lösung ist dabei die der reellen Doppelprojektion (Abb. 131a, 132) mit Erzeugung des Stereomodells im Anaglyphenver-

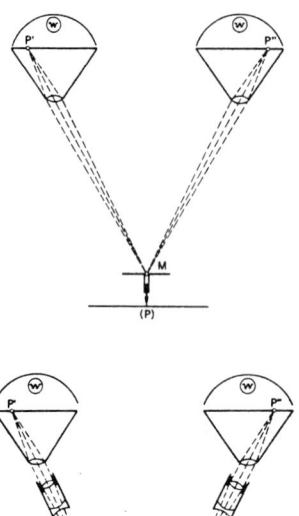

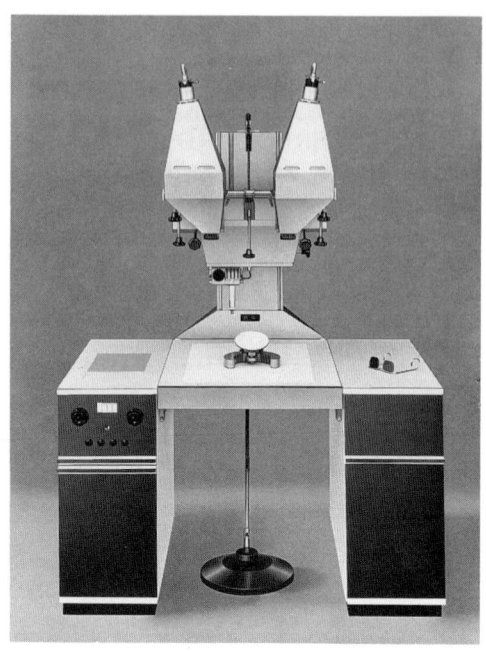

Abb. 131:
Prinzipien optischer Projektion bei Analoggeräten (aus ALBERTZ *u.* KREILING *1989)*

Abb. 132:
Doppelprojektor DP 1 (Zeiss)

fahren (vgl. Kap. 4.5.1.2). Geräte dieser Art bestehen aus zwei oder mehreren Projektoren. Deren Ausrichtung und Abstand gegenüber der Projektionsebene sowie gegeneinander ist veränderbar. Als Hilfsmittel für die Kartierung verwendet man kleine, freihändig führbare und in der Höhe verstellbare Projektionstischchen. In deren Mitte befindet sich eine leuchtende Meßmarke mit der der Schnittpunkt als Ort der Scharfabbildung des entsprechenden Modellpunktes gefunden wird. Lotrecht unter der Meßmarke befindet sich der Zeichenstift für die Kartierung.

Das erste Doppelprojektorgerät konstruierte GASSER 1915. Spätere Geräte dieser Art sind z. B.
– der mit mehreren Projektoren ausgestattete und früher weitverbreitete, seit 1934 bei Zeiss in Jena gebaute MULTIPLEX
– der ebenfalls aus mehreren Projektoren bestehende PHOTOMULTIPLO von NISTRI/OMI und der ebenfalls bei OMI gebaute Doppelprojektor PHOTOKARTOGRAPH
– die in Nordamerika vielbenutzten Doppelprojektorgeräte BALPLEX von Bausch und Lomb und die KELSH-PLOTTER
– die seit 1967 von Zeiss, Oberkochen auf den Markt gebrachten Doppelprojektoren DP 1, 2 und 3 (Abb. 132)

Ein anderes rein optisches Analoggerät war der Zeiss-*Stereoplanigraph*. Er gehörte zu den weitverbreitetsten und im Hinblick auf Universalität in der Anwendung und Präzision der Messung zu den leistungsfähigsten photogrammetrischen Stereoauswertegeräten seiner

Zeit. Das erste Gerät wurde 1923 nach Ideen von BAUERSFELD mit der Typenbezeichnung C 1 von Zeiss in Jena gebaut. In den fünfziger und sechziger Jahren bauten sowohl Zeiss Aerotopograph, München als auch Zeiss, Jena Nachfolgegeräte gleichen Namens. Die C 8 Version fand sich noch in den frühen siebziger Jahren im Angebot von Zeiss, Oberkochen.

Der Stereoplanigraph arbeitet nach dem in Abb. 131b gezeigten Prinzip. Die in den Projektoren eingelegten Bilder werden relativ und absolut orientiert. Sie werden auf jeweils einen Spiegel projiziert in dessen Mitte sich eine Leuchtmarke befindet. Die von den Spiegeln erfaßten und immer scharf abgebildeten identischen, kleinen Ausschnitte des linken und rechten Bildes betrachtet der Photogrammeter durch ein Binokular. Sie verschmelzen so zu einem Raumbild und die Leuchtpunkte zu einer im Modellraum räumlich gesehenen Meßmarke. Durch gemeinsame Bewegungen der Spiegel in x- und der Projektoren in y-Richtung kann jeder Ausschnitt des Stereomodells und damit auch jedes zu kartierende Objekt mit der Meßmarke angefahren werden. Abstandsänderungen zwischen den Projektoren gegenüber den Spiegeln bewirken dann eine z-Bewegung der Meßmarke im Modellraum, so daß diese auf die Oberfläche des zu kartierenden oder zu messenden Objektes im Modell aufgesetzt werden kann. Die Stellung der Meßmarke im Modell wird in Modellkoordinaten x,y,z angezeigt und registriert bzw. auch im gewünschten Maßstab on-line zur Kartierung des angefahrenen Punktes oder der mit der Meßmarke abgefahrenen Geländelinie auf den Zeichenstift eines externen Zeichentisches übertragen.

Weitere optische Analoggeräte, die dem in Abb. 131b gezeigten Prinzip folgten, jedoch nicht die gleiche Präzision der Messung erreichten, sind der PHOTOKARTOGRAPH von DROBYSCHEW und der relativ einfach gebaute, vorwiegend für kleinmaßstäbige Kartierungen gedachte TOPOFLEX von Zeiss, Jena.

4.5.5.3 Analoge optisch-mechanische Stereoauswertegeräte

Im Gegensatz zu den optischen und mechanischen Analogauswertegeräten wurden die optisch-mechanischen nach 1955 nicht mehr weiterentwickelt. Ihnen kommt ausschließlich historisches Interesse zu. Die Geräte dieser Gruppe folgen dem in Abb. 133 dargestellten Prinzip, lösen dies aber konstruktiv in unterschiedlicher Weise. Die erste Idee hierzu ging 1919 von Reinhard HUGERSHOFF[32] aus. Nach dessen Idee wurde 1920 bei Heyde in Dresden mit dem AUTOGRAPH das erste stereophotogrammetrische Großgerät für den allgemeinen Fall der Luftbildaufnahme gebaut. Weitere zu ihrer Zeit bekannte optisch-mechanische Geräte waren z. B. der AEROKARTOGRAPH (HUGERSHOFF/HEYDE 1926), der AUTOGRAPH/A2 (Wild 1926), der PHOTOSTEREOGRAPH (Nistri/O.M.I. 1934) und der STEREOTOPOGRAPH A (Poivilliers/S.O.M. 1937).

---

[32] Reinhard HUGERSHOFF lehrte von 1911 bis zu seinem Tode 1941 u. a. Vermessungskunde einschließlich Photogrammetrie und Forstmathematik an der Sächsischen Forstakademie und späteren (ab 1919) Forstlichen Hochschule in Tharandt. Dort war er Direktor des Geodätischen Instituts, das 1933 in Institut für Forstliches Ingenieurwesen und Luftbildmessung und 1940 in Institut für Forstliche Vermessung und Luftbildmessung umbenannt wurde. Ab 1938 übernahm er nach einem Ruf an die TH Dresden auch die Leitung des dortigen Instituts für Vermessungswesen und Photogrammetrie.

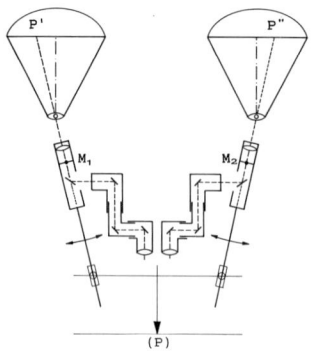

Abb. 133:
Prinzip der optisch-mechanischen Analog-
geräte

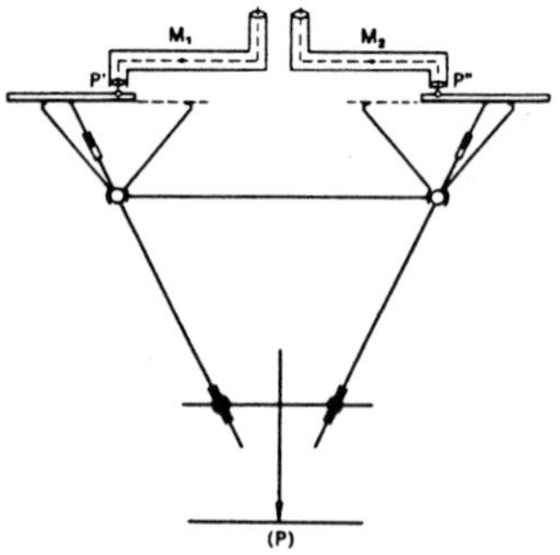

Abb. 134:
Prinzip der mechanischen Analoggeräte
(aus ALBERTZ *u.* KREILING *1989)*

4.5.5.4 Mechanische Analoggeräte

In der letzten Phase analoger Stereoauswertegeräte dominierten solche mit „mechanischer Projektion". Die Idee dazu war schon vor dem ersten Weltkrieg für terrestrisch-photogrammetrische Auswertungen aufgekommen (THOMPSON, v. OREL). Sie fand aber für aerophotogrammetrische Kartierungen erst mit den auf SANTONI zurückgehenden, 1925 bei Galileo in Florenz gebauten STEREOKARTOGRAPH I eine Verwirklichung.

In der Folgezeit wurde in unterschiedlicher Auslegung eine große Zahl von Geräten dieser Gruppe gebaut. Sie beherrschten neben den STEREOPLANIGRAPHEN (Kap. 4.5.5.2), in den USA auch neben Doppelprojektorgeräten, die photogrammetrische Praxis bis Ende der 70er Jahre. In Tab. 33 ist eine Auswahl, der nach dem 2. Weltkrieg auf den Markt gebrachten Analoggeräte mit mechanischer Projektion zusammengestellt.

Hersteller	Typenbezeichnung (Ersterscheinung)
GALILEO	STEREO KARTOGRAPH (1947), STEREOSIMPLEX III (1952) G6 (1980)
Wild	AUTOGRAPH A7 (1949) bis A10 (1968), AVIOGRAPH B8 (1958) B 9 (1959), AVIOMAP AM (1976) AG1 (1980)
S.O.M	STEREOTOPOGRAPH D (1950), STEREOPHOT (1959), PRESA 224 (1964), 225 (1968)
ROMANOWSKI (Konstrukteur)	STEREOPROJEKTOR SPR-2 (1955)
DROBYSCHEW (Konstrukteur)	STEREOGRAPH SD (1958)
KERN	PG2 (1960), PG3 (1968)
Zeiss, Jena	STEREOMETROGRAPH (1960), TOPOCART (1966), STEREOPLOT
Zeiss, Oberkochen	PLANIMAT (1967), PLANICART (1972), PLANITOP (1973)

Tab. 33: *Mechanische Analoggeräte nach 1945 (Auswahl)*

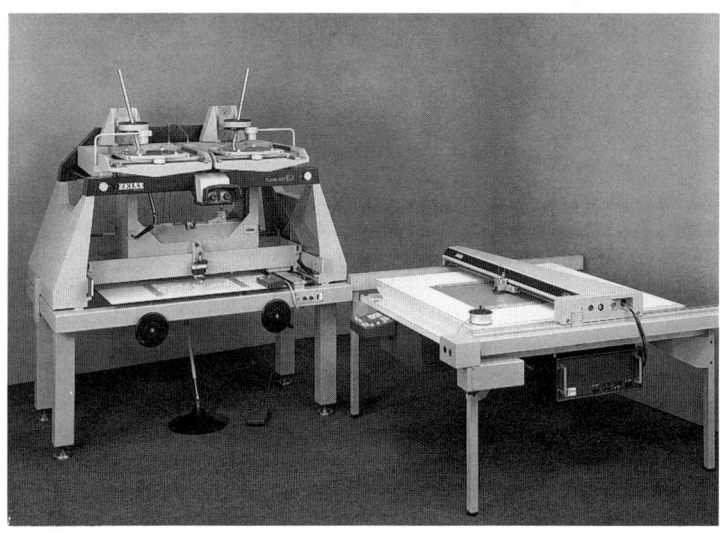

Abb. 135:
Beispiel eines mechanischen Analoggerätes, hier PLANICART (Zeiss)

Das *Grundprinzip* mechanischer Analoggeräte wird in Abb. 134 exemplarisch dargestellt. Das zu einem Punkt des orientierten Stereomodells gehörende homologe Strahlenpaar wird durch zwei Stangen (= Lenker, Raumlenker) simuliert (hierzu auch Abb. 135) Sie realisieren in ihrer jeweiligen Stellung die beiden, von homologen Bildpunkten über das zugehörige Projektzentrum zum Modellpunkt führenden Strahlen. Die Lenker sind um den, das linke bzw. rechte Projektionszentrum markierenden Ort drehbar. Dadurch ist die für jeden Modellpunkt benötigte Lenkerstellung einstellbar. Beide Lenker vereinigen sich entweder – ähnlich wie die Lichtstrahlen bei Doppelprojektorgeräten (Abb. 131a) in *einem* Modellpunkt, dem sog. „Aufpunkt", oder aber sie werden zu je einem Aufpunkt einer gemeinsamen Basis geführt, so wie es in Abb. 134 zu sehen ist. Die beiden Aufpunkte repräsentieren in diesem Falle den einen gemeinsamen Modellpunkt. Durch diese Anordnung wird konstruktiv das Problem gelöst, auch dann auswerten zu können, wenn – z. B. bei kleinmaßstäbigen Kartierungen – die Auswertebasis kleiner ist als die Abstände der Projektionszentren des Geräts. Die konstruktive Lösung ist in der Photogrammetrie als „Zeiss'sches Parallelogramm" bekannt geworden (hierzu z. B. SCHWIDEFSKY und AKKERMANN 1976 S. 297f). Sie findet sich bei der Mehrzahl der mechanischen Analoggeräte aber auch beim Stereoplanigraphen (Kap. 4.5.5.2).

Das stereoskopische Betrachtungssystem ist vom beschriebenen mechanischen Projektionssystem getrennt. Die Meßmarken sind dabei in den beiden optischen Strahlengängen, die vom Binokular zu den Bildträgern führen, integriert (Abb. 134). Die bei der Stereoauswertung hervorgerufenen Bewegungen der Raummarke werden in entsprechende Drehungen der Lenker umgesetzt. Der Aufpunkt bzw. die orthogonale Lage eines von den zwei Aufpunkten repräsentierten Modellpunktes werden auf die Kartenebene abgelotet oder auf einen externen Zeichentisch übertragen. Die drei Raumkoordinaten jedes mit der Raummarke eingestellten Modellpunktes können zudem (bei den jüngeren mechanischen Analoggeräten) registriert und ausgegeben werden.

Die in Tab. 33 genannten Geräte folgen alle dem beschriebenen Prinzip, dies jedoch mit unterschiedlichen konstruktiven Lösungen. Eine gewisse Ausnahmestellung hat dabei freilich der TOPOCART (Zeiss, Jena), bei dem anstelle der beiden Raumlenker je zwei ebene Lenker treten. Alle in Tab. 33 aufgelisteten Geräte sind für präzise Messungen tauglich, z.T. aber für unterschiedliche Aufgaben konzipiert, z. B. für groß- oder für kleinmaßstäbliche Kartierungen.

4.5.5.5 Komparatoren

Komparatoren – im photogrammetrischen Sinne – sind Geräte zur Messung von Bildkoordinaten. Gemessen werden dabei ebene Koordinaten in einem rechtwinkligen Koordinatensystem. Bei *Mono*komparatoren erfolgt die Messung der Koordinaten x', y' eines Bildpunktes jeweils *eines* Bildes bzw. beim Sonderfall des Polar-Monokomparators von Duane Brown Ass. die Messung des radialen Abstands r' vom Bildhauptpunkt zum Bildpunkt. Bei *Stereo*komparatoren werden gleichzeitig die Bildkoordinaten homologer Bildpunkte in *beiden* Bildern des Stereopaares ermittelt. Dies geschieht entweder durch Messung von x', y' und x", y" oder von nur zwei dieser vier Bildkoordinaten, dazu von Parallaxenwerten für x und y und Ableitung der beiden weiteren Bildkoordinaten aus diesen Messungen.

Mit Komparatoren beider Art werden Meßgenauigkeiten von < 1 µm erreicht. Voraussetzung für brauchbare Messungen ist freilich die genaue Identifizierung des zu messenden Punktes. Bei Verwendung eines Monokomparators kommt dabei der Übertragung des in einem Bild des Stereopaares gemessenen Bildpunktes in den Stereopartner entsprechend große Bedeutung zu. Hierzu stehen Punktübertragungsgeräte mit stereoskopischen Betrachtungssystemen, wie sie in Kap. 4.5.3.3 genannt wurden, zur Verfügung.

Komparatoren sind seit dem ersten nach Ideen von PULTRICH 1901 gebauten Stereokomparator bekannt. Sie erlangten für die Luftbildmessung aber erst durch das Aufkommen der analytischen Photogrammetrie Bedeutung. Es kam dadurch seit den fünfziger Jahren zur Entwicklung einer Reihe hochpräzise messender Mono- und Stereokomparatoren. Exemplarisch werden hier genannt: die Stereokomparatoren STK 1 (Wild), STECOMETER und DICOMETER (Zeiss, Jena), PSK 1 (Zeiss, Oberkochen) und TA 3/P (O.M.I.) sowie die Monokomparatoren ASCOMAT (Zeiss, Jena), PK 1 (Zeiss, Oberkochen), TA 1/P (O.M.I.), MK 2 und CPM 1 (Kern). Der letztgenannte CPM 1 ist dabei mit einem Punktübertragungsgerät kombiniert. Mit dem Bau analytisch-photogrammetrischer Auswertegeräte (Kap. 4.5.5.6), bei denen die Ermittlung der benötigten Bildkoordinaten für die jeweilige Position der beiden Meßmarken integraler Bestandteil des Meßsystems und seiner Software ist, verloren die Komparatoren allmählich wieder an Bedeutung.

4.5.5.6 Analytische Auswertegeräte I. und II. Ordnung

Analytische Auswertegeräte dominieren gegenwärtig die photogrammetrische Praxis. An dieser Stelle wird von solchen gesprochen, die höchste und hohe Präzision bei Messungen und Kartierungen aufweisen. Analytische Stereometergeräte für Auswertungen mittlerer Genauigkeit waren in Kap. 4.5.5.1 vorgestellt worden und analytischen Orthoprojektoren zur Herstellung von Orthophotos wird man in Kap. 4.5.9 begegnen.

Abb. 136 zeigt exemplarisch die *Grundstruktur* und den Datenfluß eines analytischen Auswertegeräts sowie ein Ensemble möglicher Peripheriegeräte und anschließbarer Programmsysteme für raumbezogene Anwendungen der photogrammetrisch gewonnenen Daten. *Hauptkomponenten* eines analytischen Auswertesystems sind das Stereomeßgerät, die Rechnereinheiten, die Software und die Peripheriegeräte.

Das *Stereomeßgerät* besteht aus den Bildträgern und dem Meßsystem für die Bildkoordinaten, dem Stereobetrachtungssystem, dem Bedienungssystem und ggf. einem Digitalisierungstablett. Geräte verschiedener Hersteller unterscheiden sich in konstruktiven Details z. B. in der Art der Bedienungselemente, Anordnung der Bildträger, Auslage und Gestaltung des optischen Systems, Gestaltung der Meßmarken und der Organisation des Arbeitsplatzes. Von Bedeutung für die erreichbare Meßgenauigkeit ist neben anderen

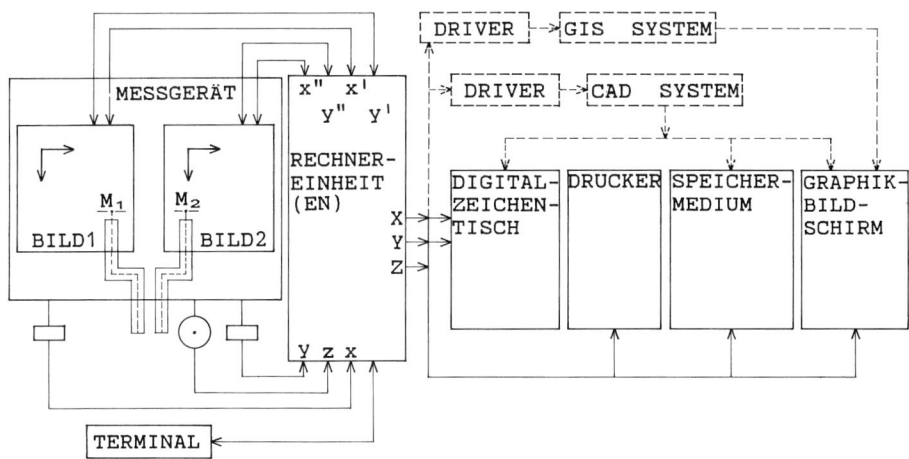

Abb. 136: *Grundstruktur und Datenfluß eines analytischen Auswertegerätes und mögliche Peripherie*

Faktoren die für die Längenmessung der Bildkoordinaten verwendete Lösung. Es werden entweder geeichte Spindeln oder Linearimpulsgeber eingesetzt. Das Digitalisierungsintervall liegt bei Präzisionsgeräten heute bei 1 μm und resultierende Meßgenauigkeiten bei 2–5 μm.

Unbeschadet weitgehender Anpassungen aneinander gibt es auch Unterschiede im Bezug auf mögliche *Systemerweiterungen* (Optionen). Dies z. B. für optische Überlagerung des Stereomodells oder nur eines Bildes mit Karten, Graphiken und Bildvorlagen, für optische Schnittstellen mit photographischen Kameras, CCD-Kameras und weiteren Hardwarekomponenten die für Bildkorrelationen benötigt werden.

Bei den *Rechnereinheiten* greifen die traditionellen Hersteller photogrammetrischer Geräte auf den Markt für elektronische Rechner zurück oder kooperieren mit speziellen, einschlägigen Firmen. Auch hier gibt es parallele Entwicklungen, einerseits der (rasant) fortschreitenden Rechnertechnologie folgend und andererseits durch Trends hin zu Kompatibilität und Differenzierung nach Kapazität und Kosten der Systeme. Analytische Geräte auf PC-Basis haben dabei erheblich an Bedeutung gewonnen und die Photogrammetrie gerade auch für geowissenschaftliche Anwendungen und Nutzung für Zwecke der Forstwirtschaft, der Landesplanung, der Umweltanalyse und -beobachtung u. ä. sehr interessant gemacht.

Die rechnerisch zu lösenden Aufgaben werden heute bei der Mehrzahl der Geräte von einem Haupt- und einem Steuerrechner gelöst. Über ein Interface korrespondieren beide Rechner miteinander und über einen Bildschirm-Terminal mit dem Auswerter. Der *Hauptrechner* (syn. Arbeitsplatz-, Host-Rechner) verwaltet die Projekt- und Meßdaten, führt bei der Mehrzahl der Geräte die für die Orientierung notwendigen Rechnungen durch und verarbeitet nach jeweils aufgerufenem Meß- oder Kartierungsprogramm die gewonnenen Meßdaten. Der *Steuerrechner* (Steuerprozessor) entlastet den Hauptrechner. Durch ihn werden alle notwendigen Transformationen gerechnet und damit die Beziehungen zwischen Bild-, Modell- und Geländekoordinaten hergestellt. Ebenso übernimmt der Steuerrechner (sofern das System über entsprechende Programme verfügt) die wegen Erdkrümmung und Verzeichnungen erforderlichen Bildkorrekturen. Schließlich werden über diesen Rechner die Bildträger fortlaufend entsprechend der Raummarkenposition in Echtzeit nachgeführt. Der neueste, als „Datenerfassungsterminal L.M.T." bezeichnete

Steuerrechner der LEICA DSR- und DS-Geräteserie übernimmt auch die Modellorientierung. Dies entlastet den Hauptrechner weiter und eröffnet die Möglichkeit den oder die Hauptrechner in Abhängigkeit von vorhandener oder gewünschter Software zu wählen.

Die *Software-Komponente* ist bei allen analytisch-photogrammetrischen Systemen von gleich großer Bedeutung wie die der Hardware. Nach deren Ausreifung ist es sicher nicht falsch zu sagen „the software engineering is undoubtly the focus of this decade" (TOTH u. SCHENK 1992). Zu unterscheiden sind
– gerätespezifische Systemsoftware
– gerätespezifische Anwendungssoftware
– integrierbare Anwendersoftware Dritter
– Driversoftware zum Anschluß an fremde CAM-, CAD- und GIS-Systeme
Dabei werden unter der Systemsoftware alle jene Programme verstanden, die der Kommunikation des Auswerters mit den Rechnern, der Projektvorbereitung einschließlich der Kalibrierung des Geräts, der Paßpunkteingabe, der inneren, relativen und absoluten Orientierung des Modells, der Koordinatentransformation und den Bildkorrekturen dienen.

Zur gerätespezifischen und integrierbaren fremden Anwendersoftware gehören z. B. Programme zur on-line und off-line Kartierung einschließlich der Editierung, Punktbestimmungen mit den verschiedenen Formen der Aerotriangulation, Messungen von Höhendifferenzen, -profilen und -modellen (digitale Geländemodelle), Strecken-, Flächen- und Volumenberechnungen.

Driversoftware sorgt für die Einbindung analytischer Stereoauswertegeräte in CAD- bzw. GIS-Systeme. Dabei übernimmt das Auswertegerät die photogrammetrische Datenerfassung und -transformation für die raumbezogene, topologische Datenbank solcher Systeme.

Die führenden Hersteller analytischer Auswertegeräte haben darüber hinaus übergeordnete, universelle, modular aufgebaute Informationssysteme für geodätische und raumbezogene thematische Daten und deren laufende Fortführung geschaffen. Analytische Auswertegeräte sind dabei wichtige Datenerfassungsgeräte. Als Beispiele wird auf die System-PHOCUS von Zeiss und INFOCAM von LEICA verwiesen.

Zur *Peripherie* gehören vor allem Ausgabegeräte, so i. d. R. ein Digitalzeichentisch und ein Drucker, ferner – sofern nicht zum Hauptgerät gehörend – ein Digitalisierungstablett oder für nachträgliche Editierung von Kartierergebnissen eine (zusätzliche) Editierstation.

Die *gerätetechnische Entwicklung* analytischer Stereoauswertegeräte beginnt 1957 mit dem von Helava konzipierten analytischen Plotter. Er wurde als Prototyp 1961/63 in Kanada gebaut und danach in Gemeinschaftsarbeit von O.M.I. und Bendix zunächst 1963 mit der Typenbezeichnung AS-11-A und später in mehreren Varianten als AP/C hergestellt.

Der allgemeine Übergang vom analogen zum analytischen Gerätebau vollzog sich aber erst nach 1976. In diesem Jahr kamen der PLANICOMP C 100 von Zeiss, Oberkochen und der TRASTER T 1 von Matra auf den Markt. 1980 folgten dann der AVIOLYT AC 1 (Wild), der DSR 1 (Kern) und neben dem US-2 (Helava Inc.) noch weitere in Nordamerika produzierte Geräte.

Andere Hersteller zogen im Laufe der folgenden Jahre nach. Dabei wurde entweder dem durch Abb. 136 beschriebenen Ansatz von Helava gefolgt („analytische Plotter") oder auch ein Weg beschritten, bei dem im Gegensatz dazu die Bildkoordinaten nach dem Komparatorprinzip gemessen bzw. eingegeben werden. Der nach Vorschlag von INGHILLERI

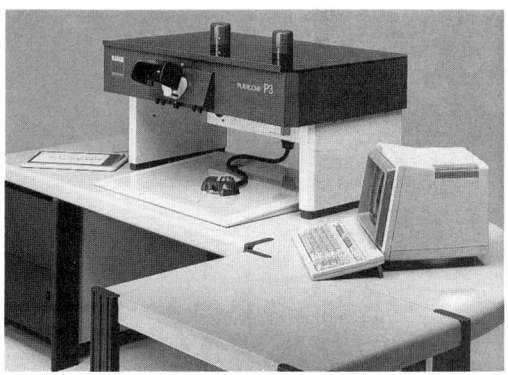

Abb. 137:
PLANICOMP P 3 (Zeiss)

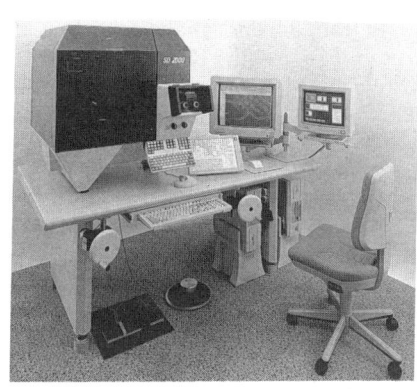

Abb. 138:
SD 2000 (Leica)

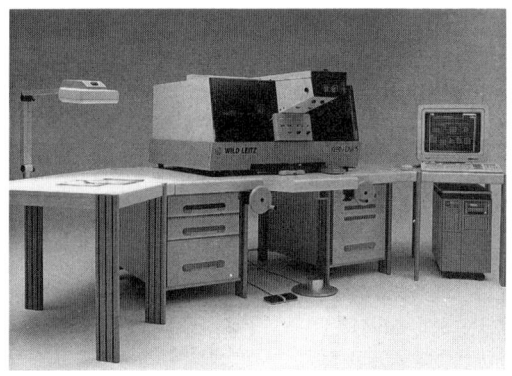

Abb. 139:
DSR 15 (Kern/Leica)

Abb. 140:
ASY (APY Photogrammetric Systems)

bei Galileo in Florenz gebaute digitale Stereocartograph DS ist z. B. ein Gerät dieser Art
(= „analytischer Komparator-Plotter").

Einen entscheidenden Schritt vorwärts bedeutete die Aufteilung der Rechenarbeiten
auf einen Steuerrechner in Gestalt eines Plotterprozessors und einen Hauptrechner. Damit wurde nicht nur, wie oben erwähnt, der Hauptrechner entlastet, sondern auch die
Echtzeit-Prozessierung und Steuerung der Bildträger gesichert. Die erste Verwirklichung
fand dieses Prinzip bei den 1987 von Zeiss auf den Markt gebrachten PLANICOMP-
Geräten der P-Serie. Weitere Vervollkommnung erfuhren die analytischen Systeme
durch die heute zum Standard der Präzisionsgeräte gehörenden Möglichkeiten zur optischen Überlagerung der Bilder oder des Stereomodells mit einer Karte oder anderen
Bildern sowie durch die – zuerst beim Kern DSR 11 realisierte – Integration einer
CCD-Kamera zur Datengewinnung für Bildkorrelationen.

Wesentliche Einflüsse gingen selbstverständlich von den Entwicklungen der Computer-
technologie, der Software und von CAD-, CAM- und GIS-Systemen aus. Sie vor allem
führten zu der raschen Folge immer wieder verbesserter und erweiterter analytischer Gerätetypen, zu deren Diversifizierung und vor allem auch zur Einführung von PC-Versionen.

In Tab. 34 sind analytische Präzisions-Stereoauswertegeräte der jüngsten Generation zusammengestellt. Deren Meßgeräte weisen durchweg Auflösungen von 1 μm auf und erreichen Meßgenauigkeiten zwischen 1 und 5 μm. Alle genannten Geräte verfügen auch über Schnittstellen mit GIS-, CAD- und CAM-Systemen.

Hersteller	Typenbezeichnung	Rechnerplattform	Bemerkungen
1	*2*	*3*	*4*
ZEISS, Oberkochen	PLANICOMP P1 PLANICOMP P3 }	HP 1000A / RTE A 4.1 oder DEC VAX /VMS	Meßgenauigkeit ≤ 2 μm
	PLANICOMP P3/PC	PC 386 / MS-DOS	
ZEISS, Jena	DICOMAT	PC AT/ MS-DOS	auch als Komparator nutzbar
MATRA	TRASTER T4M	DATA GENERAL	
	T5	NOVA, ECLIPSE	
LEICA (Wild, Kern)	AVIOLYT BC 3	PC 386/Unix	
	DSR 14	PC 386/MS-DOS u. UNIX	DSR 14-18 für 25x48cm -Formate
	DRS 15	MICRO VAX oder VAX Statia/VMS	DSR 15-18 für 25x48cm Formate
	SD 2000 SD 3000 }	PC 386/UNIX und MS-DOS, für Dritt- Software auch DMS	Meßgenauigkeit ≤ 4 μm
			Meßgenauigkeit ≤ 2 μm
GALILEO SISCAM	DIGICART 40 STEREOCART }	PC 386/MS-DOS u. UNIX	low-cost-Version
I²S	ALPHA 2000	PC 386/486/MS-DOS	low cost-Gerät Meßgenauigkeit = 3 μm
ADAM	ASP 2000	PC/MS-DOS	low cost-Gerät

Tab. 34: *Analytische Stereoauswertegeräte (Auswahl)*

Eine Stellung zwischen Präzisionsgeräten (Tab. 34) einerseits und analytischen Stereometergeräten (Kap. 4.5.5.1) sowie Stereoumzeichnern (Kap. 4.4.4) andererseits, nehmen einfachere analytische Stereoplotter ein, wie das von YZERMANN entwickelte ASY-System. Sie sind – so wie die analytischen Stereometergeräte und Stereoumzeichner – dort von Interesse, wo *überwiegend* Kartenfortführungen und z. B. thematische Kartierungen mit weniger hohen Genauigkeitsforderungen zu bewältigen sind. Beim ASY-System (Abb. 140) läßt sich das orientierte Stereomodell auf einfache optische Weise mit der fortzuführenden oder thematisch zu ergänzenden Karte überlagern. Anders als bei den in diesem Kapitel bisher beschriebenen analytischen Präzisionsgeräten werden die für die Messungen und Kartierungen erforderlichen Bildbewegungen zur Beseitigung von x- und y-Parallaxen bei feststehenden Bildträgern ausschließlich auf optischem Wege vollzogen. Alle üblichen photogrammetrischen Messungen und Kartierungen sowie darauf aufbauende Berechnungen können ausgeführt werden. Dabei werden Meßgenauigkeiten von 0,1 mm im Auswertemaßstab erreicht. Schnittstellen zu einem Drucker und einem digitalen Zeichentisch sowie zu ARC/INFO und den Triangulationsprogrammen PAT B und BLUH (siehe Kap. 4.5.3.7) sind vorhanden.

Sollen Bilder in den Kleinbildformaten von 35 und 70 mm analytisch photogrammetrisch ausgewertet werden, so steht dafür das MPS 2 (= Micro Photogrammetric System)
von ADAM zur Verfügung. Die Bilder müssen dabei keine Meßbildeigenschaften besitzen. Auch dieses low-cost Gerät, für das von der Firma eine Meßgenauigkeit von 4 mm im
Bildmaßstab angegeben wird, verfügt über Schnittstellen zu GIS-, CAD- und Kartier-
software.

4.5.5.7 Digitale photogrammetrische Auswertesysteme

Bei digitalen photogrammetrischen Systemen wird das in Kap. 4.5.4 beschriebene Meßprinzip verlassen. Selbst die Stereobetrachtung ist für den photogrammetrischen Auswerteprozeß nicht mehr für alle Auswertungen zwingend erforderlich. Ein stereophotogrammetrisches Meßgerät im zuvor genannten Sinne wird nicht mehr benötigt. An die Stelle des
photogrammetrischen Bildes treten als Bildmatrizen mit Grauwerten vorliegende digitale
Eingabedaten. Sie können durch Digitalisierung von Luftbildern (Kap. 4.1.8) entstanden
sein oder auch als primär digital aufgenommene, mono- oder multispektrale Datensätze
vorliegen. Damit können neben Luftbildern auch aus dem Weltraum aufgenommene
Fernerkundungsaufzeichnungen digital photogrammetrisch ausgewertet werden.

Zentrale Einheiten eines digitalen photogrammetrischen Arbeitsplatzes sind Prozeßrechner und Bildschirme. Dabei kommen auch Ausstattungen mit einem PC bzw. auch
mit mehreren parallel prozessierenden Transputern in Frage. Als Bildschirme werden je
nach Auslegung des Systems solche zur monoskopischen oder stereoskopischen Betrachtung eingesetzt. Bei Stereobildschirmen (Kap. 4.5.1.8) gehört eine zur Kartierung und
Ausmessung von Objekten durch das Stereomodell führbare Raummarke zum System.
Zur Grundausstattung eines digital photogrammetrischen Systems sind auch die Rechner-
peripherie und ein Digitalisierungstablett mit Cursor zu zählen. Zu einem Gesamtsystem
gehören schließlich noch der zur Digitalisierung der Luftbilder benötigte Photoscanner
(Kap. 4.1.8) und Ausgabegeräte wie Raster- oder Vektorplotter u. ä. Das Digitalisieren
von Luftbildern kann aber auch als Dienstleistung außer Haus vergeben werden.

Zur Software digitaler photogrammetrischer Systeme gehören im wesentlichen Programme
- für die Verwaltung und das Management der Daten von deren Eingabe über Speiche-
  rungen, Selektionen und Bildschirmabspielungen bis zur Ausgabe von Ergebnissen
  oder Weitergabe und Austausch mit GIS und anderen Datenbanksystemen.
- für photogrammetrisch zu lösende Aufgaben, so daß interaktiv oder automatisiert von
  der Orientierung über die erforderlichen Transformationen und Bildkorrelationen,
  Punktbestimmungen, Aerotriangulationen, Kartierungen, Berechnungen von Strek-
  ken, Flächen, Volumen usw. die Ableitung digitaler Geländemodelle und die Herstellung von Orthophotos bewältigt werden können. Der Software für Bildkorrelationen
  z. B. über hierarchisch aufgebaute, gestuft auflösende Bildpyramiden (z. B. ROSENFELD
  1984, ACKERMANN u. HAHN 1991) kommt dabei besondere Bedeutung zu.
- für perspektive Veränderungen photogrammetrisch erzeugter digitaler Gelände- und
  anderer Oberflächenmodelle bis hin zur Simulation von Landschaftsveränderungen
  (z. B. in Folge von Straßenbauten, Terassierungen, Waldausstockungen usw.)

Mit der Integration von Programmen zur digitalen Verbesserung und thematischen Klas-
sifizierung von Bilddaten sowie zur Mustererkennung gehen digital photogrammetrische
Arbeitsoptionen in digitale Bildverarbeitungssysteme im Sinne des Kap. 5.3 über. Diese
Übergänge sind heute fließend.

Hersteller	Typenbezeichnung	Rechnerplattform	Stereo-Bild-schirm	Bemerkungen
1	*2*	*3*	*4*	*5*
INTERGRAPH	IMAGE STATION INTERMAP 6487	C 400/UNIX VITEX/UNIX	ja	
HELAVA/LEICA	DPW 710 DPW 610 DPW 750 DPW 650 DSW 100+DCSSW	PC 80486/UNIX PC 80486/UNIX SUN-SPARC/UNIX SUN-SPARC/UNIX PC 80486/UNIX	ja nein ja nein –	Scanner mit Meß-funktionen
LEICA	DVP	PC 80486/MS-DOS	ja	Low-cost-Gerät
MATRA	TRASTER T10	SUN/UNIX	ja	
GALILEO/SISCAM	ORTHOMAP	PC/UNIX	nein	
Zeiss	PHODIS	Silicon Graphics/ UNIX	ja	
WELCH	DMS	PC/MS-DOS	ja	Low-cost-Gerät
SIGNUM	IS 200	Mikrovax		
I²S	PRI²SM	SUN/UNIX	nein	

Tab. 35: *Digitale photogrammetrische Auswertesysteme (Auswahl)*

Abb. 141:
Arbeitsplatz eines digital-photogrammetrischen Systems, hier DPW 770 (Leica/Helava)

Gegenwärtig bieten über 20 Hersteller digitale photogrammetrische Systeme oder entsprechende Software vor allem für die Herstellung von Orthophotos, die Erzeugung digitaler Geländemodelle und als photogrammetrisches Datenerfassungssystem für GIS an. Zudem haben mehrere wissenschaftliche Institutionen eigene Systeme zusammengestellt.

Im Hinblick auf die verwendete Software tendieren einige Hersteller dazu – wie DOWMAN (1991) es ausdrückt – „to adopt the black-box approach to photogrammetric software", und er hält dies nur dann für annehmbar, „if the photogrammetrist has validated the algorithms used".

Abb. 141 zeigt den Arbeitsplatz eines digitalen photogrammetrischen Systems und in Tab. 35 ist eine Auswahl z.Z. angebotener Systeme zusammengestellt. Die Daten dazu basieren auf Firmeninformationen und Veröffentlichungen der Jahre 1992/93. Neben den in Tab. 35 genannten Herstellern bieten auch die Firmen Autometric, Vexcel, NEC, Interna, Topcon, Instar, MDA u. a. entsprechende Systeme sowie ERDAS, PCI u. a. Software für Workstations und PC-Plattformen an.

4.5.6 Messung von Objekthöhen und von Höhendifferenzen

Objekthöhen und Höhendifferenzen können mit einfachen Hilfsmitteln mit guter und mit besseren Stereoauswertegeräten mit sehr guter Näherung gemessen werden. Im ersten Fall setzt man Stereoskope mit Stereometern oder noch einfachere Hilfsmittel, z. B. einen Parallaxenmeßkeil ein. Die Orientierung des Stereomodells erfolgt nach Kernstrahlen. Im zweiten Fall wird das Bildpaar relativ und absolut im Stereoauswertegerät orientiert.

Die erreichbaren Meßgenauigkeiten hängen neben der Kapazität des Geräts, der Güte der Orientierung und der Fähigkeit des Auswerters vom Bildmaßstab, der photographischen Qualität des Bildpaares und nicht zuletzt vom Meßobjekt ab. Die drei letztgenannten Faktoren beeinflussen die Meßgenauigkeit vor allem über die bei der Stereobetrachtung erreichbare Bildauflösung. Je eindeutiger das auszumessende Objekt, also z. B. bei einem Baum dessen Wipfelspitze und Fußpunkt, zu erkennen ist, desto sicherer kann der Auswerter die Meßmarke im Stereomodell auf die richtige Stelle aufsetzen. Auf Bäume und Waldbestände als Objekte der Höhenmessung wird speziell in Kap. 4.5.6.4 eingegangen.

4.5.6.1 Das Prinzip der Höhenmessung

Photogrammetrische Höhenmessungen basieren auf der Messung der Differenz zwischen den Horizontalparallaxen für den oberen und unteren Objektpunkt

$$\Delta px = px_1 - px_o \tag{81}$$

Die Höhe eines Objektes Δh ergibt sich aus

$$\Delta h = \frac{h_o \cdot \Delta px}{px_o + \Delta px} \tag{82}$$

h_o ist dabei die Flughöhe über der der Messung zugrunde gelegten Bezugsebene. Man legt diese zweckmäßigerweise in die Höhe des Fußpunktes der zu messenden Höhendifferenz oder durch einen der Geländenadire. Wählt man den Geländenadir des linken (bzw.

rechten) Bildes, so kann Px_o durch b" (bzw. b') ersetzt werden. Formel (82) kann in *diesem* Falle

$$\Delta h = \frac{h_o \cdot \Delta px}{b" + \Delta px} \quad bzw. = \frac{h_o \cdot \Delta px}{b' + \Delta px} \tag{83}$$

geschrieben werden. Die Gleichsetzung von (82) und (83) ist bei Messungen mit einfachen Hilfsmitteln von praktischer Bedeutung, da px_o mit diesen nicht ohne weiteres gemessen werden kann.

Die Ableitung von (82) und (83) läßt sich in augenfälligster Weise mit dem Sonderfall der Abb. 142a vornehmen. Vorausgesetzt ist dabei, daß Nadirbilder vorliegen, die Aufnahmebasis b" und die Geländeebene (Bezugsebene) parallel und horizontal liegen und daß das zu messende Objekt im Nadir des linken Bildes steht. h_o wird auf die durch den unteren Objektpunkt bzw. den linken Geländenadir führende Bezugsebene definiert. px_o ist in diesem Falle = b"

Aus ähnlichen Dreiecken ergibt sich

$$\frac{\Delta h}{s} = \frac{h_o}{b"+s} \tag{84}$$

und nach Division der Nenner mit der zu h_o gehörenden Maßstabszahl = h_o/c_K

$$\frac{\Delta h}{\Delta px} = \frac{h_o}{b" + \Delta px} \ , \quad \Delta h = \frac{h_o \cdot \Delta px}{b" + \Delta px} \tag{85}, (83)$$

Die Formeln (82) und (83) gelten auch für Höhenmessungen im allgemeinen Fall. Die zu messende Höhendifferenz kann sich an beliebiger Stelle im Modell befinden, die oberen und unteren Meßpunkte müssen nicht wie bei Baum- oder Gebäudemessungen auf einer Vertikalen liegen. In den Abb. 142b-d sind einige unterschiedliche Situationen dargestellt. In allen diesen Fällen ergeben sich die Objekthöhen bzw. Höhendifferenzen nach Formel (82). Für Abb. 142c ist z. B. ablesbar

$$\frac{\Delta h}{(x'_1 - x'_o) + (x_1" - x"_o)} = \frac{h_o}{x"_1 + x'_1} \tag{86}$$

Da $(x'_1 - x'_o) + (x"_1 - x"_o) = (x"_1 + x'_1) - (x"_o + x'_o) = \Delta px$ (87a)

und $px_o + \Delta px = (x"_o + x'_o) + \left[(x"_1 + x'_1) - (x"_o + x'_o)\right] = x"_1 + x'_1$ (87b)

ist, wird wiederum

$$\Delta h = \frac{h_o \cdot \Delta px}{px_o + \Delta px} \tag{wie 82}$$

Wird die Bezugshöhe durch einen der Geländenadire gelegt (Abb. 142b), so kann px_o wieder durch b" (bzw. b') ersetzt und aus dem im Bild gemessenen Abstand M" (M') (bzw. M' (M")) ermittelt werden (hierzu Abb. 117). Die in Abb. 142b gesuchte Baumhöhe $\Delta h_{2/1}$ ergibt sich aus $\Delta h_{2/0} - \Delta h_{1/0}$. Wird dagegen die Bezugshöhe wie in Abb. 142c und d durch den Fußpunkt des zu messenden Objektes gelegt und liegt dieser nicht in Höhe

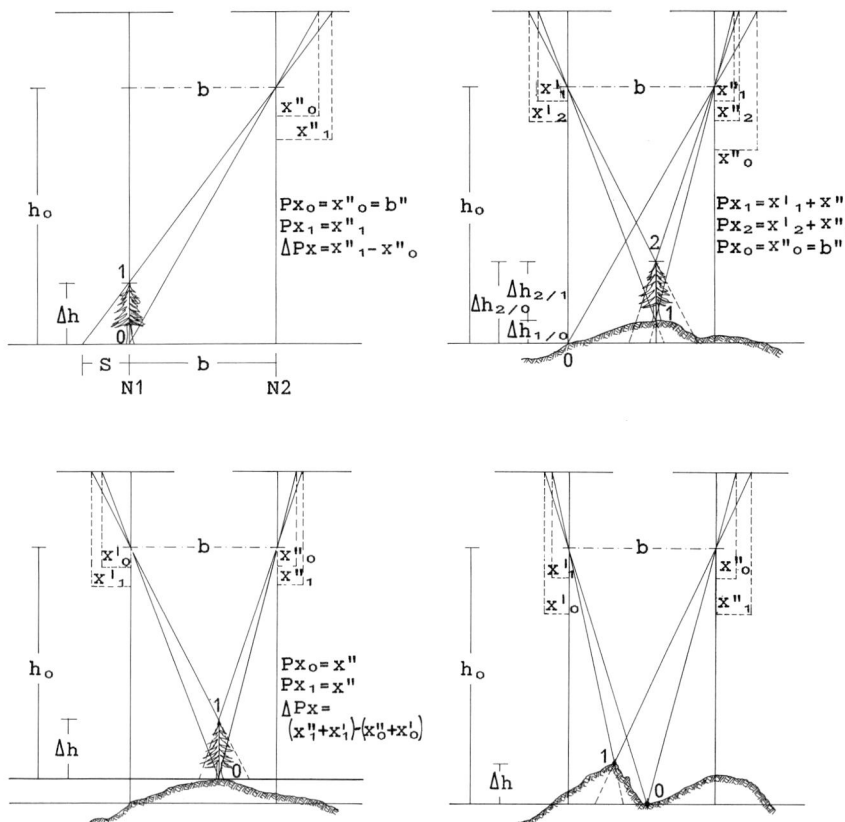

Abb. 142: *Stereophotogrammetrische Objekthöhenmessung – hier Baumhöhen – bei verschiedenen Situationen*

eines der Geländenadire, so kann Px_o nicht ohne weiteres durch b'' bzw. b' ersetzt werden. Eine im Bild gemessene Basis b' = M' (M'') bzw. b'' = M'' (M') muß in diesem Falle mit

$$b' \cdot \frac{h_{N1}}{h_o} \quad \text{bzw.} \quad b'' \cdot \frac{h_{N2}}{h_o} \tag{88}$$

korrigiert werden, bevor sie px_o ersetzen kann. Dabei sind h_{N1} und h_{N2} die Flughöhen über dem Nadir des linken bzw. rechten Bildes des Stereopaares.

Bringt man eine solche Korrektur beim Vorliegen entsprechender Höhenunterschiede zwischen h_o und h_N nicht an, so bewirkt das einen prozentualen Höhenmeßfehler in der prozentualen Größenordnung des unberücksichtigten Höhenunterschieds zwischen h_o und h_N. Eine Höhenmessung z. B. eines 27 m hohen Baumes in Weitwinkelluftbildern 1:5000 würde bei einem unberücksichtigten Höhenunterschied zwischen h_o und h_N von 100 m mit über 3 m falsch gemessen.

In der photogrammetrischen Literatur findet sich wiederholt der Hinweis, daß anstelle von (82) bzw. (83) auch vereinfachend

$$\Delta h = \frac{h_o}{b'} \cdot \Delta px \quad bzw. = \frac{h_o}{px_o} \cdot \Delta px \tag{89}$$

verwendet werden kann, wenn Δh sehr klein, z. B. < 5 % von h_o ist. Abgesehen davon, daß der Wegfall eines additiven Gliedes nur geringfügig vereinfachend wirkt, wird dies für Messungen von Bäumen, Beständen oder Geländeobjekten wie Dämme, Hohlwege u. ä. nicht empfohlen. Mißt man z. B. Altholzbestände in Weitwinkelluftbildern 1:5000 mit 60 % Längsüberdeckung, so führt dies mit $h_o = 750$ m, b' = 90 mm und z. B. gemessenen $\Delta px = 4$ mm, zu Baumhöhen

von 31,91 m nach Formel (83)
von 33,33 m nach Formel (89).

Solche vermeidbaren Fehler – hier von 1,42 m = 6,2 % – treten zu unvermeidbaren hinzu, die sowohl in der Natur einfacher Stereometermessungen als auch des Meßobjektes (hierzu 4.5.6.4) liegen können.

Es war davon ausgegangen worden, daß Nadiraufnahmen aus gleicher Flughöhe aufgenommen wurden. Da beides i. d. R. bei der Luftbildaufnahme selten genau erreicht wird, kann es zu den schon an anderer Stelle beschriebenen Verbiegungen des Stereomodells kommen. Bei stereometrischen Messungen örtlicher Höhenunterschiede (Baumwipfel/Baumfuß) treten dadurch nur sehr geringfügige Verfälschungen der Parallaxen auf. Sie sind zudem gleichgerichtet und für die Objektmessung unschädlich.

Liegen dagegen die in Höhendifferenzmessungen einbezogenen Geländepunkte im Modell weit auseinander und muß mit merkbaren Nadirdistanzen gerechnet werden, so lassen sich brauchbare Meßergebnisse ggf. nur erzielen, wenn die Modelldeformation mit Hilfe von Höhenpaßpunkten bestimmt und über die Modellfläche hin interpoliert wird. Die Messung von Geländehöhendifferenzen entfernter Geländeorte stößt daher bei Arbeit mit einfachem Meßgerät (4.5.6.2) an seine Grenze. Beim Einsatz höherwertiger Stereoauswertegeräte und sorgfältiger relativer und absoluter Orientierung sind dagegen die Auswirkungen noch verbliebener Modellverbiegungen auf die Meßergebnisse zu vernachlässigen.

4.5.6.2 Durchführung von Höhenmessungen mit einfachen Hilfsmitteln

Als „einfache" Hilfsmittel werden hier Stereoskope mit Stereometern als Zusatzeinrichtung (Abb. 122, 129) und Meßbehelfe wie Parallaxenmeßkeile (Abb. 143) und -scheiben verstanden. Der Höhenmessung mit diesen Hilfsmitteln wird Formel (83) zugrunde gelegt. Es sind also Δpx, h_o und b' zu ermitteln.

Die Messung von Δpx

Δpx kann mit einem Stereometer in einem unterm Stereoskop nach Kernstrahlen orientierten Stereomodell gemessen werden. Zur Höhenmessung führt man die Raummarke des Stereometers an das Objekt heran und setzt diese durch Abstandsänderung der Teilmarken nacheinander auf den Objektfußpunkt und Objektgipfel auf. Der dabei jeweils gegebene Abstand beider Teilmarken wird an der Mikrometerschraube abgelesen. Die Differenz beider Ablesungen ergibt Δpx.

Zur Minimierung des Einstellfehlers und zur Vermeidung grober Fehler wiederholt man die Messung 3–5mal. Durch Mittelung und ggf. nach Ausschluß offensichtlich grober Meß- oder Ablesefehler findet man den benötigten Δpx-Wert. Sinngemäß wird auch

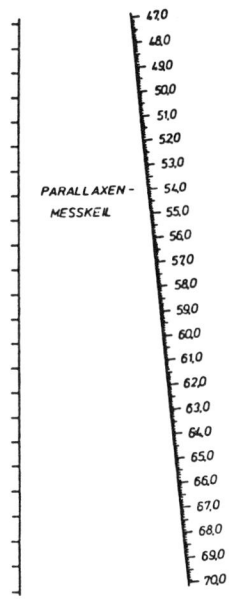

Abb. 143:
Parallaxen-Meßkeil
für Objekthöhen-
messungen mit einem
Taschenstereoskop

verfahren, wenn man ein analytisches Stereometergerät oder ein höherwertiges Stereoauswertegerät für Höhenmessungen benutzt.

Zur Gruppe einfacher Hilfsmittel gehören neben Stereometern Parallaxenmeßkeile und -meßscheiben für den Gebrauch mit Taschenstereoskopen. *Meßkeile* (Abb. 143) bestehen aus einer transparenten Kunststoffplatte auf welcher zwei konvergierende Linien oder Punktreihen eingraviert oder aufgedruckt sind. Der Abstand der Linien bzw. Punkte ist an einer durchlaufenden Skala auf ca. 0,05 mm ablesbar.

Man legt die Platte so auf das unterm Taschenstereoskop orientierte Modell, daß die linke Linie (Reihe) rechtwinklig zur Aufnahmebasis verläuft. Beide Linien verschmelzen und werden (zumindest ein Stück weit) zu *einer* im Raum aufsteigende Linie. Sie wird an das zu messende Objekt herangeführt; an der Skala wird der Abstand beider Linien (= px-Wert) dort abgelesen, wo die Raumlinie in der Höhe des Objektfußpunktes und dann des Gipfelpunktes gesehen wird. Die Differenz beider Ablesungen ergibt den benötigten Δpx-Wert. Auch diese Prozedur wird zur Sicherheit mehrmals wiederholt und für Δpx ein Mittelwert gefunden. Parallaxenmeßkeile waren besonders im U.S.Forest Service für den Gebrauch im Felde verbreitet.

Bei *Parallaxen-Meßscheiben* ist um eine zentrale Punktmarke eine drehbare Punktspirale angeordnet. Der Abstand zwischen Zentralpunkt und einem Punkt der Spirale differiert gegenüber den Abständen zu den beiden Nachbarpunkten um + 0,05 bzw. – 0,05 mm (PERLWITZ 1963). Die Punkte der Spirale und der Zentralpunkt verschmelzen unterm Taschenstereoskop zu Meßmarken und werden als auf- bzw. absteigende Punktkette gesehen. Zur Messung legt man die wiederum aus transparentem Material bestehende Meßscheibe so auf das nach Kernstrahlen orientierte Stereobildpaar, daß Zentralpunkt und Ablesezeiger parallel zur Aufnahmebasis liegen. Die Meßmarken werden an das zu messende Objekt herangeführt und die Scheibe so gedreht, daß eine der Marken in gleicher Höhe wie der Fuß- und später der Wipfelpunkt gesehen wird. Die Ablesung ergibt jeweils px-Werte und deren Differenz die für die Formeln (82, 83) gesuchte Parallaxendifferenz Δpx.

Die PERLWITZsche Parallaxenmeßscheibe war speziell für Baumhöhenmessungen bis 40 m und für Bildmaßstäbe, wie sie in der Forstwirtschaft Mitteleuropas üblich sind, konstruiert worden. Es konnte daher mit Δpx-Werten $\leq$ 3 mm gerechnet werden und gab Veranlassung zur Entwicklung einer Zusatzeinrichtung, mit der für den Baumfußpunkt px in Nullstellung gebracht und Δpx bei der Wipfelmessung direkt ablesbar gemacht wurde (PERLWITZ 1963b).

Ermittlung von b' und h_o

Der für Formel (83) benötigte Wert für b' bzw. b" ist für *den* Bildmaßstab zu bestimmen, der h_o entspricht. Liegt die Bezugsebene für die Höhenmessung nicht in der Höhe der oder eines der Geländenadire, so muß das im Luftbild gemessene b' bzw. b" entsprechend Formel (88) korrigiert werden.

Die Flughöhe h_o über der gewählten Bezugsebene kann entweder aus Flughöhenangaben am Bildrand oder aus einer Bildmaßstabsbestimmung für Orte der Bezugsebene gefunden werden.

Ist am Bildrand als Statoskopangabe die Flughöhe über NN angegeben, so ist

$$h_o = h_{NN} - h_{BE} \qquad (90a)$$

wobei h_{BE} die aus einer Karte zu entnehmende Geländehöhe der Bezugsebene über NN ist.

Gibt die Nebenabbildung am Bildrand die Abweichung Δh_f der tatsächlichen Flughöhe von der Sollflughöhe $h_{NN/SOLL}$ so ist

$$h_o = (h_{NN/SOLL} \pm \Delta h_f) - h_{BE} \qquad (90b)$$

$h_{NN/SOLL}$ ist in diesem Fall dem Flugprotokoll zu entnehmen.

4.5.6.3 Durchführung von Höhenmessungen mit analogen und analytischen Auswertegeräten

Der Höhenmessung einzelner Objekte mit Stereoauswertegeräten höherer Ordnungen kommt im Hinblick auf den erheblich größeren investiven und arbeitsmäßigen Aufwand nur dann praktische Bedeutung zu, wenn entsprechende Meßgenauigkeiten erforderlich oder im Verbund weitere photogrammetrisch zu lösenden Aufgaben durchzuführen sind. Befördert durch die Möglichkeiten der analytischen Photogrammetrie und die Entwicklung der GIS-Technologie nehmen solche Verbundprojekte zunehmend an Zahl und Vielfalt zu. Dies gilt gerade auch im Zusammenhang mit forstwirtschaftlichen und vielen geowissenschaftlichen Kartier-, Inventur- und Beobachtungsaufgaben. Die Messung von Objekthöhen, Höhendifferenzen bis hin zu digitalen Höhenmodellen von Oberflächen (Kap. 4.5.7) mit anspruchsvollen (analytischen) Auswertegeräten gewinnt dadurch gegenüber früher ebenfalls deutlich an Bedeutung.

Messungen von Objekthöhen und Höhendifferenzen zwischen beliebigen Geländeorten folgen bei analogen und analytischen Stereoauswertegeräten den gleichen Meßprinzipien wie bei einfachen Stereometermessungen. Das Stereomodell wird im Falle von Objekthöhenmessungen (Bäume, Häuser) zumindest relativ orientiert. Sofern der Bezug zum Geländekoordinatensystem hergestellt werden soll oder muß (wie z. B. bei Messungen für ein digitales Geländemodell – siehe Kap. 4.5.7) erfordert dies auch die absolute Orientierung des Modells.

Der Meßvorgang selbst gleicht dem zuvor beschriebenen: Die Meßmarke wird im Stereomodell an das zu messende Objekt herangefahren und dort durch Veränderung der z-Stellung nacheinander auf Fuß- und Gipfelpunkt des zu messenden Objektes aufgesetzt. Dies gilt unabhängig von der technologischen Lösung für die Steuerung der Meßmarkenbewegung im Raummodell.

Das Heranführen der Meßmarke an das Objekt geschieht je nach Gerätetyp entweder durch freihändige Meßwagenführung in x, y-Richtung und anschließende Feineinstellung oder über Handräder für die x- und die y-Bewegung der Meßmarke oder als neuere Lösung bei analytischen Auswertegeräten ggf. auch mittels einer über einem Digitalisierungstablett freihändig zu führenden elektronischen Steuereinheit (Cursor, Maus oder Rollkugel). Die z-Bewegung der Meßmarke wird bei einfacheren Geräten über Parallaxenschrauben bzw. Meßspindeln, bei anspruchsvolleren i. d. R. über eine Fußscheibe oder ein Handrad bzw. auch eine am Cursor befindliche Rändelscheibe gesteuert.

Nach Einstellen der Meßmarke am orientierten Modell werden bei analogen Auswertegeräten mit entsprechender Peripherie zur Analog-/Digital-Wandlung von Modellkoordinaten und bei analytischen Auswertegeräten die Koordinatentriplets x,y,z numerisch ausgegeben. Unter Berücksichtigung des Modellmaßstabs ergibt sich aus den z-Koordinatenwerten für Fuß- und Gipfelpunkt die Objekthöhe direkt, d. h. *ohne* Umweg über Formel (82) bzw. (83). Bei analytischen Auswertegeräten gehören darüber hinaus auch Programme zur Berechnung vertikaler, horizontaler oder schräger Strecken zwischen gemessenen Modellpunkten zur optionalen Software.

Einige analytische Auswertegeräte, die mittleren Genauigkeitsansprüchen genügen, wurden speziell für forstliche und geowissenschaftliche, z. B. geomorphologische oder hydrologische Interpretations- und Meßaufgaben konzipiert. Für sie werden – wie z. B. bei den Zeiss-Geräten STEREOCORD und VISOPRET 10 DIG – entsprechende Programmpakete angeboten. Sie bieten aber auch durch Zugriff auf die transformierten Geländekoordinaten jedes gemessenen Punktes die Möglichkeit, eigene Programme einzuführen um spezifische, für Inventur- und Beobachtungsaufgaben notwendige Meßaufgaben lösen zu können. Meßaufgaben wie sie z. B. im Zusammenhang mit den Ermittlungen von Holzvorräten und Biomassen oder für Analysen geomorphologischer Erscheinungen auftreten, können wegen ihrer Vielfalt und oft lokalen oder objektbedingten Sonderheiten nicht durchweg durch generelle Programme gelöst werden, so daß die Implementierung eigener Lösungsansätze erforderlich ist und möglich sein muß.

4.5.6.4 Baum und Bestand als Objekt der Höhenmessung

Die Genauigkeit einer stereophotogrammetrischen Höhenmessung hängt nicht nur vom Meßgerät und der Fähigkeit des Messenden ab, sondern auch von Eigenarten des Meßobjektes. Da Objekthöhen aus Messungen vom Objektfuß- und Gipfelpunkt abgeleitet werden, ist es für die erreichbare Meßgenauigkeit mitbestimmend, wie gut und eindeutig diese Punkte im Luftbild definier- und erkennbar sind.

Für die Baum- und Bestandshöhenmessung ergeben sich aus den Strukturen und Formen der Baumkronen, aus dem Belaubungszustand, aus den Möglichkeiten der Bodeneinsicht neben dem zu messenden Baum, aus dort ggf. vorhandenem Bodenbewuchs oder Unterstand sowie ggf. aus Windbewegungen der Krone spezifische Meßsituationen. In Abb. 144 sind mögliche, objektbedingte einseitig wirkende Meßfehler bei Baumhöhenmessungen zusammengestellt.

Bei *spitzkronigen* Bäumen kann die nur einen Quadratzentimeter große Terminalknospe mit der Meßmarke nicht als Gipfelpunkt eingestellt werden. Der Auswerter setzt die Meßmarke etwa in Höhe des ersten Astquirls auf. Bei alten Bäumen mit nur noch geringem Höhenwachstum bedeutet dies ein nur wenige Zentimeter tiefes „Eintauchen". Bei jungen Bäumen kann es dadurch aber zu Falschmessungen im Dezimeterbereich kommen.

Serienmessungen zeigten, daß bei geübten Auswertern der mittlere Fehler aus Messungen des gleichen Baumes gering ist und die Meßergebnisse weniger streuen als die Mittelwerte von Messungen mehrerer Auswerter. Man kann daraus folgern, daß sich beim Messen rasch eine bestimmte, subjektive Wahrnehmung des Gipfelpunktes einstellt. Er (oder sie) setzt die Meßmarke immer wieder in fast gleicher Höhe auf. Ein anderer Beobachter tut Gleiches, jedoch ggf. in einer vom ersten abweichenden Höhe.

Bei *Bäumen mit abgerundeter oder abgeflachter Krone*, z. B. bei belaubten Laubbäumen, Alttannen mit Storchennestkronen, älteren Kiefern, Aurakarien und anderen schirmkronigen Nadelbäumen ist dieses Meßproblem nicht gegeben. Dagegen ist hier der „oberste Punkt" nicht immer eindeutig zu definieren. In sehr großmaßstäbigen Luftbildern (> 1:5 000) kann es zudem wegen oft „diffuser" Abbildung der Kronenoberfläche zu Unsicherheiten beim Aufsetzen der Meßmarke kommen. Bei Bildern im Maßstab um 1:10 000 treten solche „diffusen" Abbildungen bedingt durch die geringere Detailauf-

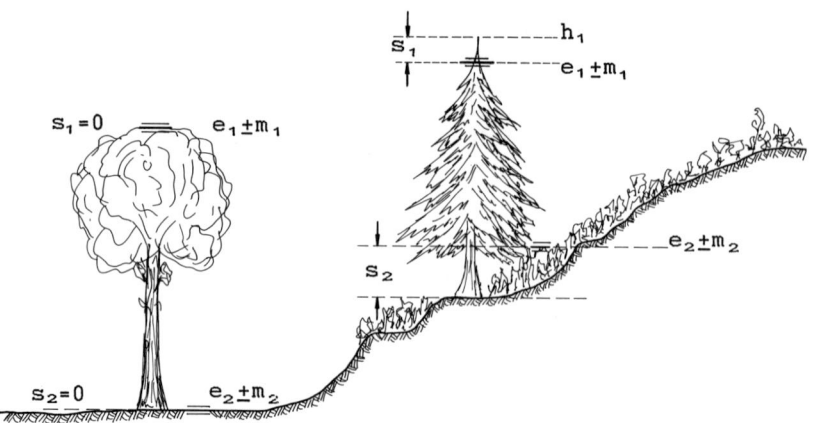

Abb. 144: *Zur Diskussion von Fehlern bei photogrammetrischen Baumhöhenmessungen*

lösung nicht mehr auf. Aus gleichem Grund kommt es zudem zu gewissen Verebnungen des stereoskopischen Bildes der Kronenoberfläche, so daß der anzumessende höchste Punkt oftmals sicherer als in sehr großmaßstäbigen Bildern definiert werden kann.
Laub- oder nadelabwerfende Bäume entziehen sich im jeweiligen laub- bzw. nadellosen Zustand genauer stereophotogrammetrischer Höhenmessung weitgehend. Messungen können in solchen Fällen nur zu Näherungswerten führen.

Die zumeist schwerwiegenderen Meßprobleme treten im Zusammenhang mit der Fuß-punkt-Messung auf. Der Baumfuß selbst ist im Luftbild durch die Krone verdeckt. Es muß also auf die unmittelbare Nähe des zu messenden Baumes ausgewichen werden.
Bei Solitären, Bäumen an Waldrändern, in aufgelockerten oder sich auflösenden Be-ständen, in Baumsteppen und anderen Waldformen des „open forest"[33] ist dies i. d. R. möglich. Zu prüfen ist dabei jedoch, ob von gleicher Geländehöhe zwischen Baumfuß und infrage kommender Bodenmeßstelle ausgegangen werden kann und ob dort Bodenvegeta-tion oder Unterwuchs zu berücksichtigen ist.
Im Gebirge ist eine Bodenmeßstelle zu suchen, die möglichst in der Höhenschichtlinie des zu messenden Baumes liegt. Da bei der stereophotogrammetrischen Baumhöhenmes-sung auch die Reliefsituation in dessen Umfeld beurteilt werden kann, ist die geeignete Auswahl des Bodenmeßpunktes zumeist gut möglich. Dennoch kann es auch dabei zu *Fehleinschätzungen* im Meterbereich kommen. Die 1 m-Grenze wird dabei erreicht, wenn bei Geländeneigungen zwischen Baumfuß und Bodenmeßpunkt folgende Horizontalab-stände zwischen beiden überschritten werden:

	Geländeneigung in Grad										
	1	2	3	4	5	6	8	10	12	15	20
Horizontalentfernung in m	57,3	28,6	19,1	14,3	11,4	9,5	7,1	5,7	4,7	3,7	2,7

Tab. 36

---

[33] Nach FAO-Definition: „open forest" = Flächen mit „continuous tree cover and 10–70 % crown cover". Gegensatz: closed forest (crown cover > 70 %).

Bodenvegetation bedeckt auf großen und oft zusammenhängenden Flächen den Waldboden. Sie kann in Abhängigkeit von Standort und Auflichtungsgrad monoton sein (z. B. Heidekraut, Heidelbeere, Adlerfarn) oder eine außerordentliche Artenvielfalt aufweisen. Trotz des Artenreichtums bilden viele solcher Pflanzengesellschaften eine mehr oder weniger gleichhohe Vegetationsdecke.

Die Meßmarke wird beim Vorliegen geschlossener Bodenvegetation auf deren Oberfläche aufgesetzt, ohne daß die Höhe der Decke feststellbar ist. Tab. 37 gibt einen groben Anhalt über die möglichen Höhen solcher Bodenvegetationsdecken. Die dort angegebenen Werte verstehen sich für die Vegetationszeit und europäische Verhältnisse. In ihrer Spanne kommt die Abhängigkeit von Pflanzenart, Artenzusammensetzung, Wachstumsphase und Standort zum Ausdruck.

Moose	10 – 40 cm Wuchshöhe
Beerkräuter, Heidekraut	20 – 50 cm Wuchshöhe
niedrige Krautflora	10 – 30 cm Wuchshöhe
höherwachsende Krautflora	30 – 100 cm Wuchshöhe
Farne	20 – 150 cm Wuchshöhe
Waldgrasflora	30 – 80 cm Wuchshöhe
Schlagflora	30 – 150 cm Wuchshöhe

Tab. 37: *Wuchshöhen verschiedener Waldbodenvegetation in der Vegetationszeit (europäische Waldverhältnisse)*

Weicht man bei *geschlossenen Waldbeständen* für die Fußpunktmessung auf benachbarte Kahlflächen, größere Blößen oder auch frische Aufforstungsflächen aus, so ist die dort als Folge der Freistellung aufgekommene Schlagflora zu beachten. Auf nährstoffreichem, gut wasserversorgtem Boden ist diese aus hochwachsenden Kräutern und Gräsern zusammengesetzt. Sie kann mannshoch werden. Wie an Waldrändern kann auch Strauchflora vorkommen.

Außer solcher Bodenflora ist unter Umständen auch mit mehr oder weniger dichter Naturverjüngung oder auch mit Voranbauten unterm Schirm des Altholzes oder auf Bestandeslücken zu rechnen. Deren Wuchshöhe ist altersabhängig und kann bis zu mehreren Metern betragen.

Der meßtechnische und objektbedingte Meßfehler für Δpx setzt sich bei Bäumen, wie Abb. 144 für einen günstigen und einen ungünstigen Fall zeigt, aus den Aufsetzfehlern S_1 und S_2 und dem Einstellfehler $\pm m_1$ und $\pm m_2$ zusammen.

$$\Delta px - \text{Meßfehler} = S_1 \pm S_2 \pm \sqrt{m_1^2 + m_2^2} \qquad (91)$$

wobei m_1 und m_2 die mittleren Fehler aus n Messungen des oberen und unteren Objektpunktes sind.

Schließlich können *Windbewegungen* der Baumkronen die aerophotogrammetrische Baumhöhenmessung beeinflussen, da die Aufnahmen der beiden Luftbilder des Stereomodells zeitlich nacheinander erfolgen. Die Schwingungsamplitude von Baumkronen ist einerseits von der Windstärke, andererseits von Kronenform, dem Verhältnis von Kronenlänge zu Baumhöhe und der Baumhöhe sowie dem Schlußgrad des Waldbestandes abhängig. Im ungünstigen Fall, also z. B. im aufgelockerten Fichtenaltholz, können bei Windstärken, die einen Bildflug noch zulassen (z. B. Windstärken 2–4) Schwingungsamplituden im Meterbereich auftreten (hierzu MAYER 1985, SCHULTZ 1965). Die Wirkung auf die Baumhöhenmessung ist dabei in ihrem Ausmaß vom Winkel zwischen Wind- und

Basisrichtung und vom Basisverhältnis ϑ (Formel 40) abhängig. Je größer ϑ ist, desto stärker wirkt sich bei einer gegebenen Situation der Windeinfluß auf das Meßergebnis aus. Der dadurch hervorgerufene Höhenmeßfehler kann im ungünstigen Fall das Dreifache der horizontalen Schwingung der Krone erreichen (SCHULTZ 1965).

Nur in extremen Fällen akkumulieren sich die Fehler in einer Weise, daß schwerwiegende Meßfehler auftreten. Andererseits erreicht man nur relativ selten Genauigkeiten, die für sicher definierbare Meßpunkte theoretisch zu erwarten sind. Je nach Gerätetyp wird ein theoretischer Höhenmeßfehler von 0,1 ‰ bis 0,3 ‰ der Flughöhe angenommen. Zur Fehlerdiskussion siehe auch SCHULTZ 1965, AKÇA et al. 1971.

Im Lichte der o.a. Diskussion möglicher Meßfehler gewinnen *empirische Untersuchungen* zur Baumhöhenmessung besondere Bedeutung. Sie setzten mit Arbeiten von NEUMANN (1933), STELLER (1936) u. a. ein und kamen Anfang der siebziger Jahre mit Untersuchungen von KLIER (1970), AKÇA et al. (1971) und AKÇA (1973) zu einem vorläufigen Abschluß.[34]

In Tab. 38–40 sind Meßergebnisse nach den Urdaten der beiden letztgenannten Veröffentlichungen zusammengestellt. Sie vermitteln praxisnahe, bei sorgfältigen Messungen erreichbare Ergebnisse.

Unter der Voraussetzung sachgerechter Ermittlungen der Eingangsparameter und Orientierung, mehrmaliger Messung der Parallaxen und vor allem geeigneter Auswahl des Bodenmeßpunktes kann danach in Bildern 1:5000 bis 1:12000 davon ausgegangen werden,

– daß bei Messungen mit Spiegelstereoskop und Stereometer Baumhöhen im Mittel mit einem Fehler um 1,0 m und bei Messungen mit besserem Stereoauswertegerät um 0,30 m gemessen werden können,

– daß bei einfachen Stereometermessungen die Ergebnisse in 80–85 % der Fälle weniger als 1,50 m vom wahren Wert abweichen und bei Messungen mit besserem Gerät und absoluter Orientierung des Modells Abweichungen über 1,0 m allenfalls noch als „Ausreißer" vorkommen,

– daß im o.a. Maßstabsrahmen und bei allen Filmarten die mittleren Abweichungen und auftretende Extremwerte objektbedingt in gleicher Größenordnung liegen, daß sie aber um so sicherer werden, je besser die Bildauflösung und andere photographische Qualitätsparameter sind. Im übrigen gilt natürlich, daß die Meßgenauigkeit mit dem Basisverhältnis und bei gleichem Bildmaßstab mit abnehmender Brennweite des Aufnahmeobjektivs zunimmt,

– daß Laubbäume i. d. R. genauer gemessen werden als spitzkronige Nadelbäume und sich für letztere tendenziell zu geringe Höhenwerte ergeben,

– daß bei sachgerechter stereophotogrammetrischer Baumhöhenmessung mit Spiegelstereoskop und Stereometer nahezu gleich gute und bei Messung mit besserem Gerät wenigstens gleich gute ggf. auch bessere Ergebnisse erzielt werden als bei Feldmessungen mit herkömmlichen Baumhöhenmessern (HAGA, BLUME-LEIS, CHISTEN u. a.).

Für praktische Arbeiten der Forsteinrichtung und bei Waldinventuren wird vor allem nach *Bestandesmittelhöhen*[35] oder *-oberhöhen* bzw. nach Mittelhöhen bestimmter Baumkollek-

---

[34] In einer 1969 erschienenen Bibliographie zur Literatur über forstliches Luftbildwesen (HILDEBRANDT 1969) sind allein über 30 Untersuchungen zur Genauigkeit photogrammetrischer Baumhöhenmessungen nachgewiesen (a.a.O. S. 160–168)

[35] Im Sinne der forstlichen Terminologie ist die Bestandesmittelhöhe die mittlere Höhe von Bäumen, die den im Bestand mittleren Durchmesser bzw. die mittlere Stammkreisfläche in 1,3 m Höhe aufweisen. Die Bestandesoberhöhe ist dagegen die mittlere Höhe der 20 % höchsten Bäume des Bestandes.

Tab. 38 *Abhängigkeit von Bildmaßstab und Filmart*

Maßstab Filmart	Anzahl Bäume	Abweichungen der photogrammetrischen Messung gegenüber Theodolit-Messung	
		mittlere Abweichung	extreme Abweichungen
	n	m	m
1	*2*	*3*	*4*
1:11.000			
panchromatischer SW-Film	33	1,16	+ 0,8 − 2,9
panchromatischer Farbfilm	52	0,91	+ 2,8 − 2,9
Infrarot-Farbfilm	54	0,94	+ 2,8 − 1,8
1:5.000			
panchromatischer SW-Film	51	0,88	+ 1,6 − 2,3
Infrarot-Farbfilm	33	0,85	+ 2,8 − 2,8

Tab. 39: *Abhängigkeit vom Meßgerät und von der Modellorientierung – Bildmaterial hier: panchromatische Farbbilder 1:11000*

Art der photogrammetrischen Messung und Modellorientierung	Abweichungen der photogrammetrischen Messungen gegenüber Theodolitmessung	
	mittlere Abweichung	extreme Abweichungen
	m	m
1	*2*	*3*
Spiegelstereoskop u. Stereometer Orientierung nach Kernstrahlen	0,91 (n=26)	+ 2,8 − 2,9
Analog. Auswertegerät KERN PG 2 relative u. absolute Orientierung	0,30 (n=24)	+ 0,6 − 1,0

Tab. 40: *Vergleich photogrammetrischer Messungen mit praxisüblichen terrestrischen Baumhöhenmessungen (bei Stereometermessungen Summe aller in 38 genannten Maßstäbe / Film-Kombinationen, bei PG 2-Messungen panchrom. Farbbilder 1:11000).*

Art der Messung	Baum-arten-gruppe	Anzahl Bäume	Häufigkeit der Abweichungen gegenüber Theodolit-Messung				
			0,0–0,5m	0,6–1,0m	1,1–1,5m	1,6–2,0m	> 2,0m
		n	%				
1	*2*	*3*	*4*	*5*	*6*	*7*	*8*
photogrammetrisch Spiegelstereoskop mit Stereometer	NB	111	34,9	19,3	23,8	10,1	11,9
	LB	112	44,7	25,0	13,4	7,1	9,8
photogrammetrisch Analoggerät KERN PG 2	NB	13	69,2	30,8	0,0	0,0	0,0
	LB	11	81,8	18,2	0,0	0,0	0,0
Feldmessung mit HAGA-Höhenmesser	NB	15	53,3	26,7	20,0	0,0	0,0
	LB	15	40,0	33,3	26,7	0,0	0,0

Tab. 38–40: *Ergebnisse vergleichender Höhenmessungen von Nadel- und Laubbäumen bei Weitwinkelaufnahmen (erkannte Fehlmessungen wurden ausgeschlossen)*

tive gefragt. Wie bei Bestandeshöhenmessungen im Walde, muß man dabei die photogrammetrischen Messungen an ausreichend vielen Bäumen vornehmen. Für *Mittelhöhenmessungen* sollten möglichst herrschende und mitherrschende Bäume[36] ausgewählt und vorherrschende (vorwüchsige) und beherrschte Bäume nicht einbezogen werden. Die stereoskopische Durchmusterung des Bestandes läßt solche Entscheidung bei Arbeit mit groß- und mittelmaßstäblichen Luftbildern zu. Die zu messenden Bäume sollten über den ganzen Bestand verteilt und Bodensicht in der Nähe vorhanden sein. Bei Hanglagen sind Bäume vom Ober- und Unterhang einzubeziehen. Randbäume dürfen nicht überrepräsentiert sein.

Prinzipiell gleiches gilt für die Ermittlung von *Bestandesoberhöhen*. Die Auswahl der zu messenden Bäume ist dabei jedoch auf vorherrschende und herrschende zu beschränken. In jüngeren Beständen sollten ausgesprochen vorwüchsige „Protzen" („Wölfe") nicht einbezogen werden.

Die Anzahl der Messungen richtet sich nach der Homogenität der vertikalen Gliederung des Kronendaches, nach der Flächengröße und ggf. erkennbaren Standorts- bzw. Wuchsunterschieden innerhalb des Bestandes. Sie sollte unter Berücksichtigung der geforderten Genauigkeit im Zuge der Messungen anhand der sich jeweils ergebenden Variabilität der gemessenen Höhen sachgerecht festgelegt werden.

Die Bestandesmittel- bzw. -oberhöhe ergibt sich nach den Einzelbaummessungen durch einfache arithmetische Mittelung. Untersuchungen zur Genauigkeit von Bestandesmittel- bzw. -oberhöhen führten beim Einsatz eines analogen Stereoauswertegerätes zu mittleren prozentualen Fehlern von $\pm 3\%$ – $\pm 4\%$ (BRAUN 1982, AKÇA 1983). Bei Verwendung von einfachen Stereometermessungen kann – immer sachgerechte und sorgfältige Arbeit vorausgesetzt – mit prozentualen Fehlern gerechnet werden, die herkömmlicher terrestrischer Ermittlung gleich sind. Größere Fehler bei photogrammetrischen Bestandeshöhenermittlungen können sich einstellen, wenn keinerlei Bodensicht vorhanden ist und man auf Bodenmeßpunkte außerhalb des Bestandes ausweichen muß.

4.5.7 Digitale Gelände- und Oberflächenmodelle

Die zahlenmäßige Beschreibung der dreidimensionalen Oberflächenform eines Geländes in alphanumerischer Form durch die Raumkoordinaten X,Y,Z einer (ausreichenden) Menge von Punkten der Objektoberfläche wird als *digitales Geländemodell* bezeichnet (DGM bzw. DTM = digital terrain model). Als Bezugssystem dient dabei ein Geländekoordinatensystem, d. h. in der Regel das Landeskoordinatennetz. Einige Autoren bevorzugen für ein solches Modell den Begriff des *digitalen Höhenmodells* und fassen dafür den des DGM (DTM) weiter.[37]

---

[36] Gemäß forstlicher Terminologie werden die Bäume eines Bestandes nach ihrer soziologischen Stellung als Vorherrschende, Herrschende, Mitherrschende, Beherrschte und Unterdrückte klassifiziert (KRAFTsche Baumklassen).

[37] DORRER (1975) und auch der Arbeitskreis Numerische Photogrammetrie der DGPF definierten 1974/75 das DGM als die digitale Speicherung sämtlicher Informationen über die Geländeinformation, wobei die Elemente des Grundrisses (d. h. ein digitales Situationsmodell DSM) und der Oberflächenform (DHM) Berücksichtigung finden. KRAUS (1992) will im DGM darüber hinaus auch „die Nutzung des Geländes" gespeichert sehen. Anders SCHWIDEFSKY u. ACKERMANN (1976), für die das DHM eine „Sonderform" des DGM ist, bei der die Geländeform durch punktweise Höhenmessungen zunächst nur relativ, d. h. ohne Bezug auf ein übergeordnetes Koordinatensystem beschrieben wird.

Wird in gleichartiger Form die Oberflächengestalt eines Vegetationsbestandes, einer Fassade, eines Werkstückes u. ä. beschrieben, spricht man gemeinhin von einem *digitalen Oberflächenmodell* (DOM). Als Bezugssystem kann dabei im Falle von Vegetationsoberflächen ebenfalls das Landeskoordinatensystem benutzt oder ein anderes dreidimensionales Objektkoordinatensystem eingeführt werden. Letzteres ist zur Oberflächenbeschreibung in der Industrie- und Architekturphotogrammetrie die Regel.

DGM *und* DOM lassen sich stereophotogrammetrisch messen[38]. Die Entwicklungen der analytischen und digitalen Photogrammetrie und dazugehörender Software haben dabei gegenüber der früheren analogen weitergehende Möglichkeiten für die Herleitung solcher Modelle und davon abgeleiteter Produkte eröffnet.

Die Herleitung eines DGM bzw. DOM erfolgt in mehreren Schritten:
1. Schritt Festlegung der Datenstruktur (4.5.7.1)
2. Schritt Datenerfassung (Primärdaten) (4.5.7.2)
3. Schritt Höheninterpolation (4.5.7.3)
4. Schritt Ausgabe des Modells und je nach dem Auswertezweck Anschluß von Folgeprogrammen (4.5.7.4)

4.5.7.1 Zur Datenstruktur

Für ein DGM und die Mehrzahl nichttopographischer Oberflächenmodelle wird ein quadratisches Punktgitter[39] als Grundstruktur für die Höhenmessungen gewählt (Abb. 145a). Jeder Gitterpunkt ist durch seine Lagekoordinaten X,Y definiert. Die zur Charak-

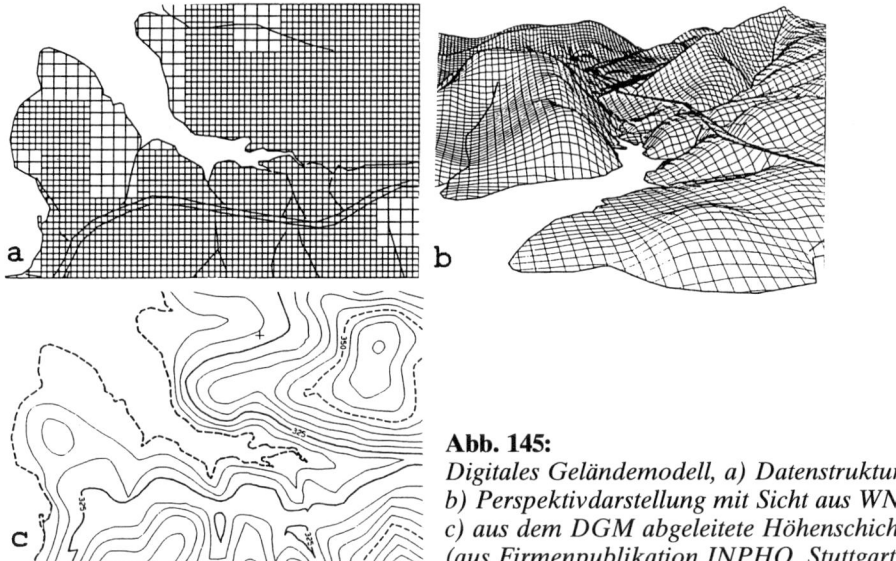

Abb. 145:
Digitales Geländemodell, a) Datenstruktur
b) Perspektivdarstellung mit Sicht aus WNW
c) aus dem DGM abgeleitete Höhenschichtlinien
(aus Firmenpublikation INPHO, Stuttgart)

---

[38] Eine andere, herkömmliche Ableitung eines DGM ist die aus Karten mit Höhenschichtlinien. Dazu werden die Schichtlinien digitalisiert und die Höhenwerte regelmäßig verteilter Rasterpunkte, ggf. unter Berücksichtigung von Bruchkanten und Geländelinien, interpoliert.

[39] Häufig wird in diesem Zusammenhang anstelle von „Gitter" auch „Raster" benutzt. Im Hinblick auf die Terminologie der digitalen Bildverarbeitung und der GIS-Technologie bleibt in diesem Buch der Begriff des Rasters der Raster*fläche* vorbehalten.

terisierung der Oberflächengestalt erforderliche Netzdichte und damit Punktmenge ist von der Reliefintensität und dem Verwendungszweck des Modells abhängig. Je wechselvoller und stärker vertikal gegliedert die Oberfläche ist, desto größer muß die Punktmenge je Flächeneinheit für einen gegebenen Anwendungszweck sein. Bei Modellen für gleichförmig kupiertes Gelände ohne Bruchkanten wählt man den Punktabstand i. d. R. so, daß zwischen den Gitterpunkten linear interpoliert werden kann.

Eine einfache Form der Berechnung des benötigten Gitterpunktabstand ΔX bzw. ΔY kann nach

$$\Delta X \quad \sqrt{8 \cdot dZ_{max} \cdot R} \tag{92}$$

erfolgen. dZ_{max} ist der tolerierte mittlere Höhenfehler und R ein angenommener mittlerer Kurvenradius des zu beschreibenden Geländes. Soll z. B. ein mittlerer Höhenfehler von ± 20 cm toleriert werden und geht man für das betreffende Gelände von einem R = 600 m aus, so ergibt sich nach (92) ein Gitterpunktabstand $\Delta X = \Delta Y = 30,98$ m ≈ 30 m.

Für eine differenziertere Bestimmung von ΔX, ΔY kann man eine im Bezug auf das Relief typische Geländelinie durch Messung der Z-Werte in sehr kleinen Abständen digitalisieren und mit einer FOURIER-Reihe[40] daraus ein spezifisches Amplitudenspektrum berechnen. Unter Berücksichtigung des vorgesehenen Interpolationsverfahrens kann dann der zur Einhaltung einer vorgegebenen mittleren Höhengenauigkeit des DGM erforderliche Gitterpunktabstand abgeleitet werden. Prozeßrechner analytischer und digitaler Auswertegeräte sind heute i. d. R. auf die dafür notwendigen Rechenoperationen eingerichtet. Das Stereomodell wird dann – vom Rechner gesteuert – dementsprechend abgefahren. Auf die ausführliche Darstellung der mathematischen Zusammenhänge bei KRAUS (1984, Kap. 3.4.2) wird verwiesen.

Bei *unregelmäßig bewegtem Gelände* reichen die errechneten ΔX-, ΔY-Schritte für die stärker bewegten Partien i. d. R. nicht aus, um den der Berechnung zugrunde gelegten mittleren Höhenfehler einzuhalten. Es stehen deshalb Verfahren des sog. „Progressive Sampling" zur Verfügung, mit denen eine partielle Verdichtung des Gitters erreicht wird. Beim Überschreiten bestimmter Neigungsdifferenzen bzw. Krümmungen zwischen benachbarten Gitterpunkten der X- und der Y-Profile des Gitters werden vom Prozeßrechner analytischer und digitaler Stereoauswertegeräte zusätzliche Meßpunkte automatisch angefahren (siehe MAKAROVIC 1976, RÜDENAUER 1980). Als Beispiel eines dementsprechenden Programms wird PROSA genannt, das für analytische Auswertegeräte zur Verfügung steht.

Für *Gelände mit hoher Reliefenergie* und häufig vorkommenden Geländebrüchen bedarf es schließlich noch ergänzender Höhenmessungen entlang von Bruchkanten und für die Oberflächenstruktur charakteristischer Geländelinien und -punkte (z. B. auch Bergspitzen). Für die Integration solcher zusätzlichen Messungen ist die Software moderner analytischer oder digitaler Systeme ebenfalls eingerichtet. Bei der Herstellung eines DGM mit analogem Stereoauswertegerät ist die Einfügung solcher zusätzlich zu den Gittermessungen notwendiger Erhebungen in den Datensatz des DGM manuell möglich.

Für Geländemodelle die speziell für die *Trassenauswahl* und die Bauplanung von Straßen und Bahnen oder zur Ermittlung von Oberflächenänderungen nach Terrassierungen, in Erosionsgebieten, in Tagebauen u. ä. vorgesehen sind, wird man bevorzugt Modellpunkte entlang von Längs- und Querprofilen wählen, die der Geländesituation angepaßt sind.

---

[40] FOURIER-Reihe:
$C_o + C_1 \cdot \cos x + d_1 \cdot \sin x + C_2 \cdot \cos 2x + d_2 \cdot \sin 2x + C_3 \cdot \cos 3x + d_3 \cdot \sin 3x$ usw.

Für die *Oberflächenmodellierung von Waldbeständen* (ggf. auch von anderen Vegetationsdecken) kommen zwei Datenstrukturen in Frage: Das regelmäßige Punktgitter mit
sehr kleinen Punktabständen und die baumweise, an der Kronenform orientierte Punktmessung. Bei beiden Verfahren sind Normalwinkelaufnahmen, Bildmaßstäbe um 1:5 000
und Modellmaßstäbe um 1:2 500 zu bevorzugen.

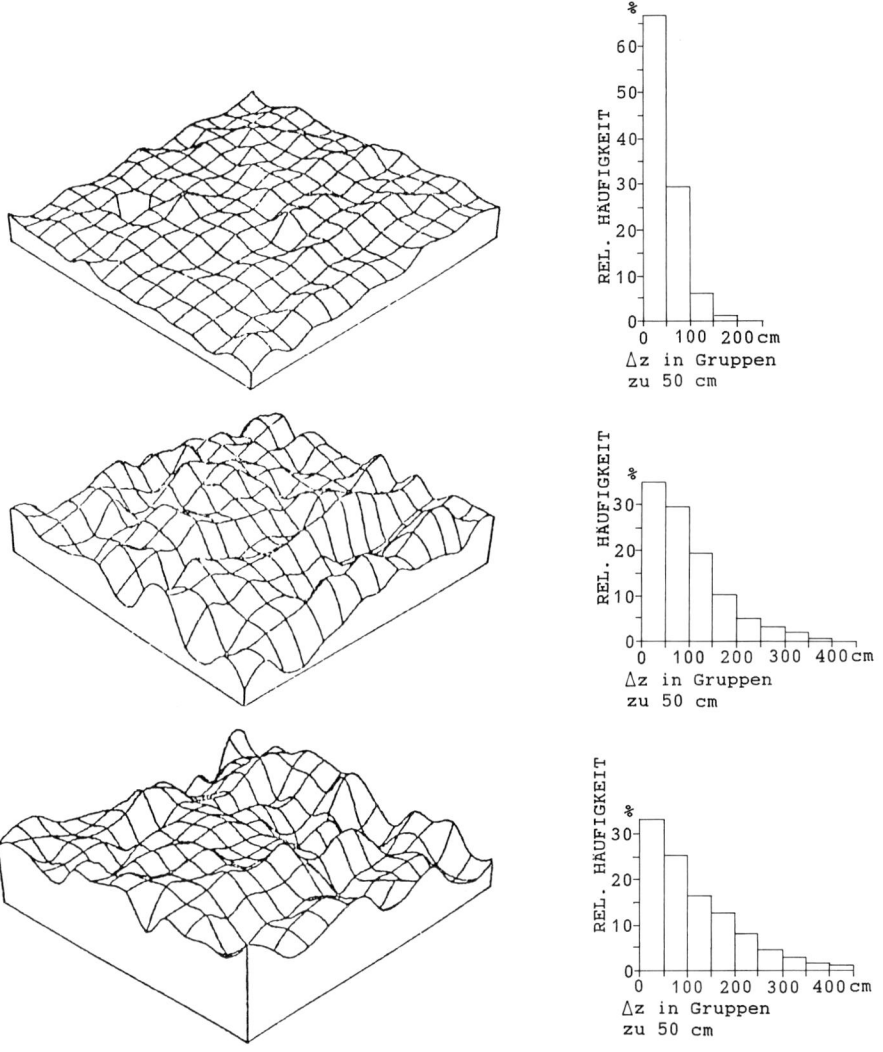

Abb. 146: *Digitale Oberflächemodelle von Waldbeständen mit Häufigkeitsverteilung der
ΔZ-Werte benachbarter Gitterpunkte. a) Fichtendickung, n=599, Q=Oberfläche/
Grundfläche=1,71, b) Fichtenstangenholz, n=485, Q=2,96, c) Laubbaum-Alt-
holz, n=786, Q=3,46 (nach* DJAWADI *1977)*

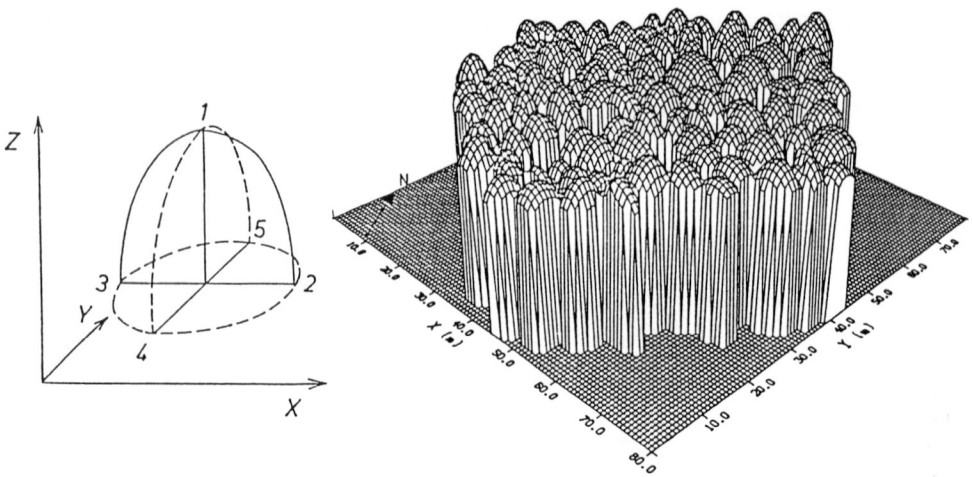

Abb. 147:

Meßpunktanordnung für
Baumkronenmessungen
nach AKÇA

Abb. 148:

Durch Interpolation aus Einzelkronenmessungen erzeugtes
Oberflächenmodell eines Buchenaltholzes (aus KÄNDLER
1986)

Bei regelmäßigen Punktgittern hat sich unter den genannten Bedingungen ein Punktabstand im Modell von 0,5 mm, bei Altholzbeständen auch bis 1,0 mm als vorteilhaft und
ausreichend erwiesen (HILDEBRANDT et al. 1974, DJAWADI 1977). In Abb. 146 sind Oberflächemodelle dieser Art für verschiedenartige Waldbestände abgebildet.

Eine Datenstruktur, die sich auf baumweise Messungen stützt, kann sich für die Modellierung der Bestandesoberfläche – einem Vorschlag AKÇA's folgend (AKÇA 1979, vgl. auch
KÄNDLER 1986) – auf fünf Meßpunkte in der in Abb. 147, 148 gezeigten Verteilung
beschränken. Durch geeignete Interpolation können daraus artentypische Kronenformen
approximiert werden (Kap. 4.5.7.3).

4.5.7.2 Zur Datenerfassung

Die Datenerfassung richtet sich nach der gewählten Datenstruktur. Bei digitalen *Gelände*-
modellen kann sie methodisch auf mehreren Wegen erfolgen, nämlich
– durch Messung von z-Werten an dafür in ihrer Lage definierten Gitterpunkten;
– durch Punktmessungen in regelmäßigen oder der Situation angepaßten Abständen
  entlang ausgewählter Längs- und Querprofile;
– durch Messung an unregelmäßig verteilten, für die Morphologie der Oberfläche charakteristischen Punkten;
– in mehr oder weniger geschlossenen Waldgebieten durch Messung an unregelmäßig
  verteilten Punkten, bei denen Bodensicht die Messung zuläßt (s.u.);
– durch Kartierung und Digitalisierung von Höhenschichtlinien.

Mit Ausnahme der erstgenannten Art der Datenerfassung werden Bruchkanten und
Geländelinien i. d. R. berücksichtigt. Sollen diese bei regelmäßigem Gitter einbezogen
werden, so müssen ergänzend Punktmessungen von x,y,z entlang der Kanten bzw. Strukturlinien des Geländes erfolgen.

Vegetationsdecken wie auch *Überbauungen* sind für die photogrammetrische Herstellung eines DGM stets ein Störfaktor. Dabei bereiten Wiesen, Weiden, Steppen, Tundren oder Krautfluren und landwirtschaftliche Kulturen geringer Wuchshöhe i. d. R. keine ernsthaften Probleme. Bereits hochstämmige Bodenflora kann aber Maskierungen der wahren Geländegestalt mit sich bringen, z. B. durch das Überwachsen von Gräben, Rinnen, Mulden u. ä. Für Geländemodelle, die geomorphologischen Feinanalysen dienen sollen, muß dies beachtet werden.

Aus naheliegenden Gründen bringt Wald für die photogrammetrische Datenerfassung die größeren Schwierigkeiten mit sich. Gitter- und Profilmessungen für die Erfassung der Bodenoberfläche sowie auch Höhenschichtenkartierungen stoßen hier oft an die Grenze der Möglichkeit. Bodensicht ist nur auf Waldwegen, an Wald-Feldgrenzen, auf Wildwiesen, frischen Schlag- und Kulturflächen, Blößen und Bestandeslücken (Vorsicht wegen Unterwuchs, Voranbau und Bodenflora) gegeben.

Zielführend für die Datenerfassung *kann* deshalb in diesem Falle nur die X,Y,Z-Messung an einer möglichst großen Zahl unregelmäßig verteilter Punkte sein. Deren Lage ist freilich nicht an der Oberflächengestalt orientiert, sondern von den Möglichkeiten der Bodensicht diktiert. Bei licht oder gar lückig bestockten Waldflächen wird man mit der Einzelpunktmessung zumeist Erfolg haben. Weitgehend geschlossen bestockte Waldgebiete können dagegen die photogrammetrische Datenerfassung für ein DGM ausschließen und ggf. tachymetrische Messungen von Gitter- oder Profilpunkten bzw. deren Ableitung aus verläßlichen Höhenschicht-Karten erforderlich machen.

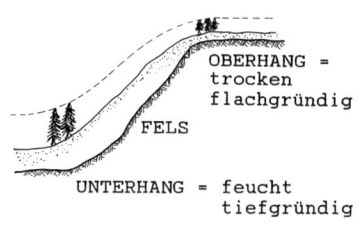

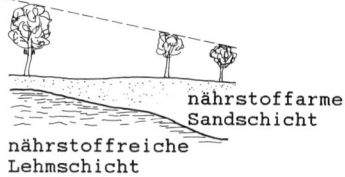

Abb. 149:
Beispiele zum Verhältnis von Geländeoberfläche zu Kronendachoberfläche

Versucht man bei geschlossenen Waldbeständen die photogrammetrische Datenerfassung dennoch durchzuführen und sich dabei an der Waldbestands-Oberfläche zu orientieren, so sind alters- und standortsbedingte Höhenunterschiede der Bestände zu berücksichtigen. Drei häufig vorkommende standortsbedingte Wuchsunterschiede, die zu Fehlschlüssen im Bezug auf die unterliegende Bodenoberfläche führen können, zeigt Abb. 149.

Ein ganz anderer Fall liegt für die Datenerfassung vor, wenn die *Waldoberfläche* – das Kronendach – oder eine andere Vegetatinsoberfläche *als solche* durch ein digitales Oberflächenmodell zu beschreiben ist. Nach dem in 4.5.7.1 Gesagten bieten sich dafür zwei Wege der Datenerfassung an, nämlich
– *ohne* Berücksichtigung der einzelnen Baumkronen, die Messung von z-Werten an regelmäßig verteilten Punkten eines dichten Gitters (vgl. Abb. 146)
– *mit* Berücksichtigung der Einzelbäume und ihrer Kronenformen, die Messung mehrerer Punkte an *allen* Kronen eines Bestandes (vgl. Abb. 147).
Für die *meßtechnische Ausführung* zur Gitter-, Profil- und Einzelpunktmessung sowie zur Kartierung von Höhenschichtlinien kann man analoge, analytische und digitale photogrammetrische Mittel einsetzen.

Obwohl analoge photogrammetrische Verfahren weitgehend durch leistungsfähigere der analytischen und der digitalen Photogrammetrie abgelöst wurden, ist ein Rückblick auf die Datenerfassung mit analogen

Stereoauswertegeräten didaktisch zweckmäßig. Zur Gitter- und Profilmessung mit solchen Geräten waren Anfang der siebziger Jahre elektronische Einrichtungen für halbautomatische Messungen von Profillinien sowie zur Registrierung von Punktkoordinaten entwickelt worden. Ein Beispiel für eine derartige Peripherie zu analogen Stereoauswertegeräten ist der Zeiss ECOMAT mit Inkrementalregistrierung und DTM 1 und 2 (SCHWEBEL 1976). Für die Gittermessung wird dabei das Modell mäanderförmig in y-Richtung und x-Schritten automatisch abgefahren. Der Messende führt manuell die Meßmarke in z-Richtung nach. Es konnte dabei zwischen drei verschiedenen Betriebsarten gewählt werden.

Für die Gitter- und Profilmessung mit *analytischen Stereoauswertegeräten* stehen entsprechende und heute komfortable Softwarepakete für die Steuerung der Meßmarke zur Verfügung. Sie erlauben die Messung regelmäßiger Gitter und von Längs- und Querprofilen mit programmierbaren Zeit- und Wegintervallen. Die Gitter- bzw. Profilpunkte werden entsprechend der gewählten Datenstruktur mit der Meßmarke angefahren und diese dort manuell auf die Höhe des Meßpunktes eingestellt. Für Einzelpunkte und Punktfolgen entlang von Geländekanten und -linien wird die Meßmarke mit den Handrädern an den jeweiligen Meßort geführt und dort auf die Modelloberfläche aufgesetzt.

Beispiele für Software zur Datenerfassung dieser Art sind das PHOCUS-Modul MDTM für die analytischen Plotter der Planicompreihe (Zeiss) oder für die DSR-Plotter (Kern/ Leica) zur Profilmessung das Modul DOT XS und zur Gittermessung das Modul DTMCOL.

Die Datenerfassung durch *Kartierung von Höhenschichtlinien* (siehe Kap. 4.5.8.3) und folgender Interpolation der Höhen für Gitterpunkte (Kap. 4.5.7.3) ist bei Verwendung analoger und analytischer Auswertegeräte gleichartig. Gleiches gilt für die Messung unregelmäßig verteilter, entsprechend der Oberflächenform ausgewählter Punkte sowie bei Baumkronenmessungen nach AKÇA. Die Meßmarke des Stereoauswertegeräts wird an diese Meßpunkte mit Hilfe der Handräder herangefahren und dort auf die Modelloberfläche aufgesetzt.

Die *digitale Photogrammetrie* eröffnet – neben der prinzipiell auch hier möglichen programmgesteuerten x/y-Bewegung und manuellen Anpassung der Meßmarke – neue und andersartige Wege der Datenerfassung. Sie bringt dabei aber auch einige neuartige Probleme, die z.T. noch nicht vollständig gelöst sind, mit sich. Aus den Bildwertmatrizen beider Bildes des Stereopaares werden nach einem automatischen Erkennungsprozeß durch Bildkorrelation für identische („homologe") Bildpunkte deren Raumkoordinaten und daraus deren Parallaxen berechnet. Auf diese Weise fallen pro Stereomodell automatisch mehrere hunderttausend Höhenwerte für in ihrer X,Y-Lage bekannte Modellpunkte an. Sie bilden – ggf. zusammen mit interaktiv zugeführten, manuell photogrammetrisch gemessenen Höhenwerten für Bruchkanten und Geländelinien – die Datenmenge, aus der in weiteren rechnerischen Verarbeitungsschritten das DGM abgeleitet wird.

Über die zu charakterisierenden Oberflächen hinaus ragende Objekte (Häuser, Einzelbäume u. a.) oder diese maskierenden Objektoberflächen (z. B. Wald) können ausgefiltert bzw. durch Eingabe ihrer Grenzpolygone ausgeschlossen werden. Es muß angesichts regional hoher Bewaldungsprozente und örtlich starker Überbauung abgewartet werden, ob und wie die automatische Ableitung digitaler Geländemodelle mit Mitteln der digitalen Photogrammetrie mit den sich daraus ergebenden Schwierigkeiten fertig wird. Die bei dieser Art automatischer Höhenmessung für das DGM zu erreichende Höhengenauigkeit wird für nicht überbaute oder durch Vegetation gestörte Geländepunkte mit 0,1 ‰ der Flughöhe über Grund angegeben (Firmenangaben, vgl. auch KÖLBL 1992).

Software für die Datenerfassung ist integraler Bestandteil der DGM-Programme digitaler photogrammetrischer Systeme. Beispiele der gegenwärtig auf dem Markt befindlichen Programme sind das Modul TERRAIN für die DPS-Serie von Leica/Helava, das Programm MATCH-T von Inpho, das Modul Topo-SURF für das PHODIS-System von Zeiss, das IMAGINE Ortho-MAX von Erdas, das PCI EASY/PACE Modul AIRPHOTO ORTHO AND DEM und die DTM-Software von Matra und Topcon. Die Entwicklung dieser Software ist z.Zt. in vollem Gange.

4.5.7.3 Zur Höheninterpolation

Interpolationsalgorithmen – sei es für die Interpolation zwischen Schichtlinien, sei es zur Verdichtung eines gemessenen Gitters oder zwischen unregelmäßig verteilten Meßpunkten – stehen zur Verfügung. Ausführliche Beschreibungen hierzu finden sich bei KRAUS (1984 S. 263–303) und in komprimierter Form bei KONECNY u. LEHMANN (1986 S. 255–261). Interpolationsalgorithmen sind wesentlicher Bestandteil der genannten Softwarepakete für die photogrammetrische Herleitung digitaler Geländemodelle. Dabei bauen bekannte DGM-Programme auf unterschiedlichen Algorithmen auf. Das mit den analytischen Auswertegeräten der Planicomp-Serie (Zeiss), der DSR-Serie (Kern/Leica), des BC 3 (Wild/Leica) und der SD-Serie (Leica) angebotene SCOP (ASSMUS et al. 1982, INPHO o.J.) führt die Interpolationen mit dem auf KRAUS (1972) und WILD (1982) zurückgehenden Verfahren der linearen Prädikation durch (Verfahren der kleinsten Quadrate). Beim DGM-Programm HIFI erfolgen die Höheninterpolationen mit finiten Elementen (EBNER 1979, 1983, EBNER et al. 1980).

Für die Interpolation von Gitterpunkten aus Höhenschichtlinien eignet sich auch eine Polynominterpolation in Form gleitender Polynomflächen (OTEPKA u. LOITSCH 1976).

In der photogrammetrischen Literatur wird ganz überwiegend die Interpolation im Zusammenhang mit digitalen *Gelände*modellen behandelt. Die dort diskutierten Interpolationsverfahren lassen sich prinzipiell auch auf *Gittermessungen von Vegetationsbeständen* mit sehr kleinen Punktabständen übertragen. Punktabstände von 0,5 bis 1,00 mm bei Bildmaßstäben von 1:5000 und größer, wie sie in 4.5.7.1 für die Modellierung von Waldbestandsoberflächen genannt wurden, legen es dabei freilich nahe, die Gitterpunkte linear zu verbinden.

Wird dagegen bei Waldbeständen die *baumweise Messung* nach AKÇA der Modellierung zugrunde gelegt (Abb. 147), so sind für jede Krone die Höhen für ein regelmäßiges Punktgitter zu interpolieren, das von der Peripherie der Lichtkronen-Schirmfläche begrenzt wird (Abb. 150a).

Unbeschadet oft sehr individueller Kronenformen, kann man der Interpolation dabei sechs Grundformen für Baumkronen zugrunde legen (Tab. 41 Sp. 1 + 2) und diese als Rotationskörper auffassen.

Die Datenerfassung im Sinne der Abb. 147, 150c liefert als Input für die Interpolation die Modellkoordinaten x,y,z für die Meßpunkte 1–5. Der Meßpunkt 1 wird auf den Wipfel der Krone gelegt, bei abgeflachten Kronen in die Mitte der Krone. Die Wahl der Punkte 2–5 ist so zu treffen, daß die Punkte 2 und 3 auf einer Linie parallel zur x-Achse und die Punkte 4 und 5 parallel zur y-Achse liegen und beide Verbindungslinien sich bei x, y des Meßpunktes 1 schneiden. Bei dieser Datenstruktur haben die Punkte 1, 2, 3 die gleiche y-Koordinate und die Punkte 1, 4, 5 die gleiche x-Koordinate.

Nach räumlicher Transformation der Modellkoordinaten x, y, z der fünf Meßpunkte in das Geländekoordinatensystem, werden gemittelte Werte für die photogrammetrisch gemessene Länge L_{ph} und den Radius R_{ph} der Lichtkrone berechnet.

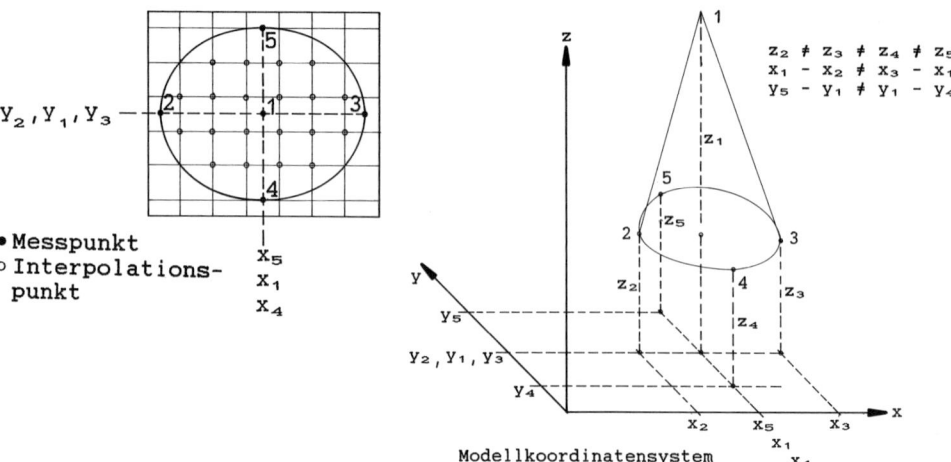

Modellkoordinatensystem

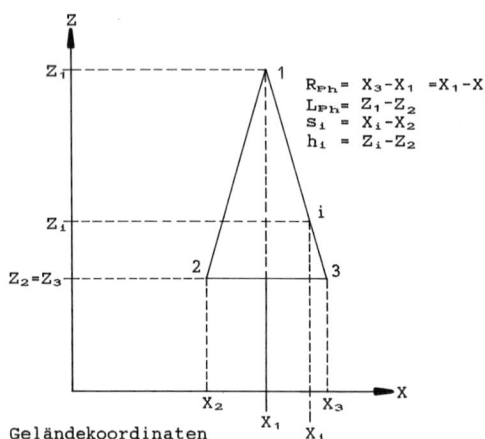

Geländekoordinaten

Abb. 150:
Interpolation der Kronenoberfläche einer Fichte nach Messungen gemäß Abb. 147. a) Anordnung von Meßpunkten und Interpolationspunkten, b) räumliche Anordnung, c) Interpolation des Punktes i

$$L_{Ph} = Z_1 - \frac{1}{4}(Z_2 + Z_3 + Z_4 + Z_5) \tag{93a}$$

$$R_{Ph} = \frac{1}{4}(X_3 - X_2 + Y_5 - Y_4) \tag{93b}$$

Für jeden beliebigen Punkt der Kronenoberfläche des so zustandekommenden symetrischen Rotationskörpers (Abb. 142c) ergibt sich als brauchbarer Ansatz für dessen Höhenwert Z_i

$$Z_i = h_i + \frac{1}{4}(Z_2 + Z_3 + Z_4 + Z_5) \tag{94}$$

mit

$$h_i = L_{Ph}\left[1 - \left(\frac{s_i}{R_{Ph}}\right)^{P_A}\right]^{P_B} \tag{95}$$

Dabei sind in (95) s_i der Radialabstand von X_1 zu X_i und P_A, P_B die in Tab. 41 für die verschiedenen Kronenformen genannten Hilfswerte.

Grundform der Baumkrone		Hilfsgröße für Fomel 95	
Profil	Bezeichnung	P_A	P_B
_1_	_2_	_3_	_4_
△	Kegel	1	1
⌂	Paraboloid	1	1/2
⌂	Apollonisches Paraboloid	2	1
△	modifiziertes Paraboloid Typ 1	3/2	1
△	modifiziertes Paraboloid Typ 2	1	3/4
⌂	Ellipsoid	2	1/2

Tab. 41 _Hilfswerte für Formel (95) zur Interpolation von Gitterpunkten in Baumkronen der in Spalten 1 + 2 beschriebenen Grundformen (nach Ansätzen von_ KÄNDLER _1986)._

Zusätzlich zu den Kronenmessungen werden x,y,z-Werte an einsehbaren Bodenpunkten im und um den Bestand gemessen und in X,Y,Z-Werte transformiert.

Die Ausgabe des digitalen Oberflächenmodells unter Einbeziehung der gemessenen und interpolierten Daten aller Kronen und der gemessenen Bodenpunkte kann numerisch, besser aber graphisch erfolgen. Abb. 148 zeigt als Beispiel einen entsprechenden 3-D-Computerausdruck für einen 102jährigen Buchenbestand II. Bonität.

4.5.7.4 Folgeprogramme

Digitale Gelände- und Oberflächenmodelle sind nur in seltenen Fällen Selbstzweck. Ihre Anwendungen sind außergewöhnlich vielfältig.

Digitale _Gelände_modelle werden z. B. verwendet:
- für _photogrammetrische Zwecke_ zur Herleitung von Höhenschichtlinien, als Höheninformationen beim Monoplotting und als Eingangsdatensätze für die Orthophotoherstellung u. a.
- im _Straßen- und Bahn-Bau_ zur Trassenfindung, Trassenoptimierung und Erdmassenberechnung
- für _Geographische Informationssysteme_ (GIS) und speziell der Landes- und Regionalplanung dienende _Landinformationssysteme_ (LIS) als die die Morphologie der Landschaften charakterisierende Informationsebene
- für geowissenschaftliche und vegetationskundliche Untersuchungen und Beobachtungen zur Erfassung, Qualifizierung und Quantifizierung der Makro- und Mikromorphologie von Untersuchungsgebieten, besonders in Disziplinen wie der Geomorphologie, Hydrologie, Geländeklimatologie, Standortskunde und allgemeinen physischen Geographie,
- für die digitale Bildverarbeitung zur Geokodierung nicht-photographischer Bilddaten und als Stratifizierungsgrundlage bei Klassifizierungen.

Digitale *Oberflächen*modelle für Vegetationsbestände sind vor allem für forstwissenschaftliche und klimatologische Untersuchungen von Interesse:
- zur Charakterisierung der Oberflächenrauhigkeit von Wäldern wegen deren Einfluß
  auf die Albedo, die Luftzirkulation, den vertikalen Gasaustausch, die Luftregeneration,
  die Interzeption sowie die verschiedenartigen Filterwirkungen
- zur Quantifizierung der verfügbaren Mantelfläche der Lichtkronen wegen deren Einfluß auf die Assimilationsleistung und damit auch Zuwachsleistung.
Durch Folgeprogramme lassen sich die für die aufgezählten Anwendungen benötigten
Informationen aus digitalen Gelände- und Oberflächemodellen ableiten.

Höhenschichtlinien

Neben der traditionellen Stereokartierung von Höhenschichtlinien (Kap. 4.5.8.2) können
diese auch aus einem DGM abgeleitet werden. Dazu werden im ersten Schritt auf den x-
und y-Gitterlinien des DGM durch Interpolationen Punkte gefunden, die in ihrer Geländehöhe den gewünschten Schichtlinien entsprechen. Die so definierten diskreten Punkte
werden dann im zweiten Schritt durch Interpolation mit einem zusammengesetzten kubischen Polynom (kubische Spline-Funktion) oder einer AKIMA-Interpolation miteinander verbunden (hierzu KRAUS 1986 Kap. 3.2.2.2/3). An Bruchkanten wird die Interpolation
unterbrochen, so daß diese im Schichtlinienbild erscheinen. Sind wegen der in 4.5.8.2
genannten Schwierigkeiten Waldflächen bei der Erzeugung des DGM ausgespart worden, so muß der Fortlauf der Schichtlinien dort durch tachymetrische Messungen oder
ggf. aus anderen Quellen ergänzt werden. Wurden trotz der Schwierigkeiten Gitterpunkte
näherungsweise photogrammetrisch angemessen, so ist es angezeigt, mit der Darstellung
der Schichtlinien in betroffenen Flächen den näherungsweisen Charakter z. B. durch
Strichelung der Schichtlinie kenntlich zu machen.

Höhenprofil-Scharen zur Steuerung von Orthophotogeräten

Zur Steuerung von Geräten für das Herstellen von Orthophotos (Kap. 4.5.9) werden
Scharen paralleler Höhenprofile benötigt. Sie müssen in ihrer Richtung dem x/y -Koor-
dinatensystem des umzubildenden Luftbildes und in ihrer Punktdichte sowie ihrem Pro-
filabstand der für die Orthophotoerzeugung gewählten Breite und Länge des Umbildungs-
elements angepaßt sein.
   Sofern die benötigten Profile nicht direkt für diesen Zweck stereophotogrammetrisch
gemessen werden, können sie aus vorhandenen digitalen Geländemodellen abgeleitet
werden. Dazu steht entsprechende Systemsoftware für analytische Orthophotogeräte
zur Verfügung (z. B. für den Zeiss Z 2 ORTHOCOMP das Programm HIFI P). Aus
den Daten der DGM-Gitterpunkte werden – ggf. unter Einbeziehung von Daten über
Bruchkanten – durch Interpolationen die zur Steuerung der Orthoprojektion notwendigen, entsprechend richtungsorientierten und parallel laufenden Höhenprofile mit entsprechender Punktdichte gewonnen.
   Die rein rechnerische Herstellung von Orthophotos mit Mitteln der digitalen Photogrammetrie stützt sich ebenfalls auf die Eingabe eines geeigneten DGM. Es kann intern oder extern
gewonnen worden sein. Unbeschadet der jeweils verwendeten mathematischen Lösung und
Interpolationsalgorithmen ist das DGM unbedingte Voraussetzung für die digitale differenzielle Bildentzerrung. Nicht alle, aber viele der z.Z. auf dem Markt angebotenen digitalen
photogrammetrischen Systeme verfügen über Module zur Herstellung von Orthophotos.
   Die Möglichkeit ein einmal erstelltes DGM für jede spätere – analytische oder digitale –
Orthophotoproduktion verwenden zu können ist einer der Gründe für den Aufbau landesweiter DGM-Datenbanken durch Landes-Vermessungsämter.

Herstellung von Stereopartnern für Orthophotos

Aus den Daten der Höhenprofilscharen, die zur Herstellung eines Orthophotos verwendet wurden, lassen sich in einem weiteren Schritt Profilscharen für die Generierung eines künstlichen Stereopartners für dieses Orthophoto berechnen. Im Gegensatz zum Stereomodell aus zwei zentralperspektiven Luftbildern entsteht das Raumbild in diesem Falle aus *einem* Luftbild und dessen zweifacher geometrischer Veränderung. Dabei werden für beide Ent- bzw. Verzerrungsprozesse des *einen* Bildinhalts die X,Y,Z-Datensätze des DGM bzw. der Höhenprofilscharen verwendet.

Perspektiv-Ansichten des DGM/DOM

Die gebräuchlichste und anschaulichste graphische Darstellungsform eines DGM und DOM ist die dreidimensionale, zentralperspektive Abbildung (Abb. 145). Dabei können bei den meisten Softwareprogrammen Betrachtungsstandpunkt, Blickrichtung, Ausschnitt und auch Überhöhungen frei gewählt werden. Die Darstellung zeigt alle Gitterlinien, Bruchkanten und anderen ins Modell aufgenommene Geländelinien in der gewählten Perspektive. Für Landschaftsanalysen und -gestaltungen, die Beurteilung von Bebauungsvorhaben, für Umweltverträglichkeitsprüfungen z.B. bei Straßenbauprojekten, Flurbereinigungen u. a. ergeben sich hieraus interessante Möglichkeiten. Durch die Schrägsicht entstehen hinter höheren Geländeobjekten sichttote Räume. Einige der DGM-Programme enthalten Module, um deren Flächen in orthogonaler Lage in einer Sichtbarkeitskarte darzustellen (z. B. SCOP PERSPECT).

Die Möglichkeit, das Geländemodell von verschiedenen Standpunkten aus zu betrachten, eröffnet auch den Weg, durch Abbildungsfolgen durch das Gelände „zu wandern" oder „zu fliegen". Umfassende Software-Pakete offerieren entsprechende Module bereits (z. B. das zum Leica/HELAVA DPW gehörende Modul PERSPECTIVE). Der Übergang zur „Computer Vision", wie sie aus Fahr- oder Flugsimulationen u. a. bekannt ist, wird hier evident (vgl. z. B. FÖRSTNER u. RUWIEDEL 1992).

Längs- und Querprofile des Geländes

So wie regelmäßige Profilscharen lassen sich auch dem Gelände bzw. einem speziellen Verwendungszweck angepaßte Längs- und Querprofile aus den Daten eines DGM interpolieren und darstellen. Die Entwicklung digitaler Geländemodelle hatte gerade hierzu im Zusammenhang mit Straßenbauten und anderen Trassierungen seinen Ursprung (MILLER u. LAFLAMME 1958). Längs- und Querprofile können aus einem DGM in beliebiger Richtung, Länge und Meßpunktdichte und regelmäßigen oder unregelmäßigen Abständen abgeleitet werden.

Erdmassenberechnungen

Aus zwei oder mehreren in zeitlichen Abständen, z. B. vor und nach einer Naturkatastrophe, einer Baumaßnahme usw. gemessenen DGM kann man durch Differenzbildung der Z-Werte einzelner Profile bzw. der gesamten Punktmenge eines DGM-Ausschnitts das Volumen der bewegten Erdmassen, die örtlichen Ab- und Zugänge an Erdmasse und in differenzierter Form die Lage eingetretener Oberflächenänderungen ermitteln. Dabei lassen vorliegende Programme zu, auch Modelle unterschiedlicher Datenstruktur zu verwenden.

Die Berechnung, bewegter bzw. zum Erreichen eines neuen Zustands, zu bewegender Erdmassen, geht im allgemeinen von Differenzflächen f_i zwischen Profilpunkten von Querprofilen aus. In der Notation der Abb. 151 ist

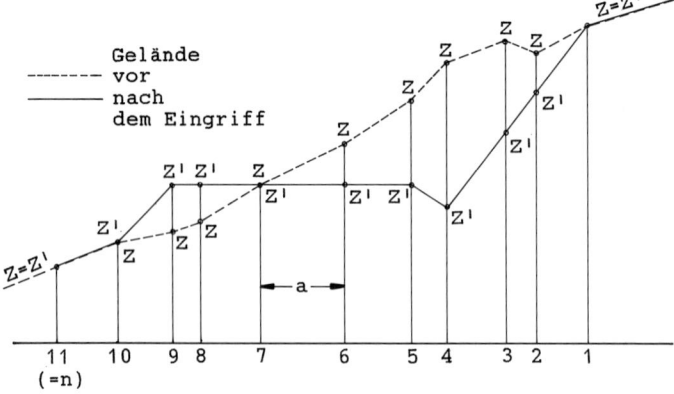

Abb. 151:
Profilmessungen vor und nach einem Straßenbau oder zur Berechnung der zu bewegenden Erdmassen

$$f_i \text{ für Abbauflächen} = \frac{Z_i - Z'_i + Z_{i+1} - Z'_{i+1}}{2} \cdot a \tag{96a}$$

$$f_i \text{ für Aufschüttungen} = \frac{Z'_i - Z_i + Z'_{i+1} - Z_{i+1}}{2} \cdot a \tag{96b}$$

Für überschlägige Berechnungen kann das Volumen zwischen zwei Profilen im einfachsten Fall (parallele Querprofile, gleiche Punktabstände entlang der Querprofile) aus den Flächen f_i des ersten und f_j des folgenden Profils und den Profil-Abstand A näherungsweise nach ermittelt werden:

$$V \approx \frac{\sum\limits_1^n f_i + \sum\limits_1^n f_j}{2} \cdot A \tag{97}$$

Anwendungsprogramme für digitale Geländemodelle gehen differenzierter vor. So berechnet z. B. das SCOP-Modul INTERSECT das Volumen aus einem Höhendifferenzmodell gittermaschenweise in Form von Prismen und bei unregelmäßigen Punktabständen nach Dreiecksvermaschung des Gitters in Form von Dreiecksprismen.

Neben Erdmassenberechnungen können Veränderungen der Oberflächengestalt auch in Form von Differenz-Isohypsen oder vergleichenden Darstellungen von Neigungs- und Expositionsmodellen (s.u.) vor und nach entsprechenden Ereignissen quantifiziert oder sichtbar gemacht werden.

Neigungs- und Expositionsmodelle

Typische Derivate eines DGM sind Neigungs- und Expositionsmodelle. Sie dienen vor allem topographischen und geographischen Geländeanalysen. Sie sind einerseits für hydrologische Fragestellungen, Analysen der Gefährdung durch Erosionen, Rutschungen, Lawinen oder waldbauliche und forsttechnische Planungsarbeiten von großer Bedeutung. Andererseits können sie als Grundlage für Stratifizierungen des Geländes nicht unerheblich zur Verbesserung der rechnergestützten Klassifizierung digitaler Bilddaten beitragen. Letzteres z. B. durch dadurch mögliche Berücksichtigung unterschiedlicher Beleuchtun-

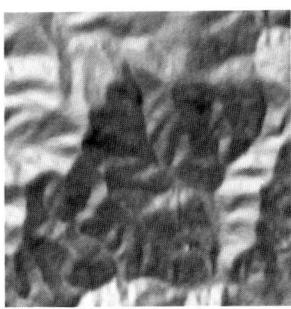

Abb. 152:
*Aus einem DGM abgeleitetes Illuminationsmodell
(aus* SCHARDT *1990)*

gen (vgl. Abb. 152) oder durch Ausschluß des Vorkommens von Klassen bei bestimmten Neigungen, Expositionen oder Höhenlagen (hierzu Kap. 5.2).

Zur Herleitung von Neigungs- und Expositionsmodellen wird für jeden Gitterpunkt und an jeder Bruchkante und ggf. im DGM integrierten Geländelinien die Neigung und Fallrichtung zu benachbarten Modellpunkten festgestellt und quantifiziert. Für Neigungs- und Expositionsmodelle wird i. d. R. die achtteilige Windrose für die Richtungen zugrunde gelegt. Gefällstufen wählt man in Schritten, die dem Auswertungszweck und der Geländemorphologie angepaßt sind.

Eine häufige Darstellungsform von Gefällrichtungen und -stufen ist die eines Vektorfeldes. Die Vektoren geben dabei die Richtung und deren Länge das Maß des Gefälles an. Eine andere Darstellungsform zeigt Abb. 152. Aus den Daten eines DGM wurde hierzu unter Einbeziehung von Gefällrichtung und -neigung sowie eines gewählten Sonnenstandes (hier zur Uhrzeit des Überflugs des Landsat-Satelliten am Tag der Datenaufnahme einer auszuwertenden TM-Szene[41]) ein Illuminationsmodell entwickelt. Es diente der Stratifizierung des Klassifizierungsgebietes zur Reduzierung reliefbedingter Signaturüberschneidungen in den multispektralen TM-Daten und um beleuchtungsbedingte Signaturunterschiede gleicher Klassen berücksichtigen zu können (SCHARDT 1990). Der hierfür verwendete Algorithmus ist bei HORN (1981) beschrieben.

Ermittlung des tatsächlichen Oberflächenausmaßes und Charakterisierung der Oberflächenrauhigkeit

Die tatsächliche, d. h. nicht orthogonal projizierte Ausdehnung der Oberfläche eines kupierten Geländes, Waldkronendaches oder anderer unebener Objekte läßt sich durch Dreiecksvermaschung der Modellpunkte eines DGM bzw. DOM berechnen. Man überzieht damit das Gelände, das Kronendach usw. vollständig mit einem engangeschmiegten Dreiecksnetz. Durch das DGM/DOM sind die einzelnen Flächenelemente in ihrer Lage im Raum und die X,Y,Z-Koordinaten aller Eckpunkte der Dreiecke definiert.

Die gesuchte Flächengröße F eines jeden Dreiecks im Raum kann über Vektoren ermittelt werden. Wenn die Raumkoordinaten der Eckpunkte eines gegebenen Dreiecks $X_1, Y_1, Z_1, X_2, Y_2, Z_2, X_3, Y_3, Z_3$ sind, so ergibt sich dessen Dreiecksfläche F aus

$$F^2 = D_1^2 + D_2^2 + D_3^2 \qquad (98)$$

---

[41] TM = Thematic Mapper, das Sensorsystem der LANDSAT-Satelliten – hierzu Kap. 5.1.

mit

$$D_1 = \frac{1}{2} \begin{bmatrix} Y_1 & Z_1 & 1 \\ Y_2 & Z_2 & 1 \\ Y_3 & Z_3 & 1 \end{bmatrix} \quad , \quad D_2 = \frac{1}{2} \begin{bmatrix} Z_1 & X_1 & 1 \\ Z_2 & X_2 & 1 \\ Z_3 & X_3 & 1 \end{bmatrix} \quad , \quad D_3 = \frac{1}{2} \begin{bmatrix} X_1 & Y_1 & 1 \\ X_2 & Y_2 & 1 \\ X_3 & Y_3 & 1 \end{bmatrix} \tag{99}$$

Im äquidistanten Gitter führt dies zu folgenden einfachen Formeln:

$$D_1 = \frac{1}{2} \, dY \, (Z_1 - Z_2) \tag{100a}$$

$$D_2 = \frac{1}{2} \, dX \, (Z_1 - Z_3) \tag{100b}$$

$$D_3 = \frac{1}{2} \, dX \cdot dY \tag{100c}$$

$$F = \frac{1}{2} \sqrt{ \, dY^2 - (Z_1 - Z_2)^2 + dX^2 \, (Z_1 - Z_3)^2 + dX^2 \cdot dY^2 } \tag{101}$$

Die gesuchte Oberflächenausdehnung des digitalen Modells ergibt sich aus der Summe aller Dreiecksflächen. Setzt man diese ins Verhältnis zur orthogonalen Flächengröße des Modells, also

$$Q = \frac{\text{Oberflächenausdehnung des Modells}}{\text{orthogonale Modellfläche}} \tag{102}$$

so erhält man mit diesem Quotienten ein Vergleichsmaß für das Ausmaß an Oberfläche je planimetrischer Flächeneinheit. Besonders für Vegetationsbestände ist dies eine interessante Größe. Zumindest für mittelalte und alte Waldbestände ermöglicht Q (als Näherungswert) quantitative Vergleiche zwischen verschieden strukturierten Beständen im Hinblick auf die energetisch, klimatologisch, ökologisch und auch ertragskundlich wichtige Grenzfläche zwischen Kronendachoberfläche und Atmosphäre. Werte für Q liegen je nach Bestandesstruktur und -alter zwischen 1,5 und 8,0 (DJAWADI 1977). Für vergleichende Untersuchungen verschiedener Waldaufbauformen stört ggf. der Einfluß, den Morphologie und Höhenunterschiede des Geländes auf den Quotienten Q ausüben. Man kann diesen Einfluß (weitgehend) durch ein von BELEIT (1994) vorgeschlagenes Verfahren ausschalten.

Zur Charakterisierung der Oberflächenrauhigkeit von Vegetationsbeständen und der kleinräumigen Morphologie anderer Oberflächen kann auch die Statistik der ΔZ-Werte benachbarter Modellpunkte äquidistanter Gitter beitragen. Infrage kommen dabei z. B. die Varianz und der Variabilitätskoeffizient dieser ΔZ-Werte, deren Häufigkeitsverteilung, ggf. auch unter Berücksichtigung der Expositionen u. a. Bei engmaschigen Gittern können diese Werte ohne zusätzlichen Interpolationsaufwand aus den Meßwerten eines DOM bzw. DGM zusammengestellt und analysiert werden (vgl. z. B. Abb. 146).

4.5.8 Kartierung von Grundrissen und Höhenschichtlinien mit Zweibildverfahren

Die Kartierung von Grundrissen mit Hilfe von Zweibildverfahren konkurriert mit den in den Kap. 4.4.3, 4.4.4 und 4.4.7 behandelten Einbild-Kartierverfahren sowie den im Kap. 4.4.6 beschriebenen, in der Grundrißdarstellung ähnlichen und den in Kap. 4.5.9 dargestellten, kartengleichen Bildprodukten. Die Kartierung von Höhenschichtlinien ist dagegen eine Domäne der Zweibildverfahren.

Allen stereophotogrammetrischen Kartierungen liegen die in Kap. 4.5.4 beschriebenen Prinzipien zugrunde: Bei Kartierungen von Punkten und Grundrißlinien wird die Raummarke im Raumbild des Stereomodells in x,y,z so bewegt, daß sie, stets der Geländeoberfläche aufsitzend, an den zu kartierenden Punkt heran- bzw. der zu kartierenden Linie entlanggeführt wird. Bei Höhenform- oder -schichtlinien hält man die Raummarke in ihrer, der gewählten Höhenlinie entsprechenden z-Stellung fest. Man führt sie an einen Modellpunkt dieser Höhenlage heran und steuert von dort aus die Raummarke durch x,y-Bewegung so an der Oberfläche des Stereomodells entlang, daß sie stets aufsitzend bleibt.

4.5.8.1 Behelfsmäßige Verfahren

Unter „behelfsmäßigen" Verfahren werden hier solche verstanden, bei denen der Grundriß und die Höhensituation in der zentralperspektiven Abbildung eines der Bilder des Stereopaares kartiert werden. Die Höhensituation charakterisiert man auch in diesem Fall durch Linien gleicher Höhenlage. Sie werden – im Gegensatz zu den orthogonal dargestellten Höhen*schicht*linien – als Höhen*form*linien bezeichnet.

Es ist offensichtlich, daß derartige behelfsmäßige Stereokartierung nur zu Situations-*skizzen* führen können. Mit zunehmender vertikaler Gliederung des Geländes kommt man dazu mehr und mehr in den Grenzbereich vernünftiger Anwendung. Dort wo z. B. bei Ersterkundungen, Expeditionen, Preinvestmentstudien usw. Situationen als Kartenskizzen festgehalten werden sollen und vor allem dann, wenn dabei auch die räumliche Gestalt einer Landschaft eine (vorläufige) Darstellung verlangt, können solche behelfsmäßigen Verfahren aber von Nutzen sein.

Zur behelfsmäßigen Kartierung können einfache Stereometer verwendet werden (Kap. 4.5.5.1, Abb. 129). Um eine Zeichenstifthalterung erweitert, wird aus diesen ein *Zeichenstereometer*. Der Halter ist dabei starr mit dem linken Meßmarkenplättchen verbunden. Unbeschadet der stereoskopischen Raummarkenführung entlang einer zu kartierenden Linie überträgt daher der Zeichenstift „nur" die Bewegung der linken Meßmarke auf das Zeichenpapier. Kartiert wird also der Linienverlauf in der zentralperspektiven Abbildung des linken Bildes. Die zu kartierende Linie kann dabei eine Grundriß- oder eine Höhenformlinie sein.

Die gleiche Einschränkung gilt auch für analoge Stereometergeräte mit einfacher Parallelführung, wie z. B. für das frühere Zeiss'sche STEREOPANTOMER und auch für komfortablere analoge Stereometergeräte wie dem früheren Zeiss'schen STEREOPRET oder dem AVIOPRET von Leica/Wild, sofern letzteres mit Bildwagen ausgestattet ist. In beiden Fällen bewegt man bei der Kartierung den parallelgeführten Wagen unter dem feststehenden Stereometer. Die Wagenbewegung wird von der Linienführung der Meßmarke im linken Bild bestimmt und beim STEREOPRET über einen Pantographen, beim AVIOPRET mittels eines mit dem Wagen starr verbundenen Zeichenstifthalters auf das Zeichenpapier übertragen.

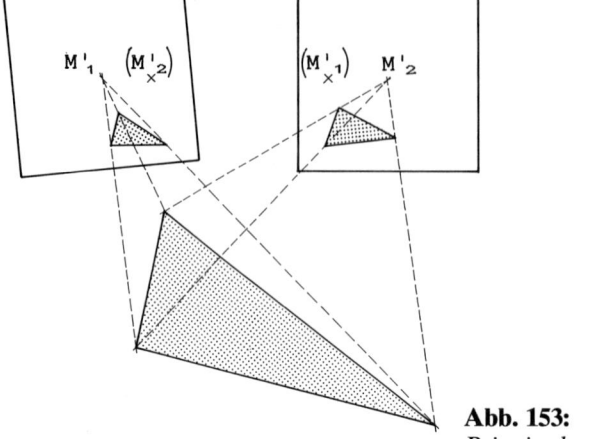

Abb. 153:
Prinzip der Radiallinienkartierung

Zu den behelfsmäßigen Zweibildverfahren gehört auch eine einfache graphische Radiallinienmethode, die *ohne jedes Gerät* auskommt. Sie macht die Kartierung von Punkten und Grundrißlinien in *orthogonaler* Lage möglich. In Abb. 153 ist das Prinzip der graphischen Radiallinienmethode dargestellt. Es werden Nadiraufnahmen unterstellt und Nutzen daraus gezogen, daß sich in diesen reliefbedingte Punktversetzungen auf Radiallinien vollziehen. Polygonpunkte einer Linie oder einer Fläche können auf diese Weise kartiert werden. Der Maßstab der entstehenden Karte ist vom Bildmaßstab und den bei der Bildpaarorientierung gewählten Abstand von M' und M" abhängig. Nach dem gleichen Prinzip arbeiten auch mit Stereoskopen als Betrachtungseinrichtung ausgestattete Radiallinien-Kartiergeräte, wie z. B. der frühere RADIALLINE PLOTTER von HILGER und WATTS oder der RESTITUTEUR PLANIMETRIQUE RADIAL von MORIN.

4.5.8.2 Grundriß-Kartierung mit analog- und analytisch-photogrammetrischen Verfahren

Kartierungen von Grundrissen mit analogen und analytischen Geräten, wie sie aus Kap. 4.5.5 bekannt sind, führen mittels der in Kap. 4.2.3 beschriebenen Transformationen zur lagerichtigen Darstellung in dem der absoluten Orientierung zugrunde gelegten Geländekoordinatensystem. Als Geländekoordinatensystem wird i. d. R. das Landeskoordinatensystem verwendet, also z. B. in Mitteleuropa das GAUSS-KRÜGER-System mit NN bezogen auf den Amsterdamer Pegel bzw. den Kronstädter Pegel (für Polen, Tschechien und auch die ostdeutschen Bundesländer).

Die notwendigen Koordinatentransformationen werden bei einfacheren Geräten – z. B. beim STEREOTOP (Zeiss) – über Näherungslösungen, bei analogen und analytischen Auswertegeräten höherer Ordnung über strenge Lösungen vorgenommen. Die Kartierergebnisse sind dementsprechend zu werten.

Die bei einer stereophotogrammetrischen Kartierung von Grundrissen durchzuführenden Arbeitsschritte sind bei der Arbeit mit Analoggeräten und ausschließlich graphischer on-line Kartenzeichnung und mit analytischem Auswertegerät mit digitaler on- oder offline Kartenzeichnung zum Teil gleich, zum Teil deutlich unterschiedlich. Abb. 154 zeigt dies durch eine Gegenüberstellung der Arbeitsschritte. Die Arbeit mit einem analogen oder rechnergestützten Analoggerät nimmt eine Zwischenstellung ein. Sie ähnelt nach dem Kartierprozeß im engeren Sinne in ihrer Abfolge derjenigen bei analytischen Geräten.

Für das nach den Orientierungsprozessen vorzunehmende punktuelle Einstellen oder linienförmige Abfahren der zu kartierenden Objekte ist auf folgende Praktiken und Erfahrungen hinzuweisen:

Einzelobjekte, die in der Karte ohne Fläche auszuweisen sind, werden durch Punkteinstellung der Raummarke kartiert, so z. B. Einzelbäume, Brunnen, Aussichts-, Funk- oder Feuerwachtürme, Feldkreuze und ähnliche Denkmale.

Gebäude, vermarkte, signalisierte *Eigentumsgrenzen* und andere eindeutige *Grenzpolygone* im Luftbild erkennbarer Flächen (gezäunte Pflanzgärten, Fußballfeld u. ä.) werden punktuell kartiert. Die Raummarke wird in diesen Fällen auf die Polygonpunkte aufgesetzt. Bei analogen Verfahren wird die in diesem Falle lineare Verbindung zwischen Polygonpunkten bei der zeichnerischen Bearbeitung (siehe Abb. 154) hergestellt. Bei analytischen Verfahren erfolgt die Zeichnung oder Bildschirmdarstellung notwendiger Verbindungslinien nach Programmbefehl. Die Darstellungsform (Signatur, Strichstärke) kann dabei durch die im Menu vorgegebene Möglichkeit gewählt werden. Abb. 155 zeigt als Beispiel das Menü eines dementsprechenden Softwareprogramms.

Bei der Kartierung von Gebäuden ist auf eventuell mögliche Dachüberstände zu achten. Ist ein Polygonpunkt durch einen Baum überschirmt, so ist die Raummarke bestmöglich gutachtlich zu plazieren.

Natürliche und künstliche Geländelinien, die sich durch *kurvigen* Verlauf auszeichnen und Begrenzungen sehr *unregelmäßiger* Flächen oder solche, die im Luftbild keine eindeutigen Polygonpunkte erkennen lassen, werden bei *analogen* Verfahren in der Regel mit der Raummarke unter sorgfältiger Nachführung von z abgefahren. Bei der zeichnerischen Bearbeitung des photogrammetrischen Kartierergebnisses werden erforderliche Glättungen, Vervollkommnungen, wie z. B. das Schließen von Polygonen, Bereinigungen an Schnittstellen sowie auch die Kennzeichnung der Linien für die spätere kartographische Endbearbeitung vorgenommen.

Bei *analytischen* Verfahren *kann* man *gleichartig* vorgehen oder aber *auch punktuell*, in bestmöglicher Anpassung an den Linienverlauf. Wird die Linie mit der Raummarke *kontinuierlich* abgefahren, so werden automatisch die Raumkoordinaten für eine direkte Folge von Punkten registriert. Je nach Situation und Art der Linie können dabei Zeit- oder Streckenlängenintervalle für die Registrierung gewählt werden oder aber ein Modus, bei dem nach Überschreiten eines bestimmten Grenzwertes einer Koordinatendifferenz Δx, Δy eine Punktmessung ausgelöst wird.

Von der punktweisen Messung unter Anpassung an den Linienverlauf wird häufig Gebrauch gemacht. Gut ausgestattete Kartierungssoftware bietet dazu für die Verbindung zwischen angemessenen Polygonpunkten Wahlmöglichkeiten an (lineare oder kreisförmige Verbindung oder mittels Splinefunktionen, bei denen z. B. die Verbindungslinie aus den vier benachbarten Punktkoordinaten berechnet wird). Für Verkehrslinien, im Wald auch bei Schneisen, Rückegassen und bei anderen relativ regelmäßig verlaufenden oder begrenzenden Linien ist diese Form der Kartierung geeignet.

Das kontinuierliche Abfahren mit Registrierung der Koordinaten in dichter Punktfolge empfiehlt sich dagegen bei sich unregelmäßig schlängelnden Linien – wie sie z. B. oft bei Bachläufen vorkommen – und bei „amöbenartig" begrenzten Flächen – wie sie z. B. standortsbedingt bei pflanzensoziologischen Einheiten und Vegetationsmustern in Naturlandschaften oder auch bei Schadflächen im Wald, in Erosionsgebieten, an Küsten usw. häufig vorkommen.

Für beide Arten der Linienkartierung gilt, daß der Auswerter stets auch Interpretationsarbeit während der Kartierung zu leisten hat, vor allem bei thematischen Kartierungen, wenn fortlaufend über die sachgerechte und zweckmäßige Linienführung zu entschei-

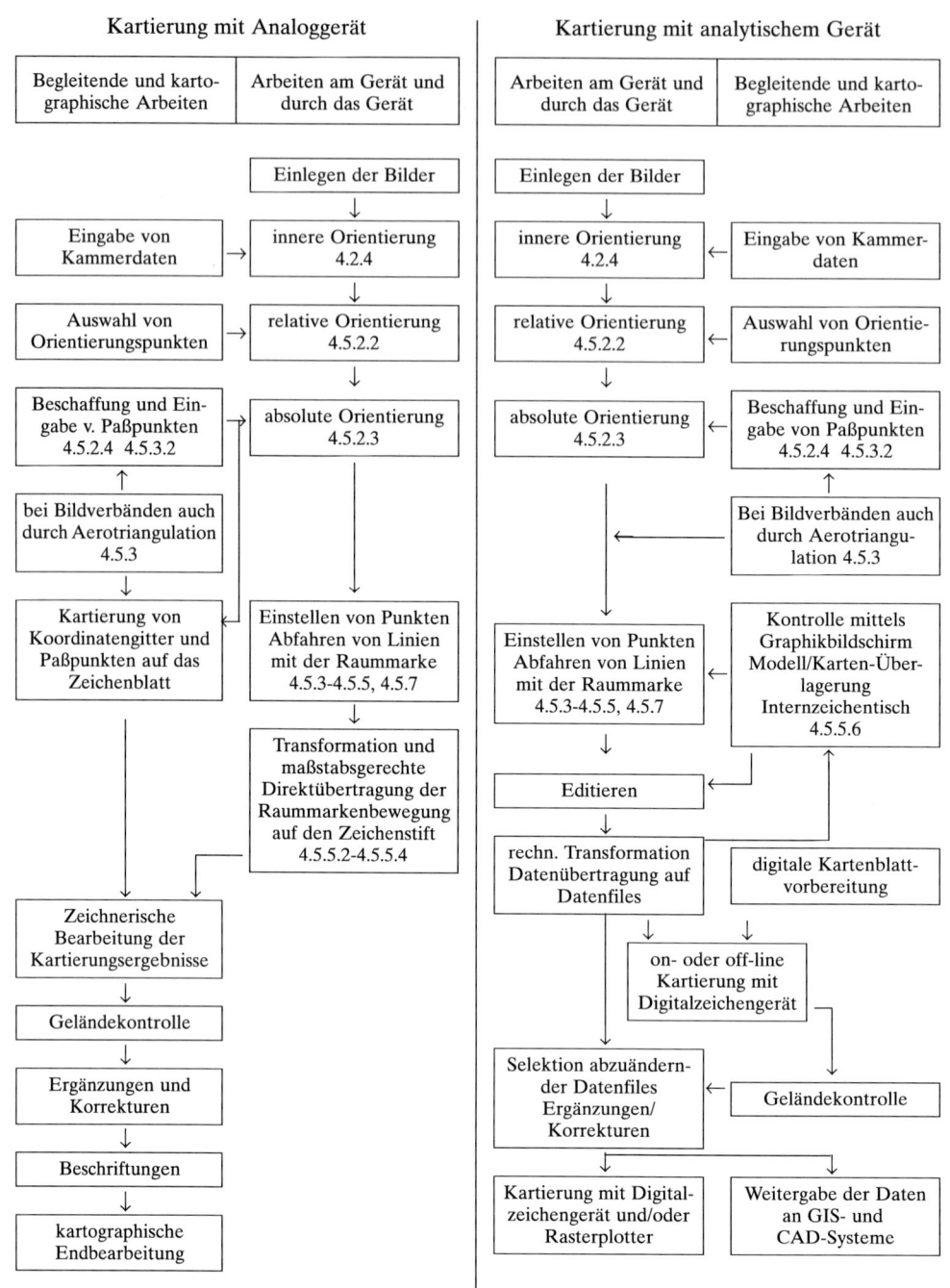

Abb. 154: *Arbeitsablauf bei Stereokartierungen von Grundrißsituationen mit analogen und mit analytischen Auswertegeräten*

FENCE	STOCK PILE	FIELD LINE	ROCK LINE	LINE	MANHOLE	CATCH BASIN	VALVE	
STONE WALL	RETAINING WALL	CONCRETE WALL	GUARD RAIL	STRAIGHT				
MODEL EDGE	MAP EDGE			CURVE				
DIRT	PAVED	TRAIL	DRIVEWAY	ARC	FIRE HYDRANT	TRAFFIC LIGHT	WALK LIGHT	LIGHT POLE
SIDE WALK	HIGHWAY	CURB	CATCH BASIN	STREAM	SIGN	POST	PED. RAMP	RR CROSSING
BRIDGE	RXR	PAINTED LIONES		FILLET				
BUILDING	FOUND.	POOL	TOWER	CIRCLE	FLAG	MAIL BOX		
CULVERT	DAM/DIKE	STEPS	PORCH	TEXT				
SUB.-STRUCT.	RUINS			SQUARING				
INTER. CONT.	INDEX CONT.	INTER. DEP.	INDEX DEP.	CLOSE	SPOT HIGHT	XYZ		
SWAMP	WATER	HIGH TIDE	DRAIN		SWAMP	WATER ELEV.		
FOREST	BRUSH	HEDGE			TREE	CONIF	BUSH	
PC-PRO 600 MICRO STATION								
ZOOM IN	WINDOW CENTER	MODIFY ELEMENT	UNDO POINT	SNAP POINT	INPUT	SLOW CURVE		ON LINE
ZOOM OUT	FIT	DELETE ELEMENT	UNDO LAST	SNAP LINE	BACKUP	FAST CURVE		OFF LINE

Abb. 155:
Menü für die Kartierungssoftware eines analytischen Auswertegerätes, hier des SD 2000 (Leica; vergl. Abb. 139)

den ist. Dabei haben sich alternativ, ggf. auch sich ergänzend, zwei Verfahrenswege bewährt:

Die Trennung der Interpretation von der photogrammetrischen Kartierung und ein gemeinsames, gleichzeitiges Interpretieren und Kartieren. Letzteres setzt bei thematischen Kartierungen voraus, daß die photogrammetrischen Messungen vom thematisch Sachverständigen ausgeführt werden.

Trennt man die Entscheidung über die Linienführung von der photogrammetrischen Kartierung, so wird zuerst eine Delinierung der zu kartierenden Objekte vorgenommen. Dazu legt man auf eines der Luftbilder des Stereopaares eine transparente Folie, entscheidet unterm Stereoskop über die zweckmäßigen Linienführungen und zeichnet diese dabei mit feinstmöglichem Folienschreiber auf die Folie. Stereopaar und Folie werden dann im Stereoauswertegerät eingelegt; bei der Kartierung folgt man dann mit der Raummarke den delinierten Linien.

Mit zunehmender Anzahl photogrammetrisch versierter Forstleute und Geowissenschaftler und mit dem durch die analytischen Verfahren und Geräte erleichterten Zugang zur Photogrammetrie hat die gleichzeitige Interpretation und Kartierung an Bedeutung gewonnen. Dazu beigetragen hat auch die heute bei analytischen Geräten zumeist mögliche optische Überlagerung von Raummodell und entstehendem Kartenbild. Jede kartierte Linie kann dadurch sowohl unmittelbar nach ihrem Entstehen als auch später im Kontext aller vorgenommenen Kartierungen im Hinblick auf richtige Interpretation und Zweckmäßigkeit überprüft und ggf. berichtigt und ergänzt werden. Als besonderer Vorteil wird darüber hinaus bei thematischen Kartierungen die durch die Überlagerungstechnik gegebene Möglichkeit der Diskussion über richtige und zweckmäßige Linienführungen zwischen sachverständigen Auswertern gewertet (z. B. GROSS 1993). Bei einigen analytischen Geräten (z. B. als Option beim PLANICOMP P 3 oder dem VISOPRET DIG 10 von Zeiss) kann ein solcher Gedankenaustausch zudem durch ein zusätzliches Betrachtungsbinokular für einen zweiten Interpreten.

Photogrammetrisch verbessert die Überlagerungstechnik darüber hinaus Arbeiten wie die Schließung von Polygonzügen und die exakte Fortführung von an Modellgrenzen offenen Polygonzügen in den anschließenden Modellen.

4.5.8.3 Kartierung von Höhenschichtlinien mit analog- und analytisch-photogrammetrischen Verfahren

Höhenschichtlinien kann man, wie in Kap. 4.5.7.4 erläutert, aus zuvor photogrammetrisch entwickelten digitalen Geländemodellen ableiten oder aber, wie in Kap. 4.5.4 und einleitend in Kap. 4.5.8 beschrieben, direkt stereophotogrammetrisch kartieren.

Die traditionelle direkte Kartierung folgt bei analogen und analytischen Auswertungen prinzipiell dem in Abb. 154 dargestellten Arbeitsablauf. Dabei wird die Höhenschicht*linie* kontinuierlich mit der in ihrer z-Stellung feststehenden Raummarke abgefahren. Nur in sehr flachem Gelände, wenn durchgehend Neigungen < 2 % vorliegen, wird zu punktweisen Gittermessungen übergegangen, um daraus Höhenschichtlinien zu interpolieren.

Das Abfahren von Höhenschichtlinien erfordert mehr Übung als die Kartierung von Grundrißlinien. Die Raummarke in der richtigen, gleichen Geländehöhe zu führen, verlangt Geschick, geomorphologisches Einfühlungsvermögen und besonders große Konzentration. Der Auswerter muß dabei die zu findende, abzufahrende Linie – wie ein Wanderer den Weg – eine Strecke voraus im Auge haben. Suchbewegungen mit der Raummarke bleiben besonders in flachem Gelände nicht aus und müssen bei der Überarbeitung der Schichtlinienzeichnung eliminiert werden. Der zeichnerischen Nacharbeit in Form von Glättungen, Vervollkommnung von Linien usw. kommt bei der Kartierung der Höhenschichtlinien besondere Bedeutung zu.

Bei sehr flachem Gelände kann die Raummarke nicht mehr mit der notwendigen Sicherheit geführt werden. Das linienweise Abfahren wird wie o. a. durch punktweise Gittermessung ersetzt, ggf. auch durch eine Charakterisierung der Höhensituation durch Höhenkoten an ausgewählten, markanten Geländepunkten.

Im offenen, vegetationsfreien Gelände werden von guten Auswertern mit gutem, kontrastreichem Bildmaterial beim linienweisen Abfahren mittlere Höhengenauigkeiten von theoretisch ± 0,2 ‰ der Flughöhe über Grund und praktisch ± 0,6 ‰ dieser Flughöhe erreicht (KONECNY u. LEHMANN 1984).

Auch wo diese Genauigkeit nicht erreicht wird, beschreibt die photogrammetrische Höhenschichtlinienkartierung die Geländegestalt i. d. R. besser und detaillierter als aus tachymetrischen Geländeaufnahmen hervorgegangenen Schichtlinien. Abb. 156 zeigt dafür ein Beispiel.

Höherstämmige, geschlossene Vegetationsdecken, insbesondere Wald, stellen für die photogrammetrische Kartierung von Höhenschichtlinien Störfaktoren dar. Auf das hierzu in Kap. 4.5.7.1 Gesagte wird verwiesen. Die noch günstigsten Verhältnisse liegen in stark aufgelockerten Beständen mit ausreichend häufiger Bodensicht vor und in Laubwaldgebieten, wenn die Luftbildaufnahme im laublosen Zustand erfolgte. In beiden Fällen kann der Auswerter die Raummarke i. d. R. recht sicher an der jeweiligen Isohypse entlang führen.

Für alle anderen Fälle kennt die photogrammetrische Praxis verschiedene Hilfsverfahren für die Raummarkenführung bei Waldflächen. Häufig wird die Raummarke unter Berücksichtigung geschätzter Bestandeshöhen (in Mitteleuropa bis max. 40 m) und Orientierung an Bestandesrändern und -lücken in den Bestand „eingetaucht". Eine andere Möglichkeit ist, von den Baumhöhen am Bestandesrand auszugehen, daran orientiert das Höhenzählwerk entsprechend zu verstellen und dann die Raummarke an der Bestandesoberfläche entlang zu führen. Dies setzt freilich voraus, daß keine wesentlichen Bestandeshöhenunterschiede vorliegen. Diese Voraussetzung ist in dem in Mitteleuropa dominierenden „Altersklassenwald" mit relativ häufigem, oft kleinräumigem Wechsel des Bestandesalters zumeist nicht gegeben. Bei beiden Vorgehensweisen sind Situationen, wie sie in Abb. 149 gezeigt wurden, zu beachten.

Meßmethodisch kann schließlich auf Punktmessungen ausgewichen werden. Man mißt

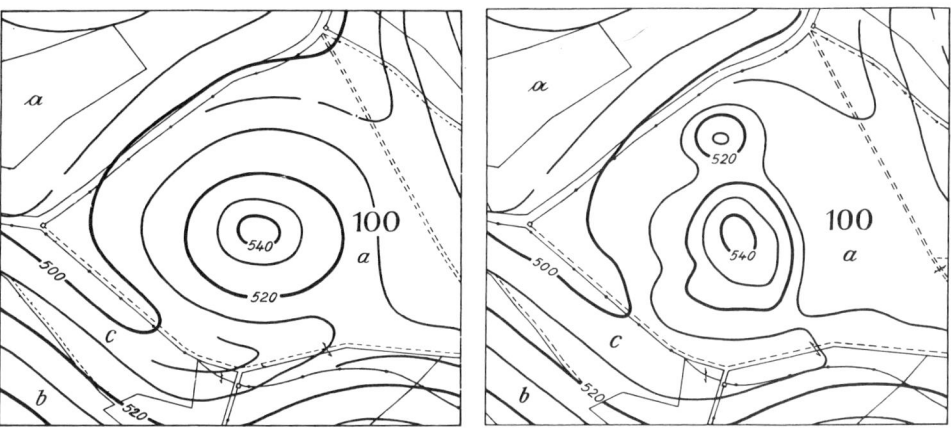

Abb. 156: *Vergleich tachymetrisch (links) und stereophotogrammetrisch (rechts) hergeleiteter Höhenschichtlinien (aus* VOLKERT *1952)*

in diesem Falle an so vielen Stellen mit Bodensicht wie möglich die Raumkoordinaten. In Frage kommen dafür Hiebs- oder Schadflächen im Wald, Bestandeslücken, Waldwege und -straßen, Schneisen u. a. Durch Interpolation wird der Verlauf der gewünschten Höhenschichtlinien gefunden. Analytische Auswertegeräte verfügen i. d. R. über entsprechende Software.

Die Höhengenauigkeit der Schichtlinien kann im Wald jene im offenen Gelände nicht erreichen. Es ist deshalb üblich und auch richtig, dies durch die Liniensignatur in der Karte zum Ausdruck zu bringen. Man sollte deshalb bei photogrammetrisch kartierten Schichtlinien beim Übergang von offener Landschaft zum Wald (oder anderen Problemflächen wie überbautem Gelände) von durchgezogenen zu langgestrichelten Linien übergehen.

4.5.8.4 Kartierung von Grundrissen und Ableitung von Höhenschichtlinien mit digital photogrammetrischen Verfahren.

Der gegenwärtige Status quo der digitalen Photogrammetrie läßt in Konkurrenz zur analytischen Photogrammetrie die Ableitung von Höhenschichtlinien aus zuvor auf digital photogrammetrischem Wege erzeugten digitalen Geländemodellen durch Interpolationsverfahren zu (hierzu Kap. 4.5.7.4 und 4.5.7.3). Auf die dabei zu beachtenden, noch nicht befriedigend gelösten Probleme in vegetationsbedeckten und bebauten Gebieten wurde schon in Kap. 4.5.7.4 hingewiesen.

Im Bezug auf die Kartierung von Grundriß-Situationen bleibt die digitale Photogrammetrie gegenwärtig jedoch noch hinter den Möglichkeiten der analytischen Photogrammetrie zurück. Da die automatische Erkennung und Extraktion zu kartierender Objekte noch weitgehend ungelöst ist[42] und auch die – besonders bei thematischen Kartierungen –

---

[42] „Unfortunatly, no current technology, digital or otherwise, can offer anything even close to full automation of feature extraction. Some semi-automatic tools, implimented digitally, are beginning to show promise, but are still a long ways from beeing practical or significant" (Diese 1988 von HELAVA gegebene Einschätzung ist unbeschadet erheblicher wissenschaftlicher Bemühungen und seitdem in Einzelfällen erzielter Fortschritte noch uneingeschränkt gültig.)

fortwährend zu treffenden Entscheidungen über Linienführungen und Flächenabgrenzungen nicht dem Rechner übertragen werden können, ist auch die digitale Photogrammetrie auf den sachverständigen Auswerter angewiesen. Er muß – vergleichbar mit der Führung der Raummarke im analogen oder analytischen Auswertegerät – am Mono- oder Stereo-Bildschirm die zu kartierenden Punkte und Linien an- bzw. abfahren. Erste Erfahrungsberichte von bereits operationellen Arbeiten liegen z. B. aus Spanien vor (COLOMINA u. COLOMER 1995).

Die dabei am Bildschirm erreichbare Präzision und auch Interpretationsleistung kann (noch) nicht mit jener konkurrieren, die durch das Stereobetrachtungssystem eines analytischen Auswertegeräts erzielt wird. Insofern bleibt die digitale Photogrammetrie der analytischen Photogrammetrie für diese Zwecke vorerst unterlegen. Dort wo weniger große Kartiergenauigkeiten erfüllt werden müssen und die Objekte relativ problemlos zu interpretieren sind, können jedoch entsprechende Kartierungen erfolgreich durchgeführt werden. Es wird dazu – exemplarisch – auf den Einsatz des Monoplotting (Kap. 4.4.7) für forstwirtschaftliche Aufgabenstellungen in Österreich und Bayern hingewiesen (SCHNEIDER et al. 1991, STOLITZKA 1991, SCHNEIDER u. BARTL 1994, AUMANN et al. 1994).

4.5.9 Herstellung und Verwendung von Orthophotos

Als Orthophoto bezeichnet man ein differentiell entzerrtes bzw. umgebildetes und dadurch von der Zentralperspektive in eine orthogonale Projektion gebrachtes Luftbild (zit. nach Kap. 4.3). Sofern dabei mit Mitteln der digitalen Photogrammetrie gearbeitet wird, spricht man im Hinblick auf die Art seiner Entstehung zweckmäßigerweise von einem „digitalen Orthophoto" oder auch von einem Ortho-Bild (ortho-image).

Mit dem Orthophoto bzw. Ortho-Bild steht ein Fernerkundungsmedium zur Verfügung, das die im Luftbild enthaltene Fülle an Geländeinformationen unabhängig von der Geländegestalt mit der Darstellung der Grundrißsituation in der Geometrie einer topographischen oder thematischen Karte verbindet. Der in Kap. 4.4.6 beschriebene Luftbildplan kann diese Kombination nur für ebenes Gelände bieten.

Der Wunsch nach einem solchen Bildprodukt ist fast so alt wie die Bildmessung selbst. Frühe Vorschläge liefen darauf hinaus, entweder das Bild in kleine, in sich ebene Bildteile zu zerlegen, diese jeweils zu entzerren und neu zusammenzusetzen (Polyeder- oder Facettenverfahren, z. B. 1899 SCHEIMPFLUG, 1921 ROUSSILHE) *oder* die Entzerrung partiell höhenzonenweise vorzunehmen (z. B. 1903 SCHEIMPFLUG, 1923 BERTRAM). Wegbereiter für die weitergehende differentielle photographische Entzerrung und damit der Herstellung wirklicher Orthophotos sind dann aber 1924 VIETORIS, 1927 FERBER und 1929 LACHMANN. Eine kurzgefaßte Darstellung von deren Vorschlägen findet sich bei BURKHARDT (1988, S. 91–94, dort auch mit Nachweis der einschlägigen Quellen).

Erste praktikable, aber noch unvollkommene Geräte zur Herstellung von Orthophotos wurden Mitte der fünfziger Jahre entwickelt: der ORTHOPROJEKTOR von BEAN (1955) und ein Spaltentzerrungsgerät von SHUKOV und KALANTAROV (WEITBRECHT 1963). Eine befriedigende Lösung brachte erst der 1964 von Zeiss auf den Markt gebrachte und nach Vorschlägen von GIGAS konstruierte ORTHOPROJEKTOR GZ 1 (GZ = Gigas-Zeiss). Alle namhaften Hersteller photogrammetrischer Geräte haben diese Entwicklung in den folgenden Jahren nachvollzogen. Ab Mitte der 70er Jahre erfolgte dann nach und nach die Ablösung dieser optischen Orthoprojektoren durch rechnergesteuerte, analytische Orthophotogeräte (Kap. 4.5.9.2). In der zweiten Hälfte der 80er Jahre beginnt die Ortho-Bild-Produktion auch mit Mitteln der digitalen Photogrammetrie.

4.5.9.1 Herstellung von Orthophotos mit Steuerung eines Orthoprojektors durch Analoggerät

Im Hinblick auf seine seinerzeitige Verbreitung und Bedeutung wird die Funktionsweise des GZ 1 als Beispiel für nicht rechnergesteuerte Orthophotoprojektoren beschrieben. Der GZ 1 ist ein Projektionsgerät zur streifenweisen Entzerrung kleiner – z. B. 4 x 1 mm großer – Bildsegmente. Dies wird erreicht, einerseits über eine kontinuierlich, in y-Richtung und in x-Schritten, über den Projektionstisch und das dort aufliegende Photopapier geführte Schlitzblende und andererseits durch kontinuierliche Veränderung der Projektionsweite (Abb. 157). Das Projektionssystem befindet sich zu diesem Zweck auf einem gegenüber dem Projektionstisch in der Höhe veränderbaren Träger. Die Scharfabbildung der Bildsegmente bei der jeweiligen Projektionsweite besorgt eine spezielle Steuereinrichtung (BAUERSFELD'sches Vorsatzsystem).

Zur Entzerrung und damit auch Maßstabsegalisierung wird die Projektionsweite fort-

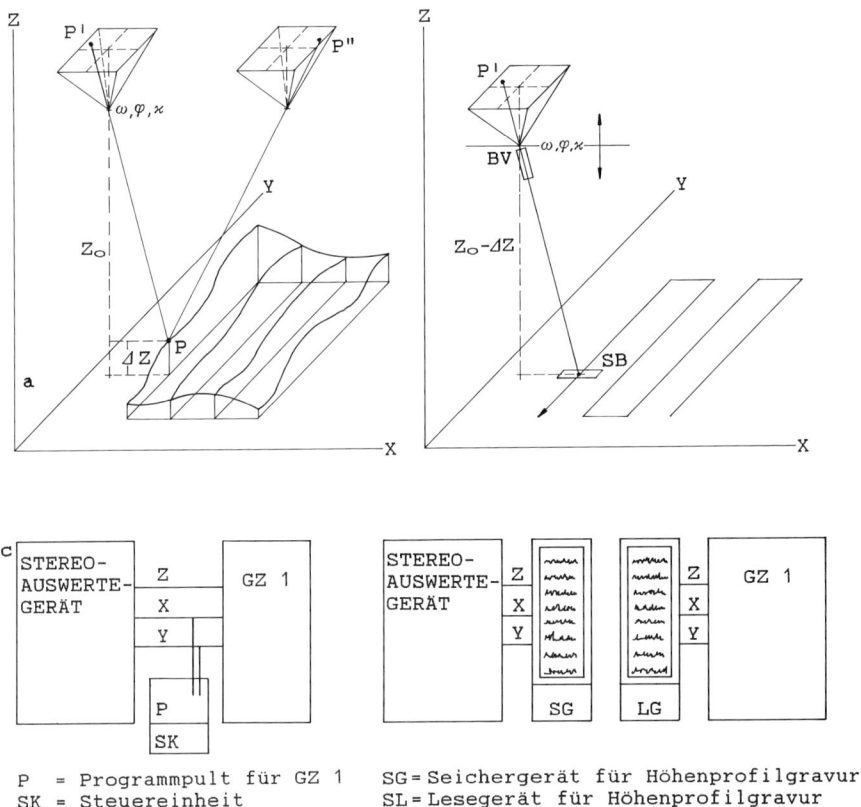

Abb. 157: *Arbeitsprinzip bei analoger Orthophotoherstellung. a) Messung von Höhenprofilen im Stereoauswertegerät, b) optisch, von den Höhenprofilen gesteuerte Orthoprojektion, c) Gerätekonfiguration bei online- und offline-Betrieb hier mit GZ 1 /Zeiss)*

laufend verändert, und zwar entsprechend der Höhendifferenz ΔZ des jeweiligen im Bildsegment abgebildeten Geländestücks gegenüber der Bezugshöhe. Die dafür fortlaufend benötigten Eingangswerte gewinnt man aus stereophotogrammetrischen Höhenprofilmessungen entlang der Wegespur der Schlitzblendenmitte (Abb. 157). Der GZ 1 wird dafür direkt an ein analoges Stereokartiergerät angeschlossen oder im off-line Betrieb von so gemessenen, aber zwischengespeicherten Höhenprofildaten gesteuert.

Die mäanderförmige Grundrißbewegung der Meßmarke des Stereoauswertegeräts wird vom Orthoprojektor nach vorprogrammierter Laufgeschwindigkeit der Schlitzblende und gewählter Schlitzbreite gesteuert. Der Auswerter am Stereoauswertegerät führt dabei die Meßmarke in der Höhe durch kontinuierliche Anpassung an das Relief im Stereomodell nach. Die Höhenänderungen der Meßmarke werden auf die Trägerbühne des Projektors übertragen und bewirken damit die erforderlichen laufenden Änderungen der Projektionsweite.

Der off-line Betrieb bietet mehrere Vorteile: Fehler, die bei der Höhenprofilmessung unterlaufen sind, können nachträglich verbessert werden; gemessene und gespeicherte Profile können für später aufgenommene Luftbilder zur Orthophotoherstellung wiederverwendet werden; der Einsatz eines Bildkorrelators zur automatischen Höhenprofilmessung wird möglich (für den GZ 1 wurde ein solcher von der ITEK Corp. entwickelt); die Trennung der zeitaufwendigeren stereophotogrammetrischen Profilmessungen von der weniger aufwendigen Orthoprojektion eröffnet Möglichkeiten der Rationalisierung.

Simultan zur Orthophotoherstellung mit dem GZ 1 können mit Zusatzeinrichtungen beim on-line Betrieb Höhenschraffen (dropped-lines) und beim off-line Betrieb approximierte Höhenschichtlinien ohne zeitlichen Mehraufwand kartiert werden.

4.5.9.2 Herstellung von Orthophotos mit analytisch-photogrammetrischen Mitteln

Bei analytischen Orthoprojektorgeräten stellt der Rechner des Systems die für die differenzielle Entzerrung eines Luftbildes erforderlichen Beziehungen zwischen dem Koordinatensystem des Geländes, des zu entzerrenden Originalbildes und des herzustellenden Orthophotos her. Ebenso werden die optischen Komponenten des Geräts während des sequentiellen Belichtungsvorganges vom Rechner aus gesteuert. Die benötigten Höheninformationen werden auch hier aus stereophotogrammetrisch gemessenen Höhenprofilen gewonnen oder – bei Geräten, die für off-line Betrieb eingerichtet sind – *auch* aus vorhandenen digitalen Geländemodellen abgeleitet und über einen Datenträger eingegeben.

Ein analytisches Orthophotogerät besteht neben dem Rechner aus dem Steuer- und dem Projektionssystem. Abb. 158 zeigt exemplarisch die Komponenten eines solchen Projektionssystems. Das Orthophoto entsteht dabei auf dem in der Trommel eingespannten Photopapier. Die Schlitze für die Belichtung sind gerätespezifisch zwischen 0,1 und 0,3 mm breit. Die Schlitzlänge wählt man in Abstimmung auf die Neigungsverhältnisse des im Luftbild erfaßten Geländes. Je steiler die Lage, desto kürzer muß die Schlitzlänge sein, um zu den Schlitzrändern hin zunehmende, neigungsbedingte Verzerrungen zu minimieren. Durch Querneigungskorrektur können mit optischen Mitteln verbleibende Verzerrungen aufgehoben werden. An den Streifenrändern treten danach keine Lage- und Maßstabsfehler mehr auf und die Streifen fügen sich nahtlos, d. h. ohne Sprungstellen aneinander. Da die neigungsbedingten Verzerrungen zum Bildrand hin auch vom Öffnungswinkel der Aufnahmekammer abhängen, sind für Luftbildaufnahmen, die primär zum Zwecke der Orthophotoherstellung erfolgen, Normalwinkelaufnahmen, Weit- oder gar Überweitwinkelaufnahmen vorzuziehen.

Als digital gesteuerte Orthoprojektorgeräte sind der Wild AVIOPLAN OR 1 und der Zeiss ORTHOCOMP Z 2 sowie ein in der VR China gebauter Orthoprojektor ZS-1

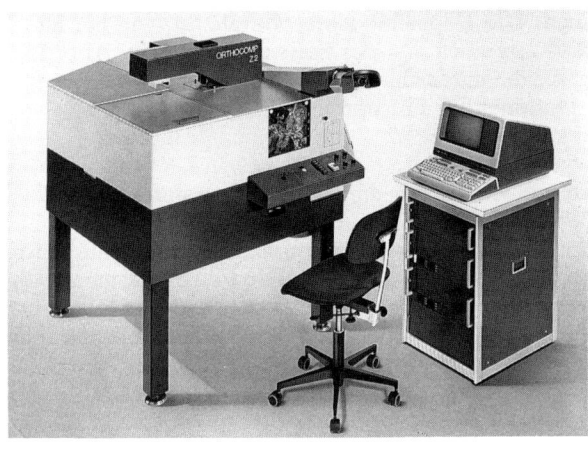

Abb. 158:
ORTHOCOMP Z 2 (Zeiss)

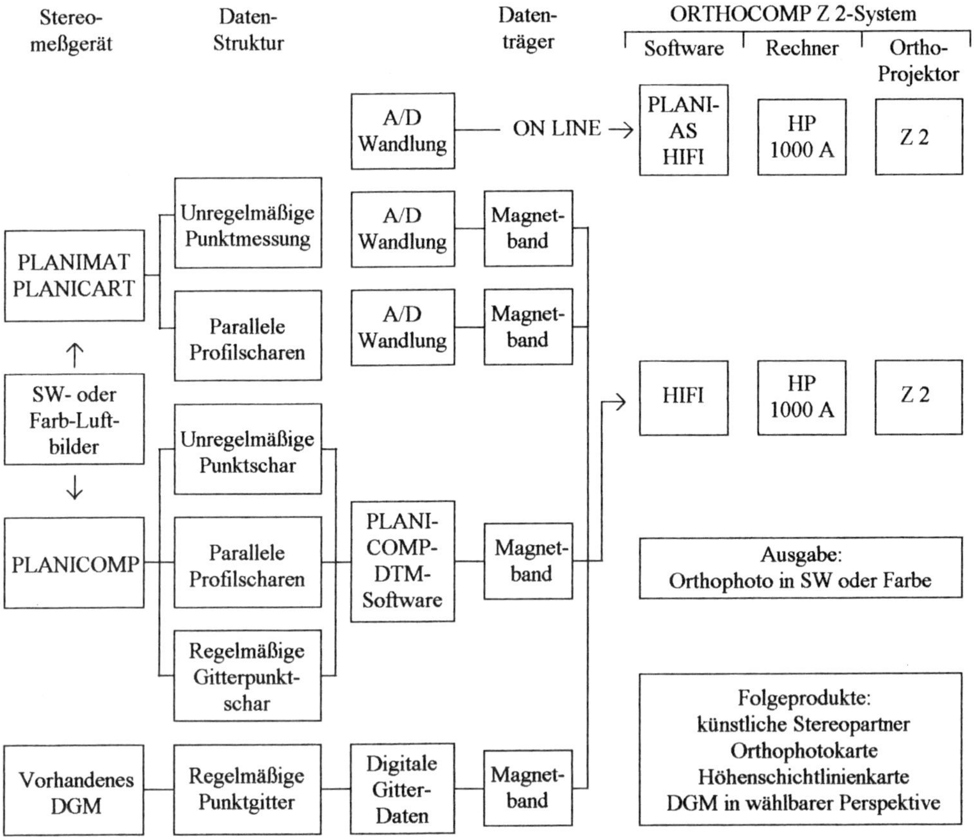

Stereo-meßgerät	Daten-Struktur		Daten-träger	ORTHOCOMP Z 2-System		
				Software	Rechner	Ortho-Projektor
		A/D Wandlung	ON LINE →	PLANI-AS HIFI	HP 1000 A	Z 2
PLANIMAT PLANICART	Unregelmäßige Punktmessung	A/D Wandlung	Magnet-band			
	Parallele Profilscharen	A/D Wandlung	Magnet-band	HIFI	HP 1000 A	Z 2
SW- oder Farb-Luft-bilder	Unregelmäßige Punktschar	PLANI-COMP-DTM-Software	Magnet-band			
PLANICOMP	Parallele Profilscharen			Ausgabe: Orthophoto in SW oder Farbe		
	Regelmäßige Gitterpunkt-schar					
Vorhandenes DGM	Regelmäßige Punktgitter	Digitale Gitter-Daten	Magnet-band	Folgeprodukte: künstliche Stereopartner Orthophotokarte Höhenschichtlinienkarte DGM in wählbarer Perspektive		

Abb. 159: *Eingabemöglichkeiten und Systemstruktur eines analytischen Orthoprojektors, dargestellt am Beispiel des ORTHOCOMP Z 2 (Zeiss)*

(RÜGER et al. 1987, S. 143) zu nennen. Die Kapazität dieser Geräte ist, wie bei allen
analytischen Geräten, neben der Hardware auch von der Software abhängig. Abb. 159
zeigt am Beispiel des Orthoprojektor Z 2 die unterschiedlichen Eingabemöglichkeiten für
die benötigten Höhendaten und die Optionen für Folgeprodukte.

4.5.9.3 Herstellung von Orthobildern mit Mitteln der digitalen Photogrammetrie

Zu den bereits praktikablen Verfahren der digitalen Photogrammetrie gehört die automatische Herstellung von Orthobildern und daraus abzuleitender Folgeprogramme. In
Abb. 160 sind in einfacher Form die dafür notwendigen Arbeitsschritte dargestellt. Eingabedaten sind digitalisierte Luftbilder (4.1.8) und ein digitales Geländemodell, aus dem
die benötigten Höhendaten gewonnen werden.

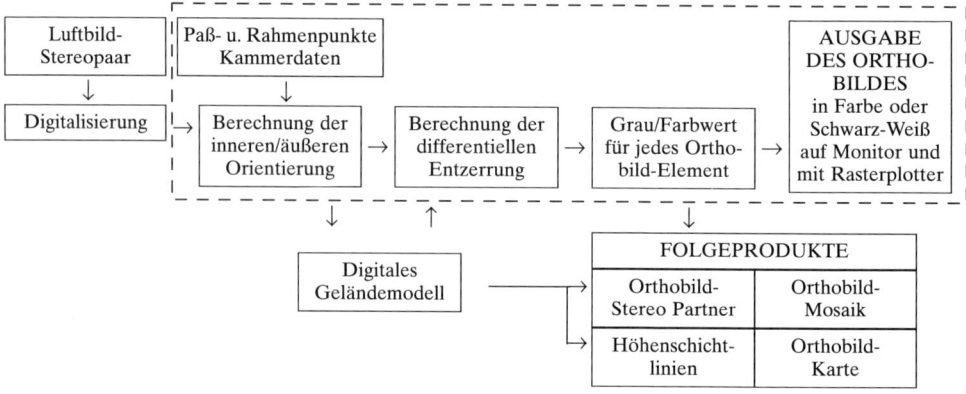

Abb. 160: *Arbeitsschritte bei der Herstellung digitaler Orthophotos*

Als DGM kann ein geeignetes, vorhandenes oder ein im Zuge der digital-photogrammetrischen Bearbeitung hergeleitetes dienen. Die Höhengenauigkeit eines DGM (Kap.
4.5.7.1) und aus diesem abzuleitender Höhendaten für die digital differentielle Entzerrung der einzelnen Bildelemente ist vom Abstand der Gitterpunkte des DGM abhängig.
Es ist daher unter Berücksichtigung der Reliefverhältnisse ein entsprechend kleiner Abstand der Gitterpunkte erforderlich (z. B. 10 m).
   Die geometrischen Beziehungen des differentiell zu entzerrenden Luftbildes zum Geländekoordinatensystem werden durch innere und äußere Orientierung des Stereobildpaares entweder automatisch oder interaktiv durch den Auswerter hergestellt. Digital
photogrammetrische Auswertestationen bieten dafür bei zunehmender Tendenz zur Automatisierung Optionen für beide Möglichkeiten an.
   Die Berechnung der differenziellen Entzerrung kann *entweder* pixelweise, d. h. Bildelement für Bildelement, unter Anwendung der jeweils vollständigen Transformationsfor-
meln (Kap. 4.2.3) *oder* stützpunktweise erfolgen. Die erste, strenge Lösung ist sehr rechen-
intensiv und relativ langsam. Im zweiten Fall werden die strengen Transformationen nur
für die als Ankerpunkte benutzten Gitterpunkte des DGM berechnet (Ankerpunktme-
thode = anchor point method). Die für die Entzerrung aller anderen Bildelemente ge-

suchten Vektoren findet man durch bilineare Interpolation (hierzu z. B. Kraus 1984 Kap. 3.3.1) zwischen den jeweils zugehörenden vier benachbarten Ankerpunkten.

Die Grau- bzw. Farbwertberechnung der einzelnen Bildelemente des Orthobildes kann durch radiometrische Interpolation, z. B. aus den 4 x 4 Nachbarschaftspixeln vorgenommen werden.

Zu den Vorzügen der Orthobildherstellung mit Mitteln der digitalen Photogrammetrie zählt man die gegebenen Möglichkeiten der Bildverbesserung im Zuge von Vorverarbeitungsschritten (z. B. Kontrastveränderungen) und radiometrischer Angleichungen mehrerer Bilder für Mosaike und Bildkarten, die besseren Voraussetzungen für die Herstellung farbiger Orthobilder, die guten Möglichkeiten für die Integration der geokodierten Rasterdaten der Orthobilder in GIS und schließlich den hohen Grad an Automatisierung.

Entsprechende Software steht bei der Mehrzahl der in Kap. 4.5.5.7 genannten digitalphotogrammetrischen Workstations zur Verfügung. Für vorhandene Anlagen bieten z. B. ERDAS mit dem Modul „OrthoMax" für SUN- und SGI-Plattformen oder PCI mit dem Modul „Airphoto Ortho and DEM" für UNIX- und VMS-Stationen sowie für PC-Plattformen unter WINDOWS 3.1, NT, OS/2 und SCO Unix Software für die Orthobild-Herstellung an.

Einen Eindruck von der heute erreichbaren Qualität digital hergestellter Orthophotos vermittelt Bildtafel VIII c.

4.5.9.4 Stereo-Orthophotos

Für ein Orthophoto gibt es – anders als bei zentralperspektiven Originalluftbildern – keinen natürlichen Stereopartner. Man kann jedoch einen solchen künstlich erzeugen.

Die erste Lösung hierzu fand BLACHUT (1945, 1971) noch für die analogen Orthoprojektoren. Nach dem Aufkommen rechnergestützter Geräte war es dann KRAUS (1976), der die Herstellung des Stereopartners erstmals beschrieb.

Unabhängig davon, ob mit analogen, analytischen oder digitalen photogrammetrischen Mitteln gearbeitet wird, ist das Prinzip für die Herstellung eines Stereo-Orthophotos gleich: Dem Orthophoto wird als „künstlicher" Stereopartner eine *schräge Parallel*projektion des in ihm abgebildeten Geländes zugesellt. Diese schräge Parallelprojektion kann dabei sowohl aus dem dem Orthophoto zugrunde liegenden Luftbild als auch aus dessen natürlichem Stereopartner abgeleitet werden. Im allgemeinen ist die zweite Vorgehensweise üblich und vorteilhafter (s.u.). In der schrägen Parallelprojektion ist die Abbildung jedes Geländeortes entsprechend dessen Höhenlage in x-Richtung um Δx gegenüber ihrer Lage im Orthophoto versetzt. Es entsteht dadurch eine künstliche x-Parallele, die unterm Stereoskop ein lagerichtiges Raumbild entstehen läßt.

Erfolgt die Herleitung des künstlichen Stereopartners aus dem dem Orthophoto zugrunde liegenden Luftbild, so werden für den Raumeindruck nur die künstlichen Parallaxen wirksam. Da diese auf die eingegebenen Höhendaten der *Gelände*oberfläche zurückgehen, wird das Gelände, nicht aber dieses überragende Objekte, räumlich gesehen. Bäume, Häuser usw. kann man in einem solchen Stereo-Orthophoto nicht in ihrer Höhe messen. Will man auch diese räumlich sehen und ggf. messen können, so muß der künstliche Stereopartner aus dem *natürlichen Stereopartner* des dem Orthophoto zugrunde liegenden Luftbildes hergeleitet werden. Ein solches Stereoorthophoto enthält dann künstliche Parallaxen für die Geländegestalt und natürliche Parallaxen für die das Gelände überragende Objekte.

Durch die Möglichkeit, die Raum- *und* Oberflächengestalt dreidimensional zu sehen, wird selbstverständlich der Informationswert der Orthophotodarstellung erhöht. Dies kommt insbesondere der Interpretation des Orthophotos zugute, z. B. bei dessen Einsatz für forstwirtschaftliche oder landschaftsökologische Aufgaben. Die Messung von Objekthöhen, z. B. von Bäumen und Beständen sollte dagegen nicht das Hauptargument für Stereo-Orthophotos sein. Die verschiedenartige Entstehung der künstlichen und der natürlichen Parallaxen bringt nämlich besonders bei großmaßstäblichen Stereo-Orthophotos Probleme mit sich (KRAUS et al. 1979, R. FINSTERWALTER 1979, 1981). Sie lassen sich vermeiden bzw. vermindern, wenn – alternativ zur schrägen Parallelprojektion – der künstliche Stereopartner mittels einer sog. logarithmischen Projektion nach COLLINS (1970) hergestellt wird. Zur Frage der Genauigkeit von Höhenmessungen im Stereoorthophoto wird auf FINSTERWALDER (1981) verwiesen.

Bei analogen Orthoprojektorgeräten brauchte man für die Herstellung künstlicher Stereopartner zusätzliche Bauelemente bzw. Geräte. Bei rechnergestützten Orthoprojektorgeräten und für die Orthophotoherstellung geeigneten digitalen photogrammetrischen Systemen gehören die dafür benötigten Rechenprogramme i. d. R. zur dazugehörenden Anwendungssoftware.

Für die Betrachtung von Stereo-Orthophotos bedient man sich herkömmlicher Spiegel- oder Zoomstereoskope, soweit diese nicht auf das 23 x 23 cm Bildformat zweier Original-Luftbilder angewiesen sind. Für einfachere photogrammetrische Kartierarbeiten sind daneben auch spezielle Auswertegeräte entwickelt worden, sehr früh schon von BLACHUT der STEREOCOMPILER und der ORTHOKARTOGRAPH, später entsprechende Geräte bei S.F.O.M. in Frankreich und der STEREOGRAPH bei R+A Rost in Wien.

4.5.9.5 Orthophotokarten

In Abb. 159 und 160 sind als Folgeprodukte der Orthophotoherstellung auch Orthophotokarten genannt. Darunter versteht man mit Rand, Koordinatengitter, Beschriftungen, Symbolen und ggf. auch Höhenschichtlinien versehene Bildkarten aus Orthophotos. Sie werden entsprechend dem gewählten Kartenschnitt i. d. R. aus mehreren Orthophotos zusammengefügt.

Dem Orthophoto bzw. Orthophotomosaik werden die einzubringenden Beschriftungen, Linien, Symbole usw. überlagert. Die Überlagerungstechnik reicht dabei je nach eingesetzten photogrammetrischen Verfahren vom klassischen gemeinsamen Kopieren von Orthophotonegativ/-diapositiv und transparenter Zeichenfolie über den rechnergesteuerten Eindruck in das Orthophoto bis zur graphischen Überlagerung eines digital erzeugten Orthobildes am Monitor und gemeinsamen Ausgabe. Rechnergestützte Orthoprojektoren und digital photogrammetrische Systeme verfügen über entsprechende Programme zur Einbringung und Editierung aller gewünschten Eintragungen.

Orthophotokarten erfüllen heute geometrisch für die Mehrzahl der Fälle die für topographische und thematische Karten geforderten Genauigkeiten. Unter der Voraussetzung guter photographischer Qualität der für ihre Herstellung verwendeten Luftbilder ist beim heutigen Stand der Orthophototechnik auch eine sehr gute Abbildungsqualität gesichert. Orthophotokarten lassen deshalb – in Abhängigkeit von ihrem Maßstab – eine Fülle von Landschaftsdetails erkennen und erlauben die Interpretation von Zusammenhängen sowie zahlreicher qualitativer und quantitativer Sachverhalte (hierzu mehr in Kap. 4.6). Die Hinzufügung von Stereopartnern (Kap. 4.5.9.4) kann dies noch steigern. Die Informationsfülle und -vollständigkeit der Orthophotokarte ist vor allem dann von Nutzen, wenn sie Grundlage für raumbezogene Planungsaufgaben oder für umfassende Analysen der räumlichen Ordnung (oder Unordnung) und des ökologischen Beziehungsgefüges von Landschaften, ausgedehnten Biotopen, Wassereinzugsgebieten u. a. oder von großflächigen Wirtschafts- bzw. Verwaltungseinheiten sein soll.

Im Gegensatz zu Strich- und Signaturkarten und auch zu farbig angelegten thematischen Karten wie z. B. herkömmlichen forstlichen Bestandeskarten, Vegetationskarten u. ä. ist der Inhalt der Orthophotokarte weder generalisiert noch selektiert. Sie enthält daher für bestimmte Anwendungszwecke auch unwichtige, ggf. sogar störende Details oder hebt Wichtiges nicht besonders heraus. Dem Vorteil der Informationsfülle steht dies unter den Gesichtspunkten der Kartennutzung als Nachteil gegenüber.

Orthophotokarten sind seit Ende der 60er Jahre in vielfältiger Weise in der Praxis eingeführt und haben sich als sehr brauchbar erwiesen:
- als landesweites Kartenwerk, z. B. in Schweden mit der Ökonomische Karte 1:10 000 und 1:20 000, in Österreich die Luftbildkarte 1:10 000, in Deutschland die Deutsche Grundkarte 1:5 000 z. B. im Bundesland Nordrhein-Westfalen;
- als Grundlage für die Fortführung topographischer Kartenwerke und auch der o.a. Deutschen Grundkarte;
- als Mittel, Lücken in bestehenden oder im (langwierigen) Aufbau begriffenen topographischen Karten *rasch* zu füllen (z. B. in Spanien durch das I.C.C. in Barcelona);
- als Forstbetriebskarte 1:10 000 in zahlreichen öffentlichen und privaten Forstbetrieben in Deutschland und Österreich oder auch bis 1:25 000 in Ländern mit weniger intensiver Waldbewirtschaftung (z. B. in Nordamerika);
- als Landnutzungs- und Planungskarte, besonders in Entwicklungsländern und dort auch als (vorläufige) Katasterkarten;
- als Ergänzung zu Katasterkarten im Hinblick auf die aktuelle Nutzungsart der Parzellen.

Die gegenwärtige Entwicklung der digitalen Photogrammetrie wird in Zukunft einen deutlichen Anstieg der Orthophotokartenproduktion mit sich bringen, so wie dies in einigen Ländern (z. B. in Spanien, hierzu COLOMINA et al. 1991) schon einsetzte und sich in anderen (z. B. beim Ordonance Survey in England, hierzu FARROW und MURRAY 1992) andeutet. Besondere Bedeutung werden dabei Orthophoto und Orthophotokarte als Daten- und Informationsquelle für GIS erhalten. Als Beispiel wird auf EUROSENSE und das dort entwickelte EUDICORT (Eurosense Digital Cartographic Orthophotosystem) und den Einsatz des DMS/SPM (WELCH 1992; vgl. Tab. 38) in der kroatischen Forstwirtschaft (HOCEVAR 1994) verwiesen.

Wenn Orthophotokarten zum forstllichen Kartenwerk gehören, so wird das Orthophoto für diesen Zweck mit den Eigentums-, Abteilungs-, Unterabteilungsgrenzen und dem Wegenetz überlagert und mit Abteilungs- und Unterabteilungsbezeichnungen sowie Ortsbeschriftungen versehen. Grenzlinien und Wege werden aus der bei der Forsteinrichtung[43] fortgeschriebenen Forstgrundkarte übernommen. Zur forstlichen Orthophotokarte gehört eine Liste mit Bestandeskennwerten der abgebildeten Wirtschafts- und Behandlungseinheiten. Abb. 185 zeigt eine solche forstliche Orthophotokarte mit beigefügter Bestandesliste. Wird eine Orthophotokarte in das forstliche Karten- und Flächenwerk einbezogen, so ergeben sich zu dessen Herstellung die in Abb. 161 dargestellten Arbeitsschritte. Karten- und Flächenwerk werden im Forsteinrichtungsturnus, also i. d. R. alle 10 Jahre, erneuert.

Unabhängig davon, ob Orthophotokarten zum Forstkartenwerk gehören oder nicht, können vorhandene, aktuelle Orthophotos für die Fortführung der Forstgrundkarte 1:5000 herangezogen werden. Dies wurde schon früh empfohlen (HILDEBRANDT 1971).

---

[43] „Forsteinrichtung" ist die (i. d. R.) im 10jährigen Turnus durchgeführte mittelfristige Planung im Forstbetrieb. Sie besteht aus der Zustandserfassung des Betriebs und der Bestände, der Analyse der abgelaufenen Planungsperiode und Kontrolle des Planungsvollzugs und der auf langfristige Zielsetzungen ausgerichteten Betriebs- und Bestandesplanungen für die kommenden 10 Jahre.

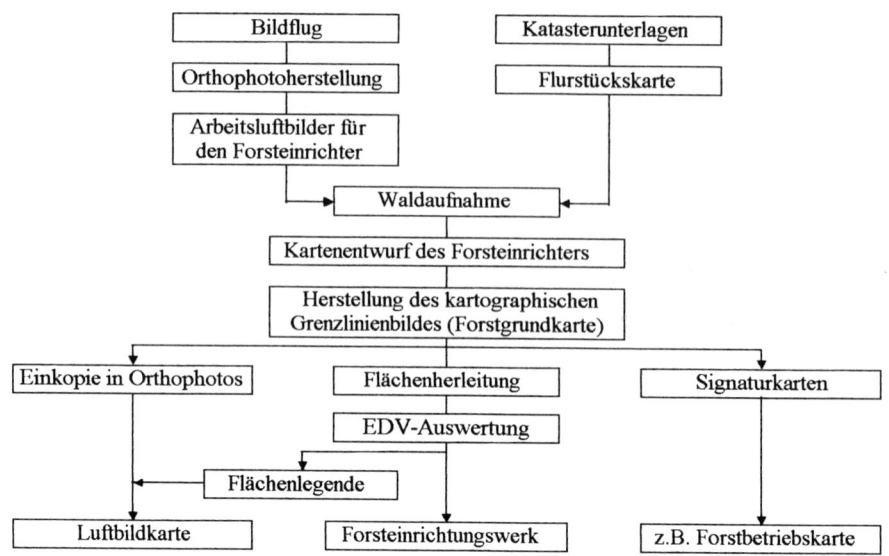

Abb. 161: *Arbeitsschritte zur Erarbeitung des forstlichen Kartenwerks. Beispiel des Vorgehens bei der Forstdirektion Koblenz* (PEERENBOOM *1984*)

Neue Bestandesgrenzen oder Transportlinien u. ä. können zeit- und kostensparend durch einfache, sorgfältige Hochzeichnung bzw. Digitalisierung zuvor ins Orthophoto eingezeichneter Linien in die Forstgrundkarte übernommen werden. Einem solchen Vorgehen vergleichbar ist das Monoplotting (Kap. 4.4.7), wenn in dem auf dem Monitor eines digitalen photogrammetrischen Systems abgespielten und mit den Vektordaten der alten Forstgrundkarte überlagerten Orthophoto neue Bestandesgrenzen u. ä. erfaßt und überholte eliminiert werden.

4.6 Luftbildinterpretation

4.6.1 Begriffsbestimmung und Abgrenzungen

Luftbildinterpretation wird im Folgenden als das Gewinnen nichtmetrischer Informationen aus Luftbildern verstanden. Dies geschieht mit Rücksicht auf die herkömmliche, vorherrschende Verwendung dieses Begriffs und entgegen der sprachlichen Bedeutung von „Interpretation", die ja allein mit der Auslegung eines Sachverhalts zu tun hat.

Die Entscheidung für die weitergehende Verwendungsweise des Begriffs „Luftbildinterpretationen" bedeutet, daß sowohl das Erkennen und Identifizieren als auch das Deuten und Auslegen von im Luftbild *Gesehenem und* das über Gesehenes hinausgehende, aus diesem zu *Folgernde*, Gegenstand der Luftbildinterpretation ist oder sein kann. Sie bedeutet ferner, daß neben der *visuellen*, sachkundigen Auswertung auch sich auf Grau- bzw. Farbwertmessungen von Bildgestalten stützende, *semantische* Auswertungen einbezogen werden können.

Die Grenze zwischen Luftbildinterpretationen und computergestützter Objekt- und Mustererkennung sowie digitaler Klassifizierung von Objektklassen ist dabei fließend. Sie wird *hier* dort gezogen, wo nicht mehr nur bestimmte Objekte oder Muster zur *Unterstützung* des menschlichen Sehvermögens oder zur Objektivierung der Ansprache von Grauwerten, Farben oder Bildtexturen densitometrisch gemessen werden, sondern das analoge Bild vollständig digitalisiert und der gewonnene Datensatz digitaler Bildbearbeitung unterworfen wird. Die letztgenannte, stets rechnergestützte Bearbeitung digitalisierter Luftbilder und dazugehörender Methoden digitaler Bildverbesserungen (image enhancement) werden zusammen mit der Objekt- und Mustererkennung (feature extraction and pattern recognition) in multispektralen Datensätzen in Kap. 5.4 und 5.5 abgehandelt.

„Information" wird in der o.a. Begriffsbestimmung im Sinne von sachbezogenem, zweckorientiertem Wissen verstanden. Dies grenzt die Luftbildinterpretation gegenüber bloßem Anschauen oder Betrachten von Luftbildern ab, bei dem ja durchaus je nach Alter und Abstraktionsfähigkeit des Betrachters auch schon eine bestimmte Menge von Gegenständen zweckfrei erkannt werden kann.

Die Eingrenzung auf nichtmetrische Informationen ist im Hinblick auf die in den Kap. 4.2–4.5 abgehandelte Luftbild*messung* notwendig. Zur Durchführung photogrammetrischer Auswertungen ist jedoch das Erkennen zu messender und/oder zu kartierender Objekte – also Luftbildinterpretation – Voraussetzung.

Die visuelle, sachverständige Auswertung eines digital erzeugten Bildes am Monitor oder einer entsprechenden Papierkopie wird hier auch als Luftbildinterpretation bezeichnet, wenn dem ein digitalisiertes Luftbild zugrunde liegt. Geht das digital erzeugte Bild auf nicht-photographische Aufnahmen z. B. mit einem opto-elektronischen Sensor oder einer Radarantenne zurück, so wird – vor allem in Kap. 5 und 6 – „nur" von *Bild*interpretationen gesprochen.

Die Bestimmung metrisch faßbarer Objektmerkmale, also von Höhen, Streckenlängen, Flächeninhalten, Volumina sind Gegenstand der Photogrammetrie. Dagegen gehören andere quantitative Merkmale, die durch Zählungen, Ab- oder Einschätzungen und Rückschlüsse zu ermitteln sind, zur Luftbildinterpretation. Beispiele hierfür sind die Zählung von Tierpopulationen, das Abschätzen des Deckungsgrades einer Pflanzenart in einer Pflanzengesellschaft, des Schlußgrades eines Waldbestandes oder von Mischholzanteilen, der Rückschluß auf die Bonität oder die Gefährdungsstufe eines Standorts, auf die Wertklasse eines Habitats, auf die Tragfähigkeit einer Brücke usw. Eine Zwischenstellung nimmt die Holzvorratsermittlung ein. Sie stützt sich, wie in Kap. 4.6.6.3 und 4.6.6.4 zu beschreiben sein wird, auf photogrammetrische *und* interpretatorische Elemente.

4.6.2 Elemente und Gegenstände der Luftbildinterpretation

Luftbildinterpretation basiert auf Perzeption und Apperzeption, d. h. einerseits auf Reizaufnahmen beim Sehen und sinnlichen Wahrnehmen von Unterschieden (Grauwerte, Farben) und Bildgestalten, andererseits auf dem bewußten Erfassen der Seherlebnisse und Wahrnehmungsinhalte sowie sich daraus ergebenden Assoziationen. Das Sehen und Unterscheiden wird von physischen Fähigkeiten des Auswerters bestimmt und von photographischen Qualitäten des Bildes beeinflußt. Das bewußte Erfassen des Gesehenen und Wahrgenommenen ist demgegenüber eine intellektuelle Leistung. Es setzt sowohl Sachkenntnisse voraus als auch geistige Fähigkeiten wie die, vergleichen, erinnern, abstrahieren, assoziieren und schlußfolgern zu können. Sachkenntnisse und die genannten geistigen Fähigkeiten führen zum Erkennen von Objekten, Strukturen und Zusammenhängen, zum Deuten solcher Gegebenheiten, dort wo das Erkennen aus dem Gesehenen und Wahrgenommenen nicht offenkundig ist, zum Wiedererkennen zuvor schon einmal verifizierter Sachverhalte. Sie eröffnen darüber hinaus Möglichkeiten auf im Bild nicht Sichtbares zu schließen, bestimmte Wertungen vorzunehmen und Situationen zu beurteilen.

Abb. 162 gibt den sich daraus ergebenden Interpretationsprozeß wieder. Im einfachsten und besten Falle beschränkt er sich auf die Sequenz Sehen – Wahrnehmen – Erkennen – Verifizieren. Bei schwierigen, komplexeren und anspruchsvolleren Luftbildinterpretationen treten das Deuten und Wiedererkennen und ggf. das Schlußfolgern, Werten und Beurteilen hinzu. Mit zunehmenden Ansprüchen an die Interpretation nimmt das Gewicht von a-priori-Wissen und zusätzlichen Informationen über sachbezogene, örtliche und zeitliche Fakten progressiv zu.

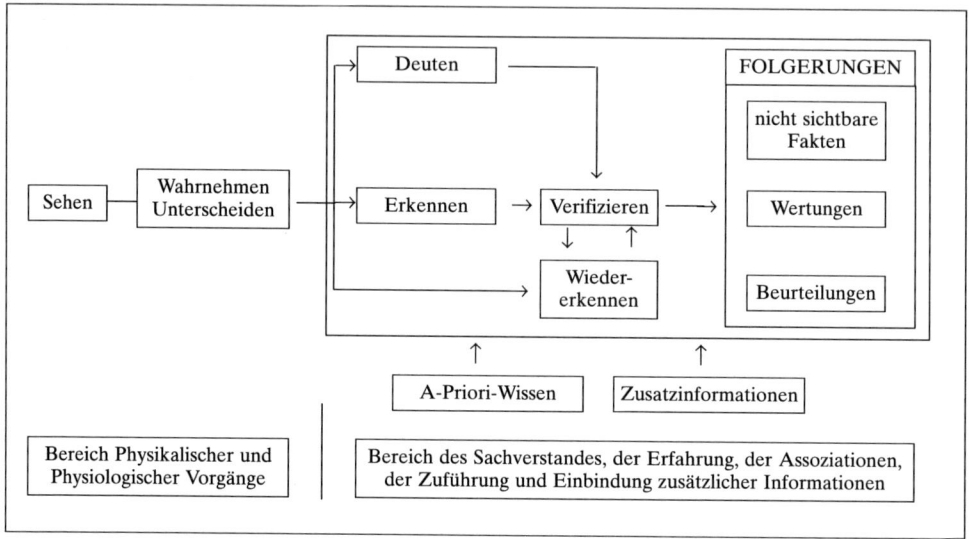

Abb. 162: *Elemente und Ablauf einer Luftbildinterpretation*

Zur Theorie der Bildauffassung und physiologischer und psychologischer Vorgänge bei der Perzeption von Bildinhalten wird auf Arbeiten von HEMPENIUS (1968), HEMPENIUS et al. (1967), SCHMIDT-FALKENBERG (1966) und ALBERTZ (1970) verwiesen.

Luftbildinterpretation ist – wie nahezu alle Fernerkundung – kein Selbstzweck. Sie wird stets als Teil der Informationsbeschaffung für bestimmte praktische oder wissenschaftliche Zwecke eingesetzt. Dabei kann sie wichtigste, ggf. sogar die alleinige Informationsquelle sein oder gleichwertig neben anderen Quellen stehen oder auch nur eine untergeordnete Rolle spielen. Das methodische Vorgehen bei Luftbildinterpretationen muß sich daher stets am Verwendungszweck der zu gewinnenden Informationen, den dadurch gegebenen Informationsbedürfnissen und den Eigenarten der zu interpretierenden Objekte und Sachverhalte orientieren.

Abb. 163 zeigt in groben Kategorien eine Matrix möglicher Informationsbedürfnisse. Sie kann *thematisch* in vielfältiger Weise ausgefüllt werden mit Fragestellungen aus Ökologie, Geographie, Land- und Forstwirtschaft, Umweltschutz, Regionalplanung bis hin zu sozio-ökonomischen, archäologischen, militärischen usw. Bei allen kann sich dabei die Interpretationsaufgabe *räumlich* auf Flächen kleinster bis größter Ausdehnung erstrecken,

z. B. auf eine einzele Baumkrone bis hin zu einem kontinentalen oder globalen Beobachtungsgebiet. Die Interpretation von Veränderungen und Entwicklung *in der Zeit*, z. B. von Wachstumsprozessen, Sukzessionen, phänologischen Zyklen oder als Folge von Wirtschafts- und Baumaßnahmen, von Naturereignissen und anthropogen bedingten Fehlentwicklungen, bedarf der Auswertung zeitlicher Bildfolgen. Für die Beobachtung, Verfolgung und Analyse solcher zeitlicher Verläufe ist dabei der Begriff des *Monitoring* auch in der deutschen Sprache eingebürgert.

Interpretations-gegenstände und Sachverhalte	Vorkommen Zustand räuml. Verteilung		Zusammenhänge Abhängigkeiten Synergismen		Entwicklungen Veränderungen Zu- und Abgänge	
	qualitativ	quantitativ	qualitativ	quantitativ	qualitativ	quantitativ
Objekte, Objektart	x	x	x	x	x	x
Objektgruppen (Klassen)	x	x	x	x	x	x
Muster, Gefüge räuml. Ordnungen	x	x	x	x	x	x
Folgerungen	x	x	x	x	x	x
Wirkungsanalysen	x	x	x	x	x	x
Wertungen	x	x	x	x	x	x
Beurteilungen	x	x	x	x	x	x

Abb. 163: *Mögliche Gegenstände und Sachverhalte von Luftbildinterpretationen*

Das durch die Abb. 162 und 163 über Ablauf und Inhalte von Luftbildinterpretationen generell zum Ausdruck Gebrachte wird in den Ablaufdiagrammen der Abb. 164 und 165 exemplarisch für Vegetations- bzw. Biotopkartierungen und das Monitoring von Umwelt- bzw. Vegetationsschäden konkretisiert.

Es ist begreiflich, daß es angesichts der sich aus alledem ergebenden Vielfalt an Interpretationsaufgaben keine allgemeine Methodenlehre gibt. Der Interpret ist darauf angewiesen, für die ihm gestellte Aufgabe seinen Weg zu suchen und zu finden. Interpretationsregeln, wie z. B. vom Großen zum Kleinen, vom Allgemeinen zum Speziellen vorzugehen oder die stereoskopische der monoskopischen Auswertung vorzuziehen, sind zwar generell, aber nicht zwangsläufig in jedem Fall richtig bzw. anwendbar. Sie helfen nur bedingt weiter.

Von allgemeinerer Gültigkeit ist dagegen der Grundsatz: Sicherheit geht vor Bestimmtheit. Beide aus der Informationstheorie stammenden Begriffe sind qualitative Maße für eine Aussage, hier für die Aussage des Interpreten. Sie bedingen sich gegenseitig. Bestimmtheit ist ein Maß für die Präzision einer Aussage: „ein Baum" → „ein Laubbaum" → „eine Eiche". Je weniger bestimmt die Aussage ist („ein Baum"), desto sicherer ist i. d. R. die Aussage und vice versa.

Der Interpret hat also im Hinblick auf den Interpretationszweck, die gegebenen Informationsbedürfnisse, die Reflexionseigenschaften der Objekte und vorliegende Randbe-

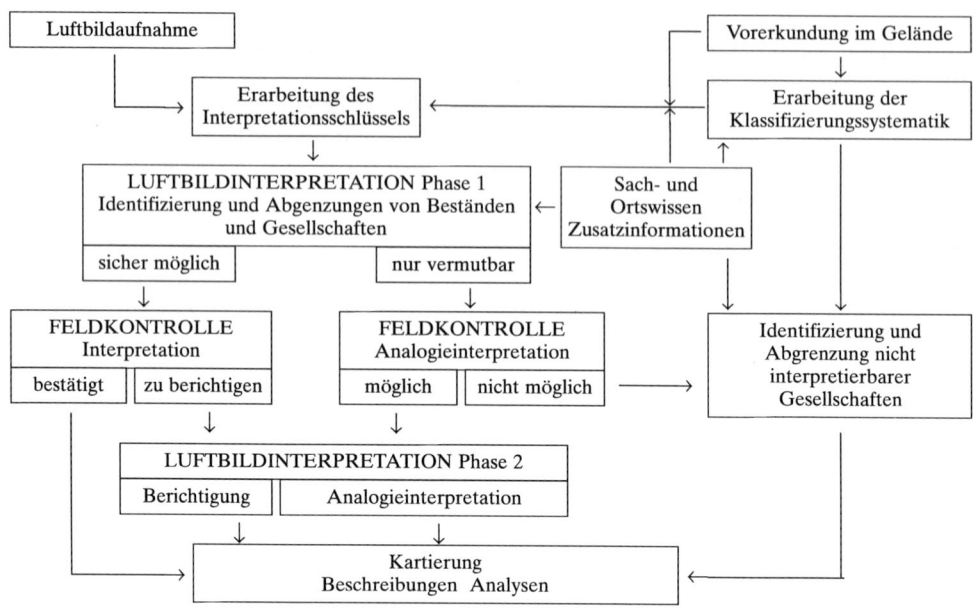

Abb. 164: *Ablaufschema (exemplarisch) für Vegetations- und Biotopkartierungen und pflanzensoziologische Aufnahmen bei Einbezug von Luftbildauswertungen*

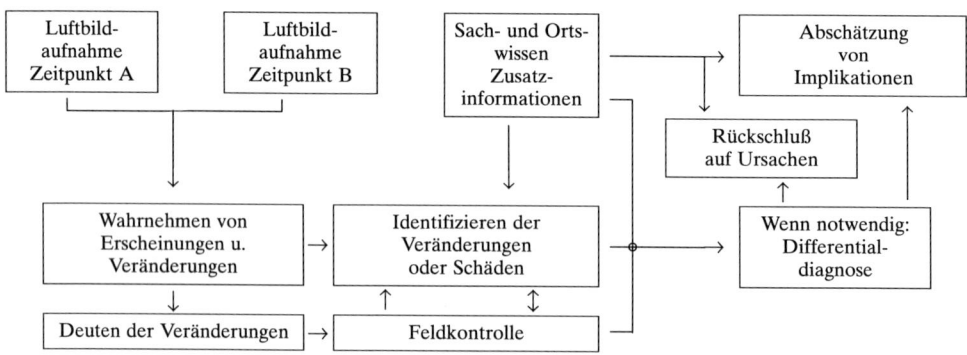

Abb. 165: *Ablaufschema (exemplarisch) für Feststellung und Analyse von Umwelt- und Vegetationsschäden aus Luftbildern*

dingungen (z. B. Bildqualität und -maßstab) abzuwägen, wie bestimmt er seine Interpretationsaussage treffen kann, ohne ein erforderliches bzw. gefordertes Maß an Sicherheit zu gefährden. Eine gut gesicherte, nicht sehr bestimmte Aussage, ist in manchen Fällen nützlicher als eine sehr bestimmte aber unsichere.

Im Hinblick auf den Konflikt zwischen Bestimmtheit und Sicherheit kann es sehr zweckmäßig sein, bei der Interpretation mit verschiedenen Sicherheitsstufen zu arbeiten. Sehr sichere, relativ wenig bestimmte Aussagen werden in einer zweiten und dritten Stufe durch bestimmtere, jedoch entsprechend weniger sichere Aussagen (die als solche zu kennzeichnen sind!) ergänzt. Viele bekannte hierarchische Klassifizierungssysteme z. B. für vegetationskundliche oder geobotanische Aufnahmen (z. B. HOLDRIDGE 1966, UNESCO 1973, HOWARD u. SCHADE 1982, BLASCO 1984), für allgemeine Landnutzungsaufnahmen (z. B. ANDERSON et al. 1976, WITMER 1978), für Biotopkartierungen oder landschaftsökologische Analysen (z. B. WILMANNS o.J., ALTENDORF 1993) und auch für großräumliche forstliche Inventur- und Monitoringaufgaben (z. B. HOWARD et al. 1985, KALENSKY et al. 1991) tragen dem Rechnung. Übergeordnete, vorgegebene hierarchische Klassifizierungssysteme können bzw. müssen dabei vom Interpreten nach den jeweiligen Erfordernissen und Randbedingungen verfeinert und differenziert und seiner Interpretationsaufgabe angepaßt werden.

Die folgenden methodischen Hinweise können aus den gleichen Gründen weder erschöpfend noch ein Leitfaden für die Durchführung jeder beliebigen Interpretationsaufgabe sein. Sie werden sich zudem vor allem – beispielhaft – auf vegetationskundliche, landschaftsökologische, forstliche und standortskundliche Gegenstände beziehen.

4.6.3 Erkennen und Identifizieren von Objekten und Mustern

4.6.3.1 Erkennungsparameter

Ausgangspunkt jeder Luftbildinterpretation ist die Wahrnehmung von Bildgestalten und deren Identifizierung als bestimmte Objekte oder von diesen gebildeten Mustern. Alle wahrnehmbaren Bildgestalten sind – wie aus Kap. 2.2/2.3 bekannt ist – das Ergebnis verschiedenartiger spektraler Reflexionen. Nur was sich im Sensibilitätsbereich des verwendeten Films in seiner spektralen Signatur von seiner Nachbarschaft unterscheidet, kann im Bild gesehen und schließlich als Bildgestalt erkannt werden.

Die spektrale Signatur entsteht durch Schwärzung oder Färbung jedes in seiner Größe vom photographischen Auflösungsvermögen (Kap. 4.1.2.1 und 4.1.2.4) des Aufnahmesystems abhängigen Bildelements. Dabei werden bei visueller Interpretation mit unbewaffnetem Auge oder mit herkömmlichem Stereobetrachtungsgerät (Tab. 28/29) nicht die einzelnen Bildelemente als solche wahrgenommen. Es werden vielmehr Mischsignaturen mehrerer Bildelemente gesehen. Bedingt durch Signaturvarianzen innerhalb einer Objektoberfläche und zwischen Objekten verschiedener Art nimmt der Interpret in Abhängigkeit vom Bildmaßstab *objekttypische Texturen* verschiedener Grau- oder Farbtöne wahr. In ihrer Gesamtheit lassen sie für ein Objekt, z. B. eine Baumkrone, oder für eine Fläche, z. B. einen Waldbestand, den subjektiven Eindruck eines *„mittleren" Grautons* bzw. einer *dominierenden* Farbe entstehen.

Grautöne werden zwischen weiß und schwarz skaliert. Bei visueller Interpretation geschieht dies gutachtlich, ggf. unter Zuhilfenahme eines Graukeils. Bei densitometrischen Messungen und digitalen Auswertungen (vgl. 4.6.8) teilt man die Skala in $2^8 = 256$ Grauwertstufen. Als Farbmerkmale werden Farbton = Farbe (hue), Farbsättigung = Intensität des Farbtons (chrome), Farbhelligkeit = Dunkelstufe (brightness), und Farbverteilung (Textur oder Muster) innerhalb einer Bildgestalt unterschieden. Die Farbmerkmale werden bei visueller Interpretation ebenfalls gutachtlich angesprochen. Als Hilfe können dazu standardisierte, nach Farbtönen und Farbwerten tiefgegliederte Farbtafeln herangezogen werden. Die Farbwerte werden dabei für jeden Farbton aus Sättigung und Helligkeit gebildet.

Texturen können im Luftbild darüber hinaus aber auch innerhalb einer Fläche als *Muster* auftreten, dann nämlich, wenn Bildgestalten gleichartiger Objekte in einer gegebenen Ordnung eng beieinander vorkommen (Bäume in Plantagen, Rebstöcke im Weinberg usw.). Der Begriff der Textur kann also sowohl auf die Oberfläche eines jeden einzelnen Objektes als auch auf ein raster- oder reihenförmiges Muster innerhalb bestimmter Flächen bezogen werden.

In beiden Fällen sind Texturen Merkmale, die zur Identifizierung von Einzelobjekten, Objektverbänden oder Flächen bestimmter Art beitragen. Entsprechend der Vielgestaltigkeit natürlicher und künstlicher Oberflächen treten sowohl *sehr unregelmäßige* als auch *ausgesprochen geordnete* Texturen auf. Sie können grob oder fein wirken, das Erscheinungsbild von „Marmorierungen" oder „Pfeffer und Salz"-Verteilungen haben, zu typischen *Mustern* führen oder selbst wieder als *Bildgestalten* erscheinen (z. B. Farbtafeln II, VI, VIII).

Unregelmäßige Muster treten i. d. R. bei Laubbaumkronen und häufig bei Gras- und Krautfluren, Verlandungs- und Brachflächen, degradiertem Wald- und Buschland auf. Regelmäßige Muster sind typisch für spitzkronige Nadelbaumkronen, für land- und forstwirtschaftliche Reihenkulturen, Rebflächen, Plantagen. Bildgestalten innerhalb einer Objektfläche können z. B. innerhalb von Ackerflächen auf unterschiedliche Bodenzustände oder Wuchsleistungen, auf Auswinterungs-, Trocken- oder Lagerschäden hinweisen oder innerhalb von Baumkronen einzelne abgestorbene Äste zeigen. Texturlos oder -arm sind gepflegte Rasen, geschlossene Getreidefelder, Sandflächen, klares, wellenfreies Wasser und viele künstlich geschaffene Flächen.

Mit abnehmendem Bildmaßstab repräsentiert jedes Bildelement einen zunehmend größeren Teil einer Objektoberfläche. Die Grau- bzw. Farbvarianz der Bildelemente und dementsprechend auch der wahrnehmbaren Bildflächen wird dadurch geringer. Als Folge davon werden die Texturen zunehmend feiner und können schließlich auch ganz verschwinden. Die Oberfläche wird dann als „glatt", texturlos, wahrgenommen.

Texturwechsel und mehr oder weniger deutliche Übergänge mittlerer Grau- bzw. Farbtöne führen zur Wahrnehmung der Bildgestaltungen, zu deren Abgrenzung gegenüber der Umgebung und damit auch zum Erkennen ihrer zweidimensionalen *Form* und ihrer flächenmäßigen Ausdehung, d. h. ihrer *Größe*. Mit der Flächenform und -größe einer Bildgestalt stehen zwei weitere Merkmale für die Erkennung und Identifizierung eines Objektes zur Verfügung. Dabei ist die Größe für die Interpretationsarbeiten weniger absolut als vielmehr in ihrer Relation zu anderen Objekten – auch gleichartiger – wichtig und aussagekräftig.

Texturen, mittlere Grau- und Farbtöne, Flächenformen und -größen lassen viele Bildgestalten auch schon monoskopisch „auf den ersten Blick" als bestimmte Objekte erkennen. Als wesentliche weitere Merkmale zur Identifizierung und besonders zur weiteren Differenzierung von Objekten treten bei stereoskopischer Auswertung deren räumliche Gestalt (soweit diese „luftbildsichtbar" ist), strukturelle räumliche Gestaltmerkmale und absolute sowie relative Höhen und Höhenunterschiede hinzu. Gerade für vegetationskundliche, pflanzensoziologische, ökologische und forstliche Luftbildinterpretationen sind diese Merkmale von großer Bedeutung, z. B. wenn es um die Erkennung und Erfassung physiognomisch einheitlicher Pflanzengesellschaften und -gruppen, von Altersunterschieden oder Bestandesaufbau von Bestockungen, von Baumarten oder Baumschäden und um standortkundlich relevante, geomorphologische Gegebenheiten des Makro- oder Mikroreliefs geht.

Über ihre Umgebung herausragende Objekte werfen *Schatten*, die ihrerseits wieder als Bildgestalt wahrgenommen und als solche erkannt werden. Auch sie können dazu beitragen Objekte zu identifizieren. Schatten von Bäumen an Waldrändern, in Alleen oder in der Feldflur stehende, zeigen oft sehr deutlich arttypische Kronengestalten im Aufriß und tragen so zur Baumartenerkennung bei.

Neben Einzelobjekten, Objektverbänden und Flächen sind viele, eine Landschaft *prägende* Strukturen, Flächengefüge und räumliche Ordnungen im Luftbild wahrnehm- und in ihrer Art (und ihrer Bedeutung) erkennbar. Auch dabei gilt, daß manche von ihnen dem Interpreten ohne Mühe „ins Auge springen", so z. B. die Bewirtschaftungsmuster intensiv genutzter Agrarlandschaften, das Verkehrsnetz und Siedlungsstrukturen. Andere, wie die räumliche Ordnung (oder Unordnung) im Wirtschaftswald, Hecken- und Gehölzzüge in der Feldflur, ökologisch wichtige Biotopvernetzungen, sind zwar auch zumeist augenfällig, bedürfen aber schon intensiverer Bildanalysen.

Durch die gleichermaßen synoptische wie weitgehend vollständige Abbildung der Landschaft können dabei auch im Gelände nicht ohne weiteres oder nur unzureichend erkennbare natürliche Strukturen, Verteilungs- und Verlaufsmuster erkannt bzw. aufgedeckt werden. Als klassisches Beispiel dafür können die vom Boden und Gesteinsuntergrund abhängigen Abflußsysteme in einer Landschaft oder die Aufdeckung makro-morphologischer Strukturen in Großlandschaften, wie der Verlauf von Streichrichtungen und Bruchlinien (die ggf. erst in kleinstmaßstäbigen Luftbildern offenbar werden) gelten.

Einen besonderen Stellenwert im praktischen Sinne hat die Erkennung und Analyse von *Schadensmus*tern durch Luftbildinterpretation und die weitgehende Möglichkeit, dabei aus dem Auftreten, der Ausprägung und der räumlichen Verteilung Zusammenhänge zum verursachenden Ereignis, zum natürlichen Standort und ggf. zu bestimmten Verursacherquellen herzustellen. Dabei mag es sich um Schäden an der Vegetation, am Boden, an Ufern, an Straßen, Deichen, Gebäuden u. a. handeln. Im Gegensatz zur Identifizierung einzelner Objekte, die mit zunehmend kleinerem Bildmaßstab weniger ergiebig wird, verbessert sich die Erkennung bzw. auch Aufdeckung von solchen Strukturen, Gefüge- und Verteilungsmustern in Abhängigkeit von deren Art und Ausdehnung zu den mittleren und ggf. zu den kleinen Bildmaßstäben hin.

Alle genannten, wahrnehmbaren Bildgestalten und daraus erkennbaren Objekte und Muster sind in ihrer Erscheinung im Bild abhängig von jeweils gegebenen Aufnahmebedingungen. Das Beziehungsgefüge zwischen den Eigenschaften der Objekte, deren Bildgestalt und Muster sowie andererseits den Aufnahmebedingungen ist in Abb. 166 dargestellt. Der Interpret hat dadurch bedingte Unterschiede der Abbildung gleicher Objekte zu berücksichtigen. Besonders zu beachten sind die von der Lage im Bild abhängigen Unterschiede in der Helligkeit der Grau- bzw. Farbtöne, der Texturen und Formen der Bildgestalten. Erstere sind durch Mitlicht-/Gegenlicht-Effekte und die aktuelle Beleuchtung des Geländes (Kap. 2.3.2.2, Abb. 29–33) und letztere durch die zentralperspektive Abbildungsgeometrie bedingt (Kap. 4.2.2 Abb. 91). In Abb. 166 ist die Verflechtung dieser Auswirkungen schematisch dargestellt.

Nicht alle Bildgestalten können ohne weiteres anhand der genannten Erkennungsmerkmale eindeutig oder in der gewünschten Differenzierung identifiziert werden. An die Stelle der sicheren Ansprache tritt dann die *Deutung*. Sie erfolgt auf dem Wege der *Schlußfolgerung* oder auch gestützt auf differenzierende Interpretationsschlüssel (Kap. 4.6.4).

Schlußfolgerungen können zur Objekt- oder Musteridentifizierung gezogen werden

- aus der Art des Vorkommens und ggf. der Vergesellschaftung (z. B. einzeln, gruppen- oder reihenweise),
- aus dem Standort, z. B. am Bach, am trockenen Südhang, in einer bestimmten Höhenlage, auf Böschungen,
- aus der Einbindung in übergeordnete, als solche erkannte Strukturen und Flächengefüge,
- aus dem Wissen um das örtliche Vorkommen bestimmter Objekte, um zurückliegende

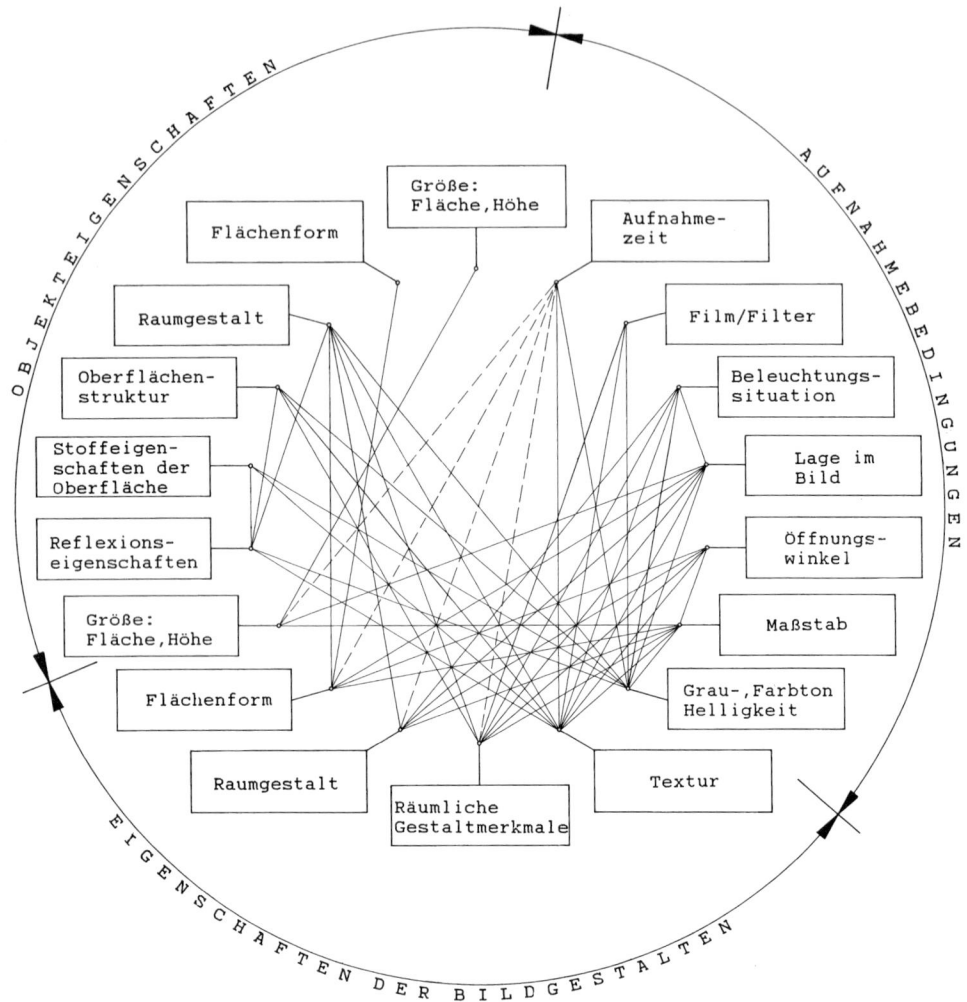

Abb. 166: *Beziehungsgefüge zwischen Objekteigenschaften, Aufnahmebedingungen und resultierenden Eigenschaften der Bildgestalten*

Ereignisse und deren Spuren, um örtliche Lebensformen und Praktiken der Landnutzung, Kulturtechnik, der Waldbehandlung usw.,
– aus Vergleichen und Erfahrungen früherer Interpretationsarbeit (Analogie-Interpretation, Wiedererkennung von Objekten und Mustern).

Das methodische Vorgehen folgt in diesem Fall dem *Prinzip der schrittweisen Ausschließung* generell möglicher Objekte und Annäherung an das gegebene Objekt = *convergence of evidence.*

Bleiben auch Schlußfolgerungen dieser Art erfolglos oder führen sie zu nicht ausreichend sicheren Ergebnissen, so muß Geländeerkundung einsetzen. Die bisherigen Interpretationsbemühungen werden dann zur Vorinterpretation für die nicht identifizierten Objekte. Diese werden im Feld oder vom Hubschrauber bzw. Kleinflugzeug aus in Augenschein genommen. Bei häufig vorkommenden gleichartigen Bildgestalten muß dies für mehrere Beispiele erfolgen. In der anschließenden zweiten Interpretationsphase werden alle gleichartigen Bildgestalten dem entsprechenden Objekt zugeordnet *(Analogie-Interpretation)*.

Es ist zweckmäßig, anläßlich der Geländearbeit auch die Interpretationskontrolle (Verifizierung) der in der ersten Interpretationsphase als sicher angesprochenen Sachverhalte an einer genügenden Anzahl von Beispielen durchzuführen. Dies ermöglicht es in der zweiten Interpretationsphase, allfällige Korrekturen vorzunehmen.

Bei vielen praktischen Arbeiten, z. B. bei der Forsteinrichtung, bei Vegetationskartierungen oder der Erforschung unbekannter Gebiete, ist die Luftbildinterpretation zumeist eingebunden in das Gefüge der Arbeitsabläufe dieser Tätigkeiten. Sie wird dann in Kombination mit Felderhebungen ausgeführt. Je nach dem Gefüge des Arbeitsablaufs kann es – nach Beschaffung eines ersten, generellen Überblicks über das Inventur- oder Untersuchungsgebiet, z. B. durch Begehung oder Überfliegung – zweckmäßig sein, *vor* Beginn der Feldarbeit erste Luftbildinterpretationen durchzuführen. Man geht dann bereits „wissend" ins Gelände, so daß man sich dort auch wenigstens zum Teil vom Luftbild führen lassen kann, z. B. zu offensichtlich interessanten oder schwierigen Stellen. Die gewohnten Arbeitsabläufe können es andererseits aber auch naheliegen, die Luftbildinterpretation mit der Feldarbeit zeitlich direkt zu verbinden. Man arbeitet dann im Gelände „mit dem Luftbild in der Hand". Erfahrungsgemäß fördert die erste Arbeitsweise die Intensität der Luftbildinterpretation und vor allem auch die für viele Sachverhalte wichtige *stereoskopische* Luftbildinterpretation. Man reizt dabei den thematischen Inhalt des Luftbildes mehr aus und vermeidet oft unnötige, zeitaufwendige Wege.

4.6.3.2 Beispiele identifizierbarer forstlicher und vegetationskundlicher Sachverhalte

Vor dem Hintergrund des Gesagten ist klar, daß die Erkennung von Objekten und Sachverhalten und deren Identifizierung vom Maßstab, der photographischen Qualität und der Aufnahmezeit (Phänologie!) der Luftbilder sowie vom Sachverstand (A-priori-Wissen, Standortsbezüge u. a.) abhängig sind. Im Bezug auf die Vegetationsbedeckung allgemein und insbesondere für die Erkennung spärlicher oder vereinzelt vorkommender Vegetation z. B. in ariden und semiariden, besiedelten und anderen weitgehend unbewachsenen Gebieten sowie für Differenzierungen von Pflanzenarten, -gesellschaften und -zuständen kommt die Abhängigkeit von der verwendeten Filmart hinzu. Farb- und ganz besonders Infrarot-Farbluftbilder sind in dieser Beziehung schwarz-weißen sehr deutlich überlegen.

Auf der Grundlage von Erfahrungen und Untersuchungen läßt sich der vegetationskundliche und forstliche Informationsgehalt von Luftbildern in Abhängigkeit vom Aufnahmemaßstab charakterisieren. Die folgenden Beschreibungen setzen gute Bildqualität, geeignete Jahreszeit der Aufnahme sowie intensive Auswertung durch sach- und ortskundige Interpreten voraus. Sie gelten für nicht beschattetes Gelände.

In *Weltraumluftbildern 1:800 000–1:1 000 000*, bzw. Vergrößerungen davon, können erkannt werden: Hauptformen der Vegetationsbedeckung und der Landnutzung, Äcker mit und ohne Feldfrucht, in Wäldern ausgedehntere Nadel- und Laubbaumbestände, große Rodungs-, Schlag- oder Schadensflächen, sofern keine Bodenvegetation vorhanden ist, in tropischen Regionen auch größere Flächen des Brandrodungsfeldbaus (shifting cultivation).

Floristische Einheiten können in ihrer Art identifiziert werden, wenn sie als Reinbestände und standortsgebunden vorkommen und eine art- oder gesellschaftsspezifische spektrale Signatur zeigen. Beispiele hierfür: fast reine Nadelwälder, Mangroven, Plantagen einer bestimmten Fruchtart u. ä.

Unterschiede in der Landnutzung oder Vegetationsbedeckung können etwa ab 1 ha Flächengröße wahrgenommen, aber nicht immer als solche erkannt werden. Linienförmige Landschaftselemente wie Straßen, Wege, Leitungstrassen, Flüsse und Bäche mit begleitender Baum- und Strauchflora können dagegen schon bei geringer Breite erkannt werden, wenn sich deren spektrale Reflexion von jener der unmittelbaren Umgebung deutlich unterscheidet.

Beispiel eines gesicherten visuellen Interpretationsergebnisses mit RMK 30/23 Infrarot-Farbluftbildern 1:820 000 aus dem Norden Goias (Brasilien) (FORSTREUTER 1987); klassifiziert werden konnten (hierzu Farbtafel VIII a)
– Urwald mit flächiger Ausbreitung (Typ: Floresta Ombrofila Aberta)
– Urwald entlang von Flüssen und Trockenflüssen des Cerrado-Gebietes = Galeriewälder
– geschlossene Babacu-Palmwälder (Orbigna speciosa/Mart.) auf früheren Urwaldflächen
– offener Palmwald (ca. 100 Bäume/ha) mit Bodenflora überwiegend aus Gräsern
– Cerrado = Savannenvegetation mit über 400 Busch- und niederstämmigen Baumarten.
– Weideflächen mit geschlossener Grasnarbe auf ehemaligen Urwald- und Cerradoflächen
– Aufforstungsflächen mit Caju, Kokos oder Eukalyptus, letztere nach Erreichen von 1 m Höhe als solche identifizierbar
– unbedeckter Boden
– landwirtschaftliche Anbauflächen
– stehende und fließende Gewässer
– Straßen, Wege, Leitungstrassen dort, wo Kontrast zur Umgebung gegeben war, bis etwa 5 m Breite

In *Weltraumluftbildern 1:250 000–1:300 000* (hierzu Farbtafel VIII b) können über die zuvor genannten Sachverhalte hinaus deutlich mehr Details und Strukturen erkannt werden. Landwirtschaftliche Kulturen sind in Farbbildern in größerer Zahl entsprechend ihres Stadiums und ihrer Art zu differenzieren und bei Kenntnis des örtlichen phänologischen Kalenders auch zu identifizieren. Größere Lager-, Auswinterungs- oder Trockenschäden oder auch feuchtebedingte Bodenunterschiede unbewachsener Böden sind als Bildgestalten erkennbar. Im Wirtschaftswald können in größerer Zahl baumartenabhängige oder altersbedingte Bestandesunterschiede aufgrund von Textur-, Gestalt- und Farbmerkmalen festgestellt werden. Schon kleinere Schlag- und Schadflächen oder Waldwiesen sind zu erkennen, aber wegen oft ähnlicher spektraler Signaturen nicht immer gegenseitig zu differenzieren. In tropischen und subtropischen Gebieten sind vor allem weitergehende Unterscheidungsmöglichkeiten in bezug auf physiognomisch bestimmte Pflanzengemeinschaften gegeben. In Abhängigkeit von der Aufnahmezeit sind dabei dort, wo immergrüne, feuchte und trockene laubabwerfende Laubwälder sowie Reinbestände z. B. von Teak, Kiefern, Eukalyptus, Bambus u. a. lokal oder regional zusammen vorkommen, auch Differenzierungen nach solchen Waldtypen möglich.

KWR 1000-Weltraumluftbilder können dank ihres hohen Auflösungsvermögens auf 1:12 000–1:15 000 vergrößert werden. Sie lassen großkronige solitäre Bäume z. B. in der Feldflur, in Parks, an Alleen sowie z. B. auch einzelne Fahrzeuge, differenziert nach LKW, PKW und Schienenfahrzeugen, erkennen. Sie sind in ihrem Informationsgehalt Luftbildern aus Hochbefliegungen (s. u.) vergleichbar.

Luftbilder 1:50 000–1:85 000 aus Hochbefliegungen bringen weitere Verbesserungen an Detail- und Strukturerkennungen. Die Identifizierung bleibt aber auch hier noch auf gröbere Klassen beschränkt. Die zunehmende Information bezieht sich vor allem auf die Erkennung flächenmäßig kleinerer Objekte und nur begrenzt auf feinere Differenzierungen nach Klassen. Dennoch sind natürlich auch dabei weitergehende Interpretationen möglich. Als *Beispiel* wird auf Auswertungen einer landesweiten Luftbildaufnahme in

Sierra Leone 1:73 000 mit Infrarot-Farbfilm zurückgegriffen (HOWARD u. SCHWAAR 1978, HOWARD u. SCHADE 1982). Die Interpretation brachte dabei folgende Ergebnisse: „a) breite Waldbestandsklassen und Ölpalmen-Plantagen konnten identifiziert und abgegrenzt werden; b) individuelle Baumartenidentifizierung war nicht möglich; c) viele „woody plant subformations[44] konnten unterschieden und abgegrenzt werden; d) wichtige Parallaxenmessungen von Bestandeshöhen konnten für offene Wälder[44] durchgeführt ... und eine Einteilung in breite Höhenklassen vorgenommen werden; e) 3–5 Schlußgradklassen ließen sich identifizieren; f) im Bestand vorwüchsige („emergent") Bäume konnten ausgezählt werden; g) Paßpunkte für die photogrammetrische Kartierung waren problemlos zu gewinnen; h) Routen für die Holzbringung ließen sich planen; i) die abgebildete Landschaft konnte in „landsystems" und kleinere „landunits" (z. B. „land catena", land-facets eingeteilt werden; j) Informationen über Walddegradationen und Brandrodungsfeldbau einschließlich verschiedener Stadien der Pflanzensukzessionen waren zu gewinnen." (übersetzt nach HOWARD 1991, S. 276).

Luftbilder 1:20 000–1:50 000 bieten vor allem Vorteile als Informationsbasis für intensive großräumige Analysen von Geländeformen und -morphologie, Hydrographie und Vegetation und deren Zusammenspiel, für daraus ableitbare Abschätzungen der „land capability" sowie ökologischer Gegebenheiten großer Gebiete, für Erkundungs- und Preinvestment-Inventuren ausgedehnter Waldgebiete sowohl der borealen als der tropischen Regionen und für die großräumige Vegetationskartierung in Maßstäben von 1:50 000 bis 1:100 000. Die dafür aus Luftbildern dieser Maßstabsgruppe zu gewinnenden Informationen sind vielfältigster Art.

Sie vermitteln bereits eine große Fülle an Details über Landschaftsformen, Arten der Vegetationsbedeckung und über anthropogeographische Sachverhalte wie Landnutzungs- und Besiedlungsformen oder die anthropogene Infrastruktur des Landes. Gleichwohl überwiegen noch die zu gewinnenden Informationen über räumliche Zusammenhänge und Gefüge. Die Abb. 167, 169, 170 geben dazu Beispiele aus unterschiedlichen Kultur- und Naturlandschaften.

Bezüglich Geländeformen und -morphologie sowie Hydrographie wird auf Arbeiten z. B. von VERSTAPPEN (1977), GIMBARZEWSKI (1978), HOWARD u. MITCHELL (1981) und einschlägige Kapitel bei S. SCHNEIDER (1974), TOWNSHEND (1981), MINTZER (1983), SALOMONSEN (1983), WILLIAMS (1983) oder AVERY u. BERLIN 1984) verwiesen.

Für forstwirtschaftliche Zwecke kommt Luftbildern dieser Maßstabsgruppe z. B. als eine der Informationsquellen für mehrstufige Großrauminventuren oder für Planungen in extensiv bewirtschafteten Waldgebieten große Bedeutung zu. In Wäldern der *borealen und gemäßigten Klimazonen* bieten sie wichtige Informationen über vorkommende Bestandestypen, Altersstrukturen, Holzvorräte, Bestockungsmängel u. a. *In artenreichen tropischen Wäldern* reichen Luftbilder auch dieser Maßstabsgruppe nur aus, um bestimmte Waldtypen zu unterscheiden und abzugrenzen. Einzelne Baumarten oder Gattungen sind dann identifizierbar, wenn sie als Plantagenwälder, als von Natur aus reine Bestände oder ggf. in größeren Gruppen vorkommen. In wenigen Fällen kann die Art oder Gattung einzelner im Bestand vorherrschender, großkroniger Bäume entweder an der Form (z. B. alte Aurakarien) oder am spezifischen Grauton bzw. der Farbe (z. B. gegebenenfalls Dipterocarpus-Arten) angesprochen werden.

Baumarten der offenen Baumsavannen mit charakteristischen Kronen- und Belaubungsformen, z. B. Schirmakazien, Eukalyptusarten, Affenbrotbaum, sind in Luftbildern der größeren Maßstäbe dieser Gruppe ggf. differenzierbar.

---

[44] Woody plants sind alle Holzpflanzen; als woodland werden nach FAO-Definition Wald aller Art, Savannen und Buschland verstanden.

Abb. 167: *Luftbild 1:20 000 aus Liberia mit Resten des Primärwaldes, verschiedenen Stadien des Brandrodungsfeldbaus und entstehenden Sekundärwaldes sowie Savannenvegetation*

In Gebieten des *Brandrodungsfeldbaus* kann man verschiedene Stadien der landwirtschaftlichen Nutzung und der darauffolgenden Sekundärwald-Sukzession identifizieren (Abb. 167). Erfolgreiche *Vegetationskartierungen* mit Luftbildern dieser Maßstäbe wurden schon in den zwanziger Jahren, z. B. in tropischen und kanadischen Waldregionen durchgeführt (vgl. TROLL 1939, HILDEBRANDT 1969 S. 259-264). Fortschritte brachte in den sechziger Jahren die breitere Einführung von Infrarot-Farbfilmen. Mit Luftbildern dieser Maßstabsgruppe konnten dadurch nicht nur physiognomisch bestimmte Pflanzengemeinschaften, sondern innerhalb solcher Einheiten auch floristisch definierte Gesellschaften oft mit hoher Sicherheit aufgrund der Abbildungsfarben differenziert werden. Die Möglichkeiten und Grenzen sind dabei lokal und regional unterschiedlich. Sie sind von den spektralen Reflexionseigenschaften der gegebenen Pflanzengesellschaften und deren Zuordnungsmöglichkeiten zu bestimmten Standorten abhängig. Die Klassifizierung muß dabei ggf. auf die Möglichkeiten der Luftbildinterpretation abgestellt bzw. gegenüber einer gegebenen Einteilung modifiziert werden.

Als Beispiel wird auf Vegetationskartierungen in Schweden zurückgegriffen (IHSE u. WASTENSON 1975, IHSE 1978). Für Kartierungen in Nordschweden 1:100 000 konnten in Infrarot-Farbluftbildern 1:50 000 (Juli/August Aufnahmen) unter Einbeziehung eines ökofloristischen Modells die in Abb. 168 beschriebenen 27 Vegetationseinheiten mit 95 %iger Übereinstimmung der Abgrenzungen gegenüber (weitaus aufwendigeren) Feldkartierungen ausgeschieden werden. Bei einer Parallelkartierung mit panchromatischen

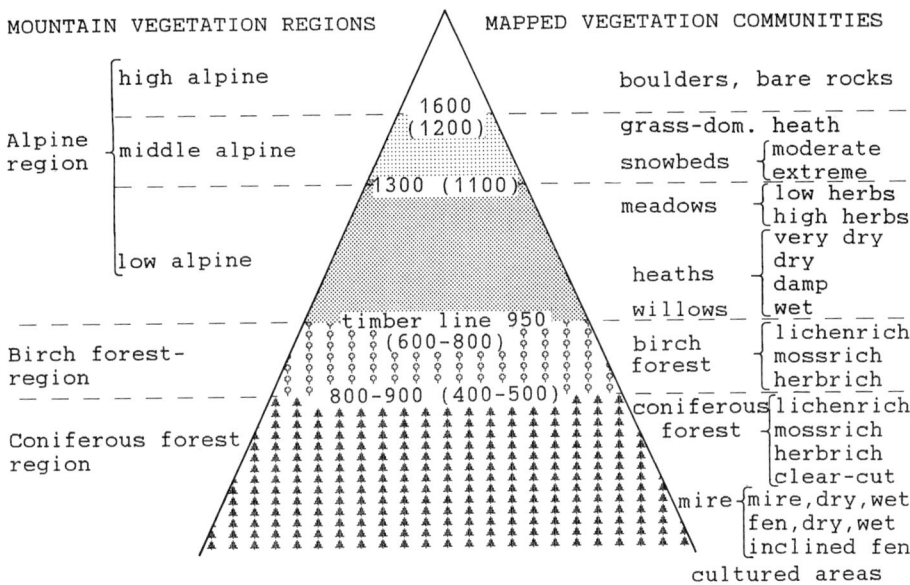

Abb. 168: *Ökofloristisches Modell des Vorkommens verschiedener Vegetationsformen in den alpinen Regionen Schwedens als Grundlage für die luftbildgestützte Vegetationskartierung*

Schwarzweiß-Luftbildern wurde 80–85 % Übereinstimmung erreicht. Die Vegetationsklassen wurden in den Infrarot-Farbluftbildern zu 85 % in den Schwarzweiß-Bildern nur zu 65 % richtig interpretiert.

Luftbilder 1:10 000–1:20 000 haben für forstliche Zwecke, Landschaftsanalysen und viele vegetationskundliche Arbeiten wegen der Kombination von Detailreichtum und möglicher Synopse eines immer noch großen Teils Landschaft besondere Bedeutung. Dies gilt für alle Regionen der Erde. Gleichwohl wird häufig in großräumigen Ländern besonders der Tropen und Subtropen zum Nachteil der Informationsgewinnung ein kleinerer Aufnahmemaßstab gewählt. Dies geschieht vorwiegend – oft auch zwangsläufig – aus wirtschaftlichen Gründen. In Mitteleuropa ist 1:10 000 ein bevorzugter und auch bewährter Maßstab.

Gegenüber allen kleineren Maßstäben unterscheidet sich die Interpretation dabei sowohl durch die Möglichkeiten zu erheblich feineren Unterscheidungen im Detail als auch durch Bestimmtheit *und* größere Sicherheit bei der Ansprache.

Der Vielfalt und Menge wegen können im Folgenden nur stichwortartig Hinweise und eine kleine Auswahl an Beispielen gegeben werden.

Die *Geländemorphologie* kann im offenen Gelände bei stereoskopischer Interpretation bis hin zu Phänomenen geringer Ausprägung, wie z. B. geringfügige Expositions- oder Inklinationswechsel, kleine Mulden, Gräben, Erosionsrinnen usw., erkannt werden. Dies gilt unabhängig von der Filmart.

Überall wo es um die Interpretation des *Bewuchses* geht, führt wiederum die Auswertung von Infrarot-Farbluftbildern zum weitergehenden Ergebnis. Bei richtiger Abstimmung auf die Jahreszeit (hierzu Kap. 4.1.5.7) sind aber auch panchromatische bzw. infrarote Schwarz-weiß-Luftbilder dieser Maßstabsgruppe informationsreich. Zu erkennen und weitgehend zu identifizieren sind z. B.:

Abb. 169:
Luftbild (Ausschnitt), im Mittel 1:34 000, RMK 15/23 panchr. Film, 8. Juni, Bayr. Alpen. 1-4 A Seeufer (Walchensee); 1/2 B Bergrutschfläche; 2 B, 1 D/E geschlossener, ungleichaltriger Bergmischwald; 3/4 A/B stark aufgelockerter von Lawinengassen durchzogener Bergmischwald; 3 C/F lichter Bergmischwald; 4 C Hochweide mit solitärem Baum- und Buschbewuchs; 3/4 D Latschenfelder; 2/3 D, 3/4 E Felspartien (Herzogstand 1731 m) örtlich mit Latschenfeldern; 1 F unterschiedlich alte Fichtenreinbestände

Abb. 170:
Luftbild (Ausschnitt), im Mittel 1:20 500, RMK 30/23, panchr. Film, 15. Jan., Nepal. Montane Waldlandschaft im Gebiet des Tijuli-Flusses mit geschlossenen und locker stehenden Hanglaub- und Bergmischwäldern. Bei 2-4 B und F vegetationslose, erodierte Flächen, bei 2-4 A Buchvegetation über der Baumgrenze

- *In der Feldflur:* Bodenbearbeitungs- und Erntespuren, Drainagen, Vollständigkeit und Zustandsunterschiede auflaufender und reifender Feldfrüchte, Kurzzeitbrachen. Bäume und Büsche nach Anzahl, Verteilung, Kronengröße und Wuchshöhe, in Einzelfällen auch nach Arten (Kronenform, Schattenwurf); Brachland in verschiedenen Stadien der Verunkrautung und Verbuschung; Fruchtarten auf Äckern, wenn sich diese durch einen spezifischen Blühaspekt (Raps, Sonnenblumen, Kartoffeln u. a. – Vorsicht bei örtlichen sorten- oder aussaatbedingten zeitlichen Varianzen) oder besondere kulturtechnische Merkmale (Spargel, Kohl, Hackfrüchte u. a.) auszeichnen.

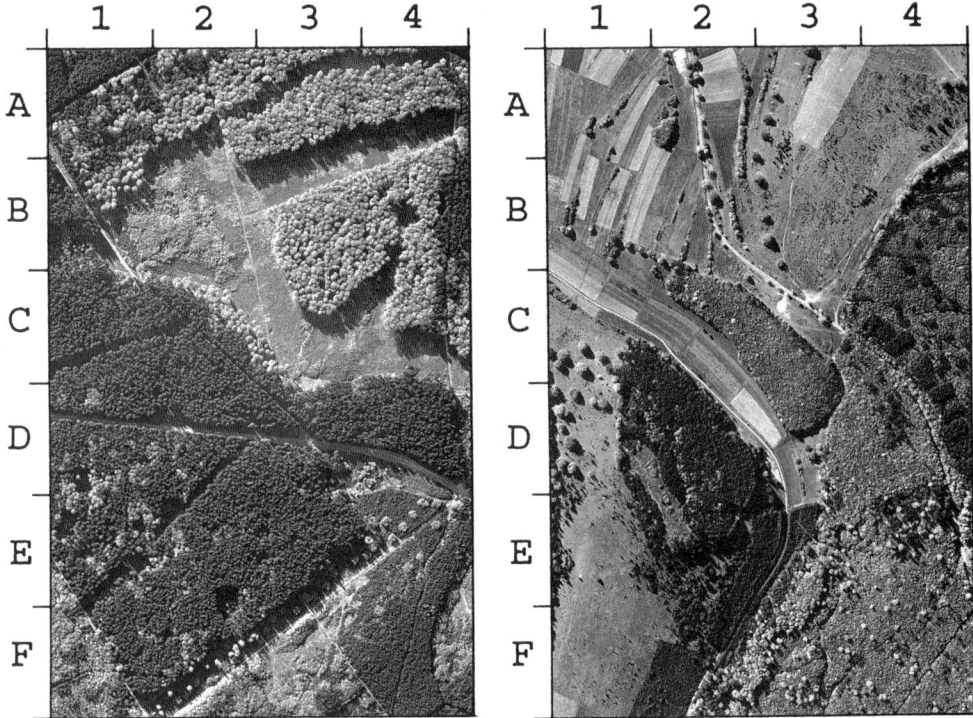

Abb. 171:
Luftbild (Ausschnitt) 1:10 000, RMK 30/23, panchrom. Film, 12. Okt., Schwäb. Alb. 1/2 A Bu-Fi Altholz; 3/4 A/B Bu-Ei Altholz mit mehreren Anhiebsfronten, auf geräumter Fläche Laubbaum-Naturverjüngung; 2 B Lb-Dickung aus Naturverjüngung; 1/2 C mittl. Fichtenbaumholz; 1 D Fi/Bu starkes Baumholz in Einzel- und Gruppenmischung; 4 E Fi-Dickung mit vorverjüngten, älteren Bu-Gruppen.

Abb. 172:
Luftbild (Ausschnitt) 1:10 000, RMK 30/23, panchrom. Film, 12. Okt., Schwäb. Alb. 1/2 A/B Ackerflächen mit Hecken und Feldgehölzen an Geländestufen; 3 A/B, 4 A und 1 C-F Wachholderheide, Trockenrasen, z.T. mit alten Hutebuchen; 2/3 C Laubmischwald, geringes Baumholz; 2 D mittl. Fi-Baumholz mit 10% Lb-Beimischung; 4 B/C Lb-Nb-Dickung mit Fi-Überhalt und älteren Fi-Gruppen; 3/4 E/F Lb-Dickung mit Eichen-Überhältern.

- *Im Wiesland:* Muster der Mahd, von Düngungen, Be- oder Entwässerungen bzw. standörtlich bedingte Feuchtigkeitsunterschiede; jahreszeitlich, durch Blühaspekte und Blattentfaltungen und -welkungen wechselnde Muster der floristischen Zusammensetzung; Einzelobjekte wie Bäume und Büsche, Heuhaufen und -stadel, Wasserlöcher u. a.
- *Im Weideland* und auf *Trockenrasen:* Muster durch die Beweidung (z. B. Trittspuren), Weidevieh, Bäume und Büsche, im Gebirge Fehlstellen des Bewuchses durch anstehenden Fels, Steinriegel, Schutthalden oder Erosion, in Trockengebieten Fehlstellen durch Überweidung, Desertifizierung oder Bodenfeuer.
- *Im Gartenland:* Beetanordnungen und unterschiedliche Kulturformen, z. B. Obst-

bäume, Beer- oder Ziersträucher, Blumen- oder Gemüsebeete (ohne, daß man diese
jeweils – von Ausnahmen abgesehen – in ihrer botanischen Art differenzieren kann);
Rasenflächen, Lauben, Schuppen, Gewächshäuser u. a.

- *In urbanen Gebieten:* neben den verschiedenen Arten der Bebauung und Erschließung
  im Bezug auf Vegetation: Baumbestand an Straßen, in Parkanlagen, auf Friedhöfen, in
  Hausgärten usw., Rasenflächen und deren Vollständigkeit z. B. auch auf Sportplätzen.
- *Im Wald* (vgl. Abb. 171, 172):
  - Die *räumliche Ordnung,* d. h. das räumliche Nebeneinander von Beständen verschie-
    dener Baumarten, Artenmischung, Alter oder Homogenität, das räumliche Bezie-
    hungsgefüge der Waldbestände zum Walderschließungsnetz und zu anderen Nut-
    zungs- oder Vegetationsformen in der Landschaft, das Vorkommen des Waldes
    oder bestimmter Bestandestypen in Beziehung zum Relief und zu den Standorten;
  - Sachverhalte über *waldbauliche Bestandeseigenschaften und -besonderheiten,* so über
    Vorkommen verschiedener Baumartengruppen (z. B. Nadelbäume versus Laub-
    bäume) bzw. in begrenztem Maße auch verschiedener Baumarten, über Mischungs-
    verhältnisse nach Anteilen, Art (Einzel- oder gruppen- bzw. horstweise Mischung)
    und örtlicher Verteilung, über Bestandesschlußverhältnisse (Homogenität, Hetero-
    genität, Schlußgrad, lokalisierbare Lücken), über die natürliche Altersklasse (Jung-
    wuchs, Dickung, Stangenholz, Baumholz) bzw. Alters- und Höhenunterschiede im
    Bestand, über Überhälter, Vorverjüngungshorste im Altbestand und auf Jungwuchs-
    und Dickungsflächen, Schirmstellungen in Laubbaum-Altbeständen, über die *verti-*
    kale Struktur und Gliederung *des Kronendaches;*
  - *flächig vorkommende Waldzerstörungen, Schäden* und *Krankheitssymptome* sowie
    baumweise Mortalität sowie stärkere Kronenschäden im Bestand;
  - Sachverhalte über die *Walderschließung,* so über Schneisenanordnungen mitteleuro-
    päischer Prägung, Verlauf von Waldstraßen und Holzabfuhrwegen sowie bis zum
    ausgehenden Stangenholzalter auch von Rückegassen;
  - Sachverhalte über *Nichtholzbodenflächen* im Wald, wie Lage, Größe und Form von
    Pflanzgärten, Holzlagerplätzen, Leitungsschneisen, Wildwiesen, Waldparkplätzen,
    Wasserflächen u. a.

Das *Identifizieren der Baumarten* ausschließlich an Gestaltmerkmalen und spektralen
Signaturen stößt auch bei dieser Maßstabsgruppe noch an Grenzen. Bestimmte Baumarten können an spezifischen Merkmalen relativ sicher identifiziert werden, andere nur
unsicher und wieder andere – besonders der Laubbaumgruppe – auch gar nicht. Besondere Probleme bestehen dabei in artenreichen tropischen Wäldern. In Sonderfällen können auffallend sowie zeitlich/örtlich allein blühende oder auch frühaustreibende Bäume
oder Sträucher bei entsprechender Terminierung der Luftbildaufnahme an ihrer spektralen Signatur erkannt werden.

Durch Einbeziehung regionaler und/oder lokaler ökofloristischer Verteilungs-(Vor-
kommens-)Modelle, spezieller Standortsbezüge, des Wissens um örtliche Waldbauprakti-
ken und der Existenz bestimmter Baumarten im Aufnahmegebiet führen Baumartenan-
sprachen aber i. d. R. zu guten Ergebnissen.

Luftbilder um 1:5 000 und im Sonderfall > 1:2 000 kommen vor allem pflanzensoziologischen Aufnahmen, detaillierten Biotopkartierungen, der Baum- *und* Strauchartenerken-
nung und der baumweisen Interpretation von Kronenzuständen, -schäden und -veränd-
rungen zu Gute. In allen diesen Fällen ist die Verwendung von Infrarot-Farbluftbildern für
erfolgreiche und erschöpfende Interpretation zwingend.

Für pflanzensoziologisch orientierte Aufgaben, die sich vorwiegend mit der Boden-,
Wasser- und niederstämmigen Gehölzflora beschäftigen, wird der Vorteil des großen
Maßstabs vorwiegend aus den feineren und damit detailreicheren *spektralen* Texturen

und Mustern gezogen. Innerhalb einer physiognomisch bestimmten und als solche bei der Interpretation definierten Pflanzengemeinschaft können ggf. einzelne, floristisch einheitliche Flächen als „Spektralklassen" erkannt werden. Sie repräsentieren entweder eine Pflanzenart oder eine in ihrer Gesamtheit floristisch gleichartig zusammengesetzte Pflanzengruppe. Als Beispiel hierfür wird auf die in Farbtafel IX gezeigte Verlandungsfläche verwiesen.

Räumliche Gestaltmerkmale treten demgegenüber zwar an Bedeutung zurück, tragen aber auch zum Gewinn wichtiger Informationen bei. Dies besonders zur Differenzierung der Strauch-, Gras- und Krautflora und dann, wenn sich bestimmte Pflanzenarten – möglicherweise sogar Leitpflanzen – durch Höhe und/oder Morphologie in ihrer Gesellschaft auszeichnen oder ggf. auch durch gruppen- und horstweises Vorkommen charakteristische räumliche Oberflächenstrukturen ausbilden.

Spektrale Signaturen und räumliche Gestaltmerkmale wandeln sich freilich bei Boden- und Wasserfloren in der Vegetationsperiode fortlaufend. Der Interpret muß daher schneller und differenzierter als bei anderen Aufgaben die Beziehungen zwischen Bilderscheinungen und den dazugehörenden Objekten in der Natur herstellen.

Zur *Baumartenerkennung* und *Interpretation von Kronenzuständen* tragen einerseits besonders räumliche Gestaltmerkmale und spektrale Signaturen sowie andererseits Kenntnisse über Standortspräferenzen bei. Bei stereoskopischer Interpretation erschließen sich die räumlichen Kronenformen als Ganze sowie Verzweigungstypen nach der Grobstruktur der Primäräste und der auf Feinäste, Blattanordnungen und -stellungen zurückgehende Feinstrukturen. Zu den Grauton- bzw. Farbmerkmalen der spektralen Signaturen gehören als wichtige Erkennungsparameter auch die bei diesen Maßstäben als Textur empfundenen, struktur- und schattenbedingten Grauton- bzw. Farbmuster (vgl. Abb. 45).

Genetische Variationen, Altersunterschiede, Einflüsse des Standorts, des Wuchsraums und verschiedenartige Schadwirkungen bedingen eine natürliche Variabilität sowohl der Kronengestalten einer jeden Baumart als auch von deren Reflexionscharakteristik. Hand in Hand damit gehen entsprechende Abbildungsunterschiede. Andererseits gibt es mehr oder weniger große Ähnlichkeiten zwischen verschiedenen Baumarten. Es bleiben dadurch bei der Luftbildinterpretation immer auch Verwechslungsmöglichkeiten zwischen bestimmten Baumarten, dies besonders innerhalb der Laubbaumgruppe. Als sicher ansprechbar kann eine Baumart gelten, die etwa in 90 % der Fälle richtig bei der Interpretation angesprochen wird.

Erfahrungen und Untersuchungen zeigen, daß ältere Bäume sicherer als junge, solitär oder in lockerem Bestand stehende sicherer als solche in dicht geschlossenem Bestand und Bäume in Reinbeständen sicherer als die in artenreichen Mischbeständen anzusprechen sind. Es gilt ferner, daß in der Vegetationszeit in bezug auf Differenzierungsmöglichkeiten und Sicherheit der Interpretation folgende Reihung der Luftbildarten gilt: Infrarot-Farbbild in der gesamten Vegetationszeit – panchromatisches Farbbild im Frühjahr und Herbst – panchromatisches Schwarz-weiß-Bild im Frühjahr und Herbst – panchromatisches Farbbild im Hochsommer – panchromatisches Schwarz-weiß-Bild im Hochsommer.

Die Unterscheidung von *Nadel- und Laubbäumen* bereitet keine wesentlichen Schwierigkeiten, sobald diese aus dem frühen Jugendstadium herausgewachsen sind und wenn die in Kap. 4.1.5.4/4.1.5.7 beschriebenen (in der Praxis leider viel zu oft noch mißachteten) Regeln für die Abstimmung der Filmwahl mit der Jahreszeit der Aufnahme beachtet werden.

In Kenntnis des örtlich vorkommenden Spektrums an Arten, ist die Identifizierung der einzelnen *Nadelbaumarten* bei sachkundiger *und* intensiver stereoskopischer Interpretation weitgehend möglich (vgl. z. B. Sayn-Wittgenstein 1960, Zsilinski 1963, Anthony 1988). Mittelalte und alte Bäume können dabei als sicher identifizierbar gelten.

Abb. 173: *Luftbild 1:200 eines baumartenreichen tropischen Regenwaldes in Guatemala (aus* SAYN-WITTGENSTEIN *1971)*

Auch Laubbäume, deren Unterscheidung in Luftbildern der zuvor behandelten Maßstabsgruppe noch an enge Grenzen stieß, können in Farb- bzw. Infrarot-Farbluftbildern 1:5000 und größer an Gestalt- und Farbmerkmalen unterschieden und in vielen Fällen in ihrer Art, ggf. auch nur in ihrer Gattung identifiziert werden. Unter den in Mitteleuropa verbreiteten Wald- und Stadtbäumen gelten bei intensiver Interpretation als sicher bis relativ sicher (d. h. 80–90 % Trefferquote) ansprechbar: die Eichenarten, Buche, Birke, Robinie, Spitzahorn, Silber- und Pyramidenpappel aber auch Pappelhybriden in Reinbeständen, Platanen, und die Kastanienarten. Weniger sicher zu interpretieren und leicht (untereinander oder mit einigen der zuvor genannten) verwechselbar sind die Lindenarten, Esche, Bergahorn und auch die Hainbuche (vgl. hierzu z. B. ANTHONY 1988, FIETZ 1993, MÜNCH 1993).

Die nordamerikanischen Erfahrungen mit großmaßstäblichen farbigen Luftbildern sind gleicher Art. HELLER et al. belegten dies in mehreren Regionen der U.S.A. In Bildern sehr großen Maßstabs (1:1600) konnten sie z. B. 14 Laub- und Nadelbaumarten mit einer Trefferquote von 95 % identifizieren (HELLER et al. 1964).

Alle Autoren, die über die schwierige Baumartenerkennung in artenreichen tropischen Wäldern berichten, stimmen überein, daß – unbeschadet auftretender Probleme – in großmaßstäblichen panchromatischen und Infrarot-Farbluftbildern zahlreiche, forstwirtschaftlich wichtige Baumarten an Hand von Kronengestalten und -strukturen sowie Textur- und Farbsignaturen erkennbar sind. Es wird in diesem Zusammenhang auf CLEMENT (1973), DE MILDE und SAYN-WITTGENSTEIN (1973), TIWARI (1975), MYERS (1978) und MYERS und BENSON (1981) hingewiesen. Von 111 Arten des untersuchten Regenwaldes konnten z. B. MYERS und BENSON in Farbluftbildern 1:2000 55 identifizieren, 24 davon mit > 75 % und 11 mit 100 % Trefferquote. Abb. 173 gibt einen Eindruck der Formenvielfalt tropischer Regenwälder. In qualitativ guten Luftbildern ergeben sich daraus zumindest noch in Bildern bis 1:5000 eine ganze Reihe von Erkennungsmerkmalen.

In der Literatur dokumentierte Mißerfolge bei der Baumartenerkennung in Luftbildern dieser Maßstabsgruppe mögen auf unterschiedliche Gründe zurückzuführen sein; in der Mehrzahl der Fälle auf Mängel der photographischen Abbildungsqualität, gelegentlich auch auf ungünstige Jahreszeit der Aufnahme oder in Einzelfällen auch auf zu oberflächliche Interpretation.

Alles zur Baumarteninterpretation Gesagte gilt prinzipiell auch für die Strauchflora. Für die Erkennung dominierender Arten z. B. in Trockenrasengesellschaften, in Heiden, auf Mooren, in der Krummholzzone der Gebirge oder in Tundren, Savannen, der Cerrado usw. sind dabei jedoch Bildmaßstäbe um 1:1000 erforderlich.

Für die Erkennung, Analyse und Klassifizierung von *Kronenzuständen* sind – wie bei der Baumartenerkennung – Gestalt- und Farbmerkmale gleichermaßen wichtig. In bezug auf Schirmflächen, Volumina und Formparameter von Kronen (vgl. Kap. 4.5.6.4) kommen photogrammetrisch ermittelte Daten hinzu. Die Definition bestimmter Zustände, Zustandsvariablitäten und -veränderungen wird *baumartenweise* vor allem auf vergleichende Interpretation der Kronen im Aufnahmegebiet bzw. zu verschiedenen Zeiten aufgebaut. Sie sind bei visueller, vergleichender Interpretation relativ zueinander in eine Werteskala einzustufen. Bildortabhängige Abbildungsunterschiede und bei Zeitvergleichen deren film- und aufnahmebedingte Verschiedenartigkeit (vgl. Abb. 166) müssen beachtet werden. Sie erschweren die Vergleichungen, machen sie ggf. unsicher oder im extremen Fall sogar unmöglich.

Vitalitätsunterschiede und die meisten der krankheits- oder streßbedingten Veränderungen von Blattorganen und des Laub- bzw. Nadelkleides sind mit der erforderlichen Sicherheit nur in Farb-, insbesondere in Infrarot-Farbluftbildern zu interpretieren. An Kronenzuständen können erkannt werden (siehe z. B. Bildtafel VII):
– abgestorbene skelettierte Bäume, die einzeln stehen oder im Bestand nicht überschirmt sind
– abgestorbene Kronenteile oder einzelne Primaräste, wie z. B. Zopftrocknis oder von Peridermium pini verursachter Kienzopf
– Wipfelbrüche spitzkroniger Bäume durch Schnee- oder Windbruch sowie Wipfelköpfungen
– Kronenverformungen, Ausbildung spezifischer Grob- und Feinstrukturen der Krone z. B. als Folge von
  – klimatischen Einflüssen („Windfahnen", Krüppelwuchs und schlanke Wuchsformen an alpinen und polaren oder ariden Waldgrenzen, Frostschäden)
  – anhaltenden Immissionswirkungen
  – langwährendem Wild- und Weideviehverbiß
  – periodischem Überbrennen von Waldweideflächen in den Tropen
– Laub- und Nadelverluste – klassifizierbar nach deren Ausmaß in den einzelnen Kronen oder summarisch in Beständen – und zwar als Folge von Trockenstreß, Insektenfraß, Erkrankungen oder Pilzbefall, Immissionseinwirkungen
– Verfärbungen des Laub-/Nadel-Kleides (Chlorosen, Nadelröte) oder von Teilen davon, z. B. durch Nährstoffmangel oder Aufnahme toxischer Stoffe, immissionsbedingtem

Chlorophyllzerfall, Insektenbefall (Borkenkäfer, Blattwespen u. a.), natürliche Verän-
derungen des Pigmentgehalts und der Zellstrukturen der Blattorgane im Verlauf der
Vegetationszeit (vgl. Kap. 2.3.1)
– Besatz parasitärer oder symbiotisch in der Krone lebender Pflanzen, und zwar bei
  Laubbäumen in deren laubloser Zeit, z. B. Misteln, Lianen u. ä., und bei Nadelbäumen
  auf Zweigen der Lichtkrone aufliegende Flechten.

Die Ursache eines Zustands oder einer Veränderung kann ohne Zusatzinformationen nur
in bestimmten Fällen allein aus der Bilderscheinung abgeleitet bzw. erkannt werden. In
der Mehrzahl sind vor allem feststellbare Entlaubungs- und Verfärbungszustände in ihrer
Abbildung unspezifisch. Sie können mit gebotener Sicherheit nur durch Zusatzinformationen, z. B. über ein vorangegangenes Schadereignis (Waldbrand, Sturm, Kalamität usw.)
oder das Wissen z. B. über standörtliche Gegebenheiten einer bestimmten Ursache zugeordnet werden. Für biotische Schadursachen ist zudem das Wissen über die Biologie
möglicher pflanzlicher oder tierischer Verursacher, über spezifische Symptome, zeitliches
Auftreten oder Schadensverläufe, zur Interpretation heranzuziehen.

Theoretisch müßten Schäden oder Krankheiten, die Veränderungen der Zellstrukturen
der Blattorgane bewirken, ohne daß qualitative und quantitative Veränderungen der Pig-
mentierung eintreten, in Infrarot-Luftbildern schon erkennbar sein, bevor sie in der Natur
dem menschlichen Beobachter sichtbar werden. Wie aus Kap. 2.3.1.1 bekannt ist, fällt i. d. R.
bei solchen Zellstrukturänderungen die Reflexion der Blattorgane im Infrarotbereich deutlich ab. Über dementsprechende „previsuelle" Erkennung von Schadsymptomen wurde
vereinzelt berichtet (z. B. STELLINGWERF 1968, WOLFF 1970a/b). Von gesicherten Interpretationsergebnissen, die auch in praktisches Handeln umgesetzt werden können, läßt sich dabei
aber nicht sprechen (vgl. auch KENNEWEG 1971, MURTHA u. MacLEAN 1981, W. SCHNEIDER
1989). Auch vom in jüngster Zeit entdeckten „blue shift", der spektralen Reflexion geschädigter Pflanzen (Kap. 2.3.1.2) kann die Luftbildinterpretation in diesem Zusammenhang
kaum Nutzen ziehen.

Wohl aber ist zutreffend und wiederholt belegt, daß beginnende bzw. leichte Verfärbungen oder Verluste von Blattorganen an der Kronenoberfläche, die vom Boden aus
nicht oder noch nicht erkennbar waren, im großmaßstäblichen Infrarot-Farbluftbild oder
auch panchromatischen Farbluftbild entdeckt und klassifiziert werden konnten.

4.6.4 Interpretationsschlüssel und -anweisungen

Für jede Interpretationsaufgabe muß der Interpret Beziehungen zwischen den Objekten
und Erscheinungen in der Natur und deren Abbildung in *den* Luftbildern herstellen, die er
der Auswertung zugrunde legt. Im einfachen Fall kann dies im Zuge vorbereitender
Arbeiten im Gelände und in der frühesten Phase der Interpretation durch wechselseitiges
Vergleichen geschehen: Der Interpret sucht im Gelände für die Interpretation wichtige
Objekte auf und vergewissert sich über deren Abbildung. Andererseits vermerkt er alle
Bildgestalten, deren Identifizierung für ihn nicht völlig sicher ist oder die von ihm zunächst
gar nicht gedeutet werden können. Im Gelände identifiziert er daraufhin diese Objekte
bzw. Erscheinungen. Wenn nötig sind mehrere solcher Gelände/Bild- und Bild/Gelände-
Vergleiche durchzuführen bis ausreichende Sicherheit und Vollständigkeit besteht und der
Interpret „seinen" *individuellen Schlüssel* „im Kopf" hat.

Für Interpretationsaufgaben, bei denen mehrere Interpreten eingesetzt werden müssen
oder bei Monitoringaufgaben, die sequentiell mit wechselndem Personal auszuführen
sind, genügt ein solches individuelles Vorgehen i. d. R. nicht. Um weitgehend vergleich-

bare Ergebnisse zu erzielen und um die Interpretationsarbeit zu erleichtern und so sicher wie möglich zu machen, sind spezielle, auf das Inventur- oder Monitoringziel ausgerichtete Interpretationsschlüssel zu entwickeln und schriftlich zu fixieren. Sie dienen der Schulung der Interpreten und sind Arbeitsgrundlage und -anweisung für deren Luftbildauswertungen.

Als Identifizierungsmerkmale für Muster, Objekte oder Objektzustände können zweidimensionale Grundrißformen, räumliche Gestaltmerkmale sowie Grautöne bzw. Farbmerkmale und Texturen herangezogen werden. Hinweise auf das mögliche geographische oder standörtliche Vorkommen bestimmter Objekte können ergänzend dazukommen. Schlüssel, die sich ausschließlich auf Grau- oder Farbtöne stützen, sind streng genommen im Hinblick auf emulsions-, entwicklungs- und beleuchtungsbedingte spektrale Signaturschwankungen von Bildmaterial zu Bildmaterial nur jeweils für *die* Luftbilder anwendbar, die ihrer Erarbeitung zugrunde liegen.

Man unterscheidet neben den o.a. „individuellen" Schlüsseln *Auswahl- oder Beispielsschlüssel* und *Eliminations- oder Gabelschlüssel*.

Auswahlschlüssel beschreiben die zur Identifizierung von Objekten und Objektzuständen notwendigen Merkmale der Bildgestalten. Im besseren Falle wird die verbale Beschreibung durch charakteristische Bildbeispiele ergänzt. Für Objekte, die aufgrund ihrer Flächenform oder eindeutig auch an ihrem Grauton oder aufgrund bestimmter Farbmerkmale identifiziert werden können, genügen Bildbeispiele zur monoskopischen Betrachtung. Für Objekte und Objektzustände, zu deren Identifizierung man räumliche Gestaltmerkmale benötigt, müssen bzw. sollten die Bildbeispielsserien aus Stereogrammen bestehen.

Für Schwarzweiß-Luftbilder vorwiegend mittlerer Maßstäbe wurden in der Mitte des Jahrhunderts zahlreiche Auswahlschlüssel entwickelt, für forstliche Sachverhalte z. B. in Nordamerika, der Sowjetunion, der Tschechoslowakei (TRETJAKOW et al. 1952/56, ČERMAK 1963, 1964, vgl. auch Hildebrandt 1969 S. 77–85). Beispiele aus neuerer Zeit sind ein für die National Wetland Inventory der U.S.A. benutzter Schlüssel (zit. n. LILLEHAMMER u. KIEFER 1978 S. 161) und zahlreiche, in Mitteleuropa für großmaßstäbliche Infrarot-Farbluftbilder nach 1980 zur baumweisen Klassifizierung „neuartiger" Waldschäden entwickelte Schlüssel (z. B. GÄRTNER 1983, MASUMY 1984, HARTMANN u. UEBEL 1986, TEPASSÊ 1988). Aus letzteren ging der inzwischen für die EG-Länder verbindlich eingeführte AFL-Schlüssel hervor (VDI[45] 1990, AFL[45] 1991, BUFFONI et al. 1991). Davon unabhängig, aber gleichen Interpretationsprinzipien folgend, entstanden Auswahl-Schlüssel für das schweizerische Sanasilva-Projekt (SCHERRER et al. 1990) und für Straßenbauminventuren (z. B. FIETZ 1993).

Eliminationsschlüssel (syn. *Gabelschlüssel*) gehen von großen, übergeordneten Kategorien aus und grenzen schrittweise durch ja/nein- oder multiple-choice-Entscheidungen mehr und mehr Objekte aus, bis man schließlich zur Identifizierung des infrage kommenden Objektes gelangt. Schlüssel dieser Art wurden u. a. für die Ansprache grober Kategorien von Vegetationsformen in Naturlandschaften (z. B. LANGDALE-BROWN 1967, she. HOWARD 1991, S. 145), Landnutzungskategorien, Baumarten (z. B. SAYN-WITTGENSTEIN 1961, ANTHONY 1986) oder Waldschäden (MURTHA 1972) entwickelt. Als Beispiel wird in Tab. 42 in modifizierter Form ein Auszug aus dem Baumartenschlüssel von ANTHONY gezeigt.

---

[45] VDI = Verein Deutscher Ingenieure, AFL = Arbeitsgemeinschaft forstlicher Luftbildinterpreten.

Tab. 42: *Schlüssel zur Erkennung mitteleuropäischer Baumarten.*
Luftbildwert 1:5.000-10.000 nach ANTHONY *(1986, modifiziert) Auszug*

Schlüssel 1 für die Unterscheidung junger und älterer Laubbaum- und Nadelbaumbestände. Fortsetzung mit den Schlüssel 2A, 2B und 3

1a	Gestalt der Kronen gut zu erkennen	4
1b	Gestalt der Kronen schwer oder nicht erkennbar	2
2a	mittelgroße, abgerundete, weitgehend ineinander greifende Kronen, mittlere bis große Baumhöhen	Schlüssel 3
2b	kleine Kronen, geringe Baumhöhen, offenkundiger Jungbestand	3
3a	rasterförmige Textur der Bestandesfläche	Schlüssel 2A
3b	keine ausgeprägte Textur erkennbar	Laubbaum-Dickung oder geringes Stangenholz
3c	regel- oder unregelmäßiges Gemenge von rasterförmigen Texturen und texturarmen Teilfächen, oft verbunden mit Grau- oder Farbtondifferenzen der Teilfächen	Jungwuchs und Dickungen aus Nadel-Laubbaum Mischbestand
4a	Kronen weisen in zwei- und dreidimensionaler Sicht geometrisch einheitliche Gestalt auf	5
4b	Kronen haben unregelmäßige Gestalten	7
5a	Raumgestalt der Kronen kegelförmig, Flächengestalt stern-, raster- oder radspeichenförmig. Gipfel i.d.R. spitz	6
5b	Raumgestalt der Krone abgerundet	Schlüssel 3
6a	Kronen klein und/oder schmal, Baumhöhe gering	Schlüssel 2A
6b	Kronen groß und/oder breit, mittelgroße und große Baumhöhen	Schlüssel 2B
7a	Kronen unregelmäßig kegel- oder schirmförmig, Grau- bzw. Farbton dunkler als bei 7b	8
7b	Kronen abgerundet, verschiedenartig unregelmäßige Formen, kegel-, ballen- oder bündelförmige Erscheinungen, Grau- bzw. Farbtöne heller als 7a	Schlüssel 3
8a	Kronen klein und/oder schmal, Baumhöhe gering	Schlüssel 2A
8b	Kronen groß und/oder breit, mittelgroße bis große Baumhöhen	Schlüssel 2B

Schlüssel 2A für junge Nadelbäume führt zu Fichten, Tannen, Douglasien, japanischen und europäischen Lärchen, Kiefern (hier nicht veröffentlicht).

Schlüssel 2B für ältere Nadelbäume führt zu Fichten, Tannen, Douglasien, Scheinzypressen, Lärchen, Kiefern und Weymuthskiefern (hier nicht veröffentlicht).

Schlüssel 3 für ältere Laubbäume

1a	Krone wirkt nicht geschlossen, sie ist groß und breit	2
1b	Krone wirkt nicht geschlossen, sie ist mittelgroß	4
1c	Krone wirkt geschlossen, sie ist i.d.R. mittelgroß	6
2a	Krone ist dicht, sie wirkt – obwohl nicht geschlossen – rel. kompakt, Kronengestalt blumenkohlartig, bündelförmig	3
2b	Krone ist locker aufgebaut, kuppelartig gewölbt, sie setzt sich aus ausgefransten Gabelformen zusammen. Rand diffus	Buche
3a	Bündel verschiedener Größe erkennbar, Kronenrand deutlich, Grau- bzw. Farbtöne dunkler als 3b	Roteiche
3b	einzelne Bündel kaum differenzierbar, Kronenrand undeutlich, Grau- bzw. Farbtöne heller als 2a	Stieleiche
4a	Krone ist locker aufgebaut und unregelmäßig gewölbt	Birke

4b Krone wird wogend und kompakt gesehen. Sie scheint aus ballenför-
   migen Körnchen zu bestehen   5
5a Ballenförmige Bällchen zumeist mittelgroß im Vergleich zu 5b u. 5c
   Vorkommen: frische Standorte in Flußarmen; Tal- und untere
   Gebirgslagen   Esche
5b recht große ballenförmige Körnchen im Vergleich zu 5a u. 5c
   Vorkommen auf frischen Standorten in Flußauen und Tallagen, dort
   auch plantagenförmig angebaut   Pappel
5c ballenförmige Körnchen dichtgelagert und klein im Vergleich zu 5a u. 5b
   Vorkommen vorwiegend in mittleren und oberen Höhen der Mittel-
   gebirge, Alpen und Karpaten   Bergahorn
6a Krone erscheint wie aus feinen Glaswollballen zusammengesetzt, d.h.
   wie durchsichtig. Oft sieht sie wie ein Wollklumpen mit kleinen
   Schattenflecken aus   Robinie
6b Kronenform stumpfkegelig. Krone scheint aus mehreren Klumpen zusammengesetzt, T-förmige Schattenstreifen   Winterlinde
6c Krone ist kompakt, blumenkohlartig. Kronenränder klar abgegrenzt Traubeneiche

Alle Arten der Interpretationsschlüssel sind zwangsläufig Generalisierungen. Sie können
nicht alle Varianten der Erscheinungsformen in der Natur- und Kulturlandschaft erfassen.
Letztendlich bleibt dem Interpreten die letzte, subjektive Entscheidung. Dies gilt besonders, wenn es sich um die Erkennung und Identifizierung von Pflanzenarten, -gesellschaf-
ten und Vegetationstypen handelt. Schlüssel für Objekte und Erscheinungen der Bio-
sphäre haben zudem stets nur regionale, in manchen Fällen auch nur lokale Gültigkeit.
Es gilt ferner,
– daß stets die jahreszeitliche Phänologie, Standortseinflüsse, die Arten der Vergesellschaftung, kulturtechnische Einflüsse, ggf. auch genetische Varianten zu beachten sind,
– daß stets das Wissen um Standortsbedürfnisse der Arten unterstützend einzubeziehen
  ist, um das Vorkommen bestimmter Arten annehmen oder ausschließen zu können,
– daß emulsions- und aufnahmebedingte Einflüsse auf die Bildgestalten, Texturen, Grau-
  und Farbtöne und die Helligkeit der Abbildungen zu berücksichtigen sind (vgl. Abb. 166).

4.6.5 Über Sichtbares hinausgehende Schlußfolgerungen

Im Kap. 4.6.3 war schon von Folgerungen im Zusammenhang mit der Deutung von Bildgestalten und der Identifizierung von Objekten die Rede. An dieser Stelle wird nun davon
gesprochen, daß sachverständige Luftbildinterpretation nicht beim Erkennen und Identifizieren von Objekten und Strukturen endet (Abb. 162, 164). unter Aufbietung seines a-priori-
Wissens, von Ortskenntnissen sowie Heranziehung zusätzlicher Informationen kann der
Interpret auch auf im Luftbild nicht sichtbare Fakten schließen, Beurteilungen und Bewertungen bestimmter Sachverhalte vornehmen. Für solche, über das Sichtbare hinausgehende
Luftbildauswertungen (Interpretationen im engeren Sinne) ist in besonderem Maße Sach-
kompetenz und Assoziationsfähigkeit und in gewissem Maße auch Phantasie erforderlich.
Die visuelle Interpretation ist in diesem Falle jeder automatisierten, rechnergestützten Inter-
pretation und digitalen Bildverarbeitung überlegen. Sie stößt andererseits aber auch an ihre
Grenzen. Abstufungen im Bezug auf die Sicherheit der Aussagen sind i. d. R. unerläßlich.
Wieweit der Interpret mit seinen Aussagen gehen kann, liegt in seiner Verantwortung. Es wird
oft davon beeinflußt werden, welche zusätzlichen Informationen er z. B. über klimatische,
geologische, bodenkundliche oder auch wirtschaftliche und technologische Fakten in seine
Schlußfolgerungen und Beurteilungen einbeziehen kann.

Tab. 43 vermittelt *stichwortartig* eine *Vorstellung* davon, welcher Art Folgerungen sein können. Dabei sind die aus der Fülle der Möglichkeiten herausgegriffenen wenigen *Beispiele* nur auf landschaftsökologische, land- und forstwirtschaftliche Gegenstände beschränkt und in sich unvollständig. Sie können ergänzt werden in bezug auf sozio-ökonomische Verhältnisse in Städten, Zustände und Kapazitäten in Industrie-, Gewerbe- oder Hafengebieten, Eignung von Gelände als Bauland, Situationen in Abbau- und Rekultivierungsgebieten oder auf Deponien bis hin zu den weiten Bereichen geologischer, klimatologischer oder militärischer Sachverhalte.

Objekt- und Mustererkennung im Luftbild bei sachkundiger Interpretation	Schlußfolgerungen, Beurteilungen, Wertungen u. Abschätzungen
Agrarlandschaft, Wirtschaft Relief, Parzellierung, Kulturarten u. Anbauzustand, Schad- und Brachflächen, Bewirtschaftungsspuren, Wegenetz, Dorfstruktur	Eigentumsformen, Bewirtschaftungsformen, Kulturtechnik, sozio-ökonomische Situation, Bodeneigenschaften, Bonitäten, mikroklimatische Gefährdungen, Ernteverluste u. -erwartungen
Agrarlandschaft, Ökologie Relief, Parzellierung, Anbauformen u. -zustand; Ausstattung mit Gehölzen, Hecken, Vegetation an Rainen, Böschungen, Hohlwegen u.a.	Ökologische Qualitäten, Kronen- u. Bodenlebensräume, Deckungs- und Äsungsverhältnisse, Überformungen – Hemerobiegrad
Wirtschaftswald Relief, Parzellierung, Waldaufbau- u. Schlagformen, Baumarten- u. Altersstruktur, Bestandeshöhen, Waldschäden, räuml. Ordnung, innere u. äußere Verkehrslage	Eigentumsform, waldbauliche Situation, Bonitäten, Holzvorrat, biotisches u. abiotisches Gefährdungspotential, nachhaltiges Holzertragsvermögen. Erschließungssituation
Gebirgsstandorte Relief, Hangneinungen u. -längen, Expositionen, Art, Alter, Bedeckungsgrad u. Vitalität der Wald- u. Bodenvegetation, Pisten, Liften u.a., Sportanlagen, Tourismus- und Erosionsspuren	Forstwirtschaftliche Situation wie zuvor. Hang- und Talgefährdungen durch Bergrutsch, Erosion, Wildbäche, Muren, Lawinen, Belastung u. Gefährdung durch Skisport u.a. Tourismus
Landschaft als Erholungsgebiet Relief, Wald-Feld-Wasser Gemengelage u. Verteilung, Waldformen, Verkehrseinrichtungen, Freizeit- u. Sportanlagen, Toursimusspuren, Besetzung v. Parkplätzen, Siedlungsentfernungen	Eignung und Qualität als Naherholungs- oder Feriengebiet, Nutzung, Belastung u. Gefährdungen durch Tourismus. Sicherheit Erholungssuchender, Zugänglichkeit
Landschaft als Wildhabitat und Jagdgebiet Relief, land- u. forstwirtschaftliche Bewirtschaftungsformen, Kulturarten, Waldformen, Gehölze, Hecken, Bodenvegetation, Brachflächen, Gewässer, Freizeit- u. Verkehrseinrichtungen	Habitateigenschaften u. -qualität, Deckungsmöglichkeiten und Äsungsflächen, Ruhezonen, Randlängen, Bewertung der Jagdmöglichkeiten und -hemmnisse
Extensiv genutzte Naturlandschaften Relief, Hydrographie, Vegetationsformen, Agroforstliche Nutzflächen, Brandrodungsfeldbau, Weideland, Plantagen, Vegetations- u. Bodenschätze, Siedlungsstrukturen, Verkehrsnetz	Bewirtschaftungsformen u. -intensität, Kulturtechniken, Nutzungsformen natürlicher Resourcen, sozio-ökonomische Situation, Standorts-Potential, Boden- u. Vegetationsgefährdungen

Tab. 43: *Beispiele möglicher Schlußfolgerungen, Beurteilungen und Bewertungen bei Luftbildinterpretationen, die über Sichtbares hinausgehen.*

4.6.6 Quantitative Erfassung von Objektmerkmalen

Bisher war vorwiegend von der Erkennung und Identifizierung qualitativer Sachverhalte, z. B. von Pflanzengesellschaften, Baumarten, Kronenzuständen usw. die Rede. Gegenstand der Luftbildinterpretation kann aber auch die Erhebung quantitativer Objektmerkmale sein. Sie kann vollständig oder stichprobenweise z. B. durch Auszählungen, Schätzungen, photogrammetrische Messungen und auch darauf aufbauenden Modell-, Regressions- oder Korrelationsrechnungen erfolgen.

4.6.6.1 Flächendaten

Gegenstand dieses Abschnitts sind ausschließlich Flächenermittlungen bzw. die Bestimmung von Flächenanteilen, die im Zuge von Luftbild*interpretationen* im Zusammenhang mit forstlichen, ökologischen und vegetationskundlichen Inventuren oder Analysen durchzuführen sind. Es wird deshalb nur eingangs daran erinnert und wiederholt, daß die Ermittlung von Flächeninhalten im Zuge analytisch oder digital *photogrammetrischer Auswertungen oder Kartierungen* rechnerisch aus den Lagekoordinaten von Grenzpunkten und -linien erfolgt oder nach der Kartierung sowie aus Orthophotos durch mechanische oder digitale Planimetrie ausgeführt wird.

Als Aufgabe der quantitativen Luftbildinterpretation sind im Bezug auf Flächendaten vor allem zu lösen:
– die rasche und i. d. R. überschlägige, ggf. auch vorläufige Ermittlung der Größe einzelner Flächen
– die gutachtliche Schätzung von Flächenanteilen in und von Vegetationsbeständen
– die Ermittlung von Flächenanteilen und -größen im Zuge lokaler, regionaler und großräumiger Flächeninventuren

Überschlägliche Flächenermittlung

In Orthophotos, Originalluftbildern ebenen oder nur mäßig bewegten Geländes sowie in kleinmaßstäbigen Luftbildern auch gebirgigen Geländes können Flächengrößen überschläglich mit den auch für diesen Zweck bei Karten benutzten Hilfsmitteln bestimmt werden: mit einer *Planimeterharfe* oder einem *Punktgitter*.
Eine *Planimeterharfe* ist eine, auf transparentem Material gedruckte Schar paralleler und in gleichem Abstand von 3–5 mm verlaufender Linien. Die Harfe wird über die zu messende Fläche gelegt und festgehalten. Bei langgestreckten Flächen wählt man die Lage der Harfe so, daß die Linien rechtwinklig zur Längsausdehnung liegen. Durch die Harfe wird die Fläche in schmale Streifen zerlegt, die für die Flächenberechnung genähert als Trapeze behandelt werden können. Die Längen der Streifen von Flächengrenze zu -grenze werden in deren Mitte gemessen oder mit einem Zirkel abgegriffen. Der Flächeninhalt im Geländemaß ergibt sich dann aus

$$F = (\text{Streifenbreite} \cdot m_B) \cdot \Sigma \text{ Streifenlänge } \cdot m_B) \tag{103}$$

Auch *Punktgitterschablonen* sind auf transparentem Material gedruckt. Die Punkte sind dabei im Quadratverband angeordnet. Üblich sind Punktabstände zwischen 1 und 5 mm sowie eine Unterteilung durch Gitterlinien in Quadratfelder mit z. B. 25 oder 100 Punkten. Je nach Bildmaßstab und Größe der zu bearbeitenden Fläche wählt man eine Folie mit geeigneter Punktdichte, legt diese über die Fläche und zählt die in diese fallenden Punkte aus. Jeder Punkt repräsentiert eine Fläche, deren Inhalt sich aus dem Punktabstand und dem Bildmaßstab ergibt. Die gesamte Flächengröße ist

$$F = (\text{Punktabstand} \cdot m_B)^2 \cdot \Sigma \text{ Punkte} \tag{104}$$

Sowohl bei Benutzung der Planimeterharfe als auch eines Punktrasters ist darauf zu achten, daß der Bildmaßstab am Bildort der Fläche zur Hochrechnung benutzt wird. Dieser kann vom mittleren Bildmaßstab ggf. deutlich abweichen (vgl. Kap. 4.2.2 und 4.4.1).

So einfach die Arbeit mit einem Punktgitter ist, so kompliziert ist die Theorie zur Bestimmung des Stichprobefehlers. Dieser ist abhängig von der Auslegung des Gitters, der Größe und der Flächenform des Meßobjekts. Bei systematischer Punktverteilung und wenn mehr als vier Punkte in die Flächen fallen kann der Stichprobenfehler in Prozent S % durch die Regression z. B. nach ZÖHRER (1980)

$$\log S \% = 1,739 - 0,755 \log n + 0,457 \log p \tag{105}$$

berechnet werden, wobei n die Anzahl der Punkte und p ein Maß für den Umfang der Fläche im Verhältnis zu einem flächengleichen Kreis ist. n liegt im allgemeinen zwischen 0 (= kreisförmig) und 2 (amöbenartig). Nur bei extrem unregelmäßigen Figuren ist p > 2. KLEINN (1991) empfiehlt folgende Regression:

$$\log S \% = 1,370671 - 0,825327 \log n + 0,554438 \, u_e \tag{106a}$$

mit n = Anzahl der Punkte und als Umfangsmaß

$$u_e = \frac{\pi \, (s_1 + s_2)}{4b} \tag{106b}$$

wobei b der Punktabstand und s_1, s_2 die Anzahlen der Schnittpunkte zwischen der Grenzlinie und den (gedachten) senkrechten und waagrechten Gitter*linien* sind. Beide Regressionsgleichungen wurden empirisch gefunden. Zur Theorie wird u. a. auf MATERN (1964) verwiesen.

Gutachtliche Schätzung von Flächenanteilen, Schluß- und Deckungsgraden

Die gutachtliche Einschätzung von Flächenanteilen innerhalb begrenzter Areale gehört zu den häufigen Aufgaben quantitativer Luftbildinterpretation. Sie ist üblich z. B. bei Bestandesbeschreibungen im Zuge der Forsteinrichtung für Baumarten- bzw. Baumartengruppen-Anteile, Blößenanteile und den Schlußgrad, bei pflanzen-soziologischen oder vegetationskundlichen Aufnahmen für die Ansprache der Deckungsgrade floristischer Einheiten, bei Schaderhebungen im Walde, in Feldern, Plantagen usw. für die Einschätzung des Schad- oder Fehlstellenanteils der jeweiligen Gesamtfläche. Die in Luftbildern gegebene Übersicht über die jeweils ganze Bestandesfläche kommt dabei der Schätzung zugute und macht sie dabei dort der reinen Felderhebung überlegen, wo die einzuschätzenden Flächenkategorien im Luftbild sicher zu erkennen und gegeneinander zu differenzieren sind. Besonders die Einschätzung des Schlußgrads und der Nadelbaum/Laubbaumanteile in ausgedehnten Waldbeständen kann durch Luftbildinterpretation i. d. R. zutreffender vorgenommen werden als vom Boden aus.

Anteilschätzungen können bei zweifelsfrei differenzierbaren Flächenkategorien allein im Luftbild erfolgen. Sie wird aber in vielen Fällen am zweckmäßigsten durch kombinierte und sich ergänzende Interpretation und Felderhebungen durchzuführen sein. Regelmäßig ist das bei Bestandesbeschreibungen der Forsteinrichtung in intensiv bewirtschafteten Wäldern und bei pflanzensoziologischen Aufnahmen der Fall.

Zur Unterstützung gutachterlicher Schätzungen kann man mit Vorteil Vergleichsmuster in Form von Stereogrammen oder von Flächenrastern heranziehen, die in 5 % oder 10 %-Stufen Verteilungen zweier Klassen zeigen (Abb. 174). Vergleichsraster dieser Art sind seit langem für die Schlußgradschätzung beim U.S. Forest Service verbreitet. Sie haben sich in jüngster Zeit z. B. auch für Anteilsschätzung geschädigter Bestandesflächen bewährt (HEIDINGSFELD 1993).

Eine beim ITC (= International Trainings Centre = Int. Institute for Aerospace and Earth Science in Enschede) benutzte Schätzhilfe für den Kronenschlußgrad z. B. an Stichprobeorten ist in Abb. 174b abgebildet. Die Sektorenflächen repräsentieren dabei bekannte Flächenanteile. Sie stützen dadurch die gutachtliche Einschätzung des Schlußgrades oder auch des Bedeckungsanteils einer bestimmten Baumart, einer bestimmten Pflanzengesellschaft usw.

Ein interessantes Zählverfahren zur Einschätzung des Kronenschlußgrads schlug KLIER (1969) in Anlehnung an die terrestrische BITTERLICHsche Winkelzählprobe vor. Dabei wird ein Flächenkeil mit der Winkelöffnung α = 11°26' auf eine transparente Folie gezeichnet. tan α/2 ist dann 0,1 und das Verhältnis von Winkelöffnung zu Schenkellänge an jeder Stelle des Keils = 1:5. Der Scheitelpunkt des Keils wird am Stichprobeort im Luftbild festgenadelt und mit dem Keil eine volle Umdrehung ausgeführt. Dabei zählt man alle Bäume,

CROWN DENSITY SCALE

PERCENT CROWN COVER
1:15840
FOREST SURVEY-CENTRAL STATES FOREST EXPERIMENT STATION

Abb. 174:
Schätzhilfen für die Ansprache des Kronenschlußgrades: a) Vergleichsskala (crown density scale); b) ITC crown closure templet (vergrößert); c) Luftbild-Winkelzählkeil n. KLIER: Bäume 1 u. 3 werden gezählt, Bäume 2 u. 4 nicht.

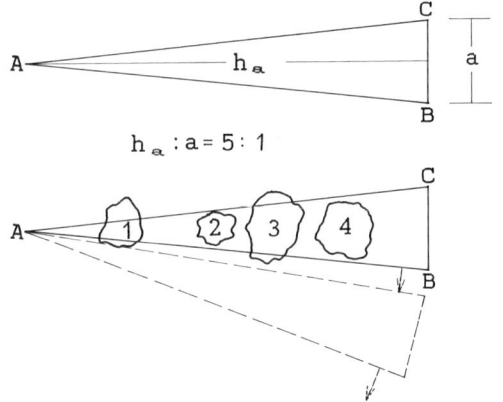

$h_a : a = 5 : 1$

CROWN CLOSURE TEMPLET

deren Krone breiter ist als der Keil. Jede gezählte Krone repräsentiert 1% Flächendek-
kung (Zählfaktor der Winkelzählprobe = 100). Werden bei der vollen Umdrehung z. B. 80
Kronen gezählt, so ist der Schlußgrad (vom Stichrobeort aus gesehen) mit 80% bzw. 0,8
festgestellt. Ein Stereoschlußgradmesser, der dem gleichen Prinzip folgt, wurde von DEN-
STORF (1981) entwickelt.

Eine andere Art der Unterstützung oder Absicherung bei Schätzungen des Schlußgrades kann mit Hilfe eines Punktgitters erreicht werden. Für jeden Punkt ist die Entscheidung „Krone" oder „Lücke" zu treffen. Aus dem Verhältnis der Kronentreffer zur
Gesamtzahl der in die Fläche fallenden Punkte ergibt sich der Schlußgrad.

Muß im Zuge einer Großrauminventur (s.u.) an sehr vielen Stichprobe*punkten* die
Schlußgradsituation oder ein anderer *Flächen*parameter angesprochen werden, so empfiehlt sich dort jeweils eine von SCHADE (1980) eingeführte *Mini-Stichprobe* zu nehmen.
Über den Stichprobepunkt im Luftbild legt man dazu zentrisch ein auf transparenter Folie
aufgetragenes Gitter von 4x5 Punkten. Der Punktabstand möge dabei einem Geländemaß
von z. B. 10 oder 15 m entsprechen. Für jeden Punkt des Minigitters wird wieder die
Entscheidung „Krone" oder „Lücke" getroffen. Für die Beobachtungsfläche um den Stichprobepunkt des Hauptgitters repräsentiert jeder Punkt des Mini-Gitters 5 % der Fläche.

Lokale, regionale oder großräumige Flächeninventuren

Eine der häufigsten Inventur- und Monitoringaufgaben von der lokalen bis zur globalen
Ebene ist die Aufstellung von Flächenstatistiken (= Flächeninventur), z. B. der Landnutzung, der Vegetationsbedeckung, der Waldtypen oder für Erntevorhersagen der Feldfrüchte und bei großräumigen Holzvorratsinventuren auch der dafür vorgesehenen Straten[46]. Luftbilder sind zur Lösung dieser Aufgaben besonders geeignet, oft auch die einzig
möglichen Hilfsmittel.

Das zur Flächeninventur einzusetzende Verfahren wird vom Gesamtziel der Erhebung,
der Größe und Eigenarten des Inventurgebietes, der verfügbaren Zeit und den personellen
und materiellen Kapazitäten sowie von den Fragen bestimmt, ob neben einer reinen
Flächenstatistik auch eine thematische Kartierung zur Inventuraufgabe gehört und ob
auch andere Fernerkundungsmittel, vor allem Satellitendaten, einbezogen werden können.

In Abb. 175 sind die wichtigsten Varianten für Flächeninventuren mit Hilfe von Luftbildern zusammengestellt. Für lokale und regionale Flächeninventuren kommen die Verfahren 1–5 in Frage, für Großrauminventuren, z. B. für Bundesländer, Länder, supranationale Großregionen die Verfahren 3–6 und für Inventur und Monitoringaufgaben
kontinentalen und globalen Zuschnitts sowie für Ersterkundungen noch weitgehend unbekannter Großräume das Verfahren 7.

Die Verfahren 1, 2 und 5 setzen flächendeckende Luftbildaufnahmen des Inventurgebietes voraus. Für die Verfahren 3 und 4 ist dies nicht zwingend erforderlich. Bei den
Verfahren 6a/b liegt eine flächendeckende Satellitenaufnahme vor und die Luftbildaufnahme erfolgt nur für Teilflächen. Das hier zur Vervollständigung mit aufgeführte Verfahren 7 nutzt Luftbilder allenfalls zur Auswahl von Trainingsgebieten für die rechnergestützte Klassifizierung (hierzu Kap. 5.5) und zur Kontrolle der Klassifizierungsergebnisse.

Für alle Verfahren gilt, daß zu Beginn der Inventurarbeit die Klassifizierung festgelegt
werden muß. Sie ergibt sich aus der Zielsetzung der Inventur und wird ggf. einen Kompro-
miß zwischen dem Wünschenswerten und dem durch visuelle Interpretation bzw. digitale
Klassifizierung Möglichen erforderlich machen. Entsprechende Untersuchungen zur visuellen Interpretation, ggf. durch Erarbeitung von Interpretationsschlüsseln, und zur

---

[46] Stratum (lat.) = Schicht. Bei Stichprobeerhebungen wird eine in bezug auf das aufzunehmende
Merkmal heterogene Grundgesamtheit in homogene(re) Teile (Straten) zerlegt (= stratifiziert).

ARBEITSMITTEL: LUFTBILDER (bei grober Klassifizierung auch WELTRAUMLUFTBILDER)

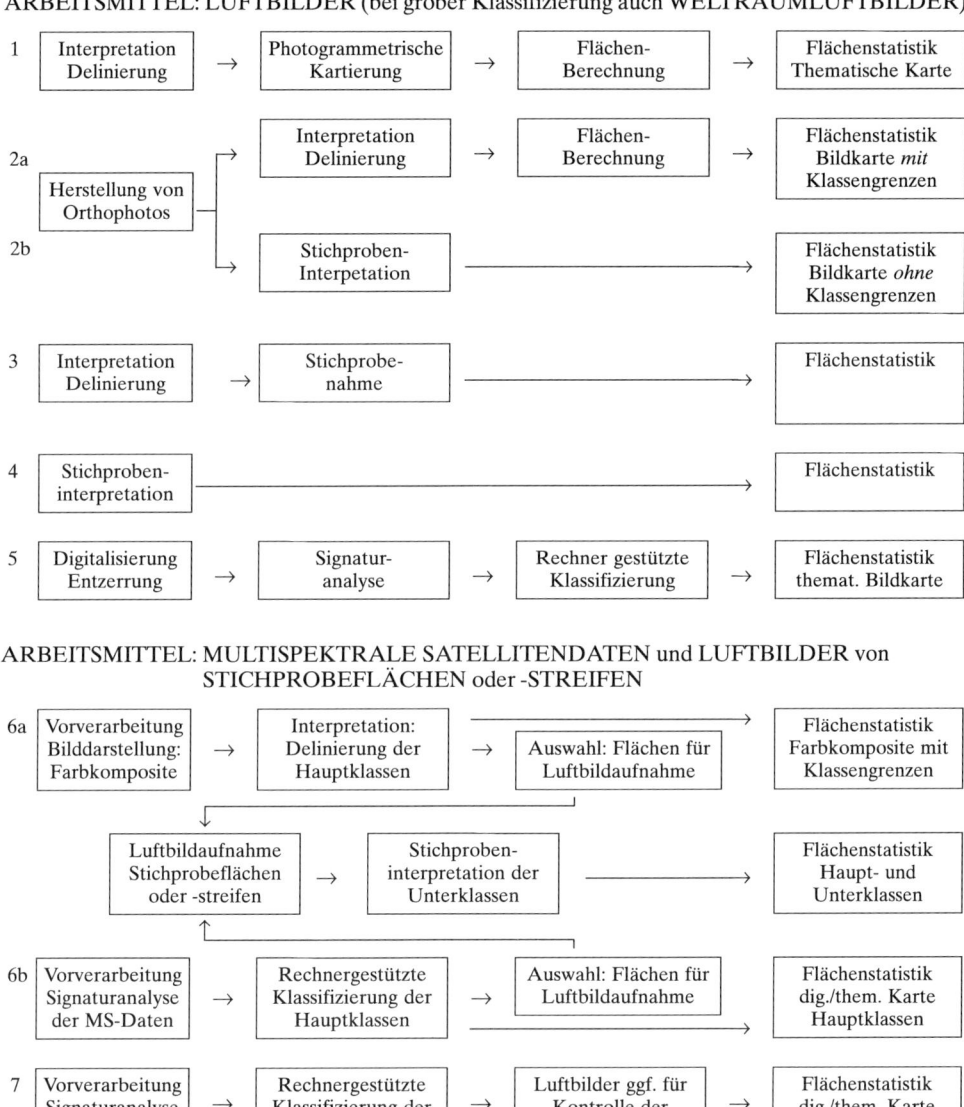

Abb. 175: *Verfahrensvarianten für Flächeninventuren mit Luftbildern und multispektralen Satellitendaten.*

spektralen Signaturanalyse gehören zum Vorlauf einer Inventur. Sie tragen wesentlich zu deren Erfolg bei.

Da Fehler durch Falschinterpretation oder -klassifizierung und auch „Aktualisierungs"-Fehler durch den zeitlichen Abstand zwischen Luftbildaufnahmen und Inventurstichtag auftreten können, müssen die Interpretations- und Klassifizierungsergebnisse während und nach der Arbeit überprüft werden. Infrage kommen dafür Kontrollen im Feld oder vom Hubschrauber aus und für digitale Klassifizierungen nach Satellitendaten auch durch Luftbildinterpretationen. Kontrollen dieser Art sind obligatorisch. Für die Ergebnisse der visuellen Interpretationen kann man sich im wesentlichen auf die offenkundigen Zweifelsfälle und Unklarheiten beschränken. Bei rechnergestützten Klassifizierungen müssen alle Klassen einbezogen werden, bei denen die Signaturanalyse zeigte, daß Überschneidungen der spektralen Signaturen vorliegen (vgl. z. B. Abb. 48 und Abschn. 5.5.2).

Bei den Verfahren 1, 2a und 3 werden die Luftbilder auf ganzer Fläche interpretiert. Die im Bild als gleichartig im Sinne der Klassifizierung erkannten Flächen, grenzt man gegeneinander ab und entscheidet über deren Klassenzugehörigkeit. Nach Kontrolle und ggf. Berichtigung werden die Grenzlinien ins Luftbild oder auf eine Deckfolie gezeichnet (= Delinierung).

Bei den Verfahren 5 und 7 sowie in der ersten Phase der Verfahren 6a/b erfolgt die Klassifizierung durch digitale Bildverarbeitung (Kap. 5.5.2) i. d. R. ebenfalls für die gesamte Fläche der digitalisierten Bilder (Verf. 5) bzw. der multispektralen Scanneraufzeichnungen (Verf. 6a/b, 7). Davon kann abgewichen werden, wenn z. B. bei Waldflächenklassifizierungen zuvor die nicht interessierende „Nichtwald"-Fläche – wiederum durch einen digitalen Verfahrensschritt (Abschn. 5.5.2.2) – maskiert, d. h. von der weiteren Bearbeitung ausgeschlossen wird.

Bei den Verfahren 2b, 3, 4 und 6a/b der Abb. 175 wird mit *Stichprobenahmen in Luftbildern* gearbeitet (Abb. 176). Der einzelne *Stichprobeort* kann dabei je nach seiner Funktion ein Punkt (streng: die von einem Punkt bedeckte Bildfläche), eine definierte, i. d. R. kreisförmige Fläche oder eine segmentierte Linie sein. Am Stichprobeort wird (mit Ausnahme von Verfahren 3, bei dem die Stichprobe nur der Anteilschätzung schon bekannter Klassenflächen dient) durch visuelle Interpretation die Klassenzugehörigkeit festgestellt. Der *Stichprobepunkt* wird der Klasse zugeordnet in die er fällt. Ist am Punkt für die Klassifizierung ein Merkmal anzusprechen, das nur auf einer Fläche um diesen

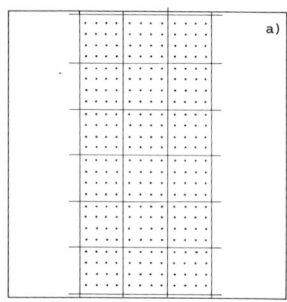
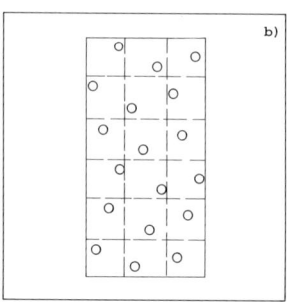
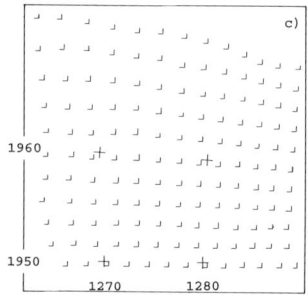
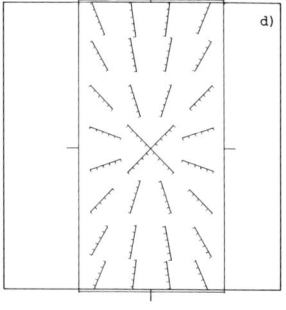

Abb. 176:
Formen und Muster für die Stichprobenahme aus Luftbildern.
a) systematisches Stichprobennetz b) Netz mit eingeschränkt zufälliger Verteilung der Stichprobeorte c) projektiv verzerrtes Netz mit systematischer Verteilung in orthogonaler Lage d) systematisches Radialliniennetz

Punkt ansprechbar ist – z. B. der Schlußgrad – so kann man für dessen Einschätzung eine Mini-Stichprobe nach SCHADE (1980) oder mit der ITC-Schätzhilfe (Abb. 174) in der bereits beschriebenen Weise durchführen. Bei *Stichprobeflächen* oder *-linien* nimmt man, sofern von ihnen mehrere Klassen berührt werden, die Zuordnung segmentweise vor. Bei Kreisprobeflächen erfolgt dies i. d. R. durch gutachtliche Abschätzung und bei Linienstichproben durch Abzählen von Segmenten. Linienstichproben (Abb. 176d) können in sich geschlossene Linienzüge – z. B. quadratische Trakte (z. B. LOETSCH 1962) – oder Radialliniennetze (z. B. HILDEBRANDT u. SCHINDLER 1966) sein. Letztere bestehen aus Linien, die radial zum Bildmittelpunkt zulaufen und so verteilt sind, daß jede Linie eine gleichgroße Fläche repräsentiert. Sie sind vorzuziehen, da sie sowohl eine bessere Flächenrepräsentanz aufweisen als auch im Gelände gradlinig verlaufen und dadurch bei Geländekontrollen besser aufgefunden, verfolgt und ggf. berichtigt werden können (SCHINDLER 1967).

Bei *einmaligen* Flächeninventuren muß die geographische Lage des Stichprobeortes nicht bekannt sein. Es genügt, ihn durch Auflegen einer transparenten Stichprobeschablone im Luftbild zu bestimmen. Sollen jedoch durch periodische Inventuren Veränderungen der Flächenzusammensetzung festgestellt werden, so sollten nach den Regeln der mathematischen Statistik die Stichprobeorte oder wenigstens ein Teil davon durch ihre Lagekoordinaten definiert werden. Sie können dann photogrammetrisch bei Wiederholungsinventuren als permanente Stichprobeorte wiedergefunden werden und den Nachweis von Flächenveränderungen statistisch sichern. Ist es, z. B. mangels verfügbarer analytisch-photogrammetrischer Auswertegeräte oder bei Auswertungen von Zeitreihen zur Untersuchung zurückliegender Flächenänderungen oder auch aus Zeit- und Kostengründen nicht möglich, permanente Stichprobeorte einzurichten oder auf sie zurückzugreifen, so kann dieser Mangel statistisch weitgehend durch eine Verdichtung des Stichprobenetzes ausgeglichen werden.

Die Mehrzahl von praktizierten Luftbild-Flächeninventuren früherer Zeiten wurden durch Auflegen von transparenten Folien mit eingedruckten, im Quadratverband angeordneten Stichprobeorten durchgeführt. Ausgehend von 60 % Längsüberdeckung der Luftbilder, werden für die Interpretation unterm Stereoskop dabei häufig Folien benutzt, deren Stichprobemuster nur ≈ 9 cm breit sind (das entspricht der Breite der stereoskopischen Neufläche aufeinanderfolgender Stereomodelle). Um Doppelbelegungen *und* Fehlstellen zu vermeiden, muß die Längsachse einer solchen Folie über die der Stereomodellfläche gelegt werden (Abb. 176a–d). Auch heute noch sind Stichprobefolien mit quadratischen Punktgittern weit verbreitet. Ihre Anwendung ist unbedenklich, wenn das Inventurgebiet eben ist oder bei Verwendung kleinstmaßstäbiger Luftbilder. Maßstabsunterschiede in den und zwischen den Luftbildern treten dann nur in einem i. d. R. vernachlässigbarem Maße auf. Dementsprechend repräsentieren auch die einzelnen Stichprobepunkte gleiche oder nur geringfügig unterschiedliche Flächen.

Ist das Inventurgebiet gebirgig oder werden groß- und mittelmaßstäbliche Luftbilder verwendet – im Hochgebirge auch noch bei kleinmaßstäbigen Bildern –, so müssen bzw. sollten bei allen Arten der Stichprobeerhebung im Luftbild Vorkehrungen zur Vermeidung systematischer Repräsentationsfehler getroffen werden. Sowohl die zentralperspektivisch bedingten Maßstabsunterschiede im Einzelbild als auch Maßstabsunterschiede der Bilder eines großen Inventurgebietes bewirken im Luftbild eine flächenmäßige Überrepräsentation der Hoch- und eine Unterrepräsentation der Tieflagen. Durch das standortsbedingte Vorkommen zahlreicher Landnutzungsformen, Vegetations- und besonders auch Waldtypen in bestimmten Höhenlagen führt die Verwendung von Stichprobeschablonen, die auf die Geometrie der Luftbilder keine Rücksicht nehmen, in gebirgigen Arealen zu systematischen Fehlern. Diesen kann entgegengewirkt werden

- durch nachträgliche rechnerische Berichtigung (s.u.)
- durch Stichprobenahme in Orthophotos anstelle der Original-Luftbilder (Verfahren 2b der Abb. 175)
- durch analytisch-photogrammetrische Bestimmung der Stichprobeorte im Luftbild nach vorgegebenen Geländekoordinaten X, Y.

Für die *nachträgliche Berichtigung* muß die Höhenlage oder zumindest eine Höhenstufe über NN der Luftbild-Stichprobeorte bekannt sein. Man kann diese aus digitalen Geländemodellen, Höhenschichtlinien einer Karte oder in kartenlosem Gebiet durch barometrische Höhenmessungen an ausgewählten (= erreichbaren) Geländepunkten und nachfolgender, genäherter Zuordnung der einzelnen Stichprobeorte unterm Stereoskop zu einer Höhenstufe gewinnen (Loetsch u. Haller 1962, 1964, Hildebrandt u. Schindler 1966).

Die *analytisch photogrammetrische Lösung* ist auf zwei Wegen möglich und inzwischen vom photogrammetrischen Standpunkt aus Routine. In beiden Fällen werden zunächst die Stichprobeorte im geodätischen Bezugssystem im gewünschten Verteilungsmuster (regelmäßig, eingeschränkt zufällig usw.) in ihren Geländekoordinaten X, Y definiert. Im ersten Falle arbeitet der Auswerter am analytisch-photogrammetrischen Auswertegerät. Er fährt im absolut orientierten Stereomodell die durch ihre Geländekoordinaten vorgegebenen Stichprobeorte mit der Meßmarke an und *interpretiert* dort die Klassenzugehörigkeit. Durch die Lagedefinition nach X, Y haben die Stichprobenpunkte den Charakter permanenter Stichprobeorte.

Beim zweiten Weg wird (i. d. R.) von einem gleichmäßigen, quadratischen Punktgitter in orthogonaler Kartenlage ausgegangen. Es wird für jedes Luftbild rechnerisch über die Abbildungsgleichungen (Kap. 4.2.3) in ein *der Geländegestalt angepaßtes projektiv verzerrtes Punktgitter* (Abb. 176c) transformiert. Die für diese Transformation benötigten Höhenkoordinaten Z jedes Stichprobeortes können aus digitalen Geländemodellen oder mit i. d. R. ausreichender Genauigkeit aus Höhenschichtlinien einer Top. Karte 1:25000 abgeleitet werden. Für die Inventurarbeit wird das verzerrte Punktgitter auf transparenter Folie paßgenau auf das Luftbild gelegt und unterm Stereoskop Punkt für Punkt die Flächenkategorie festgestellt. Durch die Definition der Punkte durch Landeskoordinaten haben diese ebenfalls den Charakter permanenter Stichprobeorte.

Verzerrte Punktgitter dieser Art haben sich bei der Schweizer Arealstatistik (Kölbl u. Trachsler 1978) und der Nationalen Waldinventur sowie einer regionalen Waldinventur im Schwarzwald (Schade 1980) bewährt.

Nach Zielsetzung der Inventur, Geländesituation und Abhängigkeiten zwischen dem Vorkommen zu inventarisierender Flächenkategorien und bestimmten Höhenlagen ist zu prüfen und zu entscheiden, ob eine der beiden aufwendigeren photogrammetrischen Lösungen erforderlich und im Sinne einer Aufwand-Nutzenanalyse gerechtfertigt ist.

Der *Umfang der Stichprobe* wird durch mathematisch-statistische Überlegungen bestimmt. Er ist abhängig von der geforderten Aufnahmegenauigkeit und von der Häufigkeit und der Art des Vorkommens der zu inventarisierenden Flächenkategorien. Die einzelnen Flächenkategorien werden bei gegebenem Stichprobeumfang mit unterschiedlicher Genauigkeit erfaßt. Der theoretische Aufnahmefehler der Flächenkategorien nimmt dabei mit abnehmendem Flächenanteil dieser Kategorien zu. Bei der Planung einer Flächeninventur geht man deshalb zweckmäßigerweise (sofern keine ökonomischen Zwänge gegeben sind) von der Genauigkeitsforderung entweder der am meisten oder der kleinsten noch interessierenden Kategorie aus. Für diese Kategorie kann man den Stichprobeumfang n_K durch die aus einer Binomialverteilung abgeleitete Formel (107) berechnen:

$$n_K = \frac{100\,(100 - p_K)\cdot k^2)}{s_K\%^2} \tag{107}$$

mit $s_K\%$ für den einzuhaltenden Stichprobenfehler (= Standardabweichung) für den Flächenanteil der Kategorie K, k für die eine gewünschte statistische Sicherheit gewährende Konstante (z. B. k = 2 für eine statistische Sicherheit von 95 %) und p_K für den nach Vorinformationen vermuteten Flächenanteil der Kategorie in Prozent.
Der Gesamtumfang n_G der Stichprobe muß dann sein

$$n_G = n_K \frac{100}{p_K} \tag{108}$$

Beispiel: Inventurgebiet 120 000 ha mit 4 Flächenkategorien (= Klassen), von denen eine, nur auf wenigen Teilflächen vorkommende, ohne großes Interesse ist. Die Planung wird an der kleinsten der interessierenden Klassen, deren Anteil vorab auf 10 % geschätzt wird, orientiert. Gefordert wird für diese Klasse, daß der Aufnahmefehler 5 % mit einer statistischen Sicherheit von 95 % nicht überschreitet. Nach (107 und 108) ergibt sich

$$n_K = \frac{100\,(100 - 10)\cdot 2^2)}{5^2} = 1440 \tag{109a}$$

$$n_G = 1440 \cdot \frac{100}{10} = 14\,400 \tag{109b}$$

Die Inventur möge für die 4 Klassen 56 %, 32 %, 11 %, 1 % Anteile ergeben haben. Als theoretischer Aufnahmefehler $s_K(\%)$ und deren Fehleranteile $s_G(\%)$ im Verhältnis zur Gesamtfläche ergeben sich dann nach

$$s_K(\%) = \pm k\sqrt{\frac{100\,(100\,p_K)}{n_K}} \tag{110a}$$

$$s_G(\%) = \pm k\sqrt{\frac{p_K\,(100 \cdot p_K)}{n_G}} \tag{110b}$$

die in Tab. 44 (Spalte 4 und 5) zusammengestellten Werte.

Flächen-Klasse	Stichprobenergebnis		$s_k\%$	$s_G\%$	Berichtigtes Ergebnis		
	n_K	%-Anteil			%-Anteil	$s_K\%$	Fläche in ha
1	*2*	*3*	*4*	*5*	*6*	*7*	*8*
A	8064	56	1,48	0,83	53,25	1,56	63900
B	4608	32	2,43	0,77	32,00	2,43	38400
C	1584	11	4,74	0,52	13,75	4,17	16500
D	144	1	16,58	0,17	1,00	16,58	1200
	14400	100			100,00		120000

Tab. 44: *Ergebnisse der Beispielsrechnung (siehe Text und Tab. 45).*

Die Kontrolle der Luftbildinterpretation an 400 Stichproben möge für die 4 Klassen die in Tab. 45 gezeigte Verwechslungsmatrix gebracht haben.

Ergebnis der Luftbildinterpretation			Tatsächliche Klassenzugehörigkeit			
Klasse im Luft-bild	% Anteile	Anzahl der Kontroll-punkte	A	B	C	D
			Anzahl der Kontrollpunkte			
1	*2*	*3*	*4*	*5*	*6*	*7*
A	56	224	210	10	4	–
B	32	128	3	115	10	–
C	11	44	–	3	41	–
D	1	4	–	–	–	4
	100	400	213	128	55	4

Tab. 45: *Ergebnis der Interpretationskontrolle (für das Rechenbeispiel).*

Aus Tab. 45 lassen sich die notwendigen Berichtigungen des Interpretationsergebnisses wie folgt berechnen:

$$\text{für Klasse A} \quad 56 \cdot \frac{210}{224} + 32 \cdot \frac{3}{128} \qquad = \quad 53,25$$

$$\text{für Klasse B} \quad 56 \cdot \frac{10}{224} + 32 \cdot \frac{115}{128} + 11 \cdot \frac{3}{44} \qquad = \quad 32,00$$

$$\text{für Klasse C} \quad 56 \cdot \frac{4}{224} + 32 \cdot \frac{10}{128} + 11 \cdot \frac{41}{44} \qquad = \quad 13,75$$

$$\text{für Klasse D} \qquad\qquad\qquad 1 \cdot \frac{4}{4} = \quad \frac{1,00}{100,00}$$

Die Berichtigung ist in Sp. 6 der Tab. 44 eingetragen. Die sich daraus ergebenden endgültigen Aufnahmefehler (Standardabweichungen) und absoluten Flächengrößen stehen in Sp. 7 und 8.

Die Berechnungen nach (107) bis (110) treffen die Wirklichkeit gut, wenn die zu den Klassen gehörenden Teilflächen unregelmäßig im Inventurgebiet verteilt und im Vergleich zum Inventurgitter klein sind (oder mit einer Zufallsstichprobe gearbeitet wird). Liegen Teilflächengrößen vor, die i. d. R. größer als die Rasterflächen des Gitters sind, so werden mit den o.a. Formeln sowohl der benötigte Stichprobenumfang als auch die Aufnahmefehler *überschätzt*. Man befindet sich dann also auf der sicheren Seite!

Für die weitere, speziellere Behandlung der mathematisch-statistischen Fragen wird auf KÖLBL und TRACHSLER (1978) und die statistische Lehrbuchliteratur verwiesen.

4.6.6.2 Ermittlung der Länge linienförmiger Objekte

Eine ökologisch, aber auch planerisch oft wichtige Frage ist die nach der Länge der in einem Gebiet vorkommenden linienförmigen Landschaftselemente bestimmter Art. Man denke dabei z. B. an Heckenzüge, Waldränder, Windschutzstreifen, landschafts- und wildökologisch bedeutsame Säume, Wasserläufe und Uferlinien, aber auch an Wege und andere Verkehrslinien. Zur Beantwortung dieser Frage sind Luftbilder als Informationsmedien wegen der vollständigen Dokumentation aller oberirdischen Linien dieser Art besonders geeignet und Karten oder auch terrestrischen Messungen überlegen. Die Interpretation solcher Linien ist in groß- und mittelmaßstäbigen Luftbildern weitgehend problemlos. Sie ist auch für die Mehrzahl denkbarer Linienarten noch in klein- und mit Einschränkungen in kleinstmaßstäblichen möglich.

Bei *lokalen* Inventuraufgaben wird man die Linien direkt ausmessen. In Abhängigkeit von den Genauigkeitsforderungen und dem verfügbaren photogrammetrischen Gerät kann dies erfolgen durch Messung
- in Stereomodellen der Luftbilder mit analytischen oder digitalen stereophotogrammetrischen Auswertegeräten
- in vorhandenen Orthophotos oder bei ebenem Gelände auch in Luftbildplänen
- in exakt oder ggf. auch nur durch Umzeichnung hergestellten Karten der Liniensituation
- in ebenem Gelände und bei geringeren Genauigkeitsforderungen auch in den Originalluftbildern.

Bei den drei letztgenannten Vorgehensweisen können alle bekannten Meßhilfen vom Lineal und Zirkel über Meßräder bis zu Digitalisierungstabletts zur Messung eingesetzt werden. Analytische und digitale photogrammetrische Auswertegeräte verfügen – wie aus Kap. 4.5.5.6 und 4.5.5.7 bekannt ist – in ihrer Anwendungssoftware auch über Programme zur Streckenberechnung. Durch Abfahren der Linien mit der Meßmarke im absolut orientierten Modell können dadurch die gesuchten Längen direkt gewonnen werden.

Für die Ermittlung von Linienlängen im Zuge von *Großraum*inventuren ist man dagegen wieder auf Stichprobeaufnahmen angewiesen. Man setzt dafür Linien als Stichprobeelemente ein. Die Gesamtlänge aufzunehmender Geländelinien kann aus der Anzahl der Schnittpunkte zwischen diesen und über das Inventurgebiet gelegten Stichprobelinien statistisch abgeleitet werden. Zwischen beiden besteht ein brauchbarer korrelativer Zusammenhang unter der *Voraussetzung*, daß sich Stichprobe- und Geländelinien unter stets wechselnden Winkeln kreuzen.

Parallel verlaufende Stichprobelinien oder auch parallel liegende quadratische Aufnahmetrakte führen also nur dann zu brauchbaren Ergebnissen, wenn die aufzunehmenden Geländelinien in ihrer Richtung stets und zufällig wechseln. Ist dies der Fall, so kann die gesuchte Gesamtlänge L nach

$$L = \frac{1}{2} \, \pi \, \frac{n}{\Sigma l \, / \, F} \tag{111}$$

berechnet werden (MATERN 1964). In (111) sind n = Anzahl der Schnittpunkte, Σl = Gesamtlänge der Stichprobelinien und F die Fläche des Inventurgebietes. Abb. 177 zeigt für einen solchen Fall die straffe Korrelation und lineare Abhängigkeit.

Die Voraussetzung, daß die aufzunehmenden Linien in ihrer Richtung zufällig und wechselnd verlaufen, ist in vielen Fällen denkbarer, praktischer Inventuraufgaben nicht oder in nur sehr eingeschränktem Maße gegeben. Viele Landschaftsmuster sind aus orographischen oder kulturtechnischen Gründen durch mehr oder weniger parallelen Verlauf bestimmter Linien charakterisiert. Parallele Scharen von Stichprobelinien führen deshalb zu Trendfehlern (bias) und – da Formel (111) empfindlich reagiert – leicht zu unbrauchbaren Ergebnissen (vgl. z. B. MATERN 1964, HILDEBRANDT 1973b).

Die o.a., notwendige Voraussetzung muß also durch stets wechselnde Verlaufsrichtung der Stichprobelinien erfüllt werden. Bei Geländeerhebungen ist dies nicht zu realisieren, bei Luftbildinventuren bieten sich hierfür *Radialliniennetze* an (Abb. 176d). Sie gewähr-

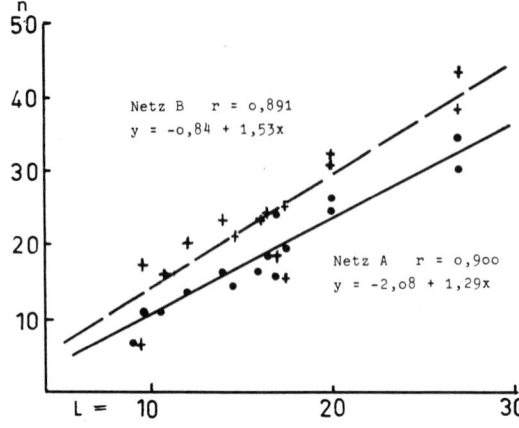

Abb. 177:
Beziehung zwischen gezählten Schnittpunkten linearer Objekte und Linien des Radialliniennetzes. Netz A und B unterscheiden sich durch die Länge der Radiallinien je Flächeneinheit: A 1,5 cm je 1 qcm B 2,24 cm je qcm (aus HILDEBRANDT 1973)

leisten die Erfüllung der o.a. Voraussetzung weitgehend. Die Berechnung der Gesamtlänge L nach Formel (111) führt zu einer brauchbaren Schätzung von L. Bessere Werte ergeben sich i. d. R., wenn man für eine Anzahl zufällig ausgewählter Teilflächen eine gemeinsame lineare Regression

$$L_T = a + bn_T \tag{112}$$

berechnet und die Gesamtlänge L nach

$$L = L_T \cdot \frac{n}{n_T} \tag{113}$$

findet. Für die Herleitung der Regression reichen je nach Vielgestaltigkeit im Bezug auf das Vorkommen der Linienelemente 5–10 Teilflächen ausreichender Größe aus.

In (111) bis (113) sind L die Linienlängen im Bild. Durch Multiplikation mit der Bildmaßstabszahl m erhält man die Länge im Geländemaß.

Bisher war gleichmaßstäbige Abbildung des Inventurgebietes in den Luftbildern unterstellt worden, d. h. daß dort entweder ebenes oder bei Arbeit mit kleinmaßstäbigen Bildern auch mäßig bewegtes Gelände vorherrscht bzw. daß die Luftbildauswertung in Orthophotos erfolgt. Liegen solche Bedingungen nicht vor – und können auch Orthophotos nicht hergestellt werden – so ist für Luftbild-Linienstichproben zu berücksichtigen, daß einer im Bild gleichlangen Linie auf der Hochfläche eine kürzere Geländelinie entspricht als in der Tallage. Um diesem Dilemma zu begegnen kann man *entweder* das Inventurgebiet nach Höhenstufen stratifizieren und die Umrechnung von L in absolute Geländelängen stratenweise vornehmen *oder* – sofern man es in der Hand hat – durch die Wahl des kleinstmöglichen Aufnahmemaßstabs den Maßstabseinfluß minimieren. Letzteres darf freilich die sichere Erkennung der aufzunehmenden Geländelinien nicht gefährden.

Als Beispiel praktischer Anwendung einer Luftbildlinienstichprobe (hier mit quadratischen Traktlinien) ist vor allem auf die Heckeninventur im Zuge der französischen Nationalen Waldinventur hinzuweisen (BRENAC 1962, CHEVROU 1973). Die Behandlung theoretischer Fragen und der Genauigkeitsabschätzung findet sich bei MATERN (1964), DEVRIES (1979) und CHEVROU (1976), wobei die Erstgenannten vor allem von terrestrischen Erhebungen ausgehen.

4.6.6.3 Dendrometrische Parameter

Dendrometrische Meßgrößen kann man für einzelne Bäume und Bestände durch direkte Messung und Schätzung gewinnen oder über Rechenmodelle ableiten. Höhen- sowie Kronenmessungen und die Herleitung digitaler Oberflächenmodelle für Kronendächer wurden als stereophotogrammetrische Aufgabe bereits in den Kap. 4.5.6 und 4.5.7 abgehandelt. An dieser Stelle sind ergänzend dazu noch die Ermittlung von Baumzahlen, Kronendurchmesserverteilungen sowie von Holzvorräten und der Biomasse zu besprechen.

Baumzahlermittlung

In Luftbildern ermittelte Baumzahlen können als Eingangsgröße für Regressionsmodelle für die Holzvorratsschätzung Bedeutung haben. Der Baumzahlermittlung zugänglich sind die nicht überschirmten oder beschatteten Bäume, sofern der Bildmaßstab für die Erkennung der einzelnen Kronen ausreicht. Die Ermittlung erfolgt durch vollständige, bei sehr großen Flächen ggf. auch stichprobeweise Auszählung. Zur Vermeidung von Doppelzählungen oder versehentlichem Auslassen empfiehlt es sich, eine transparente Rasterfolie mit sehr dünner Lineatur über die auszuzählende Fläche zu legen und rasterweise auszuzählen. Die Arbeit sollte stets unterm Stereoskop erfolgen.

Bei angemessenem Bildmaßstab ist die Auszählung i. d. R. gut möglich in Alleen, in der Feldflur, in offenen Wäldern, in der Mehrzahl der Plantagen, für den Oberstand gleichaltriger, mittelalter und alter Nadelbaumbestände sowie bei Überhältern und im Tropenwald für großkronige über das Kronendach hinausragende Bäume. Bei großmaßstäbigen Bildern gilt dies auch für Nadelbaumkulturen mit niedriger oder fehlender Bodenflora und für regelmäßige Heisterpflanzungen von Laubbäumen. Ebenso lassen sich in Farb- und Infrarot-Farbluftbildern abgestorbene und schwerstgeschädigte Bäume des Oberstandes sicher auszählen.

Probleme bereitet die Auszählung vor allem in mittelalten und alten Laubbaum- und Mischbeständen. Einerseits kann hier ein oft inniges Ineinandergreifen des Astwerks „Kronen" vortäuschen, zu denen mehrere Stämme gehören und andererseits können Zwieselbildungen zu Doppelkronen führen. Schwierigkeiten für die Zählung bereiten i. d. R. auch Plenterwälder u. a. ungleichaltrige Bestände durch ihre vertikal stark gegliederten Kronendächer und daher großen Schattenanteile.

Weitgehend unmöglich – selbst in großmaßstäbigen Bildern – sind Baumzählungen in Naturverjüngungen, verunkrauteten Aufforstungen, geschlossenen Jungwüchsen und Dickungen, Laubbaum-Stangenhölzern, in den Tropen z. B. bei Mangroven, Bambus, vielen Formen des artenreichen Regenwaldes und dichter Buschwälder.

Da unter- und zwischenständige Bäume nicht oder nur ausnahmsweise mitgezählt werden, entspricht bei geschlossenen Beständen die im Luftbild ermittelte Baumzahl nicht der wirklichen, gesamten Baumzahl. Sie liegt regelmäßig unter dieser und entspricht – präterpropter – jener des Oberstandes. Tab. 46 zeigt entsprechende Ergebnisse aus einer Freiburger Untersuchungsserie.

Im Hinblick auf die im allgemeinen stark wechselnden Baumzahlen des Unter- und Zwischenstandes und deren geringe Bedeutung für den aktuellen Stammholzvorrat (i. d. R. < 3 % in mitteleuropäischen Hochwäldern) ergeben sich aber zu diesem Vorrat straffere Korrelationen mit den in Luftbildern ermittelten Baumzahlen als mit den wirklichen Baumzahlen des Bestandes (hierzu TANDON 1974).

Bestandestyp Maßstab (im Mittel)	Hangneigung des Standorts	Unter- u. Zwischenstand in % der Stammzahl	Ergebnis der Zählung in % $(n_L/n_W) \cdot 100$
1	2	3	4
Laubbaum-Mischbestände 1:10 000	stark geneigt bis schroff	20,0 – 50	$\dfrac{-11,0}{-2,0\,/\,-24,0}$
Buchenreinbestände Altholz 1:10 000	leicht bis stark geneigt	0,0 – 15	$\dfrac{-8,3}{+6,4\,/\,-21,1}$
Fichtenreinbestände Altholz 1:12 000	eben bis mäßig geneigt	0,0 – 20	$\dfrac{-10,3}{-1,0\,/\,-24,2}$
Fichtenbestände mit ger. Laubbaumanteil 1:10 000	stark geneigt bis schroff	0,0 – 50	$\dfrac{-8,0}{-3,0\,/\,-16,0}$

Tab. 46: *Ergebnisse von Baumzählungen in zahlreichen Altholzbeständen des Gebirgswaldes in Luftbildern 1:10000. n_L = im Luftbild gezählte Bäume, n_w = wirkliche Baumzahl (aus* TANDON *1974 und mehreren Diplomarbeiten).*

Kronendurchmesserverteilungen

Die Herleitung von Kronendurchmesserverteilungen aus Luftbildern erhält ihren Sinn im Hinblick auf Beziehungen, die zwischen Kronen- und Stammdurchmessern bestehen. Sie können deshalb ebenfalls zur Herleitung des Holzvorrats und auch seiner Stärkeklassengliederung dienen. Die Beziehungen zwischen Kronen- und Stammdurchmesser sind abhängig von der Baumart, dem Standort, dem Alter und den natürlichen oder durch die Bestandesbehandlung geregelten Wuchsräumen der Bäume. Sie sind damit nicht generell zu definieren aber für einzelne oder gleichartige Bestände gegeben (Abb. 178). Kronendurchmesser kann man auf verschiedene Weise messen:

Für *wissenschaftliche Arbeiten* z. B. zur Untersuchung des Kronenwachstums oder von Bestandesentwicklungen empfiehlt sich die strenge photogrammetrische Punktbestimmung (vgl. Kap. 43.5.7 und AKÇA 1979) oder die Herleitung der Durchmesserwerte aus

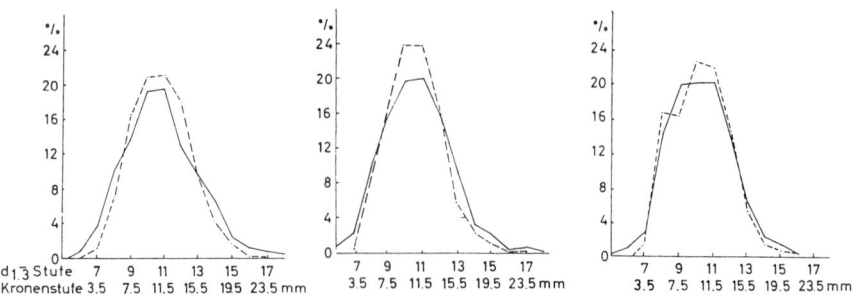

Abb. 178: *Kronen- versus Stammdurchmesserverteilungen in Buchenaltholzbeständen. Kronenmessungen mit Teilchengrößenanalysator (Zeiss) (aus* HILDEBRANDT *1969)*

Kronenkarten, die aus solider analytisch-photogrammetrischer Kartierung hervorgegangen sind. Für *Studien mit weniger hohen Anforderungen* an die Meßgenauigkeit können Messungen mit Meßlupen oder auch aus Kronenkarten zugrunde gelegt werden, die nach einfacher Projektion von Hand nachgezeichnet wurden. Für *Routinearbeiten* z. B. zur Ermittlung durchschnittlicher Kronengrößen von Beständen als Eingangsgrößen für Vorratsschätzungen mittels Luftbild-Massentafeln (Tab. 47) sind i. d. R. Näherungsverfahren mit Schätzhilfen vertretbar.

Als *Näherungsverfahren* verwendete der U.S.Forest Service seit langem sog. „crown wedges" und „dot type crown scales". Erstere bestehen aus zwei auf einer transparenten Folie aufgetragenen Linie, die von einem gemeinsamen Ursprung aus, in kleinem Winkel ($\approx 1,5°$) auseinanderlaufen. Der Abstand beider Linien ist an einer 1/100 inch-Skala ablesbar. Die zu messende Krone wird in den Keil eingepaßt, deren Breite abgelesen und mit der Maßstabszahl am gegebenem Bildort multipliziert. Beim dot-type crown scale ist ebenfalls auf transparenter Folie eine Folge von schwarzen Kreisen mit um 5/1000 inch zunehmendem Durchmesser aufgetragen. Die Skala wird an der zu messenden Krone vorbeigeschoben und gutachtlich der passende Kreis gewählt. Beide Hilfen sind für Bildmaßstäbe zwischen 1:10000 und 1:20000 bestimmt und sollen unter einem Stereoskop benutzt werden.

Für durchgängige genäherte Bestimmung der Kronendurchmesser großer Baumkollektive und gleichzeitige Registrierung und Einstufung in gewählte Durchmessergruppen hat sich die Verwendung eines *Teilchengrößenanalysators* bewährt (HILDEBRANDT 1969). Geräte dieser Art sind ursprünglich für die Größenmessung von Teilchen in Emulsionen, medizinischen Präparaten, Dünnschliffen von Mineralen u. ä. vorgesehen. Die Meßvorlage – hier das Luftbilddiapositiv – wird auf einen Tisch gelegt, in dessen Mitte sich eine von unten durchleuchtete, in der Größe kontinuierlich veränderbare Lochblende befindet. Die Vorlage wird systematisch über den Tisch geschoben, Krone nach Krone zentrisch über der kreisrunden Blende plaziert und diese in ihrer Größe bestmöglich der jeweiligen Krone angepaßt. Durch Knopfdruck wird die Registrierung und Klassifizierung ausgelöst und die gemessene Krone ggf. auch markiert.

Eine neue Möglichkeit kann sich in Zukunft anbieten, wenn es gelingt, mit *genügender Sicherheit* eine automatische Kronenerkennung und -abgrenzung in der Grauwert- bzw. Farbdichte-Matrix digitalisierter Luftbilder mit Mitteln der digitalen Bildverarbeitung zu erreichen (hierzu Kap. 4.6.8), sei es mit Hilfe eines Schwellwert-Verfahrens (vgl. z. B. W. SCHNEIDER 1978) oder eines bildverstehenden Expertensystems (z. B. HAENEL et al. 1972, 1987).

Die Ermittlung der Derbholzmasse von Einzelbäumen

Die Holzmasse einzelner Bäume (und auch von Beständen) kann man als solche in Luftbildern nicht direkt messen. Sie läßt sich aber für Bäume und Bestände oder auch Stichprobeflächen aus Parametern, die im Luftbild meß- oder schätzbar sind, ableiten.

Zum Verständnis wird dazu vorausgeschickt, daß hier unter der Holzmasse eines Baumes bzw. dem Holzvorrat im forst*wirtschaftlichen* Sinne das in Europa übliche Derbholzvolumen, d.s. die Volumina von Stämmen und Ästen, die am schwachen Ende wenigstens 7 cm stark sind, und das in Nordamerika übliche gross volume mit Zopfdurchmessern von zumeist 4 inch bzw. 10 cm verstanden wird.

Bei terrestrischer Messung wird das Derbholzvolumen v eines Baumes nach

$$v = h \cdot g \cdot f \tag{114}$$

berechnet. Dabei sind h die Wipfelhöhe, g die Grundfläche des Stammes in 1,3 m Höhe, d.i. die Höhe des sog. Brusthöhendurchmessers (Bhd), und f die Formzahl. Die Stammfläche wird als kreisrund angenommen, so daß h · g den Inhalt eines Zylinders ergibt. Die Formzahl ist baumarten-, alters- und ggf. auch standortsspezifisch und reduziert den Zylinderinhalt zum Volumen eines Kegelstumpfes.

Aus Luftbildern kann die Derbholzmasse einzelner Bäume mit Hilfe einer herkömmlichen Massentafel (z. B. GRUNDNER-SCHWAPPACH für europäische Verhältnisse) oder über die Entwicklung regionaler Luftbildmassentafeln erfolgen. In beiden Fällen wird die Kenntnis der Baumart vorausgesetzt.

Herkömmliche Massentafeln sind nach Baumarten gegliedert und haben die Höhe und den Brusthöhendurchmesser als Eingangsgrößen. Baumarten- und altersspezifische Formzahlen sind in den Tafeln eingearbeitet. Die Höhe des Baumes läßt sich stereophotogrammetrisch messen (Kap. 4.5.6). Der nicht meßbare Bhd korreliert in den unten angegebenen Maßen mit dem Kronendurchmesser und kann daher durch Regression gewonnen werden. Für Bäume einer Art und bestimmter Alters- bzw. Höhenklasse kann die Korrelation im günstigen Falle $r > 0,8$ betragen, und im ungünstigen Falle – wie oft z. B. bei Fichte – auch $r < 0,5$ sein. Untersuchungen in mitteleuropäischen Ländern führten z. B. im jeweiligen Untersuchungsgebiet und gegebenem Bildmaterial für alte Bäume, zu folgenden (nicht verallgemeinerungsfähigen) Beziehungen:

Fichte	$Bhd = -33,6 + 26,6D - 2,5D^2$	$D =$
Tanne	$Bhd = -5,2 + 6,8D$	Kronendurchmesser
Kiefer	$Bhd = -3,5 + 8,1D + 0,31D^2$	im Luftbild
Buche	$Bhd = -6,4 + 8,7D - 0,4D^2$	

Beim zweiten, vor allem in Nordamerika mehrfach begangenen Weg korreliert man stereophotogrammetrisch gemessene Baumhöhen und aus Luftbildern ermittelte Kronendurchmesser oder auch Kronenflächen einer Baumart *direkt* mit den Stammvolumina. Über eine Regressionsanalyse werden Luftbildmassentafeln, wie die in Tab. 47 als Beispiel gezeigte, entwickelt.

Kronen-durchmesser in Metern	Baumhöhe in Meter				
	15	20	25	30	35
	Stammvolumen in Kubikmeter				
1	*2*	*3*	*4*	*5*	*6*
3	0,27	0,34	0,43	0,55	–
4	0,39	0,49	0,61	0,74	0,88
5	0,50	0,64	0,79	0,95	1,12
6	–	0,88	1,05	1,25	1,48
7	–	1,08	1,30	1,55	1,83
8	–	1,28	1,56	1,87	2,21
9	–	–	1,98	2,37	2,79

Tab. 47: *Beispiel einer regionalen Luftbildmassentafel, hier für second growth Southern Pine in Alabama, Louisiana und Mississippi (U.S.Dept. of Agriculture 1969).*

Die Holzvorratsschätzung von Beständen

Größere Bedeutung hat die Holzvorratsschätzung von Beständen. Auch sie kann auf verschiedenem methodischem Wege erfolgen.

Die einfachste Methode ist die *rein gutachtliche Schätzung*. Sie ist vergleichbar mit der okularen Vorratsschätzung *im* Bestand und setzt, wie diese, in besonderem Maße forstlichen Sachverstand und Erfahrung voraus. Der Luftbildinterpret muß über gute Kenntnisse *möglicher* Vorrathaltungen in geschlossenen Beständen in Abhängigkeit von Baumart, Alter und Standortverhältnissen (Bonitäten) verfügen. In seine Schätzung gehen dementsprechend ein: die interpretierte(n) Baumart(en), ein aus erkannten Bestandeshöhen und Kronengrößen abgeleiteter, engerer Altersrahmen und der erkannte Schlußgrad. Die Reduktion der Vorratsmenge vollbestockter Bestände über den Schlußgrad erfordert dabei wiederum forstlichen Sachverstand.

Rein gutachtliche Vorratsschätzungen können abgestützt werden durch Vergleiche mit Stereogrammen, auf denen Bestände des entsprechenden Typs mit unterschiedlicher Vorrathaltung abgebildet sind.

Für Bestände des Altersklassenwaldes kommt zur Holzvorratsschätzung auch die „Ertragstafel-Methode" in Frage. Sie kann sich dort empfehlen, wo „passende" Ertragstafeln vorliegen und auf Alters- und Bonitätsangaben in Forsteinrichtungswerken zurückgegriffen werden kann. Bei bekanntem Alter kann die Bonität selbstverständlich auch über die photogrammetrisch ermittelte Bestandesmittelhöhe abgeleitet werden. Diese entspricht i. d. R. der terrestrisch gemessenen Bestandesmittelhöhe oder kommt ihr sehr nahe (AKÇA 1983).

Den genannten einfachen Schätzverfahren steht die Vorratsermittlung von Beständen und von Baumkollektiven auf Stichprobeflächen über einfache oder multiple Regressionen gegenüber. Der Holzvorrat (= die abhängige Variable) wird dabei aus einer oder mehreren unabhängigen, im Luftbild meß- oder schätzbaren Variablen abgeleitet. Als solche haben sich in Abhängigkeit von Baumarten bzw. Bestandestyp und auch vom Bildmaßstab, verschiedene Bestandesparameter des Oberstandes als geeignet erwiesen, nämlich die Bestandeshöhe – als Mittel-, Ober- oder Spitzenhöhe –, das Überschirmungsprozent der gesamten Fläche oder der Flächenanteile der verschiedenen Baumarten(gruppen), die mittlere Kronenbreite, die Baumzahl, das Bestandesalter bzw. eine geeignete Altersklassifizierung.

Regressionsgleichungen müssen von Fall zu Fall auf der Grundlage einer ausreichenden Anzahl von Untersuchungsflächen abgeleitet werden. Die i. d. R. multiplen Korrelationskoeffizienten r liegen dabei im günstigen Fall über 0,9, bei durchschnittlichen Verhältnissen zwischen 0,8 und 0,9 und in ungünstigen Fällen zwischen 0,65 und 0,8. Das entspricht Bestimmtheitsmaßen der Korrelation r^2 von > 0,81, 0,64–0,81 und 0,42–0,64. Auf ungünstige Verhältnisse im o.a. Sinne kann man stoßen, wenn z. B. für Zwecke von Großrauminventuren *eine* Regressionsgleichung für Straten mit stark wechselnden Bestockungsmerkmalen und Vorrathaltungen, abgeleitet werden sollen.

Wie unterschiedlich brauchbare Regressionsgleichungen sein können, zeigen die folgenden, ausgewählten Beispiele aus europäischen Untersuchungen.

Für 50–75j. locker-lichte Kiefernbestände in den Niederlanden und Bilder 1:10 000 und 1:20 000 (STELLINGWERF 1962)

$$V = 61{,}88 + 0{,}027\ H_O^3 + 0{,}12\ N \qquad\qquad r = 0{,}921$$

Für 10–60j. Kiefernbestände in Ungarn und Bilder 1:10 000 (BOGYAY 1970)

$$V = 1{,}37 - 0{,}02 \log A + 1{,}026 \log H_M \qquad\qquad r = 0{,}96$$

Für 60-110j. Fichten-Tannenbestände im Schwarzwald und Bilder 1:10 000 (TANDON 1974)

$$V = 614{,}943 - 4{,}277\ N - 6{,}395\ A + 0{,}0067\ A \cdot N \qquad\qquad r = 0{,}961$$

Für 20-100j. Fichtenbestände im Solling und Bilder 1:6000 (ZINDEL 1983)

$$V = 78{,}4 + 0{,}588\ KSG \cdot H_{SP}^2 \qquad\qquad r = 0{,}892$$

Für alte Buchenbestände in der Schwäbischen Alb und Bilder 1:10000 (HOSIUS 1973)

$$V = 962{,}3 + 2{,}06\ N + 6{,}44\ A \qquad\qquad r = 0{,}967$$

Für 80–140j. Laubmischbestände im Rheintal und Bilder 1:10000 (TANDON 1974)

$$V = -126{,}0137 + 0{,}0325\ A \cdot N - 0{,}0049\ N^2 \qquad\qquad r = 0{,}949$$

H_O = Bestandesoberhöhe, H_M = Mittelhöhe, H_{SP} = Spitzenhöhe, N = Baumzahl, A = im Luftbild geschätzte Altersgruppe, KSG = Kronenschlußgrad.

Die Vorratsschätzung *für Bestände* führt mit Regressionsgleichungen der gezeigten Art bei günstigen Voraussetzungen zu Schätzfehlern um ± 5–8 % und unter durchschnittlichen Verhältnissen um ± 8–12 %. Sie liegt damit im Rahmen dessen, was bei terrestrischen Stichprobekluppungen oder Schätzungen mit Winkelzählproben erreicht wird.

Aus Regressionsgleichungen lassen sich Luftbild-Bestandesvorratstafeln ableiten. Vor allem in Nordamerika sind solche Tafeln für bestimmte Regionen und dort häufig vorkommende Bestandestypen entwickelt und angewendet worden (vgl. hierzu z. B. HILDEBRANDT 1969 S. 156–160, HELLER u. ULLIMAN 1984 S. 2247). In Tab. 48 ist ein Auszug aus einer solchen Tafel wiedergegeben.

Die Herleitung multipler Regressionsmodelle für bestimmte Bestandestypen ist mit relativ geringem Aufwand möglich. Bei homogenen Bestandesverhältnissen kann schon die Vorratsmessung und Interpretation der unabhängigen Variablen an 30–50 z. B. 0,05 ha großen Untersuchungsflächen ausreichen. Bei heterogenen Bestandesverhältnissen bzw. Straten einer Großrauminventur, muß eine entsprechend größere Zahl von Flächen oder Stichprobeorten herangezogen werden. Sorge ist jedoch stets dafür zu tragen, daß die zur Regressionsanalyse herangezogenen Baumkollektive im Feld und im Luftbild übereinstimmen.

Average Stand Height (m)	Average Crown Diameter (m)	Crown Closure (percent)								
		15	25	35	45	55	65	75	85	95
9	5-6	24	28	31	35	38	43	48	52	57
12	5-6	28	31	35	40	45	50	55	59	64
15	5-6	31	37	42	47	52	58	64	70	76
18	5-6	42	51	59	66	73	77	80	84	87
21	5-6	70	80	91	98	105	108	112	115	119
24	5-6	105	114	122	128	133	138	142	147	152
12	7-8	35	44	52	59	66	72	78	84	90
15	7-8	42	52	63	70	77	83	89	94	100
18	7-8	63	73	84	89	94	99	104	108	113
21	7-8	94	103	112	117	122	127	132	136	141
24	7-8	122	133	143	149	154	159	163	168	173
27	7-8	155	165	175	180	185	190	195	199	204
30	7-8	190	200	210	215	220	224	227	231	234
12	9+	59	72	84	89	94	99	104	108	113
15	9+	73	84	94	100	105	110	114	119	124
18	9+	91	101	110	115	120	125	130	135	140
21	9+	119	129	138	145	150	155	160	165	170
24	9+	150	159	168	175	182	186	190	195	200
27	9+	182	190	200	205	210	215	220	225	230
30	9+	213	222	231	236	241	245	248	252	255
33	9+	252	259	266	271	276	281	286	290	295

Tab. 48: *Regionale Luftbild-Bestandmassentafel für den Holzvorrat in cbm/ha von Kentucky Hardwood Beständen (U.S.Dept. of Agriculture 1969, Auszug).*

Berichtigung der mit Regressionsschätzern ermittelten Zielvariablen

Bei Anwendungen aller Regressionsgleichungen und Luftbildmassentafeln ist es möglich, daß in den zu inventarisierenden Beständen oder Revieren die Beziehungen zwischen Ziel- und Hilfsvariablen nicht völlig mit denen übereinstimmen, die der Regression zugrunde liegen. Es ist ferner auch möglich, daß der Auswerter bei seinen Interpretationen oder Messungen in systematischer Weise von jenen abweicht, die der Ableitung der Regression zugrunde gelegt wurden. Aus beidem ergibt sich die Notwendigkeit einer Überprüfung und ggf. Berichtigung der ermittelten Zielvariablen. Man kann dies durch Kontrollaufnahmen der Zielvariablen auf Feldstichproben vornehmen. Ergibt sich für diese Stichprobe mit dem Regressionsmodell z. B. ein Vorrat von 360 Vfm/ha und bei der Kontrollaufnahme im Feld von 324 Vfm, so wäre das Gesamtergebnis der Regressionsschätzung mit 324 : 360 = 0,9 zu berichtigen.

Wenn nur der Einfluß der subjektiven Luftbildauswertung eliminiert werden soll, ist es ökonomischer und auch besser, nicht erst die Zielvariablen zu berichtigen, sondern anhand eines Teils der Originalproben, die dort erhobenen Hilfsvariablen mit denen des Auswerters zu vergleichen und schon letztere bei Vorliegen systematischer Abweichungen zu korrigieren (vgl. hierzu STELLINGWERF 1973a).

Andere Verfahren zur Holzvorratsschätzung in Beständen

Sonderstellungen nehmen die von HUGERSHOFF (1933) und von GORDEEV (1954) vorgeschlagenen Vorratsschätzverfahren ein.

HUGERSHOFF schlug vor, stereophotogrammetrisch eine Schar paralleler Bestandeshöhenprofile im Abstand a zu messen und für jedes der Profile dessen Fläche q_i zu berechnen. Aus den q_i-Werten, a und dem Schlußgrad S (in den Notationen HUGERHOFFS) war dann ein Parameter für den vom jeweiligen Bestand eingenommenen „Wuchsraum" R abzuleiten:

$$R = \left(\sum_i^n \frac{q_i + q_{i+1}}{2} \right) a \cdot S \qquad (115)$$

Nach den Vorstellungen HUGERHOFFS besteht für jeden Bestandestyp bei gegebenem Kronenschlußgrad ein spezifischer korrelativer Zusammenhang zwischen R und dem Holzvorrat des einzelnen Bestandes. Durch entsprechende Testmessungen kann daher ein Regressionsmodell mit V als Zielvariable und R als Hilfsvariable aufgebaut werden. Eine praktische Anwendung fand das Verfahren nicht.

Für offene Wälder Sibiriens schlug GORDEEV (1954) vor, großmaßstäbliche *Schrägaufnahmen* zur Vorratsmessung zu verwenden. Die Aufnahmen sollten *im Winter* erfolgen und in ihnen sollten unter Berücksichtigung der durch die Schrägsicht bedingten kontinuierlichen Maßstabsänderungen auf Stichprobeflächen, die Höhen *und* der Bhd der Bäume direkt gemessen und die Bäume, einschließlich verdeckter, abgezählt werden. Die Holzvorratsberechnung kann dann mit Hilfe herkömmlicher Massentafeln erfolgen. Durch Multiplikation mit einem aus gezählter und gemessener Baumzahl hervorgegangenen Faktor wird das Ergebnis berichtigt. GORDEEV gibt auch für dieses Verfahren einen Fehler von nur ± 10 % an.

Ermittlung von Zuwachswerten in Beständen

Auch *Zuwachswerte* lassen sich aus Luftbildern ableiten. Dies gilt bei Auswertung von Luftbildzeitreihen zunächst für die Bestimmung des Höhenzuwachses und der Kronen-

und Kronendachentwicklung. Es gilt aber auch für bestimmte Aussagen über den Zuwachs der Stammdurchmesser und -grundflächen und der Holzmasse. Die Vielzahl der
diese Zuwachsleistungen bestimmenden Faktoren setzt dem zwar Grenzen, doch bestehen
durch die Beziehungskette: Kronendimensionen – Blatt/Nadelmasse und -zustand – Assimilationsleistung – Zuwachs Ansatzpunkte für entsprechende Regressionsmodelle. Mit
einer i. d. R. zulässigen Vereinfachung kann davon ausgegangen werden, daß bis zu bestimmten Grenzwerten und bestimmtem Alter der Bäume mit zunehmender Größe der
Lichtkrone bei gegebener Wasser- und Nährstoffversorgung und Klimasituation auch die
Zuwachsleistung zunimmt. Einen Beleg dafür zeigt Abb. 179. Er weist zugleich aber
darauf hin, daß zwischen Kronenparametern und Zuwachsleistung nur ein relativer,
vom Standort und der Bestandesbehandlung abhängiger, Zusammenhang besteht.

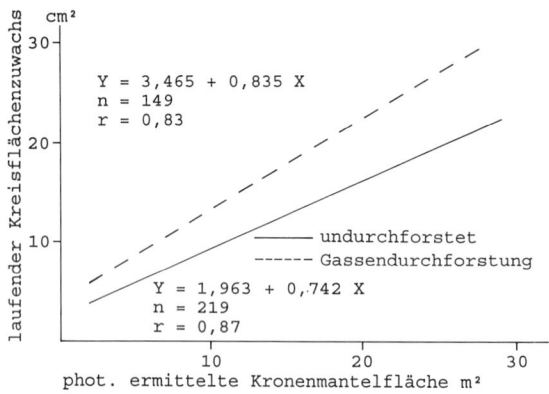

Abb. 179:
*Beziehung zwischen photogram-
metrisch in Luftbildern 1:2.000
ermittelten Kronenmantelflächen
und dem laufenden Zuwachs der
Stammgrundfläche in 1,3 m
Höhe bei 34 jähr. Fichten (aus*
AKÇA *1979)*

Auch die Volumenzuwachsleistung von Waldrevieren kann, wie STELLINGWERF (1973b)
zeigte, mit Hilfe einer Regression aus Luftbildparametern ermittelt werden. Für ein Fich-
tenrevier in Oesterreich konnte zwischen dem prozentualen mittleren jährlichen Gesamt-
zuwachs auf Stichprobeflächen und den dort in Luftbildern 1:4000 gemessenen mittleren
Kronendurchmessern eine lineare Regression aufgestellt werden. Mit ihr ließ sich die
Zielvariable ohne systematischen Fehler mit einer Standardabweichung von ±5,5 % ermitteln. Weiterführende Untersuchungen hierzu finden sich u. a. bei AKÇA (1979), KENNEWEG
u. NAGEL (1983), DEGIER u. STELLINGWERF (1988), DEGIER (1989), AKÇA et al. (1993).

4.6.6.4 Holzvorratsinventuren

Bei Holzvorratsinventuren in Betrieben oder besonders in Großräumen können Luftbilder in vielfältiger Weise eingesetzt werden. Sie dienen dazu, die Effizienz und/oder
die Genauigkeit der Inventur zu steigern oder machen diese in unbegehbaren Gebieten
überhaupt erst möglich. Die Vorratsinventur wird dabei häufig mit einer Flächeninventur
(Kap. 4.6.6.1) verbunden, bei betrieblichen und regionalen Vorhaben auch mit thematischen Kartierungen. Luftbilder können bei Vorrats- oder umfassenden Waldinventuren
Hilfsfunktionen erfüllen oder ihre Auswertung kann integraler Bestandteil des Inventurverfahrens sein.
    Auch dann, wenn Luftbildern nur Hilfsfunktionen zukommen, tragen sie wesentlich zur
Steigerung der Effizienz der Inventuren bei, z. B.
– als Entscheidungshilfe bei der Wahl des terrestrischen Vorratsaufnahmeverfahrens für
  bestandesweise Zustandserfassungen im Zuge von Forsteinrichtungen.

- für die Definition, der bei Großrauminventuren auf „Wald" fallenden und damit im Gelände aufzunehmenden Stichproben, wenn diese durch ihre Lagekoordinaten vorab bestimmt wurden (= permanente Stichprobeorte). Viele unnötige und ggf. beschwerliche Wege der Meßtrupps zu „Nichtwald"-Orten des Stichprobe-Gitters werden dadurch vermieden (vgl. hierzu z. B. SUTTER 1990).
- als Orientierungshilfe für die Meßtrupps im oft unwegsamen und unübersichtlichen Waldgelände und zur Erleichterung der Lokalisierung, ggf. auch der Wiederauffindung vorgegebener Stichprobeorte.

Bedeutsamer noch ist aber die Luftbildauswertung als integraler Bestandteil eines Inventurverfahrens, sei es, daß sie ausschließlich einer in Verbindung mit der Holzvorratsaufnahme durchzuführenden Flächeninventur (Kap. 4.6.6.1) oder der Stratifizierung des Aufnahmegebietes für die terrestrischen Vorratsmessungen dient, oder daß bei mehrphasigen Inventurkonzepten mit Regressionsschätzern (double sampling) die für die Vorratsberechnung benötigten, unabhängigen Variablen aus den Luftbildern gewonnen werden.

Stratifizierung mit Luftbildern für terrestrische Vorratsaufnahmen

„*Stratifizierung*" wird hier, wie zumeist auch in der Praxis, im weiteren Sinne verstanden, nämlich *sowohl* im statistischen Sinne als Untergliederung der im Bezug auf die Vorrathaltung heterogenen Grundgesamtheit in homogene Teile, d. h. nach Vorratsklassen von z. B. < 100 m³/ha, 100–200 m³/ha ..., *als auch* als Untergliederung nach forstwirtschaftlichen Gesichtspunkten, also z. B. nach Bestandestypen, Altersklassen, Schlußgrad- oder Degradationsstufen usw. Beide Gesichtspunkte tragen dazu bei, daß die Streuung des aufzunehmenden Merkmals „Vorrat in m³/ha" innerhalb der Straten begrenzt und zwischen den Straten ausgesondert, und damit die Genauigkeit der Vorratsaufnahme für das Ganze und seine Straten verbessert werden kann. Vice versa kann eine vorgegebene Genauigkeitsforderung mit weniger Stichproben erreicht werden.

Für die Bildung der Straten muß der Grundsatz gelten, daß diese in den Luftbildern sicher zu interpretieren sind. Eine weniger große Anzahl sicher interpretierbarer Straten ist besser als eine weitergehende Aufteilung mit mehreren Verwechslungsmöglichkeiten. Der forstwirtschaftlich wünschenswerten Aufteilung des Holzvorrats nach bestimmten Waldklassen wird man dabei in Wäldern der nördlichen Hemisphäre – besonders im Wirtschaftswald – fast immer, in Tropenwäldern jedoch nur in bestimmten Fällen Rechnung tragen können. Im negativen Fall muß die gewünschte, weitere Aufteilung dann im Zuge der terrestrischen Inventurstufe oder -phase erfolgen.

In mitteleuropäischen Wirtschaftswäldern haben sich für die Zuordnung von Beständen oder Stichprobeflächen in Luftbildstraten die Bestandesmerkmale Höhenstufe + Schlußgradklasse und auch natürliche Wuchsklasse + Homogenitätsstufe des Kronendaches bewährt (WOLFF 1960, KÖHL 1990). Für tropische Waldgebiete empfiehlt sich eine Kombination aus natürlichem Waldtyp (sofern differenzierbar) und Degradierungs- bzw. Schlußgradstufe (LOETSCH 1962, KÖHL 1991). Für die oft nicht einfache Stratenbildung in tropischen Wäldern wird auf die hilfreichen Hinweise aus praktischen Erfahrungen von LOETSCH (1962) und in dort zitierter Literatur hingewiesen.

Die Durchführung der Stratifizierung kann durch Delinierung der Stratenflächen (Abb. 175 Verfahren 1 u. 2a) oder im Rahmen eines mehr*phasigen* Stichprobekonzepts an Hand von Luftbildstichproben erfolgen (Abb. 175 Verfahren 2b, 4, 6a/b, „double sampling for stratification").

Im ersten Fall werden die Stratenflächen in Abhängigkeit von der Größe des Inventurgebietes entweder ganzflächig oder auf ausgewählten Teilflächen deliniert. Für die Auswahl von Teilflächen kann man dem Konzept mehr*stufiger* Inventuren folgen. Dabei wird das Inventurgebiet auf kleinmaßstäbigen Karten, Luftbildern oder auch Satellitenaufzeichnungen in gleichgroße Primäreinheiten (= PUs = Primary Units) geteilt; von diesen werden dann durch reine Zufallsauswahl oder eine Listenstichprobe mit ungleichen Auswahlwahrscheinlichkeiten (PPS- oder PPP-Auswahl)[47] Sekundäreinheiten gewonnen (Abb. 180a). Waldfreie PUs werden dabei automatisch von der Wahlmöglichkeit ausgeschlossen. In Abb. 180a sind das die PUs 9, 16, 23, 24.

Ein anderer Verfahrensweg zur Gewinnung von Teilflächen führt über die Aufnahme von Luftbildern auf systematisch angelegten Stichprobe-Flugstreifen (Abb. 180b). In Luftbildern dieser Sekundäreinheiten werden die Straten deliniert. Über großen waldfreien Gebieten kann dabei die Luftbildaufnahme ausgesetzt werden.

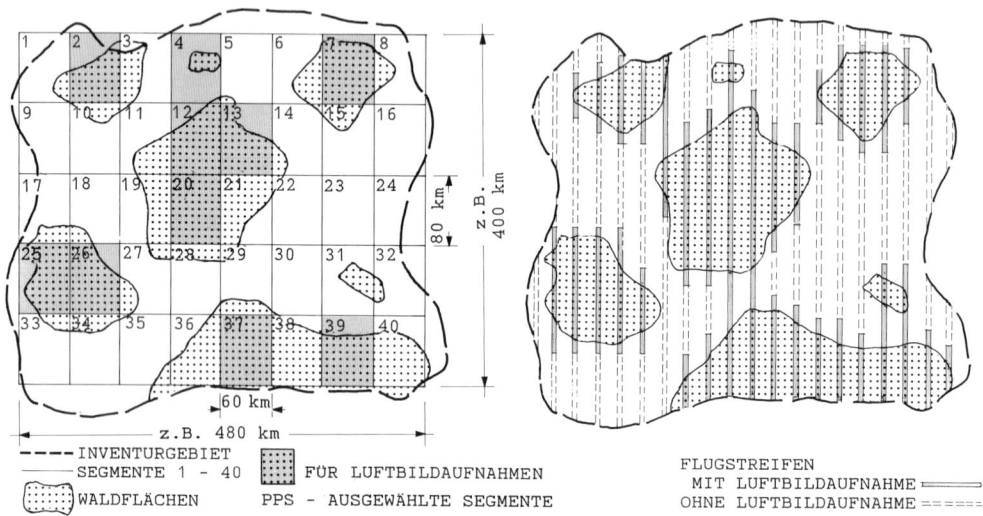

Abb. 180: *Möglichkeiten der stichprobeweisen Luftbildaufnahme bei Großrauminventuren (hier für ein Inventurgebiet von ca. 480 x 400 km = ca. 192 000 km²)*
a): Auswahl der durch Luftbilder abzudeckenden Stichprobegebiete erfolgte nach dem PPS-Prinzip[47]. Die Stichprobe erfaßt im Beispiel 25 % der Fläche des Inventurgebietes und durch die PPS-Auswahl 55 % der Waldfläche;
b): Aufnahme der Luftbilder auf systematisch angelegten Stichprobestreifen

Die Entscheidungen über die Stratenabgrenzungen erfolgt aufgrund intensiver stereoskopischer Luftbildinterpretation. Nach den Delinierungen werden Flächen bzw. Flächenanteile der Straten ermittelt und der Stichprobumfang je Stratum für die nachfolgende terrestrische Vorratsmessung entsprechend den Zielvorgaben für die Inventur berechnet.

---

[47] PPS = Probability proportional to size, PPP = Probability proportional to prediction. Für jede PU wird dabei gutachtlich bei PPS-Auswahl die Größe der Waldfläche und bei PPP-Auswahl die ungefähre Holzvorratsmenge geschätzt, in einer Liste zusammengestellt und fortlaufend die Flächensumme gebildet. Die letzte Flächensumme (Vorratssumme) S gibt den Rahmen für die Zufallsauswahl. Sollen z. B. 10 PUs gewählt werden, so werden 10 Zahlen zwischen 1 und S gezogen. Eine PU ist gewählt, wenn die gezogene Zahl gleich oder kleiner als seine Flächensumme ist, jedoch größer als die der in der Liste davorstehenden PU. PUs mit großer Waldfläche (oder viel Vorrat) haben dadurch eine größere Chance gewählt zu werden, d. h. daß mit relativ wenigen PUs eine relativ große Waldfläche (Vorratsmenge) erfaßt wird.

Es kann dabei statistischen Regeln folgend von einem z. B. aus Kostengründen vorgegebenen Gesamtumfang der Stichprobe oder von geforderten Genauigkeiten für den Gesamtvorrat bzw. für die einzelnen Straten ausgegangen werden.

Bei vorgegebenem Stichprobeumfang können die Stichproben auf einfache Weise flächenproportional verteilt werden, *entweder* so, daß gleiche bzw. nach der Wertigkeit der Straten abgestufte Genauigkeiten erreicht werden, *oder* so, daß durch eine Optimalverteilung (z. B. nach NEYMANN) der Gesamtfehler minimiert wird. Schließlich ist es auch möglich, daß dann, wenn die Vorratsmessungen in den Straten unterschiedliche Kosten verursachen, eine Verteilung der Stichproben so auf die Straten vorgenommen wird, daß sich ein optimales Verhältnis von Kosten und Genauigkeit für das Gesamtergebnis ergibt.

Sind dagegen Genauigkeitsforderungen vorgegeben, so lassen sich die erforderlichen Stichprobenumfänge in entsprechender Weise kalkulieren. Auf die statistische Lehrbuchliteratur, z. B. auf COCHRAN 1977, LOETSCH u. HALLER 1964, ZÖHRER 1980 wird verwiesen.

Im Rahmen eines *zweiphasigen Inventurkonzepts zur Stratifizierung* – dem o.a. zweiten Fall – dient die erste Phase der Stratifizierung. Es werden dazu in den Luftbildern n Stichprobeorte (Punkte oder Kreise) systematisch oder zufällig ausgewählt und diese durch Interpretation den vorgesehenen Straten zugeordnet. Man erhält dadurch für jedes Stratum n_i Stichproben und die Flächenanteile der Straten an der Gesamtfläche. Die Stratifizierung erfolgt also nicht wie zuvor durch reale Abgrenzung von Stratenflächen, sondern nur in numerischer Form. Durch die Stichprobe der ersten Phase werden zunächst nur die prozentualen Anteile der Stratenflächen ermittelt. Bezüglich des Umfangs der Phase-1-Stichprobe gilt das in Kap. 4.6.6.1 für regionale und großräumige Flächeninventuren mit Punktgittern Gesagte.

Aus den n Stichproben jedes Stratums wählt man daraufhin m Stichproben für die zweite Phase der Inventur aus. Alle m Stichprobeorte werden im Gelände aufgesucht und dort der Vorrat auf definierten Stichprobeflächen gemessen. Eine vollständige Koinzidenz des Luftbildstichprobe*punktes* mit dem Mittel*punkt* der Stichprobefläche im Wald bzw. von Stichprobeflächen in Bild und im Gelände ist nicht erforderlich. Sie sollten aber so weit wie möglich übereinstimmen. Auf jeden Fall ist sicherzustellen, daß die Feldstichprobefläche zur Gänze in das am Luftbildstichprobeort interpretierte Stratum fällt.

Die Anzahlen m_i für jedes Stratum können wiederum flächenproportional sein oder, wie zuvor beschrieben, unter Berücksichtigung der angenommenen Variabilität der Vorratshaltung auf den Feldstichprobeflächen, entsprechend der Zielvorgaben der Inventur berechnet werden. Dafür und für die Schätzung des Aufnahmefehlers sowie die detaillierte statistische Behandlung verschiedener Aufnahmevarianten wird erneut auf die statistische Lehrbuchliteratur verwiesen.

Zweiphasige Stichprobeverfahren zur Stratifizierung gehören zu den bei regionalen und nationalen Waldinventuren häufig angewandten Methoden, so z. B. seit langem in Nordamerika (WILSON 1960, HILDEBRANDT 1962) seit 1970 im nördlichen Finnland (POSO 1972, POSO u. KUJALA 1978, MATTILA 1985) oder jüngst bei der zweiten Nationalen Forstinventur der Schweiz (KÖHL 1990, KÖHL u. SUTTER 1991). Für die U.S.A. gilt: „today virtually every inventory – initial, remeasurement, midcircle – uses the double sampling for stratification or some variant" (v. HOOSER et al. 1993).

Anstelle von zweiphasigen können auch drei- oder mehrphasige Inventuren konzipiert werden und ggf. von Vorteil sein. Die Stratifizierung und Flächeninventur wird dann von Phase 1 zu Phase 2 (und Phase 3 usw.) mehr und mehr verfeinert. In der jeweils letzten Phase werden wiederum die Vorratsmessungen auf Stichprobeflächen im Wald durchgeführt. Eine *vier*phasige Inventur mit Stratifizierung wurde z. B. für eine Pilotinventur in den tropischen Western Ghats im indischen Bundesstaat Karnakata konzipiert und dort angewandt (KÖHL 1991). Dabei wurden Informationen aus Landset TM-Daten (hierzu SCHMITT-FÜRNTRATT 1990), Schwarzweiß-Luftbilder 1:20 000 und Infrarot-Farbluftbilder 1:5000 für die Stratifikation miteinander verbunden und die Auswahl der terrestrischen Stichprobepunkte für die Vorratsmessung danach getroffen.

Mehrphasige Vorratsaufnahmen mit Regressionsschätzern

Dienten bei den zuvor besprochenen Verfahren die Luftbilder „nur" der Stratifizierung (und Flächeninventur), so werden bei diesem Inventurverfahren für die Holzvorratsschätzung selbst benötigte Informationen durch Luftbildinterpretation bzw. auch -messungen gewonnen. Die auf einer großen Menge von Stichprobeflächen im Luftbild erhobenen Daten (= 1. Phase) benutzt man als Hilfsvariable (= unabhängige Variable) zur Berechnung der Zielvariablen „Holzvorrat". Als Hilfsvariable kommen die schon in Kap. 4.6.6.3 genannten Parameter Bestandeshöhe, Schlußgrad bzw. bei Mischbeständen die anteiligen Überschirmungsprozente, natürliche Altersklasse oder geschätzte Altersgruppe und auch Baumzahlen oder Kronendimensionen in Frage. Liegen für die im Inventurgebiet vorkommenden Waldtypen bereits Luftbildmassentafeln vor, so kann auch der am Stichprobeort danach geschätzte Vorrat als Hilfsvariable Verwendung finden.

In der 2. Phase wählt man aus der Menge der Stichprobefläche, ggf. straten- bzw. klassenweise, je eine kleine Teilmenge für die terrestrische Vorratsmessung aus. Man lokalisiert die entsprechenden Stichprobeorte *flächenkonform* im Gelände und mißt dort die Zielvariable „Holzvorrat in m³/ha". Für die Stichproben der Phase 2 werden die sich zwischen den Hilfs- und der Zielvariablen ergebenden Korrelationen bestimmt und geeignete Regressionsmodelle aufgebaut. Über diese Modelle berechnet man den Vorrat aller Stichproben der 1. Phase und leitet über die anteilige Fläche der Straten/ Klassen schließlich den Vorrat für das gesamte Inventurgebiet ab.

Das Grundkonzept einer solchen zweiphasigen Inventur mit Regressionsschätzern kann auch auf drei und mehr Phasen ausgedehnt werden (hierzu z. B. LANGLEY et al. 1969, LANGLEY 1975, SCHADE 1980, LaBAU u. SCHREUDER 1983, JOHNSTON 1982 zit. n. PELZ 1985).

Mehrphaseninventuren mit Regressionsschätzern können für regionale und großräumige Holzvorratsinventuren sehr effizient und oft auch anderen Verfahren überlegen sein. Voraussetzungen dafür und für eine sinnvolle und erfolgreiche Anwendung überhaupt ist jedoch,

– daß die Hilfsvariablen sicher interpretier- bzw. meßbar sind,
– daß die Korrelationen zwischen den gewählten Hilfsvariablen und der Zielvariablen ausreichend hoch sind und die Regression stabil und signifikant ist,
– daß die Koinzidenz zwischen den Stichprobeflächen im Luftbild und im Gelände weitgehend gewährleistet ist,
– daß die Aufnahme der Hilfsvariablen je Stichprobeeinheit im Luftbild deutlich kostengünstiger ist als die der Zielvariablen im Gelände.

Von der *sicheren Interpretierbarkeit* der o.a. Hilfsvariablen kann i. d. R. ausgegangen werden. Die Heranziehung analytisch-photogrammetrischer Höhen- und Kronenmessungen hat im letzten Jahrzehnt neue Möglichkeiten eröffnet (z. B. AKÇA 1979, AKÇA et al. 1993), stößt aber ggf. in dichtgeschlossenen und in gestuft aufgebauten Wäldern interpretatorisch und meßtechnisch an Grenzen. Abzuwägen ist dabei im Einzelfall der damit verbundene Aufwand gegenüber dem Zugewinn an Genauigkeit.

Von einer tragfähigen *Korrelation zwischen den o.a. Hilfsvariablen und dem Holzvorrat* in m³/ha kann für die regional vorkommenden Baumartengruppen bzw. Waldtypen ausweislich zahlreicher Untersuchungen in vielen Fällen ausgegangen werden (Kap. 4.6.6.3

und Tab. 49). Bei Großrauminventuren, die sehr unterschiedliche Waldwachstumsverhältnisse und forstliche Bewirtschaftungsformen einschließen, wird ggf. die Ableitung von Regressionsmodellen für einzelne Regionen oder Waldbestandesformen erforderlich. In Pilotinventuren wurde die Brauchbarkeit solcher Regressionsmodelle wiederholt bestätigt. In Tab. 49 sind dazu Beispiele aus verschiedenartigen, jeweils topographisch abwechslungsreichen mitteleuropäischen Waldgebieten zusammengestellt.

Inventurgebiet Waldfläche Bildmaßstab (Autor)	verwendete Hilfsvariable	Anzahl der Stichproben im Luftbild n im Wald m	Baumarten	Multipler Korrelationskoeffizient r	Aufnahmefehler bei 95% statist. Sicherheit
1	2	3	4	5	6
Schwarzwald 22 500 ha 1:50 000 (SCHADE 1980)	Überschirmungsprozent der Baumarten nach Altersklasse	n=1475 m=320	Fichte Tanne Buche	0,881 0,964 0,911	± 3,2% ± 2,5% ± 4,0%
Hils (Niedersachsen) 7500 ha 1:35 000 (AKÇA et al. 1993)	Schlußgrad, Spitzenhöhe, bei Buche zusätzlich: Alter	n=352 m=40 n=282 m=40	Fichte Buche	0,918 0,766	± 6,2% ± 6,2%
Salzburger Land 1:10 000 (STELLINGWERF 1991)	Überschirmungsprozent der Baumarten	n=60 m=32	Fichte Tanne Fichte/Tanne	0,939 0,941 0,939	± 9,8% ± 7,6% ± 5,6%

Tab. 49 *Ergebnisbeispiele mitteleuropäischer Pilotinventuren mit zweiphasigen Stichproben mit Regressionsschätzern.*

Daß im Hinblick auf mangelhafte Korrelationen auch Grenzen der Anwendung von Stichprobeverfahren mit Regressionsschätzern gegeben sind, zeigte sich bei Untersuchungen im Zuge der Vorbereitung zur 2. Nationalen Forstinventur der Schweiz (SUTTER 1990, KÖHL u. SUTTER 1991).

Die *Koinzidenz zwischen* in ihrer Lage durch Koordinaten XY definierten *Stichprobeorten im Luftbild und im Gelände* kann durch stereophotogrammetrische Bestimmung und geodätische Einmessung (weitgehend d. h. mit Metergenauigkeit) gesichert werden. Der für die geodätische Einmessung erforderliche Kosten- und Zeitaufwand wird jedoch i. d. R. bei forstlichen Großrauminventuren nicht aufgebracht werden können. Er ist – von wissenschaftlichen Inventuraufgaben abgesehen – auch nicht gerechtfertigt. Zur Herstellung einer ausreichend guten Koinzidenz muß man daher auf vertretbare Näherungslösungen zurückgreifen. Die Übertragung ins Gelände erfordert in jedem Falle eine gewissenhafte Sucharbeit.

Der Meßtrupp wird im Gelände i. d. R. durch zahlreiche Hinweise im Luftbild und ggf. auch in der Karte zum Stichprobeort hingeführt. Besonders inmitten von Waldbeständen werden aber häufig weitere Hilfestellungen notwendig. Als eine solche hat es sich bewährt, dem Meßtrupp eine im Zuge der Luftbildauswertung der Phase 1 gefertigte Lageskizze für jeden Stichprobeort mitzugeben. Auf dieser müssen wenigstens drei in dessen Nähe gelegene markante Geländepunkte (vorherrschende oder solitäre Bäume, Bestandeslücken, Wegegabeln, Feld-, Wald-Bestandeseckpunkte, Felsen u. ä.) lagerichtig zum

Stichprobeort bezeichnet sein. Von diesen Punkten aus kann dieser dann eingemessen oder eingefluchtet werden. Als weitere Hilfen und besonders zur Abgrenzung der Stichprobefläche bzw. Identifizierung des im Luftbild ausgewerteten Baumkollektivs sind auch einfache Kronenkarten der Stichprobefläche nützlich.

Entschärft wird das Problem der Übereinstimmung, wenn die Vorratserhebung in der zweiten Phase flächenlos, z. B. durch Winkelzähl- oder Sechs-Baum-Stichprobe o.ä. erfolgt.

Trotz aller Vorsorgen wird es nicht in allen Fällen möglich sein, mit ausreichender Näherung die Luftbildstichprobeorte im Gelände zu finden. Dort wo dies häufig vorkommt oder zu erwarten ist, muß die Anwendung zweiphasiger Inventuren mit Regressionsschätzern in Frage gestellt werden. Mit Fällen dieser Art ist vor allem in Inventurgebieten mit *ausgedehnten, homogenen* und *geschlossenen* tropischen Regenwäldern oder auch natürlichen Nadelwäldern zu rechnen.

Permanente Stichprobeorte werden im Gelände vermarkt. Sie können dadurch bei *Folgeinventuren* sicher wiedergefunden werden. Da ihre Lagekoordinaten bekannt sind, können sie auch in späteren Luftbildern photogrammetrisch zuverlässig definiert werden (AKÇA 1989, MAXIN 1991).

Ein zweiphasiges Inventurverfahren mit Regressionsschätzern ist aus wirtschaftlichen Gründen dann gerechtfertigt, wenn das Verhältnis

$$\frac{\text{Kosten je terrestrischer Stichprobe } c_t}{\text{Kosten je Luftbildstichprobe } c_L} \geq \frac{\left(1 + \sqrt{1 - r^2}\right)^2}{r^2} \tag{116}$$

ist (COCHRAN).

Aus (116) ergibt sich diese Rechtfertigung
bei $r^2 = 0,8$ $r = 0,894$ wenn $c_t/c_L = 2,6 : 1$
bei $r^2 = 0,6$ $r = 0,774$ wenn $c_t/c_L = 4,4 : 1$
bei $r^2 = 0,4$ $r = 0,632$ wenn $c_t/c_L = 7,9 : 1$
bei $r^2 = 0,3$ $r = 0,548$ wenn $c_t/c_L = 11,2 : 1$

c_t schließt ein die Anmarschwege, das Aufsuchen und die Meßarbeit sowie die Amortisation der Meßgeräte und Transportmittel, c_L die Luftbildbeschaffung, die Modellorientierung, ggf. auch die Paßpunktbeschaffung und Herstellung orthogonaler Punktgitter, die Interpretations- und Meßarbeit sowie auch hier die Amortisation der Auswertegeräte. Veröffentlichte Kalkulationen vernachlässigen zumeist die o.a. anteiligen Abschreibungen.

Erfahrungen zeigen, daß in der Mehrzahl der Fälle das Verhältnis c_t/c_L zwischen 10 : 1 und 30 : 1 liegt. Geringere Werte können vorkommen, wenn anspruchsvolle photogrammetrische Messungen zur Erhebung der Hilfsvariablen eingesetzt werden *und* das Inventurgebiet gut erschlossen, leicht zugänglich und nicht gebirgig ist. Werte über 30 : 1 kommen bei sehr weiten Anmarschwegen zu den Stichprobeorten in unwegsamem, gebirgigem Gelände vor.

Zur Senkung von c_t und auch des *Zeit*aufwandes bei Großrauminventuren empfiehlt es sich, die Feldstichproben räumlich zu konzentrieren, so wie es auch bei rein terrestrischen Holzvorratsinventuren in vielen Fällen üblich ist. Die Konzentration kann dadurch erreicht werden, daß die Feldstichproben auf Teilgebiete beschränkt werden, die im Sinne einer Mehrstufeninventur (s. Fußnote 47) zufällig oder durch PPS- bzw. PPP-Verfahren (s. Fußnote 47) ausgewählt werden oder daß sie als Cluster-Stichprobe (= Klumpen-Stichprobe) nur aus jedem n-ten Luftbild oder innerhalb jedes m-ten Bildstreifens genommen werden. Systematische Fehler durch Abhängigkeiten zwischen benachbarten Stichprobe-orten werden sich in engen Grenzen halten, wenn sich die ausgewählten Teilflächen über die gesamte Inventurfläche verteilen und die Abstände der Stichprobeorte in den Clustern groß genug sind, um Abhängigkeiten weitgehend auszuschließen.

Zur Durchführung einer effektiven Zweiphaseninventur mit Regressionsschätzern ist ein optimales Verhältnis der Anzahlen von Feld- und Luftbild-Stichproben anzustreben. Man geht dabei von der benötigten Anzahl an Luftbildstichproben n_L aus. Ist das zulässige mittlere Fehlerprozent $s_{\bar{y}}\%$ und eine geforderte statistische Sicherheit vorgegeben, so ergibt sich n_L nach

$$n_L = \frac{s_y\%^2}{(s_{\bar{y}}\%/t)^2} \cdot \left[\sqrt{\frac{c_t}{c_L} \cdot r^2\,(1-r^2)} + r^2\right] \tag{117a}$$

In (117a) sind $s_{\bar{y}}\%$ das zulässige mittlere Fehlerprozent der Zielvariablen, $s_y\%$ der Variationskoeffizient und t der t-Wert nach der t-Wert-Tabelle gemäß der gewählten statistischen Sicherheit für die Fehleraussage. Bei der häufig gewählten Sicherheit von 95 % kann man für die Vorkalkulation t = 2 setzen.

$s_y\%$ ist vor Beginn der Inventur nicht bekannt, so daß dieser Wert zunächst gutachtlich, ggf. auf Voruntersuchungen oder vorliegende Erfahrungen gestützt, eingeschätzt werden muß. Für homogene Straten kann man mit Werten um 40–50 % und für heterogene um 70–90 % rechnen. Berechnet man $S_y\%$ nach Vorliegen erster Ergebnisse der Aufnahmen, so kann der Stichprobenumfang durch eine Nachkalkulation noch während der Inventur an die neuen Erkenntnisse angepaßt werden.

Ist nicht $s_y\%$, sondern ein Betrag c für die Gesamtkosten der Inventur vorgegeben, so gilt

$$n_L = \frac{c}{c_t + c_L \cdot \sqrt{\dfrac{1-r^2}{r^2} \cdot \dfrac{c_t}{c_L}}} \tag{117b}$$

Für beide Fälle ergibt sich die dann benötigte Anzahl terrestrischer Stichproben n_t nach

$$n_t = n_L \cdot \sqrt{\frac{1-r^2}{r^2} \cdot \frac{c_L}{c_t}} \tag{118}$$

Gehen nur bis zu max. drei Regressoren in die zugrunde gelegten Regressionsmodelle ein, so kann nach Abschluß der Inventur der mittlere Aufnahmefehler des Holzvorrats $s_{\bar{y}}^2$ nach

$$s_{\bar{y}}^2 = \frac{s_y^2}{n_t} \cdot \left[1 - r^2 \cdot \left(1 - \frac{n_t}{n_L}\right)\right] \tag{119}$$

geschätzt werden. $s_{\bar{y}}$ ist dabei die Varianz der Zielvariablen „Holzvorrat" aus den Mes-sungen auf den terrestrischen Stichprobeflächen. Die Formeln (117a) bis (119) folgen CHOCHRAN (1977).

Gewinnung der Flächeninformationen und Hilfsvariablen aus kleinformatigen Luftbildern

Bisher war davon ausgegangen worden, daß für die Gewinnung der Hilfsvariablen Luftbildaufnahmen mit großformatigen Reihenmeßkammern erfolgen. Das ist bei Großrauminventuren der Regelfall, aber es ist nicht zwingend. Es können prinzipiell dafür auch Luftbilder verwendet werden, die mit kleinformatigen Kameras aufgenommen werden (vgl. Kap. 4.1.2.2). Die Luftbildaufnahme dieser Art ist durch den Einsatz leichter Flugzeuge und der Kleinbildkameras kostengünstig und die in diesen Fällen sehr großmaßstäbigen Luftbilder z. B. 1:500 oder 1:1000 bieten der Luftbildinterpretation weitgehende Möglichkeiten. Dagegen stehen als Nachteile die jeweils nur kleinen abgebildeten Flächen, systembedingte Grenzen für präzise photogrammetrische Auswertungen und der Umstand, daß keine flächendeckenden Luftbildaufnahmen größerer Inventurgebiete möglich sind.

Kleinbildkameras eignen sich daher nur dann für Großrauminventuren des Holzvorrats, wenn die Luftbildaufnahme auf Stichprobeflächen oder schmale -streifen beschränkt werden soll und kann.

Um auch Baumhöhen zur Verwendung als Hilfsvariable stereophotogrammetrisch in brauchbarer Weise messen zu können, müssen entsprechende Vorkehrungen getroffen werden. Dazu gehören eine sichere Flughöhenbestimmung jeweils bei Bildaufnahme (z. B. durch ein Radaraltimeter), die exakte Vermessung des Abstands der beiden für Stereoaufnahmen erforderlichen Kameras zur Definition der Aufnahmebasis b und die Gewährleistung der notwendigen 60 % Überdeckung für die stereophotogrammetrischen Messungen.

Über erfolgreiche Einsätze von kleinformatigen Kameras für Waldinventuren und dabei angewandte Methoden berichten u. a. ALDRED u. SAYN-WITTGENSTEIN 1972, SKRÅMO (1980), RHODY (1977, 1982). Die Kombination von quer zur Flugrichtung (Abb. 63, 64) aufgenommenen Stereomodellen von Stichprobeflächen an systematisch verteilten Gitterpunkten mit einer kontinuierlichen Streifenaufnahme mit 60 % Längsüberdeckung hat sich dabei besonders bewährt (RHODY 1982). Die Streifenaufnahmen dienen dabei sowohl im Zuge von Zweiphaseninventuren mit Regressionsschätzern dem Auffinden jener Luftbildstichprobeflächen im Gelände, auf denen der Holzvorrat gemessen werden muß, als auch der Erhebung von Flächeninformationen in Form einer Linientaxation.

Ermittlung der Holzmasse von Buschland

Die Ermittlung der hölzernen, oberirdischen Biomasse von Sträuchern und niederstämmigem Buschland ist als Sonderfall der Holzmassenschätzung aus Luftbildern anzusehen. Praktische Bedeutung hat diese vor allem zur (lebensnotwendigen) Abschätzung lokaler und regionaler Brennholzvorräte (fuel wood, woody biomass) in den Trockengebieten der Erde. Die Sicherung dieser Voräte gehört deshalb und auch zur Abwehr weiterer Desertifikation zu den Hauptaufgaben des Tropical Forest Action Plan der FAO.

Die hölzerne Biomasse des Buschlandes kann als Holzvolumen, Frischgewicht oder im Hinblick auf deren überwiegende Brennholznutzung zweckmäßiger als Trockengewicht des Holzes erfaßt werden.[48] Soll die Einschätzung mit Mitteln der Fernerkundung erfolgen, so sind Luftbilder großen Maßstabs erforderlich. Sie ist flächenweise vorzunehmen. Dafür ist die Erhebung auf Stichprobeflächen und eine Regressionsschätzung das ad-

---

[48] Zur Methodik und Problematik der terrestrischen Ermittlung dieser Holzmasse einschl. der Ableitung von Massentafeln liegt eine umfangreiche Literatur vor. Es wird auf HITCHCOCK u. MCDONNEL (1979) und DEGIER (1989) verwiesen.

äquate Verfahren. Daneben ist aber auch für grobe, ganzflächige Einschätzungen eine gutachtliche, auf örtliche Erfahrungen und die Luftbildinterpretation der Flächenbedeckung und Bestockungsdichte gestützte Ansprache möglich.

Die Regressionsschätzung muß Rücksicht auf die bei den Vegetationsformen des Buschlands häufig große Variabilität des aufzunehmenden Merkmals nehmen. Stichprobeumfang und Größe der Stichprobeflächen sind entsprechend den örtlichen oder regionalen Gegebenheiten festzulegen. Sofern lokale Erfahrungen noch nicht vorliegen, muß dafür die Variabilität des aufzunehmenden Merkmals bei vorgesehener Größe der Stichprobefläche, durch Voruntersuchungen ermittelt werden. Als Größe der Stichprobeflächen kann man z. B. 0,05 ha wählen.

Als unabhängige Variable eignen sich die mittlere Höhe oder die Spitzenhöhe, der Schlußgrad und der mittlere Kronendurchmesser der Bestockung. In baumreichen Buschwäldern ergeben sich ggf. bessere Korrelationen zur Biomasse, wenn man die Regression, anstelle der beiden letztgenannten Parameter, auf den Schlußgrad und die Kronendurchmesser nur der eine bestimmte Höhe überschreitende Bestandesglieder aufbaut. DeGier (1989) konnte zeigen, daß nach sorgfältigen Voruntersuchungen zwischen der Zielvariablen und den im Luftbild erhobenen Variablen Korrelationen mit r > 0,7 und bei der Inventur Aufnahmefehler < 20 % erreichbar sind. Für das von ihm untersuchte, baumreiche Buschland war dabei eine Regression mit dem Schlußgrad der über 3,7 m hohen Bestandesglieder (das entsprach solchen mit einem Bhd ≥ 2,5 cm) und der Spitzenhöhe auf der jeweiligen Stichprobefläche am geeignetsten. Er konnte zudem belegen, daß ein zweiphasiges Stichprobeverfahren mit diesen Regressionsschätzern sowohl einem rein terrestrischen Stichprobeverfahren mit zufällig verteilten Stichproben als auch einem Verfahren mit flächenproportionaler Auswahl der Stichprobe (PPS-Verfahren vgl. Fußnote 47) überlegen ist.

4.6.7 Analyse und Interpretation von Entwicklungen und Veränderungen durch Luftbildzeitreihen

Jedes Luftbild zeigt den status quo einer Landschaft und seiner Teile im Augenblick der Aufnahme. Veränderungen gegenüber einem früheren Zeitpunkt oder auch längere Entwicklungen, die schließlich zum heutigen Zustand führten und ihn ggf. erklären, sind im jeweiligen, aktuellen Bild nicht ablesbar. Der sach- und ortskundige und auch mit vergangenen Ereignissen vertraute Interpret kann nur in bestimmten Fällen, und auch dann nur generell, aus erkannten Situationen auf frühere Zustände schließen. Beispiele hierfür sind der Rückschluß aus dem Schadbild nach einem Windwurf, einem Waldbrand, einem Bergrutsch u. a. auf den status quo ante oder aus vorhandenen Altarmen eines Flusses, Resten bestimmter Vegetationsformen und deren Verteilung usw., auf zurückliegende landschaftsökologische Entwicklungen nach einer Flußbegradigung.

Das Aufdecken detaillierter Veränderungen zwischen zwei Zeitpunkten ist letztlich nur durch vergleichende Interpretation zweier, im entsprechenden zeitlichen Abstand aufgenommener Luftbilder möglich. Zur Aufzeichnung und Analyse langfristiger Entwicklungen sind Luftbildzeitreihen entsprechender Länge erforderlich, zur Verfolgung kurzfristiger z. B. phänologischer Entwicklungen mehrere kurzzeitig sequentielle Luftbildaufnahmen („Multitemporalaufnahmen"). Liegen solche Luftbildzeitreihen vor bzw. kann man sie sich beschaffen[49], so bieten diese vielfältige und hervorragende Möglichkeiten für Analysen von Entwicklungen und deren Implikationen (z. B. Tafel IX u. XI).

Die Untersuchung und Analyse von Veränderungen und Entwicklungen in der Landschaft, in Siedlungsgebieten, im Wald, an Küsten usw. gewinnt angesichts vielfältiger anthropogener Eingriffe, häufiger Naturkatastrophen und zunehmender Gefährdung der Umwelt stetig an Bedeutung. Dementsprechend steigt auch der dokumentarische Wert von Luftbildern (u. a. Fernerkundungsaufzeichnungen). Typische und wichtige Aufgabenstellungen für die Luftbildauswertung sind in diesem Zusammenhang z. B. die Verfolgung der Landschaftsentwicklung und die Analyse der damit verbundenen ökologischen und/oder sozio-ökonomischen Implikationen, die fortlaufende Beobachtung von Prozessen der Entwaldung, Desertifizierung, Erosion usw. oder von Sukzessionen, Schadens-, Regenerations- und Rekultivierungsfortschritten, die Beweissicherung, um Folgen anthropogener Eingriffe, z. B. bei Flurbereinigungen, straßen- und wasserbaulichen Maßnahmen, ermitteln zu können.

Monitoringaufgaben dieser Art können retrospektiv oder vorwärtsgerichtet sein. Dabei empfiehlt sich bei retrospektiven Untersuchungen i. d. R., mit der Luftbildauswertung der jüngsten, aktuellsten Bildserie zu beginnen. Man ist in diesem Falle auf vorhandenes, zumeist qualitativ unterschiedliches Bildmaterial angewiesen und muß das Auswertungskonzept dem anpassen. Bei vorwärtsgerichteten Aufgaben hat man es dagegen i. d. R. in der Hand, Filmmaterial, Maßstab, Jahreszeit der Erstaufnahme dem Auswertezweck entsprechend zu wählen. Bei Folgeaufnahmen ist es dann wichtig, diese Bedingungen beizubehalten.

Die Interpretationsmethode richtet sich nach der Aufgabe und den zu beobachtenden Gegenständen. Sie kann qualitativ, beschreibender Art sein, in Quantifizierungen durch Auszählungen, Abschätzungen und Flächeninventuren im Sinne des Kap. 4.6.6.1 bestehen oder auch photogrammetrische Verfahren einschließen. Letzteres z. B. um die Entwicklung von Kronenlebensräumen in der Feldflur (vgl. ALTENDORF 1993) oder das soziologische „Umsetzen"[50] von Bäumen in Waldbeständen oder die Zunahme versiegelter Flächen in der Landschaft zu verfolgen.

Die Vielfalt möglicher Monitoringaufgaben und dafür gegebener Randbedingungen läßt es nicht zu, allgemeine methodische Empfehlungen zu geben. Der Durchführung der Luftbildauswertung von Zeitreihen werden aber in jedem Falle umfassende vorbereitende Arbeiten und Voruntersuchungen, die Aufstellung eines Katalogs zu interpretierender und zu messender Merkmale und die sorgfältige Konzipierung des Auswerteverfahrens vorangehen. Stichwortartige Hinweise dazu sind im folgenden zusammengestellt.

Vorbereitende Arbeiten, Voruntersuchungen

Beschaffung der Luftbildserien, Sammlung weiterer Quellen, die Auskunft über das Untersuchungsgebiet und Ereignisse in den Beobachtungsperioden geben können (andere Fernerkundungsmedien, Karten, Statistiken, Berichte, Beschreibungen); Geländebegehungen und/oder -befliegungen, um das Untersuchungsgebiet kennenzulernen (Eigenarten, typische Merkmale, strukturelle Zusammenhänge).

---

[49] In vielen Ländern führen Behörden zuständiger Innen- oder Vermessungsverwaltungen Archive, in denen zivile Luftbildaufnahmen dokumentiert sind. In Deutschland z. B. gibt das IFAG in Frankfurt/M. ebenso wie einzelne Landesvermessungsämter *jährlich* Listen und Karten aller zivilen Bildflüge mit Reihemmeßkammern heraus. Luftbildpläne 1:25 000 der Reichsbefliegung 1934/36 sind in der BFA für Landeskunde u. Raumordnung in Bonn archiviert.

[50] Vgl. Fußnote 36. „Umsetzen" ist der Wechsel eines Baumes in seiner sozialen Stellung im Bestand,

Aufstellung des Merkmalskatalogs

Prüfung der Informationsbedürfnisse und daraus Ableitung des wünschenswerten Merkmalskatalogs für die Verfolgung der zu beobachtenden Entwicklung; Prüfung der Bildserien auf Interpretierbarkeit der Merkmale unter Berücksichtigung von Maßstab, photographischer Qualität und Aufnahme-Jahreszeit (Phänologie!) der Luftbilder; Entscheidung über Aufnahme oder Ausschluß der einzelnen Bildserien; wenn erforderlich, Herleitung von Interpretationsschlüsseln; Entscheidung über den Merkmalskatalog und -differenzierungen, ggf. im Hinblick auf unterschiedliche Bildqualitäten, Festlegung des Mindestkatalogs und Optionen für tiefer gegliederte Erhebungen (vgl. das in Kap. 4.6. über Sicherheitsstufen Gesagte).

Konzipierung des Auswerteverfahrens

Entscheidung über notwendige oder zweckmäßige Stratifizierung, um bei großen und/oder in sich ungleichartigen Untersuchungsgebieten überschaubare und/oder in sich gleichartige Teilräume als Arbeitseinheiten zu schaffen; Entscheidung über Erhebungs- und Interpretationsmodus: flächenweise Vollaufnahme, flächenweise Listenstichprobe (ZÖHRER 1980), ein- oder mehrstufige Stichprobeninventur an temporären und/oder permanenten Stichprobe*punkten*, Stichprobenumfang, Sequenz der Bildserienauswertung.

4.6.8 Densitometrische Messungen und digitale Mustererkennung

Möglichkeiten und Wege densitometrischer Messungen der optischen Dichte von Luftbildern sowie deren vollständige oder partielle Digitalisierung wurden in Kap. 4.1.8 behandelt. Für Luftbildinterpretationen kann dies prinzipiell nutzbar gemacht werden
– zur Unterstützung der visuellen Interpretation, um subjektive Grauton- oder Farbansprachen durch objektive Meßdaten abzusichern
– zur Klassifizierung von Flächen aufgrund spektraler Signaturen durch digitale Bildauswertung, sofern das Luftbild vollständig digitalisiert vorliegt.
– zur Messung von Oberflächentexturen, um daraus Rückschlüsse auf Objekte zu ziehen
– zur digitalen Mustererkennung (feature extraction), um daraus automatisch oder halbautomatisch Objekte zu identifizieren.

Zur *Unterstützung der visuellen Interpretation* kann man densitometrische Messungen dort einsetzen, wo die menschlichen Unterscheidungs- und Vergleichsmöglichkeiten von Grautönen bzw. Farben nicht ausreichen. Die dadurch bei geringen Grauwert- oder Farbdifferenzen zu erreichende größere Sicherheit der Interpretationsaussage wird freilich durch einen entsprechend größeren Geräte- und Zeitaufwand erkauft. Dem Zugewinn an Objektivität durch Grauwert- oder Farbmessungen steht die Abhängigkeit der densitometrischen Meßwerte vom Abbildungsort, den Aufnahmebedingungen, den sensitometrischen Eigenschaften der eingesetzten Emulsion und der Filmentwicklung gegenüber.
   Als Meßdaten kommen vor allem in Frage: Die im durchscheinenden weißen Licht gemessene optische Dichte (= Helligkeit) D_W, die bei Farbluftbildern durch Filterungen gewonnenen optischen Dichten D_M, D_G, D_C für die Magenta-, Gelb- und Cyan-Schicht des Films (vgl. hierzu Abb. 66 und 76), die normierten optischen Farbdichten D_M/D_W, D_G/D_W und D_C/D_W bzw. die nach Formel (48) aus den prozentualen Transformationswerten berechneten Farbwertanteile r (rot), g (grün) und b (blau).

Die Auswirkungen der Bildortabhängigkeit auf diese Werte sind durch methodische Untersuchungen wiederholt belegt worden (z. B. STEINER u. HÄFNER 1965, MAURER 1966, MEIENBERG 1966, TZSCHUPKE 1973, 1974, ROHDE 1977). Ebenso wurden Wege zu deren Kompensierung gesucht (z. B. W. SCHNEIDER 1980, FISCHER u. KIENLIN 1987, KIM 1988, MANSBERGER 1992).

Die Bildortabhängigkeit ist in jedem Fall ein Störfaktor bei densitometrischen Messungen. Bei gegebenen Beleuchtungsverhältnissen des Geländes wird sie beeinflußt vom Öffnungswinkel der Aufnahmekamera, vom Geländerelief und den räumlichen Objektgestalten, bei Bäumen daher von Kronenformen und -aufbau (Abb. 181). Sie ist also sowohl gelände- als auch objektspezifisch. Die Farbwertanteile sind dabei weniger bildortabhängig als die D-Werte (hierzu z. B. ROHDE 1977).

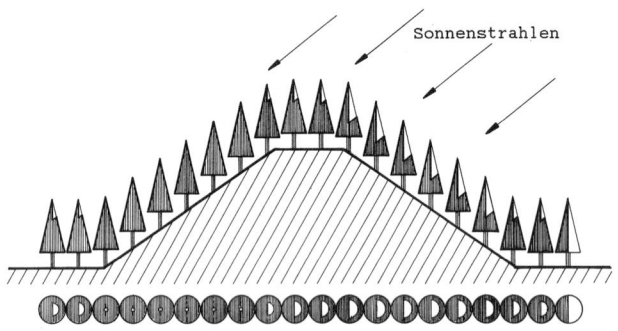

Abb. 181:
Einfluß des Reliefs und der Beleuchtung des Geländes auf die Abbildung von Baumkronen (aus KOMMITEN FOR SKOGLIG FOTOGRAMMETRIE 1955)

Von Film zu Film wechselnde spektrale Sensibilitäten und Farbbalancen (Kap. 4.1.3.9) und von Aufnahme zu Aufnahme unterschiedliche Atmosphären- und Beleuchtungsbedingungen, Filterungen, Belichtung und Prozessierung führen andererseits dazu, daß die Meßwerte – hier auch die Farbwertanteile – für ein gegebenes Objekt von Bildserie zu Bildserie variieren. Sie machen wertende Vergleiche von Meßdaten bei Monitoringaufgaben problematisch, ggf. auch unmöglich.

Trotz solcher Schwierigkeiten können densitometrische Messungen zur Stützung der visuellen Interpretation nützlich sein, wenn sich die Messungen auf Bilder des gleichen Aufnahmematerials beschränken *und* wenn vergleichende Auswertungen Objekte in vergleichbarer Bildortlage betreffen *oder* wenn Vorkehrungen für die Kompensierung der Bildortabhängigkeit – z. B. nach Vorschlägen von FISCHER u. v. KIENLING (1987), KIM (1988) oder MANSBERGER (1992) – getroffen werden. Beispiele dafür liefern Arbeiten von LILLESAND et al. (1978), ÇAGIRIÇI (1980), W. SCHNEIDER (1986). An vergleichbaren Bildorten gegebener Infrarot-Farbluftbilder sind Differenzierungen mit Mittelwerten der normierten optischen Dichte $D_{C/W}$ sowohl nach bestimmten Baumarten als auch nach Kronenzustandsstufen möglich. Als weniger bildortabhängig erwies sich aber der Produktwert $D_{M/G} \cdot D_{C/W}$ (KIM 1988). Mit diesem Parameter ließen sich z. B. Buchen, Fichten und Tannen sowie jeweils Schadstufen von Blatt- und Nadelverlusten in Infrarot-Farbluftbildern 1:5000 über den gesamten Bildbereich hin klassifizieren. Abb. 182a/b zeigen entsprechende Ergebnisse, weisen aber beim Vergleich auch auf die Grenzen hin. Bei Messungen in verschiedenen Bildern der gleichen Aufnahmeserie und vor allem in Bildern, die unter anderen Bedingungen entstanden, weichen die Absolutwerte voneinander ab.

Ein mehrstufiges, interaktives Verfahren auf der Grundlage von CCD-Kamera-Aufnahmen baumarten- und bildortspezifischer Kronenausschnitte in Infrarot-Farbluftbildern führte MANSBERGER (1992) ein. Mit ihm sollen nicht nur die Bildortabhängigkeit sondern auch durch unterschiedliche Atmosphären- und Aufnahmebedingungen verur-

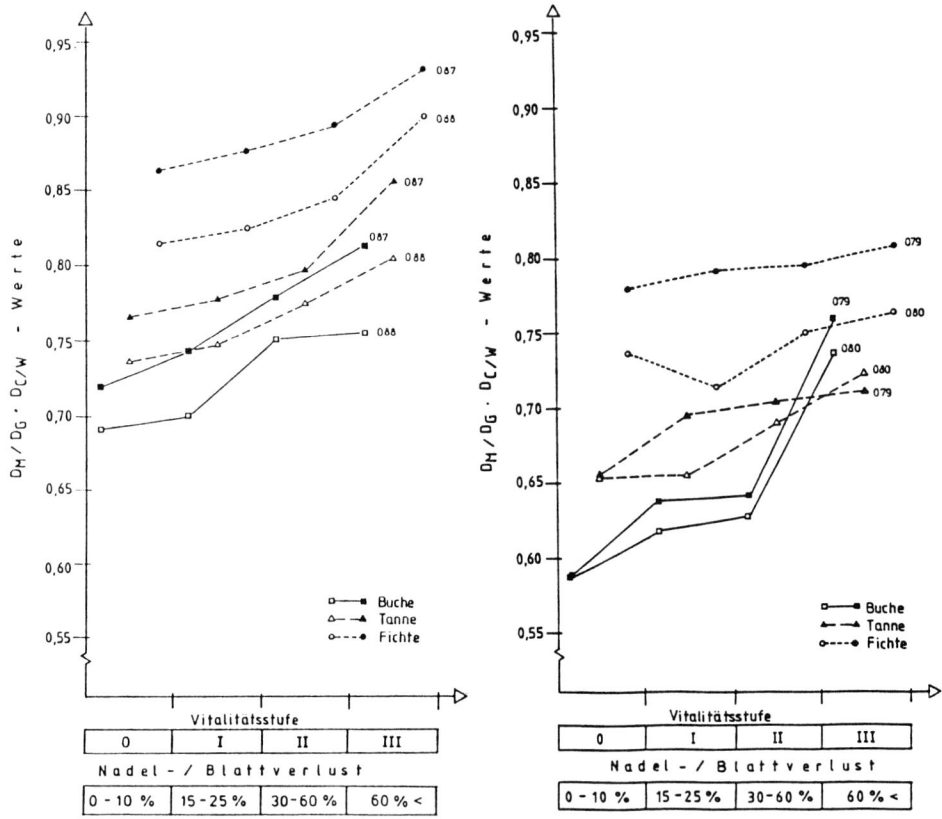

Abb. 182: *Bildortbereinigte Abhängigkeit der Dichtewerte in Infrarot-Farbluftbildern 1:5.000 vom Belaubungszustand der Baumkronen, Aufnahmen vom 3.8.84 und 31.8.85 (aus* KIM *1988)*

sachte Farbunterschiede aufgehoben werden. In den CCD-Aufnahmen werden für die zu interpretierenden Objekte Farbdifferenzen Rot-Grün gemessen und diese mit einer linearen, an Referenzbäumen ermittelten, radiometrischen Funktion homogenisiert. Über, ebenfalls an Referenzbäumen abgeleitete „Diskriminanzfunktionen" wird aus den R-G-Werten die „spektrale" Verlichtungsstufe der jeweiligen Krone abgeleitet und diese dem Interpreten *vorgeschlagen.* Bei offensichtlichen, vom Interpreten visuell festgestellten „Fehlinterpretationen des Systems aufgrund von farbbeeinflussenden Einzelbaumgegebenheiten (Bodenflora, Fruktifikation, Chlorose, Wipfelbruch u. a.m.) kann der Luftbildinterpret interaktiv in den Verfahrensprozeß eingreifen" (MANSBERGER 1992, S. 96).

Klassifizierungen von Flächen aufgrund spektraler Signaturen sind für mono- und multispektrale Datensätze elektro-optischer Aufnahmesysteme entwickelt worden (Abschn. 5.5.2). Sie können prinzipiell auch für digitalisierte Luftbilder eingesetzt werden, und zwar einfache Schwellwertverfahren für Schwarzweiß-Luftbilder bzw. ungefiltert digitalisierte Farbluftbilder und multispektrale Klassifizierungsmethode für Farbluftbilder, wenn für diese die Dichtewerte der drei Farbschichten digitalisiert vorliegen. Die o.a. Abhängigkeiten der Dichte- bzw. Farbdichtewerte von Bildort und Aufnahmebedingungen erfordern methodische Vorkehrungen zur Eliminierung der diskutierten Störeinflüsse.

Die dafür notwendigen digitalen Bildverbesserungen sind nicht trivialer Art. Nicht zuletzt aus diesem Grunde sind Klassifizierungen nach digitalisierten Luftbildern bisher noch nicht praktikabel.

Die Methoden der Klassifizierung werden in Abschn. 5.5.2 im Zusammenhang mit der digitalen Bildverarbeitung elektrooptischer Datensätze behandelt.

Zur *Charakterisierung der Oberflächentexturen* und für vergleichende Texturanalysen, ggf. auch zur Erkennung von Objekten, können Densitogramme in Linien- oder Raster- (= Matrix-)Form (Abb. 44, 45) herangezogen werden. Dabei sind die Amplituden und Frequenzen entlang der Meßlinien, die Häufigkeit der Dichtewerte insgesamt und die Häufigkeit der Überschreitung bestimmter Grenzwerte, aber auch die Mittelwerte und die Streuung der Meßwerte, mögliche Parameter. Ein Vergleich der Densitogramme der Abb. 44 zeigt, daß sich z. B. Landnutzungsformen und Waldbestände verschiedener Baumarten und natürlicher Altersklassen anhand der Kurvenverläufe und der o.a. Parameter unterscheiden lassen.

Mikrodensitometrische Analysen wurden vor allem als Vorstufen für automatische oder halbautomatische Luftbildinterpretationen durchgeführt (z. B. ROSENFELD 1962, NAKAJIMA u. HASEGAWA 1962, LANGLEY 1965, AKÇA 1970, TSCHUPKE 1972). Über methodische Untersuchungen hinaus haben sie keine Anwendung in der Praxis gefunden. Sie gewinnen aber im Hinblick auf die jüngste Entwicklung der digitalen Photogrammetrie und Bildverarbeitung digitalisierter Luftbilder neue Bedeutung. Eine Darstellung von Theorie, Statistik und Verfahren der Texturanalyse findet sich bei HARALIK (1978), eine kommentierte Bibliographie bei JUPP u. ADOMEIT (1981).

Die vierte, eingangs des Kapitels genannte Möglichkeit digitaler Mustererkennung für Luftbildinterpretationen ist die *rechnergestützte Erkennung von Objekten*. In Abschn. 4.5.8.2 wurde schon gesagt, daß dies im Hinblick auf deren Kartierung mit Mitteln der digitalen Photogrammetrie noch weitgehend ungelöst ist.

„Bildverstehende Expertensysteme" setzen sich in jedem Fall aus einer Folge von Such-, Rechen- und Abgrenzungsschritten zusammen. Soweit dies möglich ist, wird dabei versucht, den sich bei visueller Interpretation abspielenden Erkennungsvorgang unter Umsetzung bestehenden Sachwissens in Algorithmen generalisiert nachzuvollziehen. Es wird an dieser Stelle ausschließlich auf den Sonderfall der automatischen Erkennung und Abgrenzung von Baumkronen in Waldbeständen eingegangen. Gelänge dies befriedigend, so ließen sich daraus Baumzahlen des Oberstandes, Kronendurchmesserverteilungen (statistisch und räumlich), Baumabstände, Anzahl, Größe und räumliche Verteilung von Bestandeslücken und der Schlußgrad von Beständen automatisch ableiten.

Eine schon 1972 vorgestellte Lösung dazu (HAENEL et al. 1972) und spätere Entwicklungen (z. B. HAENEL et al. 1987, PINZ 1988) gehen von der Beobachtung aus, daß das Zentrum einer Baumkrone im Luftbild häufig heller als der Kronenrand abgebildet ist und vom Zentrum zum Rand hin mehr oder weniger ausgeprägte Helligkeitsgradienten auftreten. Die Krone kann daher – cum grano salis – als „flächenförmige Anordnung radialer Helligkeitsgradienten" aufgefaßt werden. Dabei ist freilich zu beachten, daß die Gradienten innerhalb jeder Krone in Abhängigkeit von der Beleuchtung der Kronen, dem Bildort und der jeweiligen soziologischen Stellung unterschiedlich sind. Es wird ferner davon ausgegangen, daß der Kronengrundriß im Bild durch ein Polynom beschrieben und zumindest in der Bildmitte annähernd als kreisförmig angenommen werden kann. Schließlich wird vorausgesetzt, daß die Räume zwischen den Kronen i. d. R. dunkler als die Kronen abgebildet werden, aber auch, daß im geschlossenen Bestand viele Kronen benachbarter Bäume ineinandergreifen.

Zur Ortung der Baumkronen wird eine dementsprechende Merkmalskombination als Suchmodell über die Bildmatrix geführt. Überall dort, wo dabei vergleichbare Muster gefunden werden, gelten Baumkronen als identifiziert. Deren Zentralpunkt (im Sinne der o.a. Annahme) wird im gleichen Vorgang definiert. Im nächsten Schritt erfolgt die Abgrenzung des Kronengrundrisses, so wie er im Luftbild sichtbar ist. Als Kronenentdeckungsverfahren wurden bisher

– Modelle der charakteristischen Intensitätsfunktion („Remissionsmodelle")
– Modelle der Aststrahlstruktur für Kronen des Fichtentyps
– Modelle charakteristischer Disparitätsfunktion („Stereomodelle")

vorgeschlagen (HAENEL et al. 1987 und dort angegebene Literatur, vgl. auch PINZ 1988). Alle vorgeschlagenen Algorithmen sind als Näherungsverfahren anzusehen. Ihre praktische Bedeutung bleibt dahingestellt, denn was der sachkundige Interpret „mit einem Blick" erkennt und auch photogrammetrisch abgrenzen kann, bedarf doch recht komplizierter Algorithmen und führt dazu noch zur weniger sicheren Erfassung und keinen besseren Abgrenzungen.

4.6.9 Voraussetzungen für erfolgreiche Luftbildinterpretation

Erfolgreiche Luftbildinterpretation ist vom Bildmaterial, von Fähigkeiten, Sachkenntnissen, Erfahrungen und der Motivation des Interpreten, den Vorbereitungen der Interpretationsarbeit z. B. durch Erstellung geeigneter Interpretationsschlüssel sowie von Arbeitsplatzbedingungen abhängig. In der Mehrzahl der Fälle macht erst stereoskopische Auswertung die volle Ausschöpfung der aus Luftbildern zu interpretierenden Sachverhalte möglich. Grenzen und Möglichkeiten der Luftbildinterpretation werden letztlich von den spektralen Reflexionseigenschaften und morphologischen Gestaltmerkmalen der zu interpretierenden Objekte und deren Umfeld sowie der Art (Vergesellschaftung, Lage) ihres Vorkommens bestimmt.

Voraussetzungen vom Bildmaterial her

Es ist eine alte Erfahrung, daß es für eine zu lösende Erkundungs-, Inventur- oder Beobachtungsaufgabe – gerade auch im forstlichen, vegetations- oder landschaftskundlichen Arbeitsbereich – immer noch besser ist, über qualitativ nicht optimale oder zur Unzeit aufgenommene Luftbilder zu verfügen, als keine solchen zur Hand zu haben. Es gilt aber ebenso, daß der aus Luftbildern zu erzielende Informationsgewinn umso größer ist, je besser die photographische Qualität ist und je optimaler die Art der Luftbildaufnahme (Maßstab, Filmart) und der Aufnahmezeitpunkt auf den (hauptsächlichsten) Auswertezweck abgestimmt sind.

Die photographische Qualität betrifft vor allem die gleichmäßige Bildausleuchtung und die für die zu interpretierenden Objekte zweckmäßige Helligkeit, die Bildschärfe, Kontrastübertragung und -wiedergabe sowie bei Farbluftbildern die richtige Farbbalance. Es wird auf das in Kap. 4.1.3 und 4.1.5.4 dazu Gesagte verwiesen.

Die *photographische Bildqualität zu optimieren* ist Sache des Luftbildphotographen und -laboranten. Neben deren handwerklichem Können – das hier vorausgesetzt wird – muß diesen aber klar sein, auf welche speziellen Qualitätsmerkmale es bei der vorgesehenen Interpretationsaufgabe vor allem ankommt. Nochmals – wie schon in Kap. 4.1.3 – werden als Beispiele bei Luftbildaufnahmen für forstliche Zwecke die Abstimmung der Belichtung auf die Waldflächen und, bei Aufnahmen für vegetationskundliche Zwecke und speziell auch für Waldschadenserfassungen, die richtige Abstimmung der Farbbalance genannt.

Sorge dafür zu tragen, daß Luftbildphotographen und -laboranten spezielle photographische Qualitätswünsche zur Kenntnis gebracht und im Bildflugauftrag festgeschrieben werden, hat der Auftraggeber einer Luftbildaufnahme (hierzu Kap. 4.1.5.10).

Von entscheidender Bedeutung für den Interpretationserfolg und Informationsgewinn sind die zweckmäßige Wahl der Kamera und der Objektivbrennweite, des Maßstabs, der Filmart und des Aufnahmezeitpunktes. Hierbei zu berücksichtigende Gesichtspunkte und exemplarische Hinweise auf zu treffende Entscheidungen wurden deshalb in entsprechender Ausführlichkeit in den Kap. 4.1.5.3–4.1.5.8 gegeben.

Schließlich ist die Aktualität des Bildmaterials für die Gewinnung brauchbarer Informationen wichtig und oft auch Voraussetzung. Abgesehen von retrospektiven Zeitreihen und bestimmten geologischen oder archäologischen Auswertungen nimmt der Informationsgehalt mit zeitlich zunehmendem Abstand zwischen Luftbildaufnahme und -auswertung ab. Der Verlust an brauchbaren Informationen kann dabei mehr oder weniger stetig sein – z. B. durch die allmählichen Veränderungen des Waldbildes – oder abrupt eintreten, letzteres z. B. durch gravierende plötzliche Veränderungen nach Naturkatastrophen, umfassende Baumaßnahmen und andere anthropogene Eingriffe in die Landschaft.

Im allgemeinen gilt, daß Luftbilder

– zur Beweissicherung bestimmter Zustände, z. B. *nach* Katastrophen oder *vor* einem anthropogenen Eingriff, unmittelbar nach bzw. vor dem Ereignis aufgenommen sein müssen, um vollen Informationswert zu besitzen

– für Interpretationsaufgaben, bei denen es um die Erfassung bestimmter phänologischer Zustände geht (Inventuren von Vegetationsschäden, Blühaspekte), in kürzestmöglicher Zeit nach Aufnahme in die Hände des Auswerters gelangen müssen um noch in sinnvoller Weise einen Interpretationsschlüssel herstellen bzw. Bild/Feld-Vergleiche durchführen zu können.

– für Forsteinrichtungen, großräumige Waldinventuren, landschaftsökologische Analysen, Biotopkartierungen u. ä. in intensiv bewirtschafteten Gebieten nicht älter als ein Jahr, höchstens aber zwei bis drei Jahre alt sein sollten, um noch aktuell genug bzw. noch „fortschreibungsfähig" zu sein

– für die gleichen Zwecke in extensiv bewirtschafteten oder unberührten Naturlandschaften (sofern nicht Naturkatastrophen eintraten) i. d. R. auch noch nach vier bis fünf Jahren, ggf. auch noch länger, ausreichend aktuell sein können.

Voraussetzungen im Bezug auf die Qualifikation des Interpreten

Fernerkundung und hier speziell die visuelle Luftbildinterpretation, ist in ihrem Erfolg in hohem und oft noch unterschätztem Maße abhängig von der Qualifikation der Auswerter.

Das notwendige *physische Seh- und Wahrnehmungsvermögen* und die wesentlichen *intellektuellen Fähigkeiten* waren schon in Kap. 4.6.3 genannt worden. Ergänzend dazu wird noch auf die besondere Bedeutung der Fähigkeit zum stereoskopischen und zum Farb-Sehen hingewiesen und darauf, daß bestimmte Interpretationsarbeiten in bezug auf Objektivierung der Grau- und Farbwertansprache, und -vergleichung durch densitometrische Messungen bzw. Digitalisierung des Bildes unterstützt werden können (hierzu Abschn. 4.6.8).

Die Motivation des Interpreten ist eine weitere Voraussetzung für erfolgreiche Arbeit. Der Interpret muß unbeschadet einer realistischen und verantwortungsbewußten Einschätzung der Grenzen des Interpretierbaren bereit und willens sein, das höchstmögliche an Informationen aus dem Luftbild zu gewinnen. Dies schließt ein, daß er die Luftbildinterpretation als einen *Arbeits*vorgang begreift, dem man gleiche Energie und Sorgfalt widmen muß wie Felderhebungen, Literaturstudien usw. Der *volle* Informationsgehalt von Luftbildern für einen gegebenen Auswertungszweck läßt sich i. d. R. nur bei intensiver Beschäftigung mit den Bildinhalten erschließen. Dem auszubildenden Luftbildinterpreten ist zu lehren, daß man sich mit den Bildinhalten unter Aufwendung allen Fachwissens und verfügbarer Drittinformationen „auseinandersetzen" muß.

Das Interpretationsergebnis *kann* auch von einigen psychologischen Fakten mitbestimmt werden. So kann es bis zu einem gewissen Grade von der generellen oder momentanen (optimistischen oder pessimistischen) Stimmung des Interpreten, von seinem physischen Wohlbefinden oder seinen subjektiven Erwartungen beeinflußt sein. Einfluß haben auch Erfahrung und Routine. Mit wachsender Erfahrung steigt nicht nur die Qualität der Interpretationsarbeit, sondern auch das Selbstvertrauen beim Interpretieren, verlieren sich Ängstlichkeit und Unsicherheiten und es sinkt i. d. R. die Tendenz, Wahrgenommenes zu „überinterpretieren".

Die Schlüsselrolle kommt für den Interpretationserfolg dem *fachspezifischen Sachverstand* z. B. des Forstmannes, des Landschaftsökologen, des Standorts- oder Vegetationskartierers, des Geographen usw. zu. Neben dem *fachspezifischen* Wissen tragen aber auch *Ortskenntnisse* im geographischen Sinne, das *Wissen um die Genese* der zu interpretierenden Gegenstände und *um zurückliegende natürliche oder anthropogene Ereignisse*, die Vertrautheit mit Art und Weise der Landnutzung, der Bewirtschaftungsformen und mit dem gesamten sozio-ökonomischen Umfeld zum Interpretationserfolg bei.

Schließlich muß der Interpret bzw. der Fernerkunder in qualifizierter Weise das *Instrumentarium* und die *Methoden der Auswertung beherrschen* bzw. zu beherrschen fähig sein. Dies gilt sowohl für den einfachen Fall der ausschließlichen Interpretation unter Spiegel- oder Zoomstereoskopen als auch dann, wenn höherwertige und universellere Interpretations- oder auch photogrammetrische Auswertegeräte eingesetzt werden. Die zunehmend an Bedeutung gewinnende Einbindung der aus Luftbildern gewonnenen qualitativen und quantitativen Informationen und Daten in übergeordnete Informationssysteme (GIS, LIS u. a.) erfordert für den Interpreten entsprechende zusätzliche Technologie- und Methodenkenntnisse.

Der o.a. nicht kleine Katalog geforderter Qualifikationen wirft Fragen nach einer möglichen Arbeitsteilung auf. Soweit es die thematische, interpretatorische Auswertung betrifft, ist der *sachverständige* Interpret unerläßlich. Soweit photogrammetrische Aufgaben oder digitale Bildverarbeitungen und die Arbeit mit umfassenden Informationssystemen hinzukommen, wird die *Einbeziehung* oder *Beauftragung* von *Ingenieuren* oder *Informatikern* in vielen Fällen notwendig oder zumindest von Nutzen sein. In Umkehrung davon gilt, daß beauftragte Ingenieurbüros oder Consultingunternehmen zur Lösung von Fernerkundungsaufgaben, die über rein vermessungstechnische Aufgaben hinausgehen, ohne fachspezifische Sachverständige nicht auskommen. Sie müssen zu ihrem Team gehören, sofern nicht Formen enger Zusammenarbeit mit einer auftraggebenden Fach-Institution sichergestellt sind.

Arbeitsplatzgestaltung

Leistungen und Erfolge der Luftbildinterpretation werden in nicht unerheblichem Maße auch von den Bedingungen am Arbeitsplatz beeinflußt. Für die Interpretationsarbeit mit Taschenstereoskopen im Feld und im Büro wurden hierzu in Kap. 4.5.1.3 einige und für die Arbeit mit Spiegelstereoskopen in Kap. 4.5.1.4 ausführliche Hinweise gegeben. Letztere gelten in gleichem Maße für die Arbeit mit Zoomstereoskopen. Bei der Arbeit mit analytischen Interpretations- und Meßgeräten (Kap. 4.5.1.6) und universellen analogen, analytischen oder digitalen photogrammetrischen Auswertegeräten ist die Arbeitsplatzgestaltung vom jeweiligen Geräteensemble abhängig. Geeignet ist oft eine „Übereck"-Anordnung im stumpfen Winkel, so daß alle Einzelgeräte, Bildschirme, Terminals vom Auswerter ohne Platzwechsel im Auge behalten und bedient werden können. Ein rollba-

rer und ergonomisch zweckmäßiger Arbeitsstuhl erleichtert dabei die Arbeit. Auch die
Stellung der Binokulare für die Stereobetrachtung ist heute bei (fast) allen Geräten nach
ergonomischen Gesichtspunkten gestaltet.

Wiederholt wird, daß für die Luftbildinterpretation die Verfügbarkeit eines Zweitbin-
okulars (syn. Diskussionstubus), wie es z. B. für das Wild AVIOPRET und die Zeiss-
Geräte VISOPRET und PLANICOMP P 3 zur Verfügung steht, von großem Vorteil ist.
Dies ermöglicht die Interpretation durch zwei Interpreten unterschiedlicher Fachrichtung
oder eines speziellen Fachinterpreten und eines Ortskundigen oder örtlich zuständigen
Praktikers oder schließlich, bei Ausbildung und Training, von Lehrer und Schüler.

Ebenfalls wird wiederholt, daß neben der Arbeitsplatzgestaltung auch die Arbeits*zeit*-
gestaltung mit Einbeziehung entsprechender Erholzeiten von großer Bedeutung ist. Auf
das dazu in Kap. 4.5.1.4 Gesagte und auch für alle photogrammetrischen Arbeiten an
binokularen Instrumenten Geltende wird verwiesen.

4.7 Angewandte forstliche, landschaftsökologische und vegetationskundliche Luftbildauswertung

In den vorangegangenen Kapiteln 4.4 bis 4.6 wurde schon, neben den theoretischen und
methodischen Grundlagen der Luftbildauswertung, an zahlreichen Stellen über Anwendungen von Luftbildern für forstliche, landschaftsökologische und vegetationskundliche
Zwecke geschrieben. Dies geschah stets, um vorgestellte Methoden der Auswertung an
entsprechenden Beispielen zu verdeutlichen oder um auf Sonderheiten der Meß- und
Interpretationsobjekte Landschaft, Pflanzengesellschaft, Wald oder Baum hinzuweisen.
In Kap. 4.7 wird nun in gedrängter Form auf die Praxis der Luftbildauswertung eingegangen. Es wird dabei nicht von möglichen, sondern ausschließlich von den tatsächlich
praktizierten Anwendungen gesprochen. Die dabei genannten konkreten Beispiele
bedeuten nicht, daß die Luftbildauswertungen überall und immer methodisch gleichartig oder im gleichen Umfange praktiziert werden. Ebensowenig kann auch nur annähernd ein vollständiger Katalog praktischer Anwendungen vorgetragen werden. Die
im einzelnen Fall angewandte Methode der Luftbildauswertung und die Art der Kombination mit Geländearbeit oder auch mit anderen Fernerkundungsmitteln wird bestimmt von der jeweils zu lösenden Aufgabe und den Eigenarten des Auswertungs-
objektes, oft aber auch von traditionellen Vorgehensweisen, Gewohnheiten sowie
personellen und materiellen Randbedingungen. Die Beschränkung auf die in der Kapi-
telüberschrift genannten Anwendungsbereiche ist allein schon vom Umfang des zu
behandelnden Gegenstandes her erforderlich. Für andere geowissenschaftliche Anwendungsgebiete wird auf SCHNEIDER (1974), das Manual of Photographic Interpretation
(ASP 1960), die Kap. 26–35 des Manual of Remote Sensing ASP 1983) u.a. verwiesen.
Praktizierte Anwendungen der Photogrammetrie für topographische Kartierungen,
Vermessungsarbeiten bei Flurbereinigungen, Straßenbauten u.a. Ingenieuraufgaben
sind – in zumeist zusammengefaßter Form – in photogrammetrischen Lehrbüchern
beschrieben, aus mitteleuropäischem Blickwinkel z. B. bei SCHWIDEFSKY u. ACKERMANN
und KRAUS (1987, Kap. 6, E u. F.).

4.7.1 Forstliche Luftbildauswertung

Das älteste Dokument eines Versuchs einer Luftbildauswertung für praktische forstliche Zwecke, nämlich für die Herstellung einer Waldbestandskarte, stammt aus dem Jahre 1887 (vgl. dazu HILDEBRANDT 1987). Die Luftbilder dazu wurden von einem „Forstadjunkt" von einem Fesselballon aus aufgenommen. Welche photographische Qualität zu dieser Zeit bereits erreicht werden konnte, zeigt Abb. 183.

Praktische Bedeutung erlangten aber zunächst die zur gleichen Zeit beginnenden terrestrisch-photogrammetrischen Arbeiten in Österreich. Durch stereophotographische Aufnahmen vom Gegenhang aus und deren Auswertung mit Mitteln der Meßtischphotogrammetrie (vgl. Fußnote 30) wurden für schwer begehbare Bergflanken Karten als Planungsgrundlagen vor allem für Wildbachverbauungen geschaffen. Die Bedeutung dieser Arbeiten läßt sich daran erkennen, daß schon 1890 an der Wiener Hochschule für Bodenkultur regelmäßige Lehrveranstaltungen für Forststudenten über Meßtischpho-

Abb. 183: *Luftbild (Ballonaufnahme) aus dem Jahre 1887 vom Dorf Zehdenick bei Berlin*

togrammetrie eingerichtet wurden. Zuvor schon war 1889 an der Technischen Hochschule in Prag ein Lehrstuhl für Photogrammetrie eingerichtet worden.[51]

Als HUGERSHOFF 1911 das Geodätische Institut der Forstakademie in Tharandt übernahm (vgl. Fußnote 32), wählte er „Die Photogrammetrie und ihre Bedeutung für das Forstwesen" zum Thema seiner Antrittsvorlesung. Auch dies ist ein Zeugnis dafür, welchen Stellenwert diesem Gegenstand beigemessen wurde. HUGERSHOFF konnte sich freilich schon mit einer Photogrammetrie beschäftigen, die durch das inzwischen gefundene stereophotogrammetrische Meßprinzip mit einer wandernden Marke (Kap. 4.5.4) und Stereoauswertegeräte wie die von THOMPSON oder v. OREL (siehe Kap. 4.5.5.4 und BURKHARDT 1988 S. 112ff.) und auch den Stereokomparator von PULFRICH (siehe Kap. 4.5.5.5) über die Meßtischphotogrammetrie hinausgewachsen war.

Praktische Anwendung fand die terrestrische Photogrammetrie für forstliche Zwecke in nennenswertem Umfang weiterhin nur in Österreich (WANG 1892 u. a. DOCK 1925)[52].

Unmittelbar nach dem 1. Weltkrieg, nachdem lenkbare Flugzeuge und Reihenmeßkammern zur Verfügung standen, beginnt die Zeit der praktizierten forstlichen Luftbildauswertung. Sie war und ist noch heute ganz überwiegend darauf gerichtet, Luftbilder als Informations- und Arbeitsmittel in Kombination mit Feldarbeiten für routinemäßige Aufgaben einzusetzen. Dies mit dem Ziel, diese rationeller, besser oder schneller auszuführen oder in großräumigen oder unwegsamen Gebieten überhaupt lösen und erledigen zu können. Am Anfang standen dabei in Europa vor allem die Forstkartierung und Zustandserfassung im Zuge von Forsteinrichtungen, in Nordamerika der Einsatz für großräumigere Waldinventuren und in (einigen) tropischen Ländern die Erforschung und Kartierung der bis dahin weitgehend unbekannten Waldvegetation im Vordergrund. In Tab. 50 sind dafür Beispiele genannt.

Später dehnte sich der Einsatz von Luftbildern auf Großrauminventuren überall in der Welt, auf forstlich relevante Ingenieurmessungen z. B. im Zuge von Walderschließungen und Maßnahmen des Wald- und Landschaftsschutzes sowie nach Verfügbarkeit von Farb- und Infrarot-Farbluftbildern besonders auf Waldschadenserhebungen aus. Im letzten Jahrzehnt gewann dann die Informationsbeschaffung aus Luftbildern für spezielle betriebliche oder regionale forstliche Informationssysteme (FIS oder Forst-GIS) zunehmend an Bedeutung. Sie nimmt in dem Maße weiter zu, in dem analytisch-, vor allem aber digital-photogrammetrische Mittel für forstliche Kartier-, Inventur- und Monitoringzwecke eingesetzt werden. Der sich dadurch überall vollziehende Übergang einerseits zur digitalen Kartenherstellung und anderseits bei Waldinventuren zu permanenten, durch ihre Raumkoordinate in der Lage definierten Stichprobeorten befördern die Übernahme von Fernerkundungsdaten in ein FIS bzw. GIS.

---

[51] Die terrestrische Photogrammetrie fand in dieser frühen Phase selbstverständlich auch für zahlreiche andere Ingenieurvermessungen im Hochgebirge – so z. B. bei der Planung der Jungfraubahn im Berner Oberland – Anwendung, sowie für topographische Aufnahmen – z. B. in Alpenländern, der Hohen Tatra, den Rocky Mountains – für Gletschermessungen (Spitzbergen, Alpen) und für die Aufnahme von Bauwerken (Architektur-Photogrammetrie).

[52] Terrestrisch-photogrammetrische Messungen von Stammvolumina in Waldbeständen blieben bisher auf wenige Arbeiten beschränkt (G. MÜLLER 1931, EULE 1958 und in jüngster Zeit DEHN 1987, REIDELSTÜTZ 1994). Sie sind vor allem für langfristige ertragskundliche Versuchsflächen und andere Dauerbeobachtungsflächen von Interesse, wenn das Bestandesgefüge nicht durch Entnahme von aufzumessenden Probebäumen gestört werden soll.

Anwendungsgebiet	Land	Fundstelle (Beispiele)
Vegetationskartierung in den Tropen	Burma	BLANDFORD 1924, KEMP et al. 1925, STAMP and DUDLEY 1925, SCOTT et al. 1926, LEWIS 1927
	Rhodesien (Zimbabwe)	BOURNE 1928
Waldinventuren und Waldkartierungen in Großräumen	Kanada	CRAIG 1920, LEWIS 1919, E. WILSON 1922, 1924, 1926
	USA	NIX 1920, MATTISON 1923, 1924 CAIN 1926, CORNWALL 1925
	USSR	NOVOSELSKY 1930
Überwachung und Erforschung von Waldbränden und Waldschäden	Kanada	ANDREWS 1921, CAMERON 1923
Forsteinrichtung und Forstkartierung in Ländern mit intensiver Forstwirtschaft	Deutschland	HUGERSHOFF 1920, ZIERAU 1920, HILF 1923 EWALD 1923, REBEL 1924, KRUTZSCH 1925, WEISSKER 1927, ZIEGER 1928, SLAVIC und STACH 1928
	Österreich	DOCK 1925, WODERA 1925, 1928, PAMPERL 1928
	Ungarn	SZABO 1926, SEBOR 1930
	Tschecho-slowakei	TICHY 1927
	Jugoslawien	MILOVANOVIC 1927
	Schweden	FABRICIUS 1921
	Türkei	ESAT MUHLIS 1923

Tab. 50: *Beispiele angewandter Luftbildauswertung für forstwirtschaftliche Zwecke zwischen 1919 und 1930. Fundstellennachweis bei* HILDEBRANDT *(1969)*

4.7.1.1 Waldkartierungen

Zu unterscheiden sind Neu-, Nachtrags- und Fortführungskartierungen zur Herstellung von
- *Forstgrundkarten* (meist 1:5 000, gelegentlich syn. Forsthauptkarten) und thematisch vielfältigen *Forstbetriebskarten* (meist 1:10 000, syn. Forstrevierkarten, forstliche Wirtschaftskarten) für *intensiv* und i.d.R. *kleinflächig* bewirtschaftete Wälder,
- *Waldbestandeskarten* mit Maßstäben < 1:10 000 bis 1:50 000 (forest type maps, forest cover maps) für waldbaulich *weniger intensiv* behandelte Wälder mit i.d.R. *großflächigen* Beständen,
- *Übersichtskarten* für Forstbetriebe und regionale Waldgebiete mit Maßstäben 1:25 000 bis 1:50 000 in Ländern mit intensiver Landnutzung und bis 1:100 000 in großräumigen weniger entwickelten Gebieten.
- *Waldvegetationskarten* in Maßstäben zwischen 1:50 000 und 1:250 000 bzw. bei Kartierungen kontinentalen und globalen Ausmaßes auch noch sehr viel kleiner.

Die beiden erstgenannten Kartierungsaufgaben führen zu „*Forstkarten*" im engeren Sinne. Sie werden weltweit und seit langem unter weitgehender Einbeziehung aerophotogrammetrischer Verfahren und Luftbildinterpretationen, z.T. auch allein auf der Basis von Luftbildauswertungen hergestellt und fortgeführt. Über die dabei praktizierten Verfahrenswege werden anschließend Hinweise gegeben.

Bei *Übersichtskarten* ist es üblich, auf vorhandene topographische Karten und, sofern – wie z. B. in einigen europäischen Ländern – die Darstellung der Waldeigentumssituation einzubringen ist, auch auf Katasterunterlagen zurückzugreifen. Aktuelle Luftbildinformationen dienen (nur) in Einzelfällen zur Überprüfung der Waldflächendarstellung in den verwendeten topographischen Karten und dort, wo auch forstwirtschaftliche Inhalte eingebracht werden (Hauptkategorien der Waldbestockung, Degradationsstufen o. ä.), der Ergänzung durch Luftbildinterpretation.

Die letztgenannte *Waldvegetationskartierung* führt dem Grunde nach zu Vegetations- und nicht zu Forstkarten. Sie sind deshalb in Kap. 4.7.2 weiter behandelt.

Herstellung von Forstgrund- und -betriebskarten für intensiv bewirtschaftete Wälder

Die Flächenausweisungen eines Forstbetriebes (Forstamts-Bezirk) in Form tabellarischer Zusammenstellungen aller zu ihm gehörenden Flächen (=Flächenwerk) und von Forstkarten werden in Ländern mit intensiver und nachhaltiger Waldwirtschaft im Zuge der Forsteinrichtung (siehe Fußnote 43) gefertigt bzw. aktualisiert. Sowohl bei notwendigen Neu- als auch allfälligen Nachtrags- und Fortführungskartierungen ist dabei eine Abstimmung mit den Katasternachweisungen des Eigentums verbunden.

Grundlage des Flächenwerkes ist die Grundkarte 1:5 000 (base map). In ihr sind die Eigentumsgrenze, die ständigen und die veränderlichen Waldeinteilungslinien, das Wege- und Gewässernetz, Abgrenzungen von Nichtholzboden- und nichtforstlichen Betriebsflächen[53] sowie ggf. Höhenschichtlinien dargestellt. Ständige Waldeinteilungslinien sind dabei die Abgrenzungen der Abteilungen (siehe Fußnote 18). Durch fortschreitende Hiebs- und Verjüngungsmaßnahmen sowie durch Schadereignisse veränderliche Waldeinteilungslinien sind Unterabteilungen und Unterflächen (syn. Teilflächen). Sie sind Befundeinheiten für die Zustandserfassung der Forsteinrichtung und Planungs- sowie waldbauliche Behandlungseinheiten. Ebenso besteht das Walderschließungsnetz aus ständigen und vorübergehenden Elementen (befestigte Wege, Straßen, Schneisen versus Rückegassen, Wanderpfade, Pirschsteige).

Die durch die Waldeinteilung entstandenen Abteilungen, Unterabteilungen und Unterflächen werden hierarchisch und fortlaufend bezeichnet und die Karte entsprechend beschriftet. Art und Gestaltung dieser Kennzeichnungen sind dabei von Land zu Land (ggf. auch Bundesland, Kanton, Departement usw.) unterschiedlich.

Das *Blankett* für die diversen *Forstbetriebskarten* (Abb. 184) wird i.d.R. aus der Forstgrundkarte durch Verkleinerung gewonnen. Die thematisch verschiedenartigen Forstbetriebskarten geben durch Farbkodierungen oder Symbole Hinweise auf die Bestandesverhältnisse (Hauptbaumarten, Mischungsanteile, Altersklassen) oder Standortsformen, Kategorien und Zustand des Wegenetzes, besondere Waldfunktionen oder die für die Forsteinrichtungsperiode geplanten Hiebs- und Pflegemaßnahmen.

---

[53] *Nichtholzboden* ist jede inmitten des Waldes gelegene, der Holzproduktion dauernd oder langfristig entzogene Fläche, z. B. Leitungsschneisen, Waldstraßen bestimmter Breite, Wildwiesen, Wasserflächen. Gegensatz: Holzboden. Nichtforstliche Betriebsflächen sind zum Forstbetrieb gehörende, selbst genutzte oder verpachtete Flächen, auf denen ein nichtforstlicher Betrieb unterhalten wird, z. B. ein Steinbruch, ein landwirtschaftlicher Betrieb.

Abb. 184: *Luftbild und Blankett einer Forstbetriebskarte 1:10 000 (Ausschnitt) Beispiel aus Baden-Württemberg*

Die *Neukartierung* der Forstgrundkarte ist erforderlich, wenn bisher noch keine solche vorliegt oder vorhandene, alte Karten nicht mehr fortführungsfähig sind. Die Ausgangslage kann dabei unterschiedlich sein. Die *Eigentumsgrenzen* übernimmt man, wenn möglich, aus großmaßstäblichen, verläßlich fortgeführten Flur- bzw. Katasterkarten oder anderen, die aktuelle Eigentumssituation darstellenden Karten. In Deutschland kann dies z. B. oft die Deutsche Grundkarte 1:5 000 sein. Ist eine solche Übernahme nicht möglich, und auch bei Fortführungskartierungen nach Grundstücksgeschäften, erfolgt die Einmessung der Eigentumsgrenzen geodätisch; denn Eigentumsgrenzsteine sind durch Überschirmung i.d.R. nicht luftbildsichtbar und deshalb wird bei photogrammetrischer Einmessung die erforderliche Genauigkeit für *diese* Grenzlinien nicht erreicht.

Wenn möglich, übernimmt man auch das *ständige Waldeinteilungs- und Wegenetz* aus Flur- oder Grundkarten der einschlägigen Vermessungsbehörden. Aktuelle Luftbilder dienen dabei oft der Überprüfung der in diesen Karten dargestellten Situation und der Definition erforderlicher Berichtigungen und Nachträge. Enthalten die o.a. Karten keine brauchbaren Darstellungen für das ständige Waldeinteilungs- und Wegenetz, so werden diese in vielen Fällen photogrammetrisch kartiert oder ggf. auch aus vorhandenen, aktuellen Orthophotokarten hochgezeichnet.

Die Kartierung der Eigentumsgrenzen und ständigen Einteilungs- und Wegelinien werden vor Beginn der nächsten Forsteinrichtung abgeschlossen. Die Kartierung der für die Forstgrundkarte und Forstbetriebskarten noch fehlenden Grenzlinien der veränderlichen Unterabteilungs- und Unterflächen sowie von Rückegassen erfolgt dann im Laufe der Forsteinrichtung aufgrund der nach forstwirtschaftlichen Gesichtspunkten zu treffenden Entscheidungen des Forsteinrichters. Es haben sich dafür in der Praxis zwei Verfahrenswege herausgebildet:

- *entweder* trägt der Forsteinrichter die neuen Linienführungen direkt in die aktuellen Luftbilder oder paßgerechte Deckfolien ein, überträgt sie mit einfachen photogrammetrischen Mitteln selbst in ein Blankett der Grund- oder Betriebskarte bzw. übergibt sie zu diesem Zweck dem Vermessungsbüro
- *oder* Photogrammeter kartieren im Zuge der Kartierung der ständigen Linien zunächst auch alle in den Luftbildern erkennbaren Waldbestandesgrenzen mit, und der Forsteinrichter entscheidet danach bei seinen Geländearbeiten darüber, welche Linien definitiv zu übernehmen, zu eliminieren oder ggf. zu ergänzen sind.

Tab. 51 zeigt die photogrammetrischen Techniken, die je nach Kartierungsaufgabe, rechtlich oder verwaltungsintern festgelegten Genauigkeitsforderungen und auch personellen und materiellen Randbedingungen eingesetzt werden.

Kartierungsobjekte Kartierungsaufgabe	Verfahrenswege					
	Übernahme aus Karten (4.7.1.1)	Geodätische Einmessung (4.7.1.1.)	Stero- kartierung (4.5.8.2)	Analytisches Mono- plotting (4.4.7)	Hochzeich- nung von Ortophotos (4.5.9)	Einfache Umzeich- nung (4.4.4)
1	2	3	4	5	6	7
Eigentumsgrenzen Neukartierung Veränderungen	x	x x				
Ständige Linien nicht luftbildsichtbare	(x)	x	x	x	x	
Nichtständige Linien nicht luftbildsichtbare sichtbare im Gebirge sichtbare i.d.Ebene		x (x) (x)	x x x	x x x	x x x^2	$(x)^1$ x

x=Regelfall-Optionen   (x)=unter bestimmten Umständen prokligiert
[1] facettenweise, bei regelmäßigem Relief   [2] auch aus Luftbildplänen (Kap. 4.4.6) möglich

Tab. 51: *Praktizierte Verfahrenswege bei Neu- und Nachtragskartierungen in intensiv bewirtschafteten Forstbetrieben*

Neukartierungen der Forstgrundkarte und damit auch der Blankette für Forstbetriebskarten sind in Ländern mit langen Traditionen in der Forsteinrichtung relativ selten. Regelmäßig sind aber im Zuge der in zehnjährigem Turnus stattfindenden Forsteinrichtungen umfangreiche Nachtrags- und Fortführungskartierungen, insbesondere der veränderlichen Einteilungslinien, notwendig. Die hierbei angewandten Verfahrenswege sind sinngemäß die gleichen wie bei Neuvermessungen. Forsteinrichter und Photogrammeter können sich dabei i.d.R. auf Luftbilder stützen, die im Vorjahr der Forsteinrichtung aufgenommen wurden oder wenigstens nicht älter als 2–3 Jahre sind (vgl. SCHWILL 1980).

Geodätische Ergänzungsmessungen beschränkt man i.d.R. sowohl bei den ständigen als auch veränderlichen, *innerbetrieblichen* Details auf solche, die nicht luftbildsichtbar sind. Bei einer umfassenden Umfrage unter deutschen Forsteinrichtern (alte Bundesländer) gaben 82 % der Befragten an, daß sie Luftbilder „regelmäßig" und 92 %, daß sie diese „regelmäßig oder gelegentlich" zur Kartenfortführung einsetzen (SCHWILL 1980).

Anstelle oder neben Strich- und Signaturkarten sind in manchen Ländern auch *Orthophotokarten* getreten. Die Anwendung solcher Bildkarten als Forstbetriebskarten wurde 1966 erstmals vorgeschlagen (HILDEBRANDT 1966). Sie wurden bald darauf versuchsweise und seit den frühen 70er Jahren routinemäßig in den deutschen Bundesländern Nordrhein-Westfalen (Voss 1970) und Rheinland-Pfalz (DEXHEIMER 1973, PEERENBOOM 1975), in Schweden (AXELSON 1974) sowie kurz darauf auch in österreichischen Forstbetrieben (GÜDE 1976, GRIESS 1976) eingeführt (vgl. Kap. 4.5.9.5, Abb. 185).

Das Orthophoto – i.d.R. 1:10000 – wird für diesen Zweck mit den Eigentums-, Abteilungs- und Unterabteilungsgrenzen, dem Wegenetz sowie Ortsbeschriftungen überlagert. Grenzlinien und Wege übernimmt man aus der bei der Forsteinrichtung fortgeschriebenen Forstgrundkarte. Die forstliche Orthophotokarte wird ergänzt durch eine Liste mit den wichtigsten Bestandeskennwerten jeder abgebildeten Wirtschafts- bzw. Behandlungseinheit. Abb. 185 zeigt eine solche Forstliche Orthophotokarte mit zugehörender Bestandesliste.

Gute Dienste leisten Orthophotokarten oder auch unbearbeitete Orthophotos auch in Gebieten mit überwiegend kleinem Privat- und Kommunalwaldbesitz an Stelle fehlender oder lange nicht fortgeschriebener Forstkarten (z. B. GRIESS 1976, TZSCHUPKE 1983, PEERENBOOM 1984).

Die Verwendung forstlicher Orthophotokarten breitete sich in den 80erJahren zunächst nicht mehr wesentlich aus. Erst in jüngster Zeit – nachdem Orthophotokarten mit digital photogrammetrischen Mitteln rationell hergestellt werden können – zeichnet sich eine wieder verstärkte Anwendung ab. Ein Beispiel hierfür ist die Einführung von „Orthophotobestandeskarten" in der slowenischen Forstwirtschaft (HOČEVAR et al. 1994). Sie dienen dort auch als „Referenzinformationsebene" für ein ebenfalls neu eingeführtes Forst-Informationssystem.

In Kanada und den USA wurden seit Anfang der 70er Jahre ebenfalls forstliche Orthophotokarten – hier in einer, den dort üblichen forest cover maps angepaßten Form (s.u.) – eingesetzt (Abb. 186). Bemühungen dabei auch Stereo-Orthophotokarten einzuführen war nur begrenzter Erfolg beschieden.

Schließlich wurden und werden auch *Luftbildpläne* (Kap. 4.4.6) mit einkopiertem Waldeinteilungsnetz und Beschriftungen für Reviere in ebenem Gelände *als Betriebskarten* verwendet. Die ersten Bildkarten dieser Art führte REBEL 1923 in der bayrischen Forstverwaltung für einige Forstämter ein. Heute werden solche Bildkarten z. B. auf Anforderung von Betriebsleitern noch im deutschen Bundesland Rheinland-Pfalz oder jüngst wieder in Brandenburg (HETERBRÜG 1993) gefertigt. In Bezug auf die Geometrie vergleichbar sind klein- bis kleinstmaßstäbige Luftbilder, die ohne jede weitere Bearbeitung immer wieder als Kartenersatz in Ländern der Dritten Welt bei Planungs- und Entwicklungsarbeiten dort Anwendung finden, wo keine oder nur unzureichende topographische Karten zur Verfügung stehen.

Herstellung von Waldbestandeskarten (forest cover maps, forest type maps)
für waldbaulich extensiv bewirtschaftete Wälder

Waldbestandeskarten im hier gemeinten Sinne sind weltweit sehr verbreitet. Luftbildauswertungen werden zu ihrer Herstellung routinemäßig herangezogen. Die Karten verbinden für weniger intensiv bewirtschaftete Wälder in vielen Ländern der Erde Funktionen

Abb. 185: *Forstliche Orthophotokarte 1:10 000 (Ausschnitt) mit zugehöriger*
Bestandesliste, Beispiel: Gemeindewald Nichenich

Abteilung Unterabteilung	Fläche ha	Haupt- Baumart	Alter Jahre	Ertrags- klasse	Bestockungs- grad	Bestandes- typ	Maßnahme im lfd. Jahrzehnt
14 a 1	11,8	Buche	103	2,5	0,3	Bu/Tr-Ei	Endnutzung
16 a	9,4	Buche	82	1,5	1,0	Bu/Rotei	Durchforstung
16 b	1,6	Tr.Eiche	73	1,0	1,0	Tr-Ei/Bu	Durchforstung
17	14,0	Buche	29	1,0	1,0	Bu/Tr-Ei	Läuterung/Df.
18 a 1	9,3	Buche	127	2,5	0,9	Bu/Tr-Ei	Durchforstung
18 a 2	1,5	Tr.Eiche	63	2,5	0,7	Tr-Ei	Durchforstung
	0,8	Tr.Eiche	93	2,5	0,9	Tr-Ei	Durchforstung
18 b	2,3	Douglasie	9	2,5	1,0	Douglasie	Kulturpflege
19 a 1	11,8	Buche	152	2,0	0,4	Bu/Tr-Ei	Endnutzung
19 a 2	4,1	Buche	152	3,0	0,7	Bu	Teilendnutzung
20 a 2	6,1	Buche	42	2,0	1,0	Bu/Dougl.	Durchforstung
20 b	1,6	Douglasie	13	2,0	1,0	Dougl/Rotei	Jungwuchspfl.
21 a 1	4,2	Buche	107	2,5	1,0	Bu/Tr-Ei	Durchforstung
21 a 2	3,6	Buche	127	3,0	1,0	Bu/Tr-Ei	Durchforstung
21 b 1	5,9	Buche	87	3,0	1,0	Bu/Fichte	Durchforstung
21 b 2	4,1	Tr.Eiche	62	3,0	1,0	Tr-Ei/Fichte	Durchforstung

fr = Fremdparzellen 3

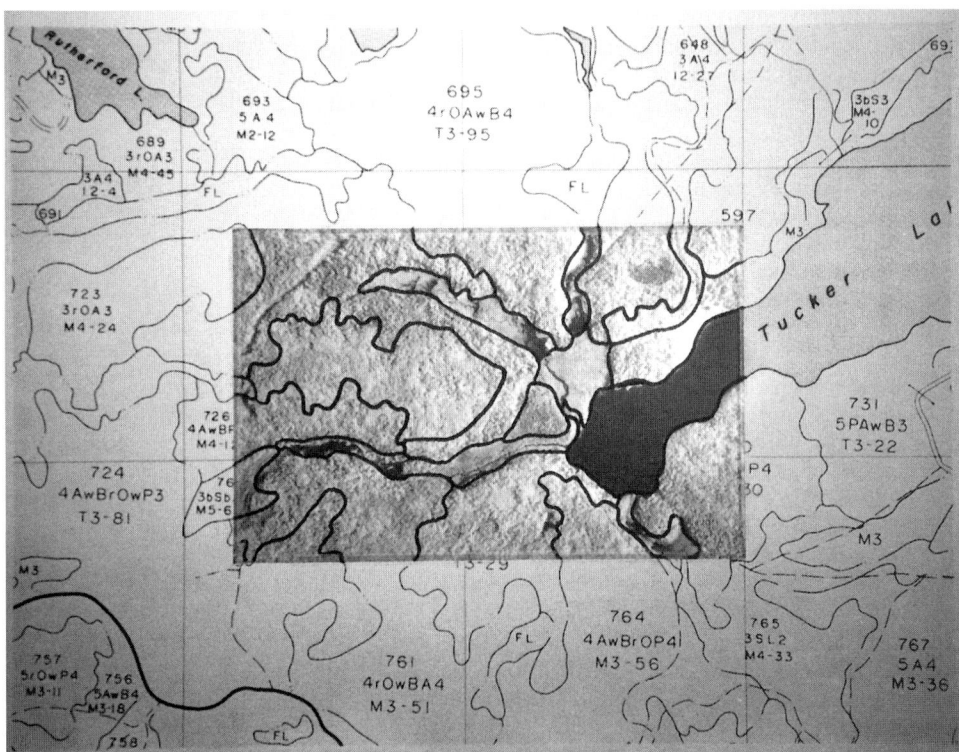

Abb. 186: *Beispiel einer durch Luftbildauswertung entstandenen kanadischen forest cover map. Das eingeblendete Luftbild zeigt die zugrundeliegende Delinierung der Bestandesgrenzen. Die Beschriftung gibt die Bestandesnummer an und charakterisiert die Bestockung.*

der zuvor besprochenen der Forstgrundkarte und der Forstbetriebskarten. Sie sind Grundlagen sowohl der Flächennachweisungen als auch für die forstwirtschaftliche Betriebsführung und Planung. Karten dieser Art werden für Wälder größerer Wirtschaftseinheiten hergestellt, die in ihren Funktionen und ihrer Organisation dem europäischen „Forstbetrieb" weitgehend gleichzusetzen sind, sich aber in der Art der Waldbehandlung und -nutzung sowie in der Flächenausdehnung von diesen mehr oder weniger deutlich unterscheiden.

Unterteilt werden die Wirtschaftseinheiten je nach ihrer Größe in mehrere *Distrikte* (sinngemäß: Reviere) und innerhalb dieser in *„Compartments"*, die etwa den o.a. „Abteilungen" entsprechen. Die Compartmentsgrenzen als ständige Waldeinteilungslinien werden überwiegend natürlichen Geländelinien und Waldstraßen angepaßt. Schneisen mitteleuropäischer Prägung sind als Compartmentgrenzen nur in Plantagenwäldern und ggf. auch in ausgedehnten, homogenen Nadelwäldern angelegt.

Befund und Planungseinheiten sind die in den Compartments vorkommenden *Bestände* mit gleichartiger Bestockung. Die Bestände können aus Aufforstungen und einer bestimmten waldbaulichen Behandlung hervorgegangen sein oder aber noch die natürliche, vom Menschen noch (weitgehend) unbeeinflußte Bestockung aufweisen. Charakteristisch sind für viele Wirtschaftseinheiten das Vorkommen noch ausgedehnter Flächen mit einer solchen natürlichen Bestockung, die Großflächigkeit von natürlichen oder geschaffenen Beständen, ein im Vergleich zu Mitteleuropa geringer Grad der Walderschließung und nicht selten auch die Einsprengung unproduktiver Flächen (Moore, Wasserflächen, Fels u.ä.).

Der thematische Inhalt derartiger Waldbestandskarten ergibt sich aus der vorgestellten Art der Waldeinteilung und den Funktionen der Karte. Dargestellt werden (i.d.R.):
- die Außengrenzen der Wirtschaftseinheit
- die Grenzen von Revieren, Compartments und Beständen
- Flächen ohne oder mit unproduktivem Wald
- das Walderschließungsnetz
- die topographische Situation, zumindest soweit sie für die Waldbewirtschaftung und -nutzung von Bedeutung ist: Wasserläufe und -flächen, Kammlinien, Talzüge und ggf. auch Höhenschichtlinien.

Reviere und Compartments werden mit Namen versehen oder durchnumeriert. Anders als in der mitteleuropäischen Forstwirtschaft bezeichnet man dagegen die Bestände i.d.R. nicht mit durchlaufenden Zahlen oder/und Buchstaben, sondern kodiert sie durch Hinweise auf die Art der Bestockung (Abb. 186).

Für die Herstellung von Waldbestandeskarten dieser Art werden Luftbilder weltweit in großem Umfange und seit langem eingesetzt. Restriktionen sind nur dort gegeben, wo aus übertriebenen militärischen Sicherheitsbedenken den Forstbehörden Luftbilder nicht zur Verfügung stehen oder diese mangels finanzieller Mittel oder technischer Voraussetzungen nicht aufgenommen und ausgewertet werden können. In Ländern der Dritten Welt stellt oft die Verfügbarkeit über Luftbildmaterial, das den aktuellen Stand der Waldverhältnisse, Exploration und Walderschließung widerspiegelt, einen Engpaß für die Herstellung von Waldbestandeskarten dar.

Die Verfahrenswege für die Kartenherstellung sind vielerlei Art und jeweils gegebenen Rahmenbedingungen angepaßt. Sie haben sich im Laufe der Zeit verändert und sind auch gegenwärtig von Nordamerika bis zu den Fiji-Inseln (hier z. B. POIDEVIN u. TUINIVANUA 1994) in Weiterentwicklung. Letzteres vor allem hin zu einer Verbindung der Kartierung mit umfassenderen geographischen oder speziellen forstlichen Informationssystemen (GIS oder FIS), verbesserten und stärkerem Einsatz analytisch photogrammetrischer Mittel und bei sehr ausgedehnten Wirtschaftseinheiten auch bis zur Einbeziehung von Luftbildern und Scanneraufzeichnungen (siehe Kap. 5), die vom Weltraum aus aufgenommen wurden.

Unbeschadet der gegenwärtigen Entwicklungen gilt weiterhin allgemein, daß vom örtlichen Forstpersonal an diesen Forstkartentyp angesichts der geringen Intensität und Differenziertheit der Waldbewirtschaftung und -behandlung geringere Genauigkeitsforderungen gestellt werden als an die z. B. in Mitteleuropa üblichen Forstkarten.

Eine traditionelle, auch heute noch verbreitete Methode der Kartierung ist es, die Waldbestandeskarte auf vorhandene topographische Karten 1:25000 oder 1:50000 aufzubauen. Topographische Karten dieser Maßstäbe sind weitgehend vorhanden (vgl. Tab. 26). Aus diesen werden die erforderliche topographische Situation, das Erschließungsnetz und ggf. die Höhenschichtlinien übernommen. Der Fortführungsstand dieser Karten ist allerdings oft unbefriedigend. Sie bedürfen daher i.d.R. insbesondere im Hinblick auf das Erschließungsnetz und von Wald-Nichtwald-Grenzen, gelegentlich aber auch wegen offenkundig ungenau dargestellter, anderer Details der Überprüfung, Fortführung bzw. Berichtigung. Diese Arbeiten können in angemessener Zeit nur mit Hilfe aktueller Luftbilder und durch photogrammetrische Auswertungen durchgeführt werden. Aus den von der top. Karte übernommenen und den nachgetragenen bzw. berichtigten Details entsteht die *topographische Basis* für die neue Waldbestandeskarte. In diese werden dann alle benötigten forstlichen Details einkartiert. Der forstliche Luftbildinterpret entscheidet dabei nach stereoskopischer Luftbildinterpretation über die Auslegung der Revier-, Compartment- und die darzustellenden Bestandesgrenzen. Bei Kartenfortführungen folgt er im Falle unveränderter Situation und gleich gebliebener Bedürfnisse hinsichtlich der Karteninhalte der frühen Waldeinteilung. Alle zu kartierenden Linienzüge werden im Luftbild deliniert und danach durch Umzeichnung oder stereophotogrammetrische Verfahren der topographischen Basis beigefügt.

Der traditionelle Verfahrensweg weist dabei die photogrammetrischen Arbeiten einem Photogrammeter und die der forstlichen Luftbildinterpretation dem Forstmann zu.

Herstellung der topographischen Basis	Entscheidungen über forstliche Abgrenzungen – Delinierung –	Einkartierung forstlicher Details in die top. Basis
Photogrammeter	Forstmann	Photogrammeter

In jüngerer Zeit wird aber auch ein anderer Weg beschritten und propagiert (vgl. z. B. GROSS 1993, HOČEVAR et al. 1994). Dabei werden die photogrammetrischen und interpretatorischen Arbeiten zusammengefaßt und durch den forstlichen Auswerter vorgenommen. Dies ist dann möglich, wenn dieser eine entsprechende Qualifikation zur Durchführung der photogrammetrischen Arbeiten hat und über entsprechende Erfahrungen verfügt. Durch die Entwicklung der analytischen Photogrammetrie und leicht beherrschbarer analytischer Auswertegeräte sind diese Voraussetzungen heute erfüllbar.

Für die Herstellung der topographischen Basis aus einer fortführungsfähigen topographischen Karte und für die spätere Übertragung der im Luftbild delinierten forstlichen Details in diese Basis kommen in erster Linie analytisch arbeitende Stereometergeräte (Kap. 4.5.5.1), zur analytischen Arbeit nachgerüstete Stereoumzeichner (Kap. 4.4.4) und die einfacheren Versionen der Stereoauswertegeräte höherer Ordnung (Kap. 4.5.5.6) in Frage. In Gebieten, für die digitale Geländemodelle vorliegen, können alle notwendigen photogrammetrischen Arbeiten auch mit Hilfe analytisch oder digital erzeugter Orthophotos oder durch Monoplotting ausgeführt werden.

Eine andere Situation ist gegeben, wenn keine oder nur völlig unzureichende topographische Karten vorliegen. In diesem Falle bedarf es, als erstem Schritt, einer strengeren photogrammetrischen Kartierung zur Herstellung der topographischen Basis. Dafür ist ein qualifizierter Photogrammeter und entsprechendes Präzisionsgerät für stereophotogrammetrische Auswertungen erforderlich. Die Interpretationsarbeit und auch das Einkartieren der forstlichen Details in die topogrpahische Basis kann dann mit einfacheren photogrammetrischen Mitteln arbeitsteilig oder allein vom forstlichen Sachverständigen vorgenommen werden.

Waldbestandskarten dieser Art waren und sind auch in Form von *Orthophotokarten* mit überlagerten Grenzen der Compartments und Delinierungen gleichartig bestockter Beständen in Gebrauch. Schon Ende der sechziger Jahre wurden solche Bildkarten z. B. in Norwegen, Schweden und in Nordamerika eingeführt.

4.7.1.2 Forsteinrichtung

„Forsteinrichtung" ist die mittelfristige Planung im Forstbetrieb und die dafür notwendigen Informationsbeschaffung und Kontrollarbeit. Sie wird in Ländern mit geregelter Forstwirtschaft i.d.R. im zehnjährigen Turnus für alle größere Forstbetriebe durchgeführt. Als Grundlage für die Planungen werden der Zustand und die Kapazitäten des Betriebs und aller seiner Bestände und Standorte ermittelt und beschrieben, die forstwirtschaftlichen Geschehnisse, ihre Ergebnisse und Folgen der abgelaufenen Planungsperiode analysiert und der Vollzug der vorangegangenen Planungen kontrolliert. Die Planungen selbst werden, im Hinblick auf die sehr langen Produktionszeiträume (30–250 Jahre!) und Vielfach-Funktionen des Waldes, auf langfristige Ziele, Nachhaltigkeit der Erträge und Erhaltung der Produktionskräfte ausgerichtet und für den Betrieb als Ganzes und jeden einzelnen Bestand vorgenommen. Die in 4.7.1.1 besprochenen Aktualisierungen des Karten- und Flächenwerks sind Teil der Zustandserfassung.

Luftbilder werden – neben den o.a. Kartenfortführungen und Flächenermittlungen – in allen Phasen der Forsteinrichtung als Informations- und Arbeitsmittel eingesetzt. Tabelle 52 vermittelt dazu– aus deutscher Sicht – eine Vorstellung in welchem Umfange dies geschieht. Sie zeigt zudem, welche Arbeitsschritte vor allem durch Luftbildauswertungen unterstützt werden.

Teilaufgabe der Forsteinrichtung	Prozentsatz der Forsteinrichter, die Luftbilder für die Teilaufgabe einsetzten		
	Insgesamt	davon regelmäßig	davon gelegentlich
1	*2*	*3*	*4*
1. Beschaffung synoptischer Informationen über den Forstbetrieb und seine Lage	79	64	15
2. Standörtliche Charakterisierung der einzelnen Waldflächen	60	26	34
3. Planung und Organisation der eigenen Forsteinrichtungsarbeiten	88	63	25
4. Orientierung im einzurichtenden Revier	99	87	12
5. Flächenausscheidung (Waldeinteilung)	93	75	18
6. Kartenfortführung	96	82	14
7. Bestandesbeschreibung	96	92	4
8. Wahl des Verfahrens für die Holzvorratsaufnahme	42	11	31
9. Einzel- und Gesamtplanung	96	77	19
10. Überprüfung der Einzelarbeiten und häusliche Endbearbeitung (Erinnerungsstütze)	96	88	8
11. Dokumentation der Bestandes- und Reviergeschichte	55	19	36

Tab. 52: *Häufigkeit der Luftbildverwendung bei Forsteinrichtern der alten deutschen Bundesländer in den siebziger Jahren (nach* Schwill *1980)*

Nicht alle Zustandsmerkmale der Waldbestände und vor allem auch nicht die bodenkundlich und von der Bodenflora her zu charakterisierenden Standortsmerkmale können
durch Luftbildauswertungen erfaßt werden. Der Forsteinrichter und weitgehend vor allem
der Standortkartierer sind daher auf Geländearbeit angewiesen. Es kommt darauf an, für
die Informationsbeschaffung, Beurteilung von Situationen und qualitativen und quantitativen Beschreibungen die jeweils *sach- und objektbezogen optimale Kombination* von
Messungen und Datensammlung im Gelände, durch Luftbildauswertungen und Beizie-
hung weiterer Quellen (Orts- und Zeit-Wissen) zu finden. Das Informationsmittel „Luftbild" erleichtert die Forsteinrichtungsarbeiten, führt dabei zu vielfältigen *Rationalisierungen* der Geländearbeit, erlaubt *Zusammenhänge* und räumliche Ordnungen besser zu
erkennen als es aus dem Innern des Waldes heraus – quasi aus der „Froschperspektive" –
möglich ist. Es ist zudem bei den häuslichen Endbearbeitungen der Inventurergebnisse,
Beschreibungen und Planungen eine nicht zu unterschätzende *Gedächtnisstütze*. Stehen
dem Forsteinrichter Sequenzen von Luftbildern zur Verfügung, so lassen sich zudem
Bestandes- und Revierentwicklungen verfolgen, die gegenwärtige Zustände zu verstehen
ermöglichen und auch für die Planungen nutzbar gemacht werden können.

Bei sinnvollem und erschöpfendem Gebrauch vermindert die Arbeit mit Luftbildern
die für die Waldbegänge des Forsteinrichters erforderliche Zeit erheblich. Bei einer Ver-
gleichstudie (in leichtem Waldgelände und seinerzeit keineswegs optimalem Bildmaterial!) ergab sich, daß die *Flächenleistung* für die Orientierung im Revier, Überprüfung
des Abteilungsnetzes, die Bildung von Unterabteilungen und Unterflächen und die qualitative Bestandesbeschreibung (d. h. ohne Vorrats- und Zuwachsmessungen) bei Arbeit
mit Luftbildern doppelt so groß ist (sein kann) als bei Arbeit ohne diese Hilfe (HILDE-
BRANDT, 1957a). Als mindestens ebenso bedeutsam erwiesen sich Zeit- und Kostenein-
sparungen durch die weitgehende Verlagerung zeitaufwendiger Vermessungen innerbe-
trieblicher Grenz- und Wegelinien auf (einfache) photogrammetrische Auswertungen.
Man schätzt deshalb die auf die Verwendung von Luftbildern zurückgehenden Einsparungen an den Gesamtkosten einer Forsteinrichtung auf 30–40 % und „damit als wichtiger ein, als den Einsatz der automatisierten Datenverarbeitung und der Anwendung
rationeller Stichprobekonzepte bei der Bestandesaufnahme" (HUSS 1984b, S. 251).

Die Rationalisierungseffekte sind dabei in Gebirgsrevieren und bei unübersichtlichen
Bestockungsverhältnissen besonders groß: im ersten Falle wegen der hier gravierenden
Einsparungen an zeitaufwendigen und anstrengenden Begehungen und im zweiten Fall
wegen der durch die Luftbilder rascher zu gewinnenden vollen Übersicht über das Mosaik
verschiedenartiger Bestände, Übergangsformen, räumlichen Gefüge und gegenseitige
Abhängigkeiten. Aber auch bei extensiveren Formen der Forsteinrichtung und homoge-
neren Waldverhältnissen führt die Luftbildauswertung zu deutlichen Rationalisierungen.
Für die Sowjetunion teilte z. B. SINICIN (1964) mit: „Durch die Anwendung des Luft-
bildmaterials stieg die Arbeitsproduktivität um durchschnittlich 15 %. Gleichzeitig wurde
die Qualität der Forsteinrichtungsarbeiten erhöht und Voraussetzungen zur Vereinfachung und Kürzung der geodätischen Arbeiten geschaffen."[54]

Seit langem ist die Anwendung von Luftbildern überall in der Welt, wo Forsteinrichtungen im eingangs definierten Sinne stattfinden, Routine. Der Stellenwert von Luft-

---

[54] Die Forsteinrichtung in der Sowjetunion und deren Nachfolgestaaten erfolgt je nach Bewirtschaftungsform und Flächenausdehnung der Einrichtungsobjekte in fünf Intensitätskategorien: Kat I
entspricht etwa der mitteleuropäischen Forsteinrichtung, in den Kat. IV und V, den extensivsten,
z. B. in der Taiga Sibiriens, praktizierten Formen, hat die Zustandserfassung den Charakter von
Großrauminventuren (siehe Kap. 4.7.1.3). Für die extensiven Forsteinrichtungen werden heute
auch aus dem Weltraum aufgenommene Bilder und Daten sowie luftvisuelle Erhebungen (Kap. 3)
eingesetzt.

bildern als Informations- und Arbeitsmittel nimmt dabei aber aus naheliegenden Gründen zu, je größer und unübersichtlicher der einzurichtende Forstbetrieb ist, je schwerer begehbar er ist und je weniger Informationen bisher über ihn verfügbar sind. Gleichzeitig verschieben sich die Akzente von der Luftbildauswertung zur Informationsgewinnung.

In *mitteleuropäischen Ländern* mit langer Forsteinrichtungstradition, intensiver waldbaulicher Bestandesbehandlung und kleinflächigen Beständen liegen die Schwerpunkte der Luftbildanwendung neben der Kartenfortführung bei Entscheidungen über die Waldeinteilung sowie bei der Unterstützung der hier intensiven Bestandesbeschreibung und der waldbaulichen Planung für die Bestände. Dagegen verwendet man Luftbilder (bisher) nicht oder kaum zur photogrammetrischen Gewinnung holzmeßkundlicher Daten für die Holzvorratsaufnahme oder Bonitierung Mit Hilfe von Luftbildern werden hierfür allenfalls Stratifizierungen für nachfolgende, betriebsweise Stichprobeerhebungen des Vorrats – z. B. im Sinne von WOLFF (1960) – vorgenommen. Sind bestandesweise Holzvorratserhebungen üblich, so werden Luftbilder häufig für die Entscheidung über die Art der terrestrischen Aufnahme herangezogen (vgl. Tab. 52, Pos. 7).

Für *nord- und osteuropäische Länder* mit ebenfalls traditionsreicher Forsteinrichtung und weitgehend auch in *Nordamerika* gilt Ähnliches in Bezug auf Kartenfortführungen und Neukartierungen, die Waldeinteilung bzw. oft auch nur Gliederung nach gleichartigen Bestockungen sowie für die Unterstützung der – hier i.d.R. extensiveren – Zustandsbeschreibungen. Der Stratifizierung der oft sehr ausgedehnten Betriebsflächen für die terrestrische Holzvorratsaufnahme oder bei mehrphasigen Holzvorratsaufnahmen mit Regressionsschätzern zur Erhebung der Hilfsvariablen (vgl. Kap. 4.6.6.4) kommt dagegen ein größerer Stellenwert als in Mitteleuropa zu. Direkte Vorrats*messungen* bilden auch hier die Ausnahme. In den USA sind jedoch Vorratsschätzungen mit Hilfe regionaler Luftbild-Bestandesmassentafeln (Kap. 4.6.6.3, Tab. 48) für die Stratifizierung nach „Vorratsklassen" verbreitet.

Die Anfänge der Luftbildanwendung bei Forsteinrichtungen finden sich in Deutschland. Dort wurden schon kurz nach dem ersten Weltkrieg Luftbilder mehrerer Forstbezirke für diesen Zweck aufgenommen (Tab. 53).

Die Aufmerksamkeit, die Luftbildauswertungen für Forsteinrichtung und Forstkartierung rasch gewonnen hatten, zeigt sich darin, daß sich der Deutsche Forstverein schon 1923 auf seiner Jahrestagung und nochmals dann 1924 mit diesem Thema beschäftigte. Der bayrische Forsteinrichtungsreferent, REBEL (1924), brachte die Bedeutung dieses damals neuen Arbeitsmittels auf den Punkt: „Das Luftbild zeigt und trägt den Stempel der Wirtschaft (eines Forstbetriebs) besser und vollkommener als es der besten Beschreibung mit dickstem Tabellenwerk gelingen könnte."

Jahr der Luftbildaufnahme	Forstbezirk
1918	Perlacher Forst bei München
1918	Teile mehrerer Alpenreviere
1920	Tharandter Wald bei Dresden
1921	Roggenburger Forst bei Krumbach
1922	Nürnberger Reichswald
1922	Forstenrieder Park bei München
1923	Bärenthoren bei Dessau
1923	Biesenthal bei Eberswalde
1926	Revier „Weißer Hirsch" bei Dresden

Tab. 53: *Beispiele von Lutbildaufnahmen deutscher Forstbezirke 1918–1926*

Ebenfalls schon im ersten Jahrzehnt nach dem ersten Weltkrieg begannen auch in mehreren anderen Ländern Luftbildauswertungen für diese Zwecke, sei es schon mehr oder weniger regelmäßig, wie z. B. in der Sowjetunion, sei es als Pilotprojekte (vgl. Tab. 50). Der Durchbruch zur routinemäßigen Anwendung erfolgte im ersten Jahrzehnt nach dem zweiten Weltkrieg. Besonders hervorzuheben sind dabei die Entwicklungen in Nordamerika, der Tschechoslowakei, der Sowjetunion, in Skandinavien, der Bundesrepublik Deutschland und Österreich sowie viele Aktivitäten vor allem niederländischer und englischer Forstleute in tropischen Ländern.

Im Bezug auf den großen Aufschwung, die die Luftbildauswertung in dieser Periode für die Forsteinrichtung und andere forstwirtschaftliche Zwecke nahm, wird für nordamerikanische Verhältnisse auf COLWELL (1978) für die Sowjetunion auf SINICIN (1964) und aus mitteleuropäischer Sicht auf HILDEBRANDT (1993) verwiesen.

Mit der überall zu beobachtenden Einführung umfassender und laufend fortzuführender forstbetrieblicher Informationssysteme (Forst GIS, FIS) verändert sich gegenwärtig vielerorts die Methodik der Forsteinrichtung. Dem Luftbild als möglicher Quelle sowohl von Flächen- und Vorratsdaten als auch qualitativer Bestandes- und Standortsattribute fällt dabei eine neuartige Aufgabe zu. Realisiert wird das in der Praxis bereits in einer Reihe von Fällen, wie z. B. in den USA (z. B. CARSON u. REUTEBUCH 1994), in Österreich (SCHNEIDER u. BARTL 1994) oder bei Pilotanwendungen in Baden-Württemberg (DUVENHORST 1994).

4.7.1.3 Forstliche Großrauminventuren

Als forstliche Großrauminventur wird die Erfassung von Zustand und Leistungsvermögen der Wälder eines Großraums, z. B. einer Region, eines Landes oder Kontinents verstanden. Im Hinblick auf die Inventurmethodik ist der Übergang von Betriebsinventuren für Forsteinrichtungszwecke zu überbetrieblichen Waldinventuren einer Region fließend. So haben z. B. Waldinventuren für sehr große Wirtschaftseinheiten bzw. Forstbetriebe in Kanada oder im Gebiet der IV–VI Forsteinrichtungskategorie in Rußland methodisch auch den Charakter von Großrauminventuren.

Im Gegensatz zu Erhebung von Zustandsdaten durch Umfrage oder durch Zusammenfügen und Fortschreibungen vorhandener Statistiken erfolgen bei forstlichen Großrauminventuren die unmittelbaren Aufnahmen der gewünschten Merkmale durch Messungen, Schätzungen und Qualitätsbeschreibungen.

Forstliche Großrauminventuren dienen – von den o.a. Übergangsformen abgesehen – nicht betrieblichen Zwecken, sondern übergeordneten forstpolitischen, volkswirtschaftlichen oder raumordnenden. Durch die Ergebnisse forstlicher Großrauminventuren sollen z. B. Unterlagen für forst- und holzmarktpolitische Entscheidungen, großräumige Planungen und Kontrollen der Waldentwicklung oder langfristige Holzaufkommensprognosen gewonnen werden. In noch nicht bewirtschafteten oder nur unplanmäßig genutzten Waldgebieten ist es das Ziel großräumiger Inventuren, entweder die Grundlage für die Entwicklung einer planmäßigen, nachhaltigen Forstwirtschaft zu schaffen oder den Zustand bereits exploitierter Wälder zu ermitteln und unter Kontrolle zu halten.

Gegenstand der Inventur kann die Erhebung eines oder weniger Merkmale sein oder die tiefgreifende Erfassung der Bestockungszusammensetzung, Rohstoffpotentiale und Standortsverhältnisse der Wälder. Forstliche Großrauminventuren waren dabei zunächst und lange Zeit allein auf die Ermittlung der Holzvorräte und -zuwächse gerichtet. Bei nationalen Forstinventuren ist dies auch heute noch das vorrangige Inventurziel. Daneben gewannen in den letzten zwei Jahrzehnten großräumige Wald*schadens*inventuren besondere Bedeutung. Mehr und mehr gehen die Inventur- und Beobachtungsziele auch über rein forstwirtschaftliche Fragestellungen hinaus. Sie richten sich dann z. B. auch auf Zu-

stände und Veränderungen der Wald- und Landschaftsökologie, die allgemeine Landes-
entwicklung (Landnutzung, Infrastruktur) und Raumordnung oder auf die Informationsbeschaffung für Maßnahmen des Landschafts- und Biotopschutzes (= multi-resource
inventory, vgl. z. B. LUND 1992, TOMPPO 1993).

   In der Mehrzahl der Fälle werden Großrauminventuren heute als „kontinuierliche",
d. h. periodisch zu wiederholende, geplant und konzipiert. Dies ermöglicht die langfristige Beobachtung (monitoring) von Entwicklungen und Veränderungen im Inventurgebiet. Über dafür zu treffende methodische Vorkehrungen wurde u. a. in den Kap. 4.6.6.1
und 4.6.6.4 sowie 4.6.7 gesprochen.

   Für die Ermittlung von Holzvorräten, Zuwächsen und anderen quantifizierbaren natürlichen Ressourcen müssen und werden bei Großrauminventuren Stichprobeverfahren eingesetzt (hierzu Kap. 4.6.6.4). Zur Erhebung qualitativer Bestockungsmerkmale, Waldschäden
und von Flächenanteilen vorkommender Wald-, Vegetations- oder auch Landnutzungsklassen werden sowohl Stichprobeaufnahmen als auch flächendeckende, auch eine kartenmäßige
Darstellung ermöglichende Aufnahmeverfahren praktiziert (hierzu Kap. 4.6.6.1).

   Luftbildern und zunehmend auch nicht-photographischen Aufzeichnungen aus dem
Weltraum kommt bei praktizierten Inventur- und Beobachtungsverfahren große Bedeutung zu. In vielen Fällen wäre die Durchführung der Inventuren ohne Fernerkundungsmittel überhaupt nicht möglich, in anderen Fällen tragen sie wesentlich zur Rationalisierung oder zeitlichen Straffung oder ggf. auch zur möglichen Erweiterung des Spektrums zu
gewinnender Informationen bei.

   Nur selten wird eine Inventur ausschließlich auf die Auswertung von Luftbildern gestützt.
Als ein Beispiel hierfür wird eine 1962 im Tessin durchgeführte Inventur des mengenmäßigen
Vorkommens und der Vergesellschaftsformen der Edelkastanie (castanea vesca) genannt. Die
zur Blütezeit dieser Baumart aufgenommenen Luftbilder ermöglichten eine weitgehend
sichere Interpretation, so daß nur wenige vorbereitende und die Interpretationsergebnisse
kontrollierende Arbeiten im Gelände notwendig waren (KURT et al. 1962).

   In der Mehrzahl der praktizierten Inventurvorhaben kombiniert man in irgendeiner
Form Geländearbeit und Fernerkundung. Ggf. bezieht man auch Informationen aus
Karten, einem GIS u. a. in die Datengewinnung ein. Die Konzeption des Inventur- und
Beobachtungsverfahrens als Ganzes wird dabei i.d.R. objektbedingt und zielorientiert
entwickelt (und optimiert). Das gilt auch für die Zuweisung der Aufgaben für die Fernerkundung nach Art und Umfang. Beides wird aber auch häufig von materiellen und
finanziellen Randbedingungen, zeitlichen Anforderungen, Traditionen und persönlichen
Präferenzen mitbestimmt. Abb. 187 vermittelt in Form eines Denkmodells eine Vorstellung der Kombinationsformen in Abhängigkeit von der Größe des Inventurgebietes, der
dort vorherrschenden Intensität der Waldbewirtschaftung und den Anforderungen an
Genauigkeit und Differenzierungen der Ergebnisse. Es ist evident – und spiegelt sich
heute vor allem bei Großrauminventuren in Entwicklungsländern wider –, daß sich die
Gewichte zugunsten der Fernerkundungsmedien als Informationsquelle verlagern, je
weiter die Zielsetzung der Inventur über reine Holzvorratserhebungen hinausgeht.

   Luftbilder sind bei vielen Großrauminventuren die Informationsbasis für die Gewinnung von Flächendaten (Kap. 4.6.6.1). Auch dann, wenn Luftbilder bei Waldschadensinventuren eingesetzt werden, sind sie die wesentlichste Informationsquelle (Kap. 4.7.1.4).
Eine gewichtige Rolle spielen Luftbilder bei Holzvorratsinventuren, bei denen das Inventurgebiet vor terrestrischen Vorratsmessungen stratifiziert wird, sei es im Zuge einer zweistufigen oder zwei- bzw. mehrphasigen Stichprobeerhebung (vgl. Kap. 4.6.6.4). Eine
gleichgewichtige Aufgabe kommt der Datengewinnung aus Luftbildern und durch Messungen im Wald bei zwei- bzw. mehrphasigen Inventuren mit Regressionsschätzern zu.
Aber auch dort, wo die Datenerhebungen ausschließlich terrestrisch erfolgen, wie z. B.
bei einer Reihe bekannter nationaler Holzvorratsinventuren, fällt Luftbildern als Orien-

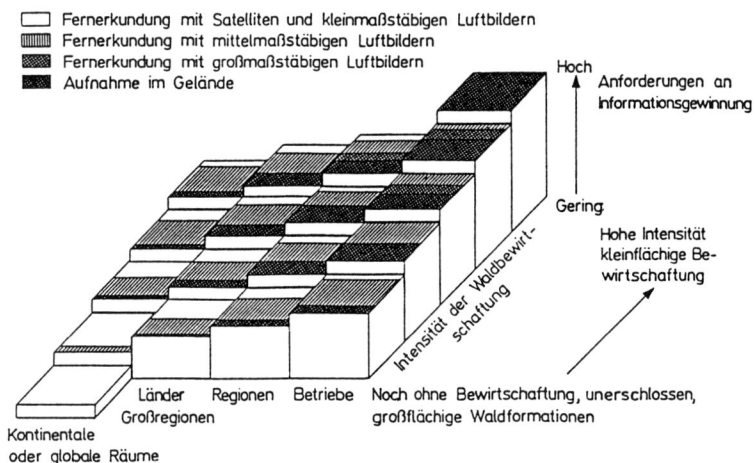

Fernerkundung mit Satelliten und kleinmaßstäbigen Luftbildern
Fernerkundung mit mittelmaßstäbigen Luftbildern
Fernerkundung mit großmaßstäbigen Luftbildern
Aufnahme im Gelände

Hoch
Anforderungen an
Informationsgewinnung

Gering

Hohe Intensität
kleinflächige Be-
wirtschaftung

Intensität der Waldbewirtschaftung

Länder   Regionen   Betriebe
Großregionen

Noch ohne Bewirtschaftung, unerschlossen,
großflächige Waldformationen

Kontinentale
oder globale Räume

Abb. 187: *Einsatz von Fernerkundungsmedien bei forstlichen Inventuren (aus* HILDE-
BRANDT *u.* RHODY *1984)*

tierungshilfe für *die Meßtrupps* im (häufig unübersichtlichen oder kartenlosen) Gelände
und zum Auffinden von Stichprobepunkten sehr oft eine wichtige Aufgabe zu.
    Über die relative Häufigkeit der Datengewinnung aus Luftbildern für die o.a. Zwecke
orientiert Sp. 2 der Tab. 54. Der Einstufung liegt eine Abschätzung zugrunde, die regionale
und nationale Großrauminventuren aus allen Teilen der Erde berücksichtigt.

Erste Großrauminventuren mit Unterstützung von Luftbildern setzten nach dem ersten
Weltkrieg ein, und zwar in Kanada, den USA, in der Sowjetunion und – wenn man großräumige reine Waldvegetations-Kartierungen (s. Kap. 4.7.2) hinzunimmt – in einigen britischen Überseegebieten (vgl. Tab. 50). Der Canadian Forest Service richtete dafür bereits
1923 eine vollständige Luftbildsektion ein. Ähnliche Einrichtungen innerhalb der Forstverwaltung – auch mit eigenen Flugstaffeln zur Luftbildaufnahme – entstanden in der
Sowjetunion. Bei den zur gleichen Zeit durchgeführten ersten Nationalen Waldinventuren
in Norwegen (seit 1919), Schweden (seit 1923) und Finnland (seit 1924) fanden Luftbilder
dagegen keine Verwendung. Den in Deutschland nach 1871 unregelmäßig durchgeführten
Forsterhebungen, einschließlich der für die Bundesrepublik von 1960, lagen keine Großrauminventuren zugrunde. Sie basierten auf Forsteinrichtungsdaten und Umfrageergeb-
nissen.
    Als Arbeits- und Informationsmittel wurden Luftbilder dann seit den fünfziger Jahren
auf breiter Basis überall in der Welt verwendet. Die Vielzahl und Mannigfaltigkeit früher
und heutiger forstlicher Großrauminventuren läßt an dieser Stelle weder deren vollständige Nennung noch die Beschreibung erfahrensmäßiger Einzel- und Sonderheiten zu. Es
wird deshalb für die früheren Jahrzehnte in Tab. 54a exemplarisch auf eine Anzahl ausgewählter Quellen hingewiesen, in denen über durchgeführte Großrauminventuren und
-kartierungen sowie Einzelheiten der dabei angewandten Methoden berichtet wird. Alle
genannten Quellen sind bei HILDEBRANDT (1969) bibliographisch ausgewiesen. Sofern sie
nicht in anderem Zusammenhang zitiert werden, sind sie nicht im Literaturverzeichnis
aufgenommen worden.
    In den nach 1976 bis zur Gegenwart folgenden 25 Jahren haben sich Großrauminventu-
ren methodisch weiterentwickelt. Dies im Hinblick auf die angewandten Stichprobe-

Zwecke für den Fernerkundungseinsatz	Fernerkundungsmedium		
	Luftbilder	Scanner- oder Videoaufzeichnung	Radarbilder
1	*2*	*3*	*4*
Gewinnung von Flächendaten (Kap. 4.6.6.1./2.)			
durch flächendeckende Delinierung oder Klassifizierung und Kartierung	xx	xx[1]	x[2]
durch Stichprobeerhebung	xxx	x[1]	–
Holzvorratsaufnahme (Kap. 4.6.6.4)			
Orientierung für Meßtrupps Auffinden von Stichprobepunkten	xx	–	–
Stratifizierung durch Delinierung bei vielstufiger Vorratsaufnahme	xx	(x)[1]	x[2]
Stratifizierung bei mehrphasiger Stichprobeaufnahme	xxx	(x)[1]	–
Regressionsschätzung bei mehrphasiger Stichprobeaufnahme	x	(x)[1]	–
Direkte Vorratsmessung	x	–	–
Waldschadensinventuren (Kap. 4.7.1.4)			
durch Stichprobeaufnahme mit Einzelbaumansprache	xx	–	–
flächendeckende Inventur mit flächenweiser Ansprache	x	x[1]	–

xxx = häufig praktiziert, xx = gelegentlich praktiziert, x = selten praktiziert, (x) nur als Piolotinventur praktiziert. [1] nur mit Satellitenaufzeichnungen praktiziert, [2] bisher nur von Flugzeugen aus aufgenommene Radarbilder praktisch verwendet

Tab. 54: *Praktizierte Anwendung verschiedener Fernerkennungsmethoden bei forstlichen Großrauminventuren*

designs, die weitgehende Einführung permanenter Stichprobeorte, die Kombinationsformen der Datengewinnung durch Geländearbeit und Fernerkundung und der zunehmend häufigeren Einbeziehung auch von Satellitenaufzeichnungen als flächendeckende Informationsquelle.

Der Luftbildauswertung fallen weiterhin vor allem Aufgaben zu, die im Zusammenhang mit der Flächeninventur stehen und bei Holzvorratsaufnahmen entweder der Stratifizierung dienen oder der Ableitung tragfähiger Regressionen zwischen im Luftbild zu gewinnenden Hilfsvariablen und der terrestrisch meßbaren Zielvariablen (Vorrat je ha).

Weltregion/Land	Periode 1945 – 1970
1	*2*
Kanada	LOSEE 1955, SEELY 1957, 1964, B.C.FORSERV 1957, HALL 1969
USA	WILSON 1960, 1961, HILDEBRANDT 1962, BICKFORD et al. 1963, HUTCHINSON 1967
Mittel- u. Südamerika	MASON 1955, DIXON et al. 1955, HEINSDIJK 1960, 1966, ME-SORADA et al. 1960, 1968, GIORDANO 1964, DILLEWIJN 1966, HAIDER 1967
Afrika	BERGEROO-CHAMPAGNE 1954, 1955, FRANCIS 1959, 1963, CA-TINOT u. REY 1963, STELLINGWERF 1965
Nahost-Länder	STELLINGWERF 1958, ROGERS 1960, 1961, ROSETTI-BANNES 1966
Asiatisch-pazifischer Raum	BOON u. BOTTENBURG 1949, FOR.SERV. INDONESIA 1954, MA-STERS 1957, LOETZSCH 1957, CROMER 1960
Japan	CUNNINGHAM et al. 1952, AZUMA 1955, TANIGUCHI 1961
Sowjetunion	GORDEEV 1954, 1960, KARPOV u. FLORINSKIJ 1956, SINICIN 1964
Europa:	
Frankreich	BRENAC 1962, 1964, BALLEYDIER u. GALMICHE 1964, HILDE-BRANDT 1968
Spanien	HUERTA HERRERO 1958, ROGERS 1961, IBANEZ 1966
Italien	DIGIESI 1962
Schweiz	KURT et al. 1962
Österreich	HORKY 1953, 1958
Finnland	ILVESSALO 1958 (zit. n. SOHLBERG 1991)

Tab. 54a: *Ausgewählte Quellen über die Anwendung von Luftbildern bei durchgeführten forstlichen Großrauminventuren 1945–1970 (Quellennachweis bei* HILDEBRANDT *1969 Abschn. 587.6x5).*

Die Vielzahl und Vielfalt durchgeführter und laufender Inventuren lassen auch hier eine detaillierte Darstellung der praktizierten Verfahren nicht zu. Hinweise und z.T. auch Verfahrensbeschreibungen finden sich außer in Einzelveröffentlichungen in Tagungsbän-den der einschlägigen IUFRO-Arbeitsgruppen und Symposien (z. B. CUNIA 1978, PELZ U. CUNIA 1985, KÖHL U. PELZ 1990 u. a.). Bewährte Inventurkonzepte zeichnen sich durch Anpassung an die jeweiligen, speziellen Inventurziele, die Eigenarten der Inventurgebiete und vorgegebenen, materiellen Randbedingungen aus. Das gilt für die zahlreichen, in den USA (siehe z. B. v. HOOSER 1993), in Rußland (siehe z. B. NEFEDJEV 1993) und in vielen tropischen Ländern (siehe z. B. SCHADE U. DALANGIN 1985, KÖHL 1991, HAMZAH 1991) durchgeführten Großrauminventuren sowie auch für nationale und regionale Inventuren in mehreren europäischen Ländern. Bei *Nationalen* Waldinventuren oder -kartierungen werden in Europa Luftbilder in Frankreich (BALLEDIER U. CHEVROU 1985[55]), Spanien

---

[55] Diese und die folgenden Quellen finden sich in PELZ U. CUNIA 1985 und sind im Literaturverzeich-nis nicht ausgewiesen.

(MARTINEZ-MILLAN 1985), Portugal (DE CARVALHO-OLIVIERA 1985), Griechenland (MA-STROYANNAKIS 1985), in den Niederlanden (DAALEN et al. 1985), der Schweiz (MAHRER 1980, SUTTER 1990, KÖHL 1994) und in Finnland zur Datengewinnung herangezogen.

In den skandinavischen Ländern mit traditionell terrestrischen nationalen Waldinventuren wurden Luftbilder zunächst nur zur Orientierung der Meßtrupps im Gelände benutzt. Später gewann man aus ihnen auch Informationen über die Bestockungsverhältnisse im Umfeld der Stichprobepunkte bzw. zwischen den in großem Abstand verlaufenden Taxationslinien (SOHLBERG 1991). Nur in Finnland – hier beschränkt auf Nordfinnland – führte man bei der 5. Inventur Anfang der 70er Jahre ein von Poso (1972, vgl. auch POSO U. KUJALA 1977, Mattila 1985, Poso 1991) entwickeltes kombiniertes zweiphasiges Verfahren unter Verwendung kleinmaßstäbiger Luftbilder ein. Die 1989 eingeleitete 8. Finnische Nationale Waldinventur erweiterte die bis dahin vorrangig der Holzvorratsaufnahme dienende Inventur zu einem „up-to-date, multiresource forest resource monitoring and forest management planning system" (TOMPPO 1993). Für diesen Zweck baut die Inventur auf der Datengewinnung aus Satellitenaufzeichnungen (hierzu Kap. 5.6), digitalisierten Karten 1:50000 – die ihrerseits weitgehend aus Luftbildauswertungen hervorgegangen sind – und terrestrischen Stichprobeaufnahmen auf. Auch in Schweden bahnt sich die Einbeziehung von Satellitenaufzeichnungen und damit ein qualitativer Entwicklungssprung hin zu einer flächendeckenden Datengewinnung für eine Multi-resource-Inventur an (z. B. v. SEGEDADEN 1993, THOMAS 1990).

Überlegungen und ein Verfahrensvorschlag für eine mehrphasige, auf Satellitenaufzeichnungen, Luftbilder und terrestrische Stichprobeaufnahmen gestützte, gesamteuropäische Waldinventur wurden schon 1981 vorgetragen (HILDEBRANDT 1981, 1983a).

Nationalen oder supranationalen Waldinventuren methodisch gleichzusetzen sind regionale Großrauminventuren und solche, die im Zuge von Forsteinrichtungen forstlicher Großbetriebe durchgeführt werden. Bei vielen regionalen Inventuren zieht man Luftbildauswertungen zur Unterstützung terrestrischer Erhebungen routinemäßig heran, so vielerorts in Nordamerika, in der Sowjetunion und ihren Nachfolgeländern und auch in Ländern der Dritten Welt (dort wo Zugang zu mehr oder weniger aktuellem Bildmaterial gegeben ist). Als europäische Beispiele wird auf die Praktiken in den skandinavischen Ländern (z. B. SOHLBERG 1991, POSO 1991), auf regionale Inventuren in Italien (PRETO 1984/5) und zahlreiche regionale Waldschadensinventuren in mitteleuropäischen Ländern verwiesen. Auf letztere wird in Kap. 4.7.1.4 zurückgekommen.

4.7.1.4. Überwachung der Wälder und Inventur von Waldschäden

Wälder sind als natürliche oder anthropogen geformte Ökosysteme jederzeit Gefährdungen durch abiotische und biotische Ereignisse sowie ggf. auch durch menschliche Eingriffe ausgesetzt. In einer geregelten Forstwirtschaft gehören deshalb die folgenden Aktivitäten zu den ständig oder im Schadenfall akut notwendigen Aufgaben:
– vorbeugende waldbauliche und forsttechnische Maßnahmen zur Risikominderung
– die fortlaufende Überwachung des Waldzustands
– sofern möglich, die Bekämpfung der Schadursache (Feuer, Insekten u. a.) und Eingrenzung der Schadensausbreitung im Schadensfall
– die Erfassung von Art und Ausmaß eingetretener Schäden
– die Beobachtung des Fortgangs des Schadens und von Prozessen der Heilung
– die Abschätzung ökologischer und forstwirtschaftlicher Folgen eingetretener Schäden
– die Planung und Durchführung von Wiederherstellungs- oder Heilungsmaßnahmen.

Luftbilder und andere Fernerkundungsmittel (vgl. hierzu Kap. 5.6) *können* für alle diese Arbeiten als Informations- und Arbeitsmittel herangezogen werden. In der Praxis erfolgt dies dort, wo über entsprechende Fernerkundungskapazitäten zeitgerecht verfügt werden kann, vor allem für die Überwachung großräumiger, nur wenig erschlossener Waldgebiete und bezüglich der zuvor an 4.–6. Stelle genannten Tätigkeiten bei Schadereignissen, die regionale Ausmaße erreichen oder lokal erhebliche Bedeutung haben. Luftbildauswertungen führt man in einigen Ländern und für bestimmte Aufgaben routinemäßig durch, in anderen Ländern und für andere Aufgaben nach Bedarf von Fall zu Fall.

In ausgedehnten, unerschlossenen Wäldern Kanadas und der USA sind luftvisuelle Beobachtungen und Luftbildauswertungen zur frühzeitigen Entdeckung von Waldbränden und beginnender Insektenkalamitäten sowie zur Lokalisierung und Feststellung des Ausmaßes aufgetretener Schäden vereinzelt schon zwischen 1920 und 1940 durchgeführt worden. Letzteres war auch in der USSR bei den Luftbildauswertungen im Zuge der Inventarisierung der Wälder der IV–VI Forsteinrichtungskategorie (vgl. Kap. 4.7.1.2) der Fall. Von einer breiten Verwendung des Luftbildes für diese Zwecke kann aber erst nach dem zweiten Weltkrieg gesprochen werden. Im Vordergrund standen dabei zunächst Schadenserhebungen dort, wo durch Feuer, Sturm, Lawinen oder Insektenkalamitäten Bestände oder gar die Wälder eines ganzen Landstrichs vernichtet oder weitgehend aufgelöst wurden. Mit der Verfügbarkeit von Farb- und ab 1960 auch von Infrarot-Farbluftbildern, erweiterte sich das Spektrum möglicher Waldschadensentdeckungen sowie quantitativer und qualitativer Schadensfeststellungen erheblich. Mit diesen neuen Fernerkundungsmitteln konnten nun auch Krankheitssymptome an einzelnen Bäumen, Vitalitätsunterschiede und Waldschäden, die nicht zur flächenhaften Vernichtung oder Auflösung von Beständen führten, im Luftbild interpretiert werden. Zwischen 1965 und 1980 verbreitete sich die Luftbildauswertung für diese Zwecke und mit diesen Bildmaterialien weltweit mehr und mehr. Sie gehört heute zu den selbstverständlichen, hierfür eingesetzten Arbeitsverfahren. Für die eingangs genannten Aktivitäten werden im folgenden Beispiele praktizierter Anwendungen genannt.

Vorbeugende Maßnahmen zur Risikominderung

Solche Maßnahmen dienen einerseits dem Schutz der Wälder selbst und andererseits der Erhaltung oder Verbesserung ihrer allgemeinen und der jeweils speziellen Schutzfunktionen für die Umwelt. Sie sind vorwiegend waldbaulicher und technischer Art, wie z. B. der Aufbau stufiger Mischbestände, standortsgerechte Baumartenwahl und Bestandesbehandlung, eine Hiebführung, die durch Schaffung einer geeigneten räumlichen Ordnung der Bestände zur Erhöhung der Betriebssicherheit führt oder Verbauungsmaßnahmen zum Schutz für Boden und Bestand, für Gewässer und menschlichen Lebensraum. Für sachgerechte Planung solcher Maßnahmen zur Risikominderung oder von Verbesserungen der Schutzwaldfunktionen sind Untersuchungen des Ausgangszustands und Analysen des Gefährdungsgrades und der Verwundbarkeit der einzelnen Wald- und Landschaftsteile im Planungsgebiet gegenüber spezifischen Gefährdungen notwendig. Für solche Analysen und damit für die Entscheidungsfindung bei den Planungen können interpretatorische und photogrammetrische Luftbildauswertungen in Verbindung mit GIS die wesentlichen, aktuellen Informationen liefern. Entsprechende Verfahren haben in jüngster Zeit Eingang in die Praxis der Forstwirtschaft und des Landschafts- bzw. Umweltschutzes gefunden.

Exemplarisch wird hierfür auf entsprechende Projekte in Österreich verwiesen, z. B. zur Erstellung von Schutzwaldsanierungsplänen, Schutzwaldinventuren und Klassifizierungen der Bestände und Standorte nach dem Gefahrenpotential durch Naturgefahren und der Entwicklungsphase der Bestände, zur Kontrolle und Sicherung von Hochlagenaufforstungen in den Alpen oder zur Planung von Lawinen und Wildbachverbauungen (STOLITZKA 1991, MAUSER 1991, 1993, KUSCHE et al. 1994).

Fortlaufende Überwachung des Waldzustandes

In gut erschlossenen, intensiv bewirtschafteten und daher auch ständig vom Forstpersonal begangenen Wäldern z. B. Mitteleuropas ist die fortlaufende Überwachung des Waldzustands keine Aufgabe der Fernerkundung. Neben der ständigen Beobachtung der Bestände dienen hier i.d.R. auch systematische, terminlich auf die Biologie von Schädlingen abgestimmte Entnahmen von Bodenproben unter anderem der rechtzeitigen Erkennung beginnender Massenvermehrung gefährlicher Insektenarten.

In wenig oder nicht erschlossenen, extensiv oder gar nicht bewirtschafteten, großräumigen Waldgebieten des borealen Nadelwaldgebiets, der Tropen und Subtropen kommt dagegen der Fernerkundung zur Überwachung des Waldzustands in der Praxis erhebliche Bedeutung zu. Zu den routinemäßig praktizierten Tätigkeiten gehört dabei sowohl in Nordamerika als auch in Rußland die Überwachung der Wälder durch mehr oder weniger systematische visuelle Beobachtungen (Kap. 3) aus Flugzeugen oder – wie in Rußland – auch aus der Weltraumstation MIR heraus. Die Beobachtung richtet sich dabei vor allem auf ausgebrochene Waldbrände, größere abiotische Schäden durch Sturm oder Überflutungen und beginnende biotische Disaster.

Auswertungen von Satellitenaufzeichnungen ergänzen ggf. solche luftvisuellen Beobachtungen oder treten gelegentlich auch an ihre Stelle. Dabei aufgespürte, oft auch nur vermutete Schadflächen können dann gezielte Luftbildaufnahmen oder luftvisuelle Beobachtungen auslösen. Ein praktisches Beispiel für ein solches Vorgehen ist das ausgangs der 70er Jahre durchgeführte Brasilian Forest Cover Monitoring Projekt (CARNEIRO 1981), bei dem auf diese Weise vor allem auch unerlaubte menschliche Eingriffe in den Wäldern des Amazonasgebiets aufgedeckt werden konnten.

Ein besonderer Fall praktizierter Waldüberwachung mit Mitteln der Fernerkundung sind die während der Waldbrand-„Saison" in besonders waldbrandgefährdeten Regionen der USA vom Forest Service systematisch und regelmäßig durchgeführten Patrouillenflüge. Dabei werden keine Luftbilder aufgenommen, wohl aber flächendeckende Aufzeichnungen mit einem speziellen Thermalscanner (s. Kap. 5.1.2.1). In diesen Aufzeichnungen lassen sich in Echtzeit auch kleinste Brandherde und beginnende Wald- oder Buschfeuer aufspüren (hierzu Kap. 5.6).

Waldschadenserfassungen und Beobachtung des Schadensfortgangs

Luftbilder, insbesondere Infrarot-Farbluftbilder, gehören heute zu den für die qualitative und quantitative Erfassung von Baum- und Waldschäden sowie die Beobachtung von Schadensentwicklungen häufig und vielerorts auch routinemäßig eingesetzten Informationsmitteln. Über Möglichkeiten, Grenzen und Maßstabsabhängigkeiten werden in Kap. 4.6.3.2 Hinweise gegeben (vgl. auch Farbtafel VII). Auf die Bedeutung der richtigen Aufnahmezeit – saisonal und im Hinblick auf den zeitlichen Abstand zwischen Luftbildaufnahme und dem Auftreten von Schadsymptomen – wird nochmals aufmerksam gemacht.

Luftbildaufnahmen und -auswertungen *speziell* zur Erfassung von Waldschäden werden in der Praxis als Alternativverfahren zu terrestrischen Erhebungen oder in Kombination mit diesen häufig eingesetzt
- wenn nach Katastrophen oder Kalamitäten Ausmaß, Abgrenzungen und örtliche Verteilung der Schadflächen dokumentiert werden sollen, oder wenn sie als Planungsgrundlage für rasch einzuleitende Hilfs- und Sanierungsmaßnahmen dienen und/oder

für die Analyse des Schadensereignisses, ggf. auch zur Erklärung des Schadensverlaufs, herangezogen werden sollen;
- wenn eine Walderkrankung regional, epidemisch oder längere Zeit in unterschiedlich oder wechselnder Stärke und Ausprägung auftritt und periodisch (ggf. jährlich) in ihrer Entwicklung verfolgt werden muß.

Beispiele für den ersten Fall gibt es weltweit in großer Zahl. Aus dieser Vielzahl werden drei mitteleuropäische Beispiele herausgegriffen:

Nach verheerenden Waldbränden in der Lüneburger Heide 1975 ließ die niedersächsische Forstverwaltung vom gesamten Schadensgebiet unmittelbar nach dem Brand Infrarot-Farbluftbilder aufnehmen. Sie ließen einen schnellen, vollständigen Überblick über die Schadflächen gewinnen und ermöglichten eine Abschätzung des Schadensumfangs, führten aber auch zu Erkenntnissen über Ansatzstellen und Verlauf der Feuer sowie über Gründe für die Verschonung bestimmter Waldbestände.

Im Februar 1990 verursachten die Wirbelstürme Vivian (26.2.90) und Wiebke (28.2.–1.3.1990) die größten Sturmschäden in den mitteleuropäischen Wäldern seit Menschengedenken. Allein in den süd- und westdeutschen Bundesländern fielen ca. 72 Millionen Kubikmeter Holz – das doppelte der normalen Jahreshiebmasse – an. Die Größe der Schadgebiete und die Gefahren, die durch das durcheinandergeworfene, verspannt liegende Holz für das Forstpersonal vielerorts ausgingen, ließen Begehungen und durchgehende terrestrische Schadaufnahmen unmittelbar nach der Katastrophe nicht zu. Die meisten Forstverwaltungen verschafften sich deshalb den ersten, notwendigen Überblick über das Schadensausmaß und die unzähligen Sturmwurfflächen durch Luftbildauswertungen. In der Schweiz erfolgten dafür z. B. für Gebiete von zusammen 18100 km² (= 40 % der Landesfläche) Luftbildaufnahmen 1:15000 mit Farbfilmen. Die Ergebnisse der Luftbildauswertungen wurden in ein GIS übernommen und Schadensbilanzen auf Bundes-, Kantons- und Gemeindeebene aufgestellt (SCHERRER 1993). Auch in Baden-Württemberg fand eine flächendeckende Luftbildaufnahme – hier 1:18000 mit Schwarzweiß-Film – aller Schadensgebiete statt. Ergänzend dazu sind auch (erfolgreich) Aufzeichnungen von Satelliten (TM, SPOT, vgl. hierzu Kap. 5.1) zur Erfassung der Sturmschadensflächen eingesetzt worden (KUNTZ 1991).

Das dritte Beispiel bezieht sich auf einen gravierenden lokalen Wald- und Landschaftsschaden, der durch Überschwemmung hervorgerufen wurde (Bildtafel XI). Nach einem Unwetter am 18.7.87 trat die Varuna bei Poschiavo (Bernina-Gebiet) über die Ufer. Teile von Poschiavo wurden überschwemmt und mit mehreren Metern Schlamm und Geröll verschüttet. Vom Schadgebiet, von dem 1985 Luftbilder im Zuge des schweizerischen SANSILVA-Projekts aufgenommen worden waren, wurden unmittelbar nach dem Schadensfall im Auftrag der Eidgenössischen Anstalt für das Forstliche Versuchswesen mit gleichen Aufnahmeparametern erneut Luftbilder hergestellt. Die am Boden, dem Wald und Grünland entstandenen Schäden konnten durch interpretatorische und photogrammetrische Auswertungen qualitativ und quantitativ analysiert und in ihrer Bedeutung für Ökologie, Landnutzung und künftige Kulturtechnik abgeschätzt werden. Gleichartige Anwendungen fanden Luftbilder durch die o.a. Anstalt auch nach Hangrutschen, Lawinengängen, Moorbrüchen unter anderen Schadereignissen (OESTER 1989).

Von noch weiterreichender Bedeutung und größerer Verbreitung sind Luftbildauswertungen im Sinne des o.a. zweiten Falles, nämlich bei einmaligen oder permanenten Waldschadensinventuren. Seit Verfügbarkeit über Farb- und Infrarot-Farbluftbildfilme sind Waldschadensinventuren weltweit, vornehmlich aber in den Ländern der nördlichen Hemisphäre, auf Luftbildauswertungen gestützt worden. Begleitet von zahlreichen Untersuchungen zur Interpretierbarkeit von Baum- und Waldschäden (vgl. z. B. HELLER 1971, KENNEWEG 1971) begannen operationelle großräumige luftbildgestützte Inventuren *in den USA* in den frühen und in Europa in den späten 60er Jahren. Wie Tab. 55 zeigt, dominierte dabei zunächst noch der Einsatz panchromatischer Farbluftbilder. Dies änderte sich noch Ende dieses Jahrzehnts, nachdem man den Infrarot-Farbfilm photographisch besser zu beherrschen lernte und die weitergehenden Interpretationsmöglichkeiten in bezug auf Erkennung und Differenzierung von Schadenserscheinungen offenkundig geworden waren.

In der *Sowjetunion* und in *Mitteleuropa* dominierten von Anfang an Infrarot-Farbluftbilder bei Waldschadensinventuren. In der Sowjetunion setzten dabei vereinzelt Einsätze bereits um 1957 ein (SINICIN 1964, vgl. auch die Literaturnachweise bei HILDEBRANDT 1969 Kap. 587.1x92). In Mitteleuropa stand solches Filmmaterial nicht vor 1965 zur Verfügung. Nach ersten versuchsweisen Anwendungen (WOLFF 1966, HILDEBRANDT U. KENNEWEG 1968, POLLANSCHUTZ 1968, STELLINGWERF 1968, RIOM et al. 1971) kam es ab Ende der sechziger Jahre auch in Mitteleuropa zu operationellen, luftbildgestützten Waldschadensinventuren: 1969 im Auftrag der nordrhein-westfälischen Forstverwaltung auf 20 000 ha im südöstlichen Ruhrgebiet (KENNEWEG), 1970 durch die Österreichische Forstliche Versuchsanstalt in der Steiermark (POLLANSCHUTZ), im Zuge der Forsteinrichtung eines Staatlichen Forstbetriebs in der DDR (PELZ U. RIEDER). Die erste *permanente* Waldschadensinventur zur Beweissicherung von Waldzustandsänderungen im 74-qkm-Umfeld eines Großemittenten im Niederrheingebiet begann 1974 und wurde bei jährlicher Wiederholung bis 1986 fortgeführt (HILDEBRANDT, ÇAGIRIÇI U. MASUMY).

Region / Größe des Inventurgebiets	Hauptbaumarten Schadensverursacher	Filmart Bildmaßstab	Quelle
1	*2*	*3*	*4*
U.S. Nordwest-Staaten 125 000 ha	Tannen Woll-Laus, Chermes picea, (Ratz.)	Farbfilm 1:4 000/18 000	HELLER 1971
Minnesota 220 000 ha	Fichten, Tannen Tannentriebwickler; „spruce budworm", Choristoneura funiferana (Clem.)	Farbfilm 1:1 600	HELLER 1971
NW-Kalifornien 640 000 ha	Douglasie Borkenkäfer, hier: Dendroctonus pseudotsugae, (Hopk.)	Farbfilm 1:8 000	WERT U. ROETTGERING 1968
U.S. Südost-Staaten 30 Schadgebiete	Southern Pine Borkenkäfer, hier Dendroctonus frontalis, (Zimy.)	Infrarot-Farbfilm 1:6 000	CIESLA et al. 1967
San Bernardino Nat. Forest 40 000 ha (1969)	Ponderosa Pine Luftschadstoffe	Farbfilm 1:1600	WERT 1969 HELLER 1969
Angeles Nat. Forest 25 000 ha (1970)	Ponderosa Pine Luftschadstoffe	Farbfilm 1:1 600	HELLER 1971

Tab. 55: *Beispiele operationeller, luftbildgestützter Waldschadensinventuren in den USA bis 1970 (die genannten Quellen sind bei HELLER 1971 nachgewiesen).*

Nach den vielerorts in Europa und Nordamerika Anfang der 80er Jahre verbreitet aufgetretenen „neuartigen" Waldschäden[56] nahmen luftbildgestützte Waldschadensinventuren schlagartig zu.

In Deutschland wurden z. B. – neben terrestrischen Stichprobeerhebungen – 1983 in Baden-Württemberg, Niedersachsen und im Saarland landesweite und in Bayern (seit 1982), Hessen, Nordrhein-Westfalen, Schleswig-Holstein und (seit 1987) Rheinland-Pfalz großräumig regionale luftbildgestützte Waldschadensinventuren durchgeführt (Abb. 188, 189). Bei allen Inventuren erfolgte die Zustandsansprache der Kronen baumweise an zahlreichen Luftbildstichprobeorten. Jede angesprochene Krone wurde einer von fünf Zustandsklassen zugeordnet. Verwendet wurden überall Infrarot-Farbluftbilder in Maßstäben zwischen 1:3000 und 1:6000. Die Inventurkonzepte folgten mit regionalen Modifizierungen einem Ansatz, der für die baden-württembergische Landesinventur entwickelt worden war (HILDEBRANDT 1983, 1984, DENSTORF et al. 1983, HARTMANN 1984). Weiterentwicklungen hatten zum Ziele, terrestrische und aeriale Stichprobeerhebungen zu verknüpfen (z. B. HILDEBRANDT et al. 1986, TEPASSÉ 1988) und/oder für Wiederholungsinventuren permanente, lagedefinierte Luftbildstichproben einzuführen und auch aus den Stichprobeerhebungen zu bestandesweisen Schadenskartierungen zu kommen (HEIDINGSFELD 1993). Eigenständige methodische Ansätze wurden in der früheren DDR gefunden und praktiziert (PELZ u. DRECHSLER 1989). Untersuchungen zur Übereinstimmung der baumweisen Klassifizierung mehrerer Interpreten und der Luftbildinterpretation mit terrestrischen Schadansprachen finden sich bei MAUSER (1991b) bzw. TEPASSÉ (1988).[56]

In großem Umfang erfolgten seit Mitte der achtziger Jahre landesweite bzw. großräumige, regionale oder auch lokale Inventuren zur Erfassung und Beobachtung des gesundheitlichen Waldzustandes auch in der Schweiz und Österreich sowie in einer Reihe anderer westeuropäischer Länder, z. B. in Italien, Belgien, einigen Regionen Frankreichs u. a.

In der Schweiz wurde 1984–1987 im Rahmen des SANSILVA-Programms eine landesweite Waldschadensinventur durchgeführt. Die Luftbildaufnahmen (mit Infrarot-Farbfilmen im mittleren Maßstab 1:9000 erfolgten dabei entweder flächendeckend oder im Gebirge durch sog. „Skelettflüge" entlang von Talachsen. Im Gegensatz zum Vorgehen in Deutschland und auch bei den großräumigen Inventuren in Österreich wurden Schadstufen bestandesweise angesprochen. Die Klassifizierung der Bestände leitete man dabei aber auch aus baumweiser Interpretation der Kronenzustände ab (SCHERRER et al. 1990, OESTER et al. 1990). Durch Folgeinventuren ist dabei in mehreren Regionen oder Forstbetrieben die Waldzustandsentwicklung verfolgt worden. Als Beispiel wird auf den Stadtwald von Zürich verwiesen, der nach der Erstaufnahme 1985 erneut 1988 und nochmals 1992 mit gleichem Verfahren aufgenommen wurde (SCHERRER et al. 1994).

Luftbildgestützte Waldschadens- bzw. -zustandsinventuren gehören auch in Österreich zur Routine. Eine 1986–89 entwickelte österreichweite Großrauminventur verwendete den hochauflösenden Kodak SO131 Infrarot-Farbfilm und Bilder 1:12000. An lagedefinierten, photogrammetrisch eingemessenen, d. h. permanenten Luftbildstichprobeorten wurden – vergleichbar mit den in Deutschland praktizierten Verfahren – die Kronenzustände eines Baumkollektivs interpretiert und klassifiziert (STOLITZKA 1991). 1991 mußte aus finanziellen Gründen diese landesweite Waldschadensinventur ausgesetzt werden.

---

[56] Der unbestimmte Begriff „neuartig" hatte sich im deutschen Sprachraum anstelle des rigorosen, nur örtlich zutreffenden „Waldsterben" für eine Erkrankung und Vitalitätsschwächung von Waldbäumen gebildet, die sich in progressiven Nadel- bzw. Laubverlusten, bei Nadelbäumen auch ggf. starken Vergilbungen und bei Laubbäumen ggf. verändertem Blatt- und Triebwachstum ausdrückt. Als Schadursache wurden in Abhängigkeit vom Standort sowohl unmittelbar schädigende Immissionen oder auch Ozon als auch langfristig den Boden verändernde, ggf. sogar toxische Depositionen von Schadstoffen identifiziert. Beides – so fand man – wurde durch gelegentliche Mängel in der Wasserversorgung verstärkt. Ein in der englisch-sprachigen Literatur häufig benutzter, ebenso unbestimmter, die genannten Schaderscheinungen aber gut charakterisierender Begriff ist „forest decline".

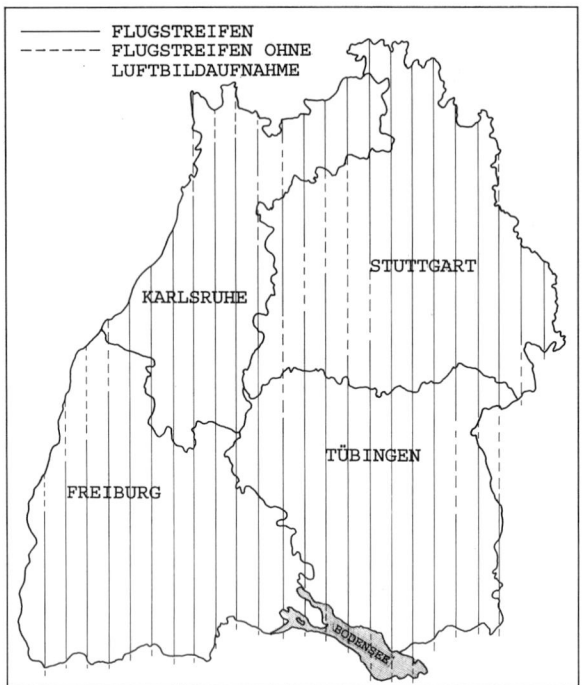

Abb. 188:
*Flugstreifen der Infrarot-Farb-
luftbildaufnahme 1:5 000 für die
landesweite Waldschadensinventur 1983 in Baden-Württemberg. Streifenabstand =
8 km, auf waldfreien Strecken
(gestrichelt) wurde die Aufnahme ausgesetzt.*

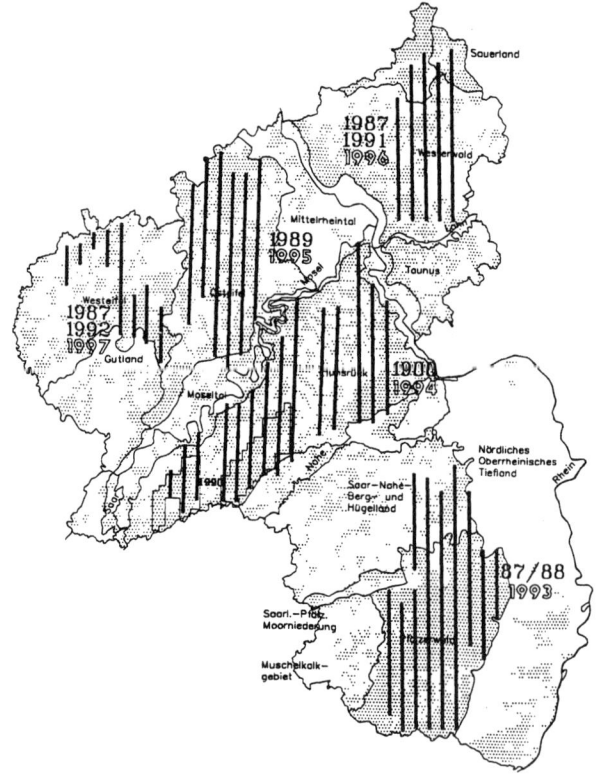

Abb. 189:
*Flugstreifen von Infrarot-Farb-
luftbildaufnahmen für regionale
Waldschadensinventuren in
Rheinland-Pfalz seit 1987 (aus*
HEIDINGSFELD *1992)*

Dafür wurden sowohl durch die Forstliche Bundesversuchsanstalt als auch im Auftrag der zuständigen Ämter der Bundesländer, des Bundesinstituts für Gesundheitswesen und anderer Behörden durch einschlägig spezialisierte Ingenieurbüros zahlreiche klein- und großräumige, luftbildgestützte Waldzustandsinventuren in Problemgebieten durchgeführt (z. B. GÄRTNER et al.).

Das verbreitete Auftreten neuartiger Waldschäden löste schon 1984 eine Initiative der Europäischen Gemeinschaft aus „zum Schutze der Wälder gegen sauren Regen und Waldbrände". Sie zielte u. a. auf die Entwicklung von Verfahrensgrundsätzen und Interpretationsmethoden für luftbildgestützte Waldschadensinventuren in den Ländern der Gemeinschaft, die eine (weitgehende) Vergleichbarkeit von Inventurergebnissen sicherstellen sollten. Unabhängig davon hatte sich auch ein internationaler Arbeitskreis forstlicher Luftbildinterpreten (AFL) gebildet, der gemeinsam inzwischen von der EG übernommene Interpretationsschlüssel für die Klassifizierung der Kronenzustände der europäischen Hauptbaumarten erarbeitete (vgl. Kap. 6.4.6, VDI 1990, und HILDEBRANDT u. GROSS (Hrsg.) 1991).

Auf Infrarot-Farbfluftbilder gestützte Zustandsinventuren zur Erfassung des „Forest decline" (s.o.) wurden regional und lokal auch in den USA, in Kanada und Mexiko durchgeführt. Als Beispiel wird auf eine großräumige Inventur in den US-Bundesstaaten New Hampshire, New York und Vermont verwiesen. Dort wurden vom USDA Forest Service mit Hilfe von Infrarot-Farbluftbildern 1:8000 vor allem die Schäden und Erkrankungen in den Fichten- und Tannenwäldern (red spruce, balsam fir) der Gebirgsregionen erfaßt, klassifiziert und abgeschätzt (WEISS et al. 1986). Andere Forest decline-Inventuren ähnlicher Art führte der Forest Service in West-Virginia und den südlichen Appalachen durch (CIESLA 1991).

4.7.1.5 Planung der Walderschließung, beim Waldstraßenbau und von Verbauungen

Walderschließungsplanung und Waldstraßenbau

Aus naheliegenden Gründen bietet sich die luftbildgestützte Fernerkundung sowohl für die Planung der Ersterschließung großer Waldkomplexe, als auch für die der Verdichtung oder partiellen Ergänzung eines bestehenden Erschließungsnetzes an. Besonders für die Erschließungsplanung in ausgedehnten, noch nicht oder nur extensiv bewirtschafteten bzw. exploitativ genutzten Waldgebieten wird sie deshalb auch seit langem in Kombination mit terrestrischen Erkundungsarbeiten eingesetzt. Die Luftbildauswertung unterstützt dabei vor allem die Erkundung und Beurteilung möglicher Varianten für die Erschließung im Ganzen und später für die Trassenführung im Detail.

Für die ganzheitliche Erschließungsplanung helfen Luftbilder mittlerer Maßstäbe durch die aus ihnen zu gewinnende Synopse, eine Lösung zu finden, die gewährleistet, daß alle für die Bewirtschaftung und Nutzung wichtigen Waldteile erreicht werden, daß eine gute Anbindung an das bestehende Fernverkehrsnetz, Verladeplätze und örtliche Märkte erreicht und bei allem eine ökonomische günstige Lösung gefunden wird.

Für das Variantenstudium von Trassenführungen im Detail trägt die Luftbildauswertung dazu bei, die geomorphologische Situation und standörtlich für den Straßenbau wichtige Gegebenheiten (Vernässungen, Tragfähigkeit des Bodens u. a.), aber auch natürliche Hindernisse und Gefahrenstellen kennenzulernen. In großen, weithin unbekannten und oft schwer begehbaren Waldgebieten bzw. Naturlandschaften sind notwendige Erkundungen dieser Art oft nur mit Luftbildhilfe (oder auch luftvisuellen Erkundungen) ausführbar.

Breite Anwendung fanden und finden Luftbilder bei Erschließungsplanungen *vor* großflächigen Holzernteaktionen in Teilen Nordamerikas. Die Gestaltung des Erschließungsnetzes richtet sich hier – anders als in mitteleuropäischen Forstbetrieben – *ausschließlich* nach den Erfordernissen des Holztransports. HELLER U. ULLIMAN (1983) fassen das dabei übliche Vorgehen so zusammen: „The use of remote sensing on large privatly owned forested areas can start several years in advance of the actual harvest. First, the overall plan for the development is reviewed and a decision is made as to the general area where cutting will take place in the next 5 to 10 years. A number of possible routes for roads through the selected area can be sketched on aerial imagery. Details to be considered is planning roads include bluffs, rock outcrops, slides and critical slopes, saddles, draws, switchback flats, drainage and vegetation. An approximation of grade between check-points can be obtained by measuring elevation differences directly on the photography with a paralaxe bar. The final selection of the routes is made after ground examination of the most promising of those indicated on the photography ..."

Die Praktiken sind dabei in den vergangenen Jahren z.T. durch die Einbeziehung der Luftbildinformationen in umfassende, örtliche GIS sowie durch mathematische Optimierungsmethoden verfeinert worden.

Der Stellenwert, welcher der Luftbildauswertung für die Erschließungsplanung (und den Waldstraßenbau) in der Sowjetunion seit langem zukommt, geht aus einem speziellen, umfangreichen Lehrbuch von SAMOJLOVIČ et al. (1965) hervor.

In bereits gut erschlossenen und forstlich intensiv bewirtschafteten Wäldern Mitteleuropas spielt die Walderschließungsplanung naturgemäß keine so große Rolle mehr. Hier geht es i. d. R. um die Planung sinnvoller Ergänzung des bestehenden Erschließungsnetzes bei gut bekannten topographischen und standörtlichen Verhältnissen oder auch um die Auflassung einzelner Wege. Luftbilder können dabei zwar zusätzliche Informationen, insbesondere zur Beurteilung räumlicher Zusammenhänge liefern, werden aber nur gelegentlich zur Entscheidungsfindung herangezogen. Ausnahmen liegen in Gebirgs-, vor allem in Hochgebirgsregionen vor. Hier erlangten Luftbilder als eine der Planungsgrundlagen wiederholt erhebliche Bedeutung für die Walderschließungsplanung (z. B. KURT 1962, WAELTI 1967). Auch bei den in der Tschechoslowakei in den fünfziger Jahren begonnenen sog. „Komplex-Forsteinrichtungen", bei denen man neben Neukartierungen und Wirtschaftsplanung auch eine neue Generalprojektierung des Verkehrs- und Bringungsnetzes der Wälder vornahm, wurden Luftbilder für die Überprüfung der alten und die Planung einer verbesserten Erschließung intensiv herangezogen (vgl. z. B. HILDE-BRANDT 1958).

Nach der Entscheidung über die Trassenführung sind – in Gegensatz zum Fernstraßenbau durch offenes Gelände – beim Waldstraßenbau der weiteren Luftbildauswertung Grenzen gesetzt. Das gilt für die Messung von Längs- und Querprofilen, ggf. gewünschte Erdmassenberechnungen und auch für Ingenieurvermessungen als Planungsgrundlage für notwendig werdende Kunstbauten (Brücken, Abstützungen, Verbauungen usw.). Entsprechende photogrammetrische Arbeiten sind deshalb beim Waldstraßenbau weder in der Phase der Erarbeitung eines Vorentwurfs noch bei der detaillierten Endplanung der Baumaßnahmen üblich. Ausnahmen davon gibt es auch hier vereinzelt beim Waldstraßenbau im Hochgebirge, wenn die Trasse durch sehr locker bestockte Wälder und streckenweise offenes Gelände führt. Die dann gegebene Bodensicht im Luftbild ermöglicht in solchen Fällen auch photogrammetrische Profil- und Baugrundvermessungen.

Planung von Verbauungen

Bodenerosionen, Bergrutsche, Muren und Lawinen gehören im Gebirge zu den häufigen Disastern (vgl. Abb. 169, 170, und Bildtafel XI). Man kann diesen und den davon ausgehenden Gefahren durch natürliche (waldbauliche) und technische sowie im Hinblick auf Tourismus und Wintersport auch administrative Maßnahmen entgegenwirken. Bestehende Risiken können dadurch zumindest gemindert und schädigende Auswirkungen begrenzt werden. Planung und Durchführung waldbaulicher und technischer Maßnahmen sind im Alpenraum und anderen besiedelten und touristisch erschlossenen Hochgebirgen Aufgaben der staatlichen Forstverwaltung.

Fernerkundung wird für die Beschaffung von Planungsgrundlagen für waldbauliche und technische Maßnahmen immer wieder herangezogen. Sie hat dabei in Form der terrestrischen Photogrammetrie (vgl. Kap. 4.7.1) eine lange Tradition. In den letzten Jahren haben Luftbildauswertungen für diese Zwecke als Informationsquelle für thematische und topographische Sachverhalte erheblich an Bedeutung gewonnen. Forstliche Forschungseinrichtungen und Spezialdienste sowie mit diesen kooperierende Ingenieurbüros nutzen zunehmend die durch verbesserte Interpretationsgeräte, analytische und auch schon digitale Photogrammetrie sowie GIS gegebenen Möglichkeiten
- für die detaillierte Erfassung, Analyse und Kartierung der Situation in gefährdeten Gebieten (vgl. das zu „vorbeugenden Maßnahmen" in Kap. 4.7.1.4 Gesagte)
- für die Überwachung der Vegetationsentwicklung, des Waldzustands, der Bodenerosion usw.
- für die Ursachen- sowie Ereignis-Wirkungs-Forschung bezüglich der hier diskutierten Disaster
  und auf alledem aufbauend
- für die Planung der Sanierung schützender Waldgürtel, von Aufforstungen und – wo notwendig und möglich – der Wiederherstellung natürlicher, die Risiken mindernder Zustände (vgl. 4.7.1.4)
- für die Planung von der jeweiligen Situation angepaßten technischer Verbauungen.
Als *Beispiele* für einschlägige angewandte oder methodische Arbeiten wird auf AMMER u. MÖSSNER 1982, OESTER 1989, THEE et al. 1990, MÖSSNER u. DIETRICH 1994, MANSBERGER 1994 und auf entsprechende frühe Vorschläge von NICOLAU-BARLAD (1938), KARL et al. (1960) und TOMASEGOVIC (1961) verwiesen.

4.7.1.6 Luftbildanwendungen im laufenden Forstbetrieb

In den Kap. 4.7.1.1 bis 4.7.1.5 wurde über die forstwirtschaftlichen Hauptanwendungsgebiete der Luftbildauswertung berichtet. Darüberhinaus nutzen viele Betriebs- und Revierleiter Luftbilder im täglichen Betriebsgeschehen, so z. B.
- bei der Aufstellung der jährlichen Betriebspläne, insbesondere der Endnutzungen
- als Entscheidungshilfe bei Landespflege- und Erholungsplanungen
- bei Mitwirkung an der forstlichen Rahmenplanung, der Landschafts- und Regionalplanung
- für die forstwirtschaftliche Betreuung von (kartenlosem) Kleinprivatwald
- bei der Erledigung forsthoheitlicher und -behördlicher Aufgaben
- bei Neubesetzungen zur raschen Orientierung des neuen Stelleninhabers im Revier und Erfassung der Einbindung des Reviers in den Natur- und Wirtschaftsraum usw.
- nach Grundstücksgeschäften des Forstbetriebs und der Beratung privater und kommunaler Waldbesitzer in solchen Angelegenheiten.
Diese Aufzählung geht von den Aufgabenbereichen der Betriebsleiter staatlicher Forstämter in Deutschland aus. Sie läßt sich aber mit entsprechenden Anpassungen oder Modifikationen auch auf Verhältnisse mit anderer Organisationsform übertragen.

4.7.2 Vegetationskundliche und ökologische Luftbildauswertung

Aus pragmatischen Gründen wird in diesem Kapitel zwischen pflanzensoziologischen Aufnahmen begrenzter Areale, großräumigen Vegetationskartierungen, den speziellen Zwecken dienenden Sonderformen „Biotopkartierung" und „Aufnahme städtischer Vegetation" sowie den auf die Erfassung landschaftsökologischer und wildökologischer Zustände gerichteten Inventuren unterschieden. Zwischen diesen Aufgabengebieten bestehen enge sachliche Zusammenhänge. Übergänge von einem zum anderen sind deshalb vielfach gegeben und gegenseitige Abgrenzungen nicht scharf zu ziehen. In allen Fällen geht es um die Erfassung der Vegetation des jeweiligen Untersuchungsgebietes nach Artenverbindungen (=floristisch) oder/und Strukturen (=physiognomisch) sowie mehr oder weniger ausgeprägt um ökologische Gegebenheiten und Zusammenhänge. Unterschiede bestehen in der vorrangigen Zweckbestimmung der o.a. Arbeitsaufgaben und, damit verbunden, in der notwendigen oder angestrebten Differenzierung der Vegetationsformen und in dem Gewicht, das ökologischen Fragestellungen zukommt.

4.7.2.1 Pflanzensoziologische Aufnahmen begrenzter Areale

BRAUN-BLANQUET, einer der Nestoren der Pflanzensoziologie, erwartete 1951 einen „mächtigen Impuls" der pflanzensoziologischen Kartierung durch Anwendung des Luftbildes. Dies implizierte die Annahme, daß sich Pflanzensoziologen bei ihren Aufnahmearbeiten intensiv des Luftbildes bedienen und dies in geeigneter Form mit ihren terrestrischen Erkundungen verbinden würden. Diese Annahme ist nur in begrenztem Maße durch die spätere pflanzensoziologische Praxis bestätigt worden.

Für pflanzensoziologische Aufnahmen nach floristisch definierten Pflanzengesellschaften[57] werden bis heute in der Mehrzahl der Fälle Luftbilder nicht oder nur gelegentlich zu Ergänzungen oder flächenhaften Verallgemeinerungen herangezogen. Der wichtigste Grund für diese Zurückhaltung ist, daß die gewünschte Differenzierung der Gesellschaften bis hin zu Subassoziationen oder gar Varianten und Subvarianten entweder nicht oder nur unter bestimmten Umständen durch Luftbildinterpretation erreicht werden kann. Umstände, die eine erfolg- und hilfreiche Luftbildinterpretation zulassen, sind z. B. gegeben (vgl. in Kap. 4.6.3.2 das bei der Maßstabsgruppe >1:5 000 Gesagte)
– wenn in einem Untersuchungsgebiet eine bestimmte physiognomisch bestimmte Formation ausschließlich in Form *einer* bestimmten Pflanzengesellschaft vorkommt,
– wenn eine Pflanzengesellschaft im Untersuchungsgebiet (während einer bestimmten phänologischen Phase und beim gegebenen Filmmaterial) eine spezifische, unverwechselbare „Spektralklasse" bildet, also an der Farbe oder am Grauton eindeutig identifizierbar ist,
– wenn eine Pflanzengesellschaft streng standortgebunden vorkommt, die entsprechende(n) Standortseigenschaft(en) im Luftbild interpretierbar ist (sind) und am Standort eine der beiden zuvor genannten Bedingungen zutrifft.
In solchen Fällen gilt, daß dann, wenn „durch Erderkundung linienhaft die Pflanzengesellschaft eines bestimmten Areals und ihre Bildmerkmale festgestellt sind, auf dem Luftbilde

---

[57] Man unterscheidet *floristisch* bestimmte Pflanzen*gesellschaften* und durch Strukturmerkmale *physiognomisch* definierte *Formationen*. Pflanzengesellschaften teilt man in Klassen, Ordnungen, Verbände, Assoziationen und nach Bedarf weiter in Subassoziationen, Varianten und Subvarianten ein. Formationen können weiter differenziert werden in Formationsklassen, -unterklassen, -untergruppen. Eine bestimmte Pflanzengesellschaft gehört sui generis immer nur *einer* Formation an. Zu einer Formation gehören dagegen mehrere, verschiedenartige Pflanzengesellschaften.

die flächenhafte Verallgemeinerung der Linienerkundung erfolgen (kann). In der Schnelligkeit und Sicherheit dieser Verallgemeinerung liegt der wesentliche Wert der Luftbildkartierung" (KRAUSE 1955).

Erfolgreiche pflanzensoziologische Aufnahmen mit Luftbildern als primäre, ggf. wegen Unbegehbarkeit auch alleinige Informationsquelle, sind vor allem für Moor- und Marschgebiete sowie ufernahe Verlandungsgebiete, Schilfgürtel oder auch Gesellschaften submerser Wasserpflanzengesellschaften durchgeführt worden (z. B. LANG 1969, 1970, REIMOLD et al. 1973, CARTER 1977, 1978, PHILIPPI 1977, CSAPLOVICS 1981, BOLLINGER U. SCHERRER 1993 u.a.). Das Ergebnis einer solchen Aufnahme ist in Abb. 190 und ein Luftbildbeispiel in Abb. 191 und Farbtafel VIa dargestellt. BOLLINGER und SCHERRER (1993) urteilen nach Moorkartierungen in mehreren Schweizer Kantonen bei denen sie zunächst alle in Infrarot-Farbluftbildern erkennbaren Unterschiede der Vegetation delinierten und photogrammetrisch kartierten: Die so „aus den Luftbildern erhaltenen vorläufigen Vegetationsgrenzen erweisen sich (bei der folgenden Geländearbeit) als sinnvoller Vorschlag. Häufig war die Vorausscheidung detaillierter als die Vegetationskartierung im Feld".

Ähnliche Erfahrungen liegen auch vor von pflanzensoziologischen Kartierungen von Brachflächengesellschaften, Kahlschlagfloren und der Beobachtung von Sukzessionen bei Wiederbesiedlung von Brand- und anderen Katastrophenflächen.

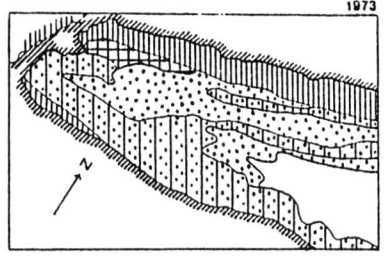

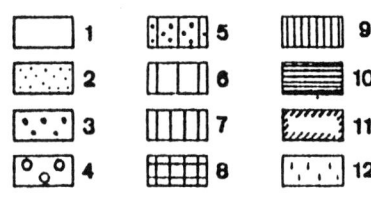

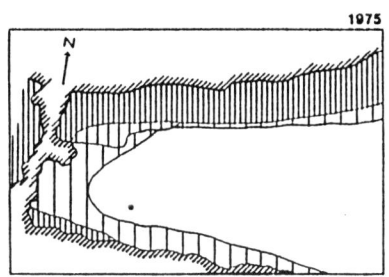

1 = offene Wasserflächen; 2 = trockengefallene Schlammflächen ohne oder mit spärlichem Bewuchs; 3 = Wasserkressefluren; 4 = Wasserpfeffer-Knöterich-Bestände; 5 = Wasserkressefluren mit reichem Vorkommen der Schlanksegge; 6 = Pionierstadien des Schlankseggenrieds; 7 = Schlankseggenried; 8 = Schlankseggen mit Trockenschäden; 9 = Schilfbestände; 10 = Schwadenröhricht; 11 = Wald; 12 = Wiese

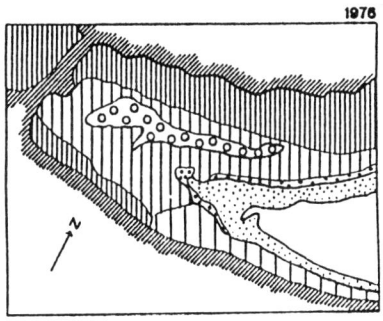

Abb. 190:
Ergebnis einer pflanzensoziologischen Luftbildauswertung des Altrheins „Kleiner Bodensee". Luftbildzeitreihe 1973, 1975, 1976 (aus PHILIPPI 1977)

Abb. 191: *Luftbild 1:10000 Bodensee, bei Unteruhldingen: Feuchtgebiete mit solitärem Baumbestand, Seggen- und Schilfvegetation vor dem Ufer, im See submerse Wasservegetation, landwärts Äcker und zahlreiche Obstplantagen, im See bei Unteruhldingen Bootshafen und rekonstruierte, steinzeitliche Pfahlbauten*

Wird die Vegetation nicht allein nach floristischen Pflanzengesellschaften, sondern auch nach physiognomisch unterscheidbaren Formationen klassifiziert, so gewinnt die Luftbild-auswertung auch in der Praxis vegetationskundlicher Aufnahmen und Kartierungen weiter an Bedeutung (siehe auch Kap. 4.7.2.2). Bekannte *Beispiele* für luftbildgestützte pflanzensoziologische Aufnahmen dieser Art sind Kartierungen in ariden und semiariden Gebieten und Tundren der Sowjetunion (z. B. VINOGRADOV 1966), in Frankreich (z. B. ROSETTI 1966) und Mitteleuropa (z. B. KRAUSE 1955). Übergänge zu großräumigen Vegetationskartierungen (Kap. 4.7.2.2) sind dabei fließend. Bei diesen dominieren dann physiognomische Merkmale und dies oft auch in Verbindung mit dem standörtlichen Vorkommen, so daß sich die Möglichkeiten der Luftbildauswertung erweitern.

4.7.2.2 Großräumige Vegetationskartierungen

Großräumige Vegetationskartierungen können allein geobotanischen oder aber regionalen vegetationskundlichen Zwecken dienen, wichtige Teilaufgabe landschaftsökologischer und standortskundlicher Untersuchungen und Analysen sein oder im Zuge umfassender, zweckgebundener Inventur- und Monitoringprojekte eine wichtige Rolle spielen. Letzteres trifft z. B. zu

– für integrierte Aufnahmen aller biophysikalischen Ressourcen und der Landnutzung
   für Zwecke der Landesplanung oder der Entwicklungsplanung einer Region,
– für Boden- und Standortskartierungen vorwiegend in Naturlandschaften, wobei den
   verschiedenen Vegetationsformationen und -gesellschaften als komplexer Ausdruck
   von Boden- und Standortsbedingungen bei sachgemäßer Auslegung eine Indikator-
   funktion zukommen kann,
– für spezielle Aufnahmen des Weidelandes und dabei auch für Abschätzungen der
   Eignung und Tragfähigkeit der Weideflächen (rangeland inventory and assessment).

Für Vegetationskartierungen aller genannten Zweckbestimmungen werden Luftbilder in
Kombination mit den Erkundungsarbeiten im Gelände verwendet. Ihre Bedeutung ist
dabei umso größer, je ausgedehnter und je unwegsamer das Kartierungsgebiet ist und je
mehr – neben der vegetationskundlichen Luftbildinterpretation – auch geomorphologische, hydrologische und andere topographische Sachverhalte sowie solche der Landnutzung aus den Luftbildern gewonnen werden müssen bzw. sollen.

Großräumige Vegetationskartierungen mit Hilfe von Luftbildern setzten unmittelbar
nach dem ersten Weltkrieg ein. Bekannt geworden und gut dokumentiert sind vor allem
Kartierungen von bis dahin noch weitgehend unbekannten Waldregionen in Burma und
Zimbabwe (Rhodesien) durch englische Vegetationskundler und Forstleute (siehe Tab.
50). Luftbildauswertungen für die großräumige geobotanische Erforschung und die vegetationskundliche Erschließung auch einzelner Landschaften wurden in der Folgezeit
zunehmend häufiger. Geographen und Ökologen wie TROLL (1939) popularisierten zu
dieser Zeit die Luftbildauswertungen für die Vegetationskartierung und landschaftsökologische Klassifizierungen.

Einige Beispiele mögen die praktische Verwendung von (Schwarz-weiß-)Luftbildern
bis in die fünfziger Jahre demonstrieren: Einem Bericht der Britischen Gesellschaft für
Photogrammetrie zufolge wurden bis 1957 für 1 Million Quadratmeilen Vegetationskarten
1:30 000, z.T. auch 1:20 000 in britischen Überseegebieten mit Hilfe von Luftbildern hergestellt. Auch Mitarbeiter des niederländischen ITC kartierten die Vegetation in zahlreichen tropischen Ländern, so z. B. in Neu-Guinea, Uganda und Surinam. In den USA
widmete sich das US Navy Department sehr intensiv der Entwicklung von Interpretationsschlüsseln für Vegetationskartierungen, die im Zusammenhang mit militärischen und
zivilen Standortserkundungen standen (O'NEILL et al. 1950–1953). Luftbildgestützte Vegetationskartierungen gewannen auch Bedeutung im Zuge von Rangeland-Inventuren
und anderen Arbeiten des Bureau of Land Management des US Dep. of Interior (z. B.
HENRIQUES 1949). Zahlreich sind entsprechende Arbeiten auch in der Sowjetunion, in
Frankreich und ehemaligen französischen Überseebesitzungen, in Finnland und Schweden. In Deutschland unterstützte TUXEN bei der Vegetationskartierung Nordwestdeutsch-
lands die terrestrischen Arbeiten durch „Luftkrokierungen": Er befand, daß er dadurch zu
einer „Vertiefung der Kenntnisse in den großen natürlichen Vegetationslandschaften" im
Kartierungsgebiet kam. Literatur zu den frühen Anwendungen der vegetationskundlichen
Luftbildinterpretation ist bei HART (1950) und HILDEBRANDT (1969 – hier S. 259–275)
zusammengestellt.

1943 bereits, hatte VAGELER die Verwendung von *Farbluftbildern* für erfolgreiche Vegeta-
tions- und bodenkundliche Auswertungen als unabdingbar erklärt. Aber erst Ende der
fünfziger Jahre kamen solche – und bald darauf vor allem auch Infrarot-Farbluftbilder –
routinemäßig bei Vegetationskartierungen zum Einsatz. Die Luftbildauswertung für diese
Kartierungen erhielt dadurch eine neue Qualität und verbreitete sich weiter. HOWARD z. B.
kartierte unter intensiver Benutzung von Luftbildern in zahlreichen afrikanischen Ländern (siehe HOWARD 1970 und 1991 und dort ausgewiesene Literatur). Vegetationskartie-
rer, die in Mittel- und Südamerika nach HOLDRIDGE's Klassifizierungsschema kartierten,

A) PROJEKT: Vegetationskartierung Süd- u. Mittelschweden (IHSE 1978)
Infrarot-Farbluftbilder 1:20000, 1:50000, Kartierungsmaßstab 1:10000, 1:20000, 1:50000
Klassizifierungsschema

1 FOREST
10 Mixed forest
11 Coniferous forest
111 Spruce forest
112 Pine forest
113 Other types
12 Deciduous forest (demanding species)
121 Oak forest
122 Ash forest
123 Other types
124 Beech forest
13 Deciduous forest (indifferent species)
131 Birch forest (*Betula pubescens complex*)
132 Grey alder forest (*Alnus incana*)
133 Hazel
134 Other types
14 Deciduous forest (wae types)
141 Black alder forest (*Alnus glutinosa*)
142 Birch forest (*Betula verrucosa complex*)
15 Clear-felled areas

2 OPEN FOREST (PARKLANDS)
20 Mixed coniferous and deciduous species
21 Coniferous species dominant

211 Spruce predominant
212 Pine predominant
22 Warmth demanding deciduous species
221 Oak predominant
222 Other species
23 Other types of open forest
231 Birches
232 Rowan
233 Grey alder
234 Other deciduous species

3 SCRUBLAND
31 Juniper scrub
32 Willow thickets
33 Maritime deciduous scrub
34 Other types of scrubland
341 Deciduous scrub
342 Thickets of thorny species

4 VEGETATION OF OPEN GROUND (HEATHS AND GRASSLANDS)
41 Dwarf-Shrub and grassy heaths
411 *Calluna* heath
412 *Empetrum* heath
413 Other dwarf-shrub heaths
414 Acidic, sandy grass-heath
415 Wet heath
42 Dry grasslands
421 Dry grasslands and hills lopes, of ordinary type

422 Steppe-like grassland
423 Basic, sandy grass-heath
43 Damp grassland and other types
431 Damp grassland
44 Wet grassland
441 Wet grassland rich in tall herbs
442 Mixed grasses and low-growing sedges
443 Wet calcareous grassland
444 Salt- and freshwater marches
45 Landscape of glacier-smouthed rock
451 Bare rock
452 Calluna-heath covering slabs
453 Heath-covered rocks and boulders
454 Maritime rock vegetation
46 Open raised bogs
47 Wooded raised bogs
48 Fen
481 Poor fen
482 Rich fen
49 Reedbeds (*Phragmites*)

5 URBAN ENVIRONMENTS AND CULTIVATED LAND
51 Arable land and hayfields
52 Built-over land
53 Orchards
54 Other types of landscape under urban influence

B) PROJEKT: Landresources Survey Sierra Leone (HOWARD u.SCHWAAR 1978)
Infrarot-Farbluftbilder 1:70000, Kartierungsmaßstäbe 1:250000, 1:500000
Klassizifierungsschema

1 Closed high forest
2 Secondary forest
3 Savanna woodland
4 Forest regrowth
5 Mixed tree savanna
6 Lophira tree Savanna
7 Coastal woodland

8 Coastal treesavanna
9 Upland grassland
10 Montane grassland
11 Rock outcrop
12 Mangrove Swampforest
13 Fringying swampforest
14 Raphia swamp forest

15 Swamp and river grassland
16 Swamp cultivated
17 Upland crops
18 Oilpalm plantation
19 Rubber plantation

Tab. 56: *Klassifizierungsschema zweier verschiedenartiger großräumiger Vegetationskartierungen*

setzten Luftbilder nach Bedarf ein. Neuen Aufschwung erlebten luftbildgestützte Vegetationskartierungen auch in Kanada, Frankreich, den skandinavischen Ländern, in der Sowjetunion usw. Besonders auch für zweckgebundene Aufnahmen, z. B. für großräumige Bodenkartierungen oder für die bereits o.a. Rangeland-Inventuren, z. B. in Australien und den USA, erlangten vegetationskundliche Luftbildauswertungen erhebliche Bedeutung (vgl. hierzu POULTON 1975, CARNEGGIE et al. 1983 und dort ausgewiesene Literatur).

Je nach Situation, Aufgabenstellung und daraus abgeleiteten Informationsbedürfnissen wurden (und werden) unterschiedlich tief gegliederte Klassifizierungen der Vegetation und Kartierungen in unterschiedlichem Maßstab vorgenommen. Sie reichen von der Beschränkung auf grobe Formationsklassen ohne jegliche floristische Differenzierung bis zu solchen, bei denen nach ökofloristischen oder physiographischen Stratifizierungen des Kartierungsgebiets, nach Subformationen, einzelnen floristischen und bei Waldformationen auch qualitativen Merkmalen wie Bestandeshöhe, Schlußgrad oder Degradationsstufe differenziert wird. Die vegetationskundlich herkömmlichen oder gewünschten Untergliederungen werden dabei – wenn nötig – an die Möglichkeiten der Luftbildinterpretation angepaßt. Weitergehende, durch Luftbildinterpretation nicht erreichbare Differenzierungen vor allem floristischer Art, bleiben der Geländearbeit vorbehalten. In Tab. 56 sind als Beispiele die Klassifizierungsschemata für zwei luftbildgestützte Vegetationskartierungen unterschiedlicher Zielsetzung vergleichend gegenübergestellt.

Je nach Aufgabenstellung für die Inventur, Art der Klassifizierung und Ausdehnung des Kartierungsgebietes werden Luftbilder unterschiedlichen Maßstabs eingesetzt. Die gewählten Maßstäbe liegen zwischen 1:10000 und 1:70000. Für kontinentale und globale Vegetationskartierungen und Beobachtungen von Veränderungen der Vegetationsbedeckung werden Luftbilder auch in Kombination mit Fernerkundungsaufzeichnungen aus Satelliten verwendet (s. Kap. 5.6). Die Aufnahmen werden seit langem ganz überwiegend mit Infrarot-Farbfilmen durchgeführt.

4.7.2.3 Kartierung und Zustandsaufnahme von Biotopen, Biotoptypen und Naturwaldreservaten

In einer zunehmend gefährdeten Umwelt und einer sich stetig auf der Erde vermindernden floristischen und faunistischen Artenvielfalt wird Natur- und Umweltschutz immer bedeutender. Die fortlaufend steigende Inanspruchnahme noch vorhandener landschaftlicher Freiräume durch Siedlungs-, Verkehrs- und Industrieanlagen erfordert besonders in vielen industrialisierten und dichtbevölkerten Ländern, dort noch vorhandene, noch naturnahe Landschaftsteile zu schützen. Neben der Ausweisung größerer Natur- und Landschaftsschutzgebiete sowie von Naturparks und Bannwäldern gehört auch die Bewahrung einzelner, ökologisch wertvoller oder interessanter *Biotope*, die Beobachtung ihrer Entwicklung und deren angemessene Berücksichtigung bei raumbezogenen Planungen zu den Erfordernissen des Naturschutzes.

Eine Fläche, die durch das Faktorengefüge von Klima, Oberflächenform und Boden gleiche Standortseigenschaften aufweist, wird zu einem Biotop, *wenn* „eine bestimmte reale *Biozönose* (Lebensgemeinschaft) auf ihr siedelt ... Ein Biotop bildet mit der Biozönose eine ökologische Einheit... Beide funktionieren zusammen als *Ökosystem*" (REICHELT u. WILMANNS 1973). Ein Biotop ist also durch das Vorhandensein einer einheitlichen Biozönose mit ihrer spezifischen floristischen und faunistischen Artenkombination gekennzeichnet. Sie wird durch die reale Ausdehnung der zu der Biozönose gehörenden Pflanzengesellschaft (Phytozönose) abgrenz- und kartierbar.

Dieser strengen wissenschaftlichen Definition des Biotopbegriffs stehen pragmatische, weniger scharfe, aus der Praxis der Biotopkartierung hervorgegangene gegenüber. Dabei wird z. B. ein Biotop „nur" als ein, gegenüber der Umgebung abgrenzbarer, wiederkennbarer Landschaftsteil angesehen, der in vegetationstypologischer und landschaftsökologischer Hinsicht eine Einheit bildet.

Biotopschutz – z. B. im Rahmen von Flächennutzungs-, Landschafts- oder regionaler Entwicklungsplanungen – setzt die Kenntnis der Biotopausstattung der Landschaft insgesamt und des Vorkommens, der Lokalisierung und der Art schutzwürdiger Biotope im besonderen voraus. In Deutschland (und ähnlich in Österreich und der Schweiz) werden diese Kenntnisse durch landesweite Erfassungen und Kartierungen der Biotope gewonnen. Man unterscheidet dabei zwischen

- *Biotoptypenkartierungen* für die generelle Erfassung und der
- *Biotopkartierung* für die spezielle und detaillierte Erfassung der schutzwürdigen Biotope.

Der Biotopkartierung verwandt sind Habitatkartierungen, über die in Kap. 4.7.5 noch gesprochen wird.

Die Biotop*typen*kartierung erfolgt *flächendeckend*. Ein Biotoptyp umfaßt nach Artenzusammensetzung, Standort und Raumstruktur verwandte Biotope. Jede Fläche wird nach einem landesweiten, ggf. auch regional differenzierten Klassifizierungsschema einem Typus zugeordnet. Da diese Typenkartierung der Beschaffung flächenhafter Überblicke dient, erfolgt keine weitere Analyse und Beschreibung der einzelnen Kartierungseinheiten.

Die spezielle Kartierung schutzwürdiger Biotope erfolgt *selektiv*. Die entsprechenden Flächen werden abgegrenzt, kartiert und im Hinblick auf floristische und faunistische Ausstattung, Topographie und besondere Landschaftselemente detailliert aufgenommen und beschrieben.

Die Funktionen, die der Luftbildauswertung in praxi zukommen, sind für die generelle Typen- und die selektive Biotopkartierung unterschiedlich. *Bei Biotoptypenkartierungen* dominiert die Luftbildauswertung. Die Kartierung baut direkt auf ihr auf. Ohne Luftbilder wäre die Erfüllung landesweiter Kartierungen in einem überschaubaren Zeitraum nicht möglich.

Landesweite flächendeckende, primär auf Infrarot-Farbluftbilder gestützte, im Gelände (nur) überprüfte und ergänzte Biotoptypenkartierungen wurden im letzten Jahrzehnt z. B. in den deutschen Bundesländern Brandenburg, Mecklenburg-Vorpommern, Niedersachsen, Sachsen-Anhalt, Sachsen, Schleswig-Holstein und Thüringen durchgeführt oder eingeleitet. Der Dominanz der Luftbildauswertung steht für die flächendeckende Übersichtskartierung nur dort etwas entgegen, wo ein für diesen Zweck zu weitgehend differenziertes Klassifizierungsschema zugrunde gelegt wird.[58]

Bei *selektiven Kartierungen* schutzwürdiger Biotope, einschließlich entsprechender Waldbiotope, überwiegt im Hinblick auf die erforderlichen, detaillierten floristischen, faunistischen und bodenkundlichen Aufnahmen die Geländearbeit. Luftbilder werden in der Praxis aber auch hier oft unterstützend eingesetzt. Wenn keine Biotoptypenkartierung vorausgegangen ist, gilt dies vor allem für die Suche und Lokalisierung potentieller schutzwürdiger Biotope und, nach deren Auswahl, zur Abgrenzung und ggf. räumlichen Gliederung. Luftbilder können aber auch nicht unwesentlich zu der Aufnahme standörtlicher und anderer topographischer sowie vegetationskundlicher Eigenschaften eines Biotops beitragen. Das gilt hinsichtlich des Reliefs und geländemorphologischer Sonderheiten, der Expositionen und Inklinationen, hydrologischer Sachverhalte und des Vorkommens einzelner ökologisch bedeutender Landschaftselemente sowie auch in Bezug auf Pflanzenformationen, Waldstrukturen und ggf. Pflanzengesellschaften. Letzteres ist oft möglich, weil bei selektiven Biotopkartierungen – wie die Klassifizierungssysteme zeigen – Pflanzengesellschaften in der Mehrzahl der Fälle nur bis zur „Klasse" oder „Ordnung" (vgl. Fußnote 57) differenziert werden und nicht bis zu Assoziationen, Subassoziationen oder gar Varianten.

---

[58] Zur Ausschöpfung der Möglichkeiten der Luftbildauswertung und Vereinheitlichung der Klassifizierung bei Biotoptypenkartierung erarbeitet derzeit eine Arbeitsgruppe der AG Naturschutz der deutschen Landesämter, Landesanstalten und Umweltschutzämter einen Interpretationsschlüssel der Biotop- und Landnutzungstypen.
In jüngster Zeit werden für die Vorbereitung von Biotoptypenkartierungen auch Farbkompositen aus Landsat-TM-Aufzeichnungen herangezogen. Ein Beispiel hierfür ist ein Projekt des ifp, Offenbach für die Insel Rügen und das vorpommersche Küstenland (Farbtafel XIV).

Daß unter Umständen auch bis zur Assoziation differenziert werden kann, wurde schon in Kap. 4.7.2.1 im Zusammenhang mit pflanzensoziologischen Aufnahmen gesagt. In der Praxis der Biotopkartierung werden solche Möglichkeiten oft nicht genutzt oder nur zum Teil ausgeschöpft. Bezüglich gegebener Möglichkeiten und Grenzen der Luftbildauswertung bei Biotopkartierungen wird auf HILDEBRANDT, BIERHALS (1988) und einschlägige Kapitel dieses Buches verwiesen (4.6.3.2, 4.7.2.1, 4.7.2.2).

Sonderstellungen kommen im Zuge landesweiter Erhebungen den Kartierungen und Aufnahmen von Wald- und von Feuchtbiotopen zu. Bei *Waldbiotopkartierungen* zieht man (in Mitteleuropa) Luftbilder im wesentlichen nur zur waldkundlichen Grobklassifizierung und ggf. Abgrenzung bestimmter Standorte heran. Wegen oft mangelnder Bodensicht ist der Luftbildinterpretation bei weitergehenden vegetationskundlichen Differenzierungen bald eine Grenze gesetzt. Bei *Feuchtbiotopkartierungen*, wie sie z. B. in den USA 1974 als „National Wetland Inventory"[59] auf den Weg gebracht wurde, kommt Luftbildern dagegen als Informationsquelle eine große Bedeutung zu; dies schon allein im Hinblick auf die oft gegebene Unzugänglichkeit der Kartierungsgebiete. Fehlende oder auch zumeist nur spärliche Überschirmung der Boden- oder Wasservegetation eröffnet häufig gute Interpretationsmöglichkeiten (vgl. das hierzu in Kap. 4.7.2.1 Gesagte).

Für Biotopkartierungen aller Art setzt man i.d.R. Infrarot-Farbluftbilder ein, und zwar in Mitteleuropa für die Biotopkartierung im Maßstab zwischen 1:10 000 und 1:20 000, für die selektive Biotopkartierung zwischen 1:5 000 und 1:10 000, bei Waldbiotopkartierungen ggf. auch bis 1:15 000. Für die o.a. National Wetland Inventory verwendete man Infrarot-Farbluftbilder zwischen 1:40 000 und 1:130 000 und für lokalen und regionalen Kartierungen zwischen 1:2 400 und 1:62 500, zumeist jedoch 1:24 000

Die Luftbildaufnahmezeit wählt man in Abhängigkeit von der phänologischen Situation im Aufnahmegebiet. Bei landesweiten Luftbildaufnahmen für die Typenkartierung sind dies in Mitteleuropa i.d.R. die frühen Sommermonate. Für selektive Biotopkartierungen empfiehlt sich ggf. ein anderer, den phänologischen Phasen der für das Biotop charakteristischen Pflanzengesellschaften angepaßter Zeitraum.

Ähnlich wie bei Biotop- und Biotoptypenkartierungen sind Infrarot-Farbluftbilder wiederholt auch für die Zustandsdokumentation, Strukturanalyse und für Untersuchungen zur Entwicklung von Naturwaldreservaten und mehr oder weniger naturnahen Schutzwäldern im Hochgebirge verwendet worden. Allein in der Projektliste einer österreichischen Dienstleistungsgesellschaft (UMWELTDATA GmbH) werden für 1990–1993 14 durchgeführte, luftbildgestützte Schutzwaldinventuren in den Alpen aufgeführt (vgl. hierzu MAUSER 1991, STOLITZKA 1991, MÖSSNER u. DIETRICH 1994). Bekannt sind auch spezielle Luftbildauswertungen zur Beobachtung von Zustandsentwicklungen in Nationalparks, Naturwaldzellen und Bannwäldern. In zunehmendem Maße wurden hier Luftbildzeitreihen verwendet, um jeweils ganzflächig oder ggf. in einem dichten Stichprobenetz die strukturelle Entwicklung dieser Reservate zu untersuchen und zu verfolgen. Beispiele sind hierfür Untersuchungen der Entwicklungsphasen von Beständen im Nationalpark Berchtesgaden (HENNINGER 1983), die längerfristige Beobachtung der Totholzentwicklung im Nationalpark Bayrischer Wald (MÖSSNER 1990) und Untersuchungen über Bestandstrukturen und deren Entwicklung in Naturwaldzellen und Bannwäldern (KENNEWEG u. RUNKEL 1988, MÜNCH 1993, 1995). Im Hinblick auf das forstwissenschaftliche Interesse an langfristigen Beobachtungen der Entwicklung nicht mehr bewirtschafteter Wälder (Bannwälder) wurden in Baden-Württemberg 1972/73 die zu dieser Zeit ausgegliederten 56 Bannwälder mit Infrarot-Farbluftbildern 1:5 000

---

[59] Nach der Definition des US Fish and Wildlife Service ist „Wetland" ein „land where the water table is at, near, or above the land surface long enough to promote the formation of hydric (wet) soils or to support the growth of hydrophytes (plants that grow in water or wet soils)" (LILLESAND u. KIEFER 1979, S. 158).

aufgenommen und damit deren Ausgangszustand dokumentiert. Ein Großteil dieser Bannwälder wurde zwischenzeitlich erneut, z.T. auch mehrmals in gleicher Weise aufgenommen. Die so entstehenden, langfristigen Luftbildzeitreihen liefern in zunehmendem Maße Materialien für die flächendeckende waldkundliche Dauerbeobachtung sowohl qualitativer als auch photogrammetrisch erfaßbarer quantitativer Bestandesentwicklungen. Neben terrestrischen Detailuntersuchungen auf Teilflächen der Bannwälder trägt die Luftbildauswertung dadurch zur Naturwaldforschung wesentlich bei.

Entsprechende Arbeiten wurden auch außerhalb Mitteleuropas durchgeführt. Sie gewinnen auch dort, wenn auch z.T. mit anderen, den Situationen angepaßten Fragestellungen zunehmende Bedeutung.

4.7.2.4 Landnutzungsinventuren, Land- und Umweltinformationssysteme

Landnutzungsinventuren und heute in vielen Weltgegenden der Aufbau und die Laufendhaltung flächendeckender Land- und Umweltinformationssysteme dienen Zwecken der Regional- und Landesplanung, der Führung von Raumordnungskatastern, raumbezogenen, großräumlichen Überwachungsaufgaben sowie entwicklungs- und wirtschaftspolitischen Entscheidungen. Für die Beschaffung der benötigten Informationen und Daten werden verschiedenartige Quellen herangezogen. Ein Teil davon wird unmittelbar aus Luftbildern oder ggf. auch aus dem Weltraum aufgenommenen Fernerkundungsaufzeichnungen gewonnen. Insbesondere gilt das für die periodische Aktualisierung der Datenbanken. Ein anderer Teil stammt aus digitalisierten topographischen oder thematischen Karten, die ihrerseits sehr häufig photogrammetrisch entstanden sind. Die bei Land- und Umweltinformationssystemen i.d.R. zur Datenbank gehörenden digitalen Geländemodelle gehen zumeist ebenfalls auf Luftbildauswertungen zurück, nämlich entweder durch direkte photogrammetrische Messungen oder durch Herleitung aus photogrammetrisch entstandenen Karten mit Höhenschichtlinien.

Bei der Datenerhebung in Luftbildern (oder Satellitenaufzeichnungen) wird das großräumige Inventurgebiet vollständig erfaßt, und zwar bei Inventuren, die ausschließlich statistische Daten erbringen sollen, i.d.R. durch *Stichprobeaufnahmen in Luftbildern* *oder* bei Aufnahmen für ein Landesinformationssystem durch *flächendeckende Kartierung* und Digitalisierung der Grenzen flächenhafter und Verläufe linienhafter Objekte.

Ein Beispiel für den ersten Fall ist die Schweizer Arealstatistik, bei der die Nutzungskategorie an einer Vielzahl von Luftbildstichprobepunkten angesprochen wurde. Verwendet hat man dafür panchromatische Luftbilder 1:25 000 und ein projektiv verzertes, durch die Lagekoordinaten jedes Punktes definiertes Gitter (vgl. Abb. 176c und KÖLBL 1982, TRACHSLER 1984, KÖLBL u. TRACHSLER 1978).

Im zweiten, häufigeren Fall kartiert man – sofern Luftbilder als Informationsbasis dienen – alle Grenzlinien zwischen Flächen verschiedener Nutzungskategorie sowie alle ins Informationssystem aufzunehmenden linien- und punktförmigen Objekte. Man setzt dabei in der Praxis zumeist relativ einfache photogrammetrische Mittel ein. Bei einmaligen Landnutzungsinventuren und vor Einführung digitaler geokodierter Informationssysteme begnügte man sich i.d.R. mit manueller Übertragung in topographische Karten oder Stereoumzeichnungen. Auch heute werden solche einfachen Verfahren mancherorts noch eingesetzt und die kartierte Situation dann durch eine anschließende Digitalisierung in ein Informationssystem eingebracht. Bedingt durch die steigenden Ansprüche an Landinformationssysteme und ermöglicht durch die photogrammetrische Geräteentwicklung sowie die Verfügbarkeit über leistungsfähige Geo-Informationssysteme veränderten sich im letzten Jahrzehnt die Auswerteverfahren mehr und mehr. An die Stelle bisheriger Einfachverfahren, die in Planungsbehörden zumeist in eigener Regie durchgeführt wurden, trat zunehmend die Verwendung photogrammetrischer Auswertegeräte, die eine zeitgleiche Kartierung, Digitalisierung und Weiterverarbeitung im digitalen Informationssystem ermöglichen. Angesichts der nicht extrem hohen Genauigkeitsansprüche arbeitet man dabei häufig mit Geräten, die mittleren Genauigkeitsanforderungen genügen. Im Hinblick auf dafür notwendige Investitionen und die Schaffung personeller und organisatorischer Voraussetzungen arbeiten dabei Planungsbehörden zunehmend häufiger mit entsprechend eingerichteten Ingenieurbüros zusammen. Für diesen zweiten Fall werden Beispiele sehr unterschiedlicher Art genannt, bei denen jeweils Luftbilder die primäre Informationsquelle darstellen.

In den *USA* wird seit 1974 vom US Geological Survey ein *landesweites „landuse-land cover mapping and data compilation program"* durchgeführt (vgl. Tab. 57A). Die verwendeten Infrarot-Farbluftbilder haben Maßstäbe von 1:130 000 (U-2 Aufnahmen) und 1:58 000. Zusätzlich wurden später auch LANDSAT-TM Aufzeichnungen (s. Kap. 5.1.1) ausgewertet. Die Kartierung erfolgt im Maßstab 1:250 000 oder 1:100 000. Nach Digitalisierung der kartierten Situation werden die Daten in ein GIS (hier GIRAS) übernommen. Der erste Umlauf der Kartierung war bis Ende der achtziger Jahre abgeschlossen. Daten und Karten werden durch Folgeaufnahmen aktualisiert (JENSEN 1983, S. 1606ff., AVERY u. BERLIN 1985 Kap. 8)[60].

Als Anwendungsbeispiele luftbildgestützter, *regionaler* Landnutzungserhebungen in dicht besiedelten Ballungsräumen werden die für den Siedlungsverband Ruhrkohlenbezirk (SVR) und den Umlandverband Frankfurt/M. (UVF) genannt. Das rd. 5000 qkm große Inventurgebiet des SVR wurde nach 1974 kurzperiodisch mehrmals mit Luftbildern flächendeckend aufgenommen. Die Darstellung der Landnutzung in bis zu 44 Kategorien erfolgten in Karten 1:10 000 (KELLERSMANN 1978). Für das rd. 1500 qkm große Gebiet des UVF führte die Luftbildinterpretation zu digitalen Karten 1:2 000. Dabei entstanden insgesamt 1458 Kartenblätter (pers. Mitteilung Dr. SCHRAMM, ifp). In beiden Fällen diente das Luftbildmaterial neben der Landnutzungskartierung weiteren regionalen und kommunalen Planungs- und Vermessungszwecken. Die bei der Landnutzungserhebung entstandenen Daten sind in beiden Fällen in ein GIS eingegangen und können kurzperiodisch fortgeführt werden.

Der Aufbau eines Klassifizierungsschemas für Landnutzungsinventuren und Landinformationssysteme, und der Grad von dessen Differenzierung richtet sich nach dem speziellen Verwendungszweck, der Ausdehnung, den Eigenarten und dem Entwicklungsstand des Inventurgebiets. Der eingeführte Begriff Landnutzung (land use) ist dabei unscharf. Alle bekannten Klassifizierungssysteme sind Mischformen von sich überschneidenden Landnutzungs-, Landbedeckungs- sowie Öd- und Umlandklassen:

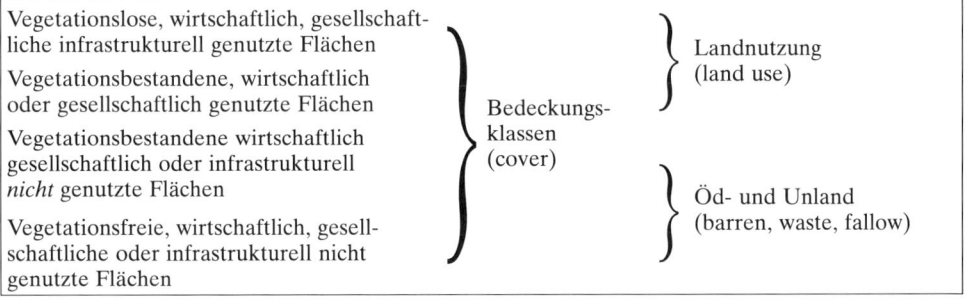

A) PROJEKT: Landuse - landcover mapping program USA (USGS),
(AVERY u. BERLIN 1984); Infrarot-Farbluftbilder 1:58000

Klassifizierungsschema

1. Urban or built-up land

1.1 Residential
1.2 Commercial and services
1.3 Industrial
1.4 Transportation, communications
1.5 Industrial and commercial complexes
1.6 Mixed urban or built-up land
1.7 Other urban or built-up land

2. Agricultural land

2.1 Cropland and pasture
2.2 Orchards, groves, vineyards, nurseries and ornamental horticultural areas
2.3 Confined feeding operations

2.4 Other agricultural land

3. Rangeland

3.1 Herbaceous rangeland
3.2 Shrub and brush rangeland
3.3 Mixed rangeland

4. Forest

4.1 Deciduous forest land
4.2 Evergreen forest land
4.3 Mixed forest land

5. Water

5.1 Streams and chanals
5.2 Lakes
5.3 Reservoirs
5.4 Bays and estuaries

6. Wetland

6.1 Forest wetland
6.2 Nonforested wetland

7. Barren land

7.1 Dry salt flats
7.2 Beaches
7.3 Sandy areas other than beaches
7.4 Bare, exposed rocks
7.5 Strip mines, quarries, gravel pits
7.6 Transitional areas
7.7 Mixed barren land

8. Tundra

8.1 Shrub and brush Tundra
8.2 Herbaceous tundra
8.3 Bare ground tundra
8.4 Wet tundra
8.5 Mixed tundra

9. Perennial snow or ice

9.1 Perennial snowfields
9.2 Glaciers

B) PROJEKT: Schweizer Arealstatistik (TRACHSLER 1984); panchromatische Schwarzweiß-
Luftbilder 1:25000 Stichprobeaufnahme, Raster 100x100m

Klassifizierungsschema

1. Wald

1.1 Normalwald $S° > 0,6$ Breite > 55 m Höhe >3m
1.2 Kleingehölze $S° > 0,6$ Breite 25-55m Höhe > 3m
1.3 Aufgelöste Bestockungen $S° 0,2-06$ Breite 25-55 m Höhe >3 m
1.4 Gebüschwald
1.5 Gebüsch $S° > 0,8$ Höhe < 3m
1.6 Feldgehölze, Hecken

2. Wies- und Ackerland

Talgebiet – Berggebiet Alpen Berggebiet Jura

2.1 Günstiges Wies- u. Ackerland
2.2 Übriges Wies- u. Ackerland
2.2.1 Heualpen
2.3 Dauerweiden

2.3.1 Bestockte Alp-(Jura-) Weiden
2.3.2 Verbuschte Alp-(Jura-) Weiden
2.3.3 Übrige Alp-(Jura-) Weiden

3. Wohnen, Dienstleistung, Erholung

3.1 Gebäudegrundfläche
3.2 Hausumschwung, Hofraum
3.3 Grünflächen u. Anlagen
3.4 Schrebergärten
3.5 Ufervegetation
3.6 Bauplätze, Ruinen
3.7 Camping- u. Caravanpl.

4. Industrieanlagen

4.1 Industriegebäude
4.2 Industriegelände

5. Obstbau

5.1 Intensive Obstkulturen
5.2 Geordnete Baumbestände
5.3 Streuobstflächen

6. Gärtnerische Kulturen incl. Gewächshäuser

7. Rebland

7.1 Intensive Rebkulturen
7.2 Pergola-Kulturen
7.3 Extensive Rebflächen

8. Verkehrsflächen u. -anlagen

8.1 Autobahnen
8.2 Straßen u. Wege
8.3 Bahnanlagen
8.4 Flugplätze
8.5 Parkplätze > 25 ar

9. Gewässer

10. Abbauland u. Deponien

11. Ver- und Entsorgungs-anlagen

12. Öd- und Unland

$S°$ = Schlußgrad

Tab. 57: *Klassifizierungsschemata verschiedener Landnutzungsinventuren*

C) PROJEKT: Realnutzungskartierung für Landschaftsrahmenplan Hochrhein Bodensee
(SCHRAMM u. DITTRICH 1984)
Farbluftbilder 1:25000, Kartierungsmaßstab 1:25000

Klassifizierungsschema		
1. Bauflächen	**3 Grünanlagen**	**6. Wasserflächen**
1.1 Wohngebiet	3.1 Grünanlagen, Parks, Friedhöfe, Sport- u. Spielanlagen, Kleingartenanlagen, größere Verkehrsgrünanl.	6.1 Wasserläufe (ohne Rhein)
1.2 Gemischte Baufläche		6.2 Seen, Teiche (ohne Bodensee)
1.3 Gewerbe- u. Industriegeb.		
1.4 Landwirtschaftl. Hoffläche		6.3 Speicherseen
1.5 Wochenendhausgebiet, Feriendörfer	3.2 Fischzuchtanlagen	6.4 Schilfgebiete am Bodensee
	4. Landwirtschaftliche Nutzflächen	6.5 Rhein
1.6 Sonderbau- u. Gemeindebedarfsflächen		6.6 Bodensee
1.7 Campingflächen	4.1 Ackerfläche	**7. Ver- und Entsorgungsflächen**
1.8 Baustellen, Baulücken	4.2 Streuobstanlagen	
2. Verkehrsflächen	4.3 Grünland (Wiesen, Weiden)	7.1 Abwasseranlagen
		7.2 Energieversorgungsanlagen
2.1 Überregionales Straßennetz	4.4 Sonderkulturen, Wein, Obst	7.3 Abfallbeseitigungsanlagen
		7.4 Wasserversorgungsanlagen
2.2 Rheinbrücken	4.5 landw. Brachflächen	**8. Aufschüttungen, Abgrabungen, Ödland**
2.3 Parkplatzanlagen	**5. Forstwirtschaftliche Nutzflächen**	
2.4 Bahnanlagen		
2.5 Luftverkehrsanlagen	5.1 Laub-, Nadel-, Mischwald	8.1 Kiesgruben
2.6 Hafenanalagen (-bauten)	5.2 Aufforstungen, Schonungen	8.2 Steinbrüche
2.7 Verkehrsflächen in Bau		8.3 Moore, Heiden, Ödland
	5.3 Bannwald	8.4 Aufschüttungen

Tab. 57: *(Fortsetzung): Klassifizierungsschemata verschiedener Landnutzungsinventuren*

Die Klassifizierungsschemata unterscheiden sich von denen der Vegetationskartierung (Kap. 4.7.2.2) und Biotop*typen*kartierung auf der einen Seite durch wenig differenzierte vegetationskundliche bzw. forstwirtschaftliche Klassenbildung und auf der anderen Seite durch sehr viel weitergehende Untergliederung besiedelter oder offener, gesellschaftlich genutzter sowie versiegelter öder Flächen.

Zu Raumordnungs- und Umweltschutzaufgaben, zu deren Lösung Luftbilder herangezogen werden, gehören auch die *Bewertung von Landschaftsteilen* auf Eignung, die *Umweltverträglichkeitsprüfung* und die *Beweissicherung* des Augangszustandes bei Inanspruchnahme größerer Flächen der offenen Landschaft. Solche Eingriffe haben stets ökologische Folgen und verändern oft in drastischer Weise das Landschaftsbild. Das gilt z. B. für Autobahn- u. a. Straßenbauten, Wasserbaumaßnahmen (Flußregulierungen, Anlage von Talsperren, Wasserrückhaltebecken, Schleusen u. a.), Einrichtung von Deponien und Tagebauen zur Gewinnung von Braunkohle, Kies, Steinen oder Sand, Terrassierungen u.v.a.

Informationen aus Luftbildern werden objekt- und zweckentsprechend in vielfältiger Weise in den Phasen der Planung, der Bauausführung, zur Erfolgskontrolle und Überwachung sowie, wenn nötig, bei Schadensregulierungen verwendet. Der Stellenwert der dabei Luftbildern zukommen kann, läßt sich aus Tab. 58 ablesen. Dort ist am konkreten Beispiel der Informationsgewinnung für ein Raumordnungsverfahren im Zuge des Bundesbahn-Streckenausbaus zwischen Karlsruhe und Basel angegeben, in welcher Kombination die drei Informationsquellen: Felderhebungen, Luftbildauswertung und vorhandene

Unterlagen (Karten, Akten) für die Erarbeitung von vier thematischen Karten verwendet wurden.

Art der Kombination der benutzten Quellen Gruppen	Anteile der Quellenkombinationen für die thematischen Kartierungen			
	Geologie, Hydrologie	Flächen-nutzung	Naturschutz, Erholungs-flächen	Verkehrs-flächen
1	*2*	*3*	*4*	*5*
Feldarbeit > 50 % Luftbilder und sonst. Unterlagen zur Ergänzung	0 %	0 %	0 %	0 %
Sonstige Unterlagen > 50 % Feldarbeit u. Luftbilder zur Ergänzung	70 %	0 %	0 %	0 %
Luftbilder > 50 % Feldarbeit u. sonst. Unterlagen ergänzend	25 %	100 %	95 %	100 %
Feldarbeit, Luftbilder u. sonst. Unterlagen jeweils < 50 %	5 %	0 %	5 %	0 %

Tab. 58: *Anteile der Erhebungsart für die thematische Kartierung beim Raumordnungsverfahren zum Ausbau der Bundesbahnstrecke Karlsruhe–Basel (nach* DAN *aus* KOMP *1981)*

Über die Verwendung als Informationsquelle für die Inventur und digitale Landinformationssysteme hinaus werden Luftbilder im Zuge der Planungsarbeiten oft und vielfältig auch ganz einfach als Orientierungs- und Arbeitsmittel bei Geländebegehungen und bei den häuslichen Ausarbeitungen benutzt. Aus der Praxis einer Planungsbehörde wird letzteres z. B. so kommentiert: „Die Luftbilder geben – bei Besprechungen aller Art inzwischen herangezogen – objektive Informationen über den räumlichen status quo in den Teilen des Regierungsbezirks; sie tragen damit zur Versachlichung und Verkürzung von Gesprächen bei und ermöglichen überdies immer wieder auch Einsparungen sonst erforderlicher Dienstreisen" (ARNAL 1984).

4.7.2.5 Analyse und Diagnose landschaftsökologischer Zustände und Entwicklungen

Über Kartierungen der Vegetation und Landnutzung sowie die Einbringung entsprechender Informationen in Datenbanken geographischer Informationssysteme hinaus werden Luftbilder seit langem als eine der wichtigsten Quellen für landschaftsökologische Untersuchungen herangezogen. Die methodische Entwicklung der Luftbildauswertung hierfür ging in den dreißiger Jahren von Geographen, vor allem von TROLL (1939 aus. Unter Einbeziehung klimatologischer Gegebenheiten und notwendiger Geländearbeiten werden assoziativ aus den Ergebnissen der Luftbildinterpretation vegetationskundlicher, geomorphologischer und hydrographischer Sachverhalte ökologische Beurteilungen und Wertungen vor allem für Großlandschaften gefunden. Das wissenschaftliche Ziel war und ist es dabei, das Wirkungsgefüge des Faktorenkomplexes Relief/Boden – Mikroklima – Wasser – Vegetation aufzuklären sowie damit auch zur Schaffung einer tragfähigen, allgemeinen Typenlehre[61] beizutragen. Die der Luftbildinterpretation zumeist nur indirekt und bei unbedeckten Böden nur bezüglich deren Oberfläche zugänglichen Bodenverhältnisse werden durch Geländearbeit erkundet. In großräumigen Naturlandschaften können aber Luftbildauswertungen dem Bodenkundler den „Weg weisen" und über vegetationskundliche, geomorphologische und hydrographische Indikatoren helfen, sinnvolle flächenmäßige Verallgemeinerungen für die zwangsläufig nur punktuellen Bodenuntersuchungen zu finden.

Die Bedeutung und Aufmerksamkeit, die luftbildgestützte landschaftsökologische Analysen bzw. „integrated studies of landscapes resp. of the biophysical environment" in der Mitte des 20. Jahrhunderts erlangt hatten, läßt sich u. a. daran ermessen, daß sich 1968 eine spezielle UNESCO-Konferenz dem Thema „Aerial Surveys and Integrated Studies" widmete und wie dieser Gegenstand in Büchern, wie dem „Manual of Photographic Interpretation" (ASP 1960), „Aerial Photo Ecology" (HOWARD 1970) und anderen behandelt wurde.

Neben rein wissenschaftlichem Interesse an luftbildgestützten bio- oder geoökologischen Untersuchungen kamen zur gleichen Zeit praktische Bedürfnisse nach diesen auf. Hand in Hand mit dem steigenden Bewußtsein um die Endlichkeit der natürlichen Ressourcen der Erde und die zunehmenden Gefährdungen der menschlichen Umwelt begann man bei raumbezogenen Planungen mehr und mehr nach der möglichen, *nachhaltigen* Produktivität der Standorte und der Belastbarkeit und Verwundbarkeit der Ökosysteme zu fragen. Diese rasch steigenden Bedürfnisse führten zur vermehrten Verwendung von Luftbildern für solche ökologischen Landschaftsanalysen und -bewertungen (z. B. US Navy Dep. 1945, FRANCIS 1964, FLORET u. SCHWAAR 1966, VINOGRADOV 1968, BAUER 1969, GIMBARCEVSKY 1975, 1978, ARNOLD et al. 1977). Gleichwohl bleibt die Ausnutzung von Luftbildern zweifellos noch hinter dem Möglichen und für die Befriedigung der o.a. (weltweiten) Bedürfnisse Nötigen zurück.

Die landschaftsökologische Forschung und die ihr zuarbeitende Luftbildauswertung hat im letzten Jahrzehnt durch die Entwicklung von GIS und der analytischen und digitalen Photogrammetrie profitiert. Durch die Möglichkeit, mehrere Informationsebenen zur Charakterisierung des ökologischen Faktorenkomplexes geokodiert zusammenzuführen, zu verknüpfen und daraus Modelle zur Beurteilung der ökologischen Situation, Entwicklung, Gefährdungen usw. zu entwickeln, haben sich neue Perspektiven ergeben.

Andererseits wurden auch die visuellen Interpretationsverfahren in Verbindung mit einfachen stereophotogrammetrischen Messungen für die ökologische Bewertung begrenzter Inventurgebiete weiterentwickelt. Dies besonders auch, um anhand zurückliegender Luftbildzeitreihen die Genese von Landschaften in den letzten Jahrzehnten und künftige Entwicklungen der ökologischen Verhältnisse der Landnutzung und Infrastruktur anhand periodisch aufgenommener Luftbilder verfolgen zu können.

Ein interessantes, flexibles Auswerteverfahren hierzu, bei dem qualitative und quantitative Merkmale durch Luftbildauswertungen gewonnen werden, hat jüngst ALTENDORF (1993) vorgeschlagen. Für die zu untersuchenden Landschaften gehen dabei für die Flächen der Hemerobiegrad[62], Inklination und Exposition, stoffliche Eigenschaften des Bo-

---

[61] Es muß hier darauf verzichtet werden, auf die Auseinandersetzung um eine solche Typenlehre und die zahlreichen Ansätze hierzu einzugehen. Angesichts der umfangreichen Literatur kann auch nur auf jene verwiesen werden, die schon in anderem Zusammenhang zitiert wurde, nämlich auf TROLL (1939), BRAUN-BLANQUET (1951), HOLDRIDGE (1966), BLASCO (1984), HOWARD (1970, 1991).

[62] Der Hemerobiegrad beschreibt das Ausmaß der Wirkung menschlichen Handelns auf das gegebene Ökosystem bzw. eine bestimmte Fläche. (Hemeros (= griechisch) = gezähmt, kultiviert).

dens, Art, Höhe, Dichte und Vitalität des Pflanzenbewuchses sowie sekundäre Überformungen in die Bewertung ein. Zusätzlich wird der faunistische Lebensraum, der die Kronen solitärer Bäume und Büsche in der Feldflur oder in Stadtlandschaften bieten, durch Ansprache von Artengruppe, Vitalität, räumliche Zuordnung sowie Kronenform und -durchmesser charakterisiert.

4.7.2.6 Inventur und Kartierung städtischer Vegetation

„Die ökologische und klimatologische Situation in Stadtgebieten wird in einem nicht geringen Maße von Umfang, der Art und der Verteilung der Vegetationsbestände im Stadtgebiet und dem die Stadt umgebenden Umfeld mitbestimmt. In beiden Fällen gehen überwiegend positive Wirkungen von diesen Beständen aus – seien es Bäume oder Büsche, sei es Grün- oder Gartenland.

Andererseits sind städtische Vegetationsbestände, insbesondere die Baumbestände entlang der Straßen, erheblichen Umweltbelastungen ausgesetzt. Die sehr spezifischen Standortsbedingungen und vielfältige, direkte – zumeist anthropogene – Schadfaktoren wirken dabei Hand in Hand. Schließlich treten dazu im Zuge von Maßnahmen der Stadtentwicklung ständig Flächenbedürfnisse auf, die häufig auch auf vegetations-, oft genug auf baumbestandenen Grund gerichtet sind.

Aus diesen Fakten resultiert für Stadtplanung und Stadtverwaltung die Notwendigkeit und ein steigendes Bedürfnis, die Vegetationsbestände – wie übrigens auch alle verfügbaren, noch vorhandenen, d. h. hier noch nicht endgültig versiegelten oder überbauten Freiräume – quantitativ und qualitativ zu erfassen, ihren Bestand zu dokumentieren und ihre Veränderungen fortlaufend, zumindest kurzperiodisch unter Beobachtung zu nehmen" (HILDEBRANDT 1987b).

Bestandsaufnahme und Beobachtung der Entwicklung städtischer Vegetation können sich richten auf
– die Gesamtheit der Vegetationsbestände und ihre Zusammensetzung nach Vegetationsformen, bei Straßen- und Parkbäumen sicher oft auch nach Arten,
– das lokale Vorkommen von Baumbeständen, Einzelbäumen, Sträuchern, Grün- und Gartenland in den verschiedenen Stadtquartieren, gegebenenfalls bis hinab zu einzelnen Siedlungsblöcken,
– den Gesundheitszustand dieser Vegetation
– oder die Kartierung und Beschreibung, im Stadtgebiet vorkommender, schutzwürdiger Biotope bzw. durch Natur-, Baum- oder Grünflächenschutzverordnungen geschützter Einzelobjekte.

Abgesehen von existierenden Baumkatastern, die es in wenigen (mitteleuropäischen) Städten schon länger gab, begann man erst in der zweiten Hälfte des 20. Jahrhunderts, sich diesen stadtökologisch und für die Stadtplanung bedeutsamen Inventuraufgaben zu stellen. Dabei traten Auswertungen von Infrarot-Farbluftbildern großen Maßstabs – i.d.R. um 1:5 000 – als primäre Informationsquelle von Anfang an in Konkurrenz mit terrestrischen Erhebungen. Sie machten diese vielerorts auch erst möglich. Luftbilder haben sich als Informationsbasis für städtische Vegetationsaufnahmen und stadtökologische Untersuchungen inzwischen weitgehend durchgesetzt. Inwieweit und in welcher Art diese, mit terrestrischen Erhebungen kombiniert, oder ergänzend auch Thermalaufnahmen für stadtklimatologische Fragestellungen herangezogen werden (hierzu Kap. 5.6), hängt vom Inventur- und Kartierungszweck ab, nämlich davon,
– ob die Gesamtheit der Vegetation (alle Vegetationsformen unabhängig von der Eigentumsform) oder nur bestimmte Bestände (z. B. nur Straßenbäume) zu inventarisieren sind)

- ob und in welcher Weise differenziert und klassifiziert werden soll, z. B. nach Nutzungs-
gesichtspunkten oder pflanzensoziologischen Kriterien
- ob die Vegetationsbestände oder z. B. die Bäume auch nach ihrer Gesundheit oder
Vitalität zu klassifizieren sind
- ob und wie die Inventurergebnisse zu anderen Gegebenheiten und städtischen Daten in
Bezug zu setzen sind, z. B. zur Bebauung oder zur Bevölkerungs-, Gewerbe- oder
Verkehrsstatistik
- ob die Vegetationsaufnahme Teil einer allgemeinen städtischen Landnutzungsinventur
ist, und welcher Stellenwert ihr in diesem Falle zukommt
- ob auch stadtklimatologische Untersuchungen einzubeziehen sind
- ob künftige Entwicklungen durch eine Sequenz von Folgeinventuren beobachtet werden sollen
- und natürlich auch, welche Kapazitäten für die Durchführung der Inventur zur Verfügung stehen: Zeit, Personal, Geld, vorhandene Daten

Luftbildgestützte Aufnahmen der Bebauung, der Verkehrsanlagen, der städtischen Flä-
chennutzung nach groben Klassen haben eine bis in die dreißiger Jahre zurückreichende
Tradition[62a]. Im Gegensatz dazu setzten differenzierte Vegetationsinventuren erst nach
Verfügbarkeit von Infrarot-Farbluftbildern ein. Erste luftbildgestützte, städtische Vegeta-
tionserfassungen sind um 1970 aus den USA (z. B. Minneapolis/St. Paul), aus Holland
(HOEKSTRA 1972; STELLINO et al. zit. n. POLLÉ 1974) und Deutschland (s.u.) sowie in
Verbindung mit siedlungsgeographischen Studien und städtischen Flächennutzungsanaly-
sen aus England (COLLINS et al. 1971) bekannt.

Die erste vollständige Inventur aller Straßenbäume einer Stadt und die Klassifizierung
von deren Kronenzustand führte KADRO 1971 in Freiburg durch (KADRO 1973, KADRO u.
KENNEWEG 1973). Verwendet wurden Infrarot-Farbluftbilder 1:10000 und ein vom Gartenamt der Stadt geführtes Straßenbaumkataster, aus dem die Baumart – sofern nicht
eindeutig interpretierbar – entnommen werden konnte. Jede Krone wurde in eine von
vier Zustandsklassen eingestuft. Die Ergebnisse wurden straßenabschnittsweise kartogra-
phisch dargestellt und baumartenweise Untersuchungen zur Abhängigkeit zwischen Umweltbelastungen und dem Gesundheitszustand der Bäume unterworfen.

Nach Bekanntwerden der Freiburger Ergebnisse setzte fast schlagartig die Nachfrage
nach Zustandsinventuren dieser Art ein. In zahlreichen Städten in Deutschland – hier vor
allem in Großstädten und den Städten des Kommunalverbands Ruhrgebiet (hierzu KEL-
LERSMANN 1984) – in Österreich (z. B. Brixleg, Innsbruck, Linz, Wels) und der Schweiz
kam es zu gleichartigen oder ähnlichen Inventuren. Je nach Auftragslage wurden und
werden dabei auch Baumbestände in Parks, Friedhöfen u. a. öffentlichen Grünanlagen,
die auf privatem Grund und ggf. auch kleinere Waldbestände im Stadtgebiet in die
Inventur einbezogen.

Im Bezug auf die weitere Untermauerung der interpretatorischen Grundlagen, auf methodische Weiterentwicklungen – z. B. im Zusammenhang mit der Beobachtung qualitativer und quantitativer Veränderungen der Baumbestände – und auf die Diskussion über
die Grenzen luftbildgestützter städtischer Bauminventuren wird auf Arbeiten von HOEK-
STRA (1972), SEKLICIOTIS u. COLLINS (1978), KENNEWEG (1975, 1979, 1980, 1981), CSAPLO-

---

[62a] Luftbildanwendungen für diese Zwecke und die damit verbundenen Interpretationsprobleme
werden hier nicht besprochen. Sie beschäftigen sich ganz überwiegend mit der Bebauung, mit
Verkehrsflächen und -anlagen oder ggf. auch mit der Interpretation sozio-ökonomischer Verhältnisse im Zuge siedlungsgeographischer Untersuchungen (hierzu z. B. AVERY u. BERLIN 1985, POLLÉ
1974, HOFSTEE 1976, DE BRUJNS et al. 1976, KELLERSMANN 1978 u.v.a.).

VICS (1982), KÜRSTEN (1983), MEISSNER (1984), HILDEBRANDT (1987b) und FIETZ (1992 und dort zitierte andere Arbeiten dieses Autors) verwiesen.

Vorgeschlagene Verfahren, entweder durch mikrodensitometrische Messungen die Kronenzustandsansprache zu objektivieren (EAV 1977, LILLESAND et al. 1979, ÇAGIRIÇI 1980) oder durch Bildverarbeitung digitalisierter Luftbilder manipulierte (optimierte?) Bildprodukte zu gewinnen (HAYDN et al. 1985), fanden keine breitere Anwendung. Der Grund dafür ist vor allem, daß sich die Interpretationsobjekte durch Arten- und Varietätenvielfalt, Vielfalt auch umwelt- und schadensbedingter Kronen- und Belaubungsveränderungen, kleinräumigen Wechsel der Beschattungen usw. einer allein auf spektrale Daten aufbauenden „automatisierten" Klassifizierung entgegenstellen. Selbst nach aufwendigen Voruntersuchungen und Bildverarbeitungen im Sinne der im Kap. 4.1.8 genannten Verfahren können verantwortbare Ergebnisse nicht oder nur in seltenen Fällen erreicht werden. Der sachkundige Interpret steht den gleichen Schwierigkeiten gegenüber. Er kann diese aber durch die Summe seiner Vorkenntnisse, die Einbeziehung stereoskopisch interpretierbarer Strukturmerkmale der Krone und seine Assoziationsfähigkeit weitgehend überwinden.

Inventuren städtischer Baumbestände werden durch zusätzliche Aufnahme, Klassifizierung und Kartierung *aller* Vegetation in der Stadt zur umfassenden „Grüninventur". Unbeschadet der dominierenden Bedeutung des Baumbestandes für die ökologischen Verhältnisse können erst aus solchen Inventuren die Grundlagen geschaffen werden für eine die ökologische und auch klimatologische Situation der einzelnen Stadtquartiere berücksichtigende Stadtentwicklungsplanung (Grün-, Verkehrs-, Flächennutzungsplanung). Erhebungen und Kartierungen dieser Art können auf Übersichten übers gesamte Stadtgebiet oder bei Großstädten auch nur auf bestimmte Stadtteile gerichtet sein. Neben *Übersichten*, die entweder nach Nutzungskategorien oder nach Vegetationsformen gegliedert, *alle vegetationsbestandenen Flächen* der Stadt zeigen, können Spezialkarten für besondere Sachverhalte treten. Solche, für die Stadtplanung relevanten Sachverhalte können z. B. sein,
– die ökologische oder klimatologische Wertigkeit der einzelnen Flächen bzw. Objekte
– natur- oder biotopgeschützte Flächen und Einzelbäume
– Vegetationsbestände mit besonderen Schutzfunktionen (Lärm-, Sicht-, Bodenschutz)
– oder im zuvor beschriebenen Sinne der Gesundheitszustand der Vegetation, insbesondere des Baumbestandes in der Stadt.
Als Beispiel für eine *Übersichtskartierung* im *mittleren Maßstab* wird die Grünkartierung 1:20000 der Stadt Mainz 1988 genannt. Sie ist auf der Grundlage der Deutschen Grundkarte 1:5000 durch Interpretation von Infrarot-Farbluftbildern entstanden. Sie ist Teil eines umfassenden, „klimaökologischen Begleitplanes", der als Grundlage für kurzfristige Flächennutzungsplanungen der Stadt erarbeitet wurde. Neben Luftbildern wurden für weitere thematische Karten auch multispektrale Scanneraufzeichnungen im optischen und thermalen Bereich herangezogen.

Als Beispiel für eine Übersichtskartierung im großen Maßstab ist auf Farbtafel X ein Ausschnitt der Karte der Innenstadt von Wiesbaden wiedergegeben. Die Karte zeigt die nach einem Bewertungsmodell von SCHULZ (1982) klassifizierten Flächen unterschiedlicher klimatisch-ökologischer Wertigkeit. Die Grünausstattung ist dabei vollständig, mit lage- und größenrichtiger Kartierung auch der von Bäumen und Büschen überschirmten Flächen bis hinab zum Einzelbaum im dicht bebauten Quartier, dargestellt. Der Kartierung liegt die Interpretation sowohl der Grünausstattung und offenen und versiegelten Freiflächen als auch der Bebauung nach Haushöhenstufen in Infrarot-Farbluftbildern 1:2500 zugrunde. Detaillierte Beschreibungen zur Entstehung der Karte finden sich bei SCHULZ (1982).

Abb. 192: *Ausschnitt einer Detailkartierung 1:1000 (verkleinert) eines städtischen Parks (Seepark in Freiburg) nach Luftbildern 1:5000 (Bad. Luftbildmessung, Freiburg)*

Eine weitere Anwendung finden Luftbilder bei photogrammetrischen Kartierungen von städtischen Sondereinrichtungen und Arealen besonderer Bedeutung für Ökologie oder Stadtbild. Beispiele hierfür gibt es für die Kartierung von Erholungs- und Stadtparks, Botanischen und Zoologischen Gärten, Friedhöfen, Uferpartien usw. Auch in diesen Fällen kommt es ebenfalls auf lage- und größenrichtige Darstellung von Bäumen und Büschen sowie aller Grünflächen an. Kartierungsmaßstäbe liegen dabei zwischen 1:1000 und 1:5000, die Bildmaßstäbe zwischen 1:3000 und 1:8000. Ein Beispiel für eine solche Kartierung zeigt Abb. 192. Zur Vertiefung der kartographischen Aspekte städtischer Grünkartierungen wird auf die Beiträge in den Berliner geowissenschaftlichen Abhandlungen Reihe C, 3, 1984 verwiesen.

Aus den Interpretationsergebnissen städtischer Grüninventuren sind in vielfältiger Form neben den Karten auch Folgeprodukte entwickelt worden, welche die ökologische Situation der Stadt und ihrer Quartiere durch Kennwerte beschreiben, so z. B.
- *flächen- und bevölkerungsbezogene Kennwerte* und deren kartographische Darstellung (z. B. KENNEWEG 1975, Abb. 193);
- Modelle zur darüberhinausgehenden *ökologischen Bewertung* der einzelnen Grünflächen und daraus abgeleiteter Charakterisierung der ökologischen Situation der Stadt und einzelner Quartiere (KÜRSTEN 1983);

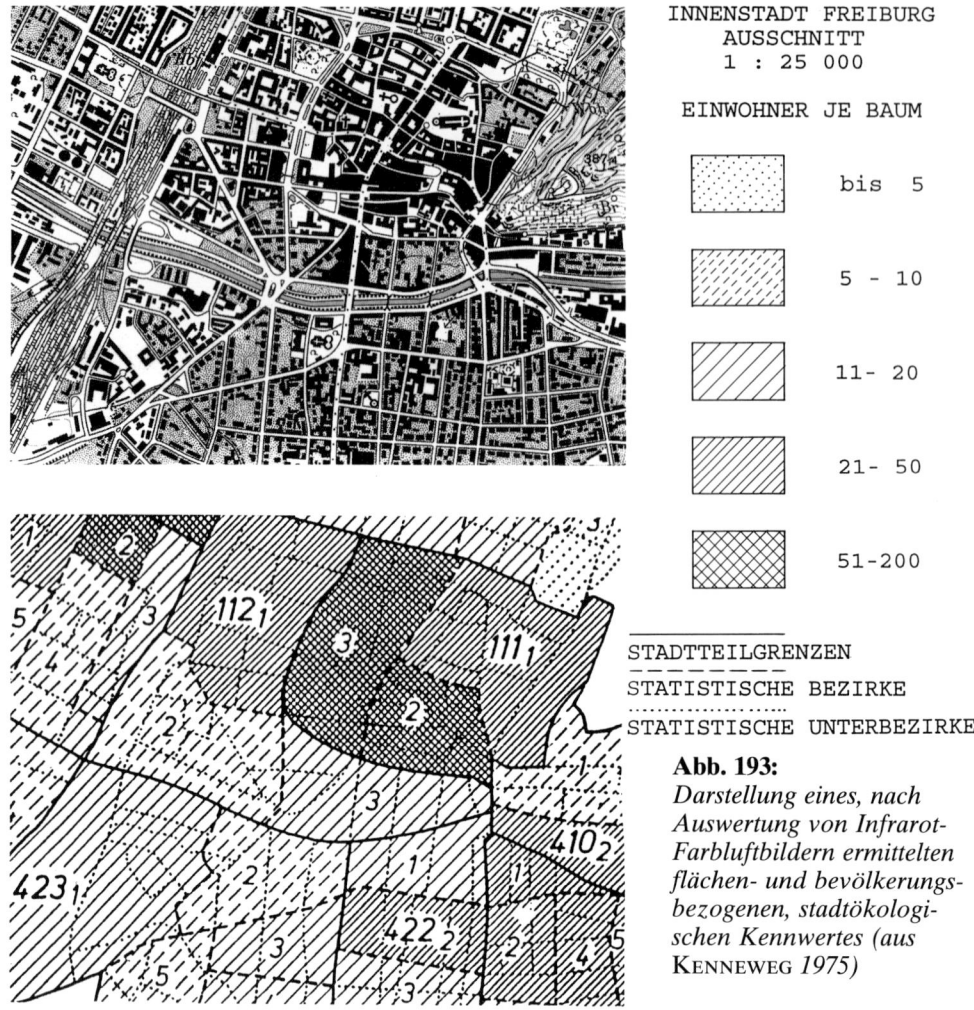

INNENSTADT FREIBURG
AUSSCHNITT
1 : 25 000

EINWOHNER JE BAUM

bis 5

5 - 10

11- 20

21- 50

51-200

STADTTEILGRENZEN
STATISTISCHE BEZIRKE
STATISTISCHE UNTERBEZIRKE

Abb. 193:
*Darstellung eines, nach
Auswertung von Infrarot-
Farbluftbildern ermittelten
flächen- und bevölkerungs-
bezogenen, stadtökologi-
schen Kennwertes (aus
KENNEWEG 1975)*

– Modelle solcher Art, die zusätzliche auch vegetationsfreie aber unbebaute und nicht
  versiegelte Flächen sowie als „Ungunstflächen" die Bebauung (in ihrer Verschieden-
  artigkeit) und versiegelte Freiflächen (Verkehrsflächen) einbeziehen (SCHULZ 1982)
– Korrelationen zwischen Umweltbelastungen und ökologischen Parametern, z. B. dem
  Gesundheitszustand der Bäume (z. B. KADRO U. KENNEWEG 1973, SPELLMANN 1973).
Die Ergebnisse von Grüninventuren können in städtische Datenbanken eingehen, bei
Folgeinventuren fortgeschrieben und damit die Entwicklung der Vegetation und der
ökologischen Verhältnisse der Stadt unter Kontrolle gehalten werden.
   Beispiele für die Beobachtung der Entwicklung der ökologischen Verhältnisse und des
Vegetationszustandes in Stadt- bzw. Dorflandschaften anhand von Luftbildzeitreihen
finden sich in siedlungsgeographischen Untersuchungen und Arbeiten zur Entwicklung
entsprechender Auswertemethoden (z. B. KENNEWEG 1981, KÜRSTEN 1983, MEISSNER
1984, VOGEL 1988, FIETZ 1989, ALTENDORF 1993). Dort sind auch die mit solchen Monito-
ringprojekten verbundenen Interpretationssysteme und geeignete Darstellungsformen

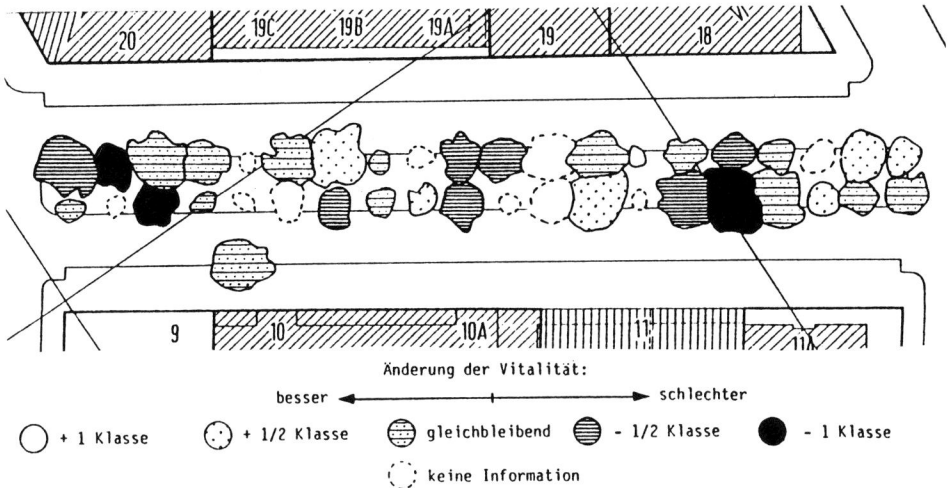

Abb. 194: *Darstellung der Entwicklung des Vitalitätszustandes von Straßenbäumen – hier zwischen 1979 und 1983 (aus* MEISSNER *1984)*

diskutiert. Abb. 194 zeigt hierzu ein Beispiel für die Entwicklung der durch Luftbildinterpretation festgestellten Kronenzustandsänderungen der Bäume in einer Straße, Bildtafel IX zeigt die Veränderungen der Flächennutzung, Bebauung und der Vegetationsbedeckung in einer Stadtlandschaft im Verlauf von 45 Jahren.

4.7.3 Landwirtschaftliche Anwendungen

Anwendungen der Fernerkundung – hier speziell der Luftbildauswertung – für landwirtschaftliche Zwecke sind in der großen Mehrzahl auf Informationsgewinnung für regionale oder landesweite, auch für übernationale agrarpolitische und wirtschaftliche Entscheidungen und Maßnahmen gerichtet. Der einzelne bäuerliche Betrieb, die einzelne Farm usw. ist davon i.d.R. nur mittelbar betroffen. Ausnahmen hiervon können ggf. vorkommen bei Großformen (z. B. in Australien), ausgedehnten landwirtschaftlichen Latifundien (z. B. in bestimmten südamerikanischen Ländern) oder in staatlichen oder genossenschaftlichen landwirtschaftlichen Großbetrieben (z. B. in der früheren Sowjetunion).

Die Regel sind jedoch, wie oben angegeben, überbetriebliche Fernerkundungsprojekte. Sie können zum Zweck haben
– die Inventur und Kontrolle landwirtschaftlicher Flächennutzung und Erhebung der aktuellen Anbauflächen der Feldfrüchte
– die Überwachung des Zustands landwirtschaftlicher Vegetationsbestände und Böden sowie die Erhebung und Abschätzung aufgetretener Schäden
– die Planung und Durchführung von Strukturverbesserungen der ländlichen Raumordnung und Flächennutzung
– die Erhebung von Herdenpopulationen.

Inventur und Kontrolle der Flächennutzung und Erhebung der aktuellen Anbauflächen für Erntevorhersagen

Inventuren der erstgenannten Art sind *Landnutzungserhebungen* (Kap. 4.7.2.4), bei denen das Gewicht auf einer mehr oder weniger differenzierten Klassifizierung der von Ackerland und Weideflächen, von Plantagen und (in Tropenländern) agroforstlich genutzten Areale liegt. Sie dienen sowohl der Planung als auch der Überwachung der Flächennutzung. In tropischen Ländern sind sie ein notwendiges Instrument zur Entwicklung des ländlichen Raums und hier besonders auch der Kontrolle tradierter Praktiken wie z. B. des Brandrodungsfeldbaus (shifting cultivation). Luftbilder werden seit langem für solche Inventuren und Beobachtungsaufgaben einbezogen und werden besonders in Nordamerika, Australien und in Ländern der Tropen auch immer wieder als primäre Informationsquelle benutzt.

Sind Bewertungen vorhandener oder künftig zu erschließender Produktionspotentiale Teil der Inventuraufgabe, so werden auch hierfür Luftbilder für die dafür benötigte, integrierte ökologisch-standortskundliche Analyse mit verwendet. Der Anteil terrestrischer, vor allem bodenkundlicher Geländearbeit nimmt dabei jedoch deutlich zu. Er gewinnt i.d.R. das Übergewicht. Eine nicht zu unterschätzende Bedeutung haben Luftbilder bei solchen Untersuchungen zusätzlich immer auch als wertvolle Orientierungshilfe im Gelände.

Der *Erhebung der aktuellen Anbauflächen* der Fruchtarten durch Luftbildinterpretation für *Erntevorhersagen* kommt praktisch (noch) keine so große Bedeutung zu, wie es der relativ umfangreichen Literatur zu diesem Thema nach erscheinen mag (vgl. auch das in Kap. 5.6 zum sog. LACIE-Projekt Gesagte). Die für solche Erhebungen zwingende Frage nach der Interpretierbarkeit von Feldfruchtarten beschäftigte Fernerkunder schon seit über vier Jahrzehnten (z. B. BRUNNSCHWEILER 1957, STEINER 1961 et al. 1966, MEIENBERG 1966, DÖRFEL 1978). Wie an anderer Stelle gesagt, ist die Identifizierung und Differenzierung der Fruchtarten von deren phänologischen Zyklen während der Vegetationszeit abhängig (Kap. 2.3.2.3, 4.1.5.7). Sie erfordern die Einbeziehung örtlich stimmender phänologischer Kalender und, sofern es auf die Klassifizierung einer größeren Palette von Fruchtarten ankommt, ggf. auch zwei oder drei gut terminierter Luftbildaufnahmen.

Landwirtschaftliche Schadenserhebungen

Flächige Vernichtungen von Feldfrüchten, Lagerschäden in Getreidefeldern und Ausfälle von Obstbäumen in Plantagen lassen sich gut in Luftbildern – auch in schwarz-weißen – erkennen und quantifizieren (z. B. Abb. 195 und 200). Für die Interpretation und Inventarisierung biotischer Schäden und von Vitalitätsminderungen, die keine flächigen Vernichtungen bewirken, müssen dagegen Infrarot-Farbluftbilder herangezogen werden. COLWELL machte 1956 als erster darauf aufmerksam, daß pilzbefallene Getreidebestände gut in Infrarot-Farbluftbildern aufzuspüren sind. Durch zahlreiche spektroradiometrische Untersuchungen und densitometrische Signaturanalysen wurde dies seitdem untermauert (vgl. Kap. 2.3) sowie durch viele Fallstudien und praktische Anwendungen immer wieder bestätigt.

Nachdem 1970 im *Maisanbaugebiet* der USA durch den Southern Corn Leaf Blight (Helmithosporium maydis) Ertragsverluste von rd. 15 % eingetreten waren, wurde 1971 durch ein Prozeßexperiment (Corn Blight Watch Experiment) die Möglichkeit von Luftbildinventuren zur Schadenserhebung untersucht. Das in den Staaten Ohio, Illinois, Indiana, Missouri, Iowa, Nebraska und Minnesota durchgeführte Experiment bestätigte nicht nur die Brauchbarkeit solcher Inventuren (Genauigkeit der Schadenserfassung >90 %), sondern lieferte dadurch auch unmittelbar für das US Department of Agricul-

Abb. 195: *Lagerschäden in Getreidefeldern. Luftbild 1:10 000 (siehe auch Abb. 200)*

ture praktisch nutzbare Ergebnisse. Die Inventur erfolgte durch Interpretation kleinmaß-stäbiger Infrarot-Farbluftbilder, die von Stichprobesegmenten zwischen 14.6 und 1.10.1971 zweiwöchentlich aufgenommen wurden. Die auf insgesamt 53 000 Quadratmeilen des corn belt-Farmlandes vorhandenen Maisflächen wurden nach sechs Zustandsklassen angesprochen.

Für praktizierte Luftbildinventuren zur Schadensermittlung in *Hackfruchtkulturen* wird auf ein Beispiel im nordwestdeutschen Anbaugebiet der Zuckerrüben zurückgegriffen. Es basiert auf vorangegangenen Untersuchungen sowohl der spektralen Reflexion gesunder und geschädigter Zuckerrübenfelder (SANWALD 1979, BOEHNEL et al. 1980, de CAROLIS et al. 1980, Kadro 1981) als auch entsprechender Signaturanalysen in Luftbildern und multispektralen Scanneraufzeichnungen (REICHERT 1983). Im Auftrag des Landesamtes für Agrarordnung Nordrhein-Westfalen erfolgte in einem 120 qkm großen Inventurgebiet im Raum Jülich-Geilenkirchen für die Dauer einer Fruchtfolge von vier Jahren eine Erkundungsinventur zur Feststellung und Klassifizierung der Nematodenschäden (Heterospora schachtii) an Zuckerrüben. Die mit Infrarot-Farbluftbildern 1:5 000 jeweils im August/ September durchgeführten, flächendeckenden Interpretationen führten zu Ergebnissen, die gezielte terrestrische Zystenzählungen und Nemotizit-Begasungen ermöglichten.

Die Ermittlung von *Degradationen* und *Verlusten an Weideflächen* gehört in den Trok-kengebieten der Erde zu den Aufgaben der „rangeland-inventories", von denen schon in Kap. 4.7.2.2 als Anwendungsgebiet praktizierter Luftbildauswertung die Rede war. Dabei sind vor allem Degradationen durch Überweidung (overgrazing) am Vegetationsbestand und durch Erosionen am Boden Gegenstand von Luftbildinterpretationen (Abb. 196).

Auch für Zustandserhebungen und -untersuchungen von *Hochweideflächen* in Europa wurden Luftbilder immer wieder herangezogen. In anderer Form als in ariden Gebieten treten auch hier Erosionsschäden als Folge von Viehtritten und Vegetationsverlusten durch touristische und sportliche Übernutzung auf (Farbtafel VIII a). Dort wo sich ein Übergang von der Almwirtschaft zur vorwiegenden Nutzung als Skigebiet vollzogen hat, verändert sich auch die Bodenvegetation und erhöht dadurch ggf. auch die Gefahr von

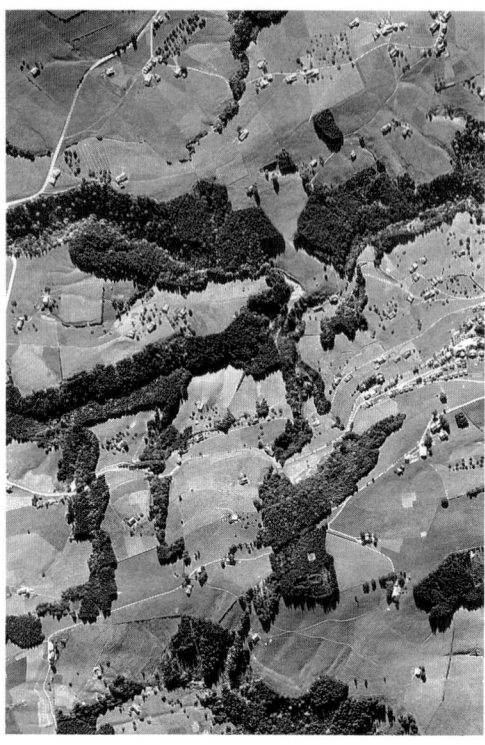

Abb. 196:
*Ausgeprägte und beginnende Schlucht-
erosion in Neumexiko (Originalluftbild ca.
1:15 000)*

Abb. 197:
*Kulturlandschaft im Schweizer Jura mit
überwachsenen, erosionsbedingten Rinnen
und Mulden im Grün- und Weideland*

Lawinenabgängen (ZIRM 1978). Ältere Anwendungen der Luftbildauswertung für Untersuchungen von Gebirgsweideland beschreiben z. B. EINEVOLL (1968), KRAUSE (1962).

In vielfältiger Weise finden Luftbildauswertungen schließlich praktische Anwendung
für Schadensentdeckungen, -erhebungen oder -analysen in *Plantagen* aller Art, *Rebflächen*
und anderen plantagenartigen landwirtschaftlichen Kulturen. Ökonomisch beachtliche
Bedeutung erlangten z. B. Luftbildinventuren in Zitrusplantagen im nordöstlichen Mexiko und in Kalifornien. Dort wurde in den siebziger Jahren die bis dahin üblichen
Geländeerhebungen zur Feststellung von Schäden durch Fernerkundung mit Farbinfrarot-Luftbildern ersetzt (MYERS 1983, S. 2183). Ein Beispiel aus Mitteleuropa sind Luftbildauswertungen zur Erfassung von Frostschäden in Weinbergen des Kaiserstuhls. Nach
extremen Frösten 1984/85 sollte dadurch das Ausmaß der Schäden in diesem Weinbaugebiet ermittelt und untersucht werden, ob die dort bei Rebflurbereinigungen entstandenen Großterrassen in ursächlichem Zusammenhang mit dem Auftreten und dem Ausmaß der Frostschäden zu bringen sind (DÖRFEL U. WALDBAUER 1988).

19.4.

15.5.

25.6.

25.6.

22.8.

22.8.

12.11.

12.11.

Tafel I:
Einfluß der phänologischen Entwicklung auf die Abbildung von Waldbeständen in panchromatischen und infraroten Farbbildern. Bergfuß: Buchenhorste, Unterhang: Fichtenbestand, Mittelhang: Buchenbestand, Oberhang: Fichten-Lärchen-Bestand (vgl. Dörfel 1978)

Tafel II:
Vergleich der Abbildung einer Waldlandschaft im panchromatischen und Infrarot-Farb-Luftbild. Artenreicher Rheinauewald mit anstehenden Altwässern und mehreren reinen Pappelbeständen. Weitwinkelaufnahme 1 : 6 600, 11. Mai

Tafel III:
Schlagweiser Hochwald mit Kiefern-, Eichen- und Kiefern-Laubbaum-Beständen unterschiedlicher Altersklassen und Mischungsformen (Schwetzinger Hardt). Normalwinkelaufnahme 1 : 8 000, 7. August

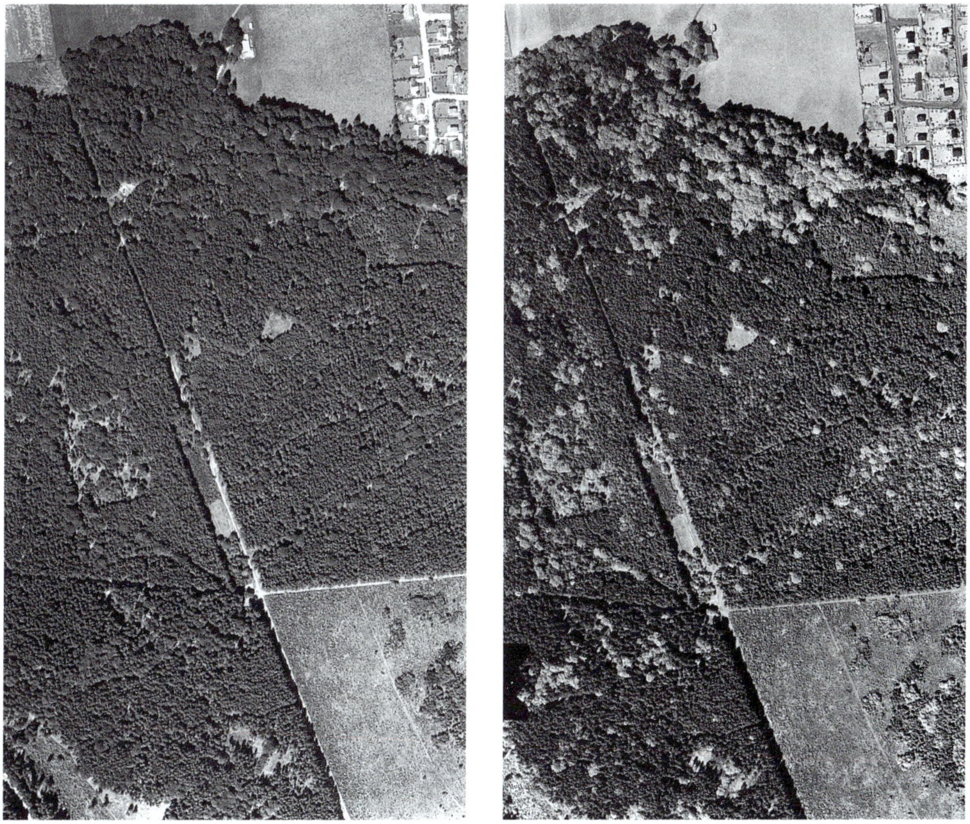

Tafel IV:
Vergleich von Sommeraufnahmen verschiedener Fichten-/Buchenbestände mit panchromatischem (links) und infrarotem (rechts) Schwarz-weiß-Film. Normalwinkelaufnahmen 1 :10 000, 25. Juli. Vgl. hierzu auch die mit panchromatischem Film bei voller Laubfärbung aufgenommenen Bilder in Abb. 171 und 172

Tafel V:
Farbmischprozesse: links additive Farbmischung, rechts subtraktive Farbmischung

Tafel VI: Infrarot-Farbluftbilder
a) oben: Artenreiche Verlandungsgesellschaft eines Sees. Normalwinkelaufnahme 1 : 2 000
b) unten: Rebterrassen und sich in typischer Marmorierung abbildende Halbtrockenrasen
mit variierender pflanzensoziologischer Zusammensetzung und wechselnden Standorten.
Normalwinkel-Aufnahme 1 : 5 000, 13. Mai

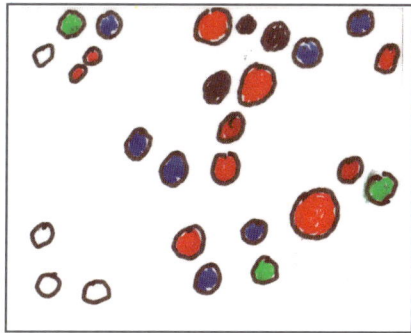

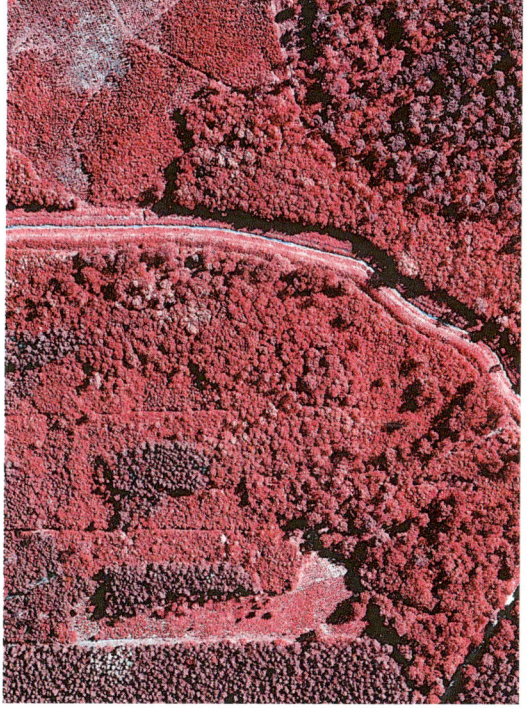

Tafel VII: Waldschäden.
Oben links: Mortalität („grüne"
Kronen) von Fichten in einer Naturwaldzelle am Feldsee, Schwarzwald.
Normalwinkelaufnahme hier im Mittel
1 : 5 800, 7. August
Rechts: Fichten mit unterschiedlich
schweren Nadelverlusten und Vergilbungen. Schadstufenklassifizierung
nach AFL-Schlüssel: grün = gesund =
Stufe 1, blau = Stufe 2, rot = Stufe 3,
schwarz = abgestorben = Stufe 4
Unten links: Baum- und Bestandesschä-
den in einem Kiefern-Laubbaum-Re-
vier, u. a. trupp- und gruppenweise absterbende Kiefern in Stangenhölzern
(im Bild unten), starke Vergilbungen
an Eichen verschiedenen Alters (Bildmitte), Ausfälle von Pflanzen in der
Aufforstungsfläche (oben links). Normalwinkelaufnahme 1 : 5 000, 7. August

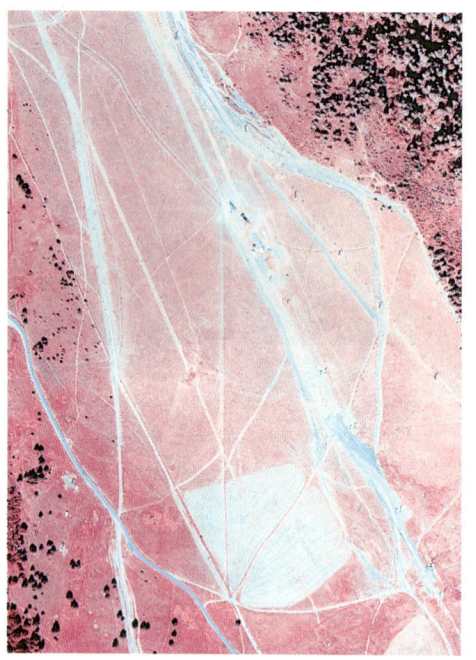

Tafel VIII:
Oben links: Bodenschäden und Vernichtung der Bodenvegetation durch Skilifte, Pisten, Wanderpfade, Lagerplätze. Szene: Seebuck, Schwarzwald. Normalwinkelaufnahme im Mittel 1 : 6 200, 7. August
Oben rechts: Durch örtlich wechselnden Wasserhaushalt bedingte Muster auf abgeernteten (blaugrau) und mit Feldfrüchten bestandenen (rot) Ackerböden (Bodenart: Zweischichtige Paradendzina). Die Wasserhaushaltsparameter Feldkapazität, nutzbare Feldkapazität und Welkefeuchte korrelieren mit den Dichtewerten des Luftbildes (MOSBACHER u. SCHOLZE 1979)
Unten links: Geomorphologische, hydrologische und vegetationskundliche Situation eines Hochgebirgsstandortes oberhalb der Baumgrenze (Stubaier Alpen). Ausschnitt eines digital hergestellten Orthophotos 1 : 10 600, Basis Luftbildaufnahme 1 : 14 000. Photogrammetrisches System: EUDICORT von EUROSENSE

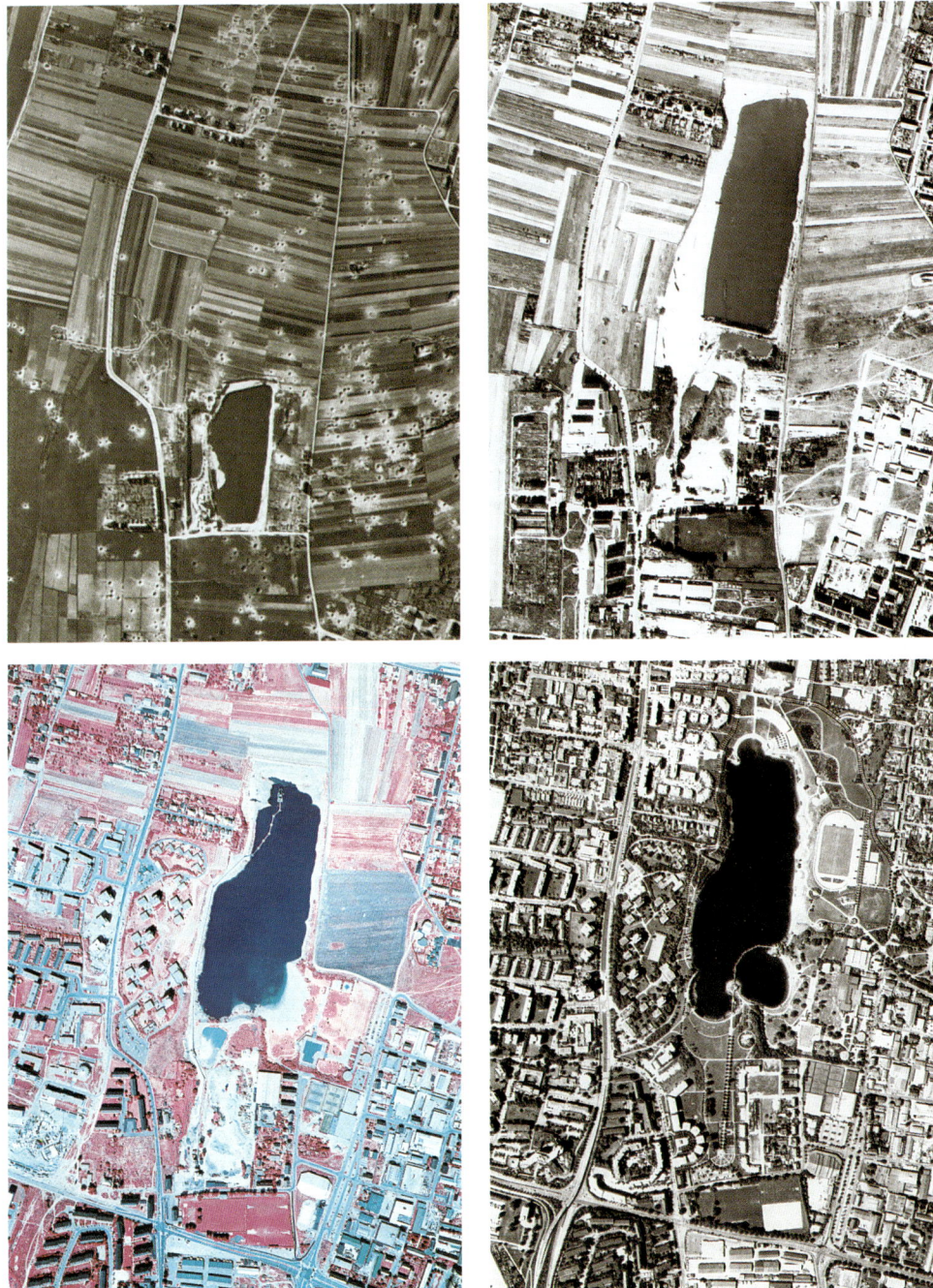

Tafel IX: Luftbildzeitreihe 1945 – 1962 – 1971 – 1989 zur Entwicklung einer Stadtlandschaft 1945: Feldflur am Stadtrand (Freiburg i.Br.) mit Bombentrichtern, Flak-Stellungen (oben Mitte, an der S-Kurve) und Schützengräben (oberhalb S-Kurve). 1962: Beginnende Bebauung, vorwiegend Gewerbegebiet. Der Baggersee ist „gewandert". 1971: Fortschreitende Bebauung des Wohngebiets. 1989: Abgeschlossene Bebauung und gestalteter Seepark.

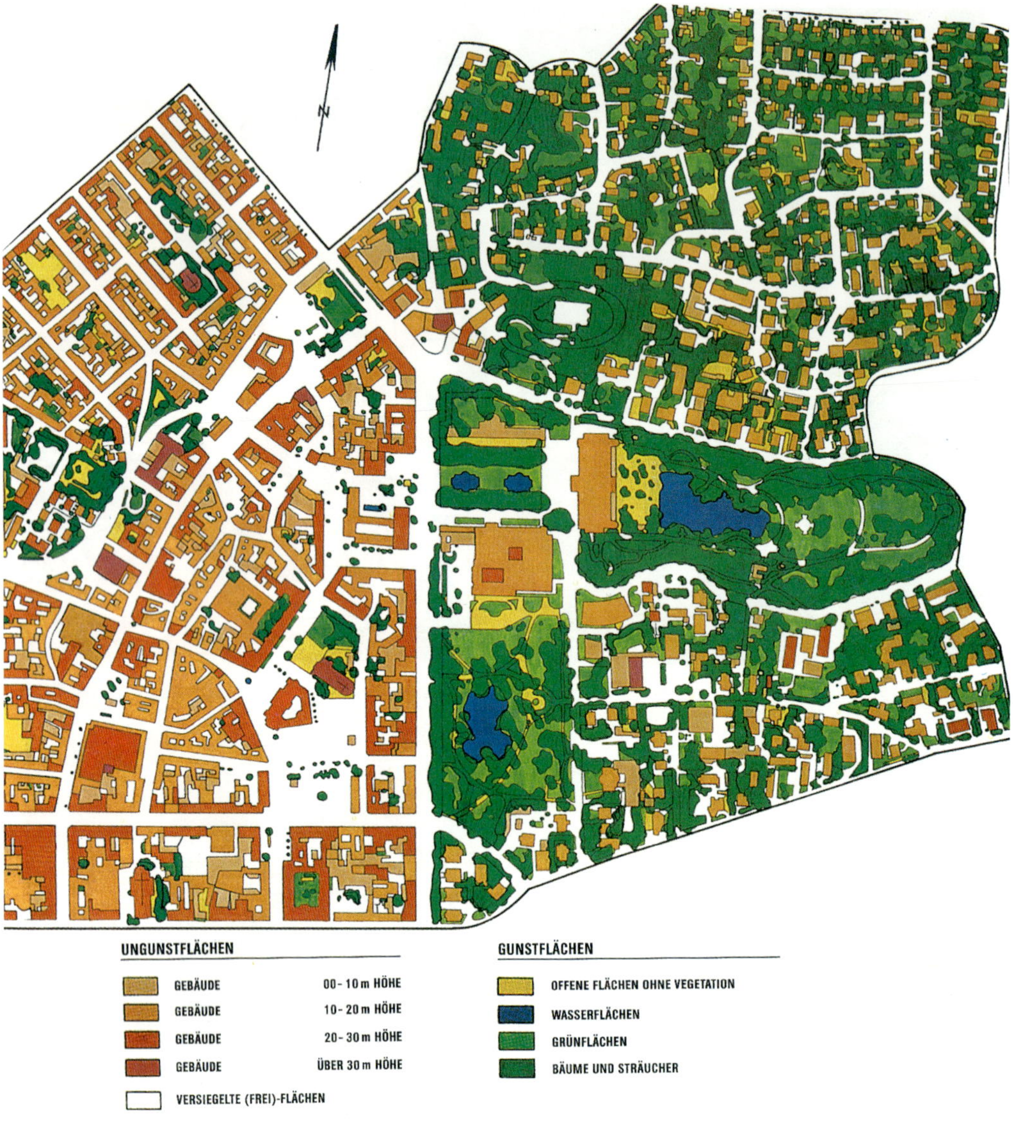

UNGUNSTFLÄCHEN

- GEBÄUDE — 00 - 10 m HÖHE
- GEBÄUDE — 10 - 20 m HÖHE
- GEBÄUDE — 20 - 30 m HÖHE
- GEBÄUDE — ÜBER 30 m HÖHE
- VERSIEGELTE (FREI)-FLÄCHEN

GUNSTFLÄCHEN

- OFFENE FLÄCHEN OHNE VEGETATION
- WASSERFLÄCHEN
- GRÜNFLÄCHEN
- BÄUME UND STRÄUCHER

Tafel X:

Ausschnitt aus der durch Luftbildauswertung entstandenen stadtökologischen Karte 1 : 10 000 (Original 1 : 5 000) der Innenstadt von Wiesbaden (A. SCHULZ 1981)

Legende zu Tafel XII (rechts):

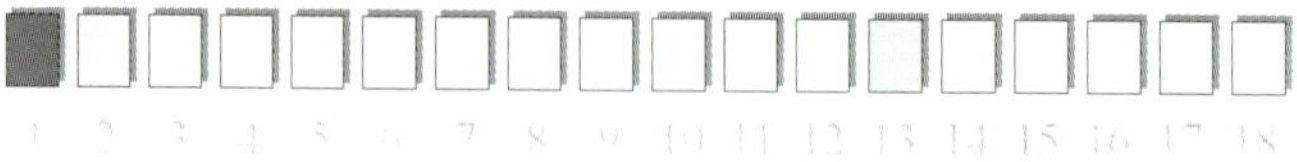

1 = Flächen mit Solitärbäumen, 2 = Baumreihen, 3 = Baumbestände, 4 = $^2/_3$ Gehölze – $^1/_3$ Kräuter, 5 = $^1/_2$ Bäume – $^1/_2$ Kräuter, 6 = $^1/_3$ Bäume – $^2/_3$ Kräuter, 7 = $^4/_5$ u. m. Sträucher, 8 = Getreide, 9 = Sonderkulturen, 10 = Rebflächen, 11 = Obstbau, 12 = $^4/_5$ u. m. Gras- u. Kräuter, 13 = offene Flächen, 14 = Villengärten, 15 = versiegelte Flächen, 16 = Ziergrün, 17 u. 18 = Wasserflächen mit und ohne Wasserpflanzen.

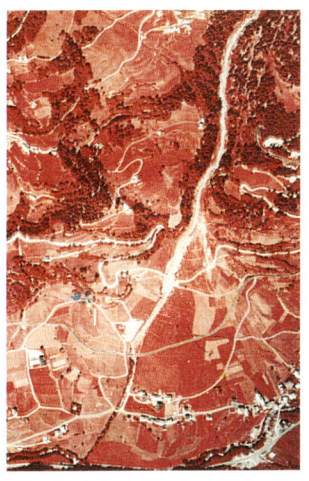  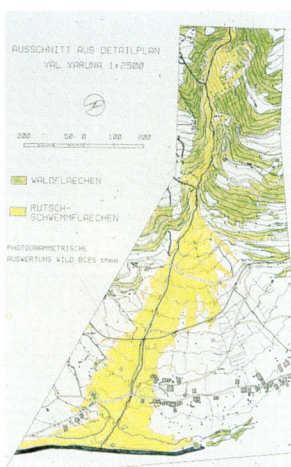

Tafel XI:
Dokumentation der Folgen einer Überschmemmung und eines Bergrutsches bei Posciavo, Berninagebiet, Schweiz. Im Auswertungsbild: grün = Wald, gelb = Rutsch- und Schwemm-flächen (aus OESTER 1989)

Tafel XII:
Kartierung 1 : 20 000 der Grünstruktur von Mainz in 18 Klassen. Auswertung v. Infrarot-Farbluftbildern u. Daedalus MSS-Aufzeich-nungen (ifp, Offenbach und Geogr. Inst. Univ. Mainz)

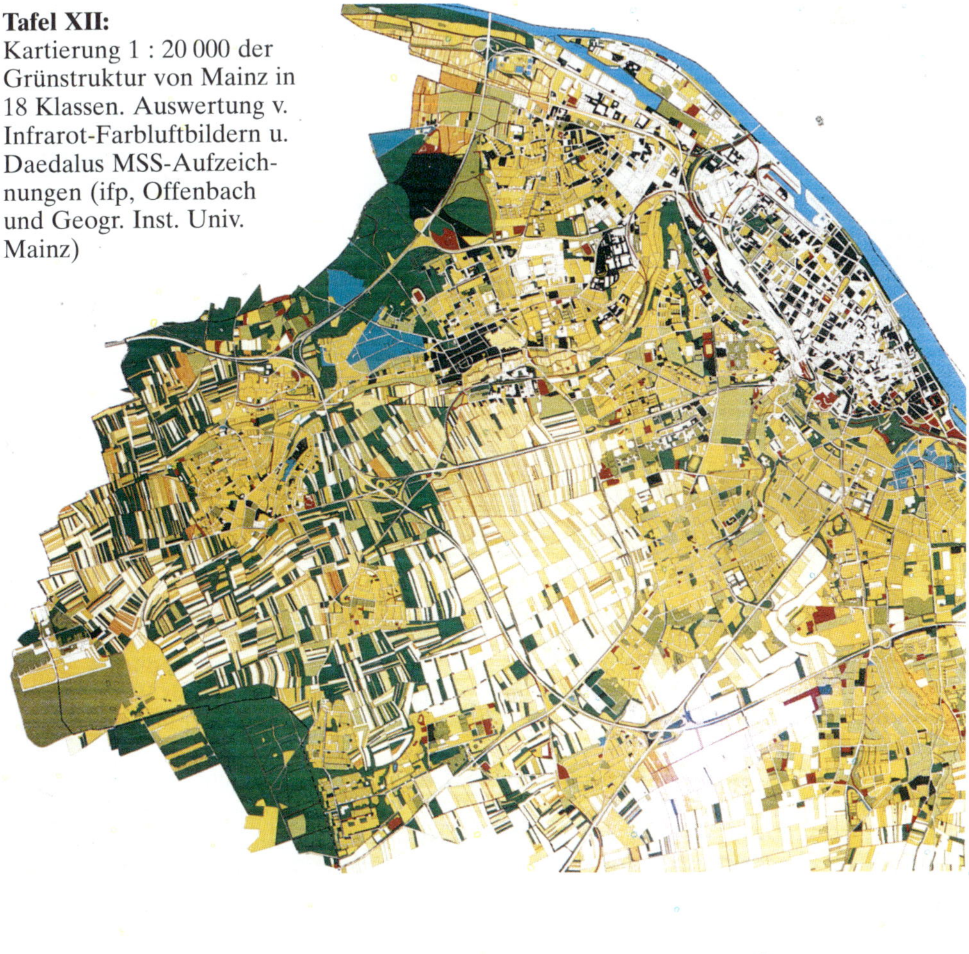

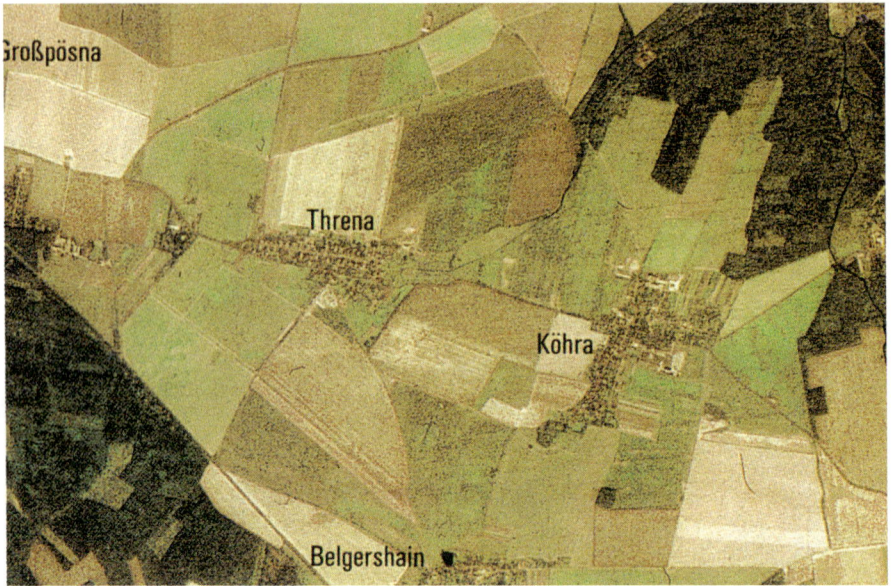

Tafel XIII:

a) oben: Vergrößerter Ausschnitt eines Weltraumluftbildes (Original 1 : 820 000) vom Amazonasgebiet beim Rio Tocantins, mit Cerrado-Buschland unterschiedlicher Dichte Übergangsformen von dichter Cerrado zum tropischem Regenwald und als Weide genutzten Rodungsflächen (aus FORSTREUTER 1987). Aufnahme von 1984 mit Zeiss RMK 30/23 vom SpaceShuttle aus.

b) unten: Luftbildkarte 1 : 50 000 (Ausschnitt) aus KFA-1000–Weltraumluftbildern 1 : 275 000. Landwirtschaftliche Ackerkulturen und Waldstücke in der Leipziger Tieflandsbucht. Hersteller: FPK-Ing.-Büro Albertz u. Partner/Berlin, KAZ Bildmeß GmbH/Leipzig, Kartoplan/Berlin, Druckhaus Hentrich/Berlin

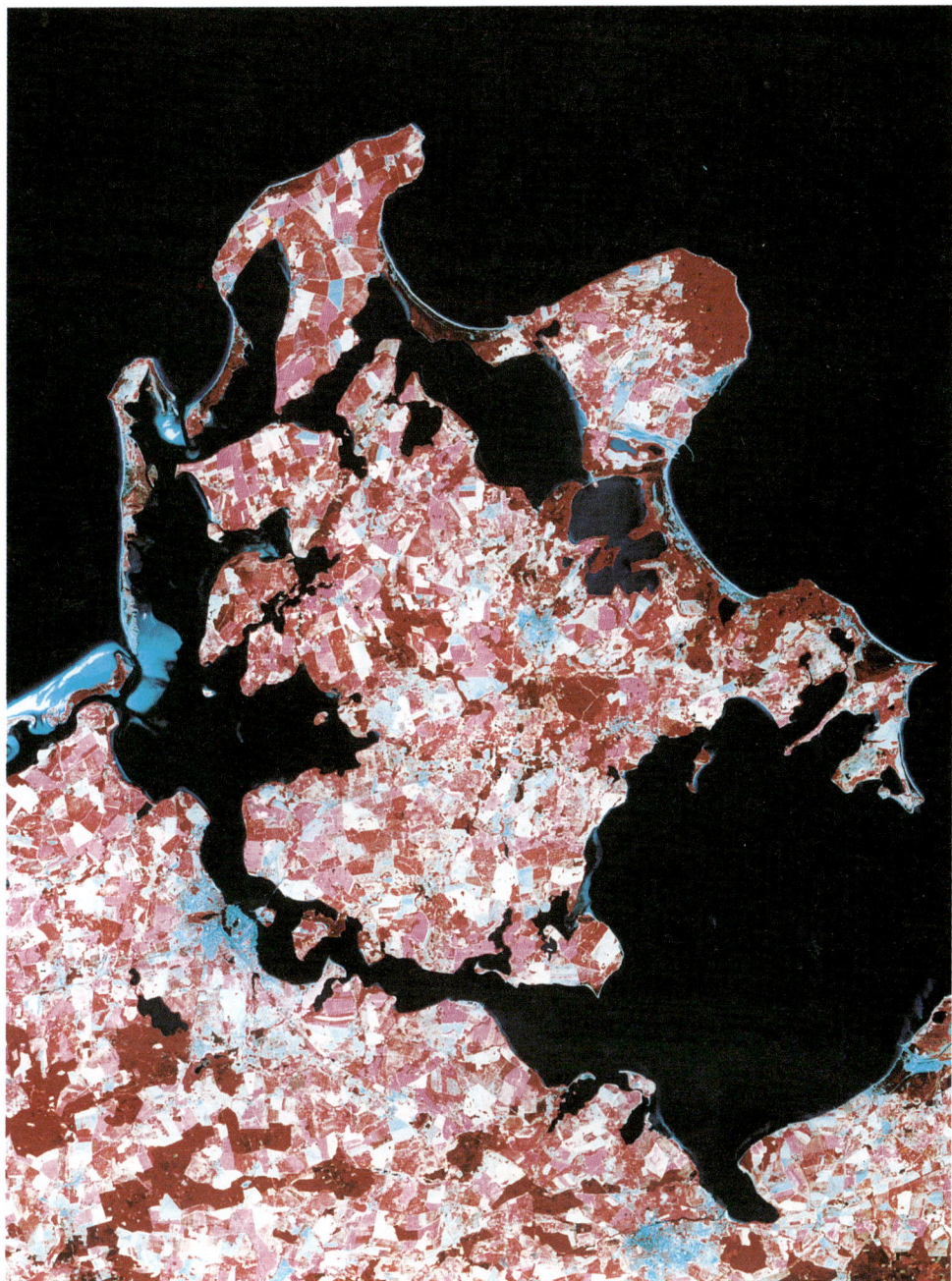

Tafel XIV:
Farbkomposite aus einer LANDSAT-Aufzeichnung der Inseln Rügen und Hiddensee sowie Teilen der vorpommerschen Küste und ihres Hinterlandes. Hergestellt für Landnutzungserhebung, für die Biotoptypenerkundung (Kap. 4.7.2.3) und zur Datengewinnung für ein „Küsten-GIS". Hersteller: ifp, Offenbach.

Tafel XV:
Digitale Kantenverstärkung einer LANDSAT-TM-Farbkomposite. Oben Original der
Komposite, unten kantenverstärktes Bild (hierzu Kap. 5.4.2.4). Szene: Distrikt Idukki,
Kerala, Indien (NAIDU 1991)

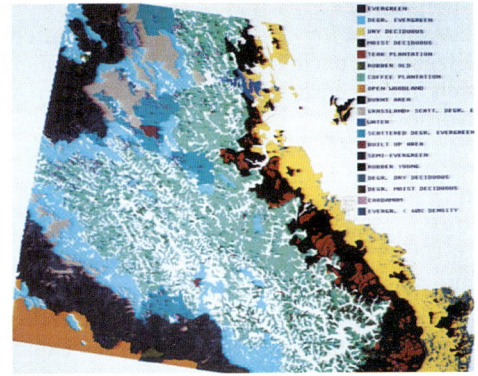

Tafel XVI:

Farbkomposite und Klassifizierungsergebnisse einer LANDSAT-TM-Teilszene: Forstdistrikt Mercara, Karnataka, Indien. Aufnahme 27.2.1987, gegen Ende der Trockenzeit.
Oben: Farbkomposite RGB aus Kanal 4, Ratio 4/5, Ratio 2/7 (vgl. Tab. 82)
Unten: links Ergebnis einer ML-Klassifizierung, rechts Ergebnis einer hybriden Klassifizierung aus visueller Interpretation und ML-Klassifizierung. Die Anzahl der jeweils ausscheidbaren Klassen ist an der Legende zu erkennen. Die Klassen selbst sind in Tab. 85 und 90 aufgeführt (aus SCHMITT-FÜRNTRATT 1990)

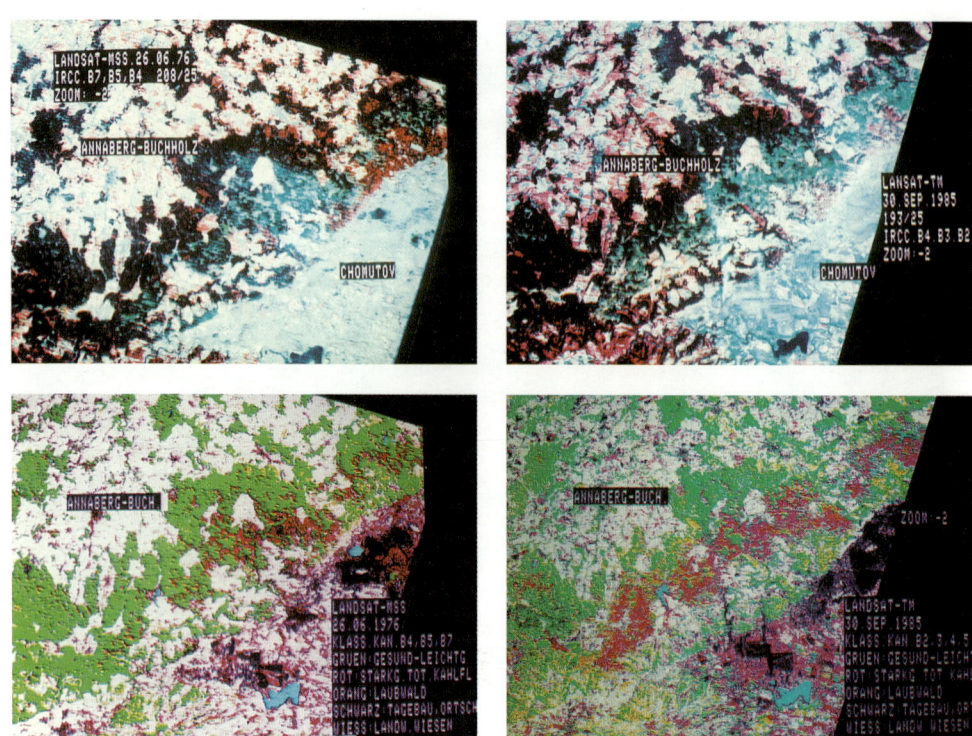

Tafel XVII:

Dokumentation der Waldzerstörung durch Schadstoffdepositionen und -immissionen im Erzgebirge nach LANDSAT-Aufzeichnungen (aus KADRO 1990). Das Erzgebirge zieht sich in den nach Norden ausgerichteten Abbildungen in deren Mitte von Südwest nach Nordost.

Oben: Landsat-MSS-Farbkomposite, links: 26.6.1976, rechts 30.9.1985. Schwarz = Fichtenbestände ohne oder mit geringen bis mittelschweren Schäden, rot (im Erzgebirgsgürtel): Bestände mit hohem Laubbaumanteil, hell- u. dunkelblau: absterbende und abgestorbene Nadelbaumbestände sowie bereits geräumte Waldflächen, weiß und weiß-blau: Ackerflächen und südlich des Erzgebirges auch Braunkohlentagebaue mit umgebendem Ödland.

Unten: Ergebnisse der ML-Klassifizierung beider Datensätze. Farblegende siehe Eindruck. Die karminrot kodierten Flächen im Bereich der Tagebaue sind überwiegend unbewachsenes oder verunkrautetes Ödland.

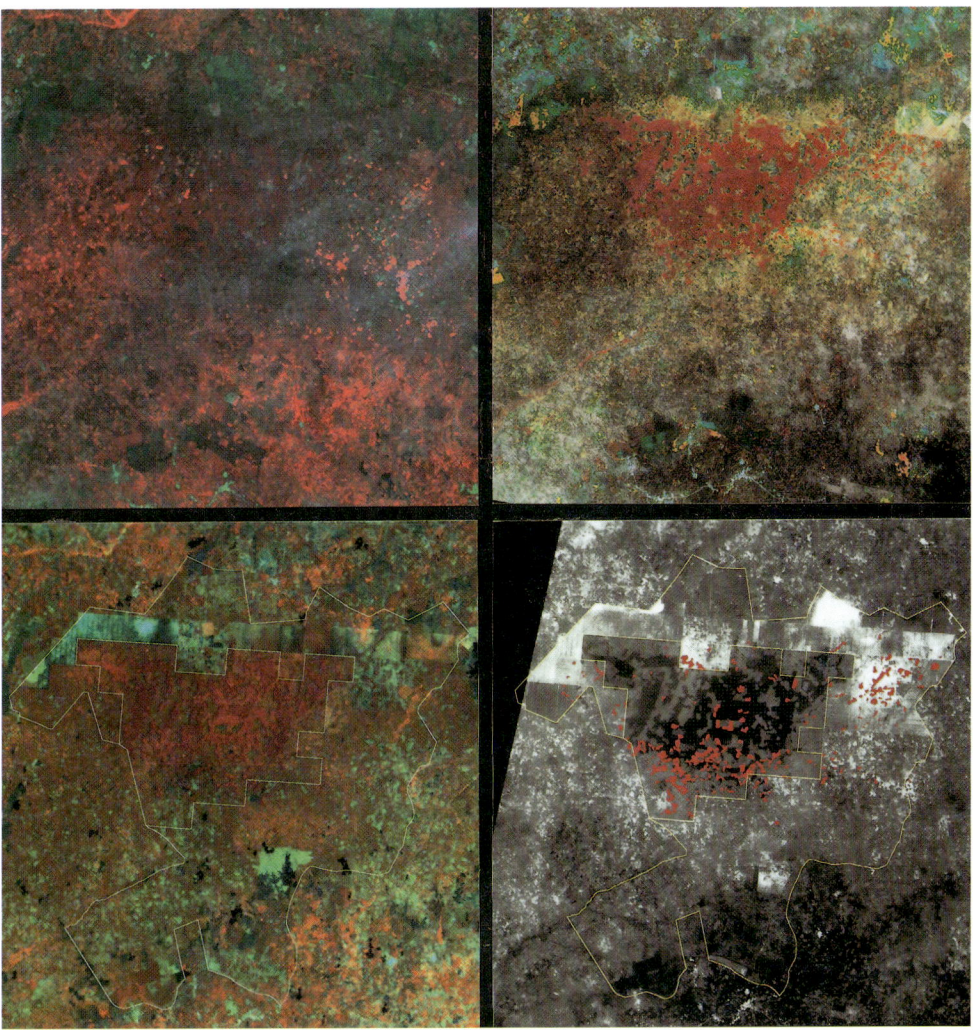

Tafel XVIII:
Dokumentation der Veränderungen der Waldbedeckung in einem tropischen Waldgebiet (Forêt de la Lama, Benin) 1986 – 1988 – 1990 und Demonstration der Abhängigkeit der Abbildung von den herangezogenen Aufnahmekanälen. Maßstab ca. 1 : 250 000 (HÄUSLER u. BÄTZ 1993)
Oben links: LANDSAT-TM-Farbkomposite RGB aus den Kanälen 4,3,2, Aufnahme vom 13.1.1986. Die Interpretierbarkeit ist durch die dunstüberlagerten Daten der Kanäle des sichtbaren Lichts (2, 3) stark eingeschränkt. Oben rechts: Farbkomposite aus Daten der gleichen Aufzeichnung, jedoch aus den TM- Kanälen 4, 5, 7. zur besseren Erkennung von Strukturelementen wurde ein SPOT-pan-Datensatz einbezogen und durch eine IHS-Transformation mit den TM-Daten verknüpft (vgl. Kap. 5.4.3.2).
Unten links: LANDSAT-TM-Farbkomposite RGB aus den Kanälen 4, 5, 7 einer Aufnahme vom 12.2.1988. Nach Geokodierung wurden die Grenzen des Forêt de la Lama dem Bild überlagert. Unten rechts: SPOT-pan-Aufnahme vom 13.3.1990. In rot sind die Flächen ausgegeben, auf denen zwischen 13.1.86 und 13.3.90 der Naturwald durch Holzeinschläge und/oder Rodung verlorenging.

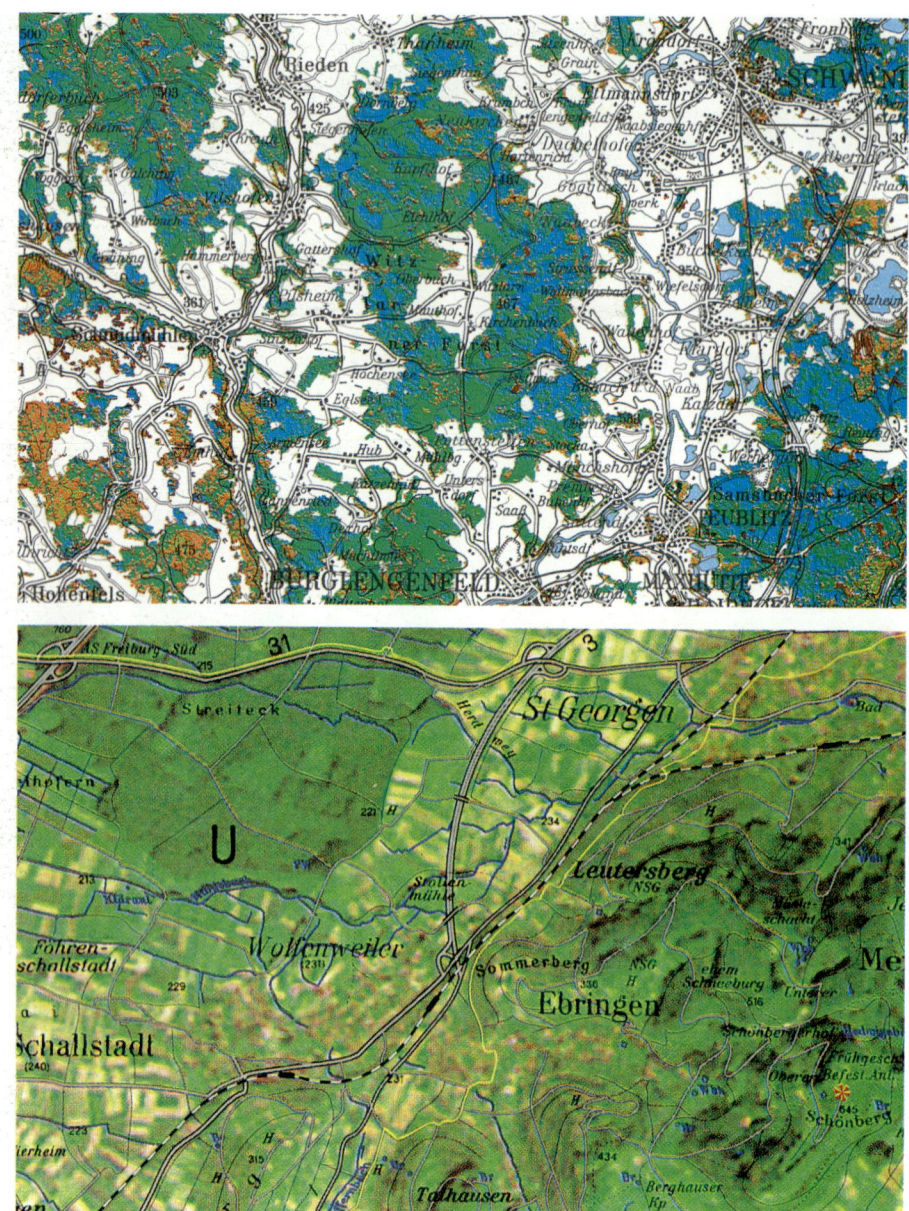

Tafel XIX:
Oben: Topogr. Karte 1 : 20 000 (Ausschnitt, Blatt Regensburg) mit Waldklassifizierung nach LANDSAT-TM-Daten (s. Abb. 87). Klassen: grün = Fichten- und Fichten-/Kiefern-bestände, blau = Kiefernbestände, orange = Mischbestände aus Laub- und Nadelbäumen, braun = Waldkulturen und Blößen (KEIL et al. 1988)
Unten: LANDSAT-TM-Bildkarte (Echtfarbenkomposite) 1 : 50 000 mit Überdruck von Straßen, Wanderwegen, Bahnen, Wasserläufen und Ortsnamen aus TK 50, Ausschnitt aus Blatt Freiburg-Süd. Hersteller: G. SCHMITT, Freiburg

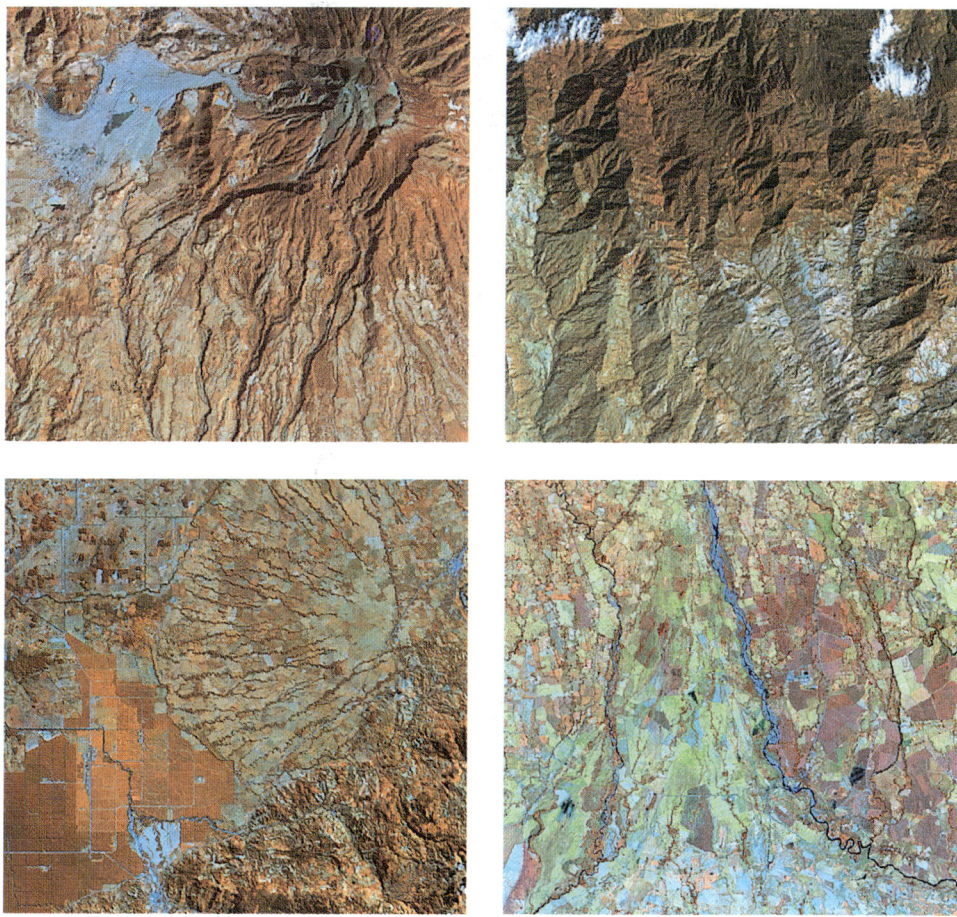

Tafel XX:
Vegetations- und Landnutzungsformen in Panama in LANDSAT-TM-Farbkompositen.

Oben: links Vulkan Baru (3 400 m) mit altem Lavafeld, Primär- und Sekundärwald sowie Matural-Buschwald; rechts tropischer Regenwald mit zahlreichen Flächen des Brandrodungsfeldanbaus, Sekundärwald und Matural.

Mitte: links Plantagen von Ölpalmen (blaurot) und Bananen (h'rot), altes Delta, durchzogen von schmalen Galeriewäldern und bedeckt von Matural; rechts westlich des Flusses Weideland und landwirtschaftlich genutztes Land, östlich des Flusses Zuckerrohrplantagen.

Unten links: Digitale Klassifizierung der auf dem Umschlagbild abgebildeten Mangroven am Pazifik: hellgrün = hochstämmige, dichte Mangrove, d'gelb = locker bestockte Mangrove, rotbraun = niederstämmige Mangrove (vgl. BAULES 1991)

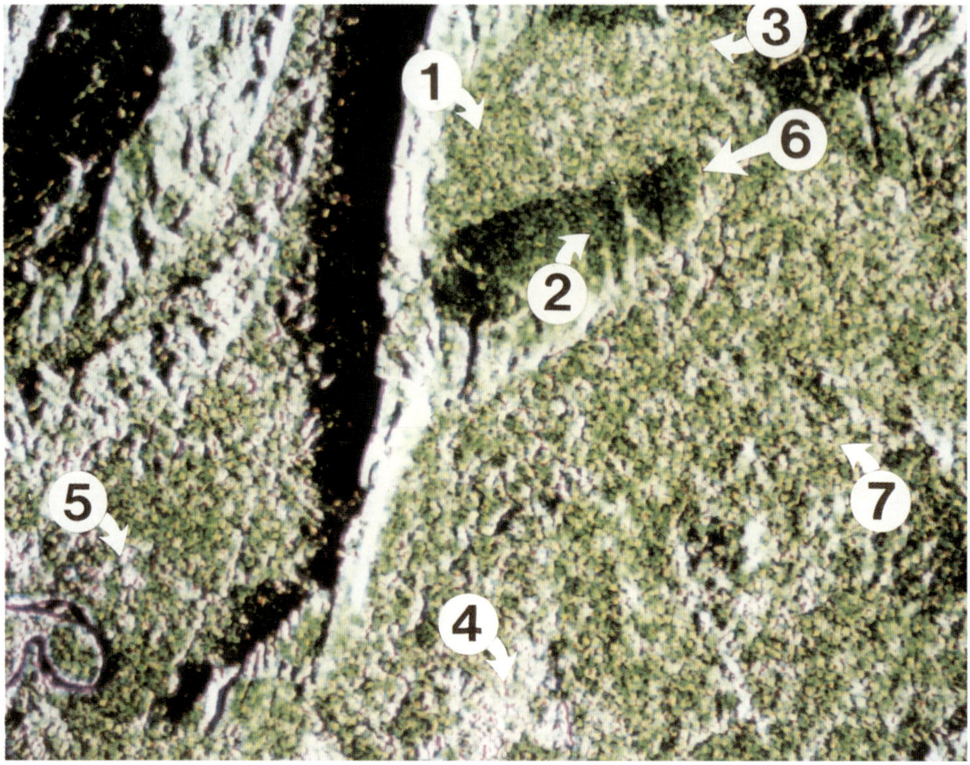

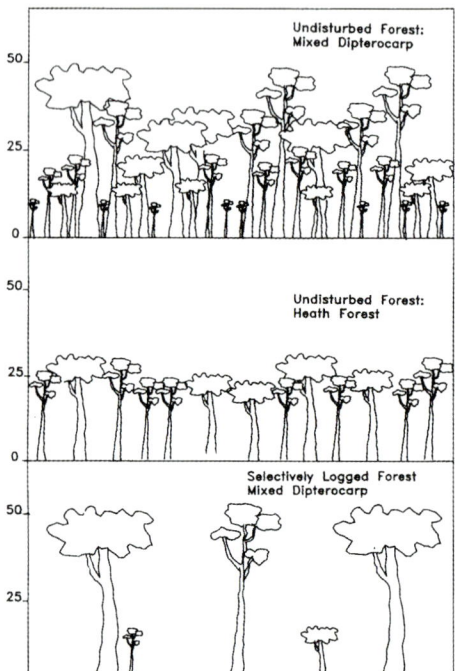

Tafel XXI:
Farbkomposite aus ERS-1 – SAR-Daten mit unterschiedlich digitaler Filterung: Variance-Filter 15x15, kombinierter Sigma- und Median-Filter, Variance-Filter 31x31 (Kuntz u. Siegert 1994). Szene aus Kalimantan-Timur, Borneo.
1 = Intakter Dipterocarp-Wald
2 = intakter Heath-Wald
3 = durch starke Plenternutzung aufgelockerter Dipterocarp-Wald
4 = Kahlschläge
5 = Sekundärwald und Ackerflächen
6 = Straße
7 = Brandrodungsfeldbau
Die Skizzen links zeigen von oben nach unten für die Waldtypen 1 – 3 deren vertikale Waldaufbauform.

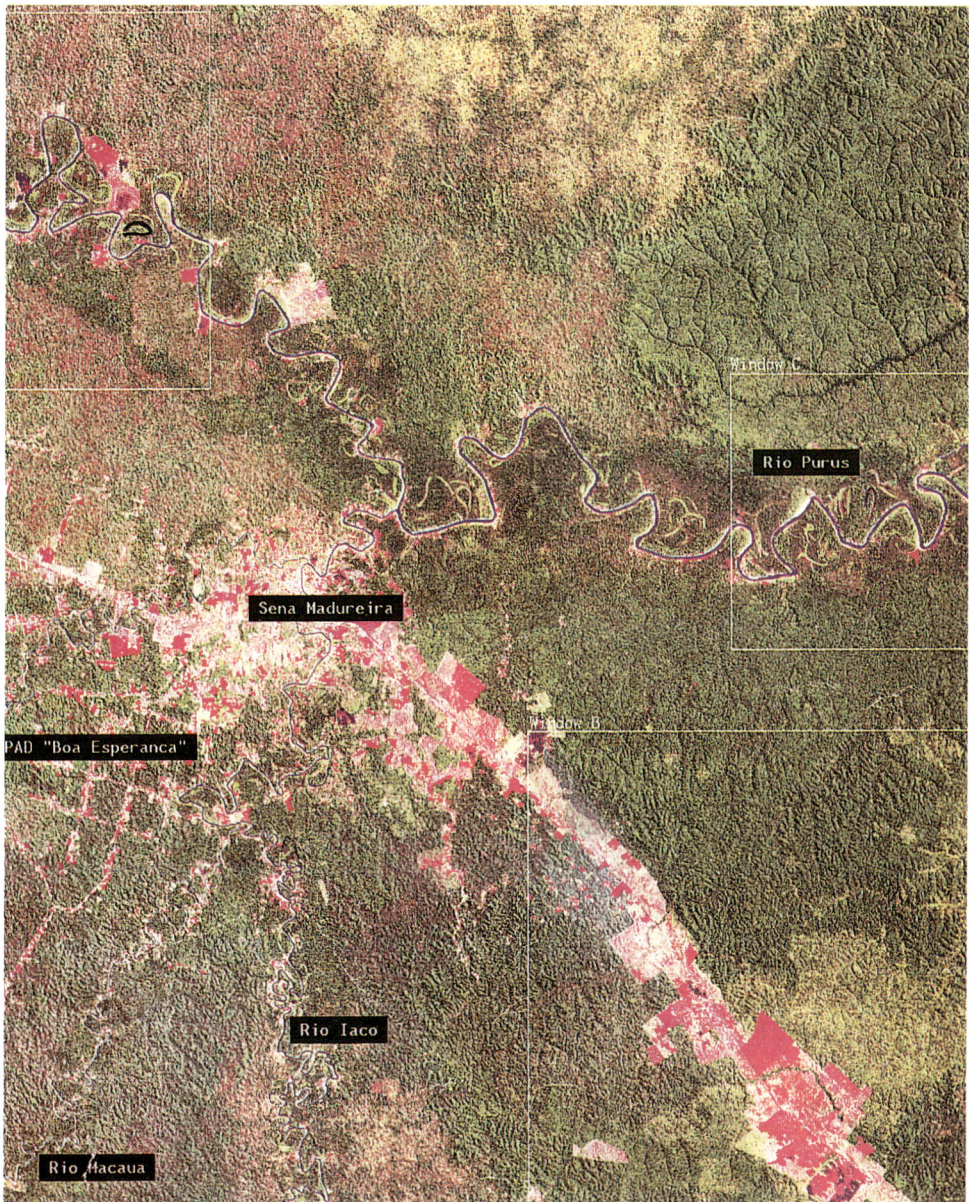

Tafel XXII:
Farbkomposite aus multitemporalen ERS-1 – SAR-Daten vom 25.4.1992 u. 30.5.1991.
Szene um Sena Madureira und Rio Purus im SW des Amazonasgebietes; d'grün = tropi-
scher Regenwald, d'oliv = entlang des Rio Purus und Rio Iaco Überschwemmungs- und
Sumpf-Regenwald, h'grün abgestuft nach Bestockungsdichte = offener Regenwald, rot =
Weideland, weiß = besiedelte und vegetationsfreie Flächen. Auffallend: südwestlich Sena
Madureira die Siedlungsschneisen einer seit 1984 laufenden Kolonisierung (vgl. KEIL et al.
1994, HÖNSCH 1993).

Tafel XXIII: Testgebiet Mundenhof, Freiburg.
Oben: links: Flugzeugradaraufzeichnung X-HH (SAR 580), rechts wirkliche Belegung der Felder: gelb = Mais, weiß = Weizen, rot = Hafer, oliv = Gerste, grün = Wiese, blau = Brache u. a. Unten: links Farbkomposite RGB aus C-HH, X-HH, Ratio X-HH/C-HH (KESSLER 1986), rechts Ergebnis einer digitalen Klassifizierung mit 4 SAR- und 2 MSS-Bändern (MEGIER et al. 1985)

Planung und Durchführung von Strukturverbesserungen der ländlichen Raumordnung

Maßnahmen zur Strukturverbesserung des ländlichen Raumes werden an dieser Stelle nur für Länder diskutiert, deren gegebene Raumordnung und Flächennutzung sich über sehr lange Zeit hin entwickelt hat. Durch fortgesetzte Erbteilungen, Grundstücksgeschäfte, sukzessive Entwicklung der ländlichen und dörflichen Infrastruktur usw. sind häufig Zustände eingetreten, die im Hinblick auf ökonomische, soziale und kulturtechnische Entwicklungen, strukturelle Verbesserungen der räumlichen Ordnung erfordern. Instrumente hierfür sind unter diesen Umständen Flurbereinigung (consolidation of farmland), Dorfentwicklungsplanung und Fortschreibung bestehender Flächennutzungs- und ggf. Bebauungspläne.

Für Planung und Durchführung von Flurbereinigungen einschließlich der Einmessung der neugeschaffenen Eigentumsgrenzen spielt die Photogrammetrie eine wichtige Rolle. Die Diskussion um ihren Einsatz und erste praktische photogrammetrische Arbeiten dafür gehen bis in die dreißiger Jahre zurück. Ihre Bedeutung ist heute so groß, daß z. B.. in Deutschland die größeren Landesämter der Flurbereinigung eigene photogrammetrische Abteilungen eingerichtet haben. Als Beispiel wird Baden-Württemberg genannt, wo um 1981 jährlich 90 Bildflüge für Flurbereinigungsverfahren durchgeführt wurden (WALDBAUER 1981). Die Luftbilder werden zur Gewinnung von Überblicken (M. 1:30000) verwendet, sowie für Detailinterpretationen in allen Phasen der Planung (M. 1:3000, 1:5000), für die erforderlichen topographischen, photogrammetrischen Auswertungen *während* und die Katastervermessung *nach* Durchführung der Verfahren. Detaillierte Angaben zum Verfahrensablauf und zur angewandten photogrammetrischen Methodik finden sich bei WALDBAUER (1981) und HEILAND (1975). Abb. 198 zeigt ein Beispiel für die Landschaftssituation vor und nach einer Flurbereinigung.

So wie in Baden-Württemberg werden Luftbilder und photogrammetrische Auswertungen auch in anderen deutschen Bundesländern, in Österreich, der Schweiz und in Holland bei Flurbereinigungsverfahren eingesetzt.

Zunehmend häufiger werden Luftbilder von Gemeinden und regionalen Planungsämtern auch für die Dorfentwicklungsplanung herangezogen. Das Amt für Raumplanung Graubünden verwendet z. B. regelmäßig Luftbilder 1:1000 bis 1:25000 nicht nur bei Güterzusammenlegungen (= Flurbereinigungen), sondern auch für Dorfentwicklungsplanungen. Mit Hilfe der Luftbilder analysiert man dabei die Dorfstrukturen, die Bausubstanz und die dörfliche Flächennutzung, um darauf die Ortsplanung aufbauen zu können, die sowohl wirtschaftlichen und verkehrstechnischen als auch ökologischen Belangen und solchen des Ortsbildschutzes Rechnung trägt. In gleicher Absicht hat das baden-württembergische Ministerium für Ernährung, Landwirtschaft, Umwelt und Forsten eine Schrift herausgegeben mit Anregungen zur Verwendung von Luftbildern bei Dorfentwicklungsplanungen (MELUF 1984).

Erhebung von Herdenpopulationen

Waren die vorstehenden Maßnahmen für ländliche Strukturverbesserungen vorwiegend aus europäischer Sicht von Interesse, so ist die Zählung von Herdenpopulationen ein Problem, das nur in wenig erschlossenen Ländern oder Landesteilen mit ausgedehnten Weideflächen zu lösen ist. Luftvisuelle Zählungen können bei Herden mit großer Kopfzahl, die im Großverband leben und wandern, kaum erfolgreich durchgeführt werden. Luftbildauswertungen haben sich dagegen für diesen Zweck auch bei solchen Bedingungen bewährt. Bei entsprechend großem Bildmaßstab lassen sich auch Populationsstrukturen z. B. Altersstruktur und Geschlechterverhältnis ermitteln. Als geeignete Bildmaßstäbe gelten

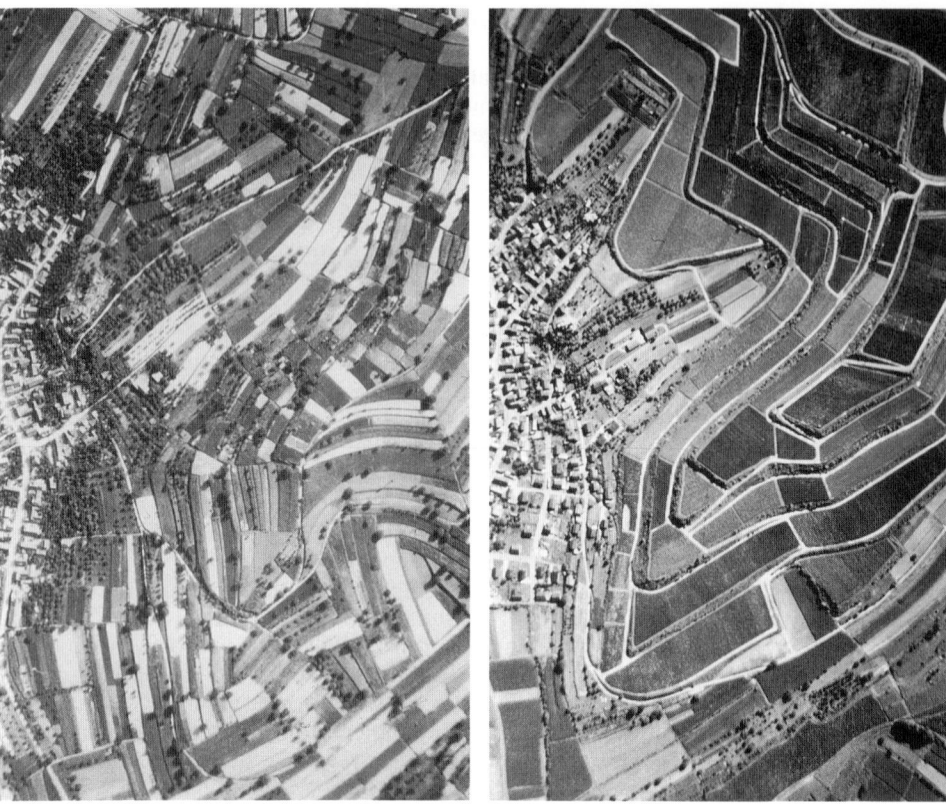

Abb. 198: *Flur Blosenberg (Kenzingen) vor und nach der Flurbereinigung und der Um-*
wandlung in Intensiv-Rebland auf künstlich geschaffenen Großterassen (aus
ALTENDORF *1993 – dort auch die landschaftsökologische Analyse beider Situa-*
tionen)

– für Rinder- und Rentier-Herden 1:5000 – 1:8000
– für Schaf- und Ziegenherden 1:2000 – 1:3000
Herdenzählungen sind sowohl mit panchromatischen Schwarz-weiß- als auch mit farbigen
Luftbildern durchgeführt worden. Bei der Wahl des Films und der Jahreszeit der Auf-
nahmen ist zu bedenken, daß ein größtmöglicher Signaturkontrast zwischen den Tieren
(Farbe des Fells) und dem Untergrund (Bodensicht und -farbe, phänologischer Zustand
der Bodenvegetation, ggf. Schneedecke) erreicht wird. Abb. 202 zeigt eine solche optimale
Situation.
    Über praktizierte Herdenzählungen mit Hilfe von Luftbildern ist wenig veröffentlicht.
Auf ihre Bedeutung in den USA weist eine Anleitung dafür das Statistical Reporting
Service des US Department of Agriculture hin (zit. u. CARNEGGIE ET AL. 1983). Bekannt
geworden sind luftbildgestützte Herdenzählungen aus Afrika (z. B. FRICKE 1965), dem
nördlichen Kanada (POOLE 1989) und vor allem aus Norwegen (EINEVOLL 1968), wo
regelmäßig Zählungen von Rentierherden in dieser Form durchgeführt werden.

Sehr viel häufiger ist die Zählung *wildlebender* Tiere in Luftbildern (Kap. 4.7.5). Hier steht die Luftbildauswertung freilich in Konkurrenz mit luftvisuellen Zählmethoden (Kap. 3) und der Auswertung von Thermalbildern (Kap. 5.6).

4.7.4 Bodenkundliche und geomorphologische Auswertungen

Der Luftbildinterpretation unmittelbar und ungestört zugänglich sind nur die *Oberflächen* vegetationsfreier, unbebauter und unversiegelten Böden. Dies grenzt die Möglichkeiten bodenkundlicher Luftbildauswertungen a priori ein. Es ist auch der Grund dafür, daß in der heute weit entwickelten *bodenkundlichen Forschung* Luftbildauswertungen keine wesentliche Rolle spielen und bei *Bodenkartierungen* nur dort Bedeutung gewonnen haben,
– wo erste Erkundungen oder Übersichtskartierungen durchzuführen sind oder im Zuge landschaftsökologischer Untersuchungen eine gröbere Bodenklassifizierung ausreicht (vgl. Kap. 4.7.2.5),
– wo die Ausdehnung und ggf. die Unwegsamkeit des Kartierungsgebietes Luftbildauswertungen (oder andere Verfahren der Fernerkundung) erfordern,
– wo im Hinblick auf die verfügbare Zeit die Geländearbeit durch Fernerkundung unterstützt werden muß.
Die Funktionen, welche die Luftbildauswertung in solchen Fällen zu erfüllen hat, und das Gewicht, das ihr gegenüber der Geländearbeit zukommt, ist dabei je nach Lage der Dinge sehr unterschiedlich.

Bei *Ersterkundungen, Übersichtskartierungen* und *landschaftsökologischen Untersuchungen* kann die Luftbildauswertung die primäre Informationsquelle sein, dann nämlich, wenn es ausreicht die Böden über Indikatoren, ggf. luftbildsichtbare Oberflächenmerkmale und Fachwissen auf assoziativem Wege zu klassifizieren (vgl. das in Kap. 4.6.5 Gesagte). Dabei verbindet der Bodenkartierer Fakten und Faktoren aus vier Erkenntnisquellen modellhaft miteinander (Tab. 59).

Erkenntnisquellen	Fakten / Faktoren
Luftbild/Luftbildpaar	Farbe und Oberflächenstrukturen des unbewachsenen Bodens, topographische, geomorphologische und hydrologische Gegebenheiten, Vegetationsarten und -zustand
Geländearbeit und Bodenanalysen im Labor	An Stichprobeorten: Bodenart, physikalische Eigenschaften, ggf. chem. Eigenschaften (Labor), Humusform u.a. Entlang der Wegstrecke: Geländegestalt, Vegetationsart und -zustand, insbesondere Bodenflora im Wald u. a.
Lokale Kenntnisse	Grundgestein, zurückliegende und gegenwärtige klimatische Fakten, Destruktions- und Depositionsprozesse sowie anthropogene und durch Tiere verursachte Überformungen
Wissen	über Bodenbildungsprozesse im Allgemeinen und speziell unter dem Einfluß der örtlichen Gegebenheiten

Tab. 59: *Erkenntnisquellen und -objekte für die assoziative Interpretation bei luftbildgestützten Bodenkartierungen*

Die Geländeerkundung unterstützt und kontrolliert dabei die Luftbildauswertung. Ergänzende Erhebungen vervollständigen die Erkundungsarbeit. Der Geländebegang und die Plazierung der Stichprobeorte für Bodenproben wird weitgehend durch die den Luftbildern entnommenen Informationen mitbestimmt. Die definitive Flächenabgrenzung der Bodenklassen erfolgt i.d.R. mit Hilfe des Luftbildes. Angesichts der sehr großen Landflächen, die bodenkundlich noch nicht erkundet (geschweige denn erforscht) sind, haben diese Formen der Bodenkartierung weltweit erhebliche Bedeutung. Feststellungen wie die von MYERS (1983) „aerial photographs have been traditionally used in soil surveys for soil-boundery detection ..." und HOWARD (1991) „It must ... be appreciated that remote sensing forms an essential part of soil studies in the field ..." sind auf solche Ersterkundungen und allenfalls noch auf jene zu beziehen, die MYERS als „semi-detailed soil surveys" bezeichnet.

Bodenkartierungen mit höheren Anforderungen an die Differenzierung nach Bodenarten und speziellen Bodeneigenschaften basieren dagegen i.d.R. vollständig oder ganz überwiegend auf Arbeiten im Gelände und Labor. Das Netz für die Entnahme von Bodenproben ist dementsprechend dichter. Luftbilder dienen dem Kartierer, sofern sie ihm überhaupt zur Verfügung stehen, als Orientierungshilfe. Dort, wo es möglich ist, werden die Luftbilder ggf. auch zur flächenmäßigen Verallgemeinerung, d. h. zur Abgrenzung von Bodenklassen mit herangezogen.

Die Literatur über Möglichkeiten und Grenzen der Luftbildauswertung bei Bodenkartierungen und über spektrale Reflexionseigenschaften von Böden ist umfangreich. Zusammenfassende *Darstellungen* finden sich u. a. bei BURINGH 1960, VINK 1962, TOLCENIKOV 1966, SCHNEIDER 1974, MYERS 1983.

Häufige und erfolgreiche Verwendung finden Luftbilder seit langem für *Untersuchungen und Beobachtungen von Veränderungen von Böden oder des Mikroreliefs*, seien diese Ausdruck langfristig wirkender natürlicher Kräfte und von Umweltveränderungen, Folgen katastrophaler Ereignisse oder anthropogener Einwirkungen. Veränderungen dieser Art sind der Luftbildauswertung bei entsprechender Wahl von Maßstab, Film, Aufnahmezeit und ggf. Wiederholungsraten weitgehend zugänglich. Luftbildinterpretationen und für Quantifizierungen und Kartierungen auch photogrammetrische Auswertungen dienten deshalb in vielfältiger Weise sowohl wissenschaftlichen Zwecken als auch der Informationsbeschaffung für Planungen von Abwehrmaßnahmen gegenüber destruktiven Veränderungen, von Sanierungen und Meliorationen oder zur Abschätzung von ökologischen und/oder wirtschaftlichen Folgen eingetretener Schäden (vgl. Farbtafeln VIII a und XI).

Besondere Bedeutung erlangten in diesem Zusammenhang Untersuchungen und Kartierungen von *Erosionen* und *erosionsgefährdetem Gelände* (Abb. 196 u. 197). Luftbilder sind für diese Zwecke bereits sehr früh als sehr nützliche Informationsquelle entdeckt worden. Sie fanden seitdem bis heute vielfach in allen Weltgegenden Verwendung (STÜBNER 1953, ANDRONIKOV 1959, BURINGH 1960, RICHTER 1962, SIDDIQ 1972, BERGSMA 1976). Gleiches gilt bezüglich der Luftbildnutzung auch für andere, der Bildinterpretation zugängliche Erscheinungen und Prozesse der Bodendegradation, z. B. für Beobachtungen fortschreitender *Desertifikation* (MYERS et al. 1978) und von Verkarstung (z. B. BAKOSE 1994), für Kartierung von durch Bewässerung hervorgerufenen *Bodenversalzungen* oder natürlichen *Salzausblühungen* (z. B. BURINGH 1960, MYERS 1983 S. 2180, DALSFELD u. WORCESTER 1979), für Untersuchungen von *Vernässungen* (z. B. REINHOLD 1966), *Verwehungen* (HASENPFLUG u. RICHTER 1972) u. a.

Breite und vielfältige Anwendung findet die Fernerkundung seit langem auch in Bezug auf Bodenzustände und -entwicklungen sowie geomorphologische Veränderungen an Meeresküsten, Seen und Flüssen. Besonders für die *Küstenforschung* eröffneten sich durch die Fernerkundung Möglichkeiten zur Untersuchung von Situationen und dynamischen Vorgängen, die sonst kaum oder nur begrenzt der Beobachtung oder Messung

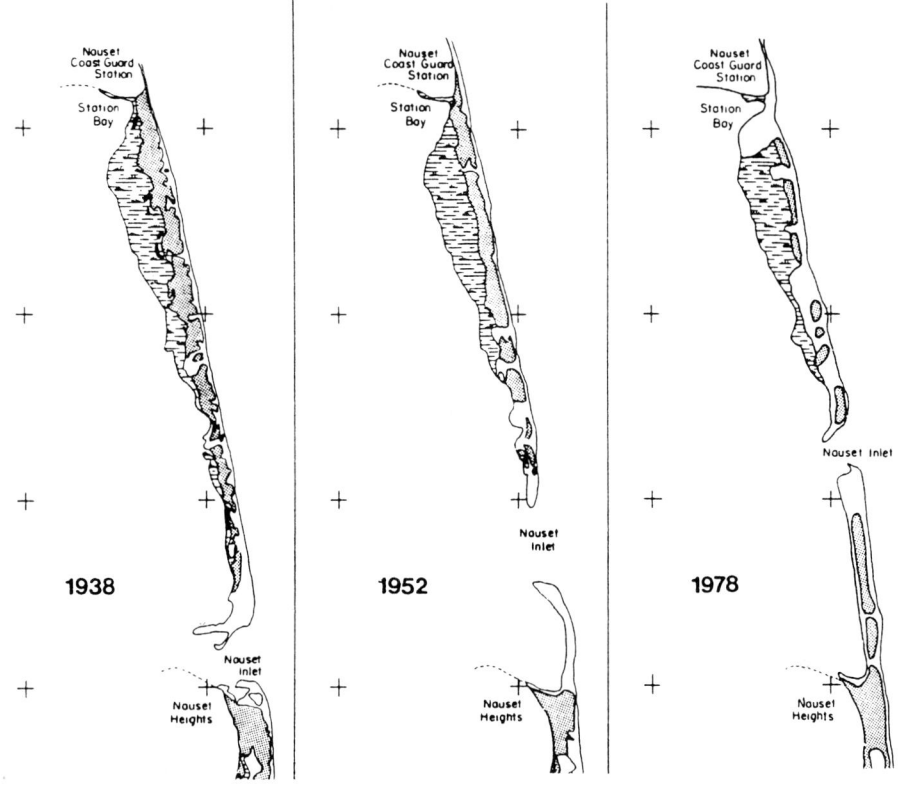

Abb. 199: *Nach Luftbildern kartierte Zeitreihe 1938–1952–1978 der Ausdehnung und Form der Cap Code, Massachussets, vorgelagerten Nehrung „Nauset Spit" (aus* WILLIAMS *1983)*

zugänglich sind. GIERLOFF-EMDEN (1961) hat dies schon 1961 am Beispiel der deutschen Nordsee eindrucksvoll belegt. Sehr früh hatte auch DIETZ (1947) in den USA darauf hingewiesen und 36 Jahre später urteilt WILLIAMS (1983 S. 1880) angesichts vor allem vieler amerikanischer Arbeiten: „Remote Sensoring can provide a unique data set for application to each type ... of coastal studies ..., often providing key information ...".

Beispiele für Luftbildanwendungen in der Küstenforderung sind neben der dokumentarischen Situationserfassung vor allem dynamische Prozesse, wie die der Küstensande (Sandbänke, Strände, Dünen) und Wattböden, sowie Aufschlickungen an Gezeitenküsten, Verlagerungs- und Sedimentsprozesse z. B. an vorgelagerten Sandriffen, Flußmündungen u. a. (hierzu z. B. GIERLOFF-ERMDEN 1961, EL ASHRY 1977, WILLIAMS 1983). Ebenso gehören Beobachtungen der durch Bunen, Lahnungen und spätere Eindeichungen sich sukzessiv vollziehenden Landgewinnungen zum Anwendungsgebiet von Luftbildaufnahmen, sowie auch die Erfassung und Schadensabschätzung der infolge von Sturmfluten auftretenden Abspülungen, Deichbrüche und Überschwemmungen in Poldern, Koogen und im weiteren Hinterland (zu letzterem z. B. OHYMA 1961, SCHROEDER-LANZ 1962).

Die zahlreichen dynamischen Prozesse, insbesondere auch die durch Stürme ggf. in kurzen Zeitabständen eingetretenen (oft drastischen) Veränderungen von Küstenlinien, bringen es mit sich, daß gerade für die Küstenforschung und -beobachtung Luftbildzeitreihen zum unverzichtbaren Arbeits- und Informationsmittel geworden sind. Abb. 199 zeigt ein Beispiel hierfür (vgl. z. B. auch SCHNEIDER 1974, S. 264/5).

Neben den herkömmlichen Luftbildern werden für großräumige Inventur-, Kartier- und Forschungsarbeiten in zunehmendem Maße auch vom Weltraum aus aufgenommene Luftbilder (z. B. EL ASHRY 1979) und vor allem multispektrale Scanneraufzeichnungen der Erderkundungssatelliten (siehe Kap. 5.2) herangezogen. Sie vermitteln für Bodenkartierungen ggf. grobe Überblicke, für Untersuchungen zur Desertifikation am Rande der großen Wüsten und für die Küstenforschung synoptische Informationen. Für detailliertere und differenziertere Auswertungen bleiben aber groß- bis mittelmaßstäbige Luftbilder unentbehrlich (vgl. z. B. Farbtafel XIV).

Auf die Bedeutung geomorphologischer Luftbildauswertungen für landschaftsökologische Untersuchungen, Standorts- und Biotopkartierungen wurde schon in den Kapiteln 4.7.2.2–4.7.2.5 eingegangen. Stereoskopische Luftbildinterpretation läßt die ganze Formenvielfalt einer Landschaft im Überblick und – mit kleinen Einschränkungen für dichtbewaldetes Gelände – im Detail erkennen. Dies wird zusammen mit den in diesem Kapitel besprochenen Interpretationsmöglichkeiten, vornehmlich mikromorphologischer Erscheinungen bei allen geographischen, ökologischen, land- und forstwirtschaftlichen Luftbildauswertungen genutzt. In besonderem Maße gilt das natürlich auch für Untersuchungen und Kartierungen der regionalen Geologie. Auf das weite Feld geologischer Luftbildauswertungen wird jedoch an dieser Stelle über das in diesem und den o.a. Kapiteln Gesagte nicht hinausgegangen. Auf RAJ (1960), VERSTAPPEN (1977), WILLIAMS (1983), KRONBERG (1985) und SCHNEIDER (1974, Kap. 10) wird verwiesen.

4.7.5 Wildökologische und -wirtschaftliche Auswertungen

Als *Wild* werden alle freilebenden, jagdbaren Säugetiere (Haarwild) und Vögel (Federwild) verstanden. Dies unabhängig davon, ob sie tatsächlich bejagt werden oder nicht. Die *Wildökologie* beschäftigt sich mit den Lebensbedingungen des Wildes, seines Lebensraums und hier besonders mit den Wechselbeziehungen zwischen Wild, Vegetation und Standortsbedingungen. Sie ist ein Teilgebiet der Wildforschung, die daneben oft auf die Untersuchung von Lebensweisen und Verhalten der Tiere, deren Biologie und Krankheiten gerichtet ist. *Wildbewirtschaftung* (wildlife management) umfaßt die geregelte, d. h. Tierpopulationen nachhaltig sichernde Bejagung und die Verwertung (Vermarktung) der Jagdstrecke. Sie schließt dort, wo Tierarten und Populationen gefährdet sind, die *Hege* und den aktiven *Schutz* der Tiere und ihres Lebensraumes ein.

Methoden der Fernerkundung werden seit den dreißiger Jahren – besonders zunächst in Nordamerika – für Zwecke der Wildforschung eingesetzt, und zwar für
– die Habitatkartierung und -bonitierung,
– die zahlenmäßige und strukturelle Erfassung von Wildpopulationen,
– die Erforschung von Lebens- und Verhaltensweisen.
Als Fernerkundungsmethode stehen luftvisuelle Beobachtungen und Zählungen (Kap. 3) und Luftbildauswertungen im Vordergrund. Für großräumige Kartierungen sind auch multispektrale Scanneraufzeichnungen – zumeist in Kombination mit Luftbildern – verwendet worden. Für einige spezielle Fragestellungen konnten brauchbare Informationen

aus Thermabildern gewonnen werden. Im weiteren Sinne gehört schließlich die visuelle Beobachtung von Tieren im Gelände, z. B. vom Hochsitz aus oder die Photopirsch mit Photo- oder Videokamera, zur Fernerkundung. In diesem Kapitel wird über die Luftbildverwendung gesprochen und gelegentlich ergänzend dazu auf luftvisuelle Beobachtungen hingewiesen. Einige Anmerkungen zur Auswertung von Thermalbildern findet man in Kap. 5.6.

4.7.5.1 Habitatkartierung und -bonitierung

Der Begriff „Habitat" wird im doppelten Sinne gebraucht: im allgemeinen als Areal, das bestimmte Tiere und Pflanzen regelmäßig „bewohnen" (lat. habitare = wohnen) und im engeren, hier verwendeten Sinne als Lebensraum, in dem bestimmte Wildtierarten die natürlichen Voraussetzungen für ihr Leben und Fortkommen finden (Wildhabitat). Habitat und Biotop bzw. Biotoptyp können sich decken (z. B. ein Feuchtgebiet bestimmter Art als Biotop = Habitat bestimmter Lurche). Eine generelle Gleichsetzung von Habitat und Biotop ist aber nicht zulässig. Besonders Wildtierarten bewohnen häufig mehrere, verschiedenartige Biotope, ja sind oft auf mehrere Biotope angewiesen.

Jede Wildtierart hat spezielle Habitatansprüche in Bezug auf das Klima, vorhandene Nahrungsquellen – seien es bestimmte Pflanzenbestände oder Beutetiere –, Wasservorkommen, Deckungs- und Fluchtmöglichkeiten, Boden und Geländebeschaffenheit. Diese Ansprüche müssen in der Natur zumindest minimal erfüllt sein. Unbeschadet gewisser (artspezifischer) Anpassungsfähigkeiten kommen auch Ansprüche im Hinblick auf Ruhe, d. h. Zivilisationsferne, hinzu. Werden die Ansprüche in einem Areal erfüllt, so wird die Habitatqualität (Bonität) bestimmt von der verfügbaren Menge an tauglichen Futterpflanzen bzw. Beutetieren, an Art und Verteilung zugänglicher Wasserstellen, vorhandenem Deckungs- und Sichtschutz, gegebenen Fluchtmöglichkeiten sowie ggf. von den im Habitat praktizierten land- und forstwirtschaftlichen Kulturtechniken, der Verkehrsdichte und der touristischen Belastung. Besondere Bedeutung für viele Wildtierarten haben in diesem Zusammenhang „Randstufen" (edges) in der Landschaft. Das sind Übergänge von einem Biotop zum anderen, z. B. Wald-Feld-Grenzen oder Grenzen unterschiedlicher Anbauarten. Vor allem aber bilden auch Hecken, Busch- und Baumgruppen wildökologisch wichtige Randstufen.

In Tab. 60 sind die für eine Beurteilung der Habitatqualität wichtigen Faktoren zusammen- und der Interpretierbarkeit in Luftbildern gegenübergestellt. Dabei wird von Schwarz-weiß *und* farbigen Luftbildern in Maßstäben > 1:30 000 ausgegangen.

Tab. 60 läßt die zahlreichen Möglichkeiten der Habitatbeurteilung durch Luftbildauswertungen erkennen. Habitatkartierungen wurden deshalb auch vielfach und seit langem auf Luftbilder gestützt. In der Regel handelt es sich dabei primär um Vegetationskartierungen, bei denen die Vegetationsklassen unter speziellen wildökologischen Gesichtspunkten gebildet werden und häufig auch geländemorphologische und standörtliche Gesichtspunkte einbezogen werden. Prinzipiell ähneln sie deshalb auch dem in Kap. 4.7.2.2 bis 4.7.2.5 genannten Kartierverfahren. Im speziellen aber bestehen „... ebensoviel Methoden und Variationen von Aufnahmeverfahren ... wie Wissenschaftler, die sich mit diesen Untersuchungen beschäftigen, und jeder Wissenschaftler akzentuiert einen ihm sehr wichtig erscheinenden Parameter" (SCHÜRHOLZ 1972, S. 62). Durch die Einbeziehung einerseits von großmaßstäblichen 70 mm Luftbildern und andererseits ultrakleinmaßstäbigen Luftbildern sowie Satellitenaufzeichnungen und GIS hat sich die Palette methodischer Ansätze noch erweitert. Auch für die Klassifizierung hat sich kein einheitliches System entwickelt. Angesichts der unterschiedlichen Informationsbedürfnisse für großräumige, regionale und kleinräumige, lokale Habitatuntersuchungen sowie für allgemeine und ortsspezifische Habitatbeurteilungen ist die Vielfalt methodischer Inventur- und Kartierungsansätze nicht verwunderlich.

| Habitatfaktor | Interpretationsmöglichkeiten | | Bemerkungen |
	Offenes Gelände Offenes Waldland	Geschlossenes Waldland	
1	*2*	*3*	*4*
Geländeklimatologische Sonderheiten	+*	+*	z. B. Kältemulden, offene besonnte Hänge
Geomorphologische Großformen	+++	+++	
Geomorphologische Kleinformen	+++	++	
Bodeneigenschaften, -beschaffenheit	++	+	siehe Kap. 4.7.4
Vegetation			
Vegetationsformationen	+++	+++	im Wald: Wald-typen, Alters-strukuren
Floristische Zusammensetzung	++	++	siehe Kap. 4.7.2.1/2, 4.6.3.2
Vorhandene Bodenvegetation	+++	+	Bei Wald: auf Lücken, Blößen, Wildwiesen usw.
Unterstand im Wald	++	+	
Verfügbare Futtermengen	++*	+*	
Verfügbare Beutetiere	+*	+*	
Art und Verteilung von Deckungs- und Sichtschutz	+++	++	
Brutplätze, Möglichkeiten	++	++	
Fluchträume	+++	++	
Randstufen, „edges"	+++	+++	im Wald: Bestan-desgrenzen, Blö-ßen usw.
Wasserflächen u. -läufe	+++	++	
Zugänglichkeit zu Wassterstellen	++	+	
Landnutzungs- u. Flurformen	+++	+++	
Kulturtechnik	++	+	

+++ sehr gute bis gute Möglichkeiten
++ gute bis mittlere Möglichkeiten
+ begrenzte oder nur geringe Möglichkeiten
* Interpretation assoziativ

Tab. 60: *Wertung der Interpretationsmöglichkeiten wildökologischer Sachverhalte bei Habitatkartierungen und -bonitierungen.*

Abb. 200: *Reh- und Niederwildhabitat mit guter Ausstattung an Bäumen, Büschen und Feldgehölzen in der Feldflur, kleineren Waldstücken und ausgedehntem Mischwald*

Luftbilder in Maßstäben 1:10000–1:30000 haben bisher am häufigsten Anwendung für
Habitatkartierungen gefunden. Für spezielle und detaillierte Habitatuntersuchungen be-
währten sich auch großmaßstäbliche, mit 70 mm Kameras aufgenommene Farb- und
Infrarot-Farbluftbilder. Nicht alle Habitatfaktoren können mit ausreichender Sicherheit
in Luftbildern erfaßt und beurteilt werden (vgl. Tab. 60). Dort aber, wo sie erkenn- und
identifizierbar sind, ist die Informationsgewinnung aus den Luftbildern oft vollständiger,
detaillierter und/oder rationeller als bei rein terrestrischer Arbeit. Hochauflösende Weltraumluftbilder (KFA 1000; KWR 1000) sind für regionale Habitatkartierungen tauglich.
Das gilt in Kombination mit Luftbildern auch für Satellitenaufzeichnungen vom Typ des
Landsat TM und SPOT (Kap. 5.1.4). Allein auf TM- oder SPOT-Daten gestützt läßt sich
jedoch keine ausreichende Habitateinschätzung vornehmen.

Im Bezug auf Verfahrenswege und Interpretationserfahrungen bei Luftbildauswertungen
für Habitatkartierungen und -bonitierungen wird im übrigen auf SCHÜRHOLZ (1971a,
1972), ULLIMAN et al. (1979), ANDERSON et al. (1980), HUSS (1984) und auf die spezielle
Bibliographie zum Thema von CARNEGGIE et al. (1980) verwiesen.

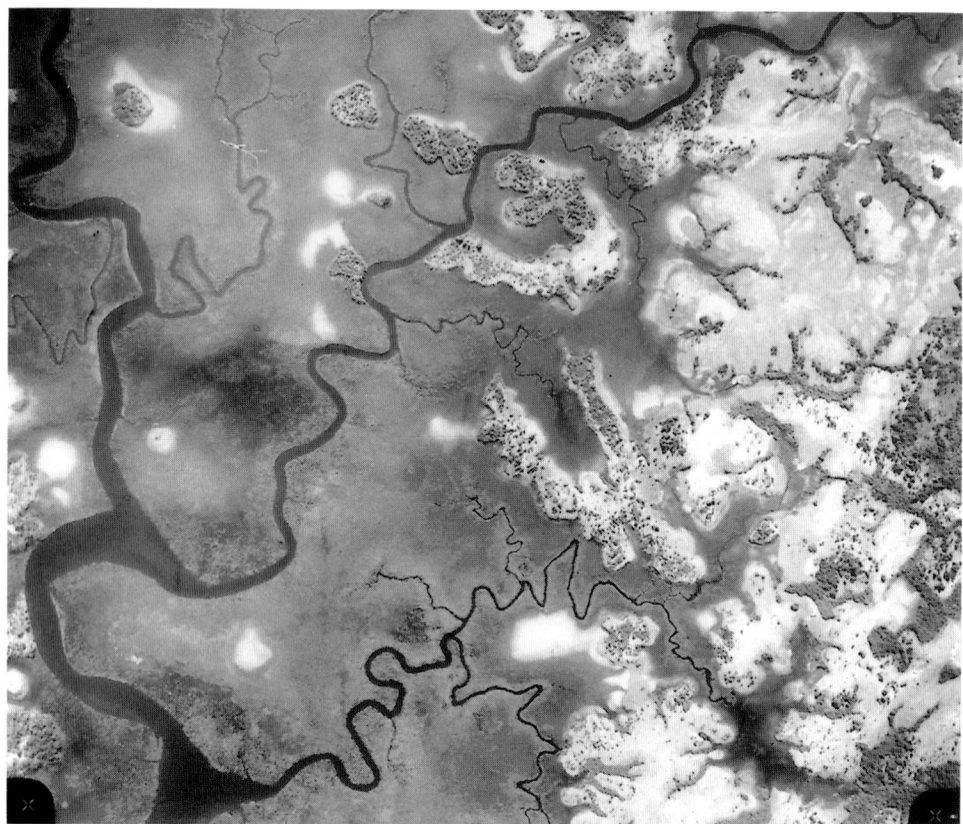

Abb. 201: *Drei Habitattypen einer küstennahen Naturlandschaft in Liberia: wasserreiche Mangrovenwälder, Savannen und artenreiche Galeriewälder*

4.7.5.2 Zählung und Strukturuntersuchungen von Wildpopulationen

Dieses Kapitel schließt an das in Kap. 4.7.3 über Herdenzählungen Gesagte an. Sofern Wildtiere in Herden oder großen Rudeln leben und wandern, kann das dort Beschriebene auf diese prinzipiell übertragen werden, sofern es sich nicht um Tierarten handelt, die (fast) ausschließlich in Wäldern leben.

Als *Population* im Sinne der Wildforschung und -bewirtschaftung wird der Bestand einer Tierart in einem definierten Habitat verstanden. Die Populationsdichte ist die auf die Fläche des Habitats (ggf. einen Teils davon) bezogene Kopfzahl. Sie wird z. B. als Kopfzahl je 100 Hektar angegeben. Bestand und Dichte einer Population variieren mit der Jahreszeit, der Natalität und Mortalität sowie durch Immigration und Emigration.

Die Population ist durch ihre Altersstruktur und das Geschlechterverhältnis gekennzeichnet. Eine Populationsbestimmung ist daher nur vollständig, wenn neben der absoluten Kopfzahl auch Angaben über Struktur nach Altersklassen und über die Anzahlen weiblicher und männlicher Tiere gemacht werden. Jedes einzelne Tier wird in seinen Lebensverhältnissen und seinem Verhalten – neben den Verhältnissen im Habitat – direkt auch von der Größe und der Zusammensetzung der Population sowie deren Sozialgefüge bestimmt.

Die Ermittlung von Populationen ist keine triviale Aufgabe – weder terrestrisch noch durch Fernerkundung. In bestimmten Fällen ist sie, bedingt durch die Lebensweise der Tierart, weder terrestrisch noch durch Fernerkundung (sinnvoll) möglich, in anderen Fällen nur terrestrisch, in wieder anderen nur durch Fernerkundung. Sowohl bei Erhebungen im Gelände als auch durch Fernerkundung kann die Zählung von Tieren oder von Tierzeichen erfolgen. Tierzeichen sind z. B. Nester, Baue, Fährten u. a.

Der Fernerkundung zugänglich sind unbeschadet aller Interpretationsprobleme und Zählschwierigkeiten zahlreiche Tierarten und Tierzeichen. Die Luftbildauswertung ist dabei der luftvisuellen Beobachtung überlegen. Sie ist freilich auch nicht unerheblich teurer. Für überschlägige Ermittlungen oder Fremdbeobachtungen zur Entwicklung von Populationen sind deshalb luftvisuelle Zählungen in Nordamerika und Afrika nicht selten durchgeführt worden. Pionierarbeiten zur Verfahrensentwicklung dafür leistete SAUG-STADT schon 1942. Eine zusammenfassende Darstellung und Diskussion praktizierter Zählungen dieser Art findet sich bei SCHÜRHOLZ (1972 S. 98–134). Sowohl SCHÜRHOLZ als auch elf Jahre später CARNEGGIE (1983) stellen nach Literaturrecherchen übereinstimmend fest, daß luftvisuelle Tierzählungen häufiger als entsprechende Luftbildauswertungen durchgeführt wurden. Nur zwei Beispiele werden an dieser Stelle herausgegriffen, nämlich die zahlreichen Tierzählungen in Alaska und Teilen Kanadas und GRZIMEKS luftvisuelle Zählungen im Serengeti Nationalpark in Kenia.

In Alaska und Kanada wurden mit zunehmend verbesserten Verfahren spätestens seit 1952 Zählungen von Schalenwildpopulationen, anfangs vor allem von Elchen, durchgeführt. Allein 1955 betrug in Alaska die Einsatzzeit 875 Flugstunden mit 93000 Meilen Flugstrecke. Die dabei gezählten Tierarten sind in Tab. 61, Sp. 1 aufgelistet (WATSON U. SCOTT 1956). Erste systematische luftvisuelle Großwildzählungen in Afrika führten M. GRZIMEK UND B. GRZIMEK 1960 durch. Auf einer 4600 Quadratmeilen großen Inventurfläche des Serengeti Nationalparks zählten die GRZIMEKS die Populationen von 17 Tierarten (Tab. 61, Sp. 2).

Alaska 1955 (WATSON u. SCOTT)	Kenia, Serengeti, 1960 (GRZIMEK u. GRZIMEK)
1	*2*
Elch, Bison, Bär, Moschusochse, Caribou, Trughirsch, Wildschaf, Schneeziege	Thompson u. Grant Gazellen, Topi, Gnu, Zebra, Büffel, Giraffe, Elefant, Elenantilope, Roanantilope, Kuhantilope, Impala, Oryxantilope, Rhinozeros, Wasserbock, Storch, Strauß

Tab. 61: *Beispiele für bei luftvisuellen Zählungen in Alaska 1955 und Kenia 1960 einbezogene Tierpopulationen*

Die den luftvisuellen Zählungen überlegenen Luftbildauswertungen haben den Vorteil, daß auch bei wandernden, flüchtenden oder fliegenden Großwildarten, bei Herden mit großer Kopfzahl oder kleinen, auf Anhieb schwer erkennbaren Tierzeichen über große Flächen hin eine „Momentaufnahme" möglich ist. Sie verringert das Risiko von Doppelzählungen und läßt es zudem zu, die Auswertung in Ruhe vorzunehmen und ggf. mehrfach zu wiederholen oder partnerschaftlich durchzuführen. Schließlich sind im Luftbild – geeignete Maßstäbe sowie zweckmäßige Filmwahl und Aufnahmezeit vorausgesetzt – auch Strukturuntersuchungen bei Großwildpopulationen möglich.

Abb. 202:
*Rentierherde auf der schneebe-
deckten Hardangervidda in Norwegen*

Abb. 203:
*Elefantenherde in Familiengruppen
im Upembu National Park*

Abb. 204:
*Zebraherde im Serengeti National
Park*

Abb. 202: bis 204:
*Luftbildschrägaufnahmen mit
Kleinbildkamera*

Die Zählung von Tieren oder Tierzeichen ist naturgemäß auch im Luftbild nur in offenen Landschaften und lichten Wäldern möglich. In Habitaten, in denen Wälder in Feldfluren, Almen oder Steppen mit Gemengelage vorkommen, ermöglichen auf die Lebensgewohnheiten der Tiere zeitlich abgestimmte Luftbildaufnahmen die Zählung z. B. an Wasserstellen und an zur Äsung bzw. zur Ruhe aufgesuchten Weide- und Ruheplätzen. Brauchbare Populationszählungen mit Hilfe von Tierzeichen sind von Bisamratten über deren Burgen und Schleifkanäle, bei Bibern über deren Dämme und von Wasservogelarten über Nester- bzw. Gelegezählungen bekannt.

Geschlechts- und Altersklassenbestimmungen stützen sich auf Merkmale wie Geweihe, Hörner, Dorsallängen, Mächtigkeit und ggf. auch Körperfarbe und geschlechts- bzw. altersspezifisches Sozialverhalten. Luftbildschrägaufnahmen – vornehmlich mit Kleinbildkameras – haben sich dabei mehrfach bewährt. Der Flugtermin erwies sich in vielen Fällen als wichtig für den Erfolg von Strukturuntersuchungen. So sind z. B. Luftbildaufnahmen von Geweihträgern der borealen und gemäßigten Klimazone sowie auch von Elch, Reh und Caribou nach voller Ausbildung der Geweihe oder Schaufeln und möglichst bei Schneebedeckung des Bodens vorzunehmen.

Die Auflistung in Tab. 62 weist auf einschlägige Arbeiten über Tierzählungen und Strukturuntersuchungen von Wildpopulationen durch Luftbildauswertungen hin. Wiederum handelt es sich um exemplarische Nennungen ohne Anspruch auf Vollständigkeit und ohne Wertung. Die in Klammern gesetzten Abkürzungen weisen auf die Quelle für bibliographische Angaben hin, da auch die hier genannten Publikationen nicht ins Kap. 7 aufgenommen wurden. „SCH" steht dabei für SCHÜRHOLZ 1972, „CA" für CARNEGGIE et al. 1983, „HI" für HILDEBRANDT 1969.

Tierart		Bericht / Studie
Haarwild und Robben	Elche	BOWMAN 1955 (HI)
	Rotwild	BERRY 1950 (HI), SCHÜRHOLZ 1972a
	Ren	EINEVOLL 1968 (HI)
	Caribou	BANFIELD 1955 (SCH), BRASSHARD u. POTVIN 1973 (CA)
	Wölfe	MECH 1956 (SCH)
	Bisamratten und Biber	zit. nach SCHÜRHOLZ 1972a
	Kafferbüffel und Flußpferde	zit. nach SCHÜRHOLZ 1972a
	Elefanten	TALBOT u. STEWART 1964 (SCH), CROCE 1972 (CA)
	Gnus	TALBOT u. STEWART 1964 (SCH), NORTON-GRIFFITH 1973 (CA)
	Zebras, Topi, Kuhantilope, Elch, Nashörner	TALBOT und STEWART 1964 (SCH)
	Taschenratten	DRISCOLL u. WATSON 1974 (CA)
	Rotwild-Kadaver	DRISCOLL 1971 (CA)
	Robben	SERGENT 1965, MANSFIELD 1980, VAUGHAN 1971, LAVIGNE 1976 (alle bei CA)
	Wale	HELMLAND 1964 (CA))
	Pinguine	BAUER 1963 (CA)
Federvieh	Flamingos	GRZIMEK u. GRZIMEK 1960 (CH)
	Pelikane	BARTHOLOMEW u. PENNYLNICK 1973 (CA)
	Kraniche	LEONARD u. FISH 1974 (CA)
	Wasserwild	LEEDY 1948, 1953, MÜLLER 1963, KADLEC 1968, YOUNG 1964 (alle bei SCH), HEYLAND 1972, 1973 (CA)

Tab. 62: *Berichte und Studien zum Thema Tierzählungen und/oder Strukturuntersuchungen mit Hilfe von Luftbildern*

5. Aufnahme und Auswertung elektro-optischer Daten

5.1 Datenaufnahme

Von der Erdoberfläche reflektierte Energie kann durch photographische Systeme, wie aus Kap. 4.1 bekannt ist, nur im Spektralbereich des sichtbaren Lichts (λ = 0,3 bis 0,7 µm) und des nahen Infrarot (λ = 0,7 λ bis 1.0 µm) empfangen und als Photographie dargestellt werden. Mit einigen der elektro-optischen Sensoren können – im Bereich der atmosphärischen Fenster (Abb. 5) – daneben auch reflektierte und emittierte Strahlen des mittleren und thermalen Infrarot (Abb. 4) aufgenommen werden. Als Detektoren fungieren dabei Photoelemente bzw. Halbleiter oder Halbleiterschichten. Die von diesen empfangene Energie wird proportional zu den in einer gegebenen Integrationszeit eingetroffenen Energiequanten in elektrische Signale gewandelt.[63] Sie können entweder nach analog-digitaler Wandlung als ganze Zahlen (Grauwerte, digital numbers (DNs)) ausgegeben bzw. als binäre Zahlen digital weiter verarbeitet *oder* bei flächenabbildenden Systemen zum Aufbau eines Bildes benutzt werden.

Als elektro-optische Aufnahmesysteme stehen für Fernerkundungszwecke *flächenab-bildende* und *nicht-abbildende*, d. h. punkt- oder linienweise messende Systeme zur Verfügung. Zu letzteren gehören u. a. Spektroradiometer, die im Zusammenhang mit der Messung der spektralen Reflexion von Objekten der Erdoberfläche in Kap. 2.3 genannt wurden. Im übrigen werden im folgenden nur die flächenabbildenden elektro-optischen Systeme behandelt[64]. In Abb. 6 wurde gezeigt, daß *einerseits* zwischen opto-mechanischen und opto-elektronischen Systemen und *andererseits* zwischen zeilenweisen und – analog zur photographischen Aufnahme – flächenhaften Aufnahmemodi zu unterscheiden ist. Dieser schon in Abb. 6 angelegten Aufgliederung folgen die Darstellungen in den Kap. 5.1.1 bis 5.1.4.

5.1.1. Opto-mechanische Zeilenabtaster (Scanner)

Opto-mechanische Scanner wurden in den fünfziger und sechziger Jahren zur Praxisreife entwickelt und standen seit Ende der sechziger Jahre für zivile Fernerkundungszwecke zur Verfügung. Ihre Bedeutung für alle Geowissenschaften, für Erschließung, Inventur, Bewirtschaftung und Schutz natürlicher Ressourcen der Erde wurde schlagartig offenkundig durch den Einsatz des MSS (Tab. 63) vom ersten am 23.7.1972 gestarteten zivilen Erderkundungssatelliten LANDSAT 1 (=ERTS 1). Seitdem haben sich auf Erderkundungs-

---

[63] Die Physik der Photoelemente und Halbleiter wird hier nicht behandelt. Auf die physikalische Literatur und in kurz gefaßter und für die Fernerkundung relevanter Form wird auf NORWOOD und LANSING (1983) verwiesen.

[64] Für nicht-flächenabbildende Systeme, vorwiegend Radiometer, deren Physik, Technologie und Anwendungsweise wird auf ROBINSON u. DEWITT (1983) verwiesen.

und meteorologischen Satelliten installierte oder auch von Flugzeugen aus aufnehmende
opto-mechanische Scanner vielfach bewährt. In den sich ergänzenden Tab. 63 – 65 sind für
die Fernerkundung wichtige Daten solcher Scanner zusammengestellt. Weitere Informationen zu den dort genannten Satelliten finden sich in Tab. 63.

Scanner Plattform	$\Omega^{1)}$	$\omega^{1)}$	$s^{1)}$	räumliche Auflösung	Anzahl der Spektralkanäle			
					VIS	NIR	MIR	THIR
	Grad	m rad	km	m			n	
1	*2*	*3*	*4*	*5*	*6*	*7*	*8*	*9*
MSS LANDSAT 1–3	11,5	0,086	185	56 x 79	2	2	–	–
TM LANDSAT 5	15,0	0,042 0,170	185	30 120	3 –	1 –	2 –	– 1
ETM LANDSAT 6[2] und 7[3]	15,0	0,042 0,170 0,021	185	30 120 15	3 – 1	1 –	2 – –	– 1 –
HCMR HCMM	60,0	0,83	716	500 600	1 –	–	–	– 1
AVHRR TIROS-N NVOA 7	(72)	1,29	2600	1100	1	1	1	2
VTIR MOS 1 und 1b	39,5	0,99 2,97	1500 327	900 2700	1 –	–	–	– 3
MSU-S OKEAN-O	90,0	0,55	1280	350	2	1	–	–
OCTS[3] ADEOS	40,0	0,85	1340	700	6	2	1	3
DAEDALUS AADS 1268 Flugzeug	43,0 85,9	1,25 2,50	Abhängig von der jeweiligen Flughöhe, siehe Formeln (120) und (122)		5	3	2	1
BENDIX M²5 Flugzeug	100,0	2,50			7	3	–	1
Forest Fire Detection-System / Flugzeug					–	–	–	–

[1] Notationen siehe Abb. 205; [2] Nach Fehlfunktion ausgefallen; [3] in Vorbereitung
Abkürzungen in Sp. 1 MSS = Multispectral Scanner, TM = Thematic Mapper, ETM = Enhanced
Thematic Mapper, HCMR u. HCMM = Heat Capacity Mapping Radiometer bzw. Mission, AVHRR
= Advanced Very High Resolution Radiometer, TIROS = Telvision and Infrared Observation Satellite, NOAA = National Oceanic and Atmospheric Administration, VTIR = Visible and Thermal
Infrared Radiometer, MOS = Marine Observation Satellite (Japan), MSU-S = russ. Multispectral-
Scanner im Satelliten Okean-O, OCTS = Ocean Color and Temperature Scanner, ADEOS = Advanced Earth Observation Satellite (Japan), AADS = Advanced Airborne Digital Scanner, M²S =
Modular Multispectral Scanner. In den Sp. 6–9 steht VIS für visibles = sichtbares Licht, NIR, MIR
u. THIR für nahes, mittleres u. thermales Infrarot.

Tab. 63: *Beispiele optisch-mechanischer Zeilenabtaster für Fernerkundung*

5.1.1.1. Aufbau und Funktionsweise

Opto-mechanische Zeilenabtaster nehmen die reflektierte oder emittierte Strahlung der Geländeobjekte bildpunktweise in quer zur Flugrichtung verlaufenden Streifen (Scanstreifen) auf (Abb. 205). Sie können von Flugzeugen und Weltraumflugkörpern aus eingesetzt werden. Die Aufnahme kann *monospektral,* d. h. nur in einem bestimmten Spektralbereich (= Kanal, Bandbereich), oder *multispektral,* d. h. simultan in mehreren Spektralbereichen erfolgen.

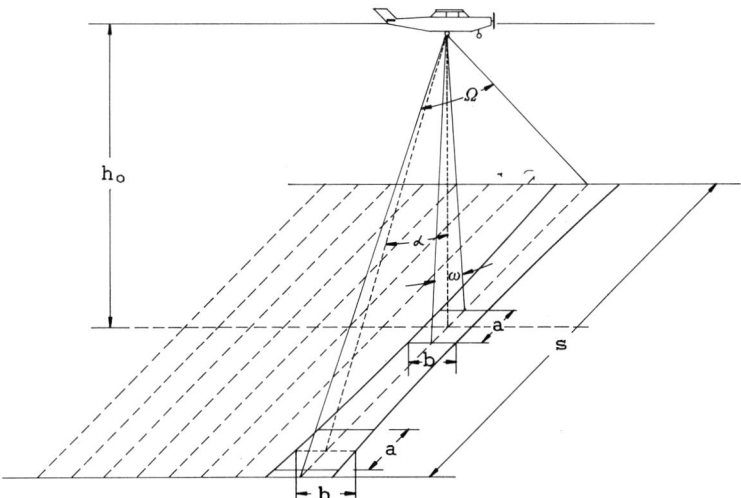

Abb. 205: *Aufnahmemodus bei einem opto-mechanischen Scanner, a+b=Seitenlängen der von einem Bildelement erfaßten Geländefläche, s=Breite des Aufnahmestreifens, Ω = Gesamtöffnungswinkel, ω = IFOV, α = Blickwinkel*

Der Aufbau für Fernerkundungszwecke entwickelter opto-mechanischer Scanner ist in seinen Hauptelementen aus Abb. 206 zu erkennen. Unbeschadet unterschiedlicher konstruktiver Lösungen im einzelnen benutzen alle Scanner dieser Art zur Aufnahme der Strahlen einen rotierenden oder schwingenden (oszillierenden) Spiegel, mit dem das Gelände streifenweise abgetastet wird. Während der Abtastung einer Zeile bewegt sich das den Scanner tragende Flugzeug bzw. der Satellit in Flugrichtung fort. Auch wenn die Abtastzeit per Zeile im Millisekundenbereich liegt (s.u.), wird die Scanzeile dadurch nicht streng rechtwinklig zur Flugachse, sondern leicht schräg dazu und mit schwach s-förmiger Deformation aufgenommen (scan skew distortion). Dem kann – wie bei den im Erderkundungssatellit LANDSAT 5 eingesetzten Thematic Mapper (=TM) – durch ein zusätzlich in den Strahlengang gebrachtes Spiegelpaar (scan line corrector) begegnet werden. Abgestimmt auf die Scanspiegelbewegung lenkt dieser Korrektor das Blickfeld des Scanners so, daß die Abtastung rechtwinklig zur Flugachse erfolgt (Abb. 207). Bei Scannern ohne eine solche Kompensation muß die Schräglage der Scanzeilen und ihre Deformation im Zuge der geometrischen Korrekturen rechnerisch beseitigt werden.

Die empfangenen Strahlen werden einer Spiegelteleskop-Optik und von dort durch eine das Bildfeld begrenzende quadratische Blende dem Detektor, bzw. bei multispektralen Scannern mehreren Detektoren zugeführt. Bei letzteren wird die Strahlung zuvor spektral zerlegt (Abb. 206b). Ist der Scanner für die Aufnahme von Strahlen aus dem

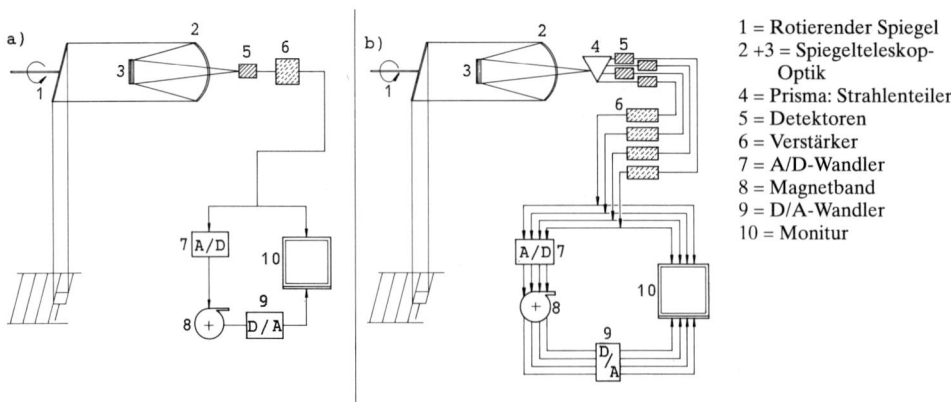

Abb. 206: *Funktionsschema eines mono- und eines multispektralen, opto-mechanischen-*
Scanners

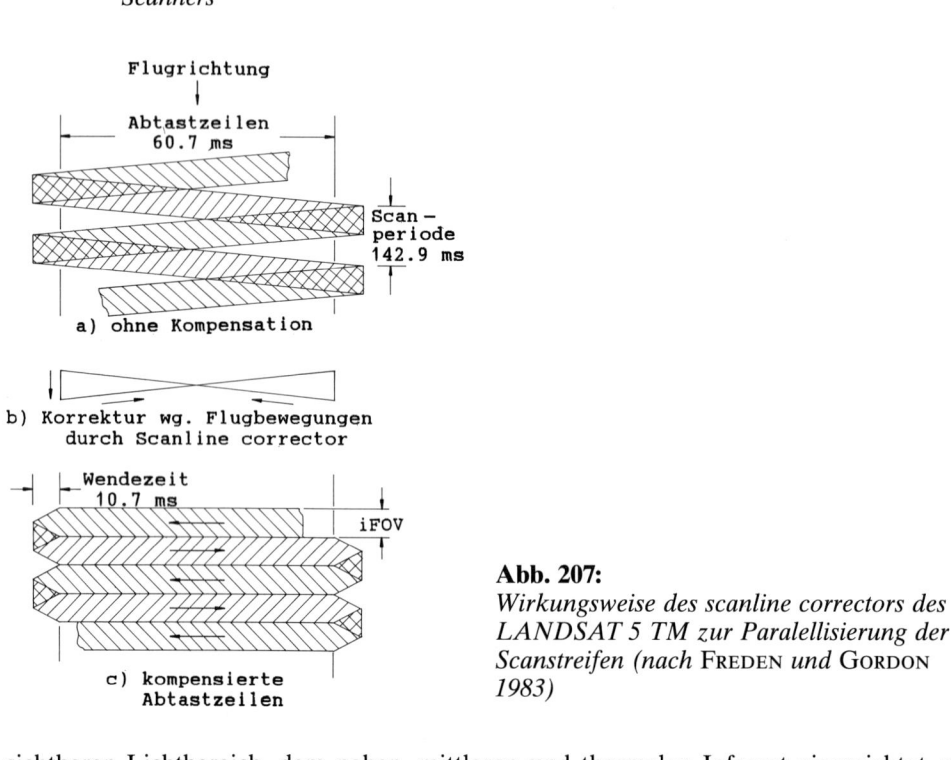

Abb. 207:

Wirkungsweise des scanline correctors des
LANDSAT 5 TM zur Paralellisierung der
Scanstreifen (nach FREDEN *und* GORDON
1983)

sichtbaren Lichtbereich, dem nahen, mittleren und thermalen Infrarot eingerichtet, so
werden zunächst die längerwelligen mittleren und thermalen IR-Strahlen durch dichroiti-
sche Filter von den kürzerwelligen abgesondert und ggf. danach durch weitere Filter dieser
Art in mehrere schmalere Bandbereiche zerlegt. Die Trennung der Strahlung des sichtbaren Lichts und des nahen Infrarot in schmale Bandbereiche erfolgt mit den bekannten
physikalischen Mitteln, z. B. durch ein Glasprisma, ggf. auch durch ein Beugungsgitter.

Die an den entsprechend spektral sensiblen Detektoren eintreffende Strahlungsenergie
wird von diesen fortlaufend entweder in meßbaren Photostrom gewandelt oder sie verän-

dert – ebenfalls meßbar – deren elektrischen Widerstand. Die Umwandlungen erfolgen je nach Art des Detektors unter Ausnutzung des „inneren" oder „äußeren" Photoeffekts. Die elektromagnetische Strahlungsenergie ist damit *in elektrische Signale gewandelt.*

Die Detektoren für die kurzwelligen Strahlen können bei Umgebungstemperatur betrieben werden, die für Strahlung über λ = 1.5 µm müssen dagegen beim Betrieb gekühlt werden. Die erforderliche Temperatur richtet sich nach dem Detektormaterial. Die Mehrzahl der Detektoren muß auf der Temperatur des flüssigen Stickstoffs, d. h. auf 77 Kelvin, gehalten werden. Für die Kühlung sind die Detektoren in Behältern mit Kühlflüssigkeit untergebracht.

Die fortlaufend entstehenden elektrischen Signale werden *verstärkt* und nach *Analog-/ Digital-Wandlung* auf ein *Speichermedium,* i. d. R. auf ein HDDT (= high density digital tape), gebracht (hier Abb. 206 Ziff. 5,6,7). Die Speicherung kann noch im Flugkörper geschehen oder, bei Echtzeitübertragung der aufgenommenen Signaldaten zur Erde, in einer Bodenstation. Über die physikalischen Grundlagen und die Technologie der Übertragung von Fernerkundungsdaten von Satelliten und anderen Sensorplattformen zur Erde unterrichtet z. B. BECKMAN (1983).

Um eine lückenlose Deckung mit Scanstreifen zu erreichen, wird die Abtastfrequenz (scan rate) auf die Fluggeschwindigkeit und Flughöhe sowie den gegebenen Öffnungswinkel ω der Abtastoptik abgestimmt. Von Satelliten aus eingesetzte opto-mechanische Scanner haben Abtastfrequenzen von wenigen Hertz. Bei den LANDSAT 5 Scannern MSS und TM beträgt sie z. B. 13,67 Hz bzw. 6,99 Hz. Das führt zu realen Abtastzeiten pro Streifen von 33 bzw. 68 Millisekunden. Die Abtastfrequenz von Flugzeugscannern läßt sich i. d. R. zumindest stufenweise einstellen. Dies ermöglicht die Aufnahme aus unterschiedlichen Flughöhen mit dementsprechend unterschiedlichen Maßstäben. Die Frequenzen liegen dabei im Rahmen von 10 bis 100 Hz, die realen Abtastzeiten zwischen 50 und < 5 Millisekunden.

Die digitalisierten Daten der elektrischen Signale werden im Hinblick auf die spätere digitale Bildverarbeitung als binäre Zahlen (Bytes) abgelegt. In einem binären Code mit der Basis 2 bedeutet dies z. B. bei Bytes mit 8 bit eine maximal darstellbare Zahl von 2^8= 256. Die Digitalisierung führt daher – in diesem Falle – zu ganzen Zahlen (= digital numbers DN) von 0 bis 255. Sie ergeben für jeden Scanstreifen eine Zahlenfolge und für ein gewähltes Bildformat eine zweidimensionale Zahlenmatrix. Jede Zahl entspricht dabei einem, dem jeweiligen Signal entsprechenden, Grauwert eines Bildelements. Die Matrix enthält Zeilen (rows) und Spalten (columns), wobei die Zeilen den Scan-Streifen entsprechen. Jedes Bildelement ist durch seine Rasterkoordinaten x (= Zeile) und y (= Lage in der Zeile = Spalte) definiert (Abb. 208)[65].

Die Mehrzahl der Scanner verfügt über *interne Referenzstrahler,* deren Strahldichte bekannt ist (siehe z. B. Abb. 209). Sie sind am Eingang der Optik so plaziert, daß ihre Strahlung am Anfang und/oder Ende jedes Scanstreifens vom rotierenden bzw. schwingenden Spiegel erfaßt und dadurch auch den Detektoren zur Wandlung in ein elektrisches Referenzsignal zugeführt werden kann. Dies schafft die Möglichkeit, den Grauwerten absolute Strahldichtewerte zuzuordnen. Besondere Bedeutung hat dies u. a. für die Aufnahmen im thermalen Infrarot: Für die entlang der Scanstreifen aufgenommenen Objekte kann man damit auch absolute Strahlungstemperaturen der Erdoberfläche ableiten. Als Referenzstrahler werden kalibrierte Tungsten-Lampen und als Referenz für die emittierten Wärmestrahlen Schwarzkörper bekannter Strahlungstemperatur verwendet.

---

[65] Den Zusammenhang der Bildkoordinatensysteme von Scannern und zentralperspektiven Luftbildern sowie die sich daraus ergebenden Möglichkeiten, die Geometrie der Abtastsysteme analytisch als Erweiterung des Modells der Zentralperspektive (Kap. 4.2.2) zu betrachten, hat KONECNY (1972) beschrieben.

y'   Spalten

Zeilen = Scanstreifen

	1	2	3	4	5	6	7		n-1	n
1	17	16	14	16	39	101	53		140	140
2	12	14	14	10	101	98	45		146	150
3	13	14	12	9	101	43	48		138	220
4	7	6	8	102	39	45	47		200	285
5	5	5	104	41	48	44	45		225	225
6	5	101	99	38	33	35	20		226	224
7	102	87	53	37	17	9	10		240	238
n-1	24	30	30	35	75	72	69		27	29
n	25	29	39	70	78	70	70		27	35

Flugrichtung

Abb. 208: *Beispiel für eine Bildmatrix*

In Abb. 205 ist – der Einfachheit halber – davon ausgegangen worden, daß durch den Spiegel des Scanners jeweils *ein* Streifen abgetastet wird. Vorwiegend die von Satelliten aus operierenden multispektralen, opto-mechanischen Scanner verfügen jedoch für die Aufnahme in jedem Spektralkanal über *Detektorreihen*, die so angeordnet und aufeinander abgestimmt sind, daß mehrere aneinander grenzende Scanstreifen während einer Spiegelbewegung simultan abgetastet werden. Beim LANDSAT Sensor MSS werden z. B. auf diese Weise 6, beim TM zur Aufnahme der reflektierten Strahlung 16 sowie der thermalen Infrarot-Strahlung 4 Scanstreifen simultan für jeden Kanal aufgenommen. Der in 4 Kanälen aufzeichnende MSS ist daher insgesamt mit 6 x 4 = 24 Detektoren und der in 7 Kanälen aufnehmende TM mit 16 x 6 + 4 x 1 = 100 Detektoren bestückt.

Mehrere der opto-mechanischen Multispektralscanner verfügen über Detektoren, die Strahlung im thermalen Infrarot aufnehmen (vgl. Tab. 63, Sp. 9). Mit ihnen können Wärmebilder aufgenommen und über Referenzstrahler auch Strahlungstemperaturen von Objekten der Erdoberfläche gemessen werden. Daneben stehen aber auch *Thermalscanner* zur Verfügung, die ausschließlich für solche Aufnahmen und Messungen vorgesehen sind. Zu diesen gehören die ersten für Fernerkundungszwecke überhaupt entwickelten opto-mechanischen Zeilenabtaster. Ihre Entwicklung ging von dem in Deutschland im zweiten Weltkrieg entwickelten Nachtsichtgerät KIEL IV aus, das bei Kriegsende in alliierte Hände fiel und in den USA zum Thermalscanner weiterentwickelt wurde. Solche Geräte standen seit der zweiten Hälfte der 60er Jahre dann auch für zivile Zwecke der Fernerkundung zur Verfügung.

Vor allem für geologische sowie stadt- und geländeklimatologische Untersuchungen, für die Gewässer- und Waldbrandüberwachung haben Thermalscanner Bedeutung erlangt (s. Kap. 5.5.2.1, 5.6.1.1). Beim U.S. Forest Service wurde z. B. ein spezieller 2-Kanal-Scanner entwickelt und seit 1970 routinemäßig zur Waldbrandüberwachung eingesetzt (Abb. 209 u. 210). Bei diesem Scanner werden aus der aufgenommenen Strahlung im 8–14 µm Bereich auf einer Kathodenröhre (CRT) fortlaufend im Flugzeug in Echtzeit Schirmbilder erzeugt und diese zeitlich synchron mit einer Sofortbildkamera aufgenommen. Übersteigt die gleichzeitig im 3–6 µm Bereich aufgenommene Strahlung einen Schwellenwert, der nur durch eine Feuerstelle erklärbar ist, so wird ein Alarm ausgelöst, der zu einer Markierung am Rande des Sofortbildes führt. Mit Hilfe eines Dopplerradars und eines Navigationscomputers wird die Einhaltung der vorgeplanten Flugroute gesichert und die Ortslage

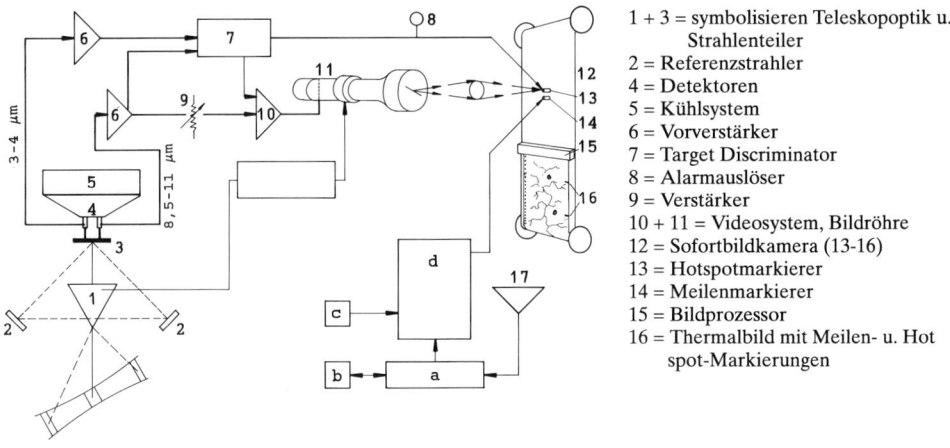

Abb. 209: *2-Kanal Thermalscanner des Forest Fire Detection System des U.S. Forest Service*

fortlaufend ebenfalls am Bildrand vermerkt (Abb. 210). Die Lokalisierung entdeckter Brandstellen ist dadurch rasch möglich und kann unverzüglich zur Bodenstation gemeldet werden (HIRSCH et al. 1971, HILDEBRANDT 1976).

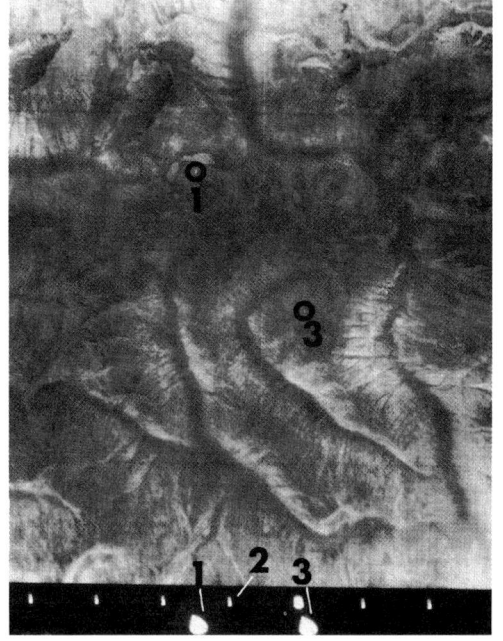

Im Bild
1 = Registriertes Campfeuer am Twin Lake
3 = Entdeckter Waldbrandherd
Am Bildrand
1 + 3 = Hinweismarkierung für die beiden Feuer
2 = Meilenmarkierung, Abstand 1 nautische Meile

Abb. 210: *Thermalbild (Nachtaufnahme), Granite Creek, Idaho (aus WEBER 1971).*

Tragbare, in Fahrzeugen oder Hubschraubern leicht installierbare Thermalscanner stehen für Aufnahmen von Wärmebildern aus kurzen Entfernungen zur Verfügung. Ein Beispiel hierfür ist die AGA Termovision 750 IR-Kamera, die sich im Verbund mit einer Videokamera als hybrides System zur Überlagerung von Wärmebildern aus der 3–5 µm Thermalstrahlung mit dem sichtbaren Geländebild für die Überwachung und die Nachsorge von Brandflächen bewährt hat (vgl. TICE und LARSON 1978).

Thermalscanner werden auch terrestrisch eingesetzt, und zwar für Untersuchungen thermischer Eigenschaften von Baukörpern, Tunnelwänden, Leitungen, Kesseln usw.

5.1.1.2 Die Geometrie der Aufzeichnung

Die Geometrie der Aufzeichnung opto-mechanischer Scanner ist durch die sequentielle Art der Aufnahme nicht ganz einfach. Sie wird einerseits durch systemimmanente Gegebenheiten und andererseits durch zufällige, auf die Bewegungen und Lage des Flugkörpers zurückzuführende Einflüsse bestimmt. Gegenüber einer orthogonalen und damit auch maßstabsgleichen Darstellung des Geländes ergeben sich dadurch Abbildungsunterschiede. Sie sind entsprechend den Auswertungszwecken der Aufzeichnungen zu eliminieren (hierzu Kap. 5.4).

Es wird im folgenden zunächst davon ausgegangen, daß – wie in Abb. 205 – die Aufnahme so erfolgt, daß die Mitte eines abgetasteten Geländes im Nadir des Aufnahmeortes liegt und das Gelände eben ist. Als Aufnahmeort gilt dabei das Zentrum der Spiegeloptik des Scanners. Unter diesen Voraussetzungen ist die Länge der Scanstreifen.

$$s = 2\,h_g \cdot \tan \frac{\Omega}{2} \tag{120}$$

Ω ist der Gesamtöffnungswinkel des Aufnahmesystems (= AFOV = angular field of view) und h_g die Höhe über Grund.

Durch die gleichförmige Spiegelrotation entstehen entlang des Scanstreifens gleichgroße Bildelemente (= Pixel, Kürzel aus picture elements). Deren Größe ist vom Öffnungsinkel ω der Abtastoptik abhängig, wobei zwischen ω, der benötigten Zeit (= Integrationszeit) für die A/D-Wandlung der aufgenommenen Signale und der gleichbleibenden Abfolgezeit der Bildelementaufnahme ein direkter Zusammenhang besteht.

Dem einzelnen Pixel entsprechen im Bezug auf ein orthogonales geodätisches Referenzsystem unterschiedlich große Bodenelemente (resolution cells oder elements). Neben ω ist deren Größe abhängig von der Flughöhe über Grund h_g und dem Winkel α zwischen Nadir- und der jeweiligen Aufnahmerichtung. Im Nadir ergibt sich für die Pixelgröße a x b (siehe Abb. 205).

$$a = b = h_g \cdot \omega \tag{121}$$

und an beliebiger Stelle im Scanstreifen

$$a = \frac{h_g \cdot \omega}{\cos^2\alpha} \qquad\qquad b = \frac{h_g \cdot \omega}{\cos \alpha} \tag{122a/b}$$

Wird in (121) und (122) h_g in Kilometer und ω in Milliradiant angegeben, so ergibt sich a und b in Metern.

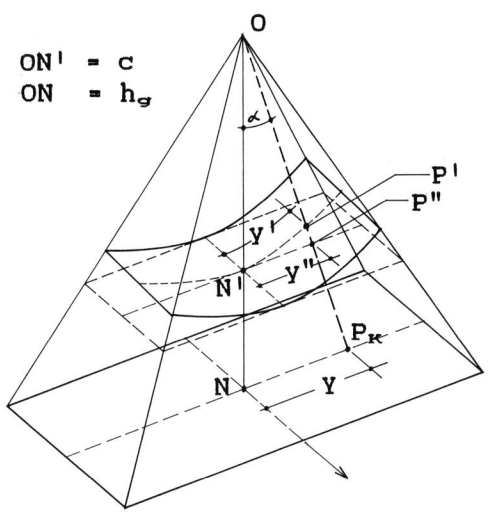

ON' = c
ON = h_g

O = Projektionszentrum = Aufnahmeort
N = Nadir
N' = Bildnadir
P_K = Geländepunkt P
P' = Abbildungspunkt von P_K
P" = entzerrte Lage von P'
α = Blickwinkel zu P_K

Abb. 211: *Prinzip der Panoramaentzerrung*

Die vom einzelnen Pixel erfaßten Bodenelemente nehmen nach (122) vom Nadir zu den Streifenenden hin zu und deren Abbildungsmaßstab dementsprechend ab. Man bezeichnet diese Erscheinung als Panoramaverzerrung bzw. als tangentiale Bild- oder Maßstabsverzerrung (tangential scale distortion). Die Beziehung zwischen der verzerrten Abbildung eines Punktes P' (zu denken als Pixelmittelpunkt), seiner orthogonalen Geländelage P_K und seiner nach Entzerrung richtigen Lage in der entsprechenden Aufzeichnung P" ist in Abb. 211 dargestellt. Vorausgesetzt α ≠ 0 gilt:

$$y'_i = c \cdot arc\ \alpha_i\ ,\quad y" = c \cdot \tan \alpha_i\ ,\quad Y_i = h_g \cdot \tan \alpha_i \tag{123}$$

und da $y"_i > y'_i$ ist, für den Betrag der Panoramaentzerrung

$$y"_i - y'_i = c \cdot (\tan \alpha - arc\ \alpha) \tag{124}$$

Das für (122a/b)–(124) benötigte α läßt sich aus den Rohdaten nach

$$\alpha = \frac{y'_i \cdot \Omega/2}{y'_{max}} \tag{125}$$

berechnen. Dabei ist bei den unterstellten Voraussetzungen y'_{max} gleich dem Abstand zwischen Streifenmitte und Streifenrand.

Bei den von LANDSAT aus eingesetzten opto-mechanischen Scannern MSS und TM ist Ω und dementsprechend auch α_{max} klein (Tab. 63, Sp. 2). Die Panoramaverzerrung hält sich deshalb in Grenzen. Die geringe maximale Größenänderung der von Pixeln am Streifenrand erfaßten Geländeflächen ist in Tab. 64 aus Sp. 5 bis 7 abzulesen. Bei Beschaffung von MSS- und TM-Bändern oder auch davon hergestellten Bildprodukten ganzer Szenen (hierzu Kap. 5.2) ist im übrigen – sofern nicht Rohdaten bestellt wurden – die Panoramaverzerrung bereits korrigiert. Das gilt auch für eventuelle Abweichungen, der bisher als konstant unterstellten Geschwindigkeit der Spiegelbewegung. Sie werden mit der Panoramaentzerrung gemeinsam korrigiert. Ein Rechenmodell hierzu ist bei BERNSTEIN (1983 S. 893) angegeben.

Bei Flugzeugscannerdaten sind die Auswirkungen der Panoramaentzerrung durch die um Faktoren zwischen 3 und 10 größeren Öffnungswinkel Ω gravierender (Tab. 64). Kann sie bei Satellitenaufzeichnungen ggf. für reine Interpretationszwecke sogar vernachlässigt werden, so *muß* sie bei Aufzeichnungen eines Flugzeugscanners korrigiert werden. Nur als sog. *„Quicklooks"* – d.s. von Rohdaten-CCTs auf einem Monitor abgespielte oder als Papierabzüge ausgegebene Bilder der aufgenommenen Szene – sind unkorrigierte Aufzeichnungen brauchbar (s. Abb. 253). Dies z. B. zur Überprüfung im Hinblick auf den erfaßten Geländestreifen, die Bewölkungssituation oder radiometrische Unregelmäßigkeiten und zur Auswahl von Szenen für die folgende thematische Bearbeitung.

Sensor Plattform	Flughöhe	Ω	ω	a/b im Nadir	a b am Streifenende		Δ y' am Streifenende		
					a	b	Δh 100m	Δh 400m	Δh 800m
	km	Grad	m rad	m	m	m	m	m	m
1	*2*	*3*	*4*	*5*	*6*	*7*	*8*	*9*	*10*
MSS* LANDSAT 1-3	930	11,5	0,086	79 (56/79)	79,5	79,9	10,1 (0,2 Pixel)	40,3 (0,7 Pixel)	80,6 (1,3 Pixel)
TM LANDSAT 5	705	15,0	0,042	30	30,1	29,8	13,2 (0,4 Pixel)	52,7 (1,8 Pixel)	105 (3,5 Pixel)
DAEDALUS ATM Flugzeug Normalwinkel	1	43,0	1,25	1,25	1,4	1,3	39,4	157	315
Weitwinkel	1	85,9	2,5	2,5	4,7	3,4	93,1	372	745
BENDIX M²S Flugzeug	1	100	2,5	2,5	6,0	3,9	119	477	953

* für MSS im LANDSAT 5 gelten andere Daten, in Sp. 5 ist 56/79 m die wegen Überdeckung der IFOV im Streifen reduzierte, tatsächlich im Pixel dargestellte Fläche

Tab. 64 *Beispiele optisch-mechanischer Zeilenabtaster und geometrische Leistungsdaten bei der in Sp. 2 angegebenen Flughöhe über einer Bezugsebene.*

Ein weiterer *systembedingter geometrischer Abbildungsfehler* wird wegen des sequentiellen Aufnahmemodus von opto-mechanischen Scannern durch die *Erdrotation* verursacht. Er wirkt sich naturgemäß besonders bei Scanneraufzeichnungen aus Satelliten aus. Während jedes Scanvorgangs dreht sich die Erde unter dem Satelliten. Dies bedingt bei der gegebenen SSW-NNO-Ausrichtung der Satellitenbahn eine graduelle Verschiebung des überflogenen *Aufnahmestreifens* westwärts und führt dadurch im *Scan*streifen zu Verzerrungen. Die in ihrer Größe von dem jeweiligen geographischen Längengrad abhängigen Verzerrungen dieser Art bedürfen der Korrektur. Sie wird vor Auslieferung von Satellitendaten bzw. -bildern vorgenommen, so daß der Nutzer diese auch im Hinblick auf die Einflüsse der Erdrotation bereits systemkorrigiert erhält.

Weitere und ggf. gravierendere systemimmanente Abbildungsfehler gegenüber einem orthogonalen Bezugssystem kommen durch *Geländehöhenunterschiede* zustande. Analog zu den durch die zentralperspektive Abbildung im Luftbild bedingten radialen Punktversetzungen Δr' (Kap. 4.2.2) treten beim Vorliegen von Geländehöhenunterschieden Punktversetzungen Δy" *im* Scanstreifen auf. Für jeden Scanstreifen kann man, trotz der sequentiellen Aufnahme seiner Bildelemente, zentralperspektive Abbildung des aufgenommenen Geländestreifens unterstellen. Gegenüber der orthogonalen Geländedarstellung in einer Bezugsebene sind dann die *unter* dieser liegenden Geländepunkte auf dem Scanstreifen zu dem in Nadirrichtung aufgenommenen Bildelement hin versetzt abgebildet. Die *über* der Bezugsebene liegenden Geländepunkte sind dagegen auf dem Scanstreifen von diesem Nadir-Bildelement weg versetzt. Die Bezugsebene ist frei wählbar. Sie wird i.d.R. in die Höhe des mittleren Geländeniveaus gelegt. Es gilt für die Betrachtung im Geländemaß

$$\Delta Y = \Delta h \tan\alpha \tag{126a}$$

und im Maßstab des panoramaentzerrten Scanstreifens.

$$\Delta y" = \Delta h \cdot \tan\alpha \cdot \frac{c}{h_0} \tag{126b}$$

Dabei sind Δh der Höhenunterschied zwischen dem jeweiligen Geländeort und der Bezugsebene, h_0 die Flughöhe über der Bezugsebene und Δy" bzw. ΔY die gesuchten reliefbedingten Punktversetzungen.

Die Formeln (126a/b) lassen in Verbindung mit Tab. 64 Sp. 2 und 3 erkennen, daß bei gegebenen Höhenunterschieden im Gelände bei Aufzeichnungen mit Flugzeugscannern sehr viel größere reliefbedingte Punktversetzungen vorkommen können als bei Aufzeichnungen von Satellitenscannern. In Tab. 64 Sp. 8 bis 10 ist dies exemplarisch belegt.

Neben systemimmanenten treten auch *zufällige*, von den *Bewegungen des Flugkörpers* während des sequentiellen Aufnahmevorgangs abhängige Verzerrungen der Scanstreifen auf. Die in Abb. 212 dargestellten Verzerrungseffekte können einzeln oder auch kombiniert auftreten. Streng genommen müßte für jedes Bildelement die für dieses geltende äußere Orientierung bekannt sein, um seine richtige orthonale Lage im geodätischen Bezugssystem exakt ableiten zu können. Zumindest bei Scannern mit kleinem Gesamtöffnungswinkel (Tab. 63) kann aber, wie oben angegeben, der *Scanstreifen* mit guter Näherung als Einheit für die Entzerrung aufgefaßt werden. Die notwendigen geometrischen Korrekturen auch dieser zufälligen Fehler werden während der Auswertung nach gegebener Bedarfslage mit Hilfe von Paßpunkten vorgenommen (Kap. 5.4.1).

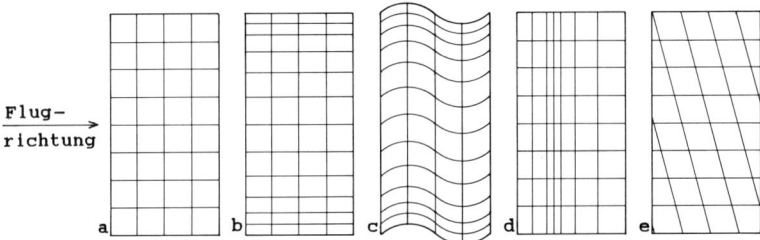

Abb. 212: *Verzerrungen im Scannerbild durch flugbedingte Einflüsse:*
a=orthogonale Situation, b=ungestörtes Scannerbild, c=Verzerrung durch Querneigung (Rollbewegung), d=Verzerrung durch Längsneigung (Nickbewegung), e= Verzerrung durch Verkantung (nach LILLESAND *u.* KIEFER *1987)*

5.1.1.3 Die radiometrischen Eigenschaften

Ausdruck für die radiometrischen Leistungen eines multispektralen Scanners sind seine spektrale Auflösung, die von der Sensibilität und rauschäquivalenten Strahlungsleistung der Detektoren abhängige radiometrische Auflösung und schließlich die durch die A/D-Wandlung gegebene Grauwert-Auflösung.

Die spektrale Auflösung

Durch die *spektrale Auflösung* charakterisiert man die Fähigkeit eines Scanners, elektromagnetische Wellen in *verschiedenen Spektralbereichen* aufzunehmen, in elektrische Signale und schließlich in Digitalwerte zu wandeln. Anzahl, Lage im Spektrum und Bandbreiten der *Aufnahmekanäle* (= Bänder) sind die Kennwerte der spektralen Auflösung. Ein Scanner, der z. B. in 4 Spektralbereichen aufnimmt, wird als 4-Kanalscanner, ein solcher, der in 11 Spektralbereichen aufnimmt, als 11-Kanalscanner bezeichnet usw. Zur Charakterisierung der Lage und Bandbreiten der Aufnahmebänder werden entweder der nominelle Wellenlängenbereich und die Wellenlänge in der Mitte dieses Bereichs oder diese Mitten-Wellenlänge λ und die Bandbreite $\Delta\lambda$ angegeben. In Tab. 65 sind die spektralen Aufnahmekanäle verschiedener multispektraler, opto-mechanischer Scanner aufgeführt.

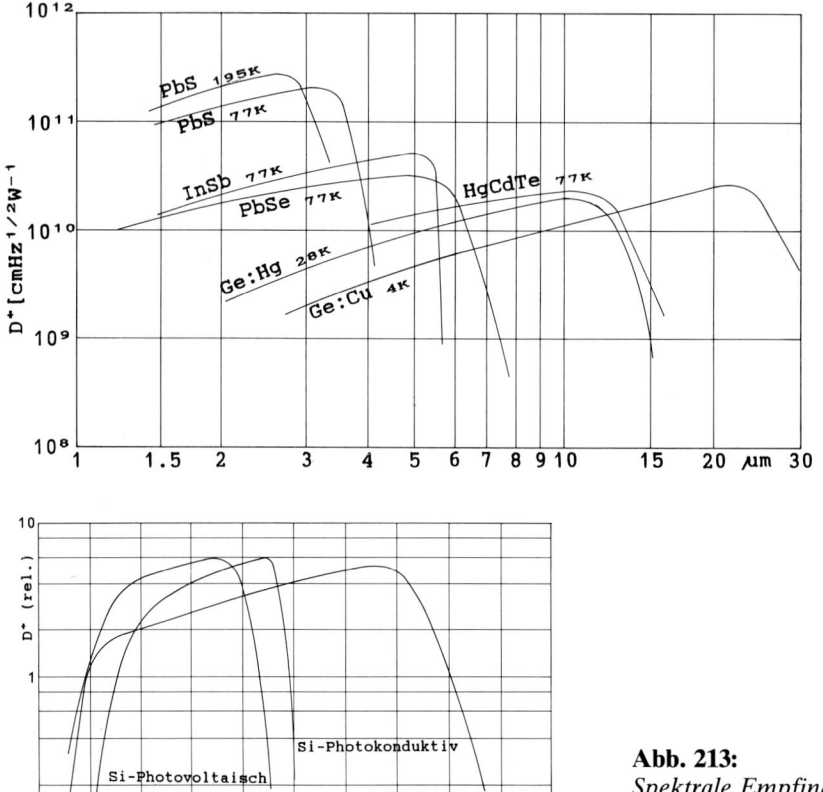

Abb. 213:
Spektrale Empfindlichkeit verschiedener Detektoren (nach ALBERTZ *u.* KREILING *1989)*

Sensor[1] Plattform[1]	An- zahl Ka- näle	Spektrale Kanäle im			
		sichtbaren Licht	nahen Infrarot	mittleren Infrarot	thermalen Infrarot
1	*2*	*3*	*4*	*5*	*6*
MSS LANDSAT 1-3 u. 5	4	0,5-0,6 0,6-0,7	0,7-0,8 0,8-1,1	–	–
TM LANDSAT 5	7	0,45-0,52 0,52-0,6 0,6-0,69	0,78-0,9	1,55-1,75 2,08-2,35	10,4-12,5
ETM LANDSAT 6 u. 7[1]	8	wie TM im LANDSAT 5, dazu ergänzend: 0,5-0,9			
HCMR HCMM	2	0,5-1,1		–	10,5-12,5
AVHRR TIROS-N NOAA 7-10	5	0,58-0,68	0,72-1,1	3,55-3,93	10,3-11,3 11,5-12,5
VTIR MOS 1 und 1b	4	0,5-0,7	–	–	6,7-7,0 10,5-11,5 11,5-12,5
OCTS [1] ADEOS	12	0,44 0,49 0,51 0,56 0,62 0,66	0,77 0,88	3,70	8,5 11,0 12,0
DAEDALUS AADS 1268 Flugzeug	11	0,42-0,45 0,45-0,52 0,52-0,6 0,605-0,625 0,67-0,69	0,695-0,75 0,76-0,9 0,91-1,05	1,55-1,75 2,08-2,35	8,5-18,0
DAEDALUS AADS 1285 Flugzeug	6	–	–	–	8,2-8,6; 8,6-9,0; 9,0-9,4; 9,4-10,2; 10,2-11,2; 11,2-12,2
BENDIX M²S Flugzeug	11 (13)	0,38-0,44 0,45-0,49 0,5-0,54 0,54-0,58 0,58-0,62 0,62-0,66 0,66-0,7	0,7-0,74 0,6-0,86 0,57-1,06	(1,35-1,85)[2] (1,94-2,48)	8,0-14,0

[1] Abkürzungen und Bemerkungen zu LANDSAT 6 und 7 und zu OCTS siehe Tab. 63
[2] zusätzlich eingebrachte Spektralkanäle z.B. im M²S der DLR Oberpfaffenhofen.

Tab. 65: *Spektralkanäle und spektrale Auflösung opto-mechanischer Scanner (Abkürzungen siehe Tab. 63)*

Die *Auswahl der Lage und Bandbreiten* der Spektralkanäle wird einerseits durch technisch-physikalische Faktoren und andererseits durch Überlegungen im Hinblick auf bestimmte Auswertungsmöglichkeiten getroffen. Halbleiterdetektoren haben materialspezifische Empfindlichkeiten (Abb. 213). Durch spektral verschieden sensible Detektoren können die durch die atmosphärischen Fenster zugänglichen und für die Fernerkundung interessierenden Spektralbereiche des sichtbaren Lichts und des Infrarot abgedeckt werden. Im Scanner sind die Detektoren verschiedener Sensibilität so angeordnet bzw. plaziert, daß sie nach der spektralen Aufspaltung der eingetroffenen Strahlung jeweils jene der gewünschten Wellenbereiche empfangen.

Zwischen den Bandbreiten der Spektralkanäle und der räumlichen Auflösung eines Aufnahmesystems besteht ein Zusammenhang (vgl. Abb. 219). Dabei ist dieser Zusammenhang wegen der unterschiedlichen spektralen und radiometrischen Sensitivität der Detektoren *und* den unterschiedlichen Strahldichten der von der Erdoberfläche reflektierten oder emittierten Energie spezifisch für die verschiedenen Bereiche des Spektrums. Prinzipiell gilt aber: je schmaler die Bandbreite eines Spektralkanals, desto weniger Energie empfängt der dafür eingesetzte Detektor, desto größer muß deshalb die vom Pixel erfaßte Geländefläche sein um eine ausreichende Energiemenge zur Unterscheidung feiner spektraler Reflexionsunterschiede in diesem Bandbereich zu ermöglichen. Andererseits muß der Wunsch nach hoher räumlicher Auflösung mit größeren Bandbreiten „erkauft" werden. Als Beispiel hierfür wird auf den ETM im LANDSAT 6 und 7 verwiesen (Tab. 63 und 65). Die gewünschte Verbesserung der räumlichen Auflösung von 30 auf 15 m wird beim zusätzlich installierten Detektor dadurch erreicht, daß auf hohe spektrale Auflösung verzichtet und ihm die Strahlung eines Breitbandspektrums, nämlich von $\lambda = 0,5$ bis $0,9\,\mu m$ zur Verfügung gestellt wird. Vgl. hierzu die gleichartige Situation bei opto-elektrischen Scannern und abbildenden Spektrometern (Kap. 5.1.2 und Abb. 219).

Dem bestehenden Dilemma wurde bisher vornehmlich durch Kompromißlösungen begegnet. Erstmals beim SPOT, nun aber auch beim ETM und MOMS-02 (Tab. 63 u. 65) wird eine Doppelstrategie verfolgt. Der Serie spektral gut auflösender Kanäle wird ein räumlich hochauflösender Breitbandkanal zugesellt. Je nach Auswertezweck und spektralen Reflexionseigenschaften der zu erfassenden Objekte kann man von dem einen oder dem anderen Gebrauch machen oder auch durch Überlagerung beider die Vorteile der hohen spektralen und der hohen räumlichen Auflösung zu nutzen suchen.

Die *Lage* der Spektralkanäle ist bei den verschiedenen Scannern auf bestimmte Informationsbedürfnisse abgestellt und z.T. mit Rücksicht auf objektspezifisches Reflexions- bzw. Emissionsverhalten zu erkundender Objekte ausgewählt worden. So werden z. B. durch den TM und die Flugzeugscanner DAEDALUS AADS 1268 sowie BENDIX M^{2}S (in der modizifierten Form) die für die Erkundung der Vegetationsbedeckung sowie hydrologischer und bodenkundlicher Sachverhalte besonders interessierenden Spektralbereiche differenziert abgedeckt (hierzu als Beispiel Abb. 214). Der DAEDALUS AADS 1285 wurde dagegen eigens für geologische Kartierungen mit Unterscheidung von Silikat-, Karbonat- und anderen Gesteinsarten im Hinblick auf deren unterschiedliches Wärmeemissionsverhalten ausgelegt. Die Spektralkanäle des HCMR waren zur Messung der thermalen Strahlungstemperaturen der Erdoberfläche im 12-Stundentakt bestimmt. Mit ihnen sollten vor allem geländeklimatologische Phänomene wie das Strahlungsverhalten verschiedener Landbedeckungsformen im Tageszyklus und daraus folgende geländeklimatologische Implikationen untersucht werden (hierzu z. B. GOSSMANN 1984). Der speziell für die Erforschung der Meere vorgesehene OCTS ist neben der auch hierfür wichtigen differenzierten Erfassung der thermalen Strahlung mit engbandigen Spektralkanälen im sichtbaren Licht und nahen Infrarot ausgestattet worden. Hiervon erwartet man weitgehende Möglichkeiten für Untersuchungen des Chlorophyllgehalts im Wasser. Die Kanalauswahl für den AVHRR der TIROS-N/NOAA 7-10 Satelliten wurde zur Sammlung von Daten über hydrologische, ozeanographische und meteorologische Phänomene vorgenommen. Er hat sich darüber hinaus durch seinen kurzen Aufnahmezyklus von 12 Stunden trotz der groben räumlichen Auflösung[66] auch für die globale und regionale Beobachtung der Vegetationsdecke der Erde als interessant erwiesen (z. B. MALINGREAU u. TUCKER 1987, KALENSKY et al. 1991, STIBIG u. BALTAXE 1991).

---

[66] Da der AVHRR eine räumliche Auflösung von max. 1,1 km erreicht (Tab. 63) und Sensoren von Erderkundungssatelliten heute bis zu 10 m auflösen, ist die in dieser Bezeichnung enthaltene Aussage very high resolution radiometer, irreführend. Sie erklärt sich aus dem Bezug zu früheren, gering auflösenden Sensoren anderer meteorologischer Satelliten.

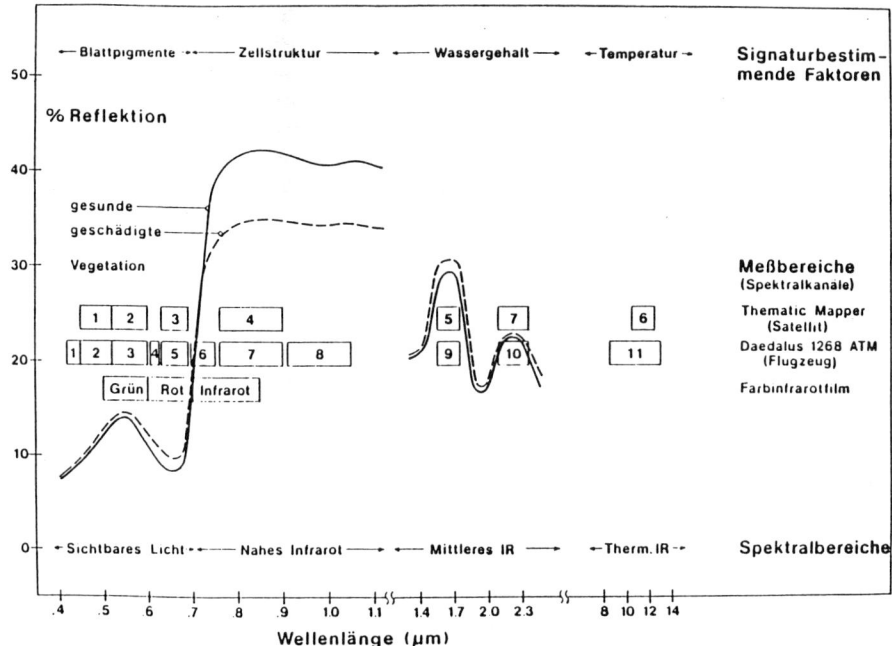

Abb. 214: *Spektrale Sensibilitätsbereiche des LANDSAT TM und des DAEDALUS ATM im Vergleich mit spektralen Reflexionskurven gesunder und geschädigter Vegetationsbestände (aus* AMANN *1989)*

Die radiometrische Auflösung

Um ein verwertbares elektrisches Signal zu erzeugen, steht dem Detektor in der gegebenen kurzen Integrationszeit jeweils nur eine sehr geringe Menge eingestrahlter Energie zur Verfügung. Zudem können die objektbedingten Unterschiede dieser Energiemengen von Bildelement zu Bildelement denkbar gering sein. Die Detektoren müssen daher in der Lage sein, sowohl kleine Energiemengen in elektrische Signale zu wandeln als auch feinste Unterschiede der eingestrahlten Energiemengen noch in unterschiedliche Signale umzusetzen.

Die *spektrale Empfindlichkeit* $R_{(\lambda)}$ *(spectral responsitivity)* eines Detektors wird durch

$$R_{(\lambda)} = \frac{V}{\Phi_\lambda} \qquad [V \cdot W^{-1}] \tag{127}$$

beschrieben. V ist die vom Detektor als Signal erzeugte elektrische Spannung in Volt und Φ_λ der vom Detektor empfangene Strahlungsfluß mit der Wellenlänge λ in Watt.

Beeinträchtigt wird diese Fähigkeit der Detektoren durch das von internen und externen Ursachen hervorgerufene *Rauschen* der entstehenden Signale (hierzu z. B. ROBINSON u. DEWITT 1983, NORWOOD und LANSING 1983, S. 360–363). Seine Stärke ist wellenlängenabhängig. Es überlagert die auf die Objektreflexion zurückgehenden Signale. Geringe, aber objekttypische Reflexionsunterschiede können dadurch ggf. maskiert werden. Objektbedingte Strahlungsunterschiede müssen daher so deutlich sein, daß sie sich trotz des gegebenen Rauschens in den durch den Detektor erzeugten elektrischen Signalen erkennen lassen.

Das *Verhältnis der Signalstärke zum Rauschen* (*signal to noise ratio*, S/N) wird damit zum entscheidenden Kriterium. Es wird für die eingetroffene Strahlung einer gegebenen Wellenlänge von mehreren Faktoren beeinflußt. Es nimmt zu mit Zunahme der Bandbreite des Spektralkanals, des IFOV des Scanners bzw. der Detektorfläche und damit auch der Menge der eintreffenden Strahlungsenergie. Das S/N Verhältnis wächst ferner auch mit Zunahme der Flughöhe und Abnahme der Fluggeschwindigkeit des den Scanner tragenden Flugkörpers.

Setzt man $R_{(\lambda)}$ aus Formel (127) in Beziehung zum Rauschen v_n des Detektors, so erhält man die spektrale, rauschäquivalente Strahlungsenergie (NEP$_{(\lambda)}$ = spectral noise equivalent power). v_n wird dabei als Standardabweichung des Rauschens, und zwar bezogen auf die Bandbreite von 1 Hz angegeben.

$$NEP_{(\lambda)} = \frac{v_n}{R_{(\lambda)}} = \Phi_{(\lambda)} \frac{v_n}{V} \quad [W] \tag{128}$$

v_n/V ist als Reziprokwert des S/N-Verhältnisses zu erkennen.

Die in Abb. 312 als Ordinatenmaß verwendete *normalisierte/spektrale Detektivität* eines Detektors ist (nach JONES 1959, zit. n. ROBINSON u. DE WITT 1983).

$$D^*_{(\lambda,f)} = \frac{1}{NEP_{(\lambda)}} \sqrt{A_d \cdot \Delta f} \quad [cm \ Hz^{1/2} \ W^{-1}] \tag{129}$$

wobei A_d die Detektorfläche in cm^2 und Δf die Bandbreite des Spektralkanals in Hz bedeuten. Anstelle von (128) kann deshalb NEP$_{(\lambda)}$ auch mit

$$NEP_{(\lambda)} = \frac{1}{D^*_{\lambda,f}} \sqrt{A_d \cdot \Delta f} \tag{130}$$

ausgedrückt werden. Die Abhängigkeit der rauschäquivalenten Strahlungsenergie auch von der Größe der Detektorfläche und der Bandbreite des Spektralkanals wird dadurch evident. NEP$_{(\lambda)}$ ist die kleinste, in den erzeugten Signalen noch erkennbare Strahlungsleistung und damit ein Ausdruck der *effektiven radiometrischen Auflösung*. Die radiometrische Auflösung in den einzelnen Spektralkanälen eines multispektralen Scanners gibt man dementsprechend an als *die kleinste meßbare Änderung rauschäquivalenter Strahldichten*, NE $\Delta\rho_{(\lambda)}$ (*spectral noise equivalente reflectance*), bzw. *für Thermalkanäle* NEΔt an (Tab. 66). Die rauschäquivalente Strahldichte findet man in der Literatur auch mit NE$\rho_{(\lambda)}$ bezeichnet. Die Werte werden bei der Kalibrierung des Scanners vor dessen Einsatz ermittelt.

Setzt man die rauschäquivalente Strahldichte zu typischen Strahldichten der für eine Auswertung interessierenden Objekte in Beziehung, so zeigt sich, in welchem Maße für diese Objekte die von den Reflektoren erzeugten Signale das Rauschen übersteigen. Die Brauchbarkeit der einzelnen Spektralkanäle für die betreffende Fernerkundungsaufgabe läßt sich dadurch prüfen.

Ein weiteres Kriterium für die radiometrischen Eigenschaften eines Scanners ist seine *radiometrische Stabilität*. Sowohl die mechanisch bewegten Teile als auch die Spiegeloptik, die Detektoren und die Referenzstrahler unterliegen der Alterung und Degradation. So kann z. B. der Lichtdurchsatz durch die Teleskopoptik schon nach zwei bis drei Einsatzjahren deutlich sinken und die radiometrische Empfindlichkeit der Detektoren mehr und mehr nachlassen. Es wurden auch Abhängigkeiten der Empfindlichkeit der Detektoren vom Blickwinkel des Scanners bis zu 20 % beobachtet (AMANN 1991).

TM			MSS	
Spektralkanal	NE $\Delta\rho_{(\lambda)}$	NE Δt	Spektralkanal	NE $\Delta\rho_{(\lambda)}$
λ in µm	in %	k	λ in µm	in %
1	*2*	*3*	*4*	*5*
0,45–0,52	0,8			
0,52–0,60	0,5		0,50–0,60	0,57
0,63–0,69	0,5		0,60–0,70	0,57
0,76–0,90	0,5		0,70–0,80	0,65
1,55–1,75	1,0		0,80–1,10	0,70
2,08–2,35	2,4			
10,04–12,50		0,5		

Tab. 66: *Radiometrische Auflösung der Spektralkanäle des TM und MSS im LANDSAT 4 (aus* FREDEN *u.* GORDON *1983)*

Bei Flugzeugscannern kann dem durch regelmäßige Wartung der mechanischen und optischen Teile sowie durch Nachkalibrierungen der Detektoren und Referenzstrahler z.T. begegnet werden. Bei Satellitenscannern ist dies nicht möglich, so daß deren Einsatzzeit a priori zeitlich begrenzt sein muß. Beim TM und MSS kommt es zudem durch die nicht völlig gleiche radiometrische Empfindlichkeit der für den gleichen Spektralbereich eingesetzten 16 bzw. 6 Detektoren (siehe 5.1.1.1.) zu streifenweisen Unregelmäßigkeiten der Signale. Sie kann und muß durch entsprechende radiometrische Korrekturen (vgl. 5.4) bei der Datenprozessierung weitgehend behoben werden.

Die Grauwertauflösung

Unter der Grauwertauflösung versteht man die Anzahl der Grauwertstufen in die die elektrischen Analogsignale durch die A/D-Wandlung im Aufnahmesystem eingeteilt wird. Auch dies wird gelegentlich als radiometrische Auflösung eines Scanners bezeichnet. Obwohl die zuvor beschriebene, physikalisch begründete radiometrische Auflösung und die bei der Digitalisierung der erzeugten Signale vorgenommene Einteilung in Grauwertstufen inhaltlich zusammengehören, sollte man beides begrifflich auseinanderhalten.
   Die Grauwertauflösung von Scannern nimmt wegen der für die digitale Bildverarbeitung notwendigen Darstellung der Signalwerte als binäre Zahlen (vgl. 5.1.1.1), Werte von 2^x an. Bei den für Fernerkundungszwecke entwickelten Scannern (einschließlich der optoelektronischen, s. Kap. 5.1.2) liegen die Grauwertauflösungen zwischen 2^6 und 2^{16}. Die praktisch bedeutenden opto-mechanischen Zeilenabtaster TM, DAEDALUS 1268 u. a., BENDIX^{2}S (vgl. Tab. 52–54) lösen in 2^8=256 Stufen auf. Der MSS im LANDSAT 1–5 hatte eine Grauwertauflösung von 2^6=64 Stufen, die durch „Resampling" im Zuge der Datenverarbeitung auf 2^7=128 (LANDSAT 1–3) bzw. 2^8=256 (LANDSAT 4–6) gebracht wurden und in dieser Form auf computernutzbarem Magnetband (CCT) dem Nutzer zur Verfügung standen.

5.1.2 Opto-elektronische Zeilenabtaster (Pushbroom-Scanner)

5.1.2.1 Aufbau und Funktionsweise

Opto-elektronische Zeilenabtaster nehmen das überflogene Gelände ebenfalls streifenweise rechtwinklig zur Flugrichtung auf. Die Aufnahmen können auch hier von Flugzeugen oder Weltraumflugkörpern aus mono- und/oder multispektral erfolgen. Dabei
werden Scanner mit einer sehr großen Anzahl engbandiger Spektralkanäle (z. B. PMI,
GER 63, ROSIS, MERIS in Tab. 67) als *abbildende Spektrometer* (imaging spectrometer)
bezeichnet. Im Gegensatz zu opto-mechanischen Scannern werden die Bildelemente im
Streifen nicht nacheinander sondern zeitgleich aufgenommen. Dies wird erreicht durch die
Verwendung von Zeilensensoren (linear detector arrays), die aus einer Vielzahl (vgl. Tab.
67, Sp. 7) kleinster Photoelemente bestehen und nach dem CCD-Prinzip (CCD = charge
coupled device) funktionieren. Für jeden Spektralkanal eines multispektralen Push-
broom-Scanners wird ein solcher Zeilensensor eingesetzt. Die Zeilen liegen dabei nebeneinander, so daß sich bei spektral hochauflösenden Aufnahmesystemen zweidimensionale
Detektoranordnungen ergeben. Die Detektorplatten des PMI (= Programmable Multispectral Imager) von MONITEQ, der in 288 verschiedenen Spektralkanälen aufzunehmen
gestattet, sind z. B. mit 288 x 385 Detektoren bestückt.

Der Aufnahmemodus eines opto-elektronischen Zeilenabtasters ist in Abb. 215, sein
Aufbau und seine Funktionsweise in Abb. 216 schematisch dargestellt. Die zeitliche Aufnah-
mefolge Δt für die Streifen wird vom Verhältnis der Fluggeschwindigkeit zur Flughöhe und
dem Aufnahmewinkel ω für das einzelne Bildelement bestimmt. ω ist dabei vom Verhältnis
der Seitenlänge der Detektorfläche zur Brennweite der Aufnahmeoptik abhängig.

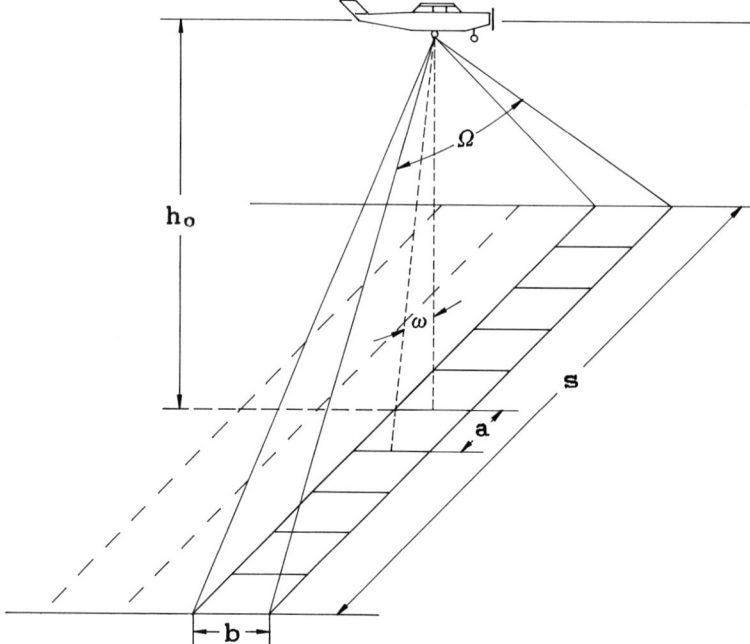

Abb. 215: *Aufnahmemodus eines opto-elektronischen Zeilenabtasters (Pushbroom-Scanner)*

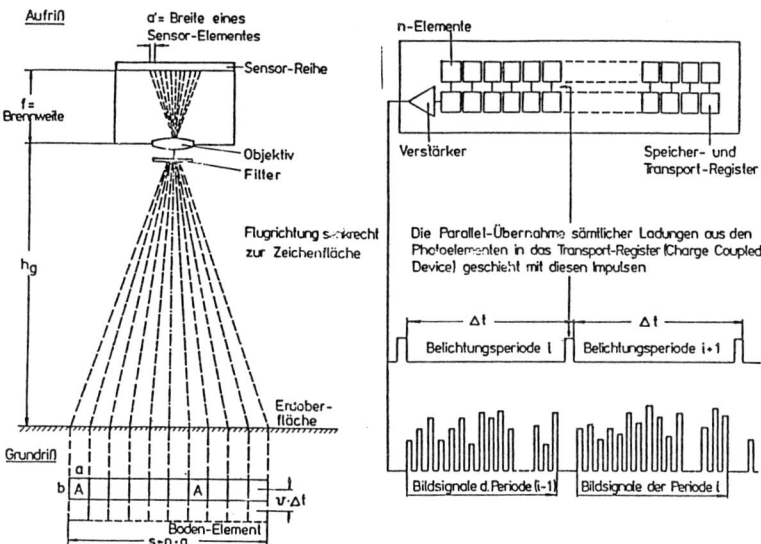

Abb. 216: *Aufbau und Funktionsweise eines opto-elektronischen Zeilenabtasters (nach O.*
HOFMANN *1976)*

Die vom Gelände reflektierte Strahlung wird über ein Objektiv aufgenommen und durch
eine stets geöffnete Schlitzblende zu den Detektoren des Zeilenscanners bzw. des Detektor-
feldes geleitet. Opto-elektronische Scanner verfügen dafür ggf. auch über mehrere Aufnah-
meeinheiten (Kameras). Die spektrale Zerlegung erfolgt entweder durch vor dem Sensor
befindliche Filter oder durch einen im Linsensystem integrierten Transmissions-Gitterspek-
trographen. Durch die in elektronisch gesteuerten zeitlichen Abständen Δt erfolgenden
Belichtungen bauen sich in kleinsten Sekundenbruchteilen in den Photoelementen proportional zur eintreffenden Strahlungsenergie elektrische Spannungen auf. In gleichen Zeitin-
tervallen Δt werden sämtliche Ladungen mit einem einzigen Impuls auf parallel zu den
Photoelementen angeordnete Speicherelemente übertragen, von dort abgelesen und über
einen Verstärker in Form elektrischer Signale ausgegeben (hierzu Abb. 216).
    Die Registrierung der Signale erfolgt – wie bei opto-mechanischen Scannern – nach A/
D-Wandlung auf Magnetband zunächst in hochverdichteter Form und später zur weiteren
digitalen Bildverarbeitung auf einem CCT. Ebenso ergeben die aufgenommenen Daten
für das gewählte Bildformat wiederum für jeden aufgenommenen Spektralkanal eine
Grauwertmatrix (Abb. 208).

Im *Gegensatz* zu opto-mechanischen Abtastern sind opto-elektronische auch zur Aufnahme von Stereobildpaaren geeignet. Sie müssen dazu jedoch entsprechende Konstruktionsmerkmale aufweisen. Die Stereoaufnahme ist auf zwei Wegen möglich und auch
verwirklicht worden, nämlich durch Aufnahmen mit unterschiedlicher Ausrichtung *entlang* des Flugstreifens (Abb. 217) oder *von zwei verschiedenen Flugstreifen aus* (Abb. 218).
Im ersten Fall ist das Aufnahmesystem entweder mit einer nach vorn und einer nach
hinten ausgerichteten Optik und dazu gehörendem Zeilensensor *oder* mit in der Bildebene eines Objektivs angeordneten, die Zeilensensoren tragenden Fokalplatte ausgerüstet. Zusätzlich zu beiden Schrägaufnahmen wird ggf. noch eine dritte in Nadirrichtung
genommen.

Scanner Plattform[1]	Anzahl Optiken	Spektralkanäle				Detektoren je Zeile	Ω	ω	s	a[2]	Stereokapazität
		VIS	NIR	MIR	THIR			(Abb. 215)			
	n	m				n	Grad	m rad	km	m	
1	*2*	*3*	*4*	*5*	*6*	*7*	*8*	*9*	*10*	*11*	*12*
MOMS-01 SPAS	4	1	1	–	–	6912	26,7	0,067	140	20	nein
MEIS II Flugzeug	8	3	5	–	–	1728	30,7	0,700			nein
HRV (MSS)	2	2	1	–	–	3000	4,3	0,024	60	20	ja
HRV (PAN) SPOT	1	–	–	–		3000	4,3	0,012	60	10	ja
MESSR MOS 1	2	2	–	–		2000	6,3	0,055	100	50	nein
MSU-E KOSMOS 1500	2	2	1	–	–	1000	4,0	0,068	45	44	nein
LISS I	1	3	1	–	–	2048	9,4	0,080	148	72	nein
LISS II IRS 1A, 1B	2	3	1	–	–	2048	4,7	0,040	74	36	nein
OPS JERS-1	1	2	2	4	–	4096	7,5	0,032	75	18	ja
MOMS-02 Shuttle	5	3	1	–	–	6000	16,4	0,050	78	13,5	nein
			2			6000	16,4	0,050	78	13,5	ja
			1			8500	7,9	0,016	37	4,5	nein
AVNIR ADEOS[3]		3	1				5,7	0,020	80	16	nein
	1	1	–	–	–	5184	11,8	0,033	62	12	nein
HRSC ARGUS[3]		2	Schrägaufnahme			5184	11,8	0,066	62	24	ja
		3	1	–	–	5184	11,8	0,133	62	48	nein
		2				5184	11,8	0,166	62	24	nein
WAOSS ARGUS[3]	1	3	–	–	–	5184	80,0	0,323	519	97	ja

[1] Flughöhen siehe Tab. 73, [2] a im Nadir, [3] in Vorbereitung

Abkürzungen in Sp. 1 (soweit nicht schon in Tab. 63): MOMS = Modular Optical Multispectral Scanner, SPAS = Shuttle Palette Satellite, MEIS = Multi-Detector Electrooptic Imaging Sanner, HRV = Hugh Resolution Visible; SPOT = Satellite pour Observation de Terre, MESSR = Multispectral Electronic Self-Scanning Radiometer, LISS = Linear Imaging Self-Scanning Sensor, IRS = Indian Remote Sensing Satellite, OPS = Optical Sensor, JERS = Japanese Earth Resources Satellite, AVNIR = Advanced Visible and Near Infrared Radiometer, HRSC = High Resolution Stereo Camera, WAOS = Wide Angle Optoelectronic Stereo Scanner

Tab. 67 a: *Beispiele opto-elektronischer Zeilenabtaster*

Spektro-meter Plattform	Anzahl Opti-ken	Spektralkanäle				Detekto-ren je Zeile	Ω	ω	s	a[1]	Stereo-kapazi-tät
		VIS	NIR	MIR	THIR		(Abb. 215)				
	n		n			n	Grad	m rad	km	m	
1	*2*	*3*	*4*	*5*	*6*	*7*	*8*	*9*	*10*	*11*	*12*
PMI/FLI Flugzeug	5	8[2] 288[3]	–	–		1925[4] 40	70,0 70,0	1,3			ja
GER 63 GER Thermal Flugzeug	4	11 | 13 1	39 1	– 10		512 1024	90 90	2,5[5] 3,5 4,5	abhängig von der jeweiligen Flughöhe		nein nein
ROSIS Flugzeug		54[6]	–	–		512	17,1	0,57			nein
MERIS[7] ENVISAT[7]	6	15[8]	–	–		3456 (6x576)	82,0	0,31	1450	250[9]	nein

[1] a im Nadir, [2] Spatial mode, Kanäle zwischen 0,4-0,8 μm wählbar, [3] Spectral mode, [4] 5 x 385 Detektoren, [5] Optionen für ω, [6] jeweils 32 aus 54 wählbar zwischen 0,43 und 0,85 μm, [7] in Vorberei-tung, [8] wählbar zwischen 0,4 und 1,05 μm, [9] bei geplanter Flughöhe 800 km, Optionen für Auflösung

Abkürzungen in Sp. 1: PMI = siehe Text, FLI = Fluorescence Line Imaginer, GER = General Environmental Research, ROSIS = Reflective Optics System Imaging Spectrometer, MERIS = Medium Resolution Imaging Spectrometer, ENVISAT = Environmental Satellite

Tab. 67 b: *Beispiele abbildender Spektrometer*

Beispiele für die erste Möglichkeit bieten die in Tab. 67 a/b aufgenommenen Systeme MOMS-02 (O. HOFMANN et al. 1984, ACKERMANN et al. 1991), OPS, PMI/FLI (BORSTAD et al. 1985) und die zur Marserkundung vorgesehenen HRSC und WAOSS (ALBERTZ et al. 1993). MOMS-02 ist vom NASA-Shutle aus 1993 eingesetzt worden; weitere Aufnahmen sind von der russischen Weltraumstation MIR aus vorgesehen. Seine Entwicklung – zunächst unter dem Namen Stereo-MOMS – war schon 1976 angedacht worden (HOFMANN 1976). OPS operiert seit dem November 1992 von JERS aus. Auch für LANDSAT 7 ist ein opto-elektrischer Scanner vorgesehen (COLVOCORESSES 1990).

Die zweite Lösung für Stereoaufnahmen mit opto-elektronischen Zeilenabtastern ist im französischen Erderkundungssatelliten SPOT (Satellite pour observation de terre) verwirklicht. Die Aufnahmerichtung der beiden opto-elektronischen HRV-Scanner (HRV = high resolution visible) kann durch einen vor der Eingangsoptik angebrachten Schwenkspiegel stufenweise bis zu 27° seitlich nach rechts und links der Flugbahn verändert werden. Ein bestimmter Geländestreifen kann dadurch einmal beim Überflug in Nadirrichtung und beim späteren Überflug eines benachbarten Streifens von dort aus in schräger Perspektive bzw. von zwei Fluglinien aus konvergent aufgenommen werden (Abb. 218). Bei beiden Lösungen können Stereoaufnahmen mit einem für stereophotogrammetrische Messungen und Kartierungen brauchbaren Basisverhältnis δ (Kap. 4.1.5.6) durchgeführt werden.

Die Aufnahme *in* Flugrichtung ist sowohl im Hinblick auf die Akquisition der Daten als auch auf deren Prozessierung und photogrammetrische Bearbeitung vorteilhafter. Sie kann die Grundlage für ein voll digitales photogrammetrisches System bilden und eröffnet die Chance, daß solche Aufnahmen aus dem Weltraum in Zukunft auch topographischen Kartierungen mit hohen geometrischen Ansprüchen gerecht werden können.

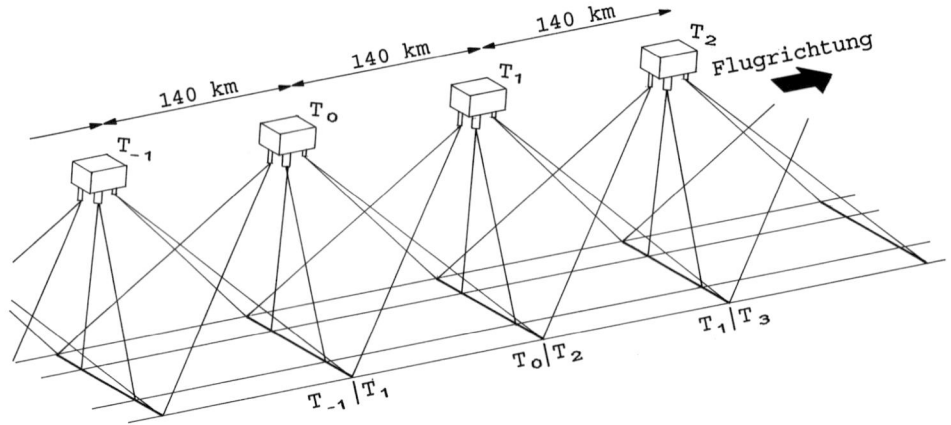

Abb. 217: *Aufnahmeprinzip beim MOMS-02. Auf breitem Streifen: Stereoaufnahme, auf schmalem Mittelstreifen: hochauflösende, monospektrale Nadiraufnahme.*

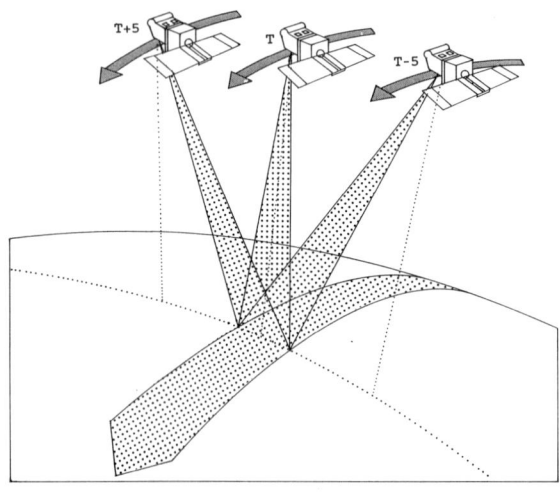

Abb. 218:
Prinzip der Stereoaufnahmen beim HRV Sensor des SPOT. Passagen des SPOT an den Tagen T (= Nadiraufnahme), T+5, T–5

5.1.2.2 Geometrie der Aufzeichnung

Die Geometrie einer opto-elektronischen Scanneraufzeichnung ist durch die zeitgleiche Aufnahme eines ebenen Strahlenbündels durch eine rechtwinklig zur Aufnahmeachse in der Brennebene liegende Detektorzeile einfacher als jene opto-mechanischer Zeilenabtaster. Weder Panoramaverzerrungen noch s-förmige Deformationen der Scanzeile (siehe Kap. 5.1.1.2) treten auf. Ebenes Gelände und lotrechte Aufnahme vorausgesetzt, wirkt sich bei einem gegebenen Scanner nur die Erdkrümmung (bei Aufnahmen aus dem Weltraum) auf die Größe der von den Pixeln erfaßten Bodenelemente aus. Die Länge einer Abtastzeile und damit die Breite des Aufnahmestreifens s bestimmt sich wie bei opto-mechanischen Scannern nach Formel (120) und kann hier auch aus

$$s = \frac{h_g}{f} \cdot s' \tag{131}$$

berechnet werden. Die Größe des von jedem einzelnen Detektor erfaßten Bodenelements und damit die räumliche Auflösung des Scanners ist, wie Abb. 215 zeigt, quer zur Flugrichtung

$$a = a' \frac{h_g}{f} \tag{132}$$

und die Flugrichtung

$$b = \Delta t \cdot v \tag{133}$$

Anstelle von (132) und (133) kann man a und b auch nach (121) berechnen. Dabei sind ggf. nach Spezifikationen des Scanners für ω unterschiedliche Werte zu verwenden.

Bei Aufnahmen aus dem Weltraum sind die Erdkrümmung und die Refraktion in gleicher Weise wie bei Luftbildaufnahmen bzw. opto-mechanischen Scannern zu berücksichtigen. Entsprechende Korrekturen werden für die Aufzeichnungen der bereits routinemäßig operierenden Scanner HRV, LISS, OPS (Tab. 67) im Zuge der Datenvorverarbeitung vorgenommen. Der Nutzer erhält also bereits in dieser Hinsicht korrigierte Daten. Gleiches gilt für die auch bei opto-elektronischen Scanneraufzeichnungen durch den Einfluß der Erdrotation auftretenden Verschiebungen der Scanstreifen zueinander (vgl. Kap. 5.1.1.2).

In jedem Scanstreifen wird durch das aufgenommene ebene Strahlenbündel der entsprechende Geländestreifen zentralperspektivisch abgebildet. Es gelten dabei die Gesetze der Zentralperspektive, wie sie für Luftbilder aus Kap. 4.2.2 bekannt sind. Bei Stereoaufnahmen im Sinne der Abb. 217 entstehen von jedem Aufnahmeort aus für zwei oder drei gleichbreite Geländestreifen solche zentralperspektive Abbildungen. Als systembedingte Abbildungsfehler gegenüber einer orthogonalen Darstellung der Grundrißsituation treten beim Vorkommen von Höhenunterschieden im Gelände dementsprechend Punktversetzungen auf, und zwar $\Delta y'$ in Abtastrichtung einer Nadiraufnahme und $\Delta y', x'$ in den Scanstreifen einer Schrägaufnahme. In gebirgigen Aufnahmegebieten nimmt $\Delta y'$ in Flugzeugscanneraufzeichnungen, bedingt durch den großen Öffnungswinkel Ω dieser Aufnahmesysteme, gegen Ende der Scanstreifen ggf. gravierende Ausmaße an. Bei Stereoaufnahmen im Sinne der Abb. 217 ist die Größe von $\Delta x'$ neben den Geländehöhenunterschieden von der Neigung der Aufnahmeachse dieser Aufnahmen abhängig. Die Versetzungen führen dabei dazu, daß sich beim Vorkommen von Geländehöhenunterschieden die in den Nadir-Scanstreifen abgebildeten Geländeorte in unterschiedlichen Scanstreifen der Schrägaufnahmen wiederfinden.

Neben den genannten systembedingten Verzerrungen kann es auch bei opto-elektronischen Aufnahmen in Analogie zu Luftbild- und opto-mechanischen Scanner-Aufnahmen zu zufälligen kommen. Sie sind der in Abb. 212 schematisch dargestellten Art ähnlich und gehen auf Veränderungen der Flughöhe und -geschwindigkeit sowie der Lage des Flugkörpers (Längs- und Querneigung, Kantung) zurück.

Zur Korrektur dieser Verzerrungen sind streng genommen die sechs Orientierungsparameter (Kap. 4.2.4) für jeden Scanstreifen erforderlich. Es besteht aber – zumindest für Aufnahmen aus dem Weltraum – eine hohe Korrelation der Orientierungsparameter benachbarter Scanstreifen. Dies läßt es zulässig erscheinen, die Orientierungselemente nur in bestimmten Abständen zu erfassen und daraus die für jeden einzelnen Streifen benötigten durch Interpolation zu gewinnen. Firmen und Institutionen, die Aufzeichnungen opto-elektronischer Satellitenscanner vertreiben (hierzu Kap. 5.2) liefern auf Bestellung auch Daten und Bilder, in denen diese zufälligen Abbildungsfehler korrigiert sind und die eine dementsprechende Geokodierung aufweisen.

5.1.2.3 Radiometrische Eigenschaften

Für Parameter, welche die radiometrischen Eigenschaften opto-elektronischer Zeilenabtaster beschreiben, gilt das für die opto-mechanischen in Kap. 5.1.1.3 Gesagte gleichermaßen. Zwischen beiden Scannertypen bestehen aber Unterschiede hinsichtlich der Kapazitäten für die spektrale Auflösung, die Grauwertauflösung und den mit der radiometrischen Stabilität und Homogenität der Detektoren in Zusammenhang stehenden Problemen.

Die spektrale Auflösung

Im Bezug auf die Anzahl der Spektralkanäle und Bandbreiten ist zwischen opto-elektronischen Scannern mit nur wenigen (z. B. 2–8) Spektralkanälen und spektral sehr hoch auflösenden, abbildenden Spektrometern mit 64–288 Spektralkanälen zu unterscheiden. Der Aufnahmemodus folgt bei beiden Typen unter Nutzung der CCT-Technik dem gleichen, in Kap. 5.1.2.1 beschriebenen Prinzip. Der Entwicklung beider Typen liegen aber im Spannungsfeld zwischen räumlicher und spektraler Auflösung unterschiedliche Überlegungen im Hinblick auf deren Einsatz für Fernerkundungszwecke zugrunde.

Scanner mit nur wenigen Spektralbändern sind in erster Linie für Langzeitmissionen auf Weltraumflugkörpern und damit für großräumige bis globale Zustandserfassungen und -beobachtungen konzipiert worden. Durch Einführung von Stereoaufnahmen sollen sie in Zukunft auch die Datengrundlage für topographische und thematische Kartierungen mit Mitteln der digitalen Photogrammetrie liefern.

Die Entwicklung spektral hochauflösender *abbildender Spektrometer* zielt dagegen auf die Datenbeschaffung für detaillierte Untersuchungen geowissenschaftlicher Sachverhalte und für Signaturanalyse. Man hofft durch sehr große spektrale Auflösung Phänomenen auf die Spur zu kommen, die bei den herkömmlichen, etwas breiteren Bandbereichen der Spektralkanäle bisher verborgen blieben. Die große spektrale Auflösung muß dabei durch größere Öffnungswinkel ω kompensiert werden, um ausreichend Strahlungsenergie für die Messung und den Bildaufbau in den schmalbandigen Spektralkanälen empfangen zu können. Die Abhängigkeit von räumlicher und spektraler Auflösung bei Zeilensensoren wird modellhaft in Abb. 219 verdeutlicht. Angesichts der großen Variabilität der spektralen Reflexion von Vegetations-, Boden- und Wasseroberflächen müssen die vom einzelnen Pixel erfaßten Bodenelemente, d. h. die Integrationsflächen der Aufnahme, ausreichend klein sein um aussagefähige Informationen zu liefern. Abbildende Spektrometer sind deshalb bevorzugt von relativ tieffliegenden Flugzeugen aus einzusetzen: Ihr Einsatz für großräumige Aufnahmen aus dem Weltraum ist aber in Zukunft nicht auszuschließen, im Zuge experimenteller Missionen besonders für ozeanographische Fragestellungen sogar wahrscheinlich. Von Ozeanographen, Gewässerkundlern und Fischereiwirtschaftlern ging auch in erster Linie der Anstoß zur Entwicklung abbildender Spektrometer aus, um die Chlorophyll-Fluoreszenz submerser Pflanzen, Phytoplanktonkonzentrationen, -ausbreitung und -veränderungen messen zu können (z. B. BORSTAD et al. 1985). Aufnahmen aus dem Weltraum führen bei $\omega \geq 0,3$ m rad (z. B. MERIS, vgl. Tab. 67b) zu Bodenauflösungen von 100 m bis zu mehreren hundert Metern. Ein praktischer Informationsgewinn für die *vegetationskundliche* Fernerkundung der Landoberfläche ist daher gegenüber spektral weniger hoch auflösenden Aufzeichnungen mit räumlichen Auflösungen im 5–30 m Bereich nicht zu erwarten.

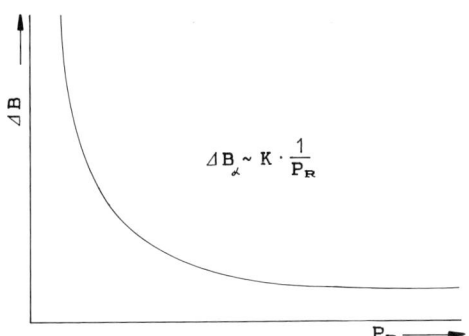

Abb. 219:
Beziehung zwischen räumlicher und spektraler Auflösung bei Zeilensensoren

Die *Parameter der spektralen Auflösung* opto-elektronischer Scanner mit wenigen Kanälen sind in Tab. 68 zusammengestellt. Die Tabelle enthält die für Fernerkundung der Erdoberfläche im Einsatz befindlichen oder gewesenen Scanner dieser Art. Einbezogen ist mit dem AVNIR ein Gerät, das mit hoher Wahrscheinlichkeit in der zweiten Hälfte der neunziger Jahre vom japanischen Satellitensystem ADEOS zum Einsatz kommt.

Die *Bandbreiten der Spektralkanäle* dieser Sensoren entsprechen im wesentlichen denen opto-mechanischer Scanner. Sie liegen im sichtbaren Licht und nahen Infrarot zwischen 0,06 und 0,14 μm sowie zwischen 0,18 und 0,44 μm im mittleren Infrarot.

Die Lage der Spektralkanäle ist aus technischen Gründen auf die Bereiche des Spektrums beschränkt, in denen Detektoren verwendet werden können, die ohne Kühlung operieren, wie z. B. Silizium- und Silicon- bzw. für Wellenlängen zwischen 1,2 und 2,5 μm auch Germanium-Dioden.

Die gleiche Beschränkung bezüglich der Lage der Spektralkanäle gilt mit einer Ausnahme auch für die abbildenden Spektrometer (Tab. 67b). Die Aufnahme der Strahlung im mittleren Infrarot ist dabei nur bei GER 63 möglich. Die GENERAL ENVIRONMENTAL RESEARCH Corp. (GER) entwickelte darüber hinaus als bisher einziger Hersteller einen opto-elektronischen 24-Kanal Thermalscanner. Im übrigen ist die spektrale Auflösung der wählbaren Spektralkanäle bei abbildenden Spektrometern deutlich größer als bei Pushbroom-Scannern (vgl. Tab. 67 a vs. 67 b und Tab. 69, Sp. 4).

Weitere radiometrische Sachverhalte

Die Zeit, in der bei optisch-mechanischen Scannern *ein* Detektor die Strahlung entlang einer *ganzen Scanzeile* aufnehmen muß, steht bei elektro-optischen Scannern und abbildenden Spektrometern für den Empfang der Strahlung *eines* Bodenelements gleicher Größe zur Verfügung. Der Strahlfluß Φ, der jedem Detektor eines opto-elektronischen Scanners zur Aufnahme eines dementsprechenden Bildelements zufließt, ist daher um ein Vielfaches größer als bei opto-mechanischen Systemen. Dies kann genutzt werden

– entweder zur Steigerung der spektralen Auflösung durch Herabsetzung der Bandbreite der Spektralkanäle,
– oder zur Erhöhung der räumlichen Auflösung durch Verringerung der Detektorflächen bzw. des IFOV
– oder – wie aus den Formeln (127)–(130) ableitbar ist – zur Verbesserung der radiometrischen Parameter S/N, D* und NEP bzw. NE Δρ und damit auch der radiometrischen Auflösung.

Sensor Plattform	Anzahl Kanäle	Spektralkanäle		Mittleres Infrarot
		Sichtbares Licht	Nahes Infrarot	Mittleres Infrarot
–	n	λ in μm		
1	*2*	*3*	*4*	*5*
HRV (MSS) HRV (PAN) SPOT	3 1	0,5-0,59 0,61-0,69 0,51-0,73	0,79-0,89	–
MSU-E KOSMOS 1500	3	0,5-0,6 0,6-0,7	0,8-0,9	–
LISS I u. II IRS-1a	4	0,45-0,52 0,52-0,59 0,62-0,68	0,77-0,86	–
MESSR MOS 1 u. 1b	4	0,51-0,59 0,61-0,69	0,73-0,8 0,8-1,1	–
OPS JERS 1	8	0,52-0,6 0,63-0,69	0,78-0,86 (2x)[1]	1,6-1,71 2,01-2,12 2,13-2,25 2,27-2,40
MOMS-01 Shuttle-Palette	2	0,58-0,63	0,83-0,98	–
MOMS-02 Shuttle u. MIR	4 2 1	0,44-0,505 0,53-0,575 0,64-0,68	0,77-0,81	–
		0,52-0,76[1]; 0,52-0,76[1,2]		
AVNIR ADEOS	4	0,45 0,55 0,67[3]	0,87[3]	–

[1] Stereokanäle; [2] räuml. hochauflösender Kanal; [3] Angaben der Mittelwellenlängen der Spektralkanäle.

Tab. 68: *Spektralkanäle opto-elektronischer Scanner (hierzu Tab. 67a, dort auch Abkürzungen aus Sp. 1)*

Je nach der vorrangigen Zweckbestimmung eines Scanners oder abbildenden Spektrometers nutzt man bevorzugt eine dieser Möglichkeiten, oder aber man sucht, abgestimmt aufeinander, Gewinn aus allen drei Möglichkeiten zu ziehen.

Dem erkennbaren Gewinn radiometrischer Eigenschaften der Aufnahmetechnik mit Zeilensensoren und CCD stehen physikalisch-technologische Probleme im Zusammenhang mit dem Grad der Homogenität und der Kalibrierung der Detektoren als Nachteil gegenüber. Auch erfordern radiometrische Korrekturen entsprechend höheren Aufwand. Die Schwierigkeiten gehen dabei – wie leicht zu erkennen ist – physikalisch-technologisch und bezüglich des Umfangs notwendiger Rechenprozesse auf die enorme Vervielfachung der Zahl an Detektoren zurück (vgl. Tab. 67 Sp. 7). Neben extrem hohen Anforderungen an die Detektoren, Detektorzeilen bzw. -flächen im Hinblick auf gleiches radiometrisches

Abbildendes Spektrometer (Hersteller)	Anzahl der Spektralkanäle	erfaßter Spektrabereich insgesamt	Bandbreite der Spektralkanäle
	n	μm	μm
1	*2*	*3*	*4*
PMI/FLI (MONITEQ)	288	0,43-0,80	0,0025
ROSIS (DASA/DLR/GKSS)	54	0,43-0,85	0,0047
GER 63 (GENERAL ENNI-RONA-RESEARCH Corp.)	24 7 32	0,43-1,08 1,08-1,80 1,98-2,49	0,0025 0,0120 0,0165
MODIS*	64	0,40-1,04	0,0100
MERIS* ESA/ESTEC u.a.	15	0,40-1,05	0,0025/0,025

* in Planung u. Vorbereitung

Tab. 69: *Spektrale Auflösung verschiedener auf CCD-Basis arbeitender abbildender Spektrometer.*

Leistungsvermögen, sind wegen der Vielzahl der Detektoren diffizilere und aufwendigere Kalibrierungs- und Korrekturprozesse erforderlich. Sie schließen auch die Ausschaltung von Folgen ein, die sich aus Mängeln der räumlichen Anordnung der Detektoren auf den Zeilensensoren und ggf. der Installation mehrerer Kameramodule sowie aus Kalibrierungsunterschieden für diese Module ergeben. Alle auf diese Sachverhalte zurückgehenden physikalisch-technologischen Probleme treten begreiflicherweise bei abbildenden Spektrometern in stärkerem Maße auf als bei Scannern mit nur wenigen Spektralkanälen (vgl. z. B. BORSTAD et al. 1985).

Auch bei den Detektoren opto-elektronischer Scanner und abbildender Spektrometer verändern sich die radiometrischen Leistungen mit der Zeit. So reduzierte sich z. B. die Empfindlichkeit der Detektoren der beiden Kameramodule des SPOT in den ersten 2,5 Jahren der Betriebszeit in dem in Tab. 70 angegebenen Ausmaß.

Wie zu erwarten verändern sich die radiometrischen Leistungen für die verschiedensten Zeilensensoren eines Scanners oder Spektrometers in unterschiedlichem Maße. Dies gilt auch für die einzelnen Detektorelemente eines jeden der Zeilensensoren. Es sind deshalb vor jeder Mission, bzw. bei Scannern, die von Satelliten aus operieren, fortlaufend Kalibrierungen und radiometrische Korrekturen und Abstimmungen aufeinander erforderlich. Unverzichtbar ist das vor allem, wenn periodisch aufgezeichnete Daten zur Fernerkundung von Veränderungen bestimmter Phänomene der Erdoberfläche herangezogen werden.

Die systembedingt notwendigen Korrekturen für die vom Satelliten aus aufgezeichneten Datensätze werden von den Datenzentren der verschiedenen Weltraumorganisationen oder von ihnen beauftragten Institutionen vorgenommen. Umfassende, systemspezifische Software ist hierfür entwickelt worden. Der Nutzer erhält daher radiometrisch bereits *system-*

Spektrakanal λ in μm	Reduzierung der spektralen Empfindlichkeit	
	Modul HRV-01	Modul HRV-2
1	*2*	*3*
Kanal 0,50-59 (grün)	13,5%	17,0%
Kanal 0,61-0,69 (rot)	20,0%	17,0%
Kanal 0,71-0,89 (NIR)	13,0%	11,0%
Kanal 0,51-0,73 (PAN)	4,0%	8,0%

Tab. 70: *Reduzierung der spektralen Empfindlichkeit der HRV-Scanner des SPOT in 2,5 Betriebsjahren (aus* WEISSFLOG *1993).*

korrigierte Daten und ggf. auch Kalibrierungsprotokolle. Die für die Auswertung oft wichtige und notwendige Ausschaltung bzw. Minimierung des Einflusses der Atmosphäre auf die empfangene reflektierte Strahlung wird dagegen i. d. R. dem Nutzer bei dessen objekt- und aufgabenorientierter Datenauswertung überlassen (vgl. Kap. 5.4.2.2).

Kalibrierungen und radiometrische Korrekturen der Aufzeichnungen abbildender Spektrometer erfolgen noch in Regie der Hersteller oder von diesen beauftragter Institutionen. Es ist in diesem Zusammenhang zu erwähnen, daß bisher nur wenige Systeme dieser Art gebaut wurden und diese noch überwiegend oder wie z. B. ROSIS noch ausschließlich für experiementelle, praeoperationelle Missionen eingesetzt werden.

Die radiometrisch erreichte Auflösung elektro-optischer Scanner wird durch die A/D-Wandlung der entstandenen Signale in Grauwerte umgesetzt. Die Quantifizierung in binären Zahlen setzt dabei wiederum (vgl. Kap. 5.1.1.3) das Maß für die *Grauwertauflösung*. Bei den in Tab. 68 genannten Systemen MSU-E und LISS I/II erfolgt diese Quantifizierung in 7 bit, bei den HRV-Scannern und bei MOMS-02 in 8 bit. Sie führt demzufolge zu 128 bzw. 256 Grauwertstufen. Die in Tab. 69 genannten abbildenden Spektrometer setzen die Analogsignale in Bytes zu 12 bit (PMI/FLI) und sogar 16 bit (GER 63), d. h. 4056 bzw. 65536 Grauwertstufen um. Eine so weit gehende Auflösung läßt natürlich nur dann nützliche Aussagen über untersuchte Objekte erwarten, wenn einerseits ausreichende radiometrische Stabilität gesichert werden kann und andererseits die räumliche Auflösung genügt, um objekt- oder zustandsbedingte Unterschiede der spektralen Reflexion differenziert erfassen zu können.

5.1.3 Videokameras

Videokameras sind opto-elektronische *Flächensensoren*. Auch sie sind Aufnahmegeräte im Sinne der Fernerkundung. Als nicht-photographische Systeme stehen sie *neben* den zuvor besprochenen opto-mechanischen und opto-elektronischen Zeilenabtastern bzw. Zeilensensoren. Auch bei Videokameras wird aufgenommene Lichtenergie in elektrische Signale gewandelt. Im Gegensatz zu Zeilenabtastern erfolgt dies aber im Bildformat der Kamera *flächenweise*.

Die Umwandlung der Lichtenergie in elektrische Signale erfolgt bei Videokameras entweder mittels Vidikonröhren oder CCD-Chips. Im folgenden wird deshalb zwischen Vidikon- und CCD-Kameras unterschieden. Die entstandenen elektrischen Signale werden entweder einem zum Empfang videofrequenter Signale (Frequenz bis etwa 5 MHz) eingerichteten Monitor zum Aufbau der Bilder *oder* zunächst einem Videorecorder zur

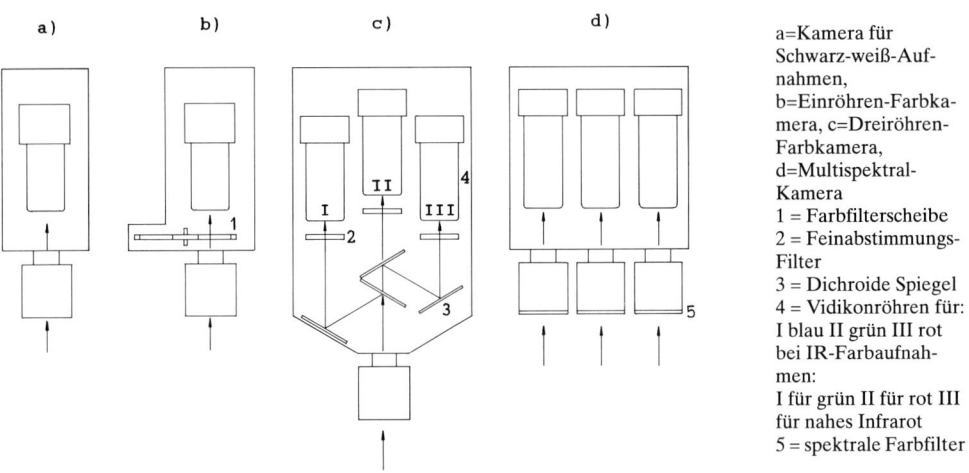

a) b) c) d)

a=Kamera für
Schwarz-weiß-Auf-
nahmen,
b=Einröhren-Farbka-
mera, c=Dreiröhren-
Farbkamera,
d=Multispektral-
Kamera
1 = Farbfilterscheibe
2 = Feinabstimmungs-
Filter
3 = Dichroide Spiegel
4 = Vidikonröhren für:
I blau II grün III rot
bei IR-Farbaufnah-
men:
I für grün II für rot III
für nahes Infrarot
5 = spektrale Farbfilter

Abb. 220: *Videokameras (nach* Meissner *1986)*

Speicherung oder bei CCD-Kameras nach A/D-Wandlung auch direkt einem Rechner
zugeführt.

Die Kapazitäten der auf dem Markt befindlichen Videokameras beider Arten sind je
nach Zweckbestimmung sehr unterschiedlich. Sie haben sich zudem im Hochleistungsbe-
reich in den vergangenen zwei Jahrzehnten kontinuierlich erweitert. Die Entwicklung im
Hinblick sowohl auf Kapazitätsverbesserungen als auch auf Spezialisierungen ist noch in
vollem Gange.

5.1.3.1 Vidikon-Kameras

Eine Vidikonkamera besteht im Wesentlichen aus drei Bauelementen: der Eingangsoptik,
der Vidikonröhre (bei Farbvideokameras ggf. auch mehrere Röhren) und dem Gehäuse.
Dazu gehören obligatorisch die Batterie oder ein Akku zur Stromversorgung und der
Signalausgang sowie fakultativ der elektronische Sucher oder ein integrierter Kontrollmonitor und ein eingebautes Mikrophon. Bei Farbaufnahmen mit einer Einröhrenkamera
sorgen Filterscheiben oder Farbstreifenfilter vor dem Vidikon für dessen sequentielle
Belichtung (Abb. 220). Bei Farbaufnahmen mit einer Dreiröhrenkamera wird das eintreffende Licht über ein System dichroider Spiegel spektral zerlegt und getrennt den drei
Röhren zugeführt. Farbinfrarotaufnahmen können nur mit einer Dreiröhrenkamera gewonnen werden (Abb. 220).

Für multispektrale Aufnahmen kann man drei mit unterschiedlichen Farbfiltern *vor*
den Objektiven bestückte Schwarz-Weiß-Videokameras benutzen. Sie werden mit paralleler Aufnahmerichtung – analog zu photographischen Kamerasets (Kap. 4.1.2.2,
Tab. 9) zusammen montiert. Bei der Aufnahme entstehen Bilder aus verschiedenen
Spektralbereichen, die man einzeln oder nach optischer oder digitaler Bildverarbeitung
auch als Farbkompositen auswerten kann (Abb. 220). Bekanntestes Beispiel hierfür ist die
im LANDSAT 1 und 2 eingesetzte Return Beam Vidicon Camera RBV. Für den Einsatz
von Flugzeugen aus beschreiben Nixon et al. (1985) ebenfalls einen solchen Kameraset.

Die Eingangsoptik (aller Arten von Videokameras) entspricht im Wesentlichen der von
photographischen Kameras. Sie besteht bei handelsüblichen Kameras heute i. d. R. aus
einem Zoom-Objektiv mit Brennweiten zwischen 8 mm und >50 mm, der Blende und ggf.

notwendigen Absorptionsfiltern. Die in Satelliten zur Fernerkundung eingesetzten Vidikonkameras benutzen Objektive mit feststehenden Brennweiten und Öffnungswinkeln. Objektive mit Öffnungswinkeln bis etwa 15° klassifiziert man gemeinhin als Teleobjektive und solche > 90° als Weitwinkelobjektive. Entsprechendes gilt auch für die Öffnungswinkelbereiche von Zoomobjektiven. Die Objektive der RBV-Kameras von LANDSAT 1 und 2 mit $\Omega = 11{,}5°$ und von LANDSAT 3 mit $\Omega = 7{,}95°$ zählen in diesem Sinne zu den Teleobjektiven. Vidikonkameras meteorologischer Satelliten, z. B. der TIROS- und ESSA-Serie[67], waren auch mit Normal- und Weitwinkelobjektiven mit Öffnungswinkeln von 78° bzw. 104° ausgestattet. Eine handelsübliche Videokamera mit einem Zoomobjektiv, dessen Brennweitenspanne von z. B. 8 bis 75 mm reicht, deckt den gesamten Bereich zwischen Weitwinkel- (8 mm) und Tele-Objektiv (75 mm) ab.

Die durch die Eingangsoptik eintretenden Strahlen erreichen in der Brennebene des Objektivs die sog. Signalplatte (=target) des Vidikon und die dort aufgebrachte, elektrisch geladene, hochempfindliche Halbleiter-Detektorschicht. Sie verursachen dort bildpunktweise proportional zur Intensität der eintreffenden Strahlung unterschiedliche Ladungsänderungen. Es entsteht ein „Ladungsbild", das durch einen Elektronenstrahl zeilenweise abgetastet wird. Bildpunktweise wird dadurch eine der jeweiligen Ladung entsprechende Menge elektrischer Energie freigesetzt. Helligkeitsunterschiede der aufgenommenen Lichtstrahlung sind damit in elektrische Signale gewandelt. Die Signale werden verstärkt und direkt einem Monitor (z. B. auch dem Kontrollmonitor der Kamera) oder zur Speicherung auf Magnetband dem Videorecorder zugeführt.

Die Aufnahme erfolgt wie bei Luftbildern flächenweise und zentralperspektivisch. Die auf der Signalplatte entstehenden und dort abgetasteten Ladungsbilder haben bei Videokameras, die bezüglich der Zeilenzahl der Fernsehnorm folgen, ein rechteckiges Format im Seitenverhältnis von 3:4 und bei den RBV Kameras der LANDSAT-1-3 ein quadratisches Format. Die Formatgröße ist vom Durchmesser der Aufnahmeröhre abhängig. Für handelsübliche und für die RBV-Kameras bestehen die in Tab. 71 gezeigten Beziehungen zwischen Durchmesser der Aufnahmeröhre und Abtastfläche. Die von einer Aufzeichnung erfaßte Geländefläche kann bei quadratischem Format wiederum aus Formel (120) und generell aus den Formatseiten der Abtastfläche S'_B und S'_L (Tab. 71 Sp. 4) und dem Verhältnis von Flughöhe über Grund h_g und der Brennweite f des Objektivs nach

$$S_i = S'_i \cdot \frac{h_g}{f} \tag{134}$$

berechnet werden. Die für die Aufnahme eines Geländestreifens der Breite S_B benötigte Flughöhe ist dementsprechend von der Breite der Abtastfläche des verwendeten Vidikons S'_B und der Brennweite des Kameraobjektivs abhängig:

$$h_g = S_B \cdot \frac{f}{S'_B} \tag{135}$$

In Abb. 221 sind für Videokameras mit Aufnahmeröhren mit 1/2", 2/3" und 1" Durchmesser und für jeweils Brennweiten von 8,5 mm (Weitwinkel), 25 mm (Normalwinkel), 50 mm (Schmalwinkel), die bei gewünschten Streifenbreiten (Abszisse) erforderlichen Flughöhen über Grund (Ordinate) ablesbar.

---

[67] TIROS = Television Infrared Observation Satellite, ESSA = Environmental Science Services Administration.

Typ der Kamera	Durchmesser der Aufnahmeröhre		Abtastfläche des Ladungsbildes S_B x S_L
	in Zoll	in mm	mm x mm
1	*2*	*3*	*4*
handelsübliche Videokameras mit Fernsehnorm	1/2" 2/3" 1"	12,7 16,9 25,4	6,4 x 4,8 8,8 x 6,6 16,8 x 9,6
RBV LANDSAT !-2	2"	50,8	25,6 x 25,6
RBV LANDSAT 3	2 1/2"	63,5"	32,8 x 32,8

Tab 71: *Beziehung zwischen Durchmesser der Aufnahmeröhre und Abtastfläche des Ladungsbildes bei Vidikonkameras*

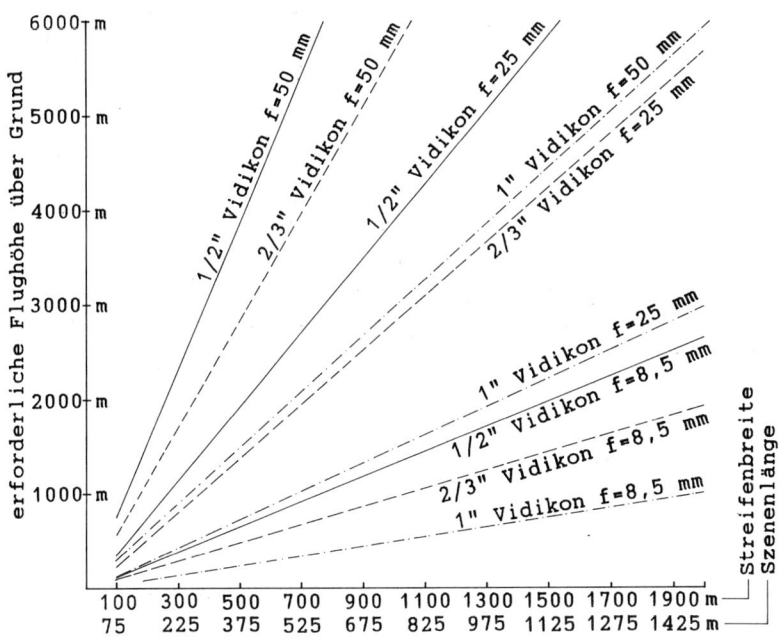

Abb. 221: *Erforderliche Flughöhen für gewünschte Breiten des Aufnahmestreifens bei Videokameras mit verschiedenen Bildformaten und Brennweiten*

Für die räumliche Auflösung der Aufzeichnung sind die Anzahl der durch den Elektronenstrahl vom Ladungsbild abgetasteten Zahlen (= vertikale Auflösung) und die der Bildelemente je Zeile (= horizontale Auflösung) bestimmend. Für Kameras, die der gültigen Fernsehnorm[68] folgen und bei denen die Breite (= Zeilenlänge) zur Länge der

---

[68] Die CCIR-Norm (= Comm. Consultative Int. de Radiodiffusion) schreibt 625 Zeilen pro Bild vor, die maximal 835 Pixel per Zeile zuläßt. Sie gilt in Europa (Ausnahmen Frankreich, Monaco = 819

Abtastfläche im Verhältnis 4:3 zueinander stehen, repräsentiert ein Abbildungselement der Abtastfläche eine Geländefläche der Größe

$$\frac{\text{Zeilenlänge der Abtastfläche}}{\text{Zeilenzahl der Norm} \cdot 1,3\overline{3}} \cdot \frac{h_g}{f} \tag{136}$$

Beispiel: Aufnahme mit einer 2/3" Kamera mit 625 Zeilen und einer Brennweite f=25 mm aus 1000 m Höhe. Nach Tab. 71 ist die Zeilenlänge 8,8 mm. Der Nenner des ersten Terms in (136) ist 625 · 1,3$\overline{3}$ = 833. Das Auflösungselement repräsentiert daher eine Geländefläche von 0.42 m x 0,42 m.

Die nach Formel (136) berechnete räumliche Auflösung wird freilich, bedingt u. a. durch die Trägheit der Vidikonröhre, nicht ganz erreicht. Die für Auf- und Abbau der elektrischen Ladung erforderliche Zeit führt zu dem sog. Nachzieheffekt, der die tatsächliche Auflösung mindert.

Vom Objektiv und dem Vidikon verursachte Verzeichnungen können durch digitale Bildverarbeitung geometrisch korrigiert werden, wenn in jedem aufgezeichneten Bild ein quadratisches Meßgitter (Réseau) mit abgebildet wird. Die benötigten Korrekturwerte können dann durch Ausmessung der Bildlage der Gitterpunkte und Vergleich mit deren bekannter Soll-Lage gewonnen werden.

Die *spektralen* Eigenschaften der Aufzeichnungen ergeben sich aus dem spektralen Sensibilitätsbereich der jeweiligen Detektorschicht des Vidikon und der gewählten Filterung. Ausgehend von den aufgezeichneten Magnetbanddaten sind radiometrische Korrekturen, Bildverbesserungen und -manipulationen wie bei opto-mechanischen und -elektronischen Scanneraufzeichnungen möglich.

Die drei RBV-Kameras der LANDSAT 1 und 2 nahmen simultan in drei Spektralkanälen, nämlich λ=0,475–0,575, 0,590–0,680 und 0,690–0,830 μm auf. Sie deckten mit jedem Bild eine Fläche von 185 x 185 km ab und wiesen eine räumliche Auflösung von 79 x 79 m auf. Im LANDSAT 3 waren 2 RBV-Kameras mit gleichem Breitbandspektrum der Aufnahme von 0,505–0,705 eingesetzt. Ihre Aufnahmeflächen von je 98 x 98 km lagen in Streifen bei geringfügiger Querüberdeckung nebeneinander. Zusammen deckten sie eine 183 km breite und 98 km lange Fläche des Aufnahmestreifens ab. Zwei der hintereinander liegenden Doppelaufnahmen entsprachen einer der gleichzeitig aufgenommenen MSS-Szenen. Die räumliche Auflösung der RBV-Kameras des LANDSAT 3 betrug 40 m. Die veränderten Daten der RBV-Aufnahmen von LANDSAT 3 gegenüber denen von LANDSAT 1 und 2 ergaben sich einerseits aus der Herabsetzung der Flughöhe von 915 km auf 705 km und andererseits durch Verwendung eines Objektivs mit 236 mm anstelle von 125 mm Brennweite sowie der damit verbundenen Änderung des Öffnungswinkels Ω von 11.5° auf rd. 8°.

Spezielle Vidikon-Kamera wurden auch erfolgreich von den *meteorologischen* Satelliten TIROS I–X (1960–68), ESSA 1–9 (1966–1976), NIMBUS 1 und 2 (1964–1966), ITOS 1 (1970) NOAA 1[68a] (1970/71) – vgl. hierzu Abb. 229 – und von *planetaren* Raumsonden und Forschungssatelliten aus eingesetzt.

Im Gegensatz zum zurückgehenden Interesse an Vidikonkameras für Aufnahmen von

---

Zeilen, Großbritannien, Irland = 525 Zeilen), Afrika, Vorder- und Mittelasien, China und Australien. In Nordamerika und der Mehrzahl der lateinamerikanischen Länder sind 525 Zeilen die Norm. Das hochauflösende Fernsehsystem HDTV (high definition television) arbeitet mit 1125 Zeilen und Breitbandformat 5,33:3.

[68a] ITOS = Improved TIROS Operational System, TIROS = Television Infrared Observation Satellite, NOAA = National Oceanic and Atmospheric Administration

erdbeobachtenden Satelliten aus gewinnen handelsübliche Vidikonkameras für Erkundungsarbeiten und die Informationssammlung von tieffliegenden Flugzeugen bzw. Hubschraubern aus an Bedeutung. Sie erwiesen sich z. B. bei forstlichen Großrauminventuren
in wenig erschlossenen oder unwegsamen Waldländern als sehr nützliches Fernerkundungsmittel (z. B. ESCOBAR et al. 1983, SCHADE u. DALANGIN 1985). Sie können die Informationssammlung durch visuelle Beobachtung (Kap. 3) unterstützen. Für spezielle Fernerkundungsaufgaben, bei denen die räumliche Auflösung nicht der entscheidende
Faktor, *aber* eine unmittelbar nach der Aufnahme erfolgende Auswertung der Aufzeichnungen erforderlich ist oder aber für kontinuierliche Streifnahmen, können sie kleinformatige Luftbildaufnahmen ggf. ersetzen.

Prinzipiell kommen für solche Aufnahmen alle handelsüblichen Videokameras in
Frage, sei es, daß sie ein Vidikon oder einen CCD-Chip als Sensor haben. Farbkameras
sind dabei aus naheliegenden Gründen zu bevorzugen. Der o.a. Möglichkeit multispektraler Aufnahmen mit drei Kameras stehen dagegen praktische und wirtschaftliche
Gründe entgegen. Der Vorzug einfacher Farbvideoaufnahmen für die genannten speziellen Zwecke, liegt gegenüber konkurrierender Fernerkundungsmöglichkeiten in der Einfachheit, de geringen finanziellen und technischen Aufwand sowie der unkomplizierten,
schnellen Bildverfügbarkeit. Ihre Komplizierung und Verteuerung, die ein multispektrales
Videoaufnahmesystem für Aufnahme und Auswertung mit sich bringt, ist deshalb i. d. R.
nicht systemkonform.

Je nach Art der zu lösenden Aufgabe kann die Videokamera von Hand geführt oder, für
kontinuierliche Senkrechtaufnahmen, über einem Bodenloch bzw. außen am Flugzeug fest
eingebaut werden.

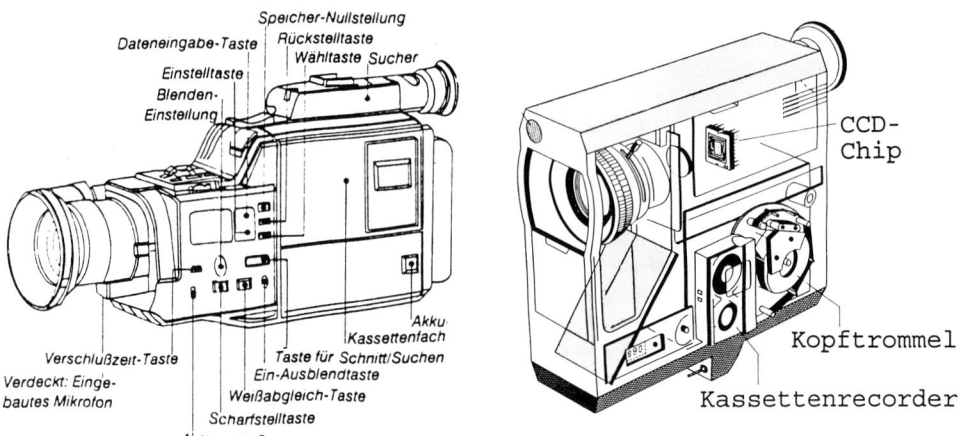

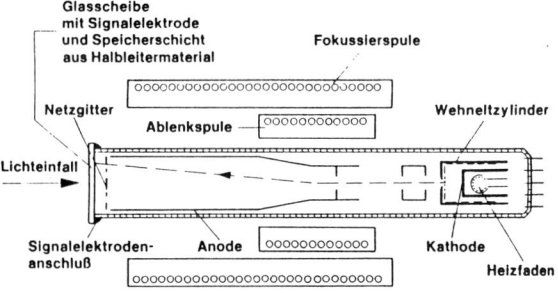

Abb. 222:
*Videokameras mit Vidikonröhre
(links) und mit CCD-Chip (rechts).
(Aus* GRUBER *und* VEDDER *1990)*

5.1.3.2 CCD-Kameras

Die Entwicklung der CCD-Technologie machte es in den achtziger Jahren möglich, in Videokameras anstelle der Vidikonröhre einen oder auch mehrere CCD-Chips als Sensor zu benutzen. Detektoren einer solchen CCD-Kamera sind – wie bei opto-elektronischen Scannern (Kap. 5.1.2) – *einzelne* Halbleiterelemente. Sie sind, geometrisch streng ausgerichtet, in sehr großer Zahl in Matrix-Form auf einem Chip angeordnet. Jedem Detektorelement entspricht in der Aufzeichnung ein Bildelement. Es ist durch seine Spalten- und Zeilenzugehörigkeit in seiner Lage im Bildkoordinatensystem definiert.

Die Detektormatrix, d. h. das Aufnahmeformat, ist bei *Standard-CCD-Kameras* je nach Fabrikat zwischen 6,0 x 4,5 mm und 8,8 x 6,6 mm groß (vgl. hierzu Tab. 71 Sp. 4). Die Anzahl der Zeilen (= vertikale Auflösung) liegt zwischen 400 und 625, die der Detektorelemente in der Zeile etwa zwischen 500 und 833. Auf den kleinen Chips befinden sich daher mehrere Hunderttausend Detektorelemente. CCD-Kameras mit Sensoren dieser Art und Größenordnung liefern ein genormtes Videosignal mit 25 oder 30 Bildern in der Sekunde.

Die minimale Größe der Chips macht es möglich, kleine, handliche Kameras zu bauen und ggf. auch den Videorecorder in ihrem Gehäuse unterzubringen (Abb. 222). CCD-Kameras mit integriertem Videorecorder bezeichnet man als *CAMCORDER*. Sie sind für den Einsatz bei Erkundungsflügen und Kameraführung von Hand geeignet. Dazu kommt, daß sie durch ihren Sucher zielgerichtete Aufnahmen ermöglichen und daß das i. d. R. zum Gerät gehörende Mikrophon eine Kommentierung während der Aufnahme ohne zusätzliches Tonaufnahmegerät zuläßt.

Auch für Streifenaufnahmen, z. B. im Zuge großräumiger Waldinventuren oder Vegetationsaufnahmen in unwegsamem Gelände, können im Flugzeugboden festverankerte CCD-Kameras mit Vorteil eingesetzt werden (vgl. das in 5.1.3.1 dazu Gesagte). Gegenüber Vidikonkameras haben sie dabei durch die feste Justierung der Chips den Vorteil größerer Widerstandsfähigkeit gegen mechanische Erschütterungen.

Die geometrischen und radiometrischen Leistungsmerkmale von Standard-CCD-Kameras bleiben aber, wie jene der Vidikonkameras, begrenzt. Ihre räumliche Auflösung ist geringer als die photographischer Aufnahmen. Die große Zahl von Detektorelementen bringt Probleme der radiometrischen Homogenität, Kalibrierung und Stabilität mit sich. Sie sind gleicher Art wie die im Zusammenhang opto-elektronischer Zeilenabtaster im Kap. 5.1.2.3 schon angesprochenen. Der Ausfall von Detektorelementen führt zu schwarzen Stellen in der Aufzeichnung.

CCD-Kameras sind auch in spezieller technischer Auslegung als Subsystem analytisch-photogrammetrischer Stereoauswertegeräte (vgl. Kap. 4.5.5.6) zur Gewinnung digitaler Bilddaten für Bildkorrelationen in Gebrauch; sie stehen für die Nahbereichsphotogrammetrie zur Aufnahme kleiner Objektfelder zur Verfügung. Letzteres gewinnt zunehmend an Interesse. Die für die Nahbereichsphotogrammetrie interessanten und hierbei in Konkurrenz zu photographischen Aufnahmesystemen stehenden Spezial-CCD-Kameras zeichnen sich alle durch ein gegenüber Standard-CCD-Kameras Vielfaches an Detektorelementen aus. Die Größenordnung der Detektoranzahl auf Chips hat sich im Zuge der jüngsten technologischen Entwicklung seit 1978 etwa alle drei Jahre verdoppelt (SCHMIDT 1993). Dies kam entweder der Verringerung der Pixelgröße und damit der räumlichen Auflösung oder der Vergrößerung des Bildformats zugute oder konnte für beides nutzbar gemacht werden (Tab. 72). In jedem Falle führt es zu genaueren photogrammetrischen Messungen. Neueste Entwicklungen zeigen zudem, daß sich durch Verschiebung des CCD-Sensors in x/y Richtung die Auflösung der Aufzeichnung weiter verbessern und die Meßgenauigkeit weiter steigern läßt (hierzu u. a. LENZ 1989, LUHMANN 1991, SCHMIDT 1993).

Hersteller	Typ	Format	Pixelzahl	Pixelgröße
		mm	H x V	μm
1	*2*	*3*	*4*	*5*
VIDEK	MEGA PLUS	9,0 x 7,0	1320 x 1035	6,8 x 6,8
KODAK	4-MEGA	18,4 x 18,4	2048 x 2048	9,0 x 9,0
TEKTRONIX	TK 2048	55,3 x 55,3	2048 x 2048	24,0 x 24,0
ROLLEI	RSC	50,0 x 50,0	5500 x 7050	10,0 x 7,8
zum Vergleich als Standard-CCD-Kamera				
SONY	XC-77	8,8 x 6,6	768 x 493	17,0 x 13,0

Tab. 72: *Techn. Kenndaten für Spezial-CCD-Kameras (Auszug aus* LUHMANN *1991 Tab. 3)*

5.1.4 Aufnahmeplattformen

Aufnahmeplattformen für opto-mechanische und opto-elektronische Aufnahmesysteme sind wie bei Luftbildaufnahmen *Flugzeuge* und *Weltraumflugkörper.* Für Videokameraaufnahmen sind im Hinblick auf die Aufnahmezwecke und die freihändige oder gebundene Führung der Kamera mit der Hand insbesondere auch Hubschrauber geeignet. Als Plattformen im Weltraum kommen in Frage und sind im Einsatz
– *erdumkreisende* Satelliten
    – mit *sonnensynchroner,* genähert polarer Umlaufbahn (Orbit), Bahnneigung gegenüber dem Äquator (= Inklination) 90°–110°, Flughöhen (nominal) zwischen 500 und 1700 km
    – geostationär, mit zur Erdrotation synchroner, genähert äquatorialer Umlaufbahn. Erdanziehungs- und Zentrifugalkräfte halten sich die Waage. Inklination 0°–1°, Flughöhen zwischen 35000 und 42000 km
    – in Umlaufbahnen mit Neigungen zwischen 35 und 65°, Flughöhen ähnlich denen in einem polaren Orbit
– erdumkreisende, bemannte Weltraumfähren (space shuttle) und -stationen in Umlaufbahnen mit Inklinationen zwischen 40° und 60° und Flughöhe zwischen 220 und 440 km
– freifliegende Paletten, die von Fähren oder Stationen im Weltraum ausgesetzt und wieder eingeholt werden und in Umlaufbahnen wie diese fliegen.
– interplanetare Raumsonden.

Die Angaben über Inklinationen und Flughöhen in dieser Aufzählung sind als Rahmenwerte zu verstehen. Sie können im Einzelfall über- oder unterschritten werden. Die Flughöhe wird in der Regel als mittlere Flughöhe angegeben. Da die Umlaufbahnen mehr oder weniger elliptisch sind und das Geoid nicht streng kugelförmig ist, ergeben sich Orbits mit einem *Apogäum* und einem *Perigäum,* d. h. mit einem erdfernsten und einem erdnächsten Ort. Bei polar umlaufenden Satelliten beträgt die Differenz im günstigen Falle nur wenige Kilometer und bleibt zumeist unter 70 km. Zur Mathematik der Umlaufbahnen von Satelliten wird auf DUCK und KING (1983) verwiesen.

Für die Fernerkundung der Erdoberfläche haben interplanetare *Raumsonden* keine Bedeutung. Das gilt im wesentlichen auch für *geostationäre Wettersatelliten,* obwohl diese fortwährend große Teilflächen der Erde aufnehmen. Die weiteren Ausführungen über Satelliten als Plattform für elektro-optische, abbildende Aufnahmesysteme beschränken sich deshalb auf jene, die speziell der Fernerkundung der Erdoberfläche dienen oder die in Verbindung mit meteorologischen und ozeanographischen Meßaufgaben auch Daten für *diesen* Zweck liefern.

5.1.4.1 Flugzeuge als Plattform für Scanner und Videokameras

Scanner beider Arten (Kap. 5.1.1, 5.1.2) erfordern bei Flugzeugen etwa den gleichen Raum in der Kabine wie Reihenmeßkammern. Häufig ist es zweckmäßig, einen Scanner *und* eine Luftbildkamera für Fernerkundungsmissionen gemeinsam einzusetzen. Das Flugzeug muß dann entsprechend geräumig sein, um neben beiden Aufnahmegeräten und deren Peripherie ggf. auch zwei Operateure aufnehmen zu können. Im übrigen gilt in Bezug auf die einzusetzenden Flugzeuge sinngemäß das im Kap. 4.1.5.2 Gesagte. Auch die in Kap. 4.1.5.1 gemachten Ausführungen sind im Prinzip für nicht-photographische Aufnahmen von Flugzeugen aus anzuwenden. Ergänzend dazu ist zu sagen, daß nur eine begrenzte Anzahl von „Luftbild"-Firmen und Großforschungsinstituten[69] über opto-mechanische Scanner verfügt. Opto-elektronische Scanner für Aufnahmen von Flugzeugen aus wie der MEISS II (Tab. 67a) sowie schon einsatzfähige abbildende Spektrometer sind außerhalb Nordamerikas noch ausschließlich über Kontakte mit der jeweiligen Herstellerfirma bzw. von dieser autorisierten Institutionen zugänglich.

Für Videoaufnahmen, die der Fernerkunder selbst ausführt, ist der Charter eines Hubschraubers oder leichten Flugzeugs die Regel, es sei denn, es besteht Zugriff zu eigenem Fluggerät der Dienststelle oder Firma. Werden zur Aufnahme Türen herausgenommen oder für Einbauten von Aufnahmeaggregaten andere Veränderungen in der Kabine notwendig, so ist auf die Einhaltung der Sicherheitsbestimmungen der jeweiligen Flugsicherheitsbehörde zu achten.

5.1.4.2 Satelliten als Plattform

Für die Fernerkundung der Erdoberfläche aus dem Weltraum mit Scannern und Vidikonkameras sind Satelliten die wichtigste Plattform (Abb. 223 u. Tab. 73). Die Steuerung der Bildaufnahme, die Kontrolle der Systemfunktionen und die Übertragung der aufgenommenen Daten zur Erde erfolgt dabei durch „Tele-Kommandos" in Verbindung mit vorprogrammierten Funktionsabläufen. Prinzipiell kann die Übertragung der aufgenommenen Daten in Echtzeit *oder* nach Zwischenspeicherung an Bord des Satelliten *sowie* direkt *oder* über geostationäre Relais-Satelliten zu einer Bodenstation (Abb. 224) erfolgen. Abb. 225 zeigt dies schematisch am Beispiel des LANDSAT 5 mit für diesen benutzten 2 Relais-Satelliten TDRS (= Tracking and Data Relay Satellites) und im abgebildeten Weltteil eingerichteten Bodenstationen und deren Empfangsbereichen. Für die russischen Erdbeobachtungssatelliten hat der Relais-Satellit EKRAN die gleiche Funktion wie der TDRS.

Bevorzugte *Umlaufbahn für Erderdkungungssatelliten* ist aus guten Gründen eine nahezu polare, sonnensynchrone. Bahnparameter der für die Erderkundung bisher wichtigsten Satelliten dieser Art sind in Tab. 73 zusammengefaßt. Von einem solchen Satelliten werden bei Umlaufzeiten um 100 Minuten (Tab. 73 Sp. 5) an jedem Tag mehrere Flugstreifen aufgenommen (Abb. 226). Ihr Abstand am Äquator und an jedem Breitengrad ergibt sich aus Äquatorumfang bzw. Umfang des n-ten Breitengrades und der Anzahl der Tagesumläufe (= 1440 Min; Sp. 5 der Tab. 73). Für Landsat 5 ist dieser Abstand am Äquator also 40075 km : 14,56 = 2752,4 km.

---

[69] In Deutschland z. B. die DLR in Oberpfaffenhofen.

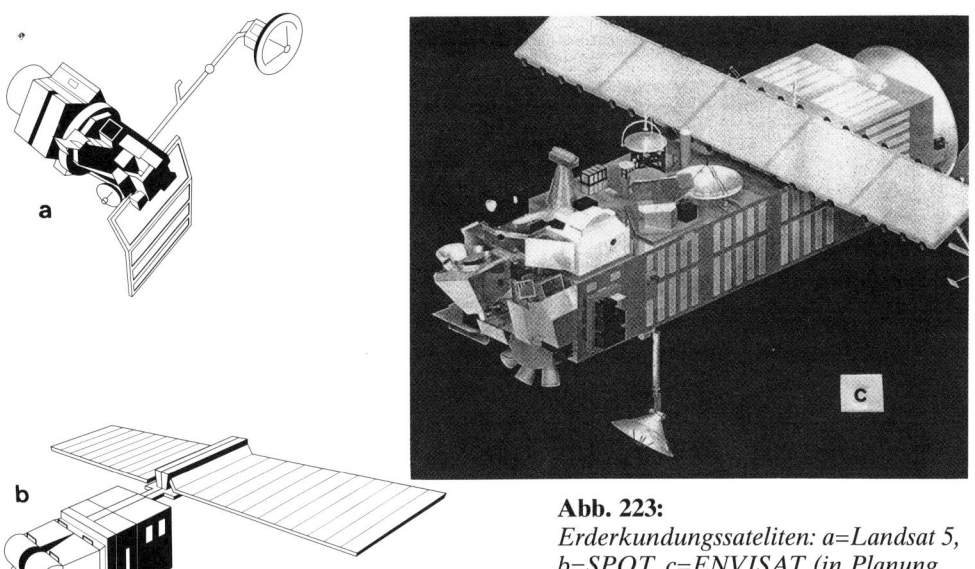

Abb. 223:
*Erderkundungssateliten: a=Landsat 5,
b=SPOT, c=ENVISAT (in Planung,
aus* READING *u.* DUBOCK *1993)*

Abb. 224:
Empfangsstation für Satellitendaten, hier: Station
Balangar, *Indien*

Die Umlaufbahnen an den folgenden Tagen liegen zwischen den in Abb. 226 dargestellten Orbits, in Abhängigkeit von Flughöhe und Umlaufgeschwindigkeit in unterschiedlicher Abfolge (Abb. 227). Jeder Orbit wird nach einer bestimmten Anzahl von Tagen auf gleicher Spur und zeitlichem Verlauf wiederholt. Der Satellit erscheint also periodisch immer zur gleichen Zeit über einem bestimmten Ort der Erde. Bis zu dieser Wiederholung hat er eine Gesamtzahl von Erdumläufen absolviert, die sich aus der Anzahl der Tagesumläufe x Länge der Wiederholungsperiode ergibt. Für das Beispiel des LANDSAT 5 bedeutet dies: 14.56 x 16 = 233 Umläufe. Der Abstand zwischen den Bahnspuren am Äquator ist wiederum gleich, im Falle des LANDSAT 5 also 40075 : 233 = 172 km. Da die Satellitenszene in diesem Beispielfall 185 x 185 km groß ist (vgl. Tab. 63 Sp. 4), ergibt sich eine beidseitige Querüberdeckung der Aufnahmestreifen am Äquator von je 7 %. Mit zunehmenden Breitengraden nach Norden und Süden verringert sich der Abstand der Bahnspuren sukzessive und vergrößert sich die Querüberdeckung (vgl. Abb. 228).

Satellit (Herkunftsland)	Abbildende Sensoren		Mittlere Flughöhe in km	Wiederholungsrate in Tagen	Umlaufzeit in Minuten	Bahnneigung am Äquator in Grad	Betriebszeit
	elektronische Systeme	Radar					
1	*2*	*3*	*4*	*5*	*6*	*7*	*8*
LANDSAT 1-3 (USA)	MSS,RBV	–	915	18	99,1	103	1972-78, 1975-82, 1978-83
LANDSAT 4-5 (USA)	MSS, TM	–	705	16	98,2	99	1982-82, 1984...
LANDSAT 6 (USA)	ETM	–	705	16	98,2	99	1993, nach Start ausgef.
SEASAT (USA)	–	SAR	790	3	108,0	101	1978-78
HCMM (USA)	HCMR	–	620	16	97,6	97	1978-80
NOAA 6-10 (USA)	AVHHR	MSU	815...870	1(0,5)[1]	98,9	102	1978...
SPOT 1 u. 2 (Frankreich)	2 HRV	–	832	26 (13)[1]	98,7	102	1986..., 1990
MOS 1 u. 1b (Japan)	MESSR, VTIR	MSR	909	17	99,1	103	1987..., 1990...
JERS 1 (Japan)	OPS	SAR	568	44	(nicht bekannt)	96	1992...
IRS 1A, 1B (Indien)	LISS I, LISS II	–	904	22 (11)[1]	99,0	103	1988..., 1991...
METEOR	FRAGMENT	–	630	16	(nicht bekannt)		
KOSMOS-1500 (USSR/Rußl.)	MSU-E	–	650		82,5	97	1988...
ALMAZ-1 (GUS/Rußl.)	–	SAR			(nicht bekannt)		1990-1993
ERS-1 u. -2 (ESA)	–	AMI	777	3	98,5	100	1991..., 1995...
RADARSAT (Kanada)	–	SAR (4 Modi)	792	16	98,5	101	1995...
In Vorbereitung: SPOT 3, IRS IC, LANDSAT 7 sowie für Ende des Jahrzehnts: ENVISAT (ESA) und ADEOS (Japan)							

[1] in Klammern: Wiederholungsmöglichkeiten, solange zwei identische Satelliten aktiv sind

Tab. 73: *Satelliten zur Erdbeobachtung mit abbildenden Sensorsystemen für zivile Nutzungen*

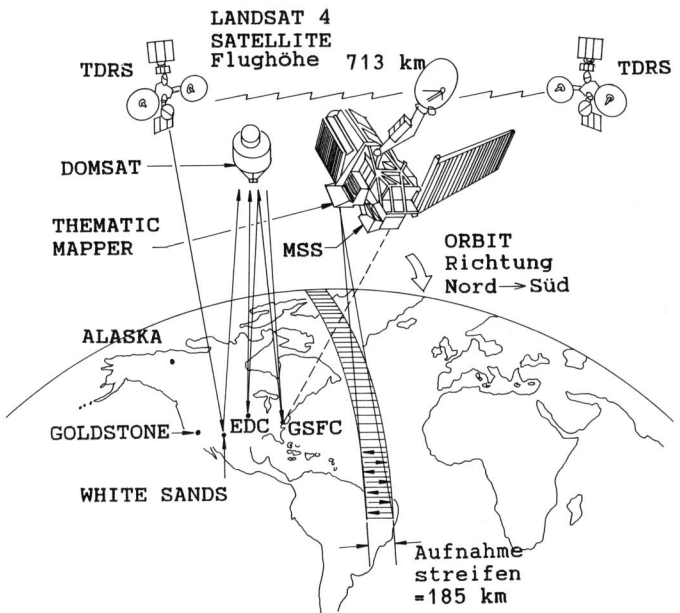

Abb. 225: *LANDSAT 5 mit TDRS-Relaisatelliten und dem DOMSAT (domestic satellite)*
über Amerika. Datenübertragung weltweit via TDRS zur Bodenstation Goldstone
oder im Empfangsbereich einer Bodenstation direkt vom LANDSAT zu dieser.

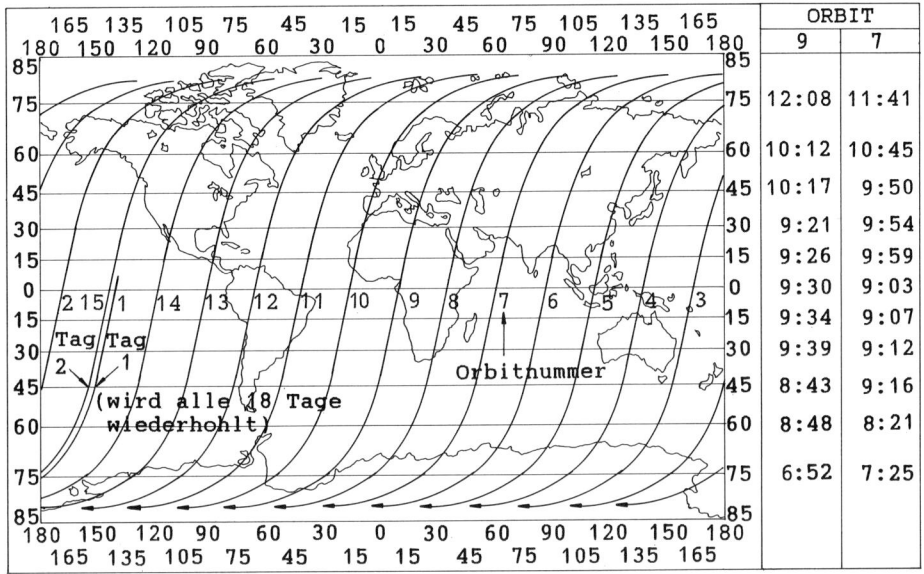

Abb. 226: *Typische Bahnspuren (Orbits) eines Tages bei einem polar und sonnensynchron*
umlaufenden Satelliten, gezeigt am Beispiel des LANDSAT 1 bis 3. Abzisse:
Längengrade, Ordinate: Breitengrade, rechts: Durchgangszeiten bei Orbit 7
und 9 (nach FREDEN *u.* GORDON*)*

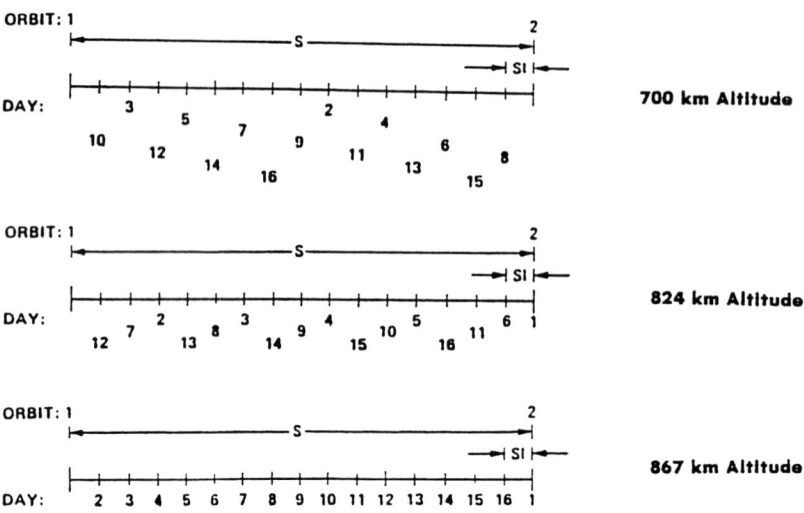

Abb. 227: *Zeitliche Abfolge der Umlaufbahnen bei Satelliten innerhalb eines Wiederholungszyklus von 16 Tagen und deren Lage zueinander in Abhängigkeit von der Flughöhe (aus* ELACHI *1987)*

Bei polarnah, sonnensynchron umlaufenden Satelliten mit *sehr großem Öffnungswinkel* überdecken sich die von benachbarten Umlaufbahnen aufgenommenen Geländestreifen so weitgehend, daß die Anzahl der Tage für die Wiederholung des gleichen Orbits (Tab. 73, Sp. 6) nicht identisch ist mit der Zeit, in der ein Ort der Erdoberfläche durch die Aufnahmen (freilich von einem anderen Orbit aus) wieder erfaßt wird. Als Beispiel hierfür werden die NOAA-Satelliten in Verbindung mit dem AVHRR-Sensor und der in der Planung befindliche ENVISAT in Verbindung mit dem MERIS-Sensor genannt. Die NOAA-Satelliten überfliegen die gleiche Bahnspur nach 11 Tagen. Durch die vom AVHRR aufgenommene Streifenbreite von 2400 km (!) und die Abfolge der einzelnen Umlaufbahnen wird eine *tägliche* Aufnahme jedes Punktes der Erdoberfläche – mit Ausnahme der Polkappen – erreicht. Während der gemeinsamen Betriebszeit zweier, um 12 Stunden versetzt operierender NOAA-Satelliten kann die Aufnahme eines jeden Ortes daher im *12-Stundenrhythmus* erfolgen. Für ENVISAT ist ein 35-Tage-Takt für die Wiederholung des gleichen Orbits vorgesehen. Der MERIS-Sensor soll dabei einen Geländestreifen von 1450 km erfassen. Die Erdumläufe sind (z.Z.) so berechnet, daß jeder Ort der Erdoberfläche im Abstand von drei Tagen aufgenommen werden kann.

Auch SPOT 1 und 2 sowie IRS 1A und 1B haben jeweils gemeinsame Betriebszeiten (Tab. 73 Sp. 5) und wurden in zeitversetzte Umlaufbahnen gebracht. Bei den gegebenen Wiederholungszyklen der Orbits von 26 bzw. 22 Tagen sind deshalb während der gemeinsamen Betriebszeiten Aufnahmen jedes Ortes im Abstand von 13 bzw. 11 Tagen möglich. Für SPOT gilt zudem, daß durch die Möglichkeit von Schrägaufnahmen rechtwinklig zur Flugbahn (vgl. Kap. 5.1.2.1 u. Abb. 218) Flexibilität in Bezug auf wiederholte Aufnahmen bestimmter Gebiete besteht. Von jedem der SPOT-Satelliten können durch die Schrägaufnahmen Orte am Äquator siebenmal und um den 45. nördlichen und südlichen Breitengrad bereits elfmal innerhalb von 26 Tagen durch die HRV-Sensoren erreicht werden.

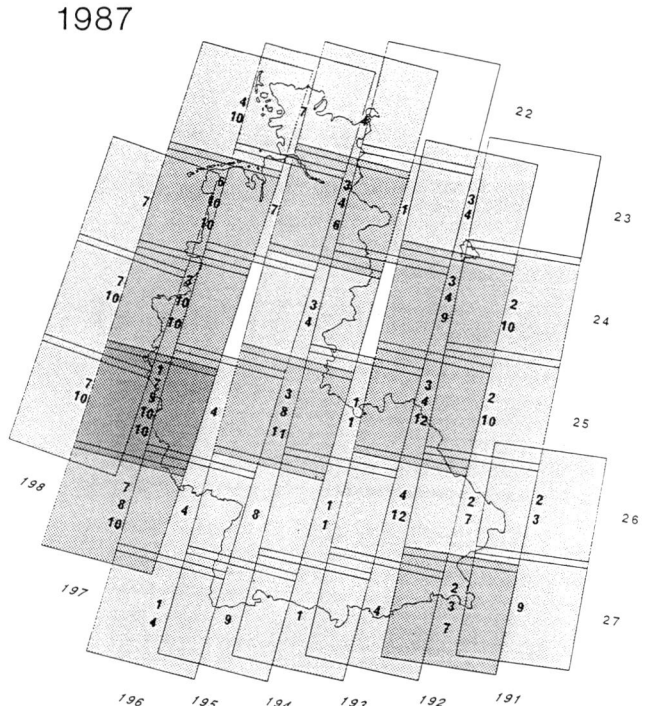

Abb. 228: *Überdeckung wolkenfreier LANDSAT TM Szenen für Deutschland 1987. Die Ziffern der jeweiligen Szene geben die Monate der Akquisition an, am unteren und rechten Bildrand sind die Nummern der Pfade und die Reihen des Referenzsystems vermerkt (aus AMANN 1989)*

Eine Sonderstellung in Bezug auf die Wiederholungsrate nahm der HCMM ein. Von ihm aus erfolgten im jeweiligen Abstand von 16 Tagen je eine Nacht- und eine Mittagsaufnahme der gleichen Szene.

Die Uhrzeit des Überflugs eines Satelliten ist am selben Ort stets gleich, an verschiedenen Orten der Erde aber unterschiedlich. In Abb. 226 sind für ein konkretes Beispiel an den Tagesbahnen 7 und 9 die Überflugzeiten in Ortszeit angegeben. Als Parameter für die tageszeitliche Aufnahme wird i. d. R. die Zeit des Überflugs über den Äquator angegeben. Sie ist bei Erderkundungssatelliten so gewählt, daß der Äquator in den mittleren Vormittagsstunden der Ortszeit passiert wird. Orte in den nördlichen Breiten werden in den späteren und Orte in den südlichen Breiten in den früheren Vormittagsstunden überflogen.

Der prinzipiell möglichen weltweiten Datenaufzeichnung durch sonnensynchrone und nahezu polar umlaufende Satelliten stehen de facto drei Dinge entgegen:

– Die nur nahezu polare Bahn läßt Aufnahmen um die Pole bei relativ schmalem Öffnungswinkel der Sensoroptik nicht zu. LANDAT 5 z. B. erlaubt eine Datenaufzeichnung bis etwa 82° nördlicher und südlicher Breite und SPOT eine solche bis 84°.

– Die weltweite Datenakquisition ist nur möglich, wenn *entweder* für den jeweiligen Satelliten eingerichtete Bodenstationen für den Echtzeit-Datenempfang vorhanden sind und deren Empfangbereiche entsprechend flächendeckend sind *oder* bis zur Abgabe aufgezeichneter Daten an eine Empfangsstation die Kapazität für die Datenspeicherung an Bord ausreicht, *oder* wenn rund um den Globus geostationäre Relais-Satelliten zum Datentransport in Echtzeit bis zu einer Bodenstation zur Verfügung stehen. Nur LANDSAT 5 erfüllte zuletzt diese Voraussetzungen durch seine zahlreichen Bodenstationen und die TDRS Relais-Satelliten (vgl. Abb. 225). Andere Satelliten sind (bisher) nur auf Datenaufnahme in der Region *einer* Bodenstation (z. B. die indischen IRS-1) oder einer begrenzten Zahl solcher Stationen eingerichtet, wieder andere – wie z. B. SPOT – nehmen flächendeckend nur auf Bestellung auf und sind dabei in Regionen außerhalb der Empfangsbereiche seiner Bodenstationen durch die Kapazität der Speichermedien an Bord beschränkt aufnahmefähig.

– Als Handicap steht schließlich den Aufnahmemöglichkeiten im optischen Bereich entgegen, daß bei geschlossenen Wolkendecken und über die gesamte Szene verbreiteter, aufgelockerter Bewölkung keine verwertbaren Aufzeichnungen entstehen können.

Aus letzterem ergeben sich besondere Probleme in den humiden Tropen und Monsungebieten, saisonal aber auch in den gemäßten Klimazonen. Selbst mehr als 20 Jahre nach dem Start des ersten zivilen Erderkundungssatelliten gibt es noch kleinere Teilgebiete der Erde, für die nie eine wolkenfreie Szene durch Satelliten mit hochauflösenden Sensoren aufgenommen wurde. Für einen Teil Mitteleuropas zeigt Abb. 228, als Beispiel für eine mögliche Situation in der gemäßigten Klimazone, die Überdeckung mit wolkenfreien LANDSAT TM Szenen für das Jahr 1987.

Die durch die Bewölkung bedingten Einschränkungen machen die Bedeutung jener Satelliten deutlich, die entweder – wie die NOAA-Satelliten – täglich das gleiche Gebiet aufzunehmen gestatten und damit die größere Chance haben, eine wolkenfreie bzw. -arme Situation anzutreffen, *oder* die – wie z. B. ERS-1 – mit einem die Wolken durchdringenden abbildenden Radar ausgerüstet sind (hierzu Kap. 6). Beides gilt auch für den in Vorbereitung befindlichen ENVISAT und seine Sensoren MERIS und ASAR. Satelliten wie NOAA 7–10, ERS-1, ENVISAT werden deshalb – unbeschadet ihrer nur groben räumlichen Auflösung – für sehr großräumige bis globale Beobachtungen saisonaler und fortdauernder Veränderungen der Vegetationsdecke, der Hydrographie und -geologie dort gute Dienste leisten können, wo höheraufgelöste Aufzeichnungen wegen Wolkenbedeckungen nicht verfügbar sind.

Der älteste in Tab. 73 aufgenommene Satellit für die Erderkundung ist LANDSAT 1.[70] Mit diesem zunächst als ERTS 1 (= Earth Resources Technology Satellite) bezeichneten Satelliten begann die Ära der speziell für die Beobachtung und Untersuchung der Erdoberfläche konzipierten Satelliten. Zuvor waren aber bereits abbildende elektro-optische Sensoren – vor allem Vidikon-Kameras – auf US-amerikanischen und sowjetrussischen, meteorologischen und militärischen Beobachtungsaufgaben dienenden Satelliten im Weltraum (Abb. 229). Sie lieferten, soweit sie für zivile Zwecke zugänglich waren, Aufzeichnungen, die nur sehr bedingt für Erderkundungszwecke verwendet werden konnten. Auch für die wichtigen, gegenwärtig zur globalen, kontinuierlichen Wetterbeobachtung eingesetzten fünf *geostationären Satelliten* gilt in Bezug auf ihren Informationsgehalt für

---

[70] Im Gegensatz zu den US-amerikanischen Satelliten sind die publizierten und sonstwie zugänglichen Informationen über technische Daten der sowjetrussischen Satelliten und ihre Sensorsysteme (mit Ausnahme der photographischen Kameras vgl. Tab. 10 u. 24) spärlich. Die Situation hat sich in jüngster Zeit verbessert. Technische Informationen sind aber immer noch nur in begrenztem Maße zugänglich (vgl. z. B. WANNINGER 1993 und dort zitierte Literatur).

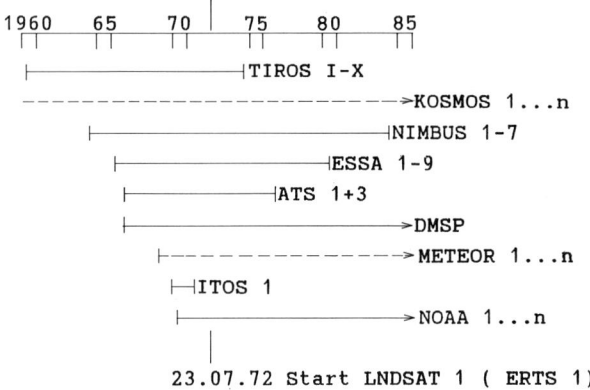

Abb. 229:
Operierende, erdbeobachtende metereologische oder militärische Satelliten vor dem Start des LANDSAT 1 (für die sowjetrussischen Satelliten der KOSMOS- und METEOR-Serie liegen nur pauschale Angaben vor)

die Zustandserfassung und Beobachtung der Erdoberfläche gleiches. Sie sind über dem Äquator positioniert, haben eine äquatoriale Umlaufbahn und decken den Globus bis 79° nördlicher und südlicher Breite ab. Für Wetterbeobachtungen nördlich und südlich davon müssen NOAA-Satelliten und andere von nahezu polaren Orbit aus operierende Satelliten sorgen. Das weltumspannende Netz der Wettersatelliten besteht z.Zt. aus dem europäischen METEOSAT über dem Längengrad 0, den zwei US-amerikanischen GOES (Geostationary Operational Environmental Satellite) in Position 70° West und 140° West, dem japanischen GMS (Geostationary Meteorological Satellite) 140° Ost, und dem indischen INSAT 70° Ost. Die seit 1978 vorgesehenen russischen Satelliten GOMS (Geostationary Meteorological Satellite System) sollen bei 76° Ost und 116° West plaziert werden (WANNINGER 1993).

5.1.4.3 Weltraumfähren, -stationen und Paletten

Bemannte Weltraumplattformen sind für alle möglichen Sensoren zur Fernerkundung der Erdoberfläche tauglich. Überwiegend wurden sie bisher jedoch als Träger von Luftbildkameras genutzt. Hierüber war in Kap. 4.1.6 gesprochen worden. Im Zusammenhang mit dem Einsatz opto-elektronischer Sensoren und Radargeräten dienten sie bisher vor allem technischen Erprobungen und Experimenten, die deren Informationsgehalt für spezielle geowissenschaftliche Fragestellungen ausloten sollten.

Zum Verständnis der gegenwärtigen Situation ist die Entwicklung der bemannten Weltraumfahrt in Erinnerung zu bringen. Sie wurde und wird noch ausschließlich von den USA und der Sowjetunion bzw. Rußland getragen, folgte aber seit etwa der Mitte der sechziger Jahre unterschiedlichen Strategien. Nach dem zunächst offenkundigen Vorsprung in der Sowjetunion mit den Raumflugkörpern WOSTOK (von Gagarins 1. Flug am 12.4.61 bis WOSTOK 6 in 1964) und WOSCHOS 1 und 2 setzt man das auch hier mitverfolgte Ziel einer Mondlandung zugunsten einer konsequenten Entwicklung von erdumkreisenden Weltraumlabors und -stationen ab. Die erste Weltraumstation SALJUT 1 wurde 1971 eingerichtet. Mit SALJUT 6 gelang 1977–1982 ein qualitativer Sprung vorwärts und mit der seit 1986 bezogenen Orbitalstation MIR „begann die Zukunft" der russischen bemannten Weltraumoperationen (Abb. 230). Gleichzeitig entwickelte sich die Technologie der SOJUS Weltraumfähren, die vor allem den Verkehr zu den Stationen besorgten. Bis 1989 haben 92 Kosmonauten (darunter 14 Ausländer) in bis dahin 2524 Betriebsstunden in den sowjetrussischen Weltraumstationen gearbeitet (HOFFMANN 1989).

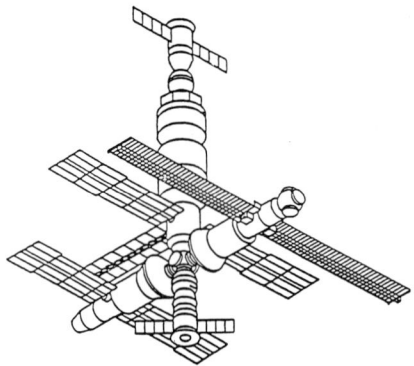

Abb. 230:
*Schemabild der russischen Weltraumstation MIR
mit mehreren Modulen und angekoppeltem
SOJUS-Raumtransporter.*

In den USA bestimmte in der gleichen Zeit zunächst bis 1972 das Apollo-Programm mit
dem prestigeträchtigen Ziel der Mondlandung die bemannte Weltraumfahrt[71].

Die erste und bisher einzige Weltraumstation der USA, SKYLAB, wurde am 2.3.1973
in den Weltraum gebracht. Ab 25.5.1973 war SKYLAB dreimal zeitweise mit je drei
Astronauten besetzt. Am 8.2.1974 wurde es deaktiviert. SKYLAB blieb eine Episode.
Die Schwerpunkte wurden fortan auf die Entwicklung leistungsfähiger Weltraumfähren
(space shuttle) gelegt. Der erste Shuttle-Flug fand im April 1981 statt. Bis zum Juli 1995
erfolgten 63 Flüge, alle von jeweils wenigen Tagen Dauer. Erst 1984 beschließt auch die
US-amerikanische Weltraumbehörde den Aufbau eines permanent operationellen Raum-
flug- und Orbitalsystems. Die ESA-Mitgliedstaaten nahmen (mit Beschluß ihrer Fach-
minister vom 31.1.1985) ebenso wie Japan und Kanada die Einladung zur Zusammenarbeit an diesem Projekt an. Wirtschaftliche Zwänge und weltpolitische Wandlungen nach
1990 führten einerseits zu Reduzierungen der ursprünglichen Planungen und eröffneten
andererseits bis dahin nicht gegebene Möglichkeiten für eine weitergehende internationale Zusammenarbeit.

Durch die unterschiedlichen Entwicklungen in den beiden die bemannte Weltraumfahrt
beherrschenden Ländern ist die Situation 1995 im Hinblick auf die Fernerkundung der
Erdoberfläche so zu kennzeichnen: Mit MIR (Abb. 230, vgl. auch Abb. 83) und den an
MIR ankoppelbaren Modulen – wie z. B. PRIRODA – steht eine *permanente, operationelle Plattform für Fernerkundungssysteme* zur Erderkundung zur Verfügung.

MIR fliegt in 300–400 km Höhe auf einer Umlaufbahn mit einer Inklination von 54.6°
und Wiederholungszyklen zwischen 3 und 10 Tagen. Durch Fernerkundungssensoren kann
dadurch der größte Teil der Landmasse der Erde erfaßt werden. Nicht erreicht werden die
Arktis, die Antarktis sowie Alaska und größere Teile Kanadas, Nordeuropas und Sibiriens. Seit 1989 waren im MIR-Modul KWANT 2 bereits die Kameras MKF 6 und TK 350
(vgl. Tab. 24) sowie verschiedene nicht flächenabbildende Spektrometer installiert. Vom
Basisblock des MIR erfolgten Aufnahmen u.a. mit Videokameras des Typs GEMMA. Seit
1990 nehmen vom Modul KRISTALL aus zwei KFA 1000 Kameras Luftbilder auf (Tab.
24). Im neuen Modul PRIRODA sind an flächenabbildenden Sensoren der opto-elektronischen Scanner MSU-E (Tab. 67) und MSU-SK – ein konischer Scanner – sowie Radar
TRAVERS implementiert. Voraussichtlich noch 1995 werden auch MOMS 02 und zwei
abbildende Spektrometer MOS-OBSOR A und B zum Einsatz kommen.

---

[71] Der Entschluß zum Apollo-Programm findet sich in einem Memorandum von Präsident Kennedy
vom 20.4.1961 – 6 Tage nachdem mit WOSTOK 1 in der USSR erstmals ein bemannter Raumflug
gelungen war. Im August 1961 kündigte Präs. Kennedy in einer Rede die Mondlandung an.

Für die *Erprobung* neuer Sensoren und *experimentelle Arbeiten* zur Ausweitung damit gewonnener Daten, stehen weiterhin *Raumfähren*, wie die NASA Shuttles, zur Verfügung. Sie operieren in Umlaufbahnen, die je nach Missionszweck- und -bedingungen in Höhen zwischen 220 und 450 km liegen und Inklinationen zwischen 22° und 57° haben.

Weltraumfähren und -stationen dienten schon in den zurückliegenden 25 Jahren auch Fernerkundungszwecken. Diese standen aber nicht im Vordergrund, sodaß diese Plattformen bisher an Bedeutung gegenüber Satelliten zurückstanden. In SKYLAB (1973) standen z. B. den Astronauten 25 Minuten pro Tag zur Durchführung von fünf experimentellen Fernerkundungs-Aufgaben zur Verfügung. Dabei verliefen die Luftbild-Aufnahmen mit den in Kap. 4.1.6 genannten Multiband-Kameras sehr erfolgreich. Ein Projekt mit einem multispektralen Scanner endete dagegen enttäuschend. Ein umfassender Ergebnisbericht findet sich in NASA (1977). Unter den von SALUT-Stationen aus durchgeführten Fernerkundungsaufgaben kam der 3. und 4. Mission an Bord von SALUT 6 im Jahre 1979 besondere Bedeutung zu. Durch Luftbildaufnahmen mit der MKF-6 und KATE 140 (vgl. Kap. 4.1.6, Tab. 24) und visuelle Beobachtungen der Kosmonauten (Kap. 3) wurden u. a. mehreren forstlichen und vegetationskundlichen Aufgaben nachgegangen und spätere operationelle forstliche Beobachtungsaufgaben vorbereitet (SUKHIKH et al. 1984).

Von NASA Space Shuttles aus sind bisher Eprobungen neuer Sensorsysteme wichtig gewesen. Sie gaben auch den Fernerkundern aller Geowissenschaften und Photogrammetern die Möglichkeit, den Informationsgehalt der aus dem Weltraum heraus gewonnenen Daten und Bilder zu untersuchen und Methoden zur thematischen und photogrammetrischen Auswertung zu entwickeln. Zu nennen sind vor allem die Testflüge mit mehreren Shuttle Imaging Radars (Sir A 1981, Sir B 1984, SIR C 1994), den Luftbildkameras ZEISS RMK (1983) und ITEK LFC (1984) sowie den opto-elektronischen Scannern MOMS-01 (1983 und 1984) und MOMS-02 (1993). MOMS 01 operierte dabei von einer ausgesetzten, freifliegenden Palette aus (SPAS = Shuttle Pallet Satellite).

5.2 Beschaffung elektro-optischer Fernerkundungs- aufzeichnungen

Zu unterscheiden ist zwischen der Beschaffung elektro-optischer Aufzeichnungen, die vom Flugzeug aus und solchen, die von Satelliten aus erfolgen.

Bei Aufnahmen von Flugzeugen aus wird es sich in der Regel wie bei Luftbildaufnahmen darum handeln, diese für eine bestimmte Fernerkundungsmission einer hierfür spezialisierten Firma oder Dienststelle in Auftrag zu geben. Generell gelten dabei – in sensorangepaßter Form – die gleichen Grundsätze wie bei Luftbildaufnahmen (Kap. 4.1.5). Sie werden hier nicht wiederholt. Aufnahmen in eigener Regie sind dort möglich, wo eine Verwaltung, eine Großforschungseinrichtung oder ein Unternehmen über eine entsprechende Sensorausrüstung, Flugzeuge und Datenverarbeitungseinrichtungen verfügt. Auf zwei Beispiele dieser Art wird hingewiesen: auf den schon bekannten Fall (Kap. 4.1.1.1) der Waldbrandüberwachung durch eine Sondereinheit des U.S. Forest Service mit eigenen Thermalscannern und Flugzeugen (HIRSCH et al. 1971, USDA 1974/ 75, HILDEBRANDT 1976) und auf den Einsatz eines opto-mechanischen Scanners für eigene Forschungszwecke der Deutschen Forschungsanstalt für Luft- und Raumfahrt e.V. (DLR). Letzterer wurde auch für wissenschaftliche Forschungsprojekte, wie z.B. 1986-89 für Untersuchungen und Kartierungen von Waldgeländen mit Hilfe elektro-optischer Fernerkundungsaufzeichnungen eingesetzt (LANDAUER u. VOSS 1989).

Für *Aufträge optisch-mechanischer Scanneraufzeichnungen* stehen nur eine begrenzte Zahl dafür ausgerüsteter Firmen zur Verfügung. In Mitteleuropa besitzen z.B. neben der DLR auch SPACETEC, Freiburg und EUROSENSE, Köln bzw. EUROSENSE-BELFO-TOP, Wemmel (Belgien) eigene Scanner dieser Art. Luftbildfirmen, die Aufnahmen anbieten, arbeiten mit einer dieser Firmen als Unterauftragnehmer zusammen. Die Auftragserteilung und Entscheidungen über Aufnahmemodalitäten folgen sinngemäß den Gesichtspunkten, die für die Auftragserteilung von Luftbildaufnahmen beschrieben wurden. Das trifft auch für die Aufnahme von Wärmebildern, z.B. für Gelände- oder stadtklimatologische Untersuchungen zu.

Opto-elektronische Scanner und insbesondere *abbildende Spektrometer* stehen – wie schon in Kap. 5.1.2.3 gesagt – fast nur nach Vereinbarung mit dem Hersteller dieser Geräte bzw. mit diesem zusammenarbeitenden Institutionen zur Verfügung. Für MEISS und PMI/FLI ist dies MONITEC, Concorde (Kanada), für ROSIS die DASA, Ottobrunn und für GER 64 die Geophysical Environmental Research Corp., New York.

Mit Ausnahme von thermalen Infrarotaufnahmen werden elektro-optische Sensorsysteme für operationelle Fernerkundungsaufgaben relativ selten eingesetzt. Breite Anwendung hat dagegen die Fernerkundung mit opto-mechanischen und opto-elektronischen Scannern *aus dem Weltraum* gefunden. Die Beschaffung der von Satelliten aus aufgenommenen Daten und Bilder ist über Vertriebsstellen der die Satelliten betreibenden Weltraumbehörden und von diesen lizensierten nationalen Weltraumagenturen, Datenzentren der Bodenstationen und privaten Firmen möglich. *Zentrale Vertriebsstellen* für die gegenwärtig (1995) operierenden Erderkundungssatelliten[72] sind:

– für LANDSAT-Produkte: EOSAT (Earth Observation Satellite) Corp. in Lanham, USA (vor Einrichtung von EOSAT: EROS Data Centre in Sioux Falls, Dakota – EROS = Earth Resources Observation System)
– für LANDSAT- und NOAA-Produkte der europäischen Aufnahmestationen Fucino, Kiruna: EUROIMAGE in Frascati, Italien
– für SPOT-Produkte: SPOTIMAGE in Toulouse, Frankreich
– für IRS-Produkte: NRSA Data Centre in Balangar/Hyderabad, Indien
– für MOS- und JERS-Produkte sowie ostasiatische LANDSAT- und SPOT-Produkte: RESTEC (Remote Sensoring Technology Centre) in Tokio, Japan.

Regionale Vertriebsstellen sind die etwa 20 über die Welt verstreuten Empfangsstationen für die verschiedenen Satelliten und deren Datenzentren. Dabei sind die europäischen Stationen Fucino, Kiruna, Oakhanger, Maspalomas und Lannion im ESA-Earthnet verbunden. Die dort empfangenen Daten und Bilder werden über EUROIMAGE (s.o.) vertrieben. Darüber hinaus gibt es in fast allen Ländern der Erde weitere nationale *Kontaktstellen* und *private Vertriebsstellen*. Während erstere in der Regel nur vermittelnd tätig sind, übernehmen die meisten der privaten Vertriebsstellen auch Arbeiten zur Datenprozessierung und Bildherstellung sowie digitale Bildverarbeitungen. Bekannte Firmen dieser Art sind z.B. in Mitteleuropa (ohne Anspruch auf Vollständigkeit) die Gesellschaft für angewandte Fernerkundung mbH (GAF) in München, Dornier GmbH in Friedrichshafen, KAZ Bildmeß GmbH in Leipzig, GEOSPACE GmbH in Bonn und GEOSPACE GmbH (Dr. Beckel) in Bad Ischl, EUROSENSE-BELFOTOP in Wemmel/Belgien.

Das *Lieferprogramm* für opto-mechanische und opto-elektronische Scannerprodukte der genannten Vertriebsstellen unterscheidet sich nur unwesentlich. Die Aufzeichnungen sind in *digitaler Form* auf CCTs (compute compatible tapes) oder ggf. auch auf Floppy

---

[72] Die folgende Liste betrifft nur zentrale Vertriebsstellen für elektro-optische Daten und Bilder. Für Weltraum-Luftbilder der russischen Satelliten ist V/O SOJUSKARTA, Moskau und für die aus den Weltraumstationen MIR aufgenommenen NPO ENERGIA die zentrale Vertriebsstelle. Für vom Weltraum aus aufgenommene Radardaten werden die Vertriebsstellen in Kap. 6.2 mitgeteilt.

Discs oder auf Kassetten und als *Bildprodukte* in Form von Papierabzügen, Diapositiven oder Negativen bestellbar.

CCTs

Auf CCTs sind die Daten einer Szene oder einer Viertelszene für alle Spektralkanäle des jeweiligen Aufnahmesystems enthalten. Dabei kann man wählen zwischen
- Rohdaten,
- systemkorrigierten Daten,
- systemkorrigierten und geocodierten Daten,
- zusätzlich noch höhenkorrigierten Daten (terrain corrected dates).

Systemkorrigierte Daten sind solche, bei denen die vom Aufnahmesystem und den Flugbewegungen verursachten geometrischen und radiometrischen Abbildungsfehler beseitigt sind. *Geometrisch korrigiert* werden dabei die Einflüsse der Erdkrümmung und -rotation, wechselnde Lage, Flughöhen und -geschwindigkeiten der Plattform sowie bei opto-mechanischen Scanneraufzeichnungen auch die Panoramaverzerrung (vgl. Kap. 5.1.1.2 u. 5.1.2.2). *Radiometrisch korrigiert* im Sinne einer Egalisierung werden Abweichungen der Signale, die durch unterschiedliche radiometrische Empfindlichkeiten der Detektoren und durch Ausfälle eingesetzter Detektoren verursacht werden.

Geocodierte Daten (syn. präzisionskorrigierte Daten)[73] sind solche, bei denen die Szene zusätzlich an Geländepaßpunkte bzw. Kartenpaßpunkte angepaßt ist.

Höhen- oder terrainkorrigierte Daten[73] berücksichtigen bei der Korrektur zusätzlich aus einem Geländemodell entnommene Höhenunterschiede. Derart korrigierte Daten gehören nicht zu den Standardprodukten der Vertriebsstellen. Sie werden von einigen dieser Stellen bzw. Datenzentren aber auf Wunsch hergestellt. Paßpunkte und ggf. ein DGM muß bei Bestellung geocodierter bzw. höhenkorrigierter Daten i.d.R. der Besteller liefern.

Sowohl bei systemkorrigierten als auch bei geocodierten und höhenkorrigierten Daten wird die Szene in der Regel nach Norden orientiert (map oriented).

Kassetten und Floppy Discs

Einige Datenzentren, z.B. EOSAT und NRSA, bieten Digitaldaten ganzer und von Viertel-Szenen auf Kassetten an. Voraussetzung für deren Verwendung ist ein PC, der Bänder akzeptiert. Floppy Discs zur Beschickung eines PC nehmen nur kleine Teile einer Scannerszene auf, bei EOSAT z.B. von LANDSAT-TM-Daten 1500 x 1500 pixel.

Neben den durch das jeweilige Referenzsystem (s.u.) festgelegten Szenen können LANDSAT-TM-und SPOT-HVR-Daten auch als im Aufnahmestreifen verschobene Szenen (movable scenes) der Szenenabschnitte mit einem vom Kunden angegebenen Szenenmittelpunkt bestellt werden.

Preisnachlässe werden von einigen Vertriebsstellen unter bestimmten Bedingungen für ältere Aufnahmen (z.B. für LANDSAT-MSS-Aufzeichnungen) und für Zeitserien der gleichen Szene gewährt.

---

[73] Die Terminologie ist z.T. noch uneinheitlich; sie hat sich auch in jüngster Zeit verändert. Hier wird EOSAT (ab 1991) gefolgt. Die NRSA unterscheidet z.Zt. noch für IRS-LISS-Produkte zwischen „geocoded" und „precision", wobei „geocoded" eine Einpassung systemkorrigierter Daten in die Kartenblätter 1 : 50.000 des Survey of India bedeutet, während „precision" den im Text genannten geocodierten Daten entspricht. Bei SPOT-Daten entspricht Level 1A radiometrisch egalisierten Rohdaten, 1B den o.a. systemkorrigierten, z.B. den o.a. geocodierten Daten und 2A den höhenkorrigierten Daten.

Bildprodukte

Bildprodukte – in den Katalogen der Vertriebsstellen zumeist als „photographische Produkte" bezeichnet – werden als Papierabzüge oder Diapositive geliefert. In Frage kommen
– Quicklooks
– systemkorrigierte Schwarz-weiß-Bilder
– systemkorrigierte Farbkompositen (color composites) aus drei Spektralkanälen.
Quicklooks sind Schwarz-weiß-Bilder der Aufzeichnung eines Spektralkanals, bei der zumindest der Einfluß der Erdkrümmung auf die Abbildungsgeometrie beseitigt ist. Sie dienen in erster Linie dafür, Szenen und Teilszenen für eine Bestellung und spätere Auswertung auszuwählen und im hinblick auf Bewölkung und Abbildungsqualität auf Brauchbarkeit zu überprüfen. Quicklooks können ggf. auch für ein bestimmtes Gebiet im Jahresabonnement bezogen werden.
Schwarz-weiß-Bilder der Aufzeichnung in einzelnen Spektralkanälen und Farbkompositen sind systemkorrigiert. Sie sind entweder orbit-orientiert (orbit oriented), d.h. noch nicht eingenordet, oder, wenn sie in einen bestimmten Kartenrahmen eingepaßt geliefert werden, auch nach Norden orientiert (map oriented).
Für die Lieferung von Farbkompositen (5.4.3.2) kann der Kunde in der Regel die für deren Aufbau gewünschten drei Spektralkanäle angeben. Als Standard gilt eine Komposite, die in ihrer Farbzuordnung einem Infrarot-Farbluftbild entspricht. In diesem Fall wird sie aus den Daten je eines Spektralkanals im nahen Infrarot, in Rot und in Grün zusammengesetzt. Wird eine Komposite in „natürlichen" Farben gewünscht, so sind Daten aus den Spektralbereichen Blau, Grün und Rot zum Farbbild zu vereinen. Die Lieferung von Diapositiven oder Negativen erfolgt bei Vollszenen und Viertelszenen im Bildformat 24 x 24 cm und bei Papierabzügen in den Formaten 48 x 48 cm und 96 x 96 cm, ggf. auch in 24 x 24 cm. Die Bildmaßstäbe sind je nach Sensor und für Voll- und Viertelszenen unterschiedlich. Tab. 74 gibt für LANDSAT-TM, SPOT-HRV und IRS-LISS I und II darüber Auskunft.

Sensor	Bildmaßstab bei					
	Format 24 x 24 cm		Format 48 x 48 cm		Format 96 x 96 cm	
	1/1 Szene	1/4 Szene	1/1 Szene	1/4 Szene	1/1 Szene	1/4 Szene
1	2	3	4	5	6	7
LANDSAT TM	1 : 1 000 000	1 : 500 000	1 : 500 000	1 : 250 000	1 : 250 000	1 : 125 000
SPOT HRV	1 : 400 000	1 : 200 000	1 : 200 000	1 : 100 000	1 : 100 000	1 : 50 000
IRS LISS I	1 : 1 000 000		1 : 500 000		1 : 250 000	
IRS LISS II	1 : 500 000		1 : 250 000		1 : 125 000	

Tab. 74: *Maßstäbe bei Bildprodukten verschiedener Satellitensensoren*

SPOTIMAGE bietet auch an, speziellen Szenen nach Kundenauftrag aufzunehmen. Bei „roten" Anträgen verpflichtet sich SPOTIMAGE, eine bestimmte Anzahl von Aufnahmeversuchen (max. 10) zu unternehmen, sofern der Antrag nicht mit bereits fest eingeplanten Aufnahmen kollidiert. Bei „blauen" Anträgen sichert SPOTIMAGE nur den bestmöglichen Versuch zu, den Aufnahmewunsch des Kunden zu erfüllen. Anträge für programmierte Aufnahmen über Mitteleuropa können nur mit einem „roten" Antrag gestellt werden.

Bei Bestellungen sowohl digitaler Daten als auch von Bildprodukten definiert man die gewünschten Szenen durch die Angabe der Nummer des Orbitpfades (path) und die Nummer der Zeile (row) entlang dieses Pfades. Für jeden der operierenden Satelliten gibt es dafür ein Referenzsystem das weltumspannend ist (Beispiele: LANDSAT, SPOT) oder bei Satelliten mit nur regionalem Empfangsbereich (Beispiel: IRS) auf diesen begrenzt. Abb. 231 zeigt als Beispiel den mitteleuropäischen Teil des Referenzsystems für LANDSAT 4 und 5 in Form der Mittelpunkte der MSS- und TM-Szenen sowie der Orbitpfade. Ist man z.B. an einer Szene interessiert, auf der Zürich abgebildet ist, so müßte man die Szene 195/27 wählen. Bei Bestellung von Viertelszenen werden die Quadranten der Szene mit

$$\frac{1 \mid 2}{3 \mid 4}$$

bezeichnet. Die Viertelszene mit Zürich wäre demnach also 195/27-4. Die vollständigen Referenzsysteme sind von den o.a. zentralen oder regionalen Vertriebsstellen sowie den genannten Firmen zu beschaffen.

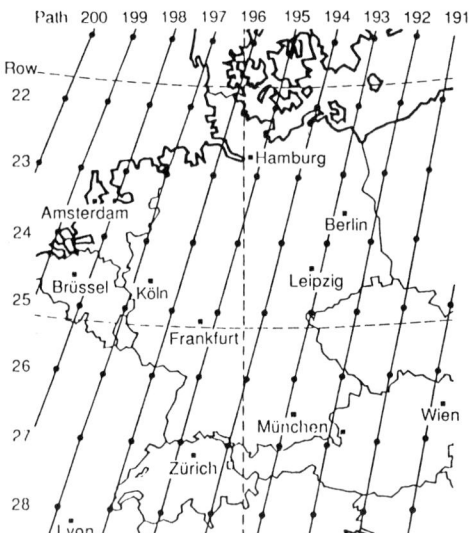

Abb. 231:
Referenzsystem (WRS=Worldwide Reference System) für LANDSAT 4 und 5. Punkte geben die Soll-Lagen der Szenenmittelpunkte an. Beispiel im Text.

Die Preise für digitale oder für Bild-Produkte verändern sich fortlaufend. Sie variieren auch in Abhängigkeit von der Institution, welche den Datenempfang, die Datenverarbeitung und -bereitstellung vornimmt und von der Vertriebsstelle, über die die Produkte bezogen werden. Es werden deshalb hier nur Größenordnungen genannt, vor allem auch, um die Relationen der einzelnen Produktpreise kennenzulernen.

Für systemkorrigierte Vollszenen der LANDSAT 4/5-TM- und MSS-Serie sowie SPOT-HRV-Aufnahmen kann gegenwärtig in Europa von den in Tab. 75 angeführten Orientierungspreisen ausgegangen werden. Zu beachten ist dabei, daß LANDSAT-Vollszenen 185 x 170 km und SPOT-Vollszenen nur 60 x 80 km Geländefläche abbilden. Viertelszenen

gleicher Art kosten reichlich die Hälfte davon und zusätzlich geocodierte Szenen nur 500 –
1.000 DM mehr. Sehr viel billiger sind LANDSAT-MSS-Szenen, die älter als zwei Jahre
sind. Sie werden um 480 DM angeboten. Ebenso liegen die Preise der von Bodenstationen
außerhalb Nordamerikas und Europas empfangenen, dort prozessierten und nur dort
vertriebenen Daten und Bilder deutlich unter den in Tab. 75 genannten.

Produkt	LANDSAT 4/5		SPOT 1/2	
	MSS	TM	HRV Pan	HRV MS
	DM	DM	DM	DM
1	*2*	*3*	*4*	*5*
systemkorr. CCT-Vollszene	um 1.500	um 8.000	um 4.800	um 3.800
systemkorr. Farbkomposite 48 x 48 cm Papierabzug	um 1.200	um 4.000	–	um 3.800 (um 450)[1]

[1] gilt, wenn bereits ein Dia oder Negativ vorhanden ist

Tab. 75: *Orientierungspreise für LANDSAT- und SPOT-Produkte nach verschiedenen
Angebotspreislisten (hierzu Ausführungen im Text beachten)*

Sowohl in Hinsicht auf die jeweils aktuellen Preise als auch wegen Spezialangeboten, über
die Lieferung von Standardprodukten hinausgehende Leistungsangebote von Daten- und
Bildverarbeitungen, Bestellmodalitäten und geltende Bestimmungen zum Copyright ist zu
empfehlen, die Angebotskataloge und Preislisten der Vertriebsstellen, z.B. der zuvor
genannten, einzuholen.

Vom Weltraum aus aufgenommene und bei Fernerkundungszentren gespeicherte und
archivierte Bilddaten sind ggf. auch über *Computernetze und Datenleitung* zugänglich. Die
technischen Voraussetzungen dafür werden in zunehmendem Maße geschaffen. Entsprechende Informationssysteme sind oder werden von solchen Zentren aufgebaut. Als Beispiel wird das Intelligent Satellite Data Information System (ISIS) des Deutschen Fern-
kundungs-Datenzentrums (DFD) in Oberpfaffenhofen genannt. Über ISIS ist der direkte
Zugriff sowohl auf den Katalog aller archivierten Daten als auch auf die Daten selbst
möglich. Daten der gewünschten Aufnahmeszene können zur Qualitäts- und Eignungs-
kontrolle als Quicklook-Bilder auf den heimischen Bildschirm abgerufen und geeignete
Daten dann in einer gewünschten Verarbeitungsform in den eigenen Rechner eingelesen
und on-line weiterverarbeitet oder analysiert werden (siehe hierzu auch Abb. 231).

5.3 Digitale Bildverarbeitungssysteme

Aufzeichnungen opto-mechanischer und opto-elektronischer Scanner liegen nach A/D-Wandlung der elektrischen Signale in digitaler Form vor. Für die thematische Auswertung einschließlich aller dafür notwendigen bzw. zweckmäßigen Manipulationen der Daten zur objektspezifischen oder zielorientierten Bildverbesserung benötigt man ein digitales Bildverarbeitungssystem.[74] Ein solches System (Abb. 232) besteht aus

- Einrichtungen bzw. Geräten zur Dateneingabe in den Rechner sowohl für die Bild- als auch für Zusatzdaten;
- dem Haupt- oder Basisrechner (host computer)
- dem Subsystem für die Wiedergaben des Bildes und von Ergebnissen der Bildbearbeitung
- dem Bedienungsterminal
- der Betriebs-, Bildverarbeitungs- und Auswertesoftware
- Ausgabegeräten für Bilder, Karten und Daten

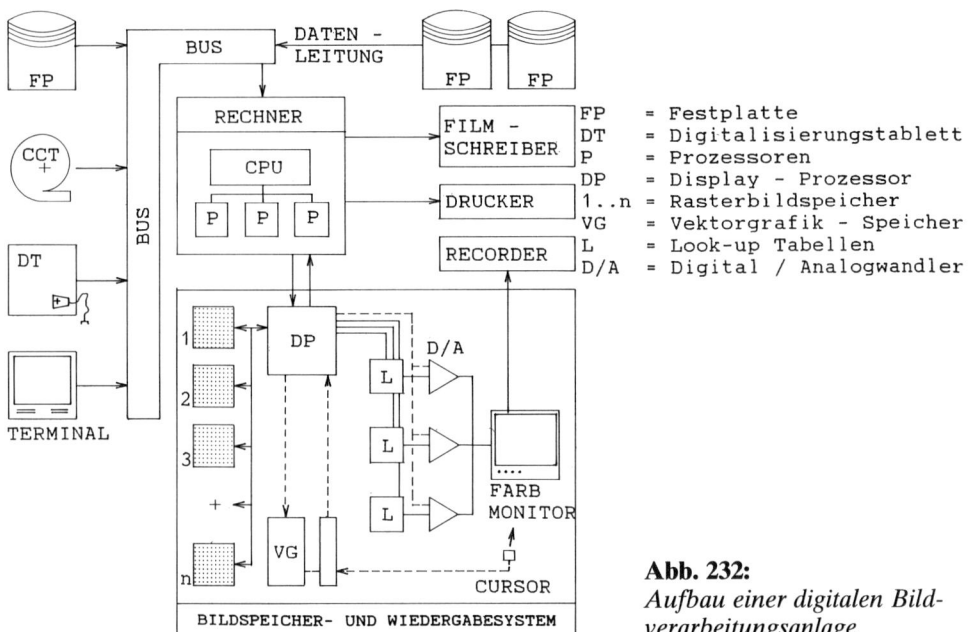

Abb. 232:
*Aufbau einer digitalen Bild-
verarbeitungsanlage*

Für die digitale Bildverarbeitung geeignet sind hybride Systeme, die sowohl für eine Batch-Prozessierung als auch für interaktives Arbeiten eingerichtet sind. Im ersten Fall sind die ablaufenden Rechenprozesse bzw. einzelne Module, die zum Bildverarbeitungsstandard gehören, durch eine Hardwarelösung fest vorprogrammiert. Sie laufen nach Aufruf ohne

---

[74] Das gilt in gleicher Weise für die digital-photogrammetrische und auch thematische Auswertung digitalisierter Luftbilder (Kap. 4.18, 4.5.5.7) und die digitale Bearbeitung und Auswertung von Radaraufzeichnungen (Kap. 6.2, 6.3.6.5).

weitere Eingriffe des Operateurs ab. Im zweiten Falle arbeitet der Auswerter über den Bedienungsterminal im Dialog mit dem Rechner und dem Subsystem zur Bildwiedergabe. Er greift damit fortlaufend steuernd in den Auswertungsprozeß ein, um die jeweils optimale bzw. eine befriedigende Lösung für seinen Auswertungszweck zu erreichen.

Bilddateneingabe

Die zur Auswertung vorgesehenen Bilddaten stehen entweder nach Aufnahme einer Bildvorlage mit einer Videokamera nach A/D-Wandlung dem Bildverarbeitungssystem online zur Verfügung, oder sie liegen maschinenlesbar auf Magnetbändern oder -platten bzw. auf optischen Platten vor. Von der ersten Möglichkeit machte man in den frühen Jahren der Bildverarbeitung häufig Gebrauch, um z. B. aus Schwarz-weiß-Bildvorlagen farbkodierte Äquidensitenbilder herzustellen. Sie ist heute – von speziellen Fällen abgesehen – nur noch von marginaler Bedeutung. Die benötigte Geräte- und Rechnerausstattung wird als Videodigitizer oder auch als opto-elektronischer Bildanalysator bezeichnet. Die weitaus größere Bedeutung kommt der Eingabe der Bilddaten über eines der o.a. Speichermedien zu. Sie stehen in unterschiedlicher Form, Schreibdichte und Speicherkapazität zur Verfügung, nämlich
- als 1/2 inch CCT für große Datenmengen, mit Schreibdichten von 1600 und 6250 BPI (bit per inch), Kapazität ca. 160 MB bei 6250 BPI
- als Bandkassetten (QIC, DAT, Exabyte cartridges) mit unterschiedlichen Speicherkapazitäten, z. B. QIC (Quarter inch cartridge) für kleine Datenmengen, DAT (=digital audio-tape) bis 4 GB oder Exabyte sogar bis 8 GB
- als Floppy Disks für PC-Systeme und auch hier nur kleine Datenmengen z.B: von 1.2 oder 16 MB
- als Festplatten für sehr große, i. d. R. von CCTs übernommene Datenmengen, mit Speicherkapazitäten, die heute bis zu 4 GB pro Laufwerk reichen
- als optische Platten in der Größe von Floppy Discs, aber mit Speicherkapazitäten von ca. 650 MB.

Der Zugriff auf diese Daten durch den Rechner erfolgt, nach Maßgabe der vom Auswerter aufgerufenen Programme, über eine geeignete Schnittstelle (controller, interface). Das Lesen der Bänder oder Platten kann intern oder von Peripheriegeräten aus – z. B. von einer Magnetbandstation – erfolgen. Über Computernetze und Datenleitung ist auch der Zugriff auf Massenspeicher und Datenbänke von Fernerkundungszentren möglich. Mit zunehmender Verfügbarkeit über solche Datenbanken und verbesserten Zugriffsmöglichkeiten auf diese (vgl. in Kap. 5.2 das exemplarisch zu Isis Gesagte) gewinnt dies besonders für Institutionen mit kleineren Bildverarbeitungsanlagen mehr und mehr an Bedeutung.

Topographische oder für thematische Auswertungen benötigte *Hilfsdaten,* z. B. aus einem GIS, aus Karten digitalisierte, in Fernerkundungsbildern nicht enthaltene Grenzlinien, Paßpunktkoordinaten u. a., können ebenfalls über Schnittstellen eingeführt werden.

Der Digitalrechner

Herzstück einer digitalen Datenverarbeitungsanlage ist der *zentrale Prozessor des Rechners* (Central Processing Unit = CPU). Von ihm werden die benötigten Daten aus dem Speicher abgerufen, der Datenfluß synchronisiert und andere Kontrollfuktionen erledigt und für eine Problemlösung notwendige arithmetische und logische Operationen ausgeführt. Je nach Auslegung und Leistungsklasse des Rechners wird der zentrale Prozessor zur Beschleunigung von Rechenprozessen durch Parallelprozessierung bzw. zur Übernahme festprogrammierter Basissoftware der Bildverarbeitung durch Array-Prozessoren und andere Hardware-Zusätze ergänzt. Parallelverarbeitung durch Mikroprozessoren vom Typ Transputer ist dabei seit längerem – für PC-Systeme seit etwa 10 Jahren – möglich.

Als Basisrechner kommen Computer aller Leistungsklassen in Frage[75]. Für Bildverarbeitungsanlagen in Fernerkundungszentren und -instituten sowie Dienstleistungsunternehmen der Fernerkundung sind als Basisrechner vor allem Computer von DEC/VAX, SUN, HP, SILICON GRAPHICS im Einsatz. Sie verfügen heute zumeist über 32 bit-Processoren, ältere auch noch über 16 bit-Prozessoren. Mit der DEC Alpha AXP steht aber auch bereits eine 46-bit-Maschine zur Verfügung. In den 80er Jahren haben die in ihrer Leistungsfähigkeit stark verbesserten PC als Basisrechner für Bildverarbeitungssysteme zunehmend an Bedeutung gewonnen. Dies auch, wenn ihre Rechenkapazität i. d. R. noch nicht für einen „Multi-User"-Betrieb ausreiche.

Durch die inzwischen erreichten Speicherkapazitäten, die Integration der Bildprozessoren in PC und Workstation und die über Servermaschinen möglich gewordene Vernetzung mit Peripheriegeräten wie Bandstationen, großen Platten, CD-ROM, Spezialdruckern etc. ist ein Multi-User-Betrieb auch mit diesen Basisrechnern möglich.

Subsystem: Bildspeicher und -wiedergabe

Im Hinblick auf die überragende Bedeutung des interaktiven Arbeitens für Bildverbesserungen, Klassifizierungen, Überlagerungen usw. ist das *Subsystem für die Bildspeicherung und -wiedergabe* ebenso wichtig wie der Basisrechner. Zu diesem Subsystem gehören mehrere Hardwarekomponenten, nämlich ein Display-Prozessor, mehrere Bildwiederholungsspeicher, sog. Look-up-Tabellen, D/A-Wandler und schließlich ein leistungsfähiger Farbmonitor.

Die Bildwiederholspeicher sind an den Basisrechner angeschlossen und werden von dort aus geladen. Sie nehmen eine Matrix von Bildpunkten auf, deren Datenumfang von der Größe und Auflösung des Farbmonitors abhängt. Üblich sind Raster von 512x512 und immer häufiger auch 1024x1024 Bildpunkten. Jeder Bildpunkt wird (i. d. R.) mit 8 bit = 256 Graustufen kodiert. Das entspricht der Grauwertauflösung der Aufzeichnungen bzw. der Anzahl der Grauwertstufen auf den Speichermedien (Kap. 5.1.1.3, 5.1.2.3) und auch jener von digitalisierten Luftbildern. Die Ladung eines Rasterspeichers erfolgt
- bei multispektralen elektro-optischen Fernerkundungsdaten jeweils mit den Daten eines der Aufnahmekanäle oder auch mit Werten eines aus den Daten mehrerer Kanäle rechnerisch gebildeten „künstlichen" Kanals
- bei digitalisierten Farb- oder Infrarot-Farbluftbildern mit den Daten der verschiedenen Farbauszüge
- bei Radarbildern (vgl. Kap. 6) mit den Grauwerten synchron aufgenommener Daten aus unterschiedlichen Bandbereichen oder verschiedener Polarisationszustände
- bei zusätzlichen, digitalisierten thematischen oder topologischen Rasterdaten in entsprechend geringeren Grauwertbereichen z. B. von 2^3 oder 2^4, mit dem Code für die darzustellenden Klassen, z. B. von Höhenstufen, Expositionen, Bodenarten usw.

---

[75] Die noch in den 70er Jahren übliche Einteilung in *Main Frame Computer* (Großrechner) mit einem (oder mehreren) 32 bit Processor, *Minicomputer* mit 16 bit Processor und *Microcomputer* mit 8-bit Processor ist durch die rasante Entwicklkung der Microelektronik überholt und heute aufgegeben. Auch die Unterscheidung zwischen PC- und anderen Rechensystemen für die Bildverarbeitung ist heute unscharf geworden und kaum noch sinnvoll. Die Charakterisierung eines Rechners durch die in bit angegebene Wortlänge, die von einem der CPU-Register bearbeitet werden kann, ist aber als Leistungsparameter beibehalten worden.

Zur Farbdarstellung der Fernerkundungsaufzeichnung auf dem Monitor sind drei der Rasterspeicher erforderlich. Sie werden mit jeweils einer der Grundfarben Rot, Grün oder Blau belegt, so daß bei der Bildwiedergabe durch Überlagerung das Farbbild entsteht. Durch entsprechende Farbzuordnungen zu den verschiedenen Spektralkanälen bzw. Farbauszügen kann man am Monitor sowohl Farbbilder in den natürlichen als auch in „falschen" Farben generieren. Aus interpretatorischen Gründen wird häufig eine Farbzuordnung gewählt, die jener von Infrarot-Farbluftbildern entspricht.

Die Farbkodierung der Grauwertdaten erfolgt auf deren Weg zum Monitor mit Hilfe der o.a. *Look-up-Tabellen* (Abb. 232). Gleichzeitig können die Daten dabei auch verschiedenen Kontrast- und Farbmanipulationen unterworfen werden. Das jeweilige Bildergebnis erscheint in Echtzeit am Monitor und kann vom Auswerter durch sukzessive weitere Interaktion mit dem Subsystem solange verändert = gestaltet werden, bis ein für den Zweck und die Gegenstände der Auswertung optimales bzw. befriedigendes Bildprodukt erreicht ist.

Neben der Rasterbilddarstellung bieten neuere Bildverarbeitungsanlagen auch die Möglichkeit, Vektorgraphiken auf den Bildschirm des Subsystems zu bringen. In Verbindung mit entsprechenden Softwaremodulen wird dies durch die Einführung *zusätzlicher Graphikebenen* erreicht. In Abb. 232 ist dies durch die unterste Speicherebene (VG) des Subsystems angedeutet. Ohne das Rasterbild zu beeinträchtigen kann bei entsprechend eingerichteten Systemen das gewünschte Vektorbild dem Rasterbild überlagert, am Bildschirm sichtbar und auch gemeinsam mit ihm ausgegeben werden. Polygonzüge unterschiedlicher Bedeutung, z.B. Grenzlinien versus Verkehrslinien, können dabei in verschiedenen Farben dargestellt werden.

Auf dem Datenweg von den Look-up Tabellen zum Bildschirm erfolgt die notwendige *Digital/Analog-Wandlung* um den Monitor mit Videosignalen speisen zu können. In Bildverarbeitungsanlagen verwendete Farbmonitore nehmen wie o.a. 512x512 oder 1024x1024 oder auch 1280x1024 Bildpunkte auf.

Spezielles Hardwaredesign sorgt dafür, daß sowohl ein ausschnittweises *Vergrößern* (Zoomen) als auch danach ein *Verschieben* des Bildinhalts (Roaming) möglich ist. Zur Auswahl eines zu vergrößernden Fensters kann ein in seiner Größe veränderbarer Rahmen über das Bild geführt werden.

Zur Ausmessung von Bildkoordinaten und zum Umfahren sowie zur bildhaften Kennzeichnung auszuwertender Flächen läßt sich mittels einer Maus, eines Lichtgriffels (Joystick) oder einer Rollkugel eine Marke (Lichtpunkt, Fadenkreuz o.ä.) frei über das Bild am Monitor bewegen. Die Bildkoordinaten jedes angefahrenen Punktes und aller Polygonpunkte einer umfahrenen und im Bild damit eingezeichneten Fläche werden in den Basisrechner übernommen. Sie können dort weiterverarbeitet werden, z.B. für digital photogrammetrische Auswertungen oder um die von einer gekennzeichneten Fläche eingeschlossenen Bildpunkte auszulesen und einer spektralen Signaturanalyse zuzuführen. Letzteres hat große Bedeutung bei sog. überwachten Klassifizierungen (Kap. 5.5), für die in der vorbereitenden Phase die spektralen Signaturen für Flächen bekannter Klassenzugehörigkeit analysiert und darauf aufbauend „Traininsgebiete" für den Rechner ausgewählt werden.

Die Bildschirmmarke kann andererseits aber auch über den Rechner an einen, durch seine Koordinaten definierten Bildpunkt geführt und dort am Bildschirm plaziert werden.

Digitale Bildverarbeitungsanlagen neuerer Art erlauben bei Verfügbarkeit über entsprechende Software auch die simultane Abspielung verschiedenartiger Fernerkundungsaufzeichnungen. Auf dem Bildschirm werden in diesem Falle die Aufzeichnungen verschiedener Sensoren nebeneinander oder auch von zeitversetzten Aufzeichnungen des gleichen Sensors übereinander dargestellt.

Software

Bei einer gegebenen Hardwareausstattung hängt die Leistungsfähigkeit eines digitalen Bildverarbeitungssystems von der verfügbaren Soft- und ggf. Firmware ab. Als Firmware wird dabei jene Software verstanden, die in einem ROM (read only memory) abgelegt ist.
Wie bei den in Kap. 4.5.5.6 und 7 genannten analytischen und digital photogrammetrischen Geräten bzw. Auswertestationen ist auch hier zwischen Betriebs- und Auswertesoftware zu unterscheiden. Die Betriebssoftware wird bei Anschaffung eines Bildverarbeitungssystems i. d. R. für den Rechner und das Subsystem der Bildwiederholungsspeicher und -wiedergabe mitgeliefert. Die Auswertesoftware kann dagegen entweder selbst entwickelt oder in Form von Programmen bzw. Programmpaketen gekauft werden. Häufig wird beides auch kombiniert: Dabei beschränkt sich die eigene Programmentwicklung entweder auf anwendungsorientierte Modifizierungen oder Ergänzung marktgängiger (Routine)-Programme oder auf die Entwicklung spezieller, z. B. für eine bestimmte Forschungsaufgabe benötigte Module, die *so* auf dem Markt nicht verfügbar sind.

Rückblickend ist zu berichten, daß bei der Entwicklung von Bildverarbeitungs-Software für Fernerkundungszwecke zunächst batchorientierte Programme im Vordergrund standen. In den siebziger Jahren erschloß die Softwareentwicklung, befördert auch durch Fortschritte der Hardwaretechnologie, insb. der Mikroelektronik, in rasch zunehmendem Maße das interaktive Arbeiten. Für *große* Bildverarbeitungsanlagen mit IBM Rechnern wurden in dieser Zeit in den USA umfassende Softwarepakete entwickelt, z. B.
- ORSER vom *O*ffice for *R*emote *S*ensory of *E*arth, *R*essources der Pennsylvania State University – ein Paket, das an die IBM 370/168 als Rechner gebunden war;
- ERIPS (Earth Resources Interactive Processing System), entwickelt beim Johnson Space Centre der NASA und bekannt geworden vor allem durch das umfassende Large Area Crop Inventory Experiment (LACIE) in den Jahren 1975–78 (MAC DONALD u. HALL 1978; siehe auch Kap. 5.6). ERIPS läuft auf IBM 360 und 370 Rechnern;
- LARSYS, ein beim Laboratory for Application of Remote Sensing (LARS) der Purdue University geschaffenes Programmsystem für einen IBM 3031 Computer. LARSYS hat speziell für Anwendungen in der Forstwirtschaft und Hydrologie, für Landnutzungsinventuren und geologische Untersuchungen interessante, neue Wege erschlossen (siehe z. B. HOFFER et al. 1979, HOFFER u. SWAIN 1980).
- VICAR (Video Image Communication and Retrieval System), ein beim Jet Propulsion Laboratory (IPL) entstandenes, an IBM Computer 360/370 gebundenes Programmpaket. 1983 wurde es als das „probably most extensively used image processing system" in den USA bezeichnet (BRACKEN et al. 1983, S. 824). Ergänzungen von VICAR sind SMIPS (Small interactive image processing system) und IBIS (Image based Information system). Durch beide Softwareprodukte wurde besonders das interaktive Arbeiten verbessert.

Auch in europäischen Ländern wurde in dieser Zeit entsprechende Software zur Implementierung auf Großrechnern geschrieben und in Verbindung mit Bildwiedergabesystemen eingesetzt, so z. B. in Schweden (WASTENSON et al. 1978), in der Schweiz (IBIS: FASLER 1978) oder in Deutschland (DIBIAS: TRIENDL et al. 1982, FIPS: Lange 1978, Lösche 1983 u. a.). Von der späteren Software für Großrechner, die speziell der Durchführung von Signaturanalysen dient, wird auf PROSA (= Programmpaket zur Signaturanalyse) und FIPS (Freiburgs Image Processing System: LÖSCHE 1983) verwiesen.

Parallel und z.T. in der Nachfolge der o.a. Programmpakete für Großrechner entstand Software, die auf Klein- und zunehmend auch auf Personalcomputern implementiert wurde. Als *Beispiele* werden genannt IDIMS für HP 3000, KANDIDATS für PDP 15,

GIPSY für VAX 11/780, MINIVICAR für PDP 11, MICA für PDP 10, MOBI für LSI 2/20, FIPS für PDP 11/UNIVAC.[76]

Das Gesagte zeigt, daß Software für die digitale Bildverarbeitung zunächst überwiegend in Forschungseinrichtungen entstand. Mit der Vergrößerung und Diversifizierung der Anwendergemeinde dieser Technologie für Zwecke der Fernerkundung traten dann aber – etwa seit Ende der siebziger Jahre – mehr und mehr kommerzielle Software-Anbieter auf den Plan. Instituten, Behörden, Consulting-Unternehmen u. ä. die nicht über eigene oder nur über unzureichende personelle Kapazitäten für Programmierungsarbeiten verfügten, erhielten dadurch für ihre Fernerkundungsaufgaben Zugang zur digitalen Bildverarbeitung. Befördert wurde und wird diese Entwicklung durch das zeitgleiche Aufkommen Geographischer Informationssysteme und auch der digitalen Photogrammetrie. Die für beide entstandene bzw. entstehende Software kann mit der für die digitale Bildverarbeitung benötigten verbunden werden.

Die Fernerkundungssoftware heute führender Anbieter, wie z. B. ERDAS IMAGINE[77], PCI EASI/PACE oder jene von INTERGRAPH's IMAGE STATION können – mit systembedingten Unterschieden –
– multispektrale opto-elektronische Bilddaten, digitalisierte Luftbilder und auch Radarbilddaten verarbeiten,
– auf Arbeitsstationen mit Klein- und Personalcomputer verschiedener Hersteller laufen,
– Raster- und Vektordaten gegenseitig konvertieren, gemeinsam bearbeiten und zusammenführen,
– je nach Art der Daten alle mit diesen möglichen Prozesse der digitalen Bildverarbeitung zur Manipulation, Analyse und Auswertung der Bilddaten ausführen sowie Ergebnisse zur Ausgabe als Bild, Karte oder Statistik liefern,
– im Verbund mit GIS-Software zum gegenseitigen Nutzen eingesetzt werden: Ergebnisse der Bildbearbeitung und -auswertung können in ein GIS übernommen und Bildverarbeitungsmodule durch Daten aus einem GIS unterstützt werden;
– beim Vorliegen von Stereoaufzeichnungen im Bereich der digitalen Photogrammetrie der Herleitung von digitalen Geländemodellen und der Herstellung von Orthophotos oder auch dreidimensionalen, aus beliebiger Perspektive gesehener Bilder oder Bildfolgen dienen.

Softwarepakete sind heute (fast) durchweg modular aufgebaut. Man kann daher beim Kauf die für die eigenen Anwendungszwecke notwendigen Module auswählen. Durch den modularen Aufbau ist auch die ständige Fortentwicklung der jeweils vorhandenen Software durch Erweiterung oder Austausch alter Module gegen neue, bessere möglich. Angesichts der Vielfalt möglicher Fernerkundungsaufgaben im Bereich der Erderkundung sowie für wissenschaftliche Anwendungen sollte die benutzte Software direkte Eingriffe in Programmabläufe und „individuelle" Ergänzungen bzw. Modifizierungen ermöglichen.

Bei Beschaffung von Software ist auf deren Verträglichkeit mit dem Betriebssystem

---

[76] IDIMS = Interactive Digital Image Manipulation System von Electromagnetic Systems Lab. Inc. Sunyvale; KANDIDATS = Kansas Digital Image Data Systems der Univ. Kansas; GIPSY = General Image Processing System von Virginia State University; MINIVICAR von JPL, Passadena; MICA = Modular Interactiv Classification Analyzer von CCRS, Ottawa; MOBI = Modulares off-line Bildverarbeitungspaket des Inst. f. Photogrammetrie u. Ingenieurvermessung, Univ. Hannover. FIPS siehe Text.

[77] Vertrieb, Beratung, Schulung in Deutschland für ERDAS über Geosystems, Gräfelfing und für PCI über CGI Systems, München. Die Nennung von ERDAS, PCI, INTERGRAPH sowie der beiden Service-Gesellschaften erfolgt beispielhaft. Sie bedeutet keine Empfehlung, die andere Anbieter ausschließt.

(z. B. UNIX, VMS, WINDOWS NT, OS/2, DOS/WINDOWS u. a.) und der vorhandenen Hardware zu achten.

Ausgabegeräte

Ergebnisse der Bildverarbeitung und -auswertung werden i. d. R. zunächst auf dem Farbmonitor dargestellt. Für die Ausgabe auf Papier oder Folie können an den Monitor ein Video-Filmrecorder und an den Rechner Filmschreiber und/oder verschiedenartige Drucker angeschlossen werden. Filmschreiber sind zumeist Trommelbelichter oder Laser-Filmschreiber. Als Drucker kommen elektro-digitale Drucker, Thermosublimationsdrucker, Farblaserdrucker und für einfachere Druckerzeugnisse Tintenstrahl-, Nadel- oder Thermotransferdrucker in Frage. Zur Herstellung von Kleinbilddias, z. B. für Lehr-, Vortrags-, oder Demonstrationszwecke kann man Ergebnisse unter Inkaufnahme gewisser geometrischer Veränderungen und Qualitätsmängel auch vom Bildschirm photographieren. Eine andere behelfsmäßige Ausgabeform ist die durch Zeichendrucker mit oder ohne Überdruck. Bestimmten Grauwertintervallen werden dabei Buchstaben bzw. andere Druckzeichen zugeordnet, die unterschiedliche Helligkeitseindrücke vermitteln (vgl. Abb. 269). Welche Ausgabeform man wählt, richtet sich nach dem Zweck der Ausgabe (z. B. Quicklook, thematische Interpretation, Dokumentation, Veröffentlichung, Werbung usw.) und den damit verbundenen Qualitätsanforderungen. Ggf. wird sie auch von der Auflagenhöhe und in der Realität von dem verfügbaren Ausgabegerät bzw. den dafür verfügbaren Mitteln bestimmt.

Anschaffungskosten, Wartung und Benutzerfreundlichkeit

Die Anschaffungskosten einer kompletten Anlage lagen noch vor wenigen Jahren bei mehreren hunderttausend DM. Sie liegen heute bei wartungsfreundlichen, PC-gestützten Systemen unter 100 000 DM.

Die Wartung einer Bildverarbeitungsanlage sowie Serviceleistungen für allfällige Instandsetzungen müssen gewährleistet sein. Herstellerfirmen und Softwarelieferanten bieten hierfür Dienstleistungen an. Bei größeren Anlagen und bei solchen, die Forschungs- und Lehrzwecken dienen, ist es im allgemeinen zweckmäßig, Mitarbeiter einzustellen, die entsprechend physikalisch-technologisch spezialisiert sind und solche, denen eigene Programmierarbeiten übertragen werden können. Erfahrungen lehren, daß für Wartung und Instandsetzungen jährlich bis zu 10 % der Anschaffungskosten der Anlage und Software vorgehalten werden sollten. Die Lebenszeit einer Anlage kann man – von evidenter Veralterung abgesehen – auf etwa 10 Jahre ansetzen.

Die „Nutzerfreundlichkeit" moderner Bildverarbeitungsanlagen und die Angebotspalette leistungsfähiger und flexibler Software bringt es mit sich, daß i. d. R. keine wesentlichen Probleme für Benutzer dieser Technologie auftreten, auch wenn diese nicht speziell physikalische oder mathematische Vorkenntnisse haben. Erfahrungen zeigen, daß z. B. Studierende der Geowissenschaften, der Forst- und Landwirtschaftswissenschaften sehr schnell sicheren Zugang zu diesen Geräten und Verfahrensweisen finden. Der heute besonders für jüngere Mitarbeiter gewohnte Umgang mit elektronischen Medien und Techniken kommt dem zugute. Internationale Behörden wie z. B. die FAO, nationale Institutionen, Fernerkundungszentren, Herstellerfirmen und Softwareanbieter bieten zudem in reichem Maße Schulungen, Fortbildungsveranstaltungen, Workshops und Trainingskurse an.

5.4 Korrekturen, Verbesserungen und Veränderungen elektro-optischer Aufzeichnungen

In den folgenden Ausführungen werden geometrische und radiometrische Korrekturen, Verbesserungen und Veränderungen behandelt, die je nach dem Auswertungszweck an *zuvor schon* geometrisch und radiometrisch *systemkorrigierten Datensätzen* vorgenommen werden können oder ggf. müssen. Man unterscheidet dabei zwischen
- *geometrischen Korrekturen* und Verbesserungen (Kap. 5.4.1)
- *radiometrischen Korrekturen* und Verbesserungen (Kap. 5.4.2)
- digitalen Bildverarbeitungsschritten, die zu *inhaltlichen Veränderungen* der ursprünglichen Datensätze führen.

Bei allen diesen Operationen transformiert man mit Mitteln der *digitalen Bildverarbeitung* und *mathematischen Funktionen* den jeweiligen Eingabe-Datensatz (= das Eingabebild) in einen neuen, veränderten Ausgabe-Datensatz (= das Ausgabebild), u. zw.
- bei geometrischen Korrekturen in Bezug auf Form und Lage der Bildelemente. Die Lagekoordinaten x,y der Bildelemente in der zweidimensionalen Bildmatrix (Abb. 231) des Eingabe-Datensatzes werden in x',y' transformiert

$$x' = f x (x,y) \tag{137a}$$

$$y' = f y (x,y) \tag{137b}$$

Die Grauwerte g_i der Bildelemente bleiben wie sie sind, d. h.

$$g' = g \tag{137c}$$

Vgl. aber das in Kap. 5.4.1 zum „Resampling" Gesagte.

- bei radiometrischen Korrekturen und Verbesserungen verändert man die Grauwerte der Bildelemente, d. h.

$$g' = f (g) \tag{138}$$

Dabei bleibt Form und Lage der Bildelemente in der Matrix erhalten.

Neben Korrekturen und Bildverbesserungen dieser Art stehen Operationen, bei denen der ursprüngliche Bildinhalt so verändert wird, daß eine bildhafte (oder numerische) Darstellung mit inhaltlich neuer Qualität entsteht. Von den vielfältigen Möglichkeiten sind vor allem zu nennen:
- *rechnerische Verknüpfungen* mehrerer, geometrisch deckungsgleicher Bildmatrizen, seien es multispektrale, multitemporale oder multisensorale Aufzeichnungen. Solche Verknüpfungen führen *entweder* zu neuen Bildmatrizen, die als künstliche Kanäle für weitere Bearbeitungen und die thematische Auswertung zur Verfügung stehen *oder* zu schwarz-weißen und besonders auch farbigen Mischbildern,
- das *Überlagern* des Eingabebildes mit graphischen, z. B. durch Digitalisierung von Karten gewonnenen Informationen (z. B. politische Grenzen, Waldeinteilungsnetz, Höhenschichtlinien u. a.)
- die *Transformierung* der aufgezeichneten Daten in Spektren der Ortsfrequenz (Fourierspektren).

Zwischen Bildbearbeitungen dieser Art und der thematischen Bildauswertung sind die Übergänge fließend. Dies gilt besonders dann, wenn der Auswerter die für seine Aufgaben benötigten Bildbearbeitungen selbst durchführt und dabei das neue Produkt für seine Zwecke zu optimieren versucht.

5.4.1 Geometrische Korrekturen und Anpassungen

5.4.1.1 Einführung

Nach durchgeführter Systemkorrektur (Kap. 5.1.1.2, 5.1.2.2) ist es nicht für alle Auswertungen und Verwendungen von opto-elektronischen Aufzeichnungen erforderlich, weitere geometrische Transformationen durchzuführen. Das gilt besonders für Satellitenaufzeichnungen, die nur als großräumige Übersichten dienen sollen oder für Landklassifizierungen ohne besondere Ansprüche an die geometrische Lagegenauigkeit ausgewiesener Klassenflächen. Für die Mehrzahl der Auswertungen ist jedoch eine weitere geometrische Korrektur erforderlich oder zumindest wünschenswert. Unerläßlich sind sie, wenn Monitoringaufgaben durchzuführen sind, Überlagerungen mit graphischen Informationen aus Karten vorgenommen werden sollen, thematische oder topographische Daten in ein GIS oder eine Karte zu übertragen sind oder wenn aus Satellitenaufzeichnungen selbst Bildkarten geschaffen werden sollen.

Ziel einer geometrischen Transformation ist stets die Anpassung der Aufzeichnung an ein Referenzsystem. Als Referenzsystem kommen vor allem geodätische, wie das Landeskoordinatensystem oder das UTM-Gitter, in Frage. Im Falle von Monitoringaufgaben oder der Herstellung multisensoraler Mischbilder kann auch ein Referenzbild aus der Zeitreihe bzw. dem Ensemble der Multisensor-Aufzeichnungen herangezogen werden. Liegen keine Karten mit Koordinatennetz vor, so kann auch ein freigewähltes Koordinatensystem – z. B. mit der linken unteren Kartenecke als Koordinatenursprung – als Referenz dienen. Nur im Falle eines geodätischen Bezugsystems kann auch eine absolute Orientierung der Aufzeichnung und damit auch eine Geokodierung der Bildelemente erfolgen. Im Falle von Referenzbildern oder Karten ohne Bezug auf ein geodätisches Koordinatensystem spricht man von einer relativen Entzerrung bzw. Transformation.

Elemente geometrischer Transformationen sind die *Bilddrehung*, die *Bildverschiebung* in x- und y-Richtung und *Maßstabsveränderungen* sowie die *Entzerrung* der Aufzeichnung, d. h. die Beseitigung der schon in Kap. 5.1.1.2 und 5.1.2.2 beschriebenen geometrischen Lageabweichungen gegenüber dem Referenzsystem, die durch Flugbewegungen (Abb. 212) und Geländehöhenunterschiede hervorgerufen wurden.

Bei geodätischen Bezugsystemen dient dabei die Bilddrehung der Einordnung. Sie wird bei Satellitenaufzeichnung erforderlich wegen der in Abb. 226 gezeigten Bahnneigungen (Inklinationen), die für alle operierenden Erdbeobachtungssatelliten für den Überflug des Äquators bekannt sind (Tab. 73, Sp. 7).

Beträgt z. B. diese Inklination $\varphi_{\text{ä}}$ – wie beim LANDSAT-5 – 98,2° (Abb. 233), so ist die LANDSAT-5-Szene, welche beim Überflug des Äquators entstand, um 8.2° gegen den Uhrzeigersinn zu drehen. Da die Inklination der Bahn mit zunehmendem Breitengrad zunimmt, nehmen auch die erforderlichen Drehwinkel zu, je weiter die aufgenommene Szene vom Äquator entfernt liegt. Sind $\varphi_{\text{ä}}$ und der Breitengrad β_i der zu drehenden Szene bekannt, so errechnet sich der Drehwinkel κ_i nach

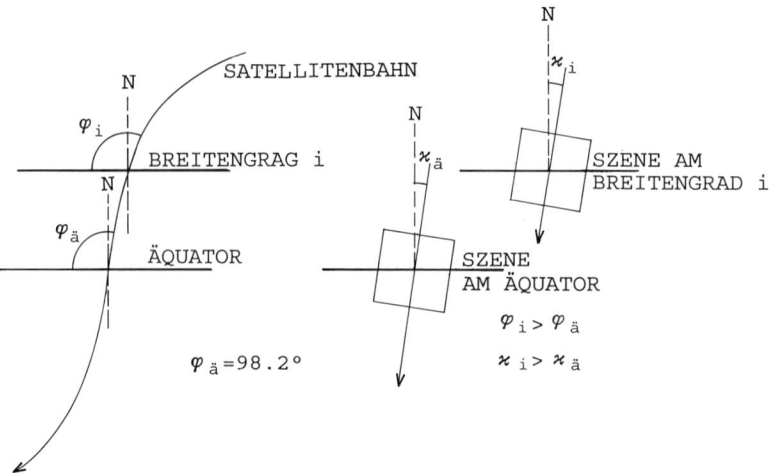

Abb. 233: *Zur Einnordung erforderliche Bilddrehung in Abhängigkeit von der jeweiligen Inklination der Satellitenbahn*

$$\kappa_i = \left[\text{arc sin} \frac{\sin \varphi_{\ddot{a}}}{\cos \beta_i} \right] - 90° \tag{139}$$

Bahn- und Lageabweichungen des Satelliten führen jedoch zu geringfügigen Abweichungen gegenüber dem nach (139) berechneten κ_i. Die aktuelle, tatsächliche Inklination am gegebenen Ort kann auf einfache Weise wie folgt ermittelt werden. Man bestimmt in einer Karte und in dem zunächst nach (139) gedrehten Bild mehrere identische Punkte und mißt an diesen, die Winkel zwischen der Nordrichtung und den Verbindungslinien zwischen diesen Punkten (Abb. 234). Die mittlere Differenz k_i dieser Winkelberechnungen in der Karte und dem Bild eignet sich als Verbesserung für den nach (139) ermittelten Drehwinkel κ_i

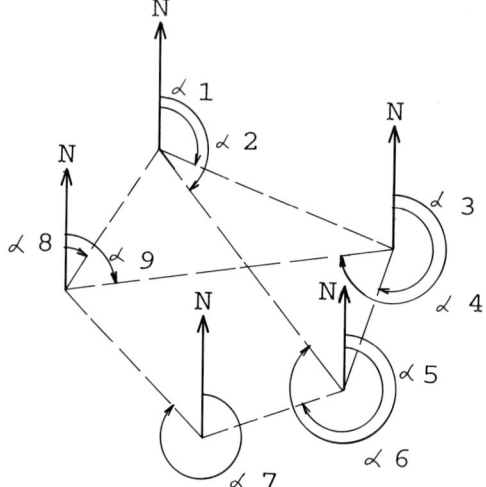

Abb. 234:
Korrektur des nach (139) ermittelten Drehwinkels κ

$$\sum_1^n \alpha_{Karte} - \sum_1^n \alpha_{Bild} = k_i \tag{140a}$$

$$\kappa_i \pm k_i = \kappa_i^* \tag{140b}$$

Wie sich eine solche Verbesserung auswirken kann, zeigt Tab. 76 an einem konkreten Beispiel.

Drehwinkel κ für die LANDSAT-Scene 196/27 berechnet nach			
Formel (139)	nach Verbesserungen mit (140)		
	Aufnahme 23.7.84	Aufnahme 21.4.85	Aufnahme 27.6.86
1	*2*	*3*	*4*
$-12.18°$	-12.55	$-12,55$	$-12,53$

Tab: 76: *Drehwinkel κ für verschiedene Aufnahmen einer LANDSAT-TM-Szene, berechnet nach Formel (139) und zusätzlicher Verbesserung (nach einem konkreten Beispiel aus* KATTENBORN *1991)*

Verfahrenswege für geometrische Transformationen elektro-optischer Fernerkundungsaufzeichnungen sind parametrischer oder nichtparametrischer Art.

Bei *parametrischen Verfahren* (Kap. 5.4.1.3) wird – vergleichbar dem Vorgehen in der analytischen und digitalen Luftbildmessung – die Beziehung zwischen Bild- und Geländekoordinaten durch Rekonstruktion der Aufnahmesituation hergestellt. Für die mathematische Modellierung müssen die Daten der äußeren Orientierung (für jede Scanzeile) bekannt sein. Parametrische Verfahren werden zur Entzerrung von Flugzeugscannerdaten benötigt. Nichtparametrische Verfahren führen für diese nicht zu befriedigenden Ergebnissen.

Bei *nichtparametrischen Verfahren* (Kap. 5.4.1.2) werden die Bildmatrizen des Eingabebildes und die auf das Referenzsystem hin definierten des Ausgabebildes als ebene Punktfelder aufgefaßt. Der geometrische Zusammenhang zwischen Eingabe- und Ausgabebild wird mit Hilfe eines zweidimensionalen Interpolationssatzes über Paßpunkten hergestellt. Flugparameter spielen keine Rolle. Nichtparametrische Verfahren werden für geometrische Transformationen von Satellitenaufzeichnungen verwendet.

Bei beiden Verfahrenswegen ist nach der Aufstellung der Transformationsgleichungen für alle Bildpunkte die Lage im Ausgabebild berechenbar. Die Bildelemente müssen im Ausgabebild neu geordnet und für jedes Bildelement der neuen Matrix muß der passende Grauwert gesucht und bestimmt werden. Dieser abschließende Vorgang wird als „Resampling" bezeichnet.

Die verschiedenen geometrischen Transformationsprozesse und -verfahren sind in verschiedenen Softwareprogrammen realisiert. Einige davon können auf verschiedenen digitalen Bildverarbeitungsanlagen implementiert werden, andere sind maschinengebunden konzipiert worden. Dem Anwender besonders von Satellitenaufzeichnungen stehen kommerziell oder in einschlägigen Instituten oder Dienstleistungsfirmen entsprechende Programme zur Verfügung.

5.4.1.2 Nichtparametrische geometrische Transformationen

Man unterscheidet für die geometrischen Transformationen von Satellitenaufzeichnungen
- ebene Ähnlichkeitstransformationen
- ebene Affintransformationen
- Transformationen mit Polynomen und Interpolation nach kleinsten Quadraten

Die beiden erstgenannten sind einfache Verfahren, die sich bei nicht allzu strengen Genauigkeitsforderungen bewähren. Für anspruchsvollere Transformationen haben sich vor allem solche mit Gleichungen 2. Grades als geeignet erwiesen.

Alle genannten Verfahren folgen einem dreistufigen Arbeitsgang:
1. Paßpunktbestimmung
2. Aufstellung der Transformationsgleichungen zur Herstellung der Beziehungen zwischen den Koordinaten im Eingabebild und denen im Bezugssystem bzw. im Ausgabebild.
3. Resampling

Als Paßpunkte werden Geländeorte gesucht, die in einer verfügbaren Karte mit Koordinatengitter des Bezugssystems und in der Satellitenaufzeichnung eindeutig als identisch erkannt werden. In Ländern mit gut entwickelter Infrastruktur, intensiver Landnutzung und laufend fortgeführten topographischen Karten großer und mittlerer Maßstäbe sind solche Paßpunkte i. d. R. problemlos zu identifizieren. In Ländern und Gebieten mit extensiver Landnutzung sowie gering entwickelter Infrastruktur und topographischer Kartierung kommt es nicht selten zu Schwierigkeiten. Das Fehlen geeigneter Geländeorte, fehlerhafte oder zu stark generalisierte Darstellung der Situation in der Karte oder deren mangelnde Fortführung erschwert die Definition von Paßpunkten und führt ggf. zu weniger guten Entzerrungsergebnissen.

Die Koordinaten der Paßpunkte im Bezugssystem greift man in der Karte mit einem Planzeiger oder mit Hilfe eines Digitalisierungstablettes ab. Die Koordinaten des den Paßpunkt repräsentierenden Bildpunktes ergeben sich aus dessen Zeilen- und Spaltenwert. Sie werden durch Anfahren des Paßpunktes mit dem Cursor am Monitor ermittelt. Für die folgende geometrische Transformation und Herstellung der geometrischen Beziehung zwischen Aufzeichnung und Bezugssystem benötigt man nur wenige Paßpunkte. Ihre Mindestzahl ist von dem Transformationsansatz abhängig (s.u., Tab. 77). Man bezieht jedoch regelmäßig eine über die theoretische Mindestangabe hinausgehende Anzahl von Punkten ein, um die in den Paßpunkten verbleibenden Restfehler herabzusetzen. Die Paßpunkte sollen nach gegebenen Möglichkeiten gut über die zu entzerrende Szene verteilt sein.

Bei *ebenen Ähnlichkeitstransformationen* werden die Bildpunkte des Eingabebildes in x- und y-Richtung um x_u bzw. y_u verschoben, das Bild mit dem Drehwinkel κ gedreht und auf den gewünschten Maßstab $1/m$ gebracht.

Die transformierten Koordinaten x' und y' ergeben sich aus linearen Gleichungen nach

$$x' = f_x (x, y) = x_u + aX - bY \tag{141a}$$

$$y' = f_y (x, y) = y_u + aY + bX \tag{141b}$$

wobei X,Y die Koordinaten der Paßpunkte im Bezugssystem bedeuten und $a = m \cdot \cos \kappa$, $b = m \cdot \sin \kappa$.

Die Gleichungen können mit den Koordinatenwerten von zwei Paßpunkten gelöst werden. Durch in der Praxis übliche Hinzuziehung weiterer Paßpunkte (= Überbestimmung) lassen sich Verbesserungsgleichungen ansetzen für einen „Ausgleich nach vermittelnden Beobachtungen" (hierzu z. B. KRAUS 1990, S. 605 ff.).

Im Hinblick auf Maßstabsunterschiede, die bei Scanneraufzeichnungen zwischen x und y-Richtung auftreten, wird häufig anstelle einer Ähnlichkeitstransformation eine Affin-Transformation bevorzugt. Sie erlaubt es beide Maßstäbe $1/m_x$ und $1/m_y$ zu berücksichtigen.

Als Unbekannte gehen bei dieser Transformationsform die beiden Verschiebungen x_u und y_u, der Drehwinkel κ, die Maßstäbe in x- und y-Richtung sowie ein von 90° abweichender Winkel ρ zwischen den beiden Koordinatenrichtungen ein. Die Gleichungen lauten in diesem Falle

$$x' = x_u + a_1 X + a_2 Y \qquad\qquad\qquad (142a)$$

$$y' = y_u + b_1 X + b_2 Y \qquad\qquad\qquad (142b)$$

mit $a_1 = m_x \cdot \cos\kappa,\ a_2 = m_y \cdot -\sin(\kappa + \rho)$
  $b_1 = m_x \cdot \sin\kappa,\ b_2 = m_y \cdot \cos(\kappa + \rho)$

Zur Lösung der Gleichungen benötigt man mindestens drei Paßpunkte. Bei Überbestimmung erreicht man wiederum durch Ausgleichung nach vermittelnden Beobachtungen (s.o.) eine Verbesserung des Transformationsergebnisses.

Die Gleichungen (141a/b) bzw. (142a/b) werden für jeden Paßpunkt aufgestellt und die Parameter a_i und b_i daraus berechnet (hierzu vgl. z. B. HABERÄCKER 1991 S. 189ff.).

In ebenen Gebieten und guten großmaßstäbigen Karten für die Paßpunktbestimmung können Lageabweichungen bei Anwendung einfacher ebener Ähnlichkeitstransformationen in den gedrehten und verschobenen Bildern unter einem Pixel gehalten werden. Aber auch bei kupiertem Gelände und unter ungünstigeren Paßpunktbedingungen läßt sich eine solche einfache Transformation in vielen praktischen Fällen noch rechtfertigen. Dies gilt z.B., wenn aus Karten digitalisierte Details (z.B. das Gewässernetz, Verkehrslinien) der Satellitenszene überlagert werden sollen. Auch bei relativen Entzerrungen werden ggf. mit einer solchen Ausgleichung 1. Grades (und dafür zwangsläufig einem Nächster Nachbar Resampling, s.u.) gute Ergebnisse erreicht. HÖNSCH (1993) erreichte z. B. für Bild-auf-Bild-Anpassungen für eine LANDSAT-5-TM-Szene des Amazonasgebietes trotz schwieriger Paßpunktbedingungen für Bilder einer Zeitreihe 1984, 1989, 1990, Standardabweichungen gegenüber der Referenzszene von 1989

für die Aufzeichnung von 1984   von -0,55 Pixel in x-Richtung
                      und 0,87 Pixel in y-Richtung
für die Aufzeichnung von 1990   von -0,69 Pixel in x-Richtung
                      und 0,51 Pixel in y-Richtung

Ebene Ähnlichkeits- und Affintransformationen genügen oft, aber nicht immer, den Ansprüchen der Fernerkundung. Besonders bei Monitoringaufgaben, Überlagerungen graphischer Informationen aus einem GIS in das Satellitenbild oder vice versa der Übernahme geometrischer Daten von diesem in ein GIS ist eine weitergehende Entzerrung wünschenswert oder auch notwendig.

Bewährt haben sich dafür in der Praxis für die Entzerrung von Satellitenaufzeichnungen Transformationen mit Polynomen 2. Grades, der allgemeinen Form

$$x' = a_0 + a_1 X + a_2 Y + a_3 X^2 + a_4 X^2 + a_4 Y^2 + a_5 XY \qquad (143a)$$

$$y' = b_0 + b_1 X + b_2 Y + b_3 X^2 + b_4 X^2 + b_4 Y^2 + b_5 XY \qquad (143b)$$

Prinzipiell können auch Polynome höherer Ordnung verwendet werden. Die Anzahl mindestens benötigter Paßpunkte steigt dabei wegen der zunehmenden Anzahl in die Gleichungen eingehender Unbekannter a_i bzw. b_i (Tab. 77).

Transformation für ebene Punktfelder	Formel	Anzahl der Unbekannten	Mindestanzahl erforderlicher Paßpunkte
Polynom 1. Ordnung			
Ähnlichkeitstransformation	(142)	4	2
Affin-Transformation	(143)	6	3
Polynorm 2. Ordnung	(144)	12	6
Polynorm 3. Ordnung		20	10

Tab. 77: *Erforderliche Mindestanzahl bei Transformationen ebener Punktfelder*

Die Herleitung der Polynomkoeffizienten a_i bzw. b_i erfolgt wiederum über die Koordinatenwerte der Paßpunkte mit einer Ausgleichung nach vermittelnden Beobachtungen. Die Quadrate der an den eingesetzten Paßpunkten verbliebenen Restfehler werden dadurch minimiert. Das Vorgehen wird deshalb auch als Methode der kleinsten Quadrate bezeichnet. Bei guten Paßpunktdaten und mehr oder weniger ebenem Gelände liegt die erreichbare Genauigkeit der Transformation in die Matrix des Ausgabebildes deutlich unter der Größe eines Pixels.

Berücksichtigung von Höhenunterschieden

Bisher war nur von ebenen Transformationen gesprochen worden. Verzerrungen in den Aufzeichnungen gegenüber einer orthogonalen Abbildung, die auf Geländehöhenunterschiede zurückgehen, blieben dabei unberücksichtigt. Welche Größe diese reliefbedingten Punktversetzungen rechtwinklig zur Flugrichtung annehmen, war in Kap. 5.1.2.2 beschrieben und in Tab. 53, Sp. 8–10 für Abbildungsorte am Ende des Scanstreifens exemplarisch gezeigt worden. Ob die bei ebenen Transformationen verbleibenden reliefbedingten Verzerrungen toleriert werden können, hängt vom Auswertungszweck und von den in der Szene vorkommenden Höhenunterschieden ab. Bildpunktversetzungen dieser Art wirken sich bei ebenen Transformationen zweifach auf die Genauigkeit der Entzerrung aus: einmal verfälschen sie die der Transformation zugrunde liegenden Bildkoordinaten der Paßpunkte und verursachen dadurch eine fehlerhafte Berechnung der Transformationsgleichungen. Zum anderen sind dadurch die Positionen der Bildelemente im Ausgabebild entsprechend den jeweiligen Geländehöhen mit Lagefehlern behaftet.

Ein Verfahren für die Beseitigung reliefbedingter Bildpunktversetzungen nach zuvor erfolgter ebener Transformation beschreiben ALBERTZ et al. 1989: Dabei werden zunächst die bereits gemessenen Paßpunkt-Spaltenkoordinaten um einen Betrag korrigiert, der bei gegebener Flughöhe des Satelliten vom Höhenunterschied zwischen dem Geländeort des Paßpunktes und der für die Entzerrung gewählten Bezugsebene sowie von der Lage des Paßpunktes im Scanstreifen abhängig ist. Die Korrektur muß bei über der Bezugsebene liegenden Paßpunkten vom Bildnadir weg nach außen und bei jenen, die unter der Bezugsebene liegen, zum Bildnadir hin erfolgen. Für das Resampling nach der üblichen indirekten Entzerrungsmethode (s.u.) muß dann für jedes Bildelement des Ergebnisbildes die Geländehöhe, z. B. aus einem DGM, bekannt sein. Dies ist erforderlich, um für die

Übernahme der Grauwerte die jeweils richtige Spaltenposition im Ergebnisbild berechnen zu können.

Mosaikbildung

Muß nicht nur eine Szene entzerrt werden, sondern für eine sehr großräumige Auswertung ein Verband mehrerer Szenen, so kann man dies durch Verknüpfung der sich seitlich sowie im Aufnahmestreifen auch längs überlappenden Szenen erreichen. Einen Verfahrensvorschlag hierzu hat JANSA (1980) vorgelegt. Dabei werden sowohl Paßpunkte für die Einzelszenenentzerrung als auch bei der Entzerrung zu berücksichtigende Verknüpfungspunkte in den Überlappungsbereichen eingesetzt (Abb. 235). Die Geländeorte der Verknüpfungspunkte müssen in den benachbarten Szenen eindeutig als identisch identifizierbar sein. Durch die Verknüpfuingspnkte können in den Randbereichen der Szenen sonst notwendige Paßpunkte eingespart werden. Vor allem aber bekommt man nahtlose Übergänge von Szene zu Szene.

Helligkeits-, Kontrast- oder Farbunterschiede zwischen den einzelnen Szenen werden bei der Mosaikbildung einer radiometrischen Ausgleichung unterworfen. Hierauf wird in Kap. 5.4.2 eingegangen.

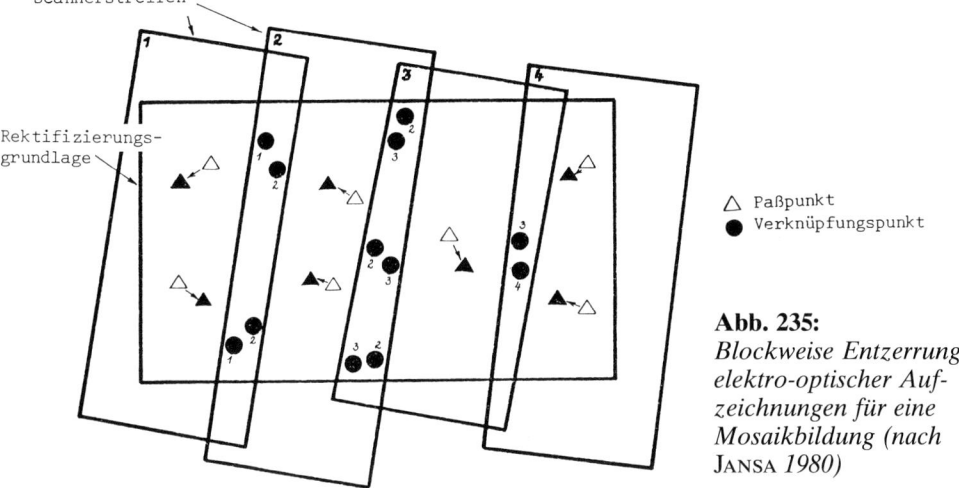

Abb. 235:
Blockweise Entzerrung elektro-optischer Aufzeichnungen für eine Mosaikbildung (nach JANSA *1980)*

Resampling

Nach Bestimmung der Transformationsgleichung folgt die Entzerrung für die gesamte Aufzeichnung (oder eine Teilszene davon). Die Aufzeichnung wird geometrisch Element für Element transformiert, den Bildelementen der neu entstehenden Bildmatrix ist ein jeweils passender Grauwert zuzuordnen. Die neue Matrix ist geometrisch durch das gewählte Bezugssystem definiert. Ihre Bildelemente sind – wie die des Eingabebildes – quadratisch, decken sich aber nicht vollständig mit jenen. In Abb. 236 ist die Situation exemplarisch dargestellt. Erkennbar ist, daß die neuen Bildelemente sich aus Teilstücken von Bildelementen der Matrix des Originalbildes zusammensetzen. Bildelement a des transformierten Bildes konstituiert sich z. B. aus Teilstücken von vier Originalpixeln und Bildelement b sogar aus sechs. Offenkundig ist dem bei der Zuordnung eines Grauwertes für jedes einzelne Bildelement der neuen Matrix Rechnung zu tragen.

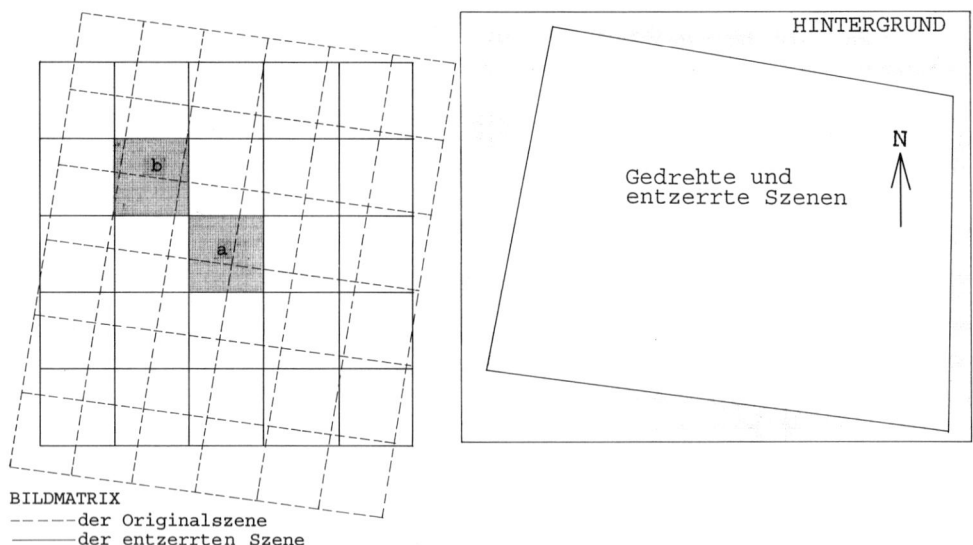

Abb. 236:
Bildelemente der originalen und der ent-
zerrten Szene: zum Problem der Grau-
wertzuordnung für die Bildelemente der
entzerrten und gedrehten Szene

Abb. 237:
Form einer gedrehten und entzerrten Satel-
litenszene

Die gedreht und entzerrte Szene weicht in ihrer Form aus dem gleichen Grunde von der rechteckigen des Eingabebildes ab. Da andererseits aber die neue Bildmatrix wieder eine rechteckige Anordnung von Zeilen und Reihen aufweist, belegt man die an den Bildrändern nicht mit einem neuen Grauwert kodierten Bildelemente mit einem einheitlichen Hintergrundwert. Bei Datensätzen mit einer 8-bit-Grauwertauflösung z. B. mit dem Grauwert 255 oder 0 (Abb. 237).

Prinzipiell sind für das Resampling zwei Verfahrenswege möglich. Man bezeichnet sie als „direkte" und „indirekte" Methode. Bei der nicht mehr gebräuchlichen *direkten* Methode geht man von der Mitte der Bildelemente des Eingabebildes aus, berechnet deren Lage im Ausgangsbild und gibt den jeweils getroffenen Bildelementen der neuen Matrix den Grauwert des entsprechenden Pixels des Eingabebildes. Es kommt dabei vor, daß einzelne Bildelemente der neuen Matrix nicht und andere mehrfach belegt werden. Eine Nachbearbeitung ist deshalb notwendig. Zudem wird die in Abb. 236 erkennbare Zusammensetzung der neuen Bildelemente aus unterschiedlichen Eingabepixeln nicht berücksichtigt.

Bei der *indirekten* Methode wird der umgekehrte Weg beschritten. Man geht von der transformierten neuen Bildmatrix aus und rechnet mit Hilfe der Transformationsgleichungen von den Mitten der dortigen Bildelemente in das Eingabebild zurück. Lücken oder Doppelbelegungen, wie bei der direkten Methode, können daher nicht auftreten. Die indirekte Methode ist schon deshalb zu bevorzugen und hat sich allgemein durchgesetzt. Zur Berücksichtigung der Zusammensetzung der neuen Bildelemente aus unterschiedlichen Anteilen der Eingabebildpixel stehen zudem bei der indirekten Methode mehrere Wege offen. Sie führen – bei unterschiedlichem Rechenaufwand – zu brauchbaren, mehr oder weniger gut passenden Grauwertzuordnungen.

Die im Zuge der indirekten Methode am häufigsten verwendeten Resampling-Ansätze sind

- die *Methode des nächsten Nachbars* (nearest neighbor resampling). Jedes Bildelement des Ausgabebildes erhält den Grauwert des Pixels des Eingabebildes, in das sein rückübertragener Bildmittelpunkt fällt (Abb. 238a).
- die *bilineare Interpolation* (bilinear interpolation). Jedes Bildelement des Ausgabebildes wird mit einem Grauwert belegt, der als gewichtetes Mittel der vier dem rückübertragenen Bildpunkt benachbarten Pixel des Eingabebildes berechnet wird (Abb. 238b). Varianten dieser Methode sind z. B. die bei ALBERTZ et al. (1989) genannten der „Pixelverdopplung mit bilinearer Interpolation" und der „Pseudo-Pixelverdopplung mit variabler Interpolation".
- die kubische Interpolation oder Faltung (cubic convolution). Jedes Bildelement des Ausgangsbildes erhält einen Grauwert, der auf die gewichteten Mittel aus der 4x4 Pixelumgebung des rückübertragenen Bildpunktes zurückgeht (Abb. 238c). Im Interpolationansatz wird dabei ein LAGRANGE-Polynom bevorzugt, aber auch mehrere Spline-Funktionen wurden für diesen Zweck entwickelt (z. B. RIFMANN 1973, HOU UND ANDREWS 1978 – beide zit. n. BILLINGSLEY et al. 1983 – oder JANSA 1983).

Bei den bilinearen und kubischen Interpolationen erfolgt die Gewichtung unter Berücksichtigung der Lage des rücktransformierten Bildpunktes in dem von den einbezogenen Bildelementen umfaßten Raum. Für eine bilineare Interpolation wird dies in Abb. 238b und einem Rechenbeispiel gezeigt. Beispiel: Gesucht wird der Grauwert für das Bildelement in Zeile 2/Spalte 4 des Ausgabebildes. Die vier in die Berechnung einzubeziehenden Bildelemente des Eingabebildes haben die Grauwerte $g_1 = 151$, $g_2 = 160$, $g_3 = 170$, $g_4 = 185$. Der Mittelpunkt des linken oberen Bildelements wird als Koordinatenursprung gewählt.

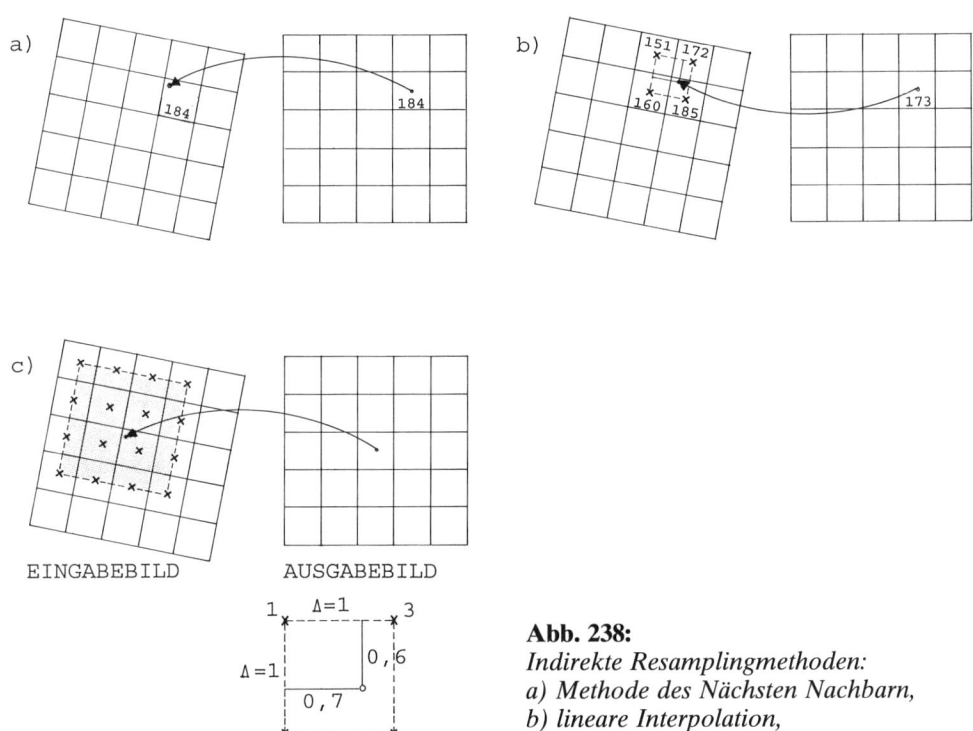

Abb. 238:
Indirekte Resamplingmethoden:
a) Methode des Nächsten Nachbarn,
b) lineare Interpolation,
c) kubische Interpolation oder Faltung

Der Abstand Δ zu den benachbarten Bildmittelpunkten wird mit 1 angenommen. Der rücktransformierte Mittelpunkt des zu berechnenden Bildelements möge – wie in Abb. 238b – die Koordinaten y = 0,7 und x = 0,6 haben. Der gesuchte Grauwert g' für diese Punktlagen berechnet sich nach

$$g' = (1 - \frac{x}{\Delta} - \frac{y}{\Delta} + \frac{xy}{\Delta^2}) \cdot g_1 + (\frac{x}{\Delta} - \frac{xy}{\Delta^2}) \cdot g_2 + (\frac{y}{\Delta} - \frac{xy}{\Delta^2}) \cdot g_3 + \frac{xy}{\Delta^2} \cdot g_4 \qquad (144)$$

und ist im Beispiel damit

$$g' = 0,12 \cdot 151 + 0,18 \cdot 160 + 0,28 \cdot 172 + 0,42 \cdot 185 = 172,8$$

Jede der o.a. Methoden hat in Bezug auf die Auswertung der Aufzeichnungen Vor- und Nachteile. Die einfache Methode des Nächsten Nachbarn hat neben dem geringen Rechenaufwand den Vorteil, daß die Grauwerte als originale radiometrische Informationen erhalten bleiben. Dies kann bei multispektralen Klassifizierungen oder auch für Monitoringaufgaben von Bedeutung sein. Um alle diese ursprünglichen Grauwerte ins Ausgabebild übernehmen zu können. muß man freilich dessen Bildelemente kleiner als die des Eingabebildes halten. Ein Nachteil der Methode ist es, daß es ggf. zu Verlagerung der Abbildung von Geländelinien um bis zu 0,5 Pixel kommen kann. Straßen, Grenzen von Kulturarten u. a. erscheinen dann im Ausgangsbild stufig.

Bei der bilinearen Interpolation tritt eine solche Stufigkeit nicht auf. Das Bild wird in seinen Grauwerten geglättet und damit für die visuelle Betrachtung oft angenehmer. Die Glättung wird aber mit Kontrastverlusten erkauft. Informationen über keine oder schwach kontrastierende, benachbarte Objekte können verloren gehen. Auch „blurring effects" können auftreten.

Bei der kubischen Interpolation werden die Grauwertkontraste des Eingabebildes ebenfalls gemindert, jedoch weniger als bei der bilinearen Methode. Auch die o.a. „blurring effects" treten weniger in Erscheinung. Als Nachteil steht dem eine deutlich längere Rechenzeit gegenüber.

Eine Vorstellung von den benötigten Rechenzeiten bei verschiedenen Resamplingverfahren vermittelt Tab. 78 anhand eines konkreten Beispiels.

Resamplingverfahren	CPU-Zeit (Stunden)	Zeitverhältnis
1	*2*	*3*
Nächster Nachbar	00:58,33	1:1
Bilineare Interpolation	01:0,7,09	1,15:1
Lagrange Polynom	02:12,29	2,27:1
Pixelverdopplung mit Bilinearer Interpolation	03:53,69	4,01:1
Pseudo-Pixelverdopplung mit variabler Interpolation	04:0,7,63	4,24:1

Tab. 78: *Zeitaufwand für die digitale Bearbeitung eines 256x256 Pixel großen Eingangsbildes, das mit einer HELMERT-Transformation geometrisch entzerrt und mit verschiedenen Resamplingverfahren berechnet wurde (aus ALBERTZ et al. 1989).*

Stehen dem Bildbearbeiter oder dem Auswerter von elektro-optischen Satellitenaufzeichnungen Wahlmöglichkeiten zur Verfügung, so ist die Entscheidung über die zu verwendende Resamplingmethode im Hinblick auf den vorrangigen Auswertezweck und die erforderliche Rechenzeit – beides abwägend – zu treffen.

Geometrische Korrekturen bei Farbkompositen oder Klassifizierungen nach multispektralen Datensätzen

Es war eingangs gesagt worden, daß nicht-parametrische Verfahren vor allem für geometrische Transformationen von Satellitenaufzeichnungen in Frage kommen. Diese liefern – wie aus Kap. 5.1 bekannt ist – multispektrale Datensätze. Für die Herstellung von Farbkompositen aus und die thematische digitale Klassifizierung nach diesen (s. Kap. 5.5) erhebt sich die Frage, ob die geometrische Korrektur *vor* diesen Operationen für jeden der einbezogenen Spektralkanäle oder *nach* diesen erst für das Ergebnis, also die Farbkomposite bzw. das Klassifizierungsergebnis erfolgen soll. Prinzipiell ist beides möglich. Falls nur das Endergebnis für weitere Auswertungen und Nutzungen, z. B. als Karte, interessiert und die Datensätze der einzelnen Spektralkanäle nicht ihrerseits für spezielle Auswertungen benötigt werden, sprechen für die nachträgliche Korrektur zwei Gründe:
- es muß lediglich *eine* Bildmatrix, nämlich die neu entstandene des Ergebnisbildes, korrigiert werden. Werden die Bildmatrizen vor der Operation einzeln korrigiert, so erhöht sich der Rechenaufwand entsprechend der Zahl der einbezogenen Spektralkanäle von 3 und mehr.
- während des Korrekturprozesses wird kurzfristig die doppelte Speicherkapazität (Eingabe- und Ausgabebild) benötigt. Dies kann bei einer einzelnen geometrischen Korrektur der Aufzeichnungen aller einbezogenen Kanäle zu Engpässen führen, wenn große Beildmatrizen und viele Kanäle zu entzerren sind.

Diese Gründe gewinnen – worauf z. B. SCHMITT-FÜNRTRATT (1990) zu Recht hinweist – unter dem Aspekt dezentraler Bildverarbeitung, z. B. für forstwirtschaftliche und regionaplanerische Anwendungen und in Entwicklungsländern, besonderes Gewicht. Die nachträgliche Korrektur erlaubt jedoch als Resampling-Methode nur die des Nächsten Nachbarn.

5.4.1.3 Parametrische Verfahren zur Entzerrung von Flugzeugscanner-Aufzeichnungen

Die Entzerrung von *Flugzeugscanneraufzeichnungen* führt mit den zuvor beschriebenen nicht-parametrischen Lösungen nicht zum geometrischen gewünschten Erfolg. Es ist vielmehr eine parametrische Lösung erforderlich, mit welcher versucht werden muß, vergleichbar dem in Kap. 4.2 für Luftbildaufnahmen beschriebenen Verfahren die Aufnahmegeometrie zu rekonstruieren. Anders als beim Luftbild hat jedoch bei Scanneraufnahmen jedes Bildelement durch die Flugbewegung in Verbindung mit der streifenweisen Aufnahmeform (Kap. 5.1) eine eigene äußere Orientierung. Mit ausreichend guter Näherung kann man bei der mathematischen Modellierung des Aufnahmevorgangs jedoch für jede Scanzeile eine gemeinsame äußere Orientierung annehmen. Für jede Scanzeile wird dann als Näherung eine zentralperspektive Abbildung unterstellt.

Die mathematische Modellierung setzt voraus, daß
- die Abbildungsgeometrie des Sensors bekannt ist,
- die räumliche Lage des Sensors bei der Aufnahme jeder Scanzeile, d. h. fortlaufend, zuverlässig definiert werden kann,
- eine ausreichende Zahl an Paßpunkten bestimmbar ist,
- ein digitales Geländemodell zur Verfügung steht (sofern das aufzuzeichnende Gebiet nicht durchweg eben ist).

Die zweitgenannte Bedingung ist die am schwersten zu erfüllende. Ihr ist auch zuzuschrei-
ben, daß noch bis vor kurzem eine befriedigende parametrische Entzerrung von Flugzeugscannerdaten nicht, und auch heute noch nur mehr oder weniger gut angenähert möglich
ist. Es sind fortlaufend, d. h. für jede Scanzeile die sechs Parameter der äußeren Orientierung zu bestimmen: die Querneigung ω, die Längsneigung φ und die Kantung κ der
Sensorplattform sowie die Raumkoordinaten X, Y, Z des Projektionszentrums O im
Bezugssystem (Abb. 239).

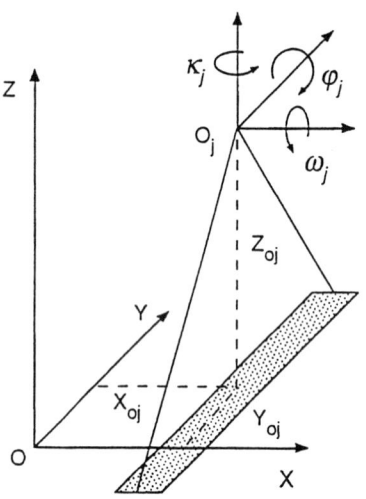

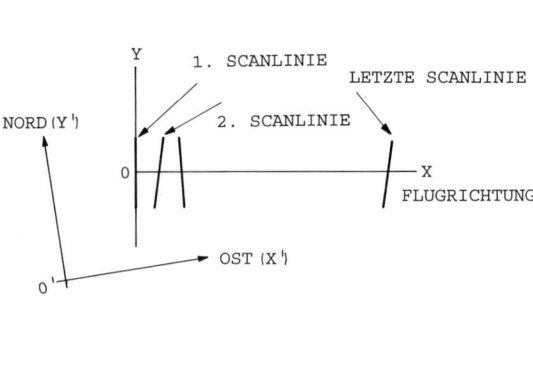

Abb. 239:
*Die für eine parametrische Lösung der
Entzerrung für jede Scanzeile benö-
tigten Orientierungsparameter*

Abb. 240:
*Zur Herleitung der Orientierungselemente aus
Fluglagedaten. Lagekoordinatenbestimmung in
einem vorläufigen Koordinatennetz. Erläuterung
im Text (nach ZHANG et al. 1994)*

   Die Herleitung der Orientierungselemente kann aus Paßpunkten oder durch fortlaufende Messung und Registrierung der Fluglagedaten erfolgen. Im ersten Falle sind theoretisch für jede Scanzeile drei Paßpunkte erforderlich. Da dies nicht zu verwirklichen ist,
müssen Näherungslösungen herangezogen werden. Dabei geht man davon aus, daß aufgrund der Trägheit der Flugzeugbewegungen, zwischen mehreren aufeinanderfolgenden
Scanzeilen, relativ hohe Korrelationen der Orientierungselemente bestehen. Man kommt
dann – wie KRAUS (1990) zeigt – mit drei Paßpunkten in einem Bereich aus, „in dem die
Flugparameter noch korreliert sind". Man ist zur Einschätzung solcher „Korrelations-
bereiche" zunächst auf allgemeine Erfahrungen angewiesen. Im Hinblick auf die Unbe-
stimmtheit der einzuführenden Annahmen und die Unwägbarkeiten bei Aufnahmeflügen
ist man im konkreten Fall gezwungen, relativ große Paßpunktmengen einzusetzen. Die
Orientierungselemente werden zuerst für jene Scanzeilen berechnet, in denen Paßpunkte
liegen. Danach erfolgt durch Interpolation oder mit Hilfe von Polynomen die Bestimmung
der Orientierung für alle dazwischen liegenden Scanzeilen. Für beide Möglichkeiten
beschreibt und diskutiert KRAUS (1990) mathematische Ansätze. Sie werden dort als
Verfahren der „Differenzgleichungen" und der „Polynomapproximation" bezeichnet.
Nach Herleitung der Elemente der äußeren Orientierung erfolgt dann die Entzerrung

unter Einbeziehung eines digitalen Geländemodells für die notwendige Bestimmung der Geländehöhe für jeden zu einem Bildelement gehörenden Geländeort. Neben KRAUS (1990) wird in diesem Zusammenhang auch auf EBNER (1976), McGLONE und MIKAHIL (1981) zit. bei KRAUS, und KONECNY et al. (1986) verwiesen.

Für den zweiten o.a. Fall zur Bestimmung der Parameter der äußeren Orientierung jeder Scanzeile aus gemessenen Daten der Flugbewegung und -bahnlage ist ein entsprechender Meßaufwand erforderlich. Für die Darstellung des Vorgehens und die weiteren Entzerrungsschritte wird einem im Fachgebiet Photogrammetrie und Kartographie der TU Berlin entwickelten Verfahrensansatz gefolgt (ZHANG, ALBERTZ, LI 1994). Fortlaufend werden dabei während des Aufnahmeflugs

– die Längsneigung φ des Flugzeugs
– der Rollwinkel ω des Flugzeugs (sofern dieser nicht vom eigensetzten Scanner kompensiert wird und daher mit 0 angesetzt werden kann)
– das Azimut der Flugrichtung
– die Drift des Flugzeugs
– die barometrische Flughöhe (oder mit einem Radaraltimeter) die Flughöhe über Grund)
– die Fluggeschwindigkeit

gemessen und registriert werden.

Aus diesen Messungen können die sechs Orientierungselemente für jede Scanzeile berechnet werden. Die Lagekoordinaten X, Y des Projektionszentrums bestimmt man dabei zunächst für ein vorläufiges Koordinatensystem, dessen Ursprung die Lage des Projektionszentrums bei Aufnahme der ersten Scanzeile ist (Abb. 240).

Mit den gemessenen bzw. hergeleiteten Drehwinkeln φ_j, ω_j, κ_j kann die Matrix der Transformationkoeffizienten für jede Scanzeile aufgestellt werden.

$$R_j = \begin{matrix} a_{11} & a_{12} & a_{13} \\ a_{21} & a_{22} & a_{23} \\ a_{31} & a_{32} & a_{33} \end{matrix}$$

wobei $a_{11} \ldots a_{33,y}$ die aus Formel (60) im Kap. 4.2.3 her bekannten Termen sind. Für jedes Bildelement i in den einzelnen Zeilen j kann dann die Beziehung zu den zugehörenden Geländeorten im vorläufigen Geländekoordinatensystem (Abb. 240) mit Hilfe der strengen Kollarinitätsausgleichung hergestellt werden.

$$X_{ij} = X_{o,j} + (Z_{ij} - Z_{oj}) \frac{a_{12,j} \tan \alpha_i - a_{13,j}}{a_{32,j} \tan \alpha_i - a_{33,j}} \tag{145a}$$

$$Y_{ij} = Y_{o,j} + (Z_{ij} - Z_{oj}) \frac{a_{22,j} \tan \alpha_i - a_{23,j}}{a_{32,j} \tan \alpha_i - a_{33,j}} \tag{145b}$$

In (146) ist α_i der Winkel zwischen der Nadirrichtung und der Aufnahmerichtung zum Bildelement i in der Scanzeile, und Z_{ij} ist die Geländehöhe des zum Bildelement ij gehörenden Ortes. In mehr oder weniger ebenen Aufnahmegebieten kann man Z_{ij} aus den Höhen der (später für die Transformation in das geodätische Koordinatensystem benötigten) Paßpunkte interpolieren. In der Regel sind die Geländepunkte jedoch iterativ unter Heranziehung eines digitalen Geländemodells zu berechnen.

Im nächsten Schritt des Entzerrungsverfahrens erfolgt die Transformation aus dem vorläufigen (X,Y-) in das definitive (X',Y'-) geodätische Koordinatensystem. Eine einfache Ähnlichkeitstransformation reicht dazu i. d. R. nicht aus. ZHANG et al. (1994) schlagen dazu eine Transformation mit dem Polynom

$$X' = a_o + a_1X + a_2Y + a_3X^2 + a_4Y^2 + a_5XY \tag{146a}$$

$$Y' = b_o + b_1X + b_2Y + b_3X^2 + b_4Y^2 + b_5XY \tag{146b}$$

vor. Zur Berechnung der zwölf Koeffizienten a_i b_i sind wenigstens sechs Paßpunkte erforderlich. Mit ihrer Hilfe bestimmt man die Koeffizienten der Polynome. Danach werden die vorläufigen Koordinaten (Abb. 240) aller Punkte in das gewählte geodätische Koordinatensystem transformiert.

Abschließend wird das Resampling vorgenommen. Das hier der Beschreibung zugrunde gelegte „Berliner Verfahren" arbeitet dabei mit einer bilinearen Interpolation und hat – im Programmsystem GASIS (General Airborne Scanner Imaging System) – auch die Softwaremodule für eine geometrische *Mosaikbildung*. Eine Mosaikbildung, die bei Satellitenaufzeichnungen nur bei sehr großräumigen Auswertungen erforderlich wird, ist bei Flugzeugscannerauswertungen eine häufige Aufgabe. Wie schon in Abb. 235 gezeigt, werden auch hier neben den Paßpunkten zusätzliche Verknüpfungspunkte herangezogen.

Mit Entzerrungsverfahren unter Zuhilfenahme von Fluglage und -bewegungsparametern haben sich die Möglichkeiten der geometrischen Beherrschung von Flugzeugscanner-Aufnahmen deutlich verbessert. Mit dem Berliner Verfahren z. B. wurden in ebenen Aufnahmegebieten Lagegenauigkeiten mit mittleren Lagefehlern von 2–3 Pixeln erreicht. Das Verfahren hat bereits erfolgreich Eingang in die Praxis gefunden. Es verbessert u.a. auch die Möglichkeiten der Mosaikbildung aus Flugzeugscanner-Aufzeichnungen wesentlich.

5.4.2 Radiometrische Korrekturen und Verbesserungen

Zu unterscheiden ist zwischen radiometrischen *Korrekturen* (Systemkorrekturen, image restoration), die wegen technischer Defekte oder Mängel des Sensor- und Datenübertragungssystems erforderlich werden, und radiometrischen *Verbesserungen* bereits systemkorrigierter Aufzeichnungen (image enhancement).

Auf systembedingte Mängel und Defekte war schon in Kap. 5.1.1.3 und 5.1.2.3 hingewiesen worden. Sie gehen auf den Ausfall einzelner Detektoren oder unterschiedlichen Leistungsabfall parallel arbeitender Detektorelemente zurück. Als Folge kommt es bei Scannern, die – wie der LANDSAT MSS und TM – im gleichen Spektralband mit sechs bzw. 15 Scanzeilen gleichzeitig aufnehmen, zu einem im gleichen Abstand auftretenden Ausfall einer Scanzeile bzw. zu fortgesetzt gleichartigen Streifenbildungen (banding). Bei opto-elektronischen Scannern mit CCD-Zeilensensoren kommt es als Folge solcher Defekte zum Ausfall einzelner Pixel bzw. zu nicht objektbedingten Grauwertunterschieden, also zu Fehlstellen oder verschiedenartigen Verfälschungen. Da diese stets in der gleichen Lage in der Scanzeile auftreten, können sie in nicht systemkorrigierten Aufzeichnungen ggf. als schmales, parallel zur Fluglinie verlaufendes Band wahrgenommen werden und ein Lineament vortäuschen. Die *radiometrische Korrektur* solcher Aufzeichnungsdefekte wird im Zuge der Datenvorverarbeitung vorgenommen. Der Käufer bzw. Anwender elektro-optischer Fernerkundungsaufzeichnungen erhält diese daher i. d. R. auch radiometrisch systemkorrigiert. Davon wird auch im folgenden ausgegangen.

Bildverbessernde radiometrische Veränderungen elektro-optischer Aufzeichnungen verfolgen stets den Zweck, eine gegebene (systemkorrigierte) Aufzeichnung für einen speziellen Auswertungszweck oder für eine Reihe von Auswertungszielen zu optimieren. Dabei macht es keinen Unterschied, ob als Ergebnis ein optimiertes Bild für nachfolgende visuelle Interpretation angestrebt wird oder ein entsprechend verbesserter Datensatz für anschließende digitale Auswertungen, z. B. für bestimmte Klassifizierungsaufgaben. Die folgenden Abschnitte behandeln

- Bildpunktbezogene Grauwertänderungen, und zwar
  - zur Kontrastverstärkung oder -dämpfung (5.4.2.1)
  - zur Verminderung des Atmosphäreeinflusses (5.4.2.2)
  - zur Verminderung reliefbedingter Helligkeitsunterschiede (5.4.2.3)
- Operationen im Ortsbereich, d. h. solche, bei denen die radiometrische Veränderung unter Berücksichtigung der das einzelne Bildelement umgebenden Elemente erfolgt, z. B. zur Glättung des Bildes, zur Substituierung fehlerhafter oder unlogischer Grauwerte oder zur Kantenverstärkung.

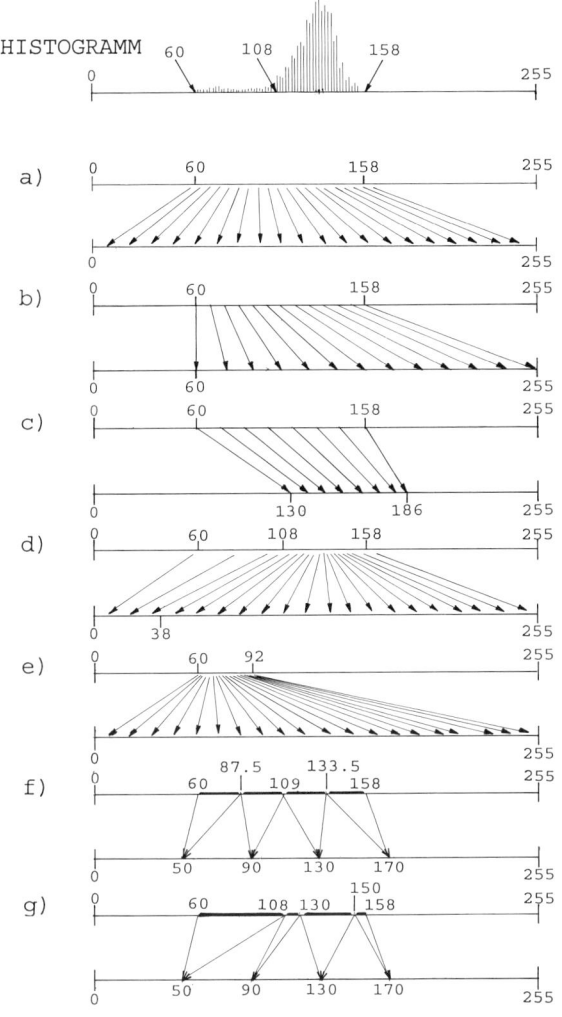

Abb. 241:
Beispiele für mögliche Kontrastveränderungen, einschl. von Äquidensitenbildungen. Erläuterungen im Text

5.4.2.1 Bildpunktbezogene Veränderungen der Grauwertverteilung

Veränderungen der Kontraste der originalen Aufzeichnung (oder auch eines digitalisierten Luftbildes)[78] gehören zu den oft benutzten digitalen Bildverbesserungen. Durch sie sollen bestimmte Grauwertbereiche hervorgehoben und andere ggf. unterdrückt oder besonders interessierende auch stärker differenziert werden. In Abb. 241a-e sind dazu Beispiele in schematischer Form dargestellt. Gegeben ist im Beispielsfall eine Aufzeichnung mit 8-bit Grauwertauflösung und damit einem Dynamikbereich von 256 Grauwertstufen. Die Grauwerte einer konkreten Szene mögen zwischen 60 und 158 liegen (Abb. 241 oberste Zeile bei a). Wie häufig, ja zumeist in Fernerkundungsaufzeichnungen der Erdoberfläche wird also der Dynamikbereich des Sensorsystems nicht voll ausgenützt. Diesen Umstand kann man mit unterschiedlicher Zielsetzung zur Kontrastmanipulation nutzen.

– Fall a: Lineare *Kontraststeigerung* durch Grauwertstreckung unter Ausnützung des gesamten Dynamikbereichs. Helle Abbildungsflächen werden noch heller, dunkle noch dunkler. Kontraste werden gleichmäßig verstärkt.
– Fall b: Lineare *Kontraststeigerung* mit gleichzeitiger Aufhellung des gesamten Bildes. Auf volle Ausnützung des Dynamikbereichs wird verzichtet, um auch dunkle Abbildungsflächen aufzuhellen. Die Kontrasterhöhung ist gegenüber Fall a moderater.
– Fall c: Lineare *Kontrastdämpfung* mit gleichzeitiger Aufhellung des gesamten Bildes. Eine Dämpfung erfährt auch im Fall d der Grauwertbereich 60–108, dort jedoch unter Verdunkelung der Abbildung. Eine vollständige Unterdrückung der Kontraste erfährt im Falle e der ursprüngliche Grauwertbereich 92–158.
– Fall d: *Grauwertstreckung und -komprimierung* in Anpassung an die Häufigkeit vorkommender Grauwerte. Der Bereich häufig vorkommender Grauwerte wird gestreckt und dort werden Kontraste verstärkt, der Bereich mit selten auftretenden Grauwerten wird komprimiert, so daß hier Kontraste gedämpft werden.
– Fall e: *Grauwertstreckung* für einen *speziell interessierenden Grauwertbereich* (hier 60–92) und Ausnutzung des gesamten Dynamikbereichs. Starke Kontrasterhöhung im gewählten und Kontrastunterdrückung im nicht interessierenden Grauwertbereich des Eingabebildes.

Welche Art der Kontrastveränderung man wählt, hängt vom Auswertungszweck, den interessierenden Objekten sowie von deren Reflexionseigenschaften und -verhalten ab. Die Software für die digitale Bildverarbeitung verfügt über entsprechende Module und kann i. d. R. den Erfordernissen einer zweckentsprechenden Kontrastoptimierung angepaßt werden. Der Auswerter kann dann mehrere Möglichkeiten durchspielen und deren Ergebnisse am Monitor prüfen.

Bei multispektralen Aufzeichnungen werden die für die Herstellung von Farbkompositen (5.4.3.2) oder für digitale Klassifizierungen (5.2) vorgesehenen Datensätze der einzelnen Kanäle für Kontrastverbesserungen getrennt bearbeitet und später zusammengeführt. Die notwendigen Berechnungen erfolgen auf der Grundlage der Grauwerthistogramme der einzelnen Datensätze.

Als Sonderfall von Kontrastveränderungen kann man die Herleitung von *Äquidensi-*

---

[78] Die in Kap. 5.4.2 besprochenen Bildverbesserungen können prinzipiell auch zur radiometrischen Veränderung digitalisierter Luftbilder verwendet werden. Sofern es sich um Operationen handelt, bei denen Abhängigkeiten vom Bildort und/oder des richtungsabhängigen Reflexionsverhaltens zu berücksichtigen sind, ist dabei aber die unterschiedliche Abbildungsgeometrie des Luftbildes zu beachten.

tenbildern[79] betrachten (Abb. 241f und g). Dabei werden Grauwertbereiche zu jeweils einem Grauwert zusammengefaßt. Die dafür gewählten Grauwerte verteilt man über den gesamten Dynamikbereich so, daß sie deutlich gegeneinander kontrastieren. Feine Grauwertstrukturen gehen dabei verloren, dafür treten die Grauwertbereiche klar hervor. Eine noch stärkere Hervorhebung erreicht man durch eine geeignete Farbkodierung der einzelnen Grauwertbereiche. Die Herstellung von Äquidensitenbildern dieser Art wird auch mit dem englischen „density slicing" bezeichnet.

- Fall f: Äquidistante Äquisiten. Es werden Grauwertbereiche mit gleichem Intervall gebildet, mit jeweils einem bestimmten Grauwert belegt und ggf. auch farbkodiert.
- Fall g: Äquidensitenbildung mit ungleichen, den Grauwerten vorkommender bzw. interessierender Objektklassen bestmöglich angepaßter Stufenbildung.

Kontrastmanipulationen und die Herstellung von Äquidensitenbildern am Monitor sind ausgehend von den Digitaldaten oder auch einer Bildvorlage möglich. Im ersten Falle werden die Daten in der üblichen Weise vom Datenträger der digitalen Bildverarbeitungsanlage zugeführt und nach Programmaufruf bearbeitet. Im zweiten Falle erfolgt die Aufnahme über eine hochauflösende Videokamera und Wandlung zu Videosignalen. In beiden Fällen können die Bearbeitungsprozesse interaktiv vom Auswerter beeinflußt und zu einem optimales Ergebnis verarbeitet werden. Die am Monitor erzeugten Bildprodukte können entsprechend der Kapazität der eingesetzten Bildverarbeitungsanlage ausgegeben werden. Bei Äquidensitenbildern besteht i. d. R. auch die Möglichkeit, die Flächengrößen und/oder -anteile der einzelnen Äquisiten abzulesen oder auszudrucken.

Die Äquidensitenbildung als Schwellenwertverfahren wird in Kap. 5.5.2.2 behandelt.

5.4.2.2 Verminderung des Atmosphäreneinflusses

Bisher waren radiometrische Veränderungen besprochen worden, die von der gegebenen – radiometrisch kalibrierten und systemkorrigierten – Aufzeichnung ausgingen. Aus Kap. 2.2.1.4 und 2.2.2 ist bekannt, daß die am Sensor ankommende und dort aufgezeichnete Strahlung nach Menge und spektraler Zusammensetzung nicht gleich der von den Objekten der Erdoberfläche ausgehenden Strahlung ist. Die Veränderungen, welche die von dort reflektierte oder emittierte Strahlung beim Durchgang durch die Atmosphäre erfährt, sind dabei zufälligen Variationen aufgrund des zeitlich und örtlich wechselnden Zustands der Atmosphäre unterworfen. Letztlich kann dies – besonders bei digitalen Auswertungsprozessen – zu Fehlern in der Interpretation von Objekten, deren Zuordnung zu Objektklassen oder bei Beobachtungen von Zustandsänderungen in Zeitreihen führen. Gerade Unterschiede und Veränderungen der Vegetationsbedeckung manifestieren sich oft nur in Nuancen der empfangenen Signale. Sie können leicht durch atmosphärische Einflüsse überlagert werden, so wie andererseits auf unterschiedliche Aufnahmebedingungen zurückgehende Signalschwankungen unterschiedliche Vegetationsformen oder -zustände vortäuschen können.

Die Beseitigung oder zumindest deutliche Minderung des Atmosphäreneinflusses und damit die Homogenisierung von Bilddaten, die in verschiedenen Kanälen zeitgleich von verschiedenen Orten und zu verschiedenen Zeiten vom gleichen Ort aufgenommen wurden, ist daher wünschenswert und für bestimmte quantitative Auswertungen auch erforderlich. Es stehen dafür grobe Näherungsverfahren und eine Reihe anspruchsvoller und

---

[79] Der ursprünglich nur für Kurven gleicher Schwärzung in einem Bild gebrauchte Begriff „Äquidensiten" bezeichnet in der photographischen und in der digitalen Bildverarbeitung – wie hier – auch *Flächen* gleicher Grauwert*bereiche* oder auch die Grenzlinien zwischen solchen Flächen (=Äquidensiten 2. Ordnung, s.o.).

aufwendiger Korrekturverfahren zur Verfügung, die auf Modellen der Strahlungsübertragung in der Atmosphäre beruhen.

Einfache Näherungsverfahren

Näherungsweise Eliminierung des maskierenden Einflusses des am Bildaufbau beteiligten objektfremden Streulichts geht von der – nur bedingt zutreffenden – Annahme aus, daß die Aufzeichnung in einem nahen Infrarot-Kanal frei oder nahezu frei vom Einfluß atmosphärischer Strahlung ist. Sehr gering oder gar nicht im nahen Infrarot reflektierende Objekte, wie z. B. klares Wasser, haben dann Grauwerte von 0 oder wenig darüber.

Bei einem ersten Korrektur-Verfahren stellt man die Grauwerthistogramme der Aufzeichnung in allen Spektralkanälen der multispektralen Aufnahme nebeneinander (Abb. 242). Vorausgesetzt in der Szene kommen klare Wasserflächen oder tiefe Berg- oder Wolkenschatten vor, so wird das Histogramm der Aufzeichnung in den nahen Infrarotkanälen bei oder nahe 0 beginnen. Die Histogramme der Aufzeichnungen der Kanäle im sichtbaren Licht beginnen dagegen, bedingt durch die aufhellende Wirkung der atmosphärischen Zustrahlung, bei höheren Grauwerten. Da die Menge dieser Zustrahlung wellenlängenabhängig ist (vgl. Kap. 2.2.1.4) fallen die Histogrammverschiebungen nach rechts unterschiedlich groß aus. Die Differenz a (in Abb. 242) zwischen dem dunkelsten Grauwert jedes Histogramms und dem 0-Wert bzw. dem dunkelsten Grauwert des nahen Infrarotkanals wird als Folge des Atmosphäreneinflusses interpretiert. Dieser Differenzbetrag a wird als Korrekturgröße von den Grauwerten aller Bildelemente der Aufzeichnung abgezogen.

Ein zweites Verfahren der einfachen, näherungsweisen Atmosphärenkorrektur geht von der Regression zwischen den Grauwerten in der jeweils zu korrigierenden Aufzei-

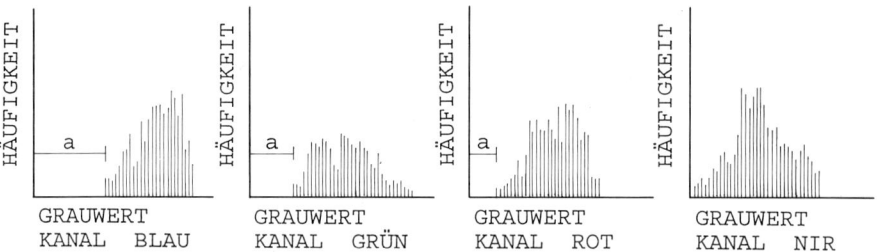

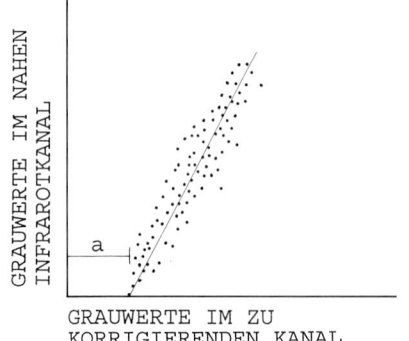

Abb. 242 (oben) und 243 (links):
Näherungsverfahren zur Verminderung des Atmosphäreneinflusses. Erläuterungen im Text.

chung und denen der Aufzeichnung im (in einem) nahen Infrarotkanal aus (Abb. 243). Die Regressionsgerade liefe – unter der eingangs genannten Annahme – durch die Nullpunkte von Abszisse und Ordinate, wenn keine maskierenden Atmosphäreneinflüsse gegeben wären. Der Abstand a in Abb. 243 zwischen dem Schnittpunkt der Regressionsgeraden mit der Abszisse und dem 0-Punkt der Abszisse definiert den Korrekturwert. Er wird von den Grauwerten aller Bildelemente der Aufzeichnung des jeweiligen Kanals abgezogen.

Verfahren mit Hilfe von Strahlenübertragungs- und Aerosolmodellen

Die beiden zuvor beschriebenen Verfahren liefern relative Verbesserungen und Ausgleichungen. Versuche, den Atmosphäreneinfluß auf Fernerkundungsaufzeichnungen absolut zu erfassen und auszuschalten, fassen die Aufgabe als *Inversionsproblem* auf: Die für die Atmosphärenkorrektur benötigten Daten werden aus dem vom Sensor empfangenen und gemessenen Strahlungsfeld berechnet. Für die Lösung des Inversionsproblems ist dabei eine angemessene Modellierung der Strahlungsübertragung und ein praktikables Verfahren zur Beschaffung der für die Korrekturalgorithmen benötigten Atmosphärendaten.

In Kap. 2.2.1.4 war darauf hingewiesen worden, daß für meteorologische Zwecke und aus physikalischem Interesse zahlreiche Modelle für die Strahlenübertragung in der Atmosphäre entwickelt wurden. Nur einige der Modelle wurden mit Blick auf die radiometrische Korrektur von Fernerkundungsaufzeichnungen konzipiert. Auf eines dieser „Fernerkundungsmodelle", auf das von KAUFMAN (1985) beschriebene, wird hier zurückgegriffen. Es beschreibt die Zusammensetzung der am Sensor eintreffenden Strahlung und hat sich als brauchbar für die Atmosphärenkorrektur von multispektralen Satellitendaten erwiesen (z. B. auch KATTENBORN 1991).

Das Modell berechnet die elektromagnetische Strahlung, die von einer Lambertschen Oberfläche reflektiert und vom Sensor im Weltraum empfangen wird. Es unterstellt also – wie die Mehrzahl anderer Modelle – isotropes Reflexionsverhalten der Objekte der Erdoberfläche. Aus Kap. 2.3.2.2 ist bekannt, daß dies nicht zutrifft. Für opto-elektronische Sensoren auf Weltraumplattformen, die – wie z. B. MSS und TM des LANDSAT, HRV des SPOT, LISS II des IRS 1A/B usw. – mit einem sehr schmalen Öffnungswinkel Ω aufnehmen (Tab. 64 und 67a), ergeben sich daraus nur geringfügige Probleme (vgl. KOEPKE 1986, LEE und KAUFMAN 1986). Die zusätzliche Einführung von Reflexionsmodellen, welche die Anisometrie der Erdoberflächenobjekte beschreiben, ist für die Mehrzahl praktischer Fernerkundungsaufgaben bei solchen Sensoren entbehrlich.

Für Sensoren mit Öffnungswinkeln $\Omega > 10° < 20°$ – wie z. B. beim MOMS 02 – mögen sich bei Atmosphärenkorrekturen auf der Basis von Übertragungsfunktionen, die generell isotrope Reflexion unterstellen, Schwierigkeiten einstellen, bei Scannern mit $\Omega > 85°$ und abbildenden Spektrometern mit $\Omega > 70°$ sind solche zu erwarten.

Die Einführung zusätzlicher Reflexionsmodelle ist aber auch in diesen Fällen problematisch. Die sehr unterschiedlichen Ausmaße und Formen der Anisotropie bei der sehr großen Anzahl verschiedenartiger Oberflächen und variierenden Beleuchtungsbedingungen zwingen zu erheblichen Verallgemeinerungen (z. B. KOEPKE 1986). Einer Komplizierung des Korrekturverfahrens steht dadurch eine relativ geringfügige Verbesserung der Ergebnisse gegenüber.

Das o.a. von KAUFMAN (1985) beschriebene Modell liegt in zwei Formen vor. Über homogenen Oberflächen oder für Aufzeichnungen mit geringer räumlicher Auflösung – wie sie z. B. denen das AVHRR des NOAA-Satelliten zu eigen ist – setzt sich die vom Sensor registrierte Strahldichte L_{OBS} aus.

$$L_{OBS} = \frac{A}{\pi} \cdot E_G \cdot (T_{dir} + T_{diff}) + L_p \qquad (147a)$$

zusammen. Bei hoher Bodenauflösung und heterogenen Oberflächen ist dagegen

$$L_{OBS} = \frac{A}{\pi} \cdot E_G \cdot T_{dir} + \frac{A_B}{\pi} \cdot E_G \cdot T_{diff} + L_p \qquad (147b)$$

anzuwenden. In (147a/b) bedeuten A die Albedo des von einem Bildelement erfaßten Geländeortes, A_B die mittlere Albedo in dessen Umgebung, E_G die Globalstreuung, L_P der Anteil des Luftlichts.

Zur Berechnung der Albedo A_h einer homogenen Oberfläche erhält man nach Inversion von (147a)

$$A_h = \frac{\pi \cdot (L_{OBS} - L_p)}{E_G \cdot (T_{dir} - T_{diff})} \qquad (148a)$$

und nach Inversion von (147b) für die Albedo A_i eines Geländeortes innerhalb einer inhomogenen Fläche

$$A_i = \frac{\pi \cdot (L_{OBS} - L_p)}{E_G \cdot T_{dir} - A_B \cdot {}^{T_{diff}}\!/_{T_{dir}}} \qquad (148b)$$

Für die Gewinnung der für (148a/b) als Eingaben benötigten atmosphärischen Parameter kommen sowohl örtliche und aktuelle Messungen als auch allgemeine klimatologische Daten von Wetterstationen i. d. R. nicht in Frage. Messungen sind für den hier diskutierten Zweck im Zuge von Fernerkundungsarbeiten zu aufwendig. Sie können mangels technologischer und örtlicher Voraussetzungen auch nur ausnahmsweise durchgeführt werden. Dazu liefern sie auch nur für einzelne Meßorte Ergebnisse, deren Verallgemeinerung für größeren Aufnahmegebiete angesichts des oft rasch wechselnden Atmosphärenzustands problematisch ist. Für die Atmosphärenkorrektur vorhandener früherer Aufzeichnungen stehen sie ohnehin nicht zur Verfügung. Ähnliche Gründe schränken auch die Herleitung der benötigten Eingabeparameter für (148a/b) aus klimatische Daten von Wetterstationen ein. Zudem stehen Daten dieser Art vielerorts in der Welt überhaupt nicht zur Verfügung.

Praktikabel im Sinne allgemein möglicher, von Zeit und Ort unabhängiger Anwendung für Fernerkundungszwecke ist nur die Gewinnung der Eingabeparameter aus den Bilddaten selbst, in Verbindung mit örtlich geeigneten Aerosolmodellen zur Berechnung der Atmosphäreneffekte auf die Strahlungsvorgänge. Dies wird möglich, weil sich an jedem Bildort neben der (maskierten) Signatur des jeweiligen Geländeortes *auch* die Atmosphärenverhältnisse in ihrer vertikalen und horizontalen Differenziertheit abbilden. Letztere lassen sich umso genauer quantifizieren, je geringer die Anteile der Oberflächensignatur sind und je homogener eine bestimmte Oberflächenklasse reflektiert. Um im Korrekturverfahren als „radiometrische Stützpunkte" (KATTENBORN 1991) tauglich zu sein, müssen Objekte, die beide Voraussetzungen erfüllen, zudem als solche im Bild identifizierbar sein, in bestimmter Flächenausdehnung mehrfach und über die aufgenommene Szene verteilt vorkommen. Als geeignete Objekte haben sich z. B. unverschmutzte Wasserflächen (AHERN et al. 1977) und geschlossene Nadelbaumbestände (KATTENBORN 1991) und – wo sie ausreichend vorkommen – auch Asphaltflächen (RICHTER, zit. bei KATTENBORN 1991) erwiesen. Die Reflexionseigenschaften dieser Objekte sind weitgehend bekannt.

Die Durchführung eines erprobten Korrekturverfahrens dieser Art wird an Hand von KATTENBORN (1991), mit Zustimmung des Autors unter stellenweiser Textübernahme, in den Grundzügen beschrieben. Detaillierte Angaben zur Entwicklung und Überprüfung des Verfahrens sind a.a.O. zu finden. Das bisher einzige Korrekturverfahren, das sowohl horizontale als auch vertikale Änderungen des Atmosphärenverhältnisses im Aufnahmegebiet zuläßt, verwendet als radiometrische Stützpunkte dichtbestockte *und* dunkle Vegetationsbestände. Der Ablauf des Korrekturverfahrens ist in Abb. 244 dargestellt und wird ergänzend dazu erläutert. Das Verfahren wurde am Beispiel von LANDSAT-TM-Daten für forstliche Auswertungen entwickelt und in einem Testgebiet nahe Freiburg angewendet und überprüft. Es ist jedoch in seiner Konzeption und Implementierung allgemein gehalten, so daß es auch anderen Sensoren (mit kleinem Öffnungswinkel) und Problemstellungen angepaßt werden kann.

1	Auswahl der radiometrischen Stützpunkte
1.1	Ermittlung der Fraktion von Pixeln mit den höchsten Werten eines Vegetationsindexes (vgl. Kap. 2.3.2.5)
1.2	Ermittlung der Fraktion von „Vegetations"-Pixeln mit den niedrigsten Grauwerten (= niedrigster Reflexion) im nahen Infrarot
1.3	Bestimmung der Schnittmenge beider Fraktionen, welche die als radiometrische Stützpunkte geeigneten Pixel definiert (Abb. 245).
2	Berechnung der Atmosphärendaten
2.1	Auswahl des geeigneten Aerosolmodells anhand der Bilddaten
2.2	Berechnung von Transmission, Luftlicht und Globalstrahlung
2.3	Ausgleich und Interpolation der Atmosphärendaten für die zu korrigierende Szene durch Ausgleichssplines
3	Berechnung der atmosphärenkorrigierten Albeden mit Formel (149b)
3.1	Erste Schätzung der Umgebungsalbedo (A_B in 149b) mit Formel (149a)
3.2	Iterative Berechnung atmosphärenkorrigierter Albeden mit Formel (149b)

Abb. 244: *Ablauf einer Atmosphärenkorrektur nach* KATTENDBORN *(1991), weitere Erläuterungen im Text.*

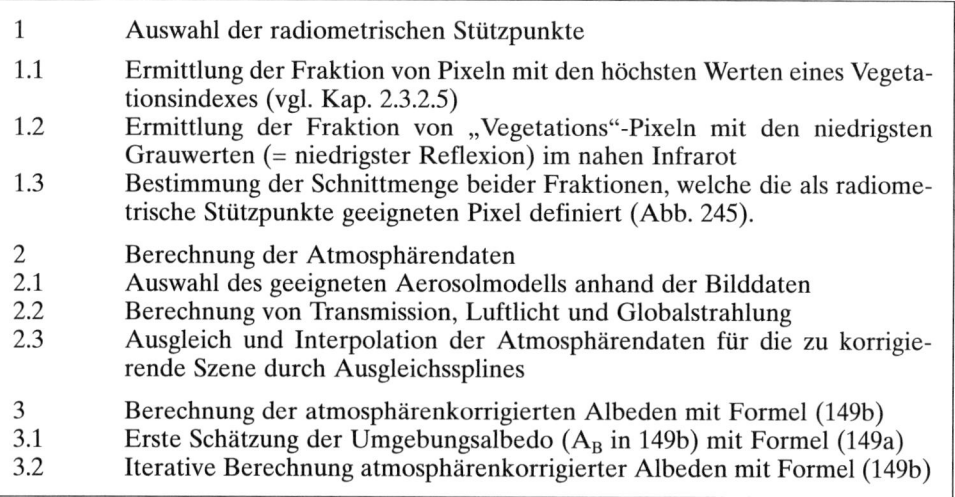

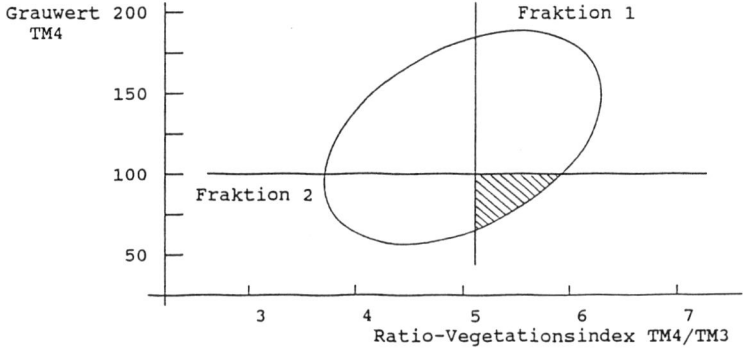

Abb. 245: *Schematische Darstellung der Identifizierung dichter und dunkler Vegetation anhand hoher Werte eines Vegetationsindexes und geringer spektraler Signaturwerte im nahen Infrarot*

Zu 1 in Abb. 244: Als Vegetationsindex werden der Ratio-Vegetationsindex RBV oder der Normalized Difference Vegetation Index NDVI (vgl. Kap. 2.3.2.5) empfohlen. Alle Pixel, in denen Vegetation abgebildet ist, werden als Cluster in einem Merkmalsraum dargestellt, der zwischen den Grauwerten im nahen Infrarot-Kanal (z. B. TM 4) und dem Vegetationsindex (z. B. RBV) aufgespannt wird. Zur Bildung einer Fraktion 1 mit hohen RBV- oder NDVI-Werten und einer Fraktion 2 mit niedrigen Grauwerten im nahen Infrarot werden für beide Pixeleigenschaften Schwellenwerte (nach Lage der Dinge) festgelegt. Die Schnittmenge beider Fraktionen (Abb. 245) definiert die als radiometrische Stützpunkte geeigneten Pixel, nämlich jene, durch die *dunkle* und *dichte* Vegetation dargstellt wird.

Zu 2 in Abb. 244: Die für die im dritten Schritt zur Berechnung der Atmosphärenkorrektur nach Formel (148a/b) benötigten Daten werden mit Hilfe des Aerosolmodells LOWTRAN 7 gewonnen (KNEIZYS et al. 1988). LOWTRAN 7 (Low Resolution Transmission) berechnet die Transmission, Emission und Reflexion von Erdatmosphäre und Erdoberfläche für einen gegebenen Weg im Spektralbereich von 0 bis 50000 cm^{-1} mit einer spektralen Auflösung von 20 cm^{-1}. Interpolierte Werte können im Abstand von 5 cm^{-1} erhalten werden. LOWTRAN 7 enthält in stetiger Verfeinerung seiner Vorgänger zahlreiche Aerosol-Modelle. Die höhenabhängigen optischen Eigenschaften der Aerosole werden durch die Wahl von vier Höhenschichten – untere Grenzschicht, obere Troposphäre, untere und oberes Stratosphäre – berücksichtigt. Zur Berücksichtigung der Variabilität der Aerosole in der unteren Grenzschicht werden sechs Aerosolmodelle angeboten. Die wichtigsten – das kontinentale (rural), maritime (maritim) und städtische (urban) Aerosol – unterscheiden sich in der Zusammensetzung von Partikeln aus verschiedenen Quellen und in der Partikelgrößenverteilung. LOWTRAN 7 läßt eine geländeabhängige Modifizierung des Areosolprofils zu.

Die berechneten Werte von Transmission, Luftlicht und Einstrahlung werden mit kubischen Ausgleichssplines geglättet und für jedes Bildelement zur Verfügung gestellt. Im Ergebnis steht danach ein dreidimensionales Modell der Atmosphärenverhältnisse über der Szene zur Verfügung. In ihm ist einerseits hochfrequentes „Rauschen" der Atmosphärenparameter in angemessener Form ausgeglichen und andererseits sind die Atmosphärenverhältnisse in der benötigten und gewünschten Weise horizontal und vertikal modelliert.

Zu 3 in Abb. 244: Für die Atmosphärenkorrektur wird Formel (148b) eingesetzt. Dazu werden, neben den durch LOWTRAN 7 und den vorangegangenen Verfahrenschritt bereitgestellten Daten, die in (148b) mit A_B notifizierte Werte für die jeweilige mittlere Umgebungsalbedo der zu korrigierenden Bildelemente benötigt. In einem ersten Schritt wird mangels dieser benötigten Information angenommen, daß die Albedo eines Bildelements und die mittlere Albedo seiner Umgebung identisch sind. Anhand von (148a) kann daher die Oberflächenalbedo pixelweise abgeleitet und als erste Schätzung der Umgebungsalbedo verwendet werden.

Im nächsten Schritt kann damit Formel (148b) erneut zur Ermittlung der Umgebungsalbedo verwendet werden, da diese die Nachbarschaftseffekte berücksichtigt. Das Verfahren wird wiederholt, bis ein entsprechend der radiometrischen Auflösung des Sensors zu definierender Schwellenwert für die Differenz der atmosphärenkorrigierten Albeden zweier aufeinanderfolgender Berechnungen unterschritten wird. Zur Berechnung der mittleren Umgebungsalbedo hat sich unter den bei KATTENBORN (1991) gegebenen Verhältnissen eine Filtermatrix von 51 x 51 Bildelementen als geeignet erwiesen. Damit wird bei TM-Aufzeichnungen ein Radius von 750 m um jedes zu korrigierende Bildelement berücksichtigt. Die Gewichtung der Albeden der Umgebung erfolgte in der Filtermatrix umgekehrt proportional zum Abstand (in Bildelementen) vom zentralen Bildelement der Matrix.

Nach Angaben von KATTENBORN (1991) wurden für die Atmosphärenkorrektur einer TM-Viertelszene (= ca. 8 500 km^2) mit dem beschriebenen Verfahren von der Verarbeitung bis zur Überprüfung der Ergebnisse 10 Arbeitstage benötigt. Vorausgesetzt wurde dabei, daß ein versierter, eingearbeiteter Auswerter und auf dem Rechner die für das Verfahren entwickelte Software zur Verfügung stehen.

5.4.2.3 Verminderung reliefbedingter Helligkeitsunterschiede

Verfälscht der Atmosphäreneinfluß die Objektsignale, so entsprechen Helligkeitsunterschiede in Scanneraufzeichnungen (ebenso wie in Luftbildern, vgl. 2.3.2.2, Abb. 28), die durch reliefbedingte Beleuchtungsunterschiede und/oder die spezifische Anisotropie der reflektierenden Oberfläche entstehen, den tatsächlich unterschiedlichen Strahldichten der zum Sensor gerichteten Reflexion. Sie verfälschen also die Aufzeichnung nicht. Darauf zurückgehende Signaturunterschiede gleichartiger Objekte in der Aufzeichnung sagen vielmehr etwas über das Gelände und ggf. auch über seine Bedeckung aus (vgl. hierzu Abb. 32). Unbeschadet dieser Feststellung sind sie aber Störfaktoren sowohl für die visuelle Interpretation als auch – und besonders – für digitale Klassifizierungen. Sie täuschen unterschiedliche Objekte vor und führen bei digitalen Klassifizierungen zu Falschzuweisungen, sofern diese ohne Berücksichtigung von Expositionen und Inklinationen allein auf die spektralen Signaturen gestützt werden.

Ratio-Bildung

Sollen reliefbedingte Helligkeitsunterschiede ausgeglichen werden, so ist der einfachste Weg dazu die Erzeugung eines Ratio-Kanals bzw. -Bildes. Man dividiert dazu die Grauwerte aller Bildelemente i,j der Aufzeichnung in Kanal A durch jene im Kanal B.

$$g'_{i,j \, RATIO} = \frac{g_{i,j \, A}}{g_{i,j \, B}} \cdot k \hspace{4cm} (149)$$

k ist dabei ein gleichbleibender Faktor mit dem der voranstehende Quotient auf einen neuen Grauwert hochgerechnet wird, d. h. bei einer 8-bit-Grauwertauflösung auf einen Wert zwischen 0 und 255.

Nach Durchführung einer Atmosphärenkorrektur führt die Operation mit (149) zum Erfolg, weil es sich bei den beleuchtungsabhängigen Grauwertunterschieden um einen multiplikativen und (weitgehend) von der Wellenlänge unabhängigen Effekt handelt: Der besonnte Hang erhält x-mal mehr Einstrahlung als der beschattete. Gleichartige Objekte reflektieren dementsprechend auch auf dem Sonnenhang x-mal mehr als auf dem beschatteten. In der atmosphären-korrigierten Fernerkundungsaufzeichung ergeben sich Grauwertunterschiede, die sich ebenfalls um den Faktor x unterscheiden. Beispiel: x möge 1,5 sein und die Grauwerte für gleichartige Objekte am Sonnen- und Schattenhang

in Kanal A $g_{SONN} = 150$ $g_{SCHATT} = 90$

in Kanal B $g_{SONN} = 50$ $g_{SCHATT} = 30$

Für k wird 40 gewählt. Im neuen Ratiokanal bekommt man dann für das gegebene Objekt

$$g'_{SONN} = \frac{150}{50} \cdot 40 = 120 \quad \text{und} \quad g'_{SCHATT} = \frac{90}{30} \cdot 40 = 120$$

Eine *vorherige* Atmosphärenkorrektur ist erforderlich, weil der Atmosphäreneinfluß eine *additive* Komponente den Grauwerten zuführt und zudem in den Spektralkanälen ungleich große Überlagerungen bewirkt. Dagegen sollte eine geometrische Korrektur *nach* der Ratiobildung erfolgen, da sich durch das Resampling eine neue Grauwertsituation ergibt, die von jener der Originalaufzeichnung z.T. abweicht. Das Ratiobild kann neben der geometrischen Korrektur auch den in Kap. 5.4.2.1 und 5.4.2.5 beschriebenen, bildverbessernden Maßnahmen unterworfen werden.

Neben dem Ausgleich reliefbedingter Helligkeitsunterschiede können Ratio-Bildungen aber auch inhaltliche Bildverbesserungen zur Unterscheidung von Objekten bewirken und bei Klassifizierungen als künstliche Kanäle verwendet werden. Hierauf wird in den Kapiteln 5.4.3 und 5.5.2 zurückzukommen sein.

Cosinuskorrektur

Als trigonometrischer Ansatz für einen Ausgleich von reliefbedingten Helligkeitsunterschieden kann – wiederum unter Annahme istotroper Reflexion (vgl. Kap. 5.4.2.2) – eine Korrektur der über einem Pixel registrierten Strahldichte L_{OBS} erfolgen. Dazu benötigt man für jede zu korrigierende Aufzeichnung den jeweiligen örtlichen Sonnenzenitwinkel ϑ_i und das Sonnenaziment φ_i sowie für jedes Bildelement die Geländeneigung δ_n (= Inklination) und die Exposition in Form des Azimuts des Reliefs φ_n. Aus diesen Werten wird für jedes Bildelement ein für die Korrektur benötigter Cosinuswert i berechnet:

$$\cos i = \cos \vartheta_i \cdot \cos \delta_n + \sin \vartheta_i \cdot \sin \delta_n \cdot \cos (\varphi_n - \varphi_i) \tag{150}$$

Die gesuchte Strahldichte L_h auf einer horizontalen Fläche ist dann

$$L_h = L_{OBS} \cdot \frac{\cos \vartheta_i}{\cos i} \tag{151}$$

Bei bekannter Aufnahmezeit nach Tag und genauer Tageszeit kann ϑ_i und φ_i vorhandenen Sonnenstandtabellen entnommen oder aus solchen interpoliert werden. δ_n sowie φ_n lassen sich mit Hilfe eines digitalen Geländemodells errechnen. Es ist erkennbar, daß diese Operation sehr rechenaufwendig ist und das Vorhandensein der o.a. Zusatzdaten voraussetzt.

Die Cosinuskorrektur führt durch die Gleichbehandlung der diffusen und der direkten Sonneneinstrahlung ggf. zur Überkorrektur der Beleuchtungseffekte. Zum theoretischen Ansatz der Cosinuskorrektur wird auf HOLBEN und JUSTICE (1980) und zur Problematik von deren Anwendung auf JUSTICE et al. (1981) und BAYER (1992) verwiesen.

Ein neues Verfahren zur Strahlungskorrektur bei komplexen topographischen Verhältnissen hat soeben PARLOW (1995) beschrieben.

Kombinierte Atmosphären- und reliefbedingte Helligkeitskorrektur

Wird die Atmosphärenkorrektur mit Hilfe von Strahlungsübertragungs- und Aerosolmodellen in einer wie in Kap. 5.4.2.2 beschriebenen Form durchgeführt, so kann – ein digitales Geländemodell vorausgesetzt – der Ausgleich reliefbedingter Helligkeitsunterschiede auch in Kombination mit dieser erfolgen. Anders als bei der einfachen Cosinuskorrektur werden dabei direkte und diffuse Komponenten der Einstrahlung berücksichtigt. Die Korrektur der reliefbedingten Helligkeiten erfolgt dann durch Inversion der abgewandelten Gleichung (148a)

$$L_{OBS} = \frac{A}{\pi} \cdot (\cos i \cdot E_{dir} + h \cdot E_{diff}) \cdot (T_{dir} + T_{diff}) + L_p \tag{152}$$

wobei E_{dir} die Strahlflußdichte der direkten Sonneneinstrahlung und E_{diff} die der diffusen Einstrahlung sowie h = 0.5 · (1 + cos δ_n) sind.

Zu beachten ist, daß das verwendete digitale Geländemodell und die zu korrigierende Aufzeichnung geometrisch konform sein müssen. Da die in Kap. 5.4.1 beschriebenen geometrischen Korrekturen durch das Resampling radiometrische Veränderungen erfahren, sollte zweckmäßigerweise das Geländemodell zunächst auf den spektralen Datensatz *verzerrt* und die radiometrisch korrigierte Aufzeichnung danach auf das geodätische Bezugssystem hin *entzerrt* werden.

5.4.2.4 Operationen im Ortsbereich mit digitalen Filtern

Unter Operationen im Ortsbereich sind digitale Bildbearbeitungen zu verstehen, bei denen die radiometrische Transformation von Bildelementen unter Berücksichtigung der sie umgebenden Bildelemente vorgenommen werden.

In den Zeilen und Spalten einer Bildmatrix wechseln die Grauwerte von Bildelement zu Bildelement. Diese Wechsel bezeichnet man in der digitalen Bildverarbeitung als *„Frequenz"* und für den unmittelbaren Nachbarschaftsbereich eines Bildelements als *„Ortsfrequenz"*. Eine Zeile mit Grauwerten von 75–183–159–60–107–211 ... ist hochfrequent, eine andere mit 180–183–172–179–189–192 ... ist niederfrequent. Algorithmen, die eine gegebene Frequenz verändern und damit radiometrische Transformationen bewirken, nennt man *digitale Filter*. Algorithmen, welche die Frequenzen dämpfen sind Tiefpaß-Filter (low pass filter), jene die sie (örtlich) erhöhen, sind Hochpaß-Filter (high pass filter). Die Filteroperation wird durchgeführt, indem eine Matrix (= Filtermatrix = Kernel) der Größe von 3x3 ggf. auch 5x5, 7x7 ... Bildelementen über die zu bearbeitende Bildmatrix geschoben und der Algorithmus für das zentrale Bildelement des Kernel angesetzt wird. Mit Ausnahme der Randpixel, für die spezielle Rechenregeln verwendet werden, wird dadurch jedes Bildelement einmal Mittelpunkt des Kernel und damit Gegenstand der Filteroperation.

Digitale Filterungen im Ortsbereich dienen im Zusammenhang mit radiometrischen Korrekturen und Bildverbesserungen vor allem
– im Zuge von radiometrischen Systemkorrekturen der Substituierung ausgefallener Bildelemente und Bildzeilen,
– der Glättung verrauschter Bilder bzw. der Unterdrückung hoher Ortsfrequenzen
– der Hervorhebung objektbedingter Grauwertdifferenzen an Übergängen verschiedener Flächenkategorien (Kanten), entlang von Geländelinien usw.
– besonders nach digitalen Klassifizierungen der Beseitigung unerwünschter, „unlogischer" Pixelwerte durch deren Anpassung an die Pixelnachbarschaft.
Der Vorstellung einiger häufig benutzter digitaler Filter wird im folgenden stets eine 3x3 Filtermatrize zugrunde gelegt. Analog dazu sind größere Filtermatrizen aufgebaut.

Der einfachste digitale Filter zur *Glättung* eines Bildes ist der des *„gleitenden Mittelwertes"*. Das jeweils zentrale Bildelement des Kernels erhält den arithemetischen Mittelwert aller ihn konstituierender Bildelemente. Die Filtermatrix ist in diesem Falle

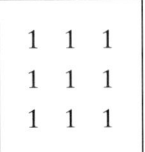

Dabei geben die Zahlen das Gewicht an, mit dem der Grauwert des einzelnen Bildelements in die Mittelung eingeht.

Beispiel:

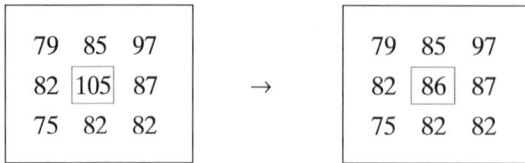

79	85	97
82	105	87
75	82	82

→

79	85	97
82	86	87
75	82	82

Kernel im Eingabebild   Kernel im Ausgabebild

Beim Weiterschieben des Kernels nach rechts übers nächste Bildelement verändert sich ggf. auch der Grauwert (hier: 87) dieses Pixels usw. Bei hohen Ortsfrequenzen bzw. unerwünscht krassen Grauwertübergängen im Bild, kann man den Filter zwei- oder auch mehrmals über die Bildmatrix laufen lassen, um das Bild mehr und mehr zu glätten. Der arithmetisch mittlere Grauwert aller Bildelemente eines mit diesem Operator geglätteten Bildes ist gleich dem Mittelwert des Einzelbildes. Die Streuung der Grauwerte wird jedoch kleiner und bei mehreren Durchgängen zunehmend kleiner. Ein das Bild ggf. störendes Rauschen vermindert sich dementsprechend. Konturen von Bildgestalten werden deutlicher. Andererseits können feine, objektbedingte Grauwertunterschiede verloren gehen. Abb. 246 zeigt die Wirkung einer Filterung mit dem gleitenden Mittelwert an einem Modellbeispiel. Der glättende Effekt eines solchen Tiefpaßfilters verstärkt sich im übrigen mit größer werdender Filtermatrix.

Im Zuge der Bildverarbeitung bei Fernerkundungsarbeiten findet der gleitende Mittelwert vorrangig in der Phase der Datenvorverarbeitung zur Beseitigung systembedingten Rauschens Anwendung. Dabei spielt er besonders bei Radaraufzeichnungen zur Minderung des dort auftretenden Speckel eine Rolle (hierzu Kap. 6.2). Bei elektro-optischen Aufzeichnungen wird eine Filterung dieser Art unter Umständen auch anderen Bildbearbeitungsschritten, z. B. einer Äquidensitenherstellung, vorangestellt. Vorsicht ist aber am Platze. Schon (weitgehend) rauschfreie, systemkorrigierte Aufzeichnungen sollten dann nicht weiter geglättet werden, wenn die Daten der Aufzeichnung für digitale Klassifizie-

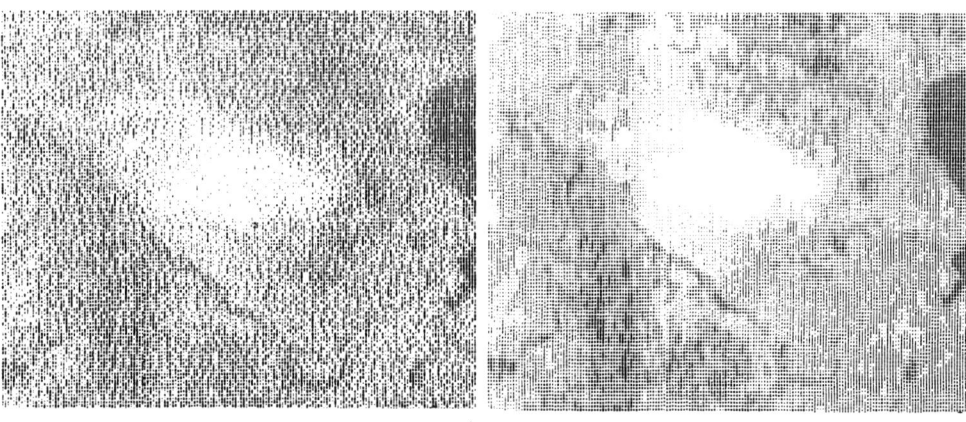

Abb. 246: *Ergebnis einer Tiefpaßfilterung. Links: Original mit störendem Rauschen, rechts: geglättetes Bild nach digitaler Filterung mit gleitendem Mittelwert aus 3x3 Pixeln (Beispiel aus* LILLESAND *und* KIEFER *1979)*

rungen weiterverwendet werden. Für Klassifizierungen bedeutsame spektrale Signaturen können dadurch untergehen oder verfälscht werden.

Für die Substitution ausgefallener oder in Klassifizierungsergebnissen störender, unlogischer Pixelwerte eignet sich ein Operator mit der Filtermatrix

1	1	1
1	0	1
1	1	1

Für jedes Bildelement wird in diesem Falle geprüft, ob die Differenz zwischen seinem Grauwert und dem Mittelwert der umgebenden Pixel einen bestimmten Schwellenwert überschreitet oder nicht. Ist dies der Fall, so wird das zentrale Bildelement der Matrix durch den Mittelwert der Umgebungspixel ersetzt ohne diese zu verändern.

Beispiel: Der festgesetzte Schwellenwert sei $\Delta = 30$ Grauwerte

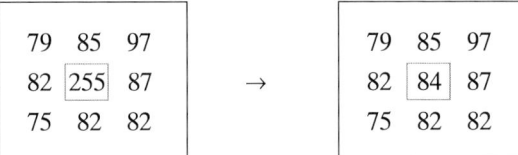

79	85	97		79	85	97
82	255	87	→	82	84	87
75	82	82		75	82	82

Kernel im Eingabebild   Kernel im Ausgabebild

$\Delta = 255-84 = 171$ liegt deutlich über dem Schwellenwert. Der Grauwert des zentralen Pixels wird durch den Mittelwert der – hier – 8-Pixel-Nachbarschaft ersetzt.

Der Ansatz des Schwellenwertes ist unter Berücksichtigung der im gesamten Eingabebild objektbedingt vorkommenden Ortsfrequenzen vorzunehmen. Sind durch Störungen einzelne Bildelemente ausgefallen und in der Bildmatrix deshalb mit 255 belegt, so ist vor Festsetzung des Schwellenwertes zu prüfen, ob und welche Objekte Signaturen ähnlich hoher Grauwerte aufweisen. Der Schwellenwert ist dann dementsprechend zu wählen.

Dieser Operator kann und wird auch nach digitalen Klassifizierungen eingesetzt, um das Ergebnisbild von unerwünschten Einsprengseln zu reinigen. Es kommt relativ häufig vor, daß sich kleine, zufällig und ggf. auch temporär vorhandene Gegenstände inmitten der Fläche einer Objektklasse befinden, z. B. in der Ackerflur befindliche Fahrzeuge, Mähdrescher u. a. oder Segelboote auf einem See. Dort beeinflussen sie die Klassifizierungssignatur einzelner Bildelemente und erscheinen im Ergebnisbild als Einsprengsel. Bei einer Landnutzungsklassifizierung würden die genannten Beispiele das Ergebnis sowohl optisch als auch numerisch verfälschen. Beim Ansatz des Filters ist freilich zu beachten, daß es Objektklassen gibt, bei denen klassentypische Einsprengsel vorkommen und *nicht* verloren gehen dürfen oder sollen. *Solche* Einsprengsel sind nicht selten sogar konstituierend für eine Klasse, z. B. einzeln und gruppenweise in Nadelbaumbeständen eingesprengte Laubbäume, die zur Trennung von „Reinbeständen" gegenüber „Nadelwald mit Laubbaumanteil" oder auch „Mischbeständen" führen. Man kann solche unerwünschten Ausfilterungen zumeist dadurch vermeiden, daß man vor der Filteroperation durch eine Schwellenwertklassifizierung (siehe Kap. 5.5.2) die nicht zu filternden Bildsegmente ausgliedert.

Mit einem ähnlichen digitalen Filter wie dem letztgenannten und einem entsprechend angesetzten Schwellenwert für die zu tolerierende Differenz gegenüber der Umgebung können auch gestörte oder ausgefallene Bild*zeilen* substituiert werden. Die Filtermatrix lautet für diesen Fall:

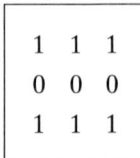

Eine Alternative zum o.a. Operator zur Substituierung einzelner Pixel, die offenbar nicht „ins Bild passen", sind die zur Gruppe der *Rangordnungsoperatoren* (HABERÄCKER 1991) gehörenden *Medianfilter*. Bei diesen werden die Grauwerte der Filtermatrix nach ihrer Größe geordnet und das zentrale Bildelement erhält den Medianwert der dadurch gegebenen Zahlenfolge. Man kann wahlweise folgende (und weitere) Filtermatrizen verwenden:

0	1	0		1	1	1		0	0	1	1	1
1	1	1		1	1	1		0	1	1	1	0
0	1	0		1	1	1		1	1	1	0	0

= Elementarraute   = 8-Nachbarschaft   = schräges Element

Beispiele

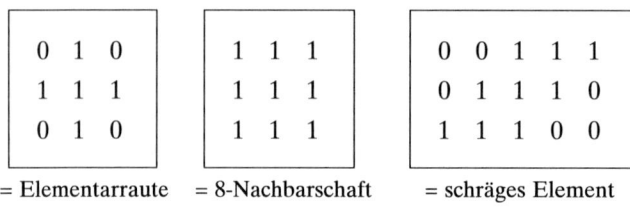

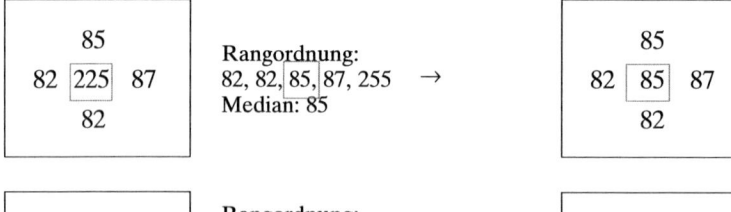

Für den gleichen Zweck kann schließlich auch der sog. *Modalwertfilter* verwendet werden. Bei diesem erhält das zentrale Bildelement der Filtermatrix den in dieser *am häufigsten* vorkommenden Grauwert. Die Filtermatrix wird in diesem Fall zumeist größer als 3x3 angesetzt. Im voranstehenden Beispiel würde das zentrale Bildelement in allen drei Fällen den Grauwert 82 bekommen.

Besonders bei Satellitenaufzeichnungen sind oft *Kanten- und Linienverstärkungen* (edge enhancements) wünschenswert, da aufgrund der Modulationsübertragung örtliche Hochfrequenzinformationen, d. h. abrupte und für die Bildinterpretation wichtige Grauwertsprünge, nicht so gut übertragen werden wie niederfrequente Grauwertübergänge. Zur Kantenverstärkung benutzt man *Differenzoperatoren*. Auch hier sind mehrere Varianten im Gebrauch.

Die Kanten- oder Linienverstärkung wird in Abb. 247 für eine idealisierte Situation entlang einer Zeile der Bildmatrix veranschaulicht. Eine 1. Ableitung für ein Bildelement in Zeilen- und Spaltenlage i,j ist

in x-Richtung $g'^x_{i,j} = g_{i+1,j} - g_{i,j}$

$$\begin{matrix} 0 & 0 & 0 \\ 0 & -1 & 0 \\ 0 & 1 & 0 \end{matrix}$$

in y-Richtung $g'^y_{i,j} = g_{i,j+1} - g_{i,j}$

$$\begin{matrix} 0 & 0 & 0 \\ 0 & -1 & 1 \\ 0 & 0 & 0 \end{matrix}$$

und daraus $g'_{1,j} = g_{i+i,j} + g_{i,j+1} - 2g_{i,j}$

$$\begin{matrix} 0 & 0 & 0 \\ 0 & -2 & 1 \\ 0 & 1 & 0 \end{matrix}$$

Beim eingangs benutzten Beispiel ergibt sich danach für die Berechnung des neuen Grauwerts für das zentrale Bildelement (= $g'_{i,j}$)

79	85	97
82	105	87
75	82	82

→

79	85	97
82	-41	87
75	82	82

und wenn man zur Vermeidung von Negativwerten mit einem Faktor, z.B. 100 anhebt:

179	185	197
182	59	187
175	182	182

Die Grauwertdifferenz vom zentralen Bildelement zum Nachbarn in der Zeile (nach rechts) hat sich durch die Operation von 18 auf 128 und zum Nachbarn in der Spalte (nach unten) von 23 auf 123 erhöht. Der Operator führt dazu, daß in der Spalte und Zeile benachbarte Bildelemente gleichen Grauwerts nach der 1. Ableitung den Wert 0 annehmen. Abb. 247 zeigt dies. Bei Grauwertwechsel im Einzelbild ergeben sich dagegen unter bzw. über der Nullinie liegende Grauwerte. Sie weisen auf Übergänge bzw. abrupte Grauwertsprünge hin. Die 2. Ableitung nach

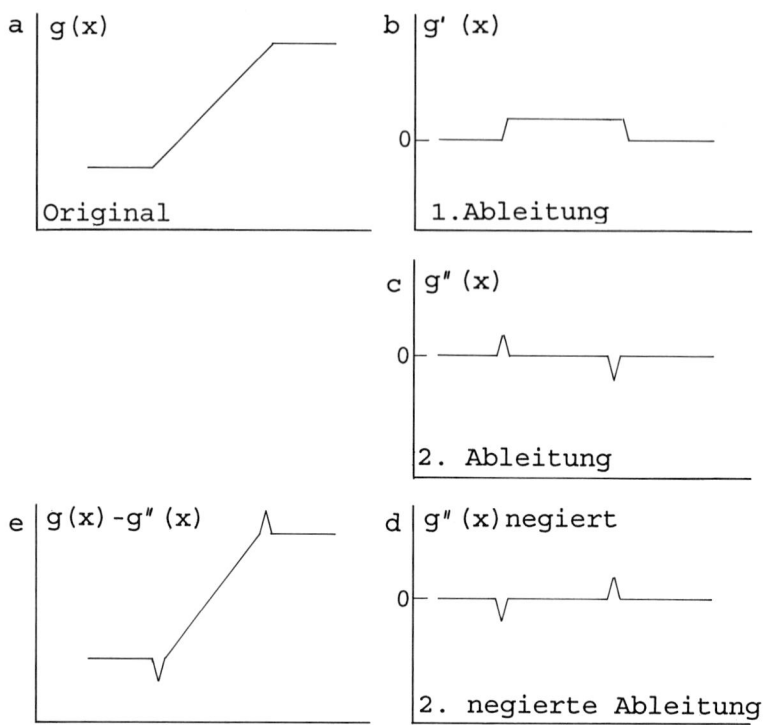

Abb. 247: *Differentialoperation zur Kantenverstärkung (schematisch)*

$$g"_{i,j} = (g'^x_{i,j} - g'^x_{i-1,j}) + (g'^y_{i,j} - g'^y_{i,j-1}) \tag{153}$$

führt dann zur Extraktion der Konturen (Abb. 243c). Subtrahiert man die negierte und entsprechend skalierte und gewichtete 2. Ableitung (Abb. 247d) vom Eingabebild, so erhält man ein Ausgabebild mit Verstärkung der Grauwertkanten und -übergänge (Abb. 247e).

Die für Kantenverstärkung genannte Filtermatrix ist *richtungsabhängig*. Sie bewirkt daher vor allem die Verstärkung von horizontal und vertikal im Eingabebild verlaufenden Kanten und Linien. Das gilt auch für andere unsymmetrische Filtermatrizen, wie für den SOBEL-Operator oder den sog. Kompaßgradienten (hierzu z. B. HABERÄCKER 1991). *Richtungsunabhängig*, d. h. wirksam für die Verstärkung in der Aufzeichnung in beliebiger Richtung verlaufender Kanten, sind Filtermatrizen mit einer symmetrichen Verteilung der Gewichte für ihre Bildelemente. Der bekannteste und sehr bewährte Operator ist der sog. Laplace-Operator. Er wird vor allem in drei Formen verwendet:

0	1	0
1	-4	1
0	1	0

oder

-1	-1	-1
-1	8	-1
-1	-1	-1

oder

1	-2	1
-2	4	-2
1	-2	1

Die für die Addition von Eingabebild und dem aus der 2. Ableitung stammenden Kantenbild benötigte Wichtung ermittelt man zweckmäßigerweise interaktiv am Monitor der Bildverarbeitungsanlage. Mit einem „Flicker"-Modul, der abwechselnd beide Bilder freigibt, sucht man iterativ die optimale Wichtung. Das Optimum kann bei 0,9:0,1 (z. B. NAIDU 1991), 0,8:0,2 (z. B. SCHMITT-FÜRNFRATT 1990) oder einem ähnlichen Verhältnis gefunden werden.

In Farbtafel XV sind LANDSAT-5 TM Farbkompositen aus den Kanälen 4, 5 und 7 in RGB-Darstellung *ohne* und *mit* Kantenverstärkung gegenübergestellt. Verwendet wurden dabei eine 3x3 Filtermatrix und ein Laplace Operator (s.u.) sowie eine Gewichtung für das Eingabebild von 90 % und für den Laplace-Operator von 10 %, so daß für das Ergebnisbild schließlich folgende Kernelsituation gegeben war:

$$0,1 \times \begin{array}{|ccc|} \hline -1 & -1 & -1 \\ -1 & -8 & -1 \\ -1 & -1 & -1 \\ \hline \end{array} + 0,9 \times \begin{array}{|ccc|} \hline 0 & 0 & 0 \\ 0 & 0 & 0 \\ 0 & 0 & 0 \\ \hline \end{array} = \begin{array}{|ccc|} \hline -0,1 & -0,1 & -0,1 \\ -0,1 & 1,7 & -0,1 \\ -0,1 & -0,1 & -0,1 \\ \hline \end{array}$$

Eine nicht unwichtige Entscheidung im Zuge der gesamten Operation ist die Wahl der Größe der Filtermatrix. Im allgemeinen gilt: je höher die Ortsfrequenzen im Eingabebild, desto kleiner sollte die Filtermatrix sein. Ein automatisiertes Verfahren zur Bestimmung der zweckmäßigen Matrixgröße geht auf CHAVET und BAUER (1982) zurück. Es bestimmt über die „Horizontal-First-Difference" die passende Größe, indem die Standardabweichung der Grauwerte des Ausgabebildes als Eingangswert in eine Tabelle dient. Stellvertretend für alle Kanäle einer multispektralen Aufnahme wird dazu i. d. R. einer der Kanäle des nahen Infrarot benutzt. Tab. 79 gibt die Tabelle von CHAVEZ und BAUER (1982) wieder.

Delta	Smoothness/Roughness	Kernel-Size
± 3 und kleiner	very smooth	9 x 9
± 4	smooth	
± 5	semismooth	7 x 7
± 6	smooth/rough	
± 7	rough/smooth	5 x 5
± 8	semirough	
± 9	rough	3 x 3
± 10 und größer	very rough	1 x 1

Tab. 79: *Bestimmung der Matrixgröße für digitale Filter zur Kanteverstärkung (aus CHAVEZ u. BAUER 1982)*

Zur Berechnung des Delta-Eingabewertes für Tab. 68 liegen auch Programme vor, die, abweichend von CHAVET und BAUER (1982), die benötigten Parameter Mittelwert und Standardabweichung der Grauwerte ohne vorherige Erzeugung eines Ausgabebildes ermitteln. Ein Speicherplatz und Zeit sparendes Modul ist z. B. Teil des Freiburger Programmsystems KALKÜL (KIENZLE, Algorithmus bei SCHMITT-FÜRNTRATT 1990).

5.4.3 Bildveränderungen durch Verknüpfung multispektraler Datensätze und Farbgebungen

5.4.3.1 Ratiobilder

Ratiobilder bzw. -kanäle waren dem Leser schon in Kap. 5.4.2.3 als Mittel zur Ausgleichung reliefbedingter Helligkeitsunterschiede und bei Berechnung von Vegetationsindices in Kap. 2.3.2.5 und 5.4.2.2 begegnet.

Durch die Division der Grauwerte der Bildelemente zweier, spektral unterschiedlicher, optoelektronischer Aufzeichnungen im Sinne der Gleichung (150) entsteht eine neue Bildmatrix. Sie wird als Ratio bzw. als Ratiobild bezeichnet. Der neue Datensatz wird in einem eigenen, „künstlichen" Kanal abgelegt, kann als Bild ausgegeben oder digital wie die Daten der Originalaufzeichnungen und auch zusammen mit diesen weiterverarbeitet werden. Aus den in Kapitel 5.4.2.3 genannten Gründen ist eine Atmosphärenkorrektur voranzustellen.

Ein Ratiobild gleicht einerseits Grauwertunterschiede aus (Kap. 5.4.2.3) und kann andererseits bei geeigneter Auswahl der zu verwendenden Spektralkanäle objektbedingte Grauwertunterschiede verstärken. Letzteres besonders in Verbindung mit einer Kontrastoptimierung des entstandenen Ratiobildes mit einem der in Kap. 5.4.2.1, Abb. 241 gezeigten Ansätze. Der geeigneten Kanalauswahl kommt dabei große Bedeutung zu. Sie ist zweckmäßigerweise anhand einer Signaturanalyse in den atmosphärenkorrigierten Originalbildern zu entscheiden.

Beispiel: TM-Aufnahme 27.2.1987 eines tropischen Waldgebiets der Western Ghats, Indien, u. a. mit intakten und degradierten immergrünen Feuchtwäldern und locker überschirmten Kaffeeplantagen. Tab. 80a zeigt die mittleren Grauwerte der TM Kanäle 2–5 und 7 sowie der Ratio-Kanäle 2/7 und 5/2, Tab. 80b die Grauwertdifferenzen.

Die Grauwertdifferezen in den einzelnen TM-Kanälen reichen angesichts der Streuungen der Grauwerte innerhalb der Typen nicht für eine verläßliche Unterscheidung aus. Das gilt auch für Kanal TM 4, da im nahen Infrarot bei Vegetationsbeständen die Streuung größer als in den Kanälen des sichtbaren Lichts und des mittleren Infrarot ist (vgl. hierzu Abb. 43). In der Ratio 2/7 weist dagegen der intakte immergrüne Feuchtwald eine ausreichende Grauwertdifferenz gegenüber den beiden anderen Typen auf. Die Ratio 5/2 differenziert durch die gegenläufigen Grauwertunterschiede alle drei Vegetationstypen deutlich.

Vegetationstyp	TM2 GRÜN	TM3 ROT	TM4 NIR	TM5 MIR	TM7 MIR	TM2/7		TM5/2	
						1)	2)	1)	2)
1	2	3	4	5	6	7	8	9	10
Immergrüner Feuchtwald intakt	31,4	23,4	82,7	50,5	23,9	1,3	65	1,6	80
Immergrüner Feuchtwald degradiert	23,2	22,7	77,3	60,3	31,5	0,7	35	2,6	130
Kaffee-Plantagen überschirmt	20,3	21,1	70,7	80,6	30,6	0,7	35	4,0	200

1) Division TM 2/TM7 bzw. TM 5/TM2 2) Multiplikation mit k = 50, vgl. Formel (15)

Tab. 80a: *Mittlere Grauwerte g̅ für drei Vegetationstypen in TM-Kanälen 2-5 und 7 sowie den Ratiokanälen TM 2/7 und TM 5/2 (Daten aus* SCHMITT-FÜRNTRATT *1990)*

Vegetations-typ	TM2		TM3		TM4		TM5		TM7		TM2/7		TM5/2	
	Δ						$\Delta \bar{g}$							
1	*2*	*3*	*4*	*5*	*6*	*7*	*8*	*9*	*10*	*11*	*12*	*13*	*14*	*15*
Immergrüner Feuchtwald intakt														
	8,2		0,7		5,4		9,8		7,6		30		50	
Immergrüner Feuchtwald degradiert		11,1		2,3		12,0		30,1		6,7		30		120
	2,9		1,6		6,6		20,3		0,9		0		70	
Kaffee-Plantagen überschirmt														

Tab. 80b: *Mittlere Grauwertdifferenzen zwischen drei Vegetationstypen in TM-Kanälen und zwei Ratiokanälen bei k = 50 in Formel (150).*

Obwohl die Wahl der Kanäle für Ratiobildungen aufgrund von Signaturanalysen getroffen werden sollte, lassen sich ein paar allgemeine Hinweise auf der Grundlage veröffentlichter Erfahrungen geben. Um dafür sensorunabhängig zu informieren, werden die Spektralbereiche für die Ratiobildung namentlich genannt:

– Zur Differenzierung von vegetationsbedeckten und unbedeckten Oberflächen sowie zur Hervorhebung bestimmter Vegetationstypen eignen sich i. d. R. NIR/ROT, NIR/GRÜN, GRÜN/MIR, MIR/GRÜN, (MIR - NIR)/(MIR + NIR), (NIR - ROT)/(NIR + ROT).
– Zur Differenzierung von geschädigter (gestreßter) und gesunder (nicht gestreßter) Vegetation wird von Erfolgen mit MIR/NIR und NIR/ROT sowie NIR/MIR berichtet.
– Zur Differenzierung von Gesteins- und Bodenarten haben sich GRÜN/ROT, GRÜN/NIR und ROT/NIR bewährt. Speziell eisenoxydhaltige Gesteine und Böden lassen sich durch ROT/GRÜN hervorheben.

Ratiokanäle können sehr nützlich sein und werden häufig eingesetzt, wenn es darum geht,
– bestimmte Objekte zu deren besserer Erkennung und Abgrenzung bei visuellen Interpretationen hervozuheben, sei es in schwarzweißen oder farbkodierten Ratio*bildern*
– einfache und schnelle digitale Klassifizierungen durchzuführen, die auf wenige Objektklassen oder auch nur auf eine bestimmte gerichtet sind
– sie als künstlichen Kanal neben Spektralkanälen mit Originaldaten zur Herstellung multispektraler Farbkompositen (hierzu Kap. 5.4.3.2) oder für differenziertere digitale Klassifizierungen zu verwenden.

Besondere Bedeutung haben dabei Ratiokanäle in einfacher oder zusammengesetzter Form als Vegetationsindices (vgl. Formeln (18) – (21), Kap. 2.3.2.5 und dort zitierte Literatur) erlangt, vor allem im Zusammenhang mit globalen Klimaforschungen und großräumigen Beobachtungen von Veränderungen der Vegetationsbedeckung.

5.4.3.2 Herstellung künstlicher Farbbilder

Aus multispektralen Fernerkundungsaufzeichnungen können mit Mitteln der digitalen Bildverarbeitung Farbbilder und farbige Sekundärprodukte, wie farbkodierte Äquidensiten (vgl. Kap. 5.4.2.1) und als Ergebnis digitaler Klassifizierung farbkodierte thematische Karten (hierzu Kap. 5.5) hergestellt werden. Die dafür in digitalen Bildverarbeitungsanlagen im Subsystem für die Bildspeicherung und -wiedergabe benötigte und vorhandene

Hardware sowie der prinzipielle Verlauf der Farbgenerierung wurde bereits in Kap. 5.3 beschrieben. Die Bilddarstellung erfolgt zunächst am Farbmonitor der Bildverarbeitungs-anlage. Durch interaktive Eingriffe ist es dem Auswerter möglich, das dort abgespielte Farbbild zu verbessern, zu manipulieren, mit Graphik zu überlagern usw., bis ein für seinen Auswertungszweck optimales Farbbildprodukt vorliegt. Das schließlich entstandene Bild kann dann über die ebenfalls in Kap. 5.3 genannten Ausgabegeräte auf Papier oder Folie ausgegeben werden.

Bei Farbkodierungen sind zu unterscheiden die des Datensatzes aus einem einzelnen Kanal und die Kartierung multispektraler Datensätze mit anschließender additiver Farb-mischung. Zur zweiten Gruppe gehört auch die Farbbilderzeugung nach vorangegangener IHS-Transformation (s.u.). Das Analogon zur additiven Farbmischung mit derjenigen auf digitalem Wege ist die optische Erzeugung von Farbbildern aus simultan und in unter-schiedlichen Spektralbereichen aufgenommenen Schwarz-weiß-Vorlagen mit einem Farb-mischprojektor (s.u.).

Farbkodierung von Datensätzen einzelner Kanäle

Die Farbkodierung eines einzelnen Datensatzes hat zum Ziele, bestimmte objekt- oder klassentypische Grauwertbereiche durch entsprechende Farbgebungen augenfälliger zu machen. Die Farbkodierung dieser Art erfolgt in Verbindung mit einer zweckorientierten Äquidensitenbildung (vgl. 5.4.2.1 und 5.5.2.2). Es müssen dabei mindestens drei Äquiden-siten für die Zuordnung je einer der Grundfarben gebildet werden. In der Regel werden jedoch Farbkodierungen in mehr als drei Farben wünschenswert oder notwendig sein, so daß Mischfarben einzubeziehen sind. Man bildet in diesem Falle für die Grundfarben-zuweisung sich überlappende Schwellenwertbereiche, so daß eine Reihe von Bildelemente zwei Grundfarbenzuweisungen erhalten (Tab. 81).

Beispiel:
In der Thermalinfrarot-Aufzeichnung eines Stromes soll die Fahne und Verteilung des in diesen eingeleiteten Kühlwassers verfolgt und verdeutlicht werden. Die Oberflächentem-peratur des Wassers vor der Einleitung sei 15° und die des Kühlwassers am Ort der Einleitung 30°. Die Grauwerte im Eingabebild liegen nach Kontrastrechnung und Aus-nutzung des gesamten Dynamikbereichs (Abb. 241a) zwischen 0 (= 30°) und 255 (= 15°). Es sollen fünf äquidistante Stufen der Oberflächentemperaturen des Wassers dargestellt werden, das wärmste Wasser ist rot, das kälteste blau.

	Oberflächentemperatur (in °Celsius)				
	27,1-30°	24,1-27°	21,1-24°	18,1-21°	15-18°
Grundfarbe	Grauwert g im Eingabebild				
	205-255	154-204	103-153	52-102	0-51
	Grauwertzuweisung im Augabebild				
Rot	255	255	0	0	0
Grün	0	255	255	255	0
Blau	0	0	0	255	255
	zugeteilte Farbe (additiv)				
	rot	gelb	grün	blaugrün	blau

Tab. 81: *Farbkodierung für das im Text genannte Beispiel*

Farbmischbilder aus multispektralen Datensätzen

Die Herstellung von *Farbmischbildern* (syn: *Farbkompositen, Colorcompositen*) aus multispektralen Scanneraufzeichnungen gehört zu den wichtigsten und häufigsten Operationen der digitalen Bildverarbeitung für Fernerkundungszwecke. Farbkompositen dieser Art werden i. d. R. der Auswertung opto-elektronischer Satellitenaufzeichnungen durch visuelle Interpretation zugrunde gelegt. Die Farbtafeln XIIIa, XIV bis XVIII und XX zeigen solche Farbkompositen.

Datenzentren der Satellitenempfangsstationen und Vertriebsstellen von Satellitendaten bieten Farbkompositen in standardisierter Form an (vgl. Kap. 5.2). Die Qualität dieser Standardprodukte ist heute i. d. R. sehr gut. Sie sind jedoch nicht auf spezielle Auswertungszwecke hin optimiert. Es kann sich deshalb empfehlen, systemkorrigierte Satellitenaufzeichnungen auf CCTs zu beschaffen und die Farbkompositen auf eigener Bildverarbeitungsanlage herzustellen und dabei für den jeweils speziellen Auswertungszweck zu optimieren. Für wissenschaftliche Institute, einschlägige Consultingfirmen und nationale oder regionale Fernerkundungszentren sollte dies ohnehin der Regelfall sein.

Zur Herstellung einer Farbkomposite werden mit den in Kap. 5.3 beschriebenen Mitteln und Verfahrenswegen die Datensätze aus drei Spektralkanälen bzw. – sofern man künstliche Ratiokanäle einbezieht – auch aus vier oder fünf Kanälen verwendet. Die Darstellung kann in Echtfarben oder in Falschfarben erfolgen. Häufig wird für letzteres die Farbzuordnung so gewählt, daß die Komposite einem Infrarot-Farbluftbild entspricht oder optisch ähnelt.

Eine Echtfarbenkomposite entsteht, wenn man ausschließlich Kanäle benutzt, welche die im sichtbaren Licht reflektierte Strahlung aufzeichnen, und man die Farbzuordnung ohne Umstellung der Farbfolge vornimmt:

Eingabedatensätze	R G B	Farbzuordnung RGB
	z. B. TM 3, 2, 1	(= Echtfarbenkomposite)

Hier wie im folgenden ist R=Rot, G=Grün, B=Blau, NIR = nahes Infrarot und MIR = mittleres Infrarot. Um eine sensorunabhängige Beschreibung verschiedener Möglichkeiten an Kanalkombinationen zu geben, werden wiederum die Kanäle mit den o.a. Initialen bzw. Akronymen namentlich genannt. Ergänzt wird dies jedoch jeweils durch die Angabe der LANDSAT TM Kanäle als konkretes Beispiel.

Jede Kanalauswahl, welche Kanäle des NIR und MIR oder auch jede Art von künstlichen Kanälen, also z. B. Ratiokanäle, einschließt oder auch nur die Kanäle RGB benutzt aber die Farbzuordnung umstellt, führt zu einer Falschfarbenkomposite. Die Möglichkeit der Kanalkombinationen für das jeweilige Eingabetriplett ist abhängig von der Anzahl der vom Sensor angebotenen Kanäle. Erfolgt die Aufnahme z. B. in sieben Kanälen (LANDSAT 5), sind 35 bzw., wenn man den Thermalkanal wegen seiner gröberen geometrischen Auflösung ausschließt, 20 Kanalkombinationen möglich. Da die Farbzuordnung der Grundfarben für die Darstellung im Ergebnisbild ebenfalls variiert werden kann, ergeben sich zusammen 210 bzw. 120 Wahlmöglichkeiten. Zieht man schließlich noch Ratio- oder andere künstliche Kanäle für die Kompositenherstellung in Betracht, so erhöht sich die Anzahl möglicher Kombinationen noch um ein Vielfaches.

Ziel ist es, als Eingabedatensätze ein Kanaltriplett zu wählen, das für den jeweiligen Auswertezweck den höchstmöglichen Informationsgehalt hat bzw. verspricht, und eine Farbzuordnung, die zu einer augenfälligen und auch optisch ansprechenden Darstellung führt. Nachdem 25 Jahre Erfahrung unter den verschiedenen Bedingungen und für verschiedenartige Auswertungen vorliegen, kann man sich bei der Auswahl der Kanaltripletts und der Farbzuordnung auf Bewährtes stützen.

Einige, anhand bereits zitierter Literatur ausgewählte Beispiele erfolgreich verwendeter Kanaltripletts sind in Tab. 82 zusammengestellt. Sie dürfen nicht als generelle Empfehlung mißverstanden werden. Sie sollen auf die Vielfalt der Möglichkeiten hinweisen und Anregungen geben.

Interpretations-ziel	Land erfolgreicher Anwendungen	Eingabetriplett	TM-Kanal (als Beispiel)	zit. Autor (Beispiele)
1	*2*	*3*	*4*	*6*
Vegetations- und Waldtyen	Deutschland	MIR-NIR-R	5, 4, 3	SCHARDT 1990 KEIL et al. 1990
	Panama, Brasilien	MIR-NIR-R	5, 4, 3	BAULES 1992 HÖNSCH 1993
	Indien, dunstfrei	NIR-MIR-B	4, 5, 1	SCHMITT-FÜRNTRATT 1990
	Indien	NIR-MIR/MIR-G/MIR NIR-MIR-MIR MIR-TSC[1]-G/MIR	4, 5, 7 4, 4/5, 2/7 5, TSC, 2/7	SCHMITT-F. 1990 NAIDU 1991 NAIDU 1991
	Benin	MIR-MIR-MIR	4, 5, 7	HÄUSLER, BÄTZ 1994
Großflächiges Waldsterben	Tschechien	MIR-R-G	4, 3, 2	KADRO 1990
Großflächige Waldschäden	Deutschland	MIR/NIR-NIR/R-G MIR-R-G	5/4, 4/3, 2	KADRO, 1990 WINTER, KEIL 1991
Sturmwurf-schäden	Deutschland	R-NIR-MIR NIR'87-MIR'90-MIR'87	4'87-5'90-4'87	KUNTZ 1991 KUNTZ 1991[2]
Geologische u. bodenkundliche Sachverhalte	Ägypten	G-NIR-NIR	(1, 3, 4)[3]	LIST et al. 1978
	Yemen	B-NIR-MIR	1, 4, 7	VOLK 1992
	Tschad	NIR-MIR-MIR	4, 5, 7	VOLK 1992

[1] TSC: Tasseled Cap Transformation/Greeness (vgl. Kap. 2.3.2.5);
[2] Multitemporale Daten von vor und nach dem Sturm
[3] MSS-Daten, Kanäle 4, 6, 7 = TM 1, 3, 4 (Y = yellow, C = cyan, M = magenta)

Tab. 82: *Beispiele für erfolgreich eingesetzte Farbkompositen aus Satellitendaten. Farbzuordnung R G B, bei [3] in Y, C, M*

Tab. 82 macht deutlich, daß es nicht *eine* bestimmte „beste" Kanalkombination für Farbkompositen gibt. Veröffentlichtes Erfahrungsgut, so wie es sich z. B. dort widerspiegelt, sollte zudem stets kritisch bewertet und auf Gleichartigkeit der Bedingungen analysiert werden. Immer wieder werden auch Fernerkundungsaufgaben mit Satellitendaten zu lösen sein, für die noch keine gesicherten oder passenden Erfahrungen vorliegen. Der Auswerter ist dann zu eigenen Versuchen aufgerufen. Die dafür in digitalen Bildverarbeitungsanlagen und der verfügbaren Software zur Verfügung stehenden Werkzeuge lassen heute flexibles Arbeiten zu und sind zudem „nutzerfreundlich".

Grundlage eigener Versuche sind spektrale Signaturanalysen der verfügbaren Datensätze. Aus diesen lassen sich *gutachtlich* aussichtsreiche Kanalkombinationen ableiten. Ein *rechnerisches* Verfahren zur Auswahl hat Sheffield (1985) vorgeschlagen. Es basiert auf Paramtern aus der Varianz-Kovarianz-Matrix der Grauwertverteilung in den verfügbaren spektralen Aufzeichnungen. Sucht man z. B. aus LANDSAT-TM Daten unter Ausschluß des Thermalkanals aus den verbleibenden sechs Kanälen die für eine Farbkomposite inhaltsreichsten drei Kanäle, so sind dafür zwei Arbeitsschritte auszuführen.

Erster Schritt: Für alle möglichen Kanaltripletts, d. h. im Falle von 6 Kanäle für 20 Varianten, berechnet man aus den Grauwerten in den Kanäle die Varianz-Kovarianz-Matrix. Sie definiert in dem zwischen den Grauwertskalen dieser Kanäle aufgespannten, also dreidimensionalen Merkmalsraum – nach Vorgabe einer bestimmten Wahrscheinlichkeit (z. B. von 95 %) – ein Ellipsoid (Abb. 248a). Dessen drei Achsen (in Abb. 248 mit λ_i bezeichnet) weisen in Abhängigkeit von der Streuung der Grauwerte im jeweiligen Kanal unterschiedliche Längen auf. Das Verhältnis der Achsen zweier Kanäle zueinander definiert das Maß der Korrelation beider Kanäle (Abb. 248b, c). Bei hoher Korrelation enthalten die Kanäle ähnliche Information, so daß einer davon als weglaßbar – d. h. redundant – gelten kann. Das errechnete Volumen der Ellipsoide variiert je entsprechend den Längen der drei Achsen und deren Verhältnis zueinander. Das Kanaltriplett mit dem größten Volumen wird als jenes mit dem größten Informationsgehalt angenommen. Durch eine Reihung der Tripletts erhält man eine Rangfolge nach dem Informationsgehalt.

Dieser erste Schritt kann mit den Grauwerten der gesamten Szene durchgeführt werden oder – zweckorientiert – nur mit denen besonders interessierender Teilszenen oder Bildsegmente, z. B. für solche, die offenkundig vegetationsbedeckte Flächen darstellen.

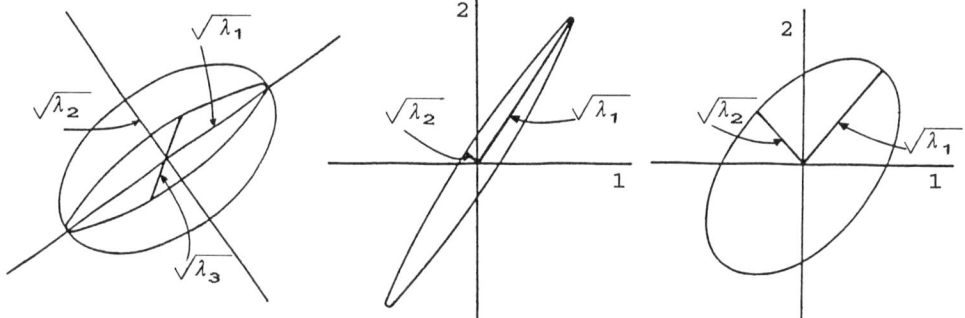

Abb. 248: *a) Varianz-Kovarianz Ellipsoid der Grauwertverteilung der Bildelemente einer Objektklasse, b) c) umhüllende Ellipsen für die Grauwerte einer Objektklasse im zweidimensionalen Merkmalsraum mit hoher (b) und demgegenüber geringerer (c) Korrelation (Sheffield 1985)*

Zweiter Schritt des Sheffield-Verfahrens: Als nächstes ist, Informationsgehalt angenommen, über die Farbzuordnung für die Kanäle des ausgewählten Kansaltripletts zu entscheiden. Sheffield schlägt hierfür vor, die Zuweisung der drei Grundfarben an der Varianz der Grauwerte in den beteiligten Kanälen und am menschlichen Sehempfinden zu orientieren. Da das menschliche Auge für grüne Farben die größte spektrale Sensibilität besitzt, soll der Kanal mit der größten Grauwertvarianz mit „grün" belegt werden, und jener mit der geringsten Varianz mit „blau".

Farbkompositen nach IHS Transformation

Als Sonderfall kann man die Herstellung von Farbkompositen unter Einbeziehung einer IHS-Transformation betrachten. Das Akronym IHS steht für Intensity=Intensität (Strahlstärke, sinnverwandt: Helligkeit), Hue=Farbton und Saturation=Sättigung einer Farbe. Diese Farbwerte treten zur Beschreibung einer gegebenen Farbe an die Stelle der Grundfarben Rot, Grün und Blau des herkömmlichen Farbsystems. Die Generierung von Farbkompositen auf der Grundlage von IHS-Werten wurde als interessante Variante für die zweckorientierte Bildverbesserung im Zuge von Fernerkundungsarbeiten vor allem von HAYDN et al. (1982) vorgeschlagen. Der dafür erforderliche Bildverarbeitungsprozeß ist in Abb. 249 schematisch dargestellt.

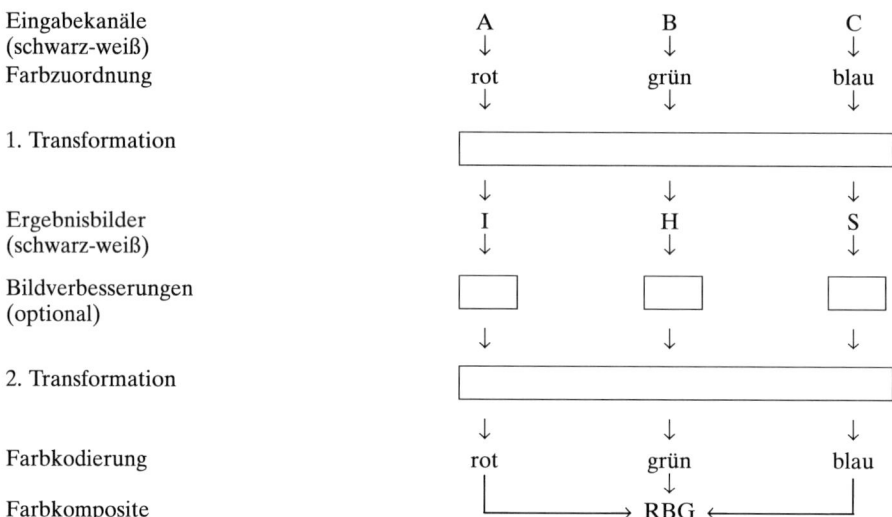

Abb. 249: *Arbeitsschritte bei einer IHS-Transformation (schematisch)*

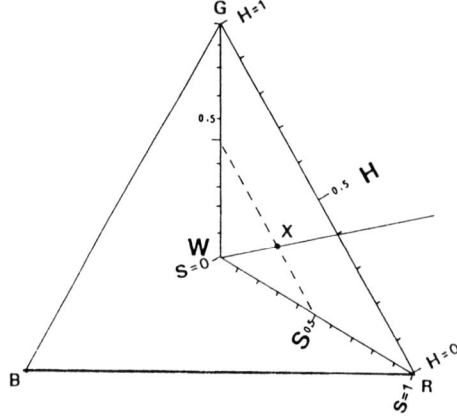

Abb. 250:
Beziehungen zwischen RGB- und IHS-Werten bei IHS-Darstellungen (aus HAYDN et al. 1982)

Zunächst werden die durch eine RGB-Darstellung eines multispektralen Kanaltripletts gegebenen Farben in IHS-Werte transformiert. Da IHS-Modelle nicht allgemeingültig definiert sind, finden sich in der Literatur auch mehrere Rechenwege für diese Umformung (vgl. z. B. Jansa in Kraus 1990, Kap. 6.1.1.3, Haberäcker 1991). Folgt man dem von Haydn et al. 1982 praktizierten Vorgehen, so ergeben sich die IHS-Werte nach

$$I = R + G + B \qquad H = \frac{(G-B)}{I-3B} \qquad S = \frac{(I-3B)}{I} \qquad (154)$$

Die nach diesen Transformationen als drei neue Bildmatrizen verfügbaren Bilder können auf einem Monitor oder als Hardcopy in schwarz-weiß ausgegeben und auch Kontrastveränderungen und anderen Bildverbesserungen unterworfen werden.

Zur Darstellung der Farbkomposite erfolgt dann eine zweite, zur ersten inverse Transformation in die Grundfarben RGB, u. zw. – wiederum Haydn et al. (1982) folgend – nach

$$R = \frac{1}{3} I (1 + 2S - 3SH)$$

$$G = \frac{1}{3} I (1 - S + 3SH) \qquad (155)$$

$$B = \frac{1}{3} I (1 - S)$$

Die Formeln (154) und (155) gelten für Farbtöne H Rot H=0 und Grün H=1 und werden schrittweise auf die Farbtöne zwischen Grün und Blau und Blau und Rot ausgedehnt. Abb. 250 zeigt die Beziehung zwischen RGB und IHS sowie für eine Farbe x die Definition von H und S im Farbdreieck RGB.

IHS-Transformationen haben in der Praxis wiederholt zur Erhöhung des Informationsgehalts beigetragen (z. B. Haydn et al. 1982), besonders für geologische und pedologische Auswertungen. Auch für die visuelle Intepretation von Sturmschäden im Wald verbesserte eine IHS-Transformation von LANDSAT 5-Farbkompositen die Differenzierungsmöglichkeiten „erheblich" (Kuntz 1992).

Einen festen Platz hat die IHS-Transformation in der Fernerkundung bei *multisensoralen* Bildverarbeitungen gefunden, insbesondere für die Kombination von hochauflösenden panchromatischen SPOT- und LANDSAT-TM Aufzeichnungen. Für diesen Zweck werden beide Aufzeichnungen zunächst geometrisch aneinander angeglichen. Zur Angleichung auch der Auflösung (10 m x 10 m = 100 m^2 beim HRV$_P$ versus 30 m x 30 m = 900 m^2 beim TM) wird im Zuge des Resampling jedes TM-Pixel in neun Teilpixel zerlegt. Jedem Bildelement der SPOT-HRV-Aufzeichnung entspricht dann in der Flächenrepräsentanz ein LANDSAT-TM-Teilpixel. Das für die Farbkomposite vorgesehene TM-Kanal-Triplett wird wie in Abb. 249 in den IHS-Farbraum transformiert. Die dabei entstehende Bildmatrix der I-Werte wird sodann durch die Bildmatrix der panchromatischen, d. h. schwarz-weißen SPOT-HRV-Aufzeichnung ersetzt. Nach der inversen Transformation in die Grundfarben RGB entsteht eine Farbkomposite, welche die hohe geometrische Auflösung des panchromatischen HRV-Bildes mit einer RGB-Farbdarstellung verbindet.

Arbeitsablauf bei der Herstellung von Farbkompositen

Mit Ausnahme der zuletzt besprochenen multisensoralen Mischbilder entspricht die logische Abfolge der mit Mitteln der digitalen Bildverarbeitung herzustellenden Farbkompositen der Darstellung in Abb. 251. Im praktischen Falle werden erfahrungsgemäß mehrere, oft auch viele Alternativen durch*gespielt* bis das befriedigende Bild gefunden ist. Der in Abb. 251 angedeutete Rückgriff wird deshalb i. d. R. mehrfach, vorgenommen. Nicht selten ist auch der Fall, daß mehrere Farbkompositen unterschiedlicher Zusammensetzung erst den vollen Informationsgehalt der Originaldaten erschließen (vgl. z. B. SCHMITT-FÜRNTRATT 1990). Heute verfügbare digitale Bildverarbeitungsanlagen und -software erlauben dabei sowohl ein flexibles als auch zügiges Arbeiten.

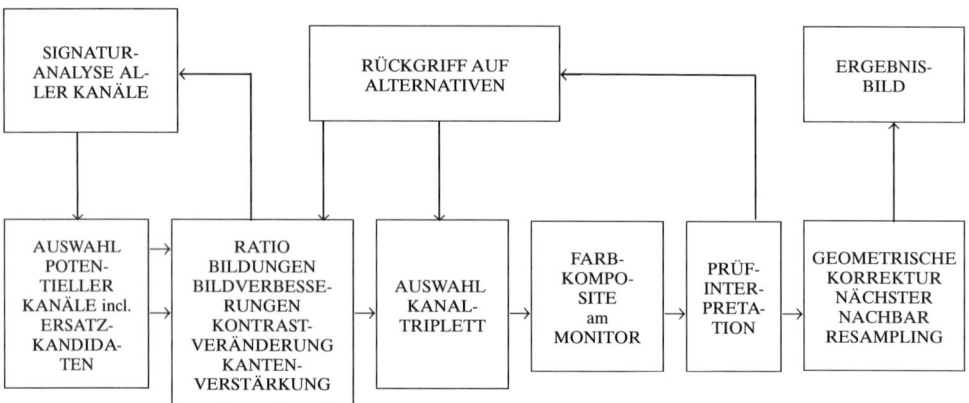

Abb. 251: *Arbeitsablauf für die Herstellung von Farbkompositen*

5.4.3.3 Hauptkomponententransformation

Die *Hauptkomponententransformation (principal component analysis)* ist eine Standardmethode der digitalen Bildverarbeitung zur Datenreduktion durch Eliminierung redundanter Informationen in multispektralen Datensätzen. Sie gehört als Routine zum Programmpaket der Bildverarbeitungssoftware und kann sowohl der Bildverbesserung für nachfolgende visuelle Interpretationen als auch der multispektralen Klassifizierung (Kap. 5.5.2) dienen. Für letztere wird sie häufig eingesetzt, um die Klassifizierung auf „effektive" Kanäle zu beschränken. Effektive Kanäle in diesem Sinne sind solche, die sich im Informationsgehalt in Bezug auf das Klassifizierungsziel ergänzen und möglichst wenig redundante Informationen enthalten (vgl. das dazu schon in 5.4.3.2 Gesagte).

Bei einer Hauptkommponententransformation werden die Koordinatenachsen des n-dimensionalen Merkmalsraums gedreht und verschoben, und zwar so, daß auch im neuen Merkmalsraum die Achsen jeweils senkrecht zueinander stehen. Es handelt sich stets um eine *lineare Transformation*. Die Drehung erfolgt mit dem Ziel, ein Höchstmaß an spektralen Unterscheidungsmöglichkeiten der in einer Szene enthaltenen Objektklassen zu erreichen. Die neuen Achsen werden als erste bis n-te Hauptkomponente bezeichnet.

Sind die Grauwerte in den Kanälen einer multispektralen Aufzeichnung für die Objektklassen stark korreliert, so legt man die 1. Hauptkomponente in Richtung der größten

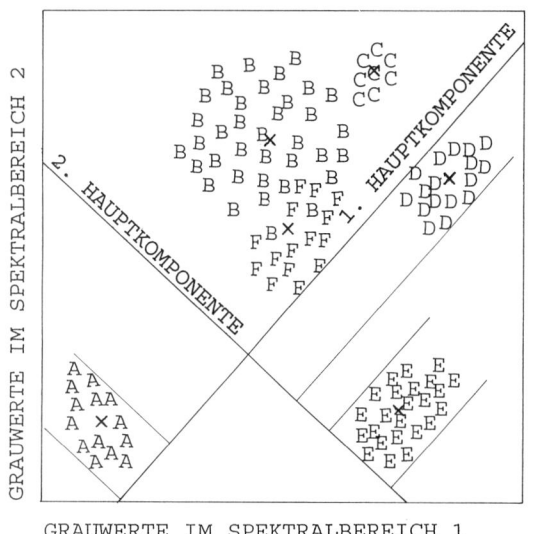

Abb. 252:
*Hauptkomponenten-Transformation.
Die Cluster A . . . F stehen für ver-
schiedene Objektklassen*

Streuung dieser Werte im Merkmalsraum. Für den zweidimensionalen Fall ist dies in Abb.
252 dargestellt. Bei multispektralen Fernerkundungsaufzeichnungen enthalten i. d. R. die
ersten drei bis vier Hauptkomponenten alle in der Aufzeichnung enthaltenen, objektre-
levanten spektralen Informationen (so wie dies ggf. auch schon bei drei oder vier spektralen Original-Datensätzen der Fall sein kann). Die linearen Transformationen kann man
im übrigen sowohl ausgehend von den Originaldatensätzen vornehmen als auch von
Ratiodaten oder einer Mischung von beiden.

Wird die Richtung der Hauptkomponenten nicht aus den Grauwerten der gesamten
Szene abgeleitet, sondern aus denen von Musterklassen zu differenzierenden Objektklas-
sen, so wird dies in der Literatur gelegentlich als canonical analysis bezeichnet (z. B.
JENSEN-WALTZ 1979, AVERY u. BERLIN 1984).

Ein Algorithmus für eine Hauptkomponententransformation eines n-kanaligen Datensatzes ist bei HABERÄCKER 1991, Kap. 11.5 beschrieben.

Die Hauptkomponententransformation ist rechenaufwendig. Dem Vorteil der Datenreduktion und möglichen Gewinn an spektralen Unterscheidungsmöglichkeiten stehen als
Nachteil ein durchaus auch möglicher Verlust an spektraler Trennbarkeit bei einzelnen
Klassen gegenüber. Der Umstand, daß nicht mehr mit den originalen Grauwerten weiter-
gearbeitet wird, ist i. d. R., wie bei den anderen beschriebenen Grauwertmanipulationen
zur Bildverbesserung, kein Nachteil.

5.4.4 Graphiküberlagerungen

In vielen Fällen ist es notwendig, das Rasterbild mit Vektordaten zu überlagern. Im Zusammenhang mit forstwirtschaftlichen, landesplanerischen, geographischen und kartographischen Fernerkundungsaufgaben kommen z. B. Übertragungen von Verwaltungsgrenzen,
des Waldeinteilungsnetzes, von Straßen, Bahnlinien, Wasserläufen oder auch von aus thematischen Karten zu entnehmenden Abgrenzungslinien in Frage. Ebenso sollen oft Beschriftungen, z. B. Ortsbezeichnungen, Höhenangaben u. a. ins Bild übernommen werden.

Vektordaten dieser Art werden aus vorhandenen oder speziell für den Auswertungszweck aufzubauenden Datenbanken eines GIS übernommen oder aktuell durch Digitalisierung aus topographischen oder thematischen Karten gewonnen und direkt der Bildverarbeitungsanlage zugeführt. Im zweiten Fall wird die Karte auf die Meßfläche eines
Digitizers gelegt und alle zu übernehmenden Linien mit einer Fadenkreuzlupe oder einem
Digitalisierungsstift nachgefahren bzw. speziell im Bild zu bezeichnende Punkte – z. B.
Höhenkoten – angefahren. An der jeweiligen Position der Meßmarke wird auf elektro-
magnetischem Wege eine Spannung induziert und die Lage in einem ebenen Koordinatensystem definiert. Die entstehenden analogen Informationen werden fortlaufend in digitale
Daten transformiert, einer Vektor-Raster-Konversion unterworfen und zur Speicherung
oder auch unmittelbaren Darstellung am Monitor dem Rechner und seinem Bildwieder-
gabesystem übergeben.

Voraussetzung für die Informationsübertragung aus einem GIS oder einer Karte ist es,
daß die Eingabemedien und das zu überlagernde Bild das gleiche (geodätische) Bezugssystem haben. Die Fernerkundungsaufzeichnung muß also entweder eine orthogonale
Darstellung des Geländes liefern oder es muß ihre absolute Orientierung bekannt sein
um eine entsprechende Koordinatentransformation von Eingabemedien ins Bild vornehmen zu können. Für Satellitenaufzeichnungen (einschließlich geokodierter Radarbilder)
und digitalisierte Luftbilder lassen sich diese Bedingungen im wesentlichen erfüllen (Kap.
4.2.3, 4.2.4, 4.5.9, 5.4.1.2, 6.3). Bei Scanneraufzeichnungen, die von Flugzeugen aus erfolgten, sind diese Bedingungen sehr viel schwieriger und in der Regel unvollkommener
herzustellen (vgl. Kap. 5.4.1.3).

Wie bei analytischen und digitalen photogrammetrischen Auswertungen gehört die Überlagerung des Bildes mit Vektordaten und Beschriftungen auch bei optoelektronischen
Satellitenaufzeichnungen zur Routine. Alle wesentlichen Softwareprogramme halten
dafür entsprechende Module für den Import und Export von Vektordaten und Schrift-
zeichen sowie Vektor-Raster- und Raster-Vektor-Konversionen und notwendige Koordinatentransformationen bereit. Ebenso steht auch eine breite Palette leistungsfähiger
Digitizer zur Verfügung.

5.4.5 Operationen im Frequenzbereich (Fourier-Transformationen)

Zu den Möglichkeiten der digitalen Bildverarbeitung gehören auch „Operationen im
Frequenzbereich" (syn. Integral-Transformationen). Ein Bild – gleich welcher Herkunft –
wird dabei als Überlagerung von Schwingungen unterschiedlicher Frequenzen aufgefaßt.
Verfahren dieser Art, wie z. B. eine Fourier-Transformation, führen zu bildhaften Ergebnissen, welche den ursprünglichen optischen Bildinhalt als Funktion der (früher bereits
definierten) Ortsfrequenzen darstellen. Oberflächenstrukturen, linienförmige Texturen
(Lineamente) und auch bestimmte Objektformen lassen sich dadurch charakterisieren.
Auch digitale Filterungen im Frequenzbereich lassen sich ausführen. Mit ihnen ist es z. B.
möglich, ein Bild zu glätten, Kanten zu eliminieren oder bestimmte Ortsfrequenzen zu
unterdrücken und andere hervortreten zu lassen.

Auf Verfahren dieser Art wird an dieser Stelle nur der Vollständigkeit wegen hingewiesen. Sie spielen in der praktizierten Fernerkundung der Anwendungsbereiche, die in
diesem Buch im Vordergrund stehen, eine untergeordnete oder noch keine Rolle. Kurze
Einführungen in die mathematischen Grundlagen und Zusammenhänge finden sich z. B.
bei KRAUS (1990 Kap. 6.7.2–6.7.4) und HABERÄCKER (1991 Kap. 9), ausführlichere Darstellungen z. B. bei HUAN (1979).

5.5 Methoden der thematischen Auswertung opto-elektronischer Aufzeichnungen

Die thematische Auswertung opto-elektronischer Fernerkundungsaufzeichnungen (und auch digitalisierter Luftbilder) kann entweder durch sachkundige, visuelle Bildinterpretation oder rechnergestützt durch Verfahren der numerischen Klassifizierung (sinnverwandt: Segmentierung), der Erkennung von Objekten an ihren Formen (Mustererkennung) oder von Veränderungen im Objektfeld einer Aufzeichnung (change detection) erfolgen. Grundlage sind in allen Fällen geometrisch und radiometrisch systemkorrigierte Datensätze. Nach jeweiligem Bedarf- und/oder gegebenen Möglichkeiten werden diese zur Vorbereitung der Auswertung durch digitale Bearbeitungsschritte (Kap. 5.4) geometrisch auf ein Bezugssystem transfomiert und/oder radiometrisch mit dem Ziel der Bildverbesserung verändert.

5.5.1 Visuelle Auswertungen

5.5.1.1 Allgemeines zur visuellen Bildinterpretation

Der visuellen Bildinterpretation können schwarz-weiße Bilder eines bestimmten Aufnahmekanals bzw. auch einer Ratiodarstellung oder Farbkomposition zugrunde gelegt werden. Erstere spielen besonders bei Auswertungen von Thermalaufnahmen (Wärmebildern) eine Rolle. Für die Mehrzahl visueller Bildinterpretationen werden Papierpositive oder Diapositive verwendet. Erforderlich ist dies auch immer dann, wenn mehrere Interpreten – z. B. unterschiedlicher Disziplinen – an der Auswertung zu beteiligen oder wenn Interpretationsarbeiten auch im Gelände durchzuführen sind. Bewährt haben sich als Positive hochwertige sog. Fire-Ausgaben. Vorbereitende oder weniger aufwendige Interpretationsarbeiten können auch am Monitor der digitalen Bildverarbeitungsanlage erfolgen. Dies kann besonders dann von Nutzen oder auch notwendig sein, wenn bei der Suche nach der optimalen Gestaltung der Farbkomposite Bildbearbeitungen bereits mit Interpretationsarbeit verbunden werden (müssen).

Die Interpretationsarbeit selbst – gleich ob und wie die Bilder zuvor bearbeitet oder verändert wurden – ist im Prinzip der in Kap. 4.6 behandelten Luftbildinterpretation vergleichbar. Der Auswerter betrachtet und durchmustert das gegebene Bild, um die für seine Arbeit notwendigen oder gewünschten Informationen über einzelne Objekte, räumliche und sachliche Zusammenhänge, Zuordnungen und Beziehungen zu bekommen. Wie bei Luftbildinterpretationen deutet er dabei Bilderscheinungen, die nicht eindeutig als bestimmte Objekte identifizierbar sind. Er geht dabei auch über Sichtbares hinaus, in dem er sachkundige und logische Schlußfolgerungen aus dem im Bild Sehbaren zieht.

Wie bei Luftbildauswertungen, so ist auch hier der Erfolg visueller Bildauswertungen neben der Qualität der Aufzeichnung von deren Eignung für den Zweck der Auswertung und von der Erfahrung, dem Sachverstand, den Ortskenntnissen und der Motivation des Bildinterpreten abhängig (vgl. hierzu Kap. 4.6.9). Bezüglich der Qualität der Aufzeichnung spielt dabei, mehr noch als bei Luftbildauswertungen, die vorangegangene, zweckorientierte Bildbearbeitung eine wichtige Rolle. Bezüglich der Eignung gilt auch hier, daß die räumliche Auflösung und die Jahreszeit der Aufnahme große Bedeutung haben. An die Stelle der zweckmäßigen Filmwahl tritt bei multispektralen Aufzeichnungen die Frage der zweckmäßigen Wahl unter den verfügbaren Spektralkanälen.

Zur Frage stereoskopischer Auswertung

Für die Luftbildinterpretation war mehrfach darauf hingewiesen worden, daß der Informationsgehalt von Bildern nur bei stereoskopischer Auswertung voll ausgeschöpft werden kann. Prinzipiell gilt das auch für die Interpretation opto-elektronischer Aufzeichnungen, obwohl dies bisher noch nicht ausreichend belegt ist. Stereoaufnahmen sind – wie aus Kap. 5.1 bekannt ist – bisher operationell nur mit den HRV-Scanner des SPOT und dem OPS des JERS-1 sowie experimentell mit dem MOMS 02 möglich gewesen. Entsprechende stereoskopische Auswertungen beschränken sich deshalb noch auf relativ wenige Einzelfälle. Es kann aber nicht daran gezweifelt werden, daß ausschließlich monoskopische Bildbetrachtung die Interpretationsmöglichkeiten einschränkt. Besonders wirkt sich dies bei Auswertungen aus, bei denen das Relief des Geländes oder andere Oberflächenstrukturen und vertikale Gliederungen wichtige Informationen zur Lösung einer Interpretationsaufgabe liefern oder – wie ggf. bei geologischen und speziell geomorphologischen Fragestellungen – die gesuchte Information selbst darstellen.

Wenn dennoch auch ohne stereoskopische Betrachtungsmöglichkeiten die visuelle Interpretation von Scanneraufzeichnungen, besonders von solchen, die aus Satelliten aufgenommen wurden, bisher schon viele nützliche Ergebnisse lieferte, so deshalb, weil sie überwiegend für Zwecke eingesetzt wurde, für die man auch monoskopisch ausreichende (wenn sicher auch nicht erschöpfende) Informationen gewinnen kann. Auswertungszwecke dieser Art sind und waren z. B. die *großräumige* und *generelle* Erfassung und Beschreibung des Vorkommens flächenhafter Objekte (Vegetationsformen, Landnutzungsformen, Schadflächen u. a.) und deren qualitative und quantitative Veränderungen mit der Zeit, die geographische Charakterisierung von Landschaften, die Untersuchung von Lineamenten, z. B. geologischer Strukturlinien, Gewässer- und Straßennetze u. a. Erfolgreich ist die monoskopische Auswertung von Thermalaufzeichnungen auch für stadt- und geländeklimatologische Untersuchungen, für die Entdeckung und Überwachung thermischer Anomalien oder von Waldbränden usw. In allen diesen Fällen müssen die Auswerter aber über gute örtliche Geländekenntnisse und zusätzliche Informationen über die Geländegestalt fügen.

Zur Übertragung von Seh- und Interpretationserfahrungen der Luftbildauswertung

Die von der visuellen Luftbildauswertung her bekannten Seh- und Interpretationserfahrungen können auf opto-elektronische Aufzeichnungen voll übertragen werden, wenn
- eine Echtfarbenkomposite RGB vorliegt, zu deren Aufbau (in dieser Reihenfolge) ein Kanal des roten, des grünen und des blauen Spektralbereichs beitragen.
- eine Falschfarbenkomposite RGB vorliegt, zu deren Aufbau (in dieser Reihenfolge) ein Kanal des nahen infraroten, des roten und des grünen Spektralbereichs beitragen. Die Komposite entspricht in diesem Falle der Farbzuordnung, wie sie dem dreischichtigen Infrarot-Farbfilm von KODAK zugrunde liegen.
- ein schwarz-weißes Bild vorliegt, das aus einer monospektralen Aufzeichnung in einem der sichtbaren oder der nahen Infrarotkanäle hervorgegangen ist. Die Darstellung entspricht im ersten Falle der eines mit entsprechendem Filter aufgenommenen panchromatischen Schwarz-weiß-Luftbildes und im zweiten Falle einem mit dunkelrotem Filter aufgenommenen Infrarot-Schwarzweißbild.

In allen anderen Fällen sind die Seh- und Interpretationserfahrungen der visuellen Luftbildauswertung nur bedingt und z.T. auch gar nicht übertragbar. Das gilt für
- Schwarz-weiß-Bilder einer monospektralen Aufzeichnung in einem der Kanäle des mittleren oder thermalen Infrarot

- alle Ratiobilder, ob Daten eines sichtbaren Spektralkanal am Bildaufbau beteiligt sind oder nicht
- alle Farbkompositen außer den zwei o.a., d. h. also auch für solche, die nur aus Datensätzen der sichtbaren Spektralkanäle entstanden sind, bei denen aber die Farbzuordnung in anderer als der o.a. Reihenfolge vorgenommen wurde.

In allen Fällen der zuletzt genannten drei Gruppen sagen die schwarz-weißen oder farbigen Bildsignaturen etwas anderes aus, als man es von der Luftbildinterpretation her kennt. Es werden dabei zwar z.T. ähnliche, z.T. aber auch grundsätzliche, dem menschlichen Sehen nicht zugängliche Informationen vermittelt.

Das Lesen und Interpretieren solcher Bilder erfordert deshalb oft ein regelrechtes Umdenken und zumeist ein zum Interpretationsprozeß gehörendes Erkunden des Sinn- und Informationsgehalts der verschiedenen Grautöne bzw. Farben.

Unbeschadet davon, erkennt der Interpret aber in den Bildern zahlreiche Objekte der aufgenommenen Landschaft. Wie bei der Luftbildinterpretation kann er einen Teil davon auch identifizieren und andere Teile mehr oder weniger sicher als bestimmte Objekte deuten, auch wenn das im Bild sichtbar gewordene eine andere Bedeutung als etwa im panchromatischen Luftbild hat. Es ist z. B. im Thermalbild Ausdruck unterschiedlicher Oberflächentemperaturen der Objekte. In den Abb. 253 und 254 sind als Beispiele dafür – geometrisch nicht entzerrte – Schwarz-weiß-Aufzeichnungen multispektraler Flugzeugscanneraufnahmen gegenübergestellt. Abb. 253 zeigt dabei die Aufzeichnungen einer Szene im grünen, sowie im nahen, mittleren und thermalen infraroten Spektralbereich. In Abb. 254 sind für eine andere Szene zu verschiedenen Tageszeiten aufgenommene Wärmebilder wiedergegeben. Beispiele von Farbkompositen, die aus spektral unterschiedlichen Datensätzen entstanden sind, können auf der Farbtafel XVIII miteinander verglichen werden.

Es mag an dieser Stelle auch auf eine Gefahr hingewiesen werden: Bei farbenfrohen und auch ästhetischen Farbkompositen kann ggf. ein unerfahrener und sachlich unkundiger Auswerter dem schönen Schein erliegen, ohne hinreichend zu wissen, welche Informationen, in welcher Differenziertheit und Sicherheit im gegebenen Farbenspiel zum Ausdruck kommen.

Auf methodische Fragen visueller Bildinterpretation opto-elektronischer Aufzeichnungen wird im Hinblick auf die Ähnlichkeit zur klassischen Luftbildinterpretation nicht noch einmal im Detail eingegangen. Das in Kap. 4.6 Gesagte ist sinngemäß anzuwenden. Es werden im folgenden nur die wichtigsten Sonderheiten besprochen. Es handelt sich dabei um solche, die im Vergleich mit Luftbildinterpretationen einerseits die Grenzen der Informationsgewinnung enger ziehen und andererseits erweiterte Möglichkeiten dafür bieten, sowie um einige spezielle methodische Fragen der Thermalbildauswertung. Ikonometrische[80] Auswertungen zur quantitativen Charakterisierung der Oberflächenmorphologie und Gestalt von Körpern, zur Bestimmung von Volumina von Körpern oder Hohlformen werden an dieser Stelle ebenfalls nicht behandelt. Sofern solche Messungen durch Stereoaufnahmen überhaupt möglich sind (s.u.), folgen sie – nach entsprechenden geometrischen Korrekturen und Transformation in ein Raumkoordinatensystem – prinzipiell den für die digitale Photogrammetrie entwickelten Verfahren.

---

[80] Der Begriff „ikonometrisch" (von ikon (griechisch) = Abbild eines Gegenstandes) wird hier als Pendant zu „photogrammetrisch" benutzt, um Ausmessungen opto-elektronischer Aufzeichnungen gegenüber jenen photographischer Bilder sprachlich abzugrenzen.

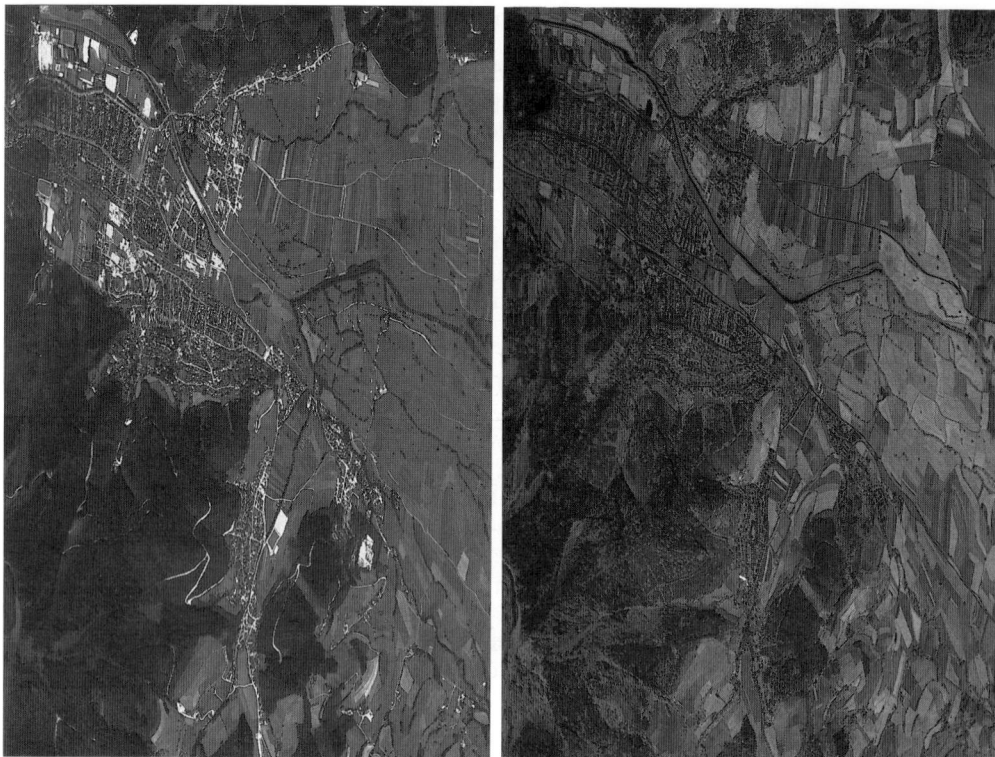

Abb. 253: *Unentzerrte multispektrale Scanneraufzeichnung in vier Bändern: Grün und NIR (oben), NIR/MIR und Thermal-IR.(rechte Seite). Bendix M²S Flugzeugaufzeichnung aus ca. 2000 m Höhe. Szene: Freiburg-Ost und Schwarzwald. Aufnahme: DLR, Oberpfaffenhofen*

5.5.1.2 Zur Auswertung von Wärmebildern

Die Sonderstellung, die Thermal-Infrarotaufzeichnungen (=Wärmebilder) einnehmen, und die Bedeutung, welche diese für gelände- und stadtklimatologische Untersuchungen haben, erfordert einige zusätzliche Hinweise auf Fragen der Interpretation solcher Bilder. Es ist dafür an das bereits über die Beziehungen zwischen Strahlungstemperaturen und Emissionsvermögen der Objekte, zwischen Strahlungstemperaturen und realen Oberflächentemperaturen und über die Abhängigkeit der Bilanz der thermalen Infrarotstrahlung beim Durchgang durch die Atmosphäre vom Verhältnis zwischen Luft- und Oberflächentemperaturen Gesagte zu erinnern (siehe Kap. 2.2.2 und in detaillierter Darstellung z. B. GROSSMANN 1991).

Die Grauwerte eines Wärmebildes stehen in engem Zusammenhang mit den Oberflächentemperaturen der abgebildeten Objekte. Wegen der o.a. Beziehungen und Abhängigkeiten ist aber ein direkter und problemloser Rückschluß von bestimmten Grauwerten auf bestimmte *absolute* Oberflächentemperaturen nicht möglich. Das Wärmebild gibt zunächst in erster Linie – dies aber zuverlässig – die *relativen* Unterschiede von Oberflächentemperaturen verschiedener Objekte der Erdoberfläche wieder. Dementspre-

chend decken Thermalaufzeichnungen, die aus einer Aufnahmesequenz zu verschiedenen Tageszeiten stammen, vor allem die sich im Tages- und Nachtverlauf (Abb. 254) ändernden Relationen zwischen den Oberflächentemperaturen verschiedener Objekte auf.

Die Zuordnung absoluter Temperaturwerte kann durch Eichung mit Hilfe terrestrischer Messungen von Oberflächen- und bodennahen Lufttemperaturen erreicht werden. Sie müssen an ausreichend vielen und zweckmäßig plazierten Geländeorten durchgeführt werden. Die Absoluteichung ist angesichts des komplexen, zeitlich und örtlich wechselnden Wirkungsgefüges auf Oberflächen- und Lufttemperaturen kein triviales Problem (vgl. z. B. LORENZ 1973, GOSSMANN 1984, 1991).

Nicht jede Auswertung von Wärmebildern erfordert eine Absoluteichung (Beispiel: Waldbrandüberwachung). Für seriöse gelände- und stadtklimatische Untersuchungen, geothermische Arbeiten und umweltrelevante Gewässerüberwachungen ist sie jedoch geboten. Für solche Anwendungen geht deshalb die Informationsgewinnung aus Wärmebildern i. d. R. mit punktuellen terrestrischen Messungen von Temperaturen, Luftfeuchte u. a. klimatischen Parametern Hand in Hand. Wie bei der Mehrzahl terrestrischer Auswertungen von Luftbildern ist also auch in diesem Falle die Fernerkundungsaufzeichnung *ein* (wichtiges) Arbeits- und Informationsmittel unter mehreren. Der Beitrag der Thermalbildauswertung kann dabei dominant sein oder auch nur die Funktion zusätzlicher Informationsbeschaffung haben. Er kann vielfältigen Zwecken dienen, vorzüglich aber
– der räumlich kompletten Erfassung kleinflächiger Unterschiede der Oberflächentemperaturen
– der flächenhaften Abgrenzung von „Wärmeinseln", „Kälteseen", thermischen Anomalien

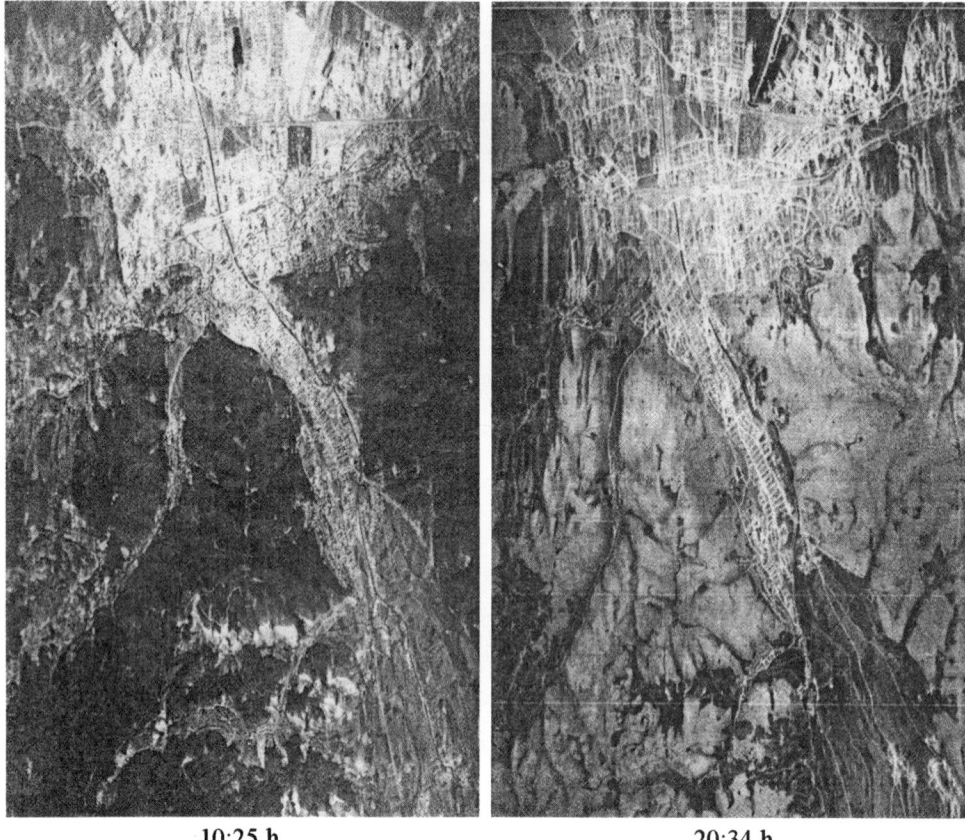

10:25 h   20:34 h

– der Aufdeckung und Beobachtung von Brandstellen, Kühlwassereinflüssen und anderer thermisch wirksamer Umweltschäden
– der flächen- und objektbezogenen Untersuchung des Strahlungsverhaltens im Tages- und Nachtverlauf, einschließlich der Aufdeckung von Kalt- oder Warmluftströmen oder -stauungen.

Aus der Vielzahl möglicher Auswertungsaufgaben werden drei Beispiele herausgegriffen um an ihnen spezielle Fragen der Bildinterpretation zu erläutern. In allen diesen Beispielen gehen der visuellen Auswertung digitale Bildbearbeitungen voraus, so wie sie i. d. R. auch für Gewinnung quantitativer Informationen durch digitale Bildverarbeitungen unterstützt werden.

Großräumige klimatische Untersuchungen

Zur Untersuchung der thermischen Komponente in Großlandschaften, Regionen usw. können von Satelliten aufgenommene Thermalinfrarot-Aufzeichnungen herangezogen werden. Entsprechende Aufnahmekapazitäten hatte der speziell für solche Zwecke konzipierte HCMR der HCMM-Mission und haben der LANDSAT TM 5, der MOS VTIR und, mit geringerer räumlicher Auflösung, der NIMBUS AVHRR (vgl. Tab. 65).

Für großräumige, klimatologische Untersuchungen dieser Art müssen neben den Thermalaufzeichnungen topographische und thematische Karten (Waldkarten, geologische Karte u. a.) bzw. ein digitales Geländemodell und/oder ein GIS herangezogen werden.

2:30 h

Abb. 254:
*Zeitreihe unentzerrter Thermalaufzeich-
nungen 10:25 – 20:24 – 2:30 am 15./16. Juli
1976 (Bendix M²S, Band 11, Aufzeichnungen aus 4000 m Höhe). Dunkel=kühl,
hell=warm. Szene: Freiburg mit Schwarzwaldrand. Aufnahme: DLR.*

Zur Zuordnung der Fernerkundungsdaten zu diesen Unterlagen müssen diese auf deren
geodätisches Bezugssystem entzerrt werden. Dazu genügt bei gröber auflösenden Satellitendaten (HCMR, AVHRR) i. d. R. ein linearer Ansatz mit Bilddrehung und -streckung.
GOSSMANN (1984) fand z. B., daß ein Polynomansatz höherer Ordnung (vgl. 5.4.1.2) bei
HMR-Datensätzen keine signifikant besseren Entzerrungs-Ergebnisse brachten. Aus
einer Untersuchung von GOSSMANN (1984) von HCMR-Aufzeichnungen einer Szene in
Südwestdeutschland – der bisher umfassendsten und systematischsten ihrer Art – lassen
sich Hinweise auf zweckmäßige Bildbearbeitungs- und Auswertungsschritte sowie auf
mögliche Interpretationsergebnisse gewinnen. Mit Vorsicht können sie verallgemeinert
werden. Zu beachten ist dabei freilich, daß die o.a. Sensorsysteme unterschiedliche räumliche Auflösungen haben und die benutzten Aufzeichnungen bei Strahlungswetterlagen
sowie bei Tag- und bei Nachtaufnahmen entstanden. Bei Übertragung von HCMR-Er-
fahrungen auf LANDSAT TM und MOS VTIR Thermalaufzeichnungen ist zu berücksichtigen, daß diese nur tags aufgenommen werden und der Atmosphäreneinfluß auf die
Daten zu dieser Zeit stärker ist als bei Nachtaufnahmen.
Aus der HCMR-Studie von GOSSMANN (1984) ist abzuleiten:
– Für die Interpretation und Diskussion des Inhalts von Thermalbildern, die von Satelliten aus aufgenommen wurden, sind Vergrößerungen auf 1:200 000 zweckmäßig; erst
  deren Überlagerungen mit topographischen sowie bestimmten thematischen Karten
  führen zum gewünschten Erfolg der Auswertung.

– Entzerrte und vergrößerte Thermalbilder aus Satellitenaufnahmen liefern inhaltsreiche
  Überblicke über das thermische Muster von Landschaften zur Nacht- und/oder Tagzeit.
  Solche Muster lassen sich auch in Stadtlandschaften erkennen und interpretieren, und
  zwar mit der selben Aussagekraft, wie sie ein vom Flugzeug aus aufgenommenes
  Thermalbild nach entsprechender räumlicher Mittelung zeigt.
– Die Überlagerung des Thermalbildes mit digitalisierten thematischen Karteninhalten
  bzw. GIS-Daten erlaubt, die Interpretation und quantitativ-statistische Auswertung der
  Strahlungstemperaturen für einzelne Teilflächen, Raumeinheiten, Höhenschichtenbe-
  reiche u. a. getrennt vorzunehmen.
– Eine Absoluteichung und damit verbundene Atmosphärenkorrektur ist für klimatolo-
  gische Auswertung von Satelliten-Thermalbildern notwendig. Der Fehler, den der
  Atmosphäreneinfluß auf die Temperatursignatur hervorruft, schwankt in Abhängigkeit von der jeweiligen Oberflächentemperatur und der Höhenlage der Meßpunkte
  um mehrere Grad. Temperaturdifferenzen benachbarter Bildelemente werden durch
  Atmosphäreneinflüsse vermindert wiedergegeben. Sie verfälschen damit die thermischen Informationen im unkorrigierten Thermalbild insgesamt nicht unerheblich.
  Zur Atmosphärenkorrektur hat GOSSMANN das von PRICE (1980, zit. bei GOSSMANN
  1984) vorgeschlagene Radiative Transfer Modul (RADTRA) mit Erfolg verwendet.
– Mit Hilfe der o.a. Überlagerungen von Bild und Karten können durch die Interpretation Aussagen über den Einfluß von Reliefform und Waldverteilung auf die nächtlichen
  Oberflächentemperaturen gewonnen werden. Aus diesen wiederum können weitere
  geländeklimatologisch relevante Thesen abgeleitet werden.
  In Bezug auf das Waldklima ist dies z. B. möglich im Hinblick auf die Strahlungstemperaturen unterschiedlich exponierter Waldflächen oder auf die Durchlüftungssituation
  von Beständen. Analysen kann man dabei unter Einbeziehung der Geländemorphologie auf die im Thermalbild erkennbaren Temperaturdifferenzen zwischen Wald und
  benachbartem Freiland stützen. Ebenso lassen sich Informationen über den Beitrag des
  Waldes und anderer Vegetationsformen zur Kühlung der Luft in der Nacht und für
  nächtliche Kaltluftströme gewinnen. Die Ausdehnung der im Satelliten-Thermalbild
  feststellbaren nächtlichen Kaltluftseen in Tälern läßt in Verbindung mit Informationen
  über Talformen, -querschnitte und -hänge auch das Kaltluftreservoir der an Talausgän-
  gen wehenden Bergwinde abschätzen.

Untersuchungen des lokalen Geländeklimas

Untersuchungen der letztgenannten Art können durch Interpretation von Thermalbildern
mit größerem Maßstab und höherer räumlicher Auflösung verfeinert und detaillierter
durchgeführt werden. Die Aufnahme erfolgt in diesem Falle von Flugzeugen aus und
i. d. R. mit opto-mechanischen Scannern (Kap. 5.1.1). Der höheren Auflösung und damit
der differenzierteren Informationen stehen bei der Auswertung dieser Aufzeichnungen
Nachteile im Hinblick auf deren Geometrie und schwierigere Korrekturen gegenüber
(vgl. Kap. 5.1.1.2 u. 5.4.1.3).
  Die Aufzeichnungen zeigen im Original neben den flug- und reliefbedingten Punktversetzungen, die in Kap. 5.1.1.2 beschriebene Panoramaverzerrung. In Abb. 253 ist die Wirkung
dieser Verzerrung gut erkennbar. Visuelle Interpretationen können aber – besonders in den
mittleren Teilen des Aufnahmestreifens – auch bei dieser Darstellungsform erfolgen. Eine
Kartierung von Geländelinien oder bei der Interpretation vorgenommener Delinierungen
oder Überlagerungen mit Karten- oder GIS-Informationen kann jedoch nicht vorgenommen
werden. Dies ist – bei ebenen oder nur mäßig bewegtem Gelände – im günstigsten Falle erst
nach einer Panoramaentzerrung möglich. Die visuelle Interpretation wird nach Beseitigung
der Panoramaverzerrung leichter und führt dann auch inhaltlich zu besseren Ergebnissen.

Kartierungen von Interpretationsergebnissen mit höheren Genauigkeitsansprüchen und verläßliche Überlagerungen des Wärmebildes mit Karten- oder GIS-Daten können für den allgemeinen Fall bei Flugzeugscanneraufzeichnungen nur erreicht werden wenn eine zusätzliche parametrische Entzerrung vorgenommen wird. Eine solche ist – wie aus Kap. 5.4.1.3 bekannt ist – relativ aufwendig und steht als praktikables Verfahren erst seit kurzem, jedoch noch nicht überall zur Verfügung.

Mit Abb. 254 war bereits ein Bildbeispiel einer tageszeitlichen Sequenz von Thermalbildern gezeigt worden. In den Bildern ist das Muster der Strahlungstemperaturen zu verschiedenen Tageszeiten einer Landschaft mit unterschiedlichen Nutzungsformen gut zu erkennen. Der Vergleich der Mittags-, Abend- und Nachtaufzeichnungen macht die Verschiedenartigkeit des Wärmehaushalts und des Strahlungsverhaltens der einzelnen Landschaftselemente und Objekte deutlich. Augenfällig ist z. B. die temperaturausgleichende Wirkung der Waldbestockung. Sie gehört am Tage zu den kühlsten (=dunkelsten) und in der Nacht zu den warmen (=hellen) Landschaftsteilen. Andersartig ist das Verhalten der Wiesenflächen (im Bild z. B. des Flugplatzes bei 1/A und des Grünlandes bei 4–5/D) und der Stadtlandschaft mit ihrem differenzierten Oberflächenmosaik und dementsprechend unterschiedlichen Erwärmungs- und nächtlichen Abkühlungsmustern. Sichtbar wird in Abb. 254 auch die „Trasse" eines Bergwindes. Im gegebenen Fall handelt es sich um den an Sommersonnentagen regelmäßig am Abend einsetzenden und sich dann nachts verstärkenden „Höllentäler"-Bergwind, der, von den Hängen des Schwarzwaldes kommend und hier das Dreisamtal durchziehend, der Stadt Freiburg Frischluft zuführt.

In Thermalaufzeichnungen mit besserer räumlicher Auflösung zeigen sich an klaren Tagen in besiedelten Gebieten extreme Grauwertkontraste (vgl. Abb. 253d). Sie gehen auf das dort vorliegende kleinräumige Nebeneinander von Materialien mit deutlich unterschiedlichem Wärmeleitvermögen zurück. Versiegelte Plätze und Straßen, Hausdächer und andere Abdeckungen einerseits und vegetationsbestandene Areale, Wasserflächen und -läufe andererseits lassen sich dadurch erkennen und i. d. R. klar abgrenzen. Zur stadtklimatischen und -ökologischen Bewertung dieser so gut erkennbaren Unterschiede der Oberflächentemperaturen ist zu bedenken, daß die räumliche Differenzierung der *Luft*temperaturen – also der ökologisch relevanten Größe – nicht dem im Bild erkennbaren Muster in gleicher Weise kleinflächig folgt. Die leichte Durchmischbarkeit der Luft – besonders in gutdurchlüfteten Siedlungskomplexen und an windigen Tagen – führt zu einem größerräumigen Ausgleich der Lufttemperaturen.

Es ist deshalb auch sinnvoll und für die Charakterisierung unterschiedlicher Temperaturverhältnisse in einzelnen Stadtquartieren auch zweckmäßig, die Grauwerte in Form von Äquidensiten zu bündeln. Beim Betrachten kleinmaßstäbiger Thermalbilder entsteht der Eindruck von Städten, Dörfern, Industrieanlagen u. ä. als „Wärmeinseln in der Landschaft." Das durch Äquidensitendarstellungen aus mittelmaßstäbigen hervorgebrachte Ergebnis (Abb. 255) zeigt dann die Siedlungsgebiete als eine „mehr kernige Inselgruppe" (NÜBLER 1979, WEISCHET 1984). Die durch die Äquidensiten definierten einzelnen „Inseln" können dabei i. d. R. bestimmten Siedlungs- und ggf. sogar auch Baukörperstrukturen zugeordnet werden.

Über die visuelle Bildinterpretation (in Verbindung mit Feldmessungen und digitalen Bildbearbeitungsschritten) hinausgehend lassen sich als möglicher weiterer Schritt in hoch auflösenden, großmaßstäbigen Thermalbildern dann rechnergestützt weitere quantitative Temperaturanalysen einzelner Baukörper bzw. Bebauungstypen durchführen. Sie lassen den Informationsgehalt solcher Aufzeichnungen für eine „Baukörperklimatologie" (WEISCHET 1984) und im weiteren Sinne für städtische Siedlungs- und Raumplanungen erkennen.

Das eingangs über die Absoluteichung von Thermalaufzeichnungen und die Notwendigkeit kombinierter Feld- und Fernerkundungsarbeit Gesagte gilt für lokale, gelände- und stadtklimatologische Untersuchungen in besonderem Maße.

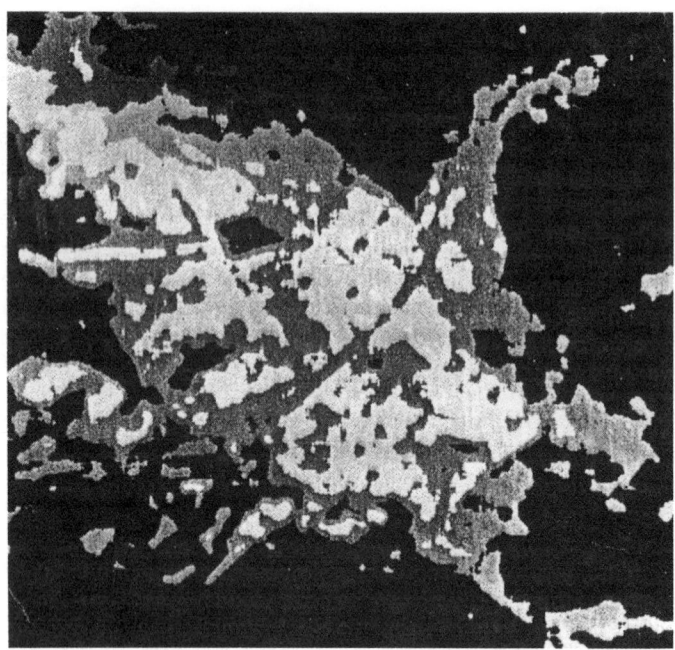

Abb. 255: *Äquidensitendarstellung der Verteilung der Oberflächentemperaturen im Stadtgebiet und Umland von Freiburg. Stufen von dunkel zu hell: 13,5-18,5°C, 18,5-22,5°C, 22,5-26,5C°, 26,5-30,5°C, > 30,5°C*

Thermische Untersuchungen von Gewässern und Gewässerüberwachung

Als drittes Beispiel wird die Auswertung von Wärmebildern zur Aufdeckung von Wärmeunterschieden in Wasserkörpern genannt. Bedeutung haben diese vor allem unter Gesichtspunkten der Gewässerökologie, des Umweltschutzes, der Fischereiwirtschaft sowie der Erholungsplanung im Rahmen der Regionalplanung. Unterschiede der Strahlungstemperaturen zwischen verschiedenen oder innerhalb von bestimmten Wasserkörpern lassen sich in Wärmebildern visuell gut und zuverlässig erkennen, als solche interpretieren und in relativen oder absoluten Temperaturstufen in Form von Äquidensiten übersichtlich darstellen. Vom Sensor gemessene Strahlungstemperaturen sind dabei ein Ausdruck der Temperatur an der Wasseroberfläche. Der Temperaturgradient in die Tiefe des Wasserkörpers ist dabei in Abhängigkeit von Faktoren wie Strömungs- und Verwirbelungsverhältnissen, Entrophierung, Wasserflora, Menge anorganischer Schwebstoffe u. a. unterschiedlich. Ihn zu bestimmen, bedarf es zusätzlich (punktueller) terrestrischer Messungen von Booten aus.

Auch geringfügige Temperaturunterschiede, die sich nur in kleinsten Grauwertdifferenzen manifestieren, können durch selektive Kontrastveränderung, d. h. hier Streckungen des in Frage kommenden Grauwertbereichs, sichtbar gemacht werden. Das i. d. R. geringe objektbedingte „Rauschen" der Wasserabbildung in Scanneraufzeichnungen macht es möglich, auch feine Grauwertunterschiede als Temperaturdifferenzen zu interpretieren. Nur dann, wenn aufschwimmende oder oberflächennahe, submerse Wasserflora die Emission von Wärmestrahlen einer Wasseroberfläche mitbestimmt, kommt es zu

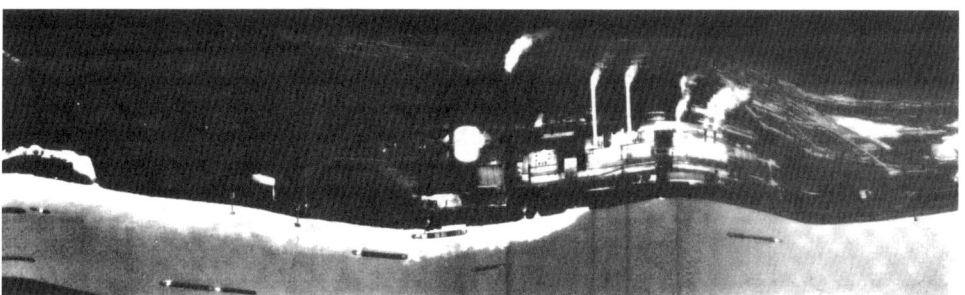

Abb. 256: *Thermalbild eines Flusses (Rhein) nach Einleitung von aufgeheiztem Kühlwasser eines Kraftwerkes (aus* SCHNEIDER *1974)*

„Störungen", die zu Fehlinterpretationen führen können. Bei multispektralen Aufnahmen läßt sich aber das Vorkommen solcher Wasserfloren durch dafür spezifische Signatur in den Kanälen des nahen Infrarot oder auch des sichtbaren Lichts identifizieren.

Bei deutlichen Temperaturunterschieden treten keine Interpretationsprobleme auf. Der klassische Fall hierfür sind Einleitungen von aufgeheiztem Kühlwasser oder von wärmeren industriellen und anderen ungeklärten Abwässern. Abb. 256 zeigt hierfür als Beispiel die Kühlwassereinleitung und die entstehende Abwasserfahne eines Kraftwerks. Sowohl die Temperaturunterschiede zwischen dem Kühlwassereinfluß und dem ankommenden Strom als auch die Temperaturgradienten in der Fahne flußabwärts und quer zum Strom in der Vermischungs- und Verwirbelungszone sind differenziert nachweisbar.

In Ergänzug zu den Wärmebildern selbst, sind schwarz-weiße oder farbkodierte Äquidensitendarstellungen besonders geeignet zur Verdeutlichung flächenhafter Muster der Oberflächentemperaturen in Gewässern. Eine andere, oft sinnvolle Charakterisierung der Situation erreicht man durch Temperaturprofile, die für beliebige Richtungen abge-

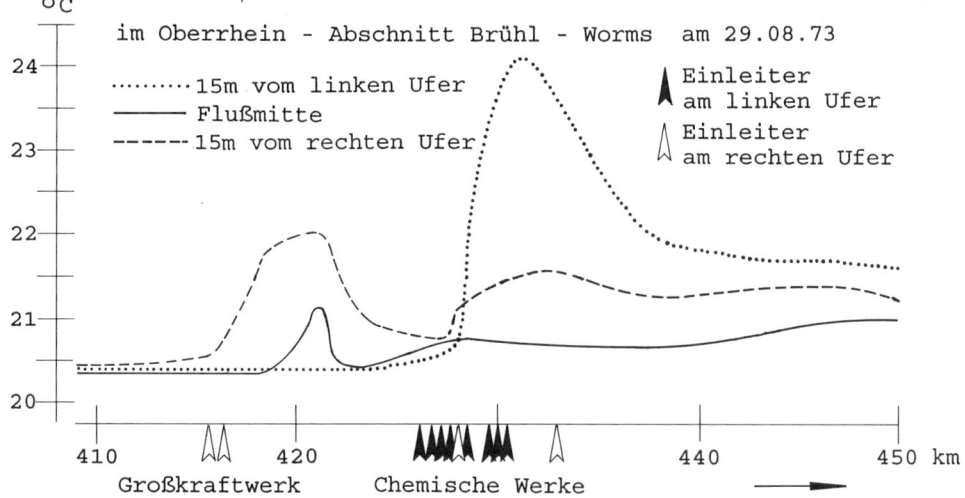

Abb. 257: *Profile der Oberflächentemperaturen eines 40 km langen Flußabschnitts mit mehreren industriellen Abwassereinleitungen (nach* SCHNEIDER *1974)*

leitet werden können. Zur Absoluteichung müssen dazu simultan zum Aufnahmeflug von Booten aus terrestrische Messungen an lagedefinierbaren Punkten vorgenommen werden. Als Beispiel hierfür ist in Abb. 257 das Ergebnis solcher Profilmessungen für einen 40 km langen Flußabschnitt mit mehreren links- und rechtsseitigen Einleitern wiedergegeben.

Zu beachten ist, daß der Aufnahmezeitpunkt bei Temperaturuntersuchungen von Gewässern auf ggf. vorkommende Periodizitäten z. B. von Strömungsverhältnissen in Küstengewässern oder Einleitungszeiten bei Kühl- und Abwässern abzustimmen ist. SCHNEIDER berichtet z. B. schon 1974, daß bei thermischen Untersuchungen der Saar Morgen- und Abendaufnahmen kombiniert werden mußten, um alle größeren Einleiter zu erfassen: Sechs von 51 Einleitern konnten nur in den Abendstunden erkannt werden und zwei andere zeigten sich nur in der Morgenaufnahme.

5.5.2 Digitale Klassifizierung und thematische Kartierung

5.5.2.1 Verfahrenüberblick

Numerische, rechnergestützte Klassifizierungsverfahren (computer classification, spectral pattern recognition) verfolgen das Ziel, die Bildelemente von Grauwertmatrizen nach spektralen Signaturen zu gruppieren und so als thematische Klassen quantitativ auszuweisen und/oder ihr Vorkommen in thematischen Karten darzustellen. In der allgemeinen, nicht allein auf die Fernerkundung bezogenen digitalen Bildverarbeitung wird der Verarbeitungsschritt, der zu einer Gruppierung von Bildelementen nach bestimmten Einheitlichkeitsprädikaten führt, als *Segmentierung* bezeichnet. Zur *Klassifizierung* im Sinne des Einleitungssatzes wird eine Bild-Segmentierung durch Zuordnung sachlicher Attribute zu den entstandenen Segmenten.

Digitalen Klassifizierungsverfahren, die zur Lösung von Fernerkundungsaufnahmen eingesetzt werden, liegen die folgenden Annahmen (Arbeitshypothesen) zugrunde:

Annahme 1: die spektralen Reflexions*eigenschaften* bestimmter Objekte bzw. Objektklassen sind gleichartig. Sie unterscheiden sich von denen anderer Objekte oder Objektklassen.

Annahme 2: Bei gleichartigen Beleuchtungsverhältnissen und Aufnahmebedingungen zeigen – infolge der ersten Annahme – bestimmte Objekte/Objektklassen im Rahmen einer objektspezifischen Varianz in einem oder mehreren Spektralbereichen der Aufzeichnung gleichartige spektrale Signaturen.

Annahme 3: Verschiedenartige Objekte/Objektklassen, deren spektrale Signaturen weitgehend gleich sind, können durch Einführung künstlicher Kanäle mit topographischen oder/und thematischen Informationen unterschieden werden.

Annahme 4: Auf unterschiedliche Beleuchtungsverhältnisse und Aufnahmebedingungen zurückgehende Signaturunterschiede *innerhalb* einer Objektklasse können durch digitale Bildverbesserungen und/oder Hinzunahme von Zusatzinformationen ausgeglichen werden.

Die *Verifizierung* der aus den Annahmen 1 und 2 hervorgehenden Arbeitshypothesen ist in den vergangenen Jahrzehnten Gegenstand einer Vielzahl von Untersuchungen der spektralen Reflexionseigenschaften von Objekten und von spektralen Signaturanalysen gewesen. Sie *gehört*, angesichts der Vielfalt der Erscheinungen in der Natur und möglicher Einflüsse auf die Signaturentstehung, auch stets zu den *Arbeitsschritten einer durchzuführenden Klassifizierung*. Der Grad des Zutreffens der ersten beiden Annahmen ist in deren Anfangsphase durch *Signaturanalysen* und nach Vorliegen von Klassifizierungsergebnissen durch *Prüfverfahren* festzustellen.

Die o.a. Annahmen, sowie weitere, vor allem statistische, die für einzelne Verfahrenswege gemacht werden (vgl. z. B. Kap. 5.5.2.3), taugen als Arbeitshypothesen. Man muß sich als Auswerter aber bewußt sein, daß sie nur näherungsweise zutreffen. Bei jedem, der in den Kap. 5.2.2.2 bis 5.2.2.7 vorzustellenden Klassifizierungsverfahren hat man daher mit Unzulänglichkeiten zu rechnen. Die sich daraus ergebenden Störfaktoren können z.T. durch gezielte Bild/Daten-Vorverarbeitungen und Manipulationen ausgeschaltet oder in ihrer Wirkung gemildert werden. Das gilt z. B. für störende Atmosphäreneinflüsse oder reliefbedingte Beleuchtungsunterschiede (vgl. Kap. 5.4.2). Mit anderen, vor allem objektbedingten Schwierigkeiten muß der Auswerter leben und sie zu beherrschen suchen. Das gilt z. B. für jene, die sich aus den Variabilitäten der spektralen Objektsignaturen und andererseits der häufig vorkommenden Ähnlichkeit von Signaturen verschiedenartiger Objektklassen ergeben (vgl. Kap. 2.3). Die in diesem Zusammenhang schon in der Anfangszeit der digitalen Klassifizierung von Fernerkundungsaufzeichnungen getroffene Feststellung: „we must know the nature of the beast we are stalking in order to sense his location with confidence and consistency. To ignore the variability of his actions is to invite disaster" (LANGLEY 1962), hat aus der Natur der Dinge heraus fortdauernde Gültigkeit.

Multispektrale Aufzeichnungen bieten angesichts dieser Sachlage für Klassifizierungen weitergehende Möglichkeiten der spektralen Differenzierung als monospektrale: Die Chance, mehrere Objektklassen mit in sich ähnlichen spektralen Signaturen aufgrund eben dieser gegeneinander differenzieren zu können, steigt, wenn man mehrere, unkorrelierte, spektrale Datensätze gleichzeitig heranzieht. Tab. 83 läßt dies erkennen. Dort sind Grauwertspannen in drei Spektralbereichen einer multispektralen Aufzeichnung für sechs Objektklassen A–F eingetragen. Erkennbar ist, daß sich durch die Grauwerte im Spektralbereich 1 nur die Klasse A eindeutig separieren läßt. Bei allen anderen Klassen überschneiden sich die Grauwertspannen in irgendeiner Weise. In dem Spektralbereich 2 und 3 liegt jeweils eine andere Überschneidungssituation vor. Das ermöglicht trotz der Überschneidungen in den drei einzelnen Spektralbereichen weitere Klassentrennungen, und zwar in der in Spalte 5 gezeigten Weise.

Objektklassen	Spektralbereiche (=Kanäle)			Klassifizierungs-möglichkeiten	
	1	2	3		
	Grauwertspannen			Kanal	Klasse
1	*2*	*3*	*4*	*5*	*6*
A	15-30	15-60	180-220		
B	64-150	130-240	185-225		
C	150-190	200-250	90-120	1	A
D	190-240	135-190	50-75	1+2	A, E, D
E	155-230	15-65	85-120	1+2+3	A, B, C, D, E, F
F	100-140	105-190	170-200		

Tab. 83: *Grauwertspannen verschiedener Objektklassen in drei Spektralbereichen und sich daraus ergebende Klassifizierungsmöglichkeiten.*

Für numerische, rechnergestützte Klassifizierungen gibt es mehrere mathematische und methodische Ansätze. Die Algorithmen, welche dabei die Zuordnung der Bildelemente

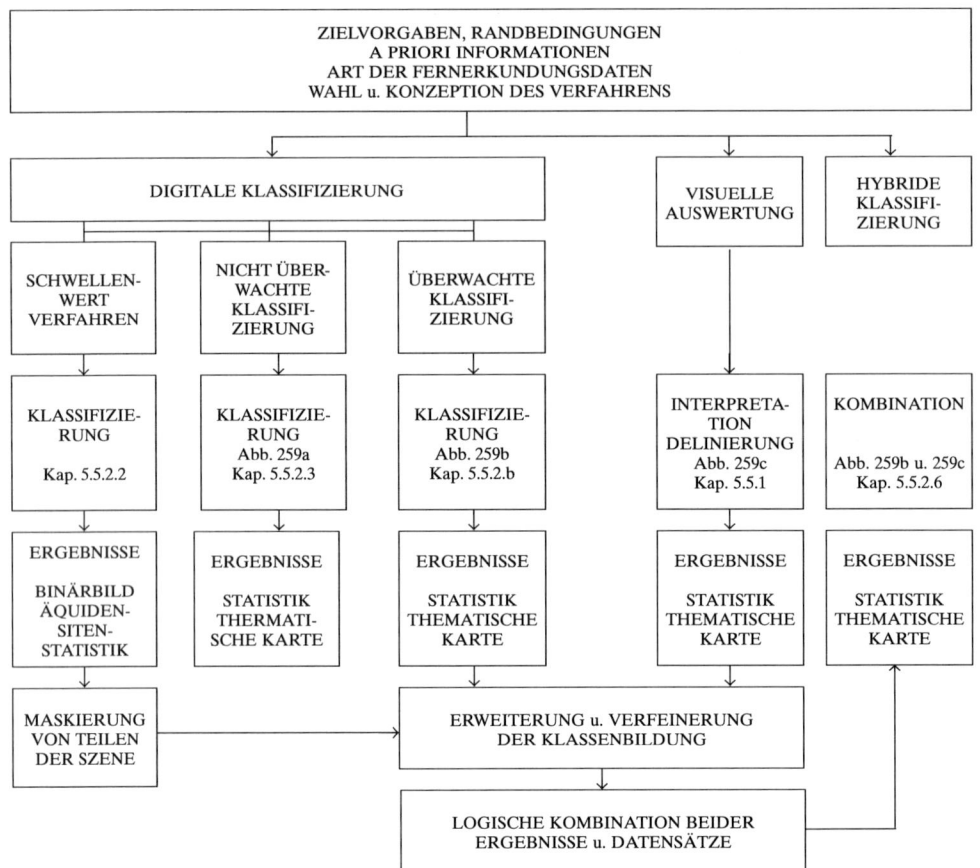

Abb. 258: *Überblick über Klassifizierungsverfahren nach multispektralen elektro-optischen Fernerkundungsdaten*

zu Spektral- und Objektklassen besorgen, bezeichnet man dabei als Klassifikatoren. Sie basieren bei geometrischem Vorgehen auf Zuordnungs-, Trenn- oder Diskriminanzfunktionen und bei statistischen Verfahren auf Verteilungsfunktionen nach dem Gesichtspunkt größter Wahrscheinlichkeit. Der Algorithmus beschreibt dabei den Rechenweg und die vom Rechner auszuführenden Bildbearbeitungsschritte. Als Verfahren sind zu unterscheiden
- Schwellenwertverfahren (Kap. 5.5.2.2)
- überwachte, numerische Klassifizierungen mit verschiedenartigen Klassifikatoren (Kap. 5.5.2.3)
- nicht überwachte, numerische Klassifizierungen (Kap. 5.5.2.4)
- hierarchische Klassifizierungen (5.5.2.5)
- Klassifizierungen der vorgenannten Arten und zusätzlichen *nicht* spektralen Daten
- hybride Klassifizierungen mit numerischen Verfahren *und* visueller Bildinterpretation.
Alle genannten Verfahren haben Eingang in die Fernerkundungspraxis gefunden und insbesondere für Auswertungen multispektraler Satellitenaufzeichnungen dort einen festen Platz.

In Abb. 258 wird in vereinfachter Form ein Überblick über mögliche Verfahrenswege gegeben. Ergänzend dazu sind in Abb. 259a–c die wesentlichsten Verfahrensschritte bei überwachten und nicht überwachten numerischen Klassifizierungen und entsprechender visueller Auswertung gegenübergestellt.

5.5.2.2 Schwellenwertverfahren

Beim Schwellenwertverfahren werden Bildelemente eines *monospektralen* Datensatzes – unabhängig davon ob dieser aus einem breiten oder nur schmalen Spektralbereich entstammt – zwei oder mehreren Grauwertstufen zugeordnet.

Im einfachsten Falle soll durch ein Schwellenwertverfahren ein Ergebnisbild erzeugt werden, das nur zwei Grauwerte enthält. Gibt man den Bildelementen der Bildmatrix die Werte 0 oder 1 so ist das Ergebnisbild ein Binärbild mit 0=schwarz und 1=weiß. Werden anstelle dessen beliebige Grauwerte vergeben, z. B. in einem 8-bit-Bild die Werte 0=schwarz und 255=weiß, so spricht man von einem Zweipegelbild. Entscheidend für die Zuordnung der Bildelemente zu einer der beiden Grauwertklassen ist ein vom Auswerter gesetzter Schwellengrauwert g_c. Alle Bildelemente, deren Grauwert $g(x,y)$ unter dem Schwellengrauwert g_c liegt, werden auf den Grauwert g'_a, und alle, deren Grauwert über g_c liegt, auf g'_b gesetzt. Wird in einem 8-bit Bild $g'_a=0$ und $g'_b=255$ gewählt, so ist das entstehende Binärbild eine reine Schwarz-weiß-Darstellung und es ist in diesem Falle

$$g'(x,y) = 255 \qquad \text{falls } g(x,y) > g_c \qquad\qquad\qquad (156)$$
$$g'(x,y) = 0 \qquad \text{falls } g(x,y) \leq g_c$$

Weisen die Bildelemente einer durch ein Binär- oder Zweipegelbild auszugliedernden Klasse Grauwerte eines mittleren Grauwertbereichs auf, so müssen zwei Schwellenwerte $g_{c,u}$ und $g_{c,o}$ zur Abgrenzung gegenüber Bildelementen mit kleineren bzw. größeren Grauwerten festgesetzt werden. Für ein 8-bit-Bild und reine Schwarz-weiß-Darstellung im Ergebnisbild gilt dann

$$g'(x,y) = 255 \qquad \text{falls } g_{c,u} < g_{(x,y)} > g_{c,o} \qquad\qquad (157)$$
$$g'(x,y) = 0 \qquad \text{falls } g_{c,u} > g_{(x,y)} > g_{c,o}$$

Für Fernerkundungszwecke haben die Ansätze mit (156) und (157) vor allem Bedeutung im Zusammenhang mit hierarchischen Klassifizierungen (siehe Kap. 5.5.2.5) und dann erlangt, wenn man Teile der Fernerkundungsaufzeichnung ausblenden und z. B. von einer weitergehenden Klassifizierung ausschließen will. Man fertigt für solche Fälle eine sog. Bildmaske an. Im Unterschied zur Binärbilderzeugung werden dann aber im Ergebnisbild nur *die* Bildelemente mit einem einheitlichen Grauwert $g'(x,y)$ belegt, die nach (156) unter bzw. über g_c liegen und nach (157) $>g_{c,o}$ oder $<g_{c,u}$ sind. Als einheitlicher Grauwert wird für diese Bildelemente 0 *oder* 255 und damit eine schwarze oder weiße Darstellung gewählt. Die ursprünglichen Grauwerte und damit deren inhaltliche Aussagen verschwinden unter dieser Marke. Die restlichen Bildelemente, d. h. jene an deren weiterer Auswertung man interessiert ist, behalten ihre Grauwerte unverändert.

Maskierungen dieser Art verwendet man häufig im Zuge von digitalen Klassifizierungen – sei es mit überwachten oder nicht überwachten Verfahren. Bevor die rechenaufwendigen Algorithmen dieser Verfahren eingesetzt werden, kann man dadurch die für die weitere Auswertung unwichtigen, ggf. sogar störend oder erschwerend wirkenden Teile der Szene ausschließen. Man kann in diesem Zusammenhang auch von einer Stratifizierung der Aufzeichnung in unwichtige und in für die Auswertung wichtige Bildsegmente sprechen.

Mit der Maskierung verfolgt man i. d. R. einen doppelten Zweck. Einmal reduziert man dadurch den Rechenaufwand nicht unerheblich. Zum anderen schließt man ggf. Klassifi-

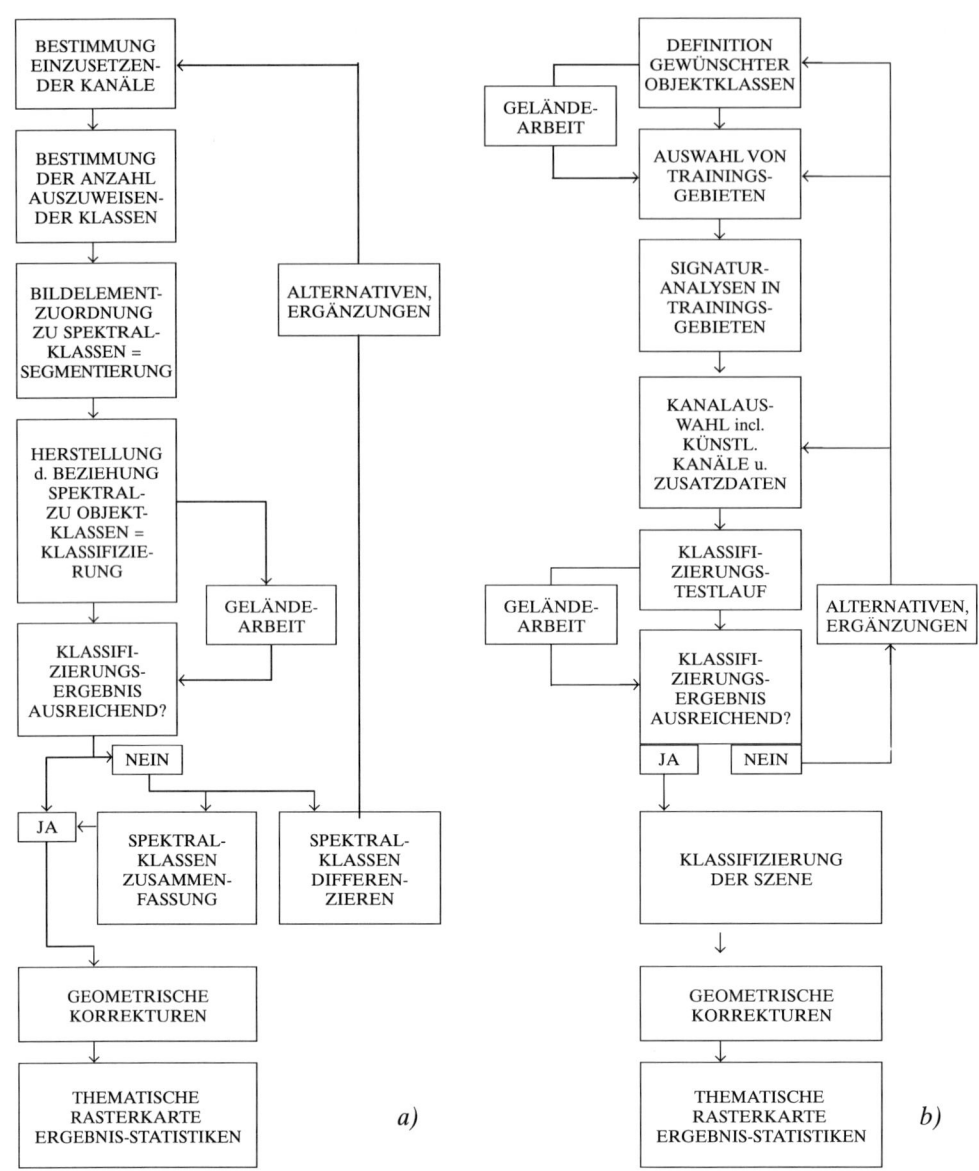

Unüberwachte digitale Klassifizierung   *Überwachte digitale Klassifizierung*

Abb. 259: *Verfahrenswege digitaler (a und b) und visueller (c) Klassifizierung multispektraler Datensätze*

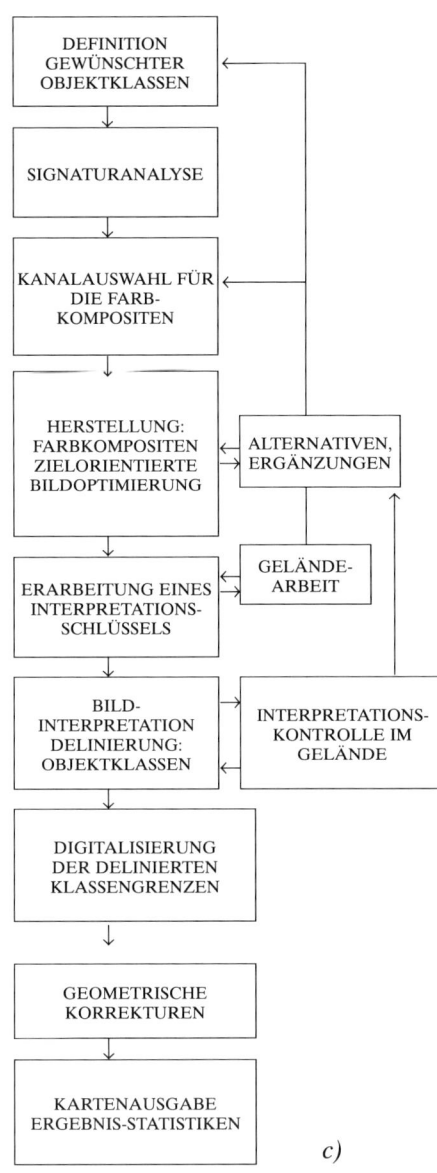

DEFINITION
GEWÜNSCHTER
OBJEKTKLASSEN

SIGNATURANALYSE

KANALAUSWAHL FÜR
DIE FARB-
KOMPOSITEN

HERSTELLUNG:
FARBKOMPOSITEN
ZIELORIENTIERTE
BILDOPTIMIERUNG

ALTERNATIVEN,
ERGÄNZUNGEN

ERARBEITUNG EINES
INTERPRETATIONS-
SCHLÜSSELS

GELÄNDE-
ARBEIT

BILD-
INTERPRETATION
DELINIERUNG:
OBJEKTKLASSEN

INTERPRETATIONS-
KONTROLLE IM
GELÄNDE

DIGITALISIERUNG
DER DELINIERTEN
KLASSENGRENZEN

GEOMETRISCHE
KORREKTUREN

KARTENAUSGABE
ERGEBNIS-STATISTIKEN

c)

*Klassifizierung nach visueller
Auswertung*

zierungen störender „Konkurrenzobjekte" aus. Letzteres ist z. B. bei Waldklassifizierungen oder allein auf die Feldflur oder Grünland gerichteten Klassifizierungen von Bedeutung. Aus Kap. 2 ist bekannt, daß bestimmte Vegetationsbestände durch ihre phänologischen Zyklen in der einen, und andere in anderen Jahreszeiten spektral sehr ähnlich reflektieren. Demzufolge weisen auch immer wieder verschiedenartige Vegetationsbestände zu bestimmten Zeiten im Jahr gleichartige spektrale Signaturen in multispektralen Datensätzen auf. Zur Vermeidung von Fehlklassifizierungen, z. B. bestimmter Waldklassen mit bestimmten landwirtschaftlichen Kulturen, ist es daher wünschenswert, zunächst „Wald" von „Nicht-Wald" zu trennen, also eines von beiden durch eine Maske von der Klassifizierung auszuschließen. Dies kann durch ein Schwellenwertverfahren der o.a. Art erreicht werden, freilich wegen der Verschiedenartigkeit phänologischer Zyklen i. d. R. nur unter Hinzuziehung von Aufzeichnungen aus zwei oder drei Jahreszeiten.

Die Vorschaltung einer Stratifizierung dieser Art vor überwachten Klassifizierungen wurde wiederholt praktiziert und war gerade bei Waldklassifizierungen auf der Basis multispektraler Satellitendaten erfolgreich (z. B. SCHARDT 1990, KEIL et al. 1988, für mitteleuropäische und HÖNSCH 1993 für tropische Verhältnisse).

Für den Ansatz eines Schwellenwertverfahrens wählt man die Aufzeichnung in einem Spektralkanal, bei dem man nach vorangegangener Signaturanalyse oder nach gesicherter Erfahrung die bestmögliche Trennung der in Frage kommenden Klassen erwarten kann. Zur Absicherung des Ergebnisses kann es auch zweckmäßig sein, getrennt mit zwei oder drei spektral unterschiedlichen Datensätzen zu arbeiten. Das Ergebnisbild findet man dann durch Multiplikationen der einzelnen Binär- bzw. Zweipegelbilder.

Der für eine gegebene Maskierungsaufgabe im gewählten Kanal geeignete Schwellenwert ist von Fall zu Fall zu bestimmen. Es gibt keine allgemeingültigen Grenzwerte zwischen bestimmten Klassen. Der bestmögliche Schwellenwert bzw. die geeignetsten Schwellenwerte leitet man aus dem im Zuge der Signaturanalyse gewonnenen Grauwerthistogramm ab. Im Hinblick auf häufig vorkommende Überlappungen der Grauwertbereiche der zu trennenden Klassen ist die Festlegung des Schwellenwertes dabei i. d. R. am besten gutachtlich vorzunehmen. Bei eindeutig zweigipfligen Häufigkeitsverteilungen der Grauwerte wird der Schwellenwert regelmäßig bei einem der Minimum- oder Nullwerte zwischen den beiden Maxima liegen.

Bei Datensätzen aus Satellitenaufzeichnungen, die nicht oder nicht gut atmosphärenkorrigiert sind, ist zu beachten, daß innerhalb ein- und derselben Szene ggf. andere Schwellenwerte als der örtlich jeweils am besten geeignete zu wählen ist.

Als empfehlenswert hat es sich wiederholt erwiesen, das gewonnene Binärbild vor der endgültigen Verwendung als Maske mit einem Medianfilter (Kap. 5.4.2.4) zu glätten.

Äquidensiten

Wird die Aufteilung der Grauwerte einer Bildmatrix nicht auf zwei Gruppen beschränkt, sondern erfolgt sie mit Hilfe mehrerer, über den Dynamikbereich der Aufzeichnung verteilten Schwellenwerte in n Gruppen, so führt dies zu einer Äquidensiten-Darstellung. Die Bildung von Äquidensiten (=density-slicing) ist also ein Schwellenwertverfahren, wie andererseits auch bereits ein Binär- oder Zweipegelbild als eine Äquidensitendarstellung gelten kann. Terminologisch wird der Begriff der Äquidensiten aber gemeinhin nur für Bildprodukte verwendet, bei denen mehr als zwei Grauwertstufen für den Aufbau eines neuen Bildes bzw. für die Segmentierung einer Bildmatrix gebildet werden (zur Terminologie vgl. auch Fußnote 67).

Äquidensiten waren dem Leser schon mehrfach begegnet, nämlich im Zusammenhang mit Kontrastveränderungen in einer Aufzeichnung (Kap. 5.4.2.1, besonders Abb. 241f und g), mit der Beschreibung der Farbkodierung monospektraler Datensätze (Kap. 5.4.3.2) und mit der Auswertung von Wärmebildern (Kap. 5.5.1.2). Auf das in Kap. 5.4.2.1 Gesagte wird hier zurückgegriffen und verwiesen. Dort wurde die Äquidensitenbildung als Sonderfall einer extremen Kontrastveränderung behandelt. In der Verfahrenssystematik der digitalen Bildverarbeitung zählt sie jedoch zu den Schwellenwertverfahren. In Kap. 5.4.2.1 war auch schon darauf hingewiesen worden, daß die Schwellenwerte äquidistant über den Dynamikbereich des Bildes verteilt *oder* auch den im Grauwerthistogramm erkennbaren Grauwertbereichen einzelner Objektklassen angepaßt werden können (Abb. 241f versus g).

Äquidistante Schwellenwerte werden in der Fernerkundung vor allem dort bevorzugt, wo eine homogene Objektklasse *zustands*bedingte Grauwertvariationen und dadurch im Bild auch flächige Grauwertmuster aufweist. Typische Beispiele dafür sind Wasserflächen mit allmählichen oder abrupten Temperaturübergängen oder unbewachsene Bodenflächen mit allmählichen Übergängen von einer zur anderen Bodenart (z. B. Sand – lehmiger Sand – sandiger Lehm – Lehm).

Dem Grauwerthistogramm angepaßte Schwellenwertverteilung kann dagegen für einfache Objektklassifizierungen herangezogen werden. Voraussetzung für die Erzielung brauchbarer Ergebnisse ist dabei jedoch, daß sich die zu differenzierenden Klassen in dem für die Äquidensitenbildung herangezogenen Datensatz eindeutig oder weitgehend in ihren Grauwerten unterscheiden, also auch „Spektralklassen" sind. In der anthropogen beeinflußten Landschaft, aber auch in der Mehrzahl der Naturlandschaften sind solche Verhältnisse selten oder auf kleinere Räume beschränkt. Daß innerhalb einer Sammelklasse, wie z. B. „Wald", unter Umständen Möglichkeiten bestehen, über die Unterscheidung von Nadel- und Laubbäumen hinaus Differenzierungen vorzunehmen, lassen die Abb. 39, 42, 43 und weitere bei SCHARDT (1990) zu findende Histogramme erkennen.

Diese Abbildungen zeigen aber auch deutlich die Grenzen der Klassifizierungsmöglichkeiten mit Äquidensiten und einfachen Schwellenwertverfahren auf.

In der frühen Phase der Fernerkundung mit elektro-optischen Sensorsystemen (etwa 1965–75) glaubte man, mit dem density slicing weitgehend auch Aufgaben der Landnutzungs- oder sogar Vegetationskartierung lösen zu können. Sehr bald wurde jedoch klar, daß dies nur in ganz bestimmten und relativ seltenen Fällen zu brauchbaren Ergebnissen führen kann. Ein solcher Fall kann bei Klassifizierungen nach nur wenigen, sich spektral gut unterscheidenden Klassen vorliegen. In Tab. 84 sind hierzu Ergebnisse einer Waldflächenerhebung in Liberia mit Hilfe von NOAA-AVHRR Daten und zwei verschiedenen Klassifizierungsverfahren gegenübergestellt. Für die Unterscheidungen zwischen geschlossenem, degradiertem und z.T. verlichtetem Wald lieferte die einfache Schwellenwertmethode auf Ratiobasis darüberhinaus sogar bessere Ergebnisse. STIBIG und BALTAXE (1991) stellen dazu fest „... unter den gegebenen Bedingungen (stellte) der einfache Threshold der „Ratio" (3–2)/(3+2) eine einfachere und robustere Alternative dar als die Maximum-Likelihood-Klassifizierung."

Counties	Schwellenwert mit Ratio (AVHRR3–AVHRR2)[1]	Maximum-Likelihood mit AVHRR 2, 3, 4[1]
	Waldfläche in km^2	
1	*2*	*3*
Sinoe, Maryland, Grand Gede	23.233	22.477
Nimba	3.634	3.010
Grand Bassa, Grand Cape, Montserrado	10.992	10.438
Bong, Lofa	9.621	9.639

[1] AVHRR-Kanäle: 1 = rot, 2 = nahes IR, 3 = mittleres IR, 4 und 5 = thermales IR

Tab. 84: *Gegenüberstellung einer Waldflächenerhebung mit zwei Klassifizierungsmethoden auf der Basis von NOAA-AVHRR Daten (Daten nach STIBIG u. BALTAXE 1991)*

Äquidensiten 2. Ordnung

Aus einem Äquidensitenbild dieser Art (=1. Ordnung) lassen sich Äquidensiten 2. Ordnung ableiten. Durch diese werden nur die Grenzlinien zwischen den Grauwertbereichen, also „Klassengrenzen" dargestellt. Von Äquidensiten „gemischter Ordnung" spricht man, wenn man jene 1. und 2. Ordnung in einer Darstellung zusammenführt. Die Flächen sind dann mit einem Grau- oder Farbwert belegt und die Grenzen zwischen diesen zusätzlich in schwarz oder weiß, d. h. mit 0 oder 255 kodiert.

5.5.2.3 Überwachte, numerische Klassifizierungen

Der Grundgedanke aller Verfahren dieser Gruppe ist gleich. Der Rechner soll mit Hilfe eines vorgegebenen Algorithmus alle Bildelemente suchen, die eine gleiche oder ähnliche Grauwertkombination aufweisen, wie die Bildelemente zuvor definierter Muster der zu differenzierenden Klassen. Es stehen dafür mehrere Klassifikatoren zur Verfügung, von denen hier vier beschrieben werden, nämlich

– der Minimum-Distance-Klassifikator (MD)
– der Quader- oder Box-Klassifikator
– der GAUSS'sche und BAYES'sche Maximum-Likelihood Klassifikator (ML)
– der EBIS-Klassifikator

Nach Einlesen der Datensätze ausgewählter Spektralkanäle in den Speicher der digitalen Bildverarbeitungsanlage wird die zu klassifizierende Szene als Farbkomposite am Bildschirm abgespielt. Der Auswerter bestimmt die im Hinblick auf das Auswertungsziel gewünschten Objektklassen. Für jede dieser Klassen grenzt er danach mehrere kleine Bildflächen ab, deren Klassenzugehörigkeit sicher feststellbar ist. Er „zeigt" damit dem Rechner Bildfenster, die diesem als „Trainings- oder Lerngebiete" dienen können. Die Bildelemente aller zu einer Objektklasse gehörenden Trainingsgebiete bilden zusammen deren *Musterklasse*. Sie ist als Stichprobe für die Grauwertkombination der Objektklasse aufzufassen.

Der eigentlichen Klassifizierung gehen also, wie schon in Abb. 259b gezeigt, mehrere andere Arbeitsschritte und Entscheidungen des Auswerters voraus, nämlich

– die Definition der gewünschten Objektklassen aufgrund der Zielsetzung der Klassifizierung und unter Berücksichtigung der im Untersuchungsgebiet vorkommenden (oder vermuteten) Objektklassen und eine ersten Prognose der spektralen Unterscheidungsmöglichkeiten dieser Klassen. Sofern nicht bereits Kenntnisse über vorkommende Objektklassen vorliegen (a-priori-Kenntnisse in Abb. 258), muß als eine weitere wichtige Vorbereitungsarbeit eine entsprechende Erkundung im Gelände durch Begehung oder luftvisuelle Beobachtungen (Kap. 3) vorausgehen.
– die Auswahl und Abgrenzung von Trainingsgebieten für jede gewünschte Objektklasse am Monitor der digitalen Bildverarbeitungsanlage (s.u.)
– die Signaturanalyse der durch die Trainingsgebiete gegebenen Musterklassen für die gewünschten Objektklassen einschließlich der Untersuchung von Ratiodaten (Kap. 5.4.3.1) und linearen Transformationen (Kap. 5.4.3.3) auf ihre Aussagefähigkeit und Wirkung
– die auf der Signaturanalyse gegründete Auswahl originaler oder transformierter Spektral- und/oder Ratiokanäle sowie ggf. auch von topographischen oder thematischen Zusatzkanälen (hierzu Kap. 5.5.2.7).

Den genannten Arbeitsschritten der Vorbereitungsphase einer Klassifizierung kommt die *entscheidende* Bedeutung für das erreichbare Klassifizierungsergebnis zu. Während die darauf folgende Klassifizierung durch den gewählten Algorithmus streng deterministisch abläuft, sind bei den Vorbereitungsschritten mehrfach subjektive, wenn auch objektbezogene Entscheidungen zu treffen. Sie erfordern in hohem Maße Sachverstand, Ortskenntnisse, Erfahrungen und Sorgfalt des Anwenders.

Trainingsgebietsauswahl

Eine Schlüsselrolle kommt in dieser Vorbereitungsphase der für die überwachten Klassifizierungen spezifischen Auswahl der Trainingsgebiete zu. Auf die Bedeutung von deren sachgerechter Auswahl und Abgrenzung kann gar nicht nachdrücklich genug hingewiesen werden.

Trainingsgebiete und die aus diesen hervorgehenden Signaturmusterklassen müssen für die jeweiligen Objektklassen *repräsentativ* sein. Sie müssen dabei auch die jeweilige Variabilität der Erscheinungsformen (sofern diese nicht Anlaß zu eigener Klassenbildung sind) und die sich daraus ergebende Varianz der Grauwerte erfassen. Andererseits darf nicht zu weit gegriffen werden, um die ohnehin oft gegebene Gefahr von Signaturüberschneidungen zwischen spektral ähnlich reflektierenden Objektklassen in Grenzen zu halten.

Im Hinblick auf die Variabilität der Erscheinungen, aber auch zur statistischen Absicherung der Musterklassen, ist es geboten, stets mehrere Trainingsgebiete für eine jede Objektklasse zu suchen und in die weitere Auswertung einzubeziehen. Die Pixelanzahl in einzelnen Trainingsgebieten und in ihrer Gesamtheit pro Objektklasse muß ausreichend groß sein. Die angemessene Anzahl ist aus naheliegenden Gründen von der Streuung und Häufigkeitsverteilung der Grauwerte in den Musterklassen, aber auch von der Art des Vorkommens der Objektklasse im Klassifizierungsgebiet abhängig. Für das einzelne Trainingsgebiet kann – von Ausnahmen abgesehen – eine Menge von 25–30 Pixeln, für die aus mehreren Trainingsgebieten stammenden Musterklassen eine Menge von 50 Pixeln bei homogenen und von 100 Pixeln bei heterogenen als Mindestanzahl gelten. Diese Mengen sind jedoch lediglich als grobe Richtgrößen für den Einstieg in die Signaturanalyse anzusehen. Sie können und müssen ggf. während der Signaturanalyse nach den dabei gewonnenen Erkenntnissen und statistischen Überlegungen der jeweiligen Situation angepaßt werden.

Im Zuge der Signaturanalyse der Musterklassen kann es sich als zweckmäßig erweisen, einzelne Trainingsgebiete wieder auszumustern. Es ist deshalb angezeigt, mehr als zunächst als ausreichend angesehene Trainingsgebiete zu suchen.

Trainingsgebiete müssen nicht nur repräsentativ für die jeweilige Objektklasse sein, sondern im Bezug auf diese auch „rein", d. h. sie dürfen keine „klassenfremden" Bildelemente enthalten, welche die Grauwertstatistik der Musterklassen so beeinflussen, daß sie zu deren Verfälschung führen. Schon wenige einzelne klassenfremde Bildelemente können sehr schädlich sein, z. B. solche, die inmitten eines Trainingsgebietes für „Nadelwald" von einer diesen durchziehenden Straße stammen und mit ihrer spektralen Signatur diejenige des Trainingsgebietes mitbestimmen. Aus dem gleichen Grund ist es notwendig, bei der Abgrenzung Situationen zu vermeiden, die zu „Mischpixeln" führen können (sofern nicht solche Mischpixel selbst das Charakteristikum eine Objektklasse sind). *Mischpixel* sind solche Bildelemente, deren spektrale Signatur aus der Reflexion von Objekten verschiedener Klassenzugehörigkeit hervorgegangen ist. Randbereiche zwischen Objektklassen sind deshalb als Trainingsgebiete ungeeignet.

„Reine" Trainingsgebiete zu finden und gut abzugrenzen ist umso schwieriger, je geringer die räumliche Auflösung der Aufzeichnung ist. In Satellitendaten mit z. B. 30 m Auflösung nimmt immerhin schon die reflektierte Strahlung einer 900 qm großen Fläche am Aufbau der spektralen Signatur des einzelnen Bildelementes teil. Ein Trainingsgebiet von z. B. 30 Pixeln muß dementsprechend auf einer Fläche von 2,7 ha eine „reine" Objektklasse repräsentieren. Daß bei solchen Flächengrößen auch Mischpixel vorkommen, ist oft nicht auszuschließen.

Gelingt es, reine Trainingsgebiete abzugrenzen, so bringt eine geringere Auflösung andererseits auch einen Vorteil für die Klassifizierung mit sich: Die Streuung der Grauwerte innerhalb der Musterklassen verringert sich, und damit oft auch die Überschneidungsgefahr mit anderen Klassen.

Die Auswahl von Trainingsgebieten erfolgt, wie schon erwähnt, am Monitor und deren Abgrenzung mit einem elektronischen Zeiger (Rollkugel, Maus). Die dafür notwendige visuelle Bildinterpretation kann dabei nur für grobe oder eindeutig identifizierbare Objektklassen allein auf das Bild am Monitor gestützt werden. Für weitergehende, diffizile Klassifizierungen sind je nach Aufgabe und Situation gelände- oder luftvisuelle Erkundungen in Verbindung mit aktuellem Luftbildmaterial hinzuzuziehen. Bei Klassifizierungen der Vegetationsbedeckung oder speziell der Wälder können laufend gehaltene Vegetations- oder Forstkarten bei der Trainingsgebietsauswahl hilfreich sein. Für großräumige Klassifizierungsarbeiten in Entwicklungsländern nach Satellitendaten haben sich auch aus diesen hergestellte (und für diesen Zweck optimierte) Farbkompositen als Informationsquelle für die Auswahl bewährt. Bei diesen Erkundungsarbeiten als geeignet erkannte, potentielle Trainingsgebiete werden in den Luftbildern, Farbkompositen und/oder Karten deliniert und dann am Monitor gesucht, schließlich akzeptiert oder wegen nur unsicherer Bestimmbarkeit verworfen.

Die Suche nach geeigneten Trainingsgebieten kann man u.U. auch durch eine statistische Zufallsauswahl unterstützen, um den subjektiven Einfluß des Auswerters auf deren Wahl einzuschränken. JÜRGENS und SPITZER (1995) setzten dafür z. B. das sog. areal frame sampling ein. Voraussetzung dafür ist, daß die gewünschten Objektklassen entweder in einer laufend gehaltenen Karte schon dargestellt sind oder sich in Farbkompositen oder Orthophotos, welche die aktuelle Situation zeigen, eindeutig identifizieren lassen. Die Objektklassen müssen ferner in der Szene häufig genug und mit entsprechendem Flächenanteil vorkommen, um die Chance zu haben, bei der statistischen Auswahl getroffen zu werden.

Spektrale Signaturanalyse von Musterklassen

Die Gesamtheit der multispektralen Daten aus den Trainingsgebieten einer jeden Objektklasse K_i bildet die K_i repräsentierende *Musterklasse K'_i*. Sie ist eine Stichprobe aus der Gesamtheit. Alle aus einer Musterklasse errechneten statistischen *Parameter* sind dementsprechend *Schätzungen* für die Grauwertstatistik der zugehörigen Objektklasse. Die Musterklassen werden einer Signaturanalyse unterworfen, die zu solchen Schätzungen führt. Ergebnisse dieser Analysen werden in statistischen Parametern und in verschiedener Form graphisch dargestellt. Beispiele hierfür sind die schon an früherer Stelle in Kap. 2.3 genannten spektralen Signaturkurven (Abb. 40), Histogramme verschiedener Art (z. B. Abb. 39, 42, 43, 47), Scatterogramme und daraus abgeleitete Wahrscheinlichkeitsellipsen im zweidimensionalen Merkmalsraum (Abb. 48, 50), Grauwertprofile (Abb. 45) oder Regressionskurven (z. B. Abb. 32, 33) zur Darstellung untersuchter Abhängigkeiten der Grauwerte von Beleuchtungsverhältnissen, Aufnahmerichtung u. a.

Für *spektrale Signaturanalysen* geht man von den originalen, systemkorrigierten oder ggf. radiometrisch verbesserten multispektralen Datensätzen der Aufzeichnung aus. Mit fortschreitenden Erkenntnissen bezieht man aber schrittweise auch Ratiokanäle (Kap. 5.4.3.1), Vegetationsindices (Kap. 2.3.2.5) oder lineare Transformationen (Kap. 5.4.3.3) neu geordneter Datensätze mit ein. Die genannten Erweiterungen sind dabei als Optionen zu verstehen. Sie werden in praxi nach vorliegenden Erfahrungen, und dann ggf. auch routinemäßig, herangezogen oder dann, wenn die Analyse der Originaldaten zeigt, daß ein befriedigendes Klassifizierungsergebnis allein mit diesen nicht zu erwarten ist.

Die Signaturanalyse dient in erster Linie der Auswahl der für die Klassifizierungsaufgabe bestgeeigneten spektralen Datensätze, seien es solche aus originalen oder künstlich neu geschaffenen Kanälen. Die Analyse kann aber auch, wie o.a., zur Eliminierung einzelner Trainingsgebiete und damit zu Veränderungen der betroffenen Musterklasse Anlaß geben. Von erheblicher Bedeutung ist es ferner, daß die Ergebnisse der Signaturanalyse aufzeigen, ob sich die gewünschten Objektklassen allein durch die spektralen Informationen der Aufzeichnung in brauchbarer Weise klassifizieren lassen. Ist das nicht oder nicht durchgehend der Fall, so muß der Auswerter über die Einführung von Zusatzdaten nachdenken, mit deren Hilfe die gewünschte Differenzierung nach Objektklassen zu erwarten ist (vgl. Kap. 5.5.2.7). Kriterien für solche Zusatzdaten sind, daß sie als Trennmerkmal für zwei oder mehr spektral nicht trennbare Objektklassen taugen, daß sie beschaffbar und auf das geodätische Bezugssystem bzw. das Bildkoordinatensystem geometrisch anpaßbar sind.

Der Minimum–Distance Klassifikator

Der M-D Klassifikator ist der einfachste Algorithmus unter den eingangs genannten. Für Klassifizierungen wird mit ihm eine vergleichsweise geringe Rechenzeit benötigt. Der Rechenweg führt über die im folgenden beschriebenen Stationen.

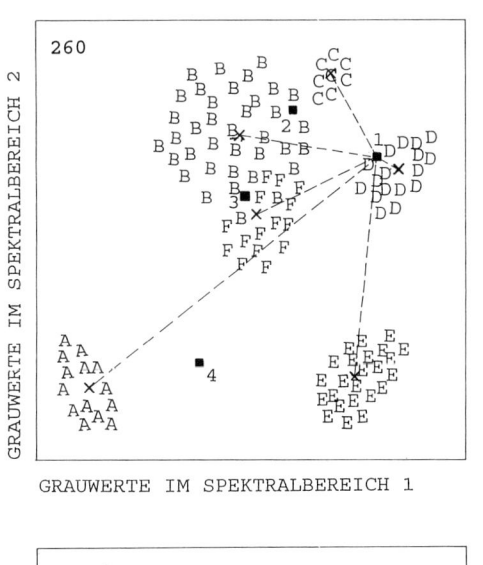

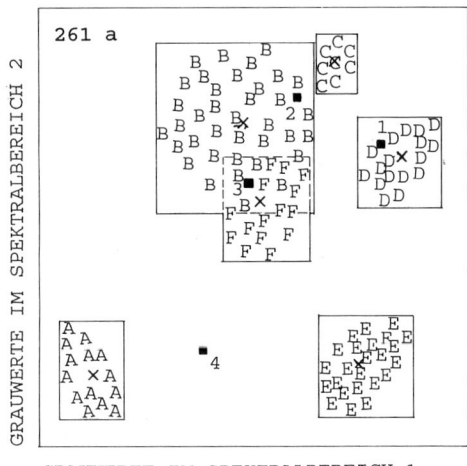

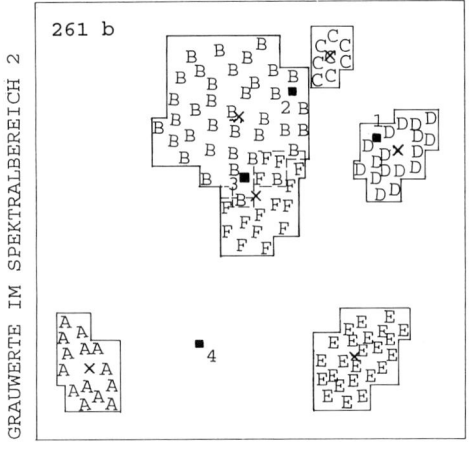

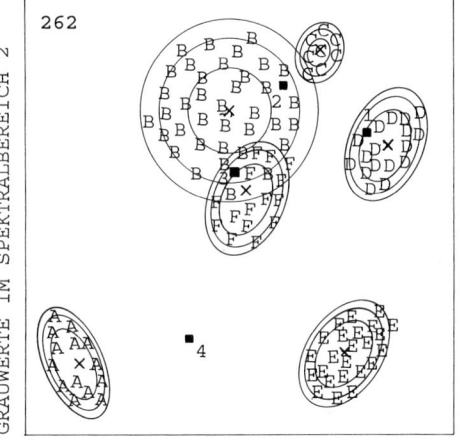

Abb. 260: *Klassifizierungsprinzip des Minimum-Distance-Klassifikators*
Abb. 261: *Klassifizierungsprinzip des a) einfachen und b) gestuften Quaderklassifkators*
Abb. 262: *Klassifizierungsprinzip des Maximum-Likelihood-Klassifikators*

Für jede Musterklasse wird ein Mittelwert im n-dimensionalen Merkmalsraum berechnet. Der Mittelwert wird auch als Mittelwertvektor (mean vector) bezeichnet. Für *jedes* Bildelement berechnet der Computer im nächsten Schritt – wiederum im gegebenen n-dimensionalen Raum – den Abstand zu den Mittelwerten *aller* Musterklassen. Das einzelne Bildelement wird jener Objektklasse zugeteilt, zu deren Musterklassenmittelwert es den geringsten Abstand hat. Bei Anwendungen des M-D-Klassifikators in der Fernerkundung zieht man i. d. R. drei Spektral- (oder Ratio-)Kanäle hinzu (n=3).

In Abb. 260 ist dieses Vorgehen für einen zweidimensionalen Merkmalsraum dargestellt. Die nur ebene Darstellung wird hier gewählt, um den Prozeß der Klassenzuordnung leichter erfaßbar zu machen. Ein Bildelement mit Grauwertmerkmalen wie Punkt 1 weist der Klassifikator der Klasse D zu und mit Merkmalen wie Punkt 2 der Klasse C. Offensichtlich wird Punkt 1 richtig und Punkt 2 vermutlich falsch klassifiziert, letzteres, da der M-D-Klassifikator die Streubereiche der Musterklassen nicht berücksichtigt. Punkt 3 wird selbstverständlich der Klasse F zugeordnet, obwohl er ein Bildelement repräsentiert, welches sowohl F als auch B zugehören könnte. Eine zutreffende Klassifizierung läßt sich in diesem Fall – wie übrigens auch im Falle des Punktes 2 – ggf. durch die Grauwerte in einem dritten Spektralbereich erreichen.

Punkt 4 liegt weit außerhalb der Musterklassen. Er stellt ein Bildelement dar, dessen Grauwertkombination offensichtlich anzeigt, daß es zu keiner der gewünschten Objektklassen gehört. Nach der einfachen M-D-Regel wäre Punkt 4 der Klasse A zuzuschlagen. Mit hoher Wahrscheinlichkeit wäre das eine Fehlklassifizierung. Um diese auszuschließen, verfügt der M-D-Klassifikator über die Möglichkeit, Zurückweisungsschwellen einzuführen. Der Auswerter legt – nach den Erkenntnissen der Signaturanalyse der Musterklasse – einen Zurückweisungsradius um die Klassenmittelwerte fest. Bildelemente, deren Abstand zum Mittelwert der ihnen am nächsten liegenden Musterklasse größer als dieser ist, werden zurückgewiesen und bleiben unklassifiziert.

Der Zurückweisungsradius kann für alle Musterklassen gleichgroß gewählt (=M-L-Klassifikator mit festem Zurückweisungsradius) oder der Streuung der Grauwerte in den Musterklassen individuell angepaßt werden (M-L Klassifikator mit angepaßten Zurückweisungsradien).

Im ersten Falle wird ein Bildelement der Musterklasse K_j zugeordnet, wenn der Abstand d_j zum Mittelwert dieser Klasse folgende zwei Bedingungen erfüllt:

$$d_j < d_i \text{ für alle } i \neq j \qquad \text{und } d_j < r \tag{158a}$$

i steht dabei für alle anderen, beliebigen Musterklassen und r für den gewählten Zurückweisungsradius.

Im zweiten Falle wird in der Zurückweisungsregel lediglich der feste Radius r durch den klassenspezifisch angepaßten r_j ersetzt, so daß gilt:

$$d_j < d_i \text{ für alle } i \neq j \qquad \text{und } d_j < r_j \tag{158b}$$

In beiden Fällen bleiben bestimmte Bildelemente, wie im Beispiel der Abb. 260 Punkt 4, unklassifiziert. Man bildet für diese eine gemeinsame Zurückweisungsklasse. Dorthin zugewiesene Bildelemente erhalten beim Ausdruck des Klassifizierungsergebnisses ein eigenes Symbol bzw. eine eigene Farbe (z. B. schwarz). Ist der Auswerter im Hinblick auf die Zielsetzung der Klassifizierung daran interessiert, was sich (alles) hinter dieser thematisch noch undefinierten Klasse verbirgt, so muß im Sinne der rechten Seite in Abb. 259b für diese Bildelemente der Klassifizierungsprozeß erweitert bzw. ergänzt werden.

Besonders bei Klassifizierungen vegetationsbestandener Flächen kommen nicht selten Überschneidungen der Grauwertcluster wie bei B und F in Abb. 260 vor, die auch den eingesetzten dritten Spektralkanal einschließen. Mit anderen Worten: Es liegen *Objektklassen vor, die sich nicht allein über spektrale Signaturen differenzieren lassen. Sie bilden vielmehr gemeinsam eine Spektral*klasse. Die Trennung ist mit Mitteln der digitalen Bildverarbeitung nur durch Einführung nichtspektraler Zusatzdaten, ggf. auch durch spezifische Texturparameter möglich. Hierzu wird auf Kap. 5.5.2.7 verwiesen.

Der Quader- oder Box-Klassifikator

Der Quaderklassifikator (box- oder parallelepiped classifier) gehört wie der MD-Klassifikator zu den einfachen und Rechenzeit sparenden. Er wird nicht nur für sich allein, sondern ggf. auch als erste Stufe einer mehrstufigen Klassifizierung, *vor* der Verwendung des anspruchsvolleren Maximum Likelihood Klassifikators eingesetzt. Dies vor allem um bei letzterem Rechenzeit zu sparen.

Der Verfahrensweg wird wiederum durch Traininsgebietsauswahl und Signaturanalyse der dadurch gewonnenen Musterklassen eröffnet. Für jeden Datensatz der zur Klassifizierung ausgewählten Spektralkanäle wird einzeln eine untere und eine obere Grauwertschwelle definiert. Im zweidimensionalen Merkmalsraum entstehen dadurch – wie in Abb. 261a gezeigt – Rechtecke. Sie umschließen die Grauwertkombinationen der zur jeweiligen Musterklasse gehörenden Bildelemente. Im dreidimensionalen Merkmalsraum ergeben sich analog dazu dreidimensionale, achsenparallele Quader.

Die Festlegung der jeweils beiden Grauwertschwellen kann anhand der Grauwerthistogramme der einzelnen Datensätze oder der Scatter-Diagramme im zweidimensionalen Merkmalsraum oder auch auf rechnerischem Wege erfolgen. Letzteres z. B. unter Annahme einer Normalverteilung der Grauwerte einer Musterklasse über deren Mittelwert und dessen Standardabweichung s, sowie einen Faktor c, um statistisch sicherzustellen, daß ein gewünschter Prozentsatz der Grauwertkombinationen im Quader liegt (bei 95 % z. B. c=2). Die Seitenlängen des Quaders sind dann: $(2 \cdot s) \cdot c$, und zwar für die Grauwerte jedes Spektralkanals spezifisch und mit c zumeist zwischen 2 und 3.

Die Zuweisung jedes Bildelements zu einem der Musterklassen-Quader erfolgt durch Abfrage. Es wird dem Quader zugeordnet, der seine Grauwertkombination enthält. Liegt die Grauwertkombination eines Bildelements außerhalb aller Quader (Punkt 4 in Abb. 261a/b) so bleibt das Bildelement unklassifiziert bzw. wird einer Zurückweisungsklasse zugewiesen. Punkt 1 in Abb. 261a kommt auf diese Weise zur Klasse D, Punkt 2 – anders als bei der MD-Klassifikation – zur Klasse B und Punkt 4 bleibt wiederum unklassifiziert bzw. wird einer Zurückweisungsklase zugewiesen. Beim Punkt 3 sowie im Überlappungsbereich der Quader B und F zeigen sich die Schwächen des Quaderklassifikators. Er funktioniert nämlich nur problemlos, wenn sich die Quader nicht überlappen und wenn die Grauwerte der verwendeten Kanäle keine allzustarke Korrelation aufweisen, die Musterklassen im Merkmalsraum also nicht sehr schmal und schrägliegend sind. Liegen starke Korrelationen vor, so kann dem ggf. durch eine vorangestellte Hauptkomponententransformation abgeholfen werden.

Wie in Kap. 5.4.3.3 erläutert, können dadurch neue, unkorrelierte Datensätze geschaffen werden. Bei vorhandenen, aber weniger starken Korrelationen kann die einfache Quaderbildung durch eine verfeinerte, den Musterklassen besser angepaßte ersetzt werden (Abb. 261b). Dies führt zu Verbesserungen der Klassifizierung in Grenzbereichen zweier aneinanderstoßender Klassen und vermeidet dort ggf. Überschneidungen (z. B. bei B und C in Abb. 261b). Ebenso können dadurch möglicherweise Fehlzuweisungen von Bildelementen vermieden werden. Eine gestufte, den Musterklassen angepaßte Abgrenzung erfordert interaktive Arbeit und schließt eine rechnerische Lösung i. d. R. aus.

Überlappen sich die Musterklassen, so versagt auch der Quader-Klassifikator für den Bereich der dadurch bedingten Quaderüberlappungen. Bei differenzierteren Klassifizierungsaufgaben und wiederum besonders bei solchen vegetationsbestandener Flächen, kommen Überlappungen häufig vor. Man kann dieses Dilemma wiederum auf zwei Wegen zu überwinden versuchen: durch Einführung zusätzlicher, nicht spektraler künstlicher Kanäle (hierzu Kap. 5.5.2.6) oder durch Zuweisung der Überlappungsbereiche in eine Sonderklasse und deren nachträgliche Klassifizierung mit Klassifikatoren.

Der erste Ausweg führt dann zum Erfolg, wenn Objektklassen mit gleichen oder sehr ähnlichen spektralen Signaturen z. B. auf unterschiedlichen Standorten (Höhenlage, Exposition u. a.) vorkommen. Der zweite Ausweg kann ggf. die Klassifizierung verbessern. Er hebt aber das Problem nicht vollständig auf. Auch danach bleiben zumeist noch Überlappungsbereiche und damit Klassifizierungsunsicherheiten zurück.

Der Maximum-Likelihood-Klassifikator

Der ML-Klassifikator ist der für Fernerkundungszwecke am häufigsten verwendete Algorithmus. Er erfordert mehr Rechenaufwand als der MD-Klassifikator, führt aber i. d. R. zu besseren oder auch weitergehenden Klassifizierungsergebnissen. Der Algorithmus ist ein statistischer Ansatz und geht davon aus, daß die Grauwerte der zu einer Objektklasse gehörenden Bildelemente in den Aufzeichnungen jedes Spektralkanals eine GAUSS'sche Normalverteilung um den jeweiligen Mittelwert der Musterklasse aufweisen (vgl. Abb. 47). Er wird deshalb auch als GAUSS'scher Maximum-Likelihood Klassifikator bezeichnet. Ein erweiterter Ansatz des ML-Algorithmus ist der BAYES'sche Klassifikator. Bei diesem werden Schätzungen für die Wahrscheinlichkeiten des Vorkommens der Klassen in der gegebenen Szene und des Verlustes durch Fehlklassifizierungen als Gewichte eingeführt. Der speziellen Form des BAYES'schen Klassifikators wird hier nicht nachgegangen. Auf ANDERSON (1969) und eine kurze Darstellung bei HABERÄCKER (1991) wird verwiesen.

Die unterstellte Verteilung der Grauwerte einer Objekt- und deren Musterklasse liegt zwar selten in strenger Form vor, wird aber doch in angenäherter Form häufig beobachtet. Die Erfahrung zeigt, daß man von ihr als Arbeitshypothese ausgehen kann und im Hinblick auf das zu erzielende Klassifizierungsergebnis auch darf. An die Grenze der Zulässigkeit kann man bei Musterklassen mit sehr geringer Pixelanzahl stoßen. Anstelle einer Normalverteilung müßte in solchen Fällen eine t-Verteilung unterstellt werden, um die Unsicherheiten der berechneten Parameter zu berücksichtigen.

Mathematisch wird die Verteilung durch den schon vom MD-Klassifikator her bekannten Mittelvektor und die Kovarianzmatrix der Werteschar einer jeden Klasse beschrieben. Beide Parameter werden aus den für die Bildelemente der Musterklasse gegebenen Grauwerten berechnet. Die Kovarianzmatrix charakterisiert sowohl die Varianz der Grauwerte als auch die Korrelation der Grauwerte der Bildelemente zwischen den eingesetzten Spektralbereichen.

Mit diesen Parametern läßt sich berechnen, mit welcher statistischen Wahrscheinlichkeit ein Bildelement bestimmter Grauwertkombination zu einer jeden Musterklasse gehören könnte. Es wird jener Klasse zugewiesen, für die sich die höchste Wahrscheinlichkeit ergibt. Als Restriktion wird dabei wiederum eine Zurückweisungsschwelle eingeführt. Sie ergibt sich aus den Umhüllenden der Wahrscheinlichkeitsellipsen bzw. -ellipsoiden, die schon aus Kap. 2.3.2.4 und Abb. 47 bekannt und exemplarisch für die Musterklassen in Abb. 262 dargestellt sind. Zurückgewiesen werden alle Bildelemente, deren *Mahalanobis-Abstand* größer ist als $c \cdot s$, wobei s die Standardabweichung der Bildelementvektoren in der jeweiligen Musterklasse ist. c wird i. d. R. wieder zwischen 2 und 3 gewählt. Der Mahalanobis-Abstand ergibt sich aus der Differenz zwischen dem Bildelementvektor $\vec{g}$ und dem Mittelwertvektor $\vec{z}_i$ der Musterklasse i im jeweiligen Merkmalsraum und aus der Kovarianzmatrix C_i dieser Musterklasse nach

$$(\vec{g} - \vec{z}_i)^T \cdot C_i^{-1} \cdot (\vec{g} - \vec{z}_t) \qquad (159)$$

Abb. 262 zeigt, in welcher Weise die schon aus Abb. 260 und 261 bekannten Punkte 1–4, vom ML-Klassifikator den Klassen zugeordnet werden. Für die Punkte 1, 3 und 4 erfolgt dies in gleicher Weise wie beim MD-Klassifikator. Ein Bildelement mit der Grauwertkombination wie Punkt 2 wird jedoch anders als beim MD-Klassifikator in diesem Falle der Klasse B zugewiesen. Die Wahrscheinlichkeit spricht dafür, daß das die zutreffende Klassifizierung ist. Die Problematik der Zuordnung des Punktes 3 ist die gleiche wie beim MD- und Quader-Verfahren. Die richtige Klassenzugehörigkeit kann bei der hier gegebenen Grauwertkombination nur durch einen dritten oder weiten Spektralkanal bzw. durch nichtspektrale Zusatzdaten erreicht werden.

Die jeweils drei Wahrscheinlichkeitsellipsen in Abb. 262 deuten drei verschiedene Zurückweisungsschwellen, z. B. mit c=1.5, c=2.0, c=3.0, an. Sie zeigen auch, daß mit zunehmendem c, also größer werdenden Ellipsen, die Überschneidungsbereiche anwachsen (Beispiel Klasse B und F sowie B und C). Andererseits nimmt bei kleinerem c-Faktor und kleineren Ellipsen die Wahrscheinlichkeit zu, daß zu Objektklassen gehörende Bildelemente zurückgewiesen werden. Die Gefahr solcher Fehlklassifizierung besteht umso mehr, je weniger gut die Musterklasse die Objektklasse repräsentiert.

Der EBIS-Klassifikator

Das von LOHMANN (1991) entwickelte EBIS-Verfahren erweitert die ML-Klassifikation. Es läßt nicht nur wie diese Normalverteilungen der Grauwerte in den Musterklassen zu, sondern auch multinominale Verteilungen. Es werden ferner Beweisfunktionen eingeführt, die auf der sog. DEMPSTER-SHAFER-Theorie (basieren, und auch die Pixelumgebung, also ein Texturkriterium, für die Zuordnung der Bildelemente zu Objektklassen einbeziehet.

Im Gegensatz zu den zuvor beschriebenen anderen überwachten Klassifizierungsverfahren, bei denen alle herangezogenen Spektralkanäle einen gemeinsamen, n-dimensionalen Merkmalsraum definieren, werden beim EBIS-Klassifikator für multinominal verteilte Bilddaten Merkmalsräume für jeden einzelnen Kanal gebildet. Die Prüfung der Zuordnung der also nur zweidimensionalen Merkmalsvektoren eines Bildelements erfolgt für jeden der verwendeten Kanäle getrennt. Dabei können verschiedene Kriterien einzeln oder in Kombination miteinander herangezogen werden: die statistisch definierte höchste Wahrscheinlichkeit (ML), wenn eine Normalverteilung vorliegt, ein einer multinominalen Grauwertverteilung angepaßtes Kriterium, wenn die Normalverteilung nicht oder nur schwach ausgeprägt ist, und als weitere Option ein aus der Pixelnachbarschaft abgeleiteter Texturparameter (hier gemäß der sog. GIBBS Random Fields). Die beiden letztgenannten Zuweisungskriterien werden aus Grauwerten der 5x5 bis 9x9 Pixelnachbarschaft abgeleitet. Der Auswerter kann in diesem Rahmen innerhalb der Trainingsgebiete die Größe der Fenster wählen. Da der EBIS-Klassifikator nur rechteckige Trainingsgebiete zuläßt, müssen diese gleich oder größer als jene Fenster sein. Bei kleinräumig oder linienförmig ausgeprägten Objektklassen kann es dadurch zu Schwierigkeiten kommen.

Der EBIS-Klassifikator ist durch die gegebenen Wahl- und Kombinationsmöglichkeiten flexibel an die Objektklassensituation in einer Szene anpaßbar. Er steht erst seit kurzem zur Verfügung, hat sich aber dort, wo er schon eingesetzt wurde, wie z. B. bei einer Wald- und Vegetationsklassifizierung im Amazonasgebiet, gut bewährt (HÖNSCH 1993).

5.5.2.4 Nicht-überwachte, numerische Klassifizierung

Den vier besprochenen überwachten Klassifizierungsverfahren ist gemeinsam, daß Objektklassen, an denen man interessiert ist, vorgegeben sind. Der Computer sortiert die Bildelemente der Szene nach den an Musterklassen gewonnenen Erkenntnissen über dort gegebene Grauwertkombinationen.

Bei nichtüberwachten Klassifizierungen (unsuperviced classification, cluster analysis) geht man von den Grauwerten bzw. Grauwertkombinationen aus, ohne deren thematische Inhalte oder Zugehörigkeit zu Musterklassen zu kennen. Der Rechner hat in diesem Falle die Aufgabe, das gesamte Kollektiv an Bildelementen ohne Vorgabe von Objektklassen nach ähnlichen spektralen Wertekombinationen zu ordnen. Der Auswerter kann dafür eine bestimmte *Anzahl* zu bildender Cluster vorgeben. Man erhält auf diesem Wege zunächst n „*Spektralklassen*", deren Bedeutung und thematische Aussage nachträglich zu ermitteln ist.

Die überwachten Klassifizierungsverfahren erfordern sorgfältige *Vor*arbeit für die Wahl der Objektklassen, der Trainingsgebiete und für die Signaturanalyse der Musterklassen. Bei nichtüberwachten Klassifizierungen steht dementsprechend *Nach*arbeit durch feld- und luftvisuelle Erkundung, Interpretation von Luftbildern oder Farbkompositen gegenüber, um eine brauchbare Zuordnung der vom Rechner gebildeten Spektralklassen zu realen Objektklassen zu erarbeiten. Mit anderen Worten: während der Auswerter bei (von ihm) überwachten Verfahren weiß, was er haben will und dies zielstrebig zu erreichen sucht, ist er beim unüberwachten Verfahren darauf angewiesen, was er bekommt. Ein Vorteil kann dabei darin bestehen, daß auch Spektralklassen entstehen können, die Objektklassen ausweisen, von deren Existenz bisher nichts bekannt war oder die man im Untersuchungsgebiet nicht vermutete.

Die Zuordnung von Spektralklassen zu Objektklassen ist – bei gewissenhafter, sachkundiger Arbeit – ein relativ mühsames Geschäft. Bei ausgedehnten Klassifizierungsgebieten gleicht diese Arbeit nicht selten einem „Stochern im Nebel". Es ist sowohl zu prüfen, was sich alles in einer Spektralklasse verbirgt, als auch, welche Spektralklassen im Sinne der gestellten Klassifizierungsaufgabe zusammengehören. Es kann sich im Ergebnis der Zuordnungsarbeit herausstellen,

– daß eine bestimmte Spektralklasse identisch mit einer interessierenden Objektklasse ist,
– daß eine Spektralklasse mehrere interessierende Objektklassen enthält, also auf anderem Wege deren Trennung vorgenommen werden muß,
– daß zwei oder mehr Spektralklassen *einer* interessierenden, im Hinblick auf ihre spektralen Signaturen variationsreichen Objektklasse zugehören, also zusammengeführt werden müssen,
– daß der letztgenannte Fall nur für Teile zweier oder mehrerer Spektralklassen zutrifft, also auch hier eine Nachklassifizierung mit anderen Mitteln erforderlich wird.

Diese Zuordnungsproblematik ist schematisch und vereinfacht in Abb. 263 dargestellt.

Zur rechnerischen Lösung der Klassifizierungsaufgabe sind mehrere Algorithmen entwickelt worden. Man faßt sie unter dem Sammelbegriff Cluster-Analyse zusammen. Allen gemeinsam ist, daß sie sehr rechenaufwendig sind. Es gibt Ansätze, bei denen die Klassifizierung ohne jede Vorgabe erfolgt und andere, bei denen eine bestimmte *Anzahl* zu bildender Klassen vorgegeben ist. Die Anzahl kann sich z. B. an einer Prognose über die in der zu klassifizierenden Szene vorkommenden oder an einer gewünschten Anzahl von Objektklassen orientieren. Davon ausgehend wird dann die einzugebende Anzahl durch Addition eines Sicherheitszuschlags bestimmt.

SPEKTRALKLASSEN   OBJEKTKLASSEN

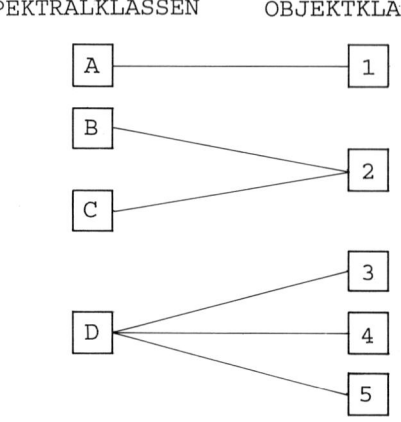

Abb. 263:
Zuordnungsproblematik bei unüberwachter Clusterklassifizierung

Wählt man einen Algorithmus, der *ohne* Vorgabe der Klassenanzahl arbeitet, wird *ein* Merkmalsvektor im n-dimensionalen Merkmalsraum willkürlich als Zentrum eines ersten, vorläufigen Clusters gesetzt. Die Merkmalsvektoren aller Bildelemente werden mittels eines Zuordnungs- oder Zurückweisungskriteriums, z. B. einer Minimum-Distance-Schwelle, auf ihre Merkmalsnähe zu diesem ersten und vorläufigen zentralen Vektor geprüft. Für zurückgewiesene Grauwertkombinationen wird ein neues Zentrum eröffnet und so fort, bis alle vorkommenden Merkmalsvektoren einem Zentrum zuordenbar sind. Zug um Zug werden dabei iterativ auch die Positionen der zentralen Merkmalsvektoren so verändert, daß am Ende des Prozesses nicht nur alle vorkommenden Merkmalsvektoren „untergebracht" sind, sondern auch die Lage der Cluster = der Spektralklassen im Merkmalsraum optimal ist.

Bei Algorithmen, welche die Eingabe einer gewünschten Klassen*anzahl* vorsehen, setzt der Computer, wiederum willkürlich, eine der gewünschten Klassenzahl entsprechende Anzahl von Merkmalsvektoren als vorläufige Zentren für Clusterbildungen. Die Merkmalsvektoren aller Bildelemente werden mittels eines Zuordnungs- und Zurückweisungskriteriums dem nächstverwandten zugewiesen. In einem iterativen Prozeß werden die Positionen aller Zentren Schritt für Schritt so lange verschoben bis einerseits auch in diesem Falle alle Merkmalsvektoren „untergebracht" sind und andererseits eine Lage für die Clusterzentren erreicht ist, welche die bestmögliche Trennung der gewünschten Anzahl an Spektralklassen bringt.

Der Rechenaufwand ist, wie schon erwähnt, sehr groß und dabei abhängig von der Anzahl zuzuordnender Bildelemente. Andererseits ist, wie ebenfalls eingangs beschrieben, die Beziehung zwischen Spektralklassen und Objektklassen oft nicht eindeutig. Aus beiden Gründen hat sich deshalb ein mit einer überwachten Klassifizierung kombiniertes Verfahren unter Beschränkung der Clusteranalyse auf ein Teilgebiet der auszuwertenden Szene herausgebildet. Der Auswerter definiert ein solches Teilgebiet. In ihm sollen die in der Szene vorkommenden Objektklassen vorhanden sein. Nur für dieses Teilgebiet wird die Clusteranalyse durchgeführt und die Beziehungen zwischen Spektral- und Objektklassen untersucht. Sofern das Ergebnis befriedigt, führt man die gewonnenen Spektralklassen als Musterklassen in eine überwachte Klassifizierung ein. Zur ggf. notwendigen Aufteilung von Spektralklassen in gewünschte Objektklassen (s.o.) müssen zusätzlich Traininsgebiete im Sinne des Kap. 5.5.2.3 gesucht werden.

Zur Lösung von Fernerkundungsaufgaben bietet es sich zumeist an, ohne Umweg über eine Teil-Clusteranalyse gleich eine überwachte Klassifizierung anzusetzen.

5.5.2.5 Hierarchische Klassifizierungen

Unter einer hierarchischen Klassifizierung versteht man ein Vorgehen, bei dem eine Szene schrittweise nacheinander in mehreren Entscheidungsschritten segmentiert und schließlich klassifiziert wird. Für die einzelnen Entscheidungsschritte können dabei sowohl unterschiedliche spektrale oder auch nicht spektrale Datensätze als auch unterschiedliche Trennfunktionen bzw. -kriterien eingesetzt werden.

Der einfachste Fall liegt vor, wenn bei jedem Entscheidungsschritt durch Schwellenwerte nur jeweils zwei Klassen und diese dann in den nächsten Schritten jeweils wieder in zwei, fortschreitend feinere Klassen getrennt werden. Anfangs kann es sich dabei um sehr grobe Objektklassen (z. B. Wasser-Nichtwasser, vegetationsfrei-vegetationsbedeckt) oder um Spektralklassen noch ohne Bezug zu Objektklassen handeln. Am Schluß der Operation steht dann die (sensor-, aufnahme- und objektbedingt) bestmögliche Aufteilung der Szene in Objektklassen.

Ausgehend von einer multispektralen Aufzeichnung kann das Vorgehen am Beispiel

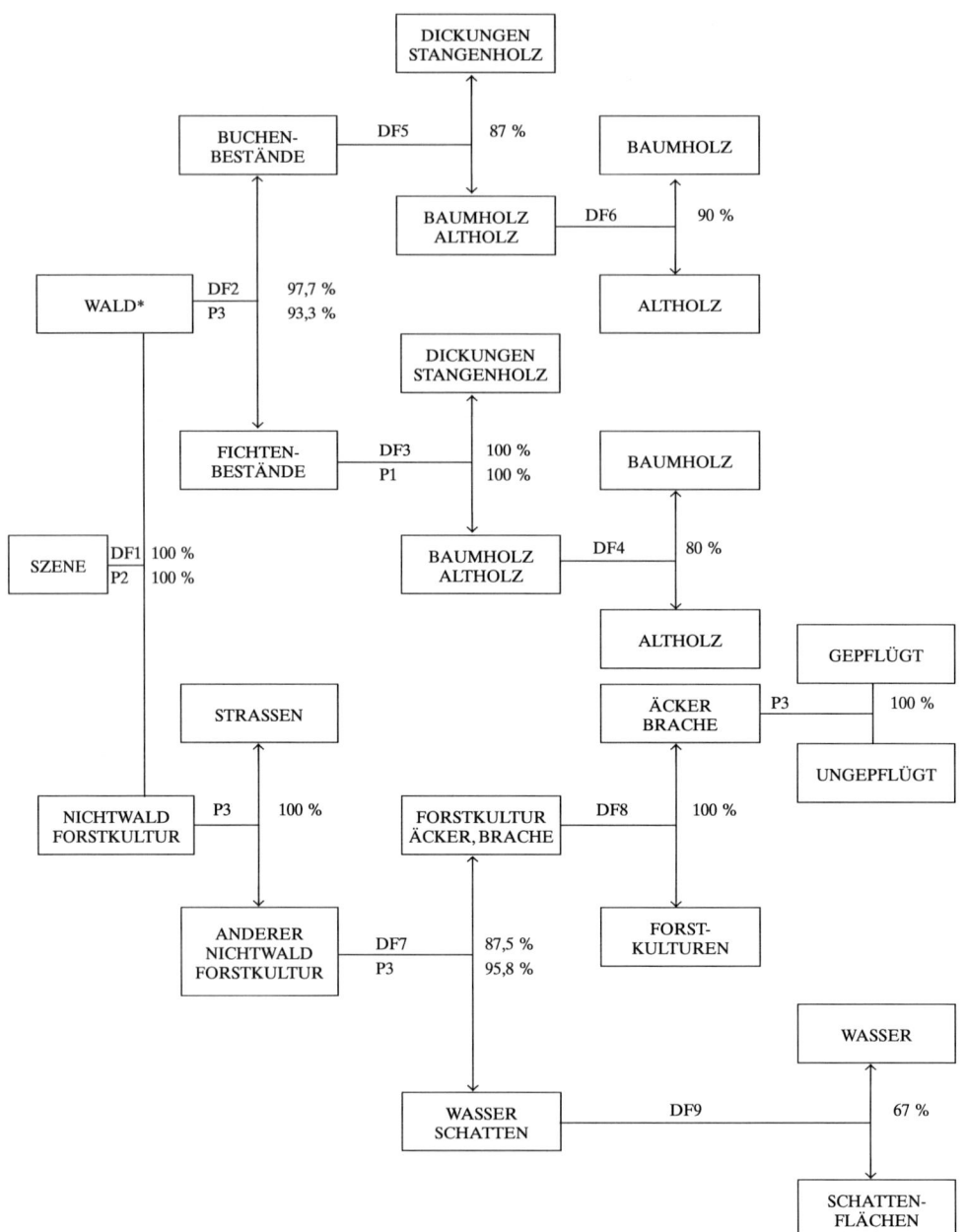

* ohne Forstkulturen

Abb. 264: *Hierarchische Klassifizierung. Praktisches Beispiel (nach Akça 1970, Erläute-rungen im Text. Prozentzahlen zeigen die erreichten Trenngenauigkeiten)*

der durch die Musterklassen in Abb. 260–262 und Tab. 73 repräsentierten Objektklassen demonstriert werden:

1. Schritt Verwendung Spektralbereich 2
   Trennung durch Schwellenwert: „Klasse" (A, E) von (B, C, D, F)
2. Schritt Verwendung Spektralbereich 1
   Trennung der „Klasse" (A, E) durch Schwellenwert in A + E
   Trennung der „Klasse" (B, C, D, F) durch Schwellenwert in (B, C, F) + D
3. Schritt Verwendung Spektralbereich 3
   Trennung der „Klasse" (B, C, F) durch Schwellenwert in (B, F) + C
4. Schritt Verwendung Spektralbereich 4 oder Ratio oder nichtspektrales Merkmal
   Trennung „Klasse" (B, F) in B + F

Ergebnis: Klassifizierung nach A B C D E F

Eine solche hierarchische Klassifizierung kann auch auf der Grundlage einer monospektralen Aufzeichnung, jedoch unterschiedlichen Trennungsfunktionen erfolgreich sein. Demonstriert wird dies in Abb. 264. Dem Beispiel liegen mikrodensitometrisch gewonnene Bilddaten eines panchromatischen, im Herbst aufgenommenen Schwarz-weiß-Luftbildes zugrunde. Die Diskriminanzanalyse wurde auf die Merkmale arithmetisches Grauwertmittel (=P3), die mittlere quadratische Abweichung (=P2), die mittlere Grauwertfrequenz (=P1) sowie neun Diskriminanzfunktionen DF1 ... 9 der Form $P_K = b_1 \cdot P_1 + b_2 \cdot P_2 + b_3 \cdot P_3$ gestützt. Abb. 264 zeigt die einzelnen Klassifizierungsschritte, die jeweils verwendeten Diskrimanzfunktionen und Trennparameter sowie die erreichten Trenngenauigkeiten.

Die schrittweisen Differenzierungen müssen nicht unbedingt in jeweils nur zwei Unterklassen erfolgen. Es können für die nächste Hierarchiestufe auch mehrere Klassen voneinander getrennt werden, wenn dies die Diskriminanzfunktion zuläßt.

Im weiteren Sinne kann man auch Klassifizierungen, bei denen verschiedene der in den Kap. 5.2.2.2 bis 5.2.2.4 und 5.2.2.6 genannten Verfahren kombiniert und nacheinander eingesetzt werden, zu den hierarchischen Klassifizierungen zählen. Erfahrene Auswerter arbeiten häufig mit in diesem Sinne nacheinander angewandten Verfahren. Dies z.T. um Rechenzeiten zu sparen, z.T. aber eben auch oder vorrangig, um schrittweise zu immer weiteren Differenzierungen zu kommen. Beispiele solcher Verfahrenskombinationen sind:

Schwellenwertverfahren – ML Klassifizierung – Klassifizierung nach Zusatzdaten
Quaderklassifizierung – $< {}^{ML}_{MD} >$-Klassifizierung – Klassifizierung nach Zusatzdaten
Clusteranalyse – ML-Klassifizierung – Klassifizierung nach Zusatzdaten

5.5.2.6 Hybride Klassifizierungen

Der Begriff „hybride Verfahren" wird im Zusammenhang mit digitalen Klassifizierungen multispektraler Aufzeichnungen unterschiedlich verwendet (vgl. z. B. LILLESAND u. KIEFER 1979, KRAUS 1990). Hier werden unter hybriden Klassifizierungsverfahren solche verstanden, die digitale und analoge Auswertungen im Verfahrensverlauf kombinieren (Abb. 258).

Der Grundgedanke dieser Form hybrider Klassifizierung ist es, die Vorzüge und Vorteile beider Verfahrenswege synergistisch zu nutzen und dadurch auch die Nachteile beider – wenigstens zum Teil – nicht wirksam werden zu lassen.

Die Vorteile der visuellen Interpretation ergeben sich vor allem aus dem Sachverständnis, dem a-priori- und Kontextwissen sowie der Assoziationsfähigkeit des Interpreten. Sie führen zu plausiblen Ergebnissen. Die Subjektivität der Interpretationsentscheidungen für die Klassenzuordnung und bei Delinierung von Klassengrenzen ist ambivalent. Sie ist ein Vorteil wegen der o.a. Fähigkeiten und nachteilig wegen der in der Begrenzung des menschlichen Seh-, Unterscheidungs- und Merkvermögens liegenden Irrtumsmöglichkeiten. Die Nachteile der visuellen Interpretation ergeben sich aus den zuletzt genannten Beschränkungen sowie aus dem möglichen Auftreten von Konzentrationsschwächen, Ermüdungserscheinungen, mangelnder Motivation und ggf. auch einmal fehlenden Sachkenntnissen.

Bei der digitalen Klassifizierung stehen dem als Vorteile gegenüber: die meßbare und daher sowohl sichere als auch reproduzierbare und differenziertere Erfassung spektraler Signaturen und Signaturunterschiede, die rasche Verfügbarkeit von Erstergebnissen (ggf. unter Inkaufnahme zunächst noch vorhandener Klassifizierungsfehler) sowie schließlich die flexiblen Möglichkeiten zur Ergebnisverbesserung. Die Objektivität der Auswertung ist wiederum ambivalent. Den o.a. Vorzügen steht, trotz interaktiver Eingriffsmöglichkeiten, die „Sturheit" der Klassifikatoren entgegen. Eine Klassifizierung aus dem *sach*bezogenen Kontext heraus ist weitgehend ausgeschlossen (solange dem Rechner zu verleihende künstliche Intelligenz noch nicht verfügbar ist).

Eine hybride digital/analoge Klassifizierung erfordert selbstverständlich erheblich mehr Zeit und Kosten als eine rein visuelle oder rein digitale Klassifizierung. Um eine Vorstellung über den Mehraufwand zu vermitteln, wird auf Erfahrungen bei der (Intensiv-)Klassifizierung einer Tropenwaldszene (1/4 TM Szene) als Beispiel zurückgegriffen (SCHMITT-FÜRNTRATT 1990). Die hybride Klassifizierung erforderte 155 % der Zeit einer nur visuellen und 180 % einer digitalen ML-Klassifikation. Als Informationsgewinn stand die Beseitigung mehrerer Fehlklassifizierungen und die Bildung von vier neuen Klassen für forstlich wichtige, holzvorratsreiche Waldtypen zu Buche (Tab. 85, siehe auch Farbtafel XVI).

Klassifizierungsverfahren	Klassifizierungsergebnis	
	Klassenzahl	ausgewiesene Objektklassen
1	*2*	*3*
ML-Klassifikation mit TM1, TM4, TM5, Ratio TM2/7	12	Immergrüner Regenwald, degradierter immergrüner Regenwald, feuchter laubabwerfender Wald, trockener laubabwerfender Wald, Teakbestände, offenes Waldland, Gummibaumplantagen, Kaffeeplantagen, Grasland, überbrannte Waldfläche, landwirtschaftliche Nutzflächen, Wasser
Visuelle Interpretation und Delinierung, Farbkompositen aus TM4, TM5, TM1 u. TM4, Ratio TM 4/5, Ratio 2/7 nach Konstraststreckungen	16	Zusätzlich: Immergrüner u. laubabwerfender Mischwald, offener, degradierter immergrüner Wald (Schlußgrad < 40 %), Trennung junger und alter Gummibaumplantagen, besiedelte Flächen.
Hybride visuelle u. digitale ML-Klassifizierung. Spektralkanäle wie oben	20	Zusätzlich: zwei Schlußgradklassen für den immergrünen Regenwald, degradierte Form des feuchten u. des trockenen laubabwerfenden Waldes, immergrüne Gelände mit Cardomom Unterstand.

Tab. 74: *Klassifizierungsergebnisse eines tropischen Waldgebietes (Western Ghats, Indien) bei drei verschiedenen Klassifizierungsverfahren (nach* SCHMITT-FÜRNTRATT *1990)*

Der Entscheidung für ein hybrides Verfahren ist wegen des Mehraufwandes eine Kosten-Nutzen-Überlegung voranzustellen. Man wird sich nur für das hybride Verfahren entscheiden, wenn im Sinne der Inventur- oder Kartierungszielsetzung ein entsprechender Informationsgewinn entsteht. Ein Informationsgewinn kann darin bestehen, daß nur so möglich wird, Daten quantitativer und lokaler Vorkommen über bestimmte ökonomisch und/oder ökologisch bedeutsame Objektklassen zu bekommen, oder daß eine größere Anzahl von Klassen ausgewiesen werden kann und/oder durch sicherere Abgrenzung der Klassen eine zuverlässigere Arealstatistik erreicht wird.

Der Verfahrensweg für hybride digital/analoge Klassifizierungen kann verschieden gestaltet werden. Zugrunde gelegt sollten jedoch in jedem Falle zielorientiert optimierte Farbkompositen für die visuelle Interpretation und eine sorgfältig vorbereitete ML-Klassifizierung. Die Klassifizierungsarbeiten folgen prinzipiell den in Abb. 259b und c gezeigten Verfahrenswegen, wobei in der Vorbereitungsphase bis zur Kanalauswahl beiden gemeinsam dienende Arbeiten auszuführen sind. Liegen die geometrisch aneinander angepaßten und in gleicher Form bildhaft dargestellten Ergebnisse beider Klassifizierungen vor, so erfolgt eine intensive, vergleichende Analyse. Aufgetretene Abweichungen werden in exemplarischer Form im Gelände aufgeklärt. Bei dieser Geländearbeit werden auch die übereinstimmenden Klassifizierungen stichprobeweise auf Richtigkeit überprüft. Zu beachten ist im Hinblick auf die wechselnde Phänologie der Objektklassen, daß die Geländearbeit in der gleichen Jahreszeit wie die Aufnahme der multispektralen Aufzeichnung durchgeführt werden muß. Das Vorgehen bei der Geländearbeit richtet sich nach der gegebenen Situation. Es ist pragmatisch den jeweiligen organisatorischen, technischen und finanziellen Möglichkeiten vor Ort anzupassen (vgl. z. B. SCHMITT-FÜRNTRATT 1990 S. 82ff.). Auch luftvisuelle Erkundungsarbeit kann dabei eingeschlossen werden.

Nach der vergleichenden Analyse und der Überprüfung und Aufklärung im Gelände erfolgen die definitive, nun erweiterte und verbesserte Klasseneinteilung, die Korrektur von möglichen Fehlklassifizierungen, die Einbringung neu gebildeter Klassen und die Verknüpfung der verbesserten Datensätze der visuellen und digitalen Klassifizierung (Abb. 265).

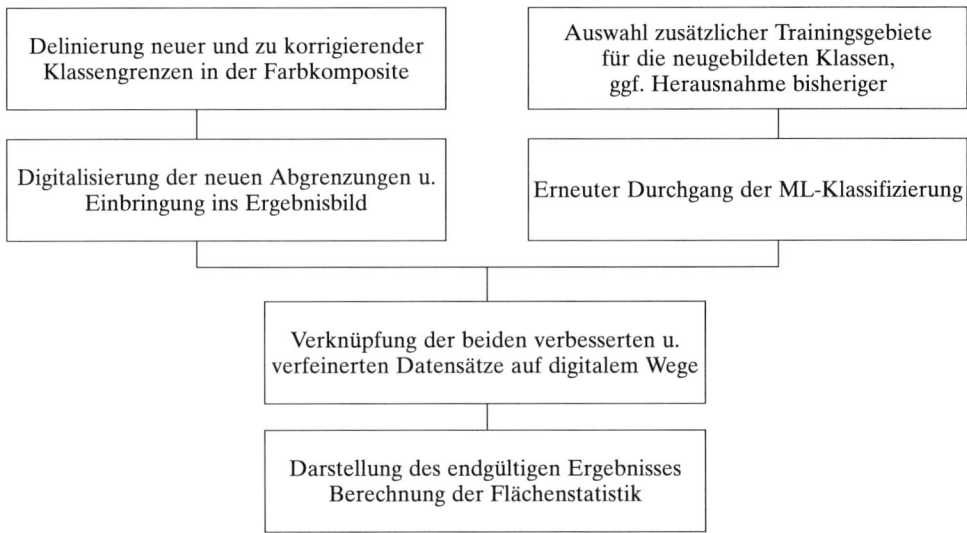

Abb. 265: *Verfahrensablauf bei hybrider Klassifizierung (exemplarisch)*

Die Verknüpfung der verfeinerten Datensätze und die Darstellung des Endergebnisses erfolgen wiederum digital. Dies kann z. B. mit einem speziell hierfür entwickelten Modul des Freiburger Nutzerprogramms KALKÜL vorgenommen werden (KIENZLE 1987, auszugsweise bei SCHMITT-FÜRNTRATT 1990).

Die Beschreibung der hybriden, digital/analogen Klassifizierung folgte – wie erkennbar – vor allem dem von SCHMITT-FÜRNTRATT begangenen Verfahrensweg. Erfolgreich wurde dieser z. B. auch von NAIDU (1991) beschritten. Andere Vorgehensweisen digital/analoger Auswertungen finden sich u. a. bei KUSHWAHA u. UNNI (1989), BAULES (1993) und HÖNSCH (1993).

5.5.2.7 Zusätzliche Operationen zur Verbesserung digitaler Klassifizierungen

In den Kap. 5.5.2.2 bis 5.5.2.5 mußte mehrmals darauf hingewiesen werden, daß eine allein auf spektrale Signaturen gestützte Klassifizierung häufig nicht zum vollen Erfolg führt. Der Grund dafür ist in den Abb. 260 bis 262 durch die Klassen B und F symbolisch dargestellt und erklärt sich aus den in Kap. 2.3 beschriebenen Reflexionseigenschaften der Objekte der Erdoberfläche. Die spektralen Signaturen, vor allem verschiedener Vegetationsbestände, überlappen sich durch ihre oft ähnlichen spektralen Reflexionsverhalten häufig. Abb. 48 gab dafür Beispiele für Waldbestände des Schwarzwaldes. Ergänzend dazu zeigt Abb. 266 Beispiele aus einem tropischen Klassifizierungsgebiet.

Erweist es sich, daß die digitale oder auch eine hybride Klassifizierung auch nach radiometrischen oder linearen Transformationen bei keiner Kanalkombination zur Trennung bestimmter Objektklassen führt, so bleiben drei methodische Wege, um dies unter Umständen doch noch zu erreichen:
– die Einbeziehung von nichtspektralen Zusatzdaten
– die Einbeziehung spezifischer Texturparameter
– die Heranziehung zu verschiedenen Zeiten im Jahr aufgenommener Aufzeichnungen.

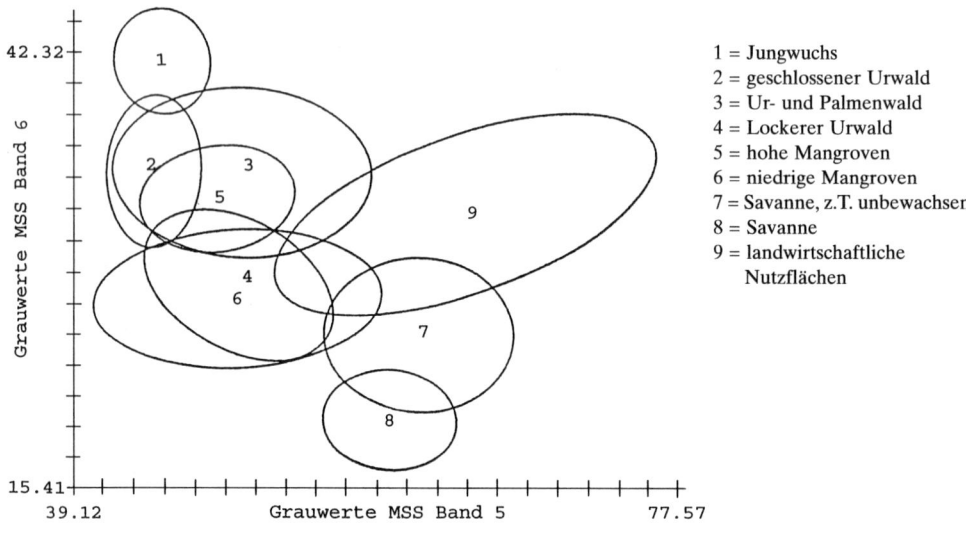

1 = Jungwuchs
2 = geschlossener Urwald
3 = Ur- und Palmenwald
4 = Lockerer Urwald
5 = hohe Mangroven
6 = niedrige Mangroven
7 = Savanne, z.T. unbewachsen
8 = Savanne
9 = landwirtschaftliche Nutzflächen

Abb. 266: *Wahrscheinlichkeitsellipsen verschiedener tropischer Waldtypen in Guinea-Bissau (nach FORSTREUTER 1987)*

Einbeziehung nicht spektraler Zusatzdaten

Viele Objektklassen kommen standortgebunden vor oder sind zumindest bevorzugt auf bestimmten Standorten anzutreffen. Für die digitale und visuelle Klassifizierung kann dies auf *zweierlei* Weise nutzbar gemacht werden, um Fehlklassifizierungen und -interpretationen bei Vegetations- und Waldtypen, Feldfrüchten, Bodenarten u. a. wegen gleicher oder ähnlicher spektraler Signaturen zu vermindern.

Zum einen kann bei *sehr großräumigen* Klassifizierungsaufgaben durch eine geographische *Stratifizierung* nach bioklimatischen und geologisch-pedologischen Gesichtspunkten der Kreis der in jedem Stratum möglichen Objektklassen eingegrenzt und bestimmte Klassen können ausgeschlossen werden. Straten dieser Art können „Life-zones" im Sinne HOLDRIDGES (1966), öko-floristische Zonierungen im Sinne von BLASCO und LENGRIES (1989) bis hinab zu naturräumlichen Gliederungen und Wuchsgebieten mitteleuropäischer Prägung sein. Die Stratifizierung wird der Klassifizierung vorgeschaltet und diese danach stratenweise vorgenommen.

Vorausgehende Stratifizierungen dieser Art haben im Zusammenhang mit supranationalen Inventur- und Monitoringaufgaben der Food and Agriculture Organization (FAO) der Vereinten Nationen, z. B. im Zuge des Tropical Forest Cover Monitoring Projects Bedeutung erlangt. Eine detaillierte Beschreibung des dabei praktizierten Vorgehens findet sich bei BALTAXE (1985). Hilfreich und die Klassifizierung verbessernd, ggf. sogar erst ermöglichend, erweisen sich Vorstratifizierungen auch bei regionalen Inventur- und Beobachtungsprojekten, wenn in der Region klimatisch und ökologisch deutlich unterschiedliche Zonen vorkommen (BAULES 1991).

Zum anderen kann man im Falle *lokaler, regionaler* oder *stratenweiser* Klassifizierungen durch *Einführung topographischer und thematischer Zusatzdaten* in den digitalen Klassifizierungsprozeß selbst zu merklichen Verbesserungen kommen. Sowohl Fehlklassifizierungen lassen sich dadurch vermindern, als auch die gewünschte, weitergehende Differenzierung nach spektral nicht trennbaren Objektklassen erreichen.

Wichtige Quellen für Zusatzdaten können digitale Geländemodelle als solche oder in Verbindung mit einfachen oder komplexen Verteilungsmodellen der vorkommenden Vegetationsformen sein, sowie über ein GIS aus thematischen Karten einzubringende Attribute. Voraussetzung für die Einbringung solcher Zusatzdaten ist eine Geokodierung auf das Bezugssystem der multispektralen Datensätze. Abb. 267 zeigt das Prinzip der Zuordnung der in „künstlichen" Kanälen abgelegten, digitalisierten Zusatzdaten. Die zusätzlich einzuführenden Merkmale werden entweder analog zu den Grauwerten nach 256 Werten des Merkmals skaliert oder sie erhalten, entsprechend der Anzahl n der Merkmalsausprägungen n, zwischen 0 und 255 verteilte Codenummern.

Beispiele: Merkmal *Höhe über NN*, es kommen im Klassifizierungsgebiet Höhen zwischen 200 und 1480 m vor:

200–204,99 = 0;   205–209,99 = 1 ... 1470–1474,99 = 254;   1475–1479,99 = 255

Merkmal *Exposition*, Zuordnung soll nach der 16teiligen Windrose erfolgen:

N-NNO = 8, NNO-NO = 24, NO-ONO = 40 ... NNW = 216, NW = 232, NNW = 248

Jedes Bildelement erhält – wie Abb. 267 erkennen läßt – analog zu den spektralen Datensätzen in der Matrix des künstlichen Kanals einen Merkmalswert. Topographische Daten, wie Geländehöhe, Exposition, Hangneigung, können aus einem digitalen Geländemodell durch Interpolation gewonnen werden. Thematische Attribute, wie z. B. Bodenart, geologische Formation, Altersklasse von Waldbeständen, werden aus thematischen Karten gewonnen. Karten dieser Art werden digitalisiert und die Informationen in ein GIS

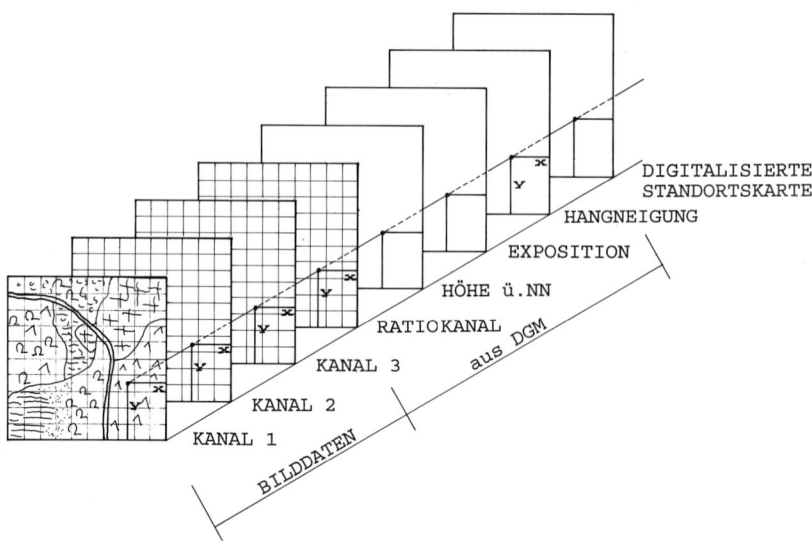

Abb. 267: *Prinzip der Zuordnung geokodierter Zusatzdaten zu den spektralen Bilddaten*

eingebracht. Der Auswerter bringt dabei i. d. R. alle relevanten Abgrenzungslinien durch Abfahren mit dem Cursor des Digitalisierungstisches in Vektorform in das GIS. Den danach im GIS stehenden geometrischen Flächenelementen werden die erforderlichen thematischen Sachdaten als Flächenattribute interaktiv, d. h. durch den Auswerter zugewiesen. Für die Eingabe in die digitale Bildverarbeitungsanlage zur Klassifizierung müssen die Vektordaten in Rasterdaten umgewandelt und ggf. geometrisch dem Bezugssystem der spektralen Datensätze angepaßt werden. Die moderne Technologie der Digitalisierungsgeräte, GIS und digitalen Bildverarbeitungsanlagen hält für alle diese Prozesse heute entsprechende Hardware- und nutzerfreundliche Softwarekomponenten bereit.

Nach Eingabe der Zusatzdaten werden Merkmalsvektoren solcher künstlicher Kanäle nicht anders als die Daten der Spektralklassen behandelt. Weisen spektral nicht trennbare Objektklassen unterschiedliche Merkmale in einem künstlichen Kanal auf, so erlaubt dies dann deren Differenzierung und die Verbesserung bzw. Verfeinerung der Klassifizierung im Ganzen.

Klassifizierungen mit Zusatzdaten wurden in der zweiten Hälfte der 70er Jahre in Nordamerika (BRYANT u. ZOBRIST 1976, STRAHLER et al. 1978, HOFFER et al. 1979) und in Deutschland (LANGE 1978) vorgeschlagen und realisiert. Sie haben seitdem zunehmend an Bedeutung gewonnen und sich besonders bei diffizilen Klassifizierungsaufgaben z. B. bei Waldbestandsklassifizierungen in intensiv bewirtschafteten Wäldern (STIBIG 1988, SCHARDT 1990) oder bei Waldschadensklassifizierungen nach Schadstufen (HÄUSLER 1991) bewährt. Aufgrund zunehmender Verfügbarkeit über digitale Geländemodelle und GIS werden Bedeutung und Anwendungen noch steigen.

Einbeziehung von spezifischen Texturparametern

Texturmerkmale sind bei den bisher besprochenen Klassifizierungsverfahren schon beim überwachten EBIS-Verfahren, ferner im Zusammenhang mit der hierarchischen Klassifizierung und bei der hybriden Klassifizierung ins Spiel gekommen. Im ersten Falle durch einen Texturparameter aus der Pixelnachbarschaft als objektbeschreibendes Merkmal. Im zweiten Fall, wie im Beispiel der Abb. 264, durch die Einbeziehung der mittleren Grauwertfrequenz und der mittleren quadratischen Abweichung als selbständige Texturparameter und für die Diskriminanzfunktionen. Im dritten Fall schließlich im Zuge der visuellen Bildinterpretation, bei der Texturen der Bildgestalten zur Erkennung und Abgrenzung von Objektklassen beitragen.

Schwellenwertverfahren, die MD-, Quader-, ML-Klassifikatoren und auch die Clusteranalyse gehen dagegen ausschließlich von den Grauwertvektoren des einzelnen Bildelements aus. Es sind bildelementbezogene Verfahren. Die Umgebung des einzelnen Bildelements wird nicht beachtet.

Bei visuellen Bildauswertungen tragen Texturen in Bildgestalten wesentlich zur Erkennung von Objekten und Objektklassen sowie deren Abgrenzung bei. Sie gehen ihrerseits auf zumeist objektspezifische, wenn auch oft unregelmäßige Oberflächenstrukturen der abgebildeten Objekte zurück. Es liegt daher nahe, Abbildungstexturen auch bei digitalen Klassifizierungen als Unterscheidungsmerkmale für Objektklassen mit heranzuziehen. Nur in diesem Kontext ist das Folgende zu verstehen. Es geht darum, Texturparameter dort mit einzusetzen, wo die reine, bildelementweise, spektrale Klassifizierung an ihre Grenze gestoßen ist. Es geht dagegen nicht darum, eine ganze auszuwertende Szene ausschließlich durch Texturparameter zu klassifizieren.

Zur Einführung eines Texturmerkmals werden die n-dimensionalen – z. B. auf n=3 spektralen Datensätze basierenden – Merkmalsvektoren der Bildelemente um eine Dimension erweitert. Bei *überwachten* Klassifizierungsverfahren kann man dies auf die durch Trainingsgebiete ausgewiesenen Objektklassen beschränken, ggf. auch nur auf jene, für die sich bei der Signaturanalyse der Musterklassen Überlappungen im Merkmalsraum ergeben haben. Es sind also zwei Verfahrenswege möglich (Abb. 268).

Bei *hierarchischen* Verfahren können Texturparameter auf jeder Stufe nach Bedarf verwendet werden. Im Beispiel der Abb. 264 ist dies überall dort der Fall, wo eine der Diskriminanzfunktionen DF1–DF9 und einer der beiden Trennparameter P1 oder P2 eingesetzt wurden. Prinzipiell erlaubt auch ein *unüberwachtes Clusterverfahren* die Einführung eines Texturparameters. Der Rechenprozeß wird dadurch aber noch komplizierter und zeitaufwendiger als er ohnehin schon ist.

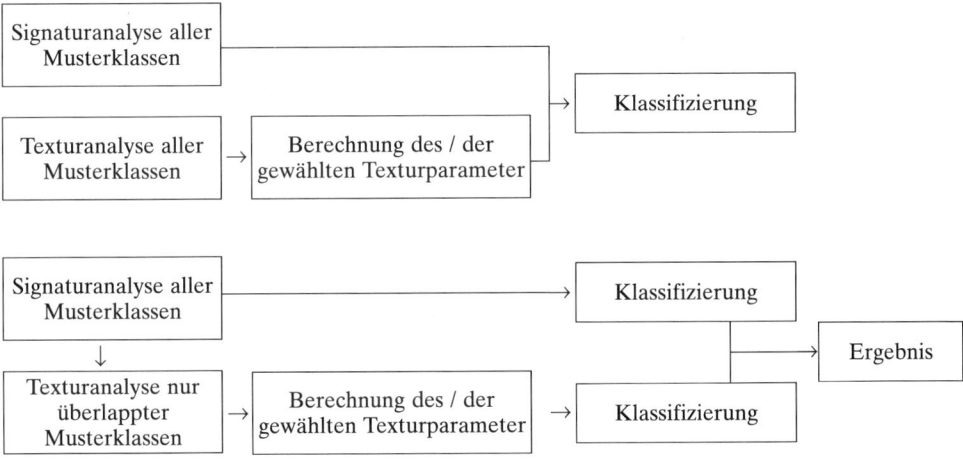

Abb. 268: *Verfahrensabläufe für die Einfügung eines Texturparameters bei überwachten Klassifizierungsverfahren*

Als Texturmerkmale kommen für digitale Klassifizierungen in Frage

- die mittlere quadratische Abweichung der Grauwerte einer Stichrprobe von deren Mittelwert, als Maß für die „Rauhigkeit" einer Textur. Sie ist freilich bei vielen, spektral ähnlichen Objektklassen ebenfalls sehr ähnlich, also nicht sonderlich klassenspezifisch,
- die Lauflänge in engen Grenzen grauwertgleicher Pixelreihen in Zeilen-, Spalten- und Diagonalrichtung, auch dies als (spezifischeres) Maß für die Rauhigkeit einer Abbildungsfläche,
- die mittlere Grauwertfrequenz, als Maß für die Häufigkeit von Grauwertwechseln in Zeilen- und Spaltenrichtung der Bildmatrix,
- die absolute und relative Häufigkeit der Überschreitung bestimmter, von Auswertern klassenspezifisch gesetzter Grauwertschwellen nach oben und unten, als Maß für das Vorkommen extremer Grauwertabweichungen,
- Grauwertgradienten, die z. B. die Gerichtetheit von Texturelementen zu erfassen und zu charakterisieren gestatten.

Weitere, z.T. komplexere Texturparameter und deren Mathematik finden sich in der inzwischen umfangreichen Literatur zur allgemeinen, d. h. nicht nur fernerkundungsbezogenen digitalen Mustererkennung. Auf HARALIK (1978) wird besonders aufmerksam gemacht.

Die Verwendung von Texturmerkmalen als zusätzliche Trennparameter bei digitalen Klassifizierungen von Fernerkundungsaufzeichnungen hält sich – unbeschadet der o.a. umfangreichen Literatur – bei praktischen, operationellen Arbeiten in engen Grenzen. Gründe dafür liegen vor allem in dem damit verbundenen hohen Rechenaufwand. Sie sind zum anderen aber auch sachbedingt. Natürliche Oberflächen bieten sich nur in wenigen Fällen (Reihenkulturen, Reihensiedlungen u. ä.) in regelmäßigen, immer gleichbleibenden wiederholenden Texturen ab. Nur in solchen Fällen sind sie als objektklassenspezifische Unterscheidungsmerkmale geeignet. Bei der Mehrzahl möglicher Objektklassen der Erdoberfläche kommen zwar typische, aber vielfältig variable und z.T. sehr unregelmäßige Texturerscheinungen innerhalb einzelner Objektklassen vor. Der sachverständige Bildinterpret bleibt durch sein Vor- und Kontext-Wissen sowie seine Assoziationsfähigkeit mathematischen Modellen bei der Zuordnung von Texturerscheinungen zu bestimmten Objektklassen überlegen.

Heranziehung multitemporaler Aufzeichnungen

Bei Klassifizierungen von Landnutzungsformen, von Vegetations- und Waldtypen sowie deren Zuständen ist der Erfolg der Auswertung nicht zuletzt von der zur Jahreszeit der Aufnahme vorliegenden phänologischen Situation abhängig. Aber auch bei phänologisch günstiger Aufnahmezeit lassen sich oft nicht alle Klassifizierungswünsche erfüllen. Auf Farbtafel I und Abb. 80 und die dort offenkundige Sachlage wird nochmals hingewiesen. Bestimmte Vegetationsbestände lassen sich wegen ihrer phänologischen Zyklen und der damit verbundenen zeitlichen spektralen Reflexionscharakteristika zu einer bestimmten Zeit unterscheiden und in anderen nicht. Gegenüber anderen Beständen kann dies auch umgekehrt sein. Fälle dieser Art sind häufig. Da die ganz überwiegende Menge praktizierter Klassifizierungen nach Aufzeichnungen zu *einem* bestimmten Datum (= *monotemporal*) erfolgt, kann davon ausgegangen werden, daß dabei nicht alle einer multispektralen Klassifizierung zugänglichen Objektklassen differenziert werden. Für grobe Landnutzungsinventuren und -kartierungen mag das hingenommen werden. Für differenziertere forstliche oder vegetationskundliche Auswertungen sollte dagegen *auch* ein *multitemporaler* Ansatz zur Verbesserung und Verfeinerung der Klassifizierungsergebnisse mit erwogen werden. *Multitemporale Klassifizierung* heißt also die Einbeziehung multispektraler Datensätze aus zwei oder mehr, zu unterschiedlichen Zeiten im Jahr aufgenommenen Aufzeichnungen. Vorliegende Erfahrungen zeigen, daß schon eine zweite, zu gut durchdachter Zeit durchgeführte Aufnahme sehr hilfreich sein kann. Für die Auswertung von Satellitendaten ist man dabei freilich auf die Verfürgbarkeit wolkenfreier oder -armer Szenen angewiesen. Es gilt in diesem Falle, in bestmöglicher Weise Aufzeichnungen aus unterschiedlichen Jahreszeiten zu wählen, z. B. Frühjahr-Hochsommer, kurz nach Ende der Regenzeit, ausgehende Trockenzeit usw.

Beispiele erfolgreicher Verbesserungen und Erweiterungen der Klassifizierung durch einen multitemporalen Ansatz liegen inzwischen mehrfach vor. Besonders evident sind sie bei Klassifizierungen landwirtschaftlicher Feldfruchtarten und für die Differenzierung unterschiedlicher Gras- und Krautfluren. Aber auch bei Klassifizierungen tropischer Waldvegetation lassen sich Verbesserungen und Verfeinerungen erzielen. HÖNSCH (1993) zeigte dies z. B. für verschiedene Unterklassen des geschlossenen und offenen tropischen Regenwaldes im Amazonasgebiet. Bei differenzierten Waldklassifizierungen in der gemäßigten Klimazone nach Bestandestypen, Alter und Zustand erwiesen sich vor allem Sommeraufnahmen als vorteilhaft. Zu dieser Zeit traten aber spektrale Signaturüberschneidungen zwischen vergrasten und verkrauteten Blößen, Kahlflächen und Aufforstungen einerseits und einigen Acker- und Gründlandflächen andererseits auf. Als Folge davon kann es zu Schwierigkeiten bei der Herstellung einer der Waldklassifizierung zweckmäßigerweise voranzustellenden Maskierung aller Nicht-Wald-Flächen kommen. Auch hier kann ein multitemporaler Ansatz, wie z. B. KEIL et al. 1988, SCHARDT 1990 zeigten, mit Einbeziehung einer April-Szene weiterhelfen.

In allen Fällen multitemporaler Klassifizierung ist eine besonders sorgfältige geometrische Korrektur, bzw. Anpassung der multitemporalen Datensätze aneinander erforderlich.

5.5.2.8 Darstellung von Klassifizierungsergebnissen

Klassifizierungsergebnisse multispektraler Aufzeichnungen werden dargestellt als
- thematische Karten in Rasterform
- Statistiken mit Angaben der absoluten Flächengrößen und/oder relativen Flächenanteile der Objektklassen
- Graphiken, z. B. in Säulen- oder Tortenform, mit Angaben von Flächengrößen und/ oder -anteilen.

Ergänzend dazu wird i. d. R. die erreichte Klassifizierungsgenauigkeit in Form einer Schätzung in jeder Objektklasse richtig und falsch klassifizierter Bildelemente angegeben. In einer Verwechslungsmatrix (confusion matrix) gibt man häufig auch an, in welcher Weise Fehlklassifizierungen zwischen den Klassen vorgekommen sind.

Da die Klassifizierungsergebnisse in Matrixform vorliegen, bereitet die Ausgabe *thematischer Karten* mit Peripheriegeräten der Bildverarbeitungsanlage (Abb. 232) oder auch die vorherige Prüfung und Editierung der Karte am Bildschirm keine Schwierigkeiten. Die Objektklassen werden dabei entweder – wie vor allem in der Anfangszeit der digitalen Klassifizierung – durch Buchstaben oder andere Symbole (Abb. 269) dargestellt oder farbcodiert (Farbtafeln XVIc/d, XVIIc/d, XVIIa, XXe).

Ergebnisstatistiken und deren *graphische Präsentation* bedürfen keiner weiteren Erklärung. Die Berechnung der Flächendaten erfolgt aus der Anzahl der auf jede Objektklasse entfallenden Bildelemente und Multiplikation mit der von diesen repräsentierten Geländefläche. Sie ist eine Routine der Bildverarbeitungssoftware.

Die Ermittlung und Darstellung der Genauigkeit des Klassifizierungsergebnisses bedarf noch der Erläuterung und einiger Hinweise. Häufig finden sich bei publizierten oder auch nur intern verwendeten thematischen Karten oder Statistiken keine Genauigkeits-

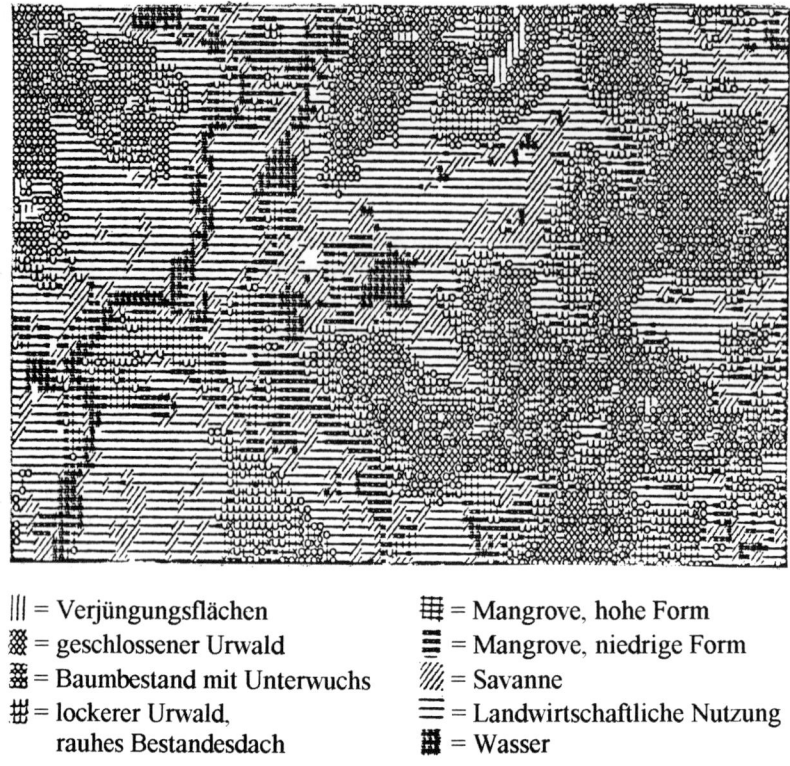

||| = Verjüngungsflächen

▓ = geschlossener Urwald

▒ = Baumbestand mit Unterwuchs

⌗ = lockerer Urwald,
    rauhes Bestandesdach

⊞ = Mangrove, hohe Form

☰ = Mangrove, niedrige Form

▨ = Savanne

≡ = Landwirtschaftliche Nutzung

▦ = Wasser

Abb. 269; *Nach digitaler Klassifizierung multispektraler Daten mit schwarz-weißen Symbolen ausgegebene thematische Karte (Beispiel: Naturlandschaft in Guinea-Bissau, aus* FORSTREUTER *1987)*

angaben. Dies muß als Mangel empfunden werden. Es liegt jedoch in der Verantwortung der Nutzer solcher Karten und Statistiken, ob man glaubt, ohne eine Schätzung für die Genauigkeit auskommen zu können. Der Regelfall sollte aber sein, die Klassifizierung an unabhängigen Testflächen, die keine Trainingsgebiete waren und deren wahre Klassenzugehörigkeit bekannt ist, zu überprüfen.

Der einfachste, sehr häufig beschrittene, aber sicher nicht voll befriedigende Weg ist eine gutachtliche Überprüfung im Gelände oder vom Flugzeug aus. In gut erschlossenen Inventurgebieten kann und sollte dies nach einem vorbereiteten Stichprobeplan erfolgen. Die Stichprobenwahl muß und kann dabei zumeist nicht strengen statistischen Regeln folgen. Sie ist den Gegebenheiten – verantwortungsbewußt (!) – anzupassen. In unerschlossenen Gebieten ist man auf Überprüfungen von zugänglichen Geländepunkten aus entlang vorhandener Straßen oder vom Flugzeug aus angewiesen. Das Ergebnis der Überprüfung kann in allen solchen Fällen nur in beschreibender Form angegeben werden: „sehr gute Übereinstimmung", „etwa 80 % richtige Klassifizierung", „häufige Verwechslung von Klasse A und D" usw.

Der Regelfall sollte aber eine vom statistischen Standpunkt aus vertretbare Überprüfung sein. Es werden dazu, wie schon erwähnt, unabhängige Testflächen gesucht, die nicht Trainingsgebiete waren, deren wahre Klassenzugehörigkeit aber bekannt ist oder erkundet wird. Nach Übertragung der Testgebietsgrenzen in das Klassifizierungsergebnis wird festgestellt, wie viele Bildelemente der Testflächen richtig klassifiziert und wieviele zu welchen anderen Klassen zugeordnet wurden. Das Ergebnis dieser Verifizierung ist eine Schätzung für die Genauigkeit der Gesamtklassifizierung. Es ist dafür eine brauchbare Aussage, wenn die Anzahl der Testgebiete ausreichend ist, alle Objektklassen mit Testgebieten belegt werden können und die Auswahl dieser Gebiete zufällig aber doch so objektiv wie möglich erfolgte. Für Objektklassen mit geringem Flächenanteil kann es zu einem Mangel an geeigneten Testgebieten kommen. Es muß dann ausnahms- und hilfsweise auf einige Trainingsgebiete dieser Klassen zurückgegriffen werden.

Überprüfungen und „Treffer"-Analysen werden gelegentlich auch ausschließlich anhand der Trainingsgebiets-Musterklassen vorgenommen. Dies täuscht Genauigkeiten vor, die i. d. R. keine, zumindest keine volle Entsprechung im Gesamtergebnis der Klassifizierung finden. Genauigkeits- und Verwechslungsangaben aus solchen Verifizierungen ist mit Vorsicht zu begegnen.

Für die Darstellung der Überprüfungsergebnisse sind sog. *Verwechslungsmatrizes* (confusion matrices) üblich. In ihnen werden die Klassifizierungsergebnisse der Bildelemente klassenweise den diesen entsprechenden tatsächlichen Objektklassen gegenübergestellt. In der Diagonalen der Matrix ist dabei die erreichte Genauigkeit – die „Trefferquote" bei den Bildelementen – für jede Objektklasse ablesbar. Die Matrix gibt daneben die klassenspezifischen Mengen fehlklassifizierter Bildelemente an. Die Angaben können in absoluten Pixelzahlen oder prozentual erfolgen. Bei Verwendung prozentualer Daten ergeben sich unterschiedliche Prozentzahlen, wenn man diese „aus der Sicht" dessen berechnet, der die Klassifizierung durchführt, oder dessen, der die Ergebnisse, z. B. die thematische Karte, benutzt. In Abb. 270 ist dazu ein einfaches Beispiel gegeben.

Den, der die Klassifizierung durchführt, interessiert, wieviel Prozent der Bildelemente jeder Klasse und insgesamt richtig zugeordnet wurden und zu welchen Prozentsätzen

a)

	Klasse	A	B	C	Σ
			Klassifizierungsergebnis in absoluten Pixelzahlen		
Wirkliche Klasse	A	300	0	0	300
	B	100	600	100	800
	C	50	50	900	1000
	Σ	450	650	1000	2100

b)

Klasse	A	B	C	Σ
	Klassifizierungsergebnis in % aus Herstellersicht			
A	100,0	0,0	0,0	100,0
B	12,5	75,0	12,5	100,0
C	5,0	5,0	90,0	100,0

c)

Klasse	A	B	C
	Klassifizierungsergebnis in % aus Nutzersicht		
A	66,7	0,0	0,0
B	22,2	92,3	10,0
C	11,1	7,7	90,0
Σ	100,0	100,0	100,0

Abb. 270: *Verwechslungsmatrix (einfaches Beispiel) a) in absoluten Pixelzahlen, b) in Prozentzahlen aus Herstellersicht, c) in Prozentzahlen aus Nutzersicht*

Fehlklassifizierungen zu den anderen Klassen erfolgte. Die *Zeilen*summe der Matrix ergibt dann immer 100 %.

Demgegenüber will der Benutzer der Karte oder Statistik wissen, zu welchem Prozentsatz das ihm für die Klassen mitgeteilte Ergebnis zutrifft und wieviel Prozentanteile von den anderen Klassen sich darin verstecken. In diesem Falle müssen die *Spalten*summen 100 % ergeben.

Für differenzierte Klassifizierungen, bei denen sich die Objektklassen in der Natur aus Zustandsmerkmalen der einzelnen, sie konstituierenden Objekte ergeben, können Genauigkeitsanalysen der bisher genannten Art nicht verwendet werden. Ein solcher Fall liegt z. B. beim digitalen Klassifizieren von Waldbeständen vor, wenn die gewünschten Objektklassen Schadensklassen sind und diese aus den unterschiedlichen Zuständen der einzelnen Bäume eines Bestandes definiert werden. Um die Klassenzuordnung von Bildelementen mit dem in der Natur gegebenen Zuständen im Baumkollektiv vergleichen zu können, wäre es notwendig, deren Lage terrestrisch oder in Luftbildern zu identifizieren und sie flächenrichtig abzugrenzen. Dies aber ist weder bei Scanneraufzeichnungen von Satelliten noch von Flugzeugen aus möglich.

An die Stelle einer Genauigkeitsangabe kann in solchen Fällen eine gebietsweise Verifizierung des Klassifizierungsergebnisses durch Vergleich mit den Ergebnissen einer stichprobenweisen Luftbildinterpretation treten (KUNTZ 1989). Für die baumweise Ansprache der Schadklasse an den Luftbildstichprobeorten sind großmaßstäbige Infrarot-Farbluftbilder erforderlich. Die Stichprobeorte werden mittels einer Schablone systematisch über das jeweilige Verifizierungsgebiet gelegt. Verglichen werden die sich in beiden Klassifizierungen ergebenden Klassenhäufigkeiten. Sind diese gleich oder in einem tolerierbaren Rahmen ähnlich, so kann das digitale Ergebnis als akzeptabel angesehen werden und als verifiziert gelten. Dies insbesondere im Hinblick darauf, daß auch die Luftbildstichprobe mit einem Stichprobe- und Interpretationsfehler behaftet ist.

5.5.3 Beobachtung von Veränderungen und Entwicklungen (change detection)

Bei der visuellen Interpretation von Farbkompositen (Kap. 5.5.1) und der Besprechung von digitalen Klassifizierungsverfahren sowie der dabei eingeschlossenen thematischen Kartierung war stillschweigend davon ausgegangen worden, daß die Fernerkundungsaufgabe darin besteht, gegebene Situationen und Zustände zu untersuchen und zu erfassen. Wie bei Luftbildauswertungen (Kap. 4.6.7) kann die Aufgabe auch darin bestehen, Entwicklungen der Landschaft und von Ökosystemen, Veränderungen von Zuständen zum guten oder schlechten, Folgen von Katastrophen und Kalamitäten usw. zu betrachten, zu untersuchen oder zu belegen. Aufgaben dieser Art nehmen angesichts zunehmender Gefährdungen von Umwelt und Ökosystemen sowie ökonomisch oder sozial bedingten aggressiven Eingriffen des Menschen in noch bestehende Naturlandschaften zu. Das gilt sowohl für lokale als auch für regionale und zunehmend auch globale Beobachtungen.

Wie Luftbildauswertungen für solche Zwecke sind auch multispektrale Aufzeichnungen in Form von *Zeitreihen* ein sehr geeignetes Medium für solche Beobachtungen und Untersuchungen. Besonders durch die Wiederholungsraten der aus Weltraumflugkörpern heraus aufgenommenen Daten liegen dafür gute Voraussetzungen vor. Für globale Beobachtungsaufgaben können dabei im Hinblick auf regional häufige und wechselnde Bewölkungen auch weniger gut auflösende, aber tägliche Aufzeichnungen des AVHRR Sensors im NOAA-Satelliten hilfreich sein. Auf die aus gleichem Grund gegebene Bedeutung von Radaraufzeichnungen für solche globalen und großregionalen Aufgaben wird in Kap. 6 eingegangen.

Unabhängig davon, ob visuelle Interpretationen von Farbkompositen oder digitale Klassifizierungen für die Lösung der Beobachtungsaufgabe eingesetzt werden, müssen die zugrunde gelegten multispektralen Datensätze vergleichbar sein. Es müssen gleiche Spektralkanäle oder Ratios, Vegetationsindices usw. eingesetzt werden. Sorgfältige und vergleichbare Atmosphärenkorrekturen und geometrische Korrekturen in Bezug auf das gleiche Bezugssystem sind erforderlich. Bei retrospektiven Untersuchungen, bei denen man auf Daten anderer, älterer Sensoren angewiesen ist, sind z. B. in Bezug auf die geometrische Auflösung oder die Kanalauswahl Anpassungen oder entsprechende Rücksichtnahmen bei der Auswertung erforderlich.

Sollen durch *visuelle* Interpretationen Entwicklungen verfolgt oder Veränderungen aufgedeckt werden, so gilt das im Kap. 4.6.7 Gesagte prinzipiell in gleicher Weise. Möglichkeiten und Grenzen der Interpretation sind bei Verwendung von Satellitenaufzeichnungen durch die Grundauflösung gesetzt. Andererseits eröffnen die großräumigen Überblicke, die solche Bilder bieten, neue Aspekte gegenüber entsprechenden Luftbildauswertungen. Auf Farbtafel XVII ist auf der Basis von LANDSAT MSS und TM Daten als Beispiel hierfür die Entwicklung der Waldzerstörungen im böhmischen und sächsischen Erzgebirge gezeigt.

Eine Sonderstellung der Auswertung multispektraler Aufzeichnungen durch visuelle Interpretation und Analyse nehmen Untersuchungen der tageszeitlichen Oberflächentemperaturen und ihrer Verteilungsmuster ein. Hierüber war bereits in Kap. 5.5.1.2 gesprochen worden.

Werden Verfahren der digitalen Bildbearbeitung für Monitoringaufgaben eingesetzt, so führt man vergleichbare Datensätze der multitemporalen Aufzeichnungen in der Bildverarbeitungsanlage zusammen. Dies kann für die Datensätze *eines* Spektralkanals oder der Farbkomposite oder auch der Klassifizierungsergebnisse erfolgen.

Eine übliche Form der Auswertung ist dabei die Subtraktion der einen Bildmatrix von der anderen. Für Bildelemente, die keine Veränderung erfahren haben, ergibt sich 0, für veränderte ein positiver oder negativer Wert $\neq 0$. Durch Hinzufügung eines konstanten Berichtigungswertes, der bei 8-bit-Daten = 127 sein muß, erhält man durchgehend positive Grauwerte und ein Ergebnisbild, bei dem alle unveränderten Bildelemente den Grauwert 127 erhalten und veränderte einen entsprechend helleren oder dunkleren. Die neuen Grauwerte des Differenzbildes können auf verschiedene Weise bildlich hervorgehoben werden, z. B. durch Kontrastverstärkung oder Farbkodierung. Letzteres ggf. nach einer einfachen Schwellenwertoperation. Durch Maskierung aller Bildelemente mit dem Grauwert 127 erhält man ein Bild, das ausschließlich jene Pixel zeigt, deren Grauwert bzw. deren Klassifizierungsergebnis sich zwischenzeitlich verändert hat.

Im Differenzbild gefundene Veränderungen weisen auf veränderte Situationen im Gelände hin. Sie müssen aber als *Hinweise* auf solche begriffen werden, deren Richtigkeit durch terrestrische oder luftvisuelle Überprüfungen im Gelände verifiziert werden muß.

5.6 Angewandte Fernerkundung mit elektro-optischen Aufzeichnungen

Wie in den Kap. 4.7 und 6.7 wird auch hier von *praktischen* Anwendungen gesprochen. Eingeschlossen werden dabei sowohl Pilotprojekte, die praktische Anwendungen vorbereiten und mit ihren Ergebnissen bereits Informationsbedürfnisse befriedigen, als auch Anwendungen für geowissenschaftliche Forschungsarbeiten.

Experimentelle Arbeiten, etwa im Zusammenhang mit Sensorentwicklungen und Erprobungen, Signaturforschungen und Arbeiten die sich mit der Entwicklung digitaler Auswertemethoden beschäftigen, werden im Sinne dieses Kapitels nicht der angewandten Fernerkundung zugeordnet. Als Grundlagenforschungen ist aber ihre Bedeutung evident. Nur auf der Basis kompetenter und intensiver Grundlagenforschung kann vernünftige und effizient angewandte Fernerkundung entwickelt und betrieben werden.

Als Anwendungs*gebiete* werden die Disziplinen, die der Erkundung der festen Erdoberfläche, insbesondere ihrer Vegetationsbedeckung und der Nutzung und Bewahrung ihrer natürlichen Resourcen dienen, ins Auge gefaßt. Dabei liegt der Schwepunkt wiederum bei Anwendungen für land- und forstwirtschaftliche, regional- und landesplanerische Zwecke sowie bei der Informationsbeschaffung für lokale bis globale Überwachungsaufgaben. Demgegenüber werden geologische Kartierungen nur am Rande behandelt. Anwendungen auf den Gebieten der Ozeanographie, Glaziologie und der Meteorologie bleiben ebenso wie Erkundungen militärischer Anlagen und Bewegungen außer Betracht.

Alle Erwähnungen praktischer Anwendungen in konkreten Anwendungen sind – wie in den Kap. 4.7 und 6.7 – als Beispiele zu verstehen. Die Fülle solcher Anwendungen läßt eine auch nur annähernd vollständige Aufzählung nicht zu. Berichtet wird über praktische Anwendung elektro-optischer Scanneraufzeichnungen,
– die von Flugzeugen aus aufgenommen wurden (5.6.1),
– die von Weltraumflugkörpern aus aufgenommen wurden (5.6.2).

5.6.1 Anwendungen vom Flugzeug aus aufgenommener Scanneraufzeichnungen

5.6.1.1 Anwendungen von Infrarot-Thermalaufnahmen

Infrarot-Thermalaufzeichnungen waren die ersten für zivile Zwecke zugänglichen elektro-optischen Daten. Sie standen in den USA seit Anfang der sechziger Jahre zunächst für experimentelle Zwecke zur Verfügung und lösten sofort auch Untersuchungen über das Emissionsverhalten verschiedener Objekte aus. Schon 1962 hat z. B. der US Forest Service ein Projekt „Fire Scan" begonnen, das zur Entwicklung des in Abb. 209 gezeigten 2-Kanal-IR-Thermalscanners und zur Einführung eines Waldbrandüberwachungssystems mit Infrarot-Thermalaufnahmen führte.

Bis heute sind Infrarot-Thermalbilder unter den aus Flugzeugen heraus aufgenommenen elektro-optischen Aufzeichnungen die am häufigsten und am effektivsten verwendeten. Dabei überwiegen bei weitem visuelle Auswertungen, auf deren Möglichkeiten und Interpretationsfragen schon in Kap. 5.5.1.2 exemplarisch eingegangen wurde.

Die wesentlichsten praktischen Anwendungen fanden vom Flugzeug aus aufgenommene Infrarot-Thermalbilder für

– gelände- und stadtklimatologische Untersuchungen und -kartierungen
– Waldbrandüberwachungen
– Gewässerüberwachungen
– geothermische Untersuchungen und Beobachtungen.

Zu den weiteren Anwendungen, die gelegentlich praktiziert und z. B. in Ergänzung von Fernerkundungen mit Daten aus dem sichtbaren und nahen IR-Bereich eingesetzt wurden, gehören

– bodenkundliche, insbesondere die Bodenfeuchte des Oberbodens betreffende Untersuchungen,
– Versuche, Pflanzen- und insbesondere Baumkrankheiten aufgrund unterschiedlicher Transpiration (Verdunstungskälte) gesunder und kranker Individuen zu erkennen,
– Zählungen von Tierpopulationen,
– Unterstützungen vegetationskundlicher und landschaftsökologischer Analysen.

Auf die erhebliche Bedeutung, die Infrarot-Thermalbilder bei *terrestrischem* Einsatz für thermographische Untersuchungen von Gebäuden, Fabrikanlagen, Kesseln, Tunnelwänden, Rohrleitungen usw. haben, wird ergänzend hingewiesen.

Geländeklimatologische Untersuchungen mit Hilfe von Thermalbildern in Verbindung mit terrestrischen Radiometermessungen zur Absoluteichung (vgl. Kap. 5.5.2) sind verbreitet. Sie setzten in Mitteleuropa Anfang der Siebziger Jahre ein (z. B. LORENZ 1972, 1973) und setzten sich bald als neues Arbeits- und Informationsmittel für diesen Zweck durch. Als Beispiel, das erkennen läßt, welchen ökologischen und ökonomischen Wert solche Untersuchungen – hier für den Weinbau und künftige Rebumlegungen – haben, wird eine Untersuchung am Kaiserstuhl im badischen Oberrheintal herangezogen (ENDLICHER 1980). Zu untersuchen waren die geländeklimatologischen Konsequenzen einer Rebflurbereinigung und deren Folgen für den Weinbau. Anstelle früherer Kleinterrassen entstanden mit der Umlegung leicht bergwärts geneigte Großterrassen. Die Untersuchung anhand von Tages- und Nachtaufnahmen aus 1000 m Flughöhe deckte die durch die Veränderung für den Weinbau nachteiligen Folgen dieser Umgestaltung auf. Die süd-, südost- und südwest-exponierten Terassenflächen zeigten in der Mittagszeit bei sommerlichem Strahlungswetter zwischen 5–10° kühlere Oberflächentemperaturen als benachbarte, gleichexponierte Kleinterrassen. Das nächtliche Temperaturmuster ließ erkennen, daß sich die Großterrassenflächen um 1–4° mehr abkühlten als die Kleinterrassen und nur noch um 1–1,5° über dem Temperaturniveau von Flächen lagen die wegen extremer Frostgefährdung vor Ort rebfrei gehalten werden. Zudem zeigte sich, daß die bergseitigen Hangwinkel der Großterrassen zur Bildung von Kaltluftstaus neigen.

Noch verbreiteter sind *stadtklimatologische Untersuchungen*. Auf das hierzu in Kap. 5.5.1.2 Gesagte und die Abb. 254–255 wird zurückgegriffen. Auch solche Untersuchungen und Kartierungen setzten unmittelbar nachdem Aufnahmen von Wärmebildern möglich wurden ein (in Deutschland z. B. HIRT 1975, STOCK 1978, GOSSMANN u. NÜBLER 1977 u. a.). Sie kamen geradezu „in Mode". Dies ist nicht verwunderlich, denn mit ihnen stand erstmals ein Mittel zur Verfügung, *flächendeckende* Informationen über die Temperaturmuster in der Stadt bei Tag und Nacht, Frischluftströme und -barrieren zu erhalten. Das neue Informationsmittel erwies sich seitdem immer wieder als wichtige, umweltrelevante Planungsunterlage für städtische Flächennutzungs- und Bauplanungen, Siedlungs- und Industrieansiedlungspolitik u. a.

Inzwischen haben sich Dienstleistungsunternehmen etabliert, die sich auf städtische Klimagutachten, Umweltverträglichkeitsprüfung mit besonderer Berücksichtigung stadtklimatischer und lufthygienischer Komponenten u. ä. spezialisiert haben. Sie ziehen dabei Infrarot-Thermalaufzeichnungen als wesentliche, oft als Basis-Informationsquelle für ihre Analyse- und Kartierarbeit heran.

Die Möglichkeiten der aerialen Thermographie werden in diesem Zusammenhang auch zur Informationsgewinnung und Unterstützung für *Energiesparprogramme*. Terrestrische *und* aeriale Aufnahmen von Thermal-Bildern werden dabei gemeinsam eingesetzt um Wärmeverluste und die Effizienz der Energienutzung einerseits für Gebäude und Anlagen im einzelnen und andererseits für ganze Städte zu analysieren. Meßprogramme dieser Art wurden und werden vor allem in Nordamerika durchgeführt (z. B. CIHLAR et al. 1977, JENSEN et al. 1983).

Die Verwendung von Thermalaufnahmen für die regelmäßige *Waldbrandüberwachung* während der „Waldbrandsaison" wurde bereits mehrfach erwähnt. Sie hat besonders in den ausgedehnten, waldbrandgefährdeten Wäldern im Nord- und Südwesten der USA große praktische Bedeutung erlangt. Der US Forest Service richtete Ende der sechziger Jahre nach der Entwicklung des 2-Kanal-Scanners des IR-Fire-Detection-System (Abb. 209) eine eigene Flugstaffel und Einsatzgruppe ein. Deren Einsätze wurden in der Folgezeit im jährlichen Airborne Thermal Infrarot Report des USADA Forest Service beschrieben. Als Beispiel wird in Abb. 271 aus der Bilanz von 29 Beobachtungsflügen der ersten 6 Wochen der Waldbrandsaison 1970 zitiert (vgl. hierzu Abb. 210).

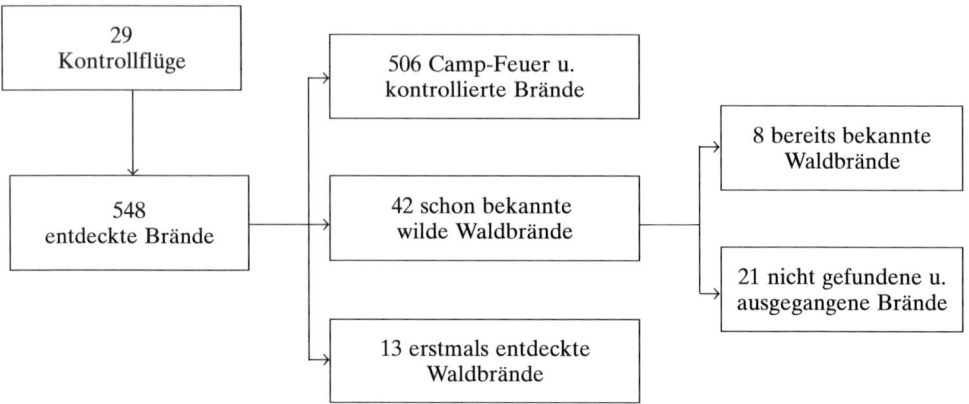

Abb. 271: *Bilanz von 29 Patrouillen-Flügen 1970 in den USA mit dem IR-Fire-Detection-System (vgl. Abb. 209, aus WEBER 1971, s. auch HILDEBRANDT 1976b)*

Außerhalb Nordamerikas sind keine vergleichbaren, routinemäßig durchgeführten Überwachungsflüge dieser Art bekannt.

Bei ausgedehnten Waldbränden mit starker Rauchentwicklkung wurden Infrarot-Thermal-Scanner auch für die *laufende Beobachtung* der Feuerfronten, der Ausbreitung, von Laufrichtung und -geschwindigkeit des Feuers eingesetzt. Da Wärmestrahlen trockene Rauchwolken durchdringen, können diese im Brandgebiet nur sehr begrenzt und punktuell zu gewinnenden Informationen der Einsatzleitung durch Fernerkundung zugeführt werden. Die Einsatzkräfte können dadurch gelenkt und durch Einschließungen gefährdete Trupps rechtzeitig zurückgezogen werden. Neben Scannern vom Typ des in Abb. 209 gezeigten, kann hierfür auch eine Videokamera mit Ausrüstung wie z. B. der AGA THV 750/Superviewer eingesetzt werden.

Sehr verbreitet sind auch Gewässerüberwachungen der in Kap. 5.5.1.2 schon genannten und durch Abb. 257 demonstrierten Art. Es wurden und werden in mehreren Ländern der Erde Flüsse, Seen und küstennahe Meeresflächen in Bezug auf warme und kalte Strömungen, Aufquellungen und Einleitungen sowie die Wassertemperaturen verändernde

Auflagen (Öl, Wasserpflanzen, Abraum) untersucht oder beobachtet. Besondere Bedeutung kann diese Form der Fernerkundung im Zusammenhang mit dem Aufspüren verdeckter und wilder, umweltgefährdender Einleitungen erlangen.

Auch Anwendungen dieser Art setzten in den frühen siebziger Jahren in Nordamerika und einigen europäischen Ländern ein. In Deutschland leistete dabei S. SCHNEIDER (1974/ 1977) mit Untersuchungen an Saar, am mittleren und Oberrhein sowie an der Unterelbe Pionierarbeit.

Breitere Anwendung fand die Thermographie in der *Geologie* und hier besonders für Überwachungsaufgaben bei noch aktiven Vulkanen und für Untersuchungen und Kartierungen sich an der Erdoberfläche ausprägender *geothermischer Phänomene*.

5.6.1.2 Anwendungen von Scanneraufzeichnungen aus dem solaren Spektralbereich

Bis vor wenigen Jahren fanden Scanneraufzeichnungen mit multispektralen Aufnahmekapazitäten im solaren Spektralbereich nur wenig praktische Anwendung. Bezeichnend ist, daß im umfassenden, 2440seitigen Manual of Remote Sensing die Fernerkundung mit Hilfe dieser Technologie und dieses Mediums – mit Ausnahme der hier im Kap. 5.6.1.1 besprochenen Thermographie – nur an wenigen Stellen und auch dort eher nebenbei Erwähnung findet.

Die Bedeutung der aus Flugzeugen aufgenommenen multispektralen Scanneraufzeichnungen lag in den 70er Jahren vor allem in ihrer Funktion als Mittel zur *Erprobung multispektraler Aufnahmesysteme* und zur *Auswahl geeigneter Spektralkanäle* für die Bestückung künftiger Satellitensensoren zur Erdbeobachtung sowie als *Lern- und Trainingssystem*. Beispiele hierfür sind das „NASA-Geosat test case project", das vor allem der Untersuchung geeigneter Spektralkanäle diente, die „Swedish airborne MSS campaign 1975" (WASTENSON et al. 1978) und in Deutschland das „Flugzeugmeßprogramm" 1975–1978. Letzteres war initiiert worden, um deutsche Wissenschaftler an die neue Technologie heranzuführen und ihnen Gelegenheit zu geben, im Hinblick auf künftige Satellitenprojekte den Informationsgehalt dieses Mediums zu erkunden. In diesem Sinne waren die umfassenden und interdisziplinär durchgeführten Projekte erfolgreich und nützlich.

Die Technologie verselbständigte sich in der Folgezeit, fand aber bis heute nur einen begrenzten Markt. Auch spätere, anwendungsbezogene Forschungsprogramme, die vorrangig auf den Einsatz von Flugzeugscannerdaten für spezielle Inventuraufgaben – z. B. von Schäden in landwirtschaftlichen Kulturen oder in Wäldern – ausgerichtet waren, führten nicht zu mehr praktischen Anwendungen. Sie brachten – unbestritten – wichtige Ergebnisse im Einzelnen und trugen nicht unwesentlich zur Grundlagenforschung bei. Letztlich aber führten sie zur Erkenntnis, daß eine „präoperationelle" Phase für den Einsatz dieses Fernerkundungssystems erreicht wurde, bzw. daß ein Einsatz nur unter bestimmten Randbedingungen Erfolg verspricht (vgl. hierzu z. B. REICHERT 1983, LANDAUER u. VOSS (Hrsg.) 1989).

Erst der in jüngster Zeit erfolgte Durchbruch im Hinblick auf die Beherrschung der geometrischen Probleme von Flugzeugscannerdaten (siehe Kap. 5.4.1.3) läßt eine breitere praktische Anwendung erwarten. Freilich bleibt offen, ob und inwieweit dabei die Konkurrenz einerseits mit Luftbildauswertungen und andererseits mit multispektralen Satellitenaufzeichnungen bestanden wird.

Bei *abbildenden Spektrometern* (siehe Kap. 5.1.2) liegt eine andere Situation vor. Sie stehen vorerst nur für spezielle Forschungszwecke zur Verfügung. Ihre Bedeutung wird – soweit absehbar – auch für längere Zeit in erster Linie dort liegen, wo es bei Forschungen, z. B. auch Signaturuntersuchungen, darauf ankommt, spektral hochauflösende Daten zu gewinnen.

5.6.2 Anwendung von Weltraumflugkörpern aus aufgenommener Scanneraufzeichnungen

Mit dem Start des LANDSAT 1 (ERTS) 1972 und der bald weltweiten Verfügbarkeit seiner Aufzeichnungen von der Erdoberfläche, wurde eine neue Ära der Fernerkundung eröffnet. Erstmals stand für zivile Zwecke ein operationelles System zur Erderkundung und -beobachtung mit globaler und multispektraler Aufnahmekapazität sowie kurzen Wiederholungsraten zur Verfügung. Geowissenschaftlern aller Disziplinen und Entscheidungsträgern in Politik, Verwaltungen und Wirtschaft, die Verantwortung für ökologische, wirtschaftliche oder soziale Entwicklungen in größeren Räumen zu tragen haben, war damit ein ganz neues Informationsmittel an die Hand gegeben. Die Erde war im wahrsten Wortsinn überschaubar geworden.

Nach einer kurzen Phase eher tastender aber schon vielfältiger Untersuchungen des Informationsgehalts der neuartigen Aufzeichnungen wurde klar, daß Nutzen aus dem neuen Medium gezogen werden konnte, wo es sich um Untersuchungen großräumiger Phänomene der Erdoberfläche oder großräumige Inventuren mit begrenzten Fragestellungen im Bezug auf die Differenzierung der Ergebnisse handelt. Welchen Stellenwert LANDSAT MSS Daten schon nach den ersten sechs Jahren für praxisbezogene Anwendungen besaßen, geht aus der in Tab. 86 zusammengestellten Liste hervor. In dieser sind exemplarisch Projekte der NASA, des Ontario Center for Remote Sensing (OCRS) und der brasilianischen Institute für Weltraumforschung (INPE) und für die Entwicklung der Forstwirtschaft (IBDF) aufgelistet, bei denen LANDSAT Daten unterstützend einbezogen wurden.

Das in Tab. 86 zuletzt genannte Brasilian Forest Cover Monitoring Project war das ambitionierteste und für ein Land bedeutendste des ersten Jahrzehnts. *Primäre* und *flächendeckende* Informationsquelle für die Inventur- und Monitoringarbeit waren die LANDSAT MSS und RBV Aufzeichnungen. Sie wurden überwiegend visuell interpretiert. Für die Erfassung und Beobachtung der Aufforstungsaktivitäten im Land erfolgte auch eine digitale Klassifizierung der MSS-Daten. Ziel des Projekts war es, sowohl die Kontrolle über die bis dahin weitgehend unkontrollierten Rodungen und Waldzerstörungen im Lande zu gewinnen als auch die Aufforstungsaktivitäten und Entwicklungen in Nationalparks und -forsten zu beobachten. Kurzperiodisch sollten die Wälder des 8.5 Millionen km^2 (!) großen Landes erstmals durchgehend kartiert werden, um fortlaufend die Veränderungen der Waldfläche feststellen zu können. Das Projekt begann in Zusammenarbeit zwischen FAO und dem brasilianischen Zentralinstitut für die Entwicklung der Forstwirtschaft (IBDF) im Jahre 1979 in den am stärksten bedrohten Amazonas-Staaten und wurde 1980 auf das ganze Land ausgedehnt (CARNEIRO 1981).

Das schnell wachsende Interesse an LANDSAT-Produkten und der Anwendung für experimentelle und praktische Zwecke in den ersten Jahren läßt sich an der Leistungsbilanz des zentralen Datenzentrums der USA in Sioux Falls ablesen. Dort wurden schon zwischen 1975 und 1978 jährlich über 400 000 MSS-Bilder produziert und seit 1976 jährlich regelmäßig über 10 000 Nutzer der Daten betreut. Auch in den Datenzentren außerhalb der USA wurden mit steigender Tendenz MSS-Bilder hergestellt und an Nutzer abgesetzt. INPE in Sao José dos Campos registrierte z. B. schon 1977 301 Nutzer von LANDSAT Daten und bis dahin die Produktion von 21256 Bildern, davon 10045 allein 1977.

Ein ähnlich großes Interesse *öffentlicher* Verwaltungen wie in Nordamerika oder Brasilien bestand zu dieser Zeit in *Europäischen Ländern* noch nicht. Dagegen hatte aber auch hier in *wissenschaftlichen* Instituten und Forschungsanstalten eine rege, überwiegend experimentelle Arbeit mit LANDSAT-Daten eingesetzt. Sie umfaßte alle geowissenschaftlichen Disziplinen und fand in nahezu allen Ländern des Kontinents statt. Neben Anwen-

Projektbezeichnung	Projektausführung
1	*2*
Snow Mapping	NASA/GODDARD SPACE FLIGHT CENTRE (GSFC)
Water Management and Control	NASA/ (GSFC/USCE)
Census-Urbanized Area Project	NASA/GSFC/US Census Bureau
Wildland Vegetation Resources Inventory	NASA/Bureau of Land Management
Texas Natural Resources Inventory and Monitoring	NASA/TNRIS/JOHNSON Space Centre
Irrigated Land Assessment for Water Management	NASA/California Dept. of Water Resources
Land Cover Change Detection and Update	NASA/US Geol. Survey
Landsat Based Resources Inventory of Navajo Reservation	NASA/NAVAJO/Earth Resources Laboratory
St. Regis Forest Resources Information System	NASA/St. Regis
Appalacian Lineament Analysis	NASA/GSFS
LACIE = Large Area Crop Inventory Experiment	NASA/JOHNSON SPACE CENTRE
Surficial Geology Mapping of Unmapped Portion of Northern Ontario	OCRS
Biophysical Classification of the Ontario Portion of the Hudson Bay and James Bay Lowlands	OCRS
Description of the Physiography of Northern Ontario	OCRS
Province-wide Monitoring of Forest Disturbances (Fire, Clearcuttings, Blowdown)	OCRS
Crop Survey, Soil Survey	INPE
Survey of Natural Forests and Reforestations	INPE
Regional Geological Mapping, Mineral Mapping	INPE
Potential and Actual Land Use	INPE
Detection of Pollution in Water Bodies	INPE
Brasilian Forest Cover Monitoring Projekt	IBDF/FAO (ab 1979)

Tab. 86: *Beispiele von Projekten, die bis 1978 in den USA, in Brasilien und Ontario/ Kanada mit Unterstützung von LANDSAT Daten durchgeführt oder begonnen wurden (RICE et. al. 1978, PALA 1978, SONNENBURG 1978, CARNEIRO 1981).*

dungen zur Untersuchung einzelner geowissenschaftlicher, vegetationskundlicher oder spezieller forstwirtschaftlicher Sachverhalte hatten sie z.T. auch schon den Charakter von Pilotprojekten z. B. für Vegetationskartierungen (z. B. WASTENSON et al. 1978), für die Einbeziehung von Satellitendaten in mehrphasige Waldinventuren (z. B. SCHADE 1980), für Landnutzungsklassifizierungen (HABERÄCKER, SCHRAMM et al. 1979, QUIEL 1984) oder die Kartierung küstennaher Meeresgebiete (z. B. DENNERT-MÖLLER 1982). Eingang fanden Farbkompositen aus LANDSAT Daten zu dieser Zeit auch schon in Atlanten, wie z. B. in DIERKEs Weltraumatlas 1981 oder den Deutschen Planungsatlas (seit 1979).

Praktisch angewandt wurden schließlich LANDSAT Daten ab Mitte der siebziger Jahre bei vielen Kartierungen und Inventuren in Ländern der Dritten Welt. Hier kam Projektleitern das neue Medium als *zusätzliche* Informationsquelle für die Erfassung weiträumiger Strukturen und Zusammenhänge sehr entgegen, z. B. in Bezug auf Lineamente u. a. geologische und bodenkundliche Sachverhalte (z. B. LIST et al. 1978, BANNERT 1978), hydrologische Situationen, Landnutzung und Vegetationsverteilung (z. B. MILLER u. WILLIAMS 1978, MÜKSCH 1982, BALTAXE 1980).

Die zweite Generation der Erderkundungssatelliten brachte nach 1984 einen neuen Schub hinsichtlich praktischer Anwendungen. Bedingt war das sowohl durch die verbesserte geometrische Auflösung als auch – beim LANDSAT TM – durch die Ausdehnung der spektralen Aufnahmekapazität auf den mittleren und thermalen Infrarotbereich. Die früheren LANDSAT MSS Aufzeichnungen gewannen für die Analyse von Entwicklungen, z. B. der Vegetationsbedeckung oder von Waldzuständen, eine neue Bedeutung als Dokumente früherer Situationen. LANDSAT TM und SPOT HRV Daten, später auch die Aufzeichnungen der Satelliten der MOS-, JERS-, IRS-Serien, werden seitdem regelmäßig bei großräumigen Inventur-, Kartierungs- und Monitoringvorhaben als Arbeits- und Informationsmittel in Betracht und in zunehmendem Maße auch herangezogen.

Die Funktion auch der zweiten Generation von Satellitenaufzeichnungen blieb weiterhin in erster Linie die Beschaffung der flächendeckenden und synoptischen Informationen von Inventurgebieten entsprechender Ausdehnung. Die verbesserte und erweiterte Datenqualität sowie weitere Fortschritte in der Entwicklung von Bildverbesserungsmethoden, Auswertungsverfahren, Hard- und Software lassen aber mehr als zuvor auch die Gewinnung wichtiger Detailinformationen zu. Je nach der Art der auszuwertenden Gegenstände ist letzteres – wie die Erfahrung zeigt – bis zu einem Grade möglich, der die Darstellung von Ergebnissen im Maßstab zwischen 1:50000 bis 1:100000 erlaubt. Im Regelfall blieben die Satellitenaufzeichnungen auch im vergangenen Jahrzehnt *eine* Informationsebene neben terrestrischen Aufnahme- und Erkundungsarbeiten im Gelände und Luftbildern (ggf. verschiedener Maßstäbe).

Die Verwendung von Satellitenaufzeichnungen erfolgte sowohl in Form visueller Bildauswertung als auch durch rechnergestützte Klassifizierung. Dabei überwogen in der Praxis – in gewissem Gegensatz zu veröffentlichten Arbeitsergebnissen – eher die visuellen Auswertungen. Relativ häufig diente dabei die Farbkomposite auch nur als Luftbildersatz. Mit zunehmender Verfügbarkeit über digitale Bildverarbeitungsanlagen außerhalb Nordamerikas und Europas gewinnen aber rechnergestützte, interaktive Auswertungen an Boden. Besonders befördert wird dies durch PC-Systeme und den inzwischen erreichten hohen Stand der sehr flexiblen und nutzerfreundlichen Software. Es ist andererseits nicht zu verkennen, daß zahlreiche Auswertungen des sachverständigen Interpreten bedürfen und sich prinzipiell nicht alle Fernerkundungsaufgaben mit Mitteln der Klassifizierung, Mustererkennung oder des digitalen Change Detection lösen lassen.

Einige Beispiele praktischer Verwendung multispektraler Satellitenaufzeichnungen werden im folgenden herausgegriffen. Sie können nur einen groben Eindruck der vielfältigen Benutzung dieses Mediums vermitteln, zumal diese Beispiele im Hinblick auf die Zielgruppen dieses Buches ausgewählt sind.

Beispiele aus Europa

a) Kartierung der Hauptwaldtypen zur Ergänzung der Topographischen Karte 1:200 000 (KEIL et al. 1988, 1990, WINTER u. KEIL 1991)
Topographische Karten vermitteln nur Informationen über vorhandene Waldfläche als solche. Allenfalls geben sie durch Symbole eine (oft unzuverlässige) Auskunft darüber, ob Laub- oder Nadelwald vorherrscht. Zur Aufwertung dieser Karten im Hinblick auf Vorkommen und Verteilung von Hauptwaldtypen, wurden LANDSAT-Daten digital klassifiziert und das Ergebnis in die topographische Karte eingebracht. Die Arbeit erfolgte als Pilotprojekt für mehrere Kartenblätter. Methodisch wurde zunächst der Wald vom Nichtwald durch ein Schwellenverfahren getrennt und dann die Waldfläche durch eine überwachte ML-Klassifizierung fünf Hauptwaldtypen zugeordnet. Auf Farbtafel XIX ist ein Ausschnitt einer in dieser Art ergänzten Karte abgebildet. Tab. 87 zeigt die Verwechslungsmatrix mit prozentualen Angaben (aus der Sicht des Herstellers) der richtig klassifizierten Pixel in der Diagonalen der Matrix. Bei der Beurteilung des Ergebnisses ist zu beachten, daß die Abgrenzungen zwischen den Klassen in der Natur fließend sind. Sowohl im „Laubwald" kommen beigemischte Nadelbäume vor als auch im Nadelwald beigemischte Laubbäume. Laub-Nadel Mischbestände können gleichanteilig gemischt sein oder von einer der beiden Baumartengruppen dominiert werden, so daß Übergänge zum Laub- oder Nadelwald vorkommen. Unter Berücksichtigung dessen und im Hinblick auf die Verwendung des Klassifizierungsergebnisses ist das Ergebnis sehr akzeptabel.

wirkliche Klasse	Klassifizierungsergebnis in Prozent						Summe klassifizierte Pixel
	Laub-wald	Fichten, Fichten/ Kiefern	Kiefern	Laub-Nadel-Misch-wald	Wald-kulturen, Blößen	Nicht-wald	
Laubwald	85,9	1,5	–	11,9	–	0,7	2899
Fichten, Fichten/Kiefern	0,1	88,3	9,5	1,6	0,3	0,2	8256
Kiefern	–	17,8	80,1	1,5	0,6	–	3441
Laub- Nadel-Mischwald	11,5	16,9	2,0	69,1	–	0,5	2217
Waldkulturen, Blößen	10,3	2,2	–	2,7	74,5	10,3	224

Tab. 87: *Verwechslungsmatrix der im Text diskutierten Waldklassifizierung nach LANDSAT-TM-Daten für das Kartenblatt Regensburg 1 : 200 000 (aus KEIL et al. 1988, siehe auch Farbtafel XIX)*

Daß unter mitteleuropäischen Waldverhältnissen bei intensiverer Klassifizierungsarbeit eine weitergehende Aufgliederung, z. B. nach Baumarten und natürlichen Altersklassen, prinzipiell möglich ist, zeigen die Tab. 88a/c. Den Tab. 88 liegen Klassifizierungen mit TM-Daten, einem digitalen Geländemodell und einem multitemporalen Ansatz zugrunde. Klassifizierungsgebiet sind Wälder im Oberrheintal und im Kaiserstuhl.

a)	Klassifizierungsergebnis in Prozent					
wirkliche Klassen	Laub-Mischwald der Aue	Pappeln	Douglasien	Kiefern	Buchen-Eichen im Kaiserstuhl	Nichtwald
Laubmischwald	98,8	1,2	–	–	–	–
Pappeln	4,4	95,4	–	–	–	0,2
Douglasien	2,6	5,4	92,0	–	–	–
Kiefern	–	2,1	4,9	93,0	–	–
Buchen- Eichen-wald im Kaiserstuhl	–	–	–	–	100	–

b)	Klassifizierungsergebnis in Prozent			
wirkliche Klassen	Kulturen, Dickungen	Stangenholz	Baum- und Altholz	Pappeln
Kulturen Dickungen	89,8	9,9	0,3	–
Stangenholz	4,3	84,7	10,8	0,2
Baum- u. Altholz	0,3	13,6	84,3	1,8

c)	Klassifizierungsergebnis in Prozent			
wirkliche Klassen	Kulturen	Stangenholz	Laubwald	Pappeln
Kulturen	75,3	9,1	2,6	13,0
Stangenholz	12,4	81,9	2,4	3,3

Tab. 88: *Verwechslungsmatrices von Waldklassifizierungen nach LANDSAT-TM- und Zusatzdaten von Wäldern im Oberrheintal und im Kaiserstuhl*
a) nach Baumarten b) Laubmischwald der Aue nach natürlichen Altersklassen c) Douglasienbestände nach natürlichen Altersklassen (aus SCHARDT 1990)

b) Anwendungen multispektraler Satellitendaten bei der Nationalen Forstinventur Finnlands

Die traditionsreiche finnische Nationale Forstinventur wird gegenwärtig in ihrem 8. Zyklus auf ein neues Inventursystem, nun auch unter Einbeziehung von Satellitendaten als Informationsquellen umgestellt. Stimuliert worden war diese Entwicklung u. a. durch ein allskandinavisches Forschungsprojekt (JAAKKOLA et al. 1988). Frühere Anregungen und Untersuchungen zur Einbeziehung von Satellitendaten in großräumige Holzvorrats-inventuren waren von LANGLEY (1969, 1975) und in Europa von HILDEBRANDT (1973, 1983a) und SCHADE (1980) ausgegangen. Die jüngste finnische Entwicklung geht mit dem Konzept einer „Multi-Source National Forest Inventory" (TOMPPO 1993) unter Nut-zung der zwischenzeitlich erreichten technologischen und verfahrensmäßigen Fortschritte darüber hinaus und damit neue Wege.

Bis 1992 wurden bereits 8 Mill. ha in Süd- und Mittelfinnland, d. h. knapp ein Drittel der finnischen Waldfläche, nach dem neuen System bearbeitet. Zugrunde gelegt werden LANDSAT-TM-Daten. Die Einbeziehung von SPOT HRV Daten ist vorgesehen. Die Auswertung der Daten erfolgt durch digitale Klassifizierung in Kombination mit digitalisierten Kartendaten und Stichprobenmessungen des Holzvorrats im Gelände. Bei der Klassifizierung der Satellitendaten werden alle Inventurvariablen für jedes Bildelement geschätzt.

Für knapp 1.3 Mill. ha der o.a. 8 Mill. ha ergab ein Ergebnisvergleich mit einer terrestrischen Stichprobeerhebung des Holzvorrats (Standardfehler des Mittelwerts <2 %) die in Tab. 89 zitierten Ergebnisse.

Baumart	Holzvorrat		Sägeholzanteil		Faserholzanteil		Volumenzuwachs	
	FI	MSI	FI	MSI	FI	MSI	FI	MSI
	m³/ha		%		%		m³/Stamm	
1	*2*	*3*	*4*	*5*	*6*	*7*	*8*	*9*
Kiefer	42,8	43,4	41,8	41,6	52,3	52,3	2,1	2,2
Fichte	48,0	47,1	55,2	55,0	40,9	41,2	1,8	1,8
Birke	14,2	13,9	16,1	15,8	68,0	68,2	0,7	0,7
Sonstige	3,0	2,8	5,6	4,5	58,7	56,6	0,2	0,3
Insgesamt	108,1	107,4	43,4	43,1	49,5	49,5	4,8	5,0

Tab. 89: *Ergebnisvergleich einer terrestrischen Vorratsinventur (FI) mit der satellitengestützten Multi-Source Inventur (MSI) in Finnland. Basis 1 296 700 ha. (nach* TOMPPO *1993).*

Die Umstellung des Inventursystems bringt gegenüber der bisherigen Nationalen Forstinventur aussagefähige Ergebnisse für kleinere Arealeinheiten, die Möglichkeit fortlaufend aktueller Datenhaltung (GIS) und der weitergehenden Einbeziehung von Sachdaten.

c) Ermittlung und Kartierung von Waldschäden

Für die Abschätzung regional und dort flächig vorkommender Waldschäden und Waldzerstörungen wurden Satellitendaten mehrfach herangezogen. Ziele waren dabei die schnelle Gewinnung von Überblicken bei aktuellen Schadereignissen, die Ermittlung der Ausbreitung und des Grades von Schäden bei epidemisch auftretenden Waldschäden und die Beobachtung der Entwicklung bei großflächigen fortdauernden Waldzerstörungen.

So wurden 1990 nach den Orkanen Vivien und Wiebke im Auftrag der Landesforstverwaltung Baden-Württembergs eine Sturmschadenskartierung im Schönbuch anhand von LANDSAT-TM-Aufzeichnungen von vor und nach dem verheerenden Sturmwurf durchgeführt. Die Auswertung erfolgte durch visuelle Interpretation von Farbkompositen und brachte neben der Kartierung der Schadflächen auch deren Klassifizierung nach „Wurfklassen" (KUNTZ 1991). Bei Untersuchungen zur Erkennbarkeit älterer Sturmwurfflächen im Hunsrück hatte sich ebenfalls gezeigt, daß Satellitendaten dafür eine brauchbare Informationsbasis liefern (WINTER u. KEIL 1991).

LANDSAT- und SPOT-Daten wurden und werden in mehreren Ländern zur Ermittlung der Ausbreitung großflächiger und fortdauernder Waldzerstörungen durch Industrieemissionen und andere Stressoren eingesetzt. So für die ausgedehnten Schadgebiete im Erzgebirge (z. B. KADRO 1990), im Iser- und Riesengebirge durch die tschechische und polnische Forstverwaltung (persönl. Kommunikation) oder im Harz (z. B. FÖRSTER1989, KENNEWEG et al. 1991). Die Farbtafeln XVII u. XVIII zeigen, in welcher Weise sich dadurch die Schadensentwicklung aus Zeitreihen von Satellitenaufzeichnungen dokumentieren läßt.

Mehrere Untersuchungen zur Kartierung und Klassifizierung der sog. neuartigen Waldschäden zeigten anhand von Pilotanwendungen die gegebenen Möglichkeiten und Grenzen von Stallitendaten für diesen Zweck auf (neben den o.a. Arbeiten z. B. WASTENSON 1987, KRITIKOS et al. 1988, HÄUSLER 1991). Gleiches gilt auch für eine Pilotinventur zur Erfassung und Klassifizierung von Schäden nach Massenvermehrung der Nonne (Lymsantria monacha) in einem bayrischen Forstbezirk (KEIL et al. in LANDAUER u. VOSS 1989, S. 205–209).

Anwendungen in Nordamerika

Das in Tab. 75 für die frühe Phase der Fernerkundung mit Satellitendaten erkennbare Interesse hat prinzipiell angehalten. Anwendungen wurden methodisch Zug um Zug verbessert aber im Ganzen nicht wesentlich verbreitert. Interessant ist in diesem Zusammenhang, daß z. B. in den USA und Kanada für die großräumige Inventur der Holzvorräte weiterhin bevorzugt Verfahren verwendet werden, die terrestrische Stichprobeaufnahmen und Luftbildauswertungen verbinden (vgl. Kap. 4.6.6.4). Eine Ausnahme davon ist die 1983 begonnene Inventur der Vegetation Alaskas einschließlich der Wälder und ihrer Holzvorräte. Aufgabe des als permanente Inventur konzipierten Vorhabens ist es,
– auftretende Pflanzenarten und -gesellschaften,
– die Häufigkeit und das Vorkommen von Buschvegetation,
– die Kapazität und Tragfähigkeit des Weidelandes,
– die Brennholzmengen außerhalb des Waldes,
– die Biomasse der Bodenvegetation,
– die Artenzusammensetzung und Holzvorräte des Waldes und offener Baumbestände
– und eine Reihe hydrologischer Sachverhalte.
zu erfassen, abzuschätzen und durch Wiederholungsinventuren in ihrer Entwicklung zu beobachten.

Man konzipierte dafür ein vierphasiges Inventurverfahren mit LANDSAT-Aufzeichnungen als erste und einzige flächendeckende Informationsebene. Als 2. und 3. Ebene dienen kleinstmaßstäbige und großmaßstäbige Luftbilder. Die 4. Ebene bilden wenige terrestrische Aufnahmen und Messungen. Die Erhebungen erfolgten auf allen Ebenen durch Stichprobenahme. Für die aus den Satellitenaufzeichnungen wird ein 5-km-Gitter dem Bild überlagert. Die zwanzig, jeden Gitterschnittpunkt umgebenden Bildelemente werden durch eine Clusteranalyse (Kap. 5.5.2.4) spektral klassifiziert. Die Identifizierung der zu den Spektralklassen gehörenden Objektklassen wird mit Hilfe von kleinstmaßstäbigen Luftbildern durchgeführt. Die weiteren, in jeder Phase intensiver werdenden Auswertungen erfolgt dann in jeweils einer Unterstichprobe der vorangegangenen Phase. Für detaillierte Angaben zur Methodik wird auf LABAU und SCHREUDER (1983) und LABAU und WINTERBERGER (1988) verwiesen.

Als ein zweites Beispiel routinemäßig praktizierter Verwendung von Satellitendaten wird das Forest Land Information System of British Columbia herangezogen. Es war eines der ersten Großprojekte einer Landesverwaltung, bei dem systematisch von einem GIS Gebrauch gemacht wurde (SALLAWAY u. HEGYI 1988). Kernpunkt des Systems ist die Verknüpfung flächendeckender, geokodierter Informationen aus Satellitendaten, Luftbildern, digitalisierten Karten, einem digitalisierten Geländemodell und Aufnahmedaten von Felderhebungen. Die Auswertung von Satellitenaufzeichnungen erfolgt, zur Einbringung vegetationskundlicher und forstlicher Daten sowie von Informationen über Landnutzungen und infrastruktureller Sachverhalte, sowohl durch visuelle Interpretationen als auch durch rechnergestütztes Change detection.

Anwendungen in anderen Weltregionen

Die Verwendung von Satallitenaufzeichnungen in anderen Ländern der Erde ist im letzten Jahrzehnt insbesondere in jenen Ländern der Erde angestiegen, die entweder sehr großräumig sind und/oder über noch relativ wenig oder nicht fortgeschriebene Kenntnisse über vorhandene Ressourcen verfügen. Die Zuwachsraten der Nutzung von Satellitenaufzeichnungen sind hier insgesamt größer als in den traditionellen Industrieländern mit ihren gut fundierten und detaillierten Kenntnissen über Land und Leute. Der Bedarf an Informationen über das Land ist gestiegen und mit ihm u. a. auch nach tragfähigen Informationssystemen, effektiven Inventuren, laufenden Beobachtungen und damit auch nach Satellitenaufzeichnungen als großflächige und synoptische Informationsquelle.

An dieser Stelle wird – im Sinne dieses Kapitels – wiederum nur auf Auswertungen von Satellitendaten eingegangen, die im Zusammenhang mit großräumigen, operationellen Inventur- und Monitoringaufgaben stehen. Es handelt sich dabei vor allem um regionale oder nationale Landnutzungsinventuren, Vegetations- oder Bodenkartierungen, Wald- oder Weidelandinventuren, geologische Erstkartierungen oder auch regionale hydrologische Untersuchungen. Entsprechende Auswertungsarbeiten werden in einer zunehmenden Zahl von Ländern in dort entstandenen spezialisierten Forschungsanstalten und Fernerkundungszentren, in Ländern wie Australien, Japan, Brasilien u. a. auch von spezialisierten Servicefirmen, durchgeführt.

Als Beispiel wird Indien herausgegriffen. Hier ist in den vergangenen zwei Jahrzehnten eine leistungsfähige zentrale Fernerkundungsanstalt, die National Remote Sensing Agency, entstanden. Zahlreiche weitere Institute und Fachverwaltungen verfügen heute über einschlägige Kapazitäten. Sie setzen – wie die NRSA – Satellitendaten von LANDSAT und dem landeseigenen IRS in vielfältiger Weise in verschiedenen Disziplinen für staatliche Planungs- und Kontrollaufgaben oder wissenschaftliche Forschungen ein. In einem Bericht weist z. B. MADHAVAN UNNI (1990) allein für forstwirtschaftliche Zwecke eine Vielzahl von Projekten aus. Im Regierungsauftrag wurde z. B. zur Feststellung des Rückgangs der Waldflächen und zur Entwicklung von notwendigen Gegenmaßnahmen anhand von LANDSAT-MSS-Daten die Waldfläche Indiens landesweit für die Perioden 1972–1975 und 1980–1982 kartiert und danach bilanziert (NRSA 1983). Der Forest Survey of India hat inzwischen die angewandte Technik – d. h. eine überwiegend visuelle Interpretation und Delinierung in Farbkompositen – übernommen und führt im zweijährigen Abstand entsprechende Kartierungen und Bilanzierungen durch (MADHAVAN UNNI 1992).

Intensive Waldflächeninventuren mit weitgehenden Klassifizierungen von Waldtypen wurden für das Himalaya-Gebiet, für die Staaten Andhra Pradesh und Teile von Uttar Pradesh durchgeführt. Auch speziellen Fragen wie der Ausbreitung des Brandrodungsfeldbaus (shifting cultivation) wurde auf regionaler Ebene nachgegangen (z. B. KUSHWAHA und UNNI 1987). In Zusammenarbeit zwischen deutschen und schweizer Forschungseinrichtungen, dem Forest Service des Bundesstaates Karnataka und der NRSA wurde eine vierphasige Wald- und Holzvorratsinventur entwickelt und in einem ausgedehnten tropischen Waldgebiet erprobt (KÖHL 1991). Die dabei zugrunde gelegte hybride Klassifizierung nach LANDSAT TM Daten differenzierte das Inventurgebiet nach den in Tab. 80 gezeigten Klassen (Farbtafel XVI).

Häufig werden Satellitenaufzeichnungen auch bei Projekten im Rahmen von Entwicklungshilfemaßnahmen in anderen typischen Ländern herangezogen. So fördern z. B. die FAO, die Weltbank oder nationale Organisationen der Industrieländer seit langem zahlreiche Projekte, bei denen solche Aufzeichnungen als Arbeitsmittel nützliche Dienste leisten. Einige Beispiele werden hier genannt.

Vegetationskartierungen in bisher vegetationskundlich nicht oder nur teilweise erschlossenen Ländern wurden und werden z. B. unter wissenschaftlicher Betreuung des Institut de la Carte Internationale de la Végétation der Université Paul Sabatier in

Toulouse durchgeführt. In der großen Mehrzahl wurden solche Kartierungen durch SPOT HRV oder LANDSAT TM unterstützt, so z. B. Vegetationskartierungen in Madagaskar (FARAMALALA 1988), in Obervolta, Indonesien, der Elfenbeinküste, in Bangladesh u. a.

Immergrüner Regenwald, intakt Kronenschluß > 60 %	Trockener laubabwerfender Wald, intakt
	Degradierter, laubabwerfender Wald
Immergrüner Regenwald Kronenschluß < 60 %	Teak-Plantagen
Immergrüner Regenwald, dicht mit Cardamon Unterbau	Kaffee-Plantagen, überschirmt von immer- grünen Bäumen
Degradierter immergrüner Regenwald	offenes Waldland
Verstreuter immergrüner Regenwald in Gemengelage mit Grasland 80:20 %	Gummibaumplantagen, alt
	Gummibaumplantagen, jung
Grasland mit Teilflächen des immergrünen Regenwalds 60 : 40 %	überbrannte Waldflächen des trockenen laub- abwerfenden Waldes u. der Teakplantagen
Mischwald von immergrünem Regenwald mit laubabwerfendem Wald	landwirtschaftliche Nutzflächen
	besiedeltes Gebiet, Ortschaften
Feuchter, laubabwerfender Wald	Wasserflächen, Reservoire, Flüsse

Tab. 90: *Wald- und andere Landnutzungstypen nach hybriden Klassifizierungen eines Inventurgebiets in den Western Ghats, Indien (aus* SCHMITT-FÜRNTRATT *1990).*

Zahlreich sind auch binationale forstliche Inventurprojekte. Dabei werden dort, wo es vorrangig um Holzvorratsinventuren geht, die Satellitenaufzeichnungen unterstützend oder zur Stratifizierung der Waldfläche nach Vorratsklassen oder groben Waldtypen eingesetzt. Beispiele hierfür sind die Waldinventuren der Philippinen (SCHADE u. DALAN-GIN 1985) oder die z.Zt. durchgeführten Inventuren in Honduras (BAULES, persönl. Kommunikation) und in Madagaskar (GROSS, persönl. Kommunikation). Dort wo es in erster Linie um Waldflächenkartierungen geht oder die Waldkartierung und -klassifizierung in Verbindung mit einer allgemeinen Landnutzungsinventur und -kartierung verbunden ist, gewinnen Satellitenaufzeichnungen dagegen wieder entsprechend größere Bedeutung. Beispiele hierfür sind die Landnutzungs- und Waldinventur von Sri Lanka (Itten et al. 1985, 1986), mehrerer Inventurprojekte in Kenia (z. B. HOWARD u. LANTIERI 1987, BARAZA et al. 1984), in Benin (HÄUSLER u. BÄTZ 1993) oder die landesweite Waldinventur der Fidschi-Inseln (TUINIVANUA u. FORSTREUTER 1993, TUINIVANUA 1995, FORSTREUTER, persönl. Kommunikation), die mit dem Aufbau eines forstlichen Informationssystems verbunden sind.

Eine nicht unbedeutende Rolle spielt die Fernerkundung – und hier speziell die Auswertung multispektraler Satellitendaten – für die Erfassung und Beobachtung der Wald- und Landnutzungsentwicklung im Rahmen des Tropical Forestry Action Plan (TFAP). Der unter der Federführung der FAO zu verwirklichende Plan wird von vier internationalen Organisationen finanziell unterstützt, darunter auch von der Weltbank. In den TFAP sind 86 Länder einbezogen.

„TFAP was conceived as an instrument to stimulate commitment and action on an interdisciplinary basis. The Plan is intended to act as a catalyst to maximize the impact of forest resource development, improving the living conditions of the rural population, raising food production, improving shifting cultivation practices, ensuring the sustained use of forests to increase supplies of fuelwood and the efficiency with which it is used, and generating income and job opportunities. Action to achieve these objectives is based on the principle of cooperation and coordination among the main protagonists in the development process, both national and international." (CARNEIRO 1991, S. 206f).

Als Beispiel für die Einbeziehung von Fernerkundungsdaten wird die Amazonas-Region herangezogen. Sie umfaßt 7,85 Mill qkm in den Ländern Bolivien, Brasilien, Kolumbien, Ecuador, Venezuela, Peru, Guyana, Surinam und französisch Guyana. 6,3 Mill. qkm des Gebietes sind mit Wald, überwiegend tropischem Regenwald bedeckt (das sind 56 % der gesamten Laubwaldfläche der Erde).

Für viele Teilprojekte des TFAP werden Fernerkundungsaufzeichnungen als Informationsquelle bei Planung, Entscheidungsfindung und Kontrolle der Ausführung herangezogen. Abgesehen davon, werden aber auch landesweite oder auf das jeweilige Amazonasteilgebiet bezogene Projekte durchgeführt, die sich vorrangig auf Fernerkundungsaufzeichnungen stützen bzw. ohne diese angesichts der immensen Ausdehnungen der Untersuchungsgebiete gar nicht möglich wären. Solche Projekte betreffen (nach CARNEIRO 1991)
– die Kartierung der Waldflächen im Amazonasgebiet (Bolivien, Ekuador)
– die Zonierung der Wälder nach ökologischen und ökonomischen Gesichtspunkten (Kolumbien, Ekuador)
– die Beobachtung der Waldflächenveränderungen durch Ausstockungen und andere Waldvernichtungen einerseits und Aufforstungen andererseits (Bolivien, Brasilien, Ekuador, Peru)
– die Einrichtung landesweiter GIS und Monitoring Systeme zur Erfassung von Status und Entwicklung der Landnutzung, Waldbedeckung und Waldzustände (Bolivien, Kolumbien, Ekuador, Guyana)
– die Unterstützung nationaler Waldinventuren und der nachhaltigen Bewirtschaftung der Holzvorräte (Guyana).

Die Fernerkundungsarbeiten im Rahmen des TFAP können dabei in einigen Ländern von dort wohl etablierten Fernerkundungszentren und anderen einschlägigen Einrichtungen unterstützt oder durchgeführt werden. Beispiele hierfür sind die schon zuvor genannten Institute INPE und IBDF in Brasilien, das Center für Integrated Surveys of Natural Resources by Remote Sensing (CLIRSEN) in Ekuador, oder das frühere Centro Inter Americano de Fotointerpretacion (CIAF) und jetzige AGUSTIN CODAZZI Institut in Kolumbien.

Institutionen gleicher Art und gleichartiger Aufgabenstellung bestehen auch in südostasiatischen (z. B. Malaysia, Thailand), in afrikanischen (z. B. Nigeria) und ozeanischen Ländern (z. B. Fidschi).

Anwendungen bei globalen Inventurprojekten

Hat man bei regionalen Inventuren und Monitoringaufgaben noch einen Entscheidungsspielraum, ob und für welche Aufgaben man Satellitenaufzeichnungen in ein Inventurkonzept einbauen will, so sind diese für globale Projekte unverzichtbar. Mehr noch, sie werden erst durch sie möglich. Globale Beobachtungssssysteme für die ökologischen und klimatischen Entwicklungen auf der Erde wurden seit Anfang der siebziger Jahre als erforderlich angesehen. Dafür notwendige Inventuren der Vegetationsbedeckung der Erde und speziell des Tropengürtels erlangten seitdem durch die zunehmend bedrohlicher werdenden Entwicklungen große Bedeutung und werden immer wichtiger. Die Vereinten Nationen begründeten daher schon frühzeitig das UN Environmental Program (UNEP), zu dessen Aufgabe u. a. die Entwicklung eines Global Environmental Monitoring System (GEMS) gehörte. Seitdem sind mehrere globale Inventurprojekte von internationalen Organisationen auf den Weg gebracht worden. Weitere befinden sich in der Entwicklung und in der Phase der Erprobung. Globalinventuren dieser Art sind

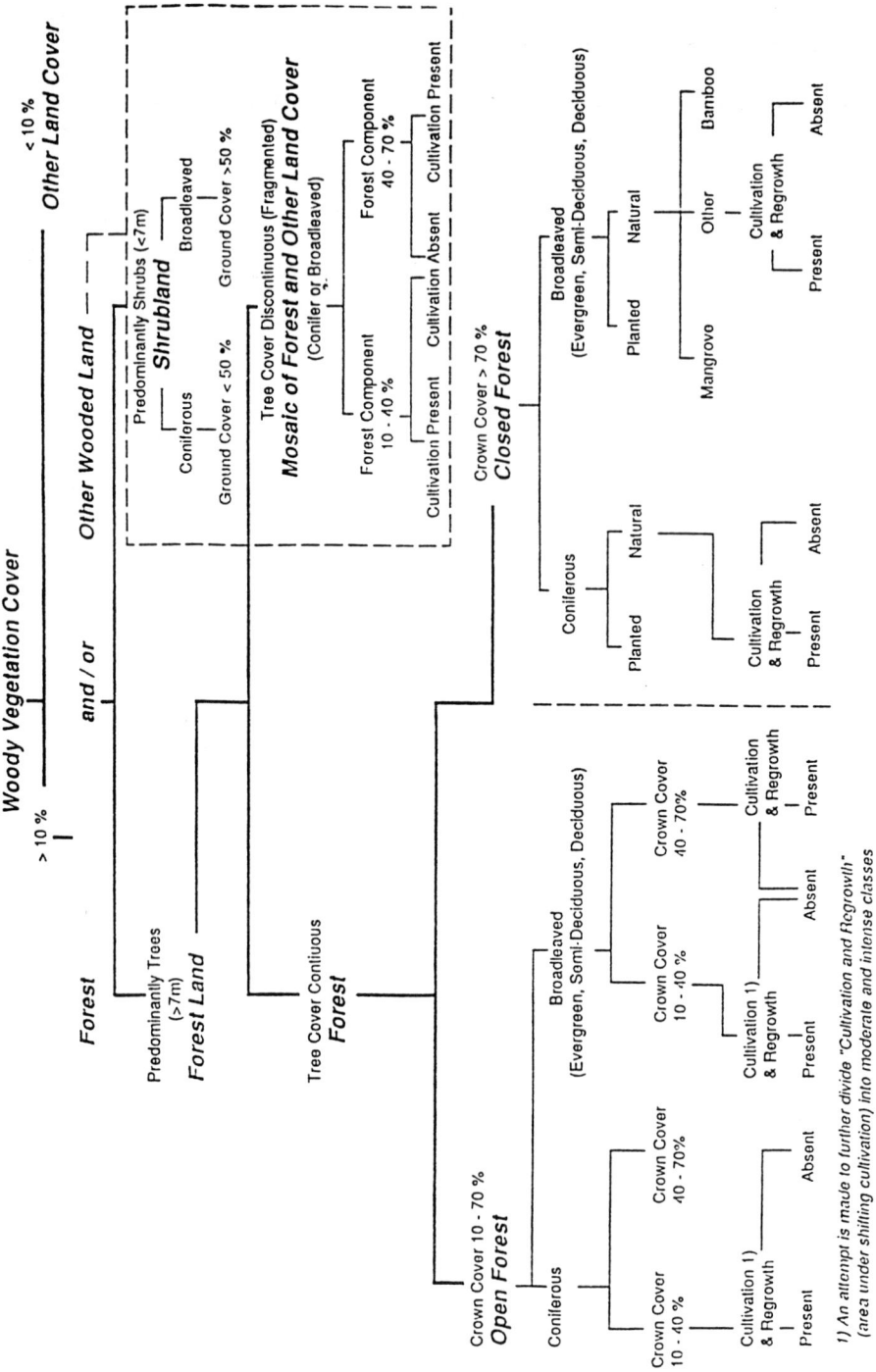

Abb. 272: *Klassifikationsschema für Wald- und Buschland zur Interpretation hochauflösender Satellitenaufzeichnungen*

- UNEP's Global Resource Information Database (GRID)
- FAO's Tropical resp. Global Forest Resources Assessment 1990 (FRA 90)
- FAO's African Real Time Environmental Monitoring Information System (ARTEMIS)
- EG's und ESA's Tropical Ecosystem and Observation by Satellites (TREES)
- FAO's und UNEP's (künftiges) Continuous Global Assessment and Monitoring System for Forestry and Environmental Protection.

Bei allen diesen langfristigen Projekten, wie auch bei den jeweils vorgeschalteten Entwicklungs- und Erprobungsphasen, sind Satellitenaufzeichnungen primäre Informationsquellen. Eine besondere Rolle übernahm von Anfang an die FAO der Vereinten Nationen, an deren Sitz in Rom deshalb auch schon frühzeitig eine Remote Sensing Unit – das spätere „International Remote Sensing Centre" der FAO eingerichtet wurde (Direktoren J.A. HOWARD, danach Z.D. KALENSKY). Ein wesentlicher Impuls für die Durchführung globaler Inventuren ging von der ersten Weltumweltkonferenz 1972 in Stockholm aus. Dort wurde nämlich „empfohlen" „to ensure that continuing surveillance of the World's forest cover should provided through the Programmes of FAO and UNESCO, with cooperation of the Member States" (BALTAXE u. LANLY 1976). Eine von der FAO berufene Gruppe, bestehend aus einer Handvoll Waldinventurexperten mit Fernerkundungserfahrungen, konzipierte danach 1974 mit Mitarbeitern von FAO's Forest Resources Division als ersten Schritt zunächst für die am meisten bedrohten Tropengebiete ein „Tropical Forest Cover Monitoring Project". Im November 1975 begann dann ein zweijähriges Pilotprojekt mit Inventuren in den westafrikanischen Ländern Togo, Benin, Nigeria und Kamerun (BALTAXE 1980). Dabei wurden LANDSAT MSS Daten eingesetzt und überwiegend visuell interpretiert. Im Hinblick auf die 80-m-Auflösung dieser Daten wurden Kartierungen der Wald- und Waldtypengrenzen nur in den Maßstäben 1:250 000 und 1:50 000 vorgesehen.

Mit wesentlich verbesserten Techniken und inzwischen langjährigen Erfahrungen in der Auswertung von Satellitendaten ist Ende der achtziger Jahre das Forest Resources Assessment 1990 (s.o.) begonnen worden. Ziel dieses Projektes ist es, den Status der Waldbedeckung und die Waldflächenentwicklung zwischen 1980 und 1990 zu ermitteln. In der Erkenntnis, daß dieses Vorhaben – in angemessener Zeit und mit vorhandenen Mitteln – für den gesamten Globus nicht mit hochauflösenden Satellitendaten vollständig flächendeckend durchzuführen ist, sieht diese Globalinventur ein mehrstufiges Vorgehen und eine Stichprobe von 120 LANDSAT-Szenen – zunächst für den Tropengürtel – vor. Als Hauptinformationsquelle dienen dabei hochauflösende Satellitendaten (LANDSAT-TM, SPOT-HRV, und IRS-LISS). Für eine grobe flächendeckende Kartierung (reconnaissance forest mapping) im Maßstab 1:1 000 000, für Stratifizierungszwecke und die Auswahl der als Stichprobe dienenden LANDSAT-Szenen, werden NOAA-AVHRR Aufzeichnungen (siehe Tab. 63, 65, 73, 84) herangezogen. Die Klassifizierung der Landflächen und Wälder erfolgt nach der in Abb. 258 dargestellten Hierarchie. In Bezug auf die Methodik im Einzelnen wird auf KALENSKY et al. (1991), SINGH (1990) und BALTAXE (1991) verwiesen.

Die Möglichkeiten und Grenzen der Auswertung von NOAA-AVHRR-Daten für den genannten Zweck sind in mehreren Pilotprojekten untersucht worden. Auf deren Ergebnisse wird ebenfalls verwiesen (z. B. MALINGREAU u. TUCKER 1987, STIBIG u. BALTAXE 1991). Nach Pilotstudien in Liberia kommen STIBIG und BALTAXE (1991) zu folgendem Urteil:

„Jedoch bereits das vorliegende Ergebnis bestätigt die Eignung von AVHRR Aufnahmen für großräumige Kartierungen von Tropenwäldern z. B. im Maßstab 1:1 000 000. Dabei können AVHRR Daten höher auflösende Fernerkundungsaufnahmen nicht ersetzen wo Genauigkeit gefragt ist. Als Basisinformation bzw. als Mittel zur permanenten Überwachung tropischer Waldflächen können die NOAA Satelliten jedoch einen wesentlichen Beitrag leisten."

Die Möglichkeit, künftig ggf. auch Radaraufzeichnungen einzubeziehen, wird im Hinblick auf häufige Bewölkungen erwogen und ist in Bezug auf ERS-1-Daten (künftig auch JERS-1 und RADARSAT) auch untersucht worden. Entsprechende Untersuchungsprogramme wurden schon im Vorfeld des Starts von ERS-1 und JERS1 sowie des künftigen RADARSAT durchgeführt (z. B. REICHERT et al. 1989).

ARTEMIS, das zweite globale FAO-Projekt, ist deren Instrument zur ständigen Beobachtung der Vegetationsdecke des afrikanischen Kontinents, der Länder des Nahen Ostens und von Teilen Südwest-Asiens. Mit ARTEMIS werden aktuelle Informationen für ein Global Information and Early Warning System zur Verfügung gestellt. Die täglich eingehenden NOAA- und METEOSAT-Daten verarbeitet ARTEMIS zu 10-Tage-Bildmosaiken, die den o.a. Teil der Erde (fast) wolkenfrei darstellen. Die dafür benutzten NOAA-Daten kommen von dem nur 4-km auflösenden Sensor dieses Satelliten. Hauptsächliche Nutzer von ARTEMIS sind neben den hauseigenen FAO Global Information and Early Warning System on Food and Agriculture die ebenfalls zur FAO gehörende Locust Emergency Group und regionale sowie nationale Einrichtungen zur Sicherung der landwirtschaftlichen Produktion.

6. Aufnahme und Auswertung von Radar-Aufzeichnungen

In den Kapiteln 4 und 5 waren Fernerkundungsverfahren abgehandelt worden, die sich der reflektierten Sonnen- und Himmelsstrahlung oder der Wärmeabstrahlung als Träger von Informationen von Objekten der Erdoberfläche bedienten. Kapitel 6 beschäftigt sich dagegen mit Möglichkeiten der Fernerkundung, bei denen die Intensität zurückgestreuter oder von den Objekten emittierter Mikrowellen zu deren Erkennung und Unterscheidung führen.

Der Spektralbereich der Mikrowellen ist in Abb. 4 dargestellt. Für Radarverfahren, die der Fernerkundung der Erdoberfläche dienen, sind dabei besonders die Mikrowellen zwischen 2,40 und 30 cm von Interesse. Man unterteilt den Spektralbereich der Mikrowellen in „Bänder" (Tab. 91). Die Bezeichnung der Bänder (Sp. 1 in Tab. 91) geht auf eine ursprünglich aus Geheimhaltungsgründen gewählten Codierung zurück. Sie hat keine andere Bedeutung.

Bandbezeichnung	Wellenlänge λ	Frequenzbereich F
	cm	MHZ
1	*2*	*3*
Ka	1,18 – 0,75	26.500 – 40.000
K	1,67 – 1,18	18.000 – 26.500
Ku	2,40 – 1,67	12.500 – 18.000
X	3,75 – 2,40	8.000 – 12.500
C	7,50 – 3,75	4.000 – 8.000
S	15,0 – 7,50	2.000 – 4.000
L	30,0 – 15,0	1.000 – 2.000
UHF	100,0 – 30,0	300 – 1.000
P	136,0 – 77,0	230 – 300

Tab. 91: *Bandbereiche der Mikrowellen; λ (cm) = 30000/f (MHZ)*

Man unterscheidet einerseits zwischen *aktiven* und *passiven* Systemen der Mikrowellenfernerkundung und andererseits auch hier wieder zwischen flächenabbildenden und punktuell bzw. linienförmig messenden Systemen.

Aktive Systeme sind solche, bei denen die zu erkundende Szene oder das zu messende Objekt von einem Sender aus mit Mikrowellen bestrahlt werden und deren Rückstreuung über eine Antenne empfangen wird. Das Attribut „aktiv" bedeutet, daß eine von Menschen initiierte künstliche Beleuchtung der Szene bzw. des Objekts Voraussetzung für das Aufnahmeverfahren ist (vgl. Abb. 7b). Zu den aktiven Mikrowellensystemen gehören das flächenabbildende *Radar* (radio *d*etecting *a*nd *r*anging), die Radar-*Scatterometer* und die wie diese punktuell aufnehmenden Radaraltimeter (= Höhenmesser).

Passive Systeme sind solche, bei denen die natürliche Oberflächenstrahlung – hier im Mikrowellenbereich – abbildend oder punktuell durch Radiometer aufgenommen wird.

Gegenstand der weiteren Behandlung sind wiederum nur die abbildenden Systeme und dabei ganz überwiegend, die für die Erkundung der festen Erdoberfläche und deren Vegetationsdecke wichtigen aktiven Radar-Systeme[81]. Allen Mikrowellen gemeinsam sind die im Kap. 2.2.2 beschriebenen Kapazitäten für Aufnahmen bei nahezu jeder Wetterlage sowie auch bei Nacht. Dunst, Nebel, Rauch- und Regenwolken sind in den im Kap. 2.2.2 beschriebenen Grenzen keine Hindernisse für die Aufnahme. Mikrowellen durchdringen zudem ggf. Objektoberflächen, und zwar in Abhängigkeit einerseits von ihrer Wellenlänge und andererseits strukturellen sowie stofflichen Eigenschaften der Oberflächen bzw. Körper (hierzu neben Kap. 2.2.2 auch 2.3.2.6 sowie Abb. 284 u. 288).

6.1 Datengewinnung bei flächenabbildenden Mikrowellen-systemen

Zu unterscheiden ist zwischen den *aktiven* Seitensicht-Radar-Systemen – Real Aperture Radar = RAR und Synthetic Aperture Radar = SAR – und den *passiven* zeilenabtasten-den (= scannenden) Radiometern zur Aufnahme natürlicher Mikrowellenemission von Objekten der Erdoberfläche.

Die häufig verwendete synonyme Bezeichnung von RAR-Systemen als SLAR = side-looking airborne radar ist terminologisch bedenklich. Auch SAR sind Seitensicht-systeme und werden nicht nur von Flugzeugen, sondern auch von Weltraumflugkörpern aus eingesetzt. Auch die in der Fachliteratur verwendeten Begriffe non-coherent SLAR und coherent SLAR für RAR bzw. SAR sind nicht widerspruchsfrei, da SAR eben nicht nur von Flugzeugen aus, d. h. „airborne", verwendet wird, sondern vor allem auch „spaceborne". Im folgenden wird daher von RAR und SAR gesprochen und das doppel-deutige SLAR vermieden.

Zur Charakterisierung eines Radar-Systems gibt man die Wellenlänge der Mikrowellen an, mit dem das System arbeitet, bzw. den *Bandbereich* (Tab. 91), dem diese Wellen zugehören. Man spricht also z. B. von einem C-RAR, X-SAR usw. Ein Radar mit dem man wahlweise oder kombiniert in mehreren Bandbereichen aufnehmen kann, wird als ein multispektrales oder multifrequentes oder auch Multiband-Radar bezeichnet.

Bei aktiven Radarsystemen gehört ferner die Angabe der *Polarisation* der gesendeten und der empfangenen Mikrowellen zur Kennzeichnung. Man unterscheidet einerseits horizontal (H) und vertikal (V) polarisierte Wellen und andererseits gleich- und kreuz-polarisierte Aufnahmearten. Gleichpolarisiert ist eine Aufnahme, wenn die gesendeten und die nach Rückstreuung empfangenen Wellen die gleiche Polarisation haben. Sie wird dann mit HH bzw. VV bezeichnet. Kreuzpolaristiert ist eine Aufnahme, wenn die ausge-sendeten und die empfangenen Wellen unterschiedlich polarisiert sind: HV oder VH. Waren zunächst Radarsysteme für eine oder wahlweise für eine dieser Polarisationsarten ausgelegt und kalibriert, so gibt es in jüngster Zeit auch solche, bei denen für jedes Auflösungselement die Informationen aus allen vier Polarisationsformen gleichzeitig für die Auswertung verfügbar gemacht werden. Ein solches System wird als *polarimetrisches Radar* oder auch *Radar-Polarimeter* bezeichnet. Diese jüngste Entwicklung ist besonders

---

[81] Für punktuell messende aktive und passive Mikrowellensysteme d. h. Scatterometer, Altimeter und Radiometer, sowie für detaillierte Darstellungen der physikalischen und technischen Grund-lagen wird auf ULABY et al. (1981, 82, 86), die Kap. 9, 10, 11 und 13 des ASP Manual of Remote Sensing (1983), SCHANDA (1986), ELACHI (1987), CURLANDER u. MCDONOUGH (1991) verwiesen.

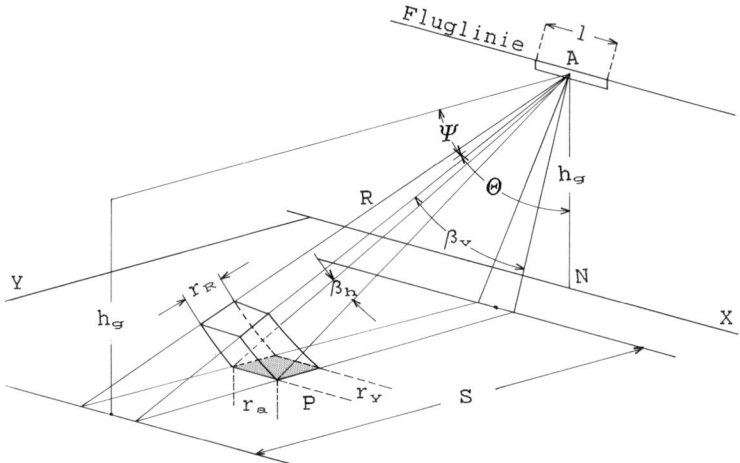

R Schrägentfernung h_g Flughöhe über Grund
A Antenne r_y Auflösung im ground range
P Auflösungszelle r_a Azimutauflösung
   im Gelände r_R Auflösung im slant range
S Breite des Auf- Ψ Depressionswinkel zu P
   nahmestreifens Θ Blickwinkel zu P
N Nadir β_v vertikaler Strahlbreitewinkel
                               β_h horizontaler Strahlbreitewinkel

Abb. 273: *Aufnahmeprinzip bei einem Real Aperture Radar*

den Arbeiten des Jet Propulsion Laboratory (JPL) in Passadena zu verdanken (v. ZYL und ZEBKER 1990, EVANS U. VAN ZYL 1990). Ein erstes System dieser Art wurde erstmals 1985 vom JPL in einer Flugzeugversion erprobt und seitdem mehrfach für experimentelle Zwecke und Signaturanalysen u. a. auch von Vegetationsformen und Waldtypen eingesetzt (z. B. KOCH et al. 1992, KOCH U. FÖRSTER 1993). Das erste Radar-Polarimeter, welches vom Weltraum aus operierte, war 1994 SIR-C (siehe Tab. 92).

6.1.1 Real Aperture Radar (RAR)

Real Aperture Radars wurden um 1950 für militärische Zwecke entwickelt und seit Mitte der sechziger Jahre auch für die zivile Fernerkundung zugänglich.

Das Gerätesystem besteht aus Sender und Empfangsteil, die beide mit einer elektronisch gesteuerten Wechselschaltung und der seitlich am Flugzeug montierten Antenne verbunden sind. Zum Gerätesystem gehört ferner eine Registrier- bzw. Speichereinheit für die fortlaufend beim Aufnahmeprozeß entstehenden Videosignale sowie ggf. ein Bildschirm zur sofortigen Abspielung dieser Signale als Radarbild.

RAR wird ausschließlich von Flugzeugen aus eingesetzt. Aufgenommen wird ein breiter Geländestreifen der *seitlich* der Fluglinie liegt (Abb. 273). Die der Aufnahme vorausgehende Aussendung von Mikrowellenimpulsen erfolgt über die *Antenne* im Abstand von Mikrosekunden rechtwinklig zur Flugachse. Die Mikrowellen breiten sich dabei in dieser Richtung vertikal in einem mehrere Grad großen Raumwinkel fächerförmig aus. Hori-

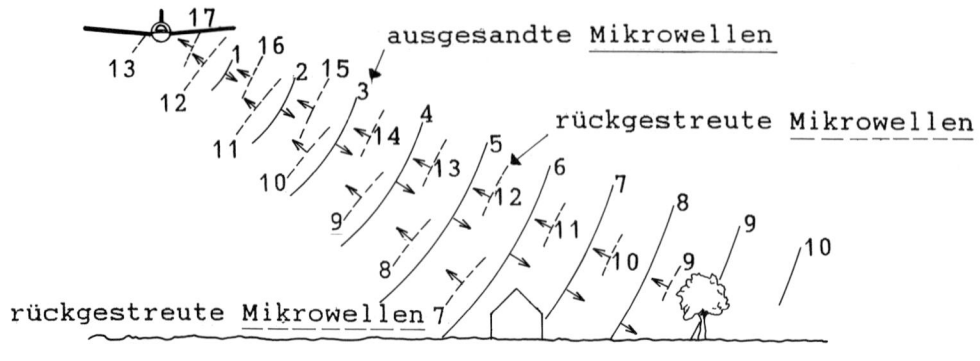

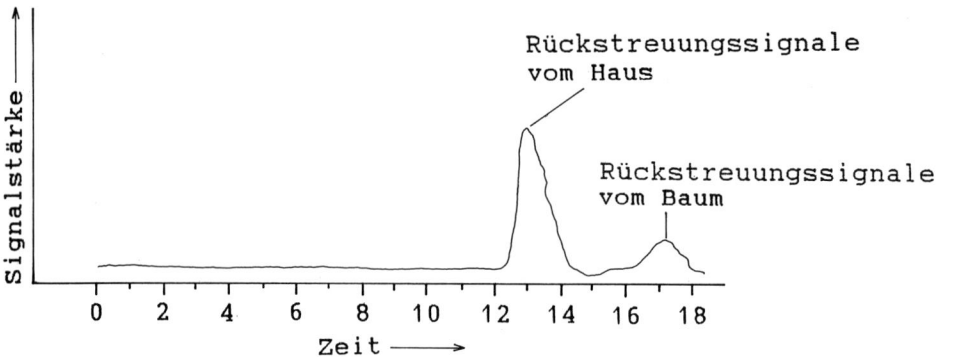

Abb. 274: *a) Zeitliche Abfolge von Radarimpulsen und deren Rückstreuung*
b)Stärke der Rückstreuung in Abhängigkeit von rückstreuenden Objekten
(schematisch) (nach LILLESAND *u.* KIEFER *1979)*

zontal, d. h. in Flugrichtung, bestimmt die Antennenlänge die sich stets nur in sehr kleinem Raumwinkel vollziehende, hier keulenförmige, Ausbreitung der Mikrowellen.

Die MW-Strahlung eines jeden Impulses erreicht („beleuchtet") jeweils in der in Abb. 274a gezeigten zeitlichen Abfolge eine schmale Geländezeile. Von dort wird sie – wiederum entsprechend zeitlich nacheinander – je nach Beschaffenheit der Geländeoberfläche in unterschiedlicher Stärke zurückgestreut (Abb. 49 und Kap. 2.3.2.6) und von der Antenne des RAR empfangen. Stärke und Laufzeit der die Antenne erreichenden Rückstreuung werden für jede Zeile in Form von Videosignalen registriert (Abb. 274b).

Durch die kontinuierliche Folge der Impulse wird die vollständige Beleuchtung eines in seiner Breite der Zeilenlänge entsprechenden Geländestreifens und eine flächendeckende Aufnahme der zur Antenne rückgestreuten Mikrowellen erreicht. Die Impulsfolge ist dabei auf die Laufzeiten der gesendeten und rückgestreuten Mikrowellen und die Umsetzung ins Videosignal abgestimmt. Die Länge der Zeilen, die Breite des Aufnahmestreifens sowie deren Lage zur Fluglinie sind von der Stellung der Antenne und dem Raumwinkel der vertikalen Wellenausbreitung in Abstrahlrichtung abhängig. Sie werden ggf. durch Roll- und Kippbewegungen des Flugkörpers oder Verkantung gegenüber der Flugachse modifiziert (Abb. 275). Der Aufnahmestreifen liegt umso weiter von der Fluglinie entfernt und ist umso breiter, je flacher die Abstrahlrichtung ist.

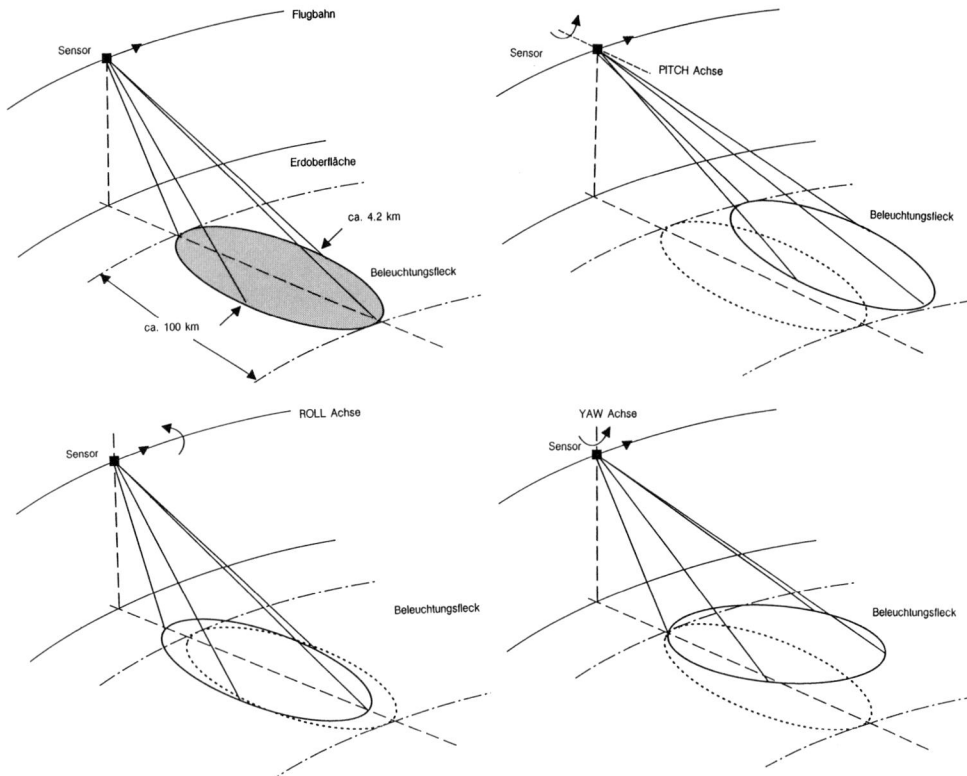

Abb. 275: *Einfluß der Flugkörperbewegung auf Lage und Form des Beleuchtungsflecks eines flächenabbildenden Radars. Zahlenbeispiel: ERS-1 SAR (aus* Schättler *1992)*

Nach dem Empfang der Rückstreuung werden die fortlaufend entstehenden Videosignale einer Kathodenröhre zugeführt und dort für den zeilenweisen Aufbau eines Radarbildes verwendet.

Die schräge Abstrahlung der Impulse und deren Ausbreitung in vertikaler und horizontaler Richtung läßt eine Aufnahmegeometrie entstehen, die durch die in Abb. 273 schematisch dargestellten Winkel und Strecken charakterisiert wird. Art und Bezeichnung dieser Parameter sind bei RAR und SAR gleich.

Für die Schrägentfernung (R) zwischen Antenne (A) und einem Geländeort (P) (= Auflösungszelle) verwendet man gemeinhin auch in der deutschsprachigen Fachterminologie den englischen Begriff „*slant range*" und unterscheidet dabei auch „near" und „far" range für die Schrägentfernungen zwischen Antenne und den der Fluglinie nächsten bzw. entferntesten Geländeorten in der Aufnahmezeile. Die Aufzeichnung der Rückstreusignale erfolgt in den Zeilen proportional zu den Schrägentfernungen. Es ergibt sich dadurch eine Abbildungsform, die bei gebirgigen Arealen verfremdet wirkt .

Die geometrische Auflösung (Bildelementgröße im Geländemaß), die in Abb. 273 durch die schraffierten Felder gekennzeichnet ist, ergibt sich in Zeilenrichtung (= across-track = y-Richtung), also rechtwinklig zur Flugrichtung, bei RAR-Systemen in slant range Darstellung nach

$$r_R = \frac{c \cdot T_p}{2} \tag{160}$$

und in ground range Darstellung (ohne Berücksichtigung von Geländehöhenunterschieden) nach

$$r_y = \frac{c \cdot \tau_p}{2 \sin \Theta} = \frac{c \cdot \tau_p}{2 \cos \Psi} \tag{161}$$

sowie in Flugrichtung (= Azimut-Richtung, = along track = x-Richtung)
als Azimut-Auflösung r_a nach

$$r_a = R \cdot \beta_h = \frac{R \cdot \lambda}{l} \cdot a_h \qquad \text{bzw. auch} = \frac{h_g \cdot \lambda}{\sin \Psi \cdot l} \cdot a_n \tag{162}$$

Dabei bedeuten in (160)–(162): r die geometrische Auflösung in der jeweiligen Richtung bzw. Darstellungsform, R. die Schrägentfernung, c die Lichtgeschwindigkeit, τ_p die Impulsdauer, l die Länge der Antenenöffnung (Aperture) sowie β_h, Θ und Ψ die in Abb. 273 dargestellten Winkel. a_h ist der sog. aperture tape factor für die horizontale Ausbreitungsform des Strahlenkegels. Er wird häufig als =1 unterstellt oder auch mit 0,7 in (162) eingesetzt. Die hier und im folgenden gewählten Notationen folgen ULABY ET AL. (1981/82/86) bzw. MOORE (1983). Es wird darauf hingewiesen, daß in der Fachliteratur noch keine international einheitlichen Symbole verwendet werden.

In Zeilenrichtung ist die Auflösung nach (160) und (161) umso besser, je kürzer die Dauer der ausgesendeten Impulse ist. In der ground range Darstellung ist sie darüberhinaus abhängig vom jeweiligen Einfall- bzw. Depressionswinkel. Da der Sinus mit abnehmender und der Cosinus mit zunehmender Winkelgröße abnimmt, ergibt sich aus (161), daß die Auflösung für nahe der Fluglinie liegende Objekte schlechter ist als für entfernt liegende.

Die Azimut-Auflösung verschlechtert sich beim RAR dagegen vom near zum far range hin. Sie verschlechtert sich andererseits auch mit zunehmender horizontaler Strahlbreite β_h. Da β durch λ/l ersetzt werden kann (Annahme a_h=1), zeigt sich, daß sowohl die verwendete Wellenlänge (deren Wahl vor allem eine Frage des Auswertungszweckes ist) als auch die Antennenlänge Einfluß auf die Azimut-Auflösung haben. Da für eine sinnvolle Auswertung von Radaraufzeichnungen für Fernerkundungszwecke eine bestimmte Grundauflösung Voraussetzung ist, wird die dafür nach (162) benötigte Antennenlänge zum begrenzenden Faktor für den Einsatz eines RAR aus Weltraumflugkörpern. Strebt man z. B. für ein C-Band Radar – hier mit λ = 5,5 cm –, das von einem 800 km hoch fliegenden Satelliten aus eingesetzt werden soll, ein r_a im far range – hier bei Ψ = 30° und damit sin Ψ = 0,5 – von 30 m an, so müßte nach (162) bei Annahme von a_h = 1 die Antenne eines RAR

$$\frac{800.000 \cdot 0,055}{0,5 \cdot 30} = 2.933 \text{ m}$$

lang sein. Es ist leicht zu erkennen, daß dies unrealistisch ist. Würde andererseits eine nur 10 m lange Antenne eingesetzt, so ergäbe sich unter den o.a. Bedingungen die undiskutable Grundauflösung von 8800 m. Nicht zuletzt diese Situation führte zur Entwicklung des Synthetic Aperture Radar (SAR), mit dem dieses Dilemma überwunden werden kann.

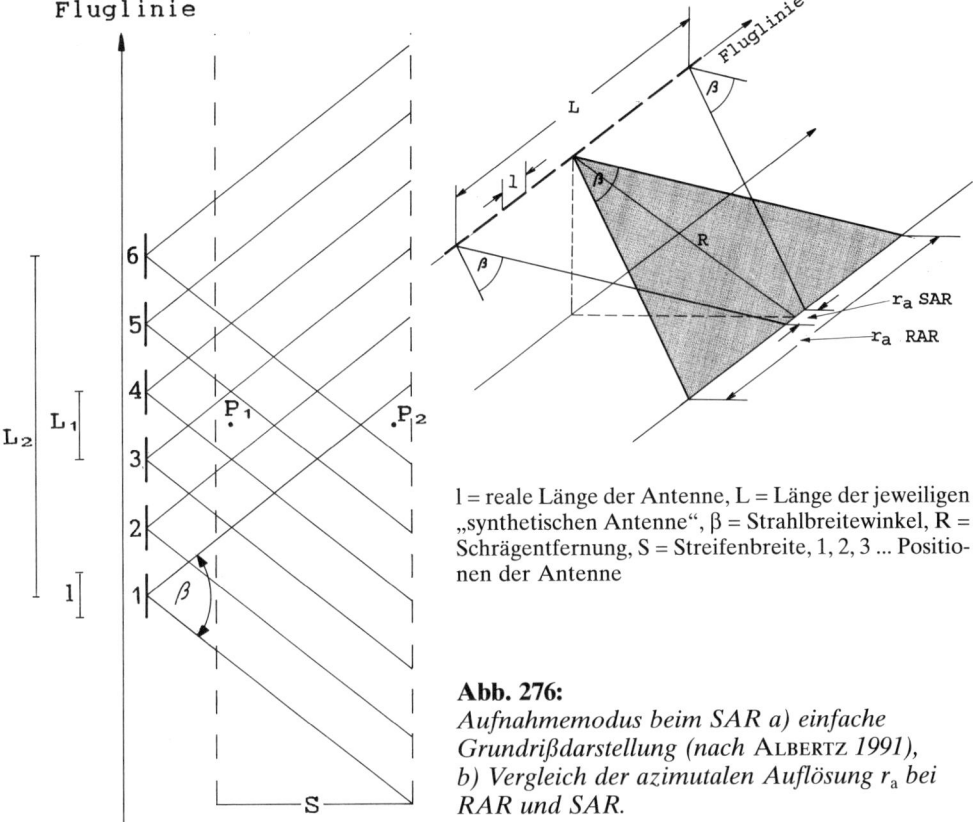

l = reale Länge der Antenne, L = Länge der jeweiligen „synthetischen Antenne", β = Strahlbreitewinkel, R = Schrägentfernung, S = Streifenbreite, 1, 2, 3 ... Positionen der Antenne

Abb. 276:
Aufnahmemodus beim SAR a) einfache Grundrißdarstellung (nach Albertz *1991), b) Vergleich der azimutalen Auflösung* r_a *bei RAR und SAR.*

6.1.2 Synthetic Aperture Radar (SAR)

Ein SAR-System besteht ebenfalls aus einem MW-Sender, einem Empfangsteil und einer zu beiden gehörenden Antenne sowie zusätzlich einer Phasenreferenz (s.u.) für die aus- und eingehenden Wellen. Im Gegensatz zum RAR gehören erheblich kompliziertere Einrichtungen zur Signalspeicherung und Prozessierung zum Gesamtsystem. SAR kann sowohl von Flugzeugen als auch von Satelliten und bemannten Weltraumflugzeugen aus eingesetzt werden.

Auch mit einem SAR nimmt man einen breiten Geländestreifen seitlich und parallel der Fluglinie auf. Der Strahlbreitewinkel β der hier über die relativ kurze Antenne ausgesandten MW-Impulse ist jedoch breiter als bei einem RAR. Durch die Breite der Impulsfächer werden während des Vorbeiflugs alle Objekte durch mehrere aufeinanderfolgende Impulse beleuchtet und von ihnen auch die jeweiligen Rückstreuungen empfangen (Abb. 276a). Bei der elektronischen Prozessierung der empfangenen Signale werden die aufeinanderfolgenden Positionen der kurzen Antenne so behandelt, als wäre jede ein indiviudelles Element einer Antenne. An die Stelle einer realen langen Antenne tritt beim SAR also eine nichtreale, synthetische, deren Länge jeweils durch die Flugstrecke zwischen zwei Antennenpositionen bestimmt ist.

Wie oft ein Objekt erfaßt wird, hängt von seiner Entfernung zur Antenne ab. In Abb.

276a wird z. B. P_1 zweimal und P_2 sechsmal erfaßt. Dies führt dazu, daß die nutzbare „Länge" der synthetischen Antenne wechselt. Sie ist direkt proportional zur Schrägentfernung zum gegebenen Geländeort im Aufnahmestreifen. Wenn diese Entfernung zunimmt, wächst auch die Länge der synthetischen Antenne. Vgl. hierzu L_1 und L_2 für P_1 und P_2 in Abb. 276. Als Folge dieses Sachverhalts wird – im Gegensatz zur Situation bei einem RAR – die Auflösung in Flugrichtung r_a entfernungsunabhängig. Gleichzeitig wird r_a durch die jeweils viel längeren synthetischen „Antennen" kleiner als beim RAR (Abb. 276b, Formeln 163–166).

Zur Herstellung hochauflösender Radar-Bilder müssen beim SAR zusätzlich zur Aufzeichnung von Intensität und Laufzeit der rückgestrahlten Wellen auch deren Phasen festgehalten werden. Als Phase bezeichnet man dabei eine Größe, die den Schwingungs*zustand* der rückgestreuten Welle beim Eintreffen am Empfänger in Bezug auf ihren Anfangszustand beim Aussenden charakterisiert. Zur Bestimmung der Phasen gehört die o.a. Phasenreferenz des SAR-Systems, die Sender und Empfänger zugeordnet ist.

Die Prozessierung der Rückstreusignale kann beim SAR optisch oder digital erfolgen. Sie ist angesichts der differenzierten Aufnahmetechnik mit mehrfachem Signalempfang für jedes Objekt und dadurch notwendiger Einbeziehung von Phasenänderungen wesentlich aufwendiger und komplizierter als beim RAR. Zur Fernerkundung mit SAR-Daten benötigt der Auswerter jedoch i. d. R. keine detaillierten Kenntnisse dieser Prozesse. Es genügt deshalb an dieser Stelle eine kurz gefaßte, vereinfachende Beschreibung beider Prozessierungsverfahren. Detaillierte Darstellungen der Physik, Mathematik und technischer Varianten finden sich u. a. bei ULABY et al. (1981/82/86), ELACHI (1987), CURLANDER u. McDONOUGH (1991).

Die *optische Prozessierung* beginnt mit der Erzeugung eines sog. Signalfilms (syn. Datenfilm). Er entsteht durch Photographie des auf einer Kathodenröhre dargestellten Intensitätsmusters (intensity pattern, phase histories) der Rückstreusignale. Der Signalfilm wird dann mit kohärentem Licht (Laserlicht) beleuchtet und die transmittierten Lichtstrahlen durch ein System zylindrischer und sphärischer Linsen fokusiert und so entzerrt, daß photographisch oder holographisch ein Radarbild bzw. Hologramm[82] aufgezeichnet werden kann. Bei photographischer Aufzeichnung verliert man durch Reduzierung des Dynamikbereichs ggf. Informationen. Bei holographischer Aufzeichnung erhält das Hologramm den ursprünglichen Dynamikbereich und stellt in seiner Interferenzstruktur eine vollständige Abbildung des vom Objekt – hier des Signalfilms – ausgehenden Wellenfeldes nach Richtung, Amplitude und Phasenverteilung dar. Die Abtastung des Hologramms, wiederum mit einem kohärenten Lichtstrahl, führt schließlich zur Aufbereitung des optisch prozessierten Radarbildes.

Zur *digitalen Prozessierung* werden die empfangenen Signaldaten in unverarbeiteter Form (=Rohdaten) auf einem hoch verdichteten Magnetband (HDDT) aufgezeichnet und gespeichert. Zur Herstellung der für thematische Auswertungen geeigneten CCTs und Bildprodukte sind nach mehreren vorbereitenden Schritten (Datenanalyse, Kontrollprozesse u. a.) umfangreiche Rechenprozesse notwendig. Dabei sind einerseits Probleme mathematisch zu lösen, die sich aus den Eigenarten der SAR-Technologie und der Natur und dem Verhalten der Menge rückgestreuter Wellen ergeben, andererseits sind außergewöhnlich große Datenmengen zu bewältigen. Im Laufe der Jahre wurden dafür verschiedene Ansätze gefunden und entsprechende Programme entwickelt. Ein bekannter Pro-

---

[82] Die Herstellung eines Hologramms geschieht – sehr kurz gefaßt – auf folgendem Weg: Das abzubildende Objekt wird mit kohärentem Laserlicht beleuchtet. Das vom Objekt dadurch ausgehende Streulicht wird auf einer photographischen Platte mit einem von der gleichen Lichtquelle auf direktem Wege kommenden Referenzstrahlenbündel gleicher Wellenlänge überlagert. Die dabei entstehende Interferenzstruktur ist das Hologramm.

zessierungsweg ist z. B. der Range-Doppler-Algorithmus, der u. a. von der deutschen Prozessierungs- und Archivierungs-Einrichtung (D-PAF) für die Prozessierung der SAR-Daten des europäischen Satelliten ERS-1 in Oberpfaffenhofen benutzt wird. Im übrigen wird auf die schon erwähnte Literatur, aber auch auf zahlreiche Einzelpublikationen z. B. aus dem Jet Propulsion Lab (JPL), Passadena und anderen Zentren der Radarforschung und -entwicklung verwiesen.

Die digitale Prozessierung erfordert leistungsfähige Rechenanlagen und bisher relativ lange Rechenzeiten. Erst in jüngster Zeit liegen im Zusammenhang mit der Verwirklichung des SIR C/X-SAR Projektes (s.u.) für die X-SAR Daten auch Lösungsvorschläge vor, die eine Echtzeit-Prozessierung ermöglichen sollen (FRANCESCHETTI et al. 1992). Auch für den vorgesehenen kanadischen RADARSAT wird eine Echtzeit-Prozessierung angestrebt (nach AVERY u. BERLIN 1984).

Um eine Vorstellung operationeller Datenverarbeitungsanlagen für Zwecke der digitalen Prozessierung zu vermitteln, sind in Abb. 277 a–c nach Angaben von MARKWITZ et al. die Gerätekonfigurationen des Multisensor-Processors, des zusätzlichen Geocoding-Systems und des dazugehörenden Produkt-Generation-Systems für ERS-SAR-Daten dargestellt. Zentrale Einheiten für die digitale Prozessierung sind dabei die in Abb. 277a mit VMP = Verification Mode Processor bezeichneten Rechner/Software-Teile.

Digitale Prozessierung von SAR-Aufzeichnungen führt einerseits zu Radarbildern besserer Qualität und ist andererseits bei Aufnahmen aus Satelliten erforderlich. Auch bei künftigen simultanen Datenaufzeichnungen in mehreren MW-Kanälen und Polarisationsformen sind letztlich nur digitale Prozessierungen praktikabel.

Die prozessierten Daten bzw. Bilder haben geometrische Auflösungen in Zeilenrichtung r_{Rs}, r_{ys}, die sowohl für slant als auch für ground range – Darstellung durch die Formeln (160) und (161) zu beschreiben sind. Im Gegensatz dazu folgt die Azimut-Auflösung r_a nicht jener bei RAR-Systemen. Für ein fokusiertes SAR gilt vielmehr

$$r_{as} = \frac{R \cdot \lambda}{2\,L} \cdot a_{hs} \quad \text{bzw.} \quad r_{ap} = \frac{R \cdot \lambda}{2L_p} \cdot a_{hs} \tag{163}$$

mit L_p für die jeweils größtmögliche Länge der „synthetischen Antenne" (vgl. Abb. 284) und L für eine solche mit $L < L_p$ sowie den bisher verwendeten Notationen. Da

$$L = \frac{R\,\lambda}{l} \cdot a_{hr} \tag{164}$$

ist, ergibt sich für die (theoretisch) bestmögliche Azimutauflösung eines fokusierten SAR auch

$$r_{ap} = \frac{l}{2} \cdot \frac{a_{hs}}{a_{hr}} \tag{165}$$

und wenn $a_{hs} = a_{hr}$ ist

$$r_{ap} = \frac{l}{2} \tag{166}$$

Die Grundauflösung *in* Flugrichtung ist also unabhängig von der Schrägentfernung R und damit überall im Aufnahmestreifen gleich. Sie ist auch unabhängig von der Länge der Mikrowellen. r_{ap}, bzw. r_{as} wird umso kleiner, je kürzer die reale Antennenaperture eines SAR ist. Der dadurch möglichen Steigerung der Azimutauflösung sind jedoch technische Grenzen gesetzt. Faktisch haben SAR-Antennen Längen von etwa 2–5 m bei flugzeug-

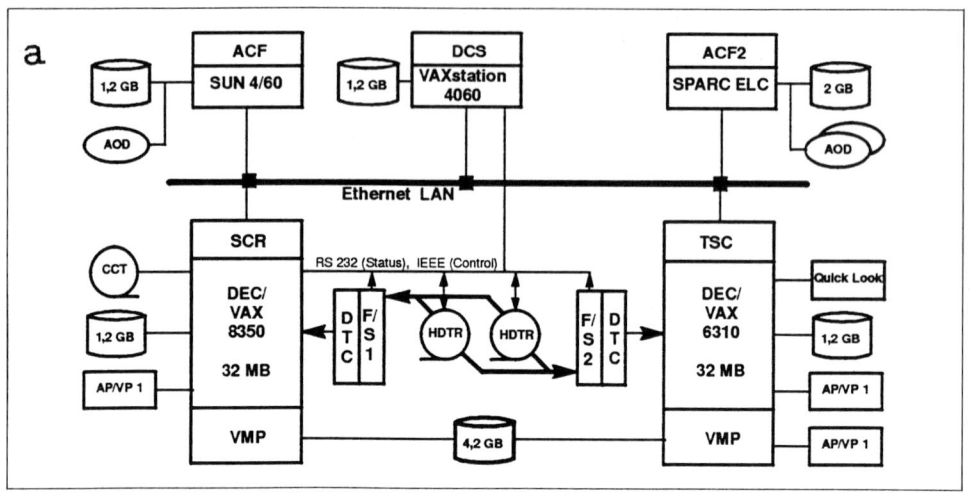

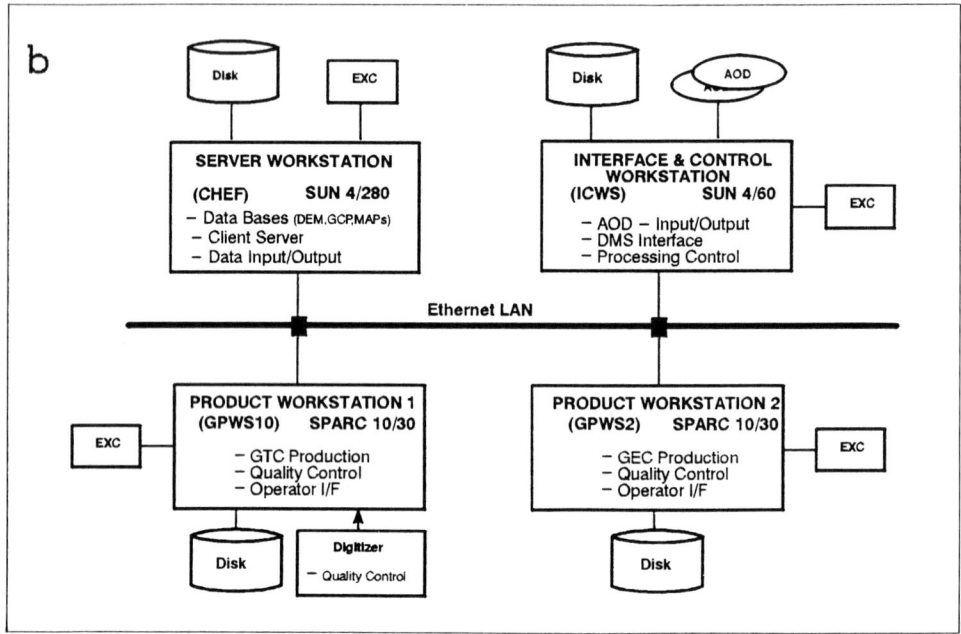

Abb. 277: *Gerätekonfiguration für die SAR-Prozessierung der deutschen Prozessierungs-
und Archivierungseinrichtung (D-PAF) für ERS-1-Daten
a) des Multisensor SAR-Prozessor (MSAR), b) des SAR-Geocoding-Systems
(GEOS), c) (rechts) des Produkt-Generation-Systems.*

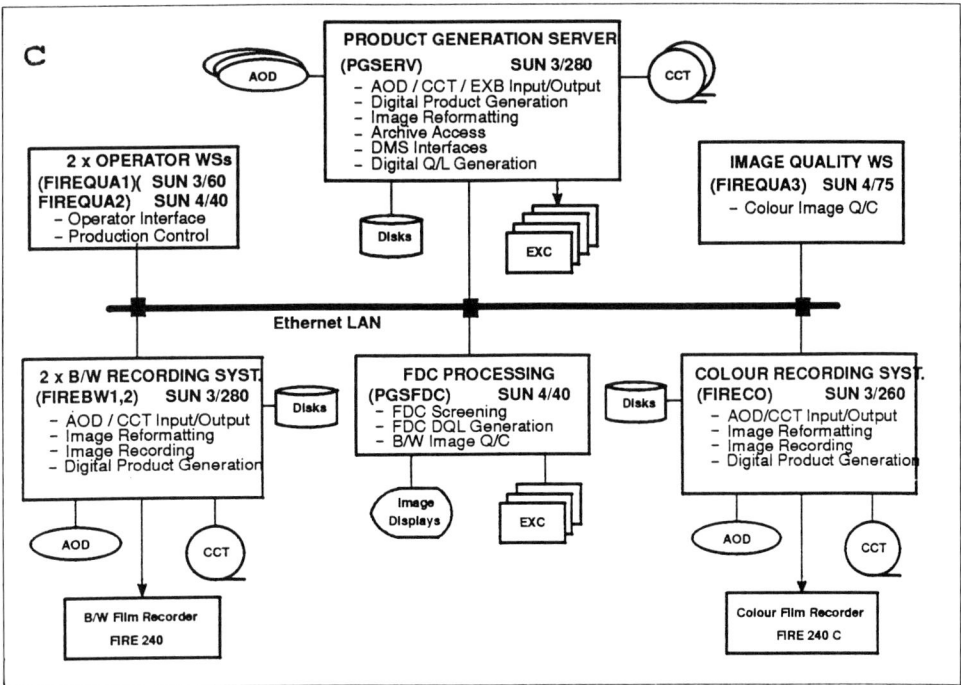

Legende zu Abb. 277 a–c:
ACF = Archiving Facility, DCS = Device Control System, SCR = Screening System, TSC = Transscription System, VMP = Verification Mode Processor, GTC = Geocoding Terrain Corrected Product, GEC = Geocoded Ellipsoid Corrected Product, DEM = Digital Elevation Model, AOD = Archival Optical Disc, FDC = Fast Delivery SAR Products, DGL = Digital Quicklook

getragenen Systemen und etwa 10–12 m bei erdbeobachtenden Systemen, die aus dem Weltraum operieren.

Für ältere, nicht fokusierende SAR gelten die Formeln (163) bis (166) nicht. Die Azimutauflösung solcher SAR ist

$$r_{asu} = \sqrt{\frac{R\,\lambda}{2}} \tag{167}$$

6.1.3 Zeilenabtastende Mikrowellenradiometer

Bei zeilenabtastenden, abbildenden MW-Radiometern wird im Gegensatz zum aktiven Radar die natürliche terrestrische Strahlung (Kap. 2.2.2) und zwar nur des kurzwelligen Mikrowellenbereichs (K-Bänder, X- und C-Band), zur Erkennung von Objektflächen und -zuständen genutzt. Zu diesem Zweck nehmen die Radiometer das überflogene Gelände – anders als beim Seitensichtradar – *beid*seits der Fluglinie und rechtwinklig dazu auf. Es sind dafür technisch sowohl mechanische als auch elektronische (electronic beam-steering) Lösungen gefunden worden (hierzu z. B. ULABY et al. 1981, MOORE 1983, SCHANDA 1986).

Die Abtastung erfolgt bei scannnenden MW-Radiometern entweder – wie bei elektro-optischen Zeilenabtastern – linear beidseits des jeweiligen Geländenadirs (Abb. 278a) oder konisch (Abb. 278b), in einer mit konstantem Winkel entlang der Flugachse nach vorn schauenden Aufnahmerichtung. Entlang der Zeilen wird die Strahlung von aneinandergereihten kreisförmigen oder leicht ellipitischen Flächenelementen aufgenommen. Deren Größe – und damit die Auflösung der Aufzeichnungen – ist vom Öffnungswinkel β (Abb. 278), der Flughöhe und der Nadirdistanz der jeweiligen Aufnahmerichtung abhängig. Öffnungswinkel der für Fernerkundungszwecke eingesetzten scannenden MW-Radiometer liegen in Abhängigkeit von der Wellenlänge der aufgenommenen Strahlen in der Größenordnung zwischen 0,8° und 5°. Mit den aus den Satelliten NIMBUS 5 und 6 und auch SEASAT (h_g zwischen 800 und 1100 km) eingesetzten zeilenabtastenden MW-Radiometern repräsentieren deshalb die einzelnen Auflösungszellen Flächen, die im Nadirbereich mehrere Hundert und an den Zeilenenden einige Tausend Quadratkilometer groß sind. Bei den in NOAA Satelliten mit eingesetzten MSU (Microwave Sounding Unit) beträgt die Grundauflösung bereits im Nadir 198 km, so daß das Auflösungselement eine Fläche >9000 km^2 repräsentiert.

Eine solche Auflösung kann nur zu nützlichen Informationen führen, wenn großräumige Gebiete mit großflächigen Landschaftsmustern zu erforschen sind. Die Aufzeichnungen von abbildenden Mikrowellenradiometern waren und sind dementsprechend auch wertvolle Datengrundlagen für die Untersuchung ozeanographischer Phänomene und besonders auch der arktischen und antarktischen Gebiete. Für vegetations- und landschaftskundliche sowie für geobotanische Untersuchungen sind sie ohne oder von allenfalls marginalem Nutzen. Aufnahmen mit flächenabbildenden MW-Radiometern von Flugzeugen aus bringen selbstverständlich sehr viel bessere Auflösungen. Aus niedrigen Flughöhen können dabei Auflösungen im Zehnmeterbereich erreicht werden. Dennoch ist auch in diesen Fällen der vegetationskundliche Informationsgehalt begrenzt.

Aus Kap. 2.2.2 ist bekannt, daß die Objekte der Erdoberfläche je nach ihren physikalischen und stofflichen Eigenschaften und ihrem jeweiligen Zustand über unterschiedliches Emissionsvermögen im Mikrowellenbereich verfügen, daß aber die Unterschiede – von einigen wenigen Materialien abgesehen – gering sind (vgl. Tab. 2). Letzteres gilt besonders

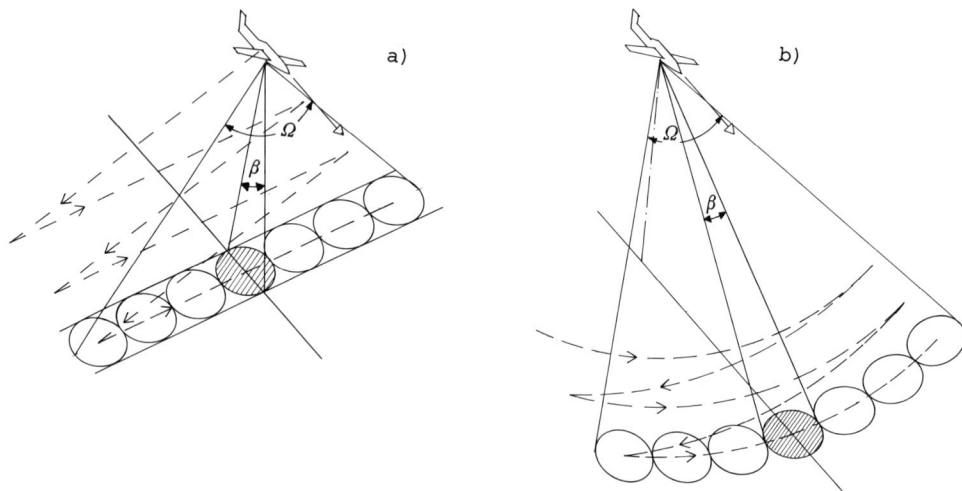

Abb. 278: *Abtastende Mikrowellenradiometer mit a) zeilenweiser und b) konischer Abtastung. β = Strahlbreitewinkel, Ω = Scanwinkel (nach* KRAUS *1988)*

für verschiedene natürliche und auch kultivierte Vegetationsformen und -gesellschaften. Deren auf den jeweiligen Zustand und die Vergesellschaftungsform zurückgehende Variationsbreiten des Emissionsvermögens überschneiden sich zudem weitgehend. Sichere vegetationskundliche Differenzierungen sind dadurch nur in bestimmten Fällen zu erwarten. Dagegen kann in überwiegend unbewachsenem oder auch landwirtschaftlich genutztem Gelände für hydrologische und bodenkundliche Untersuchungen aus flächenabbildenden passiven Mikrowellenaufzeichnungen ggf. Nutzen gezogen werden (siehe z. B. DITTEL 1982, BASHARINOV et al. 1979).

6.1.4 Aufnahmeplattformen

Aufnahmeplattformen für SAR können sowohl Flugzeuge als auch bemannte oder unbemannte Weltraumflugkörper sein. Für Aufnahmen mit einem RAR kommen dagegen nur Flugzeuge als Träger in Frage (vgl. 6.1.1).

Flugzeuge als Plattform

In den ersten zwei Jahrzehnten der Anwendung aktiver, flächenabbildender Seitensichtradars – von Mitte der fünfziger bis Mitte der siebziger Jahre – waren ausschließlich Flugzeuge Träger des Radar. Dabei waren die Einsätze bis 1965 militärischen Erkundungszwecken vorbehalten. Als solche haben sie ihre Bedeutung behalten. Seit 1965 stehen flugzeuggetragene Radar-Systme auch für zivile Zwecke zur Verfügung. Als Sensorplattform dienten dabei von Anfang an, je nach Aufnahmezweck und Auslegung des RAR oder SAR, sowohl Flugzeuge für mittlere Flughöhen und Einsatzradien als auch solche für Flughöhen >5000 m und großräumige Missionen (vgl. Sp. 5 in Tab. 93). Für operationelle, großräumige Inventur- und Beobachtungsaufgaben (vgl. Kap. 6.6.2) sind i. d. R. Aufnahmen aus großer bis sehr großer Höhe erforderlich und damit Flugzeuge mit entsprechenden Leistungsdaten. Besonders in den siebziger Jahren waren dafür z. B. Flugzeuge wie die Caravelle, die DC8 oder auch entsprechende Typen der US Air Force verwendet worden. Zur Aufnahme begrenzter Areale für lokale geowissenschaftliche Zwecke oder experimentelle Missionen sind dagegen auch kleine, wendigere, aber geräumige Flugzeuge, z. B. Typen wie die DO 228, als Sensorplattform geeignet. Eine Zwischenstellung nimmt die vielfach bei Radaraufnahmen bewährte, vom Canadian Centre of Remote Sensing (CCRS) eingesetzte CONVAIR 580 ein.

Plattformen im Weltraum

Punktuell messende Mikrowellensensoren, wie Scatterometer MW-Radiometer oder auch Altimeter sind bisher in großer Zahl und Verschiedenartigkeit von Satelliten oder bemannten Weltraumflugkörpern aus eingesetzt worden. Sie dienten zur Erkundung der Oberfläche der Erde, des Mondes, der Planeten oder auch des Weltraums selbst. Flächenabbildende, aktive SAR-Systeme – von denen hier allein gesprochen wird – gehörten dagegen bisher nur in relativ wenigen Fällen zur Fernerkundungsnutzlast von Weltraumflugkörpern. Nach früheren, vereinzelten experimentellen Einsätzen gewinnen Satelliten jedoch als Träger von SAR zunehmend an Bedeutung. Seit 1991/92 liefern die SAR-Geräte der Satelliten ALMAZ 1 (1991), ERS-1 (1992) und JERS 1 (1992) regelmäßig Radarbilder für experimentelle und operationelle Fernerkundungsmissionen. In Tab. 92 sind die bisher für die zivile Fernerkundung verwendeten sowie in Entwicklung begriffenen Plattformen und deren SAR-Systeme aufgelistet.

SEASAT, die erste dieser Weltraumplattformen, fiel 107 Tage nach seinem Start (26.6.78) aus. Er war in erster Linie als ozeanographischer Forschungssatellit konzipiert und mit mehreren MW-Sensoren ausgestattet. Die SAR-Experimente waren dementsprechend vorwiegend auf Untersuchungen offener Ozeanflächen des Atlantik und Pazifik ausgerichtet. Trotz der kurzen Aktionszeit wurden zahlreiche Untersuchungen über Oberflächentemperaturen, Eistriften, Wellendynamik und -spektren und Interaktionen zwischen Wasser- und Landflächen durchgeführt. Die daneben in Nordamerika und Europa vorgenommenen Auswertungen von SESAT-SAR-Bildern der festen Erdoberfläche dienten dazu, Kenntnisse über deren Informationsgehalt im Hinblick auf Landschaftsstrukturen und Landnutzungsformen zu gewinnen (z. B. KESSLER 1986 S. 66–70). Abb. 292 zeigt einen Ausschnitt der SEASAT-Szene um Frankfurt a. M.

Der *NASA Space Shuttle* wurde 1981, 1984 und 1994 für experimentelle Kurzzeiteinsätze von SAR-Systemen als Plattform verwendet. SIR A und B (SIR = Shuttle Imaging Radar) waren Weiterentwicklungen des im SEASAT geflogenen L-Band-SAR. Auch diese Missionen waren experimenteller Art. Sie dienten einerseits technologischen Erprobungen und andererseits, nun in verstärktem Maße, wiederum dem Studium des Informationsgehalts, der SAR-Aufzeichnungen über geographische und auch vegetationskundliche Sachverhalte. Im Zuge der SIR-B Mission konnten dabei auch europäische Testgebiete mehrfach mit unterschiedlicher Flugrichtung überflogen und Aufnahmen mit unterschiedlicher Ausrichtung der Antenne durchgeführt werden. Die jüngst durchgeführte SIR-C-Mission setzte mit erheblich erweiterter SAR-Kapazität diese Serie von experimentellen Fernerkundungsmissionen fort. Zum erstenmal verfügte dabei ein vom Weltraum aus aufnehmendes SAR über drei Bandbereiche und mehrere Polarisationsmodi, neben der auch hier möglichen Wahl verschiedener Blickrichtungen und damit auch Streifenbreite der Aufnahme.

14 Jahre nach dem SEASAT tragen mit ALMAZ, ERS-1 und JERS-1 auch wieder Satelliten SAR-Systeme. Sie operierten (ALMAZ) und operieren mittlerweile bereits mehrere Jahre. Ihre SAR und Aufnahmemodi unterscheiden sich in mehrfacher Hinsicht (Abb. 92). Sie standen bzw. stehen in den Grenzen ihrer Aussagefähigkeit (hierzu Kap. 6.6) für großräumige Inventur- und Monitoringaufgaben zur Verfügung.

Mit RADARSAT und später ENVISAT stehen Plattformen vor dem Einsatz, die u. a. SAR-Systeme tragen werden, in denen sich die Forschung und Entwicklung der SAR-Technologie widerspiegelt. Tab. 92 läßt in den Spalten 5–8 die Flexibilität und Anpassungsfähigkeit dieser C-SAR-Systeme erkennen.

Nicht aufgeführt ist in Tab. 92 die Kommandokapsel der Apollo-Mission 17 vom Dezember 1973, die mehrfach während einer Mondexpedition den Erdtrabanten umkreiste. Die Kapsel war Träger des LUNAR SOUNDER, eines mehrkanaligen SAR, das als erstes (ziviles) vom Weltraum aus operierte. Mit Hilfe des Lunar Sounders sollten vor allem geologische Strukturen unter der Oberfläche des Mondes erforscht werden. Dazu sandte dieses SAR Mikrowellen mit Wellenlängen von 2 m, 20 m und 60 m aus. Mikrowellen dieser Länge werden bei SAR-Systemen, die der Erderkundung dienen, nicht verwendet. Die räumliche Auflösung des Lunar Sounder betrug zwischen 20 und 600 m.

Plattform, Land Startjahr	Flughöhe Inklination	Name des SAR	Radar-band	Polarisa-tion	Blickwin-kel[1]	Streifen-breite	räuml. Auf-lösung
	km/Grad		λ in cm		Grad	km	m
1	*2*	*3*	*4*	*5*	*6*	*7*	*8*
SEASAT, USA 1978	790 108°	SAR	L 23,5	HH	17/23	100	25
SPACESHUTTLE, USA 1981	245 39°	SIR A	L 23,5	HH	40/46	50	40
SPACESHUTTLE, USA 1984	255–352 57°	SIR B	L 23,5	HH	variabel	20–50	30
ALMAZ, USSR[2] 1991	290 73°	SAR	S 9,6	HH	variabel	30–300	15–300
ERS 1, Europa (ESA) 1991	785 98,5°	AMI-SAR	C 5,7	VV	17/24	100	30
JERS 1, Japan 1992	570 98°	SAR	L 23,5	HH	32/37,5	75	18
SPACESHUTTLE, USA April u. Okt. 94	215 57°	SIR C X-SAR[3]	C, L 5,6 23 X 3,1	HH, VV[4] HV, VH HH, VV HV, VH[4]	variabel variabel	15-70 15-45	30 30
ERS-2, Europa (ESA) 1995	wie ERS-1						
In Vorbereitung							
RADARSAT, Kanada, 1995	792 98,6°	SAR	C 5,7	HH, VV[4] HV, VH	variabel	50[5] 28 35 50/100	10[5] 100 180 300–500
ENVISAT, Europa (ESA)[6]	800 98°	ASAR	C 5,6	HH, VV[5] HH+VV[4]	variabel	56/120[5] 406 406 56/120	30[5] 100 1000 30

[1] near/far range; [2] Vorgänger: COSMOS 1870, 1987–1989 mit einem SAR mit 25 m Auflösung; [3] deutsch-italienische Entwicklung; [4] wahlweise u. polarimetrisch; [5] wahlweise; [6] vormals EOS.

Tab. 92: *Weltraumplattformen für SAR-Systeme und deren Aufnahmeparameter (Quellen: NASA, ESA, RESTEC/NASDA, ALMAZ Corp., JPL Passadena, DLR Oberpfaffenhofen)*

6.2 Radiometrische Gesichtspunkte bei Radaraufzeichnungen

Aus Kap. 6.1 ist bisher bekannt, daß sich bei aktiven flächenabbildendem Radar zwei Strahlungsprozesse vollziehen, nämlich

- die Abstrahlung gerichteter Mikrowellenimpulse bestimmter Wellenlänge, Polarisation und Impulsdauer über eine Antenne
- die Reflexion (Oberflächen- und Volumenreflexion) an den Objekten der Erdoberfläche, wobei ein Teil der reflektierten Strahlung als *Rückstreuung* wieder zur Antenne gelangt.

Die in einem Radarbild schließlich durch die Prozessierung des empfangenen Rückstreuechos entstehenden Grauwerte sind proportional zur empfangenen Energie. Helle Grautöne im Radarbild korrespondieren mit starker Rückstreuung in Richtung der Antenne und dunkle Grautöne mit geringer Rückstreuung in diese Richtung. Die empfangene Rückstreuenergie wird in ihrer Stärke sowohl von Parametern des Systems, als auch von den Eigenschaften der beleuchteten Objekt- bzw. Geländeoberfläche (vgl. 2.2.2, 2.3.2.6, Abb. 49 u. 274) bestimmt. Sie ist durch die letztgenannte Abhängigkeit Träger von Informationen über das beleuchtete Gelände.

Man formuliert diese Strahlungsprozesse modellhaft unter Vernachlässigung von Strahlungsverlusten durch atmosphärische Einflüsse, Absorption und Anisotropie der Rückstreuung mit der sog. *Radargleichung*
- für einzelne (in sich homogene) Rückstreuobjekte

$$P_r = \frac{P_t \cdot G^2 \cdot \lambda^2 \cdot \sigma}{(4\,\pi)^3 \cdot R^4} \qquad\qquad (168)^{[83]}$$

- für Flächen mit zahlreichen unterschiedlichen und zufällig verteilten Rückstreuern als mittlere empfangene Energie

$$\overline{P}_r = \frac{\lambda^2}{(4\pi)^3} \sum_{i=1}^{n} \frac{P_{ti} \cdot G_i^2 \cdot \sigma_i}{R_i^4} \qquad\qquad (169)$$

In (168) und (169) bedeuten
P_r und P_t die empfangene und die ausgesendete Energie in Watt;
G der sog. Antennengewinn, der das Verhältnis der in die Abstrahlrichtung ausgesendeten Energie zu der von einer fiktiven, isotrop sendenden Antenne ausgesendeten Energie angibt. G wird als logarithmisches Maß in Dezibel dB angegeben.
λ die Wellenlänge der ausgesendeten und empfangenen Energie,
σ der effektive Rückstreuquerschnitt des rückstreuenden Objektes (radar cross section),
R – wie bisher – die Schrägentfernung von der Antenne zum Geländeobjekt.
Da jede geometrische Auflösungszelle eines Radarbildes eine Vielzahl – i. d. R. zufällig verteilter – Rückstreuer beinhaltet, ist für diese die Formel (169) anzuwenden. Der Grauwert einer solchen Auflösungszelle (Bildelement) wird daher durch die mittlere Rückstreuenergie der diese konstituierenden Rückstreuelemente bestimmt.
    Als *Streukoeffizienten* σ^o (differential scattering cross section = cross section par unit

---

[83] ist nur anwendbar, wenn die Ausstrahlung und der Empfang wie bei RAR- und SAR-Systemen über die gleiche Antenne erfolgt.

area) bezeichnet man die Summe der effektiven Rückstreuquerschnitte je Auflösungszelle, d. h.

$$\sigma^o = \frac{\sum\limits_{i=1}^{n} \sigma_i}{A} \qquad (170)$$

mit A als Fläche der Auflösungsfläche. σ^o ist ein das Gelände beschreibender Faktor. Er wird durch Änderungen von Systemparametern beeinflußt (vgl. z. B. Abb. 285) und ist das Ergebnis der Interaktion zwischen Sensor und der jeweiligen zum Bildelement gehörenden Geländefläche. Dementsprechend korrespondiert σ^o auch mit dem Grauwert eines Bildelements. Er dient als Vergleichsgröße z. B. bei Signaturuntersuchungen.

Die o.a. Integration vieler Rückstreusignale in einem Bildelement weist darauf hin, daß aus den Angaben zur geometrischen Auflösung nicht ohne weiteres auf die Erkennbarkeit einzelner Objekte bestimmter Größe geschlossen werden kann. Dies ist prinzipiell nicht anders als bei den in Kap. 4 und 5 besprochenen Fernerkundungssystemen. Es beeinträchtigt die Interpretierbarkeit von Radarbildern – wenn man es relativ zur jeweiligen geometrischen Auflösung sieht – nicht mehr oder weniger als bei Luftbildern oder Scanneraufzeichnungen.

Für die Interpretierbarkeit von Radarbildern kommt jedoch eine weitere, nur hier auftretende störende, *systemimmanente* Erscheinung hinzu, der sog. *Speckle*. Man kann ihn im weiteren Sinne zu den radiometrischen Sachverhalten des Radar zählen. Er tritt beim SAR wie auch beim RAR auf und wird beim Betrachten von Radarbildern als Rauschen empfunden (vgl. hierzu z. B. Abb. 287 oder 293). Speckle ist eine Folge der bei kohärenter Strahlung auftretenden Interferenzen. Bei der Rückstreuung von benachbarten Punktobjekten *einer* Auflösungszelle können von den verschiedenen Punktstreuern sowohl Wellen mit doppelter Amplitude entstehen als auch solche, die sich gegenseitig auslöschen. Je nach der Phase der Wellen kommt es dadurch im Bild zu sehr hellen oder sehr dunklen Bildelementen. In beiden Fällen werden dadurch Informationen über die reflektierende Oberfläche maskiert. Das Maß des Auftretens von Speckle ist demnach sowohl beim RAR als auch beim SAR von der Art und Unterschiedlichkeit der Rückstreuer innerhalb der Auflösungszellen abhängig. Eine Abschwächung des Speckle ist im Zuge der Bildprozessierung bzw. Bildverbesserung möglich. Ein einfacher Verfahrensweg dazu führt über die Mittelung von jeweils nxn benachbarten Bildpunkten. Ihm liegt das gleiche Prinzip der rechnerischen *Tiefpaßfilterung* digitaler Datensätze wie bei Scanneraufzeichnungen zugrunde (Kap. 5.4.2.2). Eine solche einfache Filterung kann dann sinnvoll sein (und ausreichen), wenn größere Flächeneinheiten im Gelände vorkommen und es auf deren Abgrenzung ankommt. In solchen Fällen können sich durch die Mittelung flächig mittlere, gegenseitig unterschiedliche Grautöne bilden.

Bei SAR-Aufzeichnungen geht einer solchen oder weiterentwickelten anderen Filterung zumeist eine *Multilook-Prozessierung* als erster Schritt zur Speckle-Reduktion voraus. Man nutzt dabei aus, daß durch die mehrfache Aufnahme von Rückstreuungen der gleichen Auflösungselemente mehrere unabhängige Aufzeichnungen aus verschiedenen Blickrichtungen vorliegen und diese in Bezug auf die den Speckle bedingenden Interferenzen verschiedenartig sind. Durch Überlagerung, der aus mehreren Blickrichtungen aufgenommenen Aufzeichnungen schwächen sich einzelne Speckle ab und das gesamte Bild wird in seinen Grauwerten geglättet. Die räumliche Auflösung verschlechtert sich dadurch jedoch.

Die so prozessierten Multilook-Datensätze kann man dann einer zweiten Filterung entweder wiederum durch lineare Mittelung oder durch lokal angepaßte – nicht lineare –

Ansätze unterwerfen. Im ersten Fall kommen sowohl das arithmetische Mittel als auch der Medianwert der Kernel von z. B. 7x7, 11x11 usw. Bildpunkten in Frage, um den Grauwert des jeweiligen zentralen Bildpunkts zu finden. Der Medianwert hat sich dabei gelegentlich als vorteilhafter als das arithemtische Mittel erwiesen.

Bei nicht linearen Ansätzen findet man den jeweiligen Zentralwert des Kernels aufgrund mehrerer statistischer Parameter, z. B. aus Mittelwert oder Median und der Varianz der Werte im Kernel oder aus Median und Differenzen der Viertelwerte des Kernels (quartil distance). Bezüglich der Mathematik und der Anwendungsweise verschiedenartiger Filterverfahren wird auf LEE (1981, 1983), KUAN et al. 1987, LI (1988) und LOPES et al. (1993) verwiesen. Kommerziell verfügbare Software zur Radarbild-Verbesserung und -Auswertung, z. B. ERDAS u. a., verfügen über entsprechende Module.

Einige der jüngeren Verfahren kombinieren die Verminderung des Speckle mit einer Prüfung, ob die in der Aufzeichnung vorkommenden Kontraste nicht doch eine thematische Bedeutung haben und daher erhalten werden müssen. Neueste Methoden vereinen die Speckelreduktion mit einer gleichzeitigen Hervorhebung von im Gelände gegebenen Strukturlinien und typischen Objektexturen (LOPES et al. 1993) und zwar mit „very limited loss in the useful spatial resolution" (KATTENBORN et al. 1994).

6.3 Geometrische Eigenschaften und Korrekturen

Durch die Schrägsicht ergeben sich beim aktiven Radar perspektivische Verkürzungen, Überlagerungseffekte und, wie schon in Abb. 49 gezeigt wurde, Verdeckungen (= Radarschatten).

Im *unkorrigierten* Radarbild (*slant range* Darstellung) entsprechen in Zeilenrichtung die Abbildungskoordinaten y_i in maßstäblicher Verkleinerung den Schrägentfernungen R_i zwischen Antenne und den jeweiligen Geländepunkten P_i (Abb. 279).

Durch eine erste geometrische Korrektur läßt sich aus der *slant-range Darstellung* durch eine Verschiebung der Abbildungspunkte über die Wellenfront auf eine Bezugsebene eine *ground-range Darstellung* herstellen. Unterschiede zwischen slant-range- und ground-range-Distanzen im Radarbild – d. h. y' versus y" – treten immer dann auf, wenn im Gelände Höhenunterschiede durch das Relief oder über die Ebene hinausragende Bauwerke, Bäume u. a. vorkommen. Für die Umrechnung von y'- in y"-Koordinaten gelten bei einem Abbildungsmaßstab 1:m

$$y" = \frac{\sqrt{R^2 - h_g^2}}{m} = \frac{R \cdot \sin \Theta}{m} \tag{171}$$

Abb. 279 zeigt, daß mit y" relief- oder objektbedingte Punktversetzung, die auf Höhenunterschiede gegenüber der Bezugsebene zurückgehen, noch nicht beseitigt sind. Die ground-range Darstellung entspricht nur in ebenem, horizontalem Gelände jener der orthogonalen Grundrißsituation (in Abb. 279 für Punkt 1). Wünscht man eine solche generell, so ist eine weitere Korrektur erforderlich. Die Korrekturgröße $\Delta y_i"$ ergibt sich nach

$$\Delta y_i" = \frac{y_i - \sqrt{y_i^2 - 2 h_g \cdot \Delta h + \Delta h^2}}{m} \tag{172}$$

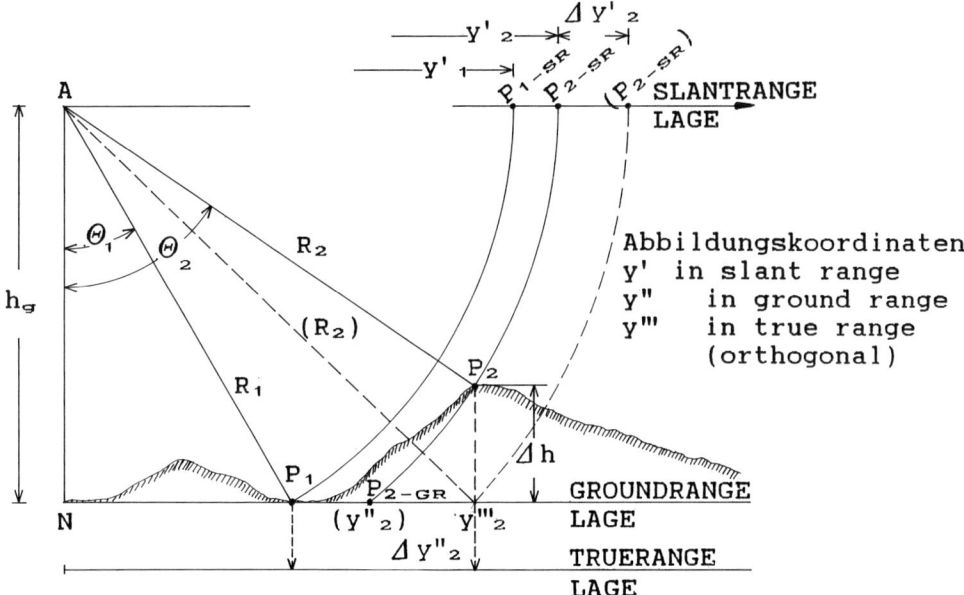

Abb. 279: *Abbildung zweier Geländepunkte bei Slant-, Ground- und True-Range-Darstellung*

wobei y_i die horizontale Entfernung von N, mit $y = 0$, zum entsprechenden Geländepunkt ist (in Abb. 279 für P_2 N-P_{2-OG}).

Wenn y nicht bekannt ist, kann Δy_i" auch hilfsweise über

$$\Delta y"_i = \frac{\Delta h \cdot \cot \Theta}{m} \tag{173}$$

berechnet werden. Formel (173) bietet nur eine Näherungslösung, da einerseits anstelle des Bogens zwischen dem Gipfelpunkt und seinem ground-range-Lagepunkt eine geradlinige Verbindung angenommen wird (vgl. in Abb. 279 die Verbindung zwischen P_2 und P_{2-GR}) und andererseits hilfsweise mit Θ_2 gerechnet wird. Die Verwendung von (173) ist umso unbedenklicher je geringer Δh oder je größer h_g bzw. das Verhältnis $h_g:\Delta h$ ist.

Sind, ausgehend von einer ground-range-Darstellung, die Punktkorrekturen durchgeführt, so ist die Grundrißsituation orthogonal abgebildet (= *true range-Darstellung*).

Eine Korrektur der höhenbedingten Punktversetzungen kann auch für die ursprüngliche shant-range-Darstellung vorgenommen werden. Anstelle von (172) und (173) gelten dann die Beziehungen

$$\Delta y_i = \sqrt{y_i^2 + h_g^2} - \sqrt{y_i^2 + (h_g - \Delta h)^2} \tag{174}$$

oder hilfsweise

$$\Delta y_i = \Delta h \cdot \cos \Theta \tag{175}$$

Durch Δy_i / m kann man dann unter Berücksichtigung der vom near- zum far-range zunehmenden Abbildungsmaßstäbe Korrekturwerte $\Delta y'_i$ berechnen.

Bei gleichem Δh und gleicher horizontaler Entfernung des abgebildeten Geländeortes zur Fluglinie sind die höhenbedingten Punktversetzungen in slant-range Darstellungen kleiner als in einer ground-range Darstellung.

Daneben sind nach dem Beschriebenen in Bezug auf die reliefbedingten Punktversetzungen einige bemerkenswerte Unterschiede gegenüber Luftbildern und elektro-optischen Scanneraufzeichnungen festzustellen:

- Die Punktversetzungen verlaufen im Radarbild – wie bei Scanneraufzeichnungen – senkrecht zur Flugrichtung; bei Luftbildern verlaufen sie auf Radiallinien vom Bildnadir aus.
- Die Punktversetzungen erfolgen bei Geländeorten, die über der Bezugsebene liegen, in Richtung auf die Fluglinie zu, d. h. nach innen und damit auf y = 0 zu. In Luftbildern und Scanneraufzeichnungen bewirken solche Orte dagegen Versetzungen nach außen zum Bild- bzw. Zeilenrand.
- Das Ausmaß der Punktversetzungen ist im Radarbild bei gleichem Δh umso größer, je kleiner der Blickwinkel Θ ist, d. h. je näher der Geländeort am Nadir des Aufnahmezentrums liegt und vice versa. Bei Luftbildern und Scanneraufzeichnungen ist dies umgekehrt: bei gleichem Δh wächst die Punktversetzung mit zunehmender Entfernung vom Nadir des Aufnahmezentrums.

Zu den für die Auswertung von Radarbildern schwerwiegenden und erschwerenden Besonderheiten der Abbildungsgeometrie in den slant- und groundrange-Darstellungen gehören Umklappungen, Verkürzungen und Verlängerungen von Strecken in Bezug auf die orthogonale Projektion und das Auftreten ggf. langer Radarschatten.

Umklappungen

Unter Umklappung (radar layover) versteht man eine in Zeilenrichtung auftretende Verkehrung der Abbildung verschiedener Geländepunkte. Umklappungen treten ein, wenn der Neigungswinkel α eines der Antenne zugeneigten Hanges oder Gebäudes größer als der Blickwinkel Θ zu deren Gipfelpunkt ist; vgl. hierzu Abb. 280a und in Abb. 281 die Punkte 2 und 3. Der Grund für diesen Umklappeffekt ist, daß bei $\alpha > \Theta$ die Schrägentfernung zwischen Antenne und Gipfelpunkt – und damit auch die Laufzeit von Mikrowellenimpuls und -rückstreuung – kürzer ist als jene zwischen Antenne und Fußpunkt. Das Ergebnis der Umklappung ist, daß sich die Abbildungslagen von Fuß- und Gipfelpunkt in der slant range und der ground range Darstellung verkehren. Da bei Gebäuden und Bäumen $\alpha \equiv 90°$ ist, tritt bei diesen Objekten die Umklappung regelmäßig auf. Erst nach Korrektur der höhenbedingten Punktversetzungen, also in der true range Darstellung, werden solche Verfälschungen der Grundrißsituation aufgehoben.

Verkürzungen

Bei Hängen, die der Antenne zugeneigt sind und bei denen $\alpha < \Theta$ ist, kommt es zu Strekkenverkürzungen (foreshortening) (Abb. 280b, Abb. 281 Strecken 10–11, 6–7). Sie erreichen ihr Maximum, wenn die Schrägentfernungen R zum Fuß und Gipfel sowie zu Punkten entlang des Hanges gleich groß sind. Es kommt dann zur vollständigen Überlagerung, d. h. $y_i'=y_{i+1}'$ und $y_i''=y_{i+1}''$ (Abb. 281 Punkte 6 und 7). Auch Verkürzungen werden erst durch die Herstellung einer true range Darstellung entzerrt.

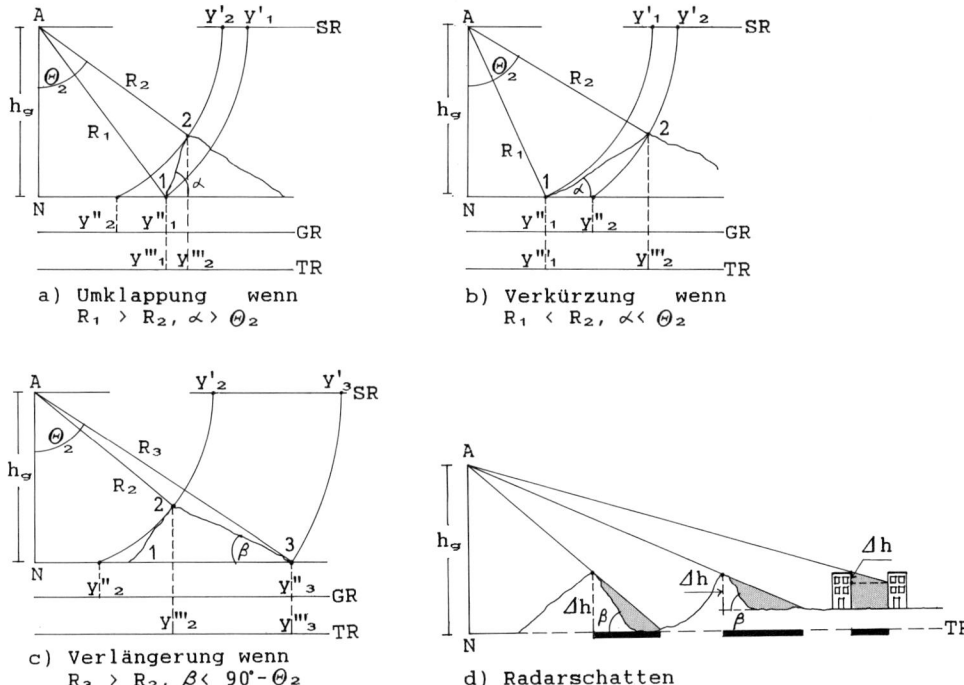

Abb. 280: *Zur Geometrie des Radarbildes a) Umklappungen, b) Verkürzung c) Verlänge-rungen, d) Radarschatten*

Verlängerungen

Verlängerungen von Strecken (lengthening) treten bei Hängen auf, die von den Antennen weggeneigt sind, aber von den Mikrowellenimpulsen erreicht werden, d. h. wenn $\beta < 90° - \Theta_2$ ist (Abb. 280c, 281 Strecke 4–5). Auch diese Abbildungsverfälschungen gegenüber der orthogonalen Grundrißsituation können nur durch Herstellung einer true-range-Darstellung beseitigt werden.

Radarschatten

In Zeilenrichtung treten durch Geländeteile, die nicht von den Mikrowellenimpulsen erreicht werden, Radarschatten auf. Das Radarbild liefert für davon betroffene Flächen keinerlei Informationen. Die ausgesandten Mikrowellen erreichen die der Antenne abgewandten Hänge dann nicht, wenn der Neigungswinkel β des abgewandten Hanges größer ist als $90° - \Theta$, wobei Θ der Blickwinkel zum Berggipfel ist (Abb. 280d, vgl. auch Abb. 281). Ebenso werden Flächen, die in Pulsrichtung hinter Gebäuden und Bäumen liegen, nicht beleuchtet. β ist in diesen Fällen 90°. Die Länge des Radarschattens in y-Richtung beträgt $\Delta h \cdot \tan \Theta$. Er nimmt also mit größer werdendem Blickwinkel und zunehmender Höhendifferenz zwischen Gipfel und hinter diesem gelegenen Geländeniveau- bzw. Objektfeld zu. Bei gegebenen Aufnahmeparametern treten deshalb bei gleichen Höhendifferenzen Δh wegen des zunehmenden Θ im far range längere Schatten als in near range auf. Abb. 280d zeigt einige der möglichen Situationen (vgl. auch Abb. 281 und Abb. 49).

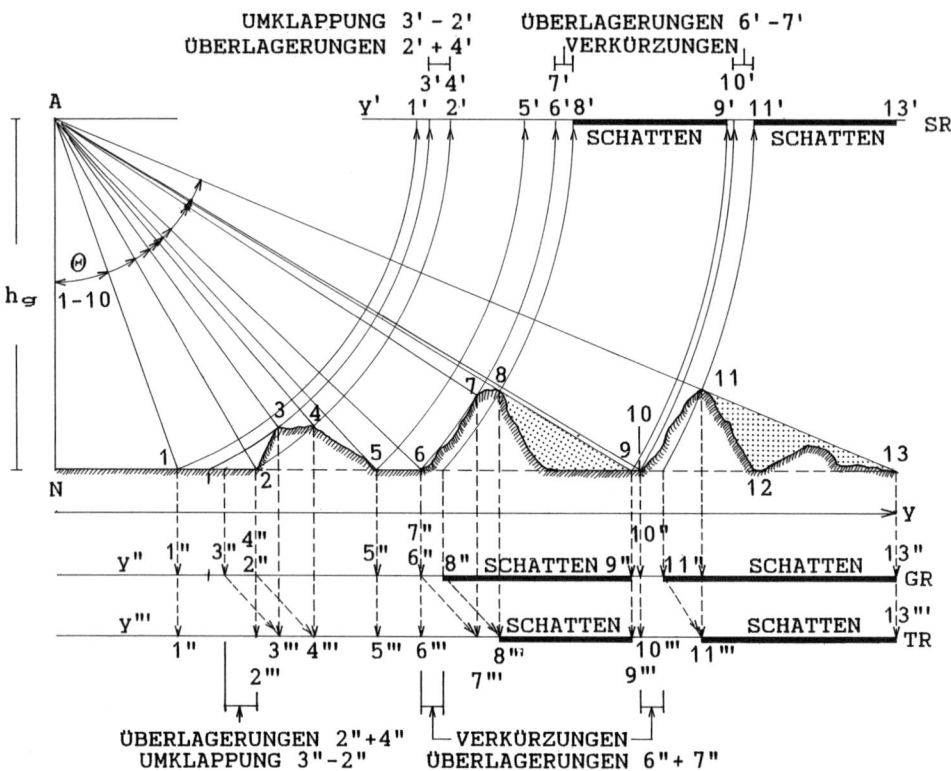

Abb. 281: *Exemplarische Darstellung verschiedener Situationen im Sinne der Abb. 280*

Geocodierung

Die Formeln (172) und (175) zeigen, daß für die Entzerrung des Radarbildes die Höhen-differenzen Δh zwischen allen zu den Bildpunkten gehörenden Geländeorten und der Bezugsebene bekannt sein müssen. Es ist dafür ein digitales Geländemodell (DGM – vgl. Kap. 4.5.7) erforderlich und es müssen Paßpunkte vorliegen um das DGM mit dem Radarbild verknüpfen und damit geokodieren zu können. Dabei versteht man unter Geokodierung – wie schon bei der Auswertung von Luftbildern und Scanneraufzeich-nungen sowie in der GIS-Methodik – die vollständige geometrische Anpassung des Bildes an ein vorgegebenes geodätisches Bezugssystem.

Setzt man voraus, daß ein DGM verfügbar ist oder beschafft werden kann, so ist die Gewinnung von Paßpunkten ein wichtiger, nächster Arbeitsschritt. Man geht dabei – sofern nicht automatische Methoden (s.u.) eingesetzt werden – i. d. R. vom Radarbild in ground range Darstellung aus. Es müssen Bildpunkte gefunden werden, die eindeutig und identifizierbar sind. Speckle, die beschriebene Abbildungsgeometrie und auch die unge-wohnte, verfremdet wirkende Art des Bildinhalts erschweren dabei das Finden geeigneter Paßpunkte in gewünschter Lage und Verteilung. Besonders gilt das, wenn man es mit Naturlandschaften, Waldgebirgen, großflächig vorkommenden, weitgehend homogenen und strukturlosen Oberflächen wie Steppen, Tundren, Buschwäldern oder Sandwüsten zu tun hat. Sind geeignete Punkte gefunden, so gilt für die Beschaffung der Paßpunktkoordinaten im Wesentlich das im Kap. 4 Gesagte. Die Herleitungen aus topographischen Karten, photogrammetrisch aus Luftbildern oder aus geokodierten multispektralen Aufzeichnungen von Satellitenscannern sind dabei die vorwiegenden Verfahren.

Auch Methoden zur automatischen Paßpunktherleitung durch Bildkorrelationen zwischen einem geokodierten Musterbild und dem Radarbild stehen zur Verfügung. Als Musterbild können dabei abgescannte topographische Karten, geokodierte Bilder von TM-, SPOT- oder anderen Satellitenaufzeichnungen und schließlich auch simulierte, mittels eines DGM erzeugte SAR-Bilder dienen. Zu letzteren wird auf SASSE (1992) verwiesen.

Als geodätisches Bezugssystem für die Geocodierung kann das jeweilige Landeskoordinatensystem – z. B. das GAUSS-KRÜGER-System – oder ein universelles wie z. B. die Universal Transverse Mercator Projection (UTM) oder die Universal Polar Stereography Map Projection (UPS) Verwendung finden. Die Geokodierung ist nicht nur eine Voraussetzung für die Korrektur höhenbedingter Punktversetzungen mit Hilfe eines DGM, sondern auch für die Einbringung von Informationen aus Radaraufzeichnungen in ein GIS, für multitemporale Daten- und Informationsauswertungen für Monitoringaufgaben und für das Verbinden von Daten, die aus verschiedenen Spektralbereichen mit Sensoren unterschiedlicher Art gewonnen wurden (multisensorale Auswertung; merging of different data sets).

Werden für großräumige Erkundungs- oder Beobachtungsaufgaben keine allzu hohen Anforderungen an die Entzerrungsgenauigkeit und Geokodierung gestellt oder liegt für das Untersuchungsgebiet kein lokales DGM vor, so kann an dessen Stelle auch ein grobes, globales Höhenmodell mit dem Erdellipsoid als Referenz benutzt werden. Da für den größten Teil der Erde noch keine engmaschigen DGM vorhanden sind, ist dies ein häufig notwendiges Vorgehen. So werden auch für den europäischen Erderkundungssatelliten ERS-1 neben SAR-Bildern, die präzise „geocoded terrain corrected" sind, auch solche angeboten, die weniger genau „geocoded ellipsoid corrected" werden.

Stereo-Radaraufnahmen

Die Herstellung von Stereo-Radarbildern ist prinzipiell möglich. Sie bedarf der zweimaligen Aufnahme des Geländestreifens mit unterschiedlicher Blickrichtung. Dies kann entweder von zwei verschiedenen Fluglinien aus geschehen oder bei nur einem Überflug interferometrisch mit einer Doppelantenne für den Empfang der rückgestreuten Energie der von nur einer dieser Antennen ausgesandten Impulse. Eine dritte Möglichkeit beschreibt ULABY et al. (1982, S. 621ff.) mit dem sog. Squintbeam Stereo-Radar.

Im ersten Falle, der mit flugzeuggetragenem Radar schon wiederholt praktiziert wurde, sind drei verschiedene Anordnungen der Fluglinien möglich, nämlich

– die Fluglinien werden parallel in gleicher Höhe und gleichem Abstand links und rechts des aufzunehmenden Geländestreifens gelegt. Mit gleichem Blickwinkel der Antenne wird der Streifen aus verschiedenen Richtungen aufgenommen.

– die Fluglinien verlaufen auf der gleichen Seite des Aufnahmestreifens und zwar entweder horizontal neben- oder vertikal übereinander. Die Blickwinkel auf den Geländestreifen sind dementsprechend unterschiedlich.

Die Stereobetrachtung mit einem Stereoskop wird in jedem dieser Fälle durch die o.a. Umklappeffekte sowie die Art der reliefbedingten Punktversetzungen nach innen, zur Fluglinie hin, erschwert. Sie ist aber möglich (LEBERL 1979, RAGGAM et al. 1989). Ein gravierender Nachteil der Aufnahme von beiden Seiten des Geländestreifens aus ist, daß in den beiden Stereopartnern unterschiedliche Flächen beschattet und informationslos sind. Dies erschwert die Stereobetrachtung und auch die radargrammetrische Auswertung für topographische Kartierungen oder Höhenmessungen zusätzlich.

Der schon länger bekannte, in jüngster Zeit aber verstärkt diskutierte interferometrische Lösungsansatz für Stereo-Radaraufnahmen gewinnt zunehmend an Bedeutung (ZEBKER u.

GOLDSTEIN 1985, ZEBKER et al. 1992). Flugzeuggetragene Radar-Interferometer wurden von JPL/NASA und auch dem Canadian Centre for Remote Sensing in Ottawa erprobt. Entsprechende Überlegungen werden auch für den Einsatz interferometrischer Radaraufnahmen von Satelliten aus angestellt (z. B. GOLDSTEIN et al. 1988, HARTL 1991). Mit ihrer Hilfe erwartet man z. B. die Messung eins globalen digitalen Geländemodells mit ausreichend großer Netzdichte, das als Höhenreferenzsystem für künftige Satellitenaufnahmen aller Art dienen könnte.

Schließlich ist prinzipiell auch die Bildung von Steremodellen aus *einem* Radarbild und der Aufzeichnung eines anderen Sensors möglich *(Multisensor Steremodell)*. Ein für die dafür notwendigen Transformationen und geometrischen Anpassungen erforderliches Software-Paket wurde im Institut für Bildverarbeitung und Computergraphik in Graz entwickelt (RAGGAM et al. 1992). Neben den o.a. Schwierigkeiten mit reinen Radar-Stereomodellen und denen, die bei jeder geometrischen Anpassung von Aufzeichnungen unterschiedlicher Sensorsysteme auftreten, kommen hier noch erhebliche radiometrische Anpassungsschwierigkeiten hinzu.

6.4 Beschaffung von Radaraufzeichnungen

Für Radaraufnahmen aus Flugzeugen steht weltweit noch immer nur eine begrenzte Anzahl von möglichen Auftragnehmern zur Verfügung. Dabei handelt es sich, von wenigen Ausnahmen in Nordamerika abgesehen, um Großforschungseinrichtungen und industrielle Forschungszentren, die selbst an der Entwicklung von Radarsystemen beteiligt sind. Dies war von Anfang an so, als z. B. Hersteller wie Westinghouse, Goodyear und Motorola in Verbindung mit spezialisierten eigenen oder fremden Consulting- und Service-Firmen oder das Environmental Research Institute of Michigan (ERIM, vormals WILLOW-RUN Laboratories) umfangreiche Radaraufnahmen für experimentelle und operationelle Zwecke durchführten (vgl. Tab. 93). Dies wird auch so bleiben bis sich ggf. ein Markt für Radaraufnahmen entwickelt hat, der nicht durch satellitengetragene Radar-Systeme befriedigt werden kann.

Werden heute von Flugzeugen aus aufgenommene Radarbilder für wissenschaftliche Untersuchungen oder für operationelle Inventur- und Beobachtungszwecke gewünscht, so ist dies in direkter Verbindung mit einer hierfür in Frage kommenden Forschungseinrichtung (Tab. 93) oder über eine der wenigen hierauf spezialisierten Consulting- und Service-Firmen oder im Zuge ausgeschriebener internationaler oder nationaler gemeinschaftlicher Radarprojekte möglich. Entsprechende Projekte sind in den vergangenen 15 Jahren in größerer Zahl z. B. von der NASA, der ESA, dem CCRS ausgeschrieben und durchgeführt worden.

Aufträge und auch Beteiligungen bei Projekten der o.a. Art schließen in jedem Falle die Bereitstellung des Aufnahmesystems, die Durchführung der Befliegung und Radaraufnahme, die optische und/oder digitale Prozessierung der aufgenommenen Radarsignale und die Lieferung der vereinbarten Daten- und/oder Bildprodukte ein (s.u.).

Ohne Anspruch auf Vollständigkeit sind in Tab. 93 für eine Zusammenarbeit in Frage kommende Forschungs- und zentrale Dienstleistungseinrichtungen aufgeführt. In Sp. 3-6 sind dazu Kenndaten für deren Radar-System angegeben (Stand 1994). Mit weiteren Fortschritten der Radartechnologie können sich diese Kennwerte ggf. Zug um Zug verändern.

Für Radarbilder oder -daten, die aus dem NASA-Spaceshuttle heraus aufgenommen wurden (SIR A-C, X-SAR), gilt ähnliches wie das für die gemeinschaftlichen experimentellen Flugzeugmissionen Gesagte. Für die Auswertung dieser Radar-Aufzeichnungen waren jeweils Experimentatoren und Koexperimentatoren auf deren Bewerbung hin

Name, Ort	Bezeichnung des SAR	Bänder	Polarisation	Flug- höhe bis ... m	Blickwinkel der Antenne
1	*2*	*3*	*4*	*5*	*6*
NASA/JPL, Passadena	AIRSAR	C, L, P	HH, VV, HV, VH polarimetrisch		variabel
CCRS, Ottawa	SAR-580	X, C	H-HV, V-HV	6000	variabel
DLR, Oberpfaffenhofen[1]	E-SAR	X, C, L	HH, VV, HV, VH polarimetrisch	5000	variabel
CNES, Toulouse	VARAN-S	X	HH, VV	6000	25° near range 65° far range
DORNIER, Friedrichshafen	DO-SAR	Ka X, C	VV HH, VV, HV, VH polarimetrisch	4000	variabel
TNO Physical and Electronic Lab, den Haag	PHARUS	C	HH, VV, HV, VH polarimetrisch		variabel
ESA/CEC/JRC Ispra	EMI-SAR[2] Interfero- meterSAR[3] P-Band SAR[3]	C, L X P	HH, VV, HV, VH polarimetrisch HH, VV, HV, VH polarimetrisch	12 500	variabel

[1] verfügbar ist auch ein RAR (=E-SLAR); [2] entwickelt von Electro Magnetics Institute in Lingby (Dänemark); [3] in Entwicklung als zusätzliche Sensoren

Tab. 93: *Forschungs- u. Dienstleistungseinrichtungen für flugzeuggetragene SAR-Aufnahmen u. Prozessierungen, sowie Kennwerte des verfügbaren SAR*

augewählt worden. Ihnen standen und stehen die SIR- und X-SAR-Aufzeichnungen zur Verfügung. Spätere Interessenten können Zugang zu diesen Aufzeichnungen über das JPL-Passadena bzw. für die X-SAR-Daten über die DLR-Oberpfaffenhofen erlangen.

Die von Satelliten aus aufgenommenen Radaraufzeichnungen werden dagegen vermarktet und sind allgemein zugänglich. Für ERS-1 SAR-Aufzeichnungen steht ein weltweites Vertriebsnetz zur Verfügung; zentrale Vertriebstellen sind
- EURIMAGE (Rom) für Europa, Nordafrika und die Länder des nahen und mittleren Ostens
- RADARSAT International (Richmond, B.C.) für Nordamerika
- SPOT-IMAGE (Toulouse) für die restlichen Regionen der Erde.
Filialen dieser Betriebstellen sind in vielen Ländern der Erde eingerichtet, von EURIMAGE z. B. in mehr als 20 europäischen Ländern sowie in der Türkei, in Israel und Marokko.

Für ALMAZ SAR-Aufzeichnungen ist HUGHES STX in Lanham, Maryland, USA die von der russischen Raumfahrtbehörde autorisierte Vertriebsstelle. In Europa können ALMAZ-Produkte nach einer Vereinbarung mit HUGHES STX von EURIMAGE bezogen werden.

Bild- oder Datenprodukte der JERS-1 SAR-Aufzeichnungen werden zentral von RE-
STEC (= Remote Sensing Technology Centre of Japan) in Tokio und künftig des RA-
DARSAT von RADARSAT International in Richmond, Kanada B.C. vertrieben.

Prinzipiell können die Bildprodukte aller bisher aufgenommenen und künftig zur
Aufnahme vorgegebener SAR-Aufzeichnungen der genannten Satelliten käuflich erwor-
ben werden. Kataloge mit Informationen über die verfügbaren Aufzeichnungen stehen in
den Vertriebsstellen zur Verfügung. Werden für ein Gebiet, für das keine aktuellen Aufzeichnungen vorliegen oder vorgesehen sind, Radarbilder benötigt, so kann eine Aufnahme des Gebiets bestellt werden. Die den jeweiligen Satelliten betreibende Weltraumbehörde „will made every attempt to programme the necessary acquisition". Alle
genannten Vertriebszentren haben im übrigen Informationsstellen, Help Desks u. ä. zur
Kundenberatung eingerichtet.

Produktbezeichnung Produktname	SAR. RAW Raw Anno- tadet Data	SAR. SLC Single Look Complex Image	SAR. PRI Precision Image	SAR. RTM Roll Tilt Mode Image	SAR. GEC Geocoded Ellipsoid corrected	SAR. GTC O1 Geocoded Terrain corrected
1	*2*	*3*	*4*	*5*	*6*	*7*
Anzahl an Looks	–	1	3	3	3	3
Darstellungsform	Slant Range		Ground Range		True Range, UTM/UPS	
Fläche je Szene in km	100x110	50x55-66	100x102,5	100x97,5	100x100	
Pixelgröße in m nach Resampling	–	7,9/PRF	12,5x12,5	12,5x12,5	12,5x12,5	
Anzahl Pixel in x	5616	2500	8000	8000	8200-11400	
Anzahl Pixel in y	28000	14000-16000	8100-8400	7700-8000	8200-11400	
Bits per Pixel	8/8	16/16	16	16	16	
Datenmenge je Szene in MBytes	ca. 300	ca. 150	ca. 130	ca. 130	134-262	
Medium der Ausgabe	CCT und Exabyte-Kassette		CCT, Exabyte-Kassette, Filmdiapositiv, Papierpositiv			

Tab. 94: *ERS-1 SAR Daten- und Bildprodukte (nach ESA-SP-1149, 1992 und* MARKWITZ
et al. 1992)

Der Käufer von SAR Bild- oder Datenprodukten der o.a. Satellitenaufnahmen bestellt
und erhält diese in der von ihm gewünschten Form. Dabei kann er wählen zwischen
Produkten unterschiedlicher Korrektur- bzw. Bearbeitungsstufen. In Tab. 94 ist als Beispiel das Produktangebot für ERS-1 Daten und Bilder aufgeführt. Weitergehende Informationen und Erläuterungen dazu finden sich in der ESA Publikation ESA SP 1149
(1992). Durch Erweiterungen des Angebots und Verbesserungen sind die Angebote
fortlaufenden Änderungen unterworfen. Dies gilt auch für die prinzipiell ähnlichen
Angebotspaletten anderer Aufnahme- und Vertriebsstellen.

6.5 Methoden der Auswertung

Zu unterscheiden ist zwischen radargrammetrischen Auswertungen, Signaturforschung zur Aufklärung des Rückstreuverhaltens von Objekten der Erdoberfläche sowie der Gewinnung semantischer und vor allem thematischer Informationen durch visuelle Interpretation und digitale Klassifizierung sowie Mustererkennung.

6.5.1 Radargrammetrie

Gegenstand der Radargrammetrie – die hier nicht im Detail behandelt wird – ist die Gewinnung geometrischer Objektinformationen. Wichtiges Teilgebiet der Radargrammetrie ist die Gewinnung entzerrter und geokodierbarer Datensätze durch geometrische Veränderung (Korrektur) der Radarrohdaten (vgl. Kap. 6.3). Korrigierte Datensätze dieser Art sind die Voraussetzung
- für die Herstellung von Radarbildern und -bildkarten in orthogonaler Grundrißdarstellung (vgl. Kap. 6.4)
- zur Herleitung von Objektkoordinaten in einem gegebenen Referenzsystem (Geländekoordinatensystem, Ellipsoid u. a.)
- für die Einbindung der Radardaten in ein geographisches Informationssystem (GIS) bzw. zur Nutzung von GIS-Daten für thematische Radarbildinterpretation
- für die Zusammenführung von Radardaten und anderen Fernerkundungsaufzeichnungen.
Daneben können auf stereo-radargrammetrischem Wege sowohl Objekthöhen gemessen (LEBERL 1978, 1990, RAGGAM et al. 1989) als auch durch ein als „shape from shading" oder „Radarclinometry" bezeichnetes Verfahren dreidimensionale, topographische Geländedarstellungen generiert werden (LEBERL 1990, THOMAS et al. 1991, GUINDON 1991).

Eine umfassende Darstellung der Grundlagen und Verfahrenswege der Radargrammetrie gibt LEBERL (1990). Sie reflektiert weitestgehend den gegenwärtigen Stand der Entwicklung und verweist sowohl auf die offenen Probleme als auch mögliche künftige Lösungen. Auf LEBERL (1990) wird deshalb verwiesen. Aus dem *Vorwort* seines Buches wird zitiert: „We ought to note that radargrammetry is not a well developed technology. To the contrary, there is a distinct perception that radar imaging has great potential for remote sensing that is vastly unexplored and nontrivial to unlock. Now many of the promises of radar remote sensing are still not realized despite significant research efforts. This is caused by the comparatively inaccessible nature of radar sensing, in particular as compared with the very simple photographic or electro-optical imaging technology."

6.5.2 Signatur- und Texturanalysen

Signaturforschungen dienen der Gewinnung von Grundlagenwissen für thematische Auswertungen von Radaraufzeichnungen. Sie können bodennah, durch punktuelle radio- bzw. scatterometrische Messungen unter kontrollierten Versuchsbedingungen oder durch systematische Signatur- und Texturanalyse von Radaraufzeichnungen erfolgen. Punktuelle Messungen führen durch die kontrollierten Untersuchungsanordnungen zu exakten, naturwissenschaftlichen Erkenntnissen. Die Übertragung damit gewonnener Ergebnisse auf die bei der Auswertung flächenabbildender Aufzeichnungen vorliegenden Gegebenheiten ist aber nur bedingt und mit gebotener Vorsicht möglich.

Die folgenden Ausführungen beziehen sich auf Signatur- und Texturanalysen der Radaraufzeichnungen selbst. Ziel kann dabei sein,

- die Rückstreueigenschaften vorkommender Objekte oder Objektzustände bei Verwendung verschiedener MW-Bänder und Polariastionszustände und in Abhängigkeit vom Blickwinkel des Radar kennenzulernen und statistisch zu fassen;
- charakteristische, statistisch definierbare Grauwertverteilungen und -muster zur Erkennung bestimmter Flächen- bzw. Bestandesarten zu finden – und dies wiederum bei gegebenen oder verschiedenen Aufnahmebedingungen;
- Signaturen oder Texturen zu suchen, mit deren Hilfe in multitemporalen Radaraufzeichnungen Veränderungen von Flächen und Beständen qualitativ aufgedeckt und qualifiziert werden können;
- atmosphärische und meteorologische Einflüsse auf die genannten Rückstreueigenschaften, Signaturen und Texturen sowie insbesondere deren Auswirkungen auf die Ergebnisse multitemporaler Beobachtungen zu untersuchen.

Verfahrensweisen für Signatur- und Texturanalysen sind der jeweiligen Fragestellung anzupassen. Sie können so vielfältig sein wie diese. Methodische Ansätze für *Texturanalysen* wurden in größerer Zahl vorgeschlagen. Sie müssen sich i. d. R. auf kleine Tönungsflächen in den Aufzeichnungen stützen, die größer sind als das einzelne Auflösungselement, um Verwechslungen mit dem Speckle weitgehend auszuschließen (vgl. Kap. 6.2 und das in diesem Kapitel später dazu Gesagte). Für Texturanalysen haben mehrere Autoren (z. B. NUESCH 1984, HOEKMANN 1985, CHURCHILL U. WRIGHT 1985), die u. a. bei HARALIK (1978) beschriebene Spatial Grey Tone Dependence verwendet (syn. Gray Level Co-Occurance Method). Aber auch andere statistische Texturbeschreibungen (ULABY et al. 1986, DI GRANDIS et al. 1993) und Schwellenwertverfahren (KESSLER 1986) haben sich als brauchbar erwiesen.

Für radiometrische Singaturanalysen eröffnete die Verfügbarkeit von vollpolarisierten und multifrequenten SAR-Datensätzen eine neue Dimension. Zu den Methoden die dadurch möglich wurden, gehört z. B. die Ableitung von Polarisationsdiagrammen (syn. Netzdiagramme) und deren Vergleichung für Aufnahmen in verschiedenen Frequenzbereichen.

Abb. 282 zeigt solche Polarisationsdiagramme für zwei Waldtypen für Aufzeichnungen in zwei verschiedenen MW-Bereichen und Polarisationen. Die Abzisse gibt den Winkel Ψ (Orientierungswinkel) an, der den Winkel zwischen Schwingungsebene und der Horizontalebene ($0°$) beschreibt. Auf der Ordinate wird mit dem Winkel χ (Ellipsenwinkel) die Fortbewegung der Welle entlang des Richtungsvektors beschrieben. Bei $\chi=0°$ schwingt die Welle in einer Ebene entlang des Richtungsvektors, bei $\chi \pm 45°$ schraubt sie sich kreisförmig entlang des Richtungsvektors nach vorne. Die Winkel $> 0°$ und $< 45°$ beschreiben die Übergänge von linear über elliptisch bis kreisrund. Das Vorzeichen gibt an, ob die Welle linksdrehend (–) oder rechtsdrehend (+) ist.. Die Z-Koordinate zeigt die Mittelwerte der beim jeweiligen Polarisationszustand vom untersuchten Objekt rückgestreuten Energie.

Aus Abb. 282 erkennt man für den einen der analysierten Waldtypen, daß die Abhängigkeit vom Polarisationszustand bei Gleich- und Kreuzpolarisation unterschiedlich ist. Bei Kreuzpolarisation treten nach Untersuchungen von KOCH und FÖRSTER (1993) bei Waldbeständen in allen Frequenzbereichen gleichartige Rückstreumuster auf. Bei gleichpolarisierten Daten ist der polarisationsabhängige Verlauf des Rückstreumusters dagegen frequenz- und objektspezifisch.

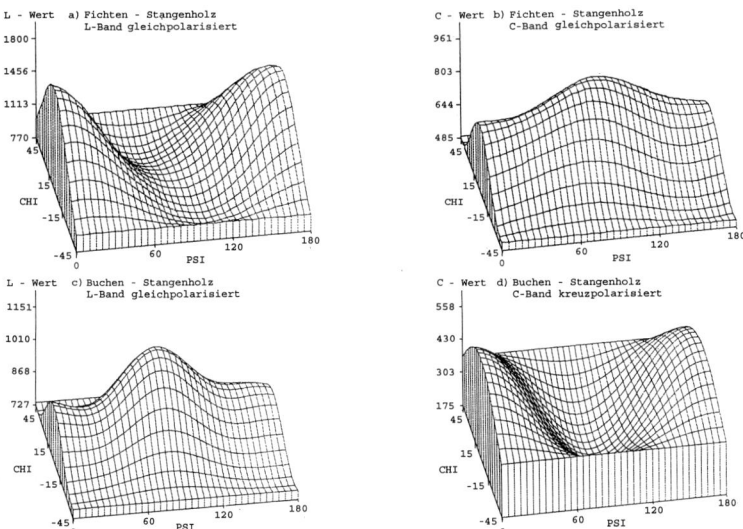

Abb. 282: *Polarisationsdiagramme zweier Waldtypen nach C- und L-Band-Aufzeichnungen (zur Verfügung gestellt von Frau Prof. Dr. KOCH)*

6.5.3 Visuelle Interpretation

Visuelle Interpretationen können in Radarbildern jeder Darstellungsform durchgeführt werden. Geokodierte im true range dargstellte Bilder sind aber dann notwendig, wenn die Ergebnisse der Interpretation als Attribute in ein GIS eingebracht werden sollen oder realistische Abschätzungen von Flächengrößen oder -relationen Teil der Interpretationsaufgabe sind. Die Methodik der visuellen Interpretation gleicht prinzipiell jener von Scanneraufzeichnungen und aus multispektralen optischen Datensätzen hergestellter Farbkompositen sowie der monoskopischen Luftbildinterpretation (siehe Kap. 4.6.2, 4.6.3.1). Das Vorgehen bei der Bildinterpretation folgt dem in Abb. 162 beschriebenen. Dabei vollzieht sich die Erfassung des Bildinhalts wiederum i. d. R. vom zusammenschauenden Blick aufs Ganze hin zu den im Detail Wahrnehm- und Erkennbaren. Auch im Radarbild nimmt man Bildgestalten und Gefügeordnungen der Landschaft wahr. Ebenso stützen sich das daraufolgende Erkennen oder Deuten von Objektarten und ggf. auch -zuständen auf Erkennungsparameter wie Form und Größe der Bildgestalten, räumliche Zuordnungen und standörtliches Vorkommen. Schließlich tragen unterschiedliche Texturen und mittlere oder dominierende Grautöne zur Differenzierung von Objekten ähnlicher Gestalt bei.

Unbeschadet dieser prinzipiellen Ähnlichkeiten nimmt die visuelle Interpretation von Radarbildern eine Sonderstellung ein. Radarbilder wirken verfremdet. Sie entsprechen nicht den allgemeinen menschlichen Sehgewohnheiten und -erfahrungen. Das im Bild Wahrgenommene und ggf. Erkannte hat sui generis eine andere Qualität als das, was man in Luftbildern oder Scanneraufzeichnungen aus dem optischen Spektralbereich sieht. Die den Bildaufbau bestimmende Rückstreuung der Mikrowellen folgt – wie aus den Kap. 2.2.2, 2.3.2.6 und 6.2 bekannt ist – anderen Gesetzmäßigkeiten als die gerichtete Reflexion der Sonnen- und Himmelsstrahlung. Das Radarbild vermittelt daher auch andere Objekteigenschaften als Aufzeichnungen photographischer oder elektro-optischer Sensoren.

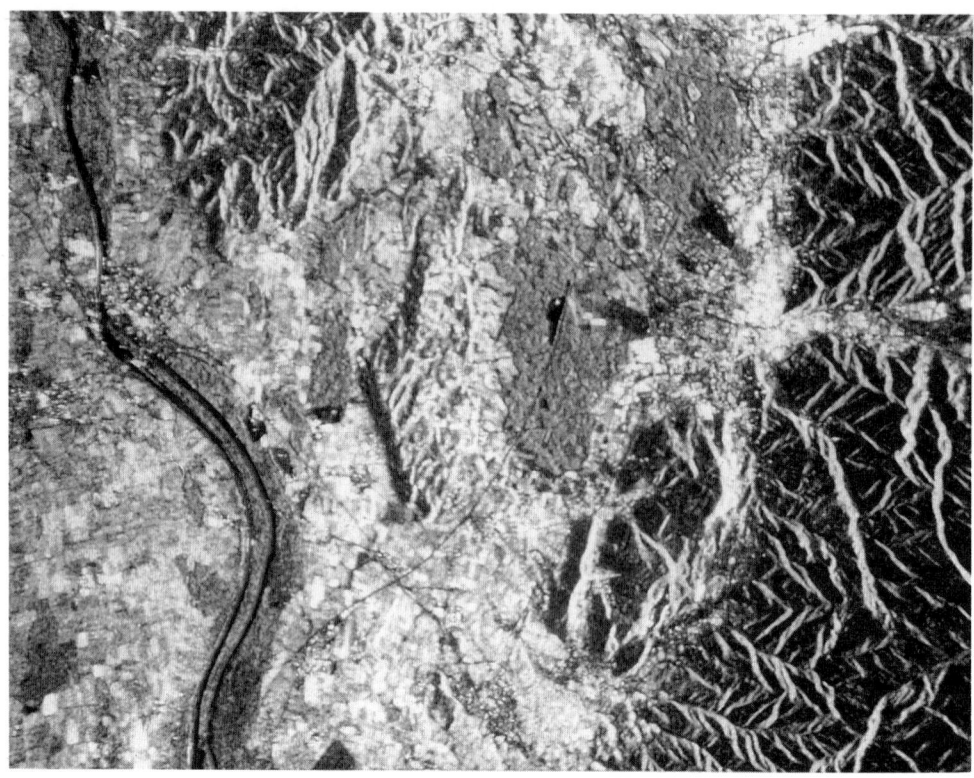

Abb. 283: *C-Band-Radarbild: 1. Hauptkomponente einer Speckle gefilterten Bildreihe von ERS-1 Aufzeichnungen 1991 (vgl.* Kattenborn *1991). Szene von West nach Ost: Rhein/Rheinseitenkanal, Kaiserstuhl und Tuniberg, Mooswald, Stadt Freiburg, Schönberg und Schwarzwaldrand. Einstrahlung von Osten.*

Zu den daraus resultierenden Sonderheiten der Radarbildinterpretation gehört es, daß der Informationsgehalt von Radarbildern, die in unterschiedlichen Bändern oder in verschiedenartiger Polarisationsform aufgenommen wurden, ungleich ist. Mit anderen Worten: nur ein Teil der Interpretationserfahrung, die man z. B. mit einem X-Band-HH-Bild machte, kann auf ein L-Band-HV-Bild übertragen werden. Die zur Rückstreuung führenden Interaktionen zwischen der Impulseinstrahlung und den Objekten der Erdoberfläche sind graduell von Band zu Band verschieden.

Anders als Luftbilder oder elektro-optische Scanneraufzeichnungen vermitteln Radarbilder ggf. nicht nur Informationen über die Oberfläche aufgenommener Objekte. Bei bestimmten Verhältnissen zwischen der Oberflächenrauhigkeit und der Wellenlänge der MW-Impulse dringen diese z.T. in Vegetationsbestände oder auch in den Boden ein. Wie in Kap. 2.3.2.6 bereits beschrieben wurde, verschiebt sich das Verhältnis von Rückstreuung von der Oberfläche zu jener aus dem Bestandesinneren bzw. untenliegender Bodenschichten mit abnehmender Wellenlänge zu Ungunsten der Oberflächenrückstreuung. Abb. 284 bringt das schematisch und vergröbernd zum Ausdruck. Der größer werdende Anteil an Volumenstreuung (vgl. 2.3.2.6) erweitert einerseits den Informationsgehalt von Radarbildern, mindert aber jenen über die Art der Oberfläche und damit oft auch über die

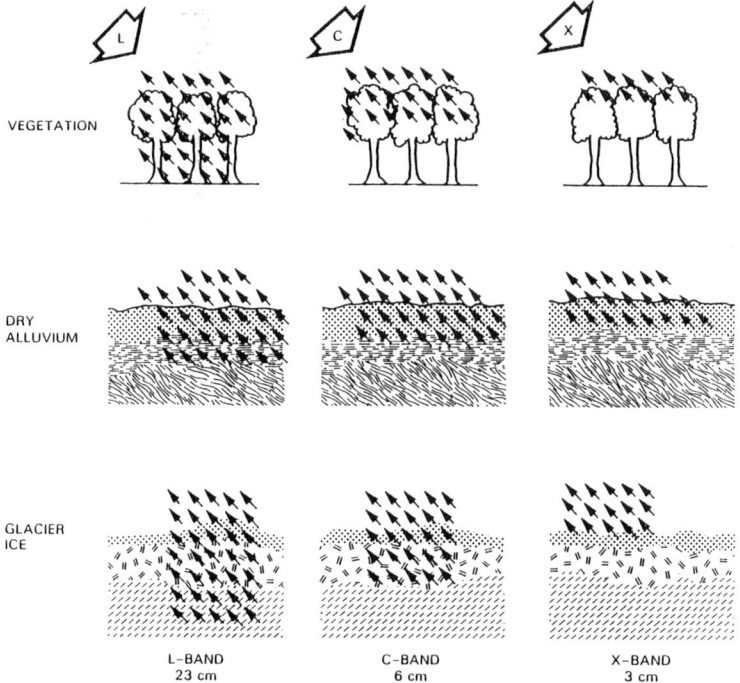

Abb. 284: *Abhängigkeit des Eindringvermögens sowie des Verhältnisses der Oberflächen-
zur Volumenstreuung von Wellenlänge, Oberflächengestalt und Materialeigenschaften (schematisch), (aus* SCHÄTTLER *1992)*

Art des Objektes, z. B. eines Vegetationsbestandes. Einfluß auf die Rückstreusignale
gewinnt aber auch die Polarisationsart (Abb. 283). Die Bedeutung der zweckmäßigen
Wahl von MW-Band und Polarisation im Hinblick auf den vorrangigen Zweck der Radarbildinterpretation ist daher offenkundig, ebenso wie jene von Radarsystemen, die es
erlauben, in mehreren Bandbereichen und vollpolarisiert aufzunehmen.

Zu den weiteren Sonderheiten der Radarbildinterpretation gehören
– der negative Einfluß des Speckle (Kap. 6.2),
– die Abhängigkeit der Grauwerte und Texturen bestimmter Objektoberflächen vom
  Blickwinkel und dem Verhältnis zwischen Blickwinkel und Hangneigungen,
– die Abhängigkeit der Wahrnehmbarkeit linearer Objekte (Verkehrslinien, Baum- und
  Pflanzreihen, Bestandesgrenzen usw.) vom Verhältnis zwischen deren Verlaufsrichtung
  und der rechtwinklig zur Flugrichtung gelegenen Aufnahmerichtung.
Der *Speckle* ist bei visueller Interpretation von objektbedingten und ggf. ein Objekt
charakterisierenden Texturen nur dann zu unterscheiden, wenn letztere aus Tönungsflächen im Bild bestehen, die mehrere Bildelemente umfassen. Sie sind in diesem Falle dann
größer als die „Körnung" des Speckle. Speckle maskiert feine Texturen und mindert damit
die Identifizierbarkeit solcher Objekte, die gerade an spezifischen Texturen zu erkennen
sind. Darüberhinaus wirkt der Speckle für jede visuelle Interpretationsarbeit generell
störend und verschlechtert die Möglichkeiten zur sicheren gegenseitigen Abgrenzung

von Objektflächen. Für die Differenzierung verschiedener Waldtypen und landwirtschaftlichen Nutzflächen wirkt sich der Speckle in L-Band Aufzeichnungen störender aus als in
solchen des X-Bandes (KESSLER 1986).

Angesichts der Bedeutung des Speckles muß heute erwartet werden, daß er in den zur
Auswertung kommenden Radarbildern soweit als möglich durch eines der in Kap. 6.2
genannten Verfahren im Zuge der Datenvorverarbeitung reduziert wurde. Wenn dennoch eine Specklereduktion nicht vorangegangen ist, so läßt sich die störende Wirkung
des Speckle bis zu einem gewissen Grade und vorübergehend durch einen kleinen methodischen Trick mindern. Man betrachte das zu interpretierende Radarbild dazu aus
zunehmend größerer Entfernung. Die Bildelemente verschmelzen für den Interpreten
dadurch mehr und mehr und zuvor nicht wahrnehmbare Bildgestalten oder Flächengren-
zen treten ggf. hervor. Dieses Vorgehen entspricht in seiner Wirkung dem in Kap. 6.2
genannten Bildverbesserungsverfahren der Mittelbildung und Tiefpaßfilterung.

Die Abhängigkeit von Grauwerten und Texturen vom Blickwinkel führt dazu, daß gleichartige Objektflächen bei ebenen Aufnahmeflächen sich vom near zum far range Bereich
hin sukzessive verändern. In kupiertem Gelände werden Grauwerte und Texturen zusätzlich durch wechselnde Hangneigungen und Expositionen je nach dem Verhältnis beider
zur Einstrahlungsrichtung beeinflußt. Besonders in Bezug auf die Wahrnehmung unterschiedlicher Vegetationsbedeckungen, aber z. B. auch Landnutzungsformen, deren gegenseitigen Abgrenzung oder gar der Identifizierung ihrer Arten resultieren daraus Interpretationsprobleme und -grenzen (vgl. Abb. 283).

Eine Bildortabhängigkeit gibt es, wie aus Kap. 2.4 und 5 bekannt ist, auch in Luftbildern
und Scanneraufzeichnungen im jeweiligen Mit- und Gegenlichtbereich. Sie wirkt dort aber
sehr viel weniger negativ auf die Interpretierbarkeit.

Schließlich gehören die im Zusammenhang mit der Geometrie der Aufzeichnungen
stehenden Probleme (siehe Kap. 6.3, Abb. 280, 281) zu den Sonderheiten der visuellen
Radarinterpretation. Sie fallen als Stör- oder ggf. auch als Verhinderungsfaktoren naturgemäß besonders ins Gewicht, je größer der Blick- bzw. der Einfallswinkel ist und je größere
Höhenunterschiede und steilere, dem Sensor zugeneigte Hänge vorkommen. Geometrische
Verfälschungen, die durch Umklappungen, Überlagerungen und Verkürzungen in slant- und
ground-range-Darstellungen auftreten, können in Aufnahmen gebirgiger Areale erheblich
sein. Sie werden erst durch Entzerrung auf eine true-range-Darstellung behoben. Die dabei
für ein Resampling notwendigen Bildmanipulationen, z. B. zur Ergänzung bei Überlappungen fehlender radiometrischer Daten oder zur Umkehrung solcher Daten bei Umklappungen, können dabei freilich für die Interpretation nur zu behelfsmäßigen Lösungen führen. Es
bleiben Ungewißheiten, die vom Interpreten viel methodischen und fachspezifischen Sachverstand und entsprechende Kombinationsgabe erfordern.

Auch die im Radarschatten nicht erfaßten Geländeflächen können im Zuge des Resampling nur behelfsmäßig ausgefüllt werden. Bei seriöser Bildverarbeitung wird deshalb
auch der Auswerter bzw. Kunde über den im true range Bild enthaltenen Anteil der auf
Schatten- und Layover-Flächen fallenden Bildelemente informiert. So werden z. B. dem
Auswerter von ERS-1 SAR Terrain Geocoded Images (siehe Tab. 94) als Qualitätsmerk-
mal u. a. mitgeteilt
– die Prozentanteile an „layover" und „shadow"-Pixeln der Szene
– der Schwellenwert für „dark pixels" und der Prozentenanteil der „dark (error) pixel" in
  den layover-Flächen
– der Schwellenwert für „bright pixels" und der Prozentanteil der „bright (error) pixel" in
  den Schattenflächen.
Zur Erweiterung der Interpretationsmöglichkeiten und Erhöhung des Informationsgehalts können *Bildverbesserungen* durch digitale Bilddatenbearbeitung, die Herstellung

von Farbkompositen und für bestimmte Fragestellungen die Stereobetrachtung der Bilder beitragen. Zur Bildverbesserung zählen dabei – wie schon o.a. – insbesondere die Speckle-Reduktion (siehe Kap. 6.2 und die dort zitierte Literatur), aber auch Kantenverstärkungen (vgl. z. B. LOPES et al. 1993), Kontrastveränderungen z. B. durch Dehnung oder Komprimierung bestimmter Grauwertbereiche und natürlich die o.a. geometrischen Korrekturen der Aufzeichnungen.

Farbkompositen kann man aus simultan in mehreren Bandbereichen und/oder mehreren Polarisationsarten aufgenommenen Radardaten herstellen. Bei monospektralen und einfach polarisierten Aufzeichnungen ist dies möglich durch Kombination entweder unterschiedlich vorverarbeiteter, z. B. verschiedenartig gefilterter Datensätze oder von multitemporalen Aufzeichnungen. Landwirtschaftliche Kulturarten, Waldtypen, Vegetations- oder Bodenzustände u. a. können dadurch ggf. in größerer Zahl und sicherer durch entsprechende Farbkodierungen unterschieden werden (vgl. Farbtafeln XXI, XII und XIIIc) Voraussetzung ist in jedem Fall die exakte Entzerrung der einbezogenen Datensätze.

6.5.4 Digitale Klassifizierung

Aufgabe der digitalen Klassifizierung ist es auch hier, jeden Bildpunkt anhand seines Grauwertes bzw. seiner Grauwerte in mehreren, simultanen Aufzeichnungen oder der Grauwerttextur(en) der Bildgestalt einer bestimmten Objektklasse zuzuordnen. Prinzipiell kann man dazu auch bei Radarbilddaten die gleichen Algorithmen einsetzen, die in Kap. 5.5.2 beschrieben wurden, nämlich
- bei Vorliegen nur eines Datensatzes: ein Schwellenwertverfahren oder – nach vorangehender interaktiver Segmentierung – ein Verfahren der Texturanalyse
- bei Vorliegen mehrerer, entweder simultan aufgenommener oder unterschiedlich prozessierter Datensätze: ein nichtüberwachtes Klassifizierungsverfahren, z. B. eine Clusteranalyse mit einem Minimum-Distance-Klassifikator, oder eine überwachte Maximum-Likelihood- oder Minimum-Distance- oder Quader-Klassifizierung.
Bildverbesserungen, wie sie in Kap. 6.5.3 auch für die visuelle Interpretation gefordert wurden, sind eine zwingende Voraussetzung, wenn man mit einer digitalen Klassifizierung zum Erfolg kommen will. Wiederum gilt dies vor allem für die Specklereduktion und die geometrische Entzerrung. Aber auch nach solchen Verbesserungen ist es bisher nur in ebenen Untersuchungsgebieten und bei relativ einfachen Verhältnissen der Landnutzung gelungen, brauchbare Ergebnisse oder Klassifizierungen zu erreichen. Beispiele dafür sind in Kap. 6.6.8 genannt. Auf Farbtafel XIIId ist dazu ein Klassifizierungsergebnis dargestellt.

„Einfache" Verhältnisse in diesem Sinne liegen vor, wenn das Klassifizierungsgebiet eben ist und sich *nicht* über die ganze Breite des Aufnahmestreifens erstreckt, wenn die Objektklassen texturarm und klar gegeneinander abgrenzbar sind und sich in ihren Grauwerten oder ggf. Grauwertstatistiken signifikant unterscheiden. Die publizierten Klassifizierungserfolge sind unter solchen Bedingungen entstanden.

Bei denkbaren praktischen und großflächigen Klassifizierungsaufgaben liegen solche Verhältnisse zumeist nicht vor. In kupiertem Gelände, ausgedehnten Inventurgebieten mit unterschiedlich rauhen Vegetationsbestockungen sowie verschiedenartigen Übergangsformen zwischen Objektklassen liegen die Dinge für die digitale Klassifizierung anders. Unter solchen Bedingungen kann man sich nicht allein auf Algorithmen stützen, die allein die Grauwerte der *einzelnen* Bildpunkte der Klassenzuordnung zugrunde legen. Texturparameter müssen in solchen Fällen einbezogen werden. Ist das Inventurgebiet in near bis far range Bereichen der Aufzeichnungen abgebildet und ist es kupiert, so sind zudem auch Stratifizierungen nach Abbildungsorten im Streifen und nach geländemorphologischen

Gesichtspunkten erforderlich. Zum einen teilt ein reiner Grauwertklassifikator die Bildpunkte textur- und damit von den Grauwerten her kontrastreicher Objektflächen regelmäßig mehreren „Klassen" zu. Besonders in K- und X-Bandaufzeichnungen mit hoher räumlicher Auflösung entstehen dann vielfache Fehlzuweisungen und „Pfeffer und Salz"-Muster im Klassifizierungsbild. Zum anderen werden texturarme Objektflächen einer bestimmten Klasse, in Abhängigkeit von ihrem Abbildungsort und ihrer topographischen Lage, wegen wechselnder Grautöne unterschiedlichen „Klassen" zugeordnet.

Die in Kap. 6.5.3 für die visuelle Interpretation von Radarbildern als erschwerend genannten Faktoren, bekommen mithin bei digitalen Verfahren noch sehr viel größeres Gewicht. Was der sachkundige Interpret durch seine Assoziations- und Kombinationsfähigkeit wenigstens z.T. ausgleichen und vor allem durch die Wahrnehmung von Textureigenheiten auch richtig zuordnen kann, führt bei automatischen Klassifizierungen – solange noch keine dementsprechende künstliche Intelligenz entwickelt ist – zu vielfältigen Fehlzuweisungen.

Der gegenwärtige Stand der Verfahrenstechnik ist dadurch gekennzeichnet, daß für einfache Bedingungen (s.o.) brauchbare, intelligente Ansätze für digitale Klassifizierungen vorliegen, für die Mehrzahl real vorliegender Verhältnisse aber noch nicht. Die Einbeziehung von Texturparametern (vgl. 3.5.2 und dort genannte Literatur) und Stratifizierungen im o.a. doppelten Sinne werden, in Verbindung mit dem durch Signaturforschungen sich allmählich verbessernden und vervollständigenden Wissen um das Rückstreuverhalten von Objektklassen, nach und nach Fortschritte bringen. Praktische Bedeutung haben digitale Klassifizierungsverfahren von Radarbildern zunächst nur in wenigen Ausnahmefällen.

6.6 Thematischer Informationsgehalt in Radaraufzeichnungen

6.6.1 Einleitung

Analog zum semantischen Informationsgehalt optischer Aufzeichnungen ist auch jener von Radarbildern von system- und aufnahmebedingten Faktoren und den Reflexions- bzw. hier Rückstreueigenschaften der Objekte abhängig. Das Maß seiner Ausschöpfung und Umsetzung in sachbezogene, thematische Informationen wird von der Auswertungsmethodik und der Qualität des Interpreten bzw. des Operateurs und der ihm verfügbaren Software bestimmt.

Von den aufnahme- und systembedingten Faktoren beeinflussen das MW-Band und die Polarisation, die räumliche Auflösung und der Aufzeichnungsmaßstab, der jeweilige Blickwinkel vom near bis zum far range, der geometrische Status des auszuwertenden Bildes oder Datensatzes sowie bei SAR-Systemen auch noch die Anzahl der Looks den semantischen wie auch thematischen Informationsgehalt. Stärker als in Aufzeichnungen optischer Sensoren werden beide zudem durch die Geländemorphologie sowie die Ausrichtung von Strukturlinien im Gelände gegenüber der Aufnahmerichtung verändert. Generell lassen sich in ebenen Aufnahmegebieten mehr und sicherere Informationen gewinnen als in gebirgigen. Ebenso gilt allgemein, daß rechtwinklig oder doch quer zur Aufnahmerichtung verlaufende Strukturlinien besser wahrzunehmen und zu erfassen sind als parallel dazu liegende.

In welchem Umfang und mit welcher Sicherheit Objektflächen und -zustände im einzelnen *wahrgenommen, identifiziert* und *differenziert* werden können, ist bei gegebenem Bild- bzw. Datenmaterial weitgehend vom Auswerter abhängig. Bei visueller Interpretation werden die Ergebnisse um so weitgehender und zuverlässiger sein, je mehr Sachkenntnisse und a-priori-Wissen in Bezug auf die auszuwertenden Gegenstände, an Ortskenntnissen und Interpretationserfahrung der Interpret einbringen kann, sowie je größer seine Fähigkeiten zum Assoziieren, Deduzieren und Induzieren sind. Bei rechnergestützten, interaktiven Auswertungen gilt gleiches für den Operateur. Hinzu kommt in diesem Falle, daß Umfang, Zuverlässigkeit und Plausibilität der Ergebnisse auch von dessen Verfahrenskenntnissen in der digitalen Bildverarbeitung und der ihm verfügbaren Hard- und Software abhängt.

Aus zahlreichen Signatur- und Texturanalysen, Untersuchungen zur visuellen Interpretierbarkeit von Radarbildern und bisherigen praktischen Einsätzen läßt sich das Informationspotential monospektraler Radaraufzeichnungen abschätzen. Auf dieser Grundlage ist im folgenden zusammengestellt, was man bei visueller Interpretation an thematischen Informationen erwarten kann. Die dabei einfließenden Wertungen sind vorsichtig angesetzte Verallgemeinerungen. Die Interpretationsmöglichkeiten können im Einzelfall über das Gesagte hinausgehen oder hinter diesem zurückbleiben. Die zugrunde liegenden Untersuchungen und Erfahrungen beziehen sich überwiegend auf monospektrale, zumeist gleichpolarisierte Aufzeichnungen. In mehreren Fällen wurden die Interpretationen zudem „nur" in slant range Darstellungen und Bildern, in denen der Speckle nicht reduziert wurde, ausgeführt. Die Abschätzungen spiegeln deshalb zweifellos nicht das vollständige Informationspotential von künftig verfügbaren, vollpolarisierten, bildverbesserten und geokodierten Multibandaufzeichnungen wider. Andererseits darf nicht erwartet werden, daß sich die in theoretischen Überlegungen und Ergebnissen intensiver Signaturforschungen abzeichnenden Möglichkeiten der Informationsgewinnung generell in entsprechende Informationen oder Klassifizierungsergebnisse umsetzen lassen. Dies zumal dann nicht, wenn die Auswertung von Radaraufzeichnungen eines Tages dezentralisiert, d. h. nicht nur an hierfür hochgerüsteten und personell hochspezialisierten Forschungs- und Dienstleistungszentren durchgeführt werden soll.

Mit den o.a. Einschränkungen kann gegenwärtig das nutzbare Informationspotential wie folgt beschrieben werden.

6.6.2 Ozeanographische und glaziologische Informationen

Für bestimmte ozeanographische und glaziologische Untersuchungen und Beobachtungen ist das Informationspotential von Radaraufzeichnungen unbestritten. Dies gilt in der Ozeanographie vor allem für jene Phänomene, die im Zusammenhang mit der wind- und welleninduzierten Oberflächenrauhigkeit des Wassers stehen, nämlich
- die Wellendynamik und Strömungen
- großflächige Wellenmuster und örtlich auftretende Verwirbelungen und Glättungen
  (z. B. auch durch Ölteppiche).
Radaraufzeichnungen von Flugzeugen und Satelliten aus haben dafür reichliche Belege geliefert. Aktuelle örtliche und auch synoptische Informationen liefern Radaraufzeichnungen über den Zustand von Schiffahrtsrouten in Treib- und Packeiszonen der Arktis und Antarktis. Sie leisten für die Überwachung dieser Routen wertvolle Dienste. Wie jüngste X-Band SAR-Aufzeichnungen aus dem Weltraum zeigten, lassen sich auch Rückschlüsse über die Ausbreitung und Art von Ölteppichen ziehen.

Ein bemerkenswertes Informationspotential liefern Radaraufzeichnungen auch für glaziologische Fragestellungen und Untersuchungen über die Schneebedeckung. Dabei bietet ein Radar mit X-Band für die Mehrzahl der Fälle weitergehende Möglichkeiten als mit C- und L-Band. Im Bezug auf die Sicherheit der Abgrenzung von Eis-, Gletscher- und

Schneebedeckung gegenüber damit unbedeckten Flächen, bleibt die Interpretation oder Klassifizierung von Radarbildern hinter denen von Luftbildern oder elektro-optischen Aufzeichnungen zurück.

– Die Abgrenzung von Gletschern, die Gewinnung von Informationen über Gletscher, Inlandeisflächen, Treibeis, glaziale Landformen sowie bei entsprechend hoher Auflösung auch über Gletscherspalten ist i. d. R. gut möglich. In X-Band Aufzeichnungen erwies sich auch die Differenzierung von schneebedeckten und schneefreien Gletscherflächen als möglich (ROTT 1985).

– Treib- und Packeis ist gut erkennbar; die Identifizierung von Eisbergen inmitten treibenden See-Eises kann jedoch auf Schwierigkeiten stoßen (GUDMANSEN et al. 1985).

– Unter bestimmten Umständen lassen sich aus Radaraufzeichnungen Erkenntnisse über das Alter und die Zusammensetzung sowie in Verbindung mit Radio-Echosounding und anderen Fernerkundungsmitteln auch über die Dicke des Eises gewinnen. Eine Bedeckung des Eises mit Feuchtschnee verhindert i. d. R. durch dessen geringe Rückstreukapazität entsprechende Bestimmungen.

– Die Unterscheidung und Abgrenzung von Schneebedeckungen gegenüber schneefreien Oberflächen ist möglich, wenn der Schnee *feucht* ist und daher – wie o.a. – nur geringe Rückstreuung der MW-Impulse bewirkt. Verwechslungen können in diesem Falle mit offenen Wasserflächen, Schattenflächen und bei Aufzeichnungen im L-Band auch mit schneefreien Kurzrasen- oder Wiesenflächen vorkommen.

Wenn der Schnee sehr trocken ist, kann man schneebedeckte Oberflächen nicht bzw. nicht sicher von schneefreien unterscheiden. Die MW-Impulse durchdringen trockenen Schnee. Die Rückstreuung erfolgt daher vorwiegend von der unter dem Schnee liegenden Erd- oder Vegetationsoberfläche. Die Eindringtiefe von X-Band-MW-Inpulsen beträgt bei trockenem Schnee bis zu 10 m (HOFER U. METZLER 1980).

6.6.3 Geländemorphologische und geologische Informationen

Schon bei den frühen, großflächigen Radaraufnahmen (vgl. Tab. 97) erwies sich der Informationsgehalt von Radarbildern für die Erkennung geologischer Strukturen, hydrogeologische Situationen und der Geländemorphologie als beachtlich. Besonders auch über die Entdeckung bisher nicht bekannter Lineamente in Radarbildern wurde seitdem wiederholt berichtet (z. B. KOOPMANS et al. 1985). Lithologische und stratigraphische Erkenntnisse sind dagegen aus Radarbildern nur in sehr begrenztem Umfange zu gewinnen. Sie lassen sich – analog zur Luftbildinterpretation – allenfalls indirekt aus im Bild erkennbaren geomorphologischen und hydrologischen Sachverhalten oder (in Naturlandschaften) identifizierbaren Vegetationsformen durch Interpretation erschließen.

Für die Gewinnung von Informationen über geologische Strukturen und das Makrorelief ist die Wahl des MW-Bandes weniger entscheidend als etwa für vegetationskundliche oder forstliche Auswertungen. Gleiches gilt auch für Informationen über das Mikrorelief, sofern das Gelände vegetations- bzw. vor allem waldfrei ist. Über das Mikrorelief unterm Schirm von Bäumen und anderer hochwachsender Vegetation kann man dagegen nur Informationen erwarten, wenn mit entsprechend langwelligen, die Vegetationsdecke durchdringenden Mikrowellen (L- oder P-Band) aufgenommen wird.

Wesentliche Parameter zur Interpretation geologischer, speziell geomorphologischer Sachverhalte sind die Grautonvariationen und -verteilungen, die auf unterschiedliche Hangneigungen und -ausrichtungen gegenüber der MW-Einstrahlung zurückgehen. Sie vermitteln – ähnlich einer Karte mit Schummerungen – den Eindruck einer dreidimensionalen Abbildung (vgl. Abb. 283). Zusätzliche Grautonvariationen durch unterschiedliche Bedeckung der Oberfläche können das im Bild gesehene Relief verstärken oder verfälschen.

Von erheblicher Bedeutung auf diese Grautonmuster und damit den geomorphologischen Informationsgehalt sind die Beziehungen, die einerseits zwischen der Aufnahmerichtung und den Ausrichtungen der Strukturlinien des Reliefs und andererseits jeweils zwischen den Blick- bzw. Depressionswinkeln der einfallenden MW-Strahlung und den Hangneigungen bestehen. Ist die *Aufnahmerichtung* mehr oder weniger rechtwinklig zu *geomorphologischen Strukturlinien,* so erhöht dies deren Erkennbarkeit, vergrößert aber ggf. gleichzeitig die informationslosen Schattenflächen. Verlaufen dagegen Strukturlinien des Reliefs parallel zur Aufnahmerichtung, so sind diese nur schwer oder nicht erkennbar. Reliefbedingte Schatten treten in diesem Falle nicht auf. Der Einfluß der *Hangneigungen* auf die Grautonmuster wechselt bei gegebener Rauhigkeit und Art der Oberfläche mit dem Blickwinkel, d. h. im Aufnahmestreifen vom near zum far range hin sowie vice versa bei gegebener Lage im Aufnahmestreifen unter dem Einfluß der Oberflächenbeschaffenheit.

Je größer der Blickwinkel bzw. je kleiner der Depressionswinkel ist, desto plastischer wirkt ein gegebenes Relief bei gegebener Aufnahmerichtung im Radarbild. Es prägt sich im far range Bereich des Bildes stärker aus als im near range. Der Informationsgehalt von Radaraufzeichnungen kann daher in Bezug auf das Relief, von Lineamenten und geländemorphologischen Details bei Aufnahmen aus verschiedenen Richtungen und/oder mit verschiedenen Blick- bzw. Depressionswinkeln sowie nach Lage im Aufnahmestreifen unterschiedlich sein. Der Interpret hat dies zu beachten. Man kann diesem Dilemma z.T. begegnen und damit auch mehr und sicherere Informationen gewinnen, wenn man durch Doppelbefliegungen Aufnahmen aus zwei, um 180° divergierende Richtungen durchführt. Die Aufzeichnungen beider Aufnahmen können dann vergleichend monoskopisch und ggf. auch stereoskopisch und radargrammetrisch ausgewertet werden. Zu einer Verbesserung der geologischen, geomorphologischen Information trägt auch die Doppelbefliegung mit Aufnahmen aus gleicher Richtung, aber mit unterschiedlichem Blickwinkel bei. Die Aufzeichnungen beider Aufnahmen können dann ebenfalls stereoskopisch, radargrammetrisch ausgewertet werden, freilich beschränkt auf die aus dieser einen Aufnahmerichtung beleuchteten, d. h. nicht im Radarschatten liegenden Geländeteile. Beide Möglichkeiten der Doppelbefliegung erhöhen die Aufnahme- und Auswertungskosten entsprechend.

6.6.4 Bodenkundlich relevante Informationen

Beim Aufkommen flächenabbildender Radarsysteme erwartete man, besonders auch Informationen über bestimmte Bodeneigenschaften gewinnen zu können, die der Fernerkundung mit optischen Mitteln nicht zugänglich waren. Insbesondere setzte man Hoffnungen auf den Einfluß des Wassergehalts der oberen Bodenschicht auf die dielektrische Konstante (Fußnote 3, vgl. Kap. 2.2.2) des jeweiligen Substrats und damit auch auf die Stärke des Rückstreusignals unterschiedlich „feuchter" Böden. Ein solcher Einfluß ist unzweifelhaft gegeben. Die Rückstreusignale von Böden werden aber auch von einer ganzen Reihe weiterer Faktoren mitbestimmt.

Betrachtet man zunächst nur *völlig vegetationsfreie* und auch sonstwie *nicht bedeckte* Böden, so weiß man, daß die Rückstreuung eingestrahlter Mikrowellen neben dem Wassergehalt der obersten Bodenschicht im Wesentlichen und nicht unerheblich von der Rauhigkeit der Bodenoberfläche, dem Blickwinkel Θ und der Orientierung der Bodenfläche (Inklination, Exposition) gegenüber der Einstrahlung bestimmt wird (vgl. ULABY et al. 1982, Kap. 11). Insofern ist zu erwarten, daß sich *in ebenem Gelände* Unterschiede der

Oberfläche und in der oberen Bodenschicht, z. B. im Steingehalt, der Korngrößenstruktur und Krümelung, des Humusanteils, des augenblicklich gegebenen Gehalts an freiem oder gebundenem Wasser sowie der Überformung durch Bodenbearbeitungen in den Radar-rückstreusignalen niederschlagen.

Die Auswirkungen solcher Bodenmerkmale auf die Rückstreuung können synergistisch oder kotnrovers sein. In beiden Fällen werden sie überlagert durch die angeführten, von der Geometrie der Aufnahme ausgehenden Einflüsse.

Abb. 285 zeigt für fünf vegetationsfreie Böden mit etwa gleichem Wassergehalt der oberen Bodenschicht die Abhängigkeit des Rückstreukoeffizienten σ^0 von deren Rauhigkeit und dem Blickwinkel. Ergänzend dazu ist in Abb. 286, für jeweils zwei Böden mit gleicher Oberflächenrauhigkeit der (von der Rauhigkeit wiederum abhängige) Einfluß des Wassergehalts ablesbar.

Für *benachbarte* Böden, bei denen man mit gleichem zeitlichem Abstand von den letzten und gleichstarken Niederschlägen ausgehen kann, lassen sich – bei Annahme etwa gleicher

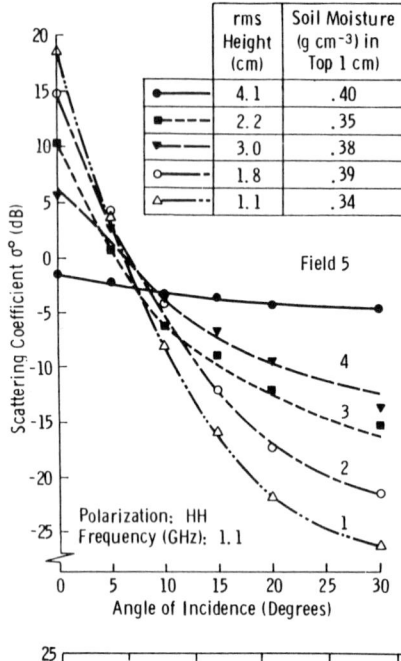

Abb. 285 u. 286:
Abhängigkeit des Rückstreukoeffizienten vom Inzidenzwinkel der Einstrahlung: Abb. 285 (links) für fünf unbewachsene Böden mit gleichem Wassergehalt aber unterschiedlicher Oberflächenrauhigkeit (hier L-Band), Abb. 286 (unten) für zwei unbewachsene Böden jeweils gleicher Rauhigkeit (links: glatt, rechts: rauh) aber unterschiedlichen Wassergehalts in der obersten Bodenschicht (aus ULABY *et. al. 1982)*

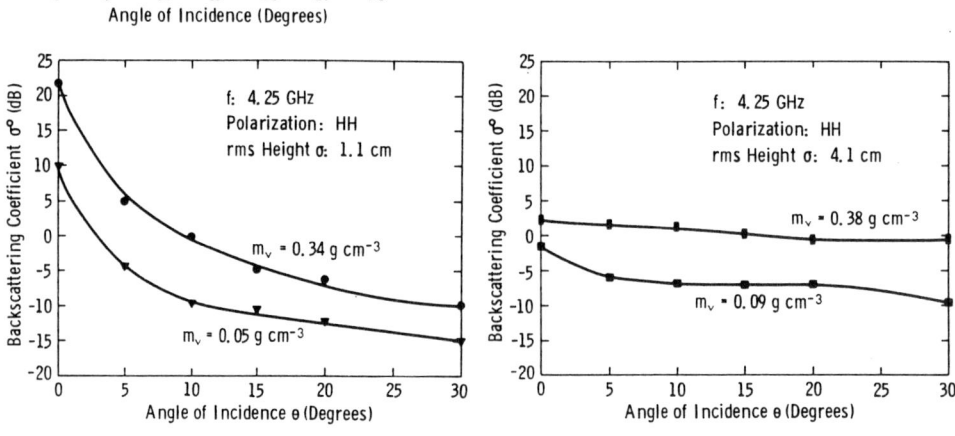

Oberflächenrauhigkeit – aus unterschiedlichen Grautönen Hinweise auf Unterschiede in der Bodenfeuchte, dem Wasserhaltevermögen und ggf. auch der Bodenart gewinnen. Andererseits bilden sich *entfernt voneinander liegende, gleichartige* Böden in verschiedenen Grautönen ab, wenn sie entweder durch lokal andere Niederschläge ungleichen Wassergehalt haben oder – bei gleichem Wassergehalt – unter anderem Blickwinkel erfaßt wurden.

Bodenbewuchs, Stoppeln, aufliegende Bodenbedeckung z. B. durch organischen Dung oder Ernteteste, anstehendes Oberflächenwasser, Schnee- oder Reifbedeckung verändern die Rückstreuung des Bodens. Solche Rückstreuungen überlagern die des Bodens. Je nach Bedeckungsdichte und -höhe, sowie bei Bewuchs auch noch je nach dessen Morphologie prägen solche Bestockungen die Rückstreusignale der betreffenden Flächen mehr oder weniger mit.

Angesichts der Vielzahl von Kombinationsmöglichkeiten der Einflußfaktoren auf die Rückstreuung von Böden verwundert es nicht, daß experimentelle, bodenkundliche Radarbildauswertungen zu divergierenden Ergebnissen führten. So brachten z. B. vier einschlägige Untersuchungen im Rahmen der europäischen SAR 580-Kampagne unterschiedliche Ergebnisse in Bezug auf den Zusammenhang zwischen Bodenfeuchte und den aufgezeichneten Radarrückstreuungen (BLYTH u. EVANS 1985). Die wegen höherer dielektrischer Konstanten (siehe Fußnote 3, S. 28) feuchter Böden theoretisch erwartete höhere Rückstreuung bei hoher Bodenfeuchte wurde dabei nur in zwei Fällen festgestellt. In anderen Fällen fand man entweder keinen solchen Zusammenhang oder beobachtete sogar das Gegenteil.

Unter bestimmten Umständen – z. B. wie o.a. für benachbarte Flächen oder bei stark bewässerten Feldern in Trockengebieten – lassen sich dennoch eine Anzahl bodenkundlich oder agrarwirtschaftlich nützlicher Informationen *direkt* aus Grauwertunterschieden gewinnen. Im Gegensatz dazu sind aus Radarbildern über *Bodenarten* und *Bodentypen*[84] – von wenigen Ausnahmen abgesehen – nur *indirekt* Auskünfte zu erwarten. Der sachkundige Interpret kann auf beides nur durch sein a priori-Wissen aus dem Kontext von im Bild wahrnehm- und identifizierbaren geomorphologischen, hydrologischen und ggf. auch vegetationskundlichen Faktoren rückschließen. Es handelt sich also um reine Interpretationen. Sie führen je nach Sachlage sowie Sachkenntnis und Erfahrung des Interpreten zu mehr oder weniger sicheren Ergebnissen.

Eine – ausnahmsweise – *direkte* Ansprache der Bodenart ist nur dort aufgrund von im Bild zweifelsfrei erkennbaren Texturen und Muster möglich, wo vegetationsfreie Böden sehr spezifische Oberflächenstrukturen auf größerer Fläche ausbilden. Beispiele hierfür sind Dünen oder Rippeln. Deren Wahrnehmung im Bild ist gleichbedeutend mit der Identifizierung reiner (Quarz-)*Sand*böden.

Eine durchgehende Kartierung von Bodenarten oder -typen nach Radaraufzeichnungen ist angesichts der geschilderten Sachlage mit Mitteln der digitalen Klassifizierung und Mustererkennung weitgehend auszuschließen. Durch visuelle Interpretation und in Verbindung mit ausreichender Feldarbeit ist dies nur unter sehr günstigen Umständen denkbar. Solche Umstände mögen bei ariden oder semiariden Verhältnissen gegeben sein, dort wo großräumig einfache Bodenverhältnisse, vegetationsfreie oder -arme Landschaften und überwiegend ebenes Gelände oder eine nur durch Dünen geprägte Morphologie vorliegen.

---

[84] Die *Bodenart* charakterisiert das Bodenmaterial nach der Korngrößenverteilung, ggf. unter zusätzlicher Berücksichtigung von Humusgehalt und petrographischer Beschaffenheit. Bodenarten sind z. B. Kies, Sand, Lehm, Ton. *Bodentypen* fassen Böden gleichen Entwicklungszustandes zusammen. Ein Bodentyp ist durch eine bestimmte Abfolge von Bodenhorizonten gekennzeichnet. Bodentypen sind z.B. Braunerde, Podsole, Gleye, Laterit.

6.6.5 Informationen über Wasserflächen und -läufe

Seen, Flüsse, Kanäle u. a. Wasserflächen gehören zu den im Radarbild am besten und
sichersten erkennbaren Objekten. Durch die bei wellen- und strudelfreier Oberfläche
spiegelnde Reflexion der Mikrowellen bilden sie sich sehr dunkel bis schwarz ab. Sie
sind auch zumeist als solche zu identifizieren: in Abb. 283 z. B. die Baggerseen im
Mooswald (Bildmitte) und entlang des Rheins, der Rhein, sein Seitenkanal und das
kleine, Freiburg von Ost nach West durchziehende Flüßchen Dreisam. Voraussetzung
dafür ist eine der räumlichen Auflösung des Radarsystems entsprechende Größe, um
sie als Bildgestalten wahrnehmen zu können und auch Verwechslungen mit dunklen
Speckle-Pixeln auszuschließen. Gegenüber Schattenflächen und anderen, ebenfalls nur
sehr gering rückstreuenden Oberflächen, wie ebenen, glatten Dächern, Betonpisten,
ebenen Kurzrasenflächen u. a. sind Wasserläufe und Seen bei visueller Interpretation
i. d. R. an ihrer Form, der Art und Lokalität ihres Vorkommens zu unterscheiden. Bei
rechnergestützter Klassifizierung kann es dagegen zu Verwechslungen einerseits mit den
genannten anderen „dunklen" Objekten und andererseits bei aufgerauhter Wasseroberfläche mit „nahezu allen anderen Landnutzungsklassen" (MARKWITZ et al. 1995, S. 156)
kommen.

Verwirbelungen, Wellen, Stromschnellen und ggf. auch Einflüsse sind erkennbar, wenn
sie eine entsprechende Ausrichtung gegenüber der Aufnahmerichtung aufweisen. An
Seeufern, Küsten und in Feuchtgebieten bei Übergängen von offenem Oberflächenwasser zum nicht wasserbedeckten Umfeld kann es zu Unsicherheiten bei der Abgrenzung der
Wasserfläche kommen. Schon leichter Wellengang, vor allem aber ebenfalls nur schwach
rückstreuende Oberflächen an Stränden, auf Trockeninseln usw. können Abgrenzungsschwierigkeiten bedingen.

Bachläufe und teilweise wasserführende Drainagegräben im offenen Gelände können –
auch wenn ihre Breite unterhalb der räumlichen Auflösung des Systems liegt – in X-
Bandaufzeichnungen (schwächerer auch im C-Band) erkannt werden, wenn sie von
(belaubten) Bäumen und Büschen begleitet werden. Man nimmt solche Baum- und
Buschreihen als sehr helle/sehr dunkle Doppellinie wahr (Abb. 287), sofern sie nicht
ausgesprochen parallel zur Aufnahmerichtung verlaufen. Die helle Linie geht auf die
dominierend rückwärts gerichtete Reflexion und ggf. auch partielle Cornerreflexion der
MW-Einstrahlung an frei gegenüber dieser Einstrahlung exponierten Kronen zurück
(Abb. 288). Die dunkle Linie markiert den Radarschatten der Baumreihe (vgl. hierzu
z. B. ENDLICHER et al. 1985).

Der gleiche Effekt tritt an Hecken- und Baumreihen in der Feldflur auf. Verwechslungen von Begleitvegetation wahrnehmbarer Wasserläufe mit Baumreihen in der Feldflur
oder Alleen entlang von Straßen sind nicht ganz auszuschließen. In der Mehrzahl der Fälle
wird es aber dem sach- und ortskundigen Interpreten möglich sein, aufgrund der Linien-
verläufe, standörtlichen u. a. lokalen Gegebenheiten die wahrgenommenen Bildgestalten
zutreffend zu identifizieren.

Dort wo kein entsprechender Bewuchs die kleinen Wasserläufe begleitet, ist deren
Erkennung im Radarbild ggf. dann möglich, wenn diese tiefer als das Niveau des umgebenden Geländes liegen und dadurch Böschungen vorkommen, die – bei entsprechender
Ausrichtung gegenüber der Aufnahmerichtung – als stark rückstreuende Objekte ihrerseits im Bild als helle Linien wahrnehmbar sind.

Die Chance, fließende oder stehende Gewässer unterm Schirm geschlossener Waldbestände zu erkennen und als solche zu identifizieren, ist gering. Sie ist *allenfalls* gegeben,
wenn die Aufnahme mit einem L- oder P-Band Radar und geringem Blick- bzw. großem
Depressionswinkel erfolgt. In stammzahlreichen Beständen und solchen mit hohem Stark-

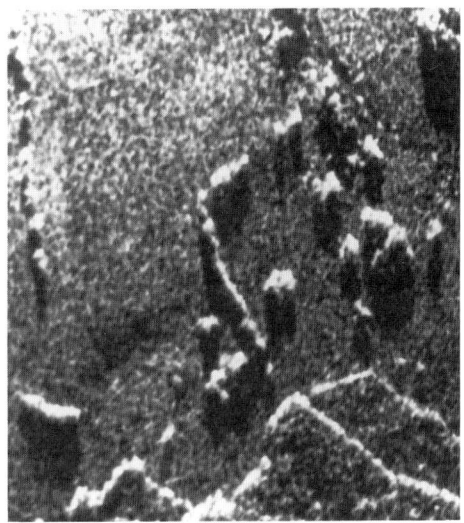 

Abb. 287: *Bäume und Hecken in der Feldflur in optisch prozessierten SAR-Aufzeichnungen X-HH (links) und C-HH (rechts). Aufnahme mit dem kanadischen SAR 580, Flughöhe 6100 m, Depressionswinkel 32,4 (aus* KESSLER *1986)*

Abb. 288:
Rückstreuelemente eines Baumes, eines Waldrandes und anderer aufragender Vegetation. Rückstreuung der Krone (1), von Krone und Boden (2), von Boden und Stamm (3 u. 4).

holzanteil sinken die Chancen auf Erkennung durch die dann überwiegende Rückstreuung von Stämmen.

Die Erkennung und Identifizierung der auf der Erde verbreitet vorkommenden, zeitweise oder permanent anstehenden Oberflächenwässer in Sumpf-, Permafrost-, Marsch- oder Überflutungsgebieten ist in Radaraufzeichnungen aller Bandbereiche prinzipiell möglich. Durch die große Varianz der Erscheinungsformen vor allem in Bezug auf Vergesellschaftungen mit Trockeninseln mit unterschiedlichem Vegetationsbestand, über- oder randständigen Bäumen und Büschen und dem häufig auch vorkommenden stehenden und liegenden Totholz ist die sichere Erkennung und Abgrenzung jedoch erschwert.

Die Polarisation des Radarsystems hat sich wiederholt als entscheidend für den Interpretationserfolg erwiesen (z. B. HANSON u. MOORE 1976, WEDLER u. KESSLER 1982).

Exemplarisch hierfür, wird auszugsweise eine Zusammenfassung der von WEDLER und KESSLER gefundenen Sachverhalte zitiert. Untersuchungsobjekt war ein nur extensiv bewirtschaftetes Waldgebiet in Ontario, in dem sich durch Biberdämme Oberflächengewässer aufgestaut hatten. „Große Waldflächen sind durch anstehende Nässe geschädigt oder schon abgestorben. Tote Bäume stehen noch aufrecht, lehnen gegeneinander oder sind bereits umgefallen. Ein großer Teil der Baumschäfte liegt im offenen Wasser ...“ Auf den in X-HH, X-HV, L-HH und L-HV aus 7000 m Höhe mit Depressionswinkeln zwischen 27,4° und 18,7° im near bzw. far range aufgenommenen Radarbildern ergaben sich „überproportional kräftige gleichpolarisierte Rückstreuungen auf einer Fläche dann, wenn eine spiegelnde Wasseroberfläche von Baumschäften oder anderen Pflanzenkörpern durchbrochen wird“. Es zeigte sich, daß „bereits wenige, locker verstreute Elemente diesen Effekt auslösen und die Charakteristik der üblicherweise dunklen Wassersignatur überlagern können. Das Phänomen weist auf Cornerreflexion aus dem Zusammenwirken zwischen der glatten Wasseroberfläche und den ... Vegetationselementen hin ... In diametraler Umkehrung der zuvor festgestellten Beziehung ergaben sich dunkle Signaturen bei kreuzpolarisierten Radarbildern ...“ (KESSLER 1985 S. 79 u. 80).

6.6.6 Informationen über Besiedlungsstrukturen

Bebaute Flächen lassen sich dann als Landnutzungsklasse wahrnehmen und gegenüber unbebauten abgrenzen, wenn eine Akkumulation von Gebäuden mit einer entsprechenden Bebauungsdichte vorliegt. Hauswände streuen die MW-Einstrahlung stark zurück und wirken bei entsprechender Ausrichtung gegenüber der Einstrahlung als Cornerreflektoren.

Bei *ausreichender räumlicher Auflösung* und Qualität der Aufzeichnung sind einzelne Gebäude als helle Punktobjekte wahrzunehmen bzw. wenn sie glatte Flachdächer haben, als solche, die eine scharf konturierte hell-dunkle Signatur aufweisen. Geschlossene Häuserfronten sind dank der starken Rückstreuung an den Hauswänden als helle Linien zu sehen und Häuserkomplexe aus gleichem Grund als sehr helle Cluster. Straßen in geschlossen bebauten Stadtteilen sind als hell-dunkle Doppellinien zu erkennen, wobei die helle Linie auf die o.a. starke Rückstreuung der Häuserfronten der „beleuchteten“ Straßenseite und die dunkle auf den Radarschatten der Häuser der gegenüberliegenden Seite zurückgeht. In Städten lassen sich an den dadurch erkennbaren Mustern durch Bildinterpretation mehrere Siedlungstypen unterscheiden, und zwar
– mit mehrstöckigen Häusern geschlossen bebaute und vegetationsarme Quartiere
– Stadtteile, die überwiegend mit einzelstehenden, von Gärten umgebenen Häusern bebaut sind („Villenviertel“ u. ä.)
– Reihenhaussiedlungen mit Hausgärten
– Hochhausbebauungen, seien es innerstädtische Geschäftshäuser („Bankenviertel“ u. ä.) oder vorstädtische Wohnkomplexe („Wohnsilos“, „Plattenbau“-Viertel u. ä.)
– Industriegebiete mit branchentypischen Gebäudetypen und -verteilungen
– innerstädtische Grünflächen wie Parks, Friedhöfe, Kleingartenkolonien, Sportplätze, zoologische Gärten.
Verwechslungen sind nicht auszuschließen, z. B. zwischen sehr locker bebauten, mit Gartenland durchsetzten Quartieren und Kleingartenkolonien oder zwischen Wohnsiedlungen mit Einzelhäusern und Kleingewerbegebieten (z. B. ENDLICHER et al. 1985).

In Radaraufzeichnungen sehr *kleinen Maßstabs* und *geringerer* räumlicher *Auflösung* sind Differenzierungen der o.a. Art *nicht* möglich. Unterscheidungen sind i. d. R. nur zwischen den als größere, sehr helle Cluster erkennbaren hoch verdichteten Wohn- und Geschäftsvierteln und der Sammelgruppe aller anderen städtischen Besiedlungstypen möglich. Letztere ist als relativ kontrastreiches Pfeffer- und Salz-Muster wahrnehmbar. Ggf. lassen sich auch gröbere Gliederungsstrukturen in Städten erkennen, z. B. solche, die auf breite, baumbestandene Grünzüge, große Parks, Flüsse oder auch systematisch angelegte, breite Straßenzüge zurückgehen. Abb. 283 läßt dies alles am Beispiel der Stadt Freiburg erkennen.

Von landwirtschaftlicher Flur oder von Wald umgebene Dörfer und kleine Ortschaften sind in ebenem oder nur mäßig kupiertem Gelände auch in kleinmaßstäbigen Radarbildern zu erkennen. Oft sind sie auch gut abgrenzbar, es sei denn, die Bebauung löst sich gegen die Feldflur auf. In Gebirgslagen nimmt die Erkennbarkeit durch die i. d. R. starke Rückstreuung auch der beleuchteten Hänge ab. Sie ist noch gut auf Hochebenen und in Hochtälern, wenn ein dicht bebauter Dorfkern von Gründland umgeben wird. Auf Hanglagen, die mehr oder weniger parallel zur Flugrichtung liegen und ihrerseits sehr helle Signaturen aufweisen, geht die Erkennbarkeit kleiner Dörfer stark zurück. Waldsiedlungen, Streusiedlungen, Einzelhöfe sowie Krale und Hüttendörfer inmitten von Naturlandschaften sind i. d. R. nicht zu erkennen bzw. nicht als solche zu identifizieren.

Auf den von Satelliten aus aufgenommenen Radarbildern lassen sich dichtbesiedelte Stadt- und Dorfkerne zumindest bei ebener Lage erkennen und zumeist auch als solche identifizieren. Je nach Art der umgebenden Feld- und Waldflur ist aber die Abgrenzung locker bebauter Vororte bzw. dörflicher und kleinstädtischer Randgebiete gegenüber dieser nicht mehr eindeutig möglich, oft sogar unmöglich (vgl. Abb. 283).

6.6.7 Informationen über Verkehrswege und -flächen

Im *offenen Gelände* können *Verkehrswege* in Abhängigkeit vom Maßstab und der räumlichen Auflösung sowie der Ausrichtung der Trassen gegenüber der Einstrahlrichtung in ihrer Linienführung durchgängig oder abschnittsweise erkannt werden. Wasserwege sind als tiefdunkle Bänder, asphaltierte, betonierte oder gepflasterte Straßen als dunkelgraue und Eisenbahntrassen als hellgraue Linien wahrzunehmen. Die dunklen Signaturen von Wasserwegen und Straßen gehen auf die dominierend spiegelnde Reflexion der MW-Einstrahlung an diesen zumeist glatten Oberflächen zurück. Die hellen Signale von Eisenbahnlinien sind das Produkt starker Rückstrahlung vom rauhen Schotterbett und von den Gleisen. Auch Eisenbahnböschungen und -dämme oder Hohlwege können ggf. einmal zur hellen Signatur beitragen.

Ist die Einstrahlung auf eine Trasse durch Baumreihen entlang der Straße oder Bahnlinie behindert, so können die hellen Signaturen begleitender Bäume und deren Schattenlinien zur Warnehmung der Linienführung beitragen. In kleinmaßstäbigen Bildern z. B. aus Satellitenaufzeichnungen spielen solche Hilfssignaturen jedoch i. d. R. keine große Rolle. Nur breitere Trassen lassen sich in solchen Bildern wahrnehmen und an der dunklen oder hellen Signatur sowie im Kontext aller standörtlichen und infrastrukturellen Gegebenheiten als Straße, Wasserweg oder Eisenbahnlinie identifizieren. In Abb. 283 läßt sich z. B. die den Mooswald durchziehende und dann nach Südwesten zum Rhein hin verlaufende Autobahn erkennen.

In dicht und geschlossen *bebautem Gelände* liegen *Straßen*, sofern sie nicht zufällig parallel zur Einstrahlungsrichtung verlaufen, i. d. R. im Radarschatten einer der Häuserzeilen. Sie sind bei der Interpretation relativ großmaßstäblicher Radarbilder in ihrem Verlauf an den zuvor schon beschriebenen Hell-dunkel-Doppellinien zu lokalisieren.

In locker bebautem Gelände kann es zu Interpretationsproblemen bei der Definition von Straßenverläufen kommen. Andere versiegelte Flächen, Baumbestände, Grünflächen und unregelmäßige Baustrukturen lassen hier keine eindeutigen Konturen im Bild entstehen, so daß Straßenverläufe allenfalls gutachtlich definiert werden können.

In klein- bzw. kleinstmaßstäbigen Radarbildern kann man – wenn überhaupt – im besiedelten Gebiet nur breiteste Straßenläufe wahrnehmen.

Straßen- und Eisenbahnbrücken gehören zu den am besten erkennbaren Einzelobjekten in einer Landschaft. Sie sind wegen ihrer Lage und ihres Standorts auch als solche zu identifizieren. Wahrnehmbar sind Brücken in aller Regel an ihrer sehr hellen Signatur über dunklem Grund von Wasser oder Straßen. Besonders gut sind Eisenbahnbrücken mit Stahlkonstruktionen über Flüssen zu erkennen.

An *Verkehrs*flächen lassen sich – wiederum in Abhängigkeit von Maßstab und räumlicher Auflösung – *Flugplätze* als dunkle Flächen (Kurzrasen!) mit noch dunkleren Rollbahnen, *vielgleisige Bahnanlagen* wie Verschiebe-, Rangier- und Güterbahnhöfe an flächig sehr hellen Grautönen bzw. Grautonmustern, *Hafenanlagen* durch ihre Lage an Wasserflächen oder -läufen in Verbindung mit einer Häufung sehr heller Einzelobjekte (Hallen, Krane, Hafenmauern) und ggf. auch *Großparkplätze* erkennen und bei sachkundiger Interpretation auch identifizieren.

6.6.8 Informationen über landwirtschaftliche Nutzflächen

Ackerflächen sind gut in Radarbildern als solche zu identifizieren, wenn sie sich als Mosaik von Feldern mit überwiegend regelmäßigen Formen darstellen. Sie sind dann als Muster heller und verschieden grauer, in sich fast texturloser und überwiegend rechteckiger Parzellen zu erkennen.

Abgrenzungen gegenüber benachbartem Grünland oder auch physiognomisch andersartigen und damit im Bild texturreicheren Vegetationsformen wie Wald oder Buschland stoßen – zumindest in intensiv bewirtschafteten Kulturlandschaften und bei entsprechend großem Aufnahmemaßstab – auf wenig Schwierigkeiten. Vgl. hierzu Abb. 289 und auch die Radarbilder der Abb. 283 und 292 sowie Farbtafel XXI.

Auch die Unterscheidung verschiedenartiger Feldfrüchte sowie zwischen bewachsenen und brachliegenden Feldern, bzw. solchen mit noch nicht aufgelaufener Saat ist in Abhängigkeit von deren jeweiligem phänologischem Zustand möglich. Unter Einbeziehung örtlich zutreffender phänologischer Kalender und terrestrisch erarbeiteter Interpretationsschlüssel lassen sich auch einzelne Feldfrüchte anhand ihrer Grautöne identifizieren. Für SAR-Aufzeichnungen in der Freiburger Bucht im Oberrheingraben vom 7. *Juli* ergaben sich z. B. die in Tab. 95 gegenübergestellten Grautöne für verschiedene Ackerfrüchte. Sie zeigen, daß bei Auswertung beider Aufzeichnungen im X- und C-Band die Differenzierung aller genannten, dort vorkommenden Feldfrüchte möglich ist. Durch eine Farbkomposite läßt sich das auch darstellen (Tafel XXIIId). Grenzen sind dem freilich durch zeitweise gleiche Rückstreuungscharakteristik verschiedener Fruchtarten gegeben. Erschwerend kommt hinzu, daß sich dadurch ergebende Grautongleichheiten durch unterschiedliche phänologische Zyklen der Fruchtarten im Laufe der Vegetationszeit verändern. Durch mehrfache Aufnahmen in der Vegetationszeit kann man dies freilich auch zur Verbesserung der Identifizierung von Fruchtarten nützen. Der Aufwand wird dafür aber entsprechend größer.

Abb. 289: *Abgrenzung von landwirtschaftlichen Kulturen (feine Textur) von Waldflächen (grobe Textur) in einem optisch prozessierten X-HH Radarbild (Aufnahme aus 6100 m mit SAR 580). Beachte die unterschiedlich erscheinenden Wald-Feld-Grenzen: Radarschatten versus beleuchteten Waldrändern (aus* KESSLER *1986)*

Feldfrucht	Grautonbeschreibung in der	
	X-HH	C-HH
	Aufzeichnung	
1	*2*	*3*
Winterweizen	mittel- bis dunkelgrau	hellgrau (am hellsten)
Wintergerste	dunkelgrau	dunkelgrau
Mais	sehr hellgrau	mittelgrau
Sommerweizen	mittel- bis dunkelgrau	hellgrau
Hafer	mittelgrau	mittelgrau
Wiese	mittelgrau	dunkelgrau (am dunkelsten)

Tab. 95: *Grautonunterschiede in X-HH und C-HH SAR-Aufzeichnungen von 17. Juli bei Freiburg i.Br. (nach* KESSLER *1985)*

Unter einfachen und klaren Verhältnissen des Nebeneinander verschiedener Nutzungs-arten, z. B. in einer ebenen Kulturlandschaft ohne Übergangsformen, Öd- und Brachland-flächen, lassen sich landwirtschaftliche Feldfrüchte eines klimatisch einheitlichen Anbau-gebietes auch durch rechnergestützte Klassifizierungen erfassen. Zur parzellenscharfen Erhebung ist dabei Voraussetzung, daß die Felder der Flur zuvor anhand einer Flurkarte oder von Luftbildern, ggf. auch hilfsweise durch Segmentierung der Radarbilder selbst, gegenseitig abgegrenzt werden. Bezüglich weiterer vorbereitender Arbeitsschritte und des methodischen Vorgehens bei der digitalen Klassifizierung wird exemplarisch auf ME-GIER et al. (1985) und HÖLZER et al. (1985) verwiesen. MEGIER et al. kamen mit einem nichtüberwachten Verfahren und HÖLZER et al. mit dem Maximum-Likelihood Algorithmus unter den o.a. einfachen Verhältnissen zum Erfolg (vgl. auch MARKWITZ et al. 1995). Auf Tafel XIII ist ein so gewonnenes Klassifizierungsergebnis dargestellt und der Wirklichkeit sowie einer Radar-Farbkomposite gegenübergestellt.

In kupiertem Gelände und bei Ausdehnung von Klassifizierungen auf den gesamten Bereich von Aufnahmestreifen nehmen die Aussichten auf brauchbare digitale Klassifizierungen erheblich ab (vgl. das hierzu in Kap. 6.5.4 Gesagte). Bei einer überwachten Klassifizierung mit multitemporalen ERS-1-Aufzeichnungen kamen MARKWITZ et al. (1995) aber auch hier zu Übereinstimmungen der Hauptklassen der Landnutzung mit einem vorliegenden Situationsmodell von 72,5%.

Weniger eindeutige Interpretations- oder gar Klassifizierungsergebnisse als bei reinen Ackerflächen sind für *agroforstliche Nutzflächen* in den Tropen und Subtropen zu erwarten. Gesicherte Erfahrungen und Ergebnisse methodischer Untersuchungen liegen hierfür noch nicht vor. Angesichts der unterschiedlichen Arten agroforstlicher Nutzungen muß auch mit unterschiedlichem Rückstreuverhalten je nach Art der landwirtschaftlichen Kulturform und Bearbeitungstechnik sowie der Art, Dichte und Verteilung des überschirmenden oder begleitenden Baumbestandes gerechnet werden. Die sich daraus ergebenden Grautöne und Texturen im Radarbild werden andererseits mit denen physiognomisch ähnlicher Vegetationsformen der Tropen zu verwechseln sein, z. B. von dichter bestockten Baum-Savannen, bestimmten Formen der Buschvegetation und degradierter Waldformen oder auch unterm lockeren Schirm kultivierter Kaffeeplantagen.

Landwirtschaftliche Plantagen aller Art und aller Klimazonen können als Monokulturen erkenn- und identifizierbar sein, wenn sie entweder geschlossene Kronendächer und mehr oder weniger arrondierte Flächenformen oder einen weitständigen, regelmäßigen Pflanzenverband aufweisen. *Im ersten Falle* sind Plantagen i. d. R. als Bildgestalten mit klarer Abgrenzung zu erkennen. Sie zeichnen sich durch feine, homogene Textur aus oder werden ggf. auch als texturlos gesehen. Der Grauton der Bildgestalt wird durch Blattgrößen und -stellungen der gegebenen Kulturpflanzen und durch die Rauhigkeit des Kronendaches bestimmt. So bilden sich z. B. in X-Band-Bildern Bananenplantagen aufgrund starker Rückstreuung der MW-Strahlen durch die großen Blätter der Stauden in sehr hellem Grau ab, während Kautschukplantagen dunkelgrau erscheinen (hierzu z. B. DELLWIG et al. 1978) (Abb. 290 und 291).

Der zweite Fall – die Wahrnehmung von Verbandsmustern – ist nur bei entsprechend großem Bildmaßstab und hoher räumlicher Auflösung anwendbar. Er setzt ferner voraus, daß der Speckle weitgehend reduziert ist und ein bestimmtes Verhältnis zwischen dem jeweiligen Blickwinkel, der Pflanzenhöhe und dem Pflanzenverband vorliegt. Die Abhängigkeit vom Blickwinkel bedeutet, daß unterschiedliche Verhältnisse in Bezug auf die Wahrnehmbarkeit solcher Plantagen im near und im far range Bereich des Aufnahmestreifens gegeben sind. Wenn alle o.a. Voraussetzungen erfüllt sind, so werden weitständig und im regelmäßigen Verband stehende, belaubte Bäume oder Sträucher als Hell-dunkel-Muster im Bild wahrgenommen. Ursache dafür sind die ständigen (gleichmäßigen) Wechsel von starken Rückstreuungen der Kronen und deren Radarschatten. Für die Fläche einer solchen Plantage wird dieses Muster als spezifische Rastertextur wahrgenommen. Sie läßt bei der Interpretation den Rückschluß auf das Vorliegen einer Plantage und eine gutachtliche Abgrenzung ihrer Fläche zu. Die Wahrnehmung der beschriebenen Muster ist in X-Band-Aufzeichnungen deutlich besser möglich als in solchen im C- oder gar L- und P-Band.

Unter gleichen Voraussetzungen können sich auch für Spalierobstplantagen sowie Reb- und Hopfenflächen spezielle Reihenmuster im Radarbild ergeben. Die Ausrichtung der Pflanzenreihen muß dabei jedoch um 90° zur Aufnahmerichtung liegen und der Blickwinkel muß so klein sein, daß Schattenflächen zwischen den Pflanzenreihen auftreten können.

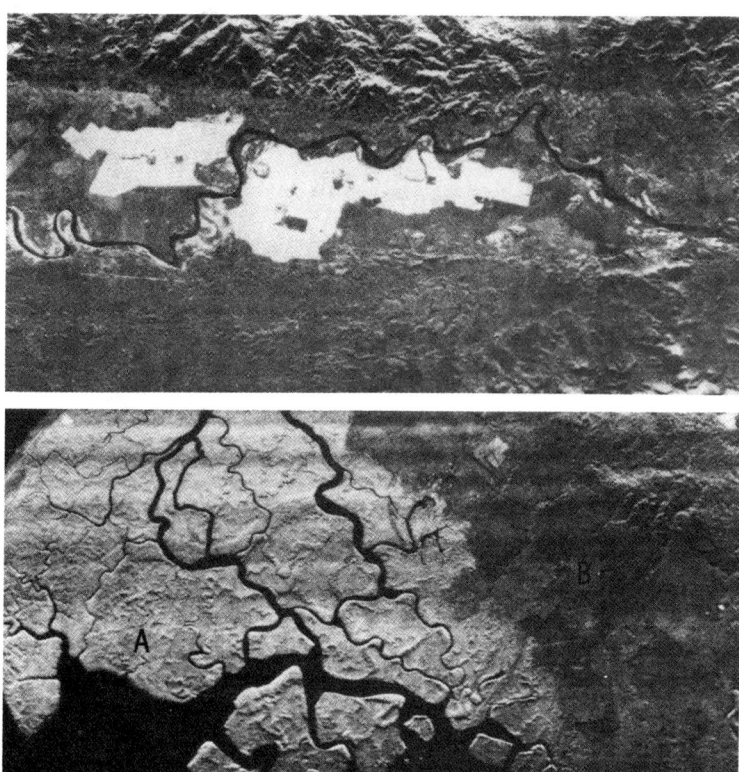

Abb. 290 u. 291: *Bananenplantagen (Abb. 290) sowie Mangroven (Abb. 291) und Kautschuk-Plantagen (Abb. 291) in X-HH Radarbildern (aus DELLWIG 1978)*

6.6.9 Informationen über Grünland

Der Begriff Grünland wird hier im weiteren Sinne gebraucht. Er faßt baumlose oder sehr baumarme Gras- und Krautfluren aller Art zusammen: landwirtschaftlich intensiv und extensiv als Futterwiesen oder Weideflächen genutzte Fluren, Rasenflächen auf Sport- und Flugplätzen, in Gärten und Parks, Wiesen, Heideflächen, Trockenrasen usw. in Kulturlandschaften und die verschiedenartigen Gras- und Krautfluren der Naturlandschaften.

Alle diese Grünlandformen zeichnen sich in Radarbildern durch *texturarme*, mehr oder weniger *dunkle* Wiedergabe aus. Sie ähneln darin reifen Getreifefeldern. Besonders dunkel werden Kurzrasenflächen und gemähte oder abgeweidete Wiesen in ebener Lage abgebildet. Durch ihre Flächenformen und sie begleitende oder umgebende Objekte sind solche Flächen vom Interpreten ggf. auch in ihrer Art zu identifizieren. So fallen in Abb. 283 der Sportflugplatz im Nordwesten des Stadtgebietes und das überwiegend mit Grünland bestockte Areal eines Tiergeheges und der früheren Rieselfelder durch ihren dunkelgrauen Ton auf. In Abb. 292 heben sich in gleicher Weise der Verkehrsflughafen, der Golfplatz, die Pferderennbahn und größere, im Wald eingebettete Wiesenflächen von ihrer Umgebung ab.

Mit *Texturen* innerhalb von Grünlandschaften ist am ehesten in K- und X-Band-Aufzeichnungen zu rechnen, und zwar bei verwilderten oder mit einzelnen Büschen und

Abb. 292: *Radarbild einer SEASAT-Aufzeichnung: Szene: Frankfurt a. M. Man beachte hier vor allem die Grünflächen um den Flughafen, im Waldbereich, am Golf-platz und an der alten Pferderennbahn*

Bäumen überstellten Wiesen, bei Obstwiesen, Heiden und Steppen. „Marmorisierungen" unterschiedlicher Grautöne können in Feuchtgebieten durch unterschiedliche Dränage von Teilflächen oder partiell anstehendem Oberflächenwasser auftreten. Verwechslungen mit ähnlich abgebildeten anderen Flächen können vom Interpreten oft aufgrund der standörtlichen Lage solcher Feuchtwiesen, z. B. in einer Flußaue oder in einer entsprechenden Naturlandschaft, z. B. in der Taiga, ausgeschlossen werden.

Wiederum muß man darauf hinweisen, daß sich der Grauton gleichartiger Grünland-flächen vom near zum far range hin ändern kann und vor allem auch, daß er im Gebirge je nach dem Verhältnis zwischen Blickwinkel und Hangneigung variiert.

6.6.10 Informationen über Wälder und Buschland

Geschlossener Wald gehört zu den in Radarbildern gegenüber Feld- und Grünlandfluren, dicht besiedelten Flächen und Wasser i. d. R. gut abgrenzbaren Landnutzungsklassen. Dabei ist Wald in L- und P-Bandaufzeichnungen in erster Linie an durchgehend hellen Grautönen und in solchen des C- und X-Band durch eine für Wald typische Textur erkenn-

und als solcher ansprechbar. Die *Texturen* gehen auf den ständigen Wechsel stark rück-streuender Teile der „beleuchteten" Baumkronen und deren Radarschatten zurück. Je stärker das Kronendach vertikal gegliedert ist, desto deutlicher treten Texturen hervor. Sinngemäß Gleiches gilt auch für Farbtöne und -texturen in Radar-Farbkompositen. Die spezifischen Grautöne und -texturen der Wälder in Radaraufzeichnungen können auch für digitale Auswertungen nutzbar gemacht werden. In ebenen Lagen kann man dadurch Wald erfolgreich klassifizieren (z. B. HÖLZER et al. 1985).

Die *Grautöne* der Waldflächen bzw. die Wahrnehmbarkeit der durch Texturen beding-ten mittleren Grautöne von Waldflächen variieren in Abhängigkeit verschiedener Fakto-ren in bestimmten Grenzen. Sie sind zum einen abhängig vom Waldtyp, der Waldaufbau-form und dem Bestandesalter und zum anderen vom Blickwinkel sowie im kupierten Gelände zusätzlich von den Beziehungen zwischen den Blickwinkeln und den Hangnei-gungen und Expositionen.

Die Identifizierung und Abgrenzung *geschlossener Waldflächen* durch Bildinterpreta-tion ist sowohl in der gemäßigten Zone als auch in den Tropen und Subtropen möglich. Dies gilt in Abhängigkeit vom Aufnahmemaßstab auch für Feldgehölz entsprechender Ausdehnung. Die Abgrenzung gegenüber anderen Landnutzungsformen bzw. in der Naturlandschaft anderen Vegetationsformen ist oft in L- und P-Bandaufzeichnungen schärfer möglich als in denen im C- oder X-Band. Abgrenzungsschwierigkeiten oder auch Verwechslungen können gegenüber Plantagen und dicht geschlossenem Buschland auftreten. Bei nur *licht oder locker bestockten* oder in Auflösung befindlichen Wäldern häufen sich solche Schwierigkeiten. Dies z. B. in der Kulturlandschaft gegenüber baum-zahlreichen Obstwiesen und in den Naturlandschaften der Tropen gegenüber locker bestocktem Buschland, mit Bäumen dichter bestandenen Savannen und mit Sträuchern oder Kakteen dichter besetzten Steppen. Der Interpret hat in vielen Fällen die Möglich-keit, unter Einbeziehung seines Sach- und Ortswissens sowie vorbereitender Erkundun-gen im Feld, aus der Luft oder durch Heranziehung optischer Fernerkundungsmittel Verwechslungen weitgehend auszuschließen und Abgrenzungen sinnvoll vorzunehmen.

In einem Aufnahmegebiet vorkommende *Waldtypen* oder *Wälder unterschiedlicher Entwicklungsstufe* können im Radarbild differenziert werden, wenn ihre Kronendächer entweder unterschiedliche Rauhigkeiten oder unterschiedliche Schlußgrade bzw. typische Verlichtungsformen aufweisen. Aus der Summe bisheriger Erfahrungen lassen sich dazu einige verallgemeinernde Feststellungen treffen:

- Voraussetzungen für eine Unterscheidung, die über eine allergröbste Differenzierung hinausgehen soll, sind eine entsprechende Bildoptimierung, Interpretation durch sach- und orts- sowie auch standortskundige Interpreten und i. d. R. vorbereitende Erkun-dungen im Feld oder durch luftvisuelle Beobachtungen (Kap. 3) oder mit optischen Mitteln der Fernerkundung. Daß für letzteres auch sogar gute Weltraumluftbilder als „ground truth" zur Interpretation von ERS-1 Radaraufzeichnungen herangezogen werden können, haben jüngst KUNTZ und SIEGERT (1994) gezeigt.
- Die Chancen, Waldtypen oder bestimmte Bestandesformen, Alters- und Schlußgradun-terschiede im Radarbild unterscheiden zu können, sind bei Aufzeichnungen im K- und X-Band am größten. Sie nehmen über C- und S-Band-Aufzeichnungen zu solchen im L- und P-Band hin ab.
- Die Unterscheidungsmöglichkeiten können ggf. verbessert werden, wenn simultane Aufzeichnungen in mehreren Bändern und/oder Polarisationszuständen oder auch mit verschiedenen Blickwinkeln kombiniert ausgewertet werden. So fanden z. B. KESS-LER (1986) für mitteleuropäische Verhältnisse die besten Interpretationsmöglichkeiten bei Auswertung von RGB-Farbkompositen aus C-HH, X-HH und X-HH/C-HH Auf-zeichnungen und CHURCHILL u. KEECH (1985) in England solche aus X-HV, X-HH und C-HH Aufzeichnungen. KUNTZ und SIEGERT (1994) steigerten die Unterscheidungsmög-

lichkeiten einer monospektralen, linear polarisierten ERS-1 C-VV Aufzeichnung durch Herstellung einer Farbkomposite aus unterschiedlich gefilterten Datensätzen. Sie kombinierten für eine RGB-Darstellung C-VV mit Varianz-Filterung 15x15, C-VV mit LEE-Sigma + Median Filterung und C-VV mit Varianz-Filterung 31x31.

– Erheblichen Einfluß auf die Möglichkeiten der Differenzierung hat wiederum auch die Geländegestalt. Die günstigsten Voraussetzungen liegen auch hier bei ebenem oder nur schwach bewegtem Gelände vor.

– Auch unter günstigen Voraussetzungen sind i. d. R. mit gebotener Sicherheit durch visuelle Interpretation nur gröbere Klassifizierungen möglich. Versuche zur digitalen Klassifizierung von Waldtypen oder Bestandesformen haben bisher noch nicht zu Ergebnissen geführt, die von praktischer Relevanz für forstwirtschaftliche oder vegetationskundliche Inventuren oder Kartierungen wären.

– Unterscheidungsmerkmale sind bei visuellen Interpretationen vorrangig Texturunterschiede oder wahrnehmbare Muster und nachrangig Grautonunterschiede. Dies begründet auch die besseren Möglichkeiten beim Einsatz kurzwelliger Mikrowellen (s.o.), deren Rückstreuung ganz überwiegend vom Kronen*dach* erfolgt. Bei längeren Mikrowellen, die z.T. in das Bestandesinnere eindringen, hat sich die anteilige Rückstreuung von Stämmen, Ästen, Unterholz oder ggf. auch von der Bodenoberfläche für die Differenzierung von Wald- oder Bestandestypen als ungünstig erwiesen. Sie maskiert zur Typendifferenzierung wichtige, auf Kronendachstrukturen zurückgehende Texturen.

– Kahlschläge, größere Blößen, Wiesen inmitten des Waldes und Flächen, auf denen der Wald durch Schäden vernichtet, durch Brandrodungsfeldbau temporär oder Rodung zur Gewinnung von Weide-, Acker- oder Siedlungsland für dauernd umgewandelt wurde, lassen sich bei entsprechender Größe als Bildgestalten erkennen. In bestimmten Fällen ist es dem sachkundigen Interpreten auch möglich, aufgrund von Flächenform, Ortslage und seinem apriori-Wissen zu identfizieren, um welche Art der o.a. Vorkommnisse es sich handelt.

– Die *Identifizierung* bestimmter Waldtypen oder von Reinbeständen bestimmter Baumarten setzt das Wissen um deren Vorkommen im Aufnahmegebiet, ggf. auch um deren spezifisches standörtliches Vorkommen, und gründliche, vorbereitende Erkundungsarbeiten voraus: Letzteres bis hin zur Erarbeitung eines Interpretationsschlüssels. Aber auch dann bleiben Identifizierungen in vielen Fällen unsicher und die Identifizierungsmöglichkeiten begrenzt. Auch hier gilt – wie bei Luftbildinterpretationen und digitalen Klassifizierungen elektro-optischer Scanner-Daten –, daß die Bildung von wenigen, aber mit einiger Sicherheit unterscheidbaren Klassen besser ist als die von vielen Klassen, die zu zahlreichen Fehleinstufungen führen können.

Eine ausreichend sichere Identifizierung kann besonders erwartet werden

• in Aufnahmegebieten mit relativ wenigen, in ihrer Aufbauform und Kronendachgliederung aber deutlich unterschiedlichen Waldtypen (vgl. Farbtafeln XXI, XXII);

• für solche Typen, die im Aufnahmegebiet streng standortgebunden vorkommen, z. B. in Flußauen, in Deltas oder in bestimmten Höhenlagen;

• bei Reinbeständen bestimmter Baumarten wenn diese in einem Waldgebiet eingesprengt sind, dessen Bestände phänologisch und morphologisch wesentlich von diesen abweichen (z. B. Nadelbaumreinbestände in einem Laubmischwaldgebiet, vgl. Abb. 293).

Beispiele hierfür sind in der Literatur mehrfach beschrieben. Stets wird dabei aber auch auf die Grenzen der Unterscheidungs- und Identifizierungsmöglichkeiten hingewiesen.

– Im *Altersklassenwald* ist die Erfassung, bei geokodierten Radarbildern auch die Kartierung von *Bestandesgrenzen* bei entsprechend großem Maßstab oft möglich. Dies gilt vor allem dann, wenn Bestände unterschiedlichen Alters- oder unterschiedlicher Bestan-

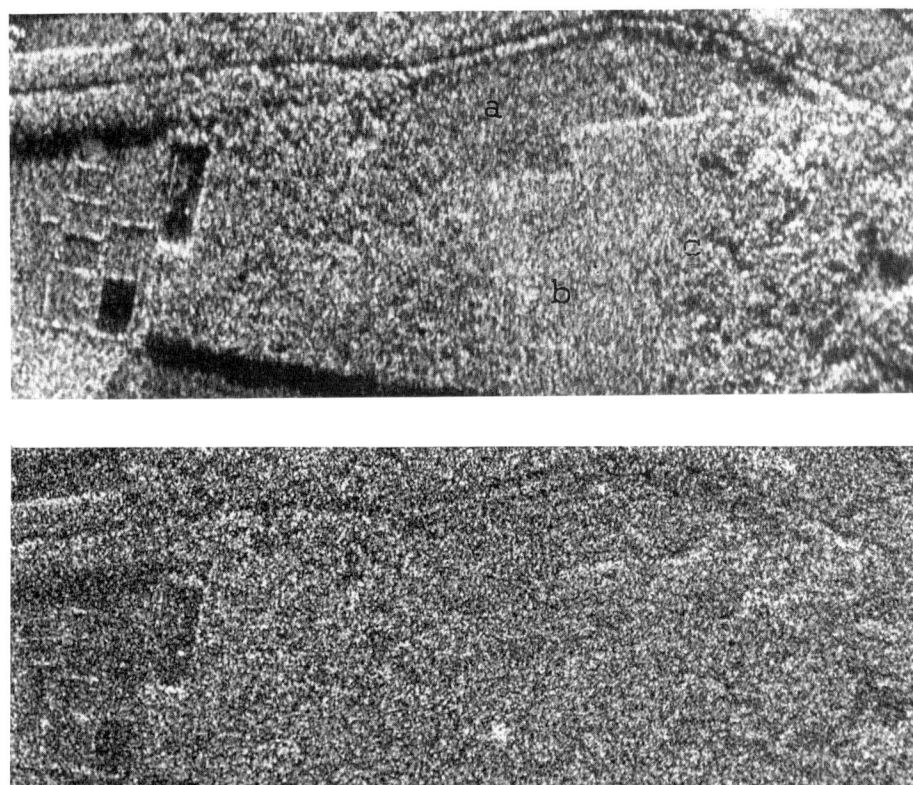

Abb. 293: a/b *Verschiedene Waldbestände in optisch prozessierten X-HH C-HH Radar-*
bildern, aufgenommen mit SAR 580 aus 6100 m Höhe: 1 = Douglasien-Stangen-
holz, 2 = geringes Roteichen-Baumholz, 3= alter, lückiger Laubbaum-Mischbe-
stand, links im Bild

deshöhe aneinander stoßen und der Grenzverlauf nicht parallel zur Einstrahlungsrichtung der MW-Impulse liegt. In diesen Fällen sind Bestandesgrenzen als sehr helle oder
sehr dunkle Bänder wahrnehmbar und als solche auch zu identifizieren (Abb. 293). Dies
geht wiederum auf starke Rückstreuung am Rand des gegenüber der Einstrahlrichtung
höheren Bestandes und dem hinter ihm auftretenden Radarschatten zurück. Die Breite
dieser Bänder ist unterschiedlich. Sie ist *objektbedingt* abhängig vom Höhenunterschied
der jeweiligen Bestände und *aufnahmebedingt* sowohl von der Ausrichtung des Grenz-
verlaufs gegenüber der Einstrahlrichtung als auch vom jeweiligen Blickwinkel. Letzteres hat zur Folge, daß bei gleichen Höhenunterschieden der aneinandergrenzenden
Bestände im near range Bereich des Bildes breitere helle und schmalere dunkle Bänder
als im far range auftreten und vice versa im far range schmale helle und breitere dunkle.
Bei benachbarten gleichhohen Beständen treten solche Bänderungen nicht auf. Unterscheiden sie sich aber bezüglich der Baumart oder den Mischungsverhältnissen oder
dem Schlußgrad, so können ggf. Unterschiede im Grauton bzw. bei Farbkompositen des

Farbtons und bei K- oder X-Bandaufzeichnungen der Textur auftreten, die die Bestandesfläche als Bildgestalten erkennen lassen (Abb. 293).

Der Interpretationserfolg bei Bestandesabgrenzungen in Radarbildern läßt sich für Verhältnisse des Altersklassenwaldes exemplarisch durch ein Ergebnis von HORNE u. ROTHNIE (1985) quantifizieren. In flachen bis mäßig bewegten Aufnahmegebieten in England und Schottland ergaben sich bei vergleichenden Untersuchungen folgende Erfolgsquoten für die Erfassung der forstwirtschaftlichen Bestandesgrenzen:

bei Interpretation von Farbluftbildern ~ 1:10 000	94 %
bei Interpretation von Schwarz-weiß-Luftbildern ~1:10 000	90 %
bei Interpretation von X-HH SAR-Bildern aus ~3 000 m	85 %
bei Interpretation von C-HH SAR-Bildern aus ~3 000 m	66 %

- Wälder, die mit besonderen Schlag- und Naturverjüngungsverfahren, z. B. Saum- und Schirmschlagformen, bewirtschaftet werden, zeichnen sich durch ein räumlich spezifisch geordnetes Nebeneinander von geschlossenen Beständen, aufgelichteten, in Naturverjüngung stehenden Teilflächen des Altholzes und geräumten, vollständig verjüngten, in sich ungleichaltrigen Jungbeständen aus. Daß es sich um Wälder handelt, die in dieser Art bewirtschaftet werden, kann ggf. in K- und X-Band Aufzeichnungen aus der spezifischen räumlichen Anordnung verschiedenartiger (Texturflächen und aufgrund von fließenden Texturübergängen zwischen geschlossenen und sukzessive aufgelichteten Bestandesteilen interpretiert werden. Erschließen kann sich dies nur dem forstsachverständigen Interpreten und diesem auch nur dann, wenn diese Bewirtschaftungsform großflächig und konsequent angewandt wird.

- Plenter- und Femelwälder des Wirtschaftswaldes zeigen besonders in K- und X-Bandaufzeichnungen, wegen ihrer Ungleichaltrigkeit und daher i. d. R. stark strukturierten Oberfläche, reiche und wechselhafte Texturen. Bei Femelwäldern ändert sich diese von Entwicklungsstufe zu Entwicklungsstufe. Gegenüber benachbarten gleichaltrigen, geschlossenen Reinbeständen sind Differenzierungen und Abgrenzungen oft möglich. Nicht mit gebotener Sicherheit ist dies gegeben gegenüber aufgelockerten, mittelalten und alten Beständen anderer Waldaufbau- oder -bewirtschaftungsformen.

- Waldkrankheiten oder -schäden, die nicht zu flächenweiser Auflösung, starker Verlichtung oder Mortalität führen, können in Radarbildern nicht erkannt werden. Das gilt auch für Schäden die sich durch stärkere Nadel- oder Laubverluste manifestieren.

- In weiten, zusammenhängenden Waldgebieten der *Tropen* und *Subtropen* sind verschiedenartige *Waldtypen* nur dann zu differenzieren, wenn sie sich in der Gestalt der Kronendächer deutlich voneinander unterscheiden. Das kann der Fall sein, wenn größere „Bestände" von einer Baumart dominiert werden, die sich in der Kronenform und/oder Blattstellung deutlich von der Menge der anderen, örtlich vorkommenden Baumarten abheben *oder* wenn benachbarte Typen wesentlich andere Waldaufbauformen aufweisen. So konnten z. B. Bestände schirmkroniger alter Aurakarien wegen ihrer besonderen Kronenform erkannt oder stark gestufte Dipterocarp-Urwälder von benachbarten, fast einstufigen „Heath Forests" (vgl. Farbtafel XXI) unterschieden werden.

- Differenzierbar gegenüber umgebenden, dicht geschlossenen tropischen Primärwäldern sind auch Waldflächen, deren Bestand durch *selektive Ausplünderungshiebe* stark aufgelichtet (Farbtafel XXI) oder durch *Brandrodungsfeldbau* vernichtet wurden.

- Meist zweifelsfrei wahrnehmbar und als solche identifizierbar sind *an bestimmte Standorte gebundene* und dort von Nicht-Waldflächen umgebene *Waldformationen*. Beispiele hierfür sind Mangroven, Galerie- oder ggf. auch Palmwälder. Bei Mangroven sind auch verschiedene Schlußgradklassen differenzierbar. Schließlich sind auch aufgeforstete Reinbestände z. B. von Kiefern, Eukalyptus, Teak und anderen in tropischen Ländern plantagenartig bewirtschaftete Wäldern als meist großflächig homogene Bildgestalten in Radarbidern erkenn- und abgrenzbar. Verwechslungen mit Fruchtplantagen sind dabei im Hinblick auf Grautöne und Textur möglich. Vom Interpreten wird dies aber durch vorbereitende Erkundungsarbeit, Heranziehung von Luftbildern sowie seine Kenntnisse über örtliche Landnutzungs- und Bewirtschaftungsformen weitgehend ausgeschlossen werden können.

– *Nicht* unterscheidbar sind dagegen tropische Waldtypen mit ähnlichen Aufbau- und Gliederungsformen des Kronendaches, die sich in der floristischen Zusammensetzung unterscheiden, aber standörtlich nebeneinander vorkommen. Auch geschlossene Buschwälder lassen sich allein anhand von Textur und Grautönen zumeist nicht gegenüber geschlossenen Hochwäldern – seien es Primär- oder Sekundärwälder – abgrenzen. Ebenso gleichen sich auch die Abbildungen von offenem Buschland, baumreichen Savannen und verschiedenen offenen Waldformen. Radaraufzeichnungen können auch in solchen Fällen nur in Kombination mit vorbereitenden und begleitenden Arbeiten im Gelände und/oder durch luftvisuelle Erkundungen und/oder Luftbildauswertungen für forstliche oder vegetationskundliche Erhebungen sinnvolle und nützliche Informationen bringen.

– In Wäldern mit Buschland aller Art und in allen Regionen der Welt wird die Rückstreuung von Mikrowellen durch *saisonale, phänologische und witterungsbedingte Einflüsse* mitbestimmt. Untersuchungen der Auswirkung solcher objekt- und umweltbedingten Veränderungen auf die Radarbildauswertung stehen erst am Anfang. Sie werden nach Verfügbarkeit von Radaraufzeichnungen aus dem Weltraum zunehmend wichtiger. Dies z. B. für das großräumige Monitoring von Wald- und anderen Vegetationsbedeckungen auf der Basis von Aufzeichnungen aus unterschiedlichen Jahreszeiten.
Überraschenderweise haben mehrere Autoren bei Analysen von ERS-1 C-Band-Aufzeichnungen keine wesentlichen Einflüsse des Laubfalls auf die Signaturen von Laubwäldern gefunden (AHERN et al. 1993, PULLIAINEN et al. 1993, KATTENBORN et al. 1994).

– Zwischen Niederschlagsmengen in bestimmten Zeiträumen vor der Radaraufnahme und den Signaturen in den Aufzeichnungen bestehen korrelative Zusammenhänge. Sie werden straffer, wenn längere Zeiträume in Betracht gezogen werden. Tab. 96 belegt dies für drei Vegetationsklassen aus ERS-1 C-Band-Aufzeichnungen von einem Untersuchungsgebiet in Südwestdeutschland.

Objektklasse	Niederschläge gemittelt über				
	2	4	6	10	20 Tage
	Korrelationskoeffizient				
1	*2*	*3*	*4*	*5*	*6*
Wald (vorwiegend Laubmischwald)	0,20	0,39	0,58	0,64	0,70
Grasland	0,05	0,46	0,44	0,64	0,69
landw. Ackerkulturen	0,36	0,58	0,62	0,69	0,83

Tab 96: *Korrelationen zwischen mittleren ERS-1 Signaturen und Niederschlägen verschiedenlanger Zeiträume vor der Aufnahme (aus* KATTENBORN *et al. 1994)*

Die Frage, ob und ggf. unter welchen Voraussetzungen und mit welcher Zuverlässigkeit auch Holzvorräte oder Biomassen von Waldbeständen aus Radardaten abgeleitet werden können, ist noch nicht beantwortet. Ausgehend von der Hypothese, daß die Rückstreuung von L- oder P-Band-MW-Impulsen aus dem Bestandesinneren überwiegend von Stämmen und starken Ästen erfolgt, kann dieser Frage nachgegangen werden. SADER (1987) z. B. fand signifikante Korrelationen zwischen den Signaldaten von L-HV-Aufzeichnungen und dem Frischgewicht der Biomasse von Kiefernbeständen im Staate Mississippi. Die Möglichkeiten, zu brauchbaren und praktikablen Vorrats- und Biomassebestimmungen aus Radardaten zu kommen, müssen dennoch als eher gering eingeschätzt werden.

6.6.11 Zusammenfassung

Die aus Radaraufzeichnungen über die Vegetationsbedeckung und Landnutzung der Erdoberfläche zu gewinnenden Informationen bleiben – wie aus den Beschreibungen in Kap. 6.6 hervorgeht – hinter denen zurück, die optische Fernerkundungsmedien enthalten. Sie gewinnen aber durch den Umstand, daß sie weitgehend unabhängig von Wetterlagen und Bewölkung akquiriert werden können, ihre besondere Bedeutung. Für vegetationskundliche, forst- und landwirtschaftliche Zwecke lassen sich aus Radaraufzeichnungen vor allem dort Informationen gewinnen, wo es um großräumige bis globale Inventur- und Beobachtungsaufgaben oder um Ersterkundungen in bisher weitgehend unbekannten tropischen oder borealen Gebieten geht. Der Informationsbedarf ist in diesen Fällen auf die Erkennung und Abgrenzung von Vegetations- und Landnutzungsformen höherer bis mittlerer Ordnung, die Erfassung geomorphologischer und hydrologischer Charakteristika der Standorte und von flächigen Veränderungen der Vegetationsbedeckung oder ggf. auf gröbere Abschätzungen von Biomassen gerichtet. Detaillierte Interpretationen oder Klassifizierungen von Arten, Artenzusammensetzungen oder Bestandeszuständen sind dagegen für solche Zwecke i. d. R. nicht erforderlich.

Zu den o.a. großräumigen Inventur- und Beobachtungsaufgaben gehören sowohl das permanente Monitoring der Entwicklung der Vegetationsbedeckung der Erde als auch regionale ökologische sowie land- und forstwirtschaftliche Überwachungsaufgaben. Für das erste können Radaraufzeichnungen z.T. die Lücken füllen, die wegen Wolkenbedeckungen nicht zeitgerecht durch optische Sensoren, z. B. von NOAA-AVHRR und hochauflösenden Scanner- oder Luftbild-Aufnahmen aus dem Weltraum abgedeckt werden können. Angesichts der hohen Bewölkungsraten in vielen Teilen der Erde ist eine solche „Lückenbüßerrolle" keineswegs gering zu achten. Für das zweite, die regionalen Inventuraufgaben, kann praktischer Nutzen aus Radaraufzeichnungen für die Überwachung natürlicher Ökosysteme und deren Ressourcen gezogen werden. Dies vor allem im Hinblick sowohl auf zerstörende *oder* konservierende Eingriffe und Nutzungen als auch auf die Wirkung und Implikationen von Naturkatastrophen und epidemischen oder spontan auftretenden, biotischen Kalamitäten. Im Rahmen regionaler, *mehrstufiger* Monitoringsysteme können Radaraufzeichnungen aus Satelliten vor allem in Ländern der humiden Tropen und in Monsungebieten die Funktionen eines ständig operierenden Frühwarnsystems übernehmen. Unkontrollierte Eingriffe in die Ökosysteme und sich anbahnende, bedrohliche Entwicklungen können damit aufgespürt werden. Landstriche oder auch begrenzte Lokalitäten, in denen im Radarbild unbekannte Veränderungen entdeckt wurden, können dann zur detaillierten und gezielten Untersuchung und Aufnahme vorgesehen werden. Je nach Flächenausdehnung und Lage betroffener Gebiete kann das durch und mit Hilfe von elektro-optischen, multispektralen Satellitenaufnahmen, Luftbildaufnahmen, luftvisuelle Beobachtung oder Felderhebungen geschehen.

Für praktische Inventur- und Beobachtungsaufgaben in Bezug auf die Landnutzung, Landschaftsentwicklung und die nachhaltige Bewirtschaftung von Wäldern in intensiv bewirtschafteten Weltgegenden kommt Radaraufzeichnungen in absehbarer Zukunft nur marginale Bedeutung zu. Weder für Zustandserfassungen im Zuge von Forsteinrichtungen noch für regionale oder nationale Wald- und Waldschadensinventuren können Radaraufzeichnungen den praktischen Informationsbedarf befriedigen. Das gilt in noch stärkerem Maße für Vegetations-, Boden- und Biotopkartierungen, pflanzensoziologische Aufnahmen oder landschaftsökologische Analysen in solchen Gebieten. Eine Rolle könnten Radaraufzeichnungen in Zukunft allenfalls bei aktuellen Anbauflächenerhebungen für landwirtschaftliche Erntevorhersagemodelle sowie spezielle hydrologische Untersuchungen spielen.

6.7 Bisherige praktische Anwendungen von Radar-Systemen für landbezogene Inventuraufgaben

Schon kurze Zeit nachdem flächenabbildende Radarsysteme für zivile Zwecke verfügbar geworden waren, sind in der zweiten Hälfte der 60er Jahre und im Verlauf der 70er Jahre eine Reihe bemerkenswerter Radarprojekte durchgeführt worden. In den USA waren es vorwiegend experimentelle Projekte, die der Untersuchung des thematischen Informationsgehalts oder radargrammetrischen Entwicklungsarbeiten dienten. CHURCHILL et al. nennen allein für 1965/66 in den USA 500.000 km² aufgenommene Fläche. Bedeutung für die Radargrammetrie gewannen besonders auch Untersuchungen zum Ausgleich von Radar-Blöcken, die für eine 9000 km² Aufnahme in Virginia, USA durchgeführt wurden (LEBERL et al. 1976). Im Gegensatz zu solchen, vorwiegend experimentellen Zwecken dienenden Radarprojekten erfolgten frühe Radaraufnahmen und -auswertungen für praktische Inventur-, Beobachtungs- oder Kartierungsaufgaben sowohl von arktischem Meereseis und Eisdriften als auch der Geomorphologie, Vegetationsbedeckung und Landnutzung in Ländern Lateinamerikas, in Westafrika (Nigeria, Togo), in Südostasien (Neu-Guinea, Indonesien, Philippinen) und in Westaustralien. Die bedeutendsten Projekte dieser Art sind in Tab. 97 und im Folgenden genannt.

RAMP (= Radar Mapping of Panama) diente thematischen Kartierungen und geographischen, geologischen und hydrologischen Erkundungen. Durch visuelle Interpretationen von K-Band-Radarbildern wurden in Gebieten Ostpanamas (Provinz Darien) und später, grenzüberschreitend auch im nordwestlichen Kolumbien sowie in Ekuador entsprechende Grundlagen dafür geschaffen. In den bis dahin wegen ständiger Bewölkung noch nicht durch Fernerkundung erschließbaren Aufnahmegebieten konnten in den Radarbildern – neben den geologischen und hydrologischen Auswertungen – vier Tropenwaldtypen, drei Feuchtgebietstypen und vier Nicht-Wald-Typen erkannt und erfaßt werden.

RADAM (= Radar Amazon) wurde 1970 auf Initiative des brasilianischen Departamento Nacional da Producao Mineral des Ministerio des Minas e Energia auf den Weg gebracht, zunächst um große, bis dahin unbekannte Teile des Amazonasgebiets nach Bodenschätzen abzusuchen und auch erste Planungsgrundlagen für eine Erschließung dieses Gebietes zu beschaffen. Die aus 11 000 m Höhe aufgenommenen und auf 1:250 000 vergrößerten X-Band SAR-Bilder wurden so detailliert interpretiert, daß sie thematische Kartierungen 1:1 000 000 genügten. Unterstützt wurde die Radarbildinterpretation durch kleinmaßstäbige Farbinfrarot-Luftbilder, die man über unbewölkten Teilgebieten simultan aufnahm, sowie später durch Interpretation wolkenfreier Teilszenen von LANDSAT 1

Bezeichnung des Projekts Land	Jahr	Aufge-nommene Fläche km^2	Radar System, Band, Polarisation	Quellen
1	*2*	*3*	*4*	*5*
RAMP, Panama (Darien)	1967		WESTINGHOUSE RAR K-HH	VIKSNE et al. 1970 CRANDALL 1967
RAMP, Panama, Kolumbien, Ekuador	1969	40.000	RAR Ka-HH	
RADAM, Brasilien, Amazonasgebiet	1970/74		GOODYEAR SAR X-HH	FAGUNDES 1974 SONNENBERG 1978 SICCO SMIT 1978
RADAM BRASIL, Brasilien	1975/77	8.500.000	SAR X-HH	MIN. des MINAS e. ENERGIA 1973-76
PRORADAM, Kolumbien	1973/76	360.000	MOTOROLA RAR X-HH	LEBERL 1974 KOOPHANS 1973 SICCO SMIT 1975
NICARAGUA	1971	80.000	WESTINGHOUSE RAR Ka-HH	Hunting, Ltd. 1972
PERU	1974/75	600.000	MOTOROLA RAR X-HH	MARTIN-KAYE et. al. 1982
VENEZUELA	1975/76	900.000	GOODYEAR SAR X.HH	McKEAN 1979
NIRAD, Nigeria	1976/77	950.000	MOTOROLA RAR X-HH	TREVETT 1978 HUNTING Ltd. 1978

Tab. 97: *Radarprojekte für Landinventuren und -kartierungen der 60er und 70er Jahre in Lateinamerika und Nigeria*

Aufzeichnungen und Erhebungen an 3000 zugänglichen oder mit Hubschraubern erreichbaren Feldkontrollpunkten.

Der erfolgreiche Projektverlauf führte 1975 zur Erweiterung des Unternehmens auf das gesamte Territorium Brasiliens. Fortan wurde das Projekt RADAMBRASIL bezeichnet.

Schon 1976 erschienen die bis dahin vorliegenden Ergebnisse in 10 Berichtsbänden und verschiedenartigen thematischen Karten in Maßstäben zwischen 1:250 000 bis 1:1 500 000 (Ministero das Minas e Energia 1976). So entstanden Karten über geologische Verhältnisse, die Geomorphologie, die Böden, landwirtschaftliche Nutzflächen, die phyto-ökologische Situation sowie durch Kompilation eine Karte, die potentielle Landnutzungsmöglichkeiten aufzeigte. Der Aussagewert und die Sicherheit der Ergebnisse ist unterschiedlich zu beurteilen. Sie führten einerseits zur Entdeckung bestimmter Mineralvorkommen und zu neuen Erkenntnissen über die Morphologie und die hydro-elektrischen Potentiale im Amazonasbecken und brachten andererseits hinsichtlich der Vegetationsbedeckung und der Böden nur grobe Klassifizierungen.

Bei speziellen Untersuchungen in Goia konnte SICCO SMIT (1978) folgende Vegetationsformen durch visuelle Interpretation voneinander abgrenzen: Savannen mit Buschwerk, Galeriewälder, Brandrodungsfeldbau-Flächen mit umgebendem Sekundärwald, überschwemmte Wälder mit Sumpfvegetation, Busch- und Hochwälder. Die Buschwälder konnten vom Hochwald nicht sicher abgegrenzt werden. Mahagoni-Hochwald und Hochwald mit Mahagonianteilen konnte nicht von anderen Hochwaldflächen unterschieden werden.

Unbeschadet der nur begrenzten Informationen, die bezüglich der Vegetationsbedeckkung und Landnutzung gewonnen werden konnten, ist RADAM/RADAMBRASIL als das bisher weltweit größte operationelle Fernerkundungsprojekt zur systematischen Kartierung natürlicher Resourcen zu würdigen. „An important aspect of RADAMBRASIL is that it must be considered an inventory at cursory level, aimed primarily as a point of departure from the extropective (richtig: extro-spective) view to inventory with considerable more details" (SONNENBERG 1978 S. 831).

Für ein UNDP/FAO-Projekt zur Unterstützung der Verwaltung *Nicaraguas* bei der Bewirtschaftung der Wälder und der Landentwicklungsplanung wurde 1971 über die Hälfte der Landesfläche mit einem K-Band RAR aufgenommen. Auch hier hatte ständige Bewölkung über Jahre Luftbildaufnahmen verhindert. Bei der Bildinterpretation konnten die für die Forstwirtschaft des Landes bedeutsamen Kiefernwälder (hier: Pinus caribea) eindeutig erkannt und abgegrenzt werden. Darüberhinaus war es möglich, drei Schlußgradklassen dieser Wälder anzusprechen. Außerdem konnten die Flächen, der entlang von Flüssen stockenden Galeriewälder und mehrerer verschiedenartiger Vegetationstypen der Küstenregion kartiert werden.

Zwischen 1973 und 1976 erfolgten X-Band-SAR-Aufnahmen auf 320 000 qkm zur Erkundung des südlichen *Kolumbiens*. Mit dem als PRORADAM (Projeto Radargrammetrica del Amazonas) bezeichneten Unternehmen wurden vor allem die zum Amazonasbecken gehörenden Teile Kolumbiens erfaßt. An Vegetations- und speziell Waldtypen konnten auch hier nur grobe Hauptklassen differenziert werden, nämlich Wälder der Feuchtgebiete gegenüber denen der Trockengebiete, Savannen und Flächen des Brandrodungsfeldbaus inmitten des Hochwaldes, sofern diese ausreichende Größe aufwiesen.

Zur Auswertung konnten die Interpreten z.T. Stereoradarbilder heranziehen. Sie machten dabei gute Erfahrungen mit Bildpaaren, die von der gleichen Seite und dabei 60 % Überdeckung aufgenommen worden waren. Besonders für die Interpretation des Gewässersystems der tropischen Waldgebiete – z.T. auch wenn die Wasserläufe überwachsen waren –, erwies sich die Stereoauswertung als vorteilhaft (KOOPMANS 1973). Bei Stereoauswertung konnten 30 % mehr Wasserläufe entdeckt und verfolgt werden als bei monoskopischer Interpretationsarbeit.

1976 erfolgte im Auftrag der nigerianischen Regierung eine flächendeckende Kartierung der Landnutzung und Vegetation *Nigerias*. Man entschloß sich auch in diesem Falle wegen der besondres im südlichen Landesteil häufigen Bewölkung Radar einzusetzen. Das Projekt erhielt den Namen NIRAD (= Nigeria Radar). Zusätzlich wurden aber auch Luftbilder und Felderhebungen für weitere Differenzierungen der im Radarbild interpretierten Landnutzungs- und Vegetationsklassen und zur Kontrolle der Kartierungsergebnisse herangezogen.

Die Radarbildflüge führte Motorola Aerial Remote Sensing Inc. (MARS) mit einem auf beiden Seiten der Fluglinie aufnehmenden X-Band RAR durch. Zur Auswertung standen durch die beidseitige Aufnahme zwei komplette Radarbildsätze zur Verfügung. Sie ermöglichten die stereoskopische Interpretation von Bildpaaren mit 60 % Überdekkung.

Die erarbeiteten Karten im Maßstab 1:250 000 und in Einzelfällen 1:100 000 oder 1:50 000 zeigten 20 Landnutzungs- und 50 Vegetationsklassen. Auch wenn nur die Radarbilder die flächendeckenden Informationen lieferten, so war eine so weitgehende Differenzierung nur durch die Einbeziehung der o.a. zusätzlichen Luftbildinterpretationen möglich (TREVETT 1978). Unsicherheiten bei der Radarbildauswertung traten vor allem

in Zonen auf, in denen landwirtschaftliche Nutzflächen, offene Waldformen und Buschvegetation in engverzahnter Gemengelage vorkommen. Das Relief beeinträchtigte die
Differenzierung verschiedenartiger Vegetationstypen im Radarbild erheblich. Ohne Luftbilder und Felddaten wäre hier die Kartierung nicht möglich gewesen. Gut zu unterscheiden waren dagegen Trockenrasengesellschaften gegenüber Gras- und Buschsavannen in
ebenen Lagen. Durch wechselnde Texturen im Radarbild ließen sich auch Bestockungs-
unterschiede im Tropenwald des humiden Südens erkennen. In Einzelfällen war die
Identifizierung bestimmter Vegetationsformen als solche an der spezifischen Grauwert-
signatur möglich. So rief z. B. das dichte Gewirr an Ast- und Stammholz von laublosem
Akaziendickicht sehr starke Rückstreuungen der MW-Wellen und damit sehr helle Grauwerte im Bild hervor, die örtlich bei keiner anderen Vegetation auftraten.

Über die umfangreichen Aufnahmen in Peru und Venezuela (Tab. 97) sind detaillierte
Informationen nicht zugänglich. Berichte über Auswertungsergebnisse der im Lauf der
siebziger Jahre in südostasiatischen Ländern aufgenommenen Radarbilder finden sich
z. B. bei BANYARD (1979) und FROIDEVAUX (1980).

Die Serie großräumiger Radareinsätze für *operationelle* Landnutzungs- und Vegetationskartierungen lief Ende der siebziger Jahre aus. Sie fand bis heute (1995) noch keine
Fortsetzung. An ihre Stelle traten zahlreiche *experimentelle* Projekte. Sie dienten der
Erprobung neuer SAR-Systeme mit höherer Auflösung und/oder mehreren Aufnahme-
bändern und/oder Polarisationen sowie der Untersuchung des fachspezifischen Informationsgehalts der damit zu gewinndenden Aufzeichnungen. Darüberhinaus gaben diese
Projekte viel Gelegenheit, die Methodik der Informationsgewinnung zu entwickeln und
die Kenntnisse über das variable Rückstreuverhalten von Objekten der Erdoberfläche zu
erweitern. Ein zunehmend größer werdender Kreis von Wissenschaftlern konnte sich
dabei mit dem Instrumentarium und den Methoden der Radar-Fernerkundung vertraut
machen.
Beispiele für solche Projekte sind
– die zahlreichen 1973–1975 durchgeführten Experimentalflüge in den USA mit einem im
  Environmental Research Institute of Michigan (ERIM) entwickelten, X-HH, HV- und
  L-HH, HV-SAR
– das Airborne SAR Projekt 1978/1979 im Rahmen des SURSAT (=Surveillance Satellite) Projekts, welches in Zusammenarbeit von CCRS (Canadian Centre of Remote
  Sensing), ERIM und INTERA als Begleitprogramm für SEASAT durchgeführt wurde
– die in Kanada, den USA, in Mittel- und Westeuropa, in Japan und jüngst in Mittel- und
  Südamerika durch das CCRS bzw. in Zusammenarbeit mit diesem organisierten SAR-
  580 Kampagnen
– das AGRISAR-Projekt der ESA 1986
– die Einsätze, aus dem Weltraum operierender SAR-Systeme im SEASAT (1978) und
  vom NASA Spaceshuttle aus: SIR A (1981), SIR B (1984), SIR C/X-SAR (1994)
– die zahlreichen Experimentalflüge des JET PROPULSION LAB (JPL) mit dort entwickelten, vollpolarisierten C-, L- und P-Band SAR seit Ende der 80er Jahre. Zu diesen
  gehört auch das 1989/90 in Zusammenarbeit mit dem europäischen Joint Research
  Centre in Ispra durchgeführte Forschungsprogramm MAESTRO.
Soweit es „Land-Anwendungen" betrifft, gab es bei all diesen Projekten keinen unmittelbaren Zusammenhang mit praktisch-operationellen Inventur- und Kartierungsaufgaben.
Erst in jüngster Zeit – nach dem Start von ERS-1, JERS1 und ALMAZ und damit der
weltweit und für lange Zeit gesichert erscheinenden Verfügbarkeit von Radaraufzeich-
nungen – deutet sich ein Wandel an. Sowohl eine Reihe der bisher bekanntgewordenen
Auswertungen als auch die Konzeption jüngster Radarprojekte z. B. der ESA als auch des
CCRS zeigen wieder stärker unmittelbar anwendungsorientierte Züge. Letzteres gilt z. B.

für das ESA/DARA-Projekt TRULI (= Tropical Rainforest and Use of Landapplications) mit Aufnahmen z. B. in Indonesien oder das CCRS Tropical Forestry Project in Zusammenarbeit mit lateinamerikanischen Ländern. Sie sind als Wegbereiter praktisch-operationeller Anwendungen der aus dem Weltraum gewonnenen SAR-Aufzeichnungen für großräumige Kartierungs- und Beobachtungsaufgaben zu werten.

Der Natur der SAR-Aufzeichnungen und den Grenzen ihrer Aussagekraft entsprechend werden künftige Auswertungen bevorzugt in Kombination mit optischen Fernerkundungsmedien und vorbereitenden sowie kontrollierenden Feldarbeiten erfolgen müssen. Durch die im letzten Jahrzehnt erreichten technologischen Verbesserungen, insbesondere die Möglichkeit, in mehreren Bandbereichen und vollpolarisiert aufzunehmen, wird der Nutzen von Radaraufnahmen dabei über den früherer Einsätze hinausgehen.

7. Literatur

Abkürzungen häufig zitierter Zeitschriften und Publikationen:

AFJZ: Allgemeine Forst- und Jagdzeitung
AFZ: Allgemeine Forstzeitschrift
AVN: Allgemeine Vermessungsnachrichten
BuL: Bildmessung und Luftbildwesen
DGK: Schriften der Deutschen Geodätischen Kommission
Fw.Cbl.:   Forstwissenschaftliches Centralblatt
I.Arch.Ph.:   International Archives of Photogrammetry (and Remote Sensing) = Proceedings der Kongresse und Symposien der International Society of Photogrammetry (and Remote Sensing)
IJRS: International Journal of Remote Sensing
ITC J.:   ITC Journal (ITC: International Training Centre, Enschede, NL)
JPRS: Journal of Photogrammetry and Remote Sensing (vormals Photogrammetria)
J.For.:   Journal of Forestry
MRS, ASP: Manual of Remote Sensing, Hrsg.: American Society of Photogrammetry (and Remote Sensing)
OEEPE: Schriften der Organisation Européenne d'Etudes Photogrammétriques Expérimentales
PE (PE&RS):   Photogrammetric Engineering (and Remote Sensing)
Phia: Photogrammetria
RSoE: Remote Sensing of Environment
USDA: US Department of Agriculture
USGS: U.S. Geological Service
ZPF: Zeitschrift für Photogrammetrie und Fernerkundung (vormals BuL)
Proc.:   generell für „Proceedings"
Res.:   generell für „Research"

Bei Veröffentlichungen mit mehr als drei Autoren werden nur der erste Autor und die Anzahl der Koautoren genannt.

Ackerl, F., 1964, Zweckmäßige Abstimmung von Signalformen und -farben auf den Untergrund und das Aufnahmematerial. Wiss. Zeitschr. T.H. Dresden 1964, H.2

Ackermann, F., 1961, Ein Verfahren zur programmgesteuerten Ausgleichung von Triangulationsstreifen. BuL 29: 108-123

Ackermann, F., 1965, Fehlertheoretische Untersuchungen über die Genauigkeit photogrammetrischer Streifentriangulationen. DGK Reihe C 87 (1965)

Ackermann, F., 1967, Theoretische Beispiele zur Lagegenauigkeit ausgeglichener Blöcke. BuL 35: 114-122

Ackermann, F., 1968, Gesetzmäßigkeiten der absoluten Lagegenauigkeiten von Blöcken. BuL 36: 3-15

Ackermann, F., Ebner, H., Klein, H., 1970 a, Ein Rechenprogramm für die Streifentriangulation mit unabhängigen Modellen. BuL 38: 206-217

Ackermann, F., Ebner, H., Klein, H., 1970 b, Ein Programm-Paket für die Aerotriangulation mit unabhängigen Modellen. BuL 38: 218-224

Ackermann, F. und 6 Koautoren, 1991, MOMS-02 A multispectral stereo scanner for the second German Spacelabmission D 2. Proc. IGARSS '91 Helsinki Vol.III S.1727-1730

Ackermann, F., Hahn, M., 1991, Image pyramids for digital photogrammetry. In: Digital Photogrammetric Systems. Wichmann, Karlsruhe

AFL, 1991/1992, Interpretation keys to evaluate CIR aerial photographs for the assessment of crown conditions of coniferous and deciduous trees. In: Remote Sensing Applications for Forest Health Status Assessment. S. 5.1-5.49. Walphot S.A., Namur 1991, deutsche Fassung 1992 und in VDI-Richtlinie 3793. Beuth, Berlin 1990

Ahern, F.J., 1988, The effect of bark beetle stress on the foliar spectral reflectance of lodge-pole pine. IJRS 9: 1451-1468

Ahern, F.J. und 3 Koautoren, 1977, Use of clear lakes as standard reflectors for atmospheric measurements. Proc. 11. Symp. on Remote Sensing of Environment, Ann Arbor 1977, S. 731-755

Ahern, F.J., Leckie, D.G., Drieman, J.A., 1993, Seasonal changes in relative C-band backscatter of northern forest cover types. IEEE Transact. of Geoscience on Remote Sensing 31: 668-680

Akça, A., 1970, Eine Untersuchung zur Unterscheidung und Identifizierung einiger Objekte auf schwarz-weiß Luftbildern durch quantitative Beschreibung der photographischen Textur. Diss. Univ. Freiburg

Akça, A., 1973, Baumhöhenmessung mit einem Stereoauswertegerät II.Ordnung. Proc. Symp. IUFRO S 6.05, Freiburg 1973, S.179-186

Akça, A., 1979, Aerophotogrammetrische Messung der Baumkrone. Tagungsber. Sektion Ertragskunde der DVFF, Mehring 1979, S.79-91

Akça, A., 1983, Rationalisierung der Bestandeshöhenmessung in der Forsteinrichtung und bei Großrauminventuren. Forstarchiv 54: 103-106

Akça, A., 1984, Untersuchungen über die Anwendung von Luftbildern bei der Waldkatastervermessung in Entwicklungsländern. Schriftenr. Forstl. Fak. Univ.Göttingen, B. 78

Akça, A., 1989, Permanente Luftbildstichprobe. AFJZ 160: 65-69

Akça, A., Hildebrandt, G., Reichert,P., 1971, Baumhöhenbestimmung aus Luftbildern durch einfache Parallaxenmessung. FWCbl. 90: 201-215

Akça, A., Pahl, A., Setje-Eilers, U., 1991, Analytische Auswertung von Luftbildzeitreihen zum Nachweis von Veränderungen in Waldbeständen. In: Fernerkundung in der Forstwirtschaft. Wichmann, Karlsruhe, S. 32-42

Akça, A., Dong, P.H., Beisch, T., 1993, Zweiphasige Stichprobeninventur zur Holzvorrats- und Zuwachsschätzung. Proc. Symp. Application of Remote Sensing in Forestry, Zvolen 1993, S. 1625

Albertz, J., 1966, Blocktriangulation mit Einzelblöcken. DGK Reihe C92

Albertz, J., 1970, Sehen und Wahrnehmen bei der Luftbildinterpretation. BuL 38: 25-34

Albertz, J., 1991, Grundlagen der Interpretation von Luft- und Satellitenbildern. Wiss. Buchges., Darmstadt 1991

Albertz,J. (o.J.), Entzerrung von Flugzeugscanner-Daten unter Verwendung von Fluglageparametern. Interner Ber. FB Photogrammetrie und Kartographie, TU Berlin

Albertz,J.,Hartermann, W.,Scholten, F., 1989, Digitale geometrische Aufbereitung multisensoraler und multitemporaler Fernerkundungsdaten für die Waldschadensforschung. In: Untersuchung und Kartierung von Waldschäden m. Methoden der Fernerkundung. DLR Oberpfaffenhofen 1989, S.73-91

Albertz, J., Kreiling, W., 1989, Photogrammetrisches Taschenbuch. Wichmann Karlsruhe, 4.Aufl.

Albertz, J., Ebner, H.H., Neukum, G., 1993, Die Kamera-Experimente HRSC und WAOSS der Mission Mars 94/96. In: Photogrammetric Week '93. Wichmann, Karlsruhe, S. 121-134

Albertz, J., Tauch, R., 1994, Mapping from space – carthographic applications of satellite image data. GeoJournal 32: 29-37

Aldred, A.H., Sayn-Wittgenstein, L., 1968, Tropical tests of the forestry radar-Altimeter. Inf. Rep. FMR-X-12, Ottawa 1968

Aldrich, R.C., Bailey, W.F., Heller, R.C., 1959, Large-scale 70 mm color photography technique and equipment and their application to a forest sampling problem. PE 25: 747-754

Allen, W.A., Gausman, H.W., Richardson, A.J., 1973, Willstätter- Stoll theory of leaf reflectance evaluated by ray tracing. Appl.Optics 12: 2448-2453

Altendorf, B.H., 1993, Landschaftlich-diagnostische Luftbildanalyse. Instrument zur fernerkundlichen Diagnose landschaftlicher Entwicklungen. Diss.Univ. Freiburg 1993

Amann, V., 1989, Datenaquisation. In: Untersuchung und Kartierung von Waldschäden mit Methoden der Fernerkundung. DLR Oberpfaffenhofen, S. 22-50

Ammer, U., Mössner, R., 1982, Der Beitrag des Luftbildes zur Einschätzung des Gefährdungs- und Schutzerfüllungsgrades bezw. notwendiger Sanierungsmaßnahmen im Wald der Gemeinde Neustift. AFZ 93: 114-117

Ammer, U. und 3 Koautoren, 1990, Baumvitalitätserhebung der Landeshauptstadt München. Das Gartenamt 39: 799-807

Anderson, J.R. und 3 Koautoren, 1976, A land use and land cover classification for the use with remote sensing data. USGS Prof. Paper 964, Washington D.C.

Anderson, T.W., 1969, An introduction to multivariate statistical analysis. Wiley, New York

Anderson, W.H., Wentz, A., Treadwell, B.D., 1980, A guide to remote sensing information for wildlife biologists. In: Wildlife Management Techniques Manual. The Wildlife Soc., Washington. 4. Aufl. S. 291-303

Andronikov, V.L., 1959, Nekotorye principy dešifrirovanija erodirovanych počv lesostepi po aerofoto-material (Richtlinien für die Auswertung von Luftbildern über erodierten Böden der Waldsteppe). Počvoved 10: 109-116

Anthony, D.A., 1986, Die Grenzen und Möglichkeiten der visuellen Photointerpretation und computergestützter Luftbildauswertung zur Ansprache der mitteleuropäischen Baumarten. Diss. Univ. Freiburg 1986

Arnal, B., 1984, Luftbildauswertung für das Raumordnungskataster der Landesplanung am Beispiel von Oberfranken. In: Angewandte Fernerkundung. C.R. Vincentz, Hannover 1984, S. 111-113

Arnold, F. und 6 Koautoren, 1977, Gesamtökologischer Bewertungsansatz für einen Vergleich von zwei Autobahnen. Schriftenreihe für Landschaftspflege und Naturschutz, H. 16

ASP 1960, Manual of Photointerpretation. ASP, Washington D.C.

ASP 1980, Manual of Photogrammetry. ASP, Falls Church, Virginia. 4. Aufl.

ASP 1983, Manual of Remote Sensing. ASP, Falls Church, Virginia, 2. Aufl.,

Aumann,G. und 4 Koautoren, 1994, Ein digitales Monoplotting System für das Forstwesen. In: Tagungsband „Photogrammetrie und Forst", Freiburg i.B. 1994, S. 17-26

Avery, T.E., 1966, Foresters' guide to aerial photo interpretation. USDA Agric. Handbook 308

Avery, T.E., Berlin, G.L., 1985, Interpretation of aerial photographs. Burgess Publ. Comp. Minneapolis, 4. Aufl.

Axelson, H., 1974, Orthophotomaps in Swedish forestry. Proc. Symp. IUFRO S 6.05, Freiburg, S. 295-300

Bäckström, H., Welander, E., 1953, En undersökning av remissions-förmagan hos blad och barr av oblika trödslag. Norrl. Skogsv. Förb. Tidskrift 1: 141-169

Bähr, H.-P., Vögtle, Th. (Hrsg.), 1991, Digitale Bildverarbeitung – Anwendung in Photogrammetrie, Kartographie und Fernerkundung. Wichmann, Karlsruhe, 2. Aufl.

Bakose, Y.B., 1994, Aerial photo interpretation of karst terrain in the Al-Hatra Region of Iraq. ITC J. 1994-2, S. 139-143

Baltaxe, R., 1980, Pilot project on tropical forest cover monitoring, Rep.Nr.4 Benin, Cameroon, Togo. FAO, Rom

Baltaxe, R., 1985, Guidelines for tropical forest cover monitoring based on remote sensing. FAO, Rom/ Bangkok

Baltaxe,R., 1991, Monitoring global tropical forest cover by remote sensing. Alpach Summer School 1991

Baltaxe, R., Lanly, J.P., 1976, The UNEP/FAO pilot project on tropical forest cover monitoring. Proc. Symp. Remote Sensing in Forestry, IUFRO Congr. Oslo, Freiburg 1976, S. 237-244

Bannert, D., 1978, Beitrag der Satellitenbildauswertung zu aktuellen Problemen der Sahelzone in Niger und Obervolta. I.Arch.Ph. XXII-7, 2225-2231

Banyard, S.G., 1979, Radar interpretation based on photo-truth keys. ITC J. 1979-2, S. 267-276

Baraza, J., Rogale, J.P., Savary, G., 1984, Cartographie régionale numérique a partir d'images Landsat: les régions agricoles du district de Kambu, Kenia. Rev. Photointerpret. 4/2/, S. 13-20

Barkström, B.R., Smith, G.L., 1986, The Earth Radiation Budget Experiment: science and implementation. J.Geophys.Res. 24: 379-390

Baret, F., Guyot, G., Major, D.J., 1989, Crop biomass evaluation using radiometric measurements. Phia 43: 241-256

Basharinov, A.E. und 3 Koautoren, 1979, Remote sensing of subsurface soil moisture by means of microwave radiometer. Water Resources 5: 538-542

Bauer, H., Müller, J., 1972, Höhengenauigkeit bei der Blockausgleichung und Bündelausgleichung mit zusätzlichen Parametern. Festschrift für G. Lehmann, Hannover 1972, S. 7-44

Bauer, H.J., 1969, Die Bedeutung landschaftsökologischer Luftbildinterpretation für Geographie und Landespflege. BuL 37: 2-8

Baules, A., 1991, Ein Verfahren der Satelliten-Fernerkundung zur Überwachung der Landnutzungsänderung am Beispiel Westpanamas. Diss. Univ. Freiburg

Baumann, H., 1957, Forstliche Luftbildinterpretation. Schriftenr. Baden-Wttbg. Landesforstverw., B.2, Stuttgart

Baumgarten, R., 1989, Untersuchungen zur Waldschadensklassifizierung der Buche anhand multispektraler Scannerdaten. Diss. Univ. Freiburg

Baumgartner, A., Mayer H., Noack, E.M., 1985, Thermalkartierungen in bayrischen Großstädten. Bayr. Staatsmin. Landentwicklung und Umweltfragen, Materialien Nr.39, 1985

Bayer, I., 1992, Integration of ancillary forest data for the enhancement of forest decline evaluation with Landsat TM data. In: Application of remote sensing and geographic information systems in environmental and monitoring. DSE/FAO Feldafing 1992, S. 166-187

Bean, R.K., 1955, Development of the Orthophotoscope. The Can. Surveyor 14: 98-104

Beckman, J.A., 1983, Communication and data transmission systems. MRS, ASP, 2. Aufl. 1983, S.681-698

Beleit, S., 1994, Erfassung der Kronendachstruktur mit Hilfe analytischer Photogrammetrie am Beispiel des Buchenaltholzbestandes der Naturwaldzelle Hellberg. Tagungsband „Photogrammetrie und Forst", Freiburg 1994, S. 27-34

Benson, M.L., Sims, W.G., 1970, The truth about false color film – an Australien view. Photogramm. Record 35: 446-451

Benson, M.L., Briggs, I., 1978, Mapping the extent and intensity of major forest fires in Australia using digital analysis of Landsat imagery. I.Arch.Ph. XXII – 7: 1965-1980

Bergsma, E., 1976, Soil erosion sequences on aerial photographs. ITC J. 1974-3, S. 342-376

Bernstein, R., 1983, Image geometry and remote sensing. MRS, ASP, 1983, 2. Aufl., S. 873-922

Bierhals, E., 1988, CIR-Luftbilder für die flächendeckende Biotopkartierung. Informationsdienst Naturschutz Niedersachsen 8 H. 5, S.77-104

Billings, W.D., Morris, R.J., 1951, Reflection of visible and infrared radiation from leaves of different ecological groups. American J. of Botanic 1951, S. 327-331

Billingsley, F.C. und 5 Koautoren, 1983, Data processing and reprocessing. MRS, ASP, 2. Aufl., S.719-792

Blachut, T.J., 1945/1971, Mapping and photointerpretation systems based on stereo-orthophotos. Diss. ETH Zürich 1945 und Nat.Res.Council of Canada Publ. 12281, Ottawa 1971

Blachut, T.J., 1948, LÁerotriangulation sur A 6. I.Arch.Ph. X

Blachut, T.J., 1971, Stereo-Orthophoto-System. BuL 39: 25-28

Blasco. F., 1984, The international map of vegetation. In: Handbook of Vegetation Science 24, Elsevier, Amsterdam

Blasco, F., Legris, P., 1979, Projet pilot pour la surveillance continue de la couverture forestière tropicale. Methodologie d'une classification. Application a la teledetection. UNESCO/FAO Projet SC/UNEP 258.123 Toulouse

Blyth, K., Evans, R., 1985, Results in hydrology and soils. ESA/JRC Publ. S.A./1.04 E 2-85 12/2 (SAR 580 Projekt), S.143-147

Boehnel, H.J., Fischer, W., Knoll, G., 1978, Spectral field measurements for the determination of reflectance characteristics of vegetated surfaces. I.Arch.Ph. XXII – 7: 579-589

Boehnel, H.J., Fischer, W., Knoll, G., 1980, The dependence of the spectral signature of sugar beets on the observation level and the reflection geometry. I.Arch.Ph. XXIII – 7: 102-111

Bogyay, J., 1970, Möglichkeiten für die Verwendung von Luftbildern bei der Vorratsaufnahme von ungarischen Kiefernwäldern. I.Arch.Ph. XVIII – 7: 229-241

Bolle, H.J., 1990, Vegetationindices. Promet 20: 105-113

Bollinger, P., Scherrer, H.U., 1993, Vegetationskartierung mit Luftbild und GIS. anthos 32: 22-25

Boochs, U. und 4 Koautoren, 1988, Red edge shifts as vitality indicator for plants ? I.Arch.Ph. XVII – B 11: 742-749

Borstad, G.A. und 3 Koautoren, 1985, Analysis of test and flight data from the Fluorescence Line Imager. Can. Spec. Publ. of Fisheries and Aquadic Science Nr. 83

Bowder, S.A., Hanks, R.J., 1965, Reflection of radiant energy from soils. Soil Science 100: 130-138

Bracken, P.A., Green, W.B., Haralik R.B., 1983, Remote sensing software systems. MRS, ASP, 2. Aufl., S. 807-839

Braun, H., 1980, Bau und Leben der Bäume. Rombach, Freiburg

Braun, U., 1982, Untersuchungen zur aerophotogrammetrischen Ermittlung relevanter Bestandeshöhen in Fichtenbeständen des Solling. Dipl. Arb. Univ. Göttingen

Braun-Blanquet, I. 1951, Pflanzensoziologie. Springer, Wien, 2. Aufl. (3.Aufl 1964)

Breece, H.T., Holmes, R.A., 1971, Bidirectional scattering characteristics of healthy green soybeans and corn leaves in vivo. Appl. Optics 10: 119-127

Brenac, L., 1962, L'utilisation des photographies aeriennes pour l'inventaire des forêts francaises Bull. Soc. Franc. Photogramm. 8: 3-21

Brown, D.C., 1958, A solution to the general problem of multiple station analytical stereotriangulation. RCA Data Red. Techn.Rep. Nr.43

Brunnschweiler, D.H., 1957, Seasonal changes of agricultural pattern. PE 23: 131-139

Bryant, N.A., Zobrist, A.L., 1976, IBIS, a geographic Information system based on digital image processing and raster data type. Proc. Symp. on Machine Processing of Remotely Sensed Data, Purdue Univ. Lafayette

Buchholtz, A., 1960, Photogrammetrie, Verlag für Bauwesen, Berlin

Buchroithner, M., 1989, Fernerkundungskartographie mit Satellitenaufnahmen. Digitale Methoden, Reliefkartonierung, geowissenschaftliche Applikationsbeispiele. Deuticke, Wien

Buffoni, A. und 3 Koautoren, 1991, Interpretation key for silver fir (Abies alba). In: Remote sensing applications for forest health assessment, S. 5.31-5.36. Walphot S.A., Namur 1991, deutsche Fassung 1992

Burkhardt, R., 1988, Analoge Verfahren und Instrumente. In: Geschichte der Photogrammetrie, Bd. I, Nachr. a. d. Karten- und Vermessungswesen – Sonderheft. IFAG Frankfurt/M, S. 65-172

Buringh, P., 1960, The application of aerial photographs in soil survey. Manual of Photographic Interpretation. ASP, D.C. S. 633-666

Buschmann, C., Nagel, E., 1991, Reflection spectra of terrestrial vegetation as influenced by pigment-protein complexes and the internal optics of the leaf tissue. Proc. IGARSS 1991, Helsinki, S. 1909-1912

Buschmann, C., Nagel, E., 1992, Reflexionsspektren von Blättern und Nadeln als Basis für die physiologische Beurteilung von Baumschäden. KFK-PEF Karlsruhe, Forschungsber. Nr. 90

Çagiriçi, M., 1980, Untersuchung zur Klassifizierung von Baumschäden mit Farbmeßgeräten. I.Arch.Ph. XXIII – B7: 112-121

Campanelli, P. und 3 Koautoren, 1978, Agricultural coverages monitored by Landsat MSS data and aerial photography in Northern Italy. I.Arch.Ph. XXII – 7: 1671-1688

Carlson, N.L., 1967, Dielectric constant of vegetation at 8,5 GHZ. Ohio State Univ. Electro Science Lab. Techn. Rep. 1903-5

Carneggie, D.M., Ohlen, D.O., Pettinger, L.R., 1980, A selected bibliography: remote sensing applications in wildlife management. USGS Eros Data Center, Sioux Falls, USA 1980

Carneggie, D.M., Mouat, D.A., Schrumpf, B.J., 1983, Rangeland applications. MRS, ASP, 2. Aufl., S. 2325-2384

CarneiroÇ.M.R., 1981, The national forest monitoring programme of Brazil. Proc. Forest Resources Inventory, XVII IUFRO World Congr. 1981, Kyoto, S. 403-409

Carneiro, C.M.R., 1991, The Tropical Forest Action Plan and the monitoring of the tropical forest cover of the Amazon region. In: Fernerkundung in der Forstwirtschaft. Wichmann, Karlsruhe, S.204-215

Carson, W.W., Reutebuch, S.E., 1994, Applied photogrammetry for forest managers. Tagungsband „Photogrammetrie und Forst", Freiburg, S. 43-52

Carter, V., 1978, Coastal wetlands: role of remote sensing. Proc. Symp. on Technical, Environmental, Socio-economic and Regulatory Aspects of Coastal Zone Management. San Francisco 1978

Carter, V. und 3 Koautoren, 1977, The Great Dismal Swamp: Management of a hydrologic resource with the aid of remote sensing. Bull. of Water Resources 13: 1-12

Čermak, K., 1963, Desifrovanie smrekovšch porastov z leteckšch snimok (Interpretation der Fichtenbestände aus Luftbildern). Ved. Prace Vyskum Üst. Lesn. Hosp. Banska Stavnica, S. 143206

Čermak, K., 1964. Desifrovanie bukovšch porastov z leteckšch snimok (Interpretation der Buchenbestände aus Luftbildern). Ved. Prace Vyskum Üst. Lesn. Hosp. Banska Stavnica, S. 135189

Chahine, M.T., 1983, Interaction mechanisms within the atmosphere. MRS, ASP, 2. Aufl., S. 165-230

Chandrasekhar, S., 1960, Radiative transfer. Dover Publ. New York

Chavez, P., Bauer, B., 1982, An automatic optimum kernel-size selection technique for edge enhancement. RsoE 12: 23-38

Chevrou, R., 1973, Inventaire des haies. Rev. For. Franc. 15: S.47-53

Chevrou, R., 1976, Précision des mesures de superficie estimée par grille de points on intersections de parallèles. Ann. Sci. For. 33: 257-269

Choate, G.A., 1957, A selected annotated bibliography of aerial photo interpretation keys to forest and other natural vegetation. J.For. 55: 513-514

Chochran, W.G., 1977, Sampling Techniques. John Wiley & Sons, New York, 3. Aufl.

Churchill, P.N., Keech, K.A., 1985, Multifrequency analysis of SAR-580 imagery for woodland determination in Thetford Forest, England. ESA/JRC Publ. S.A. / 1.04 E 2 – 85 12/2, S. 131-140

Churchill, P.N., Wright, A., 1985, Human and automatic interpretation of radar images of land cover. Proc. EARSeL Workshop Amsterdam 1984. ESA SP – 227, S. 131-140

CIE 1977, Radiometric and photometric characteristics of material and their measurement. CIE Publ. 38 (IC – 2.3)

Ciesla, W.M., 1974, Forest insect damage from high altitude color-IR photos. PE 40: 291-293

Ciesla, W.M., 1991, Remote sensing in forest pest management: a case study from the United States. In: Fernerkundung in der Forstwirtschaft. Wichmann, Karlsruhe, S. 100-115

Ciesla, W.M., Hildebrandt, G., 1986, Forest decline inventory methods in West Germany: opportunities for application in North American forests. USDA For. Serv., Ft. Collins, Rep. 86-3

Ciesla, W.M., Eav, B.B., 1987, Satellite imagery versus aerial photos for mapping hardwood defoliation: a preliminary evaluation of cost and aquisition feasibility. USDA For. Serv., FPM/MAG, Ft. Collins, Rep. 87-2

Cihlar R.L. und 4 Koautoren, 1977, Use of aerial thermography in Canadian energy conservation programs. Proc. 11. Symp. on Remote Sensing of Environment, Ann Arbor 1977, S. 1175-1206

Clement, J., 1973, Utilisation des photographies aeriennes au 1: 5000 en couleur pour la detection de lÓkoumé dans la forêt dense du Gabun. Proc. Symp. IUFRO S 6.05, Freiburg 1973, S. 39-64

Collins, S.H., 1970, The ideal mechanical parallaxe for stereo-orthophotos. The Can. Surveyor 24: 561-568

Collins, W., El-Beik, G.und A., 1971, The aquistion of urban land use information from aerial photographs of the city of Leeds. Phia 27: 71-92

Colomina, I., Navarro, J., Torre, M., 1991, Digital photogrammetric systems at the I.C.C. In: Digital Photogrammetric Systems. Wichmann, Karlsruhe, S. 217-228

Colomina, I., Colomer, J.L., 1995, Digitale photogrammetrische Systeme im Einsatz: Erfahrungen am Institut Cartografic de Catalunya. ZPF 63: 30-41

Colvocoresses,, A.P., 1990, An operational earth mapping and monitoring satellite system: a proposal for Landsat 7. PE&RS 56: 569-571

Colwell, R.N., 1956, Determining the prevalence of certain cereal crop disease by means of aerial photography. Hilgardia 26: 223-286

Colwell, R.N., 1978, Twenty five years of progress in photographic interpretation under Commission VII (ISP). I.Arch.Ph. XXII-7: 7-32

Colwell, R.N., Jensen, H.A., 1949, Panchromatic versus infrared minus – blue aerial photography for forestry purposes. PE 15: 201-223

Crandall, C.R., 1967, Radar mapping in Panama. PE 33: 641-647

Crist, E.P., Laurin, R., Cicone, R.C., 1986, Vegetation and soils information contained in transformed Thematic Mapper data. Proc. IGARSS '86, Zürich. ESA SP – 254, S. 1465-1470

Csaplovics, E., 1982, Interpretation von Farbinfrarotbildern – Kartierung von Vegetationsschäden in Brixleg, Schilfkartierung Neusiedler See. Diss. T.U. Wien

Cunia, T. (Hrsg.), 1978, Proc. IUFRO-Meeting on National Forest Inventory. Bukarest, Inst. de Cercetari Silvice Bukarest

Curlander, J.C., Mc Donough, R.N., 1991, Synthetic aperture radar systems and signal processing. John Wiley & Sons, New York

Dalsfeld, K.J., Worcester, B.K., 1979, Detection of saline seeps by remote sensing. PE&RS 45: 285-291

Danielson, F., 1930, Bildkartor for skogsmatningar. Svenska Skogsv. Fören. Tidskr. 1930, S. 426-441

de Bruijn, C.A. und 4 Koautoren, 1976, Urban survey with aerial photogrammetry – a time for practice. ITC J. 1976-2, S. 184-224

de Carolis, C. und 4 Koautoren, 1980, Differences in the spectral characteristics between healthy and diseased crop determined for sugar beet and winter barley. I.Arch.Ph.XXIII – B7: 486-502

de Gier, A., 1989, Woody biomass for fuel: estimating the supply in natural woodland and shrubland. Diss. Univ. Freiburg

de Gier, A., Stellingwerf, D.A., 1988, Periodic timber volume increment from aerial photo and field plots. Proc. IUFRO Symp. S 4.02.05, Helsinki 1988, S. 112-118

Dehn, R., 1987, Eine integrierte rechnergestützte Methode zur Aufstellung lokaler Sortenmodelle am Beispiel der Baumart Fichte. Diss. Univ. Göttingen

Deirmendjian, D., 1969, Electromagnetic scattering on spherical polydispersions. Elsevier, New York 1969

Deker, H., 1956, Theorie und Praxis des Stereotops. BuL 24: 56-67

Dellwig, L.F., Bare, J.E., Gelnett, R., 1978, SLAR – for clear as well as cloudy weather. I.Arch.Ph. XXII – 7: 1527-1546

De Milde, R., Sayn-Wittgenstein, L., 1973, An experiment in the identification of tropical tree species on aerial photographs. Proc. IUFRO Symp. S 6.05, Freiburg 1973, S. 21-38

Dennert-Möller, E., 1982, Erstellung einer Satellitenkarte der nordfriesischen Wattgebiete aus Landsat-Bilddaten. BuL 50: 204-206

Denstorf, H.O., 1981, Ermittlung des Bestockungsgrades aus photogrammetrischen Bestandesparametern am Beispiel von Kiefern – Laubholzbeständen. Dipl. Arb. Göttingen

Denstorf, H.O., Heeschen, G., Kenneweg, H., 1983, Ergebnisse der großräumigen Inventur von Waldschäden 1983 mit Farb-Infrarot-Luftbildern im südlichen Schleswig-Holstein. AFJZ 155: 126-131

Deuel, L., 1969/1981, Flights into yesterday – the story of aerial archeology. St. Martin's Press, New York 1969. Deutsche Ausgabe: Flug ins Gestern – das Abenteuer der Luftbildarchäologie. DTV Verlag, München 1981

Dexheimer, W., 1973, Praktische Erfahrungen bei der Einführung der Orthophotos in die Forsteinrichtung. Proc. Symp. IUFRO S 6.05 Freiburg i.Br. 1973, S. 301-326

de Vries, P.G., 1979, Line intersect sampling: statistical theory, applications and suggestions for extended use in ecological inventory. In: Sampling Biological Populations. Stat. Ecolog. Series Vol. 5. Int. Corp. Publ. House, Fairland, USA

Dietz, R.S., 1947, Aerial photographs in the geological study of shore features and processes. PE 13: 537-545

Di Grandi und 3 Koautoren, 1993, Experimental charaterisation of spatial statistics in polarimetric multifrequency airborne SAR data. Proc. IGARSS 1993, Tokyo, IEEE CH 3294-C: 207-212

Dillewijn van, F.J., 1957, Sleutel voor de interpretatie van begroeiingsvormen uit luchtfotos 1:40000 van het noordelijk deel van Surinam. Dienst's Landsbosbeheer Surinam, Paramaribo 1957

Dittel, R.H., 1982, Grundlegende Untersuchungen zur Verwendbarkeit mulrispektraler Strahlungsinformationen aus Mikrowellen-Radiometrie-Messungen für erdwissenschaftliche Fragestellungen. Diss. Univ. Freiburg 1982

Djawadi, K., 1977, Eine photogrammetrische Methode zur digitalen Erfassung und Charakterisierung der Oberflächengestalt von Waldbeständen. Diss. Univ. Freiburg 1977

Dock, H., 1925, Die „terrestrische" und „Luftstereophotogrammetrie" und ihre Bedeutung für die Forstwirtschaft. Zbl. f.d. ges. Forstwesen 1925, S. 258-270

Dörfel, H.J., 1978, Phänologische Aspekte bei der Fernerkundung von Vegetationsflächen. I.Arch.Ph. XXII – 7: 1611-1624

Dörfel, H.J., 1987, Quantitative Untersuchungen von Informationsverlusten bei der Interpretation geschädigter Bäume mittel IRC-Luftbildern in Abhängigkeit vom Sonnenwinkel. Mitt. Abt. Biometrie und Abt. Luftbildmessung und Fernerkundung d. Univ. Freiburg 87-1

Dörfel, H.J., Waldbauer, G., 1988, Luftbildinterpretation zur Erfassung von Frostschäden in Rebanlagen. ZPF 56: 3-10

Dorrer, E., 1975, Gedanken zum digitalen Geländemodell. BuL 43: 90-91

Dowman, I., 1991, Design of digital photogrammetric workstations. In: Digital Photogrammetric Systems. Wichmann, Karlsruhe, S. 28-38

Dowman, I., 1994, OEEPE Test of triangulation of Spot data. OEEPE Publ. 29

Doyle, F.J., 1979, A large format camera for shuttle. PE&RS 45: 73-78

Draper, N.R., Smith, H., 1966, Applied Regression Analysis. John Wiley, New York 1966

Driscoll, R.S., 1971, Color aerial photography a new view for range management. USDA For. Serv. Res. Paper RM 67

Duck, K.I., King, J.C., 1983, Orbital mechanics for remote sensing. MRS, ASP, 2. Aufl., S. 699-717

Duhr, H., 1989, Ein Verfahren zur dauerhaften Markierung von Einzelbäumen und Stichprobekollektiven zur Wiedererkennung in CIR-Luftbildern. Dipl. Arb. Univ. Freiburg 1989

Duvenhorst, J., 1994, Photogrammetrie zur Effektivitätssteigerung von Forsteinrichtungsinventuren und -planung. Tagungsband „Photogrammetrie und Forst", Freiburg i.B. 1994, S. 63-78

Eav, B., 1977, A photographic remote sensing system for the detection an quantification of urban tree stress. Ph.D. thesis, State Univ. New York

Ebner, H., 1970, Die theoretische Lagegenauigkeit ausgeglichener Blöcke mit bis zu 1000 unabhängigen Modellen. BuL 38: 225-231

Ebner, H., 1972, Theoretical accuracy models for block-triangulation. BuL 40: 214-221

Ebner, H., 1976, A mathematical model for digital rectification of remote sensing data. I.Arch.Ph. XXI – 3

Ebner, H., 1979, Zwei neue Interpolationsverfahren und Beispiele für ihre Anwendung. BuL 47: 1527

Ebner, H., 1983, Berücksichtigung der lokalen Geländeform bei der Höheninterpolation mit finiten Elementen. BuL 51: 3-9

Ebner, H. und 3 Koautoren, 1980, HiFi – ein Minicomputer-Programmsystem für Höheninterpolation mit finiten Elementen. ZfV (1980): 215-225

Ebner, H., Kornus, W., 1991, Point determination using MOMS-02/ D2 imagery. Proc. IGARSS 1991

Ebner, H., Dowman, I., Heipke, C., 1992, Design and algorithmic aspects of digital photogrammetric systems. I.Arch.Ph. XXIV – B2: 380-383

Einevoll, O., 1968, Photographic interpretation in the registering of rendeer grazings. Norsk. Tidskr. Jordskrifte Landm. 1: 91-99

Elachi, C. und 4 Koautoren, 1983, Mickrowave and infrared satellite remote sensors. MRS, ASP, 2. Aufl., S. 571-650

Elachi, C., 1987, Spaceborne radar remote sensing: application and techniques. IEEE Press 1987

El Ashry (Hrsg.), 1977, Airphotography and coastal problems. Benchmark Papers Vol.38, Downden, Hutchinson, Ross Inc., Stoudsburg, Penns. 1977

Endlicher, W., 1980, Geländeklimatologische Untersuchungen im Weinbaugebiet des Kaiserstuhl. Freiburger Geogr. Hefte Nr. 17, 1980

Endlicher, W. und 3 Koautoren, 1985, Landscape and settlement pattern recognition. ESA/JRC Publ. S.A./ 1.04 E 2-85 12/2: Investigators final report (SAR 580 Projekt) Vol.2, S. 573-614

Endlicher, W., Goßmann, H. (Hrsg.), 1986, Fernerkundung und Raumanalyse. Wichmann, Karlsruhe, 222 S.

Escobar, D.E., Gausman, H.W., 1976, Effect of lead on reflectance of mexican squash plant leaves. Amer. Soc. Agronom. Abstract 1976

Escobar D.E. und 3 Koautoren, 1982, Use of near infrared video recording systems for the detection of freeze-damaged citrus leaves. Rio Grande Hort.S oc. 36: 61-66

Eurosense 1991, Eurosense Info 1/1991

Evans, D.L., v.Zyl, J.J., 1989, Imaging radar polarimetry: analysis tools and applications. Elsevier, Amsterdam

Eule, H.W., 1958, Stereophotogrammetrische Messungen am Einzelbaum mit Hilfe einfachster Aufnahmegeräte. Tagungsber. A.K. Forstl. Luftbild- und Kartenwesen, Bad Soden 1957, S. 72-75

Fagundes, P., 1974, Das „Radam Projekt". Radargrammetrie im Amazonasbecken. BuL 42: 47-52

Faramalala, M.H., 1988, Etude de la vegetation de Madagascar a l'aide de donnes spatiales. Thesis d'Etat, Univ. Toulouse

Farrow, J.E., Murray, K.J., 1992, Digital photogrammetry – options and oppertunities. I.Arch.Ph. XXIX: 397-403

Fasler, F., 1978, IBIS – ein interaktives Bildinterpretationssystem. I.Arch.Ph. XXII – 7: 201-211

Felten, V., 1991, Color infrared films. In: Remote Sensing Applications for Forest Health Status Assessment, S. 2.1-2.8

Fietz, M., 1989, Entwicklung der Vegetationsstruktur auf einer Teilfläche des Moabiter Werders seit Kriegsende anhand von Luftbildern 1943,1959, 1969, 1979 und 1985. Beitr. zum Gutachten „Ökologisch-planerische Grundlagenuntersuchungen Stadtnatur Moabiter Werder"

Fietz, M., 1992, Art- und schadensbedingtes Abbildungsverhalten von Berliner Straßenbäumen auf Colorinfrarot-Luftbildern. Diss. FU Berlin. und Berl. Geow. Abh. Reihe D, Bd.2, 1992

Finsterwalder, R., 1979, Zur Genauigkeit der Kartierung mittels Stereoorthophotos. BuL 47: 69-73

Finsterwalder, R., 1981, Zur Höhenmessung mit Stereoorthophotos. BuL 49: 111-116

Fischer, J., v.Kienlin, A., 1987, Korrektur von Störfaktoren bei der Waldschadenserfassung unter Verwendung digitalisierter Farb-Infrarot-Luftbilder. BuL 55: 50-59

Fitzgerald, E., 1974, Spectral properties of materials. ESRO Publ. CR 232

Fleming, J.F., 1978, Exploiting the variability of Aerochromee Infrared Film. PE&RS 44: 601-605

Fleming, J.F., 1980, Standardization techniques for aerial color infrared film. The Interdepartmental Comm. on Air Survey, Ottawa

Floret, C., Schwaar, D., 1966, Cartographie phytoécologique à petit échelle et photo-interpretation en Tunésie du Nord. I.Arch.Ph. XVI: II.2: 3-16

Ford, J.P., Casey, D.J., 1988, Shuttle radar mapping with diverse incidence angles in the rain forest of Borneo. IJRS 9: 927-943

Förster, B., 1989, Untersuchung der Verwendbarkeit von Satellitenbilddaten (Thematic Mapper) zur Kartierung von Waldschäden. Diss. TU Berlin u. DFVLR – FB 89-06

Forstreuter, W., 1987, Untersuchungen zum Einsatz von Weltraumluftbildern (Spacelab RMK Aufnahmen) für routinemäßige Großrauminventuren extensiv bewirtschafteter Wälder. Diss. Univ. Freiburg und DFVLR FB 87-2

Forstreuter, W., 1988, Inventory of tropical rainforest in th southern provinces of the Republic of Guinea based on Landsat TM data and GIS processing. Proc. IUFRO 4.02.05 Meeting, Hyyttälä, Univ. Helsinki, Dept. of Forest Mensuration and Management, Res. Note 21, S.158-162

Franceschetti, G. und 4 Koautoren, 1992, An architectur for efficient time domain SAR processing. I.Arch.Ph. R.S. XXIX – B2: 527-532

Francis, D.A., 1964, Examples of integrated land use surveys being carried out by the FAO of the UN using aerial survey techniques. Proc. UNESCO Conf. Toulouse 1964

Freden, S.C., Gordon, F., 1983, Lansat satellites. MRS, ASP, 2. Aufl., S.517-570

Fricke, W., 1965, Herdenzählungen mit Hilfe von Luftbildern im Gebiet des künftigen Niger Stausees. Erde (1965): 206-223

Fritz, N.L., 1977, Filters: an aid in color-infrared photography. PE&RS 43: 61-72

Froetschner, H., 1943, Farbige Luftbildaufnahmen im Dienste der Erschließung kolonialer Großräume. Beitr. zur Kolonialforschung 3: 7-14

Froidevaux, C.M., 1980, Radar an optimum remote sensing tool for detailes plate tectonic analysis of hydrocarbon exploration. In: Radar Geology, an Assessment. JPL Publ. 80 – 61, Passadena

Gärtner, M., 1983, Ausarbeitung eines Interpretationsschlüssels für die visuelle Interpretation forstlicher Farb-Infrarot-Luftbilder. Dipl. Arb. Univ. für Bodenkultur Wien

Gärtner, M., Regner, B., 1993, Wienerwald Süd 1991. Forstl. Bundesvers.A nst. Wien, Untersuchungsber. 91

Gasser, M., 1915, Verfahren, mittels dreier gegebener Punkte durch mechanische Ausmeßvorrichtungen, mechanische Berechnungsapparate und durch geodätisch orientierte Doppelprojektionseinrichtungen luftphotographische Karten für eine photogeodätische Landesvermessung herzustellen. Deutsches Reichspatent Nr.306 384 v. 20.4.1915

Gates, D.M., 1968, Energy exchange in the biosphere. Harper and Row Inc. New York

Gates, D.M., 1970, Physical and physiological properties of plants. In: Remote Sensing. Nat. Acad. of Science USA, S.224-252

Gates, D.M., Tantrapon, W., 1952, The reflectivity of deciduous tree and herbaceous plants. Science 115: 613-616

Gates, D.M. und 3 Koautoren, 1965, Spectral properties of plants. Appl.Optics 4: 11-20

Gausman, H.W., Cardenas, R., 1973, Light reflectance by leaflets of pubescent, normal and glabrous soybean lines. Agron. J. 65: 837-838

Gausman, H.W., Allen, A.W., Escobar, D.E., 1974, Refractive index of plant cell walls. Appl. Optics 13: 109-111

Gausmann, H.W., H.W., Gerberman, A.H., Wiegand, C.L., 1975 a, Use of ERTS-1 data to detect chlorotic grain sorghum. PE&RS 41: 177-181

Gausman, H.W. und 3 Koautoren, 1975 b, Cotton leaf air volume and chlorophyll concentration affect reflectance of visible light. J. Rio Grande Valley Hort. Soc. 29: 109-114

Gausman, H.W., Escobar, D.E., Rodriguez, R.R., 1978, Effects of stress and pubescence on plant leaf and canopy reflectance. I.Arch.Ph.. XXII – 7: 719-750

Gierloff- mden, H.G., 1961, Luftbild und Küstengeographie am Beispiel der deutschen Nordseeküste. Landeskundl. Luftbildauswertung im mitteleuropäischen Raum, H.,4, Bonn-Bad Godesberg

Gierloff-Emden, H.G., 1989, Fernerkundungskartographie mit Satellitenaufnahmen – Allgemeine Grundlagen und Anwendungen. Deuticke, Wien

Gimbarzevsky, P., 1975, Biophysical survey of Kejimkujki National Park. For. Managm. Inst. Ottawa, Inf. Rep FMR – x – 81

Gimbarzevsky, P., Loponkhine, N., Addison, P., 1978, Biophysical resources of Pukaskwa National Park. For. Managm. Inst. Ottawa, Inf. Rep. FMR – x -106

Goldstein, R.M., Zebker, H.A., Werner, C.L., 1988, Satellite radar interferometry: two dimensional phase unwrapping. Radio Sci. 23: 713-720

Goody, R.M., 1964, Atmospheric radiation.Theoretical basis. Clarendon Press, Oxford

Gossmann, H., 1984, Satelliten-Thermalbild. Ein neues Hilfsmittel für die Umweltbeobachtung. BFA für Landeskunde und Raumordnung, Reihe Fernerkundung in Raumordnung und Städtebau, H. 16

Gossmann, H., 1991, Infrarot-Thermometrie der Erdoberfläche. Promet 21: 1-10

Gossmann, H., Nübler, W., 1977, Oberflächentemperatur und Vegetationsverteilung in Freiburg i.Br. – Zweikomponentenbilder als Hilfsmittel bei der Auswertung von MSS-Daten. BuL 45: 105113

Gordeev, P.K., 1954, Izmčenie lesosyrjevych baz pri promošci aksonometričes koj aerofotos-emki (Untersuchung von Rohholzbasen mit Hilfe von Schrägaufnahmen aus der Luft). Lesn. Prom. 14: 4-9

Griess, O., 1976, Die forstliche Photokarte – Herstellung und Anwendungsmöglichkeiten im Forstbetrieb und in der Beratung. Allg. Forsztg. 87: 186-188

Gross, C.P., 1989, Beitrag von Fernerkundungstechniken zur Erfassung und Beobachtung des Gesundheitszustandes der europäischen Wälder. Final Rep. EG Proj. APPF 86/1/2, Univ. Freiburg

Gross, C.P., 1993, Regionale Waldinventur zur Erfassung des Waldzustandes mit kleinmaßstäbigen Color-Infrarot-Luftbildern. Diss. Univ. Freiburg

Gross, C.P., Adler, P., 1994, Zur Frage der Zuverlässigkeit photogrammetrischer Delinierung. Tagungsband „Photogrammetrie und Forst", Freiburg, S. 107-115

Gross, C.P., Münch, D., Duvenhorst, J., 1993, Monitoring als Inventuraufgabe in der Forstwirtschaft. ZPF 61: 223-229

Gruber, B., Vedder, M., 1990, Video-Praxis. Technik, Theorie und Tips. DuMont Taschenbuch, 5. Aufl.

Gruber, O.v., 1924, Einfache und Doppelbildpunkteinschaltung im Raum. Fischer, Jena

Gruen, A., 1985, Adaptive least-squares correlation: a powerful image matching technique. South Afr. J. of Photogrammry, Remote Sensing and Cartogr. 14: 175-187

Grzimek, M., Grzimek, G., 1966, Census of plains animals in the Serengeti National Park, Tanganyka. J.Wildlife Managm. 1: 27-37

Güde, H., 1976, Das Orthophoto als neue Grundlage in der Forsteinrichtung. Allg. Forsztg. 87: 184-186

Gudmandsen, P., Madsen, S.N., Pedersen, L.T., 1985, SAR-580 Greenland Campaign. ESA/JRC Publ. S.A./1.04 E 2-85 12/2, S. 217-232

Guindon, B., 1991, Incorporation of azimuthal control methods in the extraction of 3-dimensional topographic model from individual spaceborne SAR scenes. IJRS 28: 654-661

Gurnade, J.C. und 3 Koautoren, 1978, Variation de la structure d'un vonvert vegetal en fonction de son etat physiologique: utilisation possible de la teledetection. I.Arch.Ph. XXII – 7: 1597-1610

Guyot, G., Baret, F., Major, D.J., 1990, High spectral resolution: determination of spectral shifts between the red and near infrared. I.Arch.Ph. R.S. XXVII – B 11: 750-760

Haberäcker, P., Schramm, M. und 5 Koautoren, 1979, Untersuchungsbericht der Arbeitsgemeinschaft DFVLR / ifp über die „Auswertung von Satellitenaufnahmen zur Gewinnung von Flächennutzungsdaten. Schriftenr. Raumordnung, Heft 06.039, S. 57-104

Haberäcker, P., 1991, Digitale Bildverarbeitung – Grundlagen und Anwendungen. Hauser, München, Wien, 4. Aufl.

Haefner, H., Muri, R., 1978, Methodology of snowmapping from satellites. I.Arch.Ph. XXII-7: 2373-2384

Haefner, H. und 3 Koautoren, 1994 a, Capabilities and limitations of ERS-1 SAR data for snowcover determination in mountainious regions. Proc. ERS-1 Symp. Hamburg 1994, ESA – SP -361, S. 971-976

Haefner, H. und 4 Koautoren, 1994 b, Geometrische und radiometrische Vorverarbeitung von SAR-Aufnahmen für geographische Anwendungen. ZPF 62: 123-128

Haenel, S., Perlwitz, W., Trepte, P., 1972, Die Bestimmung forstlicher Bestandesdaten durch automatische Luftbildauswertung mittels Digitaltechnik. I.Arch.Ph. XIX – 7

Haenel, S., Tränkner, H., Eckstein, W., 1987, Automatische Baumkronenentdeckung im Luftbild – der Weg durch den Engpaß. Proc. 2. DFVLR Statusseminar Oberpfaffenhofen 1987, S. 53-66

Hallert, B., 1944, Über die Herstellung photographischer Pläne. Diss. T.H. Stockholm

Hamzah, K.A., 1991, Overview on products and applications of aerial photographs in forestry in Asian Region. In: Application of Remote Sensing and GIS in Managing Tropical Rainforests and Conserving Natural Resources in Asian Region. DSE Feldafing 1991, S. 51-57

Hansen, J.E., Travis, L.D., 1974, Light scattering in planetary atmospheres. Space Sci. Rev. 16: 527

Hanson, B.C., Moore B.K., 1976, Polarisation and depression angle constraints in the utilisation of SLAR for identifying and mapping surface water, marsh and wetlands. Proc. ASP Congr. on Surveying and Mapping 1976, S. 499-505

Haralick, R.M., 1978/1979, Statistical and structural approach to texture. I.Arch.Ph. XXII-7:379-432 und Proc. IEEE 67, S. 781-804

Hart, T., 1950, A bibliography of literature on interpretation of vegetation from aerial photographs. U.S. Photogr. Interpr. Centre, Rep. 1950, S. 113-150

Hartl, P., 1991, Application of interferometric SAR data of the ERS-1 Mission for high resolution topographic terrain mapping. Geo-Informationssysteme 4: 8-14

Hartl, P., Thiel, K.H., 1993, Bestimmung von topographischen Feinstrukturen mit interferometrischem ERS -1- SAR. ZPF 61: 108-114

Hartl, P., Xia, Y., 1993, Besonderheiten der Datenverarbeitung bei der SAR-Interferometrie. ZPF 61: 214-222

Hartmann, G., 1984, Waldschadensinventur durch Farbinfrarot-Luftbilder in Niedersachsen 1983. Forst- und Holzwirt 39: 131-142

Hartmann, G., Uebel, R., 1986, CIR-Luftbild-Interpretationsschlüssel zur Schadensansprache der Fichten im Harz. Forst- und Holzwirt 41: 438-441

Hassenpflug, W., Richter, G., 1972, Formen und Wirkungen der Bodenabspülung und -verwehung im Luftbild. Landesk. Luftbildausw. i. mitteleuropäischen Raum, H. 10, Bonn-Bad Godesberg

Häusler, T., 1991, Waldschadenskartierung in Fichtenrevieren durch Auswertung von Satellitenaufnahmen und raumbezogene Zusatzdaten. Diss. Univ. Freiburg 1991

Häusler, T., Bätz, W., 1993, Waldflächenkartierung mit Hilfe von multitemporalen Satellitendaten in Süd-Benin. ZPF 61: 150-155

Haydn, R. und 3 Koautoren, 1982, Application of the IHS color transform to the processing of multisensor data and image enhancement. Proc. Int. Symp. on Remote Sensing of Arid and Semi-arid Lands. Kairo 1982, S. 599-616

Haydn, R., Slivesky, S., Wintges, T., 1985, Interpretation des Vitalitätszustandes von Bäumen aus digitalisierten Farbinfrarot-Luftaufnahmen. Das Gartenamt 34: 687-695

Heidingsfeld, N., 1993, Neue Konzepte zum Luftbildeinsatz für großräumig permanente Waldzustandserhebungen und zur bestandesbezogenen Kartierung flächenhafter Waldschäden. Diss. Univ. Freiburg 1993 und Mitt. a.d. Forstl. Versuchsanstalt Rheinland-Pfalz Nr.23/93

Heiland, K., 1975, Photogrammetrische Katastervermessung im Rahmen der Flurbereinigung. Bull. Soc. Franc. Photogramm. 59, S. 36-47

Heipke, C., 1994, Digitale photogrammetrische Arbeitsstationen. Habil.-Schrift Univ. München

Heipke, C., Kornus, W., 1991, Nonsemantic photogrammetric processing of digital imagery – the example of SPOT Stereoscenes. In: Digital Photogrammetric Systems. Wichmann, Karlsruhe, S.86-102

Helava, U.V., 1987, Digital correlator system. Fast processing of photogrammetric data. Proc. ISPRS Intercomm. Conf. Interlaken 1987, S. 404-418

Helava, U.V., 1988, Object space least-square correlation. PE&RS 54: 711-714

Helava, U.V., 1988, On system concepts for digital automation. I.Arch.Ph. XXVII – 2: 171-190

Hell, G., 1990, Photogrammetrische Auswerteverfahren in der Luftbildarchäologie. In: Festschr. für Rüdiger Finsterwalder, München, S. 69-75

Heller, R.C., 1971, Color and false color photography: ist growing use in forestry. In: „Aplication of Remote Sensors in Forestry", Freiburg 1971, S. 37-55

Heller, R.C., 1978, Case applications of remote sensing for vegetation damage assessment. PE&RS 44: 1159-1166

Heller, R.C., Aldrich, R.C., Bailey, W.F., 1959, Evaluation of several camara systems for sampling forest insect damage at low altitude. PE 25: 137-144

Heller, R.C., Doverspike, G.E., Aldrich, R.C., 1964, Identification of tree species on large scale panchromatic and color photographs. USDA For. Serv., Agric. Handbook 261

Heller, R.C., Ulliman, J.J., 1983, Forest resources assessment. MRS, ASP, 2. Aufl., S. 2229-2324

Hempenius, S.A., 1968, Physiological and psychological aspects of photo-interpretation. I.Arch.Ph. XVII – 7

Hempenius, S.A.,de Haas, W.G.L., Vink, A.P., 1967, Logical thoughts on the psychology of photointerpretation. ITC Publ. B. 41

Henninger, J., 1983, Zeitreihen der Bestandesentwicklungen in naturnahen Waldbeständen aus Luftbildern. Diss. Univ. Freiburg.

Henninger, J., Hildebrandt, G., 1980, Bibliography of publications on damage assessment in forestry and agriculture by remote sensing techniques. Abteilung Luftbildmessung und -interpretation Univ. Freiburg

Hendriques, D.E., 1949, Practical application of photogrammetry in land classification as used by the Bureau of Land Management. PE 15: 540-545

Herda, K., 1978, Applications of multispectral photography using MKF-6 and MSP 4. I.Arch.Ph XXII – 7: S. 155-160

Herrmann, K., 1988, Signaturanalysen und Klassifizierungsergebnisse an Kiefern unter Verwendung multispektraler Flugzeug-Scannerdaten. Diss. Univ. München

Hertel, D., Perlz, E., Wienhold, C., 1992, Standardisierung von Farbinfrarot-Luftbildern als Grundlage für das Monitoring von Waldschäden. ZPF 60: 181-189

Hetebrüg, H., 1993, Die Praxis der Luftbildauswertung in den neuen Bundesländern bei der Forsteinrichtung und Waldschadensermittlung. Tagungsban „Forst-GIS" Eberswalde 1993

Hildebrandt, G., 1956, Der Stand der forstlichen Luftbildauswertung für die Forsteinrichtung und Forstvermessung. Archiv für Forstwesen 5: 126-152

Hildebrandt, G., 1957 a, Forsteinrichtungsarbeiten mit Hilfe von Luftbildern. Forst und Jagd 7: 58-64

Hildebrandt, G., 1957 b, Zur Frage des Bildmaßstabes und der Filmwahl bei Luftbildaufnahmen für forstliche Zwecke. Archiv für Forstwesen 6: 285-306

Hildebrandt, G., 1958, Die photogrammetrischen Arbeiten der tschechoslowakischen Forsteinrichtung. Tagungsband „Forstliche Luftbildauswertung", BMLF Bonn, S. 65-70

Hildebrandt, G., 1962, Luftbildauswertung bei Waldinventuren im Gebiet der Sommer- und Nadelwälder. AFZ 17: 20-26

Hildebrandt, G., 1966, Differentialentzerrung und Orthophoto. AFJZ 137: 152-158

Hildebrandt, G., 1969, Ermittlung von Stammdurchmesserverteilungen in Buchenbeständen durch Luftbildinterpretation. BuL 37: 48-54

Hildebrandt, G., 1969, Bibliographie des Schrifttums auf dem Gebiet der forstlichen Luftbildauswertung 1887-1968. Freiburg

Hildebrandt, G., 1971, Orthophotography – a new effective technique also in forestry. In: Application of Remote Sensors in forestry. Freiburg, S.165-176

Hildebrandt, G., 1973 a, Zum Einsatz von Erderkundungssatelliten für supranationale Inventuren der Wälder und landwirtschaftlichen Nutzflächen. Raumfahrtforschung 17: 164-168

Hildebrandt, G., 1973 b, Die Verwendung von Luftbild-Linienstichproben zur Ermittlung der Länge linienförmiger Geländeobjekte. Proc. IUFRO Symp. S 6.05, Freiburg 1973, S. 267-284

Hildebrandt, G., 1976, Thermal-Infrarot-Aufnahmen zur Waldbrandbekämpfung. Forstarchiv 47: 45-52

Hildebrandt, G., 1980, Voraussetzungen und Praxis der Inventur von Vegetationsschäden durch Fernerkundung. AFZ 35: 720-723

Hildebrandt, G., 1981, Proposal for a permanent European forest inventory system. Proc. Forest Resources Inventory, XVII IUFRO World Congr. 1981, Kyoto, S. 162-173

Hildebrandt, 1983 a, Considerations on a permanent inventory and monitoring system for European forests. Proc. EARSEL/ESA Symp. on Remote Sensing Applications for Environmental Studies. ESA – SP – 188, S. 13-18

Hildebrandt, G., 1983 b, Studie zur Durchführung einer landesweiten Inventur zur Erfassung und Beobachtung der Waldschäden in Baden-Württemberg. Gutachten f.d. Landesforstverw. Baden-Württemberg

Hildebrandt, G., 1984 a, Waldschadensinventur mit Hilfe der Fernerkundung. Z. f. Flugwiss. u. Weltraumforschung 8: 314-318

Hildebrandt, G., 1984 b, Zur Festlegung und Lagedefinition der Stichprobeorte im Luftbild bei der Waldschadensinventur Baden-Württemberg 1983 und möglichen Folgeinventuren. Mitt. Forstl. Versuchs – und Forschungsanstalt Baden-Württemberg, H. 111, S. 119-129

Hildebrandt, G., 1986, Möglichkeiten der Biotopkartierung durch Luftbildinterpretation. In: Fernerkundung und Raumanalyse. Wichmann, Karlsruhe, S. 19-41

Hildebrandt, G., 1987 a, 100 Jahre forstliche Luftbildaufnahme – zwei Dokumente aus den Anfängen der forstlichen Luftbildinterpretation. BuL 55: 221-224

Hildebrandt, G., 1987 b, Inventur städtischer Baumbestände durch Fernerkundung und Photogrammetrie. Boissiera 38: 50-71

Hildebrandt, G., 1987 c, Toy or tool – Fernerkundung aus dem Weltraum: Spiel- oder Werkzeug für die Forstwirtschaft. Fw.Cbl. 106: 141-168

Hildebrandt, G., 1991, The use of high resolution satellite data for forest mapping and monitoring in developing countries. Draft Paper for FAO 1991

Hildebrandt, G., 1992, Potential operational use of remote sensing from space in forestry. Europ. ISY Conf. München 1992. ESA/ISY – 1 Vol.II, S. 639-645

Hildebrandt, G., 1993, Central European contributions to remote sensing and photogrammetry in forestry. Proc. Forest Resources Inventory and Monitoring and Remote Sensing Technology. IUFRO Centenial Meeting Berlin 1992. Forest Planning Press Kyoto 1993, S. 193-212

Hildebrandt, G., Schindler, C., 1966, Radiallinien als Stichprobeeinheiten bei Flächenermittlungen verschiedener Landnutzungsformen. I.Arch.Ph. XVI: III, 29-36

Hildebrandt G., Kenneweg, H., 1968, Einige Anwendungsmöglichkeiten der Falschfarbenphotographie im forstlichen Luftbildwesen. AFJZ 139: 205-213

Hildebrandt, G., Akça, A., Djawadi, K., 1974, Characterization of the detailed roughness of natural surfaces by digital surface model. I.Arch.Ph. XX – 7: 755-757

Hildebrandt, G., Djawadi, K., Dietze, H., 1977, Untersuchungen der Oberflächenrauhigkeit verschiedener Freiräume zur Kennzeichnung der für den Lufttransport wirksamen Landschaftsformen. In: Freiräume in Stadtlandschaften. MELF Baden-Württemberg, S. 46-52

Hildebrandt, G., Rhody, B., 1984, Anwendung der Fernerkundung bei forstlichen Großrauminventuren. In: Luftbildmessung und Fernerkundung in der Forstwirtschaft. Wichmann, Karlsruhe, S. 286-302

Hildebrandt, G. und 3 Koautoren, 1986, Entwicklung und Durchführung einer Pilotinventur für eine permanente europäische Waldschadensinventur. KfK – Karlsruhe, PEF Bericht Nr.11

Hildebrandt, G. und 3 Koautoren, 1987, Entwicklung eines Verfahrens zur Waldschadensinventur durch multispektrale Fernerkundung. KfK – Karlruhe. PEF Bericht Nr.25

Hildebrandt, G., Groß, C.P. (Hrsg.), 1991/1992, Remote sensing applications for health status assessment (EG-Manual). Walphot, Namur 1991, deutsche Fassung 1992

Hilwig, F.W., 1976, Visual interpretation of Landsat imagery for a reconnaissance soil survey of the Ganges river fan southwest of Hardwar, India. ITC J. 1976-1: S. 26-44

Hilf, H.H., 1923, Die Bedeutung des Luftbildes für die Forstwissenschaft. Silva (1923), S. 393-395

Hirsch, S.N., Kruckeberg, R.F., Madden, F.H., 1971, The bisprectral forest fire detection system. Proc. 7. Symp. on Remote Sensing of Environment, Ann Arbor 1971, S. 2253-2272

Hirt, F.H., 1975, Infrarot-Wärmeaufnahmen: Die Darstellung der Großstadtlandschaft Ruhrgebiet im Wärmebild. Schriftenr. Siedlungsverb. Ruhrkohlenbez., Essen, H.58: 99-123

Hitchcock, H.C., McDonell, J.P., 1979, Biomass measurement: a synthesis of the literature. Proc. Forest Resources Inventories. Colorado State Univ. Ft.Collins, Vol.II, S. 544-595

Hobbie, D., 1976, Numerische Einpassung am Entzerrungsgerät SEG 5 mit der Orientierungseinrichtung OCS 1. BuL 44: 164-168

Hobbie, D., 1987, Introduction into the new product generation from Zeiss: P-Series Planicomb/ Phocus- Photgrammetrische Wochen, Stuttgart, H.12, S. 21-24

Hočevar, M., Hladnik, D., Kovač, M., 1994, Verwendung digitaler Orthophotokarten für die forstliche Bestandeskartierung. Tagungsband „Photogrammetrie und Forst", Freiburg 1994, S. 155-168

Hoekman, D.H., 1984, Radar backscattering of forest stands. Proc. IGARSS Symp.'84. ESA – SP – 215: 141-148

Hoekman, D.H., 1985, Texture analysis of SLAR image as an aid in automised classification of forestet areas. ESA/JRC Publ. S.A./ 1:04 E 2 – 85 12/2, S. 99-109

Hoekman, D.H., 1987, Measurements of the backscatter and attenuation properties of forest stands at X, C and L Band. RSoE 23: 397-416

Hoekstra, A., 1972, Infrarot-Luftphotographie als Hilfsmittel bei der Untersuchung des Gesundheitszustandes von Stadtgrünanlagen (in holländisch). Groen 1972, S. 186-196

Hofer, R. Mätzler, C., 1980, Investigations of snow parameters by radiometry in the 3 to 60 mm wavelength region. J. Geophys. Res. 85: 453 ff

Hoffer, R.M., Johannson, C.J., 1969, Ecological potentials in spectral signature analysis. In: Remote Sensing in Ecology. Athens, Georgia, 1969, S. 1-19

Hoffer, R.M. und 4 Koautoren, 1979, Digital processing of Landsat MSS and topographic data to improve capabilities for computerized mapping of forest cover types. LARS, Purdue Univ. Techn. Rep. 011579

Hoffer, R.M., Swain, P.H., 1980, Computer processing of satellite data for assessing agricultural, forest and rangeland resources. I.Arch.Ph. XXIII – B7: 437-446

Hoffmann, H., 1989, Mit MIR ins 21. Jahrhundert. TRANS Magazin Luft-und Raumfahrt 1989, S.30-39

Hofmann, O., 1976, Zwischenpräsentation für ein opto-elektronisches Satellitenbildaufnahmegerät im sichtbaren und nahen IR-Bereich. MBB Ottobrunn, maschinenvervielfältigt

Hofmann, O., Nave P., Ebner, H., 1984, DPS – a digital photogrammetric system for producing digital elevation models and orthophotos by means of linear array scanner imagery. PE&RS 50: 1205-1211

Hofstee, P., 1976, Actual space use map Enschede – urban land use inventory with photo Interpretation. ITC J. 1976-3, S. 431-455

Holben, B.N., Justice, C.O., 1981, An examination of spectral band rationing to reduce the topographic effect on remotely sensed data. IJRS 2: 115 ff

Holdridge, L.R., 1966, The life zone system. Adsonia 6: 199-203

Hölzer, M. und 3 Koautoren, 1985, Land use classification of radar image segments. ESA/JRC Publ. S.A./ 1.04 2 – 58 12/2, S. 553 -572

Hönsch, H., 1993, Erfassung und Klassifizierung von tropischen Regenwaldformationen und anthropogenen Nutzungen anhand von multisensoralen Satellitenbilddaten am Beispiel Brasiliens. Diss. Univ. Trier und DLR Forschungsber. DLR-FB 93-15

Hooser, D.D.v., Cost, N.D., Lund, H.G., 1993, The history of the forest survey programm in the United States. Proc. Forest Resources Inventory and Monitoring and Remote Sensing Technology. IUFRO Centenial Meeting Berlin 1992, Forest Planning Press Kyoto 1993, S. 19-27

Horn, B., 1981, Hill shading and the reflectance map. Proc. IEEE 1981, Vol.69, Nr.1

Horne, A.I.D., Rothnie, B., 1985, The use of optical SAR-580 data for forest and non-woodland tree survey. ESA/JRC Publ. S.A./1.04 E 2 -85 12/2, S. 143-147

Hosius, A., 1973, Holzvorratsermittlung mit Hilfe der Luftbilder (Laubbäume). Dipl. Arb. Univ. Freiburg

Hovis, W.A., 1965, Infrared spectral reflectance of some common materials. Appl. Optics 5: 245-248

Howard, J.A., 1970, Aerial photo ecology. Faber & Faber, London 1970

Howard, J.A., 1971, The reflective foliaceous properties of tree species. In: Application of Remote Sensors in Forestry, Freiburg 1971, S. 127-146

Howard, J.A., 1974, Aerial albedos of natural vegetation in south-eastern Australia. ERIM Symp., Ann Arbor 1974, S. 1301-1307

Howard, J.A., 1991, Remote sensing of forestry resources. Chapman & Hall, London

Howard, J.A., Schwaar, D.C., 1978, Role and application of high altitude photography in the humid tropics with special reference to Sierra Leone. I.Arch.Ph. XXII – 7: 1403-1430

Howard, J.A., Mitchell, C.W., 1980, Phyto-geomorphic classification of the landscape. Geoforum 11: 85-106

Howard, J.A., Schade, J., 1982, Towards a standardized hierarchical classification of vegetation for remote Sensing. FAO Bull. 2 Remote Sensing Series, Rom

Howard, J.A., Kalensky, Z.D., Blasco, F., 1985, Concepts for global mapping of woody vegetation using remote sensing data. FAO RSC Series Nr.32, Rom

Howard, J.A., Lantieri, D., 1987, Vegetation classification, landsystems, and mapping using SPOT multispectral data. Proc. SPOT 1 first in-flight results. CNES, Toulouse 1987, S. 137-150

Huang, T.S.(Hrsg.), 1979, Picture processing and digital filtering. Topics in Applied Physics, Vol.6, Springer

Hugershoff, R., 1911, Die Photogrammetrie und ihre Bedeutung für das Forstwesen. Tharandter Forstl. Jahrb. 62: 123-132

Hugershoff, R., 1933, Die photogrammetrische Vorratsermittlung, Tharandter Forstl. Jahrbuch 84: 159-166

Hunt, G.R., Salisbury, J.W., 1971, Visible and near infrared spectra of minerals and rocks: II, carbonates. Modern Geology 2: 23-30

Hunting Geology + Geophysics Ltd., 1972, Side looking radar survey of Nicaragua by Westinghouse Electric Corporation: report on operations and interpretation of imagery. Borehamwood

Hunting Technical Service (Hrsg.), 1978, NIRAD Project interpretation phase – Summary. Borehamwood

Huss, J. (Hrsg.), 1984 a, Luftbildmessung und Fernerkundung in der Forstwirtschaft. Wichmann, Karlsruhe

Huss, J., 1984 b, Der Einsatz der Fernerkundung für Zwecke der mittelfristigen Forstbetriebsplanung. In: Luftbildmessung und Fernerkundung in der Forstwirtschaft. Wichmann, Karlsruhe, S. 248-263

Huss, J., 1984 c, Fernerkundungsverfahren zur Erfassung der freilebenden Tierwelt und ihres Lebensraumes. In: Luftbildmessung und Fernerkundung in der Forstwirtschaft. Wichmann, Karlsruhe, S. 362-370

Ihse, M., 1978, Survey mapping of Swedish vegetation from the interpretation of aerial photographs. I.Arch.Ph. XXII – 7: 1431-1437

Ihse, M. Wastenson, L., 1975, Aerial photo interpretation of Swedish mountain vegetation – a methodological study of medium scale mapping. Swedish Environmental Protection Board PM 396

INPHO (Stuttgart), o.J., SCOP – Digitale Geländemodelle – Produktionsinformation. INPHO, Stuttgart

Itten, K.I. und 4 Koautoren, 1985, Inventory and monitoring of Sri Lankan forests unsing remote sensing techniques. Proc. IUFRO Conf. on Inventorying and monitoring Endangered Forests. Zürich 1985, S. 93-98

Itten, K.I. und 5 Koautoren, 1986, Sri Lanka's solution to landuse mapping and monitoring for third world countries development. Proc. IGARRS, Zürich '86

Jaakkola, S. und 3 Koautoren, 1985, Optimal emulsion for large scale mapping (Test Steinwedel). OEEPE Publ. 15

Jaakkola, S., Hagner, O., 1988, Multisensor remote sensing for forest monitoring. Proc. IUFRO 4.02.05 Meeting, Hyyttälä, Univ. Helsinki, Dept. of Forest Mensuration and Management, Res. Note 21, S. 146-158

Jaakkola, S., Poso, S., Skramo, G., 1988, Satellite remote sensing for forest inventory – experiences in nordic countries. Scand. J. For. Res. 3: 545-567

Jackson, R.D., Slater, P.N., Pinter, P.J., 1983, Discrimination of growth and waterstress in wheat by various vegetation indices through clear and turbid atmosphere. RSoE 13: 187-208

Jacobsen, K., 1980, Vorschläge zur Konzeption und zur Bearbeitung von Bündelausgleichungen. Wiss. Arb. d. Fachrichtung Vermessungswesen, Univ. Hannover, Nr.2

Jacobsen, K., 1992, Advantages and disadvantages of different space images for mapping. I.Arch.Ph. XXIX – B2: 162-168

Jadhav, R.N., Kandiya, G.V., Tandon, M.V., 1987, Monitoring of afforestation and deforestation within forest blanks at forest compartment level through remote sensing. Proc. Nat. Symp. on Remote Sensing in Landtransformation and Management, Hyderabad 1987, S. 137-146

Jakob, J.A., Lamp, J., 1978, The compilation of agro-phenological crop calenders for remote sensing of cultured landscapes. I.Arch.Ph. XXII – 7: 1611-1624

Jansa, J., 1983, Rektifizierung von Multispektral-Scanneraufnahmen. Geow. Mitt., T.U. Wien, H.24

Jensen, J.R., 1983, Urban/suburban land use analysis. MRS, ASP, 2. Aufl., S. 1571-1666

Jensen, S.K., Waltz, F.A., 1979, Principal components analysis and canonical analysis in remote sensing. Proc. 45. Ann. Meeting ASP, Falls Church, S. 337-348

Jerie, H.G., 1953/54, Beitrag zu numerischen Orientierungsverfahren für gebirgiges Gelände. Phia 1953/54: 22-30

Jerie, H.G., 1957/58, Block adjustment by means of analogue computers. Phia 1957/58: 161-176

Jupp, D.L.B., Adomeit, E., 1981, Spatial analysis, an annoted bibliography. CSRIO, Inst. f. Biological Resources, Canberra 1981, Dir. Rep. 81/2,

Jürgens, K., Spitzer, F., 1995, Das Area Frame Sampling Verfahren zur Trainingsgebietsauswahl – angewendet im Landkreis Regensburg. Tagungsband „Fernerkundung und GIS in der Ökologie des Landes", Göttingen 1995

Justice, C.O., Wharton, J.W., 1981, Application of digital terrain data to quantify and reduce the topograhic effect on Landsat data. IJRS 3: 213-230

Justice, C.O. und 3 Koautoren, 1985, An analysis of the phenology of global vegetation using meteorological satellite data. IJRS 6: 1271-1318

Kadro, A., 1973, Die Auswertung von Infrarot-Farbluftbildern für eine Inventur des Vitalitätszustandes der städtischen Straßenbäume in Freiburg. Dipl. Arb. Univ. Freiburg

Kadro, A., 1981, Untersuchungen der spektralen Reflexionseigenschaften verschiedener Vegetationsbestände. Diss. Univ. Freiburg

Kadro, A., 1990, Forest damage inventory using Landsat imagery by means of computer-aided classification. I.Arch.Ph. XXVIII – 7/1: 425-432

Kadro, A., Kenneweg, H., 1973, „Das Baumsterben" auf dem Farb-Infrarotluftbild. Das Gartenamt 1973: 149-157

Kalensky, Z.D., 1993, FAO remote sensing activities in environmental monitoring and forest cover assessment in developing countries. Proc. Forest Resource Inventory and Monitoring and Remote Sensing Technology. IUFRO Centenial Meeting Berlin, 1992. For. Planning Press, Kyoto, S.255-270

Kalensky, Z.D und 4 Koautoren, 1978, Thematic map of Lombok Island (Indonesien) from Landsat computer compatible tapes. Proc. 12. Int. Symp.on Remote Sensing of Environment, Manila 1978, S. 1349-1365

Kalensky., Z.D., Reichert, P.G., Singh, K.D., 1991, Forest mapping and monitoring in developing countries based on remote sensing. In: Fernerkundung in der Forstwirtschaft. Wichmann. Karlsruhe, S. 230-251

Kändler, G., 1986, Die Ermittlung von Bestandesparametern als Eingangsgrößen für Interzeptionsmodelle mit Hilfe aerophotogrammetrischer Verfahren. Diss. Univ. Freiburg und Mitt. Forstl. Versuchs- und Forschungsanstalt Baden-Württemberg, H. 127

Karl, J., Lerchenmüller, L., Stiefel, D., 1960, Die Bedeutung des Luftbildes für die Wildbachverbauung. Der Tiefbau (1960): 635-642

Kattenborn, G., 1991, Atmosphärenkorrektur von multispektralen Satellitendaten für forstliche Anwendungen. Diss. Univ. Freiburg

Kattenborn, G., Nezry, E., de Grandis, G., Sieber,A.J., 1994, High resolution detection and monitoring of changes using ERS-1 time series. Proc. 2. ERS-1 Symp. Hamburg, 1993. ESA SP – 361, 1994, S. 635-642

Kaufman, Y.J., 1985, The atmospheric effect on the separability of field classes measured from satellites. RSoE 18: 21-34

Kaufman, Y.J., Sendra, C., 1988, Algorithm for atmospheric correction to visible and near IR satellite imagery. IJRS 9

Kauth, R.J., Thomas, G.S., 1976, The Tasseled Cap – a graphic description of the spectral-temporal development of agricultural crops as seen by Landsat. Proc.2. Ann. Symp. on Machine Processing of Remotely Sensed Data, East Lafayette, Indiana. S. 41-51

Keenan, P.B., Schowengerdt, R.A., Slater, P.N., 1970, Interim post flight calibration report on Apollo 9 multiband photography experiment S 065. OSC Techn. Memo 2

Keil, M. und 3 Koautoren, 1988, Forest mapping with satellite imagery. Proc. Willi Nordberg Symp., Graz 1987, S. 225-234

Keil, M. und 3 Koautoren, 1990, Forest mapping using satellite imagery.The Regensburger map sheet 1: 200 000 as example. JPRS 45: 33-46

Keil,M., Winter, R., Hönsch, H., 1994, Tropical rainforest investigation in Brazil using ERS-1 SAR data. Proc. 2. ERS-1 Symp. Hamburg 1993. ESA SP-361, S. 481-484

Kellersmann, H., 1978, Bestandesdaten aus Luftbildern für städtische Planungsaufgaben. I.Arch.Ph. XXII – 7: 935-942

Kellersmann, H., 1984, Städtisches Baumkataster. In Angewandte Fernerkundung. Vincentz, Hannover. S. 221-223

Kenneweg, H., 1971, Color and false-color photography: ist growing use in forestry – an European view. In: Application of Remote Sensors in Forestry, Freiburg, S 57-73

Kenneweg, H., 1972, Die Verwendung von Farb- und Infrarot-Farbluftbildern für Zwecke der forstlichen Photointerpretation unter besonderer Berücksichtigung der Erkennung und Abgrenzung von Kronenschäden in Fichtenbeständen. Diss. Univ. Freiburg

Kenneweg, H., 1975, Objektive Kennziffern für die Grünplanung in Stadtgebieten aus IR-Farbluftbildern. Landschaft + Stadt 7: 35-43

Kenneweg, H., 1979, Luftbildauswertung von Stadtbaumbeständen, Möglichkeiten und Grenzen. Mitt. Dt.D endrologische Ges. 71: 159-192

Kenneweg, H., 1980, Luftbildinterpretation und die Bestimmung von Belastung und Schäden in vitalitätsgeminderten Wald- und Baumbeständen. Schriftenr. Forstl. Fak. Univ. Göttingen Bd. 62

Kenneweg, H., 1981, Luftbildinventuren und Zustandsänderungen von belasteten Stadtbaumbeständen. In: Bäume in der Großstadt. 10. Ökologie Forum Hamburg 1981

Kenneweg, H., 1994, Forest condition and forest damages – Contribution of remote sensing to different inventory approaches. Geo-Journ. 32: 47-53

Kenneweg, H., Nagel, J., 1983, Vorschläge für ein mehrphasiges Inventurmodell zur großräumigen Erfassung des Zuwachsganges in geschädigten Fichtenwäldern. AFZ 30: 763-766

Kenneweg, H., Runkel, M., 1988, Waldschadens- und Waldstrukturanalyse Schleswig-Holstein. Schriftenr. d. Fachbereichs Landschaftsentwicklung T.U. Berlin Bd. 36

Kenneweg, H., Förster, B., Runkel, M., 1989/1991, Diagnose und Erfassung von Waldschäden auf derr Basis von Spektralsignaturen. In: Untersuchung und Kartierung von Waldschäden mit Methoden der Fernerkundung. DLR, Oberpfaffenhofen, Abschl. Ber. Teil A, S. 142-161 und TeilB 6

Kenny, G.P., Demel, K.J., 1975, Skylab programm, Earth Resources experiment package, sensor performance evaluation. Final Rep. Vol. 1 (S 190 A), Nasa CR 144 563

Kessler, A., 1985, Über die kurzwellige Albedo eines Kiefernwaldes. Meteor. Rundschau 38: 82-91

Kessler, R., 1986, Radarbildinterpretation für forstliche Anwendung und Landnutzungsinventur. Diss. Univ. Freiburg

Kharin, N.G., 1973, Spectral reflectance characteristics of the U.S.S.R main tree species. Proc. Symp. IUFRO S 6.05, Freiburg 1973, S. 1-20

Kharin, N.G., Prokudin, J.A., 1967, Spektralnaja jarkost i osobennosti deshifrirovanija listvennitci sibirskoi v gornykh lesakh Tuvy (Spektrale Helligkeit von sibirischen Lärchen im Bergwald der Tuva Region). Biolicheskie Nauki Nr. 6

Kim, C., 1988, Signaturanalyse auf der Grundlage von CIR-Luftbildern zur quantitativen Erfassung des Kronenzustandes der mitteleuropäischen Hauptbaumarten. Diss. Univ. Freiburg

Kirchhof, W. und 4 Koautoren, 1988, Spectral characterisation of forest damage in beech, oak and pine stands. Proc. IGARRS, 1988, ESA SP – 284.

Kleinn, C., 1991, Der Fehler von Flächenschätzungen mit Punktrastern und linienförmigen Stichproben. Diss. Univ. Freiburg

Kleinn, C., 1993, GPS als Hilfsmittel für Forsteinrichtungen ? AFZ 48: 715-716

Klier, G., 1969, Zur Bestimmung des Kronenschlußgrades im Luftbild. Archiv für Forstwesen 18: 871-876

Klier, G., 1970, Aerophotogrammetrische Messungen an Einzelbäumen bei der Holzart Fichte. Archiv für Forstwesen 19: 543-553

Kneizys, F.X. und 7 Koautoren, 1988, Users guide to LOWTRAN 7. Air Force Geoühysics Lab. Hauscomb AFB, Massachusetts. AFGL – TR -88 – 0177

Knipling, E.B., 1969 a, Leaf reflectance and image formation on colour infrared film. In: Remote Sensing in Ecology, Athens, Georgia, S. 17-29

Knipling, E.B., 1969 b, Physical and physiological basis for the reflectance of visible near infrared radiation from vegetation. RSoE 1: 155-159

Koch, B., 1987, Untersuchungen zur Reflexion von Waldbeständen mit unterschiedlichen Schadsymptomen auf der Grundlage von Labor- und Geländemessungen. Diss. Univ. München

Koch, B., Förster, B., Ammer, U., 1992, The use of polarimetric radar remote sensing data for application in forestry. Europ. ISY Conf. 1992. ESA/ISY -1, Vol. II, S. 789-793

Koch, B., Förster, B., 1993 a, Auswertung polarimetrischer Radarbilddaten über Wald. Proc. Application of Remote Sensing in Forestry, Zvolen 1993, 80-85

Koch, B., Förster, B., Münsterer, M., 1993 b, Vergleichende Auswertung unterschiedlicher Bildverarbeitungsalgorithmen für eine Waldkartierung auf der Basis multispektraler SPOT-1-Daten. ZPF 61: 143-149

Kodak, 1982, Kodak data for aerial photography. Kodak Publ. M – 29, 5. Aufl.

Koepke, P., 1986, Clear land anisotropy conversion factors: a comparison of theoretical and experimental results. Proc. ISLSCP Conf. Rom 1986. ESA SP – 248, S. 271-276

Köhl, M., 1991, Vierphasige Stichprobeverfahren zur Holzvorratsschätzung: Ergebnisse einer Pilotinventur in Indien. In: Fernerkundung in der Forstwirtschaft. Wichmann, Karlsruhe, S. 170-187

Köhl, M., 1994, Statistisches Design für das zweite Schweizerische Landesforstinventar: Ein Folgeinventurkonzept unter Verwendung von Luftbildern und terrestrischen Aufnahmen. Mitt. Eidgen. Forschungsanstalt für Wald, Schnee und Landschaft, Bd. 69, H.1

Köhl, M., Pelz, D.R. (Hrsg.), 1990, Forest Inventories in Europe with special reference to statistical methods. Proc. IUFRO Symp. S 4.02/6.04, Birmensdorf 1990. Publ.: Eidgen. Forschungsanstalt WSL, Birmensdorf

Köhl, M., Sutter, R., 1991, Application of aerial photographs in the estimation of standing volume in the Swiss NFI. Proc. IUFRO S 4.02/ S. 6.04 Symp. Birmensdorf 1990, S. 176-191

Kölbl, O., 1982, Stichprobenweise Luftbildauswertung zur Erneuerung der Arealstatistik: Geometrische Aspekte und Genauigkeitsanalysen. In: Nouvelle Statistique de la Superficie en Suisse. Publ. Nr.19 Inst. de Geodesie et Mensuration / Inst. de Photogrammétrie T.U. Lausanne

Kölbl, O., 1992, Popularization of photogrammetry, I.Arch.Ph. XXIX – B2: 601-607

Kölbl, O., Trachsler, H., 1978, Großräumige Landnutzungserhebungen mittels stichprobenweiser Auswertung von Luftbildern. ORL-Inst. Zürich DISP Nr.51, S. 36-50

Kommitten for Skoglig Fotogrammetri, 1955, Tolkning av flygbilder. Esselte AB, Stockholm

Komp, K.U, 1981/1984, Datensammlung für das Raumordnungsverfahren im Zuge der Bundesbahn-Ausbaustrecke Karlsruhe – Basel. Hansa Luftbild Ber. 1981, zit. aus „Angewandte Fernerkundung", Vincentz, Hannover 1984, S. 151-158

Konecny, G., 1972, Geometrische Probleme der Fernerkundung. BuL 40: 162-172

Konecny, G., 1976, Mathematische Modelle und Verfahren zur geometrischen Auswertung von Zeilenabtaster-Aufnahmen. BuL 44: 188-197

Konecny, G., 1991, Der Einsatz von Fernerkundungsdaten in GIS. In: Fernerkundung in der Forstwirtschaft, Freiburg, S. 21-31

Konecny, G., 1995, Satellitenfernerkundung und Kartographie. GIS 2/1995: 3-12

Konecny, G., Lehmann, G., 1984, Photogrammetrie. de Gruyter, Berlin/New York, 4. Aufl.

Konecny, G., Kruck, E., Lohmann, P., 1986, Ein universeller Ansatz für die geometrische Entzerrung von CCD-Zeilenabtasteraufnahmen. BuL 54: 139-146

Koopmans, B.N., 1973, Drainage analysis on radar images. ITC J. 1973-3, S. 1973

Koopmans, B.N. und 4 Koautoren, 1985, A side- looking radar survey over the Iberian pyrite belt in southwest Spain. ESA/JRC S.A./ 1.o4 E 2-85 12/2, S. 317-361

Kraus, K., 1972, Interpolation nach kleinsten Quadraten in der Photogrammetrie. BuL 40: 7-12

Kraus, K., 1979, Zur Theorie der Klassifizierung multispektraler Bilder. BuL 47: 119-128

Kraus, K., 1982/84 und 1986/87, Photogrammetrie. Dümmler, Bonn, 1. Aufl. Bd. 1: 1982, Bd. 2: 1984, 2. Aufl. Bd. 1: 1986, Bd. 2: 1987

Kraus, K., 1988/90, Fernerkundung. Dümmler, Bonn. Bd.1 1988, Bd.2 (mit Beiträgen von J. Jansa und W. Schneider) 1990

Kraus, K. und 3 Koautoren, 1979, Digitally controlled production of orthophotos and stereo-orthophotos. PE&RS 45: 1353-1362

Krause, W., 1955, Pflanzensoziologische Luftbildauswertung. Angew. Pflanzensoziologie, H. 10

Krause, W., 1962, Das Luftbild im Dienste der Standortserkundung auf Mittelgebirgsweiden. I.Arch.Ph. XIV – 7: 384-355

Krinov, E.L., 1947, Spektral'naja otrazatel'naja sposobnost' prirodnych obrazovanij (Spektrale Reflexionseigenschaften natürlicher Formationen) Lab. Aeromet., Akad. Nauk SSSR, Moskau, Leningrad 1947, (engl.Übersetzung: Nat. Res. Council Canada T.439, 1953)

Kritikos, G., Müller, R., Reinhartz, P., 1988, Optimisation for classification of forest damage classes. Proc. 4. Int. Colloq. of Spectral Signatures of Objects in Remote Sensing. ESA SP – 287

Kuan, D. und Koautoren, 1987, Adaptive Restoration of images with speckle. IEEE Transact. „Acoustic, Speech and Signal Processing", Vol. ASSP – 35, Nr.3

Kronberg, P., 1985, Fernerkundung der Erde – Grundlagen und Methoden des Remote Sensing in der Geologie. Stuttgart

Kubik, K., 1971, The effect of systematic image errors in block triangulation. ITC Publ. A 49

Kumar, R., Silva, L., 1973, Light ray tracing through a leaf cross section. Appl. Optics 12: 2950-2954

Kuntz, S., 1989, Untersuchungen zur Analyse computergestützter Waldschadensklassifizierung. Diss. Univ. Freiburg

Kuntz, S., 1991, Anwendung von Satellitendaten zur Erfassung und Kartierung von Sturmschäden. In: Fernerkundung in der Forstwirtschaft. Wichmann, Karlsruhe, S. 124-134

Kuntz, S., Siegert, F., 1994, Evaluation of ERS-1 SAR data for forest monitoring in Indonesia. Proc.1. ERS-1 Pilot Project Workshop, Toledo 1994. ESA SP – 365, S. 263-271

Kuntz, S., Siegert, F., (1995), Dipterocarp forest mapping and monitoring by satellite data – a case study from East Kalimantan (Druck in Vorbereitung)

Kürsten, E., 1983, Luftbild-Folgeinventuren und Baumkataster als Grundlage für eine nachhaltige Sicherung innerstädtischer Vegetationsbestände, dargestellt am Beispiel der Stadt Düsseldorf. Diss. Univ. Göttingen

Kurt, A., 1962, Luftbild und Planung von Erschließungsanlagen. Mitt. Eidgen. Anstalt f.d. forstl. Versuchswesen 38, H.1, S. 149-154

Kurt. A., Etter, F., Schmidli, B., 1962, La distribuzione des castagno nei boschi, al piede sud delle Alpi svizzere determinata mediante aerofotografie. Mitt. Eidgen. Anstalt f.d. forstl. Versuchswesen 38, H. 1, S. 161-166

Kusché, W., Schneider, W., Mansberger, R., 1994, Schutzwaldphasenkartierung aus Luftbildern. Tagungsber. „Photogrammetrie und Forst", Freiburg 1994, S. 199-208

Kushwaha, S.P.S., 1990, Forest type mapping and change detection from satellite imagery, JPRS 45: 175-181

Kushwaha, S.P.S., Madvahan Unni, N.V., 1987, Impact of shifting agriculture and forest degradation and land transformation – a case study in Meghalaya using Landsat TM data. Proc. Symp. on Remote Sensing in Landtransformation and Management, Dehra Dun 1987, S. 147-149

Kushwaha, S.P.S., Madhavan Unni, N.V., 1989, Hybrid interpretation for tropical forest classification. Asian Pac. Remote Sensing Journ. 1: 69-75

Kushwawa, S.P.S., Kuntz, S., Oesten, G., 1994, Application of image texture in forest classification. IJRS 15: 2273-2284

LaBau, V.J., Schreuder, H.T., 1983, A multiphase, multiresource inventory procedure for assessing renewable resources and monitoring changes. Proc. Int. Conf. on Rennewable Resources Inventory and Monitoring, Corvallis 1983, S. 456-459

LaBau, V.J., Winterberger, K.G., 1988, Use of four-phase sampling design in Alaska multiresource vegetation inventories. Proc. IUFRO S 4.05 Meeting, Hyyttälä, Univ. Helsinki Dept. of For. Mensuration and Management Res. Note 21, S. 85-102

Laer, W.v., 1955, Einführung in die forstliche Photogrammetrie. In: Neudammer Forstliches Lehrbuch, Neumann, Melsungen, 11. Aufl., Bd. 2, S. 41-71

Laer, W.v., 1964, Das Taschenmeßstereoskop – ein neues Universalgerät für landeskundliche Luftbildauswertungen. In: Geogr. Taschenbuch 1964/65, S. 339-340

Landauer, G., Voss, H.H. (Hrsg.), 1989, Untersuchung und Kartierung von Waldschäden mit Methoden der Fernerkundung. Dort auch das gleichnamige Kap.5.7. Abschlußdokumentation Teil A. DLR Oberpfaffenhofen

Lang, G., 1969, Die Ufervegetation des Bodensee im farbigen Luftbild. Landeskundl. Luftbildausw. im mitteleuropäischen Raum, H. 8, Bad Godesberg

Lang, G., 1970, Vegetationskundliche Luftbildinterpretation am Bodensee. I.Arch.Ph. XVIII – 7

Lange, G., 1978, On the system design of Podium. I.Arch.Ph. XXII – 7: 213-227

Langley, P.G., 1962, Computer analysis of spectrophotometric data as an aid in optimizing photographic tone contrast. Symp. on Detection of Underground Objects. Ft. Belvoir, USA 1962

Langley, A., 1965, Automatic aerial photo interpretation in forestry – how it works and what it will be do for you. Proc. Ann. Meeting Soc. American Foresters 1965, S. 172-177

Langley, P.G., 1975, Multistage variable probability sampling: theory and the use in estimating timber resources from space and aerial photography. Ph.D. Thesis, Univ. of Michigan in Ann Arbor

Langley, P.G., Aldrich, R.C., Heller, R.C., 1969, Multistage sampling of forest resources by using space photography. Proc. 2. Ann. Earth Resources Aircraft Progr. Review, NASA, MSC Houston 1969 (2), S. 1-21

Larcher, G., Anthore, N., 1978, Remote sensing of some forest damaged plants by false colour photography, spectroradiometry visible and near IR. I.Arch.Ph. XXII – 7: 751-770

La Toan, T., 1991, Relating forest parameter for SAR data. Proc. IGARSS '91, Helsinki

Lauer, D.T., Benson, A.S., 1973, Classification of forestlands with ultra-high altitude, small scale false-color infrared photography. Proc. Symp. IUFRO 6.05, Freiburg 1973, S. 143-162

Lavingne, D.M., 1976, Counting Harp Seals with ultraviolet photography. Polar Record 18: 269-277

Leberl, F., 1974, Evaluation of SLAR image quality and geometry in PRORADAM. ITC J. 1974-4, S. 518-546

Leberl, F., 1979, Accuracy analysis of stereo side looking radar. PE&RS 45: 1083-1096

Leberl, F., 1990, Radargrammetric image processing. Artech House, Norwood, Mass.

Leberl, F., Jensen, J., Kaplan, J., 1976, Side looking radar mosaicking experiment. PE&RS 42: 1035-1042

Leberl, F. und 3 Koautoren, 1979, Mapping of ice and measurement of its drift using aircraft synthetic aperture radar images. J. Geophys. Res. 84 /C4: 1827-1835

Lee, J., 1981, Refined filtering of image noise using local statistics. Computer Graphics and Image Processing, Vol.24

Lee, J., 1983, Digital image smoothing and the SIGMA Filter. Computer Vision, Graphics and Image Processing, Vol. 25

Lee, T., Kaufman, Y.J., 1986, Non-lambertian effects on remote sensing surface reflectance and vegetation index. IEEE Transactions GE – 24, S. 699-708

Leedy, D.L., 1960, Photo interpretation in wildlife Management. Manual of Photographic Interpretation, ASP, S. 521-530

Lenz, R., 1988, Zur Genauigkeit der Videometrie mit CCD Sensoren. Springer, Berlin, Inform. Fachber. 18, S. 179-189

Li, C., 1988, Two adaptive Filters for speckle reduction in SAR imagery by using the variance ratio. IJRS 9: Nr. 4

Lichtenegger, J., Seidl, K., Kübler, O., 1978, Methoden der Überlagerung von Landsat-Bildern für multispektrale Landnutzungskartierung. BuL 46: 53-61

Lichtenthaler, H.K., 1990, Application of chlorophyll fluorescence in stress physiology and remote sensing. In: Application of Remote Sensing in Agriculture. Butterworth Scientific, London, S.287-305

Lillesand, T.M., Kiefer, R.W., 1979/1985, Remote Sensing and Image Interpretation. J. Wiley &. Sons, New York, Chichester, Brisbane, Toronto, 1. Aufl. 1979, 2. Aufl. 1985, 3. Aufl. 1994

Lillesand, T.M., Eav, B.B., Manion, P.D., 1979, Quantification of urban tree stress through microdensitometric analysis of aerial photography. PE&RS 45: 1401-1410

List, F.K. und 3 Koautoren, 1978, Geological interpretation of Landsat imagery of southwestern Egypt.. I.Arch.Ph. XXII – 7: 2195-2208

Loetsch, F., 1962, Die Bedeutung des Luftbildes bei Waldinventuren in den Tropen. AFZ 17: 9-17

Loetsch, F., Haller, K.E., 1964, Forest inventory. BLV, München

Löfström, K., 1932, Entzerrung von Luftbildern und Verfahren zur Herstellung von Luftbildplänen. BuL 7: 98-109

Lohmann, K., 1991, An evidential reasoning approach to the classification of satrellite images. DLR FB 91-29 Oberpfaffenhofen

Lopes, A. und 3 Koautoren, 1993, Structure detection and statistical adaptive speckle filtering in SAR images. IJRS 14: 1735-1758

Lorenz, D., 1972, Untersuchungen zum Verhalten nächtlicher Kaltluftflüsse am Taunus unter Verwendung von Wärmebildern. 2. Arbeitsber. Reg. Planungsgem. Untermain, S. 23-51

Lorenz, D., 1973, Die radiometrische Messung der Boden- und Wasseroberflächentemperaturen und ihre Anwendung auf dem Gebiete der Meteorologie. Zeitschr. für Geophysik 39: 627-7

Lösche, P., 1993, FIPS – Freiburg's Image Processings System – und PODIUM – Polygon Oriented Digital Image Utilization Management System. Nenutzerhandbuch, Abt. Luftbildmessung und Fernerkundung, Univ. Freiburg

Lowman, P.D., 1965, Space photography – a review. PE 31: 76-86

Luhmann, T., 1991, Aufnahmesysteme für die Nahbereichs-Photogrammetrie. ZPF 59: 80-87

Lund, H.G., 1993, Sampling design for national forest inventories. Proc. Ilvessalo-Symp. on National Inventories. Finn. For. Res. Inst., Res. Paper 444. S. 16-24

Lyons, E.H., 1966, Fixed airborne 70 mm photography, a new tool for forest sampling. For. Chronicle 42: 420-431

Lyons, E.H., 1967, Forest sampling with 70 mm fixed air-base photography from helicopters. Phia 22: 213-231

MacDonald, R.B., Hall, F.G., 1978, The Lacie expierience – a summary. I.Arch.Ph. XXII – 7: 1625-1646

Madhavan Unni, N.V., 1990, Space and Forest Management in India. Proc. 41. IHF Congr. Dresden 1990, S. 49-69

Madhavan Unni, N.V., 1993, Application of remote sensing for forest management in developing Countries – Indian example. Proc. Forest Resource Inventory and Monitoring and Remote Sensing, IUFRO Centenial Meeting Berlin 1992, Forest Planning Press, Kyoto. S. 182-195

Madhavan Unni, N.V., Murthy Naidu, K.S., Kushwaha, S.P.S., 1986, Monitoring forest cover using satellite remote sensing techniques with special reference to wildlife sanctuaries and national parks. Proc. Sem. on Wildlife Habitat Evaluation using Remote Sensing Techniques, Hyderabad 1986

Mahrer, F., 1980, Application of aerial photography in the Swiss National Forest Inventory. I.Arch.Ph. XXIII – 7: 589-599

Makarovic, B., 1973, Digital mono plotters. ITC J. 1973-4: S. 583-600

Makarovic, B., 1976, A digital terrain model system. ITC J. 1976-1: S. 57-83

Makarovic, B., 1982, Data base updating by digital monoplotting. ITC J. 1982-4: S. 384-390

Malingreau, J.P., Tucker, C.J., 1987, The contribution of AVHRR data for measuring and understanding of global processes: Large scale deforestation in the Amazon Basin. Proc. IGARSS '87, Ann Arbor, S. 484-489

Malingreau, J.P., Batholome, E., Barisano, E., 1987, Surveillance de la production agricole en Afrique de l'ouest. Necessite d'une integration de differentes plateformes satellitaires. In: SPOT 1, utilisatio des images, bila, resultats, S. 353-370

Mansberger, R., 1992, Ein System zur visuell-digitalen Zustandsbeurteilung von Baumkronen auf Farbinfrarot- Luftbildern. Diss. Univ. für Bodenkultur Wien

Mansberger, R., 1994, Digitale Photogrammetrie: Anwendungen in der Forstwirtschaft. Tagungsband „Photogrammetrie und Forst", Freiburg 1994, S. 209-220

Markwitz, W., Reigber, C., und 9 Koautoren, 1993, The German Processing and Archiving Facility for ERS-1. Doc. PAF DESC Oberpfaffenhofen

Markwitz, W.und 5 Koautoren, 1995, Radarkarte Deutschland. ZPF 63: 150-159

Martin-Kaye, P.H.A. und Koautoren, 1982, Fracture trace expression and analysis in radar imagery of rain forest terrain (Peru). In: Radar Geology, an assessment. JPL, Passadena Publ. 80 – 61

Masumy, S.A., 1984, Interpretationsschlüssel zur Auswertung von Infrarot-Luftbildern für die Waldschadensinventur. AFZ 27: 687-689

Matérn, B., 1964, A method of estimating the total lenght of roads by means of a line survey. Studia For. Swedica 18: 68-70

Matérn, B., 1985, Estimating area by dot count. In: Contributions to probability and statistics. Dep. Math. Stat., Lund, Schweden, S. 243-257

Matson, M., Wiesnet, R.R., 1983, Remote sensing of weather and climate. MRS, ASP, 2. Aufl., S.1305-1370

Mattila, E., 1985, The combined use of systematic fiel and photo samples in an large-scale forest inventory in North Finnland. Comm. Inst. For. Fenn. 131: 1-97

Maurer, H., 1965, Untersuchungen zur Unterscheidbarkeit landwirtschaftlicher Kulturen in farbigen Luftbildern, gezeigt am Beispiel der Landnutzung im nordschweizerischen Raum. Diss. Univ. Zürich

Mauser, H., 1991 a, Einsatz von analytischen Auswertegeräten und GIS bei forstlichen Aufgaben. In: Fernerkundung in der Forstwirtschaft. Wichmann, Karlsruhe, S. 58-64

Mauser, H., 1991 b, Homogenität und Stabilität des Interpretationsverhaltens bei der einzelbaumweisen Kronenbeurteilung aus Farbinfrarotluftbildern. Cbl. f.d. ges. Forstwesen 108: 315-329

Maxin, J., 1991, Untersuchung zum Anwendungspotential der analytischen Photogrammetrie für die Dauerbeobachtung in Luftbildern. Diss. Univ. Freiburg 1991

Mayer, H., 1985, Baumschwingungen und Sturmgefährdung des Waldes. Münchn. Univ. Schriften, Fak. für Physik, Wiss. Mitt. 51

McGlone, J., Mikhail, E., 1981, Photogrammetric analysis of aircraft multispectral scanner data. Rep. CE-PH-81-3, School of Civil Engn., Purdue Univ. West Lafayette

McKeon, J.B., 1979, Remote sensing of the resources of Los Andes Region Venezuela. ERIM Rep. 305 200 – 7 F, Ann Arbor, Michigan

Mecke, R., Baldwin, W.G.G., 1937, Warum erscheinen die Blätter im ultraroten Licht hell? Die Naturwisschaften (1937): H. 20

Mégier, J., Mehl, W., Ruppelt, R., 1985, Methodological studies of rural land use classification of SAR and multisensor imagery. ESA/JRC Publ. S.A. 1.04E 2-85 12/2 (SAR 580 Project), S. 693-722

Meienberg, P., 1966, Die Landnutzungskartierung nach Pan-, Infrarot- und Farb-Luftbildern. Münchn. Studien zur Sozial- und Wirtschaftsgeographie, Bd.1

Meier, H.K., 1984, Progress by forward motion compensation for Zeiss aerial cameras. BuL 52: 143-152

Meisner, D.E., 1986, Fundamentals of airborne video remote sensing. RSoE 19: 63-79

Meissner, B., 1984, Fernerkundung bei der Grünplanung für die Stadtregion Berlin (West). Berl. Geowiss. Abhandl. Reihe C, 3: 5-21

Miller, C.L., Laflamme, R.A., 1958, The digital terraain model – theory and application. PE 24: 433-442

Miller, L.D., Williams, D.L., 1978, Monitoring forest canopy alteration around the world with digital analysis of Landsat Imagery. I. Arch.Ph. XXII - 7, 1721-1762

Miller, S.B., 1992, Thiede, J.E., Walker, A.S., 1992, A line of high performance digital photogrammetric workstations – the synergy of General Dynamics, Helava Associates and Leica. I.Arch.Ph. XXIX – B2: 87-94

Miller, S.B., DeVenecia, K.J., 1992, Automatic elevation extraction and the digital photogrammetric workstation. ASPRS Techn. Papers 1992, Vol. 1, S. 572-580

Minnus, E., 1967, Spektrale Remission unbewachsener Böden als Faktor bei der Luftbildinterpretation. Schriftenr. Geogr. Luftbildinterpretation, H.2, Bundesanstalt für Landeskunde und Raumforschung, Bonn-Bad Godesberg

Ministerio das Minas e Energia (Brasilien), 1973-76, Projete Radambrasil – Programma de Integracao Nacional. 10 Bände, Rio de Janeiro

Ministerium für Ernährung, Landwirtschaft, Umwelt und Forsten Baden-Württemberg 1984, Dorfentwicklung – das Luftbild als Planungshilfe. MELUF, Stuttgart

Mintzer, O.W., 1983, Engineering Applications. MRS, ASP, 2. Aufl., S. 1955-2110

Mitscherlich, G., 1975/81, Wald, Wachstum und Umwelt. Bd.I, 2. Aufl. 1978, Bd.II, 2. Aufl.1981, Bd.III, 1. Aufl.1975. Sauerländer, Frankfurt a.M.

Molenaar, M., Stuiver, J., 1987, A PC digital monoplotting system for map updating. ITC J. 1987-4, S. 346-358

Moore R.K., 1983, Radar fundamentals and scatterometers. MRS, ASP, 2. Aufl., S. 369-427

Moore, R.K. und 3 Koautoren, 1983, Imaging radar systems. MRS, ASP, 2. Aufl., S. 429-474

Mössner, R., 1990, Totholz im Nationalpark Bayrischer Wald. Entwicklung des Anteils abgestorbener Fichten nach den Windwurfereignissen 1983/84. Auswertung von Farbinfrarot-Luftbildern 1981-1988-1989-1990. Bayr. Landesanstalt für Wald und Forstwirtschaft 1990

Mössner, R., Dietrich, A., 1994, Einzelbaumbezogene photogrammetrische Luftbildaus-wertung und deren Anwendung im Rahmen von Schutzwald-Sanierungsprojekten. Tagungsband „Photogrammetrie und Forst", Freiburg 1994, S. 239-250

Mosbacher, H., Scholze, H.E., 1979, Untersuchungen über mögliche Korrelationen zwischen Strukturen, die auf Infrarot-Farbluftbildern zu erkennen sind, und Bodeneigenschaften

Müller, G., 1931, Stereophotogrammetrische Messungen am Bestand. Diss. Forstl. Hochschule Tharandt

Müller, J., 1968, Blockausgleichung mit Modellen in der großmaßstäblichen Photogrammetrie. Diss. Univ. Hannover

Münch, D., 1993, Bestandesdynamik von Naturwaldreservaten – eine Dauerbeobachtung in Luftbildzeitreihen. Diss. Univ. Freiburg

Münch, D., 1995, Dokumentation von Waldstrukturen mit Luftbildern aus der laublosen Zeit. Forst und Holz 50: 44-48

Muecksch, W.M.C., 1982, Monitoring ecology in inaccessible areas of tropical zone by interpretation of machine processed Landsat scenes. I. Arch.Ph. XXIV – 7, 451-460

Murtha, P.A., 1972, A guide to airphoto interpretation of forest damage in Canada. Can. For. Serv. Publ. 1292, Ottawa

Murtha, P.A., MacLean, J.A., 1981, Extravisual damage detection ? Defining the standard normal tree. PE&RS 47: 515-522

Myers, B.J., 1978, Separation of Eucalyptus species on the basis of crown colour on large scale colour aerial photographs. Austr. For. Res. 8: 139-151

Myers, B.J., Benson, M.L., 1981, Rainforest species on large scale color photos. PE&RS 47: 505-513

Myers, V.I., 1970, Soil, water and plant relations. In: Remote Sensing. Nat. Acad. of Science, Washington D.C., S. 253-297

Myers, V.I., 1983, Remote sensing applications in agriculture. MRS, ASP, 2. Aufl., S. 2111-2228

Myers, V.I. und 3 Koautoren, 1978, Remote sensing for monitoring resources for development and conservation of desert and semidesert areas. South Dakota State Univ. SDSU – RSI – 79 – 14

Naidu, M.K.S.,1991, Vegetation mapping using satellite data through an combination of visual and digital techniques. Rep. Abt. Luftbildmessung und Fernerk., Univ. Freiburg

Nakajima, I., Hasegawa, K., 1962, A study on photo density measurement of some forest types. Bull. of the Gov. Forest Exp. Station, Tokyo, Nr. 141, S. 31-49

Nefedjev, V.V., 1993, Forest inventory and monitoring in Russia. Proc. Ilvessalo Symp. on National Forest Inventories. Finn. For. Res. Inst., Res. Paper 444, S. 96-98

Neumann, C., 1933, Beitrag zur Vorratsermittlung aus Luftmeßbildern. Zeitschr. für Weltforstwirtschaft 1933, S. 147-158, 195-233

Nicolau-Barlad, G.V., 1938, Über die heutige Photogrammetrie und ihre Anwendungsmöglichkeiten in der Forstwirtschaft und Wildbachverbauungstechnik der Karpathen und Balkanländer. Diss. Forsthochsch. Tharandt

Nixon, P.R., Escobar, D.E., Menges, R.M., 1985, A multiband video-system for quick assessment of vegetal conditions and discrimination of plant species. RSoE 17: 203-208

Norwood, V.T., Lansing, J.C., 1983, Electro-optical imaging sensors. MRS, ASP, 2. Aufl., S.335-367

NRSA (Nat. Remote Sensing Agency, India), 1983, Report on forest cover mapping in India from satellite imagery 1972-75 and 1980-82. NRSA, Hyderabad

Nübler, W., 1979, Konfiguration und Genese der Wärmeinseln der Stadt Freiberg. Diss. Univ. Freiburg

Nuesch, D.R., 1984, Classification of SAR imagery from an agricultural region using digital texture analysis. ESA/JRC Publ. S.A. / 1.04 E 2 – 85 12/2, S. 489-498

Oesten, G., Kuntz, S., Gross, C.P. (Hrsg.), 1991, Fernerkundung in der Forstwirtschaft. Wichmann, Karlsruhe

Oester, B., 1989, Spezialisten im Dienste der Forschungsgruppen. Wald und Holz Nr.7, 1989, S. 600-605

Oester, B., 1991, Erfassung der Waldschadenentwicklung anhand großmaßstäblicher Infrarot-Farbluftbilder. Diss. ETH Zürich

Oester, B. und 4 Koautoren, 1990, Das Sanasilva-Teilprogramm „Waldzustandserfassung mit Infrarot-Luftbildern". Ber. Eidgen. Forschungsanstalt Wald, Schnee, Landschaft, H. 317

Ohya, M., 1961, Die Überflutungen bei Nagoya (Japan) im Gefolge des Taifun „Vera". Geogr. Rundschau 13, H. 9

Olson, C.E., 1962, Seasonal trends in light reflectrance from tree foliage. I.Arch.Ph. XIV – 7: 226-232

O'Neill, H.T. und Koautoren, 1950/1952/1953, US Navy Dept, Techn. Reports: Rep. Nr 1 (1950), An experimental system of keys for the interpretation of vegetation on aerial photographs. Rep. Nr. 5 (1952), Preliminary keys for the interpretation of vegetation from aerial photographs of the Arctic and Subarctic region. Rep. Nr.6 (1953), Investigation of methods of determining terrain conditions by interpretation of vegetation from aerial photographs.

Opfermann, H.C., 1986, Sie malten Bilder mit der Kamera. In: Sternstunden der Technik, Econ, Düsseldorf /Wien, S. 235-260

Orr, D.G., 1968, Multiband color photography. ASP Manual of Color Aerial Photography, S. 441450

Otepka, G., Loitsch, J., 1976, Ein Programm zur digital gesteuerten Orthophotoproduktion. Geowiss. Mitt., Univ. für Bodenkultur Wien, H. 8, S. 23-49

Paivinen, R., Rautianen, S., 1990, Spectral reflectance of forest stands. Proc. SNS/IUFRO Workshop Umea 1990. Remote Sensing Lab., Swedish Univ. of Agric. Sci, Umea. Rep. 4, S. 3-8

Pala, S., 1978, Spaceborne remotely sensed data as applied by the Ontarion Centre for Remote Sensing: present and future. I.Arch.Ph. XXII – 7: 857-874

Parker, R.C., Johnson, E.W., 1970, Small camera aerrial photography. The K-20 system. J.For. 68: 152-155

Parlow, E., (1995), Corrections of terrain controlled illumination effects in satellite data. Proc. 15. EARSeL Symp. Basel 1995, (in Vorbereitung)

Peake, W.H., Oliver, T.L., 1971, The response of terrestrial surfaces at microwave frequencies. Ohio State Univ. Electr. Sci. Lab. Rep APAL – TR – 70 – 301

Peerenboom, H.G., 1975, Erfahrungen bei der Einführung forstlicher Orthophotokarten aus der Sicht der Forstdirektion Koblenz. AFZ 25: 14-18

Peerenboom, H.G., 1984, Luftbildauswertung für Forstvermessung und Forstkartierung. In: Luftbildmessung und Fernerkundung in der Forstwirtschaft. Wichmann, Karlsruhe, S. 263-273

Pelz, D.R., Cunia, T. (Hrsg.), 1985, Forstliche Nationalinventuren in Europa. Mitt. Abt. Forstl. Biometrie, Univ. Freiburg, 85 -3

Pelz, E. Nutzung von Daten der Geofernerkundung in der Forstwirtschaft. Lehrheftreihe „Geofernerkundung", H. 12, Dresden 1985

Pelz, E., Drechsler, M., 1989, Zehn Jahre Erfahrungen mit dem Einsatz der Luftbildtechnik für Inventuren von Waldschäden. Techn. Inform. d. zivilen Luftfahrt, 25: 177-179

Perlwitz, W., 1963 a Ein einfaches Parallaxenmeßgerät. Vermessungstechnik 1963, S. 30-31

Perlwitz, W., 1963 b, Hilfsmittel für die Baumhöhenbestimmung aus Luftbildern – Parallaxen meßscheibe und Baumhöhenrechner. Soz. Forstw. 1963, S. 150-153

Pfeiffer, B., Weimann, G., 1991, Geometrische Grundlagen der Luftbildinterpretation. Wichmann, Karlsruhe, 2. Aufl.

Philippi, G., 1977, Die vegetationskundliche Luftbildinterpretation als Mittel zur Erfassung von Trophiestufen im Gewässerbereich am mittleren Oberrhein. Schriftenfolge Landesk. Luftbildausw., Bundesanstalt Landesk. und Raumordnung, H.132, S. 33-48

Poidevin, M., Tuinivanua, O., 1994, Digital mapping capability at Department of Forestry, Fiji-Islands. GIS and Remote Sensing News, Fiji User Group, Nr.6, S. 7

Pollanschütz, J., 1968, Erste Ergebnisse über die Verwendung eines Infrarot-Farbfilms in Österreich für Zwecke der Rauchschadensfeststellung. Cbl. f.d. ges. Forstwesen 85: 65-79

Pollé, V.F.L., 1974, Landuse surveys in city centres. ITC J. 1974-4, S. 490-505

Poole, P.J., 1989, The prospect for small format photography in arctic animal surveys. Photogramm. Rec. 13: 229-236

Poso, S., 1972, A method of combining photo and field samples in forest inventory. Comm. Inst. For. Fenn. 76: H.1, 1-114

Poso, S., 1990, Frame for using remote sensing in forest planning. Proc. SNS/IUFRO Workshop Umea 1990. Remote Sensing Lab., Swedish Univ.of Agric. Sci, Rep. 4, S. 31-34

Poso,S., 1991, Experiences of using remote sensing in Scandinavian forestry. In: Fernerkundung in der Forstwirtschaft. Wichmann, Karlsruhe, S. 135-146

Poso, S., Kujala, M., 1978, A method for National Forest Inventory in northern Finnland. Comm. Inst. For. Fenn. 93: 1-54

Poulton, C.E., 1975, Range Resources: Inventory, Evaluation and Monitoring. MRS, ASP, 1. Aufl, S. 1427-1478

Preto, G., 1984, Inventario dei boschi non publici regione del Veneto. Dip.For. Mestre

Preto, G., 1985, Inventrio del boschi publici. Rapporto sui danni di origina scono sciuto regione del Veneto. Dip. For. Mestre

Pinz, A., 1994, Bildverstehen. Springer Wien/New York

Pröbsting, T. (Hrsg.), 1994, Photogrammetrie und Forst. Wichmann, Karlsruhe

Pulliainen und 3 Koautoren, 1993, Backscattering properties of boreal forests at C- and X-bands. Proc. IGARSS '93, Tokio. IEEE 93 CH 3294 – 6, Vol. 1, S. 388-390

Quakenbush, R.S., 1960, The development of photointerpretation. Manual of Photographic Interpretation, ASP Wahington D.C. 1960, S. 1-18

Quenzel, F., Köpke, P., Kriebel, K.T., 1983, Streuung, Absorption, Emission und Strahlungsübertragung in der Atmosphäre. Promet. 13 (3/4): 2-8

Quiel, F., 1984, Landnutzungskarte Baden-Württemberg aus Landsat-Daten. Praxis Geographie 1984, H. 6, S. 33-37

Raggam, J., Almer, A., Strobl, D., 1992, Multisensor mapping using SAR in conjunction with optical data. I.Arch.Ph. XXIX – B2: 556-563

Raggam, J. Buchroithner, R., Mansberger, R., 1989, Relief mapping using non-photographic space-borne imagery. JPRS 44: 21-36

Ranz, E., Schneider, S., 1970, Äquidensitenfilm als Hilfsmittel bei der Photointerpretation. BuL 38: 123-134

Rao, K.R., Deckshatulu, B.L., Krishnam Raju, K., 1978, Spectral signatures of water bodies with different turbidities. I.Arch.Ph. XXII – 7: 771-805

Raschke, E., 1983, Strahlungshaushalt, Niederschlag, Schnee. Promet 13 (3/4): 13-22

Raschke, E., Rieland, M., Stuhlmann, R., 1991, Fernerkundung der planetaren Strahlungsbilanz. Promet 21 (1/2): 17-23

Ray, R.G., 1960, Aerial photographs in geologic interpretation and mapping. USGS, Reston, Va. Prof. Paper 373

Reading, C.J., Dubock, P.A., 1993, Envisat-1: Europe's major contribution to earth observation for the late nineties. ESA Bull. 76: 15-28

Rebel, K., 1924, Das Flugbild im Dienste der Forsteinrichtung. Ber. 21. Hauptvers. d. Deutschen Forstvereins, Bamberg 1924, S. 180-189

Regensburger, K., 1990, Photogrammetrie. Verlag für Bauwesen Berlin / Wichmann, Karlsruhe

Reichelt, G., Wilmanns, O., 1973, Vegetationsgeographie. Westermann, Braunschweig 1973

Reichert P.G., 1976, Vegetationskundliche Auswertung multi-spektraler Scanneraufzeichnungen. Proc. Symp Remote Sensing in Forestry. IUFRO Congr. Oslo 1976, S. 191-202

Reichert, P.G.,1978, The multispectral scanner as a research tool for signature measurements. I.Arch.Ph. XXII – 7: 695-704

Reichert, P. G., 1983, Evaluation of airborne multispectral scanner data for the discrimination of healthy and diseased sugar beets. In: Detection of Sugar Beet Disease Using Remote Sensing Techn.. CEC Publ. Eur 8678 EN 1983, S. 72-98

Reichert, P.G. und 4 Koautoren, 1989, Evaluation de l'emploi d'images SAR pour la cartographie de l'utilisation du sol en Tunesie: le cas de M'Saken. FAO, Rom RSC Serie 51

Reichert, P.G., Kalensky, Z.D., 1992, Forest mapping and monitoring in developing countries based on remote sensing. In: Application of Remote Sensing and GIS in Environmental and Natural Resources Management and Monitoring. DSE/FAO Feldafing, Rep. S. 46-70

Reidelstürz, P., 1994, Forstlich terrestrische Stereophotogrammetrie. Tagungsband „Photogrammetrie und Forst", Freiburg 1994, S. 297-305

Reimold, R.J., Gallagher, J.L., Thompson, D.E., 1973, Remote sensing of tidal marsh. PE 39: 477-488

Reinhold, A., 1966, Studie über die Möglichkeit der Identifizierung von ständig feuchtebeeinflußten und vernäßten Ackerböden durch die Anwendung von falschfarbigen Luftbildern. I.Arch.Ph. XVI – 7: II 13-25

Rhody, B., 1976, Ein 70 mm Stereo-Kamerasystem für die Waldaufnahme von leichten Flächenflugzeugen aus. Proc. Symp. Remote Sensing in Forestry. IUFRO Congr. Oslo 1976, S. 61-78

Rhody, B., 1977, Anwendung eines 70 mm Stereo-Kamerasystems mit großmaßstäblicher Auswertung für die Waldinventur. Forstarch. 48: 65-70

Rhody, B., 1982, Ein kombiniertes Inventurverfahren mit photogrammetrischen und terrestrischen permanenten Stichproben für Intensiv- und Großrauminventuren, Fw.Cbl. 101: 36-48

Rice, W.E., Smith, O.G., Foster, N.G., 1978, Earth resources observation from space – NASA's experiences and projection for the 1980's. I.Arch.Ph. XXII – 7: 33-50

Richardson, A.J., Wiegand, C.L., 1977, Distinguishing vegetation from soil background information. PE&RS 43: 1541-1552

Richter, G., 1962, Die Hilfe des Luftbildes für die praktische Bodenerosionsforschung. I.Arch.Ph. XIV – 7: 327-332

Richter, M., 1978, Farbmetrik. In: Lehrbuch der Experimentalphysik, Bd. III: Optik. De Gruyter, Berlin, S. 641-690.

Rinner, K., 1956, Zur analytischen Behandlung photogrammetrischer Aufgaben. BuL 24: 1-10, 4456

Robinson B.F., deWitt, D.P., 1983, Electro-optical non-imaging sensors. MRS, ASP, 2. Aufl., S.293-333

Rock, B.N., Hoskizaki, T., Miller, J.R., 1988, Comparison of in situ and airborne spectral measurements of the blue shift associated with forest decline. RSoE 24: 109-127

Rock, B.N., Williams, D.L., Moss, D.M., 1990, Analysis of high spectral resolution field and laboratory

Schultz. G., 1965, Untersuchungen zur Genauigkeit photogrammetrischer Höhenlinien in Waldgebieten. Diss. TU Berlin. und DGK, Bayr. Akad. d. Wiss., Reihe C, H. 77

Schulz, A., 1982, Stadtökologische Wirkungsgefüge und ihre Bilanzierung in einem praxisbezogenen
Bewertungsmodell. Diss. Univ. Mainz

Schulz, B.S., 1988, Hypothesenfreie Landnutzungsklassifizierung aus Landsat 5 TM Bilddaten. ZPF 56:
89-97

Schulze, R., 1970, Strahlenklima der Erde. Steinkopff, Darmstadt

Schürholz, G., 1971, Die Bedeutung der Luftbildinterpretation mit Hilfe von 35 mm-Kameras für die
Forstpraxis. AFJZ 142: 163-168

Schürholz, G., 1972, Der Einsatz von Luftbild und Flugzeug in den Bereichen des Wildlife- Management und der Wildbewirtschaftung. Diss. Univ. Freiburg

Schut, G., 1956, Analytical aerial triangulation and comparison between it and industrial aerial triangulation. Phia 11: 311-318

Schut, G., 1957, Analysis of methods and results in analytical aerial triangulation. Phia 12: 16-32

Schut, G., 1967, Block adjustment by polynomial transformations. PE 33: 1042-1053

Schwebel, R., 1971, Neue Instrumente zur Digitalisierung von photogrammetrischen Modellen.
BuL39: 48-54

Schwebel, R., 1976, Das neue photogrammetrische Datenerfassungs- und Überwachungssystem ECO-
MAT 12. BuL 44: 151-158

Schwidefsky, K., Ackermann, F., 1976, Photogrammetrie. Teubner, Stuttgart, 7. Aufl.

Schwill, U., 1980, Über die Anwendung von Luftbildern in der Praxis der deutschen Forsteinrichtung.
Dipl. Arb. Univ. Freiburg

Segebaden, G.v., 1993, The Swedish National Forest Inventory – a review of aims and methods. Proc.
Ilvessalo Symp. on National Forest Inventories. Finn. For. Res. Inst., Res. Paper 444, S. 4146

Sekliciotis, S., Collins, W., 1978, Remote sensing applications: survey of urban open space using colour
infrared aerial photography. I.Arch.Ph. XXII – 7: 969-990

Sheffield, C., 1985, Selecting band combination from multspectral data. PE&RS 51: 681-687

Shull. C.A., 1929, A spectrophotometric study of reflection of light from leaf surfaces. Bot. Gaz. (1929):
583-607

Sicco Smit, G., 1975, Will the road to the green hell be paved with SLAR – a case study of tropical rain
forest type mapping in Columbia. ITC J. 1975-2, S. 245-266

Sicco Smit, G., 1978, SLAR for forest type – classification in a semi-deciduous tropical region.
I.Arch.Ph. XXII – 7: 1931-1947

Siddiq, M.A., 1972, Ein Beitrag zur Methode regionaler Landentwicklungsplanung in ariden Gebieten
insbesondere zur Luftbildauswertung für die Zustandsanalyse. Diss. Univ. Freiburg

Sieber, A.J., 1985 a, Forest signatures in imaging and non-imaging microwave scatterometer data. ESA
J., Vol. 9 (1985): 431-447

Sieber, A., 1985 b, Statistical analysis of SAR-images. IJRS 6: 1555-1572

Simonett, D.S., 1983, The development and principles of remote Sensing. MRS, ASP, 2. Aufl., S.1-30

Simonett, D.S., Davis, R.E., 1983, Image Analysis – Active Microwave. MRS, ASP, 2. Aufl., S.1125-1181

Sinclair, T.R., Schreiber, M.M., Hoffer, R.M., 1973, Diffuse reflectance hypothesis for the path-way of
solar radiation through leaves. Agron. J. 65: 276-283

Singh, K.D., 1990, Design of a global tropical forest resource assessment. PE&RS 56: 1353-1354

Sinicin, S.G., 1964, Neues über die Anwendung von Luftbildmaterial in der Forstwirtschaft der RSFSR.
Archiv für Forstwesen 13: 1321-1335

Smith, J.A., 1983, Matter-Energy interaction in the optical region. MRS, ASP, 2. Aufl., S. 61-113

Smith, J.T., Anson, A. (Hrsg.), 1968, Manual of color aerial photography. ASP, Falls Church, Va.

Sohlberg, S., 1991, The use of remote sensing for forest mapping and planning in Sweden. In: Fernerkundung und Forstwirtschaft. Wichmann, Karlsruhe, S. 147-152

Sonnenburg, C.R., 1978, Overview of Brazilian remote sensing activities. I.Arch.Ph. XXII – 7: 815-833

Southern, H.N., Lewis, W.A.S., 1938 Infrared photography of arctic birch forest and falls. J.Ecol. (1938):
328-331

Spellmann, H., 1976, Analyse von Straßenbäumen im Hamburger Stadtgebiet mit Hilfe von Farb-
Infrarot-Luftbildern. Dipl. Arb. Univ. Göttingen

Spencer, R.D., Hall, R.J., 1988, Canadian large scale aerial photographic system. PE&RS 54: 475-482

Spiecker, M., 1957, Das Stereo-Bildreihen-Verfahren. AVN 64: 139 ff

Spiess, E., 1980, Revision of topographic maps – results of the Fribourg test by Comm. D of the OEEPE. I.Arch.Ph. XXIII – B4: 655-665

Spurr, S.H., 1960, Photogrammetry and photointerpretation. Ronald Press, New York

Spurr, S.H., Brown, C.T., 1945, The Multiscope: a simple stereoscopc plotter. PE 11: 171-178

Stänz, K., 1978, Atmosphärische Korrekturen von Multispektraldaten des Erderkundungssatelliten Landsat 2. Diss. Univ. Zürich 1978

Stark, E., 1973, Testblock Oberschwaben, Programm I. Results of strip adjustment. OEEPE Publ. 8, S. 49-81

Steiner, D., 1961, Die Jahreszeit als Faktor bei der Landnutzungsinterpretation auf panchromatischen Luftbildern. Schriftenfolge für Landeskunde, Bundesanstalt Landeskunde und Raumordnung, Nr.5

Steiner, D., Gutermann, T., 1966, Russian data on spectral reflectance of vegetation, soil and rock types. Final Tech. Rep., Dept. of Geography, Univ. Zürich

Steiner, D., Häfner, H., 1965, Tone distortion for automated interpretation. PE 31: 269-280

Steiner, D., Maurer, H., Kilchemann, A., 1966, Quantitative Auswertung von Farb-Luftbildern zur Identifizierung landwirtschaftlicher Kulturen. BuL 34: 47-56

Steller, 1936, Untersuchungen der Genauigkeit, mit der sich die Höhenmessung einzelner Objekte mittels des Zeiss'schen Stereometers aus Luftbildern entnehmen lassen. Ber. Nr. 10, Inst. f. Photogrammetrie, T.H. Berlin

Stellingwerf, D.A., 1962, Holzmassenbestimmung von Pinus silvestris aus Luftbildern in den Niederlanden. AFZ 17: 29-30

Stellingwerf, D.A., 1966/68, Practical applications of aerial photographs in forestry and other vegetation studies. ITC Publ. B 36-38/1966, B 46-48/1968

Stellingwerf, D. A., 1968, The usefulness of Kodak Ectachrome Infrared Aero film for forestry purposes. I.Arch. Ph. XVIII – 7

Stellingwerf, D.A., 1971, Aspects of the use of aerial remote sensors in tropical forestry. In: Application of Remote Sensors in Forestry, Freiburg, S. 89-98

Stellingwerf, D.A., 1973 a, Application of aerial volume tables and aspects of their construction. Proc. Symp. IUFRO S 6.05, Freiburg 1973, S. 211-228

Stellingwerf, D.A., 1973b, Apllication of aerial photography to gross mean annual volume growth determination. Proc. Symp. IUFRO S 6.05, Freiburg 1973, S. 229-251

Stellingwerf, D.A., 1978, A comparative test of unrestricted, stratified, two-phase and two-stage PPS timber volume sampling using an orthophotomosaic. I.Arch.Ph. XXII – 7: 1819-1828

Stellingwerf, D.A., 1991, Two-phase (aerial photo-field) sampling for spruce-fir volume determination. In: Fernerkundung in der Forstwirtschaft. Wichmann, Karlsruhe, S. 153-162

Stibig, H.J., 1988, Untersuchung zum Anwendungspotential von SPOT- und TM-Daten für die digitale land- und forstwirtschaftliche Landnutzungsklassifikation anhand von Simulations- und Originalaufnahmen. Diss. Univ. Freiburg

Stibig, H.J., Baltaxe, R., 1991, NOAA AVHRR Satellitenaufnahmen für großräumige Waldflächenerfassung. In: Fernerkundung in der Forstwirtschaft. Wichmann, Karlsruhe, S. 258-265

Stock, P., 1978, Interpretation von Wärmebildern der Stadtregion von Essen. I.Arch.Ph. XXII – 7: 1017-1029

Stolitzka, G., 1991, Forstkartierung, Forsteinrichtung und Geographische Informationssysteme. In: Fernerkundung in der Forstwirtschaft. Wichmann, Karlsruhe, S. 1-20

Strahler, A.H., Logan, N.A., Bryant, N.A., 1978, Improving forest cover classification accuacy from Landsat by introducing topographic information. Proc. 12. Int. Symp. on Remote Sensing, ERIM, Ann Arbor 1978, S. 727-742

Stübner, K., 1953, Das Luftbild im Dienste der geomorphologischen Feinanalyse. Diss. Univ. Jena

Stuhlmann, R., Raschke, E., 1987, Satellite measurements of the earth radiation budget: sampling and retrieval of short wave existences – a sampling study. Beitr. zur Physik der Atmosphäre 60: 393-410

Sturge, J.M. (Hrsg.), 1977, Neblette's Handbook of Photography and Reprography. v. Nostrand, New York, 7. Aufl.

Suits, G.H., 1983, The natur of radiation. MRS, ASP, 2. Aufl., S. 37-60

Sukhikh, V.I., 1980, Forest remote sensing system. I.Arch.Ph. XXIII – B8: 894-899

Sukhikh, V.I., Sinicin, S.G., 1976, Methoden der Luftbildinventur bei der Forsteinrichtung in der UdSSR. Soz. Forstwirtschaft 26: 21-25

Sukhikh. V.I., Ljakhov, V.A., Popov, L.I., 1984, Experimental operations on piloted spaceships on long term orbital stations for forestry interests. UN Int. Trainig Workshop on Earth Remote Sensing Data, Moskau 1984.

Sutter, R., 1990, Increasing efficiency in volume estimation by combination of aerial and terrestrial samples in Swiss NFI. Proc. SNS/FAO Symp. The Usability of Remote Sensing for Forest Inventory and Planning. Rem. Sens. Lab., Swedish Univ. of Agriculture Umea, Rep 4, S. 67-75

Tandon, M.N., 1974, Untersuchungen zur Stammzahlermittlung und darauf aufbauender Holzvorrats-bestimmung. Diss. Univ. Freiburg

Teillet, P.M., 1986, Image correction for radiometric effects in remote sensing. IJRS 7: 1637-1651

Tepassé, P., 1987, Verfahren zur luftsichtbaren Markierung von Einzelbäumen. AFZ 41: 344-345

Tepassé, P., 1987, Die Klassifizikation von Symptomen des Waldsterbens im Farbinfrarot-Luftbild und die Eignung des Farbfilms für gleiche Zwecke. Bericht für die ECE

Tepassé, P., 1988, Qualitative und quantitative Beziehungen zwischen terrestrischen und aerialen Daten des Waldzustandes. Diss. Univ. Freiburg

Thee, P., Zeller, J., Hägeli, M., 1990, Wildbachverbauung: Photogrammetrische Geländeauswertungen. Schriftenr. d. Eidgen. Anstalt f.d. Forstl. Versuchswesen, Nr.324

Thomas, J.R. und 3 Koautoren, 1966, Factors affecting light reflectance of cotton. Proc. 4. Int. Symp. on Remote Sensing of Environment, ERIM, Ann Arbor 1966, S. 305-312

Thomas, J., Kober, W., Leberl, F., 1991, Multiple image SAR shape from shading. PE&RS 57: 51-59

Thomas, R.W., 1990, Some thoughts on the development of remote sensing aided national forest inventory in Sweden. Proc. SNS/FAO Symp. The Utilisation of Remate Sensing for Forest Inventory and Planning. Rem. Sens.Lab., Univ. of Agriculture Umea, Rep. 4, S. 48-66

Thorley, G.A., DeNoyer, J.M., 1978, Remote sensing from space: experiences from the seventies – programs for the eighties, as viewed by the EROS Program. I.Arch.Ph. XXII – 7: 51-60

Tice, R.R., Larson, R.O., 1978, Experience with hybrid infrared-visible viewing from low flying aircraft. I.Arch.Ph. XXII – 7: 179 -194

Tiwari, K.P., 1975, Tree species identification on large scale aerial photographs at new forest. Indian For. 10: 791-807

Tolčenikov, I.S., 1966, Dešifrvanie po aerosnimam počv severnogo Kazachstana (Lesostepnaja) (Luft-bildinterpretation der Böden Nordkasachstans (Waldsteppe)). Lab. Aeromet. Akad. Nauk SSSR, Izd. Nauka, Moskau, Leningrad

Tomašegovič, Z., 1961, Značenje aerosnimaka za uredjivanje bujica (Die Bedeutung der Luftaufnahme für die Wildbachverbauung). Šum. List. (1961): 368-370

Tomppo, E., 1990, Designing a satellite image-aided National Forest Survey in Finnland.. Proc.SNS/FAO Symp- The Usability of Remote Sensing for Forest Invetory. Rem.Sens. Lab, Univ. of Agriculture Umea, Rep. 4 S. 43-47

Tomppo, E., 1993, Multi-source National Forest Inventory of Finland. Proc. Ilvessalo Symp. on National Forest Inventies. Finn. For. Res. Inst, Res. Paper 444, S. 52-60

Toth, C.K., Schenk, T., 1992, A GIS workstation-based analytical plotter. I.Arch.Ph. XXIX – B2: 240-244

Townshend, J.R., 1981, Terrain analysis and Remote Sensing. Allen & Unwin, London

Trachsler, H., 1984, Stichprobenweise Auswertung von Luftbildern für die Neugestaltung der schweizerischen Arealstatistik. In: Angewandte Fernerkundung. Vincentz, Hannover, S. 118-121

Tretjakov, N.V., Gorskij, P.V., Samojlovič, G.G., 1956, Spravočnik taksatora (Handbuch des Taxators. Teil VIII: Luftbildinterpretation). 2. Aufl., Izd. Lesn. Prom. Moskau

Trevett, J.W., 1978, Vegetation mapping of Nigeria from radar. Proc. 12, Int. Symp. on Remote Sensing of Environment, Manila 1978, S. 1919-1935

Trevett, J.W., 1986, Imaging radar for resources surveys. Chapman and Hall, London

Triendl.,E. und 5 Koautoren, 1982, DIBIAS-Handbuch, DFVLR Oberpfaffenhofen

Troll, C., 1939, Luftbildplan und ökologische Bodenforschung. Zeitschr. der Gesellschaft für Erdkunde (1939): 241-298

Troll, C., 1966, Luftbildforschung und landeskundliche Forschung. Erdkundl. Wissen, Schriftenr. Forschung und Praxis, H.12

Tucker, C.J., 1979, Red and photographic infrared linear combinations for monitoring vegetation. RSoE 8: 127-150

Tucker, C.J., Garrett, M.W., 1977, Leaf optical system modeled as a stochastic process. Appl. Optics 16: 635-642

Tucker, C.J. und 3 Koautoren, 1981, Remote sensing of total dry matter accumulation in winter wheat. RSoE 11: 171-189

Tuinivanua, O., 1995, Stratification of secondary forest in Fiji. GIS & Remote Sensing News. Fiji User Group Nr. 10, S. 8 -10

Turner, R.E., 1987, Elemination of atmospheric effects from remote sensor data. Proc. 12, Int. Symp. on Remote Sensing of Environment, Ann Arbor, S. 785-793

Tzschupke, W., 1974, Untersuchungen zur automatischen Identifizierung forstlich bedeutsamer Bildgestalten durch digitale Auswertung von an Infrarot-Farbluftbildern gemessenen Farb- und Texturparametern. Diss. Univ. Freiburg

Tzschupke, W., 1983, Überlegungen zum Einsatz von Orthophotos bei einer Landesforstverwaltung. BuL 51: 69-73

Ulaby. F.T., Moore, R.K., Fung, A.K., 1981/1982/1986, Microwave remote sensing – active and passive. Vol. 1, 1981, Vol. 2, 1982, Addison-Wesley, Reading, Vol. 3, 1983, Artech House, Dedham

Ulaby, F.T., Carver, K.R., 1983, Passive mikrowave radiometry. MRS, ASP, 2. Aufl., S. 475-516

Ulaby, F.T. und 3 Koautoren, 1986, Textural information in SAR images. IEEE Transact. Geoscience and Remote Sensing GE – 24: 235-245

Ulaby, F.T., Elachi, C. (Hrsg.), 1990, Radar polarimetry for geoscience applications. Artech House Inc., Norwood, Massachusetts

Ulliman, J.J., French, D.W., 1977, Detection of oak wilt with color IR aerial photography, PE&RS 43: 1267-1272

Ulliman, J.J., Garton, E.O., Keay, J.A., 1979, Wildlife habitat classification using large scale aerial photographs. In: Forest Resources Inventories, Ft. Collins, Colorado State Univ.

UNESCO 1973, International classification and mapping of vegetation. UNESCO Publ., Paris 1973

USDA 1969, Forester's guide to aerial photo interpretation. Agric. Handboock 308, Washington D.C.

USDA 1974/1975, Fire season airborne thermal infrared report. For. Serv. Washington 1974/1975

US Navy Dept., 1945 Pacific landforms and vegetation. Photo Intell. Centre, Rep. 7, 1945

Verein deutscher Ingenieure (VDI), 1990, Richtlinie 3793: Messen von Vegetationsschäden am natürlichen Standort. Blatt 2, Interpretationsschlüssel für die Auswertung von CIR-Luftbildern zur Kronenzustandserfassung von Nadel- und Laubgehölzen. Beuth, Berlin

Verstappen, H.T. und 3 Koautoren, 1977, Geomorphologie at ITC. ITC J. 1977-4

Viksne, A., Liston, T.C., Sapp, C.D., 1970, SLR reconnaissance of Panama. PE 36: 253-259

Vink, A.P.A., 1962, Practical soil surveys and their interpretation for practical purposes. ITC Publ. B 16

Vinogradov, B.V., 1966, Aerometody izuchenija rastitel' nosti aridnych zon (Lufterkundungsmethoden zur Untersuchung der Vegetation arider Gebiete). Lab. Aeromet. Akad. Nauk SSSR, Izd. Nauka, Moskau, Leningrad

Vinogradov, B.V., 1968, Main trends in the application of air photo methods to geographical research in the USSR. Phia 23: 77-94

Vogel, C., 1988, Der Landschaftswandel in der Gemeinde March. Eine Untersuchung der anthropogenen Veränderung der Kulturlandschaft und die Entwicklung eines Konzeptes zur Vernetzung vorhandener Biotope mit Hilfe des Luftbildes seit 1936. Dipl. Arb. Univ. Freiburg

Volk, P., 1992, Case studies on applied remote sensing for land use and geological mapping in subtropical and tropical regions. In: Application of Remote Sensing and GIS in Environmental and Natural Resources Management and Monitoring. DSE/FAO Feldafing Rep. S. 220-230

Volkert, E., 1952, Das Luftbild als Hilfsmittel der forstlichen Standortskartierung. Forstarchiv 23: 188-192

Voretzsch, A., Herms, P., Hartmann, G., 1986, Standardisierung von CIR-Luftbildern. Forst- und Holzwirt 41: 420-426

Voss, F., 1970, Zur Herstellung von Forstbetriebskarten mit Hilfe maßstäbiger Luftbildkarten und automatischer Rechen- und Kartieranlagen unter besonderer Berücksichtigung der Verhältnisse in Nordrhein- Westfalen. AFJZ 141: 153-160

Waldbauer, G., 1981, Anwendung der Photogrammetrie in der Flurbereinigungsverwaltung Baden-Württemberg. BuL 49: 149-160

Waelti, H., 1967, Die Planung von Waldstraßennetzen mit Hilfe von Luftbildern. Schweiz. Z. f. Forstwesen 117: 294-305

Wälti, H., 1973, Low level, fixed base aerial photography for resources management. Proc. Symp. IUFRO S 6.05, Freiburg, S. 163-178

Wang, F.v., 1892, Die Anwendung der Photogrammetrie im forstlichen Haushalt. Öster. Forstz. 1892

Wanninger, A., 1993, On the status of existing russian remote sensing/mapping satellite systems and plans for future satellites. Paper presented: Int. Conf. Mapping from Space. Hannover 1993

Wastenson, L., Orhaug, T., Akersten, I., 1978, Swedish experiences on forest inventory and land use mapping by automatic classification of digital MSS data from Landsat and aircraft. I.Arch.Ph. XXII – 7: 1475-1488

Watson, G.W., Scott, R.F., 1956, Aerial censuing of Nelchina Caribou herd. Trans. North American Wildlife Conf., Vol. 21: 499-510

Weber, F.P., 1971, Application of airborne thermal remote sensing in forestry. In: Application of Remote Sensing in Forestry, Freiburg, S. 75-88

Wedler, E., Kessler, R., 1982, Interpretation of vegetation cover in wetlands using four-channel SAR imagery. Proc. 47. ASP Ann. Meeting 1981, S. 111-124

Weir, M.J.C., 1981, An assessment of simple plotting instruments for resources mapping. Proc. Matching Remote Sensing Technologies and their Application. Rem. Sens. Society London

Weischet, W., 1984, Der Vorteil einer Baukörperklimatologie unter Anwendung von Fernerkundungsverfahren für Zwecke der Stadtplanung. In: Angewandte Fernerkundung, Vincentz, Hannover, S. 244-251

Weiss, M.J. und 4 Koautoren, 1984, Cooperative survey of red spruce and balsam fir decline and mortality in New York, Vermont, and New Hampshire. USDA For. Serv. Northeastern Area, Rep. NA TP – 11

Weißflog, G., 1992, Landnutzung und Waldmerkmale in Ostthüringen – Methoden und Grenzen der digitalen Auswertung von Satellitendaten. Diss. Univ. Jena

Weitbrecht, O., 1963, Neue Vorschläge zur Entzerrung von Luftbildern bergigen Geländes. Vermessungstechnik 11: 145-152

Welch, R., 1976, Skylab S-190 B ETC photo quality. PE 42: 1057-1060

Welch, R., 1992, Desktop mapping system DMS/SPM, 3.1 Version, Manual

Wienhold, C., 1991, Standardisierung von CIR-Luftbildern als Grundlage für das Monitoring von Waldschäden. Dipl. Arb. TU Dresden

Williams, R.S., 1983, Geological applications. MRS, ASP, 2. Aufl., S. 1667-1954

Willstädter, R., Stoll, A., 1918, Untersuchungen über die Assimilation der Kohlensäure. Springer, Berlin

Wilmanns, O., o.J., Erhebungsbogen „Kartierung biologisch-ökologisch wertvoller Biotope in Baden-Württemberg". Landesanstalt für Umweltschutz Baden-Württemberg

Wilson, R.C., 1960, Surveys applicable to extensive forest areas in North America. Proc. 5, World For. Congr., Seattle 1960, Vol. 1, S. 257-263

Winter, R., Keil, M., 1991, Methodik kleinmaßstäbiger Wald- und Waldschadensinventuren mit Satellitenbildern. In: Fernerkundung in der Forstwirtschaft. Wichmann, Karlsruhe, S. 116-123

Witmer, R.E., 1978, U.S. Geological Survey land-use, land cover classification system. J.For. 76: 661-666

Wolf, B., Pahl, A., Akça, A., 1992, Waldkundliche Zustandserfassung der Naturwaldzelle Hellberg mit Hilfe von permanenten Stichproben. Forst und Holz 47: 82-87

Wolff, G., 1960, Zur Verbesserung der Methodik von Holzvorratsinventuren mit Hilfe des Luftbildes. Archiv für Forstwesen 9: 365-380

Wolff, G., 1966, Schwarz-weiße und falschfarbige Luftbilder als diagnostische Hilfsmittel für operative Arbeiten beim Forstschutz (Rauchschaden) und bei der Waldbestandsdüngung. I.Arch.Ph. XVI – 7: 85-95

Wolff, G., 1969, Über Einsatzmöglichkeiten der Photometrie bei der Automatisierung der forstlichen Luftbildinterpretation. Archiv für Forstwesen 18: 669-684

Wolff, G., 1970 a, Die Erkennung biotischer Schäden im Falschfarbenluftbild und ihre Bedeutung für die Forstschutzpraxis. Beitr. f.d. Forstwirtschaft: Luftbildanwendung III/1970, S. 23-28

Wolff, G., 1970 b, Möglichkeiten der Frühdiagnose von Kronenschäden auf falschfarbigen Luft-
    bildern. Beitr. f.d. Forstwirtschaft: Luftbildanwendung, III/1970, S. 39-41
Woolley, J.T., 1971, Reflectance and transmittance of light by leaves. Plant Physiology 47: 656-662
Wyszecki, G., Stiles, W.S., 1967, Color science: concepts and methods, quantitative data and formulas.
    Wiley & Sons, New York

Yost, E., Wenderoth, S., 1971, The reflectance spectra of mineralized trees.. Proc. 7. Int. Symp. Remote
    Sensing of Environment, ERIM, Ann Arbor, S. 269-284
Young, R. Peynado, A., 1967, Freezing and water-soaking in citrus leaves. Amer. Soc. Hort. Sci. Proc.
    91: 157-162

Zebker, H. A., Goldstein, R.M., 1986, Topographic mapping from interferometric synthetic aperture
    radar observations. J.Geophys. Res. 91: 4993-4999
Zebker, H.A. und 8 Koautoren, 1992, The TOPSAR interferometric radar topographic mapping
    instrument. IEEE Transact. Geoscience Remote Sensing, 1992
Zhang, W.P., Albertz, J., Li, Z.L., 1994, Rectification of airborne line scanner imagery utilizing flight
    parameters. Proc. 1, Int. Airborne Remote Sensing Conf., Straßburg, 1994, S. 447-456
Zickler, A., 1978, Design and technical parameters of the MKF-6 multispectral camera and the MSP 4
    multispectral projector. Proc. Int. Symp. on Remote Sensing of Environment, Manila, 1978
Žihlavnik, S. 1993, Die multispektralen photographischen Luftbilder als Mittel zur Rationalisierung
    der forstlichen Kartierung. Proc. Int. Symp. Application of Remote Sensing in Forestry, Zvolen
    1993, S. 46-53
Žihlavnik, S., 1994, Ausnutzung der Photogrammetrie bei der forstlichen Kartierung in der Slowakei.
    Tagungsband „Photogrammetrie und Forst", Freiburg, 1994, S. 387-392
Zindel, U., 1983, Vorratsermittlung mit Hilfe von Luftbilddaten und Regressionmodellen in Fichten-
    beständen. Dipl. Arb. Univ. Göttingen
Zirm, K., 1978, Measurement of environmental stress in montain areas caused by tourism. I.Arch.Ph.
    XXV – 7: 2117-2124
Zöhrer, F., 1980, Forstinventur. Parey, Hamburg/Berlin
Zsilinski, V.G., 1963, Photographic interpretation of tree species in Ontario. Dept. Lands. Forest,
    Timber Branch, Ottawa

8. Sachregister

GEBR. WICHMANN

seit 1873

Niederlassungen
in:

10117 Berlin-Mitte
13593 Berlin-Spandau
15230 Frankfurt/Oder
17033 Neubrandenburg
18055 Rostock
18437 Stralsund
19061 Schwerin
22045 Hamburg
27580 Bremerhaven
28801 Brinkum-N./Bremen
38118 Braunschweig
39112 Magdeburg
47877 Willich
60489 Frankfurt/Main
70730 Fellbach/Stgt.
80992 München
90431 Nürnberg
99097 Erfurt
01069 Dresden
04509 Glesien/Leipzig
08107 Cunersdorf
09111 Chemnitz

GEBR. WICHMANN KG
Marienstraße 19–20
10117 Berlin
Telefon (01 30) 12 26 38
Telefax (01 30) 11 52 57

Generalvertretung
für Deutschland

GeoBIT

Neu

Das Magazin für raumbezogene Informationstechnologie

in deutscher Sprache

– anwenderorientiert – aktuell – international –

Alles Wissenswerte aus der und für die Geoinformationsbranche: Marktübersicht, Produktinformationen und Einsatzberichte, Datenbörse, Internet-Service, Aktuelles aus Unternehmen, Ämtern, Behörden, Forschung und Technik, Veranstaltungskalender und -berichte, Stellenmarkt und vieles mehr.

Kennenlern-Abo

Sie erhalten kostenlos die ersten beiden Ausgaben der Fachzeitschrift „GeoBIT – Das Magazin für raumbezogene Informationstechnologie".
Entspricht die Zeitschrift nicht Ihren Erwartungen, teilen Sie uns dies bitte innerhalb von 10 Tagen nach Erhalt des zweiten Heftes schriftlich mit (Fax-Mitteilung genügt). Die weitere Lieferung wird dann ohne weitere Verpflichtungen für Sie eingestellt.

Jahresbezugspreis (Preisstand 1996)

DM 184,00 zzgl. Versandkosten Inland DM 22,00 / Ausland DM 30,00.
Studenten (gegen Vorlage der Studienbescheinigung) DM 140,00
zzgl. Versandkosten.

Erscheinungsweise

8 Ausgaben jährlich
4 Ausgaben in 1996 (Abopreis anteilig)

Ihr Kennenlern-Abo für **GeoBIT** können Sie auch im Internet unter der Adresse:
http//www.huethig.de buchen. Dort finden Sie auch weitergehende Informationen über das Angebot des H. Wichmann Verlages sowie der anderen Hüthig Fachverlage.

Verlag & Aboberatung

H. Wichmann Verlag,
Hüthig GmbH
Im Weiher 10
D-69121 Heidelberg
Telefon +49-(0)62 21-48 90
Telefax +49-(0)62 21-48 94 43

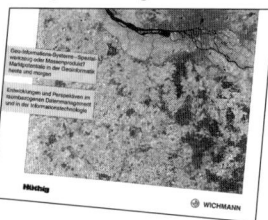

✂ -

Fax-Bestellung

Vor- und Zuname: _____

Straße, Hausnummer: _____

PLZ/Ort: _____

Telefon: _____

Telefax: _____

Datum, Unterschrift: _____

Ich bestätige ausdrücklich, vom Recht des schriftlichen Widerrufes dieses Auftrages innerhalb 10 Tagen Kenntnis genommen zu haben.

Unterschrift: _____

Abonnementbestellung ❏ Ja

ich möchte **GeoBit** ab sofort regelmäßig beziehen.

Kennenlern-Abo ❏ Ja

senden Sie mir kostenlos die ersten 2 **GeoBit**-Ausgaben. Entspricht die Zeitschrift nicht meinen Erwartungen, werde ich spätestens 10 Tage nach Erhalt des zweiten Heftes eine schriftliche Mitteilung an den H. Wichmann Verlag senden. Die Lieferung wird dann eingestellt.
Wenn Sie bis zu diesem Termin keine Nachricht von mir haben, möchte ich **GeoBIT** im Abonnement beziehen.

Werbeberatung ❏ Ja

ich wünsche eine unverbindliche Beratung über Werbemöglichkeiten in der **GeoBIT.**
Bitte setzen Sie sich mit mir unter nebenstehender Anschrift in Verbindung.

1624358

 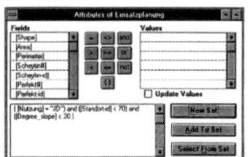